清華大學 计算机系列教材

殷人昆 编著

数据结构习题解析

（第3版）

清華大學出版社
北 京

内 容 简 介

本书是清华大学计算机系列教材《数据结构(用面向对象方法与C++描述)》(第3版)的配套用书。基于加深基本知识理解、强化基本技能训练的要求,本书针对主教材各章精选的习题给出了参考答案。部分习题提供了多种可能的解答,帮助学生以不同思路来解决问题。

本书章节的编排与主教材的章节严格对应。每章的第一部分给出本章的复习要点,总结主要的知识点;第二部分说明其重点和难点,引起学习者的注意;第三部分则提供了本章习题的参考答案;第四部分进一步扩展,针对将来工作中可能涉及的知识,兼顾考研,补充了一大批练习,以提高学生能力为目的,展开实训。

书中内容涵盖了全国计算机类硕士研究生入学统一考试大纲的各个知识单元,并针对考试的题型,增加了大量选择题和应用题,包括算法题。所有的习题都经过精心挑选和解答,较复杂的习题还提供了求解的思路及启发性的题解。

本书的行文简明扼要,深入浅出,易于学习和理解。适合本科在校学生作为学习的参考书使用,也可以作为各种计算机考试,包括考研学生的复习教材。此外,对于计算机软件研发的从业人员也有参考价值。

图书在版编目(CIP)数据

数据结构习题解析/殷人昆编著. -- 3版. -- 北京:清华大学出版社,2025.5. --(清华大学计算机系列教材). -- ISBN 978-7-302-69386-4

Ⅰ. TP311.12-44

中国国家版本馆CIP数据核字第2025PX3834号

策划编辑:白立军
责任编辑:杨 帆 薛 阳
封面设计:常雪影
责任校对:韩天竹
责任印制:沈 露

出版发行:清华大学出版社
网 址:https://www.tup.com.cn,https://www.wqxuetang.com
地 址:北京清华大学学研大厦A座 **邮 编**:100084
社 总 机:010-83470000 **邮 购**:010-62786544
投稿与读者服务:010-62776969,c-service@tup.tsinghua.edu.cn
质量反馈:010-62772015,zhiliang@tup.tsinghua.edu.cn
课件下载:https://www.tup.com.cn,010-83470236
印 装 者:三河市铭诚印务有限公司
经 销:全国新华书店
开 本:185mm×260mm **印 张**:35.75 **字 数**:878千字
版 次:2002年4月第1版 2025年7月第3版 **印 次**:2025年7月第1次印刷
定 价:108.00元

产品编号:102238-01

前　　言

“数据结构”是计算机技术及信息管理技术有关专业的一门必修的核心课程。“数据结构”课程的任务是讨论在应用问题求解时数据的逻辑组织、在计算机中的存储实现及相关操作的算法。“数据结构”课程的目的是使学生掌握在解决实际问题过程中组织数据、存储数据和处理数据的基本方法，为进一步学习后续课程及以后从事软件开发和应用，打下坚实的基础。

本教材是清华大学出版社出版的清华大学计算机系列教材《数据结构(用面向对象方法与 C++ 描述)》(第 3 版)的配套教材，并对相应的第 2 版教材做了较大的修改。修改的目的有 3 个：一是响应主教材的修改，在内容上做了适当的删减，对所有入选的习题做了归类；二是适应计算机类学科的学生考研的需要，增加了题型和内容，将历年全国计算机学科硕士研究生入学联考的绝大多数数据结构的真题吸收到了本教材中(在题目前加了“△”标志)，学生可以通过这些习题了解考研的难度；三是针对一些 IT 大厂的入职面试的数据结构方面的考核，挖掘课程的某些边边角角的知识点，适当补充一些相关的概念题。因此，本教材对于复习和准备考试的学生有一定参考价值。但对于正在学习数据结构课程的学生，应以掌握知识和培养能力为主，不应过多地依赖现成的习题解答。

学习好数据结构，必须抓住重点。首先要明确课程考查目标。

(1) 理解数据结构的基本概念，掌握数据的逻辑结构、存储结构及其差异，以及各种基本操作的实现。

(2) 在掌握基本的数据处理原理和方法的基础上，能够对算法进行设计与分析。

(3) 能够选择合适的数据结构和方法进行问题求解。

换句话说，课程考查的目标有两个：知识和技能。

知识方面，应从数据结构的结构定义和使用及存储表示和操作的实现两个层次系统地考查。

- 掌握常用的基本数据结构(包括顺序表、链接表、栈与队列、数组、二叉树、堆、树与森林、图、搜索结构、顺序表结构)及其不同的实现。
- 掌握分析、比较和选择不同数据结构、不同存储结构、不同算法的原则和方法。

技能方面，应系统地学习和掌握基本数据结构的设计方法，掌握选择结构的方法和算法设计的思考方式及技巧，提高分析问题和解决问题的能力。

为在有限的时间内学习和复习好这门课程，应当注意以下几点。

(1) 必须注意使用 C/C++ 语言编写小程序时的语法规则和方法，为算法分析和算法设计题的求解打下基础。

在学习 C/C++ 语言时，要注意：

① 函数的概念和相关问题。包括函数类型、函数特征、函数参数传递、函数返回值类型。要特别注意传值参数和引用参数在使用上的区别。

② 函数中传值参数的作用域。特别注意在函数中对传值参数的任何改变，在退出函数

过程时不能通过参数返回。

③ 自定义结构的定义方式。可以简单些，但解题时不能回避 C/C++ 中的动态存储分配和回收方式。

④ C/C++ 中的输入输出文件的定义和使用。特别注意文件的打开、关闭、读入、写出操作的使用。

(2) 在学习"数据结构"时，要注意知识体系。

"数据结构"课程中的知识本身具有良好的结构性，有些结构是面向应用的，有些结构是面向实现的。在学习时要注意这两个层次及它们之间的联系。

① 注意比较。在复习中应当注意从"横向"和"纵向"进行对比以加深理解。

纵向对比将一种结构与它的各种不同的实现加以比较，理解不同实现方式的优点和不足；横向对比包括对同属一类逻辑结构的不同数据结构(如线性表、栈、队列)的比较，具有相同功能的不同算法的比较等，了解数据结构与算法实现之间的关系。

② 注意学习和重读。有些内容在初读时难以透彻理解或熟练掌握，或看起来似乎很明白，但用时想不起如何用。在继续学习的过程中如遇到或用到有关内容时，应当及时复习或重读，这往往能够化难为易，温故知新。

③ 注意循序渐进。在复习数据结构的定义和各种操作的实现之前，需首先领会基本概念、基本思想，这一点极为重要。特别是在阅读算法之前，一定要先弄清其基本设计思想、基本步骤，这将大大降低理解算法的难度。如果读"懂"了算法而不知其基本思想，则可以通过实例学习以加深理解。

④ 注意练习。只看书不做题，不可能真正学会有关知识，更不能达到技能培养的目的。另外，做题也是自我检查的重要手段。在做算法设计类型的习题时，应优先考虑数据结构的定义，可以直接使用以前定义的数据结构和相应操作。

⑤ 提高算法设计的能力。编写算法的题可能是学生比较棘手的问题，特别是在考试中，时间短促，想编出一个好算法不太容易。一个建议是首先仔细阅读试题，了解它到底要我们干什么。然后用一个简单的例子走一下，总结每一步向下走用什么语句，再做归纳。也可以按照结构化程序设计的方法，先搭框架，再根据例子填入细节。

在设计一个算法解决具体问题时，要考虑数据结构内容的系统性、问题解决方案的多样性、算法的适用性、问题对算法选择的限制。选择合适的数据结构，设计有效的算法。最后应当强调的是，学习方法主要靠自己摸索，多总结、多思考、勤练习、勤交流。

(3) 在设计一个程序以实现一个数据结构和算法时，还要考虑更多的实现要求。

① 程序的可读性和可理解性问题。一个程序是否具有可读性，关系到该程序的生存期。业界有一个测试可读性的方法，拿一个程序(100 行左右)给一个有经验的程序员看，如果 10 分钟没能看懂这个程序，则请程序作者拿回去重写。程序看得懂，才能够合理修改，否则改 1 个错出 10 个错，这个程序必然会被新的程序替代。

② 程序的结构化和模块化问题。程序划分模块，是为了控制程序的出错率。任何人也不能保证他所编写的程序没有错误。今天没有发现问题不等于以后也不会发现问题。有的是算法逻辑问题(如控制变量失控导致的数据对象状态异常)，有的是系统问题(如运行时存入数组的元素个数超出数组的边界)，有的是程序结构问题(如 if 语句的嵌套出现二义性)等，结构化和模块化可控制修改范围最小，出错影响范围最小。

作者从 1987 年开始教授“数据结构”课程，至今已经有 30 多年。除教授大学计算机专业本科“数据结构”课程之外，还教授过大学自学考试本科“数据结构”课程、软件水平考试“数据结构”课程辅导、全国计算机学科硕士研究生入学专业考试“数据结构”课程辅导，积累了较为丰富的经验，因此在本习题解析中涉及了许多学生容易忽略或混淆的概念，并在算法设计方面精心安排了一些题解，这些对于希望深入了解“数据结构”课程知识，特别是应对考研的学生，会有很大帮助。

由于作者水平有限，书中会有一些错误和疏漏，恳请广大读者多多指正。

作　者

2025 年 4 月于清华园·荷清苑

目　录

第1章 绪 论

本章主要讨论贯穿和应用于整个“数据结构”课程始终的基本概念和性能分析方法。学习本章的内容，将为后续章节的学习打下良好的基础。

1.1 复习要点

本章复习的要点如下。

1. 有关数据结构的基本概念

(1) 数据，数据对象，数据元素或数据成员，数据结构，数据类型等；

(2) 数据抽象，抽象数据类型，数据结构的抽象层次等；

(3) 面向对象，对象与类的关系，类的继承关系，对象间的消息通信等。

需要对各个概念进行区分与比较。

例如，按照面向对象技术的要求，把建立对象类作为一个层次，把建立对象间的关系（即建立结构）作为另外的层次。因此，在软件开发中做数据结构设计时，不但要设计对象——类，类的属性，类的操作，还要建立类的实例之间的关系。从这个角度考虑，把数据结构定义为数据对象及对象中各数据成员之间关系的集合是合理的。

又如，类 class 或 struct 与 C 语言中的结构类型 struct 的区别在于，前者不但有对象的状态描述（数据成员），还加入了操作（成员函数），用来描述对象的行为，这样可以体现一个完整的实体概念，而后者不行，它把数据的组成作为一个实体加以定义，相关操作则另外定义。

再如，传统的数据结构概念从数据结构的逻辑结构、物理结构和相关操作 3 方面进行讨论。它反映了数据结构设计的不同层次：逻辑结构属于问题解决范畴，物理结构是逻辑结构在计算机中的存储方式。但在面向对象开发模式中，本书涉及的数据结构都属于基本数据结构，但有的属于应用级的数据结构，如稀疏矩阵、字符串、栈与队列、优先级队列、图等；有的属于实现级的数据结构，如数组、链表、堆、索引、散列表等。

2. 算法设计与分析

算法的 5 个特性表明算法的实现属于面向过程的开发模式，即传统的“输入—计算—输出”模式。算法的应用要求明确算法的时间和空间代价，因此，必须掌握以下知识：

(1) 算法的定义和算法的特性；

(2) 算法的设计方法，包括问题解决的基本思路，算法设计的基本步骤（伪代码描述），算法的实现；

(3) 算法的性能分析，包括算法的性能标准，算法的后期测试，算法的事前估计，空间复杂度度量，时间复杂度度量，时间复杂度的渐进表示法，渐进的空间复杂度。

3. 数据结构和算法的描述语言

数据结构的描述既要体现算法的逻辑，又要体现面向对象的概念，需要一种能够兼有面向对象和面向过程双重特性的描述语言。传统的 Pascal 语言和 C 语言只是面向过程的语言,不能适应面向对象的开发模式。因此,本书采用 C++ 语言描述。要求基本掌握 C++ 语言的基本概念和用 C++ 语言编写应用程序的基本技术。例如,用类定义抽象数据类型的方式,定义模板类、抽象类的方法,函数与参数的定义,建立类(公有、私有)继承的方法,例外与异常的处理等,都需要掌握。

1.2 难点与重点

1. 基本概念

理解什么是数据、数据元素、数据项、数据结构、数据的逻辑结构与物理结构。

2. 面向对象概念

理解什么是数据类型、抽象数据类型、数据抽象和信息隐蔽原则。了解什么是面向对象。

(1) 抽象数据类型的封装性。

(2) Coad 与 Yourdon 定义:面向对象=对象+类+继承+通信。

(3) 从面向对象观点来看数据结构的抽象层次。

(4) 面向对象系统结构的稳定性。

(5) 面向对象方法着眼点在于应用问题所涉及的对象。

3. 算法与算法分析

理解算法的定义、算法的特性、算法的时间代价、算法的空间代价。

(1) 算法与程序的不同之处需要从算法的特性来解释。

(2) 算法的正确性是最主要的要求。

(3) 算法的可读性是必须考虑的。

(4) 程序的步数的计算与算法的事前估计。

(5) 程序的时间代价是指算法的渐进时间复杂性度量。

1.3 教材习题解析

一、单项选择题

1. 以下说法正确的是(　　)。

   A. 数据元素是具有独立意义的最小标识单位

   B. 原子类型的值不可再分解

   C. 原子类型的值由若干个数据项值组成

   D. 结构类型的值不可以再分解

【题解】 选 B。数据元素是数据的基本单位,数据项才是数据的最小单位,A 错。原子类型的值不能分解,结构类型的值可分解,所以 B 正确,C、D 错。

2. 以下说法正确的是(　　)。

   A. 数据结构的逻辑结构独立于其存储结构

   B. 数据结构的存储结构独立于该数据结构的逻辑结构

C. 数据结构的逻辑结构唯一地决定了该数据结构的存储结构

D. 数据结构仅由其逻辑结构和存储结构决定

【题解】 选 A。确定数据的逻辑结构时可不考虑对应的存储结构，A 正确。存储结构是数据的逻辑结构在存储中的映像，选择采用何种存储结构时必须依赖逻辑结构，B 错。根据与逻辑结构相关的应用的性能和保密要求，同一逻辑结构可采用不同的存储结构来存储，C 错。数据结构要考虑其逻辑结构、存储结构以及相关操作，D 错。

3. 以下说法错误的是(　　)。

A. 抽象数据类型具有封装性

B. 抽象数据类型具有信息隐蔽性

C. 抽象数据类型的用户可以自己定义对抽象数据类型中数据的各种操作

D. 抽象数据类型的一个特点是使用与实现分离

【题解】 选 C。抽象数据类型的特点是“信息隐蔽”“封装”“使用与实现分离”，C 不是抽象数据类型的特性。

4. 一种抽象数据类型包括数据和(　　)两个部分。

A. 数据类型　　B. 操作　　C. 数据抽象　　D. 类型说明

【题解】 选 B。抽象数据类型的描述应包括两部分，即数据和操作。

5. 下面程序段的时间复杂度为(　　)。

```
for (int i = 0; i < m; i++)
    for (int j = 0; j < n; j++)
        a[i][j] = i * j;
```

A. $O(m^2)$　　B. $O(n^2)$　　C. $O(m * n)$　　D. $O(m+n)$

【题解】 选 C。按照嵌套循环的乘法规则，此程序段的时间复杂度为 $O(m * n)$。

6. 执行下面程序段时，执行 S 语句的次数为(　　)。

```
for (int i = 1; i <= n; i++)
    for (int j = 1; j <= i; j++)
        S;
```

A. n^2　　B. $n^2/2$　　C. $n(n+1)$　　D. $n(n+1)/2$

【题解】 选 D。内层循环的循环次数受外层循环控制。外层循环第 i 趟内层循环执行 S 语句共 i 次，总次数为 $1+2+\cdots+n=n(n+1)/2$。

7. △ 下面算法的时间复杂度为(　　)。

```
int f (unsigned int n) {
    if (n == 0 || n == 1) return 1;
    else return n * f (n-1);
}
```

A. $O(1)$　　B. $O(n)$　　C. $O(n^2)$　　D. $O(n!)$

【题解】 选 D。递归属于减 1 法，最初问题规模为 n，每次递归问题规模减 1。递归 n 次，时间复杂度为 $O(n)$。

8. 输出一个二维数组 $b[m][n]$ 中所有元素值的时间复杂度为(　　)。

A. $O(n)$　　B. $O(m+n)$　　C. $O(n^2)$　　D. $O(m * n)$

【题解】 选D。输出 m 行 n 列的所有元素的值，需要 $m*n$ 次输出操作。

9. 一个算法的语句执行频度为 $(3n^2+2n\log_2 n+4n-7)/(5n)$，其时间复杂度为(　　)。

A. $O(n)$　　B. $O(n\log_2 n)$　　C. $O(n^2)$　　D. $O(\log_2 n)$

【题解】 选A。$O((3n^2+2n\log_2 n+4n-7)/(5n))=O(n)$。

10. 某算法的时间代价为 $T(n)=100n+10n\log_2 n+n^2+10$，其时间复杂度为(　　)。

A. $O(n)$　　B. $O(n\log_2 n)$　　C. $O(n^2)$　　D. $O(1)$

【题解】 选C。因为 $1<n<n\log_2 n<n^2$，选最高阶的 n^2，则时间复杂度为 $O(n^2)$。

11. 某算法仅含程序段1和程序段2，程序段1的执行次数为 $3n^2$，程序段2的执行次数为 $0.01n^3$，则该算法的时间复杂度为(　　)。

A. $O(n)$　　B. $O(n^2)$　　C. $O(n^3)$　　D. $O(1)$

【题解】 选C。当 $n=300$ 时，$3n^2=270000$，$0.01n^3=270000$，此时 $3n^2=0.01n^3$；当 $n=301$ 时，$3n^2=271803$，$0.01n^3=272709$，此时 $3n^2<0.01n^3$；因此，当 $n>300$ 时，$T(n)<n^3$，算法的时间复杂度为 $O(n^3)$。

12. 需要用一个形式参数直接改变对应实际参数的值时，则该形式参数应说明为(　　)。

A. 基本类型　　B. 引用型　　C. 指针型　　D. 常值引用型

【题解】 选B。采用引用型形式参数，该形式参数是对应实际参数的别名，在函数体内改变该形式参数的值，将直接改变对应实际参数的值。

二、填空题

1. 数据是(　　)的载体，它能够被计算机程序识别、(　　)和加工处理。

【题解】 信息，存储。信息存在于计算机外部，数据存在于计算机内部，信息映射到数据，才能被计算机程序识别、存储和加工处理。

2. 数据结构包括数据的(　　)、(　　)和数据的运算三方面。

【题解】 逻辑结构，存储结构(可互换)。数据结构的范畴应包括数据的逻辑结构、存储结构和数据的运算三方面。

3. 数据结构的逻辑结构包括(　　)结构和(　　)结构两大类。

【题解】 线性，非线性(可互换)。数据的逻辑结构是从应用的角度考虑的数据的组织方式，它分为数据的线性结构和非线性结构两大类。

4. 数据结构的存储结构包括顺序存储表示、(　　)存储表示、索引存储表示和(　　)存储表示四大类。

【题解】 链接，散列(可互换)。数据结构的存储结构是数据的逻辑结构在存储中的映像，包括顺序存储表示、链接存储表示、索引存储表示和散列存储表示四大类。

5. 构造数据类型是由使用者定义的数据类型，它由(　　)类型或/和(　　)类型构成。

【题解】 基本，构造(可互换)。构造型数据类型的成员可以是基本数据类型，也可以是构造数据类型。

6. 算法的执行遵循"输入—计算—(　　)"的模式。

【题解】 输出。算法的执行遵循"输入—计算—输出"的模式。这种模式体现了算法的功能：根据特定的输入，算法通过计算，生成确定的输出结果。

7. 算法的一个特性是(　　)，即算法必须执行有限步就结束。

【题解】 有穷性。算法必须执行有限步就得到结果并结束。

8. 算法的一个特性是(　　),即针对一组确定的输入,算法应始终得出一组确定的结果。

【题解】 确定性。算法对应一组确定的输入,经过计算得到一组确定的结果。

9. 对象的状态只能通过该对象的(　　)才能改变。

【题解】 操作(或服务)。按照抽象数据类型的信息隐蔽、封装、使用与实现分离的要求,对象的存储和操作的实现应被封装在对象内部,对外是不可见的。给对象的属性赋予一组特定的值,就生成对象的一个实例。对象实例的状态就是由这组值来体现的,而且这组值只能通过对象的操作才能改变,值一改变,对象实例的状态也就改变了。

10. 模板类是一种数据抽象,它把(　　)当作参数,可以实现类的复用。

【题解】 数据类型。在C语言中提供了一种数据抽象,即用typedef定义数据类型的别名,如typedef int DataType,typedef char DataType等,在程序中使用DataType作为数据类型来实现程序功能;如果需要改变DataType所代表的数据类型,只要修改typedef… DataType的定义即可,这叫"一次编写,处处使用"。在C++语言中则提供了模板类,实现了对象类的数据抽象。使用template <class T>语句,隐去实际类名,用T作为实际类名的别名来实现类的成员函数;在实际使用具体类的程序中,再用<实际类名>代入,同样可以实现"一次编写,处处使用"。

11. 在类的继承结构中,位于上层的类叫作(　　)类,其下层的类则叫作(　　)类。

【题解】 基(或父),派生(或子)。在面向对象分析与设计时可建立类的继承结构,位于上层的类叫作父类,其下层的类则叫作子类。使用C++实现时,父类叫作基类,子类叫作派生类。

12. 若在类A的定义中声明类B是其友元类,则类B可以直接使用类A的私有数据成员,反之,类A(　　)直接使用类B的私有数据成员。

【题解】 不可以。这种"友元"关系是单向的。类B是类A的友元,类B可以直接使用类A的私有数据成员,但类A不可以直接使用类B的私有数据成员。

三、判断题

1. 数据元素是数据的最小单位。

【题解】 错。数据元素是数据的基本(构成)单位,不是数据的最小(可识别)单位。

2. 数据结构是数据对象与对象中数据元素之间关系的集合。

【题解】 对。数据对象是数据元素的一个特定子集,数据结构是某个数据对象和该数据对象中数据元素之间关系的集合。讨论数据结构,特别要关注的是元素之间的关系。

3. 数据的逻辑结构是指各数据元素之间的逻辑关系,是用户按使用需要建立的。

【题解】 对。数据元素之间的逻辑关系是指在具体问题中所抽象出来的数据模型,这种关系反映了在具体应用中元素之间的上下文环境,它与实现无关。

4. 数据元素具有相同的特性是指数据元素所包含的数据项的个数相等。

【题解】 错。每个数据元素可以由若干数据项构成,每个数据项(或称属性)反映数据元素在某一方面的特性。数据元素具有相同的特性是指数据元素所包含的数据项的类型都相同,且数据项的个数都相等。

5. 数据的逻辑结构与数据元素本身的内容无关。

【题解】 对。数据的逻辑结构主要关注数据元素的构成和数据元素之间的逻辑关系,在系统开发过程中放在系统分析时考虑，通常用ER模型描述。数据元素本身包含的内容应是系统设计和实现时要考虑的，例如数据元素的数据项的类型定义，为减少数据冗余进行元素之间逻辑关系的调整等。

6. 算法和程序原则上没有区别，在讨论数据结构时二者是通用的。

【题解】 错。算法是指问题解决的策略和步骤，用一组规则或运算序列(亦称指令集)来描述；程序是用某种编程语言实现的算法，它可以在计算机上实际执行，它是用某一特定编程语言的一组指令序列来描述的。在系统开发过程中，算法在系统分析阶段建立，可用数据流图、程序流程图或UML的时序图、活动图来描述；程序在系统设计和实现时建立，可用程序流程图或UML的活动图来描述。

7. 算法和程序都应具有下面一些特征：输入、输出、确定性、有穷性、有效性。

【题解】 错。算法应具有以上特征，但程序根据外部输入的不同和处理策略可突破确定性和有穷性的限制。

8. 只有用面向对象的计算机语言才能描述数据结构算法。

【题解】 错。使用过程性的计算机语言，如C语言、Fortran语言等也能描述数据结构算法。

9. 面向对象程序应具有封装性、继承性和多态性。

【题解】 对。面向对象程序应具有封装性、继承性和多态性。

四、简答题

1. 什么是数据？它与信息是什么关系？

【题解】 广义地讲，信息就是消息。它是现实世界中各种事物在人们头脑中的反映。数据是信息的载体，是信息在计算机处理中的表现形式。

2. 系统开发时设计数据要考虑三种视图，即数据内容、数据结构和数据流。它们的含义是什么？关系如何？

【题解】 开发系统时首先通过调查，了解系统需要哪些输入和输出数据，中间会产生哪些数据，此即数据内容。然后分析数据间的关系，形成数据模型，此即数据结构。接着考虑数据在系统中如何传送和变换，此即数据流。它们从不同侧面描述了系统要处理的数据。

3. 如何理解数据的逻辑结构中的“逻辑”二字？

【题解】 “逻辑”通常是指思维的规律。从计算角度来看，计算逻辑是指问题处理的规则，也可解释为将输入数据转换为输出数据的过程中所经历的一系列处理。在此过程中，数据的组织方式即为数据的逻辑结构。

4. 数据的逻辑结构是否可以独立于存储结构来考虑？反之，数据的存储结构是否可以独立于逻辑结构来考虑？

【题解】 数据的逻辑结构可以独立于存储结构来考虑，这实际反映了数据设计的两个阶段。逻辑结构设计在系统分析时进行，存储结构设计在系统设计时进行。反之，数据的存储结构不能独立于逻辑结构来考虑，它是逻辑结构在存储中的映像。

5. 为何在“数据结构”课程中既要讨论各种解决问题时可能遇到的典型的逻辑结构，还要讨论这些逻辑结构的存储映像(存储结构)，此外还要讨论这种数据结构的相关操作(基本运算)及其实现？

【题解】 数据结构实际分为两种视图。逻辑结构与用户可见操作(公有操作)共同组成应用视图，它是根据应用的需要定义的；存储结构与相关操作（包括用户不可见的私有操作）共同组成设计与实现视图，它是根据使用环境和性能要求建立的。所以在讨论数据结构时逻辑结构、存储结构、相关操作及其实现都要考虑。

6. 数据的逻辑结构分为线性结构和非线性结构两大类。线性结构包括数组、链表、栈、队列、优先级队列等；非线性结构包括树、图等。这两类结构各自的特点是什么？

【题解】 线性结构的特点是：在结构中所有数据成员都处于一个序列中，有且仅有一个开始成员和一个终端成员，并且所有数据成员都最多有一个直接前驱和一个直接后继。例如，线性表等就是典型的线性结构。非线性结构的特点是：一个数据成员可能有零个、一个或多个直接前驱和直接后继。例如，树、图或网络等都是典型的非线性结构。

7. 集合结构中的元素之间没有特定的联系。是否意味着需要借助其他存储结构来表示？

【题解】 集合结构往往借助于其他存储结构来实现，例如位数组、有序链表、树或森林的父指针数组等。

8. 若逻辑结构相同但存储结构不同则为不同的数据结构，这种说法对吗？举例说明。

【题解】 数据结构一般指的就是逻辑结构，逻辑结构相同，即使存储结构不同，仍是相同的数据结构。例如，线性表的存储结构可以是顺序表，也可以是单链表，它们是不同的存储结构，但它们不是数据的逻辑结构，不应混同。

9. 试举一个例子，说明对相同的逻辑结构，同一种运算在不同的存储方式下实现，其运算效率不同。

【题解】 如线性表中的插入和删除操作，在顺序存储方式下，若不想改变其他元素的相对顺序，需要平均移动近一半的元素，时间复杂度为 $O(n)$；而在链式存储方式下，插入和删除的时间复杂度都是 $O(1)$。

10. 试举一个例子，说明两个数据结构的逻辑结构和存储方式完全相同，只是对于运算的定义不同。因而两个结构具有显著不同的特性，是两个不同的结构。

【题解】 例如，栈和队列的逻辑结构相同，其存储表示也可以相同，但无论是顺序存储表示还是链接存储表示，由于其运算集合不同而成为不同的数据结构。

11. 什么是数据类型？它分为哪几类？

【题解】 数据类型是程序设计语言中的概念，是为程序中参加运算的变量规定其取值范围和可作用于其上的操作。因此一般称数据类型包括了一组值的集合和定义在这组值集合上的操作集合。数据类型分为两类，一类是基本数据类型，如 C 语言提供的 int、float、double、char 等；另一类是复合数据类型，它的值是由若干成分按某种结构（关系）组成，每一成分又属于某种数据类型，故在 C 语言中复合数据类型又称为构造数据类型。

12. 什么是抽象数据类型？其特征是什么？

【题解】 抽象数据类型是按“信息隐蔽”原则组织的数据类型。它的特征是封装和使用与实现分离。

13. 有下列几种用二元组表示的数据结构，试画出它们分别对应的图形表示（当出现多个关系时，对每个关系画出相应的结构图），并指出它们分别属于何种结构。

(1) A=(K,R)，其中

$K=\{a_1, a_2, a_3, a_4\}, R=\{\}$

(2) B=(K,R),其中

K={a,b,c,d,e,f,g,h},

R={⟨a,b⟩,⟨b,c⟩,⟨c,d⟩,⟨d,e⟩,⟨e,f⟩,⟨f,g⟩,⟨g,h⟩}

(3) C=(K,R),其中

K={a,b,c,d,e,f,g,h},

R={⟨d,b⟩,⟨d,g⟩,⟨b,a⟩,⟨b,c⟩,⟨g,e⟩,⟨g,h⟩,⟨e,f⟩}

(4) D=(K,R),其中

K={1,2,3,4,5,6},

R={(1,2),(2,3),(2,4),(3,4),(3,5),(3,6),(4,5),(4,6)}

【题解】 (1) 属于集合结构,关系集合为空,如图 1-1(a)所示。

(2) 属于线性结构,各元素之间的关系是"一对一"的关系,如图 1-1(b)所示。

(3) 树结构,各元素之间的关系是"一对多"的关系,如图 1-1(c)所示。

(4) 图结构,各元素之间的关系是"多对多"的关系,如图 1-1(d)所示。

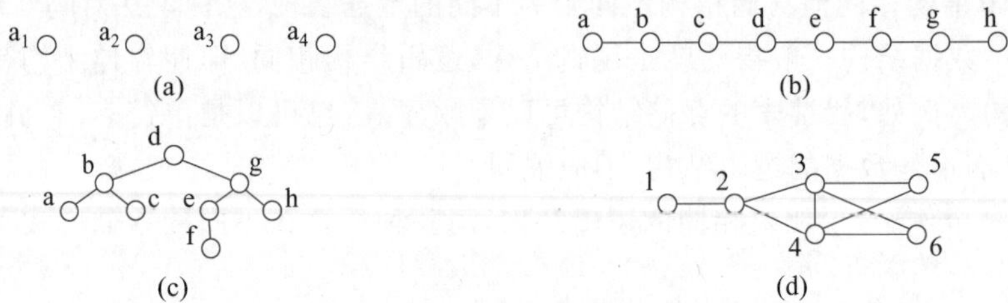

图 1-1 第 13 题数据结构的分类

五、算法题

1. 指出算法的功能并求出其时间复杂度。

```
void matrimult (int a[][], int b[][], int c[][], int M, int N, int L) {
//数组 a[M][N]、b[N][L]、c[M][L]均为整型数组
    int i, j, k;
    for (i = 0; i < M; i++)
        for (j = 0; j < L; j++) {
            c[i][j] = 0;
            for (k = 0; k < N; k++)
                c[i][j] += a[i][k] * b[k][j];
        }
}
```

【题解】 算法的功能为矩阵相乘,$a[M][N] \times b[N][L] \rightarrow c[M][L]$。时间复杂度为$O(M \times N \times L)$。

2. 设有 3 个值不同的整数 a、b、c,试编写一个 C 程序,求其中位于中间值的整数。

【题解】 设置两个记忆单元 $m1$ 和 $m2$。$m1$ 记忆当前找到的最小整数值,$m2$ 记忆当前的次小整数值。程序首先设 a 值最小,令 $m1=a$,然后依次检查 b、c:若 $b<m1$,则 a 成为次小,令 $m2=m1$,b 成为最小,令 $m1=b$;若 $b>m1$,则 b 成为次小。对 c 同样处理。最后在 $m2$ 中得到它们中间具有中间值的整数。

```
#include <iostream.h>                          //包括 cout、cin 和 cerr 的原型
void main () {
    int a, b, c, m1, m2;
    cout <<"请输入三个数 a, b, c: "; cin >> a >> b >> c;
    m1 = a;                                    //m1 记忆最小值,m2 记忆次小值
    if (b < m1) { m2 = m1; m1 = b; }           //b 比 a 小,则 b 最小,a 次小
    else m2 = b;                               //否则,还是 a 最小,b 次小
    if (c < m1) { m2 = m1; m1 = c; }           //类推
    else if (c < m2) m2 = c;
    cout <<"次小者:" << m2 <<endl;              //输出次小值
}
```

3. 设有 10 个取值范围在 0～9 的互不相等的整数存放在数组 $A[10]$中,编写一个 C 程序,将它们从小到大排好序并存放于另一个数组 $B[10]$内。

【题解】 将 A 中的整数按其取值直接存放于数组 B 中相应位置即可。

```
#include <iostream.h>                          //包括 cout、cin 和 cerr 的原型
void main () {
    int A[10] = {3, 9, 4, 6, 1, 8, 2, 7, 5}; int B[9], i;
    for (i = 0; i < 9; i++) cout << A[i] <<" ";   //输出 A 中各元素的原始排列
    cout <<endl;
    for (i = 0; i < 9; i++) B[A[i]] = A[i];       //按值 0 到 9 存放
    for (i = 0; i < 9; i++) cout << B[i] <<" ";   //输出 A 中各元素重排后的值
    cout <<endl;
}
```

4. 设 n 是一个正整数,计算并输出不大于 n 的但最接近于 n 的素数。

【题解】 素数是只能被 1 和自己整除的正整数。如果 n 不是素数,它一定能分解为至少两个因子的乘积,即 $n=a\times b$,其中若 b 大于或等于$\sqrt{n}$,则 a 一定小于或等于$\sqrt{n}$。因此,可以从 n 开始做每次减 1 的循环,排除非素数,直到找到一个素数为止。

```
#include <iostream.h>                          //包括 cout、cin 和 cerr 的原型
#include <math.h>                              //包括 sqrt()的原型
void main () {
    int n, d, i, k, m, found;
    cout <<"请输入正整数 n="; cin >> n;          //输入正整数 n
    i = n; d = (int) sqrt (n); found = false;   //d 是 n 的开平方,作为检测的分界
    while (i > d && found == false) {          //从大到小逐个寻找素数
        m = (int) sqrt (i);
        for (k = 2; k <= m; k++)
            if (i % k == 0) { i--; break; }    //能整除 k,不是素数
        if (k > m) found = true;               //都试过,不能整除 k,是素数
    }
    cout <<"不大于" << n <<"的最大素数是" << i <<endl;
}
```

1.4 补充练习题

一、选择题

1. 关于数据结构的描述,不正确的是(　　)。

A. 数据结构相同,对应的存储结构也相同

B. 数据结构涉及数据的逻辑结构、存储结构和施加于其上的操作三方面

C. 数据结构操作的实现与存储结构有关

D. 定义逻辑结构时可不考虑存储结构

2. 计算机所处理的数据一般具有某种联系,这是指(　　)。

A. 数据与数据间存在的某种关系

B. 数据元素与数据元素间存在的某种关系

C. 元素内数据项与数据项间存在的某种关系

D. 数据文件内记录与记录间存在的某种关系

3. 顺序存储结构中数据元素间的逻辑关系是由(　　)表示的,链接存储结构中数据元素间的逻辑关系是由(　　)表示的。

A. 指针　　B. 逻辑位置　　C. 存储位置　　D. 问题上下文

4. 以下关于 C/C++ 函数调用的叙述中正确的是(　　)。

A. 每个 C/C++ 程序文件中都必须要有一个 main 函数

B. 在 C/C++ 程序中 main()的位置是固定的

C. C/C++ 程序中所有函数之间可以互相调用,与函数所在位置无关

D. 在 C/C++ 程序的函数中不能定义另一个函数

5. 已知 i=10,则表达式 (i++)+(i++)+(i++)的值是(　　)。

A. 30　　B. 33　　C. 35　　D. 40

6. 表达式

```
int a = 4;
a += (++a);
```

执行运算后 a 的值是(　　)。

A. 4　　B. 9　　C. 10　　D. 12

7. 若定义 int x;float y,z;char c; 则表达式 c * x+y-z 的结果类型是(　　)。

A. int　　B. char　　C. float　　D. double

8. 算法的时间复杂度与(　　)有关。

A. 问题规模　　B. 计算机硬件的运行速度

C. 源程序的长度　　D. 编译后执行程序的质量

9. 在下列程序中:

```
void calc (int p1, int p2) {
    p2 = p2 * p2; p1 = p1-p2; p2 = p2-p1;
}    //calc
void main () {
```

```
    int i = 2, j = 3;
    calc(i, j); cout << j <<endl;
} //main
```

(1) 当参数传递改用引用方式(Call by reference)时,所得结果 j=(　　);

A. 2　　B. 16　　C. 20　　D. 28

(2) 当参数传递改用换名方式 (Call by name) 时,所得结果 j=(　　);

A. 2　　B. 14　　C. 16　　D. 28

(3) 当参数传递采用赋值方式 (Call by value) 时,所得结果 j=(　　)。

A. 0　　B. 3　　C. 5　　D. 6

10. 下面说法中错误的是(　　)。

① 算法原地工作的含义是指不需要任何额外的辅助空间

② 在相同问题规模 n 下时间复杂度为 $O(n)$ 的算法总是优于时间复杂度为 $O(2^n)$ 的算法

③ 所谓时间复杂度是指在最坏情形下估算算法执行时间的一个上界

④ 同一个算法,实现语言的级别越高,执行效率越低

A. ①　　B. ① ②　　C. ① ④　　D. ③

11. 某算法的时间复杂度是 $O(n^2)$,表明该算法(　　)。

A. 问题规模是 n^2　　B. 问题规模与 n^2 成正比

C. 执行时间等于 n^2　　D. 执行时间与 n^2 成正比

12. 设有以下三个函数:

$f(n)=100n^3+n^2+1000$,　$g(n)=25n^3+4000n^2$,　$h(n)=n^{2.01}+1000n\log_2 n$

以下关系式中错误的是(　　)。

A. $f(n)=O(g(n))$　　B. $g(n)=O(f(n))$

C. $h(n)=O(n^{1.01})$　　D. $h(n)=O(n\log_2 n)$

13. 下列函数中渐进时间复杂度最小的是(　　)。

A. $T_1(n)=n\log_2 n+1000\log_2 n$　　B. $T_2(n)=n^{\log_2 3}-1000\log_2 n$

C. $T_3(n)=n^2-1000\log_2 n$　　D. $T_4(n)=2n\log_2 n-1000\log_2 n$

14. 判断下列各对函数 $f(n)$ 和 $g(n)$,当 $n\to\infty$ 时,增长最快的函数是(　　)。

A. $f(n)=10^2+\ln(n!+10^{n^3}),g(n)=2n^4+n+7$

B. $f(n)=(\ln(n!)+5)^2,g(n)=13n^{2.5}$

C. $f(n)=n^{2.1}+\sqrt{n^4+1},g(n)=(\ln(n!))^2+n$

D. $f(n)=2^{(n3)}+(2^n)^2,g(n)=n^{(n2)}+n^5$

15. △ 设 n 是描述问题规模的非负整数,下面的程序片段的时间复杂度是(　　)。

```
x = 2;
while (x < n/2)
   x = 2 * x;
```

A. $O(\log_2 n)$　　B. $O(n)$　　C. $O(n\log_2 n)$　　D. $O(n^2)$

16. △ 下列程序段的时间复杂度是(　　)。

```
count = 0;
for (k = 1; k <= n; k *= 2)
    for (j = 1; j <= n; j++)
        count++;
```

A. $O(\log_2 n)$　　B. $O(n)$　　C. $O(n\log_2 n)$　　D. $O(n^2)$

17. △ 下列函数的时间复杂度是(　　)。

```
int func (int n) {
    int i, sum = 0;
    while (sum < n) sum += ++i;
    return i;
}
```

A. $O(\log_2 n)$　　B. $O(n^{1/2})$　　C. $O(n)$　　D. $O(n\log_2 n)$

18. △ 设 n 是描述问题规模的非负整数,下面程序段的时间复杂度是(　　)。

```
x = 0;
while (n >= (x+1) * (x+1))
    x = x+1;
```

A. $O(\log_2 n)$　　B. $O(n^{1/2})$　　C. $O(n)$　　D. $O(n^2)$

19. △ 下列程序段的时间复杂度是(　　)。

```
int sum = 0;
for (int i = 1; i < n; i *= 2)
    for (int j = 0; j < i; i++)
        sum++;
```

A. $O(\log_2 n)$　　B. $O(n)$　　C. $O(n\log_2 n)$　　D. $O(n^2)$

20. 以下算法违反了算法的(　　)。

```
void square_Sum (int& sum) {
    sum = 0;
    while (sum != 7)
        sum += 2;
}
```

A. 确定性　　B. 有穷性　　C. 健壮性　　D. 高效性

二、简答题

1. 什么是数据结构?有关数据结构的讨论涉及哪三方面?

2. 试用 C++ 的类声明定义“复数”的抽象数据类型。要求:

(1) 在复数内部用浮点数定义它的实部和虚部。

(2) 实现 3 个构造函数:构造函数 1 没有参数;构造函数 2 将双精度浮点数赋给复数的实部,虚部置为 0;构造函数 3 将两个双精度浮点数分别赋给复数的实部和虚部。

(3) 定义获取和修改复数的实部和虚部,以及+、-、*、/等运算的成员函数。

(4) 定义重载的流函数来输出一个复数。

3. 用归纳法证明:

(1) $\sum_{i=1}^{n} i = \frac{n(n+1)}{2}, n \geqslant 1$;

(2) $\sum_{i=1}^{n} i^2 = \frac{n(n+1)(2n+1)}{6}, n \geqslant 1$;

(3) $\sum_{i=0}^{n} x^i = \frac{x^{n+1}-1}{x-1}, x \neq 1, n \geqslant 0$。

4. 设 n 为正整数,分析下列各程序段中加下画线的语句的程序步数。

(1)

```
int i, j, k, x = 0, y = 0;
for (i = 1; i <= n; i++)
    for (j = 1; j <= i; j++)
        for (k = 1; k <= j; k++)
            x = x + y;
```

(2)

```
int i = 1, j = 1;
while (i <= n && j <= n) {
    i = i + 1;   j = j + i;
}
```

(3)

```
int i =1, j;
do {
    for (j = 1; j <= n; j++)
        i = i + j;
} while (i < 100 + n);
```

5. (1) 在下面所给函数的适当地方插入计算 count 的语句:

```
void d (int x[ ], int n) {
    int i = 0;
    do {
        x[i] += 2; i += 2;
    } while (i < n);
    i = 0;
    while (i < n/2) {
        x[i] += x[i+1]; i++;
    }
}
```

(2) 将由(1)所得到的程序化简,使得化简后的程序与化简前的程序具有相同的 count 值。

(3) 程序执行结束时的 count 值是多少?

(4) 使用执行频度的方法计算这个程序的程序步数,画出程序步数统计表。

6. 试计算以下程序所有语句的总执行次数。

(1) 非递归的求和程序。

```
float sum (float a[], int n) {
    float s = 0.0;
    for (int i = 0; i < n; i++)
        s += a[i];
    return s;
}
```

（2）递归的求和程序。

```
float rsum (float a[], int n) {
    if (n <= 1) return a[0];
    else return rsum(a, n-1) + a[n-1];
}
```

7. 指出下列各算法的功能并求出其时间复杂度。

（1）

```
int Prime (int n) {
    int i = 2,  x = (int) sqrt (n);           //sqrt(n)为求 n 的平方根
    while (i <= x) {
        if (n % i == 0) break;
        i++;
    }
    if (i > x) return 1;
    else return 0;
}
```

（2）

```
int sum1(int n) {
    int p = 1, s = 0;
    for (int i = 1; i <= n; i++)
        { p *= i; s += p; }
    return s;
}
```

（3）

```
int sum2 (int n) {
    int s = 0;
    for (int i = 1; i <= n; i++) {
        int p = 1;
        for (int j = 1; j <= i; j++) p * = j;
        s += p;
    }
    return s;
}
```

（4）

```
int fun (int n) {
    int i = 1, s = 1;
    while (s < n) s += ++i;
    return i;
}
```

（5）

```
void UseFile (ifstream& inp, int c[]) {
//假定 inp 所对应的文件中保存有 n 个整数
    for (int i = 0; i < 10; i++) c[i] = 0;
    int x;
    while (inp >> x) { i = x%10; c[i]++; }
}
```

(6)

```
void mtable (int n) {
    for (int i = 1; i <= n; i++) {
        for (int j = i; j <= n; j++)
            cout << i <<" * " << j <<"=" << setw(2) << i * j <<" ";
        cout <<endl;
    }
}
```

(7)

```
void cmatrix (int a[][N], int M, int N, int d) {
//M和N为全局整型常量
    for (int i = 0; i < M; i++)
        for (int j = 0; j < N; j++)
            a[i][j] * = d;
}
```

(8)

```
void matrimult (int a[][N], int b[][L], int c[][L], int M, int N, int L) {
//数组a[M][N]、b[N][L]、c[M][L]均为整型数组
    int i, j, k;
    for (i = 0; i < M; i++)
        for (j = 0; j < L; j++)
            c[i][j] = 0;
    for (i = 0; i < M; i++)
        for (j = 0; j < L; j++)
            for (k = 0; k < N; k++)
                c[i][j] += a[i][k] * b[k][j];
}
```

8. 有实现同一功能的两个算法 A_1 和 A_2，其中 A_1 的渐进时间复杂度是 $T_1(n)=O(2^n)$，A_2 的渐进时间复杂度是 $T_2(n)=O(n^2)$。仅就时间复杂度而言，具体分析这两个算法哪个好。

9. 按增长率由小至大的顺序排列下列各函数：2^{100}，$(3/2)^n$，$(2/3)^n$，$(4/3)^n$，n^n，$n^{3/2}$，$n^{2/3}$，$\sqrt{n}$，$n!$，n，$\log_2 n$，$n/\log_2 n$，$(\log_2 n)^2$，$\log_2(\log_2 n)$，$n\log_2 n$，$n^{\log_2 n}$。

10. 设 n 是问题规模，比较两函数 n^2 和 $50n\log_2 n$ 的增长趋势，并确定 n 在什么范围内，函数 n^2 的值大于 $50n\log_2 n$ 的值。

11. 已知有实现同一功能的两个算法，其时间复杂度分别为 $O(2^n)$ 和 $O(n^{10})$，假设计算机可连续运算的时间为 10^7 秒(100多天)，又每秒可执行基本操作(根据这些操作来估算算法时间复杂度)10^5 次。试问在此条件下，这两个算法可解问题的规模(即 n 值的范围)各为多少？哪个算法更适宜？请说明理由。

三、算法题

1. 设有3个值大小不同的整数 a、b 和 c，试编写一个C/C++函数，求

(1) 其中值最大的整数；

(2) 其中值最小的整数。

2. 假定一维整型数组 $a[n]$中的每个元素值均在[0,200]区间内,用C/C++ 函数编写一个算法,分别统计落在[0,20],(20,50],(50,80],(80,130],(130,200]等区间内的元素个数。

3. 试编写一个函数计算 $n!*2^n$ 的值,结果存放于数组 A[arraySize]的第 n 个数组元素中($0\leqslant n<$arraySize)。若设计算机中允许的整数的最大值为 maxInt,则当 $n\geqslant$arraySize 或者对于某一个 k ($0\leqslant k\leqslant n$),使得 $k!*2^k>$maxInt 时,应按出错处理。

有如下 3 种不同的出错处理方式:

(1) 用 cerr<<及 exit(1)语句来终止执行并报告错误;

(2) 用返回布尔值 false、true 来实现算法,以区别是正常返回还是错误返回;

(3) 在函数的参数表中设置一个引用型的整型变量来区别是正常返回还是某种错误返回。

试讨论这 3 种方法各自的优缺点,并以你认为最好的方式实现它。

1.5 补充练习题解答

一、选择题

1. 选 A。数据结构通常指的是逻辑结构。同一逻辑结构可对应不同的存储结构。例如字典,可用顺序表、链表、散列表、索引表来实现。数据结构的操作在不同存储下有不同的实现。

2. 选 B。数据由数据元素构成,特定语境下数据元素构成的集合即为数据对象。一般数据处理考虑的是数据对象内各元素间的关系。数据元素是数据的基本标识单位,数据项是数据的最小处理单位。

3. 选 C,A。顺序存储的存储位置与逻辑结构中的逻辑顺序是对应的;链接存储用指针把元素按照其逻辑关系链接起来,不要求数据元素的逻辑顺序与存储顺序有对应关系。选哪种存储结构是由问题的上下文确定的。

4. 选 A。函数 main 是 C/C++ 程序的主控函数。函数之间调用时它们在程序中的位置有限制:如果函数 A 要调用函数 B,函数 B 的实现应在函数 A 之前;如果函数 B 的实现在函数 A 之后,在函数 A 之前必须有函数 B 的预声明。函数的定义可以嵌套,即在函数体内可以定义子函数。

5. 选 B。第 1 个括号内从 i 中取出 10,括号执行完 $i=11$,第 2 个括号内从 i 中取出 11,括号执行完 $i=12$,第 3 个括号内从 i 中取出 12,加法结果 $10+11+12=33$。

6. 选 C。先计算括号内的表达式,执行完后 $a=5$,再计算加法 $a+5=10$。

7. 选 D。不同类型变量的混合运算,最后结果归为最高类型。

8. 选 A。算法的具体执行时间与计算机硬件的运行速度、编译产生的目标程序的质量有关,但这属于事后测量。算法的时间复杂度的度量属于事前估计,与问题的规模有关。

9. (1)选 B,(2)选 C,(3)选 B。引用方式传递参数的实质是传送作为实际参数的变量的地址,这样函数体内的运算将会直接对该变量进行操作,改变变量本身的内容。

换名方式传递参数是给同一地址的数据赋予不同的变量名称,修改其中一个变量的内容,另一个变量的内容也发生了改变,所以函数体内的运算将改变变量本身内容。

赋值方式传递参数只是将变量的内容赋给参数，函数体内只是对该变量的副本进行操作，这样不能改变作为实际参数的变量本身的内容。

10. 选 A。算法原地工作的含义是指算法的空间复杂度为 $O(1)$。

11. 选 D。算法的时间复杂度是 $O(n^2)$，这是设定问题规模为 n 的分析结果，所以 A、B 都不对；它也不表明执行时间等于 n^2，它只表明算法的执行时间 $T(n) \leqslant c \times n^2$（$c$ 为比例常数）。如 $n \times n$ 矩阵的转置算法，时间复杂度为 $O(n^2)$，不表明算法的问题规模是 n^2。

12. 选 D。因为 $f(n)=O(n^3)$，$g(n)=O(n^3)$，当 $n \to \infty$ 时，显然 $n^{2.01}$ 比 $n\log_2 n$ 增长得快，$h(n)=O(n^{2.01})$，所以，$f(n)=O(g(n))$，$g(n)=O(f(n))$，而 $h(n)=O(n\log_2 n)$ 不对。

13. 选 A。因为 $T_1(n)=O(n\log_2 n)$，$T_2(n)=O(n^{\log_2 3})$，$T_3(n)=O(n^2)$，$T_4(n)=O(n\log_2 n)$。虽然 $T_1(n)=O(T_4(n))$，但 $T_4(n)$ 中 $n\log_2 n$ 是 $T_1(n)$ 的 2 倍，所以 $T_1(n)$ 的渐进时间复杂度最低。

14. 选 D。一般情况下，指数级和阶乘级比多项式级的增长速度快得多。

15. 选 A。while 循环中 x 的值为 2，4，8，…，设 k 是循环控制次数，最后一次循环 $x=2^k$，满足 $2^k<n/2<2^{k+1}$，各边取以 2 为底的对数得 $k<\log_2(n/2)<k+1$，$k=\lfloor \log_2 n-1 \rfloor$，此程序段的时间复杂度为 $O(\log_2 n)$。

16. 选 C。这是一个二重嵌套循环，但内层循环的循环次数是 n，与外层循环的 k 无关；外层循环的循环变量 k 从 1 到 n，增量为 2 倍：1，2，4，…，$2^s \leqslant n$，取对数 $s \leqslant \log_2 n$，就是说，外层循环的时间复杂度为 $O(\log_2 n)$，依照复杂度的乘法规则，这个程序段的总时间复杂度是 $O(n\log_2 n)$。

17. 选 B。while 循环内的循环体 sum += ++i 等价于两条语句++i; sum += i，即 i 先自增 1，然后累加到 sum 中。这样循环条件 sum 的变化是 0，0+1，0+1+2，…，0+1+…+$k<n$，再累加至 $k+1$ 就不满足循环条件了。求和得 $0+1+\cdots+k=k(k+1)/2<n$，时间复杂度是 $O(n^{1/2})$。

18. 选 B。while 循环的循环条件是 $(x+1)^2 \leqslant n$，因此有 $x+1 \leqslant n^{1/2}$，循环控制变量 x 从 0 开始，每次循环 x 自增 1，直到 $x+1>n^{1/2}$ 为止，因此时间复杂度为 $O(n^{1/2})$。

19. 选 B。这是一个二重嵌套循环，外层循环的循环变量 $i=1,2,4,\cdots,2^{k-1}<n$，共循环 k 次，内层循环的循环次数在外层循环的控制下执行 i 次。在它们的控制下，最内层语句 sum++执行次数等于 $1+2+4+\cdots+2^{k-1}=2^k-1<2n$，程序的时间复杂度为 $O(n)$。

20. 选 B。算法执行出现了无限循环，违反了算法有穷步必须结束的要求。

二、简答题

1. 数据结构是指数据以及相互之间的关系。记为：数据结构＝{D，R}。其中，D 是某一数据对象，R 是该对象中所有数据成员之间的关系的有限集合。

有关数据结构的讨论一般涉及以下三方面的内容：

① 数据成员以及它们相互之间的逻辑关系，也称为数据的逻辑结构，简称为数据结构；

② 数据成员及其关系在计算机存储器内的存储表示，也称为数据的物理结构，简称为存储结构；

③ 施加于该数据结构上的操作。

数据的逻辑结构是从逻辑关系上描述数据，它与数据的存储不是一码事，是与计算机存储无关的。因此，数据的逻辑结构可以看作是从具体问题中抽象出来的数据模型，是数据的应用视图。数据的存储结构是逻辑数据结构在计算机存储器中的实现(亦称为映像),它是依赖于计算机的,是数据的物理视图。数据的操作是定义于数据逻辑结构上的一组运算,每种数据结构都有一个运算的集合,例如搜索、插入、删除、更新、排序等。

2. 复数的抽象数据类型若用 C++ 类可定义如下。

```
#ifndef complex_h        //在头文件 complex.h 中定义的复数类
#define complex_h
#include <iostream.h>
#include <math.h>
class complex {
public:
    complex (){ Re = Im = 0; }                                      //不带参数的构造函数
    complex (double r) { Re = r; Im = 0; }                          //只置实部的构造函数
    complex (double r, double i) { Re = r; Im = i; }                //置实部、虚部的构造函数
    double getReal () { return Re; }                                //取复数实部
    double getImag () { return Im; }                                //取复数虚部
    void setReal (double r) { Re = r; }                             //修改复数实部
    void setImag (double i) { Im = i; }                             //修改复数虚部
    complex operator = (complex ob) { Re = ob.Re; Im = ob.Im; }  //复数赋值
    complex& operator + (complex& ob);                              //重载函数: 复数四则运算
    complex& operator - (complex& ob);
    complex& operator * (complex& ob);
    complex& operator/(complex& ob);
friend ostream& operator << (ostream& os, complex& c);             //友元函数: 重载<<
private:
    double Re, Im;                                                  //复数的实部与虚部
};
complex& complex :: operator + (complex& ob) {                      //重载函数: 复数加法运算
    complex result;
    result.Re = Re + ob.Re; result.Im = Im + ob.Im;
    return result;
};
complex& complex :: operator - (complex& ob) {                      //重载函数: 复数减法运算
    complex result;
    result.Re = Re - ob.Re; result.Im = Im - ob.Im;
    return result;
};
complex& complex :: operator * (complex& ob) {                      //重载函数: 复数乘法运算
    complex result;
    result.Re = Re * ob.Re - Im * ob.Im;
    result.Im = Im * ob.Re + Re * ob.Im;
    return result;
};
complex& complex :: operator/(complex& ob) {                        //重载函数: 复数除法运算
    double d = ob.Re * ob.Re + ob.Im * ob.Im;
    complex result;
    result.Re = (Re * ob.Re + Im * ob.Im)/d;
    result.Im = (Im * ob. Re - Re * ob.Im)/d;
    return result;
};
```

```
ostream& operator << (ostream& os, complex & ob) {
//友元函数:重载<<,将复数 ob 输出到输出流对象 os 中
    return os << ob.Re << (ob.Im >= 0.0) ? "+" : "-" << fabs (ob.Im) <<"i";
};
#endif
```

3.【证明】略。注意,这些计算公式在算法分析时将频繁使用。

4.(1) 当 n 给定后,各小题中加下画线的语句执行的程序步数如下。

$$\sum_{i=1}^{n}\sum_{j=1}^{i}\sum_{k=1}^{j}1=\sum_{i=1}^{n}\sum_{j=1}^{i}j=\sum_{i=1}^{n}\left(\frac{i(i+1)}{2}\right)=\frac{1}{2}\sum_{i=1}^{n}i^2+\frac{1}{2}\sum_{i=1}^{n}i$$

$$=\frac{1}{2}\,\frac{n(n+1)(2n+1)}{6}+\frac{1}{2}\,\frac{n(n+1)}{2}=\frac{n(n+1)(n+2)}{6}$$

(2) 第 1 次执行循环后 $i=2, j=j+i=1+2$;第 2 次执行循环后 $i=3, j=j+i=1+2+3$;…;第 k 次执行循环后 $i=k, j=j+i=1+2+\cdots+k+(k+1)$。若此时 $j>n$,则循环结束。解出满足下列不等式的 k 值,即为语句 $i=i+1$ 的程序步数。

$$\sum_{i=1}^{k}i\leqslant n<\sum_{i=1}^{k+1}i \Rightarrow \frac{k(k+1)}{2}\leqslant n<\frac{(k+1)(k+2)}{2}$$

例如,$n=100$,当 $k=13$ 时,$13\times 14/2=91\leqslant 100<14\times 15/2=105$。

(3) 内层 for 循环的作用是把 $1+2+\cdots+n=n(n+1)/2$ 累加到 i 中,外层 do 循环控制内层循环的循环趟数。设到了第 k 趟有

$$1+(k-1)\left(\frac{n(n+1)}{2}\right)<100+n\leqslant 1+k\left(\frac{n(n+1)}{2}\right)$$

解出 k 值,即为语句 $i=i+j$ 的程序步数。但欲解出此不等式,对于 n 也有限制。例如,
当 $n=1, n(n+1)/2=1, 1+1\times(k-1)<100+1\leqslant 1+1\times k, k=100$;
当 $n=5, n(n+1)/2=15, 1+15\times(k-1)<100+5\leqslant 1+15\times k, k=6$;
当 $n=10, n(n+1)/2=55, 1+55\times(k-1)<100+10\leqslant 1+55\times k, k=2$;
当 $n=14, n(n+1)/2=105, 1+105\times(k-1)<100+14\leqslant 1+105\times k, k=1$;
当 $n=15, n(n+1)/2=120, 1+120\times(k-1)<100+15\leqslant 1+120\times k$, k 的值不存在。

5.(1) 在适当的地方插入计算 count 的语句。

```
void d (int x[ ], int n) {
    int i = 0; count ++;
    do {
        x[i] += 2; i += 2; count += 2;
        count++;                          //针对 while 语句
    } while (i <= n);
    i = 0; count++;
    while (i <= (n/2)) {
        count ++;                         //针对 while 语句
        x[i] += x[i+1]; i++; count += 2;
    }
    count ++;                             //针对最后一次 while 语句的执行
}
```

(2) 将由(1)所得到的程序化简。化简后的程序与原来的程序有相同的 count 值。

```
void d (int x[ ], int n) {
    int i = 0;
    do {
        count += 3; i += 2;
    } while (i <= n);
    i = 0;
    while (i <= (n/2)) {
        count += 3; i++;
    }
    count += 3;
}
```

(3) 程序执行结束后 count 的值为 $3n+3$。

- 当 n 为偶数时，count$=3*(n/2)+3*(n/2)+3=3*n+3$；
- 当 n 为奇数时，count$=3*((n+1)/2)+3*((n-1)/2)+3=3*n+3$。

(4) 使用执行频度的方法计算程序的执行步数，画出程序步数统计表如表 1-1 所示。

表 1-1　第 5 题程序步数统计表

行　号	程 序 语 句	一次执行步数	执行频度	程序步数
1	void d (int x[ ],　int n) {	0	1	0
2	int i=0;	1	1	1
3	do {	0	$\lfloor(n+1)/2\rfloor$	0
4	x[i] += 2;	1	$\lfloor(n+1)/2\rfloor$	$\lfloor(n+1)/2\rfloor$
5	i += 2;	1	$\lfloor(n+1)/2\rfloor$	$\lfloor(n+1)/2\rfloor$
6	}while (i <= n);	1	$\lfloor(n+1)/2\rfloor$	$\lfloor(n+1)/2\rfloor$
7	i=0;	1	1	1
8	while (i <= (n/2)) {	1	$\lfloor n/2+1\rfloor$	$\lfloor n/2+1\rfloor$
9	x[i] += x[i+1];	1	$\lfloor n/2\rfloor$	$\lfloor n/2\rfloor$
10	i ++;	1	$\lfloor n/2\rfloor$	$\lfloor n/2\rfloor$
11	}	0	$\lfloor n/2\rfloor$	0
12	}	0	1	0
			$(n\neq 0)$	$3n+3$

6. (1) 用 count 计数求程序步数。

```
float sum (float a[], int n) {
    float s = 0.0;                  //count++;
    for (int i = 0; i < n; i++)     //count += n+1
        s += a[i];                  //count +=+2
    count=+2;
    return s;                       //count++
}
```

程序步数为 $2n+3$。

(2) 设规模为 n 的程序的时间复杂度为 $T(n)$，则

$$
\begin{aligned}
T(n) &= 1+(T(n-1)+1)=T(n-1)+2 \\
&= (1+(T(n-2)+1))+2=T(n-2)+4
\end{aligned}
$$

$=(1+(T(n-3)+1))+4=T(n-3)+6$

$=\cdots=(1+(T(n-i)+1))+2(i-1)=T(n-i)+2i$

$=\cdots=(1+(T(n-(n-1))+1))+2(n-2)=T(1)+2(n-1)$

$=(1+1)+2(n-1)=2n$

计算 $T(i)$时,函数体内首先执行 if 语句的程序步为 1,再对递归语句执行 $T(i-1)$,回来程序步再加 1,执行加 $a[i-1]$,所以有 $T(i)=1+(T(i-1)+1)$。当递归到求 $T(1)$时,程序步为 2,即 if 语句执行 1 次,return $a[0]$语句执行 1 次。

7. (1) 判断整数 n 是否素数,如果是则函数返回 1,否则返回 0。算法时间复杂度 $T(n)=O(\sqrt{n})$。

(2) 计算 $\sum_{i=1}^{n} i!$,即 $1,1\times2,1\times2\times3,1\times2\times3\times4,\cdots,1\times2\times3\times\cdots\times n$ 的和。算法时间复杂度 $T(n)=O(n)$。

(3) 同样计算 $\sum_{i=1}^{n} i!$。算法时间复杂度 $T(n)=O(n^2)$。这是因为没有像上题那样保留计算的中间结果,每次都重新计算 $1\times2\times\cdots\times i$,程序步数达到

$$\sum_{i=1}^{n}\sum_{j=1}^{i}1=\sum_{i-1}^{n}i=\frac{n(n+1)}{2}=O(n^2)$$

(4) 求出满足不等式 $1+2+3+\cdots+i\geqslant n$ 的最小 i 值。例如,$n=100$,当 $i=14$ 时,满足 $1+2+\cdots+13=91<100,1+2+\cdots+14=105\geqslant100$。

从 $i(i-1)/2<n$ 可得,$i^2-i-2n<0$,用代数法求解得

$$i<\frac{1\pm\sqrt{1+8n}}{2}$$

因此可知,算法时间复杂度为 $O(\sqrt{n})$。

(5) 统计从输入流对象 inp 中输入的 n 个整数的个位出现 $0,1,\cdots,9$ 的次数,将它们记入 $c[0]\sim c[9]$中。算法时间复杂度看单个 while 循环内的语句的执行次数,$T(n)=O(n)$。

(6) 打印 n 以内整数的乘法口诀表。第 i 行$(1\leqslant i\leqslant n)$中有 $n-i$ 个乘法项,每个乘法项为 i 与 $j(i\leqslant j\leqslant n)$的乘积。算法时间复杂度为

$$T(n)=\sum_{i=1}^{n}\sum_{j=i}^{n}1=\sum_{i=1}^{n}(n-i+1)=\frac{n(n+1)}{2}=O(n^2)$$

(7) 将矩阵 $\boldsymbol{A}_{M\times N}$ 中的每一个元素的值扩大到原来的 d 倍。算法时间复杂度 $T(M,N)=O(M\times N)$。

(8) 矩阵相乘的算法 $\boldsymbol{C}_{M\times L}=\boldsymbol{A}_{M\times N}\times\boldsymbol{B}_{N\times L}$。算法时间复杂度 $T(M,N,L)=O(\max(M\times L,M\times N\times L))=O(M\times N\times L)$。

8. 比较算法好坏需比较两个函数 2^n 和 n^2。

当 $n=1$ 时,$2^1>1^2$,算法 A_2 好于 A_1;

当 $n=2$ 时,$2^2=2^2$,算法 A_1 与 A_2 相当;

当 $n=3$ 时,$2^3<3^2$,算法 A_1 好于 A_2;

当 $n=4$ 时,$2^4>4^2$,算法 A_2 好于 A_1;

当 $n>4$ 时,$2^n>n^2$,算法 A_2 好于 A_1;

当 $n \to \infty$ 时，算法 A_2 在时间复杂度上显然优于 A_1。

如果对两个函数都取以 2 为底的对数可知 $\log_2 2^n = n$，$\log_2 n^2 = 2\log_2 n$，显然当 $n \to \infty$ 时，$n > 2\log_2 n$，算法 A_2 好于 A_1。

9. 各函数的排列次序如下：$(2/3)^n$，2^{100}，$\log_2(\log_2 n)$，$\log_2 n$，$(\log_2 n)^2$，$\sqrt{n}$，$n^{2/3}$，$n/\log_2 n$，n，$n\log_2 n$，$n^{3/2}$，$(4/3)^n$，$(3/2)^n$，$n^{\log_2 n}$，$n!$，n^n。

10. 比较 n^2 与 $50n\log_2 n$ 值的增长。

如表 1-2 所示，当 $n \geqslant 440$ 时，n^2 的值大于 $50n\log_2 n$ 的值。

表 1-2　第 10 题 n^2 与 $50n\log_2 n$ 值的增长

n	5	100	400	420	430	436	438	439	440	500
n^2	25	10 000	160 000	176 400	184 900	190 096	191 844	192 721	193 600	250 000
$50n\log_2 n$	580	33 219	172 877	182 999	188 086	191 146	192 168	192 679	193 190	224 145

11. 根据假设，计算机可连续运行 10^7 秒，每秒可执行基本操作 10^5，那么计算机可连续执行基本操作 $10^7 \times 10^5 = 10^{12}$ 次。在此能力限制下，算法 1 的时间复杂性为 $O(2^n)$，则可求得问题规模 $n \leqslant \log_2(10^{12}) = 12\log_2 10$；算法 2 的时间复杂性为 $O(n^{10})$，则其问题规模 $n \leqslant (10^{12})^{0.1}$；显然，算法 1 适用的问题规模范围更大些，更适宜些。由此得到一个结论：虽然在一般情况下，多项式阶的算法比指数阶的算法能更快解决问题，但高次多项式的算法在 n 的范围上还不如指数阶的算法。

三、算法题

1. (1) 求 3 个整数中的最大整数的函数。

【题解 1】 设 k 指示当前最大整数，初值为 a，然后拿 k 与 b、c 逐个比较，k 指示其中的大者，最后在 k 中得到最大整数。算法描述如下。

```
int max (int a, int b, int c) {
    int k = a;
    if (b > k) k = b;
    if (c > k) k = c;
    return k;
}
```

【题解 2】 把 3 个整数存放于一个整数数组 data 内，首先假设 data[0]最大：$k =$ data[0]，然后通过一个循环 $i = 1, 2$，逐个比较后续整数 data[i]，如果 data[i]>data[k]，让 k 指示此更大整数的下标，最后从 data[k]中得到最大整数。算法的描述如下。

```
int max (int a, int b, int c) {
    int data[3] = { a, b, c };
    int k = 0;                          //开始时假定 data[0]最大
    for (int i = 1; i < 3; i++)         //与其他整数逐个比较
        if (data[i] > data[k]) k = i;   //k 记录新的最大者
    return data[k];
}
```

(2) 可将上面求最大整数的函数稍做修改，将“>”改为“<”，可得求最小整数的函数。算法描述如下。

```
int min (int a, int b, int c) {
    int k = a;
    if (b < k) k = b;
    if (c < k) k = c;
    return k;
}
```

2. 算法用数组 $c[5]$保存落在[0,20],(20,50],(50,80],(80,130],(130,200]各区间的整数个数,为方便比较,在函数体内用 $d[5]$给出了各个区间的上限。然后通过一趟扫描,判断访问的整数落在哪个区间,就将相应 $c[i]$的计数加 1。算法描述如下。

```
void Count (int a[ ], int n, int c[ ]) {
    int d[5] = {20, 50, 80, 130, 200};          //用来保存各统计区间的上限
    int i, j;
    for (i = 0; i < 5; i++) c[i] = 0;           //给数组 c[5]中的每个元素赋初值 0
    for (i = 0; i < n; i++) {                   //一趟扫描进行统计
        if (a[i] >= 0 && a[i] <= 200) {
            for (j = 0; j < 5; j++)             //查找 a[i]所在的区间
                if (a[i] <= d[j]) break;
            c[j]++;                             //使统计相应区间的元素增 1
        }
        else cout <<"a[" << i <<"] =" << a[i] <<"超出范围,此数作废!" <<endl ;
    }
}
```

3. (1) 用 cerr<< 及 exit (1)语句来终止程序执行并报告错误。

```
#include <iostream.h>
#include <stdlib.h>
#define arraySize 100
#define MaxInt 0x7fffffff
void calc-1 (int T[], int n) {
    T[0] = 1;
    if (n != 0) {
        int i, bounds = MaxInt/n/2;
        for (i = 1; i < n; i++) {
            T[i] = T[i-1] * i * 2;
            if (T[i] > bounds)          //注意, 不可用 T[i]直接与 MaxInt 比较
                { cerr <<"failed at " << i <<" ." <<endl; exit(1); }
        }
        T[n] = T[n-1] * n * 2;
    }
    cout <<"T[" << n <<"]=" << T[n] <<endl;
}
void main () {
    int A[arraySize]; int i;
    for (i = 0; i < arraySize; i++)
        calc-1(A, i);
}
```

(2) 用返回布尔值 false、true 来实现算法,以区别是正常返回还是错误返回。

```
#include <iostream.h>
#define arraySize 100
#define MaxInt 0x7fffffff
bool calc-2(int T[], int n) {
    T[0] = 1;
    if (n != 0) {
        int i, bounds = MaxInt/n/2;
        for (i = 1; i < n; i++) {
            T[i] = T[i-1] * i * 2;
            if (T[i] > bounds) return false;
        }
        T[n] = T[n-1] * n * 2;
    }
    cout <<"T[" << n <<"]=" << T[n] <<endl;
    return true;
}
void main () {
    int A[arraySize]; int i;
    for (i = 0; i < arraySize; i++)
        if (!calc-2 (A, i)) { cout <<"failed at " << i <<" ." <<endl;break; }
}
```

(3) 在函数的参数表中设置一个引用型的整型变量,来区别是正常返回还是某种错误返回。

```
#include <iostream.h>
#define arraySize 100
#define MaxInt 0x7fffffff
void calc-3 (int T[], int n, int& succ) {
    T[0] = 1; succ = 1;
    if (n != 0) {
        int i, bounds = MaxInt/n/2;
        for (i = 1; i < n; i++) {
            T[i] = T[i-1] * i * 2;
            if (T[i] > bounds) { succ = 0; return; }
        }
        T[n] = T[n-1] * n * 2;
    }
    cout <<"T[" << n <<"]=" << T[n] <<endl;
}
void main () {
    int A[arraySize]; int i, s;
    for (i = 0; i < arraySize; i++) {
        calc-3 (A, i, s);
        if (!s) { cerr <<"failed at " << i <<" ." <<endl; break; }
}
```

方法(1)把出错处理交由系统来做,一旦 $k!\times 2^k$ 超出限制就报错,然后停止程序执行;方法(2)通过函数返回程序是否正常执行结束的标志,由调用程序决定下一步要干什么;方法(3)与方法(2)的处理方式相同,只不过出错标志由引用型参数返回。

第2章 线 性 表

本章主要涉及典型的线性结构——线性表的相关知识点的练习，包括它的概念、相关操作、顺序存储结构和链接存储结构，并进一步把学习范围扩大到它的一些应用。

2.1 复习要点

本章复习的要点如下。

1. 线性表的定义和特点

(1) 线性表定义。注意几个关键词：有穷、序列、数据元素。

(2) 线性表特点。唯一前驱和唯一后继的特性是衡量线性结构的关键。

(3) 线性表元素类型。一般要求构成的表元素具有相同数据类型，但不排除包含有不同数据类型的异质表，掌握用线性表存放异质表元素的方法。

(4) 线性表与向量(一维数组)的关系。注意它们之间的异同。

(5) 线性表的操作归类。包括访问操作(搜索、遍历)，维护操作(插入、删除)，设置操作(初始化或置空、定位)，判断操作(判空、判满)，游标操作(前驱、后继)。

2. 线性表的顺序存储表示

(1) 顺序表的静态和动态的C结构定义，以及C++类定义。

(2) 顺序表的特点。即元素的逻辑顺序与物理顺序的一致性。

(3) 向量(一维数组)的存储地址计算。

(4) 顺序表的主要操作，如搜索、插入、删除等的实现算法。

(5) 掌握主要功能的关键语句，如遍历整个顺序表、遍历到指定结点的语句，插入、删除时成片移动元素的语句等。

(6) 掌握简单的效率分析。包括搜索算法中数据比较次数的计算，插入、删除的数据移动次数的计算。

3. 线性表的链接存储表示

(1) 单链表的C结构定义和C++类定义。理解不同方式定义的优缺点。

(2) 单链表的特点。即元素逻辑顺序与物理顺序的不一致性。

(3) 单链表的主要操作，如搜索、插入、删除等的实现算法。注意无附加头结点和带附加头结点的单链表操作实现的差异。

(4) 掌握主要功能的关键语句，如遍历整个单链表、遍历到指定结点的语句；无头结点单链表的表头插入、删除；带头结点单链表的搜索运算；带附加头结点单链表的插入、删除运算及单链表的创建、释放、逆置、分裂、合并等运算。

(5) 有序单链表的主要操作，如搜索、插入、删除运算，以及分裂、合并、剔除重复元素的运算。

4. 其他链表表示

(1) 循环链表和双向链表的 C 结构定义和 C++ 类定义。

(2) 循环单链表的主要操作，如定位、搜索、插入、删除运算的实现。

(3) 循环双链表的主要操作，如双向定位、搜索、插入、删除运算的实现。

(4) 静态链表的 C 结构定义和 C++ 类定义。

(5) 静态链表的主要操作，如定位、搜索、插入、删除运算的实现。

5. 单链表的应用：多项式的实现

(1) 多项式链表的 C 结构定义。

(2) 稀疏多项式求值、加法、插入、乘法等运算的实现。

2.2 难点与重点

本章的重点有 5 个：线性表的定义和特点，线性表的基本操作，线性表的顺序存储表示和链表存储表示，循环链表、双向链表和静态链表，线性表的应用。

1. 线性表的定义和特点

(1) 如果一个元素集合中每个元素都有 1 个且仅有 1 个直接前驱和 1 个直接后继，它是线性表吗？进一步联想一下，循环链表是线性表吗？

(2) 如果一个元素集合有一个元素仅有 1 个直接后继而没有直接前驱，另一个元素仅有 1 个直接前驱而没有直接后继，其他每个元素都仅有 1 个直接前驱和 1 个直接后继，但其中各个元素可能数据类型不同，该元素集合是线性表吗？

(3) 我们可以为线性表定义搜索、插入、删除等操作吗？它们如何实现？

2. 线性表的存储表示

(1) 线性表的顺序存储表示是一维数组吗？

(2) 想要以 $O(1)$的时间代价存取第 i 个表元素，线性表应采用顺序表还是单链表？

(3) 顺序表可以扩充吗？如果想要扩充，应采用何种结构？

(4) 如果想使得顺序表适合多种数据类型，并可以用于多种场合，顺序表应如何构建？假设顺序表的每个元素不是原子类型，其元素成分和关键码由使用者自行决定。

(5) 顺序表每插入一个新元素，或删除一个已有元素，需要移动多少元素？平均移动多少元素？如果不想移动多个元素实现插入与删除，又应如何做？

(6) 为了统一空链表和非空链表的操作，简化链表的插入、删除操作，需要给链表增加点什么？

(7) 在何种场合选用顺序表？链表呢？

(8) 想要判断一个带附加头结点的循环单链表 L 是否为空，应采用何种语句？

(9) 想要以 $O(1)$的时间代价把两个链表连接起来可采用何种链表结构？

(10) 想要判断一个带附加头结点的循环双链表 L 是否为空，应采用何种语句？

(11) 想要以 $O(1)$的时间代价访问第 i 个表元素的直接前驱和/或直接后继，应采用何种链表结构？

(12) 多项式在何种情况下可采用顺序表存储？何种情况下可采用链表结构存储？它们如何定义？如何求值？

(13) 多项式的相加实际相当于两个有序表的合并。如果不想开辟较大的辅助空间，利用原有存储来存放合并后的结果，应如何做？

2.3 教材习题解析

一、单项选择题

1. 线性表中的每一个表元素都是数据对象，它们是不可再分的(　　)。

A. 数据项　　B. 数据记录　　C. 数据元素　　D. 数据字段

【题解】 选 C。看线性表的定义。

2. 顺序表是线性表的(　　)存储表示。

A. 有序　　B. 无序　　C. 数组　　D. 顺序存取

【题解】 选 C。线性表有两种存储表示：数组存储表示和链接存储表示。顺序表是线性表的数组存储表示，它既可顺序存取又可直接存取。既可能是有序的，也可能是无序的。

3. 在一个长度为 n 的顺序表中顺序搜索一个值为 x 的元素时，在等搜索概率的情况下，搜索成功的平均数据比较次数为(　　)。

A. n　　B. $n/2$　　C. $(n+1)/2$　　D. $(n-1)/2$

【题解】 选 C。搜索成功的平均数据比较次数为 $(1+2+\cdots+n)/n=(n+1)/2$。

4. 在一个长度为 n 的顺序表中向第 i 个元素($0\leqslant i\leqslant n$)位置插入一个新元素时，需要从后向前依次后移(　　)个元素。

A. $n-i$　　B. $n-i+1$　　C. $n-i-1$　　D. i

【题解】 选 A。向第 0 号位置插入新元素，要向后移动 n 个元素；向第 1 号位置插入新元素，要向后移动 $n-1$ 个元素；……；向第 i 号位置插入新元素，要向后移动 $n-i$ 个元素；向第 n 号位置插入新元素，要向后移动 0 个元素。

5. 在一个长度为 n 的顺序表中删除第 i 个元素($0\leqslant i\leqslant n-1$)时，需要从前向后依次前移(　　)个元素。

A. $n-i$　　B. $n-i+1$　　C. $n-i-1$　　D. i

【题解】 选 C。删除第 0 号元素，要前移 $n-1$ 个元素；删除第 1 号元素，要前移 $n-2$ 个元素；……；删除第 i 号元素，要前移 $n-i-1$ 个元素。

6. 在一个长度为 n 的顺序表中删除一个值为 x 的元素时，需要移动元素的总次数的平均值为(　　)。

A. $(n+1)/2$　　B. $n/2$　　C. $(n-1)/2$　　D. n

【题解】 选 C。x 可能是表中任一元素，删除 x 时需要移动元素的总次数为 $(n-1)+(n-2)+\cdots+1+0=n(n-1)/2$，考虑表中有 n 个可能删除的位置，移动元素总次数的平均值为 $(n-1)/2$。

7. 在一个长度为 n 的顺序表的表尾插入一个新元素的渐进时间复杂度为(　　)。

A. $O(1)$　　B. $O(n)$　　C. $O(n^2)$　　D. $O(\log_2 n)$

【题解】 选 A。在顺序表的表尾插入新元素，无须移动元素，渐进时间复杂度为 $O(1)$。

8. 在一个长度为 n 的顺序表的任一位置插入一个新元素的渐进时间复杂度为(　　)。

A. $O(1)$　　B. $O(n/2)$　　C. $O(n)$　　D. $O(n^2)$

【题解】 选C。在顺序表的任一位置插入新元素，要累加在所有位置插入新元素的元素移动次数的平均值$(n+(n-1)+(n-2)+\cdots+1+0)/(n+1)=(n+1)/2$。其渐进时间复杂度为$O(n)$。

9. 不带附加头结点的单链表 first 为空的判定条件是(　　)。

A. first== NULL　　B. first->link== NULL

C. first->link== first　　D. first != NULL

【题解】 选A。不带附加头结点的单链表为空的判定条件是 first== NULL。

10. 带附加头结点的单链表 first 为空的判定条件是(　　)。

A. first== NULL　　B. first->link== NULL

C. first->link== first　　D. first != NULL

【题解】 选B。带附加头结点的单链表为空的判定条件是 first->link== NULL。

11. 设单链表中结点的结构为(data,link)。已知指针 q 所指结点是指针 p 所指结点的直接前驱，若在结点 * q 与结点 * p 之间插入结点 * s，则应执行(　　)。

A. s->link=p->link；p->link=s　　B. q->link=s；s->link=p

C. p->link=s->link；s->link=p　　D. p->link=s；s->link=q

【题解】 选D。插入结点 * s 后，它应成为结点 * q 的直接后继，结点 * p 的直接前驱，因此插入语句是 p->link=s;s->link=q。

12. 设单链表中结点的结构为(data,link)。已知指针 p 所指结点不是尾结点，若在结点 * p 之后插入结点 * s，则应执行(　　)。

A. s->link=p；p->link=s　　B. p->link=s；s->link=p

C. s->link=p->link；p=s　　D. s->link=p->link；p->link=s

【题解】 选D。因为指针 p 所指结点不是尾结点，它后面还链接有结点，因此插入结点 * s 后，原来结点 * p 的直接后继应成为结点 * s 的直接后继，结点 * s 应成为结点 * p 的直接后继。实现语句应是 s->link=p->link;p->link=s。

13. 设单链表中结点的结构为(data,link)。若想摘除结点 * p(* p 既不是第一个也不是最后一个结点)的直接后继，则应执行(　　)。

A. q=p->link；p->link=q->link　　B. q=p->link；p->link=q->link->link

C. p->link=p->link　　D. q=p->link；p=q->link->link

【题解】 选A。想摘下结点 * p 的直接后继，必须用另一指针 q 保存被删结点的地址，再让被删结点 * q 的直接后继结点成为结点 * p 的后继，执行语句是 q=p->link;p->link=q->link。

14. 非空的循环单链表 first 的尾结点(由 p 指向)满足(　　)。

A. p->link== NULL　　B. p== NULL

C. p->link== first　　D. p== first

【题解】 选C。结点 * p 是循环单链表的尾结点，p->link 应指示表的附加头结点 p->link== first。

15. 循环单链表中结点的结构为(data,link)，且 rear 是指向非空的带附加头结点的循环单链表的尾结点的指针。若想删除链表第一个结点，则应执行(　　)。

A. s=rear；rear=rear->link；delete s

B. rear＝rear->link；delete rear

C. rear＝rear->link->link；delete rear

D. s＝rear->link->link；rear->link->link＝s->link；delete s

【题解】 选 D。链表第一个结点是附加头结点 rear->link 的直接后继，若用指针 s 保存它的地址，则有 s＝rear->link->link，让结点 * s 的直接后继链接到附加头结点之后，就可以释放结点 * s 了。执行语句是 s＝rear->link->link；rear->link->link＝s->link；delete s。

16. 设循环双链表中结点的结构为(data，lLink，rLink)，且不带附加头结点。若想在指针 p 所指结点之后(后继方向)插入指针 s 所指结点，则应执行(　　)。

A. p->rLink＝s；s->lLink＝p；p->rLink->lLink＝s；s->rLink＝p->rLink

B. p->rLink＝s；p->rLink->lLink＝s；s->lLink＝p；s->rLink＝p->rLink

C. s->lLink＝p；s->rLink＝p->rLink；p->rLink＝s；p->rLink->lLink＝s

D. s->lLink＝p；s->rLink＝p->rLink；p->rLink->lLink＝s；p->rLink＝s

【题解】 选 D。在结点 * p 的后继方向(rLink)插入结点 * s，则原来结点 * p 的直接后继 p->rLink 应成为结点 * s 的直接后继，结点 * s 应成为结点 * p 的直接后继。注意，这种链接是双向的，先链接结点 * s 的前驱和后继：s->lLink＝p；s->rLink＝p->rLink；再链接结点 * s 后继的前驱指针和结点 * s 前驱的后继指针：p->rLink->lLink＝s；p->rLink＝s。

17. 从一个具有 n 个结点的单链表中搜索值等于 x 的结点时，在搜索成功的情况下，需要平均比较(　　)个结点。

A. n　　B. $n/2$　　C. $(n-1)/2$　　D. $(n+1)/2$

【题解】 选 D。单链表只能顺序搜索，平均搜索次数为 $(1+2+\cdots+n)/n=n(n+1)/2/n=(n+1)/2$。

18. 已知单链表 A 长度为 m，单链表 B 长度为 n，若将 B 链接在 A 的末尾，其时间复杂度应为(　　)。

A. $O(1)$　　B. $O(m)$　　C. $O(n)$　　D. $O(m+n)$

【题解】 选 B。单链表 B 链接到 A 后面，需要找到 A 链的链尾，由于要访问 A 链的 m 个结点，故时间复杂度为 $O(m)$。

19. 已知 first 是不带附加头结点的单链表的表头指针，在表头插入结点 * p 的操作是(　　)。

A. p＝first；p->link＝first　　B. p->link＝first；p＝first

C. p->link＝first；first＝p　　D. first＝p；p->link＝first

【题解】 选 C。在表头插入 * p，先让 * p 的 link 指针指示原来的首元结点 first，再让 first 指示新的首元结点 * p，执行语句是：p->link＝first；first＝p。

20. 已知 first 是带附加头结点的单链表的表头指针，摘除首元结点的语句是(　　)。

A. first＝first->link　　B. first->link＝first->link->link

C. first＝first　　D. first->link＝first

【题解】 选 B。单链表的首元结点位于附加头结点之后，让附加头结点的 link 指示首元结点的后一个结点，就可以摘除首元结点，执行语句为 first->link＝first->link->link。

二、填空题

1. 线性表是由 $n(n\geqslant0)$ 个(　　)组成的有限序列。

【题解】 数据元素。线性表是由 n 个数据元素组成的有限序列。

2. 顺序表的优点是存储密度高,但插入与删除运算的(　　)低。

【题解】 时间效率。顺序表的插入和删除运算的时间效率低,为保持序列的原有顺序,平均要移动一半元素。

3. 顺序表的所有元素必须(　　)存储在其存储空间中,这是它与一维数组的不同之处。

【题解】 按其序号连续。顺序表的所有元素必须连续存放在其存储空间中。

4. 在顺序表中插入一个新元素,其元素移动多少与(　　)和(　　)有关。

【题解】 插入位置,表的长度。在顺序表中插入一个新元素,为腾出插入空间,需要移动多少元素与插入位置和表的长度有关。

5. 在单链表中搜索一个元素应使用(　　)搜索。

【题解】 顺序搜索。在单链表中只能按照结点内的链接指针顺序搜索。

6. 链表在插入和删除元素时不需移动结点,只需改变(　　)。

【题解】 相关结点的链接指针。链表在插入和删除元素时需要修改相关结点内的链接指针,不需移动元素。

7. 链表的存储空间一般在程序运行过程中(　　)。

【题解】 动态分配与回收。链表的存储空间一般在程序执行过程中动态分配和回收。

8. 在单链表中设置附加头结点的作用是在插入和删除表中第一个元素时不必对(　　)进行特殊处理。

【题解】 表头指针。有了附加头结点,在插入和删除表的第一个元素(在首元结点)时不需对表头指针进行特殊处理。

9. 指针 first 是非空带附加头结点的单链表的表头指针,则语句 first->link=first->link->link 的作用是(　　)。

【题解】 从链表上摘下首元结点。语句 first->link=first->link->link 的作用是从链中摘下首元结点并保持链表的链接顺序。

10. 单链表只能通过结点的链指针(　　)访问。

【题解】 顺序。单链表只能通过链表结点内的链接指针顺序访问。

11. 在循环双链表中插入和删除结点时,必须修改(　　)方向上的指针。

【题解】 前驱和后继两个。在循环双链表中插入和删除结点时,必须修改两个方向(前驱方向 lLink 和后继方向 rLink)上的指针。

12. 循环双链表结点的结构为(data,lLink,rLink),则结点 *p 的前驱结点地址为(　　)。

【题解】 p->lLink。结点 *p 的前驱结点地址为 p->lLink。

三、判断题

1. 顺序表可以利用一维数组表示,因此顺序表与一维数组在结构上是一致的,它们可以通用。

【题解】 错。顺序表可以利用一维数组存储,从这点看,它们在结构上是一致的,但顺序表和一维数组不一定能互相通用：顺序表是存储结构，要求所有非空元素集中、连续存放于表的前部，一维数组可以当存储结构使用，也可以当逻辑结构使用。数组中的元素没有连续存放的要求，可以按元素下标直接存取。

2. 在顺序表中，逻辑上相邻的元素在物理位置上不一定相邻。

【题解】 错。在顺序表中逻辑上相邻的元素在物理位置上一定相邻。

3. 顺序表和一维数组一样，都可以按下标随机(或直接)访问，顺序表还可以从某一指定元素开始，向前或向后逐个元素顺序访问。

【题解】 对。一般讲，作为存储结构，一维数组是直接存取结构，而顺序表不但可以直接存取，还可以顺序存取。

4. 链式存储在插入和删除时需要保持数据元素原来的物理顺序，不需要保持原来的逻辑顺序。

【题解】 错。链式存储是逻辑结构的存储映像，逻辑结构要求的逻辑关系，在链式存储中都应保持。

5. 在链式存储表中存取表中的数据元素时，不一定要循链顺序访问。

【题解】 错。在链式存储中，只能循链顺序存取。

6. 在不带附加头结点的单链表的第一个结点之前插入新结点时链表的表头指针必须改变。

【题解】 对。在不带附加头结点的单链表的第一个结点之前插入新元素，新元素将成为新的第一个结点，为此必须修改表头指针，指到这个新的第一个结点。

7. 不带附加头结点的单链表的表头指针是指向链表的首元结点的指针。

【题解】 对。不带附加头结点的单链表的第一个结点就是首元结点，表头指针应指向这个首元结点。

8. 在单链表中摘除结点 * p(结点 * p 不是尾结点)的后继结点的语句是 p=p->link->link。

【题解】 错。正确的语句应是 p->link=p->link->link。

9. 清空带附加头结点的单链表时，必须保留附加头结点。

【题解】 对。空表必须保留附加头结点。

10. 在删除循环双链表中一个结点时，应先将该结点从链表中摘下再删除结点。

【题解】 对。为保持链表原有的链接顺序不因删除而中断，应先使用一个指针，如 p 保存被删结点的地址；然后在前驱方向和后继方向把结点 * p 从链上摘下，并重新链接好，再删除结点 * p。

四、简答题

1. 顺序表的插入和删除要求仍然保持各个元素原来的次序。设在等搜索概率情形下，对有 127 个元素的顺序表进行插入，平均需要移动多少个元素？删除一个元素，平均需要移动多少个元素？

【题解】 插入一个新元素，平均需要移动 $n/2=127/2=63.5$ 个元素；删除一个已有元素，平均需要移动元素 $(n-1)/2=(127-1)/2=63$ 个元素。

2. 设单链表结点的结构为 LinkNode=(data,link)，阅读以下函数：

```
void unknown (LinkNode * Ha) {
//Ha 为指向不带附加头结点的单链表的表头指针
```

```
    if (Ha != NULL) {
        unknown (Ha->link);
        cout << Ha->data <<endl;
    }
}
```

若线性表(a,b,c,d,e,f,g)采用单链表存储,表头指针为 first,则执行 unknown (first)之后输出的结果是什么?

【题解】 函数反向输出表中元素。对于单链表 L=(a,b,c,d,e,f,g),函数输出(g,f,e,d,c,b,a)。

3. 设单链表结点的结构为 LinkNode=(data,link),Ha 是带附加头结点单链表的表头指针,阅读以下函数:

```
int unknown (LinkNode * Ha) {
    LinkNode * p; int n = 0;
    for (p = Ha->link; p != NULL; p = p->link)
        n++;
    return n;
}
```

若用单链表表示的线性表为 L=(a,b,c,d,e,f,g),其表头指针为 L,则执行 unknown(L)之后输出的结果是什么?

【题解】 用迭代法计算表长,即表中元素个数。对于单链表 L=(a,b,c,d,e,f,g),函数返回 7。

4. 若设单链表结点的结构为 LinkNode=(data,link),画出 for 循环每次执行后,链表指针 p 在链表中变化的示意图。

```
LinkNode * L = new LinkNode;
LinkNode * p = L;
for (int i = 0; i < 3; i++) {
    p->link = new LinkNode;
    p = p->link;
    p->data = i * 2+1;
}
p->link = NULL;
```

【题解】 执行过程中各结点和指针的变化如图 2-1 所示。

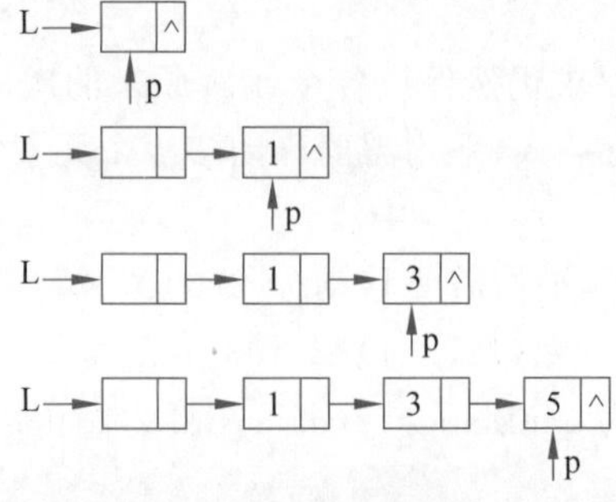

图 2-1 第 4 题的图

5. 这是一个统计单链表中结点的值等于给定值 x 的结点数的算法，请指出其中的错误，并改正，要求不增加新语句(算法中参数 Ha 为不带附加头结点的单链表的表头指针)。

```
int count(LinkNode * Ha, DataType x) {                  ①
    int n = 0;                                          ②
    while (Ha->link != NULL) {                          ③
        Ha = Ha->link;                                  ④
        if (Ha->data == x) n++;                         ⑤
    }
    return n;                                           ⑥
}
```

【题解】 错误语句编号为③、④、⑤，修改如下：

③应为“while (Ha != NULL) {”；

④和⑤应对调。

五、算法题

1. 设有一个线性表($e_0, e_1, \cdots, e_{n-2}, e_{n-1}$)采用顺序存储。设计一个函数，将这个线性表原地逆置，即将表中的 n 个元素置换为($e_{n-1}, e_{n-2}, \cdots, e_1, e_0$)。

【题解 1】 采用两个指针 i 和 j，从表的两端相向而行，交换对应元素的值，直到 i 与 j 碰面或 $i>j$ 为止。顺序表的原地逆置算法如下。

```
template <class T>
void Swap (T A[ ]. int i, int j)                        //交换 A[i]与 A[j]的值
    { T temp = A[i]; A[i] = A[j]; A[j] = temp; }
template <class T>
void reverse (T L[ ], int n) {                          //逆置 L[0..n-1]中全部元素
    int i = 0, j = n-1;
    while (i < j)                                       //交换对称元素的值
        { Swap (L, i, j); i++; j--; }
}
```

【题解 2】 算法先求得表的中间点，然后用一个指针 i 从 0 号元素扫描到中间点，依次将 $L[i]$与表后部对称元素 $L[n-i-1]$对调。顺序表的原地逆置算法如下。

```
template <class T>
void inverse (T L[], int n) {
    int k = (n % 2 == 0) ? n/2 : (n-1)/2;      //计算循环对调次数
    for (int i = 0; i < k; i++)
        { T tmp = L[i]; L[i] = L[n-i-1]; L[n-i-1] = tmp;}
}
```

2. 设计一个算法，删除顺序表中值重复的元素(值相同的元素仅保留第一个)，使得表中所有元素的值均不相同。

【题解 1】 算法有一个二重嵌套循环，针对外层循环的每一元素，内层循环检查其后续元素，如果发现有重复元素，立即删除，用后面的元素填补它。算法描述如下。

```
template <class T>
void DelSame (T L[ ], int& n) {
//n是表中原来的元素个数,函数执行完后,n返回删除重复元素后的元素个数
    if (n == 0) { cout <<"表空不能删除! \n"; return; };
    int i, j;
```

```
    for (i = 0; i < n; i++) {                        //循环检测
        for (j = i+1; j < n; j++)                    //对于每一个 i,重复检测一遍后续元素
        if (L[i] == L[j]) {                          //如果相等,删除
            for (k = j+1; k < n; k++) L[k-1] = L[k];         //后续元素前移
            n--;                                     //元素个数减 1
        }
    }
}
```

这个算法时间效率极低,属于蛮力法求解。下一个解法使用了一个工作区,时间效率有所提高。

【题解 2】 算法设置一个不重复元素区,就利用表的前部已检测过的区域,最初不重复元素区仅有 $L[0]$一个元素,以后对顺序表后续元素逐个检测,如果与不重复元素区的元素值重复,则不做任何处理,否则将其插入不重复元素区。算法描述如下。

```
template <class T>
bool deleteSame(T L[ ], int& n) {
//n 是表中原来的元素个数,函数执行完后 n 返回删除重复元素后的元素个数
    if (n == 0) { cout <<"表空不能删除! \n"; return false; };
    int i, j, k = 0;                                 //k 是当前不重复元素区最后位置
    for (i = 1; i < n; i++) {                        //循环检测表的后续元素
        for (j = 0; j <= k; j++)                     //[0, k]为不重复元素区
            if (L[i] == L[j]) break;                 //确定元素 i 是否重复
        if (j > k && ++k != i) L[k] = L[i];          //不重复元素 L[i]前移
    }
    n = k+1; return true;
}
```

3. 设计一个算法,以不多于 $3n/2$ 的平均比较次数,在一个有 n 个整数的顺序表 A 中找出具有最大值和最小值的整数。

【题解】 算法采用空间换时间的办法,设置了两个辅助数组 large 和 small。算法一趟扫描顺序表,成对比较相邻整数,把大者存入 large,小者存入 small。再分别对这两个数组的整数做类似处理,在大者中求大者,小者中求小者,直到找出值最大和值最小的整数。算法描述如下。

```
void FindMaxMin (int L[ ], int n, int& max, int& min) {
//算法在 L[n]中求最大整数 max 和最小整数 min
    int * large = new int[(n+1)/2];                  //大数数组
    int * small = new int[(n+1)/2];                  //小数数组
    for (int i = 0; i < n-1; i = i+2) {              //一趟扫描,建辅助数组
        if (L[i] < L[i+1]) { large[i/2] = L[i+1]; small[i/2] = L[i]; }
        else { large[i/2] = L[i]; small[i/2] = L[i+1]; }
    }
    if (n % 2 != 0) large[i/2] = small[i/2] = L[n-1];
    for (int k = (n+1)/4; k >= 1; k = k/2) {
        for (i = 0; i < k; i++) {
            large[i] = large[2 * i] > large[2 * i+1] ? large[2 * i] : large[2 * i+1];
            small[i] = small[2 * i] < small[2 * i+1] ? small[2 * i] : small[2 * i+1];
```

```
        }
    }
    max = large[0]; min = small[0];
    delete []large; delete []small;
}
```

第一个 for 循环执行了 $n/2$ 次比较；第二个循环是一个二重嵌套 for 循环，外层循环 $k=n/4,\cdots,4,2,1$，在它的控制下内层循环执行比较 $1+2+\cdots+n/4$ 次。若设 $n=2^m$，则 $1+2+\cdots+2^{m-2}=2^{m-1}-1=n/2-1$，第二个循环总共比较 $2(n/2-1)=n-2<n$ 次，函数总执行比较次数不超过 $n/2+n=3n/2$ 次。

4. 设计一个算法，删除顺序表 L 中所有具有给定值 x 的元素。

【题解】 算法用指针 i 向后继方向逐个检查表中元素，用 k 记录压缩含 x 结点后续结点应移动到哪个位置。一趟扫描完成删除表中所有含 x 结点的任务。看图 2-2 所示的例子。

位置	0	1	2	3	4	5	6	7	8	9	
删除4	2	9	3	5	4	4	3	9	6	4	
k↑	k↑↑i	k↑↑i	k↑↑i	k↑↑i	k↑↑i	k↑↑i	k↑↑i	k↑↑i	k↑↑i	↑i	↑i
	2≠4 k=i=0	9≠4 k=i=1	3≠4 k=i=2	5≠4 k=i=3	4=4 k=3≠i	4=4 k=3≠i	3≠4 k=4≠i	9≠4 k=5≠i	6≠4 k=6≠i	4=4 k=6	
	2	9	3	5	3	9	6				

图 2-2　第 4 题删除给定值 4 时顺序表的变化

for 循环下面的 if 语句用到“与”的短路规则。算法描述如下。

```
template <class T>
void deleteValue (T L[ ], int& n, T x) {
    int i, k = -1;
    for (i = 0; i < n; i++)                    //循环，逐个比对元素值
        if (L[i] != x && ++k != i)             //前移值不为 x 的元素
            L[k] = L[i];
    n = k+1;                                   //新的元素个数
}
```

5. 设有两个带附加头结点的单链表 L1 和 L2，它们所有结点的值都不重复且按递增顺序链接。设计一个算法，合并两个单链表。要求新链表不另外开辟空间，使用两个链表原来的结点，并保持结点的链接顺序仍按值递增顺序排列并消除值重复的结点。

【题解】 这是合并两个有序单链表的算法。算法保留 L1 的附加头结点作为结果链的附加头结点，用两个指针 p1 和 p2 检测两个链表，比较 p1 和 p2 所指结点的数据，将数据小的结点链接到结果链表，若两者比较相等，则保留 p1 所指结点，删去 p2 所指结点。一旦其中一个链表检测完，把另一个链表剩余部分链入结果链表。算法描述如下。

```
template <class T>
void Merge (LinkNode<T> *L1, LinkNode<T> *L2) {
    LinkNode<T> *p1, *p2, *pc, *p;
    p1 = L1->link; p2 = L2->link; pc = L1;    //p1、p2 初始指向两链表首元结点
    delete L2;                                 //pc 是结果链的链尾指针
```

```
    while (p1 != NULL && p2 != NULL) {
        if (p1->data < p2->data)
            { pc->link = p1; pc = p1; p1 = p1->link; }
        else if (p1->data > p2->data)
            { pc->link = p2; pc = p2; p2 = p2->link; }
        else {                              //p1->data == p2->data
            pc->link = p1; pc = p1; p1 = p1->link;
            p = p2; p2 = p2->link; delete p;
        }
    }
    pc->link = (p1 != NULL) ? p1 : p2;       //链接剩余链表
}
```

6. 设在一个带附加头结点的单链表中所有元素结点的数据值按递增顺序排列，设计一个算法，删除表中所有大于 min、小于 max 的元素(若存在)。

【题解】 由于操作对象是一个有序单链表，算法首先扫描链表，让指针 p 找刚大于 min 的结点，如果找到，用指针 pr 记下结点 * p 的前驱结点，然后让指针 p 继续扫描，一边前行一边删除，直到找到刚大于或等于 max 的结点，删除操作完成。算法描述如下。

```
template <class T>
void rangeDelete (LinkNode<T> * L, T min, T max) {
    LinkNode<T> *pr = L, *p = L->link;          //p是检测指针,pr是*p的前驱指针
    while (p != NULL && p->data <= min)         //寻找值为min的结点
        { pr = p; p = p->link; }                //如果找到,*p的值刚大于min
    while (p != NULL && p->data < max)          //寻找值为max的结点
        { pr->link = p->link; delete p; p = pr->link; }
}
```

7. 已知一个带附加头结点的单链表中包含有三类字符(数字字符、字母字符和其他字符)，设计一个算法，构造三个新的单链表，使每个单链表中只包含同一类字符。要求使用原表的空间，附加头结点可以另辟空间。

【题解】 题目并未要求在分裂的三个链表中保持元素在原链表中的顺序，我们假设在各链表中保持字符在原链表中的顺序。算法一趟扫描链表，逐个结点检查结点中保存的字符，如果是数字，仍留在原链表 LA；如果是英文字母，把它从原链表摘下，用后插法(尾插法)链入链表 LB；如果是其他字符，把它从原链表摘下，用后插法(尾插法)链入链表 LC。每个链表都需要一个扫描指针，以实现摘下和链入任务。算法描述如下，算法中的类模板 T 在使用时要代入 char。

```
template<class T>
void Separate (LinkNode<T> * LA, LinkNode<T> * LB, LinkNode<T> * LC) {
//原来的单链表是LA, 新的三个单链表是LA, LB, LC
    LinkNode<T> *p = LA->link;
    LinkNode<T> *pa = LA, *pb = LB, *pc = LC;
    while (p != NULL) {
        if (p->data >= 'A' && p->data <= 'Z'          //结点值为英文字母字符
                || p->data >= 'a' && p->data <= 'z')
            { pa->link = p; pa = p; }
        else if (p->data >= '0' && p->data <= '9')    //结点值为数字字符
            { pb->link = p; pb = p; }
        else { pc->link = p; pc = p; }                 //结点值为其他字符
```

```
        p = p->link;
    }
    pa->link = NULL; pb->link = NULL; pc->link = NULL;
}
```

8. 设长度为 n 的带附加头结点的单链表的表头指针为 ha，元素为 $\{a_0, a_1, a_2, \cdots, a_{n-1}\}$，设计一个算法，重新链接表中各元素，使得元素排列改变成 $\{a_0, a_{n-1}, a_1, a_{n-2}, a_2, \cdots\}$。

【题解】 算法解决分 3 步：首先利用快、慢指针找到链表的中间点，将链表分成两个链表，然后逆转后一个链表的所有结点，最后将两个链表交叉合并。注意，快指针 q 和慢指针 s 首先从头结点起步，每次 s 前移一个结点，q 前移两个结点，当 q== NULL(n 不为奇数)或 q->link== NULL(n 不为偶数)时停止扫描，s 正好指向要分裂的前一个链表的尾结点，它后面的结点构成分裂后的后一个链表。（此算法要求原链表至少有两个结点。）

算法描述如下。

```
template<class T>
void Adjust (LinkNode<T> * L) {
    LinkNode<T> *s = L, *q = L, *p, *t;
    while (q != NULL && q->link != NULL) {          //将链表一分为二
        s = s->link; q = q->link;
        if (q != NULL) q = q->link;
    }
    p = new LinkNode<T>; p->link = s->link; s->link = NULL;
    q = p->link;
    while (q->link != NULL) {                       //逆转后一个链表
        s = q->link; q->link = s->link;
        s->link = p->link; p->link = s;
    }
    q = L->link; s = p->link;                       //交叉链接
    while (q->link != NULL) {
        t = s->link; s->link = q->link; q->link = s;
        q = s->link; s = t;
    }
    if (s != NULL) { q->link = s; s->link = NULL; }
}
```

9. 设有一个表头指针为 list 的不带附加头结点的非空单链表。设计一个算法，通过遍历一趟链表，将链表中所有结点的链接方向逆转，如图 2-3 所示。

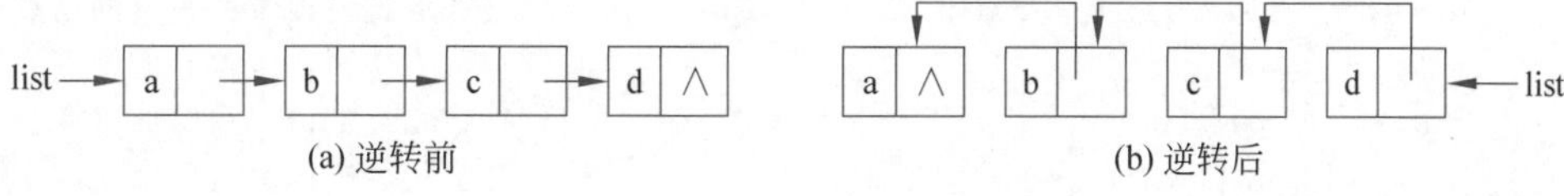

图 2-3 第 9 题的逆转链表的图示

【题解 1】 首先设置指针 p 指向原链的第二个结点，原链首元结点的 link 指针置空，作为逆转链的收尾结点；然后用指针 p 遍历原链，逐个摘下原链的首元结点，采用前插法插入逆转链的链头。这样即可得到原链表的逆转链表。算法描述如下。

```
template<class T>
void Reverse (LinkList<T>& list) {
    if (list == NULL) { cout <<"空链表,返回! \n"; return; }
    LinkNode<T> * p = list->link, * q;           //p 指示首元结点的下一结点
    list->link = NULL;                           //逆转后原首元结点的链域为空
    while (p != NULL) {
        q = p; p = p->link;                      //从原链表中摘下结点 * q
        q->link = list; list = q;                //* q 插入逆转链的链头
    }
}
```

【题解 2】 扫描一趟单链表,逆转 list 结点及其后继结点,再让 list 指向该后继结点,继续逆转 list 结点及其后继结点,…,直到 list 的后继结点为空结束。算法描述如下。

```
template<class T>
void Reverse (LinkList<T>& list) {
    if (list == NULL) return;
    LinkNode<T> * p = list->link, * pr = NULL;
    while (p != NULL) {
        list->link = pr;                      //逆转 list 指针
        pr = list; list = p; p = p->link;     //指针前移
    }
    list->link = pr;
};
```

10. 设有一个带附加头结点的循环双链表 L,每个结点有 4 个数据成员:指向前驱结点的指针 lLink、指向后继结点的指针 rLink、存放数据的成员 data 和访问频度 freq。所有结点的 freq 初始时都为 0。试设计一个 Locate 算法,每次在调用 Locate (L,x)时,让值为 x 的结点的访问频度 freq 加 1,并将该结点向头结点方向移动,链接到与它的访问频度相等的结点后面,使得链表中所有结点保持按访问频度非递增(或递减)的顺序排列,以使频繁访问的结点总是靠近表头。

【题解】 算法有四个步骤,首先正向搜索寻找满足要求的结点,然后把该结点从链中摘下,接下来反向根据访问计数寻找插入位置,最后把该结点重新插入链中。算法描述如下。

```
template<class T>
DblNode<T> * Search (CircDList<T>& first, T x) {
//算法搜索循环双链表 first 中含有值为 x 的结点,若搜索成功,算法重新链接循环双链表中
//各结点的顺序,函数返回该结点的地址,如果搜索不成功,函数返回 NULL
    DblNode<T> * p = first->rLink, * q;
    while (p != NULL && p->data != x) p = p->rLink; //在后继链搜索值为 x 的结点
    if (p != NULL) {                                 //链表中存在包含 x 的结点
        p->freq++; q = p;                            //该结点的访问频度加 1
        q->lLink->rLink = q->rLink;                  //从链表中摘下这个结点
        q->rLink->lLink = q->lLink;
        p = q->lLink;                                //寻找重新插入的位置
        while (p != first && q->freq > p->freq) p = p->lLink;
                                                     //在前驱链搜索插入位置
        q->rLink = p->rLink; q->lLink = p;           //插入在 p 之后
```

```
        p->rLink->lLink = q; p->rLink = q;
        return q;
    }
    else return NULL;                               //没找到
}
```

2.4 补充练习题

一、选择题

1. 在下列关于线性表的叙述中正确的是(　　)。

A. 线性表的逻辑顺序与物理顺序总是一致的

B. 线性表的顺序存储表示优于链式存储表示

C. 线性表若采用链式存储表示时所有存储单元的地址可连续可不连续

D. 线性表应具备三种基本运算：插入、删除和搜索

2. 线性表的顺序存储表示是一种(　　)。

A. 顺序存取的存储结构　　B. 随机存取的存储结构

C. 索引存取的存储结构　　D. 散列存取的存储结构

3. 一个顺序表所占用存储空间的大小与(　　)无关。

A. 表的长度　　B. 元素的数据类型

C. 元素的存放顺序　　D. 元素中各属性(数据项)的数据类型

4. 若长度为 n 的非空线性表采用顺序表存储，在表的第 i 个位置插入一个数据元素，i 的合法值应该是(　　)。

A. $i>0$　　B. $1\leqslant i\leqslant n$　　C. $0\leqslant i\leqslant n-1$　　D. $0\leqslant i\leqslant n$

5. 对于顺序表，其算法的时间复杂度为 $O(1)$ 的运算应是(　　)。

A. 将 n 个元素从小到大排序

B. 从表中删除第 i 个元素($1\leqslant i\leqslant n$)

C. 搜索第 i 个元素($1\leqslant i\leqslant n$)

D. 在第 i 个元素($1\leqslant i\leqslant n$)后插入一个新元素

6. 在下列对顺序存储的有序表(长度为 n)实现给定操作的算法中，平均时间复杂度为 $O(1)$ 的是(　　)。

A. 将 n 个元素从小到大排序　　B. 插入包含指定值元素的算法

C. 删除第 i 个元素($1\leqslant i\leqslant n$)的算法　　D. 获取第 i 个元素($1\leqslant i\leqslant n$)的算法

7. △ 已知两个长度分别为 m 和 n 的升序单链表，若将它们合并为一个降序单链表，则最坏情况下的时间复杂度是(　　)。

A. $O(n)$　　B. $O(mn)$

C. $O(\min(m,n))$　　D. $O(\max(m,n))$

8. △ 已知表头元素为 c 的单链表在内存中的存储状态如图 2-4 所示。现将 f 存放于 1014H 处并插入单链表中，若 f 在逻辑上位于 a 与 e 之间，则 a、e、f 的“链接地址”依次是(　　)。

A. 1010H,1014H,1004H

B. 1010H,1004H,1014H

C. 1014H,1010H,1004H

D. 1014H,1004H,1010H

地址	元素	链接地址
1000H	a	1010H
1004H	b	100CH
1008H	c	1000H
100CH	d	NULL
1010H	e	1004H
1014H		

图 2-4　第 8 题单链表的存储状态

9. 已知 L 是带附加头结点的单链表,L 是表头指针,则摘除首元结点的语句是(　　)。

A. L=L->link

B. L->link=L->link->link

C. L=L->link->link

D. L->link=L

10. 已知单链表 A 长度为 m,单链表 B 长度为 n,若将 B 链接在 A 的末尾,在没有链尾指针的情形下,算法的时间复杂度应为(　　)。

A. $O(1)$　　B. $O(m)$　　C. $O(n)$　　D. $O(m+n)$

11. 在一个具有 n 个结点的单链表中插入一个新结点并可以不保持原有顺序的算法的时间复杂度是(　　)。

A. $O(1)$　　B. $O(n)$　　C. $O(n\log_2 n)$　　D. $O(n^2)$

12. 给定有 n 个元素的一维数组,建立一个有序单链表的时间复杂度是(　　)。

A. $O(1)$　　B. $O(n)$　　C. $O(n\log_2 n)$　　D. $O(n^2)$

13. 设对于一个有 $n(n>1)$ 个结点的线性表的运算只有 4 种:删除第一个元素、删除最后一个元素、在第一个元素之前插入、在最后一个元素之后插入,则最好使用(　　)。

A. 既有头结点指针又有尾结点指针的循环单链表

B. 只有尾结点指针没有头结点指针的循环单链表

C. 只有头结点指针没有尾结点指针的循环双链表

D. 只有尾结点指针没有头结点指针的非循环双链表

14. 设循环单链表的结点结构是(data,link),对于一个不设附加头结点,只有尾指针 rear 的循环单链表,其首元结点和尾结点的位置分别是(　　)。

A. rear 和 rear->link->link　　B. rear 和 rear->link

C. rear->link->link 和 rear　　D. rear->link 和 rear

15. 为了以 $O(1)$的时间代价实现两个循环单链表的合并,合并后的新循环单链表保持头尾相接,应该对这两个循环单链表各设计一个指针,分别指示(　　)。

A. 各自的附加头结点　　B. 各自的首元结点

C. 各自的尾结点　　D. 一个的附加头结点,另一个的尾结点

16. △ 已知指针 h 指向一个带头结点的非空循环单链表,结点结构为(dada,next),其中 next 是指向直接后继结点的指针,p 是尾指针,q 为临时指针。现要删除该链表的第一个元素,正确的语句序列是(　　)。

A. h->next=h->next->next; q=h->next; free(p)

B. q=h->next; h->next=h->next->next; free(q)

C. q=h->next; h->next=q->next; if (p != q) p=h; free(q)

D. q=h->next; h->next=q->next; if (p== q) p=h; free(q)

17. 设循环双链表中结点的结构为(data,lLink,rLink),且不带附加头结点。若想在结点 *p 之前插入结点 *s,则应执行(　　)。

A. p->lLink=s; s->rLink=p; p->lLink->rLink=s; s->lLink=p->lLink

B. s->lLink=p->lLink; p->lLink->rLink=s; s->rLink=p; p->lLink=s->rLink

C. s->rLink=p; p->rLink=s; s->lLink->rLink=s; s->rLink=p

D. p->lLink->rLink=s; s->rLink=p; s->lLink=p->lLink; p->lLink=s

18. △ 已知一个带有头结点的循环双链表 L,结点结构为(prev,dada,next),其中,prev 和 next 分别是指向其直接前驱和直接后继结点的指针。现要删除指针 p 所指的结点,正确的语句序列是(　　)。

A. p->next->prev=p->prev; p->prev->next=p->prev; free(p)

B. p->next->prev=p->next; p->prev->next=p->next; free(p)

C. p->next->prev=p->next; p->prev->next=p->prev; free(p)

D. p->next->prev=p->prev; p->prev->next=p->next; free(p)

19. 带附加头结点的循环双链表 head 为空的条件是(　　)。

A. head->lLink==head && head->rLink==NULL

B. head->lLink==NULL && head->rLink==NULL

C. head->lLink==NULL && head->rLink==head

D. head->lLink==head && head->rLink==head

20. △ 现有非空双向链表 L,其结点结构为(prev,data,next),prev 是指向直接前驱结点的指针,next 是指向直接后继结点的指针。若要在 L 中指针 p 所指向的结点(非尾结点)之后插入指针 s 指向的新结点,则在执行了语句序列“s->next=p->next;p->next=s;”后,还要执行(　　)。

A. s->next->prev=p; s->prev=p

B. s->next->prev=s; s->prev=p

C. s->prev=s->next->prev; s->next->prev=s

D. p->next->prev=s->prev; s->next->prev=p

二、简答题

1. 线性表可用顺序表或链表存储。试问:

(1) 两种存储表示各有哪些主要优缺点?

(2) 如果有 n 个表同时并存,并且在处理过程中各表的长度会动态发生变化,表的总数也可能自动改变,在此情况下,应选用哪种存储表示?为什么?

(3) 若表的总数基本稳定,且很少进行插入和删除,但要求以最快的速度存取表中的元素,这时应采用哪种存储表示?为什么?

2. 线性表的每一个表元素是否必须类型相同?为什么?

3. 顺序表可以扩充吗?如果想要扩充,应采用何种结构?

4. 设顺序表有 n 个元素,每插入一个新元素,需要移动多少元素?平均移动多少元素?如果不想移动元素实现插入,又应如何做?

5. 设顺序表有 n 个元素,每删除一个已有元素,需要移动多少元素?平均移动多少元素？如果不想移动元素实现删除，又应如何做？

6. 设顺序表有 n 个元素，若新元素插在 a_i 与 $a_{i+1}(0\leqslant i\leqslant n)$ 间的概率是 $2(n-i)/(n(n+1))$，则平均每插入一个元素需要移动多少元素？

7. 在顺序表中插入或删除一个元素，具体移动多少元素取决于哪两个因素？

8. 为什么顺序表中元素必须相继存放，而不允许像一维数组那样按下标直接存放？

三、算法题

1. 试设计一个求解 Josephus 问题的函数。用整数序列 $1,2,3,\cdots,n$ 表示顺序围坐在圆桌周围的人，并采用数组表示作为求解过程中使用的数据结构。然后使用 $n=9,s=1,m=5$，以及 $n=9,s=1,m=0$，或者 $n=9,s=1,m=10$ 作为输入数据，检查程序的正确性和健壮性。

2. 假定数组 A[arraySize]中有多个零元素，试设计一个算法，将 A 中所有的非 0 元素依次移到数组 A 的前端 $A[i](0\leqslant i\leqslant \text{arraySize})$。

3. 已知在一维数组 $A[m+n]$ 中依次存放着两个顺序表 $(a_0,a_1,\cdots,a_{m-1})$ 和 $(b_0,b_1,\cdots,b_{n-1})$。试设计一个算法，将数组中两个顺序表的位置互换，即将 $(b_0,b_1,\cdots,b_{n-1})$ 放在 $(a_0,a_1,\cdots,a_{m-1})$ 的前面。

4. 利用顺序表的操作，实现以下函数。

(1) 从顺序表中删除具有最小值的元素并由函数返回被删元素的值。空出的位置由最后一个元素填补，若顺序表为空则显示出错信息并退出运行。

(2) 从顺序表中删除具有给定值 x 的所有元素。

(3) 从顺序表中删除其值在给定值 s 与 t 之间(要求 s 小于 t)的所有元素，如果 s 或 t 不合理或顺序表为空则显示出错信息并退出运行。

(4) 从有序顺序表中删除其值在给定值 s 与 t 之间(要求 s 小于 t)的所有元素，如果 s 或 t 不合理或顺序表为空则显示出错信息并退出运行。

5. 设 $A=(a_1,a_2,\cdots,a_m)$ 和 $B=(b_1,b_2,\cdots,b_n)$ 均为顺序表，A′和 B′分别是除去最大公共前缀后的子表。如 A=('b','e','i','j','i','n','g')，B=('b','e','i','f','a','n','g')，则两者的最大公共前缀为 'b','e','i'，在两个顺序表中除去最大公共前缀后的子表分别为 A'=('j','i','n','g')，B′=('f','a','n','g')。若 A′=B′=空表，则 A=B；若 A′=空表且 B′≠空表，或两者均不为空且 A′的第一个元素值小于 B′的第一个元素的值，则 A<B；否则 A>B。试设计一个算法，根据上述方法比较 A 和 B 的大小。

6. 针对带附加头结点的单链表，试设计下列函数。

(1) 求最大值函数 max：通过一趟遍历在单链表中确定值最大的结点。

(2) 统计函数 number：统计单链表中具有给定值 x 的元素个数。

(3) 整理函数 tidyup：在非递减有序的单链表中删除值相同的多余结点。

7. 设 ha 和 hb 分别是两个带附加头结点的非递减有序单链表的表头指针，试设计一个算法，将这两个有序链表合并成一个非递增有序的单链表。要求结果链表仍使用原来两个链表的存储空间，不另外占用其他的存储空间。表中允许有重复的数据。

8. 设有 $n(n>1)$ 个整数存放于表头指针为 list 的不带头结点的单链表中，试设计一个算法，将链表中保存的整数序列循环右移 $k(0<k<n)$ 个结点位置。例如，若 $k=2$，则将序列{1,3,5,7,9}变为{7,9,1,3,5}。要求：

(1) 描述算法的基本设计思想；

(2) 根据设计思想，采用 C 或 C++ 语言描述算法，关键之处给出注释。

(3) 说明你所设计算法的时间复杂度和空间复杂度。

9. △ 已知一个带有头结点的单链表，结点结构为(data，link)，假设该链表只给出了头指针 list。在不改变链表的前提下，请设计一个尽可能高效的算法，查找链表中倒数第 k 个位置上的结点(k 为正整数)。若查找成功，算法输出该结点的 data 域的值，并返回 1；否则，只返回 0。要求：

(1) 描述算法的基本设计思想；

(2) 描述算法的详细实现步骤；

(3) 根据设计思想和实现步骤，采用程序设计语言描述算法(使用 C、C++ 或 Java 语言实现)，关键之处请给出简要注释。

10. △ 假定采用带头结点的单链表保存单词，当两个单词有相同的后缀时，则可共享相同的后缀存储空间，例如，"loading"和"being"的存储映像如图 2-5 所示。

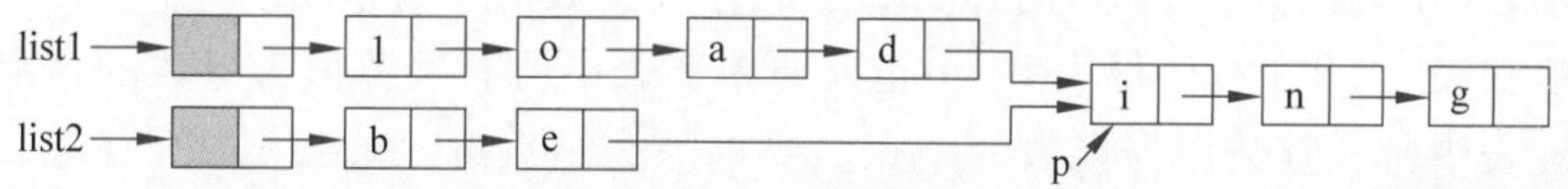

图 2-5 第 10 题共享后缀链表示例

设 str1 和 str2 分别指向两个单词所在单链表的附加头结点，链表结点结构为(data，next)，请设计一个时间上尽可能高效的算法，找出由 str1 和 str2 所指向的两个链表共同后缀的起始位置(如图中字符 i 所在结点的位置 p)，要求：

(1) 给出算法的基本设计思想。

(2) 根据设计思想，采用 C 或 C++ 或 Java 语言描述算法，关键之处给出注释。

(3) 说明你所设计算法的时间复杂度。

11. △ 用单链表保存 m 个整数，结点的结构为(data，link)，且 $|data| \leqslant n$(n 为正整数)，现要求设计一个时间复杂度尽可能高效的算法，对于链表中 data 的绝对值相等的结点，仅保留第一次出现的结点而删除其余绝对值相等的结点。例如，若给定的单链表如图 2-6(a)所示，则删除结点后的 head 链表如图 2-6(b)所示。要求：

(1) 给出算法的基本设计思想；

(2) 使用 C 或 C++ 语言，给出单链表结点的数据类型定义；

(3) 根据设计思想，采用 C 或 C++ 语言描述算法，关键之处给出注释；

(4) 说明你所设计算法的时间复杂度和空间复杂度。

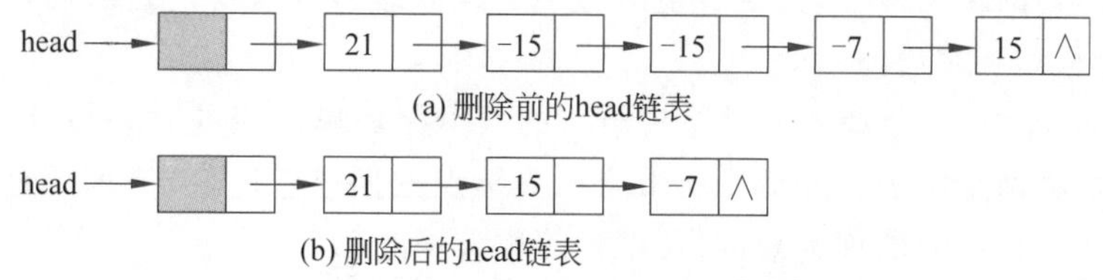

图 2-6 第 11 题整数单链表的删除冗余

12. △ 设线性表 $L=(a_1, a_2, a_3, \cdots, a_{n-2}, a_{n-1}, a_n)$，采用带附加头结点的单链表保存，

链表中结点定义如下：

```
typedef struct node {
    int data;
    struct node * next;
} NODE;
```

请设计一个空间复杂度为 $O(1)$ 且时间上尽可能高效的算法，重新排列 L 中的各结点，得到线性表 $L'=(a_1, a_n, a_2, a_{n-1}, a_3, a_{n-2}, \cdots)$。要求：

(1) 给出算法的基本设计思想；

(2) 根据设计思想，采用 C 或 C++ 语言描述算法，关键之处给出注释；

(3) 说明你所设计算法的时间复杂度。

13. 设 $C=(a_1, b_1, a_2, b_2, \cdots, a_n, b_n)$ 为线性表，采用带附加头结点的单链表存放。设计一个算法，将其拆分为两个线性表，使得 $A=(a_1, a_2, \cdots, a_n)$，$B=(b_1, b_2, \cdots, b_n)$。要求 A 表占用原来 C 表的空间，B 表另建带附加头结点的单链表。

14. 设计一个算法，将一个带附加头结点的存放整数的单链表 head 分解为两个带附加头结点的单链表 h1 和 h2，使得表 h1 中包含原单链表中所有整数值为奇数的结点，表 h2 中包含原单链表中所有整数值为偶数的结点。要求除头结点 h1 和 h2 外，所有链表结点不再另外开辟结点空间。

15. 两个整数序列 $A=\{a_1, a_2, a_3, \cdots, a_m\}$ 和 $B=\{b_1, b_2, b_3, \cdots, b_n\}$ 已经存入两个单链表中，设计一个算法，判断序列 B 是否是序列 A 的子序列。假设 A 和 B 都带附加头结点。

16. 单链表中存在环路，是指单链表最后一个结点的链接指针指向了链表中的某个结点（通常单链表的最后一个结点的指针域是空的）。设 list 是一个带附加头结点的单链表的表头指针，如图 2-7 所示。设计一个算法，判断链表是否有环路，若有，求环路的入口。

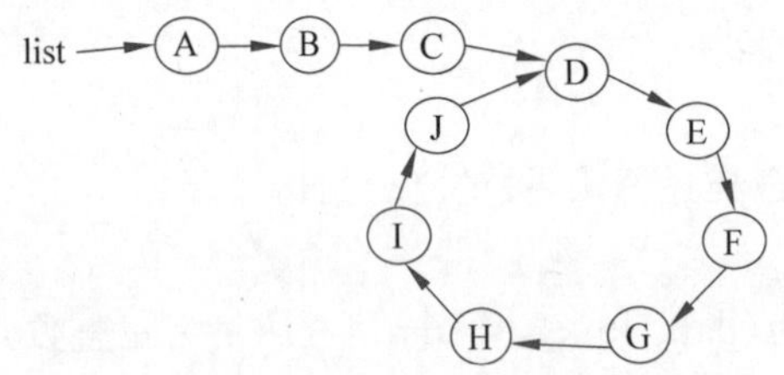

图 2-7　第 16 题部分结点形成环路的单链表

(1) 给出算法的基本设计思想；

(2) 根据设计思想，采用 C 或 C++ 语言描述算法，关键之处给出注释；

(3) 说明你所设计算法的时间复杂度和空间复杂度。

17. 设 list 是一个带附加头结点的单链表的表头指针。设计一个算法，判断链表是否有环路，若有，求环路的长度，即环路上的结点个数。

18. 设 list 是一个带附加头结点的整数循环单链表，设计一个算法，以它的首元结点（即链表第一个元素）的值为基准，将链表中所有小于其值的结点移动到它前面，所有大于或等于其值的结点移动到它后面。

19. 已知 list1、list2 分别为带附加头结点的两个循环单链表的表头指针。设计一个算法，用最快速度将两个链表合并成一个带附加头结点的循环单链表，要求短链在前，长链在后。（两个链表中长度短的称为短链，长度长的称为长链）

20. 已知 rear1、rear2 分别为无表头指针、无附加头结点、只有表尾指针的两个循环单链表的表头指针，设计一个算法，用最快速度将链表 rear2 链接到 rear1 后面，合并成一个同样无表头指针、无附加头结点、只有表尾指针的循环单链表。

21. 设计一个算法，判断一个带附加头结点的循环双链表是否中心对称。

22. 试设计一个算法，改造一个带附加头结点的双向链表，所有结点的原有次序保持在各个结点的 rLink 域中，并利用 lLink 域把所有结点按照其值从小到大的顺序链接起来。

23. 如果用循环单链表表示一元多项式，试编写一个函数 Polynomial∷Calc(x)，计算多项式在 x 处的值。

2.5 补充练习题解答

一、选择题

1. 选 D。线性表有不同的存储表示，顺序存储表示的逻辑顺序与物理顺序总是一致的，链接存储表示的逻辑顺序和物理顺序并不总是一致的，选项 A 不正确。线性表的顺序存储表示的存储密度高，存储利用率高，存取效率高，但插入和删除的效率低于链接存储表示，选项 B 也不正确。此外，链接存储表示要求结点内的存储单元一定连续，结点之间的存储单元可连续也可不连续，选项 C 也不正确。只有选项 D 对。

2. 选 B。注意，顺序存取和顺序存储不是一回事。顺序存取是指顺序读写。线性表的顺序存储表示(顺序表)是一种随机存取的存储结构，可按下标直接读写，也可按下标顺序读写。

3. 选 C。一个顺序表所用存储空间大小等于表长度×sizeof (元素的数据类型)，与元素的存放顺序无关。如果表元素是 struct 类型，则表的存储空间大小与 struct 型元素中所包含的各个属性的数据类型有关。

4. 选 D。顺序表要求所有元素连续存放在数组的前 n 个位置，因此合理的元素下标值是 $0\sim n-1$，此外还可以在表尾第 n 个位置追加新元素，因此合法的插入位置是 $0\leqslant i\leqslant n$。

5. 选 C。在顺序表中搜索第 i 个元素时可直接访问，时间复杂度是 $O(1)$。

6. 选 D。在顺序存储的有序表中搜索，可采用顺序搜索，平均时间复杂度为 $O(n)$，也可采用折半搜索，平均时间复杂度为 $O(\log_2 n)$；插入和删除指定元素的平均时间复杂度为 $O(n)$，获取第 i 个值的算法的平均时间复杂度为 $O(1)$，因为顺序表可以直接存取。

7. 选 D。合并过程分两步走。第一步，当两个链表都不为空时，需要使用一个循环合并两个链表到结果链表中，时间复杂度为 $O(\min(m,n))$；第二步，当其中一个链表率先处理完时，又需要一个循环把未处理完的链表复制到结果链表中，复制元素个数为 $O(\max(m,n))-O(\min(m,n))$；总的时间复杂度等于 $O(\min(m,n))+O(\max(m,n))-O(\min(m,n))=O(\max(m,n))$。

8. 选 D。题目中图 2-4 是单链表的存储状态，图 2-8 是插入 f 前、后的链表。

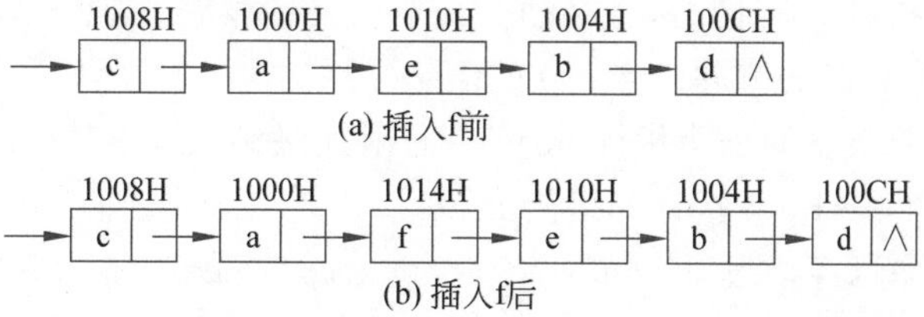

1008H 1000H 1010H 1004H 100CH
→ c → a → e → b → d ∧

(a) 插入f前

1008H 1000H 1014H 1010H 1004H 100CH
→ c → a → f → e → b → d ∧

(b) 插入f后

图 2-8 第 8 题单链表的插入前后

插入后，结点 a 的后继是结点 f，结点 e 的后继是结点 b，结点 f 的后继是结点 e，则结点 f、b、e 的地址分别为 1014H、1004H 和 1010H。

9. 选 B。首元结点在附加头结点后面，实际摘除的是附加头结点后面的结点。在赋值符“＝”的右端，L->link 指示首元结点，L->link->link 指示首元结点的下一结点地址，将其送入赋值符“＝”左端的附加头结点的 link 指针域内。

10. 选 B。链接时需要寻找链表 A 的链尾，遍历链表 A 的 m 个结点，算法的时间复杂度为 $O(m)$。

11. 选 A。此时插在链头(附加头结点后首元结点前)即可，时间复杂度为 $O(1)$。

12. 选 D。每插入一个元素，就需遍历链表，搜索插入位置，此即链表插入排序。时间复杂度是 $O(n^2)$。

13. 选 C。循环双链表的附加头结点的 lLink 指针指向其尾结点，rLink 指针指向其首元结点，设表头指针为 head，则上述所有 4 种操作的实现算法的时间复杂度都是 $O(1)$。

14. 选 D。因为循环单链表没有附加头结点，首元结点地址为 rear->link，尾结点地址为 rear。

15. 选 C。如果合并两个循环单链表并使它们头尾相接，两个链表保留附加头结点或首元结点的指针是不合理的，因为无法在 $O(1)$的时间内将一个链表的尾部链接到另一个的头部。如果各链表仅设置尾结点指针是合理的，将链表 1 的尾结点的链接指针指向链表 2 的首元结点，再将链表 2 的尾结点的链接指针指向链表 1 的首元结点，在 $O(1)$的时间内就可合并两个循环单链表并使它们头尾相接。

16. 选 D。如图 2-9 所示，链表的第一个元素在首元结点，即 h->next 所指结点内，用 q 记忆该结点实现语句为 q＝h->next，再把结点 ＊q 从链中摘下，实现语句为 h->next＝q->next，在删除结点 ＊q 之前判断结点 ＊q 是否为尾结点，是则表明该链表删除结点 ＊q 后将成为空链表，让附加头结点的 next 指针指向头结点，h->next＝h，最后释放结点 ＊q。

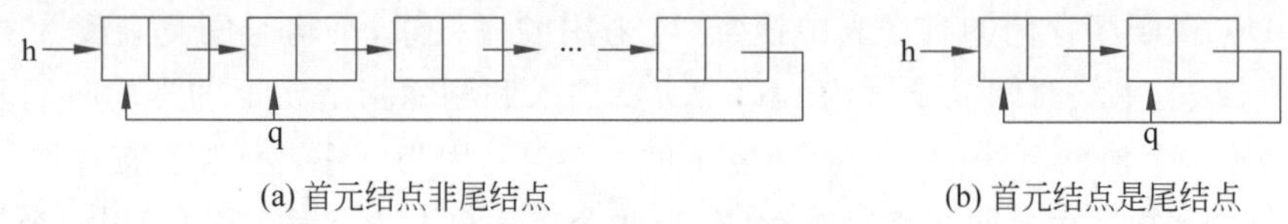

(a) 首元结点非尾结点　　(b) 首元结点是尾结点

图 2-9　第 16 题在循环单链表中删除第一个元素

17. 选 D。为了在结点 ＊p 之前插入结点 ＊s，需要修改两个方向的链指针。先是后继链，让结点 ＊p 的前驱结点的 rLink 指针指向结点 ＊s，再让结点 ＊s 的 rLink 指针指向结点 ＊p；接着是前驱链，先让结点 ＊s 的 lLink 指针指向结点 ＊p 的前驱，再让结点 ＊p 的 lLink 指针指向结点 ＊s。选项 D 才是对的。

18. 选 D。删除指针 p 所指结点，必须在前驱链和后继链上把结点 ＊p 摘下来，再释放结点 ＊p，选项 D 就是正确的删除结点 ＊p 的语句序列。

19. 选 D。循环双链表的表头指针 head 指向附加头结点，空链表的情形仍然保留附加头结点，其 lLink 指针和 rLink 指针都指向 head。

20. 选 C。题目中已经通过“s->next＝p->next；p->next＝s；”将结点 ＊s 链入双链表的后继链(next 方向)中，如图 2-10(b)所示，下面只需把结点链入双向链表的前驱链(prev 方向)即可。选项 C 中，首先执行语句 s->next->prev＝s，让 ＊s 的后继结点的直接前驱指针

指向 * s,再执行语句 s->prev=p,让 * s 的直接前驱指针指向结点 * p 即可。如图 2-10(c)所示。

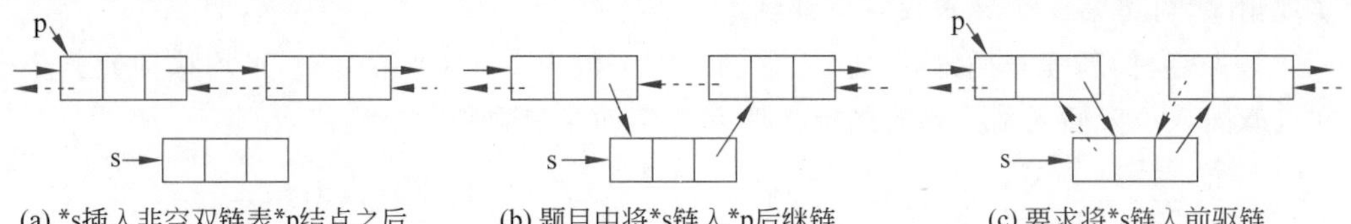

图 2-10　第 20 题将结点 * s 插入非空双向链表上结点 * p 之后

二、简答题

1. (1) 两者的优缺点比较如下。

顺序表的优点：从时间上讲,它不但可以顺序存取,还可以直接存取,访问速度快;从空间上讲,它的存储利用率高,不需要指针。

顺序表的缺点：从时间上讲,顺序表在插入或删除时,如果需要保持原来的顺序,必须移动平均一半的元素,因此更新速度慢;从空间上讲,如果采用静态分配的存储结构,一旦存储数组的空间已满,不能扩充,再插入新元素,将导致溢出。

链表的优点：从时间上讲,插入或删除操作不需大量移动元素,只需修改指针,更新速度快;从空间上讲,链表基本没有满和溢出的问题,只要内存可以分配结点,就可以扩充。

链表的缺点：从时间上讲,链表只能顺序访问,所以查找一个元素平均要搜索半个表,访问速度慢;从空间上讲,每个元素需附加一个指针,存储利用率较低。此外,由于链表的单线联系的特性,如果操作不慎导致断链,将会丢失后面的所有元素。

(2) 采用链表。如果采用顺序表,在多个表并存的情况下,使用表浮动技术,一旦某个表出现满并溢出的情况,必须移动其他表以扩充溢出表的空间,导致不断把大片空间移来移去,不但时间耗费很大,而且操作复杂容易出错,如果表的总数还要变化,操作起来就更困难了。如果采用链表就没有这些问题,各个表自行扩充,各自操作。

(3) 采用顺序表。若表的总数基本稳定,且很少进行插入和删除,顺序表可以充分发挥其存取速度快、存储利用率高的优点。

2. 定义线性表时,要求线性表的每一个表元素都是类型相同的不可再分的数据元素。但如果对每一个元素的数据类型要求不同时,可以用共用类型(union)变量来定义可能的数据元素的类型。例如：

```
typedef union {                 //意味着不同数据类型共享同一空间
    int intergerInfo;           //整型
    char charInfo;              //字符型
    float floatInfo;            //浮点型
} info;
```

3. 顺序表采用静态存储分配,表的大小将无法扩充,一旦空间占满将引发系统干预执行错误处理。但若采用动态存储分配,可借助重新分配更大空间以实现扩充。

4. 设顺序表有 n 个元素,若想在第 $i(1\leqslant i\leqslant n+1)$个位置插入新元素,为保持原有数据元素的顺序,需向后继方向移动其后的 $n-i+1$ 个元素;插入一个新元素时平均移动 $n/2$ 个元素。如果不想移动多个元素实现插入,可将新元素直接插在第 $n+1$ 个位置。

5. 设顺序表有 n 个元素，若想删除第 $i(1\leqslant i\leqslant n)$ 个元素，为保持原有数据元素的顺序，需向前驱方向移动其后的 $n-i$ 个元素；平均移动 $(n-1)/2$ 个元素。如果不想移动多个元素实现删除，可将第 n 个元素直接填补到第 i 个位置。

6. 按照题意，新元素插入 a_i 之后，移动元素个数为 $n-i(0\leqslant i\leqslant n)$，平均移动元素个数为在可能插入位置插入新元素时的插入概率与移动元素乘积的平均值：

$$\frac{2}{n(n+1)}\sum_{i=0}^{n}(n-i)(n-i)=\frac{2}{n(n+1)}(n^2+(n-1)^2+\cdots+0^2)$$

$$=\frac{2}{n(n+1)}\frac{n(n+1)(2n+1)}{6}$$

$$=\frac{2n+1}{3}$$

7. 首先，具体移动多少元素与表的长度 n 有关；其次，与插入或删除元素的位置 i 有关。当 i 越接近 n，则移动元素越少。

8. 为使得元素的逻辑顺序与存放的物理顺序一致，体现序列一对一的特点，要求在顺序表中元素按其逻辑顺序相继存放。如果按一维数组那样按下标直接存放，有可能出现元素存放不连续，使得在多次插入或删除后出现元素间的物理顺序与其逻辑顺序不一致的现象。

三、算法题

1. 函数源程序包括三部分，一是数组初始化，$A[0],A[1],\cdots,A[n-1]$ 存放 $1,2,\cdots,n$ 作为人员代号；二是报名逐个出局，执行 $n-1$ 次；三是输出出局人员顺序。

算法描述如下。

```
void Josephus (int A[ ], int n, int s, int m) {
    int i, j, k, tmp;
    if (!m) { cerr <<"m = 0 是无效的参数!" <<endl;return; }
    for (i = 0; i < n; i++) A[i] = i + 1;          //初始化,执行 n 次
    i = (s - 1 + n) % n;                           //报名起始位置
    for (k = n; k > 1; i--) {                      //逐个出局,执行 n-1 次
        if (i == k) i = 0;
        i = (i + m - 1) % k;                       //寻找出局位置
        if (i != k-1) {
            tmp = A[i];                            //出局者交换到第 k-1 位置
            for (j = i; j < k-1; j++) A[j] = A[j+1];
            A[k-1] = tmp;
        }
    }
    for (k = 0; k < n/2; k++)                      //全部逆置, 得到出局序列
        { tmp = A[k];A[k] = A[n-k-1];A[n-k-1] = tmp; }
};
```

例：$n=9,s=1,m=5$ 时，如图 2-11 所示。

例：$n=9,s=1,m=0$ 时，报错信息 $m=0$ 是无效的参数！

例：$n=9,s=1,m=10$，如图 2-12 所示。

当 $m=1$ 时，时间代价最大，达到 $(n-1)+(n-2)+\cdots+1=n(n-1)/2\approx O(n^2)$。

	0	1	2	3	4	5	6	7	8	
k=9	1	2	3	4	5	6	7	8	9	k=9,i=4,第5人出局
k=8	1	2	3	4	6	7	8	9	5	k=8,i=0,第1人出局
k=7	2	3	4	6	7	8	9	1	5	k=7,i=4,第7人出局
k=6	2	3	4	6	8	9	7	1	5	k=6,i=2,第4人出局
k=5	2	3	6	8	9	4	7	1	5	k=5,i=1,第3人出局
k=4	2	6	8	9	3	4	7	1	5	k=4,i=1,第6人出局
k=3	2	8	9	6	3	4	7	1	5	k=3,i=2,第9人出局
k=2	2	8	9	6	3	4	7	1	5	k=2,i=0,第2人出局
	8	2	9	6	3	4	7	1	5	k=1,i=0,第8人出局
逆置	5	1	7	4	3	6	9	2	8	最终出局顺序

图 2-11　第 1 题 Josephus 问题的出局序列

	0	1	2	3	4	5	6	7	8	
k=9	1	2	3	4	5	6	7	8	9	k=9,i=0,第1人出局
k=8	2	3	4	5	6	7	8	9	1	k=8,i=1,第3人出局
k=7	2	4	5	6	7	8	9	3	1	k=7,i=3,第6人出局
k=6	2	4	5	7	8	9	6	3	1	k=6,i=0,第2人出局
k=5	4	5	7	8	9	2	6	3	1	k=5,i=4,第9人出局
k=4	4	5	7	8	9	2	6	3	1	k=4,i=1,第5人出局
k=3	4	7	8	5	9	2	6	3	1	k=3,i=1,第7人出局
k=2	4	8	7	5	9	2	6	3	1	k=2,i=0,第4人出局
	8	4	7	5	9	2	6	3	1	k=1,i=0,第8人出局
逆置	1	3	6	2	9	5	7	4	8	最终出局顺序

图 2-12　第 1 题 Josephus 问题的出局序列

2. 因为数组是一种直接存取的数据结构,在一维数组中元素不是像顺序表那样集中存放于表的前端,而是根据元素下标直接存放于数组的某个位置,所以将非 0 元素前移时必须检测整个数组空间,并将后面变成 0 元素的空间清零。函数中设置一个辅助指针 free,指示当前可存放的位置,初值为 0。算法描述如下。

```
template<class T>
void compact (T A[ ], int arraySize) {
    int free = 0;                                          //非 0 元素存放地址
    for (int i = 0; i < arraySize; i++)                    //检测整个数组
        if (A[i] != 0) {                                   //发现非 0 元素
            if (i != free) { A[free] = A[i];A[i] = 0; }   //前移
            free++;
        }
}
```

3. 为了实现问题的要求,一种解决问题的方法是首先利用一个 Reverse 算法,把数组 $A[m+n]$ 中的全部元素 $(a_0, a_1, \cdots, a_{m-1}, b_0, b_1, \cdots, b_{n-1})$ 原地逆置为$(b_{n-1}, b_{n-2}, \cdots, b_0, a_{m-1}, a_{m-2}, \cdots, a_0)$,再对前 n 个元素和后 m 个元素分别使用 Reverse 算法,就可以得到

$(b_0, b_1, \cdots, b_{n-1}, a_0, a_1, \cdots, a_{m-1})$，从而实现两个顺序表的位置互换。算法描述如下。

```
template <class T>
void Reverse (T A[ ], int st, int ed, int arraySize) {
//逆转(ast, ast+1, …, aed)为(aed, aed-1, …, ast)
    if (st > ed || ed >= arraySize) { cerr <<"参数不合理! \n";return; }
    int mid = (st + ed)/2;
    for (int i = 0; i <= mid-st; i++)
        { T temp = A[st+i];A[st+i] = A[ed-i];A[ed-i] = temp; }
};
template <class T>
void Exchange (T A[ ], int m, int n, int arraySize) {
//数组 A[m+n]中,从 0 到 m-1 存放顺序表 (a0, a1, …, am-1),从 m 到 m+n-1 存放
//顺序表 (b0, b1, …, bn-1),算法把这两个表的位置互换。
    Reverse (A, 0, m+n-1, arraySize); //逆转 (bn-1, bn-2, …, b0, am-1, am-2, …, a0)
    Reverse (A, 0, n-1, arraySize);    //逆转 (b0, b1, …, bn-1, am-1, am-2, …, a0)
    Reverse (A, n, m+n-1, arraySize); //逆转 (b0, b1, …, bn-1, a0, a1, …, am-1)
}
```

4. (1) 算法首先通过一个循环，遍访顺序表 L，找到具有最小值元素的位置，再实现删除，并用最后的元素填补。算法描述如下。

```
template<class T>
T DelMin (SeqList<T>& L) {
    if (L.IsEmpty()) { cerr <<" List is Empty! " <<endl;exit(1); }
    int loc, len = L.Length();T min, item;
    L.getData (1, min);loc = 1;
    for (int i = 2; i <= len; i++) {                        //找最小元素
        L.getData (i, item);
        if (item < min) { loc = i;min = item; }             //值在 min 内,位置在 loc
    }
    L.getData (len, item);L.setData (loc, item);            //用最后的元素填补
    L.Remove (len, item);                                   //删最后的元素
    return min;
}
```

(2) 因为没有限定顺序表是有序的，x 可能散落在表的各处，从顺序表中删除具有给定值 x 的所有元素，必须遍访整个表，搜索与 x 相等的元素再删除它。算法描述如下。

```
template<class T>
void DelValue (SeqList<T>& L, T x) {
    if (L.IsEmpty()) { cerr <<"List is empty!" <<endl;exit(1); }
    int len = L.Length(), i = 1; T val;
    while (i <= len) {
        L.getData (i, val);
        if (val == x) { L.Remove(i, val);len--; }
        else i++;
    }
}
```

(3) 因为没有限定顺序表是有序的，值在给定值 s 与 t 之间（要求 s 小于 t）的元素也可能散落在表的各处，也必须遍访整个表，一旦发现值在 s 和 t 之间的元素就删除它。算法描述如下。

```
template<class T>
void DelFrom-s-to-t (SeqList<T>& L, T s, T t) {
    if (L.IsEmpty() || s >= t)
        { cerr <<"空表或参数错误,不能删除!" <<endl;exit(1); }
    int len = L.Length(), i = 1;T val;
    while (i <= len) {
        L.getData (i, val);
        if (val >= s && val <= t) { L.Remove(i, val);len--; }
        else i++;
    }
}
```

(4) 在有序顺序表中值在给定值 s 与 t 之间的所有元素都集中在一起,算法先通过一个循环,找到刚刚大于或等于 s 的元素,然后开始删除。每删除一个元素先判断其值是否超过 t,没有超过 t 即可删除,否则停止删除返回。算法的描述如下。

```
template<class T>
void DelFrom-s-to-t (SeqList<T>& L, T s, T t) {
    if (L.IsEmpty() || s >= t)
        { cerr <<"空表或参数错误,不能删除!" <<endl;exit(1); }
    int len = L.Length(), i = 1, st, ed;T val;
    while (i <= len) {
        L.getData(i, val);
        if (val >= s) { st = i;break; }
        else i++;
    }
    if (i > len) { cerr <<"参数 s 错误,不能删除!" <<endl;exit(1); }
    while (i <= len) {
        L.getData (i, val);
        if (val <= t) { L.Remove (i, val);len--; }
        else break;
    }
}
```

5. 算法分两步走:第一步是用一个循环,比较两个链表的对应元素,如果相等则继续比较下一对应元素,直到对应元素比较不相等为止,用 i 指示除去最大公共前缀后的两个子表 A′和 B′的第一个元素位置;第二步比较 A′和 B′的大小,返回"＝""＜"或"＞"信息。算法描述如下。

```
template <class T>
char Compare (SeqList<T>& A, SeqList<T>& B) {
    int lenA = A.Length(), lenB = B.Length();
    T temp1, temp2;
    int i = 1;
    while (i <= lenA && i <= lenB) {
        A.getData (i, temp1);B.getData (i, temp2);
        if (temp1 == temp2) i++;
        else break;
    }
    if (i > lenA && i > lenB) return '=';
    else if (i > lenA || temp1 < temp2) return '<';
    else return '>';
}
```

6.(1) 算法首先假设首元结点 L->link 具有最大值,用指针 pmax 记下其结点地址,然后从首元结点的下一结点开始用指针 p 对单链表 L 进行一趟检测,如果发现 p 所指结点的值大于 pmax 所指结点的值,就让 pmax 记下 p 所指结点地址。当循环结束后从 pmax 就能得到单链表中值最大的结点的地址。算法描述如下。

```
template <class T>
LinkNode<T> * Max (List<T>& L) {
//在单链表中进行一趟检测,找出具有最大值的结点地址,如果表为空,返回指针 NULL
    if (L.First()->link == NULL) return NULL;
    LinkNode<T> *pmax = L.First()->link, *p = pmax->link;
    while (p != NULL) {
        if (p->data > pmax->data) pmax = p;
        p = p->link;
    }
    return pmax;
};
```

(2) 算法设置一个计数单元 count,初始为 0,用于统计单链表中具有给定值 x 的元素个数,然后算法用指针 p 对单链表进行一趟检测,累加 p->data 等于 x 的结点个数。最后返回 count 值即可。算法描述如下。

```
template <class T>
int Count (List<T>& L, T x) {
//在单链表中进行一趟检测,统计所有具有给定值 x 的元素
      int count = 0;
    LinkNode <T> *p = L.First()->link;
    while (p != NULL) {
        if (p->data == x) count++;
        p = p->link;
    }
    return count;
};
```

(3) 实现在非递减有序的单链表中删除值相同的多余结点的函数如下。

```
template <class T>
void tidyup (List<T>& L) {
    LinkNode<T> *p = L.First()->link, *temp; //扫描单链表
    while (p != NULL && p->link != NULL)         //当结点*p不是尾结点时
        if (p->data == p->link->data) {          //结点*p的值等于其后继结点的值
            temp = p->link;                      //删去其后继结点
            p->link = temp->link;                //将被删结点从链上摘下
            delete temp;                         //删除
        }
        else p = p->link;                        //如果不相等,则指针 p 进到后继结点
};
```

7. 算法分两步走:第一步用指针 pa 和 pb 分别指示两个非递减有序(升序)单链表的首元结点,再用一个循环比较两个有序链表中对应元素的值,小者从原链表删除,用前插法插入到结果链表的附加头结点之后,相应链表的检测指针进到下一结点的位置。若其中一个链表处理完,进入第二步,复制未处理完链表的剩余部分以前插方式插入到结果链表。算法

描述如下。

```
template <class T>
void Merge (List <T>& ha, List<T>& hb) {
//将链表 ha 与链表 hb 按逆序合并,结果放在链表 ha 中
    LinkNode<T> * pa, * pb, * last, * q;
    pa = ha.First()->link;pb = hb.First()->link;   //ha 链和 hb 链的检测指针
    last = ha.First();last->link = NULL;           //前插指针 last 指示 ha 头结点
    while (pa != NULL && pb != NULL) {
        if (pa->data <= pb->data)                  //* pa 的值小
            { q = pa;pa = pa->link; }              //摘下 * pa 结点,用 q 指示
        else { q = pb;pb = pb->link; }             //否则摘下 * pb 结点,用 q 指示
        q->link = last->link;last->link = q;       //前插入结果链的链头
    }
    if (pb != NULL) pa = pb;                       //处理剩余链部分
    while (pa != NULL)
        { q = pa;pa = pa->link;q->link = last->link;last->link = q; }
    q = hb.First();delete q;
};
```

8. (1)算法的基本设计思想：第一步，遍历链表，找到链表的尾结点并计算表长 n；第二步，将尾结点与首元结点相连，形成一个循环单链表；第三步，从链尾出发遍历链表找到第 $n-k$ 个结点；第四步，该结点即为循环右移 k 个结点后的新的单链表，如图 2-13 所示。

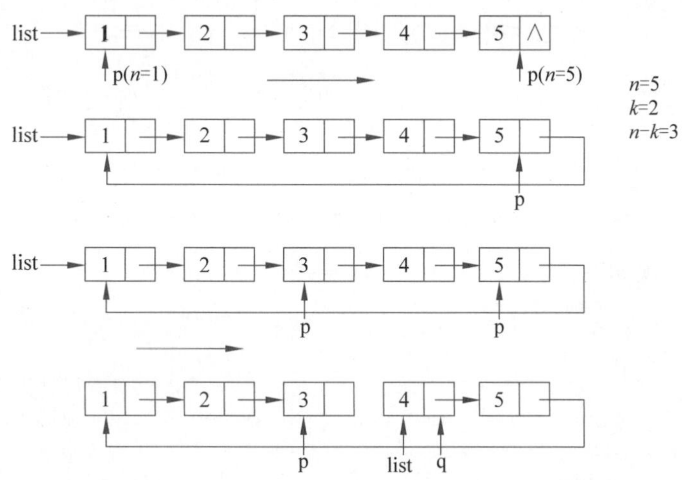

图 2-13 第 8 题循环右移单链表中所有结点 k 个位置

(2) 用 C++ 语言写出的算法如下。

```
template <class T>
LinkNode<T> * RightSifting(LinkNode<T> * list,int k){
    LinkNode<T> * p= list, * q; int i,n= p;
    while (p->link != NULL {            //寻找尾结点并计算 n
        p= p->link; n++;
    }
    p->link = list;                     //形成循环单链表
    for (i = 1;i <= n - k; i++)         //寻找新链表的尾结点
```

```
        p = p->link;
    q = p->link; p->link = NULL;         //q 保存新链表首元结点地址
    return q;
}
```

(3) 算法的时间复杂度为 $O(n)$，空间复杂度为 $O(1)$。

9. (1) 算法的基本设计思想是：定义两个遍历指针 p 和 q。初始时均指向链表的首元结点。首先让指针 p 移动 k 次，到链表第 $k+1$ 个结点停止，然后指针 q 与指针 p 同步移动；当指针 p 移出链表时，指针 q 所指示的结点就是倒数第 k 个结点的位置。图 2-14 给出了 8 个结点的单链表中查找倒数第 3 个结点的示例。

(2) 算法的详细实现步骤如下：

① 计数器 count=0，指针 p、q 定位于链表的首元结点；

② 外循环，当 p!=NULL 时执行③，否则转到⑤；

③ 如果 count<k 时 count 加 1，否则 q 移动到下一结点，转向④；

④ p 移动到下一结点，转向②；

⑤ 如果 count<k，返回 0，说明链太短，寻找第 k 个结点失败，否则输出倒数第 k 个结点的值，同时返回 1。算法结束。

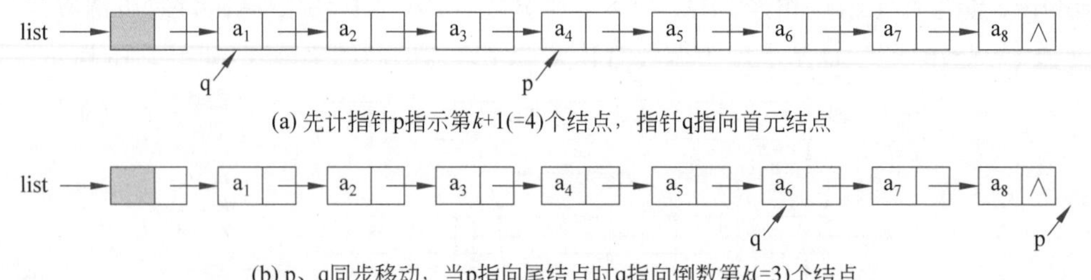

图 2-14　第 9 题在单链表中搜索倒数第 k 个结点的示例

(3) 算法的实现如下。

```
template <class T>
int SearchK (LinkList<T> list, int k) {
    LinkNode<T> *p, *q; int count = 0;            //计数器赋初值
    for (p = q = list->link; p != NULL; p = p->link)  //用 p 遍历链表
        if (count < k) count++;                    //计数器加 1
        else q = q->link;                          //q 在 count≥k 时开始移动
    if (count < k) return 0;                       //链表长度小于 k,查找失败
    else { printf ("%d\n", q->data); return 1; }   //查找成功
}
```

算法的时间复杂度为 $O(n)$，空间复杂度为 $O(1)$，n 是表中元素个数。

另一种解法：设置一个链表扫描指针，进行两趟遍历。第一趟遍历统计链表结点个数 n，从而确定倒数第 k 个结点应在链表中的第 $n-k+1$ 个位置，第二趟遍历让指针停在这个位置，就可找到倒数第 k 个结点。算法的时间复杂度仍为 $O(n)$。

10. (1) 算法的基本设计思想如下：

① 扫描两个单链表 list1 和 list2，计算它们的长度 m 和 n；

② 令指针 p、q 分别指向 list1 和 list2 的头结点。若 $m \geqslant n$，则让指针 p 先走，使 p 指向 list1 的第 $m-n+1$ 个结点，若 $m<n$，则让指针 q 先走，使 q 指向 list2 的第 $n-m+1$ 个结点，这将使得两个链表剩余部分链表等长；

③ 让两个链表指针 p、q 同步沿链表向后遍历，并判断它们是否指示到同一个结点。如果未遍历完且 p 和 q 指向同一个结点，则该结点就是所求的两个链表共同后缀的第一个结点，返回该结点地址并报告成功信息。如果链表遍历完，未找到共同后缀，则返回 NULL 并报告失败信息。

(2) 算法的实现如下。

```
template <class T>
LinkNode<T> *Find_ShareList (LinkList<T>& list1, LinkList<T>& list2) {
    LinkNode<T> *p, *q;int m, n, i;
    for (p = list1, m = 0; p->link != NULL; p = p->link, m++);  //list1 的表长度
    for (q = list2, n = 0; q->link != NULL; q = q->link, n++);  //list2 的表长度
    if (m >= n) {                                               //list1 链表长
        for (p = list1, i = 0; i <= m-n; p = p->link, i++);  //定位于 m-n+1 结点
        q = list2->link;
    }
    else {                                                   //list2 链表长
        for (q = list2, i = 0; i <= n-m; q = q->link, i++);  //定位于 n-m+1 结点
        p = list1->link;
    }
    while (p != NULL && p != q)
        { p = p->link;q = q->link; }                         //两个指针同步后移
    return p;                                                //返回结果
}
```

(3) 设 list1 链表长度为 m，list2 链表长度为 n，则算法的时间复杂度为 $O(\max(m,n))$，空间复杂度为 $O(1)$。

11. (1) 为确保时间代价尽可能小，考虑用空间换时间，算法的设计思想如下：

① 设置一个辅助数组 q，记录遍历链表时遇到的元素值的绝对值，因为 $|\text{data}| \leqslant n$，所以 q 的大小为 $n+1$，以容纳最大从 0 到 n 个不同数值，初始置为 0。

② 从首元结点开始用指针 p 遍历链表，每取出一个结点的值 data，就到辅助数组 q 中去查，若 $q[|\text{data}|]=0$，说明该值是首次出现，则在链表中保留该结点，并令 $q[|\text{data}|]=1$；若 $q[|\text{data}|] \neq 0$，说明该值的绝对值已经存在，则将该结点从链表中删除。

(2) 单链表结点的数据类型定义用 C++ 语言如下：

```
template <class T>                    //类型模板为 T
struct LinkNode {                     //链表结点结构定义
    T data;                           //结点数据域
    LinkNode<T> *link;                //结点链接指针域
};
LinkNode<T> *List;                    //链表定义
```

(3) 算法的实现如下。

```
#include <math.h>
template <class T>
void DelEqualNode (LinkNode<T> * head, int n) {
    int i;int * q = new int[n+1];             //创建辅助数组 q[n+1]
    for (i = 0; i <= n; i++) q[i] = 0;        //辅助数组 q 初始化
    LinkNode<T> * p = head->link, * pr = head;
    while (p != NULL) {
        if (q[abs (p->data)] == 0) {          //该结点 data 的绝对值没有出现过
            pr = p;p = p->link;               //保留该结点
            q[abs (p->data)] = 1;
        }
        else {                                //该结点 data 的绝对值已经出现过
            pr->link = p->link;               //删除结点 * p
            delete p;
            p = pr->link;
        }
    }
    delete [] q;                              //删除辅助数组
}
```

(4) 对长度为 m 的单链表进行一趟遍历，算法的时间复杂度是 $O(m)$；算法中用到一个辅助数组，空间复杂度为 $O(n)$。

12. (1) 算法的基本设计思想：对比 L 和 L′可知，L′是 L 的前半部分和后半部分逆转顺序后交错链接后的产物。为了实现这种链接，需要做三件事情，一是找到 L 的中间点(用指针 q 指示)；二是把后半部分翻转过来；三是把两个部分交错链接。设单链表的头指针为 head，则算法的设计流程如下：

① 设置两个指针，即快、慢指针 q 和 p，初始它们都指向头结点，开始遍历后每次 p 后移一个结点，q 后移二个结点，当 q->next＝＝NULL，停止遍历，p 正好指示中间结点。

② 令 q＝p->next，将 q 为首元结点的单链表逆转过来。

③ 令 s＝head->next，对单链表以 s 和 q 为检测指针的两部分交错链接。

(2) 算法的实现如下。

```
void ChangeList (NODE * head) {
    NODE * p, * q, * r, * s;
    p = q = head;
    while (q->next != NULL) {                 //寻找中间结点
        p = p->next;                          //慢指针 p 后移一个结点
        q = q->next;                          //快指针 q 后移一个结点
        if (q->next != NULL) q = q->next;     //q 再后移一个结点
    }
    q = p->next;                              //结点 * q 为后半段子链表的首元结点
    p->next = NULL;                           //结点 * p 是中间结点
    while (q != NULL) {                       //后半段子链表逐个结点逆转
        r = q->next;                          //暂存结点 * q 的下一结点地址
        q->next = p->next;                    //前插，结点 * q 链接到结点 * p 之后
        p->next = q;                          //结点 * p 权当后半段子链表的头结点
        q = r;                                //q 指向下一结点
    }
```

```
    s = head->next;                                    //*s是前半段子链表的首元结点
    q = p->next;                                       //*q是后半段子链表的首元结点
    p->next = NULL;                                    //前半段子链表收尾
    while (q != NULL) {                                //将后半段子链表交错插入
        r = q->next;                                   //暂存*q的下一结点地址
        q->next = s->next;  s->next = q;               //*q插入*s之后
        s = q->next;                                   //s指向前半段子链表的插入点
        q = r;                                         //q指示后半段子链表的插入点
    }
}
```

(3) 设链表中有 n 个结点，算法中寻找中间结点的时间复杂度为 $O(n)$，逆转后单段子链表的时间复杂度为 $O(n)$，交错合并两个子链表的时间复杂度也为 $O(n)$，按照大 O 表示的加法规则，整个算法的时间复杂度为 $O(n)$。

13. 设 a_1 是第 1 个元素，b_1 是第 2 个元素……则问题转换为序号为奇数的结点都顺序存放到 A 表，序号为偶数的结点都顺序存放到 B 表。算法只需间隔地把 $b_1,b_2,\cdots,b_n$ 从原链表上摘下，用尾插法存放到 B 表中即可。

算法描述如下。

```
template <class T>
void split (LinkList<T>& A, LinkList<T>& B) {
//算法调用方式 split (A, B)。输入：非空单链表表头指针 A;输出：包含奇数序号结
//点单链表的表头指针 A,包含偶数序号结点单链表的表头指针 B
    LinkNode<T> *p, *q, *r;
    B = new LinkNode<T>;B->link = NULL;             //创建 B 表的附加头结点
    p = A->link;q = B;                              //p 在首元结点, q 在头结点
    while (p != NULL && p->link != NULL) {
        r = p->link;p->link = r->link;              //从 A 链中摘下序号为偶数结点
        q->link= r;q = r;                           //尾插到 B 链
        p = p->link;                                //p 进到原链下一序号为奇数结点
    }
    q->link = NULL;                                 //B 链收尾
}
```

算法的时间复杂度为 $O(n)$，空间复杂度为 $O(1)$，n 是原链表的结点个数。

14. 算法使用检测指针 p 遍历并摘下原链表的结点，根据结点保存数据的奇偶性，采用尾插法，分别插入 h1(奇数链表)或 h2(偶数链表)中。

算法描述如下。

```
template <class T>
void Separate (LinkList<T>& head, LinkList<T>& h1, LinkList<T>& h2) {
    LinkList<T> p1, p2, p, s;
    p1 = h1 = new LinkNode<T>;                  //创建奇数链头结点,p1 是存放指针
    p2 = h2 = new LinkNode<T>;                  //创建偶数链头结点,p2 是存放指针
    p = head->link;
    while (p != NULL) {                         //对原链逐个结点处理
        head->link = p->link;                   //从原链上摘下结点*p
        if (p->data % 2 == 1)                   //奇数, 尾插到 h1 链
            { p1->link = p;p1 = p; }
```

```
        else { p2->link = p;p2 = p; }            //偶数,尾插到 h2 链
        p = head->link;                          //p 指示原链下一个结点
    }
    p1->link = NULL;p2->link = NULL;             //h1、h2 链收尾
}
```

算法的时间复杂度为 $O(n)$,空间复杂度为 $O(1)$,n 是原链表的结点个数。

15. 这是一个模式匹配问题,采用最简单的按值比对的方法(亦称蛮力法)。设置两个指针 pa 和 pb 分别遍历两个链表。初始时,pa 和 pb 从两个链表的首元结点开始,若对应数据相等,则后移指针;若对应数据不等,则 A 链表从上次开始比较结点的后继开始,B 链表从首元结点开始比较,直到 B 链表到尾表示匹配成功。A 链表到尾且 B 链表未到尾表示失败。操作中应记住 A 链表每趟匹配比较的开始结点,以便下一趟匹配时可从该结点的后继结点开始。算法描述如下。

```
template <class T>
bool Pattern (LinkList<T>& A, LinkList<T>& B) {
//算法中两个整数单链表的表头指针分别为 A 和 B;输出: 若 B 是 A 的子序列,则
//函数返回 true,否则函数返回 false
    LinkList<T> pa = A->link, pb = B->link, next = A->link;
    //pa、pb 分别为 A、B 链表的遍历指针,next 记忆每趟比较 A 链的开始结点
    while (pa != NULL && pb != NULL)
        if (pa->data == pb->data) { pa = pa->link;pb = pb->link; }
        else { next = next->link;pa = next; pb = B->link; }
        //失配,pa 从 A 链下一结点,pb 从 B 链表首元开始比较
    return (pb == NULL);                        //B 是 A 的子序列则为 true
}
```

设两个链表的长度分别是 m 和 n,最坏情况是每趟正好 B 比较到第 n 个结点失配,共可比较 $m-n+1$ 趟,算法的时间复杂度为 $O(mn)$,空间复杂度为 $O(1)$。

16. (1) 此算法称为 Floyd 算法。算法分两步走。第一步,算法中设置快、慢两个指针 fast 和 slow,它们都从链头开始以不同速度移动,慢指针 slow 每次移动一个结点,快指针 fast 同时移动二个结点。若链表有环路,慢指针和快指针就会在链表中相遇,如图 2-15(a) 所示,slow 和 fast 在结点 H 相遇,而该结点处于环路内。第二步,让慢指针 slow 从链表首元结点开始,快指针 fast 从相遇点开始,每次移动一个结点,当快、慢指针相遇,则它们所指结点即为环路的入口,如图 2-15(b)所示,函数返回该结点地址。

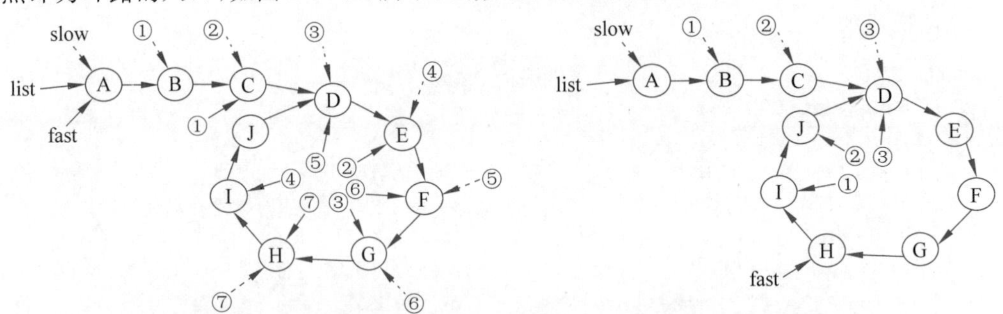

图 2-15 第 16 题使用 Floyd 算法判断是否存在环路并定位入口

（2）算法描述如下。

```
template <class T>
LinkNode<T> * findLoopEntry (LinkList<T>& list) {
//算法返回环路入口结点的地址,如果链表无环路则函数返回 NULL
    LinkList<T> fast = list->link, slow = list->link;   //快、慢指针从首元结点开始
    while (fast->link != NULL) {                         //寻找相遇点
        slow = slow->link;fast = fast->link->link;
        if (fast == slow) break;                         //发现有环路,跳出循环
    }
    if (fast->link == NULL) return NULL;                 //无环路,退出算法
    slow = list->link;                                   //找环路入口
    while (fast != slow)                                 //在链表中寻找相遇点
        { fast = fast->link;slow = slow->link; }
    return fast;
}
```

（3）设 n 是链表中结点个数，算法的时间复杂度为 $O(n)$，空间复杂度为 $O(1)$。

17. 这是第 16 题求环路问题的扩展，如图 2-16 所示。如果用快、慢指针 fast 和 slow 判断单链表 list 有环路后，保持慢指针不动，让快指针继续逐个结点遍历直到回到慢指针所指示的位置为止。在移动快指针的同时，用计数器 count 进行计数，每移动一步快指针，count 加 1，最后通过 count 得到环路的长度。

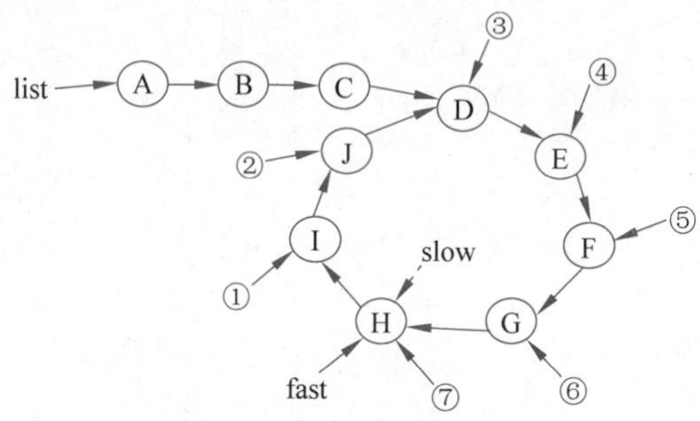

图 2-16　第 17 题统计环路长度

算法的实现如下。

```
template <class T>
int findLoopLength (LinkList<T>& list) {
//算法使用快、慢指针遍历单链表 list,函数返回环路的长度,即环路上结点个数,如
//果链表无环路则函数返回 0
    LinkList<T> fast = list->link, slow = list->link;
    int loopExists = 0, count = 1;
    while (slow != 0 && fast != 0 && fast->link != NULL) {
        slow = slow->link;fast = fast->link->link;
        if (fast == slow) { loopExists = 1;break; }     //发现有环路,跳出循环
    }
    if (loopExists == 1) {                               //有环路
        fast = fast->link;                               //计算环路长度
        while (fast != slow)
            { fast = fast->link;count++; }
```

```
        return count+1;                               //返回环路长度
    }
    return 0;                                         //没有环路,返回 0
}
```

设 n 是链表结点个数,算法的时间复杂度为 $O(n)$,空间复杂度为 $O(1)$。

18. 题目没有规定结点移动后是否保持原有的先后相对顺序,我们设置指针 p 检测所有首元结点后面的结点,把所有元素值小于基准的结点从链表中摘下,为了快捷起见,采用前插法插入到附加头结点之后。为了在链表中摘下结点 * p,再设置一个 * p 的前驱结点指针 pr。

算法描述如下。

```
template <class T>
void partition (CircList<T>& list, CircNode>T> * & bound) {
//算法以首元结点为基准,对带附加头结点的整数循环单链表 list 进行检测,凡是比
//基准小的从原位置摘下,插入到头结点之后。引用参数 bound 返回基准结点的地址
    if (list->link == list || list->link->link == list) return;
    //空表或仅一个结点,退出
    CircNode<T> * pr = list->link, * p = list->link->link;
    bound = list->link;                               //保存基准元素结点地址
    while (p != list) {                               //检测表中所有后续结点
        if (p->data < bound->data) {                  //结点元素值小于基准
            pr->link = p->link;                       //摘下 * p
            p->link = list->link;list->link = p;      //插入到 list 后
            p = pr->link;
        }
        else { pr = p;p = p->link; }                  //结点元素值大于或等于基准
    }
}
```

算法的时间复杂度为 $O(n)$,空间复杂度为 $O(1)$,n 是链表中结点个数。

19. 由于两个链表都是循环单链表,在合并过程中需要释放其中一个链表的头结点,这就需要修改该链表的表尾指向头结点的指针。所以算法分两步走,第一步遍历两个链表,判断各自的结点个数,确定哪个是短链;同时寻找到短链的尾结点地址 p 和长链的尾结点地址 q;第二步,让短链的尾结点的链接指针指向长链的首元结点,让长链的附加头结点的链接指针 list2->link 指向短链的首元结点 list1->link,即可完成合并。最后删除 list1 的附加头结点,如图 2-17 所示,假设 ha 是短链,hb 是长链。

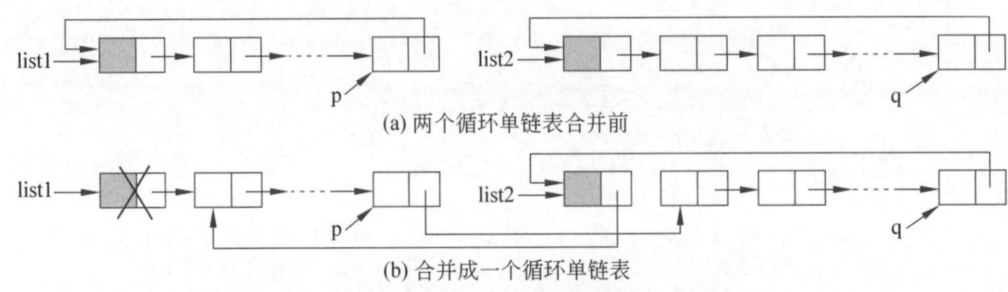

图 2-17 第 19 题两个循环单链表的合并

算法描述如下。

```
template <class T>
void mergeList (CircList<T>& list1, CircList<T>& list2, CircList<T>& list) {
//算法合并两个循环单链表 list1 和 list2,合并后的循环单链表的表头指针为 list
    CircNode<T> *p, *q, *s;int m, n;
    for (p = list1, m = 0; p->link != list1; p = p->link, m++);   //list1 表长
    for (q = list2, n = 0; q->link != list2; q = q->link, n++);   //list2 表长
    if (m > n) {                                   //若 list1 为长链
        s = list1;list1 = list2;list2 = s;         //交换两个链的表头指针
        s = p;p = q;q = s;                         //交换两个链的表尾指针
    }                                              //让 list1 指示短链, list2 指示长链
    p->link = list2->link;                         //短链尾元的 link 链到长链首元
    list2->link = list1->link;                     //长链头结点的 link 链到短链首元
    list = list2;delete list1);                    //释放无用的短链的头结点
}
```

设两个链表各有 m 和 n 个结点,算法的时间复杂度为 $O(\max(m,n))$,空间复杂度为 $O(1)$。

20. 若要求把一个链表完全链接到另一个链表后面,对于只有表尾指针的循环单链表来说是很方便的,如图 2-18 所示,只需三条语句就可以了:p=rear2->link; rear2->link=rear1->link; rear1->link=p。

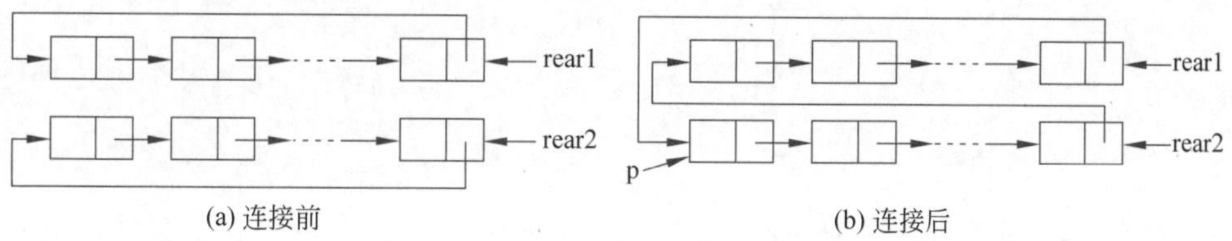

图 2-18 第 20 题合并循环单链表

算法描述如下。

```
template <class T>
CircNode<T> *appendMerge (CircList<T>& rear1, CircList<T>& rear2) {
//算法合并两个只有尾指针的循环单链表,其表尾指针分别为 rear1 和 rear2。函数
//返回合并后的尾指针
    CircNode<T> *p = rear2->link;
    rear2->link = rear1->link;rear1->link = p;
    return rear1;
}
```

算法的时间复杂度为 $O(1)$,空间复杂度为 $O(1)$。

21. 让指针 p 从左向右(后继方向)扫描,指针 q 从右向左(前驱方向)扫描。如对应结点的值不等,立刻停止,返回 false;如对应结点的值相等,则继续进行下去,直到它们指向同一结点(p==q,结点个数为奇数),或相邻(p->rLink==q 或 p==q->lLink,结点个数为偶数),表示全部对应相等,返回 true。算法描述如下。

```
template <class T>
bool Symmetry (DblList<T>& first) {
```

```
//算法判断循环双链表 first 是否中心对称。若中心对称,函数返回 true,否则返回 false
    DblNode<T> *p = first->rLink, *q = first->lLink;
    while (p != q && p->rLink != q)
        if (p->data == q->data) { p = p->rLink;q = q->lLink; }
        else return false;
    if (p != q && p->rLink == q && p->data != q->data) return false;
    return true;
}
```

n 为链表中元素个数,算法的时间复杂度为 $O(n)$,空间复杂度为 $O(1)$。

22. 用迭代法做。首先设置遍历指针 s 和表头指针 h,使它们指示初始位置,h 指示附加头结点 first,s 指示首元结点 h->rLink;然后让 s 沿 rLink 方向跑一圈,途中顺序地把各结点的 lLink 链接好,直到 s 回到 h。

```
template<class T>
void OrderedLink (DblList<T>& DL) {
    DblNode<T> *pr, *p, *s, *h;
    h = DL.First();s = h->rLink->rLink;             //s 指示将插入有序链表的结点
    h->rLink->lLink = h;h->lLink = h->rLink;        //建立一个结点的循环单链表
    while (s != h) {
        pr = h;p = h->lLink;
        while (p != h && p->data < s->data)         //寻找插入位置
            { pr = p;p = p->lLink; }
        pr->lLink = s;s->lLink = p;                 //插入在 pr 和 p 间左链上
        s = s->rLink;                               //s 指示下一将插入有序链表的结点
    }
}
```

23.【题解 1】对于多项式 $P_n(x)=a_0+a_1x+a_2x^2+a_3x^3+\cdots+a_{n-1}x^{n-1}+a_nx^n$,可用 Horner 规则将它改写求值:$P_n(x)=a_0+(a_1+(a_2+(a_3+\cdots+(a_{n-1}+a_n*x)*x\cdots)*x)*x)*x$。

因为本算法需要最先求 a_n,然后是 a_{n-1}……因此,先要扫描到链尾,再逆向计算。如果不使用递归算法,解决方法是在沿着链向链尾遍历时把链接指针逆转,在从链尾逆向求解时再把链接指针逆转回来。算法描述如下。

```
float Polynomial::Calc (float x) {
    Term *pr = first, *p = first->link, *q;float value = 0.0;
    while (p != first)
        { q = p->link;p->link = pr;pr = p;p = q; }
    while (pr != first) {
        value = value * x + pr->coef;
        q = pr->link;pr->link = p;p = pr;pr = q;
    }
    pr->link = p;
    return value;
};
```

【题解 2】当多项式中许多项的系数为 0 时,多项式将变成稀疏多项式,如 $P_{50}(x)=a_0+a_{13}x^{13}+a_{35}x^{35}+a_{50}x^{50}$,为节省存储起见,链表中不可能保存有 0 系数的结点。此时,求值函数要稍加改变。算法描述如下。

```
#include <math.h>
float Polynomial:: Calc (float x) {
//成员函数：求多项式的值。pow(x, y)是求 x 的 y 次幂的函数，其原型在"math.h"中
    Term * p = first->link;float value = 0.0;
    while (p != first) {
        value = value+pow(x, p->exp) * p->coef;
        p = p->link;
    }
    return value;
};
```

第3章　栈和队列

本章主要讨论3种线性结构：栈、队列与优先级队列，以及它们的应用。这3种结构都是顺序存取的表，而且都是限制存取点的表。栈限定只能在表的一端(栈顶)插入与删除，其特点是先进后出。队列和优先级队列限定只能在表的一端(队尾)插入，在另一端(队头)删除，不过优先级队列在插入和删除时需要根据数据对象的优先级做适当的调整，将优先级最高的对象调整到队头，其特点是优先级高的先出。而队列不调整，其特点是先进先出。这几种结构在开发各种软件时非常有用。

3.1　复习要点

本章复习的要点如下。

1. 栈和队列的定义及其特点

(1) 栈的定义。注意栈顶进出、栈底不能进出、顺序存取的概念，栈的先进后出的特点。

(2) 队列的定义。注意队头出、队尾进，顺序存取的概念，队列的先进先出的特点。

(3) 注意区分栈、队列、向量(一维数组)。栈和队列是顺序存取的，向量是直接存取的。

(4) 以1,2,…,n进栈，计算可能的出栈序列。掌握是否是可能出栈序列的识别方法。

(5) 以1,2,…,n进队，计算可能的出队序列。由于队列特性，可能出队序列只有一种。

(6) 进栈、出栈、判空、置空操作的使用。

(7) 进队、出队、判空、置空操作的使用。

(8) 栈空、队空在实际使用时不算出错，它标志某种处理的结束。

(9) 栈满、队满在实际使用时用来判断可能的出错情形。

2. 栈的存储表示及其基本运算的实现

(1) 顺序栈的类结构定义。注意静态数组定义和动态数组定义的不同，以及maxSize的出现位置。

(2) 顺序栈的栈顶指针实际指示的位置，以及如何用栈顶指针表示顺序栈的栈空、栈满条件。

(3) 顺序栈的进栈、出栈运算的实现。注意操作的前置条件和后置条件，以及在参数表中引用参数的作用。

(4) 双栈共用一个数组的进栈、退栈、置空栈、判栈空算法及栈满、栈空条件。

(5) 链式栈的结构定义。注意链式栈的栈顶指针实际指示的位置。

(6) 链式栈的进栈、出栈运算的实现。注意链式栈的栈空条件。

(7) 动态存储的栈栈满时的扩充算法。

3. 队列的存储表示及其基本运算的实现

(1) 循环队列的类结构定义。注意队头指针和队尾指针进退的方向，以及如何用这两个指针判断队列空和队列满。

(2) 当用牺牲一个单元来区分队列空和队列满时，有两种进队处理方式：一种是先存数据再让队尾指针进1，另一种是先让队尾指针进1再存数据。注意队头指针和队尾指针实际指示的位置。

(3) 循环队列的进队、出队的取模操作的实现。

(4) 使用 tag 区分队列空和队列满的循环队列的进队列和出队列操作的实现。

(5) 使用队头指针 front 和队列长度 length 实现循环队列进队列和出队列的操作。

(6) 链式队列的类结构定义。注意链式队列的队头指针和队尾指针的位置。

(7) 链式队列的进队列和出队列操作的实现。注意操作的前置条件和后置条件，以及在参数表中引用参数的作用。

(8) 双端队列的类结构定义。如何区分输入受限和输出受限。

(9) 双端队列的进队、出队运算的实现。注意队列空和队列满的条件。

(10) 优先级队列的存储结构。它的最佳存储表示应是堆(heap)，本章介绍的表示看懂即可。

4. 栈的应用

(1) 栈在递归过程中作为工作栈的使用。

(2) 在递归算法中根据递归深度计算栈容量的方法。

(3) 根据数据的进栈和出栈序列计算栈容量的方法。

(4) 在栈式铁路调车线上当进栈序列为 $1,2,3,\cdots,n$ 时，可能的出栈序列及其计数。

(5) 栈在表达式计算中从中缀表示转后缀表示，以及用后缀表示求值时的使用。

(6) 栈在括号配对中的应用。

(7) 栈在数制转换中的应用。

(8) 双栈共用一个数组的进栈、退栈、置空栈、判栈空算法及栈满、栈空条件。

(9) 使用两个栈模拟一个队列时的进队列和出队列算法。

5. 队列的应用

(1) 队列在分层处理中的使用，包括二叉树、树、图等层次遍历过程中的使用。

(2) 队列在对数据循环处理过程中的使用，例如约瑟夫问题、归并排序。

(3) 队列在调度算法中的使用。

(4) 队列在缓冲区处理中的应用，如输入输出缓冲区、用于并行处理的缓冲区队列。

3.2 难点和重点

本章的知识点有5个，包括栈和队列的定义及其特点，栈的存储表示及其基本运算的实现，队列的存储表示及其基本运算的实现，栈的应用和队列的应用。

1. 栈和队列的定义及其特点

(1) 元素1,2,3,4依次进栈，可能的出栈序列有多少种？队列呢？

(2) 当元素以 A,B,C,D,E 顺序进栈，D,B,C,E,A 是可能的出栈顺序吗？

(3) 可否用两个栈模拟一个队列？反过来呢？

(4) 栈、队列对线性表加了什么限制？

2. 栈的存储表示及其基本运算的实现

（1）当栈空时顺序栈的栈顶指针 top＝＝－1，当栈非空时 top 是否指示最后加入的元素位置？

（2）顺序栈的进栈、出栈的先决条件是什么？

（3）当一个顺序栈已满，如何才能扩充栈长度，使得程序能够继续使用这个栈？

（4）当两个栈共享同一个存储空间 $V[m]$时，可设栈顶指针数组 $t[2]$和栈底指针数组 $b[2]$。如果进栈采用两个栈相向前行的方式，则任一栈的栈满条件是什么？

（5）链式栈的栈顶指针是在链头还是在链尾？

（6）链式栈只能顺序存取，而顺序栈不但能顺序存取，还能直接存取，对吗？

（7）理论上链式栈没有栈满问题，但在进栈操作实现时，还要判断一个后置条件，是何条件？

3. 队列的存储表示及其基本运算的实现

（1）当用牺牲一个单元的方式组织循环队列时，队空和队满的条件是什么？进队、出队的策略是什么？

（2）当用队头指针 front 和长度 length 组织循环队列时，队空和队满的条件是什么？进队和出队的策略是什么？（设表长度为 m）

（3）链式队列的队头和队尾在链表的什么地方？

（4）链式队列的队空条件是什么？

（5）同时使用多个队列时需采用何种队列结构？如何组织？

（6）链式队列的每个结点是否还可以是队列？

4. 栈的应用

（1）在后缀表达式求值过程中用栈存放什么？在中缀表达式求值过程中又用栈存放什么？

（2）为判断表达式中的括号是否配对，可采用何种结构辅助进行判断？

（3）在递归算法中采用何种结构来存放递归过程每层的局部变量、返回地址和实参副本？

（4）在回溯法中采用何种结构来记录回退路径？

（5）若进栈序列为 1,2,3,4,5,6，出栈序列为 2,4,3,6,5,1，问栈容量至少多大？

（6）常用的一种链式栈是基于静态链表的。用一个整数数组 $S[n]$存放链接指针（游标），设初始时 top＝－1，表示栈空，则其进栈、出栈、判栈空等操作如何实现？

5. 队列的应用

（1）在逐层处理一个分层结构的数据时，需采用何种辅助结构来组织数据？

（2）为实现输入—处理—输出并行操作，需建立多个输入缓冲区队列，这些队列是按数组方式组织的还是按链表方式组织的？

（3）在操作系统中一种进程调度策略是先来先服务，为此使用了何种辅助结构？

（4）在对一个无序单链表进行自然归并排序时，可先把链表截为一段段有序的子链表，再对它们做二路归并排序。为此定义队列来辅助排序，此队列的元素的数据类型是什么？

（5）双端队列的作用是什么？有几种双端队列？

（6）双端队列的队空条件和队满条件是什么？

（7）优先级队列的作用是什么？在插入和删除时如何进行调整？

3.3 教材习题解析

一、单项选择题

1. 当利用大小为 n 的数组顺序存储一个栈时，假定用 top＝＝n 表示栈空，则向这个栈插入一个元素时，首先应执行(　　)语句修改 top 指针。

A. top＋＋　　B. top－－　　C. ＋＋top　　D. －－top

【题解】 选 D。栈数组的地址范围为 0..n－1，栈空的条件是 top＝＝n，进栈时必须先执行－－top 让 top 指针指到插入位置再执行插入。

2. 若让元素 1,2,3 依次进栈，则出栈次序不可能出现(　　)种情况。

A. 3,2,1　　B. 2,1,3　　C. 3,1,2　　D. 1,3,2

【题解】 选 C。元素按 1,2,3 的顺序进栈，3 出栈后 2 压在 1 上面，1 不可能先于 2 出栈。

3. 当利用大小为 n 的数组顺序存储一个队列时，该队列的最大长度为(　　)。

A. n－2　　B. n－1　　C. n　　D. n＋1

【题解】 选 B。因为要留出一个空位以区分栈空和栈满。

4. 假定一个顺序存储的循环队列的队头和队尾指针分别为 front 和 rear，则判断队空的条件为(　　)。

A. front＋1＝＝rear　　B. rear＋1＝＝front

C. front＝＝0　　D. front＝＝rear

【题解】 选 D。当退栈的速度快于进栈的速度，队头 front 很快追上队尾 rear，当 front＝＝rear时，队列就空了。

5. 假定一个链式队列的队头和队尾指针分别为 front 和 rear，则判断队空的条件为(　　)。

A. front＝＝rear　　B. front ！＝NULL

C. rear ！＝NULL　　D. front＝＝NULL

【题解】 选 D。链式队列一般不设头结点，当 front＝＝NULL 时，链空即队列空。

6. 设链式栈中结点的结构为(data,link)，且 top 是指向栈顶的指针。若想在链式栈的栈顶插入一个由指针 s 所指的结点，则应执行操作(　　)。

A. top->link＝s　　B. s->link＝top->link；top->link＝s

C. s->link＝top；top＝s　　D. s->link＝top；top＝top->link

【题解】 选 C。链式栈一般不设附加头结点，在将结点 *s 插入到栈顶时，首先让老栈顶链接到结点 *s 下面，即 s->link＝top，再修改栈顶指针 top，让它指向新栈顶结点 *s，即 top＝s。

7. 设链式栈中结点的结构为(data,link)，且 top 是指向栈顶的指针。若想摘除链式栈的栈顶结点，并将被摘除结点的值保存到 x 中，则应执行操作(　　)。

A. x＝top->data；top＝top->link　　B. top＝top->link；x＝top->data

C. x＝top；top＝top->link　　D. x＝top->data

【题解】 选 A。退栈时先将栈顶的值保存到 x 中，再让栈顶指针 top 退到次栈顶，应执行语句为 x＝top->data；top＝top->link。

8. 为增加内存空间的利用率和减少溢出的可能性，由两个栈共享一片连续的内存空间时，应将两栈的(　　)分别设在这片内存空间的两端。

A. 长度　　B. 深度　　C. 栈顶　　D. 栈底

【题解】 选 D。两个栈共享一片连续的内存空间时，它们的栈底应分别设在该空间的两端，初始化时两个栈的栈顶指针置于栈底。

9. 使用两个栈共享一片内存空间时，当(　　)时，才产生上溢。

A. 两个栈的栈顶同时到达这片内存空间的中心点

B. 其中一个栈的栈顶到达这片内存空间的中心点

C. 两个栈的栈顶在这片内存空间的某一位置相遇

D. 两个栈均不空，且一个栈的栈顶到达另一个栈的栈底

【题解】 选 C。两个栈的栈顶在这片内存空间的某一位置相遇时即可认为栈已满。

10. 递归是将一个较复杂的(规模较大的)问题转换为一个稍微简单的(规模较小的)、与原问题(　　)的问题来解决，使之比原问题更靠近可直接求解的条件。

A. 相关　　B. 子类型相关　　C. 同类型　　D. 不相关

【题解】 选 C。递归的思路是将一个复杂的问题分为一个或几个同类型的简单的问题求解，当这些简单问题解决后再汇总它们，得到更复杂问题的解。

11. 在系统实现递归调用时需利用递归工作记录保存实际参数的值。在引用参数情形下，需保存实际参数的(　　)，在被调用程序中可直接操纵实际参数。

A. 空间　　B. 地址　　C. 返回地址　　D. 副本

【题解】 选 B。函数调用传递引用参数时是传送引用参数的地址给形式参数，使得形式参数成为实际参数的别名，函数体内对该形式参数的任何操作就是对实际参数的操作。

12. 将递归求解过程改变为非递归求解过程的目的是(　　)。

A. 提高速度　　B. 改善可读性　　C. 增强健壮性　　D. 提高可维护性

【题解】 选 A。递归过程会有很多重复调用或重复计算，将递归过程改变为非递归过程的目的是提高求解速度。

13. 如果一个递归函数过程中只有一个递归语句，而且它是过程体的最后语句，则称这种递归为(　　)，它可以用迭代实现非递归求解。

A. 单向递归　　B. 回溯递归　　C. 间接递归　　D. 尾递归

【题解】 选 D。例如求阶乘的递归过程的函数体内只有一个递归语句，它位于过程体的最后，递归返回后无须执行其他语句，也不需保存返回地址，因而可以直接改为循环实现。

14. 设有一个递归算法如下：

```
int fact (int n) {
  if (n <= 0) return 1;
  else return n * fact (n-1);
}
```

下面正确的叙述是(　　)。

A. 计算 fact(n)，需要执行 n 次函数调用

B. 计算 fact(n)，需要执行 $n+1$ 次函数调用

C. 计算 fact(n)，需要执行 $n+2$ 次函数调用

D. 计算 fact(n)，需要执行 $n-1$ 次函数调用

【题解】 选 B。计算 fact(n)需要 1 次外部递归调用和 n 次内部递归调用。

15. 设有一个递归算法如下：

```
int X (int n) {
    if (n <= 3) return 1;
    else return X (n-2)+X (n-4)+1;
}
```

试问计算 X（X（5））时需要调用（　　）次 X 函数。

A. 4 次　　B. 5 次　　C. 6 次　　D. 7 次

【题解】 选 A。计算 X(5) 需先计算 X(3) 和 X(1)。所以调用 X() 函数共 4 次：X(3)（返回 1）、X(1)（返回 1）、X(5)（返回 3）、X(X(5))(返回 1)。

二、填空题

1. 栈是一种限定在表的一端插入和删除的线性表，它的特点是（　　）。

【题解】 先进后出或后进先出。栈是一种限定存取位置的线性表，它的特点是先进后出或后进先出。

2. 队列是一种限定在表的一端插入，在另一端删除的线性表，它的特点是（　　）。

【题解】 先进先出。队列也是一种限定存取位置的线性表，它的特点是先进先出。

3. 若设顺序栈的最大容量为 MaxSize，则判断栈满的条件是（　　）。

【题解】 top＝＝MaxSize－1。如果栈底在存储数组的前端 0 号位置，则判断栈满的条件是栈顶指针 top＝＝MaxSize－1。

4. 用长度为 MaxSize 的数组存储一个栈时，若用 top＝＝MaxSize 表示栈空，则栈满的条件为（　　）。

【题解】 top＝＝0。如果 top＝＝MaxSize 表示栈空，则判断栈满的条件是 top＝＝0。

5. 在一个链式栈中，若栈顶指针 top＝＝NULL，则（　　）。

【题解】 栈空。如果链式栈的栈顶指针 top＝＝NULL，则表示栈空。

6. 设链式栈每个结点的结构为(data，link)，在向一个栈顶指针为 top 的链式栈中插入一个新结点 * p 时，应执行（　　）和（　　）操作。

【题解】 (1)p->link＝top；(2)top＝p。在链式栈的栈顶 top 插入新结点 * p 时，* p 将成为新的栈顶和链头，老栈顶地址 * top 链接到结点 * p 后面，然后修改栈顶指针，让其指向结点 * p。

7. 设一个循环队列 Q 的队头和队尾指针为 front 和 rear，判断队空的条件是（　　）。

【题解】 Q.front＝＝Q.rear。在循环队列 Q 中判断队空的条件是队头指针 Q.front 追上队尾指针 Q.rear。

8. 设一个没有附加头结点的链式队列 Q 的队头和队尾指针为 front 和 rear，若 front＝＝rear 且 front ！＝NULL，则表示该队列有（　　）元素。

【题解】 只有一个元素。如果链式队列没有附加头结点且 front ！＝NULL，说明队列不空；此时，如果 front＝＝rear，说明队列只有一个元素，它即是队尾也是队头。

9. 双端队列是限定插入和删除操作在（　　）进行的线性表。

【题解】 队列的两端。双端队列允许在队列的两端插入和删除。

10. 中缀表达式 3 * (x+2) －5 所对应的后缀表达式为(　　)。

【题解】 3x2＋ * 5－。中缀表达式 3 * (x+2)－5 所对应的后缀表达式是 3x2＋ * 5－。

11. 后缀表达式"4 5 * 3 2＋－"的值为(　　)。

【题解】 15。逐步求解后缀表达式"4 5 * 3 2＋－"的值的过程是：先计算"4 5 *"得20,再计算"3 2 ＋"得 5,最后计算"20 5 －"得 15。

12. 通常程序在调用另一个程序时,都需要使用一个栈来保存被调用程序内分配的局部变量、形式参数的(　　)及(　　)。

【题解】 副本,返回地址。递归工作栈的栈单元用来保存递归工作信息,包括执行结束后的"返回地址",本层用到的"局部变量",给形式参数分配的"副本空间"。

13. 主程序第一次调用递归函数被称为外部调用,递归函数自己调用自己被称为内部调用,它们都需要建立(　　)记录。

【题解】 递归工作记录。每次递归调用都要建立自己的递归工作记录,一系列递归调用建立的递归工作记录形成递归工作栈。

14. 求解递归问题的步骤是：了解题意是否适合用递归方法来求解;决定递归(　　);决定可将问题规模缩小的递归部分。

【题解】 递归结束条件。递归过程不可能无限递归下去,总有一个递归出口,即递归到最后的直接求解部分(递归结束条件)。

15. 如果将递归工作栈的每一层视为一项待处理的事务,则位于(　　)处的递归工作记录是当前急待处理的事务。

【题解】 递归工作栈栈顶。位于递归工作栈的栈顶处的递归工作记录是当前急待处理的事务。

16. 函数内部的局部变量是在进入函数过程后才分配存储空间,在(　　)后就将释放局部变量占用的存储空间。

【题解】 退出本层递归过程。在进入递归过程后分配的局部变量存储空间,在退出本层递归过程后就要释放它。

17. 迷宫问题是一个回溯控制的问题,可使用(　　)方法来解决。

【题解】 递归。迷宫问题属于回溯求解问题,需要利用递归来保存回退的路径。

三、判断题

1. 每次从队列中取出的应是具有最高优先权的元素,这种队列就是优先队列。

【题解】 对。优先队列也叫作优先级队列,每次出队的应是具有最高优先权的元素。

2. 如果进栈序列是 1,2,3,4,5,6,7,8。则可能的出栈序列有 8!种。

【题解】 错。可能的出栈序列有$\frac{1}{n+1}C_{2n}^{n}=\frac{1}{8+1}C_{16}^{8}=1430$。

3. 若让元素 1,2,3 依次进栈,则出栈次序 1,3,2 是不可能出现的情况。

【题解】 错,出栈次序 1,3,2 是合理的情况。

4. 设顺序栈的栈顶指针初始值为 top＝－1,那么在每次向栈中压入新元素时,要先按栈顶指针指示的位置存入新元素再移动栈顶指针。

【题解】 错。正好相反,每次新元素进栈时必须先让栈顶指针进 1：top＋＋,再按 top 指示的位置存入新元素。

5. 链式栈与顺序栈相比，一个明显的优点是通常不会出现栈满的情况。

【题解】 对。顺序栈采用一片连续的存储空间存放栈元素，一旦放满就会出现栈满情况；链式栈采用单链表作为其存储空间，只要内存还有空间，就可动态分配新的栈结点，链入栈中，所以一般不会出现栈满的情况。

6. 栈和队列都是顺序存取的线性表，但它们对存取位置的限制不同。

【题解】 对。它们都是顺序存取结构，但栈只允许在栈顶一端插入和删除，队列允许在队尾插入，在队头删除。

7. 在使用后缀表示实现计算器类时使用了一个栈的实例，它的作用是暂存运算对象和计算结果。

【题解】 对。表达式的后缀表示求值需要用到一个栈，用以暂存运算对象和每步的计算结果。例如后缀表达式"4 5 * 3 2+-"求值，从左向右扫描，遇到4进栈，遇到5进栈，遇到"*"后，5和4退栈，计算4*5得20，20进栈，再向右扫描，遇到3进栈，遇到2进栈，遇到"+"，2和3退栈，计算3+2得5，5进栈，再向右扫描，遇到"-"，5和20退栈，计算20-5得15，15进栈，再向右，表达式扫描完成，栈顶的15即为结果。

8. 在一个循环队列Q中，判断队满的条件为Q.rear % MaxSize+1==Q.front。

【题解】 错。判断队列满的条件为(Q.rear+1) % MaxSize=Q.front。

9. 在一个循环队列Q中，判断队空的条件为Q.rear+1==Q.front。

【题解】 错。判断队列空的条件是Q.front==Q.rear。

10. 在循环队列中，进队时队尾指针加1，出队时队头指针减1。

【题解】 错。队列的队头指针和队尾指针都向同一方向移动。

11. 在循环队列中，进队时队尾指针加1，出队时队头指针加1。

【题解】 对。进队时循环队列的队尾指针加1，出队时队头指针加1。

12. 设链式队列Q不带附加头结点，其队头和队尾指针分别为Q->front和Q->rear，则队空条件为Q->front==Q->rear。

【题解】 错。如果Q->front==NULL，则链空，队列空。Q->front==Q->rear不一定表示队列空，当Q->front !=NULL时队列不空。

13. 在链式队列中，队头在链表的链尾位置。

【题解】 错。链式队列的队头在链头。

14. 若链式队列采用循环单链表表示，可以不设队头指针，仅在链尾设置队尾指针。

【题解】 对。在循环链式队列的链尾设置队尾指针，插入在链尾、删除在链头，运算的时间复杂度均为$O(1)$。

15. 递归调用算法与相同功能的非递归算法相比，主要问题在于重复计算太多，而且调用本身需要分配额外的空间和传递数据和控制，所以时间与空间开销都比较大。

【题解】 对。递归算法的时间和空间开销都比具有相同功能的非递归算法多。

16. 递归方法和递推方法本质上是一回事，例如求$n!$时既可用递推的方法，也可用递归的方法。

【题解】 对。

17. 用非递归方法实现递归算法时一定要使用递归工作栈。

【题解】 错。在单向递归和尾递归的情形下，用非递归方法实现递归算法不用递归栈。

18. 将 $f=1+1/2+1/3+\cdots+1/n$ 转换为递归函数时，递归部分为 $f(n)=f(n-1)+1/n$，递归结束条件为 $f(1)=1$。

【题解】 对。$f(1)=1$，$f(2)=1+1/2=f(1)+1/2$，$f(3)=1+1/2+1/3=f(2)+1/3$，…，$f(n-1)=1+1/2+1/3+\cdots+1/(n-1)$，$f(n)=1+1/2+1/3+\cdots+1/(n-1)+1/n=f(n-1)+1/n$。

四、简答题

1. 设 a,b,c 三个元素的进栈顺序是 a,b,c，符号 S 和 X 分别表示对栈进行一次进栈操作和一次出栈操作。

(1) 分别写出所有可能的出栈序列，以及获得该出栈序列的操作序列。

(2) 指出不可能的出栈序列。

【题解】 设 S 是进栈操作，X 是出栈操作，S 和 X 的下脚标说明是哪个元素进栈或出栈。

(1) 合理的出栈序列有 5 种：

abc(操作序列 $S_aX_aS_bX_bS_cX_c$)；

acb(操作序列 $S_aX_aS_bS_cX_cX_b$)；

bac(操作序列 $S_aS_bX_bX_aS_cX_c$)；

bca(操作序列 $S_aS_bX_bS_cX_cX_a$)；

cba(操作序列 $S_aS_bS_cX_cX_bX_a$)。

(2) 不可能的出栈序列是 cab。当 c 出栈时 a,b 压在栈内，b 压在 a 上，不可能 a 先出栈。

2. 设用 S 表示进栈，X 表示出栈，若一个初始为空的栈，经过一系列的进栈和出栈操作后复归于空，这样的进栈和出栈操作可用 S 和 X 组成的序列表示。

(1) 判定给定的 S/X 序列是否合理的一般规则是什么？

(2) 对同一输入元素的集合，不同的合法输入序列能否通过 S/X 操作得到相同的输出序列？如能得到，举例说明。

【题解】 (1) 判定给定的 S/X 序列是否合理的一般规则有两条：

① 给定序列中 S 的个数与 X 的个数相等；

② 从给定序列开始，到该序列的任一位置为止，S 的个数应大于或等于 X 的个数。

(2) 对同一输入元素的集合，不同的合法输入序列可以通过 S/X 操作得到相同的输出序列。例如，若输入元素集合为 a,b,c,d，不同的合法输入序列 a,b,c,d 和 c,b,d,a 均可得到相同的输出序列 b,d,c,a，它们的 S/X 序列为 SSXSSXXX 和 SSXSXXSX。

3. 试证明：设栈的输入序列是 $1,2,3,\cdots,n$，输出序列是 $p_1,p_2,p_3,\cdots,p_n$，若 $p_i=n(1\leqslant i\leqslant n)$，则有 $p_i>p_{i+1}>p_n$。

证明：因为元素是按照递增顺序依次进栈的，若第 i 个出栈元素为 n，此时栈内还有 $n-i$ 个元素，依据栈的先进后出的特性，它们在栈内从栈顶向栈底一定是递减排列，其值可以不连续，以后顺序出栈后，一定是 $p_i>p_{i+1}>p_{i+2}>\cdots>p_n$。

4. 设有一个顺序栈 S，元素 s_1,s_2,s_3,s_4,s_5,s_6 依次进栈，如果 6 个元素的出栈顺序为 s_2,s_3,s_4,s_6,s_5,s_1，则顺序栈的容量至少应为多少？

【题解】 栈的容量至少为 3。参看如图 3-1 所示的栈的变化情况，在出栈顺序为 s_2,s_3,s_4,s_6,s_5,s_1 时，顺序栈只需 3 个栈元素即可满足要求。

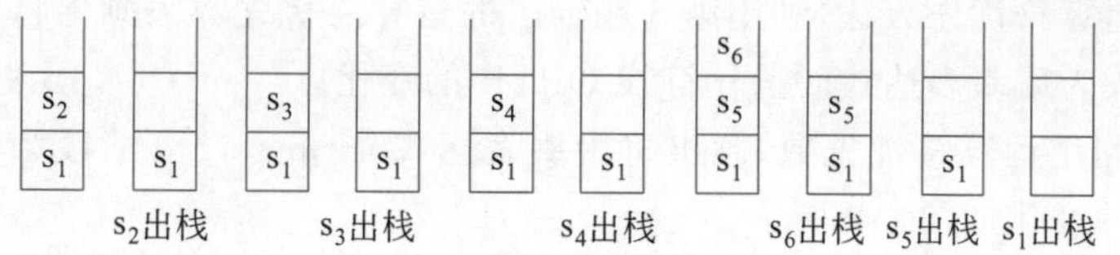

图 3-1 第 4 题栈的变化

5. 试利用运算符优先数法，画出对中缀算术表达式 a+b*c-d/e 求值时操作符栈 OPTR(OPERATOR)和操作数栈 OPND(OPERAND)的变化。操作符优先数表如表 3-1 所示。

表 3-1 第 5 题操作符优先数表

运 算 符	#	(	*,/	+,-	)
isp(栈顶运算符优先级)	0	1	5	3	7
icp(栈外运算符优先级)	0	7	4	2	1

【题解】 根据以上规则，给出计算中缀表达式 a+b*c-d/e 时两个栈的变化，如图 3-2 所示，图中 icp 表示位于栈顶操作符的优先级(in stack priority)，icp 表示栈外刚取得操作符的优先级(in coming priority)。

步	扫描项	项类型	动 作	OPND 栈	OPTR 栈
0			OPTR 栈与 OPND 栈初始化，'#'进 OPTR 栈，取第一个符号		#
1	a	操作数	a 进 OPND 栈，取下一符号	a	#
2	+	操作符	icp('+')>isp('#')，进 OPTR 栈，取下一符号	a	# +
3	b	操作数	b 进 OPND 栈，取下一符号	a b	# +
4	*	操作符	icp('*')>isp('+')，进 OPTR 栈，取下一符号	a b	#+*
5	c	操作数	c 进 OPND 栈，取下一符号	a b c	#+*
6	-	操作符	icp('-')<isp('*')，退 OPND 栈'c'，退 OPND 栈'b'，退 OPTR 栈'*'，计算 b*c→s_1，结果进 OPND 栈	as_1	#+
7	同上	同上	icp('-')<isp('+')，退 OPND 栈's_1'，退 OPND 栈'a'，退 OPTR 栈'+'，计算 a*s_1→s_2，结果进 OPND 栈	s_2	#
8	同上	同上	icp('-')>isp('#')，进 OPTR 栈，取下一符号	s_2	#-
9	d	操作数	d 进 OPND 栈，取下一符号	s_2d	#-
10	/	操作符	icp('/')>isp('-')，进 OPTR 栈，取下一符号	s_2d	#-/
11	e	操作数	e 进 OPND 栈，取下一符号	s_2d e	#-/
12	#	操作符	icp('#')<isp('/')，退 OPND 栈'e'，退 OPND 栈'd'，退 OPTR 栈'/'，计算 d/e→s_5，结果进 OPND 栈	s_2 s_3	#-
13	同上	同上	icp('#')<isp('-')，退 OPND 栈's_3'，退 OPND 栈's_2'，退 OPTR 栈'-'，计算 s_2-s_3→s_4，结果进 OPND 栈	s_4	#
14	同上	同上	icp('#')==isp('#')，退 OPND 栈's_4'，结束		#

图 3-2 第 5 题计算中缀表达式时操作符栈和操作数栈的变化

6. 试利用运算符优先数法，利用第 5 题给出的运算符优先数表画出将中缀算术表达式 a+b*c−d/e 改为后缀表达式时操作符栈 OPTR 的变化。

【题解】 利用运算符优先数，画出将中缀表达式 a+b*c−d/e 改为后缀表达式时操作符栈 OPTR 的变化如图 3-3 所示。

步	扫描项	项类型	动　作	OPTR 栈	输　出
0			'#'进栈，读下一符号	#	
1	a	操作数	直接输出，读下一符号	#	a
2	+	操作符	isp('#')<icp('+')，进栈，读下一符号	# +	a
3	b	操作数	直接输出，读下一符号	#+	a b
4	*	操作符	isp('+')<icp('*')，进栈，读下一符号	# +*	a b
5	c	操作数	直接输出，读下一符号	#+*	a b c
6	−	操作符	isp('*')>icp('−')，退栈输出 '*'	#+	a b c*
7	同上	同上	isp('+')>icp('−')，退栈输出 '+'	#	a b c* +
8	同上	同上	isp('#')<icp('−')，进栈，读下一符号	#−	a b c* +
9	d	操作数	直接输出，读下一符号	#−	a b c*+d
10	/	操作符	isp('−')<icp('/')，进栈，读下一符号	#− /	a b c* +d
11	e	操作数	直接输出，读下一符号	#− /	a b c* +d e
12	#	操作符	isp('/')>icp('#')，退栈输出 '/'	#−	a b c* +d e /
13	同上	同上	isp('−')>icp('#')，退栈输出 '−'	#	a b c* +d e/−
14	同上	同上	isp('#')==icp('#')，结束	#	a b c* +d e/−

图 3-3　第 6 题将中缀表达式改为后缀表达式时操作符栈的变化

7. 试画出对后缀算术表达式 a b c * +d e/− 求值时操作数栈 OPND 的变化。

【题解】 画出对后缀算术表达式 a b c * +d e/− 求值时操作数栈 OPND 的变化如图 3-4 所示。

步	扫描项	项类型	动　作	OPND 栈
1			置空栈	空
2	a	操作数	进栈	a
3	b	操作数	进栈	a b
4	c	操作数	进栈	a b c
5	*	操作符	c、b 退栈，计算 b*c，结果 s_1 进栈	a s_1
6	+	操作符	s_1、a 退栈，计算 $a+s_1$，结果 s_2 进栈	s_2
7	d	操作数	进栈	s_2 d
8	e	操作数	进栈	s_2 d e
9	/	操作符	e、d 退栈，计算 d/e，结果 s_3 进栈	s_2 s_3
10	−	操作符	s_3、s_2 退栈，计算 s_2-s_3，结果 s_4 进栈	s_4
11	#	操作符	结束，在栈顶得到运算结果	

图 3-4　第 7 题后缀表达式求值时操作数栈的变化

8. 数学上常用的阶乘函数定义如下：

$$n! = \begin{cases} 1, & n = 0 \\ n(n-1)!, & n > 0 \end{cases}$$

对应的求阶乘的递归算法为：

```
long Factorial (long n) {
    if (n <= 0) return (1);                 //终止递归的条件
    else return (n * Factorial (n-1));      //递归步骤
}
```

试推导求 $n!$时的计算次数。

【题解】 可用递归方式计算。设当 $n=0$ 时，计算时间复杂度为常数 $T(0)=d$，当 $n>0$ 时按 $T(n)=T(n-1)+c$（c 为常数），则有 $T(n)=T(n-1)+c=T(n-2)+2c=T(n-3)+3c=\cdots=T(1)+(n-1)c=T(0)+nc=nc+d$。

9. 设循环队列用数组 $A[m..n]$存储，队头、队尾指针分别为 front 和 rear，若 front 指示实际队头位置，rear 指示实际队尾的后一位置。则队空和队满的条件分别是什么？队列中元素个数是多少？

【题解】 队列中元素个数为 $n-m+1$。队空条件为 rear＝＝front，在牺牲一个单元以区分队空和队满的情形下，队满条件为(rear＋1－m)%($n-m+1$)＋m＝＝front。队列元素个数为(rear－front＋($n-m+1$))%($n-m+1$)。

10. 设循环队列的容量为 8，队头指针 front 指示实际队头位置，队尾指针 rear 指示实际队尾的后一位置，试画出 rear－front＝2 和 rear－front＝－2 的示意图。

【题解】 rear－front＝2 和 rear－front＝－2 的示意图分别参看图 3-5(a)和图 3-5(b)。这是因为循环队列的两个指针都按顺时针方向移动，当 rear＞front 时说明队列不空，但当 rear 按顺时针移动刚刚跨过 0 号位置时，rear 就小于 front 了。

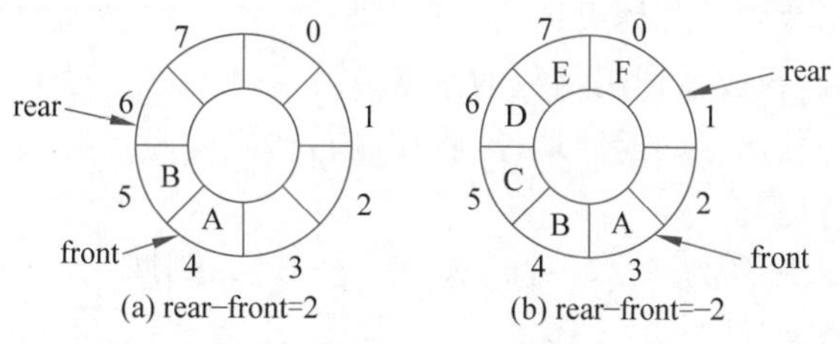

图 3-5 第 10 题循环队列中指针的变化情况

11. 是否可以在链式队列中增加头结点，此时链式队列的队头和队尾在链表的什么地方？队空条件是什么？

【题解】 可以在链式队列增设头结点。此时链式队列的队头指针指向链表的头结点，而真正的队头元素在链表头结点的下一结点，即链表的首元结点；链表的队尾在链表的尾元结点。因此，链式队列的出队在头结点之后进行，不用修改队头指针，进队仍然在链尾进行，但要修改链尾指针。链式队列的队空条件为 front->link＝＝NULL。

12. 在数据结构课程中分治法被用于哪些问题的求解？减治法被用于哪些问题的求解？回溯法被用于哪些问题的求解？动态规划法被用于哪些问题的求解？贪心法被用于哪

些问题的求解?

【题解】 分治法是把规模为 n 的问题通过递归,转化为两个规模为 $n/2$ 的同样问题来求解,理想情况下算法复杂度可以达到 $O(\log_2 n)$。可用于快速排序、归并排序、二叉树的前序、中序、后序遍历等。

减治法是把规模为 n 的问题通过递归,转换为一个规模小于 n 的同样问题来求解。可用于线性表求最大最小值、求长度、求给定值,二叉搜索树求最大最小值、求给定值,B树求给定值,折半搜索、斐波那契搜索、插值搜索等。

回溯法针对有多分支选择问题,通过递归、回溯来寻找可能的解。二叉树的前序、中序、后序遍历算法,树或森林的深度优先遍历算法,图的深度优先搜索算法,求根到树中指定结点的路径,其他如八皇后问题、迷宫问题等,都属于回溯法。

动态规划法属于自底向上的构造过程。二叉搜索树的构造算法,Huffman 树构造算法,最小堆或最大堆的构造算法,最优二叉搜索树的构造算法,求所有顶点间的最短路径的 Floyd 算法,拓扑排序算法,直接插入排序算法,胜者树和败者树算法等,都属于动态规划法。

贪心法是从构造局部最优解到构造全局最优解的一种问题求解方法。在带权连通图中求最小生成树,在带权有向图中用 Dijkstra 算法求单源最短路径、单目标最短路径问题,其他如在多个村庄间安放医疗站问题、背包问题等,都属于贪心法。

13. 当函数递归调用自身、进入递归工作栈的下一层时需要做哪 3 件事?在下一层执行结束返回上一层时又需要做哪 3 件事?

【题解】 在递归进入下一层时,系统需要做 3 件事:

(1) 将所有的实参、返回地址等信息传递给被调用函数保存;

(2) 为被调用函数的局部变量分配存储区;

(3) 将程序控制转移到被调用函数的入口。

而从被调用函数返回调用函数之前,递归退回上一层时,系统应完成 3 件事:

(1) 保存被调用函数的计算结果;

(2) 恢复上层参数,释放被调用函数的数据区;

(3) 依照被调用函数保存的返回地址,将控制转移回调用函数。

五、算法题

1. 设一个栈的输入序列为 1,2,…,n,编写一个算法,判断一个序列 $p_1, p_2, \cdots, p_n$ 是否是一个合理的栈输出序列。

【题解】 首先举例说明。设一个输入序列为 1,2,3,预期输出序列为 2,3,1,可能的进栈出栈动作如表 3-2 所示。如果预期输出序列为 3,1,2,这是一个不合理的输出序列,则可能的进栈出栈动作如表 3-3 所示。从表中可见,当预期的输出序列的数据比当前栈顶的元素小时,一定出现了输出不合理的情形,可以报错并结束检查处理。

表 3-2 第 1 题进栈出栈动作(一)

输入序列当前数据	1	2		3			
栈 顶 数 据	栈空	1	2	1	3	1	栈空

续表

预期输出序列		2	2	3	3	1	
栈顶与预期输出序列比较		1<2	2=2	1<3	3=3	1=1	
动　　作	1 进栈	2 进栈	2 出栈	3 进栈	3 出栈	1 出栈	结束

表 3-3　第 1 题进栈出栈动作(二)

输入序列当前数据	1	2	3				
栈 顶 数 据	栈空	1	2	3	2		
预期输出序列		3	3	3	1		
栈顶与预期输出数据比较		1<3	2<3	3=3	2>1		
动　　作	1 进栈	2 进栈	3 进栈	3 出栈	报错	结束	

算法描述如下。算法中用 $i=1,2,\cdots,n$ 作为栈的输入数据序列,用 p[0],p[1],…,p[$n-1$]作为预期的栈的输出序列。

```
#define stackSize 25
void Decision (int p[ ], int n) {
//算法判断序列 p[0], p[1], …, p[n-1]是否是合理的出栈序列
    int S[stackSize];int top = -1;
    int i = 0, k = 0, d;bool succ = true;
    do {
        if (top == -1) S[++top] = ++i;
        else {
            d = S[top];
            if (d < p[k]) S[++top] = ++i;
            else if (d == p[k]) { d = S[top--];k++; }
            else { succ = false;break; }
        }
    } while (k < n);
    for (int j = 0; j < n; j++) cout << p[j] <<" ";
    cout <<endl;
    if (succ) cout <<" 是合理的出栈序列! \n";
    else cout <<" 是不合理的出栈序列! \n"
}
```

2. 设计一个算法,借助栈判断存储在单链表中的数据是否中心对称。例如,单链表中的数据序列{12,21,27,21,12}或{13,20,38,38,20,13}即为中心对称。

【题解】 设置一个栈 S,算法首先遍历一次单链表,把所有结点数据顺序进栈;然后同时做两件事:再次从头遍历单链表和退栈。每次访问一个链表结点并与退栈元素比较,若比较后相等,则继续比较链表下一结点和再退栈;若比较不相等则不是中心对称,返回 false。若单链表遍历完成,则表示链表是中心对称,返回 true。算法描述如下。

```
#define stackSize 25
template <class T>
int centreSym (LinkList<T>& L) {
```

```
    T S[stackSize];int top = -1;T x;
    for (LinkNode<T> *p = L->link; p != NULL; p = p->link)
        S[++top] = p->data;
    p = L->link;
    while (p != NULL) {
        x = S[top--];
        if (p->data != x) return false;
        else p = p->link;
    }
    return true;
}
```

3. 设计一个算法,借助栈实现单链表上链接顺序的逆转。

【题解】 算法首先遍历单链表,逐个结点删除并把被删结点存入栈中,再从栈中取出存放的结点把它们依次链入单链表中。通过栈把结点的次序颠倒过来。算法描述如下。

```
#define stackSize 25
template <class T>
void Reverse (LinkList<T>& L) {
    LinkNode<T> * S[stackSize];int top = -1;
    LinkNode<T> *p, *q;
    while (L->link != NULL) {                   //检测原链表
        p = L->link;L->link = p->link;
        S[++top] = p;                           //结点 p 从原链表中摘下,进栈
    }
    p = L;
    while (top != -1) {                         //当栈不空时
        q = S[top--];                           //退栈,退出元素由 q 指示
        p->link = q;p = q;                      //链入结果链尾
    }
    p->link = NULL;                             //链收尾
}
```

4. 设以数组 Q.elem[maxSize]存放循环队列的元素,且以 Q.front 和 Q.length 分别指示循环队列中的实际队头位置和队列中所含元素的个数。试给出该循环队列的队空条件和队满条件,并写出相应的插入(EnQueue)和删除(DeQueue)运算的实现。

【题解】 设队列元素的类型为整型。初始时,队头指针 Q.front=0,Q.length=0。循环队列的队空条件是 Q.length==0,队满条件是 Q.length==maxSize。实现出队运算时应在队头 Q.front 删除,同时修改 Q.front 和 Q.length;实现进队运算时需根据 Q.front 和 Q.length 计算队尾,然后在队尾处插入,并修改 Q.length,队头指针 Q.front 不用修改。

设该循环队列的结构定义如下。

```
#define maxSize 16
template <class T>
struct CircQueue {                          //循环队列的结构定义
    T elem[maxSize];                        //队列存储数组
    int front;                              //队头指针
    int length;                             //队列中已有元素个数
};
```

进队列算法描述如下。

```
template <class T>
void EnQueue (CircQueue<T>& Q, T x) {               //进队运算
    if (Q.length == maxSize) return;                //队列满不进队
    int rear = (Q.front+Q.length) % maxSize;        //计算实际队尾的下一位置
    Q.elem[rear] = x;                               //元素 x 进队列
    Q.length++;                                     //队列长度加 1
}
```

出队列算法描述如下。

```
template <class T>
T DeQueue (CircQueue<T>& Q) {                       //出队运算
    if (Q.length == 0) return -1;                   //队列空,返回-1,因 0 为有效位置
    T x = Q.elem[Q.front];                          //保存队头元素的值
    Q.front = (Q.front+1) % maxSize;                //队头指针进 1
    Q.length--;return x;                            //队列长度减 1
}
```

5. 设以数组 Q.elem[maxSize]存放循环队列的元素,且设置一个标志 Q.tag,以 Q.tag=0 和 Q.tag=1 来区别在队头指针(front)和队尾指针(rear)相等时,队列状态为空还是满。试给出该循环队列的队空条件和队满条件,并写出相应的插入(EnQueue)和删除(DeQueue)运算的实现。

【题解】 设队列元素的类型为整型,初始时 Q.front=0,Q.rear=0,Q.tag=0。循环队列的队空条件是 Q.front==Q.rear 且 Q.tag==0,队满条件是 Q.front==Q.rear 且 Q.tag==1。此时 Q.front 指示实际队头元素位置,Q.rear 指示实际队尾的下一元素位置。出队运算在队头进行,首先用 x 保存队头元素的值,再让队头指针进 1 并令 Q.tag=0;进队运算在队尾进行,首先按队尾指针所指位置插入 x,再让队尾指针进 1 并令 Q.tag=1。

设该循环队列的结构定义如下。

```
#define maxSize 16
template <class T>
struct CircQueue {                                  //循环队列的结构定义
    T elem[maxSize];                                //队列存储数组
    nt front, rear;                                 //队列的队头指针和队尾指针
    int tag;                                        //进队(=1)、出队(=0)标志
};
```

进队列算法描述如下。

```
template <class T>
void EnQueue (CircQueue<T>& Q, T x) {
    if (Q.front == Q.rear && Q.tag == 1) return;    //队列满,不进队
    Q.elem[Q.rear] = x;                             //元素 x 进队列
    Q.rear = (Q.rear+1) % maxSize;                  //队尾指针进 1
    Q.tag = 1;                                      //设置进队标志
}
```

出队列算法描述如下。

```
template <class T>
int DeQueue (CircQueue<T>& Q) {
    if (Q.front == Q.rear && Q.tag == 0)
        return -1;                                  //队列空,不出队
    T x = Q.elem[Q.front];                          //保存队头元素的值
    Q.front = (Q.front+1) % maxSize;                //队头指针进 1
    Q.tag = 0;                                      //设置出队标志
    return x;
}
```

6. 若使用不设头结点的循环单链表来表示队列,rear 是链表的一个指针(视为队尾指针)。试基于此结构给出队列的插入(EnQueue)和删除(DeQueue)算法,并给出 rear 为何值时队列为空。

【题解】 若循环单链表不设附加头结点,且只有链尾指针 rear,没有其他指针,则进队时新结点应插入在链尾结点之后,如图 3-6(a)所示。出队时删除的结点应是链尾指针所指结点的下一结点,如图 3-6(b)所示。特殊情况是空队列。若插入新元素到空队列,新元素即为队列唯一的结点;若删除后队列为空,队尾指针置空。

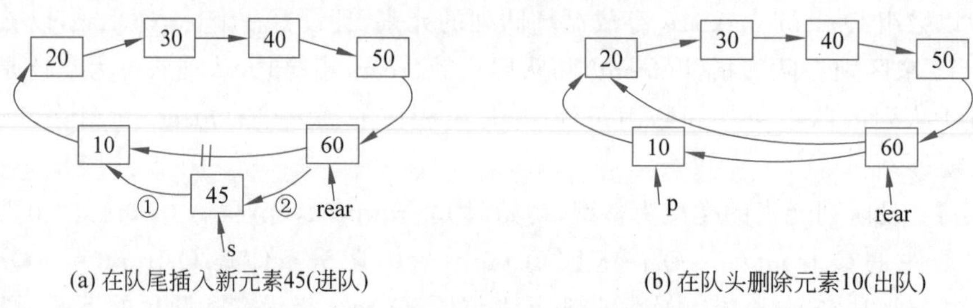

图 3-6 第 6 题链式循环队列的进队和出队

循环链表队列的结构定义如下。

```
template <class T>
#include <iostream.h>
#include "LinkList.h"
template<class T>
struct CircLinkQueue {
    LinkNode * rear;
};
```

进队列算法描述如下。

```
template <class T>
void EnQueue (CircLinkQueue<T>& Q, T x) {        //Q 只有尾指针,且没有队满判断
    LinkNode<T> * s = new LinkNode<T>(x);         //创建插入结点
    if (Q.rear == NULL) {                         //原队列为空
        Q.rear = s;Q.rear->link = s;              //* s 成为队列唯一结点
    }
    else {
        s->link = Q.rear->link;                   //* s 链入到链尾之后
        Q.rear->link = s;Q.rear = s;
    }
}
```

出队列算法描述如下。

```
template <class T>
T DeQueue (CircLinkQueue<T>& Q) {
    if (Q.rear == NULL) return -1;              //若队列 Q 空,返回-1
    LinkNode<T> *p = Q.rear->link;              //队头元素结点为*p
    if (Q.rear == p) Q.rear = NULL;             //链表仅一个结点,删除后为空
    else Q.rear->link = p->link;                //否则重新链接, 将*p结点摘下
    T x = p->data;delete p;                     //释放原队头结点
    return x;
}
```

7. 设计一个算法,检查一个用字符数组 $e[n]$表示的串中的花括号、方括号和圆括号是否配对,若能够全部配对则返回 1,否则返回 0。

【题解】 在算法中,自左向右扫描 $e[n]$中的每一个字符:

- 当扫描到每个左花括号、左方括号、左圆括号时,令其进栈;
- 当扫描到右花括号、右方括号、右圆括号时,则检查栈顶是否为相应类型的左括号。若是,则作退栈处理,若不是,则表明出现了语法错误,应返回 false。
- 当扫描到 $e[n]$结尾后,若栈为空则表明没有发现括号配对错误,应返回 true,否则表明栈中还有未配对的括号,应返回 false。

算法描述如下。

```
#define stkSize 30                                      //栈存储空间大小
int BracketsCheck (char e[ ], int n) {
    char S[stkSize];int top = -1;                       //定义一个栈并置空
    for (int i = 0; i < n; i++)                         //顺序扫描 e[n]中的字符
        if (e[i] == '{' || e[i] == '[' || e[i] == '(') S[++top] = e[i]; //左括号进栈
        else if (e[i] == '}') {
            if (top == -1) { cout <<" '{'比'}'少!" <<endl;return 0; }
            if (S[top] != '{') { cout << S[top] <<"与'}'不配对!" <<endl;return 0; }
            top--;                                      //花括号配对出栈
        }
        else if (e[i] == ']') {
            if (top == -1) { cout <<"缺'['!" <<endl;return 0; }
            if (S[top] != '[') { cout << S[top] <<"与']'不配对!" <<endl;return 0; }
            top--;                                      //方括号配对出栈
        }
        else if (e[i] == ')') {
            if (top == -1) { cout <<"缺'('!" <<endl;return 0; }
            if (S[top] != '(') { cout << S[top] <<"与')'不配对!" <<endl;return 0; }
            top--;                                      //圆括号配对出栈
        }
    if (top == -1) { cout <<"括号配对!" <<endl;return 1; }
    while (top != -1) {
        if (S[top] == '{') cout <<"缺'}' ";
        else if (S[top] == '[') cout <<"缺']' ";
        else if (S[top] == '(') cout <<"缺')' ";
        top--;
    }
    cout <<endl;return 0;
}
```

设表达式串有 n 个字符，k 个左括号，则算法的时间复杂度为 $O(n)$，空间复杂度为 $O(k)$。

8. 设计一个算法，利用循环队列编写求 k 阶斐波那契序列中第 $n+1$ 项(f_n)的值。要求满足：$f_n \leqslant \max$ 而 $f_{n+1} > \max$，其中 max 为某个约定的常数。(注意，本题所用循环队列的容量仅为 k，则在算法执行结束时，留在循环队列中的元素应是所求 k 阶斐波那契序列中的最后 k 项 $f_{n-k+1},\cdots,f_n$)。

【题解】 k 阶斐波那契序列的定义为：

$$f_j = 0,(0 \leqslant j < k-1), f_{k-1} = 1, f_j = f_{j-k} + f_{j-k+1} + \cdots + f_{j-1} \quad (j \geqslant k)$$

为求 f_j，需要用到序列中它前面的 k 个数据 $f_{j-k}, f_{j-k+1}, \cdots, f_{j-1}$，使用大小为 k 的循环队列正好可以保存它的前 k 个数据。因为使用这个循环队列时只进队列不出队列，直接定义队列存储数组 $Q[k]$ 和队尾指针 rear 即可。此外，假定门槛 max 大于 1。

算法描述如下。

```
long Fib_CircQueue (long Q[ ], int k, int& rear, int& n, long max) {
    long sum; int i;
    for (i = 0; i < k-1; i++) Q[i] = 0;                     //给前 0~k-1 项赋初值
    Q[k-1] = 1; rear = n = k-1;                              //n 为当前 fj 计数, sum 为 fj 值
    while (1) {
        sum = 0;
        for (i = 0; i < k; i++) sum = sum+Q[rear-i];         //累加前 k 项的斐波那契数的值
        if (sum > max) break;                                //若超出 max,计算作废
        n++; Q[++rear] = sum;                                //队列中仅存入到 fn 项
    }
    return Q[rear];
}
```

9. 已知有 n 个自然数 $1,2,\cdots,n$ 存放在数组 $A[n]$ 中，设计一个递归算法，输出这 n 个自然数的全排列。

【题解】 假定在数组 $A[i]$ $(0 \leqslant i \leqslant n-1)$ 中存放自然数 $i+1$。可以用递归方法求这 n 个自然数的全排列。递归求解的思路是：若设 perm(A,i,n) 是 $A[0]$～$A[i]$ 所有自然数的全排列，perm$(A,i-1,n)$ 是 $A[0]$～$A[i-1]$ 所有自然数的全排列。把 $A[0]$～$A[i]$ 中的任一值放在最后，前面接上剩下的 $i-1$ 个自然数使用 perm$(A,i-1,n)$ 求得的全排列，就可得到 perm(A,i,n)。按照这个思路，可得求全排列的递归算法如下。

```
void perm(int A[ ], int i, int n) {
//参数中 A 是存放自然数的数组,n 是自然数个数,i 是递归变量,主程序调用时 i = n-1
    int j; int temp;
    if (i == 0) {                                          //递归到一个元素
        for (j = 0; j < n; j++) cout << A[j] << " ";       //输出一个全排列
        cout << endl;
    }
    else {                                                 //递归求 i 个数字的全排列
        for (j = 0; j <= i; j++) {                         //轮流对 1..i 位进行计算
            temp = A[i]; A[i] = A[j]; A[j] = temp;         //置第 j 个数字到最后第 i 位
            perm (A, i-1, n);                              //递归求前 i-1 个数字的全排列
            temp = A[i]; A[i] = A[j]; A[j] = temp;         //复位
        }
    }                                                      //已求出 A[0]~A[i]的全排列
}                                                          //退出本层递归
```

10. 编写一个递归算法，找出从自然数 1,2,3,…,m 中任取 n 个数的所有组合。例如 $m=5,n=3$ 时所有组合为 543,542,541,532,531,521,432,431,421,321。

【题解】 (1) 用求组合数的数学定义，可以求得：

$$C_m^n=\begin{cases}1, & m=n \text{ 或 } n=0\\ C_{m-1}^n+C_{m-1}^{n-1}, & \text{其他}\end{cases}$$

例如：

$$\begin{aligned}C_4^2&=C_3^2+C_3^1=C_2^2+C_2^1+C_2^1+C_2^0=1+2\times C_2^1+1\\&=1+2\times(C_1^1+C_1^0)+1=1+2\times(1+1)+1=6\end{aligned}$$

求解组合 Combin(m,n)。组合总数的递归算法的实现如下。

```
int Combin (int m, int n) {
    if (m == n || n == 0) return 1;
    else return Combin (m-1, n) + Combin (m-1, n-1);
}
```

(2) 为求从 m 个自然数中任取 n 个数的组合，可采用递归方法 combinate(A,m,n)。例如当 $m=5,n=3$ 时，首先确定第一个数，如 5，再从比它小的剩余的 $m-1$ 个数中取 $n-1$ 个数的组合 combinate(A,$m-1$,$n-1$)，即可得到以 5 开头的全部所要求的组合；然后再轮流以 4、3 开头，依此处理，就可得到全部所要求的组合。算法描述如下。

```
void combinate (int A[], int m, int n, int r) {
//算法求从 A 的 m 个数中任取 n 个不重复数得到的全部组合。参数 r 在最初调用时取
//等于 n 的值，不因递归而改变，是为了输出一个组合使用的
    int i, j;
    for (i = m; i >= n; i--) {
        A[n-1] = i;                                        //以 i 打头，后跟 C(i-1, n-1)
        if (n > 1) combinate (A, i-1, n-1, r);             //递归求 C(i-1, n-1)组合
        else {                                             //n = 1，得到一个组合
            for (j = r-1; j >= 0; j--) cout << A[j];       //输出一个组合
            cout <<endl;
        }
    }
}
```

11. 已知 Ackerman 函数定义如下：

$$\text{akm}(m,n)=\begin{cases}n+1, & m=0\\ \text{akm}(m-1,1), & m\neq 0,n=0\\ \text{akm}(m-1),\text{akm}(m,n-1), & m\neq 0,n\neq 0\end{cases}$$

(1) 根据定义，写出它的递归算法。

(2) 设计一个利用栈的非递归算法。

(3) 设计一个不用栈的非递归算法。

【题解】 (1) 递归算法可以直接根据定义写出。算法描述如下。

```
int Ackerman(int m, int n) {
    if (m == 0) return n+1;
    if (n == 0) return Ackerman(m-1, 1);
    return Ackerman(m-1, Ackerman(m, n-1));
}
```

(2) 利用栈的非递归算法。设 $m=2, n=1$，可利用栈记忆各层结点的 m、n 值。如第 10 题中的例子，求解 Ackerman 函数过程中栈的变化如图 3-7 所示。

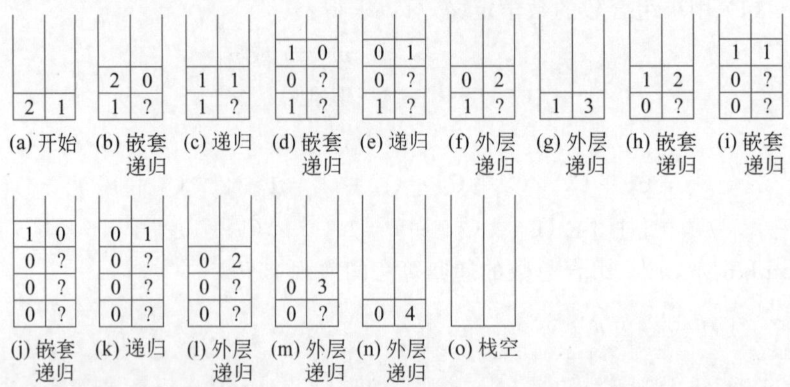

图 3-7 第 11(2)题的求解过程中栈的变化图

根据分析，可得求解 Ackerman 函数的非递归算法，用一个栈记忆递归树的结点数据。

```
int Ackermanbystack (int m, int n) {
    int i, j, k, top = -1; int S[10], T[10];                //S 和 T 是栈,top 是栈顶指针
    S[++top] = m; T[top] = n;                               //初始 m、n 进栈
    while (1) {
        i = S[top]; j = T[top]; top--;                      //出栈
        if (i == 0) {                                       //即 m=0 情形,结果为 n+1
            k = j+1;
            if (top != -1) T[top] = k;                      //栈不空,返填上一层的 n
            else return k;                                  //栈空,返回计算结果
        }
        else if (j == 0) { S[++top] = i-1; T[top] = 1; }    //即 m≠0, n=0 情形
        else { S[++top] = i-1; S[++top] = i; T[top] = j-1; }//即 m≠0, n≠0 情形
    }
}
```

(3) 利用动态规划方法，从递归的基本条件入手，当 $m=0$ 时计算所有的 akm $[0][j]=j+1$，然后对所有的行($i=1,2,\cdots,m$)，先计算 akm $[i][0]=$上一行的 akm $[i-1][1]$，再依据它依次从本行的 $r=$ akm $[i][j-1], j=1,2,\cdots,n$，计算 akm $[i][j]=$上一行的 akm $[i-1][r]$，直到算出指定的 akm $[m][n]$为止。如表 3-4 是计算 akm[2][1]的计算表格。

表 3-4 第 11(3)题计算 akm[2][1]

m	n						
	0	1	2	3	4	5	6
0	$n+1=1$	$n+1=2$	$n+1=3$	$n+1=4$	$n+1=5$	$n+1=6$	$n+1=7$
1	akm[0][1]=2	akm[0][2]=3	akm[0][3]=4	akm[0][4]=5	akm[0][5]=6	akm[0][6]=7	
2	akm[1][1]=3	akm[1][3]=5	akm[1][5]=7				

据此，可得到如下不使用栈的非递归算法。

```
#define maxM 3
#define maxN 7
int Ackerman_iter (int m, int n) {
    int akm[maxM][maxN];int i, j;
    for (j = 0; j < maxN; j++) akm[0][j] = j+1;
    for (i = 1; i <= m; i++) {
        akm[i][0] = akm[i-1][1];
        for (j = 1; j < maxN; j++) {
            if (akm[i-1][akm[i][j-1]] > maxN) break;
            else akm[i][j] = akm[i-1][akm[i][j-1]];
        }
    }
    return akm[m][n];
}
```

三个算法的调用方式都可以是 int k＝Ackerman（m，n）。输入：整数 m、n；输出：函数返回的计算结果。

3.4 补充练习题

一、选择题

1. 栈和队列都是(　　)。

A. 顺序存储的线性结构　　B. 顺序存取的非线性结构

C. 限制存取点的线性结构　　D. 限制存储点的非线性结构

2. 对一个初始为空的栈 s，执行操作 s.Push(5)，s.Push(2)，s.Push(4)，s.Pop(x)，s.getTop(x)后，x 的值应是(　　)。

A. 5　　B. 2　　C. 4　　D. 0

3. 假设使用数组 $S[n]$顺序存储一个栈，用 top 表示栈顶指针，用 top＝＝－1 表示栈空，并已知栈未满，当元素 x 进栈时所执行的操作为(　　)。

A. S[－－top]＝x　　B. S[top－－]＝x

C. S[＋＋top]＝x　　D. S[top＋＋]＝x

4. 当利用大小为 n 的数组顺序存储一个栈时，假定用 top＝＝n 表示栈空，则向这个栈插入一个元素时，首先应执行(　　)语句修改 top 指针。

A. top＋＋　　B. top－－　　C. top＝0　　D. top

5. △ 若元素 a,b,c,d,e,f 依次进栈，允许进栈、退栈操作交替进行，但不允许连续 3 次进行退栈操作，不可能得到的出栈序列是(　　)。

A. dcebfa　　B. cbdaef　　C. bcaefd　　D. afedcb

6. △ 若元素 a,b,c,d,e 依次进入初始为空的栈中，若元素进栈后可停留、可出栈，直到所有元素都出栈。则在所有可能的出栈序列中，以元素 d 开头的序列个数是(　　)。

A. 3　　B. 4　　C. 5　　D. 6

7. 已知一个栈的进栈序列为 1,2,3,…,n，出栈序列的第一个元素是 i，则第 j 个出栈元素是(　　)。

A. $j-i$　　B. $n-i$　　C. $j-i+1$　　D. 不确定

8. 已知一个栈的进栈序列为 $1,2,3,\cdots,n$，出栈序列是 $p_1,p_2,p_3,\cdots,p_n$。若 $p_1=n$，则 p_i 的值是(　　)。

A. i　　B. $n-i$　　C. $n-i+1$　　D. 不确定

9. 已知一个栈的进栈序列为 $1,2,3,\cdots,n$，出栈序列是 $p_1,p_2,p_3,\cdots,p_n$。若 $p_1=3$，则 p_2 的值(　　)。

A. 一定是 2　　B. 一定是 1　　C. 可能是 1　　D. 可能是 2

10. △ 已知一个栈的进栈序列为 $1,2,3,\cdots,n$，出栈序列是 $p_1,p_2,p_3,\cdots,p_n$。若 $p_2=3$，则 p_3 可能取值的个数是(　　)。

A. $n-3$　　B. $n-2$　　C. $n-1$　　D. 无法确定

11. 已知一个栈的进栈序列为 $p_1,p_2,p_3,\cdots,p_n$，出栈序列是 $1,2,3,\cdots,n$。若 $p_3=1$，则 p_1 的值(　　)。

A. 一定是 2　　B. 可能是 2　　C. 不可能是 2　　D. 一定是 3

12. 已知一个栈的进栈序列为 $p_1,p_2,p_3,\cdots,p_n$，出栈序列是 $1,2,3,\cdots,n$。若 $p_3=3$，则 p_1 的值(　　)。

A. 一定是 2　　B. 可能是 2　　C. 不可能是 1　　D. 一定是 1

13. 已知一个栈的进栈序列为 $p_1,p_2,p_3,\cdots,p_n$，其输出序列是 $1,2,3,\cdots,n$。若 $p_n=1$，则 p_i 的值为(　　)。

A. $n-i+1$　　B. $n-i$　　C. i　　D. 不确定

14. 用 S 表示进栈操作，用 X 表示出栈操作，若元素的进栈顺序是 1234，为了得到 1342 出栈顺序，相应的 S 和 X 的操作序列为(　　)。

A. SXSXSSXX　　B. SSSXXSXX　　C. SXSSXXSX　　D. SXSSXSXX

15. △ 对空栈 S 进行 Push 和 Pop 操作，入栈序列为 a,b,c,d,e，经过 Push、Push、Pop、Push、Pop、Push、Push、Pop 操作后得到的出栈序列是(　　)。

A. b,a,c　　B. b,a,e　　C. b,c,a　　D. b,c,e

16. △ 给定有限符号集 S，in 和 out 均为 S 中所有元素的任意排列，对于初始为空的栈 ST，下列叙述中正确的是(　　)。

A. 若 in 是 ST 的入栈序列，则不能判断 out 是否为其可能的出栈序列

B. 若 out 是 ST 的出栈序列，则不能判断 in 是否为其可能的入栈序列

C. 若 in 是 ST 的入栈序列，out 是对应 in 的出栈序列，则 in 和 out 一定不同

D. 若 in 是 ST 的入栈序列，out 是对应 in 的出栈序列，则 in 和 out 可能互为倒序

17. 设栈的输入序列为 $1,2,\cdots,n$，输出序列为 $p_1,p_2,\cdots,p_n$，若 $p_k=n(1\leqslant k\leqslant n)$，则当 $k\leqslant i\leqslant n$ 时 p_i 为(　　)。

A. $n-i$　　B. $n-i+1$　　C. $n-i+k$　　D. 不确定

18. 以下有关顺序栈的操作中正确的是(　　)。

A. n 个元素进入一个栈后，它们的出栈顺序一定与进栈顺序相反

B. 若一个栈的存储空间为 $S[n]$，则栈的进栈和出栈操作最多只能执行 n 次

C. 栈是一种对进栈、出栈操作的次序做了限制的线性表

D. 空栈没有栈顶指针

19. 在实现顺序栈的操作时，在进栈之前应先判断栈是否(　　)，在出栈之前应先判断栈是否(　　)。

A. 空　　B. 满　　C. 上溢　　D. 下溢

20. △ 下列关于栈的叙述中，错误的是(　　)。

① 采用非递归方式重写递归程序时必须使用栈

② 函数调用时，系统要用栈保存必要的信息

③ 只要确定了入栈次序，即可确定出栈次序

④ 栈是一种受限的线性表，允许在其两端进行操作

A. 仅①　　B. 仅①、②、③

C. 仅①、③、④　　D. 仅②、③、④

21. △ 若栈 S1 中保存整数，栈 S2 中保存操作符，函数 $F()$依次执行下述各步操作：

① 从 S1 中依次弹出两个操作数 a 和 b

② 从 S2 中弹出一个操作符 op

③ 执行相应的运算 b op a

④ 将运算结果压入 S1 中

假定 S1 中的操作数依次是 5,8,3,2(2 在栈顶)，S2 中的操作符依次是 *，-，+(+在栈顶)。调用 3 次 $F()$后，S1 栈顶保存的值是(　　)。

A. -15　　B. 15　　C. -20　　D. 20

22. △ 已知操作符包括 '+','-','*','/','(' 和 ')'。将中缀表达式 a+b-a*((c+d)/e-f)+g 转换为等价的后缀表达式 ab+acd+e/f-*-g+时，用栈来存放暂时还不能确定运算次序的操作符。栈初始时为空，则转换过程中同时保存在栈中的操作符的最大个数是(　　)。

A. 5　　B. 7　　C. 8　　D. 11

23. △ 假设栈初始为空，将中缀表达式 a/b+(c*d-e*f)/g 转换为等价的后缀表达式的过程中，当扫描到 f 时，栈中的元素依次是(　　)。

A. +(*-　　B. +(-*　　C. /+(*-*　　D. /+-*

24. △ 已知程序如下：

```
int S (int n)
    { return (n <= 0) ? 0 : S(n-1)+n; }
void main ()
    { cout << S(1); }
```

程序运行时使用栈来保存调用过程的信息，自栈底到栈顶保存的信息依次是(　　)。

A. main()→S(1)→S(0)　　B. S(0)→S(1)→main()

C. main()→S(0)→S(1)　　D. S(1)→S(0)→main()

25. 利用栈求表达式值时，使用了操作符栈 OPTR 和操作数栈 OPND。假设 OPND 只有两个存储单元，则在下列表达式中，OPND 栈不会发生溢出的是(　　)。

A. a-b*(c-d)　　B. (a-b)*c-d　　C. (a-b*c)-d　　D. (a-b)*(c-d)

26. 设求解某问题的递归算法如下：

```
void F (int n) {
    if (n == 1) Move(1);
    else {
        F (n-1);
        Move(n);
        F (n-1);
    }
};
```

求解该算法的计算时间时，仅考虑算法 Move 所做的计算，且 Move 为常数级算法。则算法 F 的计算时间 $T(n)$ 的递推关系式为(　　)。

A. $T(n)=T(n-1)+1$　　B. $T(n)=2T(n-1)$

C. $T(n)=2T(n-1)+1$　　D. $T(n)=2T(n+1)+1$

27. △ 设栈 S 和队列 Q 的初始状态均为空，元素 abcdefg 依次进入栈 S，若每个元素出栈后立即进入队列 Q，且 7 个元素出队的顺序是 bdcfeag，则栈 S 的容量至少是(　　)。

A. 1　　B. 2　　C. 3　　D. 4

28. 一个队列的进队顺序是 1,2,3,4，则该队列可能的输出序列是(　　)。

A. 1,2,3,4　　B. 1,3,2,4　　C. 1,4,2,3　　D. 4,3,2,1

29. 队列的"先进先出"特性是指(　　)。

① 最后插入队列中的元素总是最后被删除

② 当同时进行插入、删除操作时，总是插入操作优先

③ 每当有删除操作时，总要先做一次插入操作

④ 每次从队列删除的总是最早插入的元素

A. ①　　B. ①和④　　C. ②和③　　D. ④

30. 设队列 q[maxSize]的队头指针是 front，队尾指针是 rear，且队头指针指示实际队头位置，队尾指针指示实际队尾的下一位置。现采用牺牲一个单元的方式来区分队空、队满，则循环队列的队满条件是(　　)。

A. (q.rear+1) % maxSize==(q.front+1) % maxSize

B. q.front+q.rear >=maxSize

C. (q.rear+1) % maxSize==q.front

D. q.front==q.rear

31. 设循环队列 q[maxSize]的下标是 0～maxSize−1，其队尾指针和队头指针分别为 rear 和 front，则队列中的元素个数为(　　)。

A. q.rear−q.front

B. q.rear−q.front+1

C. (q.rear−q.front)% maxSize+1

D. (q.rear−q.front+maxSize)% maxSize

32. △ 已知循环队列存储在一维数组 $A[0..n-1]$中，且队列非空时，front 和 rear 分别指向队头元素和队尾元素。若初始时队列为空，且要求第一个进入队列的元素存储在 $A[0]$处，则初始时 front 和 rear 的值分别是(　　)。

A. 0,0　　B. $0,n-1$　　C. $n-1,0$　　D. $n-1,n-1$

33. 对于链式队列，在执行插入操作时(　　)。

A. 仅修改队头指针　　B. 仅修改队尾指针

C. 队头、队尾指针都要修改　　D. 队头、队尾指针可能都要修改

34. 最适合用作链式队列的链表是(　　)。

A. 带有队头指针和队尾指针的循环单链表

B. 带有队头指针和队尾指针的非循环单链表

C. 只带队头指针的循环单链表

D. 只带队头指针的非循环单链表

35. 最不适合用作链式队列的链表是(　　)。

A. 带有队头指针的非循环双链表　　B. 带有队头指针的循环双链表

C. 只带队尾指针的循环双链表　　D. 只带队尾指针的循环单链表

36. 设一个链式队列 q 没有头结点，它的队头指针和队尾指针分别为 front 和 rear，则判断队列空的条件是(　　)。

A. q.front==q.rear　　B. q.front==NULL

C. q.rear==NULL　　D. q.front !=NULL

37. 对一个初始为空的队列 Q 执行操作 Q.EnQueue(a)，Q.EnQueue(b)，Q.DeQueue(x)，Q.DeQueue(y)之后，再执行 Q.IsEmpty()，返回的值是(　　)。

A. a　　B. b　　C. 1　　D. 0

38. △ 为解决计算机主机与打印机之间速度不匹配的问题，通常设置一个打印数据缓冲区。主机将要输出的数据依次写入该缓冲区，而打印机则依次从该缓冲区中取出数据。该缓冲区的逻辑结构应该是(　　)。

A. 栈　　B. 队列　　C. 树　　D. 图

39. 已知输入序列是 1,2,3,4，则输入受限(仅允许由一端输入)但输出不受限(两端均可输出)的双端队列不可能得到的输出序列是(　　)。

A. 4,2,3,1　　B. 1,3,2,4　　C. 3,2,1,4　　D. 2,3,4,1

40. 已知输入序列是 a,b,c,d，则经过输出受限的双端队列后能得到的输出序列是(　　)。

A. d,a,c,b　　B. c,a,d,b　　C. d,b,c,a　　D. d,b,c,a

41. △ 某队列允许在其两端进行入队操作，但只允许在一端进行出队操作。若元素 a,b,c,d,e 依次入此队列后再进行出队操作，则不可能得到的出队序列是(　　)。

A. b,a,c,d,e　　B. d,b,a,c,e　　C. d,b,c,a,e　　D. e,c,b,a,d

42. △ 循环队列放在一维数组 $A[0..M-1]$中，end1 指向队头元素，end2 指向队尾元素的后一个位置。假设队列两端均可进行入队和出队操作，队列中最多能容纳 $M-1$ 个元素，初始时为空。下列判断队空和队满的条件中，正确的是(　　)。

A. 队空：end1==end2 队满：end1==(end2+1) mod M

B. 队空：end1==end2 队满：end2==(end1+1) mod ($M-1$)

C. 队空：end2==(end1+1) mod M 队满：end1==(end2+1) mod M

D. 队空：end1==(end2+1) mod M 队满：end2==(end1+1) mod ($M-1$)

43. △ 设有如图 3-8 所示的火车车轨，入口到出口之间有 n 条轨道，列车的行进方向均为从左至右，列车可驶入任意一条轨道。现有编号为 1～9 的 9 列列车，驶入次序依次是 8,

4,2,5,3,9,1,6,7,若期望驶出的次序依次为1～9,则 n 至少是(　　)。

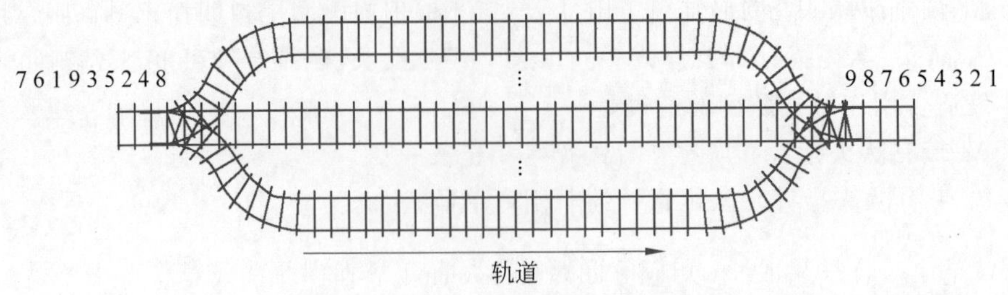

图 3-8 第 43 题火车轨道示意图

A. 2　　B. 3　　C. 4　　D. 5

44. △ 现有队列 Q 与栈 S,初始时 Q 中的元素依次是 1,2,3,4,5,6(1 在队头),S 为空。若仅允许下列 3 种操作:① 出队并输出出队元素;② 出队并将出队元素入栈;③ 出栈并输出出栈元素。则不可能得到的输出元素序列是(　　)。

A. 1,2,5,6,4,3　　B. 2,3,4,5,6,1　　C. 3,4,5,6,1,2　　D. 6,5,4,3,2,1

45. △ 初始为空的队列 Q 的一端仅能进行入队操作,另一端既能进行入队操作又能进行出队操作。若 Q 的入队序列是 1,2,3,4,5,则不可能得到的出队序列是(　　)。

A. 5,4,3,1,2　　B. 5,3,1,2,4　　C. 4,2,1,3,5　　D. 4,1,3,2,5

二、简答题

1. 铁路进行列车调度时,常把站台设计成栈式结构,如图 3-9 所示。试问:

(1) 设有编号为 1,2,3,4,5,6 的六辆列车,顺序开入栈式结构的站台,请问是否能够得到 435612,325641,154623 和 135426 的出站序列,如果不能,说明为什么不能;如果能,说明如何得到(即写出"进栈"或"出栈"的序列)。

(2) 可能的出栈序列有多少种?

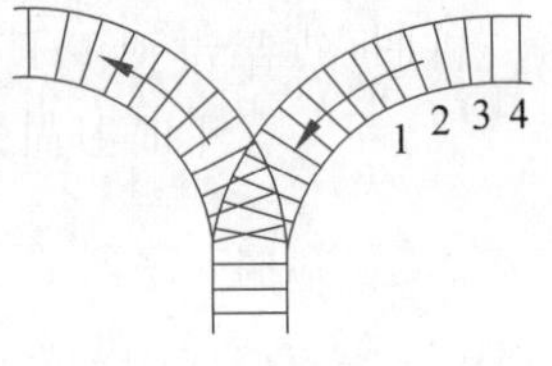

图 3-9 第 1 题栈式站点

2. 请综述栈的基本性质。

3. 写出下列中缀表达式的后缀形式:

(1) A * B * C

(2) －A＋B－C＋D

(3) A * －B＋C

(4) (A＋B) * D＋E/(F＋A * D)＋C

(5) A && B|| !(E>F){注:按 C++ 的优先级}

(6) !(A && !((B<C)||(C>D)))||(C<E)

4. 根据课文 3.1.5 节表 3-2 中给出的优先级,回答以下问题:

(1) 在中缀转后缀的函数 postfix 中,如果表达式 e 含有 n 个操作符和分界符,问栈中最多可存入多少个元素?

(2) 如果表达式 e 含有 n 个操作符,且括号嵌套的最大深度为 6 层,问栈中最多可存入多少个元素?

5. 设表达式的中缀表示为 a * x－b/x^2,试利用栈将它改为后缀表示 ax * bx2^/－。写出转换过程中栈的变化。(其中的"^"表示乘方运算)

6. 试利用操作符优先数法,画出对中缀表达式 a＋b * (c－d)－e^f/g 求值时操作符栈和操作数栈的变化。

7. 数学上常用的阶乘函数定义如下：

$$n!=\begin{cases}1, & n=0\\ n(n-1)!, & n>0\end{cases}$$

对应的求阶乘的递归算法为：

```
long Factorial (long n) {
    if (n == 0) return 1;                //终止递归的条件
    else return n * Factorial (n-1);     //递归步骤
}
```

试推导求 $n!$ 时的计算次数。

8. 定义斐波那契数列为 $F_0=0, F_1=1, F_i=F_{i-1}+F_{i-2}, i=2,3,\cdots,n$。其计算过程为

```
long Fib (long n) {
    if (n < 2) return n;
    else return Fib(n-1) + Fib(n-2);
}
```

试推导求 F_n 时的计算次数。

9. 试推导当总盘数为 n 时的 Hanoi 塔的移动次数。

10. △ 请设计一个队列，要求满足：①初始时队列为空；②入队时，允许增加队列占用空间；③出队后，出队元素所占用的空间可重复使用，即整个队列所占用的空间只增不减；④入队操作和出队操作的时间复杂度始终保持为 $O(1)$。请回答下列问题：

(1) 该队列是应选择链式存储结构，还是顺序存储结构？

(2) 画出队列的初始状态，并给出判断队空还是队满的条件；

(3) 画出第一个元素入队后的队列状态；

(4) 给出入队操作和出队操作的基本过程。

11. 设有一个双端队列，元素进入该队列的顺序是 1,2,3,4。试分别求出满足下列条件的输出序列。

(1) 能由输入受限的双端队列得到，但不能由输出受限的双端队列得到的输出序列；

(2) 能由输出受限的双端队列得到，但不能由输入受限的双端队列得到的输出序列；

(3) 既不能由输入受限的双端队列得到，又不能由输出受限的双端队列得到的输出序列。

三、算法题

1. 设计一个算法，将一个非负的十进制整数 N 转换为另一个基为 B 的 B 进制数。

2. 已知 $A[n]$ 为整数数组，试写出实现下列运算的递归算法：

(1) 求数组 A 中的最大整数。

(2) 求 n 个整数的和。

(3) 求 n 个整数的平均值。

3. 已知 f 为单链表的表头指针，链表中存储的都是整型数据，试写出实现下列运算的递归算法：

(1) 求链表中的最大整数。

(2) 求链表的结点个数。

(3) 求所有整数的平均值。

4. 设进栈序列有 n 个互不相等的整数,设计一个算法,输出所有可能的出栈序列。

5. 设顺序栈 S 里有 n 个互不相等的整数,设计一个算法,返回栈内值最小的整数。

6. 将编号为 0 和 1 的两个栈存放于一个数组 elem[0..$M-1$]中,top[0]和 top[1]分别是它们的栈顶指针。设这两个栈具有共同的栈底,它们的存储数组可视为一个首尾相接的环形数组,0 号栈的栈顶顺时针增长,1 号栈的栈顶指针逆时针增长。试问:各栈的栈顶指针指示的位置是否为实际栈顶元素位置?各栈的栈空条件和栈满条件是什么?给出各栈进栈、出栈、判栈满和判栈空、计算栈中元素个数运算的实现算法。

7. 可以用两个栈 S1 和 S2 来模拟一个队列。试利用栈的运算来实现队列的进队运算 EnQueue、出队运算 DeQueue 和判队列空的运算 IsEmpty。

8. 栈的运算可以使用两个队列模拟实现。请设计算法,用两个队列实现栈的运算。

9. 假设以一维数组 $Q[m]$存放循环队列中的元素,同时以 rear 和 length 分别指示循环队列中的队尾位置和队列中所含元素的个数。试给出该循环队列的队空条件和队满条件,并写出相应的插入(EnQueue)和删除(DeQueue)元素的操作。

10. 假设两个队列共享一个首尾相连的环形向量空间,如图 3-10 所示,其结构类型 DualQueue 的定义如下。

```
#define maxSize 30
template <class T>
struct DualQueue {
    T elem[maxSize];               //共享存储空间
    int front[2], rear[2];         //队列 0 和队列 1 的队头、队尾指针
};
```

初始时,队列 0 的队头指针 front[0]和队尾指针 rear[0]、队列 1 的队头指针 front[1]和队尾指针 rear[1]各自指向环形存储数组的同一个位置,如图 3-10(a)所示,它们相距 maxSize/2 个位置。假设两个队列的指针都向顺时针方向移动,如图 3-10(b)所示,使得队头指针指示实际队头元素的前一位置,队尾指针指示实际队尾元素位置。请给出它们的队空条件和队满条件,以及进队(EnQueue)和出队(DeQueue)运算的实现。

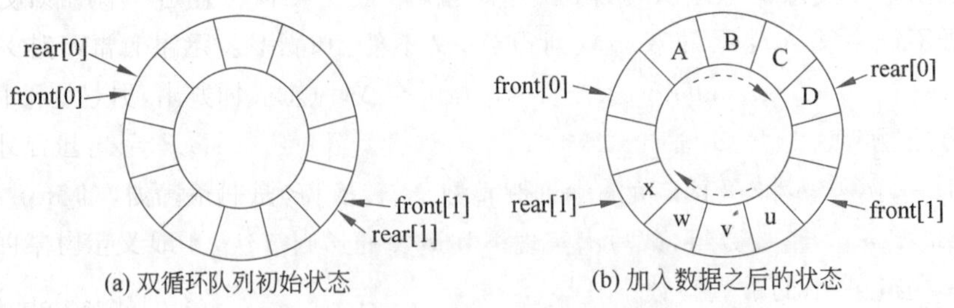

图 3-10 第 10 题双循环队列的示例

11. 若使用不带附加头结点的循环单链表来表示队列,p 是链表中的一个指针(视为队尾指针)。试基于此结构给出队列的插入(EnQueue)和删除(DlQueue)算法,并给出 p 为何值时队列为空。

12. 设用链表表示一个双端队列,要求可在表的两端插入,但限制只能在表的一端删

除。试编写基于此结构的队列的插入(EnQueue)和删除(DlQueue)算法,并给出队列空和队列满的条件。

13.【八皇后问题】 设在初始状态下在国际象棋棋盘上没有任何棋子(皇后)。然后顺序在第1行,第2行,…,第8行上布放棋子。在每一行中有8个可选择位置,但在任一时刻,棋盘的合法布局都必须满足3个限制条件,即任何两个棋子不得放在棋盘上的同一行、同一列或者同一斜线上。设计一个递归算法,求解并输出此问题的所有合法布局。

3.5 补充练习题解答

一、选择题

1. 选C。栈和队列都是限制存取点的线性结构,逻辑结构都属于线性结构,但运算不同。

2. 选B。连续3次进栈后,栈内数据为5,2,4,经过1次退栈,栈内还有5,2,栈顶读到x中应为2。

3. 选C。因为初始时令top=-1,第1个元素进栈时top先加1,top进到0号位置再加元素到S中,后续的处理以此类推。

4. 选B。如果用top==n表示栈空,在进栈时应先退栈顶指针,再按栈顶指针指示位置存储进栈数据。

5. 选D。设S代表进栈,X代表出栈,则

选项A为$S_aS_bS_cS_dX_dX_cS_eX_eX_bS_fX_fX_a$,是合理的进栈出栈序列,也没有连续3次出栈。

选项B为$S_aS_bS_cX_cX_bS_dX_dX_aS_eX_eS_fX_f$,是合理的进栈出栈序列,也没有连续3次出栈。

选项C为$S_aS_bX_bS_cX_cX_aS_dS_eX_eS_fX_fX_a$,是合理的进栈出栈序列,也没有连续3次出栈。

选项D为$S_aX_aS_bS_cS_dS_eS_fX_fX_eX_dX_cX_b$,是合理的进栈出栈序列,但有连续5次出栈,不符合题目要求。

6. 选B。d率先出栈,栈内还有a,b,c,只能按c,b,a的顺序出栈,但后面还有e,它可能最后进栈再出栈,也可能插入c之前,或b之前,或a之前进栈再出栈,则可能的出栈序列有decba,dceba,dcbea,dcbae。

7. 选D。当i第一个出栈时,1,2,…,$i-1$都压在栈内,之后还可能有i之后的元素进栈,究竟第j个出栈元素是哪个,不一定。

8. 选C。当第一个出栈元素是n时,1,2,3,…,$n-1$都压在栈内,后续出栈的元素依次为$n-1$,$n-2$,…,1,第i个出栈元素应是$n-i+1$。

9. 选D。当第一个出栈元素为3时,1,2一定压在栈内,下一个出栈的元素可能是2,不可能是1。当然也可能2暂时不出栈,4,5,…,n进栈,所以第二个出栈的元素也可能不是2。

10. 选C。如果$p_2=3$,那么当$p_1=1$时,p_3有可能是2,当$p_1=2$时,$p_3=1$,此外p_3还可能是4到n中的任一个数,综上所述,p_3有可能取除3外的任一个数,故有$n-1$种取法。

11. 选C。当$p_3=1$时,输入序列为p_1,p_2,1,p_4,…,因为输出的第一个元素是1,则p_1,p_2一定在栈内。如果下一个出栈的是p_2,可以断定$p_2=2$,则p_1不可能是2。当然可能是

3，但不一定是 3。

12. 选 B。当 $p_3=3$ 时，输入序列为 $p_1,p_2,3,p_4,\cdots$，因为输出的第三个元素是 3，则有多种可能：当 $p_1=1,p_2=2$ 时，允许的进出栈顺序是 p_1 进栈、p_1 出栈、p_2 进栈、p_2 出栈。当 $p_1=2,p_2=1$ 时，允许的进出栈顺序是 p_1 进栈、p_2 进栈、p_2 出栈、p_1 出栈。如果 p_1、p_2、3 进栈后不出栈，$p_4=2,p_5=1$，允许的进出栈顺序可以是 p_4 进栈、p_5 进栈、p_5 出栈、p_4 出栈。因此可以断定 $p_1=1$ 或 $p_1=2$ 是可能的，但不是一定的。

13. 选 A。当 $p_n=1$ 时，输入序列为 $p_1,p_2,p_3,p_4,\cdots,p_{n-1},1$，因输出序列为 $1,2,3,\cdots,n$，所以第一次输出 1 时，$p_1,p_2,p_3,p_4,\cdots,p_{n-1}$ 都应在栈内，这样可得 $p_{n-1}=2,p_{n-2}=3,\cdots,p_{n-i}=i+1,\cdots,p_i=n-i+1$。

14. 选 D。若元素的进栈顺序是 1,2,3,4，为了得到 1,3,4,2 的出栈顺序，应做的栈操作是 1 进、1 出、2 进、3 进、3 出、4 进、4 出、2 出，进出栈顺序为 SXSSXSXX。

15. 选 D。用 S 代表进栈，用 X 代表出栈，则进栈出栈操作为 $S_aS_bX_bS_cX_cS_dS_eX_e$，得到的出栈序列为 b,c,e。

16. 选 D。通过实际操作进栈出栈状态，可以判断 out 是否为 in 的出栈序列，选项 A 错误；同样，也可以反过来判断 in 是否为 out 的进栈序列，选项 B 错误；如果 out 是 in 的出栈序列，二者有可能相同，例如，每次一个元素进栈后立刻出栈，进栈序列 in 与出栈序列完全相同，选项 C 错误；如果 in 所有元素都进栈后再全部出栈，in 与 out 可以互为倒序，选项 D 正确。

17. 选 D。n 最后进栈，但在 n 作为第 k 个出栈元素出栈时，前面 $k-1$ 个出栈元素可能是 1 到 $n-1$ 的任意元素，所以在 n 出栈后第 i 个出栈元素不能确定是哪一个。

18. 选 A。此题关键在于对叙述的理解。当 n 个元素进栈后，出栈顺序当然与当初进栈的顺序相反，选项 A 正确。如果某元素进栈后很快又出栈，则进栈和出栈操作可以多于 n 次，选项 B 错误；栈并未对进栈和出栈次序做限制，只是对进栈和出栈的位置做了限制，选项 C 错误；栈顶指针是结构的一个成分，不因栈的状态变化而消失，选项 D 错误。

19. 选 B,A。在进栈之前应先判断是否满，如果栈已满再进栈就会发生上溢。在出栈之前应先判断是否空，如果栈已空再出栈就会发生下溢。

20. 选 C。在尾递归和单向递归的情形下，不必使用栈，仅通过一个循环就可以将递归程序改为非递归程序，例如计算阶乘或求斐波那契数列仅用循环即可，叙述①不对。对于一个确定的入栈序列，出栈次序不唯一，例如三个数 1,2,3 进栈，可能的出栈次序有 5 种，叙述③不对。栈是一种存取受限的线性表，它只允许在一端（栈顶端）操作，叙述④不对。叙述②是对的，函数调用需要栈的支持。

21. 选 B。第一次调用 $F()$，从 S1 中弹出 2 和 3，从 S2 中弹出＋，计算 3＋2，结果 5 进 S1 栈（S1＝{5,8,5}；S2＝{＊,－}）；第二次调用 $F()$，从 S1 中弹出 5 和 8，从 S2 中弹出－，计算 8－5，3 进 S1 栈（S1＝{5,3}；S2＝{＊}）；第三次调用 $F()$，从 S1 中弹出 3 和 5，从 S2 中弹出＊，计算 5＊3，15 进 S1 栈（S1＝{15}；S2＝{}）。

22. 选 A。中缀表达式转换为等价的后缀表达式的过程中，用到操作符优先数表如下所示。转换过程如图 3-11 所示。

运算符	#	(	*,/	+,-	)
isp(栈顶运算符优先级)	0	1	5	3	7
icp(栈外运算符优先级)	0	7	4	2	1

步	扫描项	项类型	动　　作	操作符栈	后缀表达式
0	#		'#'进栈,读下一符号	#	
1	a	操作数	直接进后缀表达式,读下一符号	#	a
2	+	操作符	isp('#')<icp('+'),'+'进栈,读下一符号	#+	a
3	b	操作数	直接进后缀表达式,读下一符号	#+	ab
4	-	操作符	isp('+')>icp('-'),'+'退栈进后缀表达式	#	ab+
			isp('#')<icp('-'),'-'进栈,读下一符号	#-	ab+
5	a	操作数	直接进后缀表达式,读下一符号	#-	ab+a
6	*	操作符	isp('-')<icp('*'),'*'进栈,读下一符号	#-*	ab+a
7	(	操作符	isp('*')<icp('('),'('进栈,读下一符号	#-*(	ab+a
8	(	操作符	isp('(')<icp('('),'('进栈,读下一符号	#-*((	ab+a
9	c	操作数	直接进后缀表达式,读下一符号	#-*((	ab+ac
10	+	操作符	isp('(')<icp('+'),'+'进栈,读下一符号	#-*((+	ab+ac
11	d	操作数	直接进后缀表达式,读下一符号	#-*((+	ab+acd
12	)	操作符	isp('+')>icp(')'),'+'退栈进后缀表达式	#-*((	ab+acd+
			isp('(')==icp(')'),'('退栈,读下一符号	#-*(	ab+acd+
13	/	操作符	isp('(')<icp('/'),'/'进栈,读下一符号	#-*(/	ab+acd+
14	e	操作数	直接进后缀表达式,读下一符号	#-*(/	ab+acd+e
15	-	操作符	isp('(')<icp('-'),'-'进栈,读下一符号	#-*(-	ab+acd+e/
16	f	操作数	直接进后缀表达式,读下一符号	#-*(-	ab+acd+e/f
17	)	操作符	isp('-')>icp(')'),'-'退栈进后缀表达式	#-*(	ab+acd+e/f-
			isp('(')==icp(')'),"('退栈,读下一符号	#-*	ab+acd+e/f-
18	+	操作符	isp('*')>icp('+'),'*'退栈进后缀表达式	#-	ab+acd+e/f-*
			isp('-')>icp('+'),'-'退栈进后缀表达式	#	ab+acd+e/f-*-
			isp('#')<icp('+'),'+'进栈,读下一符号	#+	ab+acd+e/f-*-
19	g	操作数	直接进后缀表达式,读下一符号	#+	ab+acd+e/f-*-g
20	#	操作符	isp('+')>icp('#'),'+'退栈进后缀表达式	#	ab+acd+e/f-*-g+
21			isp('#')==icp('#'),'#'退栈,栈空,结束		

图 3-11 第 22 题将中缀表达式改为后缀表达式时操作符栈的变化

除去'#',在栈中同时保存的操作符最多有 5 个。

23. 选 B。中缀转后缀时,操作数直接进后缀表达式,使用栈存放操作符。如果我们只关心操作符,可以将操作数的处理略去,扫描中缀表达式的情况和操作符栈的存储情况如图 3-12 所示。

步	扫描项	动　作	操作符栈
0	#	'#'进栈,读下一符号	#
1	/	isp('#')<icp('/'),'/'进栈,读下一符号	#/
2	+	isp('/')>icp('+'),'/'退栈	#
		isp('#')<icp('+'),'+'进栈,读下一符号	#+
3	(	isp('+')<icp('('),'+'进栈,读下一符号	#+(
4	*	isp('(')<icp('*'),'*'进栈,读下一符号	#+(*
5	−	isp('*')>icp('−'),'*'退栈	#+(
		isp('(')<icp('−'),'−'进栈,读下一符号	#+(−
6	*	isp('−')<icp('*'),'*'进栈,读下一符号	#+(−*

图 3-12　第 23 题将中缀表达式改为后缀表达式时操作符栈的存储情况

除'#'外,当扫描到 f 时栈内的存储情况为"+(−*"。

24. 选 A。递归工作栈在系统调用过程中依次存放了 main()、S(1)、S(0) 的函数信息,包括函数返回地址、参数的副本空间和局部变量等。

25. 选 B。选项 A 的表达式在 OPND 栈中需要 4 个存储单元,同时存放 a,b,c,d;选项 B 的表达式在 OPND 栈中需要 2 个存储单元,先存放 a,b,再存放 r_1(=a−b),c,然后存放 r_2(=r_1 * c),d,最后存放 r_3(=r_2−d);选项 C 的表达式在 OPND 栈中需要 3 个存储单元同时存放 a,b,c;选项 D 的表达式在 OPND 栈中需要 3 个存储单元,先存放 a,b,再存放 r_1(=a−b),c,d,接着存放 r_1,r_2(=c−d),最后存放 r_3(=r_1 * r_2)。很显然,只有选项 B 满足题目要求。

26. 选 C。该递归程序把一个规模为 n 的问题转换为 2 个规模为 $n-1$ 的同样问题求解,其时间复杂度为 $T(n)=2T(n-1)+1$。

27. 选 C。开始 a,b 进栈,b 出栈,栈内还有 a;接着 c,d 进栈,d 出栈,栈内还有 a,c;接着 c 出栈,栈内还有 a;接着 e,f 进栈,f 出栈,栈内还有 a,e;接着 e 出栈,栈内还有 a;a 出栈后栈空;接着 g 进栈,g 出栈,栈空。栈内同时最多容纳了 3 个元素。因为队列是先进先出的,不影响元素的出栈顺序。

28. 选 A。队列的性质是先进先出,出队顺序与进队顺序是一致的。

29. 选 B。队列的"先进先出"特性是指先进队列的元素先出队列,或者后进队列的元素后出队列。进队列就是队列的插入操作,出队列就是队列的删除操作。选项①和④都是对的。

30. 选 C。当进队速度快于出队速度,队尾指针就会追上队头指针,为区分队空和队满,当 q.rear 进到与 q.front 相差一个位置时,就认为队列已满。

31. 选 D。循环队列的队尾指针和队头指针都按同一方向环绕队列数组移动,不总是 q.rear 大于 q.front,有可能转到一定程度 q.rear 小于 q.front,必须总是保持 q.rear 与 q.front 的差不小于 0 且在数组范围内,应采用(q.rear−q.front+maxSize) % maxSize。

32. 选 B。由于第一个进入队列的元素存放到 $A[0]$,且队尾指针 rear 指向 0 号位置,那么队尾指针初始时应指向 $n-1$,元素进队时先让队尾指针进 1,即 rear=(rear+1) % n,再按 rear 所指 0 号位置存入该元素。队列的队头指针初始时指向 0 号位置。

33. 选 D。对于链式队列，一般插入新元素时仅修改队尾指针即可，但有一种特殊情况，即向空队列插入新元素时，需要同时修改队头指针和队尾指针。所以选 D。

34. 选 B。队列是限制存取位置的线性表，在队头删除，在队尾插入。使用带有队头指针和队尾指针的非循环单链表就足够了。如果要使用带有队尾指针的循环单链表也可以在队尾插入，在队头删除，但如果使用带有队头指针的循环单链表或带有队头指针和队尾指针的循环单链表就不方便了。所以只能选 B。

35. 选 A。即使是双向链表，如果是非循环双链表，只有队头指针是不够的。因为找队尾需要遍历整个链表，造成进队效率太低。

36. 选 B。队头指针 front 在链头上，front＝＝NULL 即链为空，链空则链式队列为空。

37. 选 C。对初始为空的队列执行 2 次进队运算，2 次出队运算，队列变空。再执行判断队列是否为空的操作 Q.IsEmpty()，函数返回 true，即 1。

38. 选 B。通常用于输入输出的缓冲区都是采用先入先出的队列。

39. 选 A。设左端允许输入，左右两端都允许输出。若在左端输出，相当于栈；在右端输出，相当于队列。对于选项 A(4,2,3,1)，要求先输出 4，则应该在输入 1,2,3,4 后再从左端输出 4，但由于 2 夹在 1 和 3 之间，下一个输出的不可能是 2，所以选项 A 是不可能的输出序列。对于选项 B(1,3,2,4)，操作顺序是左进 1、右出 1、左进 2、左进 3、左出 3、右出 2、左进 4、右出 4。对于选项 C(3,2,1,4)，操作顺序是左进 1、左进 2、左进 3、左出 3、左出 2、左出 1、左进 4、右出 4。对于选项 D(2,3,4,1)，操作顺序是左进 1、左进 2、左出 2、左进 3、左出 3、左进 4、右出 4、右出 1。

40. 选 B。设右端允许输出，左右两端都允许输入，若在左端输入，相当于队列；在右端输入，相当于栈。对于选项 A(d,a,c,b)，第一个输出的是 d，必须 a,b,c 都输入后再右进 d、右出 d(相当于进栈出栈)，但下一个要右出 a 的话，a,b,c 都必须左进，队列中是 c,b,a，右出 a，下一个不可能右出 c，所以选项 A 是不可能的输出序列。对于选项 B(c,a,d,b)，操作顺序是左进 a、左进 b、右进 c、右出 c、右出 a、右进 d、右出 d、右出 b，是可能的输出序列。对于选项 C(d,b,c,a)，相当于第 38 题中的 4,2,3,1，是不可能的输出序列。对于选项 D(d,b,c,a)，与选项 A 类似，在右出 d 后，队列中是 c,a,b，右出 b 后，下一个右出的不可能是 c，选项 D 是不可能的输出序列。

41. 选 C。本题是 a,b,c,d,e 都入队后再出队。设左右两端都允许进队，在右端出队。对于选项 A(b,a,c,d,e)，执行左进 a、右进 b、左进 c、左进 d、左进 e，队列中存放顺序为 e,d,c,a,b，是可能的出队序列。对于选项 B(d,b,a,c,e)，执行左进 a、右进 b、左进 c、右进 d、左进 e，队列中存放顺序是 e. c,a,b,d，是可能的出队序列。对于选项 C(d,b,c,a,e)，执行左进 a 后，为了先出 c,b 无论右进或左进都不合适，选项 C 是不可能的出队序列。对于选项 D (e,c,b,a,d)，执行左进 a、右进 b、右进 c、左进 d、右进 e，队列中存放顺序是 d,a,b,c,e，是可能的出队序列。

42. 选 A。如果队空条件是 end1＝＝end2 的话，队满条件就应是队尾指针 end2 移动得比队头指针 end1 快，队尾指针追上队头指针时，有 end1＝＝(end2＋1) mod M。

43. 选 C。n 条并行的轨道就是 n 个并存的队列。为了确保使用的队列尽可能少，要求每个队列存多个列车编号，而且在同一轨道上列车编号一个比一个大。入轨情况如下：8 进入轨道 1；4＜8，进入轨道 2；2＜4，进入轨道 3；4＜5＜8，进入轨道 2；2＜3＜4，进入轨道 3；

8<9,进入轨道 1;1<2,进入轨道 4;5<6<8,进入轨道 2;6<7<8,进入轨道 2。一共用了 4 条轨道。轨道 1(8,9);轨道 2(4,5,6,7);轨道 3(2,3);轨道 4(1)。

44. 选 C。输出顺序主要看队列 Q,栈 S 是辅助调整输出顺序用的。选项 A、选项 B、选项 D 中是合理的输出序列。对于选项 A,操作序列是①$_1$,①$_2$,②$_3$,②$_4$,①$_5$,①$_6$,③$_4$,③$_3$。对于选项 B,操作序列是②$_1$,①$_2$,①$_3$,①$_4$,①$_5$,①$_6$,③$_1$。对于选项 C,如果先输出 3,要求 1 和 2 先出队并进栈,1 在栈中被压在 2 的下面,输出序列中前 4 个数 3,4,5,6 可通过操作①$_3$,①$_4$,①$_5$,①$_6$ 输出,但此时 1 不可能先于 2 输出,无法生成合理的输出序列。对于选项 D,操作序列是②$_1$,②$_2$,②$_3$,②$_4$,②$_5$,①$_6$,③$_5$,③$_4$,③$_3$,③$_2$,③$_1$。

45. 选 D。假设 Q 的左端只允许入队,右端可以入队也可以出队,右端只允许入队。对于选项 A,右进 1、左进 2、右进 3、右进 4、右进 5,队列中存(2,1,3,4,5),全部右出,顺序是 5,4,3,1,2。对于选项 B,左进 1、左进 2、右进 3、左进 4、右进 5,队列中存(4,2,1,3,5),全部右出,顺序是 5,3,1,2,4。对于选项 C,左进 1、右进 2、左进 3、右进 4、左进 5,队列中存(5,3,1,2,4),全部右出,顺序是 4,2,1,3,5。对于选项 D,左进 1、右进 2 或左进 2,队列中存(1,2)或(2,1),下面无论是左进 3 还是右进 3,都不能夹在 1 和 2 之间,得不到选项 D 中的出队序列。

二、简答题

1. (1) 不能得到 4,3,5,6,1,2 和 1,5,4,6,2,3 这样的出栈序列。因为若在 4,3,5,6 之后再将 1,2 出栈,则 1,2 必须一直在栈中,此时 1 先进栈,2 后进栈,2 应压在 1 上面,不可能 1 先于 2 出栈。1,5,4,6,2,3 也是这种情况。出栈序列 3,2,5,6,4,1 和 1,3,5,4,2,6 可以得到,如图 3-13 所示。

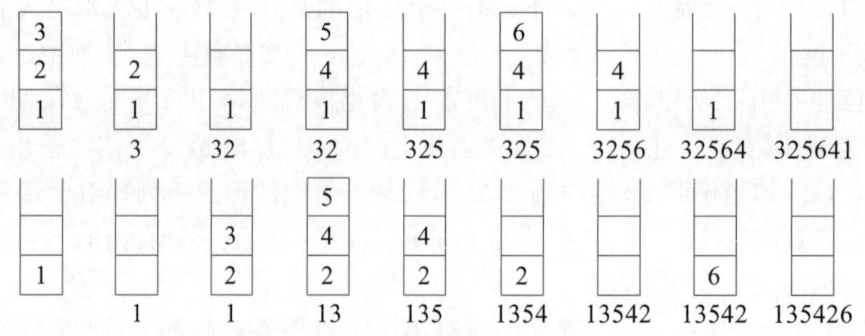

图 3-13 第 1 题可能的进栈出栈序列

(2) 编号为 1,2,3,4,5,6 的 6 辆列车顺序开入栈式结构站台,可能的不同出栈序列有 $\frac{1}{n+1}C_{2n}^{n}=\frac{1}{6+1}C_{12}^{6}=\frac{1}{7}\frac{12\times11\times10\times9\times8\times7}{6\times5\times4\times3\times2\times1}=132$ 种。

2. 栈的基本性质如下:

(1) 集合性。栈是由若干个元素集合而成,没有元素的空集合称为空栈;

(2) 线性。除栈底和栈顶元素外,栈中任一元素均有唯一的前驱元素和后继元素;

(3) 运算受限。只允许在栈顶实施进栈或出栈操作,且栈顶位置由栈顶指针指示;

(4) 数学性质。当多个编号元素依某种顺序进栈,且可任意时刻出栈时,所获得的编号元素排列的数目,恰好满足 catalan 函数,即

$$\frac{1}{n+1}C_{2n}^{n}=\frac{1}{n+1}\frac{(2n)!}{(n!)^2}$$

其中,n 为编号元素的个数。

3. (1) A B＊C＊

(2) A－B＋C－D＋

(3) A B－＊C＋

(4) A B＋D＊E F A D＊＋/＋C＋

(5) A B && E F>! ||

(6) A B C<C D>|| ! && ! C E<||

4. (1) 函数 postfix 是中缀转后缀的算法,在该程序中,用栈存放操作符。如果表达式 e 含有 n 个操作符和分界符,则栈中陆续最多可存入 n 个操作符。栈中实际存放的操作符个数要看各操作符的优先级和括号的使用。

(2) 在处理中缀表达式时,假定算术表达式中不同优先级别的操作符有 3 类:';','＊''/''%','＋''－'。当栈外操作符的优先级高于栈顶操作符的优先级时,栈外操作符进栈,当栈外操作符的优先级低于栈顶操作符的优先级时,栈顶操作符出栈。因此,在不考虑括号的情形下,仅只要 3 个栈单元存储表达式的操作符(包括';'号)。

如果考虑括号:每遇到一个右括号,就需要处理括号内的表达式,结果是括号内的所有操作符连同左括号都出栈。因为表达式的括号嵌套最大深度为 6 层,假定每重括号在栈内的操作符有 3 个(左括号 1 个;'＋''－'级别操作符 1 个;'＊''/''%'级别操作符 1 个),6 重括号在栈内占用了 6×3＝18 个栈单元,总共栈可容纳 18＋3＝21 个操作符即可。

5. 若设当前扫描到的操作符 ch 的优先级为 icp(ch),该操作符进栈后的优先级为 isp(ch),则可规定各个算术操作符的优先级如表 3-5 所示。

表 3-5 第 5 题操作符优先级

操作符	;	(	^	＊,/,%	＋,－	)
isp	0	1	7	5	3	8
icp	0	8	6	4	2	1

当扫描到的操作符 ch 的 icp(ch)大于 isp(stack)时,则 ch 进栈;当扫描到的操作符 ch 的 icp(ch)小于 isp(stack)时,则位于栈顶的操作符退栈并输出。从图 3-14 中可知,icp('(')最高,但当'('进栈后,isp('(')变得极低。其他操作符入栈后优先数都升 1,这样可体现在中缀表达式中相同优先级的操作符自左向右计算的要求。操作符优先数相等的情况只出现在括号配对或栈底的';'号与输入流最后的';'号配对时。前者将连续退出位于栈顶的操作符,直到遇到"("为止。然后将"("退栈以消除括号,后者将结束算法。

6. 设在表达式计算时各操作符的优先规则如第 5 题所示。因为直接对中缀算术表达式求值时必须使用两个栈,分别对操作符和操作数进行处理,设操作符栈为 OPTR,操作数栈为 OPND,下面给出对中缀表达式求值的一般规则:

(1) 建立并初始化 OPTR 栈和 OPND 栈,然后在 OPTR 栈中压入一个";"。

(2) 从头扫描中缀表达式,取一字符送入 ch。

步序	扫描项	项类型	动　作	栈的变化	输　出
0			';'进栈,读下一符号	;	
1	a	操作数	直接输出,读下一符号	;	a
2	*	操作符	isp(';')<icp('*'),进栈,读下一符号	; *	a
3	x	操作数	直接输出,读下一符号	; *	a x
4	-	操作符	isp('*')>icp('-'),退栈输出	;	a x *
			isp(';')<icp('-'),进栈,读下一符号	; -	a x *
5	b	操作数	直接输出,读下一符号	; -	a x * b
6	/	操作符	isp('-')<icp('/'),进栈,读下一符号	; -/	a x * b
7	x	操作数	直接输出,读下一符号	; -/	a x * b x
8	^	操作符	isp('/')<icp('^'),进栈,读下一符号	; -/^	a x * b x
9	2	操作数	直接输出,读下一符号	; -/^	a x * b x 2
10	;	操作符	isp('^')>icp(';'),退栈输出	; -/	a x * b x 2 ^
			isp('/')>icp(';'),退栈输出	;-	a x * b x 2 ^ /
			isp('-')>icp(';'),退栈输出	;	a x * b x 2 ^/-
			isp(';')==icp(';'),退栈结束		

图 3-14　第 5 题用栈把中缀表达式改为后缀表达式的过程

(3) 当 ch 不等于";"时,执行以下工作,否则结束算法。此时可在 OPND 栈的栈顶得到运算结果。

① 如果 ch 是操作数,进 OPND 栈,从中缀表达式取下一字符送入 ch;

② 如果 ch 是操作符,比较 ch 的优先级 icp(ch)和 OPTR 栈顶操作符 isp(OPTR)的优先级:

- 若 icp(ch)>isp(OPTR),则 ch 进 OPTR 栈,从中缀表达式取下一字符送入 ch;
- 若 icp(ch)<isp(OPTR),则从 OPND 栈退出一个操作数作为第 2 操作数 a2,再退出一个操作数作为第 1 操作数 a1,从 OPTR 栈退出一个操作符 θ 形成运算指令 (a1) θ(a2),执行结果进 OPND 栈;
- 若 icp(ch)==isp(OPTR) 且 ch=="）",则从 OPTR 栈退出栈顶的"(",消除括号,然后从中缀表达式取下一字符送入 ch。

根据以上规则,给出计算 a+b*(c-d)-e ^ f/g 时两个栈的变化,如图 3-15 所示。

7. 为推导求 $n!$时的计算次数,可用递归方式计算。设当 $n=0$ 时计算时间复杂度为常数 $T(0)=d$,当 $n>0$ 时按 $T(n)=T(n-1)+c$(c 为常数),则有

$$T(n)=T(n-1)+c=T(n-2)+2c=T(n-3)+3c=\cdots$$
$$=T(1)+(n-1)c=T(0)+nc=nc+d$$

8. 为推导求 F_n 时的计算次数,以 $n=5$ 为例,求 Fib(5) 的递归树如图 3-16 所示。

计算 Fib(5) 要计算 1 次 Fib(4),2 次 Fib(3),3 次 Fib(2),5 次 Fib(1),3 次 Fib(0)。总的递归调用次数达到 15 次,递归深度达到 5 层。一般情形的总调用次数为

步序	扫描项	项类型	动　　作	OPND 栈	OPTR 栈
0			OPTR 栈与 OPND 栈置空,';'进 OPTR 栈,取首符号		;
1	a	操作数	a 进 OPND 栈,取下一符号	a	;
2	＋	操作符	icp('＋')>isp(';'),进 OPTR 栈,取下一符号	a	; ＋
3	b	操作数	b 进 OPND 栈,取下一符号	a b	; ＋
4	*	操作符	icp('*')>isp('＋'),进 OPTR 栈,取下一符号	a b	;＋ *
5	(	操作符	icp('(')>isp('*'),进 OPTR 栈,取下一符号	a b	;＋ * (
6	c	操作数	c 进 OPND 栈,取下一符号	a b c	;＋ * (
7	－	操作符	icp('－')>isp('('),进 OPTR 栈,取下一符号	a b	;＋ * (－
8	d	操作数	d 进 OPND 栈,取下一符号	a b c d	;＋ * (－
9	)	操作符	icp(')')<isp('－'),退 OPND 栈的 d,退 OPND 栈的 c,退 OPTR 栈的 '－',计算 c—d→s_1,结果进 OPND 栈	a b s_1	;＋ * (
10	同上	同上	icp(')')==isp('('),退 OPTR 栈的 '(',对消括号,取下一符号	a b s_1	;＋ *
11	－	操作符	icp('－')<isp('*'),退 OPND 栈的 s_1,退 OPND 栈的 b,退 OPTR 栈的 '*',计算 b * s_1→s_2,结果进 OPND 栈	a s_2	;＋
12	同上	同上	icp('－')<isp('＋'),退 OPND 栈的 s_2,退 OPND 栈的 a,退 OPTR 栈的 '＋',计算 a * s_2→s_3,结果进 OPND 栈	s_3	;
13	同上	同上	icp('－')>isp(';'),进 OPTR 栈,取下一符号	s_3	; －
14	e	操作数	e 进 OPND 栈,取下一符号	s_3 e	; －
15	^	操作符	icp('^')>isp('－'),进 OPTR 栈,取下一符号	s_3 e	; － ^
16	f	操作数	进 OPND 栈,取下一符号	s_3 e f	; － ^
17	/	操作符	icp('/')<isp('^'),退 OPND 栈的 f,退 OPND 栈的 e,退 OPTR 栈的 '^',计算 e^f→s_4,结果进 OPND 栈	s_3 s_4	; －
18	同上	同上	icp('/')>isp('－'),进 OPTR 栈,取下一符号	s_3 s_4	; － /
19	g	操作数	g 进 OPND 栈,取下一符号	s_3 s_4 g	; － /
20	;	操作符	icp(';')<isp('/'),退 OPND 栈的 g,退 OPND 栈的 s_4,退 OPTR 栈的 '/',计算 s_4/g→s_5,结果进 OPND 栈	s_3 s_5	; －
21	同上	同上	icp(';')<isp('－'),退 OPND 栈的 s_5,退 OPND 栈的 s_3,退 OPTR 栈的 '－',计算 s_3—s_5→s_6,结果进 OPND 栈	s_6	;
22	同上	同上	icp(';')==isp(';'),退 OPND 栈的 s_6,结束		;

图 3-15　第 6 题中缀表达式求值时栈的变化

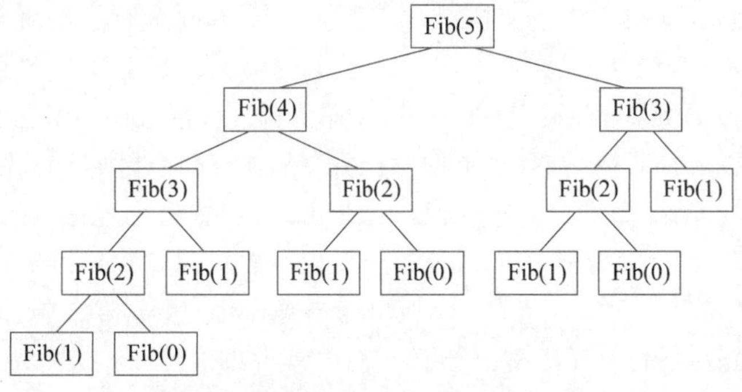

图 3-16　第 8 题求斐波那契数的递归树

$$\text{NumberCall}(n)=\begin{cases}0, & n=0\\ 2\times \text{Fib}(n+1)-1, & n>0\end{cases}$$

设计算 Fib(0)的时间为 $T(0)=1$,计算 Fib(1)的时间为 $T(1)=1$,计算 Fib(i)的时间为 $T(i)=T(i-1)+T(i-2)+1$。由此可得

$$T(2)=T(1)+T(0)+1=3$$
$$T(3)=T(2)+T(1)+1=5$$
$$T(4)=T(3)+T(2)+1=9$$
$$\cdots$$

符合上面的计算公式。

9. 描述 Hanoi 塔问题的递归算法如下。

```
void Hanoi (int n, char x, char y, char z) {
    if (n == 1) move (x, 1, z);
    else {
        Hanoi (n-1, x, z, y);
        move (x, 1, z);
        Hanoi (n-1, y, x, z);
    }
}
```

设 move()函数执行的移盘次数为常数 1,则 Hanoi 塔问题总的运算次数为

$$T(1)=1$$
$$T(2)=2*T(1)+1=3=2^2-1$$
$$T(3)=2*T(2)+1=2*3+1=7=2^3-1$$
$$T(4)=2*T(3)+1=2*7+1=15=2^4-1$$
$$\cdots$$
$$T(n)=2*T(n-1)+1=2^n-1$$

10. (1) 应选择链式存储结构,其类定义如下。

```
template <class T>
struct queNode {
    T data;
    queNode<T> * link;
    queNode () { link = NULL; }                          //构造函数
    queNode (T x, queNode<T> * next) { data = x;link = next; }     //构造函数
}
template <class T>
class LinkQueue {
    queNode<T> * front, * rear;                          //队头指针与队尾指针
    queNode<T> * avail;                                  //可利用空间表表头指针
public:
    LinkQueue () { front = rear = avail = NULL; }        //构造函数,创建新队列对象
    ~LinkQueue ();                                       //析构函数,释放队列对象
    void EnQueue (T x);                                  //入队
    bool DeQueue (T& x);                                 //出队
    bool GetQueue (T& x);                                //看队头元素
    bool IsEmpty () { return front == NULL; }            //判断队列是否为空
    void MakeEmpty ();                                   //将队列元素送入可利用空间表
}
```

结构设置了可利用空间表 avail，采用前插法回收退出队列的结点。

(2) 初始时创建一个链式队列的新对象 Q，并置队头指针 * front 和队尾指针 * rear 为空，对于可利用空间表，置 avail＝NULL，如图 3-17 所示。队空条件是 front->link＝＝NULL，链式队列不考虑队满条件。

(3) 插入第一个元素后的队列状态如图 3-18 所示。存储队列的单链表中无头结点，只有一个首元结点，假设元素为 x。

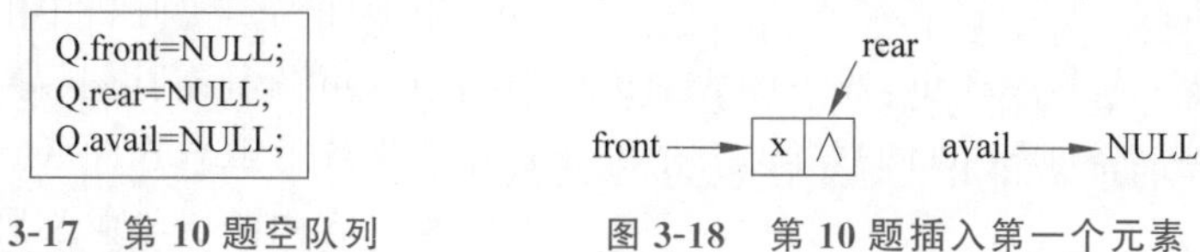

图 3-17 第 10 题空队列　　图 3-18 第 10 题插入第一个元素

(4) ① 入队操作：

```
template <class T>
void LinkQueue<T>::EnQueue (T x) {
    queNode<T> *p
    if (avail == NULL)                          //可利用空间表没有可用结点
        p = new queNode<T>(x, NULL);            //动态分配一个结点
    else { p = avail;avail = avail->link; }     //否则从可利用空间表取结点
    if (front == NULL) front = rear = p;        //如果队列为空，*p 成为首元结点
    else { rear->link = p;rear = p; }           //否则链到队尾并成为新队尾
}
```

② 出队操作：

```
template <class T>
bool LinkQueue<T>::DeQueue (T& x) {
    if (front == NULL) return false;            //队列空，不能出队，返回 false
    queNode<T> *p = front;                      //否则，*p 记下队头
    front = front->link;x = p->data;            //front 退到次队头，成为新队头
    if (front == NULL) rear = NULL;             //若退队后队空，队尾也成空
    if (avail == NULL) avail = p;               //退队结点进可利用空间表
    else { p->link = avail;avail = p; }         //采用前插法插入可利用空间表
    return true;
}
```

11. 双端队列是一种插入和删除工作在两端均可进行的线性表。可以把双端队列看成是底元素连在一起的两个栈。它们与两个栈共享存储空间不同的是，两个栈的栈顶指针是往两端延伸的。由于双端队列允许在两端进行插入和删除元素，因此需设立两个指针 end1 和 end2，分别指向双端队列中两端的元素。

允许在一端进行插入和删除，另一端只允许插入的双端队列称为输出受限双端队列；允许在一端进行插入和删除，另一端只允许删除的双端队列称为输入受限双端队列，如图 3-19 所示。

(1) 看输入受限的双端队列。假设 end1 端输入 1,2,3,4，那么 end2 端的输出相当于队列的输出：1,2,3,4；而 end1 端的输出相当于栈的输出，$n=4$ 时仅通过 end1 端有 14 种输出序列，仅通过 end1 端不能得到的输出序列有 $4!-14=10$ 种，它们是：

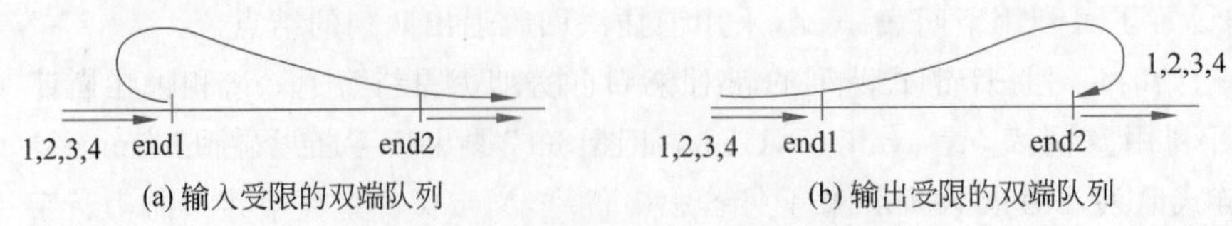

图 3-19 第 11 题输入或输出受限的双端队列

1,4,2,3　2,4,1,3　3,4,1,2　3,1,4,2　3,1,2,4　4,1,2,3

4,1,3,2　4,2,1,3　4,2,3,1　4,3,1,2

通过 end1 和 end2 端混合输出，可以输出这 10 种中的 8 种，参看表 3-6。其中，S_L、X_L 分别代表 end1 端的进队和出队，X_R 代表 end2 端的出队。

表 3-6 对于输入序列{1,2,3,4}，由输入受限双端队列可得到的输出序列

输出序列	进队出队顺序	输出序列	进队出队顺序
1,4,2,3	$S_L X_R S_L S_L S_L X_L X_R X_R$ ①①②③④④②③	3,1,2,4	$S_L S_L S_L X_L X_R S_L X_R X_R$ ①②③③①④②④
2,4,1,3	$S_L S_L X_L S_L S_L X_L X_R X_R$ ①②②③④④①③	4,1,2,3	$S_L S_L S_L S_L X_L X_R X_R X_R$ ①②③④④①②③
3,4,1,2	$S_L S_L S_L X_L S_L X_L X_R X_R$ ①②③③④④①②	4,1,3,2	$S_L S_L S_L S_L X_L X_R X_L X_R$ ①②③④④①③②
3,1,4,2	$S_L S_L S_L X_L X_R S_L X_L X_R$ ①②③③①④④②	4,3,1,2	$S_L S_L S_L S_L X_L X_L X_R X_R$ ①②③④④③①②

还有 2 种是不可能通过输入受限的双端队列输出的，即 4,2,1,3 和 4,2,3,1。

(2) 看输出受限的双端队列。假设 end1 端和 end2 端都能输入，仅 end2 端可以输出。如果都从 end2 端输入，从 end2 端输出，就是一个栈了，当输入序列为 1,2,3,4，输出序列可以有 14 种。对于其他 10 种不能输出的序列，通过交替从 end1 和 end2 端输入，还可以输出其中 8 种。设 S_L 代表 end1 端的输入，S_R、X_R 代表 end2 端的输入和输出，则有表 3-7。

表 3-7 对于输入序列{1,2,3,4}，由输出受限双端队列可得到的输出序列

输出序列	进队出队顺序	输出序列	进队出队顺序
1,4,2,3	$S_L X_R S_L S_L S_R X_R X_R X_R$ ①①②③④④②③	3,1,2,4	$S_L S_L S_R X_R X_R X_R S_L X_R$ ①②③③①②④④
2,4,1,3	$S_L S_R X_R S_L S_R X_R X_R X_R$ ①②②③④④①③	4,1,2,3	$S_L S_L S_L S_R X_R X_R X_R X_R$ ①②③④④①②③
3,4,1,2	$S_L S_L S_R X_R S_R X_R X_R X_R$ ①②③③④④①②	4,2,1,3	$S_L S_R S_L S_R X_R X_R X_R X_R$ ①②③④④②①③
3,1,4,2	$S_L S_L S_R X_R X_R S_R X_R X_R$ ①②③③①④④②	4,3,1,2	$S_L S_L S_R S_R X_R X_R X_R X_R$ ①②③④④③①②

通过输出受限的双端队列不能输出的 2 种序列是 4,1,3,2 和 4,2,3,1。

由此综合,可得:

(1) 能由输入受限双端队列得到,但不能由输出受限双端队列得到的输出序列是 4,1,3,2。

(2) 能由输出受限双端队列得到,但不能由输入受限双端队列得到的输出序列是 4,2,1,3。

(3) 既不能由输入受限的双端队列得到,又不能由输出受限双端队列得到的输出序列是 4,2,3,1。

三、算法题

1. 可以利用栈解决数制转换问题。例如:$49_{10}=6\cdot 8^1+1\cdot 8^0=61_8$,$99_{10}=1\cdot 2^6+1\cdot 2^5+0\cdot 2^4+0\cdot 2^3+0\cdot 2^2+1\cdot 2^1+1\cdot 2^0=1100011_2$。

其转换规则是

$$N=\sum_{i=0}^{\lfloor \log_B N\rfloor} b_i\times B^i,\quad 0\leqslant b_i\leqslant B-1$$

其中,b_i 表示 B 进制数的第 i 位上的数字。这样,十进制数 N 可以用长度为$\lfloor \log_B N\rfloor+1$ 位的 B 进制数表示为 $b_{\lfloor \log_B N\rfloor}\cdots b_2 b_1 b_0$。若令 $j=\lfloor \log_B N\rfloor$,则有

$$\begin{aligned}N&=b_jB^j+b_{j-1}B^{j-1}+\cdots+b_1B^1+b_0\\&=(b_jB^{j-1}+b_{j-1}B^{j-2}+\cdots+b_1)B+b_0\\&=(N/B)\cdot B+N\ \%\ B\quad(\text{"/" 表示整除运算})\end{aligned}$$

因此,可以先通过 $N\ \%\ B$ 求出 b_0,然后令 $N=N/B$,再对新的 N 做除 B 求模运算可求出 $b_1,\cdots$,如此重复直到某个 N 等于 0 结束。这个计算过程是从低位到高位逐个进行的,但输出过程是从高位到低位逐个打印的,为此需要利用栈来实现。算法描述如下。

```
#include "LinkedStack.h"
int BaseTrans (int N, int B) {
    int i, result = 0;LinkedStack<int> S;
    while (N != 0) { i = N % B;N = N/B;S.Push (i); }
    while (!S.IsEmpty ())
        { S.Pop(i);result = result * 10+i; }
    return result;
};
```

2. (1) 为求数组 $A[0]\sim A[n-1]$的最大整数,先求数组 $A[0]\sim A[n-2]$的最大整数,再与 $A[n-1]$比较,大者即为所求。为求数组 $A[0]\sim A[n-2]$的最大整数,先求数组 $A[0]\sim A[n-3]$的最大整数。再与 $A[n-2]$比较取大者即可。以此类推,直到求 $A[0]$的最大值,它可直接求解。算法描述如下,参数 k 用于控制递归,表示当前在 A 中求 0 到 k 位置的最大整数。

```
int maxValue(int A[ ], int k) {                    //递归: 求从 A[0]到 A[k]的最大整数
    if (k == 0) return A[0];
    else {
        int temp = maxValue(A, k-1);               //求从 A[0]到 A[k-1]的最大整数
        return (temp > A[k]) ? temp : A[k];
    }
};
```

(2) 数组 A 中 n 个整数的和等于前 $n-1$ 个整数的和与 $A[n-1]$ 相加的结果，若只有一个整数，则直接求值即可。算法描述如下，参数 k 用于控制递归，表示当前求的是从 $A[0]$ 到 $A[k]$ 的整数之和。

```
int Sum (int A[ ], int k) {
    if (k == 0) return A[0];
    else return Sum (A, k-1) + A[k];
};
```

(3) 数组中 n 个整数的平均值等于前 n 个整数的和除以 n。如果只有一个整数，它就是自己的平均值。算法描述如下，参数 k 用于控制递归，表示当前求的是前 k 个整数之和除以 k。

```
float Average (int A[ ], int k) {
    if (k == 0) return (float) A[0];
    else return ((k-1) * Average (A, k-1)+A[k])/k;
};
```

3. (1) 为求以 f 为表头指针的链表的最大整数。先求以 f->link 为表头指针的链表的最大整数，再与 f->data 比较，大者即为所求。依此类推。若链表只有一个结点，可直接求值。算法描述如下。

```
int maxValue (LinkNode<int> * h) {
    if (h == NULL) return 0;
    if (h->link == NULL) return h->data;        //只有一个结点,返回其值
    else {                                      //不止一个结点
        int m = maxValue(h->link);              //求后续链表的最大值
        return (m > h->data) ? m : h->data;     //与当前结点的值比较,选大者
    }
}
```

(2) 先求以 f->link 为表头指针的单链表中的结点个数，再加 1(f 所指结点)即得。递归结束条件是 f==NULL，函数返回 0(空表的结点数为 0)。算法描述如下。

```
int Number (LinkNode<int> * h) {
    if (h == NULL) return 0;
    else return 1+Number(h->link);
}
```

(3) 先求以 f->link 为表头指针的单链表中所有结点存放的整数的和，再加 f->data 的值，最后再求平均值。递归结束条件是 f->link==NULL 时返回 f->data 的值。为求平均值，需要统计结点个数，为此，在函数参数表中设置一个引用参数 n，返回结点个数。算法描述如下。

```
float Average(LinkNode<int> * h, int& n) {
    if (h == NULL) return 0;
    if (h->link == NULL) { n = 1;return h->data; }
    else {
        float v = Average (h->link, n);
        n++;
        return (float) ((n-1) * v+h->data)/n;
    }
};
```

4. 同样采用递归方法求解。但需要使用辅助栈保存生成的出栈序列。假设 $n=3$,若进栈标记为 I,出栈标记为 O,可用如图 3-20 所示的状态树来表示进栈与出栈情形。

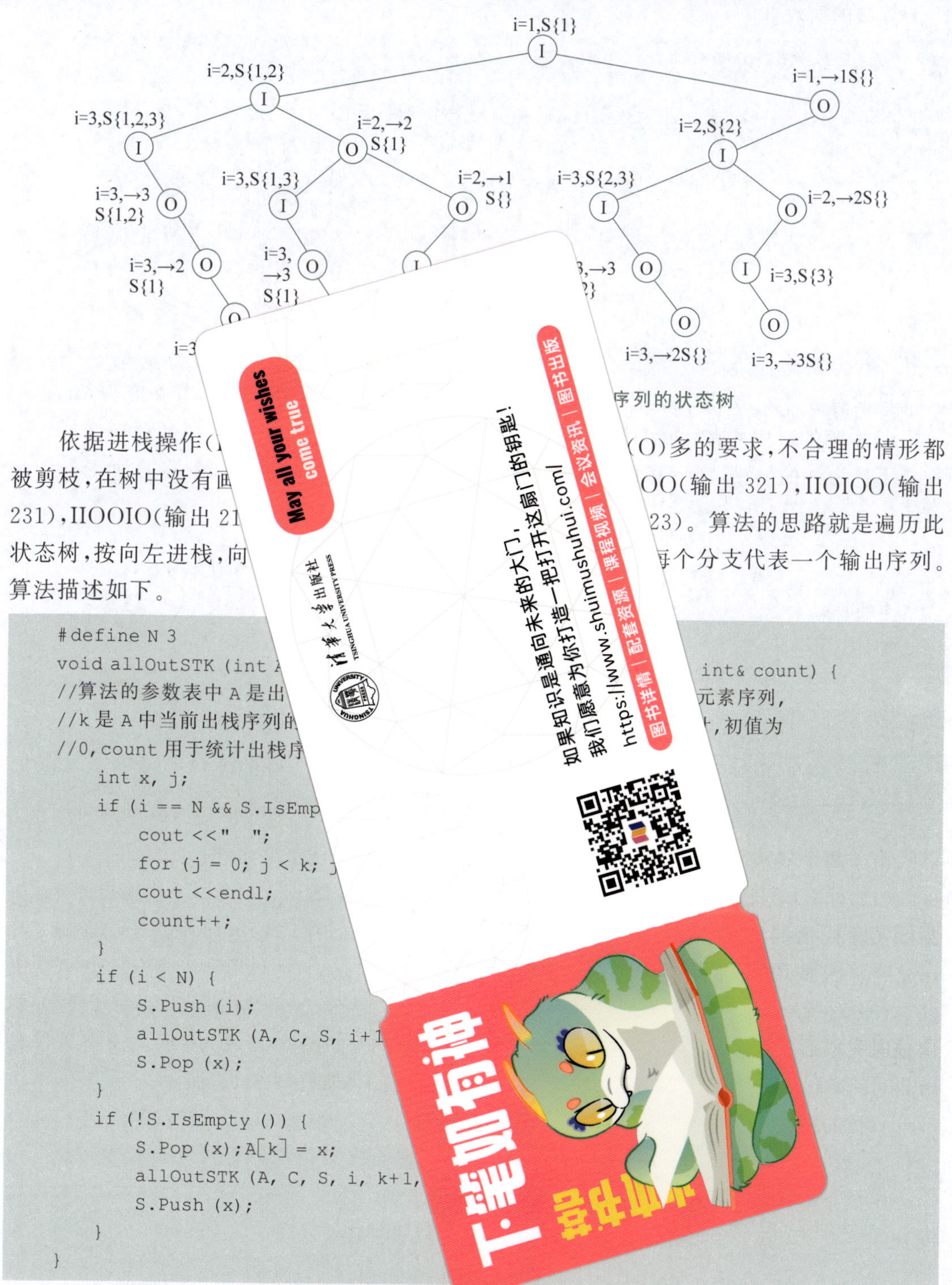

序列的状态树

依据进栈操作(I…(O)多的要求,不合理的情形都被剪枝,在树中没有画…OO(输出 321),IIOIOO(输出 231),IIOOIO(输出 21…23)。算法的思路就是遍历此状态树,按向左进栈,向…每个分支代表一个输出序列。算法描述如下。

```
#define N 3
void allOutSTK (int A…                    int& count) {
//算法的参数表中 A 是出…                   元素序列,
//k 是 A 中当前出栈序列的…                 ,初值为
//0,count 用于统计出栈序…
    int x, j;
    if (i == N && S.IsEmp…
        cout <<"  ";
        for (j = 0; j < k; j…
        cout <<endl;
        count++;
    }
    if (i < N) {
        S.Push (i);
        allOutSTK (A, C, S, i+1…
        S.Pop (x);
    }
    if (!S.IsEmpty ()) {
        S.Pop (x);A[k] = x;
        allOutSTK (A, C, S, i, k+1,…
        S.Push (x);
    }
}
```

设进栈序列有 n 个元素,则算法的时间复杂度为 $O(n^2)$,空间复杂度为 $O(n)$。

5. 采用递归方法求解。先从栈中退出栈顶元素暂存于 x,如果栈中仅剩一个元素,暂定

它就是最小值整数，否则递归地在除已退出的栈顶元素外的其他元素构成的子栈中寻找出最小值 y，再比较 x 与 y，若 $x<y$，则得到栈中所有元素的最小值 x，否则 y 就是最小值。

算法的实现如下。

```
template <class T>
T Min (SeqStack<T>& S) {
//递归算法：寻找并返回整数顺序栈 S 内所有整数中的最小值
    T x, y;S.Pop (x);
    if (S.IsEmpty ()) { S.Push (x);return x; }        //原栈内仅一个整数，它即最小
    else {                                            //原栈内不止一个整数
        y = Min (S);                                  //递归地在 x 出栈后的栈内寻找最小 y
        if (x < y) { S.Push (x);return x; }           //y 与 x 中选最小，再返回
        else { S.Push (x);return y; }
    }
}
```

设栈有 n 个整数，因为使用递归，则算法的时间复杂度为 $O(n)$，空间复杂度为 $O(n)$。

6. 本题的双栈是底靠底的结构，初始时 top[0]=top[1]=0，将两个栈的栈顶指针置于数组下标为 0 的位置，表示将两个栈置空，如图 3-21(a)所示，因此，两个栈的栈空条件是 top[1]==top[0]。

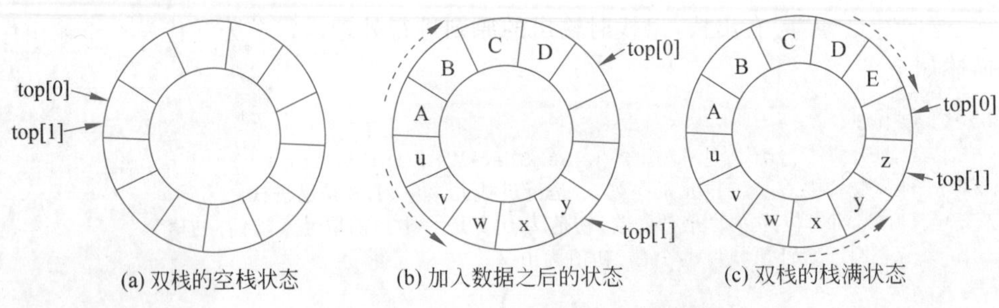

图 3-21　第 6 题双栈的几种状态示例图

由于两个栈从同一起点向相反方向增长，相应进栈与出栈策略也相反。

(1) 对于 0 号栈，进栈时先存后进：S.elem[S.top[0]]=x;S.top[0]++。栈顶指针 top[0] 指示实际栈顶的后一位置。对于 1 号栈，进栈时是先进后存：S.top[1]--；A.elem[S.top[1]]=x 栈顶指针指示实际栈顶位置。

(2) 对于 0 号栈，出栈时先退后取：S.top[0]--；x=S.elem[S.top[0]]。对于 1 号栈，出栈时先取后退：x=S.elem[S.top[1]]；S.top[1]++，如图 3-21(b)所示。栈空条件是 top[0]==top[1]，栈满条件是 S.top[0]+1==S.top[1]，如图 3-21(c)所示。

双栈的结构定义如下。

```
#include <stdlib.h>
#define M 20                              //栈存储数组的大小
template <class T>
struct DblStack {                         //双栈的结构定义
    int top[2], bot[2];                   //双栈的栈顶和栈底指针
    T elem[M];                            //栈数组
};
```

双栈的主要操作实现如下。

```
template <class T>
void DblStack <T>::initStack () {
//初始化函数：两个栈的栈顶指针共享一个位置 0
    top[0] = 0;top[1] = 0;bot[0] = 0;bot[1] = 0;
}
template <class T>
bool DblStack <T>::IsEmpty (int i) {                  //判第 i 个栈是否为空
    return (top[i] == bot[i]);
}
template <class T>
bool DblStack <T>::IsFull () {                        //判栈是否为满
    return top[0]+1 == top[1];
}
template <class T>
bool DblStack <T>::Push (T x, int i) {
//进栈运算。若栈满则函数返回 false;否则元素 x 进栈,函数返回 true
    if (IsFull (S)) return false;
    if (i == 0) {                                     //0 号栈先存后加
        elem[top[0]] = x;
        top[0] = (top[0]+1) % M;
    }
    else {                                            //1 号栈先减后存
        top[1] = (top[1]-1+M) % M;
        elem[top[1]] = x;
    }
    return true;
}
template <class T>
bool DblStack <T>::Pop (int i, T& x) {
//退栈运算。若栈空则函数返回 false,否则退栈元素保存到 x,函数返回 true
    if (IsEmpty(i)) return false;                     //i 号栈空则返回 false
    if (i == 0) {                                     //0 号栈先减后取
        top[0] = (top[0]-1+M) % M;
        x = elem[top[0]];
    }
    else {                                            //1 号栈先取后加
        x = elem[top[1]];
        top[1]= (top[1]+1) % M;
    }
    return true;
}
template <class T>
bool DblStack <T>::getTop (int i, T& x) {
//若栈不为空,则函数通过 x 返回该栈栈顶元素的内容
    if (IsEmpty (i)) return false;                    //i 号栈空则返回 false
    if (i == 0) x = elem[(top[0]-1+M) % M];
    else x = elem[top[1]];
    return true;
}
```

算法的调用方式与顺序栈类似，只是多了对 0 号栈和 1 号栈的控制。

7. 由于队列的特性是先进先出，栈的特性是后进先出，所以必须先使用一个栈，把队列的输入序列逆转，再通过第二个栈，把逆转的输入序列逆转回来。例如，输入序列是{c，b，a}，通过 S1 栈将序列逆转为{a，b，c}，再通过 S2 栈把序列逆转回来，即为{c，b，a}，如图 3-22 所示。

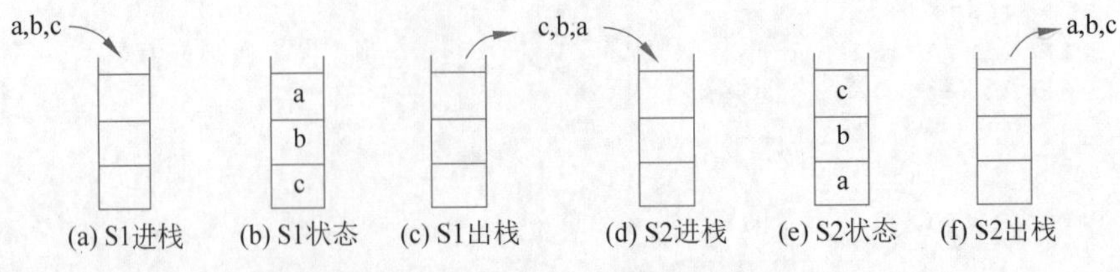

图 3-22 第 7 题用两个栈模拟一个队列

若把栈 S1 当作输入栈，把 S2 当作输出栈，则进队需首先进到 S1 中，但此时在 S1 中的顺序与输入序列的顺序是相反的，如果栈 S1 已满且栈 S2 非空，则表示队列满。出队时必须把 S1 的全部数据退出再压入 S2 中，才能把顺序逆转过来输出，为防止顺序出错，S2 的数据出空，才能把 S1 的数据送入 S2。显而易见，当栈 S1 和 S2 都出空，队列就为空了。进队运算、出队运算和判队空运算的实现如下。

```
template <class T>
bool IsEmpty (SeqStack<T>& S1, SeqStack<T>& S2) {
//判断队列是否为空。队列为空则函数返回 true,否则返回 false
    if (S1.IsEmpty () && S2.IsEmpty ()) return true;   //队列为空
    else return false;                                  //队列不为空
}
template <class T>
bool EnQueue (SeqStack<T>& S1, SeqStack<T>& S2, T x) {
//元素 x 进队。若队列不满,x 进队成功,函数返回 true;否则函数返回 false
    if (S1.IsFull ()) {                                 //输入栈 S1 已满
        if (!S2.IsEmpty ())                             //输出栈 S2 非空
            { cout <<"用双栈模拟的队列空间已满!" <<endl;return false; }
        else {                                          //输出栈 S2 空
            T temp;
            while (! S1.IsEmpty ()) {                   //S1 所有数据退栈压入 S2
                { S1.Pop (temp);S2.Push (temp); }
            }
        }                                               //将 S1 所有数据移走
    S1.Push (x);return true;                            //x 进队列
}
template <class T>
bool DeQueue (SeqStack<T>& S1, SeqStack<T>& S2, T& x) {
//若队列不为空,算法从队列中退出一个元素,通过引用参数 x 返回其值,函数返回 true,
//否则函数返回 false,引用参数 x 的值不可用
    if (S1.IsEmpty () && S2.IsEmpty ())                 //队列为空
        { cout <<"用双栈模拟的队列空!" <<endl;return false; }
    else {                                              //队列非空
        if (S2.IsEmpty ()) {                            //若输出栈 S2 为空
            while (! S1.IsEmpty ())                     //将 S1 所有元素退栈压入 S2
```

```
            { S1.Pop (x);S2.Push (x); }
        }
        S2.Pop (x);return true;                  //从 S2 退出一个元素赋给 x
    }
}
```

设进队列元素有 n 个，进队和出队算法的时间复杂度均为 $O(n)$；因为除两个栈外，未用其他额外辅助存储，故算法的空间复杂度为 $O(1)$。

8. 可以用两个循环队列 Q1 和 Q2 实现栈的运算。若栈的容量为 Size，则每个队列的容量也是 Size，而且每次进栈或出栈操作后至少有一个队列为空。

栈为空的条件是 Q1 和 Q2 都为空；栈为满的条件是 Q1 或 Q2 至少有一个为空。

实现进栈运算的策略是：若 Q1 和 Q2 都为空，则栈为空，如图 3-23(a)所示；新元素 x 进入 Q1，如图 3-23(b)所示；否则若 Q1 不为空则新元素 x 进入 Q1，如图 3-23(c)所示，若 Q1 为空则进入 Q2，如图 3-23(e)所示。

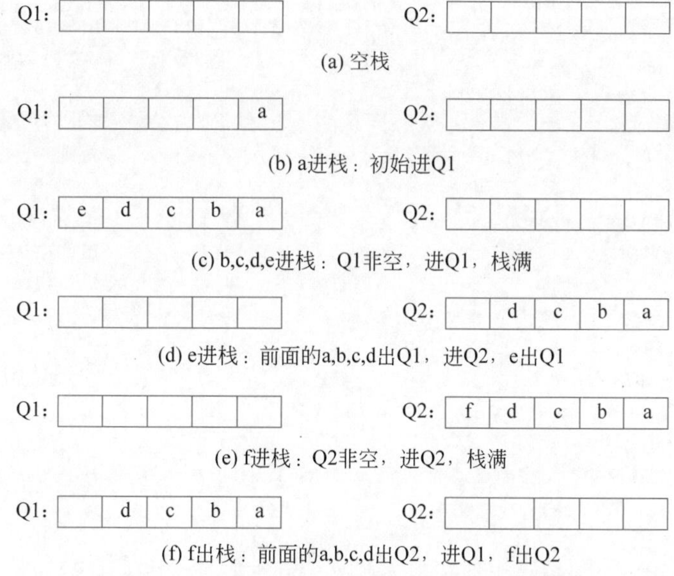

图 3-23　第 8 题用两个队列模拟进栈、出栈操作

实现出栈运算的策略是：若 Q1 和 Q2 都为空，则栈为空，出栈失败；否则若 Q1 不为空，把除最后进队元素外的其他元素出 Q1，进 Q2，最后进队元素出 Q1，此即出栈元素，如图 3-23(d)所示；若 Q1 为空，把除最后进队元素外的其他元素出 Q2，进 Q1，最后进队元素出 Q2，此即出栈元素，如图 3-23(f)所示。

算法的描述如下。

```
#include "CircQueue.cpp"
#define Size 20
template <class T>
void initStack (CircQueue<T> &Q1, CircQueue<T> &Q2) {          //置空栈
    Q1.InitQueue();Q2.InitQueue();
}
template <class T>
```

```
bool IsEmpty (CircQueue<T> &Q1, CircQueue<T> &Q2) {     //判栈空
    return Q1.IsEmpty () && Q2.IsEmpty ();
}
template <class T>
bool IsFull (CircQueue<T> &Q1, CircQueue<T> &Q2) {      //判栈满
    return Q1.IsFull() || Q2.IsFull();
}
template <class T>
bool Push (CircQueue<T> &Q1, CircQueue<T> &Q2, T x) {   //新元素 x 进栈
//若栈不满,算法让元素 x 进栈,函数返回 true;否则函数返回 false
    if (IsFull (Q1, Q2)) return false;                  //若栈满,进栈失败
    if (IsEmpty (Q1, Q2)) enQueue (Q1, x);              //若栈为空,x 进 Q1
    else if (! Q1.IsEmpty ()) Q1.EnQueue (x);           //否则,若 Q1 不为空,x 进 Q1
    else Q2.EnQueue (x);                                //若 Q1 为空,x 进 Q2
    return true;
}
template <class T>
bool Pop (CircQueue<T> &Q1, CircQueue<T> &Q2, T &x) {   //出栈元素通过 x 返回
//若栈不为空,栈顶元素退栈并通过引用参数 x 返回其值,函数返回 true,否则函数返
//回 false,此时引用参数 x 的值不可用
    if (IsEmpty(Q1, Q2)) return false;                  //若栈为空,出栈失败
    if (! Q1.IsEmpty (Q1)) {                            //否则,若 Q1 不为空
        while (1) {
            Q1.DeQueue (x);                             //Q1 连续出队
            if (! Q1.IsEmpty()) Q2.EnQueue (x);         //送入 Q2
            else break;                                 //最后出队元素即所求
        }
    }
    else {                                              //若 Q1 为空,Q2 不为空
        while(1) {
            Q2.DeQueue (x);                             //Q2 连续出队
            if (! Q2.IsEmpty ()) Q1.EnQueue (x);        //送入 Q1
            else break;                                 //最后出队元素即所求元素
        }
    }
    return true;
}
```

设进栈元素有 n 个,进栈和出栈算法的时间复杂度为 $O(n)$;因为除两个队列外,未用其他额外辅助存储,故算法的空间复杂度为 $O(1)$。

9. 循环队列类定义如下。

```
#define maxSize 20
    template <class T>
class Queue {                                           //循环队列的类定义
public:
    Queue (int = 100);
    ~Queue () { delete [ ] elements; }
    bool EnQueue (T x);                                 //进队列
    bool DeQueue (T& x);                                //出队列
    bool getFront (T& x);
```

```
    void makeEmpty () { length = 0; }                    //置空队列
    bool IsEmpty () const { return length == 0; }        //判队列空
    bool IsFull () const { return length == maxSize; }//判队列满
private:
    int rear, length;                                    //队尾指针和队列长度
    T * elem;                                            //存放队列元素的数组
    int maxSize;                                         //队列最大可容纳元素个数
};
template <class T>
Queue<T>:: Queue (int sz) {
//构造函数：建立一个最大具有 maxSize 个元素的空队列
    elem = new T[sz];                                    //创建队列空间
    assert (elem != NULL);                               //断言：动态存储分配成功与否
    rear = 0;length = 0;maxSize = sz;
};
template<class T>
bool Queue<T> :: EnQueue (T x) {
//元素 x 存放到队列尾部。若进队列成功，函数返回 true，否则返回 false
    if (IsFull()) return false;                          //判队列是否不满，满则出错
    length++;                                            //长度加 1
    rear = (rear+1) % maxSize;                           //队尾位置进 1
    elem[rear] = x;                                      //进队列
    return true;
};
template<class T>
bool Queue<T> :: DeQueue (T& x) {
//从队列队头退出元素，由 x 返回。若出队列成功，函数返回 true，否则返回 false
    if (IsEmpty()) return false;           //判断队列是否不为空，为空则出错
    length--;                                            //队列长度减 1
    x = elem[(rear-length+maxSize) % maxSize];           //返回原队头元素值
    return true;
};
template<class T>
bool Queue<T> :: getFront (T& x) {
//读取队头元素值函数
    if (IsEmpty()) return false;
    x = elem[(rear-length+1+maxSize) % maxSize];         //返回队头元素值
    return true;
};
```

10. 设两个队列的结构类型 DualQueue 的定义如下。

```
#define maxSize 30
template <class T>
struct DualQueue {
    T elem[maxSize];                    //共享存储空间
    int front[2], rear[2];              //队列 0 和队列 1 的队头、队尾指针
};
```

两个队列的指针都顺时针移动，若一个队列编号为 i(=0 或 1)，另一个队列的编号可以为 $1-i$(=1 或 0)。进队方式是先让队尾指针进 1，再按队尾指针所指位置将新元素进

队，出队方式是先让队头指针进1，再把队头元素取出。这样，队列 i 的队尾指针 rear[i]指示实际队尾元素位置，队头指针 front[i]指示实际队头元素的前一位置，队列 i 为空的条件为 rear[i]==front[i]，队列 i 满的条件为 rear[i]==front[$1-i$]。

为充分利用存储空间，在队列 i 满的情况下，若又有新元素进队，应当再判断另一个队列是否已满，若未满，可以把另一个队列顺时针移动一个元素位置，为队列 i 空出一个位置，以插入新元素；若另一个队列已满，则报错。

队列运算的实现如下。

```
#define maxSize 30
template <class T>
void DualQueue<T>::InitQueue () {                       //循环队列的初始化
    front[0] = 0; rear[0] = 0;
    front[1] = maxSize/2; rear[1] = maxSize/2;
}
template <class T>
bool DualQueue<T>::IsFull (int i) {                     //队列 i 判满
    return rear[i] == front[1-i] || rear[1-i] == front[i];
}
template <class T>
bool DualQueue<T>::IsEmpty (int i) {                    //队列 i 判空
    return front[i] == rear[i];
}
template <class T>
bool DualQueue<T>::EnQueue (int i, T x) {
//若队列不满,则元素 x 进队列 i 且函数返回 true;否则函数返回 false
    if (i < 0 || i > 1) return false;
    if (rear[i] == front[1-i]) {
    if (rear[1-i] == front[i]) return false;            //另一队列也满,返回 false
        int j = rear[1-i];                              //另一队列前移一个位置
        while (j > front[1-i]) {
            elem[(j+1) % maxSize] = elem[j];            //顺时针前移元素
            j = (j-1+maxSize) % maxSize;
        }
        rear[1-i] = (rear[1-i]+1) % maxSize;            //修改队列 1-i 的指针
        front[1-i] = (front[1-i]+1) % maxSize;
    }
    rear[i] = (rear[i]+1) % maxSize;                    //队列 i 的队尾指针进 1
    elem[rear[i]] = x;
    return true;
}
template <class T>
bool DualQueue<T>::DeQueue (int i, T& x) {
//若队列 i 不为空,从队列 i 退出队头元素且通过引用参数 x 返回其值,函数返回 true;
//否则函数返回 false,引用参数 x 的值不可用
    if (i < 0 || i > 1) return false;
    front[i] = (front[i]+1) % maxSize;
    x = elem[front[i]];
    return true;
}
```

进队和出队算法的时间复杂度和空间复杂度均为 $O(1)$。

11. 设链式队列的结构定义如下。

```
template <class T>
struct QueueNode {                                    //链式队列结点类定义
    T data;                                           //数据域
    QueueNode<T> * link;                              //链域
    QueueNode (T d = 0, QueueNode<T> * l = NULL) : data (d), link (l) { }//构造函数
};
template <class T>
class CircQueue {                                     //链式队列类定义
public:
    CircQueue () : p (NULL) { }                       //构造函数
    ~CircQueue ();                                    //析构函数
    bool EnQueue (T x);                               //将 x 加入到队列中
    bool DeQueue (T& x);                              //删除并通过 x 返回队头元素
    bool getFront (T& x);                             //查看队头元素的值
    void makeEmpty ();                                //置空队列,实现与~Queue()相同
    int IsEmpty () { return p == NULL; }              //判队列空
private:
    QueueNode<T> * p;                                 //队尾指针(在循环链表中)
};
template <class T>
CircQueue<T> :: ~CircQueue () {                       //队列的析构函数
    QueueNode<T> * s, * h = p;
    p = p->link;
    while (h != p)
        { s = p;p = p->link;delete s; }               //逐个删除队列中的结点
    delete p;
};
template <class T>
bool CircQueue<T>::EnQueue (T x) {                    //队列的插入函数
    if (p == NULL) {                                  //队列为空,新结点成为第一个结点
        p = new QueueNode<T> (x, p);
    }
    else {                                            //队列不为空,新结点链入 * p 之后
        QueueNode<T> * s = new QueueNode<T> (x);
        s->link = p->link;p->link = s;
        p = s;                                        //结点 p 指向新的队尾
    }
    return true;
};
template <class T>
bool CircQueue<T>::DeQueue (T& x) {                   //队列的删除函数
    if (p == NULL)
        { cerr <<"队列空, 不能删除!" <<endl;return false; }
    QueueNode<T> * first = p->link;                   //队头结点为 * p 的后一个结点
    p->link = first->link;                            //重新链接, 将队头结点从链中摘下
    x = first->data;delete first;                     //释放原队头结点
    return true;                                      //返回数据存放地址
```

```
};
template <class T>
bool CircQueue<T>::getFront (T& x) {                    //读取队头元素
    if (p == NULL)
        { cerr <<"队列空，不能读取!" <<endl;return false; }
    x = p->link->data;
    return true;                                        //返回数据存放地址
};
```

12. 采用不带附加头结点非循环双链表作为双端队列的存储表示，队列的结构定义如下。

```
template <class T>
struct DblQueNode {                                     //链式双端队列结点定义
    T data;                                             //数据域
    DblQueNode<T> *llink, *rlink;                       //链域
    DblQueNode (T d = 0, DblQueNode<T> *l = NULL, DblQueNode<T> *r = NULL)
        { data = d;llink = l;rlink = r; }
};
template <class T>
class DoubleQueue {                                     //链式双端队列类定义
public:
    DoubleQueue ();                                     //构造函数
    ~DoubleQueue ();                                    //析构函数
    bool EnDQueue1(T x);                                //从队列 end1 端插入
    bool EnDQueue2 (T x);                               //从队列 end2 端插入
    bool DeDQueue1 (T& x);                              //删除并返回队头 end1 元素
    bool getFront1 (T& x);                              //查看队头 end1 元素的值
    void makeEmpty ();                                  //置空队列
    bool IsEmpty () { return end1 == NULL; }            //判队列是否为空
private:
    DblQueNode<T> *end1, *end2;
        //end1 在链头,可插可删;end2 在链尾,可插不可删
};
template<class T>
DoubleQueue<T>::DoubleQueue () {                        //队列的构造函数
    end1 = NULL;end2 = NULL;
};
template <class T>
DoubleQueue<T>:: ~ DoubleQueue () {                     //队列的析构函数
    DblQueNode<T> *p;                                   //逐个删除队列中的结点
    while (end2 != NULL) { p = end2;end2 = end2->rlink;delete p; }
};
template<class T>
bool DoubleQueue<T>::EnDQueue1 (T x) {                  //从队列 end1 端插入
    if (end1 == NULL) {                                 //队列为空,新结点为唯一结点
        end2 = end1 = new DblQueNode<T> (x);
        if (end1 == NULL) { cerr <<"存储分配失败!" <<endl;return false; }
    }
    else {                                              //队列不为空,新结点链入 end1 之后
        end1->llink = new DblQueNode<T> (x, NULL, end1);
```

```
        if (end1->llink == NULL)
            { cerr <<"存储分配失败!" <<endl;return false; }
        end1 = end1->llink;
    }
    return true;
};
template <class T>
bool DoubleQueue<T>::EnDQueue2 (T x) {          //从队列 end2 端插入
    if (end2 == NULL) {                         //队列为空,新结点为唯一结点
        end2 = end1 = new DblQueNode<T> (x);
        if (end2 == NULL)
            { cerr <<"存储分配失败!" <<endl;return false; }
    }
    else {                                      //队列不为空,新结点链入 end2 之后
        end2->rlink = new DblQueNode<T> (x, end2, NULL);
        if (end2->rlink == NULL)
            { cerr <<"存储分配失败!" <<endl;return false; }
        end2 = end2->rlink;
    }
    return true;
};
template <class T>
bool DoubleQueue<T>::DeDQueue1 (T& x) {         //队列的删除函数
    if (IsEmpty ()) { cerr <<"队列空, 不能删除!" <<endl;return false; }
    DblQueNode<T> *p = end1;                    //被删除结点
    end1 = p->rlink;                            //重新链接
    x = p->data;delete p;                       //删除 end1 端结点 p
    return true;
};
template <class T>
bool DoubleQueue<T>::getFront (T& x) {          //读取队列 end1 端元素的内容
    if (IsEmpty ()) { cerr <<"队列空, 不能读取!" <<endl;return false; }
    x = end1->data;
    return true;
}
template <class T>
void DoubleQueue<T>:: makeEmpty () {
//置空队列,处理方法与~DoubleQueue()相同
```

该双端队列的队空条件是 end1==NULL 或 end2==NULL,队列不考虑队满问题,除非存储不够分配才产生溢出。

13. 八皇后问题算法的思路是：假设前 $i-1$ 行的皇后已经安放成功,现在要在第 i 行的适当列安放皇后,使得她与前 $i-1$ 行安放的皇后在行方向、列方向和斜线方向都不冲突。为此,试探第 i 行的所有 8 个位置(列),如果某一列能够安放皇后,就可以递归地到第 $i+1$ 行继续寻找下一行皇后可安放的位置。为了记录各行皇后安放的位置,设置一个一维数组 $G[8]$,在 $G[i]$中记录了第 i 行皇后安放在第几列。

如图 3-24 所示,当 8×8 的象棋棋盘中前 3 行已经安放了皇后,在安放 $i=3$ 行皇后时,需要逐列($j=0,1,\cdots,7$) 检查在该列安放皇后是否与已经安放的皇后互相攻击。

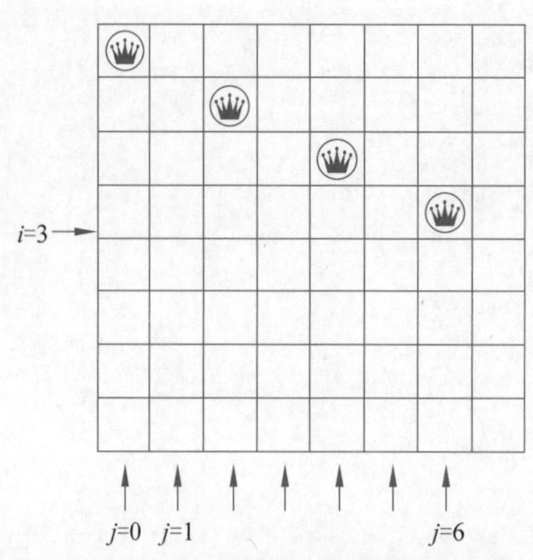

图 3-24 第 13 题安放皇后的布局

判断条件之一是 $j==G[k](k=0,1,2,\cdots,i-1)$是否成立，若相等，表示此列已经安放了皇后；判断条件之二是判断 $i-k==j-G[k]||i-k==G[k]-j(k=0,1,2,\cdots,i-1)$是否成立，其中 $i-k$ 是行距，$j-G[k]$或 $G[k]-j$ 是与已安放皇后列的列距，若行距等于列距，表明待选棋格(i,j)与已安放皇后的棋格在同一条斜线上。只要这两个判断条件中有一个成立，则此列不能安放皇后。如果已经找到并输出了一个合理的布局，需要撤销最后一行已安放的皇后；或者在某一行布局做不下去，则需要撤销上一行已安放的皇后，检查下一列是否可以安放皇后，这就是回溯。递归算法的实现如下。

```
void Queen(int G[ ], int i, int n) {                    //n 为棋盘行列格子数
//递归算法: 在 n×n 的棋盘 G 上安放第 i 行的皇后
    int j, k, conflict;
    if (i == n) {                                       //输出一个布局
        for (j = 0; j < n; j++) cout <<"(" << j <<"," << G[j] <<") ";
        cout <<endl;return;
    }
    for (j = 0; j < n; j++) {                           //逐列试探
        conflict = 0;
        for (k = 0; k < i; k++)                         //判断是否冲突
            if (j == G[k] || i-k == j-G[k] || i-k == G[k]-j) conflict = 1;
        if (conflict == 0)                              //不冲突,第 i 行安放一个皇后
            { G[i] = j;Queen(G, i+1, n); }              //递归安放第 i+1 行皇后
    }
}
```

设 n 是皇后数，算法的时间复杂度为 $O(n^2)$，空间复杂度为 $O(n)$。一个实例如下。

```
int Grid[8];                                          //皇后数为 8
for (int k = 0; k < 8; k++) Grid[k] = -1;             //初始化,各行均未安放皇后
Queen (Grid, 0, 8);                                   //从 0 行开始求 8 皇后问题
```

第 4 章　数组、串和广义表

本章主要讨论 5 种常用的数据结构：多维数组、特殊矩阵、稀疏矩阵、字符串和广义表。它们在实际应用中得到了广泛的使用。

多维数组、特殊矩阵、稀疏矩阵可以视为线性表的扩展，也有人认为它们是最简单的非线性结构。以有效的方式组织这些结构中的数据，以最好的方法对这些数据进行存取，是"数据结构"课程必须学习的内容。

字符串是线性表的特化，本章涉及字符串的运算，重点讨论"模式匹配"的方法。

广义表也是一种线性表的扩展，它是一种层次结构，意味着"表中套表"，由于其成分可以共享，它是一种非线性结构，除非它的表元素都是不可分割的数据元素。本章将讨论广义表的相关算法，其中很多属于递归的过程。

4.1　复习要点

本章复习的要点如下。

1. 一维数组的概念

(1) 一维数组的静态结构定义与动态结构定义。注意它们的区别。

(2) 一维数组的数组元素存储地址的计算。

2. 多维数组的概念

(1) 多维数组的数组元素存储位置的计算。

(2) 多维数组的静态结构定义与动态结构定义。

3. 特殊矩阵

(1) 对称矩阵的压缩存储形式，包括上三角矩阵和下三角矩阵的数组元素在压缩数组中存储位置的计算。

(2) 三对角矩阵的压缩存储形式及其数组元素在压缩数组中存储位置的计算。

(3) 准对角矩阵(包括三角形和正方形对角块矩阵)的压缩存储形式及其元素在压缩数组中存储位置的计算。

4. 稀疏矩阵

(1) 稀疏矩阵的概念。注意对 0 元素分布的要求。

(2) 稀疏矩阵的三元组表存储表示的结构定义。注意在此存储表示下矩阵失去了随机存取的特性。

(3) 稀疏矩阵的带行指针的二元组存储表示的优点。

(4) 稀疏矩阵的三元组表存储表示下的转置、相加、相乘运算的实现。

(5) 稀疏矩阵的十字链表存储表示的结构定义。注意比较每个行/列向量用单链表、循环单链表、循环双链表的优缺点。

5. 字符串

(1) 字符串的概念。注意它是线性表的特殊情况,它自身的特殊性。

(2) “string.h”所提供的字符串操作的使用方法。

(3) 字符串抽象数据类型的类定义,字符串中各种重载操作的实现和使用。

(4) 简单的模式匹配算法和匹配实例。

6. 广义表

(1) 广义表的定义和特性。特别注意它的递归特性和有次序性。

(2) 广义表的表头和表尾的概念。注意表尾一定还是广义表。

(3) 广义表的类定义。注意结点结构定义中 union 的作用以及在结构中的位置。

(4) 广义表的递归算法。注意递归的方向,一般是向表头方向和表尾方向递归。

(5) 广义表的共享性。注意广义表递归算法与二叉树递归算法的不同之处。

4.2 难点与重点

本章的知识点有 6 个,包括一维数组、多维数组、特殊矩阵、稀疏矩阵、字符串和广义表。其难点和重点如下。

1. 一维数组

(1) 一维数组是线性结构,但它又是很多逻辑结构的存储表示。这表明它既是逻辑结构又是物理结构的双重特性。

(2) 一维数组的静态结构定义简单,但不能扩充。动态结构用指针定义,可以扩充,但操作它之前要为它分配存储,否则会导致系统出错。

(3) 一维数组有直接存取特性,可按数组元素下标存取,但这可能导致存取顺序混乱。

(4) 一维数组与顺序表有区别。一维数组扮演的角色是一片连续的存储空间。

(5) 动态定义的一维数组可以通过指针存取。例如,若用指针 * elem 指示数组某元素位置,可用 * elem 存取 elem 所指示数组元素的内容,也可通过 elem++ 和 elem-- 指向后一个或前一个元素的位置。

2. 二维数组

(1) 二维数组是一维数组的扩展,就二维数组是数组元素为一维数组的一维数组而言,二维数组是线性结构。但就二维数组的形状来讲,它又是非线性结构。

(2) 二维数组按一维数组存储。计算二维数组的存储地址可转换为一维数组的存储地址的计算。但要注意是按行还是按列存放的。

(3) 通过元素的行、列下标可计算通过它的正对角线(从左上到右下的斜线)和反对角线(从左下到右上的反斜线)的编号。很多问题都需要用到它。

3. 特殊矩阵

(1) 特殊矩阵有其工程背景。矩阵旋转、变换在图形学中非常常见,对角矩阵在力学计算中常用。

(2) 对称矩阵不等同于稀疏矩阵。计算对称矩阵在压缩数组中的存放位置时要注意以下几点:

- 矩阵是按上三角还是按下三角存放;

- 是按行还是按列存放；
- 数组元素的下标是从1开始还是从0开始；
- 按下三角存放时 $i \geqslant j$；按上三角存放时 $i \leqslant j$。

(3) 两个对称矩阵相加，结果是对称矩阵；两个对称矩阵相乘，结果不是对称矩阵。

(4) 三对角矩阵0元素的比例与稀疏矩阵0元素的比例相差不多，但不归于稀疏矩阵。

(5) 两个三对角矩阵相加，结果还是三对角矩阵；两个三对角矩阵相乘，结果不是三对角矩阵。

(6) 特殊矩阵极少使用链接存储，因为需要额外占用更多存储，而且操作复杂。

4. 稀疏矩阵

(1) 稀疏矩阵是存在超大量0元素的矩阵，这些0元素的分布一般无规律。

(2) 稀疏矩阵不是系数矩阵。系数矩阵有可能是稀疏矩阵，但也可能是如对角块矩阵等其他矩阵形式。

(3) 稀疏矩阵的三元组表结构失去了直接存取特性，只能顺序存取。

(4) 两个稀疏矩阵相加，结果是稀疏矩阵(当然有可能0元素会增多)；两个稀疏矩阵相乘，结果一定不是稀疏矩阵。

(5) 为加快稀疏矩阵转置、相加、相乘的速度，一般设置两个数组。一个存储目标对象矩阵的每行(或列)的非0元素个数，一个设定目标对象矩阵各行(或列)的开始存放地址。

(6) 改进三元组表的方法是采用带行指针的二元组表，可以直接找到某行，且消除了三元组表中冗余的行号。在二元组表内搜索某列元素还需顺序查找，但个数少得多。

5. 字符串

(1) C字符串库函数的使用及C++字符串类的定义和相关方法的使用。

(2) 字符串重载操作的定义、实现和使用。

(3) 字符串操作的常见错误是不记得给新定义的字符串分配空间和初始化。

(4) 字符串模式匹配算法的无回溯特性：next数组的定义和在匹配过程中的运用。

6. 广义表

(1) 广义表是表元素的有限序列，貌似是线性结构，但从广义表有层次、有共享、有递归的特性来看，它是层次结构，不一定是线性结构。

(2) 广义表的表头元素可以是原子，也可以是子表；但表尾一定是表。

(3) 广义表的表示中，“A((()),(b,(c,d)),(e),B(x,y))”是合理的，而“A((()),(b,(c,d)),(e,),B(x,y))”是不合理的。

(4) 有关广义表的操作中，绝大多数是递归算法，向表尾方向的递归语句可以改写为循环实现，但表头方向的递归语句一般是不好替代的。

(5) 在定义广义表的3种结点中，有一个info域是union类型，它表明该域是一个共享空间，可以存引用计数或表名，可以存原子数据的值，还可以存指向表头的指针。但按什么类型存，就要按同一类型取，在使用时需格外小心。

4.3 教材习题解析

一、单项选择题

1. 在二维数组中，每个数组元素同时处于(　　)向量中。

A. 0个　　B. 1个　　C. 2个　　D. n个

【题解】 选C。每个二维数组的元素同时处在2个向量中：行向量、列向量。

2. 多维数组实际上是由(　　)实现的。

A. 一维数组　　B. 多项式　　C. 三元组表　　D. 简单变量

【题解】 选A。多维数组是存放于一片连续的存储空间内，可视为一维数组空间内。

3. 在二维数组$A[8][10]$中，每一个数组元素$A[i][j]$占用3个存储空间，所有数组元素相继存放于一个连续的存储空间中，则存放该数组至少需要的存储空间是(　　)。

A. 80　　B. 100　　C. 240　　D. 270

【题解】 选C。该二维数组有8行10列，共有元素$8\times10\times3=240$个。

4. 设有一个二维数组$A[10][20]$，按行存放于一个连续的存储空间中，$A[0][0]$的存储地址是200，每个数组元素占1个存储字，则$A[6][2]$的地址为(　　)。

A. 226　　B. 322　　C. 341　　D. 342

【题解】 选B。$LOC(6,2)=LOC(0,0)+(6\times20+2)\times1=200+122=322$。

5. 设有一个二维数组$A[10][20]$，按列存放于一个连续的存储空间中，$A[0][0]$的存储地址是200，每个数组元素占1个存储字，则$A[6][2]$的地址为(　　)。

A. 226　　B. 322　　C. 341　　D. 342

【题解】 选A。$LOC(6,2)=LOC(0,0)+(2\times10+6)\times1=200+26=226$。

6. 设有一个$n\times n$的对称矩阵$\mathbf{A}$，将其下三角部分按行存放在一个一维数组B中，$\mathbf{A}[0][0]$存放于$B[0]$中，那么第i行的对角元素$\mathbf{A}[i][i]$存放于B中(　　)处。

A. $(i+3)i/2$　　B. $(i+1)i/2$　　C. $(2n-i+1)i/2$　　D. $(2n-i-1)i/2$

【题解】 选A。下三角矩阵是指对称矩阵的对角线和对角线以下的部分，按行存放时第0行前有0个元素，第1行前有$0+1$个元素，…，第i行前有$0+1+\cdots+i=i(i+1)/2$个元素，第i行从第0列算起第i列前有i个元素，$\mathbf{A}[i][i]$存放于B中第$i(i+1)/2+i=i(i+3)/2$处。

7. 设有一个$n\times n$的对称矩阵$\mathbf{A}$，将其上三角部分按行存放在一个一维数组B中，$\mathbf{A}[0][0]$存放于$B[0]$中，那么第i行的对角元素$\mathbf{A}[i][i]$存放于B中(　　)处。

A. $(i+3)i/2$　　B. $(i+1)i/2$　　C. $(2n-i+1)i/2$　　D. $(2n-i-1)i/2$

【题解】 选C。上三角矩阵是指对称矩阵的对角线和对角线以上的部分，按行存放时第0行有n个元素，第1行有$n-1$个元素，…，第$i-1$行有$n-i+1$个元素，第i行前有$n+(n-1)+\cdots+(n-i+1)=(2n-i+1)i/2$个元素，第$i$行$\mathbf{A}[i][i]$前有0个元素，当$\mathbf{A}[0][0]$存放在$B[0]$中时，$\mathbf{A}[i][i]$存放于$(2n-i+1)i/2$处。

8. 设有一个n阶的三对角线矩阵$\mathbf{A}$中，任意非0元素$\mathbf{A}[i][j]$的行下标必须满足$0\leqslant i\leqslant n-1$，而列下标必须满足(　　)。

A. $0\leqslant j\leqslant n-1$　　B. $i-1\leqslant j\leqslant i+1$　　C. $0\leqslant j\leqslant i$　　D. $i\leqslant j\leqslant n-1$

【题解】 选B。除第0行和第$n-1$行外，其他各行非0元素的列下标应满足$i-1\leqslant j\leqslant i+1$，第0行应满足$0\leqslant j\leqslant 1$，第$n-1$行应满足$n-2\leqslant j\leqslant n-1$。

9. 字符串可定义为$n(n\geqslant0)$个字符的有限(　　)，其中，n是字符串的长度，表明字符串中字符的个数。

A. 集合　　B. 数列　　C. 序列　　D. 聚合

【题解】 选C。字符串是 n 个字符的有限序列。

10. 设有两个串 t 和 p,求 p 在 t 中首次出现的位置的运算叫作(　　)。

A. 求子串　　B. 模式匹配　　C. 串替换　　D. 串连接

【题解】 选B。求模式串 p 在目标串 t 中首次出现的位置的运算叫作模式匹配。

11. 设有一个广义表 A(a),其表尾为(　　)。

A. a　　B. (())　　C. 空表　　D. (a)

【题解】 选C。广义表 A (a)的表头为 a,表尾为空表()。

12. 设有一个广义表 A ((x,(a,b)),(x,(a,b),y)),运算 Head (Head (Tail(A)))的执行结果为(　　)。

A. x　　B. (a,b)　　C. (x,(a,b))　　D. A

【题解】 选 A。Tail(A)=((x,(a,b),y)),Head(Tail(A))=(x,(a,b),y),Head(Head(Tail(A)))=x。

13. 下列广义表中的线性表是(　　)。

A. E(a,(b,c))　　B. E(a,E)　　C. E(a,b)　　D. E(a,L())

【题解】 选C。线性表的表元素都是不可再分的原子,只有 E(a,b)符合定义。

14. 对于一组广义表 A (),B (a,b),C (c,(e,f,g)),D (B,A,C),E (B,D),其中 E 是(　　)。

A. 线性表　　B. 纯表　　C. 递归表　　D. 再入表

【题解】 选D。E(B,D)是再入表,即表元素可能是共享子表。

15. 已知广义表 A ((a,b,c),(d,e,f)),从 A 中取出原子 e 的运算是(　　)。

A. Tail(Head(A))　　B. Head(Tail(A))

C. Head(Tail(Head(Tail(A))))　　D. Head(Head(Tail(Tail(A))))

【题解】 选C。Head(Tail(Head(Tail(A))))=Head(Tail(Head(((d,e,f)))))==Head(Tail((d,e,f)))=Head((e,f))=e。

二、填空题

1. 数组是相同(　　)的元素组成的集合。其中的每一个数组元素所占用的存储空间相等。

【题解】 数据类型。数组是相同数据类型的元素组成,每个数组元素占用的存储空间相等。

2. 一维数组所占用的空间是连续的。但数组元素不一定顺序存取,可以按元素的(　　)存取。

【题解】 下标(或序号)。一维数组是按照元素在存储中的位置(即下标 index)直接存取的。

3. 在程序运行过程中不能扩充的数组是(　　)分配的数组。这种数组在声明它时必须指定它的大小。

【题解】 静态存储。静态存储分配的数组在程序运行过程中不能扩充,因为它的空间是在程序编写时就已指定,在程序编译时预先分配好的。

4. 在程序运行过程中可以扩充的数组是(　　)分配的数组。这种数组在声明它时必须使用数组指针。

【题解】 动态存储。动态存储分配的数组在程序运行过程中可以扩充,因为它在数组声明时只定义了一个指针,它的实际存储空间是在程序运行过程中动态分配的。

5. 二维数组是一种非线性结构,其中的每一个数组元素最多有( )个直接前驱(或直接后继)。

【题解】 二。从逻辑上看,二维数组中每个元素处于两个向量中,在行向量中有一个直接前驱和一个直接后继,在列向量中也有一个直接前驱和一个直接后继,是一种最简单的非线性结构;从存储上讲,二维数组是元素为一维数组的一维数组,是用一维数组实现的。

6. 若设一个 $n\times n$ 的矩阵 $\mathbf{A}$ 的开始存储地址 LOC(0,0) 及元素所占存储单元数 d 已知,按行存储时其任意一个矩阵元素 $a[i][j]$的存储地址为( )。

【题解】 $\mathrm{LOC}(i,j)=\mathrm{LOC}(0,0)+(i\times n+j)\times d$。矩阵元素 $\mathbf{A}[i][j]$存储在第 i 行,前面有 i 行,每行存储有 n 个元素;第 i 行前面有 j 个元素,故它前面存储有 $i\times n+j$ 个元素,每个元素占用 d 个存储单元,$\mathbf{A}[i][j]$的存储地址为 $\mathrm{LOC}(i,j)=\mathrm{LOC}(0,0)+(i\times n+j)\times d$。

7. 对称矩阵的行数与列数( )且以主对角线为对称轴,$a_{ij}=a_{ji}$,因此只存储它的上三角部分或下三角部分即可。

【题解】 相等。对称矩阵的行数与列数相等。

8. 将一个 n 阶对称矩阵的上三角部分或下三角部分压缩存放于一个一维数组中,则该一维数组需要存储( )个矩阵元素。

【题解】 $n(n+1)/2$。n 阶对称矩阵只存储矩阵的上三角部分或下三角部分,至少需要存储 $1+2+\cdots+n=n(n+1)/2$ 个元素。

9. 将一个 n 阶对称矩阵 $\mathbf{A}$ 的上三角部分按行压缩存放于一个一维数组 B 中,$\mathbf{A}[0][0]$存放于 $B[0]$中,则 $\mathbf{A}[i][j]$在 $i\leqslant j$ 时将存放于数组 B 的( )位置。

【题解】 $(2n-i-1)\times i/2+j$。对称矩阵 $\mathbf{A}$ 的上三角部分元素的行列下标都满足 $i\leqslant j$,将 $\mathbf{A}$ 的上三角部分按行存放到一维数组 B 中,$\mathbf{A}[0][0]$存放到 $B[0]$,$\mathbf{A}[i][j]$存放在 B 中 $(2n-i-1)\times i/2+j$。

10. 将一个 n 阶对称矩阵 $\mathbf{A}$ 的下三角部分按行压缩存放于一个一维数组 B 中,$\mathbf{A}[0][0]$存放于 $B[0]$中,则 $\mathbf{A}[i][j]$在 $i\geqslant j$ 时将存放于数组 B 的( )位置。

【题解】 $(i+1)\times i/2+j$。对称矩阵 $\mathbf{A}$ 的下三角部分元素的行列下标都满足 $i\geqslant j$,将 $\mathbf{A}$ 的下三角部分按行存放到一维数组 B 中,$\mathbf{A}[0][0]$存放到 $B[0]$,$\mathbf{A}[i][j]$存放在 B 中 $(i+1)\times i/2+j$。

11. 将一个 n 阶三对角矩阵 $\mathbf{A}$ 的三条对角线上的元素按行压缩存放于一个一维数组 B 中,$\mathbf{A}[0][0]$存放于 $B[0]$中。对于任意给定数组元素 $\mathbf{A}[i][j]$,如果满足 $0\leqslant i\leqslant n-1$,( ),则该元素一定能在数组 B 中找到。

【题解】 $i-1\leqslant j\leqslant i+1$。除第 0 行和第 $n-1$ 行外,其他各行非零元素的列下标 j 应满足 $i-1\leqslant j\leqslant i+1$,第 0 行应满足 $0\leqslant j\leqslant 1$,第 $n-1$ 行应满足 $n-2\leqslant j\leqslant n-1$。

12. 将一个 n 阶三对角矩阵 $\mathbf{A}$ 的三条对角线上的元素按行压缩存放于一个一维数组 B 中,$\mathbf{A}[0][0]$存放于 $B[0]$中。对于任意给定数组元素 $\mathbf{A}[i][j]$,如果它能够在数组 B 中找到,则它应在( )位置。

【题解】 $2i+j$。对于任意数组元素 $A[i][j]$,只要满足 $0\leqslant i\leqslant n-1$,$i-1\leqslant j\leqslant i+1$,在数组 B 中都能找到。在第 i 行前面有 $3i-1$ 个非 0 元素,第 i 行第 j 列元素前面有 $j-i$

个元素，则 $\mathbf{A}[i][j]$在 B 中的位置是 $1+3i-1+(j-i)=2i+j$。

13. 将一个 n 阶三对角矩阵 $\mathbf{A}$ 的三条对角线上的元素按行压缩存放于一个一维数组 B 中，$\mathbf{A}[0][0]$存放于 $B[0]$中。对于任意给定数组元素 $B[k]$，它应是 $\mathbf{A}$ 中第（　　）行的元素。

【题解】 $\lfloor (k+1)/3 \rfloor$。从第 12 题可知，k 应满足 $k\geqslant 3i-1$，因此，$i\leqslant (k+1)/3$，$i=\lfloor (k+1)/3 \rfloor$。

14. 利用三元组表存放稀疏矩阵中的非 0 元素，则在三元组表中搜索指定矩阵元素 $\mathbf{A}[i][j]$的值，只能在三元组表中（　　）搜索。

【题解】 顺序。三元组表仅存非 0 元素的行号、列号和值，失去了原矩阵的直接存取特性，所以在三元组表中只能顺序搜索。

15. 若设串 S="documentHash.doc\0"，则该字符串 S 的长度为（　　）。

【题解】 16。串长度 16，不包括串结束符'\0'

16. 一般可将广义表定义为 $n(n\geqslant 0)$个（　　）组成的有限序列。

【题解】 表元素。广义表是 n 个表元素的有限序列。表元素可以是广义表（子表），也可以是原子（数据元素）。

17. 非空广义表的第一个表元素称为广义表的（　　）。

【题解】 表头。广义表的第一个元素称为广义表的表头，它可以是子表，也可以是原子。

18. 非空广义表的除第一个元素外其他元素组成的表称为广义表的（　　）。

【题解】 表尾。非空广义表的除第一个元素外其他元素组成的表称为广义表的表尾。

19. 广义表 A((a,b,c),(d,e,f))的表尾为（　　）。

【题解】 ((d,e,f))。广义表 A((a,b,c),(d,e,f))的表尾为(d,e,f)再加一层括号：((d,e,f))。

20. 广义表的深度定义为广义表括号的（　　）。

【题解】 嵌套重数。广义表的深度定义为广义表括号的嵌套重数。

三、判断题

1. 如果采用如下方式定义一维字符数组：

```
const int maxSize = 30;
char a[maxSize];
```

则这种数组在程序执行过程中不能扩充。

【题解】 对。静态数组在声明它时就指定了数组元素个数，在程序编译时就完成了存储分配，一旦空间用完是不能扩充的。

2. 如果采用如下方法定义一维字符数组：

```
const int maxSize = 30;
char * a = new char[maxSize];
```

则这种数组在程序执行过程中不能扩充。

【题解】 错。用 new 动态分配的数组，在程序执行过程中可以扩充，增减它的存储空间大小。

3. 二维数组可以视为数组元素为一维数组的一维数组,因此,二维数组是线性结构。

【题解】 错。从逻辑关系看,二维数组的每个元素有两个直接前驱,两个直接后继,不满足线性结构的要求;从存储结构看,二维数组可以视为数组元素为一维数组的一维数组,这是从实现角度来看的。

4. 数组是一种数据结构,数组元素之间的关系既不是线性的也不是树形的。

【题解】 对。从逻辑结构角度来看,数组的元素之间的关系既不是线性的也不是树形的。

5. n 阶三对角矩阵在总共 n^2 个矩阵元素中最多只有 $3n-2$ 个非 0 元素,因此它是稀疏矩阵。

【题解】 对。三对角矩阵的非 0 元素个数 $3n-2$ 远远小于矩阵的总元素个数 n^2,它是一个稀疏矩阵。

6. 插入与删除操作是数据结构中最基本的两种操作,因此这两种操作在数组中也经常使用。

【题解】 对。数组中最基本的就是插入和删除操作,只不过数组的插入是按元素下标直接存,删除是按元素下标直接取(但不会消失)。

7. 使用三元组表示存储稀疏矩阵中的非 0 元素能节省存储空间。

【题解】 对。三元组保存了稀疏矩阵非 0 元素的行号、列号和非 0 元素的值。设矩阵阶数为 n,非 0 元素个数为 t,只要 $3t$ 远小于 n^2,就能节省存储空间。

8. 用字符数组存储长度为 n 的字符串,数组长度至少为 $n+1$。

【题解】 对。因为字符数组还需要留一个字符给串结束符'\0'。

9. 一个广义表的表头总是一个广义表。

【题解】 错。一个广义表的表头可以是广义表,也可以是原子。

10. 一个广义表的表尾总是一个广义表。

【题解】 对。一个广义表的表尾总是一个广义表。

11. 一个广义表((a),((b),c),(((d))))的长度为 3,深度为 4,表尾是((b),c),(((d)))。

【题解】 错。该广义表的长度为 3,深度为 4,但表尾是(((b),c),(((d))))。

12. 因为广义表有原子结点和子表结点之分,若把原子结点当作叶结点,子表结点当作分支结点,可以借助二叉树的前序遍历算法对广义表进行遍历。

【题解】 错。广义表的共享性导致前序遍历出错,会多次重复访问共享表。

四、简答题

1. 对于一个 $n \times n$ 的矩阵 $\mathbf{A}$ 的任意矩阵元素 $a[i][j]$,按行存储时和按列存储时的地址之差是多少。(若设两种存储的开始存储地址 LOC(0,0)及元素所占存储单元数 d 相同)

【题解】 按行存储时与按列存储时,计算 $\mathbf{A}[i][j]$地址的公式分别为

$$\mathrm{LOC}(i,j)=\mathrm{LOC}(0,0)+(in+j)d \quad \text{(按行存放)}$$

$$\mathrm{LOC}(i,j)=\mathrm{LOC}(0,0)+(jn+i)d \quad \text{(按列存放)}$$

两者相减,得$(\mathrm{LOC}(0,0)+(in+j)d)-(\mathrm{LOC}(0,0)+(jn+i)d)=(i-j)(n-1)d$。

2. 设有一个 10×10 的对称矩阵 $\mathbf{A}$,将其下三角部分按行存放在一个一维数组 B 中,$\mathbf{A}[0][0]$存放于 $B[0]$中,那么 $\mathbf{A}[8][5]$存放于 B 中什么位置。

【题解】 因为矩阵 **A** 中当元素下标 i 与 j 满足 $i \geqslant j$ 时，元素 **A**[i][j]在一维数组 B 中的存放位置为 $i(i+1)/2+j$，因此，**A**[8][5]在数组 B 中位置为 $8(8+1)/2+5=41$。

3. 设有一个 10×10 的对称矩阵 **A**，将其上三角部分按行存放在一个一维数组 B 中，**A**[0][0]存放于 B[0]中，那么 **A**[8][5]存放于 B 中什么位置。

【题解】 在矩阵 **A** 中当元素下标 i 与 j 满足 $i \leqslant j$ 时，元素 **A**[i][j]在一维数组 B 中的存放位置为 $(2n-i-1)i/2+j$。但当 $i>j$ 时，需要计算其对称元素 **A**[j][i]在数组 B 中的存放位置 $(2n-j-1)j/2+i$，因此，**A**[8][5]在数组 B 中对称元素 **A**[5][8]的位置为 $(2\times10-5-1)\times5/2+8=43$。

4. 设有一个 $n\times n$ 的对称矩阵 **A**，将其下三角部分按行压缩存放于一个一维数组 B 中，**A**[0][0]存放于 B[0]中，$B=\{A_{00}, A_{10}, A_{11}, A_{20}, A_{21}, A_{22}, \cdots, A_{n-1\,0}, A_{n-1\,1}, A_{n-1\,2}, \cdots, A_{n-1\,n-1}\}$。现有两个函数 max($i$,$j$)和 min($i$,$j$)，分别代表下标 i 和 j 值中的大者与小者。试利用它们给出求任意一个 **A**[i][j]在数组 B 中存放位置的公式。(若式中没有 max(i,j)和 min(i,j)则不给分)

【题解】 当 $i \geqslant j$ 时，元素 **A**[i][j]位于对称矩阵下三角部分，可以直接计算它在 B 中的位置，计算式为 $(i+1)i/2+j$；当 $i<j$ 时，元素 **A**[i][j]位于对称矩阵的上三角部分，在 B 中没有它的位置，但可以求它的对称元素**A**[j][i]在 B 中的位置 $(j+1)j/2+i$。合并此二式，可得求任意元素 **A**[i][j]在数组 B 中位置的通式：$\max(i,j)(\max(i,j)+1)/2+\min(i,j)$。

5. 设有一个 $n\times n$ 的对称矩阵 **A**，将其上三角部分按列压缩存放于一个一维数组 B 中，$B=[A_{00}, A_{01}, A_{11}, A_{02}, A_{12}, A_{22}, \cdots, A_{0\,n-1}, A_{1\,n-1}, A_{2\,n-1}, \cdots, A_{n-1\,n-1}]$。现有两个函数：max($i$,$j$) 和 min($i$,$j$)，分别计算下标 i 和 j 中的大者与小者。试利用它们给出求任意一个 **A**[i][j]在数组 B 中存放位置的公式。(若式中没有 max(i,j) 和 min(i,j) 则不给分)

【题解】 与第 4 题比较，本题是将对称矩阵 **A**[n][n]的上三角部分按行压缩存储于一维数组 B 中。当 $i \leqslant j$ 时，矩阵元素 **A**[i][j]位于矩阵的上三角部分，可在数组 B 中直接求得它的位置为 $(2n-i-1)i/2+j$；当 $i>j$ 时，矩阵元素 **A**[i][j]位于矩阵的下三角部分，在数组 B 中没有存储，但可以求它的对称元素 **A**[j][i]的数组 B 中的位置，等于 $(2n-j-1)j/2+i$。综上所述，求任意一个元素 **A**[i][j]在数组 B 中位置的通式为 $(2n-\min(i,j)-1)\min(i,j)/2+\max(i,j)$。

6. 设有一个 50 阶的三对角矩阵 **A**，将其主对角线和上下两条次对角线的非 0 元素按行存放于一个一维数组 B 中，**A**[0][0]存放于 B[0]中，则 **A**[34][35]存于 B 中的什么位置。

【题解】 在 n 阶三对角矩阵中，非 0 元素仅存在于主对角线及其上下两条次对角线。当 **A**[0][0]压缩存储于 B[0]时，满足 $0\leqslant i\leqslant n-1, i-1\leqslant j\leqslant i+1$ 的任意元素 **A**[i][j]在数组 B 中的存放位置为 $3i-1+(j-i+1)=2i+j$。当 $n=50$ 时，A[34][35]在 B[2×34+35]=B[103]中。

7. 设有一个二维数组 A[m][n]，假设 A[0][0]存放位置在 $644_{(10)}$，A[2][2]存放位置在 $676_{(10)}$，每个元素占一个存储字，则 A[4][4]存放在什么位置。

【题解】 二维数组地址计算公式为 $\mathrm{LOC}(i,j)=\mathrm{LOC}(0,0)+(in+j)d$，根据题中条件，$\mathrm{LOC}(0,0)=644$，$\mathrm{LOC}(2,2)=676$，$d=1$，有 $676=644+(2n+2)1$，由此解得 $n=15$。代入 $\mathrm{LOC}(i,j)=644+(i\times15+j)\times1$，得 $\mathrm{LOC}(4,4)=644+(4\times15+4)\times1=644+$

$64=708$。

8. 设有一个二维数组 $A[11][6]$,按行存放于一个连续的存储空间中,$A[0][0]$的存储地址是 1000,每个数组元素占 4 个存储字,则 $A[8][4]$的地址在什么地方。

【题解】 对于二维数组,若第一、第二维的元素个数为 m 和 n,每个元素所占存储字数为 d,首地址为 LOC(0,0),则对于任一数组元素 $A[i][j]$,它的存储地址为 $\mathrm{LOC}(i,j)=\mathrm{LOC}(0,0)+(in+j)d$。代入题中所给条件,有 $\mathrm{LOC}(8,4)=1000+(8\times6+4)\times4=1000+52\times4=1208$。

9. 设有一个三维数组 $A[10][20][15]$,按页/行/列存放于一个连续的存储空间中,每个数组元素占 4 个存储字,首元素 $A[0][0][0]$的存储地址是 1000,则 $A[8][4][10]$存放于什么地方。

【题解】 对于三维数组,若第一、第二、第三维的元素个数为 m_1、m_2、m_3,每个元素所占存储字数为 d,首地址为 LOC(0,0,0),则对于任一数组元素 $A[i][j][k]$,它的存储地址为

$$\mathrm{LOC}(i,j,k)=\mathrm{LOC}(0,0,0)+(im_2m_3+jm_3+k)d$$

根据题意,$m_1=10$,$m_2=20$,$m_3=15$,$d=4$,$\mathrm{LOC}(0,0,0)=1000$,则有

$$\mathrm{LOC}(8,4,10)=1000+(8\times20\times15+4\times15+10)\times4=1000+2470\times4=10\,880$$

10. 已知两个串分别为 str1="(xyz)+ * ",str2="(x+z) * y",利用字符串的基本操作,将 str1 转换成 str2。

【题解】 str1="(xyz)+ * ",str2="(x+z) * y",求解过程如如图 4-1 所示。

步骤	1	2	3
动作	s1=SubStr (str1,0,2)	s2=SubStr (str1,5,1)	ConcatStr (s1,s2)
结果	s1="(x"	s2='+'	s1="(x+"
步骤	4	5	6
动作	s2=SubStr (str1,3,2)	ConcatStr (s1,s2)	s2=SubStr (str1,6,1)
结果	s2="z)"	s1="(x+z)"	s2='*'
步骤	7	8	9
动作	ConcatStr (s1,s2) ;	s2=SubStr (str1,2,1)	ConcatStr (s1,s2)
结果	s1="(x+z) * "	s2='y'	s1="(x+z) * y"

图 4-1 第 10 题串操作的例子

11. 设有一个长度为 $n(n>0)$的串,试问:

(1) 该串的子串有多少个?

(2) 该串的后缀子串有多少?如何进行后缀子串的比较?

【题解】 (1) 长度为 n 的子串有 1 个,长度为 $n-1$ 的子串有 2 个,…,长度为 1 的子串有 n 个,则长度为 n 的串的子串有 $1+2+\cdots+n=n(n+1)/2$ 个。

(2) 长度为 n 的串的后缀子串有 n 个。图 4-2 给出串"abaaaab"的所有后缀子串。其中,postfix 表示“取后缀子串”,括号内的数字表示子串在串中的位置。

	0	1	2	3	4	5	6
字符串 S	a	b	a	a	a	a	b
postfix(0)	a	b	a	a	a	a	b
postfix(1)		b	a	a	a	a	b
postfix(2)			a	a	a	a	b
postfix(3)				a	a	a	b
postfix(4)					a	a	b
postfix(5)						a	b
postfix(6)							b

图 4-2　第 11(2)题的后缀子串

字符串的比较需依据字符的内码进行,如 ord('a')<ord ('b'),此处的 ord()是取字符的 ASCII 码。对字符串的所有后缀子串进行比较时,首先做对应字符比较,再比较长度,有 "aaaab"<"aaab"<"aab"<"ab"<"abaaaab"<"b"<"baaaab"。把比较结果按从小到大的顺序列出,可得如图 4-3 所示的结果。

名　次	1	2	3	4	5	6	7
后缀子串	"aaaab"	"aaab"	"aab"	"ab"	"abaaaab"	"b"	"baaaab"
串　名	postfix(2)	postfix(3)	postfix(4)	postfix(5)	postfix(0)	postfix(6)	postfix(1)

图 4-3　第 11(2)题的续图

这个"名次"叫作"rank",rank(i)表示按串值从小到大比较排名第 i 位。可以这样解释: rank(1)=postfix(2),排名第 1(最小)的是在串中起始位置为 2 的后缀子串;rank(2)=postfix(3),排名第 2(次小)的是在串中起始位置为 3 的后缀子串,以此类推。

12. 在串模式匹配的 KMP 算法中,求模式的失配函数 next 值的定义如下。

$$\text{next}(j)=\begin{cases}-1, & j=0\\ k+1, & 0\leqslant k<j-1 \text{ 且使得 } p_0p_1\cdots p_k=p_{j-k-1}p_{j-k}\cdots p_{j-1} \text{ 的最大整数}\\ 0, & \text{其他}\end{cases}$$

回答下列问题:

(1) 当 $j=0$ 时,为何要取 next[0]=−1?

(2) 当 $j>0$ 时,为何要取 next[j]为令 $p_0p_1\cdots p_k=p_{j-k-1}p_{j-k}\cdots p_{j-1}$ 的最大整数 $k+1$? 其中,称 $p_0p_1\cdots p_k$ 为串 $p_0p_1\cdots p_{j-1}$ 的前缀子串,$p_{j-k-1}p_{j-k}\cdots p_{j-1}$ 为串 $p_0p_1\cdots p_{j-1}$ 的后缀子串,它们都是原串的真子串。

(3) 其他是什么情况? 为何要取 next[j]=0?

【题解】 求 next 函数值是 KMP 算法的核心。

(1) next[0]=−1 表示本趟比对一开始就确定已失配,下一趟比对时模式 P 应该用 p_{-1} 与目标 T 中当前字符 t_i 比较,这意味着下一趟应该用模式 P 的 p_0 与目标 T 的 t_{i+1} 进行比较。

（2）当 next[j]=k 时，下一趟用模式 P 的 p_k 与 t_i 对齐，再继续比对。

（3）当 next[j]=0 时，让模式的 p_0 与目标的 t_i 对齐做下一趟比对。

13. 设串 s 为"aaab"，串 t 为"abcabaa"，串 r 为"abc□aabbabcabaacb"，分别计算它们的 next 函数的值。

【题解】 计算 next 函数的值，依据上一题给出的递推公式实施。当 $j=0$ 时，即模式串一开始就不匹配，next(j)=−1；当 $j=1$，找不到满足 $0\leqslant k<j-1$ 的 k 值，next(j)=0；其他的 next(j)值根据公式以此类推。如图 4-4、图 4-5 和图 4-6 所示。

j	0	1	2	3
s	a	a	a	b
next[j]	−1	0	1	2

图 4-4 第 13 题"aaab"的 next 值

j	0	1	2	3	4	5	6
t	a	b	c	a	b	a	a
next[j]	−1	0	0	0	1	2	1

图 4-5 第 13 题"abcabaa"的 next 值

j	0	1	2	3	4	5	6	7	8	9	10	11	12	13	14	15	16
r	a	b	c	□	a	a	b	b	a	b	c	a	b	a	a	c	b
next[j]	−1	0	0	0	0	1	1	2	0	1	2	3	1	2	1	1	0

图 4-6 第 13 题"abc□aabbabcabaacb"的 next 值

14. 对目标 T="ababbaabaa"，模式 P="aab"，按 KMP 算法进行快速模式匹配，并用图分析计算过程。

【题解】 首先计算 P 的 next 值，再用 KMP 算法进行快速模式匹配，如图 4-7 所示。

下标	0	1	2
模式P	a	a	b
next[]	-1	0	1

(a) next失配函数的值

	0	1	2	3	4	5	6	7	8	9
T	a	b	a	b	b	a	a	b	a	a
P	a	a	b	next(1) = 0						
		a	a	b	next(0) = -1					
			a	a	b	next(1) = 0				
				a	a	b	next(0) = -1			
					a	a	b	next(0) = -1		
						a	a	b	√	

(b) 模式匹配过程

图 4-7 第 14 题的用 KMP 算法快速匹配的过程

15. 画出以下广义表的图形表示。

（1）D(A(c),B(e),C(a,L(b,c,d)))；

(2) A(a,B(b,d),C(c,B(b,d),L(e,f,g)));

(3) J1(J2(J1,a,J3),J3(J1))。

【题解】 (1) D(A(c),B(e),C(a,L(b,c,d))),如图 4-8(a)所示;(2) A(a,B(b,d),C(c,B(b,d),L(e,f,g))),如图 4-8(b)所示;(3) J1(J2(J1,a,J3),J3(J1)),如图 4-8(c)所示。

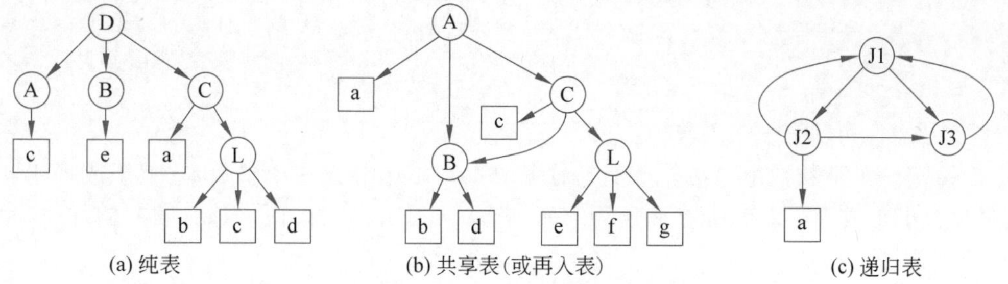

图 4-8 第 15 题的广义表的图形表示

16. 设广义表 ((),a,(b,(c,d)),(e,f))采用层次表示,画出对应存储结构图。

【题解】 广义表 ((),a,(b,(c,d)),(e,f))的层次表示如图 4-9 所示。画这种存储结构图时,只要遇到左括号,就建立一个头结点,遇到右括号时,本层链表收尾。

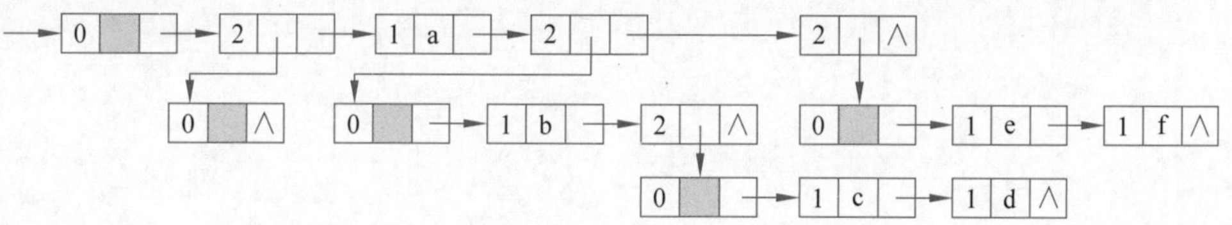

图 4-9 第 16 题的广义表层次表示

17. 给出广义表 ((),((()),((())))) 的深度和长度,并按层次表示画出其存储结构图。

【题解】 广义表 ((),((()),((())))) 的深度为 5,长度为 2。其用层次表示的存储结构图如图 4-10 所示。注意空表也有表头结点。

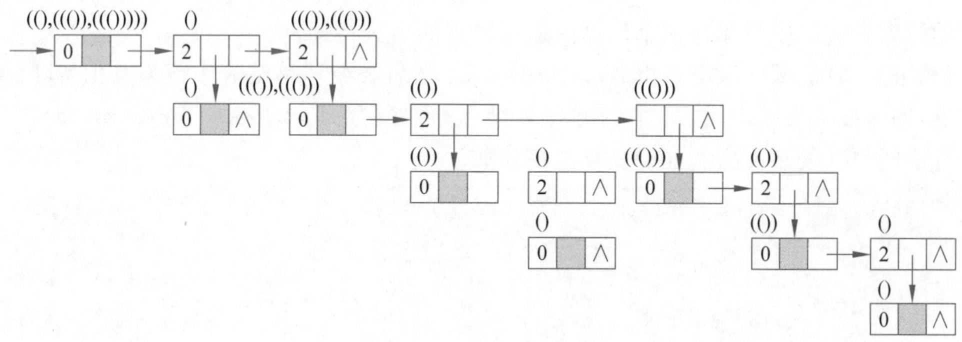

图 4-10 第 17 题广义表的层次表示

五、算法题

1. 设计一个递归算法,判断在一个整数数组 $A[n]$中所有整数是否按升序排列。

【题解】 例如,数组 $A=\{10,20,30\}$,首先递归判断后续序列{20,30}是否按升序排列,若是,则再用 10 与{20,30}中的第一个整数 20 进行比较,若 10<20,说明整个数组 A 中

所有整数都是按升序排列的。递归终止条件是当递归到后续序列为空或只剩一个整数{30}时直接判定是按升序排列。算法的时间复杂度为 $O(n)$。算法描述如下。

```
bool IsAscend (int A[], int i, int n) {
//递归算法：判断第 i 个元素到最后是否按升序排列,是则函数返回 true,否则返回 false
    if (i == n || i == n-1) return true;                    //递归到底
    if (!IsAscend(A, i+1, n)) return false;                 //后续序列非升序,返回 false
    if (A[i] <= A[i+1]) return true;                        //从 i 开始是升序,返回 true
    else return false;
}
```

2. 给定一个整数数组 $A[n]$,设计一个算法,在 A 中寻找一个整数,它大于或等于左侧所有整数,小于或等于右侧所有整数。例如,若 $A=\{12,39,43,15,01,31,47,54,65\}$,整数47即为所求。

【题解】 轮流让 $i=0,1,\cdots,n-1$,计算 $A[i]$左侧子序列中(非空)的最大值 lmax 和右侧子序列(非空)最小值 rmin,若 $A[i]$满足 lmax$\leqslant A[i]\leqslant$rmin,则 $A[i]$即为所求,将其值返回即可。算法的时间复杂度为 $O(n^2)$。算法描述如下。

```
int findMediacy (int A[], int n) {
    int i, j, lmax, rmin;
    for (i = 0; i < n; i++) {                              //轮流以 i 为分界点判断
        lmax = A[0];                                        //求 A[i]左侧最大值 lmax
        for (j = 1; j < i; j++)
            if (A[j] > lmax) lmax = A[j];
        rmin = A[i];                                        //求 A[i]右侧最小值 rmin
        for (j = i+1; j < n; j++)
            if (A[j] < rmin) rmin = A[j];
        if (A[i] >= lmax && A[i] <= rmin) return A[i];
    }
}
```

3. 设有一个整数数组 $A[n]$,设计一个算法,顺序取 $A[i]$($i=0,1,\cdots,n-1$)中的整数,建立一个带有附加头结点的循环单链表。要求链表中所有的整数按从小到大的顺序排列且重复的数据在链表中只保存一个。算法返回链表的表头指针。

【题解】 算法顺序取出数组 $A[n]$中的整数,然后在循环单链表中搜索其值等于 $A[i]$的结点,如果搜索失败则插入。循环单链表结点的结构为{data,link} CircLinkNode。

算法的时间复杂度为 $O(n^2)$。算法描述如下。

```
CircLinkNode * CreateSortedLink (int A[ ], int n) {
    CircLinkNode * first, * pre, * p, * q; int i;
    first = new CircLinkNode; first->link= first;   //建立循环单链表的附加头结点
    for (i = 0; i < n; i++) {                        //顺序读取 A 中整数
        pre = first; p = first->link;
        while (p != first && p->data < A[i])         //寻找插入位置
            { pre = p; p = p->link; }
        if (p == first || p->data > A[i]) {          //搜索失败,插入
            q = new CircLinkNode;                    //建立插入结点
            q->data = A[i];
```

```
            pre->link = q;q->link = p;                //链入循环单链表
        }
    }
    return first;
}
```

4. 设一个整数矩阵 $\boldsymbol{A}_{m\times n}$ 用二维数组 $A[m][n]$ 存放，设计一个算法，判断 $\boldsymbol{A}$ 中所有元素是否互不相同。

【题解】 算法采用枚举法，先对第 0 行的元素检查是否有相同元素，若没有，再针对 0 行每一个元素，检查其他行元素是否与它相同，只要有一个相同，算法就返回 false；如果所有元素都比较完毕，没有发现相同的元素，则算法返回 true。算法描述如下。

```
bool noEqual (int A[][N], int m, int n) {          //在主程序中 M、N 用#define 预定义
    int i, j, k;
    for (i = 0; i < n-1; i++)                      //检查第 0 行是否有相同元素
        for (j = i+1; j < n; j++)
            if (A[0][i] == A[0][j]) return false;
    for (k = 0; k < n; k++)                        //用第 0 行元素做比较基准
        for (i = 1; i < m; i++)                    //比较除 0 行外所有元素
            for (j = 0; j < n; j++)
                if (A[0][k] == A[i][j]) return false;
    return true;
}
```

算法的时间复杂度为 $O(n^2\times m)$。

5. 若矩阵 $\boldsymbol{A}_{m\times n}$ 中的某一元素 $\boldsymbol{A}[i][j]$ 是第 i 行中的最小值，同时又是第 j 列中的最大值，则称此元素为该矩阵的一个鞍点。假设以二维数组存放矩阵，试编写一个函数，确定鞍点在数组中的位置（若鞍点存在），并分析该函数的时间复杂度。

【题解】 算法检查矩阵的每一行，对于第 i 行，先找出该行的最小元素，设为 $A[i][\min]$，再检查此元素是否是第 min 列的最大元素，若是，则为一个鞍点；否则检查下一行。算法描述如下。

```
void Saddle (int A[ ][N], int m, int n) {        //n = N,N 在主程序中用#define 预定义
    int min, i, j, k, found;
    for (i = 0; i < m; i++) {                    //逐行处理
        min = 0;
        for (j = 1; j < n; j++)
            if (A[i][j] < A[i][min]) min = j;    //寻找第 i 行最小元素的列号 min
        found = 1;
        for (k = 0; k < m; k++)
            if (k != i && A[i][min] < A[k][min])
                { found = 0;break; }             //判断 A[i][min]是否为该列最大
        if (found == 1)
            cout <<"Saddle point is : (" << i <<"," << min <<"),
                Value=" << A[i][min] <<endl;
    }
}
```

算法的时间复杂度为 $O(m(m+n))$。

6. 设有两个 $n\times n$ 的对称矩阵，都按行优先方式顺序存储矩阵的上三角部分在一维数组 A 和 B 中，设计一个算法，实现两个矩阵的相加，结果按同样方式存放于一维数组 C 中。

【题解】 两个对称矩阵相加，结果仍是对称矩阵，故在数组 C 中也是按行优先方式存放其上三角部分。算法只需顺序处理一遍，把对应元素相加即可。设矩阵元素的类型为 T。算法描述如下。

```
template <class T>
void SymMAdd (T A[], T B[], T C[], int n) {
    for (int i = 0; i < (n+1) * n/2; i++)
        C[i] = A[i]+B[i];
}
```

算法的时间复杂度为 $O(n^2)$。

7. 设有两个 $n\times n$ 的对称矩阵，都按行优先方式顺序存储矩阵的上三角部分在一维数组 A 和 B 中，设计一个算法，实现两个矩阵的相乘，结果存放于二维数组 C 中。

【题解】 两个对称矩阵相乘，结果可能不是对称矩阵，因此数组 C 是一个没有压缩的二维数组。通常两个矩阵相乘的算法是：

```
for (int i = 0; i < n; i++)
    for (int j = 0; j < n; j++) {
        C[i][j] = 0;
        for (int k = 0; k < n; k++)
            C[i][j] = C[i][j] + A[i][k] * B[k][j];
    }
```

但由于 A、B 都是上三角矩阵的压缩存储，当 $i>k$ 时，$A[i][k]$在压缩数组 A 中没有存放，同样地，当 $k>j$ 时，$B[k][j]$在压缩数组 B 中没有存放，必须利用它们的对称元素，所以在相乘之前要判断数组元素下标，提取数组元素的值：

```
u = (i <= k) ? a[i][k] : a[k][i];
v = (k <= j) ? b[k][j] : b[j][k];
```

设矩阵元素下标为 x,y，它在压缩数组中的位置 $k=(2n-x-1)x/2+y$。算法描述如下。

```
template <class T>
void SymMMul (T A[], T B[], T C[][maxSize], int n) {
//设矩阵元素的数据类型是 T,要求 maxSize 在主程序中用#define 定义其值
    int i, j, k;T u, v;
    for (i = 0; i < n; i++)
        for (j = 0; j < n; j++) {
            C[i][j] = 0;
            for (k = 0; k < n; k++) {
                u = (i <= k) ? A[(2 * n-i-1) * i/2+k] : A[(2 * n-k-1) * k/2+i];
                v = (k <= j) ? B[(2 * n-k-1) * k/2+j] : B[(2 * n-j-1) * j/2+k];
                C[i][j] = C[i][j]+u * v;
            }
        }
}
```

算法的时间复杂度为 $O(n^3)$。

8. 设一个 $m \times n$ 的稀疏矩阵存放于二维数组 $A[m][n]$中，设计一个算法，从 A 生成稀疏矩阵的三元组表示。

【题解】 对二维数组 $A[m][n]$所有元素按行优先全部遍历一遍，当 $A[i][j] \neq 0$ 时，在三元组表尾部中添加记录$(i, j, A[i][j])$。最后将数组的维数 m, n 以及非 0 元素个数添加到三元组表示中。算法描述如下。

```
#define M 6                                          //矩阵 A 的行
#define N 7                                          //矩阵组 A 的列
#include "SparseMatrix.cpp"
template <class T>
void convert (T A[M][N], SparseMatrix<T>& B) {
    int i, j;int total = 0;                          //利用 total 统计非 0 元素个数
    for (i = 0; i < M; i++)                          //遍历矩阵 A[M][N]
        for (j = 0; j < N; j++)
            if (A[i][j] != 0) {                      //在三元组表中添加记录
                B.elem[total].row = i;B.elem[total].col = j;
                B.elem[total].value = A[i][j];
                total++;
            }
    B.Rows = M;B.Cols = N;                           //矩阵 A 的实际行数和列数
    B.Terms = total;                                 //矩阵 A 的非 0 元素个数
}
```

算法的时间复杂度为 $O(m \times n)$。

9. 设稀疏矩阵 $\boldsymbol{M}_{m \times n}$采用三元组表 A 表示。设计一个算法，查找值为 x 的元素。

【题解】 在三元组表中按元素值顺序查找即可。算法描述如下。

```
#include "SparseMatrix.cpp"
template <class T>
bool find (SparseMatrix<T>& A, T x, int& i, int& j) {
//在三元组表 A 中顺序查找值为 x 的非 0 元素，若找到，引用参数 i 和 j 分别返回该元素的
//行列号，函数返回 true；否则函数返回 false，参数 i 和 j 返回的值无效
    int k = A.Terms-1;
    while (k >= 0)                                   //循环搜索含 x 的元素
        if (A.elem[k].value == x) break;             //找到，跳出循环
        else k--;                                    //比对不成功，继续循环
    if (k >= 0) { i = A.elem[k].row;j = A.elem[k].col;return true; }
    return false;
}
```

10. 设计一个递归算法，将整数字符串转换为整数（例："43567\0"→43567）。

【题解】 算法先对最低位直接转换，再针对前面部分递归执行转换。算法描述如下。

```
int stringToInt (char *s, int start, int finish) {
//递归算法：把整数字符串 s 中从 start 到 finish 的部分转换为整数
    if (start > finish) return -1;                   //转换区域为空，递归结束
    int num = s[finish];
    if (start == finish) return num-48;              //转换区域为 1 个字符，直接转换
```

```
    return stringToInt (s, start, finish-1) * 10+num-48;
                              //递归地把前面十位以上转换完,再加上当前个位数
}
```

11. 把一个字符串 str 中所有字符循环右移形成的新词称为原词 str 的轮转词。例如,str1="abcd",str2="cdab",则 str1 和 str2 互为轮转词。设计一个算法,判断两个字符串 str1 与 str2 是否互为轮转词。

【题解】 如果 str1 与 str2 的长度不同,它们不能互为轮转词。如果它们的长度相同,可先生成一个大字符串 c=str2+str2,它是两个 str2 拼接的结果。例如 str1="123",str2="312",则 c="312312",若 str1 是 c 的子串,则 str1 与 str2 互为轮转词。算法要求 str1、str2 已经存在并赋值。算法描述如下。

```
#define maxSize 128
#include <string.h>
bool isCycleWord (char * str1, char * str2) {
    if (str1 == NULL || str2 == NULL || strlen(str1) != strlen(str2))
        return false;
    char * str3 = new char * [maxSize];
    strcpy (str3, str2); strcat (str3, str2);    //strcpy、strcat 函数在 string.h 中
    return strstr (str3, str1) != NULL;          //strstr 判断子串函数在 string.h 中
}
```

12. 一个字符串 str1 中所有字符随意互换位置得到的新词称为原词的重组词。例如,str1="123",str2="321",则 str1 和 str2 互为重组词。设计一个算法,判断两个字符串 str1 与 str2 是否互为重组词。

【题解】 算法设置一个映像数组 map[128]并初始化为 0,128 是 ASCII 码表的大小。函数首先检测一遍 str1,统计每种字符出现的次数。例如,字符'0'的编码值为 48,则 map[48]++。然后再检测一遍 str2,对每个字符取得编码值,如遇到字符'0',编码值为 48,则 map[48]--,如果发现减成负值,就直接返回 false,表明不是重组词;如果全部检测完,map 中所有值都为 0,则返回 true,表示它们是重组词。算法描述如下。

```
bool isRecombine (char * str1, char * str2) {
    if (str1 == NULL || str2 == NULL || strlen(str1) != strlen(str2))
        return false;
    int map[128]; int i, j, n = strlen(str1);
    for (i = 0; i < 128; i++) map[i] = 0;
    for (i = 0; i < n; i++)
        { j = str1[i]; map[j]++; }                   //统计 str1 中字符出现次数
    for (i = 0; i < n; i++)
        { j = str2[i]; map[j]--; }                   //按编码值把字符计数减 1
    for (i = 0; i < 128; i++)
        if (map[i] != 0) return false;               //map[i]不为 0,表明字符不对
    return true;                                     //所有字符不多不少
}
```

13. 编写一个算法 frequency,统计在一个输入字符串中各个不同字符出现的频度。算法返回两个数组:数组 A 记录串中有多少种不同的字符,数组 C 记录每一种字符的出现次数。此外,还要返回不同字符数。

【题解】 为输出字符串中各种不同字符出现的频度,参数表中使用字符数组 A 记录字符串中有多少种不同的字符,使用整数数组 C 记录每一种字符的出现次数,并用引用参数 k 返回不同字符数。算法描述如下。

```
void frequency (char * s, char A[ ], int C[ ], int &k) {
    int i, j, len = strlen (s);
    if (!len) { cout <<"空串,不处理." <<endl;k = 0;return; }
    else {
        A[0] = s[0];C[0] = 1;k = 1;
        for (i = 1; i < len; i++) C[i] = 0;
        for (i = 1; i < len; i++) {
            for (j = 0; j < k && A[j] != s[i]; j++);
            if (j == k) { A[k] = s[i];C[k]++;k++; }
            else C[j]++;
        }
    }
}
```

4.4 补充练习题

一、选择题

1. 下列关于数组的描述中,正确的是(   )。

A. 数组的大小是固定的,但可以有不同类型的数组元素

B. 数组的大小是可变的,所有数组元素的类型必须相同

C. 数组的大小是固定的,所有数组元素的类型必须相同

D. 数组的大小是可变的,但可以有不同类型的数组元素

2. 二维数组的存储有行优先顺序和列优先顺序两种方式,这是因为(   )。

A. 数组的元素处在行、列两个关系中

B. 数组的元素必须从左到右顺序排列

C. 数组的元素之间存在次序关系

D. 数组是二维结构,内存是一维结构

3. 设二维数组 $a[m][n]$,每个数组元素占用 k 个存储单元,第一个数组元素的存储地址是 LOC($a[0][0]$),若数组元素按行优先顺序存放,则数组元素 $a[i][j]$($0 \leqslant i \leqslant m-1$, $0 \leqslant j \leqslant n-1$)的存储地址是(   )。

A. $\mathrm{LOC}(a[0][0])+((i-1)\times n+j-1)\times k$

B. $\mathrm{LOC}(a[0][0])+(i\times n+j)\times k$

C. $\mathrm{LOC}(a[0][0])+(j\times m+i)\times k$

D. $\mathrm{LOC}(a[0][0])+((j-1)\times m+i-1)\times k$

4. 设二维数组 $a[m][n]$,每个数组元素占用 k 个存储单元,第一个数组元素的存储地址是 LOC($a[0][0]$),若数组元素按列优先顺序存放,则数组元素 $a[i][j]$($0 \leqslant i \leqslant m-1$, $0 \leqslant j \leqslant n-1$)的存储地址是(   )。

A. $\mathrm{LOC}(a[0][0])+((i-1)\times n+j-1)\times k$

B. $LOC(a[0][0])+(i\times n+j)\times k$

C. $LOC(a[0][0])+(j\times m+i)\times k$

D. $LOC(a[0][0])+((j-1)\times m+i-1)\times k$

5. 在二维数组 $A[9][10]$中，每个数组元素占用 3 个存储单元，从首地址 SA 开始按行连续存放。在这种情况下，元素 $A[8][5]$的起始地址为（　　）。

A. SA＋141　　B. SA＋144　　C. SA＋222　　D. SA＋255

6. △ 二维数组 A 按行优先方式存储，每个元素占用一个存储单元。若元素 $A[0][0]$的存储地址是 100，$A[3][3]$的存储地址是 220，则元素 $A[5][5]$的存储地址是（　　）。

A. 295　　B. 300　　C. 301　　D. 306

7. 对 n 阶对称矩阵压缩存储时，需要表长为（　　）的顺序表。

A. $n/2$　　B. $n^2/2$　　C. $n(n-1)/2$　　D. $n(n+1)/2$

8. △ 设有一个 12×12 的对称矩阵 $\boldsymbol{M}$，将其上三角部分的元素 $m_{i,j}$ $(1\leqslant i\leqslant j\leqslant 12)$按行优先存入 C 语言的一维数组 N 中。元素 $m_{6,6}$ 在 N 中的下标是（　　）。

A. 50　　B. 51　　C. 55　　D. 66

9. △ 将一个 10×10 对称矩阵 $\boldsymbol{M}$ 的上三角部分的元素 $m_{i,j}$ $(1\leqslant i\leqslant j\leqslant 10)$按列优先存入 C 语言的一维数组 N 中。元素 $m_{7,2}$ 在 N 中的下标是（　　）。

A. 15　　B. 16　　C. 22　　D. 23

10. △ 有一个 100 阶的三对角矩阵 $\boldsymbol{M}$，其元素 $m_{i,j}$ $(1\leqslant i,j\leqslant 100)$按行优先压缩存入下标从 0 开始的一维数组 N 中。元素 $m_{30,30}$ 在 N 中的下标是（　　）。

A. 86　　B. 87　　C. 88　　D. 89

11. 设 n 阶三对角矩阵 $\boldsymbol{A}$ 的三条对角线上的元素被按行压缩存储到一维数组 N 中，$\boldsymbol{A}[1][1]$存放于 $N[0]$。若某矩阵元素在 N 中存放的位置在 k，那么该元素在原矩阵中的行号 i 是（　　）。

A. $\lfloor (k-1)/3\rfloor+1$　　B. $\lfloor k/3\rfloor+1$

C. $\lfloor (k+1)/3\rfloor+1$　　D. $\lceil (k-1)/3\rceil+1$

12. △ 适用于压缩存储稀疏矩阵的两种存储结构是（　　）。

A. 三元组表和十字链表　　B. 三元组表和邻接矩阵

C. 十字链表和二叉链表　　D. 邻接矩阵和十字链表

13. △ 若采用三元组表存储结构存储稀疏矩阵 $\boldsymbol{M}$，则除三元组表外，下列数据中还需要保存的是（　　）。

Ⅰ. $\boldsymbol{M}$ 的行数　　Ⅱ. $\boldsymbol{M}$ 中包含非 0 元素的行数　　Ⅲ. $\boldsymbol{M}$ 的列数　　Ⅳ. $\boldsymbol{M}$ 中包含非 0 元素的列数

A. 仅Ⅰ和Ⅲ　　B. 仅Ⅰ和Ⅳ　　C. 仅Ⅱ和Ⅳ　　D. Ⅰ，Ⅱ，Ⅲ，Ⅳ

14. 有 n 个字符的字符串的非空子串个数最多有（　　）个。

A. $n-1$　　B. n　　C. $n(n-1)/2$　　D. $n(n+1)/2$

15. 两个字符串相等的条件是（　　）。

A. 两个串的长度相等

B. 两个串包含的字符相等

C. 两个串的长度相等，并且两个串包含的字符相同

D. 两个串的长度相等,并且对应位置上的字符相同

16. 以下(　　)是串"abcd321ABCD"的子串。

A. abcd　　B. 321AB　　C. "321AB"　　D. "abcABC"

17. 设目标串 T 的长度为 n,模式串 P 的长度为 m,则朴素的模式匹配(BF)算法的时间复杂度是(　　),KMP 算法的时间复杂度是(　　)。

A. $O(n)$　　B. $O(m)$　　C. $O(mn)$　　D. $O(m+n)$

18. 串"ababaaababaa"的 next 函数值为(　　)。

A. 0,1,1,2,3,4,2,2,3,4,5,6　　B. −1,0,0,1,2,3,1,1,2,3,4,5

C. 0,1,1,2,3,4,2,2,3,4,5,6　　D. 0,1,2,3,0,1,2,3,2,3,4,5

19. △ 已知主串 s 为"abaabaabacacaabaabcc",模式串 t 为"abaabc",采用 KMP 算法进行匹配,第一次出现"失配"(s[i]≠t[j])时,$i=j=5$,则下次开始匹配时,i 和 j 的值分别是(　　)。

A. $i=1,j=0$　　B. $i=5,j=0$　　C. $i=5,j=2$　　D. $i=6,j=2$

20. △ 设主串 T="abaabaabcabaabc",模式串 s="abaabc",采用 KMP 算法进行模式匹配,直到匹配成功时为止,在匹配过程中进行的单个字符间的比较次数是(　　)。

A. 9　　B. 10　　C. 12　　D. 15

21. 广义表 ((x,y),()) 的表头是(　　)。

A. x　　B. (x,y)　　C. ()　　D. 没有

22. 已知广义表为 L(A(u,v,(x,y),z),C(m,(),(k,l,n),(())),((())),(e,(f,g),h)),则它的长度是(　　)。

A. 2　　B. 3　　C. 4　　D. 5

23. 已知广义表为 L(A(u,v,(x,y),z),C(m,(),(k,l,n),(())),((())),(e,(f,g),h)),则它的深度是(　　)。

A. 2　　B. 3　　C. 4　　D. 5

24. 广义表是表中套表的数据结构,广义表的递归算法通常有(　　)个递归方向。

A. 1　　B. 2　　C. 3　　D. 4

二、简答题

1. 有人说数组是逻辑结构,有人说数组是存储结构,数组到底是什么结构?

2. 设有一个二维数组 $A[11][6]$,按行优先存放于一个连续的存储空间中,$A[0][0]$的存储地址是 1000,每个元素占 4 个存储单元,则 $A[8][5]$的地址在什么地方。

3. 设二维数组 $A[8][10]$按列优先顺序存储,$A[0][0]$的存储地址为 1000,每个元素占用 4 个存储单元,求:

(1) $A[6][7]$的起始存储地址。

(2) 起始存储地址为 1184 的数组元素的下标。

4. 设一个 $n\times n$ 的矩阵 **A** 如图 4-11 所示(n 为奇数)。

如果用一维数组 B 按行存放 A 中的非 0 元素,$B[0]$存放 $a_{1,1}$,问:

(1) **A** 中非 0 元素的行下标与列下标的关系;

(2) **A** 中非 0 元素 $a_{i,j}$ 的下标 i、j 与 B 中它存放位置 k 的关系。

$$A=\begin{bmatrix} a_{1,1} & 0 & \cdots & 0 & \cdots & 0 & a_{1,n} \\ 0 & a_{2,2} & \cdots & 0 & \cdots & a_{2,n-1} & 0 \\ \vdots & \vdots & \ddots & \vdots & \iddots & \vdots & \vdots \\ \vdots & \vdots & \cdots & a_{(n+1)/2,(n+1)/2} & \cdots & \vdots & \vdots \\ \vdots & \vdots & \iddots & \vdots & \ddots & \vdots & \vdots \\ 0 & a_{n-1,2} & \cdots & 0 & \cdots & a_{n-1,n-1} & 0 \\ a_{n,1} & 0 & \cdots & 0 & \cdots & 0 & a_{n,n} \end{bmatrix}$$

图 4-11 第 4 题的矩阵

5. 当矩阵的行、列数相等时，如何通过矩阵元素的行、列下标计算通过它的正对角线（从左上到右下的斜线）和反对角线（从左下到右上的反斜线）的编号？

6. 设矩阵 $\boldsymbol{A}$ 是一个 n 阶方阵，行、列的下标分别从 0 到 $n-1$。$\boldsymbol{A}$ 中对角线上有 t 个 m 阶下三角矩阵 $\boldsymbol{A}_0,\boldsymbol{A}_1,\cdots,\boldsymbol{A}_{t-1}$，如图 4-12 所示，且 $m\times t=n$。现在要求把矩阵 $\boldsymbol{A}$ 中这些下三角矩阵中的元素按行存放在一个一维数组 B 中，B 的下标从 0 到 $n\times m-1$。设 $\boldsymbol{A}$ 中元素 $\boldsymbol{A}[i][j]$ 存于 $B[k]$ 中：

(1) 试给出 i 和 j 的取值范围；

(2) 试给出通过 i 和 j 求解 k 的公式。

7. 设一个准对角矩阵 $\boldsymbol{A}_{n\times n}$，行、列的下标分别从 0 到 $n-1$，它的对角线上有 t 个 m 阶方阵 $\boldsymbol{A}_0,\boldsymbol{A}_1,\cdots,\boldsymbol{A}_{t-1}$，如图 4-13 所示，且 $m\times t=n$。现在要求把矩阵 $\boldsymbol{A}$ 中这些方阵中的元素按行存放在一个一维数组 B 中，B 的下标从 0 到 $n\times m-1$。设 $\boldsymbol{A}$ 中元素 $\boldsymbol{A}[0][0]$ 存于 $B[0]$ 中：

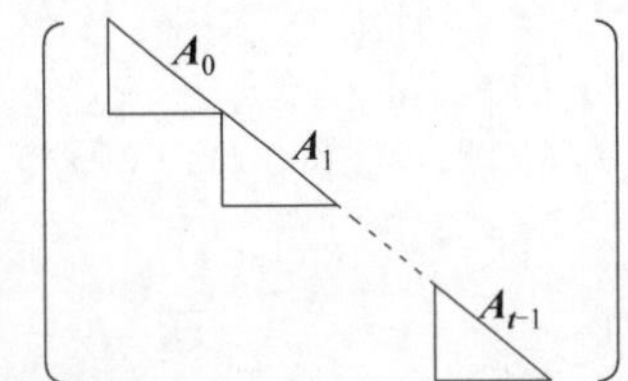

图 4-12 第 6 题下三角形对角矩阵

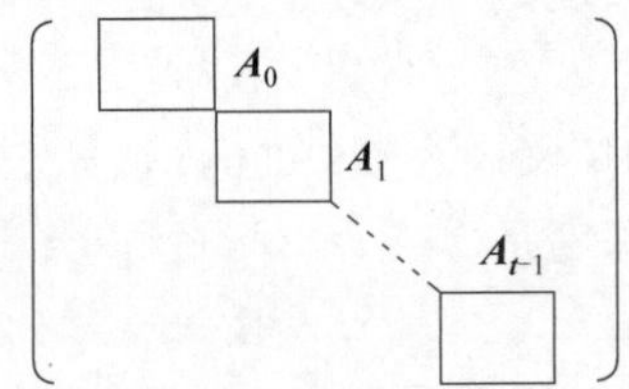

图 4-13 第 7 题方阵形对角矩阵

(1) 试给出 i 和 j 的取值范围；

(2) 试给出通过 i 和 j 求解 k 的公式。

8. 设有一个三维数组 $A[10][20][15]$，按页/行/列存放于一个连续的存储空间中，每个数组元素占 4 个存储字，首元素 $A[0][0][0]$ 的存储地址是 1000，则 $A[8][4][10]$ 存放于什么地方。

9. 设 $\boldsymbol{A}$ 和 $\boldsymbol{B}$ 均为下三角矩阵，每一个矩阵都有 n 行。因此在下三角区域中各有 $n(n+1)/2$ 个元素。另设有一个二维数组 C，它有 n 行 $n+1$ 列。试设计一个方案，将两个矩阵 $\boldsymbol{A}$ 和 $\boldsymbol{B}$ 中的下三角区域元素存放于同一个 C 中。要求将 $\boldsymbol{A}$ 的下三角区域中的元素存放于 C 的下三角区域中，$\boldsymbol{B}$ 的下三角区域中的元素转置后存放于 C 的上三角区域中。并给出计算 $\boldsymbol{A}$ 的矩阵元素 a_{ij} 和 $\boldsymbol{B}$ 的矩阵元素 b_{ij} 在 C 中的存放位置下标的公式。

10. 设有三对角矩阵 $\boldsymbol{A}_{n\times n}$，将其三条对角线上的元素逐行存储到数组 $B[0..3n-3]$ 中，使得 $B[k]=a[i][j]$，求：

(1) 用 i,j 表示 k 的下标变换公式；

(2) 用 k 标识 i,j 的下标变换公式。

11. 稀疏矩阵的三元组表可以用带行指针数组的二元组表代替。稀疏矩阵有多少行，在行指针数组中就有多少个元素：第 i 个元素的数组下标 i 代表矩阵的第 i 行，元素的内容即为稀疏矩阵第 i 行的第一个非 0 元素在二元组表中的存放位置。二元组表中每个二元组只记录非 0 元素的列号和元素值，且各二元组按行号递增的顺序排列。试对图 4-14 所示的稀疏矩阵，分别建立它的三元组表和带行指针数组的二元组表。

$$\begin{pmatrix} 12 & 0 & 11 & 0 & 0 & 13 & 0 \\ 0 & 0 & 0 & 0 & 0 & 0 & 14 \\ 0 & -4 & 0 & 0 & 0 & 3 & 0 \\ 0 & 0 & 0 & 8 & 0 & 0 & 0 \\ 0 & 0 & 0 & 0 & 0 & 0 & 0 \\ 0 & -9 & 0 & 0 & 2 & 0 & 0 \end{pmatrix}$$

图 4-14　第 11 题的二元组表

12. 在字符串模式匹配的 KMP 算法中，求模式的 next 函数值的定义如下。

$$\text{next}[j]=\begin{cases}-1, & j=0 \\ k+1, & 0\leqslant k<j-1 \text{ 且使得 } p_0p_1\cdots p_k=p_{j-k-1}p_{j-k}\cdots p_{j-1} \text{ 的最大值} \\ 0, & \text{其他}\end{cases}$$

(1) 当 $j=0$ 时为什么要取 $\text{next}[0]=-1$？

(2) 为什么要取在 $k\geqslant 0$ 同时 $k<j$ 时，选 $p_0p_1\cdots p_k=p_{j-k-1}p_{j-k}\cdots p_{j-1}$ 的最大值？

(3) 其他情况是什么情况？为什么取 $\text{next}[j]=0$？

13. 设串 s 为"aaabaaaab"，串 t 为"aaaaaaaaa"，串 r 为"babbababb"，试分别计算它们的 next 函数的值。

14. 设目标串为 t="abcaabbabcabaacbacba"，模式串为 p="abcabaa"。

(1) 计算模式串 p 的 nextval 函数值；

(2) 不写出算法，只画出利用 KMP 算法进行模式匹配时每一趟的匹配结果。

15. 利用广义表的 head 和 tail 操作写出函数表达式，把以下各题中的单元素 banana 从广义表中分离出来：

(1) L1(apple,pear,banana,orange)；

(2) L2((apple,pear),(banana,orange))；

(3) L3(((apple),(pear),(banana),(orange)))；

(4) L4((((apple))),((pear)),(banana),orange)；

(5) L5((((apple),pear),banana),orange)；

(6) L6(apple,(pear,(banana),orange))。

16. 给出广义表(((b,c),d),((a)),((a),((b,c),d)),e,((())))。

(1) 给出它的深度和长度；

(2) 画出它的存储表示。

三、算法题

1. △ 设将 $n(n>1)$ 个整数存放到一个一维数组 R 中。设计一个在时间和空间两方面都尽可能高效的算法。将 R 中保存的序列循环左移 $p(0<p<n)$ 个位置，即将 R 中的数据由 $(X_0,X_1,\cdots,X_{n-1})$ 变换为 $(X_p,X_{p+1},\cdots,X_{n-1},X_0,X_1,\cdots,X_{p-1})$。要求：

(1) 给出算法的基本设计思想。

(2) 根据设计思想，采用 C 或 C++ 或 Java 语言描述算法，关键之处给出注释。

(3) 说明你所设计算法的时间复杂度和空间复杂度。

2. △ 已知一个整数序列 $A=(a_0,a_1,\cdots,a_{n-1})$，其中 $0\leqslant a_i<n(0\leqslant i<n)$。若存在 $a_{p1}=a_{p2}=\cdots=a_{pm}=x$ 且 $m>n/2(0\leqslant p_k<n,1\leqslant k\leqslant m)$，则称 x 为 A 的主元素。例如 $A=(0,5,5,3,5,7,5,5)$，则 5 为主元素；又如 $A=(0,5,5,3,5,1,5,7)$，则 A 没有主元素。假设 A 中的 n 个元素保存在一个一维数组中，请设计一个尽可能高效的算法，找出 A 的主元素。若存在主元素，则输出该元素；否则输出-1。要求：

(1) 给出算法的基本设计思想。

(2) 根据设计思想，采用 C 或 C++ 或 Java 语言描述算法，关键之处给出注释。

(3) 说明你所设计算法的时间复杂度和空间复杂度。

3. 给定一个一维整数数组 $A[n]$，称 A 中连续相等整数构成的子序列为平台。请编写一个算法，求出并返回 A 中最长平台的长度和起始地址。例如一个整数数组为 $A[32]=0$, 0,1,1,2,0,0,0,0,1,6,3,8,9,9,9,4,5,5,5,5,5,5,5,0,6,4,1,6,4,0,0，数组中元素序号从 0 开始，则最长平台的长度为 7，起始地址为 17。

4. △ 给定一个含 $n(n\geqslant1)$个整数的数组，请设计一个在时间上尽可能高效的算法，找出数组中未出现的最小正整数。例如，数组$\{-5,3,2,3\}$中未出现的最小正整数是 1，数组$\{1,2,3\}$中未出现的最小正整数是 4。要求：

(1) 给出算法的基本设计思想。

(2) 根据设计思想，采用 C 或 C++ 或 Java 语言描述算法，关键之处给出注释。

(3) 说明你所设计算法的时间复杂度和空间复杂度。

5. △ 定义三元组(a,b,c)(a,b,c 均为整数)的距离 $D=|a-b|+|b-c|+|c-a|$。给定三个非空整数集合 S_1、S_2 和 S_3，按升序分别存储在 3 个数组中。请设计一个尽可能高效的算法，计算并输出所有可能的三元组$(a,b,c)(a\in S_1,b\in S_2,c\in S_3)$中的最小距离。例如 $S_1=\{-1,0,9\}$，$S_2=\{-25,-10,10,11\}$，$S_3=\{2,9,17,30,41\}$，则最小距离为 2，相应的三元组为$(9,10,9)$。要求：

(1) 给出算法的基本设计思想。

(2) 根据设计思想，采用 C 或 C++ 或 Java 语言描述算法，关键之处给出注释。

(3) 说明你所设计算法的时间复杂度和空间复杂度。

6. 对于一个 n 阶方阵，试设计一个算法，通过行变换使其按每行元素的平均值递增的顺序排列。

7. 拉丁方阵是轮回矩阵的一种，如图 4-15 所示。设计一个算法，构造如图所示的 n 阶拉丁方阵。

8. 蛇形矩阵如图 4-16 所示。试编写一个算法，将自然数 $1\sim n^2$ 按“蛇形”填入 $n\times n$ 的矩阵 **A** 中。

9. 一个螺旋形矩阵如图 4-17 所示。试编写一个算法，将自然数 $1\sim n^2$ 按“螺旋”形式填入 $n\times n$ 的矩阵 **A** 中。

$$\begin{pmatrix}1&2&3&4&5\\2&3&4&5&1\\3&4&5&1&2\\4&5&1&2&3\\5&1&2&3&4\end{pmatrix}$$

图 4-15　第 7 题拉丁方阵

$$\begin{pmatrix}1&2&6&7&15\\3&5&8&14&16\\4&9&13&17&22\\10&12&18&21&23\\11&19&20&34&25\end{pmatrix}$$

图 4-16　第 8 题蛇形方阵

$$\begin{pmatrix}1&16&15&14&13\\2&17&24&23&12\\3&18&25&22&11\\4&19&20&21&10\\5&6&7&8&9\end{pmatrix}$$

图 4-17　第 9 题螺旋矩阵

10. 所谓回文,是指从前向后顺读和从后向前倒读都一样的不含空白字符的串。例如"did","madamimadam","pop"即是回文。设计一个算法,判断一个串是否是回文。

11. 在主教材中用程序 4-12 定义了使用堆分配存储实现的字符串类 AString,下面补充一些成员函数,请设计算法实现这些函数。

(1) 求串 * this 的长度;

(2) 在串 * this 中从指定位置 ad 起,寻找与串 B 匹配的第一个子串的位置;

(3) 从串 * this 的第 ad 位置起,连续提取 n 个字符,通过串 B 返回,从串 * this 中删去这些字符;

(4) 将串 B 作为子串插入串 * this 的第 ad 个位置($0\leqslant ad\leqslant curLength$);

(5) 若串 B 是串 * this 的子串,则用串 C 替换串 B 在串 * this 中的所有出现;若 B 不是串 * this 的子串,则串 * this 不变;

(6) 将串 * this 中指定位置 ad 之后的后缀子串分离出来存入串 B。

12. 编写一个算法 frequency,统计在一个输入字符串中各个不同字符出现的频度。用适当的测试数据来验证这个算法。

13. 广义表具有可共享性,因此在遍历一个广义表时必须为每一个结点增加一个标志域 mark,以记录该结点是否被访问过。一旦某一个共享的子表结点被做了访问标志,以后就不再访问它。

(1) 试定义该广义表的类结构;

(2) 采用递归的算法对一个非递归的广义表进行遍历;

(3) 试使用一个栈,实现一个非递归算法,对一个非递归广义表进行遍历。

14. 试利用栈实现一个广义表建立的算法,要求从键盘输入一个用字符串表示的广义表,建立它的广义表的链表表示,每个子表都需带有用大写字母识别的表名,原子则必须用小写字母或单个数表示。如果发现有与先前建立的子表相同的子表,则子表可以共享。

15. 试按表头、表尾的分析方法重写求广义表深度的递归算法。

16. 试编写一个非递归算法,输出广义表中所有原子项及其所在层次。

4.5 补充练习题解答

一、选择题

1. 选 C。数组的大小是固定的,不论是在编译时静态分配的,还是在运行时动态分配的,一旦分配其大小都是固定的,每个数组元素的类型必须相同。

2. 选 D。内存单元是地址连续的一维结构,二维数组的元素之间的存储次序是有约定的,一种是按行存放,一种是按列存放。所以二维数组有行优先顺序和列优先顺序两种存储方式。

3. 选 B。注意到数组元素的行方向下标和列方向下标都是从 0 开始,第 i 行前面有 i 行($0\sim i-1$),每行有 n 个元素。第 i 行第 j 列前面有 j 个元素($0\sim j-1$),总共 $a[i][j]$前面有 $i\times n+j$ 个元素,所有 $\text{LOC}(a[i][j])=\text{LOC}(a[0][0])+(i\times n+j)\times k$。

4. 选 C。数组元素 $a[i][j]$按列优先存放,第 j 列前面有 j 列($0\sim j-1$),每列有 m 个元素。第 j 列第 i 行前面有 i 个元素($0\sim i-1$),总共 $a[i][j]$前面有 $j\times m+i$ 个元素,数组

元素 $a[i][j]$的存放地址是 $LOC(a[i][j])=LOC(a[0][0])+(j\times m+i)\times k$。

5. 选 D。$LOC(8,5)=LOC(0,0)+(8\times 10+5)\times 3=SA+255$。

6. 选 B。按行优先顺序存储，求地址公式是 $LOC(a[i][j])=LOC(a[0][0])+(i\times n+j)\times k$，其中 $k=1$。代入题目中提供的数据 $LOC(a[3][3])=LOC(a[0][0])+(3\times n+3)\times 1$，即 $220=100+3\times n+3$，得 $117=3\times n$，$n=39$。$LOC(a[5][5])=LOC(a[0][0])+(5\times 39+5)=300$。

7. 选 D。对 n 阶对称矩阵压缩存储时仅存对角线和对角线以上(或以下)的部分，需要存储 $1+2+\cdots+n=n(n+1)/2$ 个元素，因此压缩数组的大小至少应为 $n(n+1)/2$。

8. 选 A。注意，i 的下标从 1 开始到 12，j 的下标从对角线开始到 12，第 6 行前面有 5 行，第 $i(1\leqslant i\leqslant 5)$行有 $12-i+1$ 个元素，5 行共有 $12+11+10+9+8=50$ 个元素，第 6 行第 6 列前面有 0 个元素，另外，$\boldsymbol{N}$ 的下标从 0 开始(C 语言的规定)，因此，$m_{6,6}$ 在 $\boldsymbol{N}$ 中的下标应为 50。

9. 选 C。注意，按列优先存放，列的下标 $j=1,2,\cdots,10$，第 j 列有 j 个元素，其行的下标 $i=1,2,\cdots,j$(对角线)。题目中 $m_{7,2}$ 在 $\boldsymbol{N}$ 中的下三角部分，在 $\boldsymbol{N}$ 中没有存储，根据矩阵的对称性，问题转化为求 $m_{2,7}$ 在 $\boldsymbol{N}$ 中的下标。因为 $j=7$，第 7 列的前面有 $j-1=6$ 列，元素个数为 $1+2+\cdots+6=21$，在第 7 列第 2 行前面有 $i-1=1$ 个元素，则 $m_{2,7}$ 在 $\boldsymbol{N}$ 中的下标是 $21+1=22$($\boldsymbol{N}$ 在 C 语言中规定第一个元素存于 $N[0]$)。

10. 选 B。矩阵元素行下标 $i=1,2,\cdots,30$，第 i 行元素的列下标 j 满足 $i-1\leqslant j\leqslant i+1$，在 $m_{30,30}$ 前面有 29 行，除第 1 行 2 个元素外，第 2 行到第 29 行每行 3 个元素，共 $2+28\times 3=86$ 个元素，第 30 行中第 30 列前面有 $j-i+1=1$ 个元素，因为在 $\boldsymbol{N}$ 中从 0 号位置开始存放，则 $m_{30,30}$ 在 $\boldsymbol{N}$ 中的下标是 $86+1=87$。

11. 选 C。如果已知三对角矩阵某元素 $\boldsymbol{A}[i][j]$的行号 i 和列号 j，且列号满足 $i-1\leqslant j\leqslant i+1$，则它在 $\boldsymbol{N}$ 中的下标 $k=3\times(i-1)-1+j-i+1=2\times i+j-3$，因为 $i-1\leqslant j\leqslant i+1$，则 k 可取 $3\times i-4,3\times i-3,3\times i-2$，又可写成 $3\times(i-1)-1,3\times(i-1),3\times(i-1)+1$，反过来，若已知 k 值，为保证得到 $3\times(i-1)-1\leqslant k\leqslant 3\times(i-1)+1$，可取 $i=\lceil(k-1)/3\rceil+1$ 或 $i=\lfloor(k+1)/3\rfloor+1$。

12. 选 A。邻接矩阵是存储图的结构，表示图顶点与其他图顶点之间的关系；二叉链表是存储树与二叉树的结构，表示树或二叉树中结点之间的亲子关系；只有三元组表和十字链表常用于稀疏矩阵。

13. 选 A。还需要保存 $\boldsymbol{M}$ 的行数和列数。不保存 $\boldsymbol{M}$ 中包含非 0 元素的行数和列数。

14. 选 D。长度为 n 的字符串有 1 个长度为 n 的子串，有 2 个长度为 $n-1$ 的子串，有 3 个长度为 $n-2$ 的子串，…，有 n 个长度为 1 的子串，最多有 $1+2+\cdots+n=n(n+1)/2$ 个子串。

15. 选 D。比较两个字符串是否相等，首先看它们的长度是否相等。如果相等，再比较两个串对应位置的字符是否相等。只有当所有对应位置的字符都相等，两个字符串才相等；否则不相等。

16. 选 C。子串是从串中某个位置起连续抽取若个字符组成的。

17. 选 C,D。BF 算法是一种穷举式的模式匹配算法，如果某一趟目标 T 与模式 P 的比对失配，目标 T 的检测指针 i 回到上一趟比对的开始位置的下一位置，模式 P 的检测指针 j

回到串开始位置，执行下一趟比对。极端情况下，每一趟比对，都在模式P最后的位置失配，其时间复杂度为$O(mn)$。KMP算法是一种无回溯的模式匹配算法，如果在某一趟比对失配，目标T的检测指针不回溯，根据事先设置的next函数向右移动模式P到适当位置，进行下一趟比对。极端情况下，T与P的比对总在P的第一个字符就失配，算法的时间复杂度是$O(m+n)$。

18. 选B。设模式P=$p_0p_1\cdots p_{m-2}p_{m-1}$，则它的next函数值定义如下：

$$\text{next}(j)=\begin{cases}-1, & j=0\\ k+1, & 0\leqslant k<j-1\text{且使得 }p_0p_1\cdots p_k=p_{j-k-1}p_{j-k}\cdots p_{j-1}\text{ 的最大整数}\\ 0, & \text{其他}\end{cases}$$

称$p_0p_1\cdots p_k$为串$p_0p_1p_2\cdots p_{j-1}$的前缀子串，$p_{j-k-1}p_{j-k}\cdots p_{j-1}$为串$p_0p_1p_2\cdots p_{j-1}$的后缀子串，它们都是原串的真子串。设模式P="ababaaababaa"，对应的next函数值如图4-18所示。

j	0	1	2	3	4	5	6	7	8	9	10	11
P	a	b	a	b	a	a	a	b	a	b	a	a
next[j]	-1	0	0	1	2	3	1	1	2	3	4	5

图4-18 第18题next函数值的示例

19. 选C。首先根据第18题给出的next函数值的定义，计算模式串t的next函数值。如图4-12所示。第一次出现失配时，$i=j=5$即s[5]≠t[5]，查图4-19的next函数值，next[5]=2，则下一趟比对时，主串s的检测指针停在$i=5$，模式串的检测指针j=next[5]=2。

j	0	1	2	3	4	5
t	a	b	a	a	a	c
next[j]	-1	0	0	1	1	2

图4-19 第19题模式串t的next函数值

20. 选B。本小题的模式串与第19题相同，只是名字从t换成了s，因此借用第19题的图4-19生成的next函数值，来进行模式匹配。匹配过程如图4-20所示。第一趟比较6次，到T[5]与s[5]比较后不等，这一趟匹配失败，查图4-19的next函数值，next[5]=2，下一趟让T[5]与s[2]对齐，比较4次到s比较完，匹配成功。总共比较了10次。

	0	1	2	3	4	5	6	7	8	9	10	11	12	13	14
T	a	b	a	a	b	a	a	b	c	a	b	a	a	b	c
s	a	b	a	a	b	c									
	↑	↑	↑	↑	↑	↑ × next [5] = 2, s右移，s [2]与T[2]对齐									
T	a	b	a	a	b	a	a	b	c	a	b	a	a	b	c
s				a	b	a	a	b	c						
						↑	↑	↑	↑ √ 匹配成功						

图4-20 第20题的模式匹配过程

21. 选B。表头是表中第一个元素，它可以是原子，也可以是子表。本题第一个元素是子表(x,y)。

22. 选C。广义表有4个表元素，它们分别是A(u,v,(x,y),z)、C(m,(),(k,l,n),(()))、((()))和(e,(f,g),h)，所以其长度为4。

23. 选C。各表元素深度分别为2、3、3和2，则整个表的深度为4。

24. 选B。通常有2个递归方向：表头方向和表尾方向。

二、简答题

1. 数组的特殊性在于有时它被当作逻辑结构，有时它被当作存储结构。例如，一维数组可以视为内存中一段连续的存储空间，从这个角度看，它是存储结构。第5章讨论的完全二叉树和堆都是树形结构，它们都把一维数组当作其存储结构，叫作顺序存储表示。但是，有时又把一维数组视为逻辑结构，如数据库文件就是一维数组形式的记录序列。又如，图中顶点之间的关系用邻接矩阵表示，它的实现用二维数组作为其存储结构，从这个角度看，图是逻辑结构，它的邻接矩阵是其存储结构，进一步，邻接矩阵是逻辑结构，相应的二维数组是存储结构；更进一步，二维数组是逻辑结构，存放它的一维数组是其存储结构。

2. 对于二维数组 $A[m][n]$，若按行优先存放，则对于任一数组元素 $\mathbf{A}[i][j]$，它的存储地址为 $\mathrm{LOC}(A[i][j])=\mathrm{LOC}(A[0][0])+(i\times n+j)\times d$。当 $\mathrm{LOC}(A[0][0]=1000$，$m=11,n=6,i=8,j=5,d=4$ 时：$\mathrm{LOC}(A[8][4])=LOC(A[0][0])+(8\times6+5)\times4=1000+53\times4=1212$。

3. (1) 二维数组 $A[m][n]$ 按列优先存储时，元素 $\mathbf{A}[i][j]$ 的地址为 $\mathrm{LOC}(A[i][j])=\mathrm{LOC}(A[0][0])+(j\times m+i)\times d$，$d$ 是每个元素所占存储单元数。则 $A[6][7]$ 的起始存储地址为 $1000+(7\times8+6)\times4=1000+62\times4=1248$，其中 $m=8,i=6,j=7,d=4$。

(2) 根据 $\mathrm{LOC}(A[i][j])=\mathrm{LOC}(A[0][0])+(j\times m+i)\times d$，根据题意 $1184=1000+(j\times8+i)\times4$，即 $j\times8+i=21$，当 $j=2,i=6$ 时满足要求。

4. (1) $\mathbf{A}$ 中非0元素 $\mathbf{A}[i][j]$ 的行下标 $1\leqslant i\leqslant n$，列下标为 $j=i$ 或 $j=n-i+1$。

(2) n 为奇数，除第 $(n+1)/2$ 行只有1个非0元素外，其他每行有2个非0元素。

① 当 $i\leqslant(n+1)/2$ 时，$A[i][j]$ 前面有 $i-1$ 行，有 $2(i-1)$ 个非0元素，第 i 行当 $j=i$ 时前面有0个元素，当 $j=n-i+1$ 时前面有1个元素；

② 当 $i>(n+1)/2$ 时，$A[i][j]$ 前面有 $i-1$ 行，有 $2(i-1)-1=2i-3$ 个非0元素。第 i 行当 $j=n-i+1$ 时前面有0个非0元素，当 $j=i$ 时前面有1个非0元素。

综上所述，$A[i][j]$ 在 B 中的下标 k 为：

$$k=\begin{cases}2\times i-2+s, & s=\begin{cases}0, & i<(n+1)/2, j=i\\ 1, & i<(n+1)/2, j=n-i+1\end{cases}\\ 2\times i-2+s, & s=0, i=(n+1)/2, j=i\\ 2\times i-2+s, & s=\begin{cases}0, & i>(n+1)/2, j=n-i+1\\ 1, & i>(n+1)/2, j=i\end{cases}\end{cases}$$

5. 根据矩阵行、列下标的设定不同，有两种编号：

(1) 设矩阵行、列下标 i 和 j 都从1到 n，反对角线“/”和正对角线“\”的编号 k 和 k' 都从1到 $2n-1$，则 $k=i+j-1;k'=n-i+j$。

(2) 设矩阵行、列下标 i 和 j 都从0到 $n-1$，反对角线“/”和正对角线“\”的编号 k 和 k' 都从0到 $2n-2$，则 $k=i+j;k'=n-i+j-1$。

6. (1) i 的取值范围是 $0\leqslant i\leqslant n-1$。$j$ 的取值与 i 相关：

① 当 $0 \leqslant i \leqslant m-1$ 时，$0 \leqslant j \leqslant i$；

② 当 $m \leqslant i \leqslant 2m-1$ 时，$m \leqslant j \leqslant i$；…

③ 当 $(t-1) \times m \leqslant i \leqslant t \times m-1$ 时，$(t-1) \times m \leqslant j \leqslant i$。

(2) 每个下三角矩阵 $\boldsymbol{A}_0, \boldsymbol{A}_1, \cdots, \boldsymbol{A}_{t-1}$，都有 $m(m+1)/2$ 个元素，对于给定的 $\boldsymbol{A}[i][j]$，它一定属于某个 $\boldsymbol{A}_i, i=0,1,\cdots,t-1$。

① 它前面应有 $\lfloor i/m \rfloor$ 个 A_s，有 $\lfloor i/m \rfloor \times m \times (m+1)/2$ 个元素；

② 在它所属的下三角矩阵中，它前面有 $i \% m$ 行，有 $(i \% m+1) \times (i \% m)/2$ 个元素；

③ 在第 i 行中，第 j 个元素前面有 $j \% m$ 个元素。

综上所述，矩阵元素 $\boldsymbol{A}[i][j]$ 在数组 B 中的存储位置为

$$k=\lfloor i/m \rfloor \times m \times (m+1)/2+(i \% m+1) \times (i \% m)/2+j \% m。$$

7. (1) 矩阵中 i 的取值范围是 $0 \leqslant i \leqslant n-1$，而列的取值范围受 i 影响。在 $\boldsymbol{A}_0$ 中 $0 \leqslant j \leqslant m-1$，在 $\boldsymbol{A}_1$ 中 $m \leqslant j \leqslant 2m-1$，在 $\boldsymbol{A}_2$ 中 $2m \leqslant j \leqslant 3m-1$，…，在 $\boldsymbol{A}_i$ 中 $i \times m \leqslant j \leqslant (i+1) \times m-1$。

(2) 若将这些小对角方阵中的元素存入一个一维数组 B 中，每个小对角方阵有 m^2 个矩阵元素，第 i 行前面有 $\lfloor i/m \rfloor$ 个小对角方阵，有 $\lfloor i/m \rfloor \times m^2$ 个矩阵元素；第 i 行所处的小对角方阵中第 i 行前面有 $i \% m$ 行，共 $(i \% m) \times m$ 个矩阵元素，第 i 行内第 j 个元素前面有 $j \% m$ 个矩阵元素，由此可得计算公式：$k=\lfloor i/m \rfloor \times m^2+(i \% m) \times m+j \% m$。

8. 对于三维数组，若第一、第二、第三维的元素个数分别为 m_1、m_2、m_3，每个元素所占存储字数为 d，首地址为 LOC(0,0,0)，则对于任一数组元素 $A[i][j][k]$，它的存储地址为：

$$\mathrm{LOC}(i,j,k)=\mathrm{LOC}(0,0,0)+(i \times m_2 \times m_3+j \times m_3+k) \times d$$

根据题意，$m_1=10, m_2=20, m_3=15, d=4$，LOC(0,0,0)=1000，则有

$$\begin{aligned}\mathrm{LOC}(8,4,10)&=\mathrm{LOC}(0,0,0)+(8 \times 20 \times 15+4 \times 15+10) \times 4\\&=1000+2470 \times 4=10\ 880\end{aligned}$$

9. $\boldsymbol{A}$、$\boldsymbol{B}$ 和 $\boldsymbol{C}$ 的示意图如图 4-21 所示。

计算公式

$$\boldsymbol{A}[i][j]=\begin{cases}\boldsymbol{C}[i][j], & i \geqslant j \\ 0, & i<j\end{cases}$$

$$\boldsymbol{B}[i][j]=\begin{cases}\boldsymbol{C}[j][i+1], & i \geqslant j \\ 0, & i \geqslant j\end{cases}$$

$$\boldsymbol{A}=\begin{pmatrix}a_{11} & & & \\ a_{21} & a_{22} & & \\ \cdots & \cdots & \ddots & \\ a_{n1} & a_{n2} & \cdots & a_{nn}\end{pmatrix} \quad \boldsymbol{B}=\begin{pmatrix}b_{11} & & & \\ b_{21} & b_{22} & & \\ \cdots & \cdots & \ddots & \\ b_{n1} & b_{n2} & \cdots & b_{nn}\end{pmatrix}$$

$$\boldsymbol{C}=\begin{pmatrix}a_{11} & b_{11} & b_{21} & \cdots & a_{n-11} & b_{n1} \\ a_{21} & a_{22} & b_{22} & \cdots & a_{n-12} & b_{n2} \\ a_{31} & a_{32} & a_{33} & \cdots & a_{n-13} & b_{n3} \\ \cdots & \cdots & \cdots & \cdots & \cdots & \cdots \\ a_{n1} & a_{n2} & a_{n3} & \cdots & a_{nn} & b_{nn}\end{pmatrix}$$

图 4-21　第 9 题的两个下三角矩阵及它们的合集

10. (1) 当 $1 \leqslant i \leqslant n, i-1 \leqslant j \leqslant i+1, 0 \leqslant k \leqslant 3n-3$ 时，$k=3(i-1)-1+j-i+1=2i+j-3$；

当 $0 \leqslant i \leqslant n-1, i-1 \leqslant j \leqslant i+1, 0 \leqslant k \leqslant 3n-3$ 时，$k=3i-1+j-i+1=2i+j$。

(2) 当 $1 \leqslant i \leqslant n, i-1 \leqslant j \leqslant i+1, 0 \leqslant k \leqslant 3n-3$ 时，$i=\lfloor (k+1)/3 \rfloor+1, j=k-2i+3$；

当 $0 \leqslant i \leqslant n, i-1 \leqslant j \leqslant i+1, 0 \leqslant k \leqslant 3n-3$ 时，$i=\lfloor (k+1)/3 \rfloor, j=k-2i$。

11. 图 4-22 是图 4-14 所示稀疏矩阵的三元组表和等价的带行指针的二元组表。

	row	col	value
0	1	1	
1	1	3	11
2	1	6	13
3	2	7	14
4	3	2	-4
5	3	6	3
6	4	4	8
7	6	2	-9
8	6	5	2

(a) 三元组表

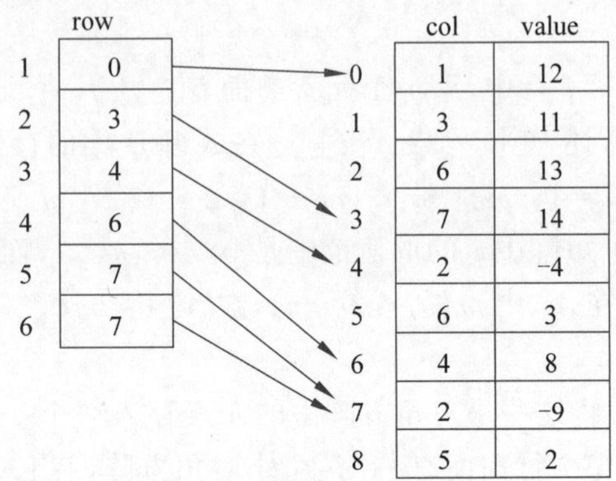

(b) 带行指针数组的二元组表

图 4-22 第 11 题稀疏矩阵的三元组表和带行指针的二元组表

因为在稀疏矩阵的三元组表中，行号相同的非 0 元素按列号递增的顺序排列在一起，如图 4-22(a)所示。因此在对应的带行指针数组的二元组表中，通过行指针数组，可直接找到指定行元素在二元组表中第一个元素的地址。如图 4-22(b)所示，稀疏矩阵第 3 行第一个非 0 元素在二元组表中的地址由 row[3]指示，最后一个非 0 元素在二元组表中的地址由 row[4]－1 指示。row[4]－row[3]＋1＝6－4＝2。

j	0	1	2	3	4	5
p	a	b	a	a	b	c
next[j]	-1	0	0	1	1	2

图 4-23 第 12 题计算 next 函数值

12. 举例说明，看图 4-23 的例子。

(1) $j=0$ 表明模式串 p 的第 0 个字符与目标串 T 当前位置 i 的字符不匹配，$p_0 \neq t_i$，下一趟让模式串右移，使得 p_0 与目标串的 t_{i+1} 对齐继续匹配比较(似乎是 p_{-1} 与 t_i 对齐)，在图 4-23 中，next[0]＝－1。

(2) 当 $j \neq 0$ 时，在模式串 p 中寻找最长的相等前缀子串 $p_0 p_1 \cdots p_k$ 与后缀子串 $p_{j-k-1} p_{j-k} \cdots p_{j-1}$，在模式匹配过程中，当模式串 p 的第 j 位字符与目标串 T 的当前位置 i 的字符不匹配时，下一趟让模式串 p 右移，使得模式串的 p_{k+1} 与目标串的 t_i 对齐继续匹配比较。在图 4-23 中，$j=3$ 时，最长相等的前缀子串是 p_0＝"a"，p_2＝"a"，$k=0$，next[3]＝$k+1$＝1；$j=5$ 时，最长相等的前缀子串是 $p_0 p_1$＝"ab"，$p_3 p_4$＝"ab"，$k=1$，next[5]＝$k+1$＝2。

(3) 其他情况是指除以上两种情况外的情况。next[j]＝0 表示下一趟匹配比较时，让模式串 p 右移，使得 p_0 与目标串 T 的失配位置的 t_i 对齐，再进行匹配比较。在图 4-23 中，$j=1$ 时，找不到小于 j 的 k，所以 next[1]＝0；$j=2$ 时，满足 $0 \leqslant k < 2$，逐个分析。

① $k=0$ 肯定不行，没有前缀子串和后缀子串；

② $k=1$ 时，前缀子串 p_0＝"a"，后缀子串 p_1＝"b"，两者不等，所以找不到合适的 k，next[2]＝0。

13. 按照以下的递推公式，计算 next 函数的值：

$$\text{next}(j)=\begin{cases}-1, & j=0\\ k+1, & 0\leqslant k<j-1\text{且使得 }p_0p_1\cdots p_k=p_{j-k-1}p_{j-k}\cdots p_{j-1}\text{ 的最大整数}\\ 0, & \text{其他}\end{cases}$$

当 $j=0$,即模式串一开始就不匹配,next[j]=−1;

当 $j=1$,找不到满足 $0\leqslant k<j-1$ 的 k 值,next[j]=0;其他的 next[j]函数值根据公式以此类推。当求到 next[j]后,再比较 s[i]==s[next[j]]否?若相等,nextval[j]=nextval[next[j]],否则,nextval[j]=next[j]。参见图 4-24。

j	0	1	2	3	4	5	6	7	8
s	a	a	a	b	a	a	a	a	b
next[j]	-1	0	1	2	0	1	2	3	3
nextval[j]	-1	-1	-1	2	-1	-1	-1	3	2

(a) 串s的next值和nextval值

j	0	1	2	3	4	5	6	7	8
t	a	a	a	a	a	a	a	a	a
next[j]	-1	0	1	2	3	4	5	6	7
nextval[j]	-1	-1	-1	-1	-1	-1	-1	-1	-1

(b) 串t的next值和nextval值

j	0	1	2	3	4	5	6	7	8
r	b	a	b	b	a	b	a	b	b
next[j]	-1	0	0	1	1	2	3	3	1
nextval[j]	-1	0	-1	1	0	-1	3	1	1

(c) 串r的next值和nextval值

图 4-24 第 13 题计算 next 函数和 nextval 函数的值

14.(1)模式串 p 的 nextval 函数的值如图 4-25 所示。

j	0	1	2	3	4	5	6
p	a	b	c	a	b	a	a
next[j]	-1	0	0	0	1	2	1
nextval[j]	-1	0	0	-1	0	2	1

图 4-25 第 14 题模式串 p 的 nextval 函数的值

(2)利用 KMP 算法进行模式匹配的过程如图 4-25 所示。匹配过程中用到了图 4-26 求得的 nextval 函数的值。当目标串 t[i]与模式串 p[j]失配时:

① 如果 nextval[j]=−1,则让 p[0]对准 t[i+1],再进行下一趟的比对;否则,

② 如果 nextval[j]=0,则让 p[0]对准 t[i],再进行下一趟比对;否则,

③ 如果 nextval[j]=$k\neq-1$,则让 p[k]对准 t[i],再进行下一趟的比对。

目标串匹配位置 14−7=7。

15.(1) Head(Tail(Tail(L1)));

(2) Head(Head(Tail(L2)));

(3) Head(Head(Tail(Tail(Head(L3)))));

(4) Head(Head(Tail(Tail(L4))));

趟		0	1	2	3	4	5	6	7	8	9	10	11	12	13	14	15	16	17	18	19
1	t	a	b	c	a	a	b	b	a	b	c	a	b	a	a	c	b	a	c	b	a
	p	a	b	c	a	b	×	$j=4$		nextval[4] = 0			t[4]与p[0]对齐								
2	t	a	b	c	a	a	b	b	a	b	c	a	b	a	a	c	b	a	c	b	a
	p					a	b	c	×	$j=2$		nextval[2] = 0			t[6]与p[0]对齐						
3	t	a	b	c	a	a	b	b	a	b	c	a	b	a	a	c	b	a	c	b	a
	p					a			×	$j=0$		nextval[0] = −1			t[7]与p[0]对齐						
4	t	a	b	c	a	a	b	b	a	b	c	a	b	a	a	c	b	a	c	b	a
	p								a	b	c	a	b	a	a	√	$i=14, j=7$				

图 4-26　第 14(2)题模式匹配过程

(5) Head(Tail(Head(L5)));

(6) Head(Head(Tail(Head(Tail(L6)))))。

16.(1) 该广义表的长度为 5,深度为 4。

(2) 题中给出的广义表的链表存储表示如图 4-27 所示。

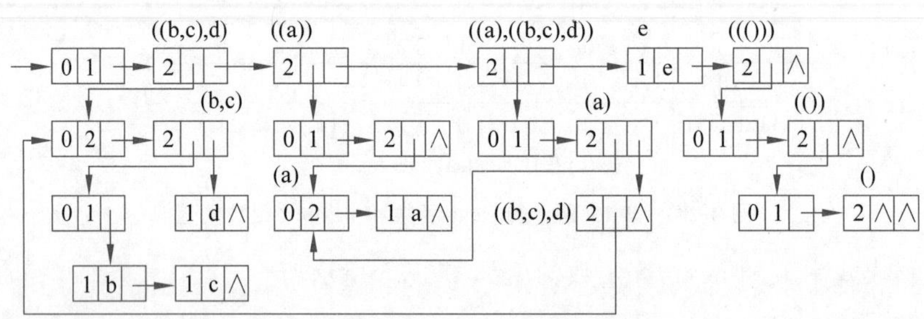

图 4-27　第 16 题广义表的链接存储表示

三、算法题

1.(1) 算法的基本设计思路是首先把序列$\{a_0,a_1,\cdots,a_p,\cdots,a_{n-1}\}$逆转为$\{a_{n-1},a_{n-2},\cdots,a_p,\cdots,a_0\}$,再分别逆转$\{a_{n-1},a_{n-2},\cdots,a_p\}$和$\{a_{p-1},a_{p-2},\cdots,a_0\}$,最后得到$\{a_p,a_{p+1},\cdots,a_{n-1},a_0,\cdots,a_{p-1}\}$。

(2) 先设计逆转指定区间元素的算法 reverse,再实现循环左移的算法。

```
void reverse (int A[ ], int left, int right) {
    int n = right-left+1;
    if (n <= 1) return;
    for (int i = 0; i < n/2; i++)
        { int temp = A[i];A[i] = A[n-i-1];A[n-i-1] = temp; }
}
void sift_Left (int A[ ], int n, int p) {
    reverse (A, 0, n-1);
    reverse (A, 0, n-p-1);
    reverse (A, n-p, n-1);
}
```

（3）第一个 reverse 函数执行了 $3n/2$ 次数据移动，使用了一个辅助存储；第二个 reverse 函数执行了 $3(n-p)/2$ 次数据移动，使用了一个辅助存储；第三个 reverse 函数执行了 $3p/2$ 次数据移动，使用了一个辅助存储；总共执行了 $3n$ 次数据移动，使用了一个辅助存储。算法的时间复杂度为 $O(n)$，空间复杂度为 $O(1)$。

2.（1）算法的基本设计思想：如果一个整数在数组中出现次数超过半数，它就是主元素。如此，主元素如果有的话，一定会有连续出现时。因此可以用一个计数器判断整数出现的情况：

① 初始时令 $v=A[0]$，count＝1。

② 用一个循环 $i=1,2,\cdots,n-1$，检测所有后续元素。

a）如果 $A[i]=v$，说明该值有连续出现，count 加 1，v 成为候选主元素；

b）如果 $A[i]\neq v$，此时 count＞0，说明 v 以前出现过，但当前检测值不是，让 count 减 1，降低候选可能；如果 count＝0，值 v 不能候选，令 $v=A[i]$，count＝1，成为新的候选。

③ 如果 count＞0，v 是候选主元素，用一个循环遍历数组，用 count 统计 v 出现的次数。

④ 如果最终 count＞$n/2$，v 就是主元素，返回其值；否则 v 不是主元素，返回－1。

（2）算法描述如下。

```
int Majority (int A[], int n) {
    int i, v = A[0], count = 1;                  //预置候选主元素 v,计数 count = 1
    for (i = 1; i < n; i++) {                    //检查数组后续元素
        if (A[i] == v) count++;                  //又出现与 v 相等元素,计数 count 加 1
        else if (count > 0) count--;             //出现值与 v 不等元素,计数减 1
        else { v = A[i];count = 1; }             //v 重新赋值并成为候选主元素
    }
    if (count > 0) {
        for (i = 0, count = 0; i < n; i++)       //统计 v 出现的次数
            if (A[i] == v) count++;
    }
    if (count > n/2) return v;                   //v 满足主元素条件,返回 v
    else return -1;                              //没有主元素,返回-1
}
```

（3）算法有两个并列循环，时间复杂度为 $O(n)$，空间复杂度为 $O(1)$。

注：如果数组 A 中有主元素，由于主元素的连续出现，一趟检查之后 count 不会减到 0，v 中一定保存的是主元素；如果数组 A 中没有主元素，一趟检查之后，count 可能为 0，也可能不为 0，v 中可能是数组中最后出现的几个元素中的一个。

3. 算法的思路是从 $A[0]$开始，反复检查一系列平台的长度，如果发现有比以前记忆的平台长度还要长的平台，则把记忆给它，这样一直到数组检查完为止。

算法的实现如下。

```
void maxLenPlat (int A[], int n, int& start, int& len) {
    int i = 0, k, t = 0;
    start = len = 0;
    while (i < n) {
```

```
        k = 1;i++;
        while (i < n && A[i-1] == A[i]) { k++;i++; }
        if (k > len) { len = k;start = t; }
        t = i;
    }
}
```

算法中有一个嵌套循环，但内层循环退出后外层循环变量 i 并未回退，算法的时间复杂度为 $O(n)$，空间复杂度为 $O(1)$。

4. (1) 算法的基本设计思想如下：题目要求时间上尽可能高效，因此可以采用以空间换时间的办法，设置一个标记数组 $T[n]$，用 $T[0]$代表 1，$T[1]$代表 2，…，$T[n-1]$代表 n，初始时令所有 $T[i]=0$。算法分两步走：① 做标记：从 $A[0]$开始用 i 遍历数组 A，按 $A[i]$的取值，若 $0<A[i]\leqslant n$，则令 $T[A[i]-1]=1$，否则什么也不做。② 遍历 T 标记数组，$i=0,1,\cdots,n-1$，在遇到第一个 $T[i]==0$ 时，$i+1$ 即为所求；若 $i==n$，则 $n+1$ 即为所求。

(2) 算法的实现如下。

```
int findMissMin (int A[], int n) {
    int i;int * T = new int[n];                    //创建标记数组 T
    for (i = 0; i < n; i++) T[i] = 0;              //T 初始化为 0
    for (i = 0; i < n; i++)                        //做标记
        if (A[i] > 0 && A[i] < n) T[A[i]-1] = 1;
    for (i = 0; i < n; i++)                        //扫描标记数组,寻找目标
        if (T[i] == 0) break;
    delete [] T;return i+1;                        //返回
}
```

(3) 算法内有两个并列循环，时间复杂度为 $O(n)$，由于用到一个标记数组 $T[n]$，算法的空间复杂度为 $O(n)$。

5. (1) 由 $D=|a-b|+|b-c|+|c-a|\geqslant 0$，有如下的结论：

① 当 $a=b=c$ 时，距离最小。

② 其余情况，不失一般性，假设 $a\leqslant b\leqslant c$，观察图 4-28，设 $L_1=|a-b|$，$L_2=|b-c|$，$L_3=|c-a|$，则可知 $D=|a-b|+|b-c|+|c-a|=L_1+L_2+L_3=2L_3$。因此，$D$ 的大小事实上归结于 L_3，即 a 与 c 之间的距离。只要固定 c，增大 a，就可以缩短 D。

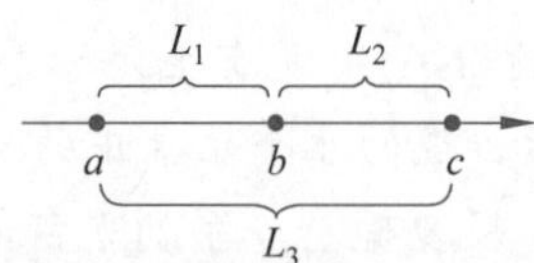

图 4-28 第 5 题三元组(a,b,c)的距离

a,b,c 三个值的大小不是固定不变的，S_1、S_2 和 S_3 三个数组的整数都是升序排列的，有可能 $S_1[i]\leqslant S_2[j]\leqslant S_3[k]$，可固定 $S_3[k]$，增大 $S_1[i]$，可能选出更小的距离；但也有可能 $S_2[j]\leqslant S_1[i]\leqslant S_3[k]$，下次选更小距离就要固定 $S_3[k]$，增大 $S_2[j]$了；当然也有可能 $S_3[k]\leqslant S_1[i]\leqslant S_2[j]$，需要固定 $S_2[j]$，增大 $S_3[k]$了。算法的流程如下。

① 集合 S_1、S_2 和 S_3 保存在数组 A、B 和 C 中，各数组大小分别是 m、n 和 l，各数组检测指针 i、j 和 k 初值为 0。D_{min} 的初值是一个大数。

② 做一个大循环，条件是 $i<m$ 同时 $j<n$ 同时 $k<l$，并设置 $D_{min}>0$，执行以下步骤：

a) 计算 $D=|A[i]-B[j]|+|B[j]-C[k]|+|C[k]-A[i]|$；

b) 若 $D<D_{min}$，则 $D_{min}=D$；

c) 将 $A[i]$、$B[j]$、$C[k]$ 中的最小值的下标增 1，试求更小的 D；

③ 输出 D_{min}，结束。

(2) 算法的实现如下。

```
#include <math.h>
#define INT_MAX 0x7fffffff
int findMinDist (int a[], int b[], int c[], int alen, int blen, int clen) {
//求三元组(a[i], b[j], c[k])所有距离中的最小者。alen、blen、clen 是各数组的长度
    int i = 0, j = 0, k = 0, d, D_min = INT_MAX;
    while (i < alen && j < blen && k < clen && D_min > 0) {
        d = abs(a[i]-b[j])+abs(b[j]-c[k])+abs(c[k]-a[i]);
        if (d < D_min) D_min = d;
        if (a[i] < b[j] && a[i] < c[k]) i++;
        else if (b[j] < a[i] && b[j] < c[k]) j++;
        else if (c[k] < a[i] && c[k] < b[j]) k++;
    }
    return D_min;
}
```

(3) 设三个数组的长度分别为 alen，blen，clen，算法的时间复杂度为 O(alen+blen+clen)=O(max(alen,blen,clen))，算法的空间复杂度为 $O(1)$。

6. 为了实现按每行元素的平均值以递增顺序重新排列各行，应计算各行元素值的总和，由于各行的元素个数相等，对各行元素按平均值排序即可转换为按各行元素值的总和排序。为此，可设置一个辅助数组 snm[n]，用来保存各行元素的总和，并作为排序的依据，另外设置一个数组 add[n]，用来记录对各行元素之和排序后，各行原来的行号。

算法描述如下。

```
#define N 10
void Arrange (int A[ ][N], int n) {                      //n = N,N 在主程序中预定义
//算法分两步走：首先计算各行元素值的总和,存于辅助数组 sum[]中,然后执行交换
//使得各行按平均值递增的顺序排列
    int sum[N], add[N];int i, j, k, p, temp;
    for (i = 0; i < n; i++) {                            //初始化
        sum[i] = 0;add[i] = i;                           //各行原来行号 add[i]
        for (j = 0; j < n; j++)
            sum[i] = sum[i]+A[i][j];                     //计算各行累加值 sum[i]
    }
    for (i = 0; i < n-1; i++) {                          //对 sum 数组排序
        k = i;                                           //采用直接选择排序
        for (j = i+1; j < n; j++)
            if (sum[j] < sum[k]) k = j;                  //选取当前最小者
        if (i != k) {                                    //交换到第 i 行
```

```
            temp = sum[i];sum[i] = sum[k];sum[k] = temp;
            temp = add[i];add[i] = add[k];add[k] = temp;
        }
    }
    for (i = 0; i == add[i]; i++);                  //跳过前面已经就位的行,不调整
    k = add[i];p = i;                               //p 记下第 i 行的起点
    for (j = 0; j < n; j++) sum[j] = A[i][j];       //暂存原第 0 行
    while (k != p) {                                //原起点行还未到
        for (j = 0; j < n; j++) A[i][j] = A[k][j];  //原第 k 行复制到第 i 行
        i = k;k = add[k];
    }
    for (j = 0; j < n; j++) A[i][j] = sum[j];
}
```

算法的时间复杂度为 $O(n^2)$,空间复杂度为 $O(n)$。

7. 设矩阵行列编号从 0 开始,图 4-29 为对应于图 4-15 的拉丁方阵,从图中可以看到:**A**[0][0]=1;**A**[0][1]=**A**[1][0]=2;**A**[0][2]=**A**[1][1]=**A**[2][0]=3,…,**A**[0][4]=**A**[1][3]=…=**A**[4][0]=5。因此,对于从 **A** 的左下角至右上角的主反对角线以上的部分,**A**[i][j]=$i+j+1$。对于该反对角线以下的部分,要重新开始,**A**[1][4]=**A**[2][3]=…=**A**[4][1]=1;**A**[2][4]=**A**[3][3]=**A**[4][2]=2;**A**[3][4]=**A**[4][3]=3;**A**[4][4]=4。因此,有 **A**[i][j]=$i+j+1-n$。算法描述如下。

```
#define n 5
void Latin (int A[n][n]) {
    int i, j;
    for (i = 0; i < n; i++)
        for (j = 0; j < n; j++)
            if (i+j+1 < n) A[i][j] = i+j+1;
            else A[i][j] = i+j+1-n;
}
```

算法的时间复杂度为 $O(n^2)$,空间复杂度为 $O(1)$。

8. 在"蛇形"矩阵中每一条反对角线上对数据元素的赋值方向是左下到右上与右上到左下交替出现的。若矩阵有 n 行 n 列,反对角线有 $2n-1$ 条($k=1,2,\cdots,2n-1$),如图 4-30 所示。

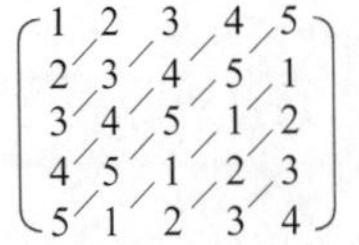

图 4-29 第 7 题拉丁方阵

图 4-30 第 8 题"蛇形"方阵

在主反对角线以上部分,当 $k=1$ 时,自然数 1 存于 **A**[0][0],行 row$=k-i-1$,列 col$=i$,此处 $i=0$。当 $k=2$ 时,自然数 2 存于 **A**[0][1],行 row$=i$,列 col$=k-i-1$,此处 $i=0$;自然数 3 存于 **A**[1][0],行 row$=i$,列 col$=k-i-1$,此处 $i=1$。

在主反对角线以下部分,以图 4-30 的 5 阶矩阵为例,当 $k=6$ 时,自然数 16 存于 **A**[1][4],

行号row=$k+i-n$,列号 col=$k-$row-1,此处 $i=0$;自然数 17 存于 $\boldsymbol{A}[2][3]$,行 row=$k+i-n$,列 col=$k-$row-1,此处 $i=1$;自然数 18 存于 $\boldsymbol{A}[3][2]$,行 row=$k+i-n$,列 col=$k-$row-1,此处 $i=2$;自然数 19 存于 $\boldsymbol{A}[4][1]$,行 row=$k+i-n$,列 col=$k-$row-1,此处 $i=3$。当 $k=9$ 时,自然数 25 存于 $\boldsymbol{A}[4][4]$,行 row=$k+i-n$,列号 col=$k-$row-1,此处 $i=0$。

根据以上分解,可得算法如下。

```
#define n 5
void Snake_M (int A[n][n]) {
    int i, j, k, m, row, col;
    m = 1;
    for (k = 1; k <= 2 * n-1; k ++) {
        if (k <= n) j = k;                                  //确定第 k 条反对角线元素个数
        else j = 2 * n-k;
        for (i = 0; i < j; i++) {
            if (k <= n) {                                   //主反对角线以上部分
                if (k % 2) { row = k-i-1;col = i; }
                else { row = i;col = k-i-1; }
            }
            else { row = k+i-n;col = k-row-1; }             //主反对角线以下部分
            A[row][col] = m;
            m++;
        }
    }
}
```

算法的时间复杂度为 $O(n^2)$,空间复杂度为 $O(1)$。

9. 算法的思路是采用螺旋填充的方法把自然数的值填入矩阵,如图 4-31 所示。为此考虑 4 个方向上的填充,用标志 flag=0,1,2,3 分别表示向下、向右、向上、向左。当该方向前方未超出边界且未填充时则填充之。算法描述如下。

$$\begin{pmatrix} 1 & 16 & 15 & 14 & 13 \\ 2 & 17 & 24 & 23 & 12 \\ 3 & 18 & 25 & 22 & 11 \\ 4 & 19 & 20 & 21 & 10 \\ 5 & 6 & 7 & 8 & 9 \end{pmatrix}$$

图 4-31 第 9 题螺旋矩阵

```
#define N 10
void Spiral_M (int A[ ][N], int n) {            //n = N
    int i, j, k, m, flag = 0;
    i = 0;j = 0;m = 1;k = n;
    while (m <= n * n) {                        //填充自然数
        while (flag == 0 && i < k) {            //flag = 0, 向下
            A[i][j] = m++;
            if (i+1 < k) i++;
            else { j++;flag = 1; }
        }
        while (flag == 1 && j < k) {            //flag = 1, 向右
            A[i][j] = m++;
            if (j+1 < k) j++;
            else { i--;flag = 2; }
        }
        while (flag == 2 && i >= n-k) {         //flag = 2,向上
            A[i][j] = m++;
```

```
            if (i-1 >= n-k) i--;
            else { j--;flag = 3; }
        }
        k--;
        while (flag == 3 && j >= n-k) {      //flag = 3, 向左
            A[i][j] = m++;
            if (j-1 >= n-k) j--;
            else { i++;flag = 0; }
        }
    }
}
```

算法的时间复杂度为 $O(n^2)$，空间复杂度为 $O(1)$。

10.【题解 1】 这个解法是基于字符串的堆存储结构。算法的思路是两头设指针，向中间并进，检查对应字符是否相等，直到中间会合。算法描述如下。

```
#include "AString.h"
bool center-sym (AString& S) {
    int i = 0, j = S.Length()-1;
    while (i < j)                          //n 为奇数时，i = j;n 为偶数时，i > j
        if (S[i] != S[j]) return false;    //S[i]和 S[j]是 AString 的重载操作
        else { i++;j--; }
    return true;
}
```

【题解 2】 这个解法基于字符串的单链表存储结构。算法的思路是利用一个栈。先把字符串所有元素进栈，再让逐个退栈与从头遍历链表同时进行，都相等说明中心对称，是回文。算法描述如下。

```
#include "LinkedStack.h"
bool center-sym (LString& S) {
    LinkedStack<char> SK;char ch;
    LinkNode<char> *p = S.First()->link;
    while (p != NULL)
        { SK.Push(p->data);p = p->link; }
    p = S.First()->link;
    while (! SK.isEmpty()) {
        SK.Pop(ch);
        if (ch != p->data) return false;
        else p = p->link;
    }
    return true;
}
```

11. 在主教材中用程序 4.12 定义了使用堆分配存储实现的字符串类 AString，下面补充一些成员函数。

(1) 串的实际长度就在 curLength 中，直接返回即可。算法描述如下。

```
int AString::Length () {
//算法返回串实际字符个数，不包括串结束符'\0'
    return curLength;
}
```

算法的时间复杂度和空间复杂度均为 $O(1)$。

(2) 利用暴力法,从串 * this 的第 ad 个位置起,抽取长度与 B 等长的子串进行比较,若相等,则找到与 B 匹配的子串,返回它在 * this 中的位置;若不等,在 * this 中向右错一位,抽取第 ad+1 个位置起与 B 等长的子串继续比较;若还不等,在 * this 中再向右错一位,抽取第 ad+2 个位置起与 B 等长的子串继续比较;依此做一次一次比较,直到比较成功,或取不出与 B 相等的子串为止。算法描述如下。

```
int AString ::Find (AString& B, int ad) {
int i = ad, j = 0;
    while (i < curLength && j < B.curLength) {
        if (ch[i] == B.ch[j]) { i++;j++; }              //对应字符相等,指针后移
        else { i = i-j+1;j = 0; }                       //对应字符不等,i 回溯,j 为 0
    }
    if (j == B.curLength) return i-B.n;                 //匹配成功,返回位置
    else return -1;                                     //匹配失败
}
```

设串 * this 和 B 的长度分别为 m 和 n,算法的时间复杂度为 $O(\min\{m,n\})$,空间复杂度为 $O(1)$。

(3) 算法先判断参数 ad 和 n 的合理性,若参数合理,通过一个循环,从 ad 位置起在 this->ch中连续取 n 个字符,将它们复制给 B.ch;然后再通过一个循环,向前移动 this->ch 中的元素,将这部分字符覆盖掉,最后修改 this->curLength 即可完成删除。算法描述如下。

```
bool AString ::Remove (int ad, int n, AString& B) {
//如果在 this->ch 中提取 n 个字符的子串成功,引用参数 B 返回提取的子串,函数返回
//true;否则函数返回 false
    if (ad < 0 || ad >= curLength ||n <= 0) {                //参数不合理
        cout <<"参数 ad 或 n 不合理!" <<endl;
        B.ch[0] = '\0';B.curLength = 0;return false;
    }
    for (intA i = ad; i < ad+n; i++) B.ch[i-ad] = ch[i];     //复制到 B.ch
    for (i = ad+n; i < curLength; i++) ch[i-n] = ch[i];      //向前压缩 ch
    B.curLength = n;curLength = curLength-n;                 //修改串长度
    ch[curLength] = '\0';B.ch[B.curLength] = '\0';           //封闭串尾
    return true;
}
```

若串 * this 的长度为 n,算法的时间复杂度为 $O(n)$,空间复杂度为 $O(1)$。

(4) 当插入位置在串 * this 后面是追加的情形。算法需要判断插入后两个串长度加在一起是否超出了 maxSize。如果超出,则需要扩充串 * this 的存储空间以容纳 B,否则直接将 B 插入即可。算法的实现如下。

```
bool AString::Insert (int ad, AString& B) {
//算法将串 B 作为子串插入串 * this 的指定位置 ad(从 0 开始计),若插入成功,
//函数返回 true;若插入不成功,函数返回 false,串 * this 不变
    if (ad < 0 || ad > curLength)
        { cout <<"参数 ad =" << ad <<"不合理!" <<endl;return false; }
    if (curLength+B.curLength > maxSize) {           //超长, 扩充 this->ch 数组
```

```
        char * dest = new char[curLength+B.curLength+1];  //动态存储分配
        if (dest == NULL) { cout <<"存储分配失败!" <<endl;return false; }
        for (int i = 0; i < curLength; i++) dest[i] = ch[i]; //复制原 * this 的字符
        delete [] ch;ch = dest;maxSize = curLength+B.curLength;
    }
    for (int j = curLength-1; j >= ad; j--)
        ch[j+B.curLength] = ch[j];                              //为插入 B,后移
    for (j = 0; j < B.curLength; j++) ch[ad+j] = B.ch[j];    //复制 B.ch
    curLength = curLength+B.curLength;
    ch[curLength] = '\0';
    return true;
}
```

设串 * this 和 B 的长度分别为 m 和 n，算法的时间复杂度与空间复杂度均为 $O(m+n)$。

(5) 算法的设计思路是：每次从第 k 个字符开始，用查找子串的 Find 运算在串 * this 中找与 B 匹配的子串，用 C 替换它。k 的初始位置为 0，替换后 k 移到用 C 替换 B 后的位置。算法描述如下(用到第 11 题(2)、(3)、(4)定义的函数 Find、Insert 和 Remove)。

```
bool AString::RePlace (AString& B, AString& C) {
//若串 * this 中所有子串 B 都用 C 替换成功,函数返回 true;否则返回 false
    int ad, lb = B.Length(), lc = C.Length();
    if ((ad = Find (B, 0)) == -1)          //串 * this 中没有找到 B, * this 不变
        { cout <<"没有找到要替换的串!" <<endl;return false; }
    AString s1;
    while (ad != -1) {
        Remove (ad, lb, s1);               //从 * this 中移出 ad 后的 lb 个字符存入 s1
        Insert (ad, C);                    //将 C 插入 * this 中 ad 位置之后
        ad = Find (B, ad+lc);              //跳过替换的串,查找下一个串 B
    }
    return true;
}
```

设串 * this、C 的长度分别为 m 和 n，算法的时间复杂度与空间复杂度均为 $O(m+n)$。

(6) 从串 * this 中指定位置 ad 之后直到串尾的字符抽取出来，形成子串存入引用参数 B 指定的串。算法描述如下。

```
void AString::Split (int ad, AString& B) {
    if (ad < curLength) {                                     //判断 ad 的合理性
        for (int i = ad, j = 0; i < curLength; i++, j++)     //复制后缀子串到 B
            B.ch[j] = ch[i];
        B.ch[j] = '\0';ch[ad] = '\0';                         //封闭串尾
        B.curLength = j;curLength = ad;                       //修改串长度
        B.maxSize = maxSize;
    }
    else cout <<"参数 ad =" << ad <<"超出串长度!" <<endl;
}
```

设得到的串 B 的长度为 m，算法的时间复杂度为 $O(m)$，空间复杂度为 $O(1)$。

12. 设 s 是输入字符串，算法参数表中传递两个数组：数组 A 中记录字符串中出现的不同字符，数组 C 中记录每一种字符出现的次数，引用参数 k 返回不同字符个数。这两个数

组都应在调用程序中定义。

算法描述如下。

```
#include <iostream.h>
#include "AString.h"
void frequency (AString& s, char A[ ], int C[ ], int &k) {
    int i, j, len = s.Length();k = 0;
    if (!len) { cout <<"空串!" <<endl;return; }
    else {
        A[0] = s[0];C[0] = 1;k = 1;                    //语句 s[i]是串的重载操作
        for (i = 1; i < len; i++) C[i] = 0;
        for (i = 1; i < len; i++) {                    //检测串中所有字符
            if (s[i] == '\0') break;                   //遇到串结束符,跳出循环
            if (s[i] == ' ') continue;                 //遇到空格,滤去
            for (j = 0; j < k && A[j] != s[i]; j++);   //在 A 中检查 s[i]是否已有
            if (j < k) C[j]++;                         //重复字符,仅计数加 1
            else { A[k] = s[i];C[k]++;k++; }           //不重复字符,加在尾部
        }
    }
};
void main(void) {                                      //验证程序
    int i, j;char str[26] = "cast cast sat at a tasa\0";
    AString S(str);
    char ch[26];int fr[26];
    frequency (S, ch, fr, j);                          //对串 S 执行算法
    cout <<"The Test data are: " << str <<endl;        //输出测试串内容
    cout <<"Charactors: ";
    for (i = 0; i < j; i++) cout << ch[i] <<" ";
    cout <<"\n" <<"Frequency: ";
    for (i = 0; i < j; i++) cout << fr[i] <<" ";
    cout <<endl;
}
```

程序运行结果图如图 4-32 所示。

```
The Test data are: cast cast sat at a tasa
Charactors: cast
Frequency: 2745
Press any key to continue
```

图 4-32　第 12 题示例

13. (1) 定义广义表的类结构如下。

为了简化广义表的操作,在广义表中只包含字符型原子结点,并用除大写字母外的字符表示数据,表头结点中存放用大写字母表示的表名。这样,广义表中结点类型有 3 种: 表头结点、原子结点和子表结点。

```
template <class T>
struct Items {                                  //返回值的类结构定义
    int mark;                                   //访问标志
    int utype;                                  //=0/1/2
```

```
    union {                                          //联合内各成员共享同一存储
        char * LName;                                //utype=0，头结点，存放表名
        T value;                                     //utype=1，存放数值
        GenListNode<T> * hlink;                      //utype=2，存放指向子表的指针
    } info;
    Items() : mark(0), utype(0), info.LName('\0') { }  //构造函数
    Items(Items<T>& RL) { mark = RL.mark;utype = RL.utype;info = RL.info; }
};
template <class T>
struct GenListNode {                                 //广义表结点类定义
public:
    GenListNode () : mark(0), utype(0), tlink(NULL), info.LName('\0') {}
    GenListNode (GenListNode<T>& RL) {
        { mark = RL.mark;utype = RL.utype;tlink = RL.tlink;info = RL.info; }
    int getMark (GenListNode<T> * elem) { return elem->mark; }
    int getType (GenListNode<T> * elem) { return elem->utype; }
    int getListName (GenListNode<T> * elem) { return elem->info.LName; }
    T getValue (GenListNode<T> * elem) { return elem->info.value; }
    GenListNode<T> * gettlink (GenListNode<T> * elem) { return elem->info.tlink; }
    GenListNode< T> * gethlink (GenListNode< T> * elem) { return elem-> info.
hlink; }
private:
    int mark;                                        //访问标志
    int utype;                                       //=0/1/2
    GenListNode<T> * tlink;                          //指向同一层下一结点的指针
    union {                                          //联合
        char * LName;                                //utype=0，头结点，存放表名
        T value;                                     //utype=1，存放数值
        GenListNode<T> * hlink;                      //utype=2，存放指向子表的指针
    } info;
};
template <class T>
class GenList {                                      //广义表类定义
public:
    GenList ();                                      //构造函数
    ~GenList () { Remove(first); }                   //析构函数
    bool Head (Items& x);                            //返回表头 x
    bool Tail (GenList<T>& lt);                      //返回表尾 lt
    GenListNode<T> * First () { return first; }      //返回头结点
    GenListNode<T> * Next (GenListNode<T> * elem) { return elem->tlink; }
                                                     //返回 elem 直接后继
    void Traverse ();                                //遍历广义表
private:
    GenListNode<T> * first;                          //广义表头指针
    void Traverse (GenListNode<T> * ls);             //广义表遍历
};
```

（2）广义表遍历的递归算法如下。

```
template <class T>
void GenList :: Traverse () {                              //公有函数
    traverse (first);
};
template <class T>
void GenList :: Traverse (GenListNode<T> * ls) {           //私有函数，广义表遍历算法
    if (ls != NULL) {
        ls->mark = 1;
        if (ls->utype == 0) cout <<ls->info.LName <<'(';   //表头结点
        else if (ls->utype == 1) {                         //原子结点
            cout << ls->info.value;
            if (ls->tlink != NULL) cout << ', ';
        }
        else if (ls->utype == 2) {                         //子表结点
            if (ls->info.hlink->mark == 0)
                Traverse(ls->info.hlink);                  //向表头搜索
            else cout << ls->info.hlink->info.LName;
            if (ls->tlink != NULL) cout << ', ';
        }
        Traverse (ls->tlink);                              //向表尾搜索
    }
    else cout << ') ';
};
```

对图 4-33 所示的广义表进行遍历，得到的遍历结果为 A(C(E(x,y),a),D(E,e))。

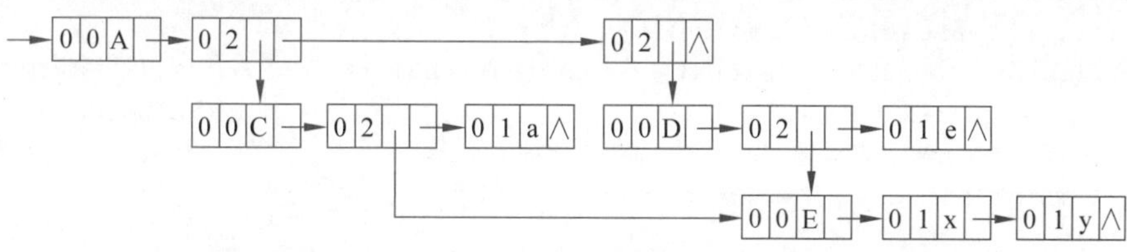

图 4-33 第 13(2)题一个广义表的链表存储表示

(3) 利用栈可实现上述算法的非递归解法，栈中存放回退时下一个将访问的结点地址。

```
#include <iostream.h>
#include "SeqStack.h"
void GenList :: Traverse () {
    SeqStack <GenListNode<T> * > st;
    GenListNode<T> * ls = first;
    while (ls != NULL) {
        ls->mark = 1;
        if (ls->utype == 2) {                           //子表结点
            if (ls->info.hlink->mark == 0)              //该子表未访问过
                { st.Push (ls->tlink);ls = ls->info.hlink; }
            else {
                cout << ls->info.hlink->info.LName;     //该子表已访问过
                if (ls->tlink != NULL) { cout << ', ';ls = ls->tlink; }
            }
        }
```

```
        else {
            if (ls->utype == 0)                                  //表头结点
                cout << ls->info.LName << ' (';
            else if (ls->utype == 1) {                           //原子结点
                cout << ls->info.value;
                if (ls->tlink != NULL) cout << ', ';
            }
            if (ls->tlink == NULL) {                             //子表访问完成
                cout >> ') ';
                if (!st.isEmpty()) {                             //栈不为空
                    st.Pop(ls);                                  //退栈
                    if (ls != NULL) cout << ', ';
                    else cout << ') ';
                }
            }
            else ls = ls->tlink;                                 //向表尾搜索
        }
    }
};
```

14. 利用栈实现一个广义表建立的算法(算法要求每个表都有表名)。

```
#include <iostream.h>
#include <ctype.h>
#include "SeqStack.h"
const int maxSubListNum = 20;                                    //最大子表个数
GenList :: GenList (char& value) {
    SeqStack <GenListNode<char> * > st (maxSubListNum); //用于记忆回退地址
    char Name[maxSubListNum];                                    //记忆建立过的表名
    GenListNode<char> * Pointer[maxSubListNum];                  //记忆对应表头指针
    GenListNode<char> *p, *q, *r;char ch;
    int m = 0, ad;                                               //m 为已建表计数
    cout <<"广义表停止输入标志数据 value : "; cin >> value;
    cout <<"开始输入广义表数据, 如 A(C(E(x, y), a), D(E(x, y), e)) "
    cin >> ch;
    first = q = new GenListNode;                                 //建立整个表的表头结点
    first->mark = first->utype = 0;first->info.LName = ch;
    if (ch != value)                                             //记录刚建立的表头结点
        { Name[m] = ch;Pointer[m++] = first; }
    else return;                                                 //否则建立空表, 返回
    cin >> ch;                                                   //接着应是'(', 进栈
    if (ch == '(') st.Push(first);
    else { cerr <<"语法错误! \n";return; }
    cin >> ch;
    while (ch != value) {                                        //逐个结点加入
        switch (ch) {
        case '(' : p = new GenListNode <T>;                      //建立子表结点
                p->mark = 0;p->utype = 2;p->info.hlink = q;
                st.Pop(r);r->tlink = p;                      //子表结点插在前一结点 r 之后
                st.Push(p);st.Push(q);                       //子表结点及下一表头结点进栈
```

```
                break;
            case ')' : q->tlink = NULL; st.Pop(r);         //子表建成,封闭链,退到上层
                if (!st.isEmpty ()) st.getTop(q);          //栈不为空,取上层链子表结点
                else return;                               //栈为空,无上层链,算法结束
                break;
            case ',' : break;
            default: ad = m;
                while (--ad >= 0 && Name[ad] != ch);       //查找是否已建立
                if (ad == -1) {                            //查不到, 建新结点
                    p = q;
                    if (isupper (ch)) {                    //大写字母, 建表头结点
                        q = new GenListNode;
                        q->mark = 0;q->utype = 0;q->info.LName = ch;
                        Name[m] = ch;Pointer[m++] = q;
                    }
                    else {                                 //非大写字母, 建原子结点
                        q = new GenListNode;
                        q->mark = 0;q->utype = 1;q->info.value = ch;
                        p->tlink = q;                      //链接
                    }
                }
                else {                                     //查到, 已加入此表
                    q = Pointer[ad];
                    p = new GenListNode;                   //建立子表结点
                    p->mark = 0;p->utype = 2;q->info.hlink = q;
                    st.Pop(r);r->tlink = p;
                    st.Push(p);q = p;
                }
            }
            cin >> ch;
        }
}
```

15. 求广义表深度的算法可以定义如下。

$$\text{Depth}(\text{Ls}) = \begin{cases} 1, & \text{Ls 为空表} \\ 0, & \text{Ls 为原子} \\ \text{Max}\{\text{Depth}(\text{getHead}(\text{Ls})) + 1, \text{Depth}(\text{getTail}(\text{Ls}))\}, & \text{Ls 为表} \end{cases}$$

相应的递归算法如下。

```
#include "GenList.h"
template <class T>
int GenListDepth (GenListNode<T> * L) {
    if (L->utype == 1) return 0;                          //原子深度为 0
    else if (!L->utype && !L->tlink || L->utype == 2 && !L->info.hlink)
        return 1;                                         //空表深度为 1
    int m = GenListDepth (L->info.hlink)+1;
    int n = GenListDepth (L->tlink);
    return (m > n) ? m : n;
}
```

16.【题解 1】 递归算法：算法先访问当前结点，如果是原子，直接输出原子的值和它所在层次，然后分别向表头、表尾递归遍历。递归结束条件是遇到空表或原子。

算法描述如下。

```
#include<iostream.h>
#include "GenList.h"
void GenListPrint (GenListNode<T> * L, int layer) {
//递归输出广义表的原子及其所在层次,layer表示当前层次
    if (L == NULL) return;
    if (L->utype == 1)
        cout <<"Value is" << L->info.Value <<"  Layer is " << layer <<endl;
    else {
        GenListPrint (L->info.hlink, layer+1);
        GenListPrint (L->tlink, layer);
    }
}
```

【题解 2】 可利用队列进行广义表的层次遍历。在从队列头部取出一个元素的同时，把它的下一层的元素插入队列尾部。算法描述如下。

```
#include <iostream.h>
#include "SeqQueue.h"
template <class T>
void GenListPrint (GenList<T>& L) {
    SeqQueue<GenListNode<T> * > Q;
    GenListNode<T> * p = L.First();
    int last = 0, level = 1, count = 0;
    while (p != NULL) { Q.EnQueue(p);p = p->tlink;last++; }
    while (!isQueue(Q)) {
        Q.DeQueue(p);last--;
        if (p->utype == 1)
        cout <<"Value is " << p->info.Value <<"  level is " << level <<endl;
        else {                                  //p->utype == 2, 子表
            p = p->info.hlink;
            if (p != NULL && p->tlink != NULL) {
                p = p->tlink;
                while (p != NULL)
                    { Q.EnQueue(p);p = p->tlink;count++;
                }
        }
        if (!last) { level++;last = count;count = 0; }
    }
}
```

第5章 树与森林

本章主要介绍了树与森林，二叉树的定义、性质、操作和相关算法的实现。特别是二叉树的遍历算法，它们与许多以此为基础的递归算法都必须认真学习。

因为树的先根遍历次序与对应二叉树表示的前序遍历次序一致，树的后根遍历次序与对应二叉树的中序遍历次序一致，因此可以据此得出树的遍历算法。线索二叉树是直接利用二叉链表的空链指针记入前驱和后继线索，从而简化二叉树的遍历。堆是一种二叉树的应用，可以用它作为优先级队列的实现。它的存储表示是完全二叉树的顺序存储方式，它的定义不要求堆中的数据有序，但要求父结点与子女结点必须满足某种关系。本章最后讨论 Huffman 树。这种树是扩充二叉树，要求在外结点上带有权值，在构造 Huffman 树时必须注意一个新结点的左子女上所带的权值小于右子女上所带的权值，这不是 Huffman 树必须是这样的，而是算法实现造成了这种结果。此外，作为 Huffman 树的应用，引入了 Huffman 编码。通常让 Huffman 树的左分支代表编码“0”，右分支代表编码“1”，从而得到 Huffman 编码。这是一种不等长编码，可以有效地实现数据压缩。

5.1 复习要点

本章复习的要点如下。

1. 树与二叉树的概念

(1) 树的定义与二叉树的定义。包括树与二叉树的相关术语。特别要注意结点的度、层次、深度、高度，以及树的度、深度、高度的概念。

(2) 二叉树的性质。包括二叉树中层次与结点个数的关系，二叉树中高度与结点个数的关系，二叉树中结点编号与层次的关系，完全二叉树中结点间的关系，完全二叉树中高度与结点个数的关系。

(3) 树与二叉树的定义的递归性质，以及相应递归算法的递归方向和递归的结束条件。

2. 二叉树的存储结构

(1) 二叉树的顺序存储结构的结构或类定义，它的适用范围及存储利用率。

(2) 在二叉树的顺序存储结构中如何寻找某结点的父结点、子女和兄弟结点。

(3) 二叉树的链式存储结构的结构或类定义，包括二叉链表、三叉链表和静态链表。

(4) 在二叉树的链表存储结构中如何寻找某结点的父结点、子女和兄弟结点。

(5) 不同存储结构的互换方法。

3. 二叉树的遍历

(1) 二叉树的前序、中序、后序遍历的递归算法。

(2) 使用栈的二叉树前序、中序、后序遍历的非递归算法。

(3) 使用队列的二叉树的层次序遍历算法。

(4) 利用前序与中序、中序与后序遍历结果构造二叉树的方法,不同种类的二叉树棵数的计数。

(5) 二叉树遍历算法的应用。

从二叉树的前序序列,借助前序遍历的思想构造二叉树的递归算法。

- 统计二叉树结点个数、二叉树叶结点个数、二叉树高度的递归算法。
- 判断两棵二叉树同构(相等)和交换二叉树左、右子女指针的递归算法。
- 将完全二叉树的顺序存储表示转换为二叉链表表示的递归算法。

4. 线索二叉树

(1) 理解什么是线索,中序线索二叉树的结构特性及在中序线索二叉树中寻找某结点的中序前驱和中序后继的方法。

(2) 通过二叉树的中序遍历建立中序线索二叉树的算法。

(3) 中序线索二叉树上的中序遍历算法。

(4) 前序线索二叉树的结构特性,以及在前序线索二叉树中寻找某结点的前序前驱和前序后继的方法。

(5) 后序线索二叉树的结构特性,以及在后序线索二叉树中寻找某结点的前序前驱和前序后继的方法。

(6) 通过二叉树的前序遍历和后序遍历建立前序线索二叉树和后序线索二叉树的算法。

(7) 前序线索二叉树上的前序遍历算法和后序线索二叉树上的后序遍历算法。

5. 树与森林

(1) 树/森林与二叉树的转换方法。

(2) 树的存储表示。重点是父指针数组(双亲)表示、子女—兄弟链表表示(即二叉树表示)。

(3) 树的先根与后根遍历的方法。注意树的先根遍历、后根遍历与对应二叉树的前序遍历、中序遍历的关系。

(4) 树的先根、后根、层次序遍历算法(基于树的二叉树表示)。

(5) 森林的先根、中根遍历与对应二叉树的前序遍历、中序遍历的关系。

6. 堆

(1) 堆的概念(注意结点编号是从 1 开始还是从 0 开始)。

(2) 堆的构造过程和算法。注意算法分析。

(3) 堆的 siftDown 和 siftUp 算法。

(4) 堆的插入和删除过程与算法。

7. Huffman 树

(1) 扩展二叉树、带权路径长度的概念。

(2) Huffman 树的定义及存储表示。注意它的静态链表存储结构。

(3) Huffman 树的构造过程和 Huffman 树的构造算法。

(4) Huffman 编码的构造方法。

(5) Huffman 树作为最佳判定树的构造方法。

5.2 难点与重点

本章的知识点有 7 个，包括树与二叉树的定义和性质、二叉树的存储、二叉树的遍历、线索二叉树、树与森林，以及堆和 Huffman 树。各个知识点的难点和重点列举如下。

1. 树与二叉树的定义和性质

(1) 二叉树是树吗？注意区分树与 N 叉树，自由树与有根树。

(2) 树的叶结点无子女，是否可称它为无子树？复习树的定义。

(3) 二叉树的叶结点无子女，它是否为无子树？复习二叉树的定义。

(4) 树和二叉树的高度与深度如何理解？

(5) 一棵二叉树有 1024 个结点，其中 465 个是叶结点，那么树中度为 2 和度为 1 的结点各有多少？

(6) 计算深度的公式 $\lceil \log_2(n+1) \rceil$ 是针对何种二叉树的？

(7) 二叉树求深度的公式 $\lceil \log_2(n+1) \rceil$ 与 $\lfloor \log_2 n+1 \rfloor$ 有何不同？

(8) 完全二叉树有何用处？

(9) $n_0=n_2+1$ 公式有何用途？

2. 二叉树的存储

(1) 顺序存储适用于何种二叉树？

(2) 完全二叉树的结点从 1 开始编号和从 0 开始编号有何不同？

(3) 通常使用二叉链表存储二叉树，为何还选用三叉链表？

(4) 使用二叉链表存储有 n 个结点的二叉树，空的指针域有多少？

(5) 最适合静态链表定义的存储数组是一维数组还是二维数组？

3. 二叉树的遍历

(1) 已知二叉树的前序序列 abdcef 和中序序列 dbaecf，其后序序列是什么？

(2) 前序序列与中序序列相同的是什么二叉树？

(3) 前序序列与后序序列相同的是什么二叉树？

(4) 前序序列与层次序序列相同的是什么二叉树？

(5) 后序序列与层次序序列相同的是什么二叉树？

(6) 前序序列与中序序列正好相反的是什么二叉树？

(7) 前序序列与后序序列正好相反的是什么二叉树？

(8) 一棵二叉树的前序序列的最后一个结点是否是它中序序列的最后一个结点？

(9) 一棵二叉树的前序序列的最后一个结点是否是它层次序序列的最后一个结点？

(10) 一棵有 n 个结点的二叉树的前序序列固定，可能的不同二叉树有多少种？

(11) 二叉树的前序、中序、后序遍历所走的路线都相同，只是访问时机不同，这种说法对吗？

(12) 二叉树的层次序遍历是按二叉树层次进行逐层访问，其遍历算法需要使用何种辅助结构？

4. 线索二叉树

(1) 如何构造一棵中序线索二叉树？

(2) 如何在一棵中序线索二叉树中寻找某结点 *p 为根的子树上的中序第一个结点？
(3) 如何在一棵中序线索二叉树中寻找某结点 *p 为根的子树上的中序最后一个结点？
(4) 如何在一棵中序线索二叉树中寻找某结点 *p 的中序下的后继？
(5) 如何在一棵中序线索二叉树中寻找某结点 *p 的中序下的前驱？
(6) 如何在一棵中序线索二叉树中寻找某结点 *p 的前序下的后继？
(7) 如何在一棵中序线索二叉树中寻找某结点 *p 的前序下的前驱？
(8) 如何在一棵中序线索二叉树中寻找某结点 *p 的后序下的后继？
(9) 如何在一棵中序线索二叉树中寻找某结点 *p 的后序下的前驱？
(10) 如何构造一棵前序线索二叉树？
(11) 如何在一棵前序线索二叉树中寻找以某结点 *p 为根的子树上的前序第一个结点？
(12) 如何在一棵前序线索二叉树中寻找以某结点 *p 的前序最后一个结点？
(13) 如何在一棵前序线索二叉树中寻找以某结点 *p 的前序下的后继？
(14) 如何在一棵前序线索二叉树中寻找以某结点 *p 的前序下的前驱？
(15) 如何构造一棵后序线索二叉树？
(16) 如何在一棵后序线索二叉树中寻找以某结点 *p 为根的子树上的后序第一个结点？
(17) 如何在一棵后序线索二叉树中寻找以某结点 *p 的后序最后一个结点？
(18) 如何在一棵后序线索二叉树中寻找以某结点 *p 的后序下的后继？
(19) 如何在一棵后序线索二叉树中寻找以某结点 *p 的后序下的前驱？

5. 树与森林

(1) 一棵 m 叉树，设根在第 1 层，从 0 开始自上向下分层给各个结点编号。问
① 第 i 层最多有多少结点？
② 高度为 h 的 m 叉树最多有多少结点？
③ 编号为 k 的结点的父结点编号是多少？
④ 编号为 k 的结点的第 1 个子结点编号是多少？
⑤ 编号为 k 的结点在第几层？

(2) 使用树的父指针数组表示，寻找某结点 i 的父结点、所有子女结点、兄弟结点的时间复杂度是多少？

(3) 使用树的子女链表表示，寻找某结点 i 的父结点、子女结点、兄弟结点的时间复杂度是多少？

(4) 使用树的左子女—右兄弟链表表示，寻找某结点 i 的父结点、子女结点、兄弟结点的时间复杂度是多少？

(5) 树的先根次序序列的特性是什么？

(6) n 个结点的不同的树有多少种？

(7) 森林中树 T_1、T_2、T_3 的结点数分别为 m_1、m_2、m_3，在该森林的二叉树表示中，根的左子树和右子树各有多少结点？

(8) 在一个有 n 个结点的森林的二叉树表示中，左指针为空的结点有 m 个，那么右指针为空的结点有多少个？

6. 堆

(1) 堆作为优先级队列的实现，插入和删除在堆的什么位置实施？

(2) 堆用数组作为其存储,那么它是线性结构还是非线性结构?

(3) 若想把数组中的100个元素调整为最小堆(或最大堆)需做多少次关键码比较?

7. Huffman 树

(1) Huffman 树是一棵扩充二叉树,外结点(叶结点)有 n 个,那么总共有多少结点?

(2) 在构造 Huffman 树的过程中,每次从森林中选根的关键码值最小和次小的两棵树合并。在合并时是最小的作为左子树还是次小的作为左子树?

(3) 用 Huffman 树构造最佳判定树,内、外结点各起什么作用?带权路径长度表示什么意思?

(4) 用 Huffman 树构造不等长的 Huffman 编码,一段报文的总(二进制)编码数用什么衡量?

5.3 教材习题解析

一、单项选择题

1. 设树中有 n 个结点,则所有结点的度等于( )。

A. $n-1$　　B. n　　C. $n+1$　　D. $2n$

【题解】 选A。每个结点的度等于该结点发出的分支数,所有结点的度等于树中的分支总数,有 n 个结点的树有 $n-1$ 条分支将其连通。

2. 在一棵树中,( )没有前驱结点。

A. 分支结点　　B. 叶结点　　C. 根结点　　D. 空结点

【题解】 选C。树结点的前驱即它的父结点,树中除根外所有结点都有一个父结点,只有根结点没有父结点,也就是说,根没有前驱结点。

3. 在一棵有 n 个结点的二叉树的二叉链表中,空指针域数等于非空指针域数加( )。

A. -1　　B. 1　　C. 2　　D. 3

【题解】 选C。二叉链表的每个结点有2个子女指针,n 个结点有 $2n$ 个子女指针,根据 n 个结点有 $n-1$ 条分支的条件,二叉链表中应有 $n-1$ 个非空子女指针,有 $n+1$ 个空指针,空指针数($n+1$)等于非空指针数($n-1$)加2。

4. 在一棵有 n 个结点的二叉树中,所有结点的空子树棵数等于( )。

A. $n-1$　　B. n　　C. $n+1$　　D. $2n$

【题解】 选C。如果结点的子女指针为空,则可视为指向一棵空子树。一棵有 n 个结点的二叉树有 $n+1$ 个空子女指针,则意味着该二叉树有 $n+1$ 棵空子树。

5. 在一棵有 n 个结点的二叉树的第 i 层上(假定根结点为第1层,i 大于或等于1且小于或等于树的高度)最多有( )个结点。

A. 2^{i-1}　　B. 2^i　　C. 2^{i+1}　　D. 2^n

【题解】 选A。二叉树第1层有1($=2^0$)个结点,第2层有2($=2^1$)个结点,第3层有4($=2^2$)个结点。若设第 $i-1$ 层最多有 2^{i-2} 个结点,每个结点最多有2个子女,则第 i 层最多有 $2\times2^{i-2}=2^{i-1}$ 个结点。

6. 在一棵高度为 h(假定根结点的层号为1)的完全二叉树中,所含结点个数不小于( )。

A. 2^{h-1}　　B. 2^h　　C. 2^h-1　　D. $2^{h+1}-1$

【题解】 选 A。上面 $h-1$ 层是满的，结点数为 $1+2+\cdots+2^{h-2}=2^{h-1}-1$，第 h 层至少有 1 个结点，所以高度为 h 的完全二叉树至少有 $2^{h-1}-1+1=2^{h-1}$ 个结点。

7. 假定空树的高度为 0，则一棵具有 35 个结点的完全二叉树的高度为（ ）。

A. 2　　B. 3　　C. 5　　D. 6

【题解】 选 D。根据完全二叉树的性质，$h=\lfloor \log_2 n \rfloor+1=\lfloor \log_2 35 \rfloor+1=5+1=6$，或者使用另一计算公式 $h=\lceil \log_2(n+1) \rceil=\lceil \log_2(35+1) \rceil=\lceil \log_2 36 \rceil=6$。

8. 假定树根结点的编号为 0，则在一棵具有 n 个结点的完全二叉树中，分支结点的最大编号为（ ）。

A. $\lfloor (n-1)/2 \rfloor$　　B. $\lfloor n/2 \rfloor$　　C. $\lceil n/2 \rceil$　　D. $\lfloor n/2 \rfloor-1$

【题解】 选 A。完全二叉树的叶结点分布在离根最远的两层上，编号最大的第 $n-1$ 号结点是叶结点，它的父结点是编号为 $\lfloor (n-1)/2 \rfloor$ 的分支结点。

9. 在一棵完全二叉树中，假定根结点的编号为 0，若编号为 i 的结点存在左子女，则左子女结点的编号为（ ）。

A. $2\times i-1$　　B. $2\times i$　　C. $2\times i+1$　　D. $2\times i+2$

【题解】 选 C。如果根结点的编号为 0，它的左子女（若存在）的编号是 1（奇数）。一般地，树结点 i 的左子女（若存在）的编号为 $2i+1$（$2i+1<n$）。

10. 在一棵完全二叉树中，假定根结点的编号为 0，则对于编号为 $i(i>0)$ 的结点，其父结点的编号为（ ）。

A. $\lfloor (i+1)/2 \rfloor$　　B. $\lfloor (i-1)/2 \rfloor$　　C. $\lfloor i/2 \rfloor$　　D. $\lfloor i/2 \rfloor-1$

【题解】 选 B。如果完全二叉树根结点的编号为 0，指定结点 i 的父结点应为 $\lfloor (i-1)/2 \rfloor$。一般地，设结点 p 是树中结点，它的左子女编号为 $2p+1$，右子女编号为 $2p+2$，为使结点 i 的父结点编号为 p，即 $2p+1=i$（i 为奇数），$p=(i-1)/2$，或者 $2p+2=i$（i 为偶数），$p=(i-2)/2$，统一这两个求父结点的计算公式，使用 $\lfloor (i-1)/2 \rfloor$ 即可。

11. 设一棵树用子女—兄弟链表存储，在这种表示中一个结点的右子女是该结点的（ ）结点。

A. 兄弟　　B. 子女　　C. 祖先　　D. 子孙

【题解】 选 A。使用子女—兄弟链表存储一棵树，树中某结点 *p（若存在）的右子女是该结点的下一个兄弟。

12. 假定空树的高度为 0。已知一棵二叉树的广义表表示为 a (b (c), d (e (, g (h)), f))，则该二叉树的高度为（ ）。

A. 3　　B. 4　　C. 5　　D. 6

【题解】 选 B。该二叉树的广义表表示的最大括号嵌套重数是 4（在 a 的右子树、d 的左子树、e 的右子树 g 内），二叉树的高度为 4。

13. 假定空树的高度为 0。已知一棵树的边集表示为{<A,B>，<A,C>，<B,D>，<C,E>，<C,F>，<C,G>，<F,H>，<F,I>}，则该树的高度为（ ）。

A. 2　　B. 3

C. 4　　D. 5

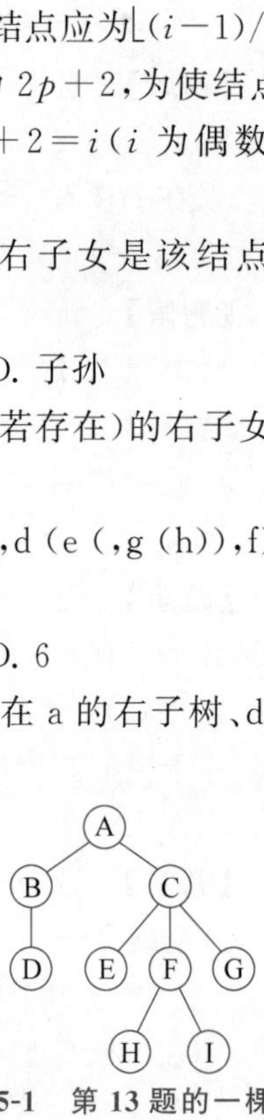

图 5-1 第 13 题的一棵树

【题解】 选 C。按题意构造的树如图 5-1 所示。它的高度为 4。

14. 利用 n 个值作为叶结点上的权值生成的 Huffman 树中共包含有(　　)个结点。

A. n　　B. $n+1$　　C. $2\times n$　　D. $2\times n-1$

【题解】 选 D。叶结点个数为 n，则构造出来的 Huffman 树的非叶结点有 $n-1$ 个，树中共有 $2n-1$ 个结点。

15. 利用 3,6,8,12 这四个值作为叶结点的权值生成一棵 Huffman 树，该树的带权路径长度为(　　)。

A. 55　　B. 29　　C. 58　　D. 38

【题解】 选 A。利用 3,6,8,12 作为叶结点的权值生成一棵 Huffman 树如图 5-2 所示，其带权路径长度为 wpl=(3+6)×3+8×2+12×1=55。

16. 一棵树的广义表表示为 a (b,c (e,f (g)),d)，当用子女—兄弟链表表示时，右指针域非空的结点个数为(　　)。

A. 1　　B. 2　　C. 3　　D. 4

【题解】 选 C。树的子女—兄弟链表表示如图 5-3 所示。从图中可以看到，根结点 a 的右指针为空；根有 3 个子女，它们构成的兄弟链有 2 个子女的右指针不为空；结点 c 有 2 个子女，它们构成的兄弟链有一个结点的右指针不为空；结点 f 只有一个子女，该子女的右指针为空，所以树中有 3 个结点右指针不为空。

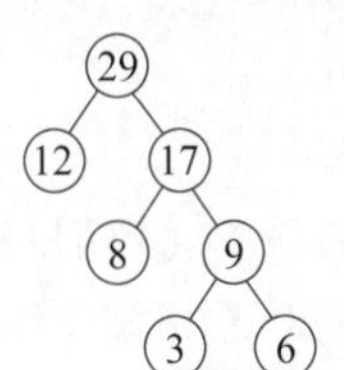

图 5-2　第 15 题的 Huffman 树

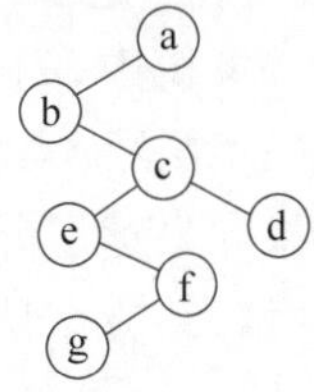

图 5-3　第 16 题树的子女—兄弟链表表示

17. 向有 n 个结点的堆中插入一个新元素的时间复杂度为(　　)。

A. $O(1)$　　B. $O(n)$　　C. $O(\log_2 n)$　　D. $O(n\log_2 n)$

【题解】 选 C。新元素插入堆尾，然后从底到顶调整成堆，数据比较次数与堆的高度相同，时间复杂度为 $O(\log_2 n)$。

二、填空题

1. 一棵树的广义表表示为 a (b (c,d (e,f),g (h)),i (j,k (x,y)))，结点 k 的所有祖先结点有(　　)个。

【题解】 2。根结点 a 有 2 个子女 b 和 i，i 有 2 个子女 j 和 k，所以 k 的祖先结点是 i 和 a，它有 2 个祖先结点 i 和 a。

2. 设根结点在第 1 层。一棵树的广义表表示为 a (b (c,d (e,f),g (h)),i (j,k (x,y)))，结点 f 在第(　　)层。

【题解】 4。根结点 a 有 2 个子女 b 和 i，结点 b 有 3 个子女 c、d 和 g，结点 d 有 2 个子女 e 和 f。因为根在第 1 层，从根结点 a 到 b，到 d，到 f，结点 f 在第 4 层。

3. 假定一棵三叉树有 50 个结点，则它的最小高度为(　　)。

【题解】 5。三叉树第 1 层有 $1(=3^0)$ 个结点，第 2 层最多有 $3(=3^1)$ 个结点，第 3 层最多有 $9(=3^2)$ 个结点，…，第 i 层最多有 3^{i-1} 个结点，设三叉树的最小高度为 h，若每一层都充满结点，有 $n \leqslant 3^0+3^1+\cdots+3^{h-1}=(3^h-1)/2$，变形后得 $h \geqslant \log_3(2n+1)$。按照题意，$n=50$，则 $h \geqslant \log_3 101=4.201$，$h=5$。

4. 在一棵高度为 3 的四叉树中，最多含有(　　)结点。

【题解】 21。一般地，设四叉树高度为 h，则结点数最多为 $4^0+4^1+\cdots+4^{h-1}=(4^h-1)/3$，若 $h=3$，则四叉树最多有 $(4^3-1)/3=(64-1)/3=21$。

5. 在一棵三叉树中，度为 3 的结点有 2 个，度为 2 的结点有 1 个，度为 1 的结点为 2 个，那么度为 0 的结点有(　　)个。

【题解】 6。设三叉树中度为 0 的结点有 n_0 个，度为 1 的结点有 n_1 个，度为 2 的结点有 n_2 个，度为 3 的结点有 n_3 个，树中总结点有 n 个，则 $n=n_0+n_1+n_2+n_3$，且树的分支数有 $n-1$ 条，而 $n-1=n_0+n_1+n_2+n_3-1=n_1+2\times n_2+3\times n_3$，化简，$n_0=n_2+2\times n_3+1$，按照题意，$n_2=1$，$n_3=2$，则 $n_0=1+2\times 2+1=6$，即度为 0 的结点有 6 个。

6. 一棵高度为 5 的完全二叉树中，最多包含(　　)个结点。

【题解】 31。在完全二叉树中，设高度为 h，则 $n \leqslant 2^h-1$，若 $h=5$，则 $n \leqslant 2^5-1=31$。

7. 一棵树的广义表表示为 A (B (C,D (E,F,G),H (I,J)))，则该树的高度为(　　)。

【题解】 4。树的高度等于它的广义表表示的深度加 1，其广义表的深度等于它的括号最大嵌套重数，本题的广义表深度为 3，故树的高度为 4。

8. 在一棵二叉树中，若度为 2 的结点有 5 个，度为 1 的结点有 6 个，则叶结点有(　　)个。

【题解】 6。在二叉树中，$n_0=n_2+1$，$n_2=5$，则 $n_0=6$。

9. 若一棵二叉树的结点个数为 18，则它的最小高度为(　　)。

【题解】 5。如果除最远层外，上面其他各层结点达到最多，其高度最小，这就是完全二叉树或理想平衡树的情形，应用计算公式 $h=\lfloor \log_2 n \rfloor+1=\lfloor \log_2 18 \rfloor+1=4+1=5$。

10. 设根结点为第 1 层，叶结点的高度为 1。在一棵高度为 h 的理想平衡树(即从第 1 层到 $h-1$ 层都是满的，第 h 层的结点分布在该层各处)中，最少含有(　　)个结点。

【题解】 $2^{h-1}-1$。依照题意，根结点在第 1 层，从第 1 层到第 $h-1$ 层都是满的，结点总个数等于 $2^{h-1}-1$，第 h 层至少有 1 个结点，所以高度为 h 的理想平衡树至少有 $2^{h-1}-1+1=2^{h-1}$ 个结点。

11. 在一棵高度为 h 的理想平衡树(即从第 1 层到第 $h-1$ 层都是满的，第 h 层的结点分布在该层各处)中，最多含有(　　)个结点。

【题解】 2^h-1。如果对于理想平衡树第 h 层也是满的，结点个数达到最多，等于 $2^{h-1}-1+2^{h-1}=2^h-1$。

12. 若将一棵树 A (B (C,D,E),F (G (H),I)) 按照子女—兄弟链表表示法转换为二叉树，该二叉树中度为 2 的结点个数为(　　)个。

【题解】 2。在树的子女—兄弟链表表示中，既有子女又有兄弟的结点才是二叉树中度为 2 的结点。在题目中给出的树中只有 B 和 G 满足要求，所以度为 2 的结点有 2 个。

13. 一棵树按照子女—兄弟链表表示转换成对应的二叉树，则该二叉树中根结点肯定没有(　　)子女。

【题解】 右。树的子女—兄弟链表表示中，根结点如果有子树，则左指针(子女指针)非空，而右指针(兄弟指针)一定为空。

14. 在一个堆的顺序存储中，若一个元素的下标为 $i(0 \leqslant i \leqslant n-1)$，则它的左子女的下标为(　　)。

【题解】 $2i+1$。堆是按照完全二叉树的顺序存储组织的，由于结点从0开始编号，则第 i 个结点的左子女的下标是 $2i+1$。

15. 在一个堆的顺序存储中，若一个元素的下标为 $i(0\leqslant i\leqslant n-1)$，则它的右子女的下标为(　　)。

【题解】 $2i+2$。接第14题，结点 i 的右子女的下标是 $2i+2$。

16. 在一个最小堆中，堆顶结点的值是所有结点中(　　)。

【题解】 最小的。在一个最小堆中，堆顶结点的值是堆内所有结点中最小的。

17. 在一个最大堆中，堆顶结点的值是所有结点中(　　)。

【题解】 最大的。在一个最大堆中，堆顶结点的值是堆内所有结点中最大的。

18. 6个结点可构造出(　　)种不同形态的二叉树。

【题解】 132。使用catalan函数可以计算出不同形态二叉树的棵数为：$C_{2n}^{n}/(n+1)=C_{12}^{6}/(6+1)=132$ 种。

19. 设森林F中有4棵树，第1、2、3、4棵树的结点个数分别为 n_1、n_2、n_3、n_4，当把森林F转换成一棵二叉树后，其根结点的右子树中有(　　)个结点。

【题解】 $n_2+n_3+n_4$。森林F转换为一棵二叉树时，森林第1棵树的根结点成为相应二叉树的根结点，森林第1棵树的根的子树森林成为相应二叉树的根的左子树；森林除第1棵树外的其他树构成相应二叉树的根的右子树，它包含 $n_2+n_3+n_4$ 个结点。

20. 森林 F 中有4棵树，第1、2、3、4棵树的结点个数分别为 n_1、n_2、n_3、n_4，当把森林F转换成一棵二叉树后，其根结点的左子树中有(　　)个结点。

【题解】 n_1-1。把森林F转换成一棵二叉树后，其根结点的左子树中包含 n_1-1 个结点。

21. 将含有82个结点的完全二叉树从根结点开始顺序编号，根结点为第0号，其他结点自上向下，同一层自左向右连续编号，则第40号结点的父结点的编号为(　　)。

【题解】 19。如果根结点的编号为0，根据完全二叉树的性质，结点 $i(i>0)$ 的父结点的编号为 $\lfloor(i-1)/2\rfloor$，那么编号为40的结点的父结点是 $\lfloor(40-1)/2\rfloor=19$。

三、判断题

1. 在一棵二叉树中，假定每个结点只有左子女，没有右子女，对它分别进行前序遍历和后序遍历，则具有相同的遍历结果。

【题解】 错。将访问二叉树的根结点记为V，遍历根的左子树记为L，遍历根的右子树记为R。如果一棵二叉树的每个结点只有左子女，没有右子女，它就是一棵左斜单支树，其前序遍历为VL，后序遍历为LV，遍历结果不同。

2. 在一棵二叉树中，假定每个结点只有左子女，没有右子女，对它分别进行中序遍历和后序遍历，则具有相同的遍历结果。

【题解】 对。接第1题，对于一棵左斜单支树，其中序遍历为LV，后序遍历为LV，遍历的结果相同。

3. 在一棵二叉树中，假定每个结点只有左子女，没有右子女，对它分别进行前序遍历和中序遍历，则具有相同的遍历结果。

【题解】 错。接第1、2题，对于一棵左斜单支树，其前序遍历为VL，中序遍历为LV，遍历结果不同。

4. 在一棵二叉树中，假定每个结点只有左子女，没有右子女，对它分别进行前序遍历和按层遍历，则具有相同的遍历结果。

【题解】 对。对于一棵左斜单支树，其前序遍历为 VL，层次序遍历也是 VL，具有相同的遍历结果。

5. 在树的存储中，若使每个结点带有指向父结点的指针，将在算法中为寻找父结点带来方便。

【题解】 对。每个结点带有指向其父结点的指针，如果想从指定结点 *p 找到其父结点，只需沿结点 *p 中的父指针上溯即可，时间复杂度为 $O(1)$。

6. 对于一棵具有 n 个结点，其高度为 h 的二叉树，进行任一种次序遍历的时间复杂度均为 $O(n)$。

【题解】 对。对于有 n 个结点的二叉树，不论采用何种遍历，都要对每个结点访问一次而且仅访问一次，其时间复杂度均为 $O(n)$。

7. 对于一棵具有 n 个结点，其高度为 h 的二叉树，进行任一种次序遍历的时间复杂度为 $O(h)$。

【题解】 错。任何一种次序遍历的时间复杂度都与树中的结点个数 n 有关，与树的高度无关。

8. 对于一棵具有 n 个结点的二叉树，进行前序、中序或后序遍历的空间复杂度均为 $O(\log_2 n)$。

【题解】 错。对于一棵有 n 个结点的二叉树，进行前序、中序或后序的空间复杂度与递归使用的栈有关，与二叉树的形态有关。对于双支树，空间复杂度会低些，对于单支树，空间复杂度会高一些。

9. 在一棵具有 n 个结点的线索二叉树中，每个结点的指针可能指向子女结点，也可能作为线索，指向某一种遍历次序的前驱或后继结点，所有结点中作为线索使用的指针共有 n 个。

【题解】 错。有 n 个结点的线索二叉树中有 $2n$ 个指针，其中有 $n-1$ 个是子女指针，有 $n+1$ 个是线索指针。

10. 当向一个最小堆中插入一个具有最小值的元素时，该元素需要逐层向上调整，直到被调整到堆顶位置为止。

【题解】 对。堆的插入是在堆的底部，即离根最远的那一层最后一个结点处。如果插入的是最小值元素，需要自底向上逐层进行调整。大的下落，小的上升，直至堆顶。

11. 对具有 n 个结点的堆进行插入一个元素运算的时间复杂度为 $O(n)$。

【题解】 错。堆插入的时间复杂度取决于堆的高度，应为 $O(\log_2 n)$。

12. 当从一个最小堆中删除一个元素时，需要把堆尾元素填补到堆顶位置，然后再按条件把它逐层向下调整，直到调整到合适位置为止。

【题解】 对。从堆中删除的一定是堆顶元素，然后把堆尾元素填补到堆顶位置，但有可能填补的不是最小值元素，不是一个最小堆了，因此，要从堆顶开始自顶向下逐层进行调整，使之重新形成一个最小堆。

13. 从具有 n 个结点的堆中删除一个元素，其时间复杂度为 $O(\log_2 n)$。

【题解】 对。堆删除的时间复杂度取决于堆的高度，应为 $O(\log_2 n)$。

14. 若有一个结点是二叉树中某个子树的中序遍历结果序列的最后一个结点，则它一定是该子树的前序遍历结果序列的最后一个结点。

【题解】 错。如图5-4所示，结点c是二叉树中序遍历序列的最后一个结点，但它不是二叉树前序遍历序列的最后一个结点，前序遍历序列的最后一个结点是结点f。

15. 若一个结点是二叉树中某个子树的前序遍历结果序列的最后一个结点，则它一定是该子树的中序遍历结果序列的最后一个结点。

【题解】 错。如图5-4所示，结点f是前序遍历序列的最后一个结点，但它不是中序遍历序列的最后一个结点。中序遍历序列的最后一个结点是c。

16. 若一个叶结点是二叉树中某个子树的中序遍历结果序列的最后一个结点，则它一定是该子树的前序遍历结果序列的最后一个结点。

【题解】 对。如图5-5所示，叶结点g是中序遍历序列的最后一个结点，也是前序遍历序列的最后一个结点。它是位于二叉树最右下的叶结点。

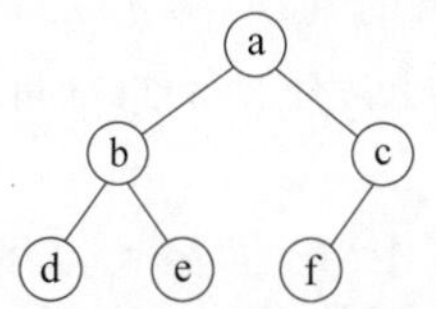

图5-4 第14、15题的二叉树示例

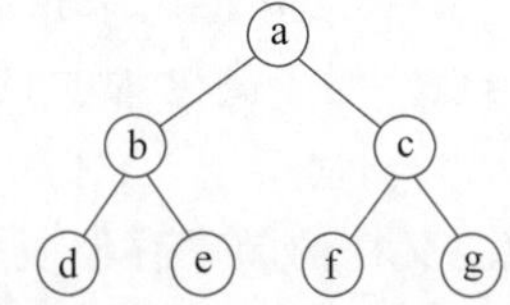

图5-5 第16题的二叉树示例

17. 若一个叶结点是二叉树中某个子树的前序遍历结果序列的最后一个结点，则它一定是该子树的中序遍历结果序列的最后一个结点。

【题解】 错。如图5-4所示，叶结点f是前序遍历结果序列的最后一个结点，但它不是中序遍历序列的最后一个结点。

18. 若将一批杂乱无章的数据按堆结构组织起来，则堆中各数据必然按自小到大的顺序排列起来。

【题解】 错。例如，最小堆只是规定堆中某结点的值小于或等于它的两个子女(若存在)的值，只是规定了沿某分支自上到下结点的值从小到大排列，没有规定横向的自小到大的顺序。因为堆是按完全二叉树的顺序存储组织的，每层结点横向没有按自小到大的顺序排列起来。

四、简答题

1. 假定一棵二叉树的广义表表示为a (b (c,),d (e,f))，分别写出对它进行前序、中序、后序、层次序遍历的结果。

【题解】 根据二叉树的广义表表示a (b (c,),d (e,f))得到的二叉树如图5-6所示。其前序遍历结果a b c d e f；中序遍历结果c b a e d f；后序遍历结果c b e f d a；层次序遍历结果a b d c e f。

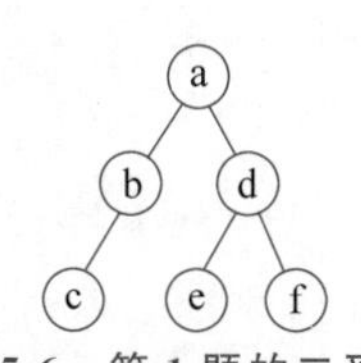

图5-6 第1题的二叉树

2. 满足以下条件的二叉树的可能形态是什么？

(1) 二叉树的前序序列与中序序列相同；

(2) 二叉树的中序序列与后序序列相同；

(3) 二叉树的前序序列与后序序列相同。

【题解】 设访问根结点记为V，遍历根的左子树记为L，遍历根的右子树记为 R,则二叉树的前序遍历记为 VLR,中序遍历记为 LVR,后序遍历记为 LRV。

(1) 若令 VLR(前序)＝LVR(中序),只有在 L 为空时才可行,即前序序列与中序序列相同的二叉树的所有结点的左子树为空,二叉树应是右单支树;

(2) 若令 LVR(中序)＝LRV(后序),只有在 R 为空时才可行,即中序序列与后序序列相同的二叉树的所有结点的右子树为空,二叉树应是左单支树;

(3) 若令 VLR(前序)＝LRV(后序),只有在 L、R 都为空时才可行,即前序序列与后序序列相同的二叉树的结点只有一个,左右子树均为空。

3. 设二叉树根结点所在层次为 1,规定空二叉树的高度为 0,非空二叉树的叶结点的高度为 1,分支结点的高度等于其左、右子树高度的大者加 1,树的高度 h 为根结点的高度。试问:

(1) 高度为 h 的完全二叉树的不同二叉树有多少棵?

(2) 高度为 h 的满二叉树的不同二叉树有多少棵?

【题解】 (1) 高度为 h 的二叉树有 h 层,根据二叉树的性质,第 h 层最多有 2^{h-1} 个结点,最少有 1 个结点。对于高度为 h 的完全二叉树而言,可以有 2^{h-1} 种不同的形态;

(2) 对于满二叉树而言,只有 1 种形态。

4. 已知一棵二叉树的顺序存储表示如图 5-7 所示,其中“－1”表示空,请分别写出该二叉树的前序、中序、后序遍历的序列。

0	1	2	3	4	5	6	7	8	9	10	11	12
20	8	46	5	15	30	−1	−1	−1	10	18	−1	35

图 5-7 第 4 题的二叉树的顺序存储表示

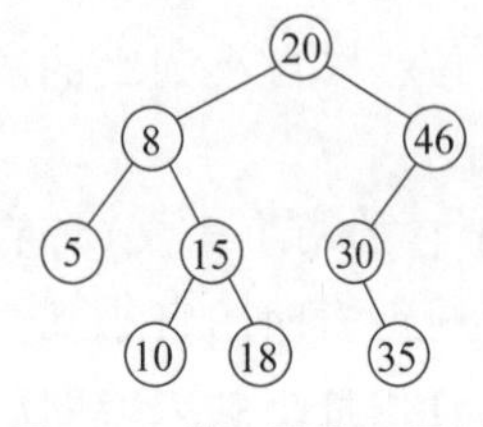

图 5-8 第 4 题的二叉树

【题解】 二叉树顺序存储数组的二叉树如图 5-8 所示,T[0]是二叉树的根,T[0]的两子女分别为 T[1]、T[2];T[1]的两子女分别为 T[3]、T[4];T[2]的两子女分别为 T[5]、T[6]……以此类推,直到 T[5]的两子女分别为 T[11]、T[12]。据此可得,二叉树前序遍历的结果序列为 20,8,5,15,10,18,46,30,35;中序遍历的结果序列为 5,8,10,15,18,20,30,35,46;后序遍历的结果序列为 5,10,18,15,8,35,30,46,20。

5. 已知一棵树的父指针数组表示(即双亲表示)如图 5-9,其中用“－1”表示空指针,树的根结点存于 0 号单元,试问该树的度为 0 的结点(叶结点)有多少? 度为 1 的结点有多少? 度为 2 的结点有多少? 度为 3 的结点有多少?

序号:	0	1	2	3	4	5	6	7	8	9	10
data:	a	b	c	d	e	f	g	h	i	j	k
parent:	−1	0	1	1	3	0	5	6	6	0	9

图 5-9 第 5 题一棵树的父指针数组表示

【题解】 由于树的根结点在 0 号单元,扫描数组寻找父指针为 0 的结点,有 1 号、5 号和 9 号结点;然后针对 1 号结点,扫描数组寻找父指针为 1 的结点,有 2 号和 3 号结点;针对 5 号结点,扫描数组寻找父指针为 5 的结点,有 6 号结点;针对 9 号结点,扫描数组寻找父指针为 9 的结点，有 10 号结点……最后可得如图 5-10 所示的图，统计出各结点的度。由此图可知，树中度为 0 的结点有 5 个，度为 1 的结点有 3 个，度为 2 的结点有 2 个，度为 3 的结点有 1 个。

序号:	0	1	2	3	4	5	6	7	8	9	10
data:	a	b	c	d	e	f	g	h	i	j	k
degree:	3	2	0	1	0	1	2	0	0	1	0

图 5-10　第 5 题由树的父指针数组统计得到各结点的度

6. 已知一棵二叉树的前序遍历序列为{a,b,c,d,e,f,g,h,i,j}，中序遍历序列为{c,b,a,e,f,d,i,h,j,g}，求该二叉树的后序遍历序列。

【题解】　由前序序列{a,b,c,d,e,f,g,h,i,j}和中序序列{c,b,a,e,f,d,i,h,j,g}构造二叉树的过程略，构造出的二叉树如图 5-11 所示，其后序遍历序列为{c,b,f,e,i,j,h,g,d,a}。

7. 已知一棵二叉树的中序遍历序列为{c,b,d,e,a,g,i,h,j,f}、后序遍历序列为{c,e,d,b,i,j,h,g,f,a}，求该二叉树的高度(假定空树的高度为 0) 和度为 2、度为 1 的结点及叶结点的个数。

【题解】　由中序序列{c,b,d,e,a,g,i,h,j,f}和后序序列{c,e,d,b,i,j,h,g,f,a}构造二叉树的过程略，构造出的二叉树如图 5-12 所示，树的高度为 5，度为 0 的结点(叶结点)有 4 个，度为 1 的结点有 3 个，度为 2 的结点有 3 个。

8. 已知一棵正则二叉树(只有度为 0 和度为 2 的结点)的前序遍历序列为{a,b,c,d,e,f,g,h,i,j,k}，后序遍历序列为{c,e,f,d,b,i,j,h,k,g,a}，求该二叉树的中序遍历序列。

【题解】　由正则二叉树的前序序列{a,b,c,d,e,f,g,h,i,j,k}和后序序列{c,e,f,d,b,i,j,h,k,g,a}构造二叉树的过程略，构造出的二叉树如图 5-13 所示，其中序遍历序列为{c,b,e,d,f,a,i,h,j,g,k}。

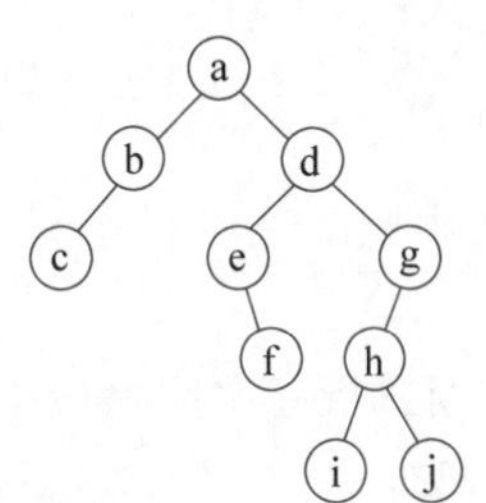

图 5-11　第 6 题的二叉树

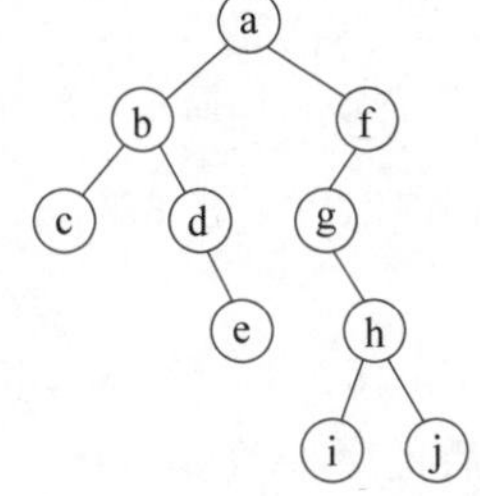

图 5-12　第 7 题的二叉树

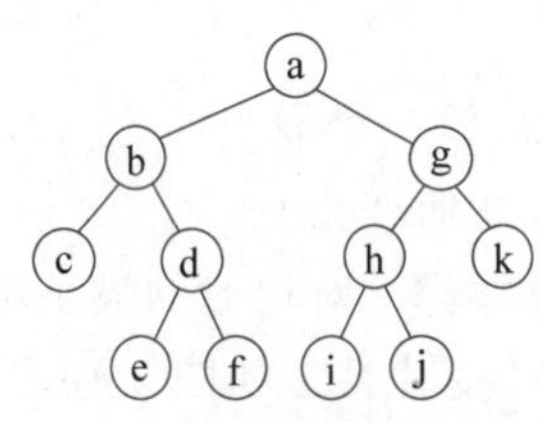

图 5-13　第 8 题的二叉树

9. 假定一棵普通树的广义表表示为 a (b (e),c (f (h,i,j),g),d)，分别写出先根、后根、按层遍历的结果。

【题解】　用广义表表示 a (b (e),c (f (h,i,j),g),d)描述的树如图 5-14 所示。它的先根遍历结果是{a,b,e,c,f,h,i,j,g,d}，后根遍历结果是{e,b,h,i,j,f,g,c,d,a}，按层遍历结果是{a,b,c,d,e,f,g,h,i,j}。

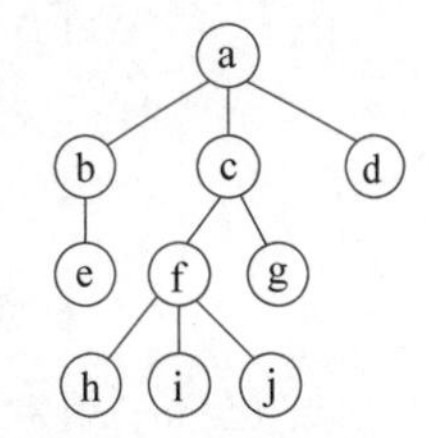

图 5-14　第 9 题的树

10. 设有一棵满 m 叉树，根在第 1 层，试问：

(1) 第 i 层最多有多少结点？

(2) 设树的高度为 h,则树中最多有多少结点？最少有多少结点？

(3) 设树中有 n 个结点,树的高度是多少？

(4) 若对树中从 0 开始自上向下分层给各结点编号。则编号为 k 的结点的父结点编号是多少？它的第 1 个子女的编号是多少？该结点在第几层？

【题解】 对于一棵满 m 叉树,设根在第 1 层,则

(1) 树的第 i 层最多有 m^{i-1} 个结点。

(2) 因 $m^0+m^1+\cdots+m^{h-1}=(m^h-1)/(m-1)$,故高度为 $h(h\geqslant 2)$ 的满 m 叉树有 $(m^h-1)/(m-1)$ 个结点。

(3) 设树中有 n 个结点,从 $n=(m^h-1)/(m-1)$ 可推得 $h=\lceil\log_m(n(m-1)+1)\rceil$ 或 $h=\lfloor\log_m((n-1)(m-1)+1)\rfloor$。

(4) 若对树中从 0 开始自上向下分层给各结点编号。

① 编号为 0 的结点为根结点,没有父结点。当 $k>0$ 时,结点 k 的父结点的编号是 $\lfloor(k-1)/m\rfloor$。

② 编号为 k 的结点的第 1 个子女的编号是 $k\times m+1$。

③ 编号为 k 的结点的层次号 $i=\lceil\log_m((k+1)\times(m-1)+1)\rceil$。

11. 设一个最大堆为{56,38,42,30,25,40,35,20},依次向它插入 45 和 64 后最大堆如何变化？

【题解】 初始的最大堆为{56,38,42,30,25,40,35,20},插入 45、64 后最大堆的变化如图 5-15 所示,写成序列为{64,56,42,38,45,40,35,20,30,25}。

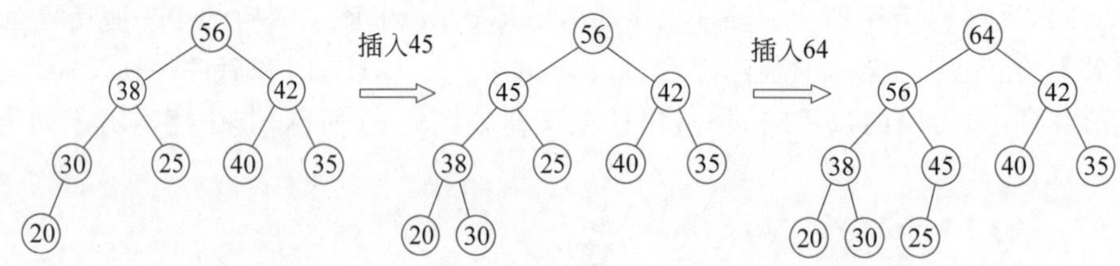

图 5-15 第 11 题向最大堆插入元素时堆的变化

12. 设一个最小堆为{20,35,50,57,42,70,83,65,86},依次从中删除三个最小元素后,最小堆如何变化？

【题解】 对初始的最小堆{20,35,50,57,42,70,83,65,86}连续执行三次删除最小元素后,堆的变化情形如图 5-16 所示。最后的最小堆是{50,57,70,65,86,83}。

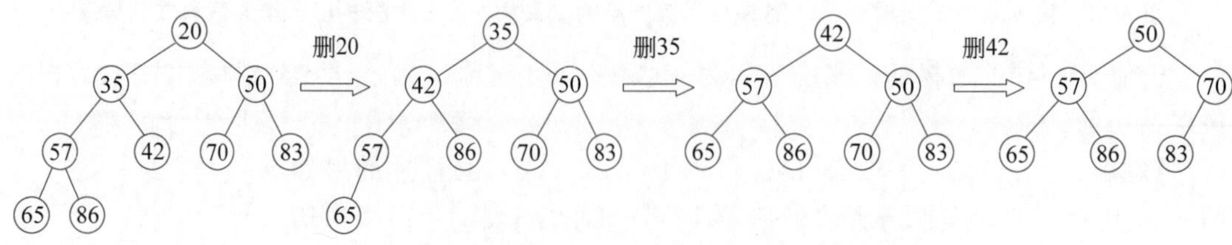

图 5-16 第 12 题从最小堆连续三次删除最小元素时堆的变化

13. 已知一组数为{56,48,25,16,74,52,83,45},请把该组数调整为最小堆。

【题解】 将序列{56,48,25,16,74,52,83,45}调整为最小堆的过程如图 5-17 所示。当

$n=8$ 时,按 $i=3,2,1,0$,以 i 为根从局部到整体逐步扩大以形成最小堆。当 $i=3$ 和 $i=2$ 时,局部已经是最小堆,图中略过,图中显示了当 $i=1$ 和 $i=0$ 时堆的形成。最终得到的最小堆为{16,45,25,48,74,52,83,56}。

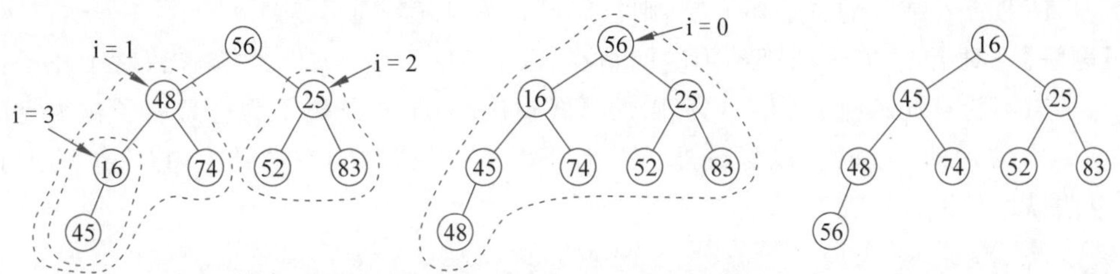

图 5-17　第 13 题构造最小堆的过程

14. 有 7 个带权结点,其权值分别为 3,7,8,2,6,10,14,试以它们为叶结点生成一棵 Huffman 树,计算该树的带权路径长度、高度,以及度为 2 的结点个数。

【题解】 以 3,7,8,2,6,10,14 作为权值,生成的 Huffman 树如图 5-18 所示,其带权路径长度为

$$WPL=(10+14)\times 2+(6+7+8)\times 3+(2+3)\times 4=131$$

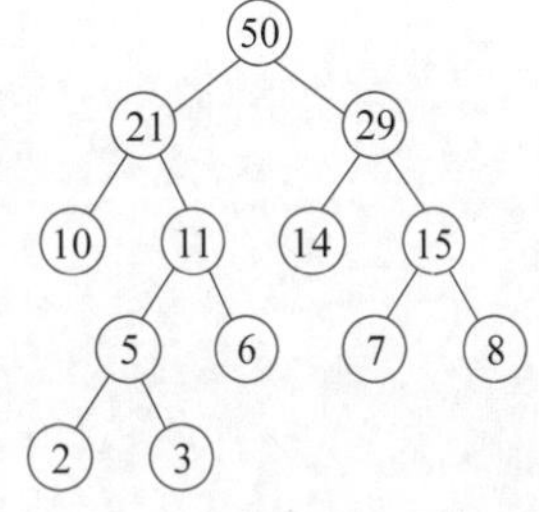

图 5-18　第 14 题一棵 Huffman 树

或

$$WPL=50+21+29+11+15+5=131$$

树的高度为 5,度为 2 的结点有 6 个。

五、算法题

1. 设二叉树采用二叉链表存储,设计一个算法,查找元素值为 x 的结点,返回该结点的地址及其父结点的地址。

【题解】 设二叉树的根结点为 * t,元素值等于 x 的结点为 * p,其父结点为 * pr,初次调用时,pr==NULL。递归算法的思路是:如果 * t 的元素值为 x,则它就是 * p,父结点 pr==NULL;如果不是,再判断 * t 的左子女或右子女的元素值是否为 x,若是则该子女是 * p, * t 是 * pr;若不是就需要递归到 * t 的左子树或右子树中去寻找。算法描述如下。

```
template <class T>
void getParent (BinTreeNode<T> *t, T x, BinTreeNode<T> *&p, BinTreeNode<T> *
&pr) {
//在根为*t的二叉树中搜索值为x的结点,若找到,引用参数p返回找到的结点地址,pr
//返回父结点地址;若没有找到,p返回 NULL
    if (t == NULL) { p = NULL; return; }                //空树
    if (t->data == x) { p = t; return; }                //找到,根即为所求
    else {                                              //否则
        BinTreeNode<T> *q = t;
        getParent (t->leftChild, x, p, q);              //到左子树搜索
        if (p == NULL)                                  //左子树搜索失败
            getParent (t->rightChild, x, p, q);         //到右子树搜索
        pr = q;
    }
}
```

2. 设一棵二叉树以二叉链表作为它的存储表示，设计一个算法，用括号形式 key(LT,RT)输出二叉树的各个结点。其中，key 是根结点的数据，LT 和 RT 是括号形式的左子树和右子树。这是个递归的输出，要求：空树不打印任何信息，若结点的左子树为空，则打印形式为(,RT)。若结点的右子树为空，则打印形式为(LT)，而不是(LT,)。

【题解】 对于左、右子树都不为空的结点，以 key(LT,RT)的形式输出；对于左子树为空且右子树不为空的结点，以 key(,RT)的形式输出；对于左子树不为空且右子树为空的结点，以 key(LT)的形式输出，以区分左、右；对于左、右子树都为空的结点，以 key 的形式输出。算法描述如下。

```
template <class T>
void print_BinTree (BinTreeNode<T> *t) {
    if (t != NULL) {
        cout << t->data;                                      //输出结点数据
        if (t->leftChild != NULL || t->rightChild != NULL) {
            cout <<"(";
            print_BinTree (t->leftChild);                     //递归输出左子树
            if (t->rightChild != NULL) cout <<",";            //右子树非空,输出逗号
            print_BinTree (t->rightChild);                    //递归输出右子树
            cout <<")";
        }
    }                                                         //空树,什么也不做
}
```

3. 设一棵二叉树以二叉链表作为它的存储表示，设计一个算法，返回二叉树值为 x 的结点所在的层号。

【题解】 算法采用递归方式求解。递归结束条件是递归到空树，搜索失败返回 0，或者找到等于 x 的结点，返回当前层号，将来在递归返回时累加这个层号。递归部分分两步，先向左子树递归搜索，若在左子树中找到，则当前层号加 1 返回，否则向右子树递归搜索。算法描述如下。

```
template <class T>
int NodeLevel (BinTreeNode<T> *t, T x) {
    if (t == NULL) return 0;                          //空树的层号为 0
    else if (t->data == x) return 1;                  //根结点的层号为 1
    else {
        int c1 = NodeLevel (t->leftChild, x);         //到*t 的左子树中递归搜索
        if (c1 >= 1) return c1+1;                     //找到,向上层返回时层号加 1
        int c2 = NodeLevel (t->rightChild, x);        //否则,到*t 右子树中递归搜索
        if (c2 >= 1) return c2+1;                     //找到,向上层返回时层号加 1
        else return 0;                                //在树中不存在 x 结点,返回 0
    }
}
```

4. 设一棵二叉树以二叉链表作为它的存储表示，设计一个算法，在以 *t 为根的子树中检查每个结点的左子女和右子女的值，若左子女的值大于右子女的值，则交换 *t 的左、右子树。

【题解】 算法是二叉树前序遍历方法的应用。递归结束条件是递归到空树返回；递归部分分3步，第一步，先判断 *t 的左子女的值是否大于右子女的值，是则交换其左、右子树；第二步，递归对 *t 的左子树进行相同的处理；第三步，递归对 *t 的右子树进行相同的处理。

算法描述如下。

```
template <class T>
void BTChange (BinTreeNode<T> *t) {
    if (t != NULL) {
        if (t->leftChild != NULL && t->rightChild != NULL)
            if (t->leftChild->data > t->rightChild->data) {
                BinTreeNode<T> *tmp = t->leftChild;
                t->leftChild = t->rightchild;
                t->rightChild = tmp;
            }
        BTChange (t->leftChild);
        BTChange (t->rightChild);
    }
}
```

想想看，此题能否用中序遍历方法求解？能否用后序遍历方法求解？

5. 设一棵二叉树以二叉链表作为它的存储表示，设计一个算法，求以 *t 为根的二叉树的高度。

【题解】 算法是二叉树后序遍历方法的应用。递归结束条件是递归到空树，空树的高度为0。递归部分分3步执行，第一步，求左子树的高度；第二步，求右子树的高度；第三步，取左、右子树高度的大者加1作为树的高度返回。算法描述如下。

```
template <class T>
int Height (BinTreeNode<T> *t) {
    if (t == NULL) return 0;                        //空树的高度为 0
    else {
        int h1 = Height (t->leftChild);             //计算左子树的高度
        int h2 = Height (t->rightChild);            //计算右子树的高度
        return (h1 > h2) ? h1+1 : h2+1;             //返回树的高度
    }
}
```

6. 设一棵二叉树以二叉链表作为它的存储表示，给定二叉树的前序遍历序列 pre[s1..t1] 和中序遍历序列 in[s2..t2]，其中，s1，t1 是序列 pre 的始点和终点，s2，t2 是序列 in 的始点和终点。设计一个算法，利用前序遍历序列和中序遍历序列构造二叉树。

【题解】 若 s1<t1，则以 pre[s1]建立二叉树的根结点，然后搜索 in[s2..t2]，寻找 in[i]= pre[s1]的位置 i，从而把二叉树的中序遍历序列分为两个中序子序列 in[s2..$i-1$]和 in[$i+1$..t2]，前者有 $i-1-s2+1=i-s2$ 个元素，后者有 $t2-(i+1)+1=t2-i$ 个元素。再分别以 pre[s1+1..s1+i-s2]与 in[s2..$i-1$] 递归构造根的左子树；以 pre [s1+i-s2+1..t1] 和 in[i+1..t2] 递归构造根的右子树。

算法描述如下。

```
template <class T>
void CreateBinTree_pre_In (BinTreeNode<T> * &t, T pre[], T in[],
            int s1, int t1, int s2, int t2) {
    if (s1 <= t1) {
        t = new BinTreeNode<T>;                    //创建根结点
        t->data = pre[s1];t->leftChild = t->rightChild = NULL;
        for (int i = s2; i <= t2; i++)
            if (in[i] == pre[s1]) break;           //在中序序列中查根
        CreateBinTree_pre_In (t->leftChild, pre, in, s1+1, s1+i-s2, s2, i-1);
        CreateBinTree_pre_In (t->rightChild, pre, in, s1+i-s2+1, t1, i+1, t2);
    }
}
```

7. 设一棵二叉树以二叉链表作为它的存储表示，给定二叉树的后序遍历序列 post[s1..t1]和中序遍历序列 in[s2..t2]，其中，s1，t1 是序列 post 的始点和终点；s2，t2 是序列 in 的始点和终点。设计一个算法，利用后序遍历序列和中序遍历序列构造二叉树。

【题解】 首先用 post[t1]建立二叉树的根结点，然后在中序遍历序列中查找 post[t1]在 in[i]中的位置 i，从而把中序遍历序列一分为二：in[s2..$i-1$]和 in[$i+1$..t2]，对应后序遍历序列的两部分分别是 post[s1..s1$+i-$s2-1]和 post[s1$+i-$s2..t1-1]；接着分别递归地构造根的右子树和左子树。算法描述如下。

```
template <class T>
void CreateBinTree_Post_In (BinTreeNode<T> * &t, T post[], T in[],
            int s1, int t1, int s2, int t2) {
    if (s1 <= t1) {
        t = new BinTreeNode<T>                          //创建根结点
        t->data = post[t1];t->leftChild = t->rightChild = NULL;
        for (int i = s2; i <= t2; i++)
            if (in[i] == post[t1]) break;               //在中序序列中查根
        CreateBinTree_Post_In (t->rightChild, post, in, s1+i-s2, t1-1, i+1, t2);
        CreateBinTree_Post_In (t->leftChild, post, in, s1, s1+i-s2-1, s2, i-1);
    }
}
```

8. 设一棵二叉树以二叉链表作为它的存储表示，设计一个算法，用层次序遍历求二叉树所有叶结点的值及其所在层次。

【题解】 采用二叉树层次序遍历算法来求解。在使用队列进行层次序遍历的过程中添加了统计结点层次和判断结点是否为叶结点的运算。在算法的参数表中增加了几个参数：数组 leaf[]记录叶结点的值，数组 level[]记录每个叶结点相应的层次，它们的容量 n 由 #define 声明，引用参数 num 用来记录叶结点个数。算法描述如下。

```
#define queueSize 30
template <class T>
void leaves (BinTreeNode<T> * t, T leaf[], int level[], int& num) {
    BinTreeNode<T> * p = t;num = 0;
    if (p != NULL) {
        int last = 1, layer = 1;          //last 为层最后结点号，layer 为层号
        BinTreeNode<T> Q[queueSize];int front = 0, rear = 0;      //定义队列并置空
```

```
        rear++;Q[rear] = p;                                         //根进队列
        while (front != rear) {                                     //队列非空时,逐层处理
            front = (front+1) % queueSize;p = Q[front]; //出队
            if (p->leftChild == NULL && p->rightChild == NULL)
                { leaf[num] = p->data;level[num++] = layer; }
                                                                    //记录叶结点的值及其层次
            if (p->leftChild != NULL)
                { rear = (rear+1) % queueSize;Q[rear] = p->leftChild; }
            if (p->rightChild != NULL)
                { rear = (rear+1) % queueSize;Q[rear] = p->rightChild; }
            if (front == last)                                      //本层最后结点已出队
                { last = rear;layer++; }                            //换层时层号加 1
        }
    }
}
```

9. 设后序线索二叉树的类型为 ThreadNode * PostThBinTree,设计一个算法,实现二叉树到后序线索二叉树的转换。

【题解】 二叉树到后序线索二叉树的转换可以通过后序遍历实现。算法中需要一个全局指针变量 pre,用来指示当前结点 * t 的后序下的前驱结点,调用算法前 pre 应初始化为 NULL。算法描述如下。

```
template <class T>
void createPostThread (ThreadNode <T> * t, ThreadNode<T> * & pre) {
    if (t != NULL) {
        createPostThread (t->leftChild, pre);               //递归建立左子树的线索
        createPostThread (t->rightChild, pre);              //递归建立右子树的线索
        if (t->leftChild == NULL)                           //左指针不是子女指针
            { t->leftChild = pre;t->ltag = 1; }             //建前驱线索
        if (pre != NULL && pre->rightChild == NULL)         //前驱的右指针不是子女指针
            { pre->rightChild = t;pre->rtag = 1;}           //建前驱结点的后继线索
        pre = t;                                            //前驱指针跟到当前结点
    }
}
template <class T>
void createPostThBinTree (ThreadNode <T> * t) {             //建立后序线索二叉树
    ThreadNode<T> * pre = NULL;
    createPostThread (t, pre);
}
```

10. 设后序线索二叉树的类型为 ThreadNode * PostThBinTree,请按以下要求设计算法:

(1) 在后序线索二叉树上求以 * t 为根的子树的后序下的第一个结点。

(2) 在以 * t 为根的后序线索二叉树中求指定结点 * p 的父结点。

(3) 设计一个算法,在后序线索二叉树 T 上求结点 * p 的后序下的后继结点。

(4) 设计一个算法,在后序线索二叉树实现后序遍历。

【题解】 使用第 9 题的算法可以将一棵二叉树转换为后序线索二叉树。

(1) 寻找以结点 * t 为根的子树的后序下第一个结点:若结点 * t 的左子树非空,则其

后序的第一个结点一定是其左子树上后序的第一个结点；若其左子树为空，则其后序的第一个结点一定是其右子树上后序的第一个结点；若其左、右子树都为空，则其后序的第一个结点即为它自己。算法描述如下。

```
template <class T>
ThreadNode<T> * postFirst (ThreadNode <T> * t) {
//在以*t为根的后序线索二叉树中递归寻找后序下的第一个结点，通过函数返回
    if (t == NULL) return NULL;                              //到达空树，递归终止
    if (t->ltag == 0) return postFirst (t->leftChild);       //左子树非空，递归
    else if (t->rtag == 0) return postFirst (t->rightChild); //右子树非空，递归
    else return t;                                           //左、右子树为空，返回自己
}
```

(2) 寻找结点 * p 的父结点：如果结点 * p 有右线索，沿右线索链走到线索链断掉的结点 * q，若 * q 的左子女或右子女是 * p，则 * q 是 * p 的父结点。如果结点 * p 没有右线索，则需从根 * t 开始递归寻找，看谁的子女是 * p 的结点，谁就是 * p 的父结点。算法描述如下。

```
#define stackSize 20
template <class T>
ThreadNode<T> * postParent (ThreadNode <T> * t, ThreadNode<T> * p) {
//在以*t为根的后序线索二叉树中非递归寻找结点*p的父结点，通过函数返回
    if (p == t) return NULL;                         //*p即为根，没有父结点
    ThreadNode<T> * q;
    if (p->rtag == 1) {                              //结点*p有后序后继
    q = p->rightChild;                               //*q是*p的后序后继
    if (q->ltag == 0 && q->leftChild == p
            || q->rtag == 0 && q->rightChild == p)
        return q;                                    //*q的子女是*p,*q就是*p的父结点
    }
    ThreadNode<T> * S[stackSize]; int top = -1;              //设置栈并初始化
    S[++top] = t;                                            //从根*t开始找*p的父结点
    while (top != -1) {
        q = S[top--];
        if (q->ltag == 0 && q->leftChild == p
                || q->rtag == 0 && q->rightChild == p)
            return q;                                        //找到*p的父结点*q,返回
        if (q->rtag == 0) S[++top] = q->rightChild;          //*q有右子女,进栈
        if (q->ltag == 0) S[++top] = q->leftChild;           //*q有左子女,进栈
    }
}
```

(3) 寻找结点 * p 的后序下的后继：若结点 * p 有右线索，则其后序下的后继即为右线索所指结点；否则需先找到结点 * p 的父结点 * q，若结点 * p 是其父结点 * q 的右子女，则结点 * p 的后序下的后继为结点 * q；若结点 * p 是其父结点 * q 的左子女，且结点 * q 没有右子女，则结点 * p 的后序下的后继仍为结点 * q；否则结点 * p 的后序下的后继是结点 * q 的右子树上后序下的第一个结点。算法描述如下。

```
template <class T>
ThreadNode<T> *postNext (ThreadNode<T> *t, ThreadNode<T> *p) {
//在以*t为根的后序线索二叉树中寻找结点*p的后序下的后继,通过函数返回
    if (p == NULL) return NULL;
    if (p->rtag == 1) return p->rightChild;             //右线索即为后继
    else {
        ThreadNode<T> *q = postParent (t, p);          //求结点*p的父结点*q
        if (q == NULL) return NULL;                    //无父结点即无后继
        if (q->rtag == 0 && q->rightChild == p)
            return q;                                  //*p是*q的右子女,选*q
        else if (q->rtag == 1) return q;               //若*q无右子女,选*q
        else return postFirst (q->rightChild);         //是右子树后序第一个
    }
}
```

(4) 使用(2)和(3)实现不用栈的后序遍历。算法描述如下。

```
template <class T>
void postTraversal (ThreadNode<T> *t) {
//在以*t为根的后序线索二叉树上实现后序遍历
    ThreadNode<T> *p = postFirst (t);
    while (p != NULL) {
        cout << p->data <<" ";
        p = postNext (t, p);
    }
    cout <<endl;
}
```

11. 一棵树采用子女—兄弟链表表示存储,按要求设计算法:

(1) 统计树中的叶结点个数;

(2) 求树的度;

(3) 计算树的高度。

【题解】 采用教材中树的子女—兄弟链表定义,结点定义为 TreeNode,第一个子女的指针为 firstChild,下一个兄弟的指针 nextSibling。本题的算法均采用递归方式。

(1) 求叶结点个数的算法思路:若递归到子树为空,无结点,函数返回 0;若当前结点是叶结点,函数返回 1;否则对当前结点的各子树分别递归地统计其叶结点个数再累加。算法描述如下。

```
template <class T>
int LeafCount_CSTree (TreeNode<T> *t) {
    if (t == NULL) return 0;                      //空树的叶结点个数为0
    if (t->firstChild == NULL) return 1;          //无子女即叶结点
    TreeNode<T> *s = t->firstChild; int count = 0;
    while (s != NULL) {
        count = count+LeafCount_CSTree (s);       //递归计算并累加
        s = s->nextSibling;
    }
    return count;
}
```

(2) 求树的度。若树非空，则通过遍历根结点的所有子女计算根结点的度；然后分别递归地计算每一个子树的度，取其最大值作为树的度。算法描述如下。

```
template <class T>
int Degree_CSTree (TreeNode<T> * t) {
    if (t == NULL) return 0;
    TreeNode<T> * p = t->firstChild;
    int degree, maxDegree = 0;
    while (p != NULL)
        { maxDegree++;p = p->nextSibling; }                          //根结点的度
    for (p = t->firstChild; p != NULL; p = p->nextSibling) {     //计算每个子女的度
        degree = Degree_CSTree (p);                              //子女的度
        if (degree > maxDegree) maxDegree = degree;              //取最大值
    }
    return maxDegree;
}
```

(3) 求树的高度。当递归到空树，返回 0，表示空树的高度为 0；若树非空，当前结点是叶结点，则返回 1，表示叶结点的高度为 1，这是递归的直接求解部分；若当前结点不是叶结点，分别递归地计算它所有子女的高度，求其最大值再加 1 即为树的高度。算法描述如下。

```
template <class T>
int Height_CSTree (TreeNode<T> * t) {
    if (t == NULL) return 0;                                     //空树的高度为 0
    if (t->firstChild == NULL) return 1;                         //叶结点的高度为 1
    int height, maxh = 0;
    for (TreeNode<T> * p = t->firstChild; p != NULL; p = p->nextSibling) {
        height = Height_CSTree (p);                              //子树 p 的高度
        if (height > maxh) maxh = height;                        //子树高度的最大值
    }
    return maxh+1;
}
```

12. 一棵树采用子女—兄弟链表表示存储，设计一个算法，根据树的先根遍历序列和后根遍历序列构造这棵树。

【题解】 设树的先根序列为 pre[s1..t1]，后根序列为 post[s2..t2]，则树的根结点 * t 的数据为 pre[s1]，由于树的先根遍历结果与对应二叉树的前序遍历结果相同，后根遍历结果与对应二叉树的中序遍历结点相同，可以借鉴主教材程序 5.19 的用二叉树的前序遍历序列与中序遍历序列构造二叉树的算法来构造树。步骤是：在 post 中查找 pre[s1]的位置，假设为 i，即 pre[s1]=post[i]，这样可将后根序列分成两部分 post[s2..$i-1$]和 post[$i+1$..t2]，前者是根的左子树的后根序列，长度为 $i-1-s2+1=i-s2$；后者是根的右子树的后根序列，长度为 $t2-(i+1)+1=t2-i$。对应地，树的先根序列也分为两部分，对应根的左子树的是 pre[s1+1..s1+i−s2]，对应根的右子树的是 pre[s1+i−s2+1..t1]。再分别以 pre[s1+1..s1+i−s2]与 post[s2..i−1]，以及 pre[s1+i−s2+1..t1]与 post[i+1..t2]递归地构造根的左子树和右子树。算法描述如下。

```
template <class T>
void createCSTree (TreeNode <T> * & t, T pre[], T post[],
            int s1, int t1, int s2, int t2) {
//以树的先根序列 pre[s1..t1]和后根序列 post[s2..t2]构造根结点为 * t 的树
    if (s1 > t1) { t = NULL;return; }                              //序列为空,空树
    t = new TreeNode<T>;                                           //创建根结点
    t->data = pre[s1];t->firstChild = t->nextSibling = NULL;
    for (int i = s2; i <= t2; i++)                                 //在后根序列中查找
        if (post[i] == pre[s1]) break;
    createCSTree (t->firstChild, pre, post, s1+1, s1+i-s2, s2, i-1);
                                                                   //递归构造左子树
    createCSTree (t->nextSibling, pre, post, s1+i-s2+1, t1, i+1, t2);
                                                                   //递归构造右子树
}
```

13. 设计一个算法,计算 Huffman 树的带权路径长度。

【题解】 计算带权路径长度(WPL),仅需二叉链表即可。但算法仍采用教材中定义的静态三叉链表存储。计算 WPL 的一种方法是后序递归遍历二叉树,若结点 i 不是叶结点,先分别递归地计算结点 i 的左、右子树的权值,再把它们相加并加上结点 i 的权值返回。叶结点是外结点,其权值不累加,返回 0。算法描述如下。

```
#include "huffmanTree.h"
template <class T, class E>
T CalcWPL (HFTree<T, E> & HT, int i) {
//递归计算以结点 i 为根的 Huffman 树 HT 的带权路径长度,主程序需置 i = HT.root。
    T lc, rc;
    if (HT.elem[i].lchild > -1 && HT.elem[i].rchild > -1) {     //度为 2 的非叶结点
        lc = CalcWPL (HT, HT.elem[i].lchild);        //递归计算左子树的 WPL
        rc = CalcWPL (HT, HT.elem[i].rchild);        //递归计算右子树的 WPL
        return HT.elem[i].weight+lc+rc;              //再加上根的权值
    }
    else return 0;                                   //度为 0 的叶结点,不累加权值
}
```

14. 设一棵 Huffman 树采用链表存储,设计一个算法,按凹入表的形式输出一棵 Huffman 树(仅输出结点的权值)。

【题解】 修改一下前序遍历输出二叉树的算法,在访问根结点的语句中加入输出一定的空格,即可得 Huffman 树的输出算法,参数 k 用于控制按层移行的空格数,初值为 0。算法描述如下。

```
#include "huffmanTree.h"
template <class T, class E>
void nodePrint (HFTree<T, E> & HT, int i, int k) {
//输出结点 i 的权值之前,先输出 k 个空格,将权值输出到第 k+1 个位置
    for (int j = 0; j < k; j++) cout <<" ";
    cout << HT.elem[i].key <<endl;
    if (HT.elem[i].lchild > -1) nodePrint (HT, HT.elem[i].lchild, k+5);
    if (HT.elem[i].rchild > -1) nodePrint (HT, HT.elem[i].rchild, k+5);
}
```

15. 设 Huffman 编码的类型定义如下。

```
#define Len 20                          //Huffman 编码的最大长度
typedef struct {                        //Huffman 编码的类定义
    char hcd[Len];                      //结点 Huffman 编码存放数组
    int start;                          //从 start 到 Len-1 存放
} HFCode;
```

设计一个算法,利用已建 Huffman 树生成 Huffman 编码。

【题解】 由于 Huffman 树中各个叶结点的 Huffman 编码长度不同,因此采用 HFCode 类型的变量 hcd[start..Len−1]存放一个叶结点的 Huffman 编码。对于当前叶结点 i,先将对应的 Huffman 编码 HFcd[i]的 start 置初值 Len−1,再找结点 i 的父结点 f=$\lfloor(i-1)/2\rfloor$,若结点 i 是其父结点 f 的左子女,则让 HFCode[i]的 hcd[start]=0;若结点 i 是其父结点 f 的右子女,则让 HFCode[i]的 hcd[start]=1,再将 start 减 1。接着再让父结点 f 成为当前结点 i,继续进行同样的操作,直到到达树的根结点为止,最后所得结果是 start 指向 Huffman 编码最开始的字符。

算法描述如下。

```
void createHFCode (HFTree& HF, HFCode HFcd[]) {
//利用已建 Huffman 树生成 Huffman 编码。算法采用 HFCode 类型的变量
//HFcd[i].hcd[start..Len-1]存放第 i 个叶结点的 Huffman 编码
    int i, f, c;
    for (i = 0; i < HF.num; i++) {                          //对各叶结点求 Huffman 编码
        HFcd[i].start = Len-1;
        c = i;f = HF.elem[c].parent;
        while (f != -1) {                                   //循环直到树的根结点
            if (HF.elem[f].lchild == c)                     //结点 c 是父结点 f 的左子女
                HFcd[i].hcd[HFcd[i].start--] = '0';
            else HFcd[i].hcd[HFcd[i].start--] = '1';        //结点 c 是父结点 f 的右子女
            c = f;f = HF.elem[f].parent;                    //对父结点进行同样的操作
        }
        HFcd[i].start++;                                    //start 指示编码的第一个字符
    }
}
```

16. 假设已知 Huffman 编码,其存储结构的数据类型是 HFCode,设计一个算法,对一个给定的报文 t,输出其全部 Huffman 编码。

【题解】 假设报文中的字符都存在 HF.elem[]中,对应 Huffman 编码都存于元素类型为 HFCode 的数组 HFcd[]中。对于报文中的每一个字符,首先在 HF.elem[]中查找它的下标,假定为 j,再到 HFcd[j]中,从 HFcd[j].hcd[start..Len−1](Len 是编码数组 hcd 的长度)取出编码,连接到输出串 p 中。算法描述如下。

```
#include<string.h>
void printHuffcode (HFTree& HF, HFCode HFcd[], char t[], char * & p) {
//算法对一个给定的报文 t,输出其全部保存在 HFcd 内的 Huffman 编码
    int i, j, k, m;int n = strlen(t);
    p = new char[leafNumber+1];
    m = 0;
```

```
    for (i = 0; i < n; i++) {                          //逐个字符转换
        for (j = 0; j < HF.num; j++)
            if (HF.elem[j].key == t[i]) break;         //查找第 i 个字符 t[i]
        if (j < HF.num) {                              //该字符在 Huffman 树上有
            for (k = HFcd[j].start; k < Len; k++)
                p[m++] = HFcd[j].hcd[k];               //复制其 Huffman 编码
        }
        else {
            cout <<"字符" << t[i] <<"没有 Huffman 编码!" <<endl;
            return;
        }
    }
    p[m] = '\0';
}
```

第 17～19 题所处理的最小堆都采用完全二叉树的顺序存储组织，其结构定义如下。

```
#define heapSize 40
typedef struct {                                       //在堆中结点类型定义
    int id;                                            //元素在原数组中的下标
    int weight;                                        //元素的权值
} NodeType;
typedef struct {
    NodeType elem[heapSize];                           //最小堆元素存储数组
    int curSize;                                       //最小堆当前元素个数
} minHeap;
```

17. 设有一个整数数组 $A[n]$，其中 $A[k]$值最小，而 k 是通过一个最小堆 hp 选出的，即 k＝hp.elem[0].id。设计一个算法，实现这种最小堆的插入运算。

【题解】 与堆的插入算法基本相同，不同之处在于比较祖先结点的值和插入结点的值时，用 A 中的值来进行比较。算法描述如下。

```
void siftUp (minHeap& hp, int start) {
//从结点 start 开始, 沿通向根的路径自下向上比较, 将 hp[0..start]调整为小根堆
    if (start == 0) return;
    int j = start, i = (j-1)/2;NodeType temp = hp.elem[j];
    while (j > 0) {                                    //循环出口之一是 j = 0,到根
        if (hp.elem[i].weight > temp.weight) {
            hp.elem[j] = hp.elem[i];                   //祖先的值大于插入元素的值
            j = i;i = (i-1)/2;                         //祖先下降,j、i 上升一层
        }
        else break;                                    //循环出口之二是祖先的值小
    }
    hp.elem[j] = temp;                                 //回放到 j 指示位置
}
bool Insert (int A[], int arr[], minHeap& hp, int i, int n) {
//设 hp.elem[0..hp.curSize-1]已经是小根堆,将数组 A[]中第 i 个结点按其权值 arr[i]
//插入最小堆 hp 中,n 是数组 A[]中元素个数
    if (hp.curSize == heapSize) return false;          //堆满
    hp.elem[hp.curSize].id = i;                        //插入数组 A 的元素下标
    hp.elem[hp.curSize].weight = arr[i];               //插入数组 A 的元素权值
```

```
    siftUp (hp, hp.curSize);                    //重新调整为小根堆
    hp.curSize++;
    return true;
}
```

插入后数组 A[]没有变化,在最小堆 hp 的堆顶 hp.elem[0].weight 中得到 A[]中最小权值,在 hp.elem[0].id 中得到具有最小权值的元素在 A[]中的下标,若该下标用 k 保存,则在 $A[k]$中可得到此元素的数据。

18. 设有一个整数数组 $A[n]$,其中 $A[k]$值最小,而 k 是通过一个最小堆 hp[n]选出的,即 k=hp.elem[0].id。若 hp.elem[n]被视为完全二叉树的顺序存储,设计一个算法,实现这种最小堆的删除运算。

【题解】 与堆的删除算法基本相同,不同之处在于比较祖先结点的值和插入结点的值时,用 A 中的值来进行比较。算法描述如下。

```
void siftDown (minHeap& hp, int start, int finish) {
//从结点 start 到结点 finish,在以 start 为根的子树中自上向下将 hp 的局部调整为最小堆
    int i = start, j = 2 * i+1;NodeType temp = hp.elem[start];
    while (j <= finish) {                         //子女编号 j 超出 finish,出循环
        if (j < finish && hp.elem[j].weight > hp.elem[j+1].weight) j++;
                                                  //j 指示两子女中权值小的子女
        if (hp.elem[j].weight < temp.weight) {    //根权值比小子女权值的大,调整
            hp.elem[i] = hp.elem[j];              //子女上升到父结点位置
            i = j;j = 2 * j+1;                    //i 下落到子女位置,j 是其左子女
        }
        else break;                               //根权值小于或等于小子女的权值
    }
    hp.elem[i] = temp;                            //回放原根的值
}
bool Remove (minHeap& hp, int& i) {
//删除最小堆 hp 的堆顶元素,引用参数 i 返回该元素在数组 A 中的结点下标
    if (hp.curSize == 0) return false;            //堆为空
    i = hp.elem[0].id;                            //i 返回具有最小权值元素的下标
    hp.elem[0] = hp.elem[hp.curSize-1];           //用堆最后元素填补到堆顶
    hp.curSize--;
    siftDown(hp, 0, hp.curSize-1);                //从根到最后重新调整为堆
    return true;
}
```

19. 若 Huffman 树采用静态二叉链表存储,其结构定义如下。

```
#define totalSize 40
#define maxSize 30
typedef struct {                                  //Huffman 树的结点类型定义
    int data;                                     //结点数据
    int weight;                                   //权值
    int lchild, rchild;                           //左、右子女指针,空为-1
} HFNode;
typedef struct {
    HFNode elem[totalSize];                       //Huffman 树的存储数组
    int num;                                      //权值个数
    int root;                                     //根
} HFTree;
```

设计一个算法，利用第 17、18 题所给出的最小堆的插入和删除运算，构造一棵 Huffman 树。

【题解】 构造 Huffman 树的过程如下。

(1) 把森林所有 n 个二叉树的根插入最小堆中；

(2) 重复 $n-1$ 次构造二叉树：从最小堆中退出一个二叉树的根(具有最小关键码)，再退出一个二叉树的根(具有次小关键码)，构造新的二叉树，再把该二叉树的根插入最小堆；

(3) 返回构造出的 Huffman 树根的地址，算法终止。

算法描述如下。

```
void createHufmTree (HFTree& HT, int A[], int arr[], int n) {
//从数组 A[n]输入整数数据构造 Huffman 树 HT,数组 arr[]是 A[]中元素对应权值
    minHeap hp;int i, s1, s2;
    HT.num = n;hp.curSize = 0;                       //最小堆与 Huffman 树初始化
    for (i = 0; i < HT.num; i++) {                   //逐个输入,构建最小堆
        HT.elem[i].data = A[i];HT.elem[i].weight = arr[i];
        HT.elem[i].lchild = -1;HT.elem[i].rchild = -1;
        Insert (A, arr, hp, i, n);                   //插入最小堆
    }
    for (i = HT.num; i < 2 * HT.num-1; i++) {        //构造 n-1 次二叉树
        Remove (hp, s1);Remove (hp, s2);             //从 hp 退出最小者和次小者
        HT.elem[i].lchild = s1;                      //构造新二叉树,根为 i
        HT.elem[i].rchild = s2;
        HT.elem[i].weight = HT.elem[s1].weight+HT.elem[s2].weight;
        arr[i] = HT.elem[i].weight;
        Insert (A, arr, hp, i, n);                   //再把 HT.elem[i]插入 hp 中
    }
    HT.root = 2 * HT.num-2;
}
```

5.4 补充练习题

一、选择题

1. 树最合适用来表示(　　)。

A. 有序数据元素　　B. 元素之间具有分支层次关系的数据

C. 无序数据元素　　D. 元素之间无联系的数据

2. 一棵树有 5 个结点，它们的层号表示为 1a，2b，3d，3e，2c，则该树对应的广义表表示为(　　)。

A. a(b(d,e),c)　　B. a(b,c(d,e))

C. a(b(d),(e),c)　　D. a(b,d(e),c)

3. 下列关于二叉树的说法中，正确的是(　　)。

A. 度为 2 的有序树就是二叉树

B. 包含 n 个结点的二叉树的高度为$\lfloor \log_2 n \rfloor+1$

C. 在完全二叉树中，如果一个结点没有左子女，则它必是叶结点

D. 包含 n 个结点的完全二叉树的高度为$\lfloor \log_2 n \rfloor$

4. 下列关于二叉树的说法中，正确的是(　　)。

A. 在完全二叉树中，叶结点的父结点的左兄弟(若存在)一定不是叶结点

B. 任何一棵二叉树中，叶结点个数等于度为 2 的结点个数减 1，即 $n_0=n_2-1$

C. 在有 n 个结点的树中，二叉树是高度最小的

D. 如果将完全二叉树中所有结点按层次序编号，根结点为第 0 号结点，则编号为 i 的结点的左子女编号为 $2i$

5. 在一棵有 n 个结点的二叉树中，若度为 2 的结点数为 n_2，度为 1 的结点数为 n_1，度为 0 的结点数为 n_0，则树的最大高度为(　　)，其叶结点数为(　　)；树的最小高度为(　　)，其叶结点数为(　　)；若采用链表存储结构，则有(　　)个空链域。

A. $n/2$　　B. $\lfloor \log_2 n \rfloor+1$　　C. $\log_2 n$　　D. n

E. $n_0+n_1+n_2$　　F. n_1+n_2　　G. n_2+1　　H. 1

I. $n+1$　　J. n_1　　K. n_2　　L. n_1+1

6. 设一棵高度为 h 的满二叉树有 n 个结点，其中有 m 个叶结点，则(　　)。

A. $n=h+m$　　B. $h+m=2n$　　C. $m=h-1$　　D. $n=2^h-1$

7. 设高度为 h 的二叉树中只有度为 0 和度为 2 的结点，则此类二叉树中所包含的结点数至少为(　　)，至多为(　　)。

A. $2h$　　B. $2h-1$　　C. $2h+1$　　D. $h+1$

E. $2^{h-1}-1$　　F. 2^h-1　　G. $2^{h+1}+1$　　H. 2^h+1

8. 一棵有 124 个叶结点的完全二叉树最多有(　　)个结点。

A. 247　　B. 248　　C. 249　　D. 250

9. 含有 129 个叶结点的完全二叉树，最少有(　　)个结点。

A. 254　　B. 255　　C. 257　　D. 258

10. △ 已知一棵完全二叉树的第 6 层(设根为第 1 层)有 8 个叶结点，则该完全二叉树的结点个数最多有(　　)个。

A. 39　　B. 52　　C. 111　　D. 119

11. △ 若一棵完全二叉树有 768 个结点。则该二叉树中叶结点的个数为(　　)。

A. 257　　B. 258　　C. 384　　D. 385

12. 设一棵二叉树有 $2n$ 个结点，则不可能存在(　　)的结点。

A. n 个度为 0　　B. 偶数个度为 0　　C. 偶数个度为 1　　D. 偶数个度为 2

13. 若在一棵完全二叉树中对所有结点按层次自上向下，同一层次自左向右进行编号，根结点的编号为 0，现有两个不同的结点，它们的编号是 p 和 q，那么，判断它们在同一层的条件应是(　　)。

A. $\lfloor \log_2(p+1) \rfloor == \lfloor \log_2(q+1) \rfloor$　　B. $\lfloor \log_2 p \rfloor == \lfloor \log_2 q \rfloor$

C. $\lceil \log_2 p \rceil == \lceil \log_2 q \rceil$　　D. $p/2==q/2$

14. 在一棵满二叉树中，某结点的深度为 4，高度为 4，则可推知该满二叉树的高度为(　　)。

A. 4　　B. 5　　C. 6　　D. 7

15. 具有 1000 个结点的完全二叉树的次底层的叶结点个数为(　　)。

A. 11　　B. 12　　C. 24　　D. 36

16. △ 设一棵非空完全二叉树 T 的所有叶结点均位于同一层，且每一个非叶结点都有 2 个子结点。若 T 有 k 个叶结点，则 T 的结点总数是(　　)。

A. $2k-1$　　B. $2k$　　C. k^2　　D. 2^k-1

17. 假定一棵三叉树的结点数为 50，则它的最小高度为(　　)。

A. 3　　B. 4　　C. 5　　D. 6

18. △ 对于任意一棵高度为 5 且有 10 个结点的二叉树，若采用顺序存储结构保存，每个结点占一个存储单元(仅存放结点的数据信息)，则存放该二叉树需要的存储单元数量至少是(　　)。

A. 31　　B. 16　　C. 15　　D. 10

19. 用顺序存储的方法，将有 n 个结点的完全二叉树中所有结点按层逐个顺序存放在一维数组 $R[n]$ 中，若结点 $R[i]$ 有左子女，则其左子女是(　　)；若结点 $R[i]$ 有右子女，则其右子女是(　　)。

A. $R[2i-1]$　　B. $R[2i]$　　C. $R[2i+1]$　　D. $R[2i+2]$

20. 用顺序存储的方法，将有 n 个结点的完全二叉树中所有结点按层逐个顺序存放在一维数组 $R[n]$ 中，若结点 $R[i]$ 有父结点，则其父结点是(　　)，该树中编号最大的非叶结点是(　　)。

A. $R[(i-1)/2]$　　B. $R[i/2]$　　C. $R[n/2-1]$　　D. $R[n/2]$

21. 一个深度为 k 且只有 k 个结点的二叉树按照完全二叉树顺序存储的方式存放于一个一维数组 $R[n]$ 中，那么 n 最大为(　　)。

A. $2k$　　B. $2k+1$　　C. 2^k-1　　D. 2^k

22. 在一棵二叉树的二叉链表中，空指针数等于非空指针数加(　　)。

A. 2　　B. 1　　C. 0　　D. -1

23. 在二叉树的顺序存储中，每个结点的存储位置与其父结点、左、右子女结点的位置都存在一个简单的映射关系，因此可与三叉链表对应。若某二叉树共有 n 个结点，采用三叉链表存储时，每个结点的数据域需要 d 字节，每个指针域占用 4 字节，若采用顺序存储，则最后一个结点下标为 k(起始下标为 1)，那么(　　)时采用顺序存储更节省空间。

A. $d<12n/(k-n)$　　B. $d>12/(k-n)$

C. $d<12n/(k+n)$　　D. $d>12n/(k+n)$

24. △ 给定二叉树如图 5-19 所示。设 N 代表二叉树的根，L 代表根结点的左子树，R 代表根结点的右子树。若遍历后的结点序列为 3,1,7,5,6,2,4，则其遍历方式是(　　)。

A. LRN　　B. NRL　　C. RLN　　D. RNL

25. △ 已知一棵二叉树的树形如图 5-20 所示，若其后序遍历顺序为 f,d,b,e,c,a，则其前序遍历序列为(　　)。

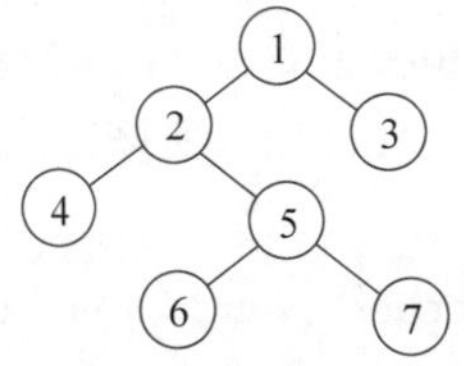

图 5-19　第 24 题的二叉树

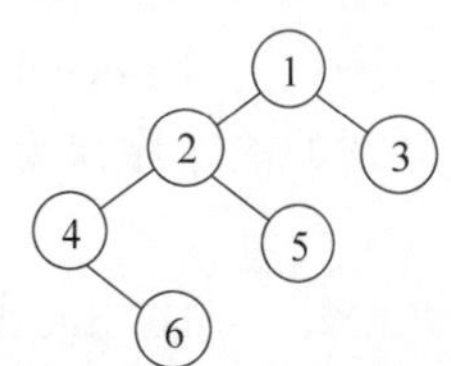

图 5-20　第 25 题的二叉树

A. a,e,d,f,b,c　　B. a,c,e,b,d,f　　C. c,a,b,e,f,d　　D.d,f,e,b,a,c

26. 设 a,b 为一棵二叉树上的两个结点,在中序遍历时,a 在 b 前的条件是(　　)。

A. a 在 b 的右方　　B. a 是 b 的祖先　　C. a 在 b 的左方　　D. a 是 b 的子孙

27. 设 a,b 为一棵二叉树上的两个结点,在前序遍历时,a 在 b 前的条件是(　　)。

A. a 在 b 的右方　　B. a 是 b 的祖先　　C. a 在 b 的左方　　D. a 是 b 的子孙

28. 设 a,b 为一棵二叉树上的两个结点,在后序遍历时,a 在 b 前的条件是(　　)。

A. a 在 b 的右方　　B. a 是 b 的祖先　　C. a 在 b 的左方　　D. a 是 b 的子孙

29. △ 若结点 p 与 q 在二叉树 T 的中序遍历序列中相邻,且 p 在 q 之前,则下列 p 与 q 的关系中,不可能的是(　　)。

Ⅰ. q 是 p 的父结点　　Ⅱ. q 是 p 的右子女

Ⅲ. q 是 p 的右兄弟　　Ⅳ. q 是 p 的父结点的父结点

A. 仅Ⅰ　　B. 仅Ⅲ　　C. 仅Ⅱ、Ⅲ　　D. 仅Ⅱ、Ⅳ

30. 在二叉树中有两个结点 *b* 和 *a*,如果 *b* 是 *a* 的祖先,使用(　　)可以找到从 *b* 到 *a* 的路径。

A. 前序遍历　　B. 中序遍历　　C. 后序遍历　　D. 层次序遍历

31. 前序序列与层次序序列相同的非空二叉树是(　　)。

A. 满二叉树　　B. 完全二叉树　　C. 单支树　　D. 平衡二叉树

32. 后序序列与层次序序列相同的非空二叉树是(　　)。

A. 满二叉树　　B. 完全二叉树　　C. 只有根的树　　D. 单支树

33. 前序序列与中序序列正好相反的非空二叉树是(　　)。

A. 满二叉树　　B. 左单支树

C. 右单支树　　D. 仅一个根结点的树

34. 前序序列与后序序列正好相反的非空二叉树是(　　)。

A. 满二叉树　　B. 左单支树

C. 右单支树　　D. 仅一个根结点的树

35. 中序序列与后序序列正好相反的非空二叉树是(　　)。

A. 满二叉树　　B. 左单支树

C. 右单支树　　D. 仅一个根结点的树

36. 设一棵二叉树的前序序列为 abdec,中序遍历为 dbeac,则该二叉树后序遍历的顺序是(　　)。

A. abdec　　B. debac　　C. debca　　D. abedc

37. 设一棵二叉树的中序序列为 badce,后序遍历为 bdeca,则该二叉树前序遍历的顺序是(　　)。

A. adbec　　B. decab　　C. debac　　D. abcde

38. 设一棵二叉树的前序序列为 abdecf,后序序列为 debfca,则该二叉树中序遍历的顺序是(　　)。

A. adbecf　　B. dfecab　　C. dbeacf　　D. abcdef

39. 设结点 *a* 和 *b* 是二叉树中任意的两个结点。在该二叉树的前序历序列中 *a* 在 *b* 之前,在其后序序列中 *a* 在 *b* 之后,则 *a* 和 *b* 的关系是(　　)。

A. a 是 b 的左兄弟　B. a 是 b 的右兄弟

C. a 是 b 的祖先　　D. a 是 b 的子孙

40. △ 一棵二叉树的前序序列和后序序列分别为 1,2,3,4 和 4,3,2,1,该二叉树的中序遍历序列不会是(　　)。

A. 1,2,3,4　B. 2,3,4,1　C. 3,2,4,1　D. 4,3,2,1

41. △ 若一棵二叉树的前序序列为 a,e,d,b,c,后序序列为 b,c,d,e,a,则根结点的子女结点(　　)。

A. 只有 e　B. 有 e、b　C. 有 e、c　D. 无法确定

42. 对二叉树的结点从 1 开始按层次序连续编号,要求每个结点的编号大于其左、右子女的编号,同一结点的左、右子女中,其左子女编号小于其右子女编号,则可采用(　　)遍历实现二叉树的结点编号。

A. 先序　B. 中序　C. 后序　D. 层次序

43. △ 前序遍历序列为 a,b,c,d 的不同二叉树个数为(　　)。

A. 13　B. 14　C. 15　D. 16

44. △ 要使一棵非空二叉树的前序序列与中序序列相同,其所有非叶结点须满足的条件是(　　)。

A. 只有左子树　B. 只有右子树

C. 结点的度均为 1　D. 结点的度均为 2

45. △ 某二叉树的树形如图 5-21 所示,其后序序列为 e,a,c,b,d,g,f,树中与结点 a 同层的结点是(　　)。

A. c　B. d

C. f　D. g

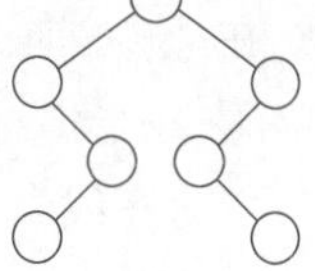

图 5-21　第 45 题的树形

46. 实现二叉树的后序遍历的非递归算法而不使用栈,最佳方案是二叉树的存储结构采用(　　)表示。

A. 二叉链表　B. 广义表　C. 三叉链表　D. 顺序

47. 一棵完全二叉树按层次序遍历的序列为 ABCDEFGHI,则在前序遍历过程中结点 E 的直接前驱为(　　),后序遍历过程中结点 B 的直接后继为(　　)。

A. A　B. B　C. C　D. D

E. E　F. F　G. G　H. H

I. I

48. 线索二叉树是一种(　　)结构。

A. 逻辑　B. 逻辑和存储　C. 物理　D. 线性

49. n 个结点的线索二叉树中,线索的数目是(　　)。

A. $n-1$　B. $n+1$　C. $2n$　D. $2n-1$

50. △ 下列线索二叉树中(如图 5-22 所示),符合后序线索二叉树定义的是(　　),图中虚线箭头表示线索。

51. 在中序线索二叉树中,结点 * p 有前驱结点的条件是(　　)。

A. p->leftChild==NULL

B. p->ltag==1

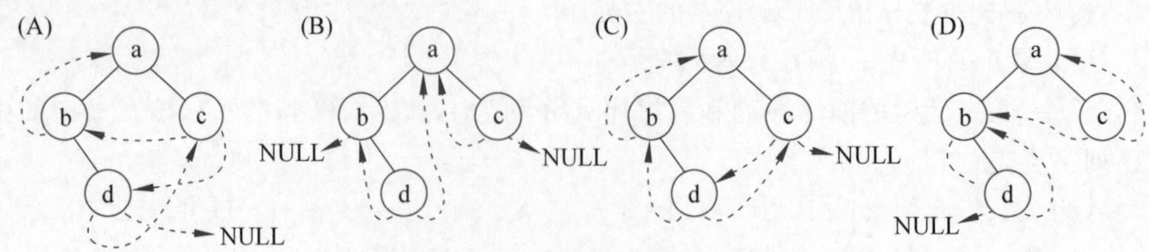

图 5-22 第 50 题的几棵线索二叉树

C. p->ltag==1 且 t->leftChild !=NULL

D. 以上都不对

52. △ 若 X 是后序线索二叉树中的叶子结点，且 X 存在左兄弟结点 Y，则 X 的右线索指向(　　)。

A. X 的父结点

B. 以 Y 为根的子树的最左下结点

C. X 的左兄弟结点

D. 以 Y 为根的子树的最右下结点

53. △ 若对图 5-23 所示的二叉树进行中序线索化，则结点 x 的左、右线索指向的结点分别是(　　)。

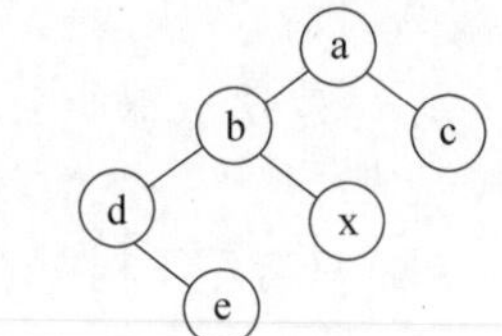

图 5-23 第 53 题的二叉树

A. e,c　　B. e,a

C. d,c　　D. b,a

54. 在下列前、中、后、层次各种次序的线索二叉树中，(　　)对查找指定结点在该次序下的后继效率较差。

A. 前序线索二叉树　　B. 中序线索二叉树

C. 后序线索二叉树　　D. 层次序线索二叉树

55. 设一棵树具有 n 个结点，则它所有结点的度之和为(　　)。

A. $2n$　　B. $2n-1$　　C. $n+1$　　D. $n-1$

56. 设一棵树中只有度为 0 和度为 3 的结点，则该树的第 i 层($i\geqslant1$)的结点个数最多为(　　)。

A. $3^{i-1}-1$　　B. 3^i-1　　C. 3^{i-1}　　D. 3^i

57. 设一棵树的广义表表示为 A(B(E),C(F(H,I,J),G),D)，则该树的度为(　　)，树的深度为(　　)，叶结点个数为(　　)。

A. 3　　B. 4　　C. 5　　D. 6

58. 在具有 $n(n\geqslant1)$ 个结点的 k 叉树中，有(　　)个空指针。

A. $k\times n+1$　　B. $(k-1)\times n+1$　　C. $k\times n-1$　　D. $k\times n$

59. 一棵含有 n 个结点的 k 叉树，可能达到的最大深度为(　　)，最小深度为(　　)。

A. $\log_k(n\times(k-1)+1)$　　B. $\log_k(n\times k-1)+1$

C. k　　D. n

60. △ 如果三叉树 T 中有 244 个结点(叶结点的高度为 1)，那么 T 的高度至少是(　　)。

A. 8　　B. 7　　C. 6　　D. 5

61. 设森林 F 对应的二叉树为 FB，它有 m 个结点。FB 的根为 p，p 的右子树中结点个

数为 n，则森林 F 中第一棵树的结点个数是(　　)。

A. $m-n$　　B. $m-n-1$　　C. $n+1$　　D. 无法确定

62. 如果 T_2 是由有序树 T 转换成的二叉树，那么 T 中结点的先根遍历顺序对应 T_2 中结点的(　　)遍历顺序，结点的后根遍历顺序对应 T_2 中结点的(　　)遍历顺序。

A. 前序　　B. 中序　　C. 后序　　D. 层次序

63. 设森林中有 3 棵树，第 1、2、3 棵树中的结点个数分别为 m_1、m_2、m_3。那么由该森林转化成的二叉树中根结点的右子树上有(　　)个结点。

A. m_1+m_2　　B. m_2+m_3　　C. m_3+m_1　　D. $m_1+m_2+m_3$

64. 设森林 F 中有 4 棵树，第 1、2、3、4 棵树的结点个数分别为 n_1、n_2、n_3、n_4，当把森林 F 转换成一棵二叉树 FB 后，其根结点的左子树中有(　　)个结点。

A. n_1-1　　B. $n_1+n_2+n_3$　　C. $n_2+n_3+n_4$　　D. n_1

65. △ 将森林转换为对应的二叉树，若在二叉树中，结点 u 是结点 v 的父结点的父结点，则在原来的森林中，u 和 v 可能具有的关系是(　　)。

Ⅰ. 父子关系　　Ⅱ. 兄弟关系　　Ⅲ. u 的父结点与 v 的父结点是兄弟关系

A. 只有Ⅱ　　B. Ⅰ和Ⅱ　　C. Ⅰ和Ⅲ　　D. Ⅰ、Ⅱ和Ⅲ

66. 设 F 是一个森林，F_B 是由 F 转换得到的二叉树，F 中有 n 个非叶结点，则 F_B 中右指针域为空的结点有(　　)个。

A. $n-1$　　B. n　　C. $n+1$　　D. $n+2$

67. 在森林 F 的二叉树表示 F_B 中，结点 m 和结点 n 是同一父结点的左子女和右子女，则在该森林 F 中(　　)。

A. m 和 n 有同一父结点　　B. m 和 n 可能无共同祖先

C. m 是 n 的子女　　D. m 是 n 的左兄弟

68. △ 已知一棵有 2011 个结点的树，其叶结点个数为 116，该树对应的二叉树中无右子女的结点个数是(　　)。

A. 115　　B. 116　　C. 1895　　D. 1896

69. △ 将森林 F 转换为对应的二叉树 T，F 中叶结点的个数等于(　　)。

A. T 中叶结点的个数　　B. T 中度为 1 的结点个数

C. T 中左子女指针为空的结点个数　　D. T 中右子女指针为空的结点个数

70. △ 若森林 F 有 15 条边、25 个结点，则 F 中包含树的棵数是(　　)。

A. 8　　B. 9　　C. 10　　D. 11

71. △ 若将一棵树 T 转换为对应的二叉树 BT，则下列对 BT 的遍历中，其遍历序列与 T 的后根遍历序列相同的是(　　)。

A. 前序遍历　　B. 中序遍历　　C. 后序遍历　　D. 按层遍历

72. △ 已知森林 F 及与之对应的二叉树 T，若 F 的先根遍历序列是 a,b,c,d,e,f，后根遍历序列是 b,a,d,f,e,c，则 T 的后序遍历序列是(　　)。

A. b,a,d,f,e,c　　B. b,d,f,e,c,a　　C. b,f,e,d,c,a　　D. f,e,d,c,b,a

73. △ 某森林 F 对应的二叉树为 T，若 T 的前序遍历序列为 a,b,d,c,e,g,f，中序遍历序列为 b,d,a,e,g,c,f，则 F 中树的棵数是(　　)。

A. 1　　B. 2　　C. 3　　D. 4

74. △ 下列关于最大堆(至少含 2 个元素)的叙述中,正确的是( )。

Ⅰ. 可以将堆视为一棵完全二叉树　　Ⅱ. 可以采用顺序存储方式保存堆

Ⅲ. 可以将堆视为一棵二叉排序树　　Ⅳ. 堆中的次大值一定在根的下一层

A. Ⅰ、Ⅱ　B. Ⅱ、Ⅲ　C. Ⅰ、Ⅱ、Ⅳ　D. Ⅰ、Ⅲ、Ⅳ

75. 在一个堆的顺序存储中,若一个结点的下标为 $i(i \geqslant 0)$,则它的左子女结点的下标为( ),右子女结点的下标为( )。

A. $2i-1$　B. $2i$　C. $2i+1$　D. $2i+2$

76. 在向一个有 n 个元素的最小堆中插入一个具有最小值的结点时,该结点需要逐层向上调整,直到被调整到堆顶为止。为此需要做( )次关键码比较,移动( )元素。

A. $\lfloor \log_2 n \rfloor$　B. $\lfloor \log_2 n \rfloor+1$　C. $\lfloor \log_2 (n+1) \rfloor$　D. $\lfloor \log_2 (n+1) \rfloor+1$

77. 当从一个有 n 个元素的最小堆中删除一个结点时,需要进行调整以重新形成最小堆。为此,需要做( )次关键码比较,移动( )元素。

A. $\lfloor \log_2 (n-1) \rfloor$　B. $\lfloor \log_2 (n-1) \rfloor+1$　C. $\lfloor \log_2 n \rfloor$　D. $\lfloor \log_2 n \rfloor+1$

78. △ 已知关键码序列 5,8,12,19,28,20,15,22 是最小堆,插入关键码 3,调整后得到的最小堆是( )。

A. 3,5,12,8,28,20,15,22,19　B. 3,5,12,19,20,15,22,8,28

C. 3,8,12,5,20,15,22,28,19　D. 3,12,5,8,28,20,15,22,19

79. △ 已知序列 25,13,10,12,9 是最大堆,在序列尾部插入新元素 18,将其再调整为最大堆,调整过程中元素之间进行的比较次数是( )。

A. 1　B. 2　C. 4　D. 5

80. △ 已知最小堆为 8,15,10,21,34,16,12,删除关键码 8 之后需重建堆,在此过程中,关键码之间的比较次数是( )。

A. 1　B. 2　C. 3　D. 4

81. △ 在将序列(6,1,5,9,8,4,7) 建成最大堆时,正确的序列变化过程是( )。

A. 6,1,7,9,8,4,5→6,9,7,1,8,4,5→9,6,7,1,8,4,5→9,8,7,1,6,4,5

B. 6,9,5,1,8,4,7→6,9,7,1,8,4,5→9,6,7,1,8,4,5→9,8,7,1,6,4,5

C. 6,9,5,1,8,4,7→9,6,5,1,8,4,7→9,6,7,1,8,4,5→9,8,7,1,6,4,5

D. 6,1,7,9,8,4,5→7,1,6,9,8,4,5→7,9,6,1,8,4,5→9,7,6,1,8,4,5→9,8,6,1,7,4,5

82. △ 将关键码 6,9,1,5,8,4,7 依次插入初始为空的最大堆 H 中,得到的 H 是( )。

A. 9,8,7,6,5,4,1　B. 9,8,7,5,6,1,4

C. 9,8,7,5,6,4,1　D. 9,6,7,5,8,4,1

83. 用 n 个权值构造出来的 Huffman 树共有( )个结点。

A. $2n-1$　B. $2n$　C. $2n+1$　D. $n+1$

84. △ 用 $n(n \geqslant 2)$ 个权值均不相同的字符构造 Huffman 树,下面关于该 Huffman 树的叙述中,错误的是( )。

A. 该树一定是一棵完全二叉树

B. 树中一定没有度为 1 的结点

C. 树中两个权值最小的结点一定是兄弟结点

D. 树中任何一个非叶结点的权值一定不小于下一层任一结点的权值

85. △ 下列选项给出的是从根分别到达两个叶结点路径上的权值序列,能属于同一棵 Huffman 树的是(　　)。

A. 24,10,5 和 24,10,7　　B. 24,10,5 和 24,12,7

C. 24,10,10 和 24,14,11　　D. 24,10,5 和 24,14,6

86. 若一棵度为 m 的 Huffman 树有 n 个叶结点,则非叶结点的个数为(　　)。

A. $n-1$　　B. $\left\lfloor\frac{n}{m}\right\rfloor-1$　　C. $\left\lfloor\frac{n-1}{m-1}\right\rfloor$　　D. $\left\lfloor\frac{n}{m-1}\right\rfloor-1$

87. △ 在有 6 个字符组成的字符集 s 中,各个字符出现的频次分别为 3,4,5,6,8,10,为 s 构造的 Huffman 树的加权平均长度为(　　)。

A. 2.4　　B. 2.5　　C. 2.67　　D. 2.75

88. △ 若某二叉树有 5 个叶结点,其权值分别为 10,12,16,21,30,则其最小的带权路径长度(WPL)是(　　)

A. 89　　B. 200　　C. 208　　D. 289

89. △ 5 个字符有如下 4 种编码方案,不是前缀编码的是(　　)。

A. 01,0000,0001,001,1　　B. 011,000,001,010,1

C. 000,001,010,011,100　　D. 0,100,110,1110,1100

90. △ 已知字符集{a,b,c,d,e,f,g,h},若各字符的 Huffman 编码依次是 0100,10,0000,0101,001,011,11,0001,则编码序列 0100011001001011110101 的译码结果是(　　)。

A. a c g a b f h　　B. a d b a g b b　　C. a f b e a g d　　D. a f e e f g d

91. △ 已知字符集{a,b,c,d,e,f},若各字符出现的次数分别为 6,3,8,2,10,4,则对应字符集中各字符的 Huffman 编码可能是(　　)。

A. 00,1011,01,1010,11,100　　B. 00,100,110,000,0010,01

C. 10,1011,11,0011,00,010　　D. 0011,10,11,0010,01,000

92. △ 对 n 个互不相同的符号进行 Huffman 编码,若生成的 Huffman 树共有 115 个结点,则 n 的值是(　　)。

A. 56　　B. 57　　C. 58　　D. 60

93. △ 对任意给定的含 $n(n>2)$ 个字符的有限集 S,用二叉树表示 S 的 Huffman 编码集和定长编码集,分别得到二叉树 T1 和 T2。下列叙述中,正确的是(　　)。

A. T1 和 T2 的结点数相同

B. T1 的高度大于 T2 的高度

C. 出现频次不同的字符在 T1 中处于不同的层

D. 出现频次不同的字符在 T2 中处于相同的层

94. 在 Huffman 编码中,若编码长度只允许小于或等于 4,则除了已对两个字符编码为 0 和 10 外,还可以最多对(　　)个字符编码。

A. 3　　B. 4　　C. 5　　D. 6

二、简答题

1. 在结点个数为 $n(n>1)$ 的各棵树中,深度最小的树的深度是多少?它有多少叶结点?有多少分支结点?深度最大的树的深度是多少?它有多少叶结点?有多少分支结点?

2. 对于一棵有 $n(n>1)$ 个结点的三叉树，其最小高度是多少？

3. 如果一棵树有 n_1 个度为 1 的结点，有 n_2 个度为 2 的结点……n_m 个度为 m 的结点，试问有多少个度为 0 的结点？试推导之。

4. 已知一棵度为 4 的树，度为 0、1、2、3 的结点分别有 14、10、4、3，求该树的结点总数 n 和度为 4 的结点个数，给出推导过程。

5. 一棵深度为 $d(d \geqslant 1)$的满 k 叉树有如下性质：第 d 层上的结点都是叶结点，其余各层上每个结点都有 k 棵非空子树，如果从根开始按层次自顶向下，同一层自左向右，顺序从 1 开始对全部结点进行编号，试问：

(1) 各层的结点个数是多少？

(2) 编号为 i 的结点的父结点(若存在)的编号是多少？

(3) 编号为 i 的结点的第 m 个子女结点(若存在)的编号是多少？

(4) 编号为 i 的结点有右兄弟的条件是什么？其右兄弟结点的编号是多少？

(5) 若结点个数为 n，则深度 d 是 n 的什么函数？

6. △ 若一棵非空 $k(k \geqslant 2)$ 叉树 T 的每个非叶结点都有 k 个子女，则称 T 为正则 k 叉树。请回答下列问题并给出推导过程。

(1) 若 T 中有 m 个非叶结点，则 T 中的叶结点有多少个？

(2) 若 T 的高度为 h(单结点的树 $h=1$)，则 T 的结点数最多为多少个？最少为多少个？

7. 试分别画出具有 3 个结点的树和 3 个结点的二叉树的所有不同形态。

8. 如果一棵有 n 个结点的满二叉树的深度为 d (树根所在的层次为 1)，则给出推导式：

(1) 用深度 d 表达其结点总数 n。

(2) 用结点总数 n 表达深度 d。

(3) 若对该树的结点从 1 开始按中序遍历次序进行编号，则树根结点的编号如何用 d 表示？树根结点的左子女结点的编号如何用 d 表示？右子女结点的编号如何用 d 表示？

9. 一棵二叉树采用顺序存储表示存放元素值，如图 5-24 所示。

0	1	2	3	4	5	6	7	8	9	10	11	12	13	14	15	16	17	18	19
e	a	F		d		g			c	j			h	i					b

图 5-24 第 9 题二叉树的顺序存储

(1) 画出二叉树表示。

(2) 写出前序遍历、中序遍历和后序遍历的结果。

(3) 写出结点值 c 的父结点及其左、右子女。

10. 试证明：在同一棵二叉树的前序序列、中序序列和后序序列中，所有叶结点都按相同的(先后)相对位置出现。

11. 由二叉树的中序序列和层次序序列可以唯一确定一棵二叉树，给定二叉树的中序序列 d b a e c f，层次序序列 a b c d e f，构造一棵二叉树并写出它的后序序列。

12. 设 u 和 v 是二叉树的两个结点，应选择前序、中序、后序中的哪两种遍历序列才能判断 u 是 v 的祖先？

13. 一棵有 11 个结点的二叉树的静态二叉链表表示如图 5-25 所示，lchild[i]和 rchild[i]

分别为结点 i 的左、右子女,其中“-1”表示空指针,根结点的下标为 2。画出该二叉树并给出前序、中序和后序遍历该树的结点序列。

	0	1	2	3	4	5	6	7	8	9	10
lchild	5	-5	6	-1	7	-1	4	-1	1	-1	-1
data	m	f	a	k	b	l	c	g	d	h	e
rchild	-1	-1	8	-1	9	3	10	-1	0	-1	-1

图 5-25　第 13 题二叉树的静态链表表示

14. 如果某二叉树的前序遍历序列的最后一个结点和中序遍历序列的最后一个结点是同一个结点,试问该二叉树具有什么性质?为什么?

15. 某二叉树的扩展后序遍历序列为∅,∅,A,∅,∅,E,∅,∅,C,D,B,其中∅表示空二叉树。试问能否使用此序列作为输入创建二叉树?若不能,请说明理由;若能,画出对应的二叉树。

16. 设后缀表达式串为"ab+cde+/*",其中英文字母表示操作数,'+','-','*','/'是操作符。给出逐个读入后缀表达式串中的字符,构建表达式树的过程。

17. 试用判定树的方法给出在中序线索二叉树上:

(1) 如何搜索指定结点的在中序下的后继。

(2) 如何搜索指定结点的在前序下的后继。

(3) 如何搜索指定结点的在后序下的后继。

18. 已知一棵树的先根次序遍历的结果与其对应二叉树表示(子女—兄弟链表表示)的前序遍历结果相同,树的后根次序遍历结果与其对应二叉树表示的中序遍历结果相同。试问利用树的先根次序遍历结果和后根次序遍历结果能否唯一确定一棵树?举例说明。

19. 判断以下序列是否为最小堆?如果不是,将它调整为最小堆。

(1) {100,86,48,73,35,39,42,57,66,21}

(2) {12,70,33,65,24,56,48,92,86,33}

(3) {103,97,56,38,66,23,42,12,30,52,06,20}

(4) {05,56,20,23,40,38,29,61,35,76,28,100}

20. 给定权值集合{15,03,14,02,06,09,16,17},构造相应的 Huffman 树,并计算它的带权外部路径长度。

21. △ 设有 6 个有序表 A,B,C,D,E,F,分别含有 10,35,40,50,60,200 个数据元素,各表中的元素按升序排列。要求通过 5 次两两合并,将 6 个表最终合并为 1 个升序表,并使最坏情况下比较的总次数达到最小。请回答下列问题:

(1) 给出完整的合并过程,并求出最坏情况下比较的总次数。

(2) 根据合并过程,描述 $n(n\geqslant 2)$ 个不等长升序表的合并策略,并说明理由。

22. 假定用于通信的电文仅由 8 个字母 c1,c2,c3,c4,c5,c6,c7,c8 组成,各字母在电文中出现的频率分别为 5,25,3,6,10,11,36,4。试为这 8 个字母设计不等长的 Huffman 编码,并给出该电文的总码数。

23. △ 若任意一个字符的编码都不是其他字符编码的前缀,则称这种编码具有前缀特性。现有某字符集(字符个数≥2) 的不等长编码,每个字符的编码均为二进制的 0、1 序列,

最长为 L 位，且具有前缀特性。请回答下列问题：

(1) 哪种数据结构适宜保存上述具有前缀特性的不等长编码？

(2) 基于设计的数据结构，简述从 0/1 串到字符串的译码过程。

(3) 判定某字符集的不等长编码是否具有前缀特性的过程。

24. 给定一组权值：23,15,66,07,11,45,33,52,39,26,58，试构造一棵具有最小带权外部路径长度的扩充 4 叉树，要求该 4 叉树中所有内部结点的度都是 4，所有外部结点的度都是 0。这棵扩充 4 叉树的带权外部路径长度是多少？(提示：如果权值个数不足以构造扩充 4 叉树，可补充若干值为零的权值，再仿照 Huffman 树的思路构造扩充 4 叉树)

三、算法题

1. 已知一棵完全二叉树存放于一个一维数组 $A[n]$ 中，$A[n]$ 中存放的是各结点的值。试设计一个算法，从 $A[0]$ 开始顺序读出各结点的值，建立该二叉树的二叉链表表示。

2. 下面是一个二叉树的前序遍历的递归算法。

```
template <class T>
void PreOrder (BinTreeNode<T> *t) {
    if (t != NULL) {                          //递归结束条件
        cout << t->data;                      //访问(输出)根结点
        PreOrder (t->leftChild);              //前序遍历左子树
        PreOrder (t->rightChild);             //前序遍历右子树
    }
};
```

(1) 改写 PreOrder 算法，消去第二个递归调用 PreOrder (t->rightChild)。

(2) 利用栈改写 PreOrder 算法，消去两个递归调用。

3. 设二叉树采用二叉链表作为其存储表示，指针 root 指向根结点，试编写一个在二叉树中搜索值为 x 的结点，并输出该结点的所有祖先结点的算法。在此算法中，假设值为 x 的结点不多于一个。

4. 设二叉树采用二叉链表作为其存储表示，试以二叉树为参数，交换每个结点的左子女和右子女。

5. 设一棵二叉树采用二叉链表作为其存储表示，试以成员函数形式编写有关二叉树的递归算法：

(1) 统计二叉树中度为 1 的结点个数。

(2) 统计二叉树中度为 2 的结点个数。

(3) 统计二叉树中度为 0(叶结点)的结点个数。

6. 设二叉树采用二叉链表作为其存储表示，设计一个算法，计算以 *t 为根的二叉树中指定结点 *p 所在层次。

7. 设二叉树采用二叉链表作为其存储表示，设计一个算法，统计二叉树的宽度，即在二叉树的各层上，具有结点数最多的那一层上的结点总数。

8. 设二叉树采用二叉链表作为其存储表示，设计一个算法，计算二叉树的深度。

9. 设二叉树采用二叉链表作为其存储表示，设计一个算法，删去以 *t 为根的二叉树中所有叶结点。

10. 设二叉树采用二叉链表作为其存储表示，设计一个算法，计算以 *t 为根的二叉树中各结点中的最大元素的值。

11. 设完全二叉树采用二叉链表表示，设计一个算法，将其转换为二叉树的顺序(数组)表示。

12. 设一棵二叉树采用二叉链表表示，编写一个算法，利用二叉树的前序遍历求前序序列的第 k 个结点。

13. 设一棵二叉树采用二叉链表表示，设计一个算法，利用二叉树的前序遍历求任意指定的两个结点 P 和 Q 之间的路径和路径长度。

14. 设一棵二叉树采用二叉链表表示，编写一个算法，利用二叉树的后序遍历判断该二叉树是否平衡。本题中的"平衡"是指二叉树中任一结点的左、右子树高度的差的绝对值不超过 1。

15. 设一棵二叉树采用二叉链表表示，设计一个算法，判断二叉树是否是完全二叉树。

16. 编写一个算法，把一个新结点 *p 作为结点 *s 的左子女插入一棵线索二叉树中，使 *s 原来的左子女变成 *p 的左子女。

17. △ 请设计一个算法，将给定的表达式树(二叉树)转换为等价的中缀表达式(通过括号反映操作符的计算次序)并输出。例如，当以图 5-26 所示两棵表达式树作为算法的输入时，输出的等价中缀表达式分别为(a+b)×(c×(−d))和(a×b)+(−(c−d))。

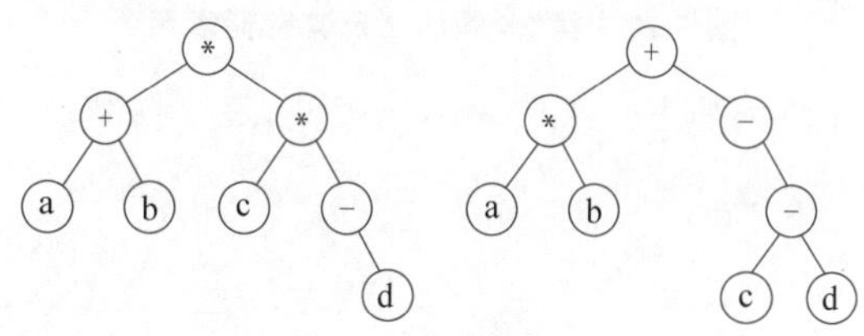

图 5-26　第 17 题的表达式树

二叉树结点定义如下。

```
typedef struct node {
    char data[10];
    struct node * left, * right;
} BTree;
```

要求：

(1) 给出算法的基本设计思想；

(2) 根据设计思想，采用 C 或 C++ 语言描述算法，关键之处给出注释。

18. 针对一棵前序线索二叉树：

(1) 仿照中序线索二叉树，定义前序线索二叉树的类结构；

(2) 编写算法，实现二叉树到前序线索二叉树的转换；

(3) 编写算法，在以 *t 为根的子树中求指定结点 *p 的父结点；

(4) 编写算法，求以 *t 为根的子树的前序下的第一个结点；

(5) 编写算法，求以 *t 为根的子树的前序下的最后一个结点；

(6) 编写算法，求结点 *t 的前序下的后继结点；

(7) 编写算法，求结点 *t 的前序下的前驱结点；

(8) 编写算法，实现前序线索二叉树的前序遍历。

19. 一棵树的存储结构可以采用父指针表示法。试给出相应的类定义。其中，每个树结点包含两个成员：数据域 data 和父指针 parent；树则有一个树结点数组 NodeList[maxSize]，maxSize 表示该数组的最大结点个数，size 是当前结点个数，current 指示最近操作结点位置，即当前指针。

20. 设一棵树的存储表示为父指针表示（双亲表示），设计一个算法计算树的深度。

21. 设有一棵有 n 个结点的树，采用父指针表示作为其存储表示。设计一个算法，将此树的存储表示转换为子女—兄弟链表表示。

22. 设一棵树的存储表示为子女—兄弟链表，设计一个算法，无重复地输出树中所有的边。要求输出的形式为(k_1,k_2)，…，(k_i,k_j)，…，其中 k_i 和 k_j 为树结点的标识。

23. 已知一棵树的层次序序列及每个结点的度，编写一个算法构造此树的子女—兄弟链表。例如，图 5-27 中树的层次序序列为{A,B,C,D,E,F}，各结点的度为{3,0,2,0,0,0}。

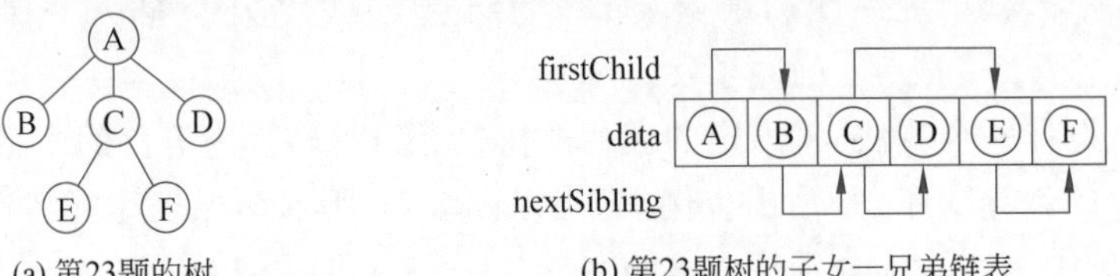

(a) 第23题的树　　(b) 第23题树的子女—兄弟链表

图 5-27　第 23 题的树及其存储表示

24. 设一棵 Huffman 树用静态三叉链表结构存储，每个树结点的定义如下。

```
#define maxSize 30
template <class T>
struct HTNode {
    T data;                          //结点的值
    float weight;                    //结点的权
    int parent, left, right;         //父结点,左,右子女结点指针
};
template <class T>
struct HFTree {
    HTNode<T> elem[maxSize];         //Huffman 树存储数组
    int num, root;                   //num 是外结点数, root 是根结点
};
```

编写一个算法，输入一个数据序列 value[m]和相应的权值序列 fr[m]，基于上述的静态三叉链表存储表示建立一棵 Huffman 树。

25. △ 二叉树的带权路径长度(WPL)是二叉树中所有叶子结点的带权路径长度之和。给定一棵二叉树 T，采用二叉链表存储，其结点结构为(left，weight，right)，其中叶结点的 weight 保存该结点的非负权值。设 root 为指向 T 的根结点的指针，请设计求 T 的 WPL 的算法。要求：

(1) 给出算法的基本设计思想；

(2) 使用 C 或 C++ 语言，给出二叉树结点的数据类型定义；

(3) 根据设计思想，采用 C 或 C++ 语言描述算法，关键之处给出注释。

26. 设 Huffman 编码的类定义如下。

```
#define Len 10                          //Huffman 编码的最大长度
struct HFCode {                         //Huffman 编码的类定义
    char hcd[Len];                      //结点 Huffman 编码存放数组
    int start;                          //从 start 到 Len-1 存放
};
```

编写一个算法,利用已建好的 Huffman 树生成 Huffman 编码。

5.5 补充练习题解答

一、选择题

1. 选 B。树是层次结构,它适用于存储具有分支层次结构的数据集合。

2. 选 A。参看图 5-28,上述选项对应的有根有序有向树图如下。

A. a(b(d,e),c)　　B. a(b,c(d,e))　　C. a(b(d),(e),c)　　D. a(b,d(e),c)

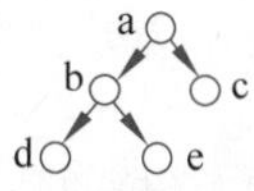

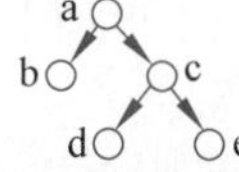

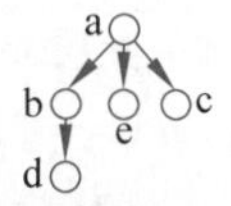

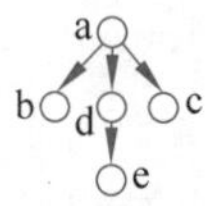

图 5-28　第 2 题各选项对应的有根有序有向图

在树的层号表示中,各结点的顺序是按先根次序排列的,并明确给出了结点的层次编号。选项 B 中 c 错位了,按照题意,它应是最后访问的。选项 C 中 e 上面遗漏一个父结点。选项 D 中 d 在第 2 层,不在第 3 层与题意不符。因此选 A。

3. 选 C。度为 2 的有序树与二叉树是不同的。若度为 2 的有序树非空,则至少有一个结点的度为 2;二叉树可以为空,也可以没有度为 2 的结点。$\lfloor \log_2 n \rfloor+1$ 是 $n(>0)$ 个结点的完全二叉树的高度,也可以用 $\lceil \log_2(n+1) \rceil$ 计算。一般二叉树的高度最大可达 n。只有选项 C 是正确的,完全二叉树的任一非叶结点如果有右子女,则必有左子女,反之,如果一个结点没有左子女,则它一定也没有右子女,此结点必为叶结点。

4. 选 A。叶结点的父结点应是非叶结点,在完全二叉树中非叶结点的左兄弟应也是非叶结点。选项 A 正确。选项 B 中 $n_0=n_2-1$ 错误,应是 $n_2=n_0-1$。选项 C 的叙述混淆了树与二叉树,二叉树不是一般的树,有 n 个结点的树的高度最小为 2,而二叉树的高度最小为 $\lceil \log_2(n+1) \rceil$。选项 D 中忽略了前提,当根结点为第 0 号结点时,结点 i 的左子女(若存在)的编号为 $2i+1$,当根结点为第 1 号结点时,结点 i 的左子女(若存在)的编号为 $2i$。

5. 选 D,H,B,G,I。n 个结点的二叉树最大高度为 n,是单支树,有 1 个叶结点;其最小高度为 $\lfloor \log_2 n \rfloor+1(n>0)$,是完全二叉树,有 n_2+1 个叶结点。若采用链表存储结构,则有 $n+1$ 个空链域。

6. 选 D。高度为 h 的满二叉树有 2^h-1 个结点,所以选 D。m 个叶结点是干扰条件。

7. 选 B,F。对于只有度为 0 和度为 2 的结点的二叉树,在高度 h 固定时,若每一层结点数最少,就可使二叉树的结点总数最少,此时,除第 1 层有一个结点外,其他 $h-1$ 层各有 2 个结点,所以二叉树至少有 $2(h-1)+1=2h-1$ 个结点。反之,在高度 h 固定时,若每一层结点数最多,就可使二叉树的结点总数最多,这就是满二叉树情形,结点个数可达 2^h-1。

8. 选 B。根据 $n_0=n_2+1$ 的性质,当 $n_0=124$ 时,$n_2=123$,此完全二叉树最多可有

$124+123+1=248$个结点。

9. 选 C。根据 $n_0=n_2+1$ 的性质，当 $n_0=129$ 时，$n_2=128$，此完全二叉树最少可有 $129+128=257$个结点。

10. 选 C。完全二叉树的第 6 层最多有 $2^{6-1}=2^5=32$ 个结点，按照题意，它有 8 个叶结点，假设它们在该层的右侧，那么在这一层还有 $2^5-8=32-8=24$ 个非叶结点，在第 7 层最多还有 $2\times24=48$ 个叶结点，该完全二叉树最多有 $1+2+4+8+16+32+48=111$ 个结点。

11. 选 C。设度为 0 的结点数为 n_0，度为 1 的结点数为 n_1，度为 2 的结点数为 n_2，根据二叉树的性质 3，有 $n_0=n_2+1$，因此，n_0+n_2 是奇数。在完全二叉树情形下，当 n 是偶数时，n_1 应为 1。设 $n=n_0+n_1+n_2=2n_0+1-1=768$，则 $n_0=768/2=384$。

12. 选 C。设度为 0 的结点数为 n_0，度为 1 的结点数为 n_1，度为 2 的结点数为 n_2，根据二叉树的性质 3，有 $n_0=n_2+1$，因此，$2n=n_0+n_1+n_2=n_1+2n_2+1$，$n_1=2(n-n_2)-1$，就是说，$n_1$ 是奇数不是偶数，故选项 C 不成立。

13. 选 A。编号为 $i(i\geqslant0)$ 的结点所在层次为 $\lfloor\log_2(i+1)\rfloor+1$，如果两个结点位于同一层次，一定是 $\lfloor\log_2(p+1)\rfloor+1==\lfloor\log_2(q+1)\rfloor+1$，即 $\lfloor\log_2(p+1)\rfloor==\lfloor\log_2(q+1)\rfloor$。注意，当根结点编号为 1 时，$\lceil\log_2 p\rceil==\lceil\log_2 q\rceil$是对的。

14. 选 D。二叉树结点的深度是从根算起的，而高度是从叶结点算起的。一个叶结点的高度为 1，其他任一结点的高度等于其左、右子树高度中的大者再加 1。此结点从上向下算是第 4 层，从下向上算也是第 4 层，因此该满二叉树的高度为 7。

15. 选 A。具有 1000 个结点的完全二叉树有 10 层，因为 $2^9-1=511<1000\leqslant2^{10}-1=1023$，则上面 9 层是满二叉树，最多有 $2^9-1=511$ 个结点。此外，根据性质 $n_0=n_2+1$，n_0+n_2 为奇数，当 n 为偶数时，$n_1=1$。结点总数 $n=n_0+n_1+n_2=2n_0-1+n_1=1000$，由此可知，$n_0=500$，$n_1+n_2=500$。用 $511-500=11$，此即次底层(第 9 层)中叶结点的个数。

16. 选 A。这是一棵满二叉树，设树的高度为 h(根在第 1 层)，则叶结点都在第 h 层，有 2^{h-1}个结点，因为 $2^{h-1}=k$，则二叉树的结点总数为 $2^h-1=2\times2^{h-1}-1=2k-1$。

17. 选 C。三叉树的第 $i(i\geqslant1)$ 层最多有 3^{i-1}个结点。设高度为 h，$3^0+3^1+\cdots+3^{h-1}=(3^h-1)/2$ 是上限，要求满足 $50\leqslant(3^h-1)/2$ 的最小的 h，即 $h\geqslant\log_3 101$，$h=\lfloor\log_3 101\rfloor=5$。

18. 选 A。对于任意一棵高度为 5 的二叉树，10 个结点可能分布在从根结点所在的第 1 层到第 5 层的任意位置，因此，采用顺序存储结构时，这 5 层所有可能的位置都要占用，需要的存储单元数为 $1+2+4+8+16=31$。

19. 顺序选 C，D。注意此题是把有 n 个结点的完全二叉树存放于$R[n]$，当然是从$R[0]$开始，根结点的编号应为 0，这样 $R[i]$的左子女应为 $R[2i+1]$，右子女应为 $R[2i+2]$。

20. 顺序选 A，C。当根结点的编号为 0 时，它存放于 $R[0]$。此时任一非根结点的父结点应是 $R[(i-1)/2]$。该树编号最大的非叶结点的编号不是 $R[n/2]$，而是 $R[n/2-1]$。

21. 选 C。深度为 k 且只有k 个结点的二叉树是一棵单支树，最坏情形是所有结点左子树都为空，需要的存储空间要能满足深度为 k 的满二叉树，需要 2^k-1 个存储单元。

22. 选 A。设二叉树有 n 个结点，其二叉链表中有 $2n$ 个(子女)指针，其中有 $n-1$ 个指针存放有二叉树的分支，剩下 $n+1$ 个指针为空，所以空指针数等于非空指针数加 2。

23. 选 A。在三叉链表中，每个结点占用的字节数是 $d+4\times3=d+12$。若二叉树有 n 个结点，三叉链表总共需要$(d+12)\times n$ 字节，相应的顺序存储情形下，若最后一个结点下

标为 k（起始下标为 1），则需要 $d\times k$ 字节，只有当 $d\times k<(d+12)\times n$ 时使用顺序存储才更节省空间。

24. 选 D。由访问顺序看遍历二叉树的顺序可知，其遍历方式应为 RNL，即反中序。

25. 选 A。按题目给出的后序遍历顺序，把数据填入。填入后的顺序如图 5-29 中虚线箭头所示，按构成的二叉树，其前序遍历顺序为 a，e，d，f，b，c。

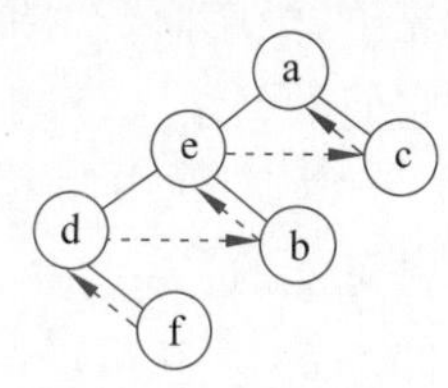

图 5-29　第 25 题的二叉树

26. 选 C。中序遍历的顺序是 LNR，如果结点 a 在某结点的左子树中，结点 b 在右子树中，结点 a 在中序遍历过程中一定在结点 b 之前访问。如果结点 a 是结点 b 的祖先，若结点 a 在 N 的位置上，且结点 b 在结点 a 的右子树中，则结点 a 在结点 b 之前被访问，若结点 b 在结点 a 的左子树上就不行了。如果结点 a 是结点 b 的子孙，若结点 b 在 N 的位置上，结点 a 在结点 b 的左子树，则结点 a 在结点 b 之前被访问，但若结点 a 在结点 b 的右子树上就不行。

27. 选 B 或 C。前序遍历的顺序是 NLR，如果结点 a 是结点 b 的祖先，设结点 a 在 N 的位置上，则结点 b 不论在结点 a 的左子树还是右子树上，在前序遍历的过程中结点 a 都在结点 b 之前被访问。如果结点 a 在 N 的左子树上，结点 b 在 N 的右子树上，结点 a 也在结点 b 之前被访问。其他都不可以。

28. 选 C 或 D。后序遍历的顺序是 LRN，如果结点 a 在 N 的左子树上，结点 b 在 N 的右子树上，则在后序遍历的过程中，结点 a 在结点 b 之前被访问。如果结点 a 是结点 b 的子孙，设结点 b 在 N 的位置上，则结点 a 不论在结点 b 的左子树上还是右子树上，在后序遍历的过程中，结点 a 都在结点 b 之前被访问。其他都不可以。

29. 选 B。参见图 5-30。按照题意，结点 p 与结点 q 在二叉树 T 的中序遍历序列中相邻，且结点 p 在结点 q 之前，对于Ⅰ的情形，结点 q 是结点 p 的父结点，如果结点 p 是结点 q

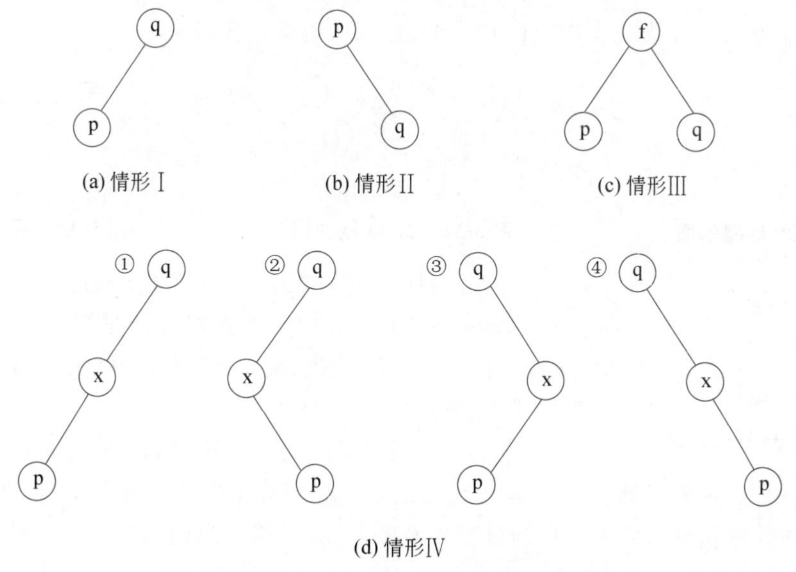

图 5-30　第 29 题的所有选项的图示

的左子女，在中序遍历序列中，结点 p 在结点 q 之前是可能的；对于Ⅱ的情形，结点 q 是结点 p 的右子女，在中序遍历序列中，结点 p 一定在结点 q 之前；对于Ⅲ的情形，结点 q 是结点 p 的右兄弟，中序遍历结果中，虽然结点 p 在结点 q 之前，但结点 p 与结点 q 一定不相邻，中间夹着它们的父结点；对于Ⅳ的情形，结点 q 是结点 p 的父结点的父结点，如果结点 p 在结点 q 的左子树上，在中序遍历序列中，结点 p 一定在结点 q 的前面。所以仅Ⅲ不可能，其他情形都是可能的。

30. 选 C。在后序遍历退回时访问根结点，就可以从下向上把从结点 a 到结点 b 的路径上的结点输出出来。如果采用非递归算法，当后序遍历访问到结点 a 时，栈中把从根到结点 a 的父结点的路径上的结点都记忆下来，也可以找到从结点 b 到结点 a 的路径。其他都不方便。

31. 选 C。前序遍历的顺序是 NLR，在执行 L 遍历左子树时又是 NLR，如果不是单支树的情形，到第 3 层显然与层次序遍历不相同了。只有在单支树时，每层一个结点，前序遍历与层次序遍历结果是一样的。

32. 选 C。后序遍历的顺序是 LRN，显然与层次序遍历的顺序不同，只有在空树或仅一个根结点的二叉树的情形下，它们才能有相同的遍历结果。

33. 选 B 或 D。二叉树的前序遍历是 NLR，中序遍历是 LNR，要求 NLR 与 LNR 相反，即 $\mathrm{NLR}=\overline{\mathrm{R}}\mathrm{N}\overline{\mathrm{L}}$，只有当每个结点的右子树均为空，即 $\mathrm{NL}=\mathrm{M}\overline{\mathrm{L}}$ 时才能满足要求，此即左单支树的情形，如图 5-31 所示。当然仅一个根结点的二叉树也可以。

34. 选 B 或 C 或 D。二叉树的前序遍历是 NLR，后序遍历是 LRN，要求 NLR 与 LRN 相反，即 $\mathrm{NLR}=\mathrm{N}\overline{\mathrm{R}}\overline{\mathrm{L}}$。如果结点的右子树为空，即左单支树的情形下，$\mathrm{NL}=\mathrm{N}\overline{\mathrm{L}}$ 能满足要求；或者如果结点的左子树为空，即右单支树的情形下，$\mathrm{NR}=\mathrm{N}\overline{\mathrm{R}}$ 也能满足要求，或者这两种情况的组合，如图 5-32 所示；或者二叉树中仅有一个根结点，也满足要求。

35. 选 C 或 D。二叉树的中序遍历是 LNR，后序遍历是 LRN，要求 LNR 与 LRN 相反，即 $\mathrm{LNR}=\mathrm{N}\overline{\mathrm{R}}\overline{\mathrm{L}}$。如果每个结点的左子树都为空，即右单支树的情形下，$\mathrm{NR}=\mathrm{N}\overline{\mathrm{R}}$ 能满足要求，如图 5-33 所示。如果二叉树中仅有一个根结点，也满足要求。

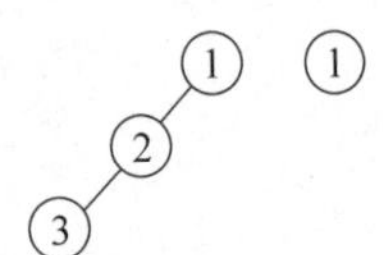

图 5-31　第 33 题的图

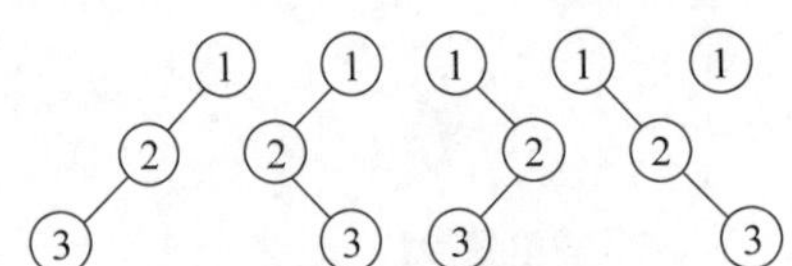

图 5-32　第 34 题的图

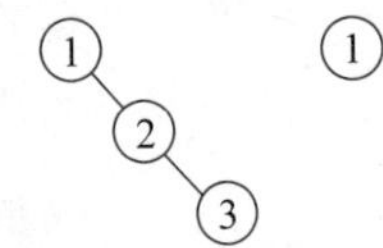

图 5-33　第 35 题的图

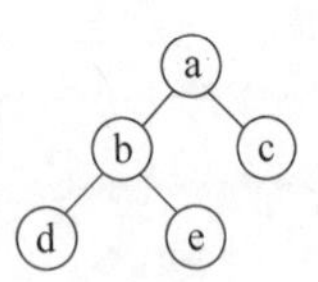

图 5-34　第 36 题的二叉树

36. 选 C。利用二叉树的前序序列和中序序列可以唯一地确定一棵二叉树，如图 5-34 所示。基本思路是用前序序列确定根和它的左、右子女，用中序序列分割根及其左、右子树。由构成的二叉树可确定它的后序序列为 debca。

37. 选 D。利用二叉树的后序序列和中序序列可以唯一地确定一棵二叉树，如图 5-35 所示。基本思路是用后序序列确定根和它的左、右子女(最后一个是根，方向与前序相反)，用中序序列分割根及其左、右子树。由构成的二叉树可确定它的前序序列为 abcde。

38. 选 C。用二叉树的前序序列和后序序列，不能唯一地确定一棵二叉树。但利用二叉树前序序列的隐含性质(第一个一定是二叉树的根,后面紧跟的是其左子树的根),后序序列的隐含性质(最后一个一定是二叉树的根,它的前一个是其右子树的根),也能确定一棵二叉树,如图 5-36 所示。它的中序序列是 dbeacf。

图 5-35　第 37 题的二叉树　　　　图 5-36　第 38 题的二叉树

39. 选 C。二叉树的前序序列为 NLR,后序序列为 LRN。如果结点 a 是结点 b 的左兄弟,则结点 a 在 N 的左子树中,结点 b 在 N 的右子树中,在前序和后序遍历序列中都是结点 a 在结点 b 之前,与题目所述矛盾;如果结点 a 是结点 b 的右兄弟,它们在前序和后序遍历序列中都是结点 a 在结点 b 之后,也不合要求;如果结点 a 是结点 b 的祖先,则在前序序列中,结点 a 在结点 b 之前,在后序序列中,结点 a 在结点 b 之后,满足要求;如果结点 a 是结点 b 的子孙,则在前序序列中,结点 a 在结点 b 之后,在后序序列中,结点 a 在结点 b 之前,正好与题意相反。

40. 选 C。前序遍历顺序与后序遍历顺序相反的单支树如图 5-37 所示。选项 A 对应图 5-37(h),选项 B 对应图 5-37(d),选项 D 对应图 5-37(a),选项 C 没有对应。

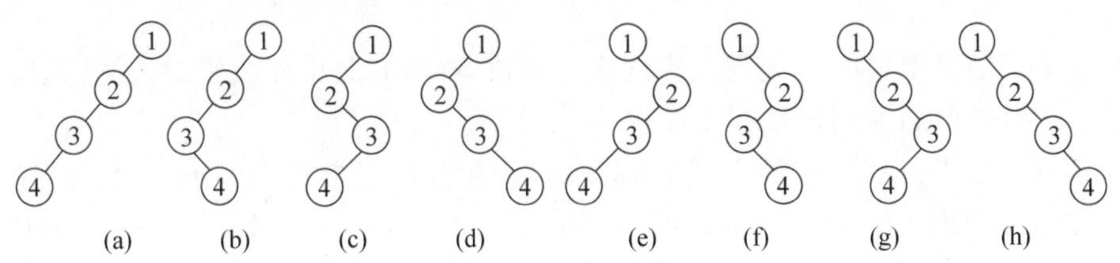

图 5-37　第 40 题单支树

41. 选 A。仅凭二叉树的前序序列和后序序列构造出的二叉树是不唯一的。从题目可知,前序遍历序列中前三个元素是 a,e,d,后序遍历序列中最后三个元素是 d,e,a,根据前序遍历序列和后序遍历序列隐含的信息,结点 a 是二叉树的根,结点 a 的左子女或右子女是结点 e,结点 e 的左子女或右子女是结点 d。所以根结点 a 的子女只有结点 e。

42. 选 C。采用后序遍历的次序对二叉树的结点进行编号,满足题意。

43. 选 B。问题归结为固定二叉树的前序序列,改变中序序列,可构造出多少种不同的二叉树。采用 catalan 函数计算 $n=4$ 时的不同二叉树个数为

$$\frac{1}{n+1}C_{2n}^{n}=\frac{1}{4+1}C_{8}^{4}=\frac{1}{5}\times\frac{8\times7\times6\times5}{4\times3\times2\times1}=14$$

44. 选 B。将访问根结点记为 N,递归遍历根的左子树记为 L,递归遍历根的右子树记为 R,则前序遍历为 NLR,中序遍历为 LNR,如果要使 NLR=LNR,则所有非叶结点应没有左子女,才能使得 NR=NR。

45. 选 B。按照二叉树后序遍历的规律,最先访问的是根的左子树,然后访问的是根的右子树,最后访问根。每个分支是自下向上访问的,如图 5-38 所示。先看左分支,结点 e 是最底层的叶结点,它的父结点是结点 a,结点 a 的父结点是结点 c;再看右分支,结点 b 是最底层的叶结点,它的父结点是结点 d,结点 d 的父结点是结点 g,最后访问的结点 f 是根。从

图中可以看到，与结点 a 同一层的结点是结点 d。

46. 选 C。二叉树的后序遍历是先遍历根的左子树，再遍历根的右子树，最后访问根结点。在遍历过程中使用栈是为了记录从根开始到被访问结点的路径，以便回溯，这是在用二叉链表作为存储表示而必须的。如果使用三叉链表，回溯时可直接通过父指针，可以不使用栈。

47. 顺序选 I 和 F。先画出 9 个结点的完全二叉树的树形，再按层次序遍历从根开始顺序填入 ABCDEFGHI，如图 5-39 所示，其前序遍历顺序为 ABDHIECFG，结点 E 的直接前驱为 I；其后序遍历的顺序为 HIDEBFGCA，结点 B 的直接后继为 F。

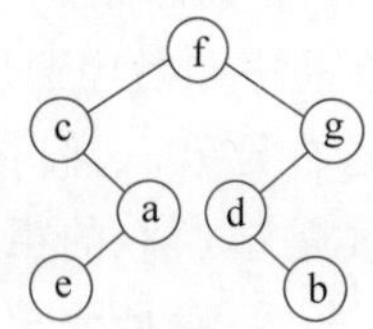

图 5-38 第 45 题的二叉树

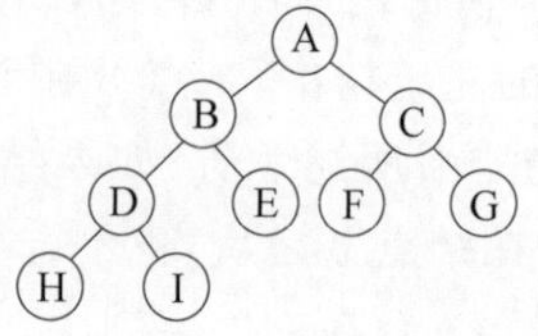

图 5-39 第 47 题的二叉树

48. 选 C。线索二叉树不是逻辑结构，它是一种存储结构，直接涉及加线索的二叉链表表示。

49. 选 B。在线索二叉树中，在 $2n$ 个指针中，子女指针有 $n-1$ 个，剩下的 $n+1$ 个指针为线索。

50. 选 D。题目中选项 A 是层次序线索二叉树，选项 B 是中序线索二叉树，选项 C 是前序线索二叉树，选项 D 是后序线索二叉树。

51. 选 C。如果结点 * p 的左线索标记 ltag 为 1 且左指针 leftChild 不为空，则它的 leftChild 指向其中序前驱结点。如果结点 * p 的左线索标记 ltag 为 1 且左指针 leftChild 为空，则它的 leftChild 是前驱线索，但如果线索为空（指针为 NULL），则它没有中序前驱。

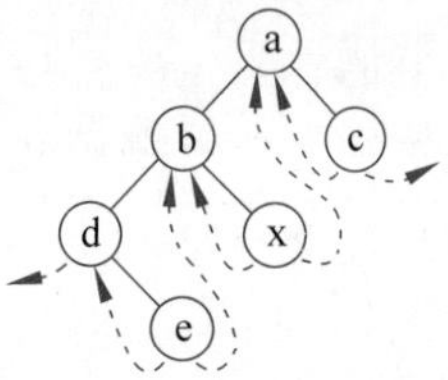

52. 选 A。结点 X 是后序线索二叉树的叶结点，它的两个指针都是线索。在后序序列中如果结点 X 是其父结点的右子女（因为结点 Y 是结点 X 的左兄弟），结点 X 的后继是它的父结点，因此结点 X 的右线索指针指向 X 的父结点。

图 5-40 第 53 题的中序线索二叉树

53. 选 D。中序遍历如图 5-40 所示的二叉树，得到的中序序列是 debxac。结点 x 是叶结点，它的两个指针都是线索。左线索指向它的中序前驱结点 b，右线索指向它的中序后继结点 a。如图 5-40 所示。

54. 选 C。在后序线索二叉树中寻找指定结点的后序下的后继比较麻烦。因为它首先要找到这个结点的父结点，再到其父结点的右子树中找后序下的第一个结点。这两个算法都比较复杂。

55. 选 D。一棵树有 n 个结点，有 $n-1$ 个分支，所有结点的度加起来，应为 $n-1$。

56. 选 C。根据二叉树的性质推论，可以用数学归纳法证明。

57. 顺序选 A，B 和 D。A 是整个树的根，它的子女为广义表的三个表元素 B、C 和 D。B 有一个子女 E；C 有两个子女 F 和 G；F 有三个子女 H、I 和 J。该树的度为 3，树的深度为 4，等于广义表的深度，叶结点个数为 6，等于广义表的原子个数。

58. 选 B。有 n 个结点的 k 叉树中总共有 $n-1$ 个分支，k 叉链表中总共有 $k\times n$ 个子女指针，其中有 $n-1$ 个非空指针对应到 $n-1$ 个分支，有 $k\times n-(n-1)=(k-1)\times n+1$ 个空指针。

59. 顺序选 D 和 A。让 k 叉树的每层结点个数最少，深度可达最大，这就是单支树的情形，所以该树的深度最大为 n；让 k 叉树的每层结点个数最多，深度可达最小，这相当于理想平衡树，即设该树的深度为 d 的话，上层的 $d-1$ 层都是满的，而第 d 层的结点散布在该层的各处。此时有 $n\leqslant k^0+k^1+\cdots+k^{d-1}=(k^d-1)/(k-1)$，$d\geqslant\log_k(n\times(k-1)+1)$。

60. 选 C。设三叉树的高度为 h，当上面 $h-1$ 层都充满，剩下的结点都放在第 h 层，h 可以达到最小。上面 5 层最多有 $3^0+3^1+3^2+3^3+3^4=121$ 个结点，加上第 6 层，最多有 $121+3^5=364$ 个结点，因为三叉树有 244 个结点，$121<244<364$，T 的高度至少为 6。

61. 选 A。将森林 F 转换为二叉树表示 FB，则 FB 的根是第一棵树的根，根的左子树是第一棵树的根的子树森林，根的右子树是森林中除去第一棵树外其他树构成的森林。根据题意，FB 的根是结点 p，结点 p 的右子树中的结点个数为 n，则森林 F 的第一棵树中结点个数为 $m-n$。

62. 顺序选 A 和 B。T 中结点的先根次序遍历的结果与对应二叉树 T_2 的前序遍历的结果相等，T 中结点的后根次序遍历的结果与对应二叉树 T_2 的中序遍历的结果相等。

63. 选 B。在由森林转化成的二叉树中根结点的右子树上的结点是除第一棵外其他树上的结点，应有 m_2+m_3 个。

64. 选 A。森林 F 转换为二叉树表示 FB，二叉树 FB 的根与根的左子树是原森林的第一棵树，因此，根结点的左子树中有 n_1-1 个结点。

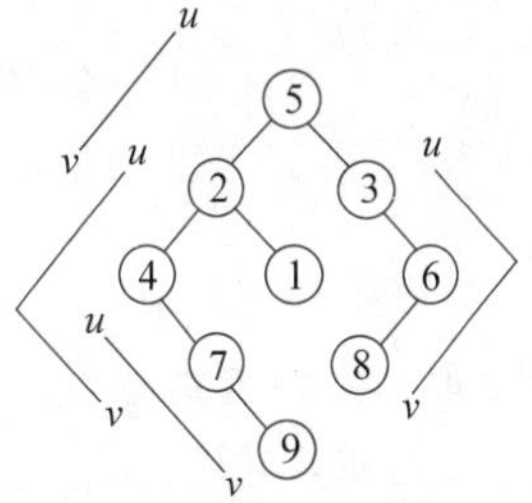

图 5-41　第 65 题树对应的二叉树

65. 选 B。如图 5-41 所示，在二叉树中结点 u 是结点 v 的父结点的父结点，有以下几种情况：

(1) 结点 u 是结点 v 的兄长的父亲，如②与⑦，则结点 u 与结点 v 之间的关系是父子关系；

(2) 结点 u 是结点 v 的父亲的兄长，如③与⑧，则结点 u 与结点 v 之间的关系是叔侄关系；

(3) 结点 u 是结点 v 的兄长的兄长，如④与⑨，则结点 u 与结点 v 的关系是兄弟关系；

(4) 结点 u 是结点 v 的父亲的父亲，如①与④，则结点 u 与结点 v 之间的关系是祖孙关系。

反过来，如果结点 u 的父亲与结点 v 的父亲是兄弟，那么它们俩是堂兄弟，在对应二叉树中结点 u 不可能是结点 v 的父结点的父结点。综上可知，结点 u 与结点 v 之间可能的关系为Ⅰ和Ⅱ。

66. 选 C。在 F 转换成的二叉树表示 F_B 中，每个非叶结点都有一个子女—兄弟链，最末兄弟结点有一个空的右指针。因此 n 个结点有 n 个右指针为空，加上根结点的右指针为空，总共有 $n+1$ 个右指针为空的结点。

67. 选 B。设在 F_B 中结点 m 和结点 n 是父结点 h 的左、右子女，则结点 m 是森林 F 中结点 h 的第一个子女，结点 n 是森林 F 中结点 h 的下一个兄弟。如果结点 h 是 F_B 的根结点，则结点 m 和结点 n 没有共同祖先。

68. 选 D。在树转换成的二叉树中无左子女的结点都是叶结点，按照题意，非叶结点无右子女，加上根结点也无右子女，则对应二叉树上无右子女的结点有 1895+1=1896 个。

69. 选 C。在森林转换成的二叉树中，结点的左指针指示的是该结点的第一棵子树的根结点，如果左指针为空，说明该结点是森林的叶结点，其子树为空。

70. 选 C。树有一个重要特性：有 n 个结点的树必有 $n-1$ 条边。也就是说，一棵树的结点数比边数多 1。题目中结点数比边数多 25－15=10，则森林中应有 10 棵树。

71. 选 B。T 的后根遍历序列与对应二叉树 BT 的中序遍历序列相同。

72. 选 C。F 的先根遍历对应二叉树 T 的前序遍历，F 的后根遍历对应二叉树 T 的中序遍历。可以利用二叉树的前序序列和中序序列，构造 F 对应的二叉树 T，其过程如图 5-42 所示。二叉树 T 的后序序列是 b，f，e，d，c，a。

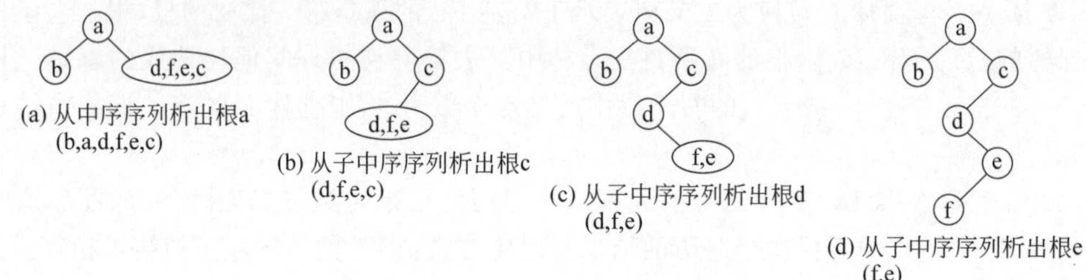

图 5-42 第 72 题从前序序列和中序序列构造二叉树

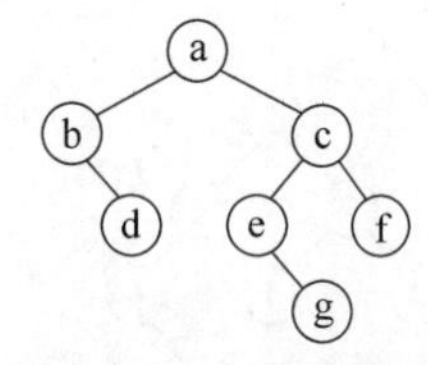

图 5-43 第 73 题构造的二叉树

73. 选 C。用与第 72 题类似的方法，根据二叉树 T 的前序遍历序列和中序遍历序列构造二叉树(过程略)，构造结果如图 5-43 所示。从根结点的兄弟链可知，兄弟链上有 3 个兄弟，则森林中有 3 棵树。

74. 选 C。堆采用完全二叉树的顺序存储方式存储，选项Ⅰ、Ⅱ正确；最大堆只要求非叶结点的值大于或等于它的左、右子女(若存在)的值，不要求左、右子女的值有序，选项Ⅲ错误；堆的定义是递归的，最大堆的根(堆顶)的值最大，其左、右子树(若非空)也是最大堆，故堆中的次大值一定在根的下一层，选项Ⅳ正确。叙述Ⅰ、Ⅱ、Ⅳ正确。

75. 顺序选 C 和 D。注意，根结点存放于数组的 0 号元素位置，则结点 i 的左子女编号为 $2i+1$，右子女编号为 $2i+2$。如果根结点存放于 1 号元素位置，则结点 i 的左子女为 $2i$，右子女为 $2i+1$。

76. 顺序选 C 和 D。堆的所有元素是按完全二叉树的顺序存储存放在一个一维数组中的。其高度可按完全二叉树计算 $h=\lfloor \log_2 n \rfloor+1$，要求 $n>0$。在新的元素插入堆中后，需要从下向上进行调整以形成新的最小堆，其高度为 $h=\lfloor \log_2 (n+1) \rfloor+1$，为把新的最小元素调整到堆顶，需要的关键码比较次数为$\lfloor \log_2 (n+1) \rfloor$，元素移动次数为$\lfloor \log_2 (n+1) \rfloor+1$。

77. 顺序选 A 和 B。做堆的删除时，每次删除位于堆顶(0 号位置)的最小元素，然后把堆的最后一个元素移到 0 号位置，再从 0 号位置起向下重新调整为最小堆。删除后堆的高度 $h=\lfloor \log_2 (n-1) \rfloor+1$。需要进行的关键码比较次数最多为 $2(h-1)=2\lfloor \log_2 (n-1) \rfloor$，元素移动次数算上移入工作单元和从工作单元移到最后安放位置，最多为 $\lfloor \log_2 (n-1) \rfloor+1$。

78. 选 A。如图 5-44 所示，最后结果按照完全二叉树的顺序存储，与 A 相符。

79. 选 B。插入 18 到堆尾后，逐层向上比较了 2 次，交换了 1 次位置。调整过程如图 5-45

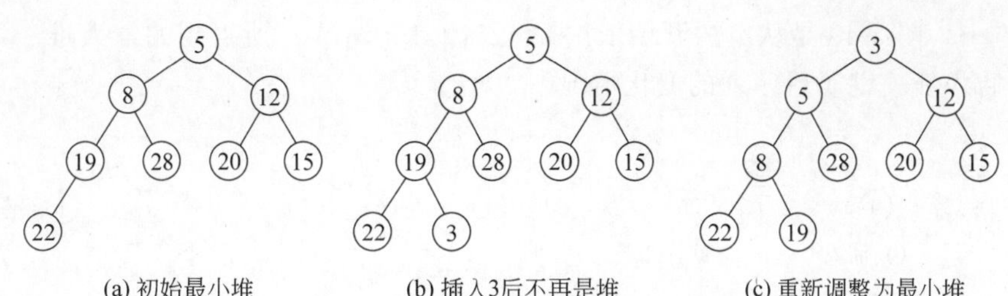

图 5-44 第 78 题向最小堆插入关键码

所示。图中加虚框的部分就是调整时参与比较的结点。

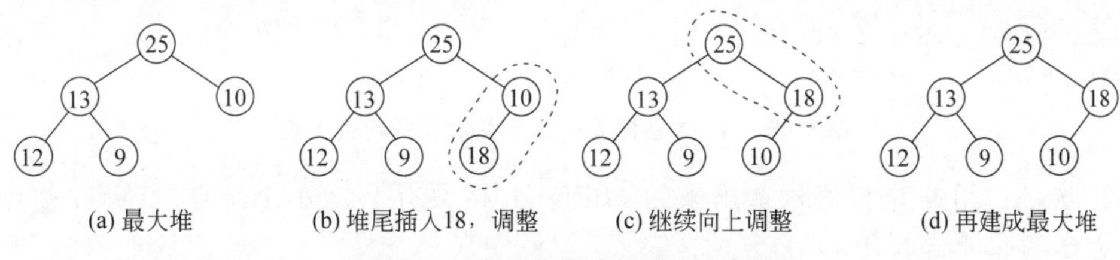

图 5-45 第 79 题最大堆的插入过程

80. 选 C。被删关键码 8 在堆顶上，删除后用最后的关键码 12 填补到堆顶，再从堆顶开始逐层调整，重新建堆。先是 12 的两个子女横向比小，小者为 10，然后 12 与右子女 10 比较 1 次，对调 1 次；然后 12 与其左子女 16 比较 1 次，不对调，共比较了 3 次。调整过程如图 5-46 所示。

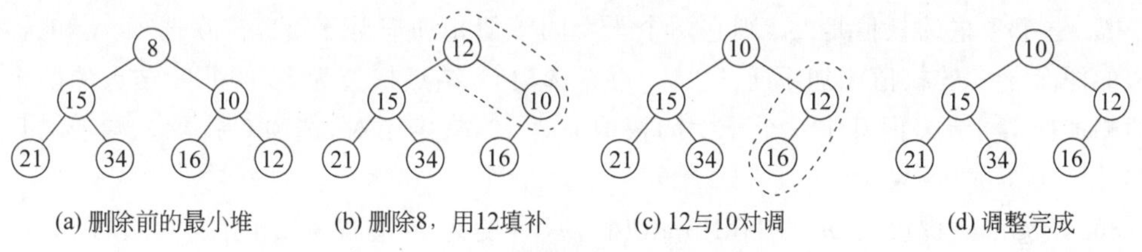

图 5-46 第 80 题最小堆的删除过程

81. 选 A。看图 5-47，这是典型的建堆过程，i 从最远处的非叶结点开始，先把局部调整为最大堆，再减小 i，扩大调整范围，最后到 $i=0$，建成最大堆。每张分图的分标题是变换过程中序列的变化情况。

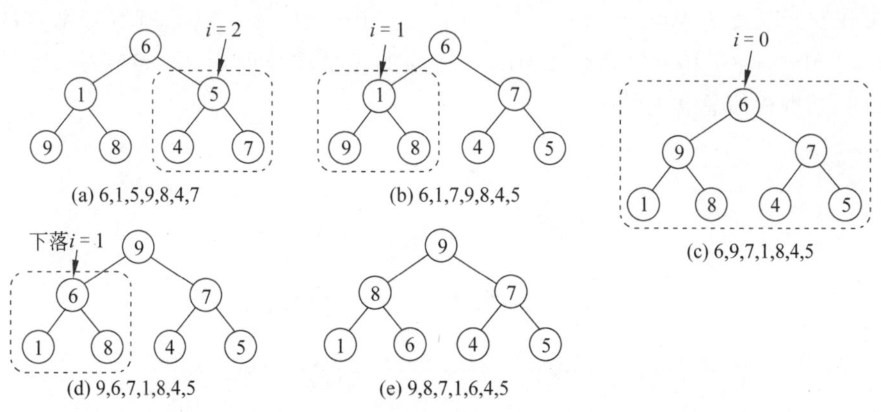

图 5-47 第 81 题将一个序列通过“筛选”调整为最大堆

82. 选 B。图 5-48 是从空树开始依次插入 6,9,1,5,8,4,7 所得到的最大堆。每张分图的标题是插入新关键码后序列的变化情况。

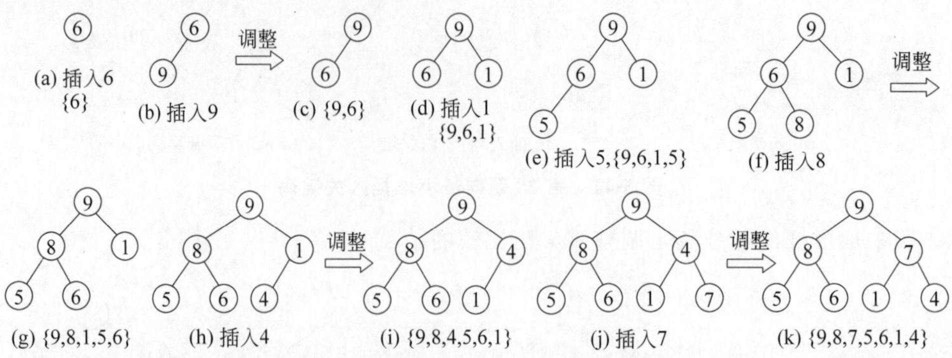

图 5-48 第 82 题插入一连串关键码构建最大堆

83. 选 A。用 n 个权值构造出来的 Huffman 树共有 $2n-1$ 个结点,其中叶结点有 n 个,度为 2 的非叶结点有 $n-1$ 个。

84. 选 A。Huffman 树不一定是完全二叉树,选项 A 错;Huffman 树只有度为 2 的结点和度为 0 的结点,没有度为 1 的结点,选项 B 对;构造 Huffman 树的过程中,最初一定是选择权值最小的两个结点,一个作为左子女,一个作为右子女,构造一棵新的 Huffman 树,根的权值是其左、右子女的权值之和,选项 C、D 都对。

85. 选 D。根的权值是 24,则它两个子女的权值相加应等于 24,排除选项 A 和选项 B,因根的两个子女的权值相加不等于 24。再看选项 C,结点权值为 10 的非叶结点的两个子女权值相加应等于 10,但其中一个子女的权值亦为 10,肯定不对,选项 C 排除。剩余的只有选项 D 了。

86. 选 C。一棵度为 m 的 Huffman 树应只有度为 m 和度为 0 的结点,设度为 m 的结点有 n_m 个,度为 0 的结点有 n 个,又设总结点数为 N,则 $N=n_m+n$。因有 N 个结点的 Huffman 树有 $N-1$ 条分支,则 $m\times n_m=N-1=n_m+n-1$,整理得 $(m-1)\times n_m=n-1$,$n_m=(n-1)/(m-1)$。

87. 选 B。用字符集 s 中的 6 个字符作为叶结点构造出来的 Huffman 树如图 5-49 所示。其带权路径长度为 WPL=(3+4+5+6)×3+(8+10)×2=90,所有叶结点的权值总和为 3+4+5+6+8+10=36,该 Huffman 树的加权平均长度为 90/36=2.5,即带权路径长度除以叶结点权值总和的结果。

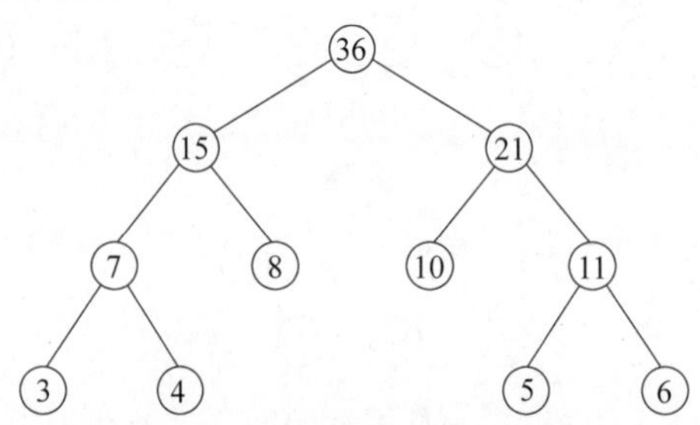

图 5-49 第 87 题的 Huffman 树

(注:叶结点可以画为矩形框)

88. 选 B。根据 5 个叶结点的权值，构造 Huffman 树的过程如图 5-50 所示。图中方形结点是叶结点，圆形结点是非叶结点，每次都是在森林 F 中构造。

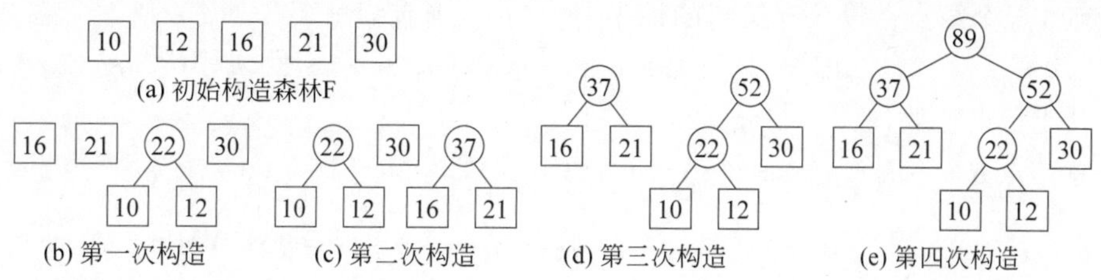

图 5-50　第 88 题对 5 个带权的叶结点构造 Huffman 树

该 Huffman 树的最小 WPL＝37＋89＋52＋22＝200。

89. 选 D。前缀编码是指在一个字符集中，任何一个字符的编码不能是其他字符编码的前缀。选项 D 中，110 是 1100 的前缀，所以选项 D 中的编码不是前缀编码。

90. 选 D。根据题目可知各字符的 Huffman 编码是 a(0100)，b(10)，c(0000)，d(0101)，e(001)，f(011)，g(11)，h(0001)，将编码序列 0100011001001011110101 按照各字符的 Huffman 编码一一比对，可分解为 0100 011 001 001 011 11 0101，即 a f e e f g d。

91. 选 A。根据各字符的出现次数 a(6)，b(3)，c(8)，d(2)，e(10)，f(4)，构造的 Huffman 树如图 5-51 所示（不唯一），从根结点到叶结点读取 0(左分支)或 1(右分支)，所得结果与选项 A 相同。

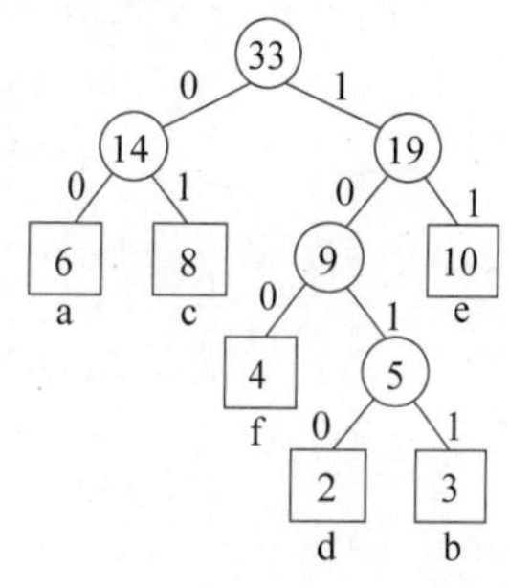

图 5-51　第 91 题的编码树

92. 选 C。若叶结点有 n 个，则 Huffman 树有 $2n-1$ 个结点。设 $2n-1=115$，则 $n=58$。

93. 选 D。举个例子，若字符 a，b，c 的出现频次分别是 10，20，30，构造 Huffman 编码树(T1) 和定长编码树(T2) 如图 5-52(a)和图 5-52(b)所示。它们的结点数不同，选项 A 错。T1 的高度也不大于 T2 的高度，选项 B 错。在图 5-52(a)中，出现频次不同的字符 a 和 b 位于同一层，选项 C 错。所有字符在定长编码树中处于同一层，也就是说，所有字符的编码一样长，选项 D 正确。

94. 选 B。若 Huffman 编码的长度只允许小于或等于 4，则 Huffman 树的高度为 5，已知一个字符编码为 0，另一个字符编码为 10，这说明第 2 层和第 3 层各有一个叶结点，为使该树从第 3 层起能够对尽可能多的字符编码，余下的二叉树应是满二叉树，如图 5-53 所示，最底层可以有 4 个叶结点，最多可以再对 4 个字符进行编码。

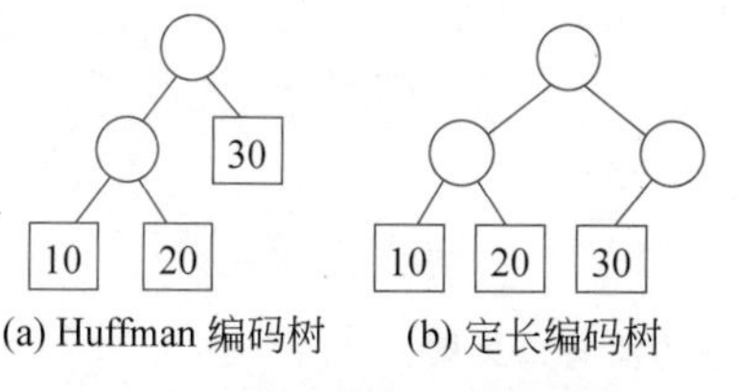

图 5-52　第 93 题两种编码树

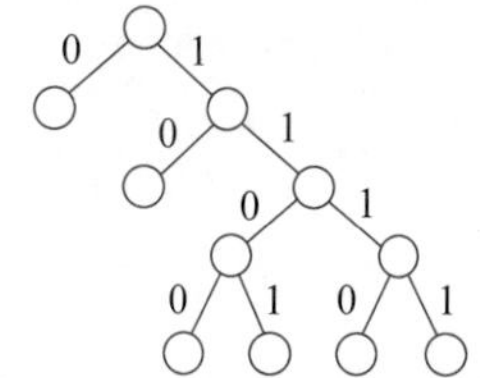

图 5-53　第 94 题的编码树

二、简答题

1. 结点个数为 n 时，深度最小的树的深度为 2，有 2 层；它有 $n-1$ 个叶结点，1 个分支结点;深度最大的树的深度为 n,有 n 层;它有 1 个叶结点,$n-1$ 个分支结点。

2. 当三叉树每层结点数达到最大时,其高度最小。扩展二叉树的性质到三叉树,第 $i(i\geqslant 1)$ 层最多有 3^{i-1} 个结点。设该三叉树的最小高度为 h,则有 $3^0+3^1+3^2+\cdots+3^{h-2}<n\leqslant 3^0+3^1+3^2+\cdots+3^{h-2}+3^{h-1}$,即 $3^{h-1}-1<2n\leqslant 3^h-1$,$3^{h-1}<2n+1\leqslant 3^h$,$h-1<\log_3(2n+1)\leqslant h$。因为 h 只能是正整数,故 $h=\lceil\log_3(2n+1)\rceil$。

3. 总结点数 $n=n_0+n_1+n_2+\cdots+n_m$,总分支数 $e=n-1=n_0+n_1+n_2+\cdots+n_m-1=m\times n_m+(m-1)\times n_{m-1}+\cdots+2\times n_2+n_1$,则有 $n_0=\left(\sum_{i=2}^{m}(i-1)n_i\right)+1$。

例如,在一棵度为 4 的树中,有 20 个度为 4 的结点、10 个度为 3 的结点、1 个度为 2 的结点、10 个度为 1 的结点,则树中度为 0 的叶结点个数为

$$n_0=(4-1)\times 20+(3-1)\times 10+(2-1)\times 1+(1-1)\times 10=60+20+1=81$$

4. 设度为 k 的结点数有 $n_k(0\leqslant k\leqslant 4)$ 个,则 $n_0=14$,$n_1=10$,$n_2=4$,$n_3=3$,结点总数 $n=n_0+n_1+n_2+n_3+n_4=14+10+4+3+n_4=31+n_4$,分支总数 $B=n-1=n_1+2n_2+3n_3+4n_4=10+2\times 4+3\times 3+4\times n_4=27+4\times n_4$,令 $n-1=31+n_4-1=27+4\times n_4$,则 $n_4=3/3=1$。因此,该树的结点总数为 $31+1=32$,度为 4 的结点有 1 个。

5. (1) $k^{i-1}(i=1,2,\cdots,d)$。

(2) 结点 i 的父结点的编号为$\left\lfloor\frac{i+k-2}{k}\right\rfloor$。

(3) 若设 $m=1,2,\cdots,k$,则结点 i 的第 m 个子女的编号为$(i-1)\times k+m+1$。

(4) $(i-1)\%\ k\neq 0$ 或$\left\lfloor\frac{i+k-2}{k}\right\rfloor\times k$ 时有右兄弟,右兄弟为 $i+1$。

(5) 对于满 k 叉树,结点个数 $n=k^0+k^1+\cdots+k^{d-1}=(k^d-1)/(k-1)$。对此公式进行变形,得 $d=\log_k(n\times(k-1)+1)$。当 $n=0$ 时,$d=0$。

6. (1) 设度为 k 的非叶结点有 n_k 个(按照题意 $n_k=m$),度为 0 的叶结点有 n_0 个,则树中总结点数 $n=n_k+n_0=m+n_0$,总分支数 $B=n-1=k\times n_k=k\times m$,即 $m+n_0-1=k\times m$。叶结点数 $n_0=(k-1)\times m+1$。

(2) 正则 k 叉树为满 k 叉树时,结点数最多,有 $k^0+k^1+\cdots+k^{h-1}=(k^h-1)/(k-1)$个结点。当正则 k 叉树的高度为 h 时,除第 h 层都是叶结点外,上面的每一层只有一个非叶结点,每个非叶结点的 k 个子女中最多只有一个非叶结点,其余都是叶结点,这时树的结点总数达到最少,为$(h-1)\times k+1$。

7. 具有 3 个结点的树如图 5-54(a)所示,二叉树如图 5-54(b)所示。

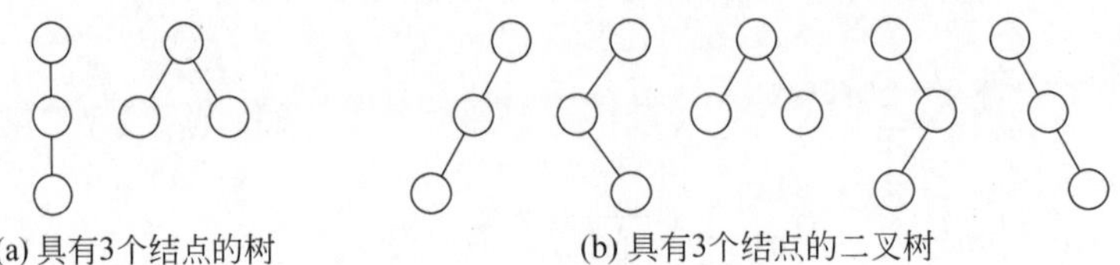

图 5-54　第 7 题的树与二叉树

8. (1) 对于深度为 d 的满二叉树,其结点个数为 $n=2^d-1$。

(2) 深度 $d=\log_2(n+1)$。

(3) 若对该满二叉树的结点从 1 开始按中序遍历次序进行编号,如图 5-55 所示,则

- 树根结点的编号为 $i=2^{d-1}$；
- 树根结点的左子女结点的编号 $i=2^{d-2}$；
- 树根结点的右子女结点的编号 $i=2^{d-1}+2^{d-2}=3\times2^{d-2}$。

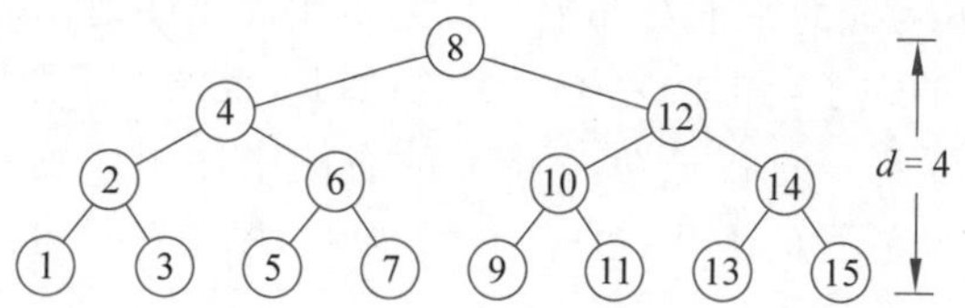

图 5-55 第 8 题按中序顺序对二叉树结点编号

9.（1）对于如图 5-24 所示的顺序存储的二叉树，其二叉树表示如图 5-56(b)所示。

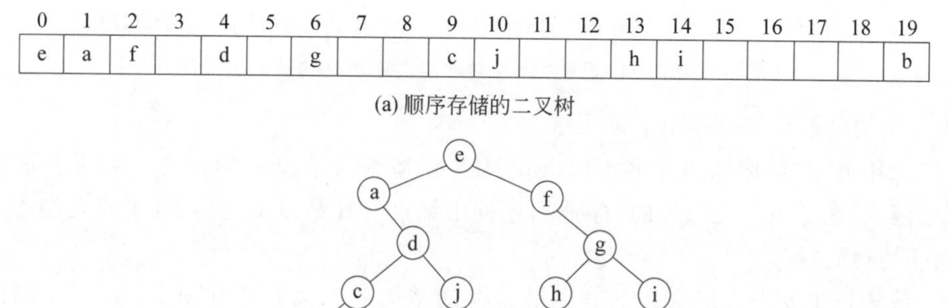

0	1	2	3	4	5	6	7	8	9	10	11	12	13	14	15	16	17	18	19
e	a	f		d		g			c	j			h	i					b

(a) 顺序存储的二叉树

(b) 对应的二叉树

图 5-56 第 9 题二叉树及其顺序存储

（2）本题二叉树的各种遍历结果为：前序遍历为 e a d c b j f g h i；中序遍历为 a b c d j e f h g i；后序遍历为 b c j d a h i g f a。

（3）根据二叉树的性质 5 可知，值为 c 的结点存储位置为 9，其父结点的位置为 $\lfloor(9-1)/2\rfloor=4$，其父结点的值为 d；同样，其左子女的存储位置为 $2\times9+1=19$，值为 b；而右子女的存储位置为 $2\times9+2=20$，该位置已经超出表的最后位置 19，因此没有右子女。

10. 证明：对于任一二叉树，若记访问根结点为 N，遍历根的左子树为 L，遍历根的右子树为 R，则前序遍历顺序为 NLR，中序遍历顺序为 LNR，后序遍历顺序为 LRN，它们在二叉树中都走了相同的路线，即走过的左、右子树的次序都相同，如图 5-57 所示。

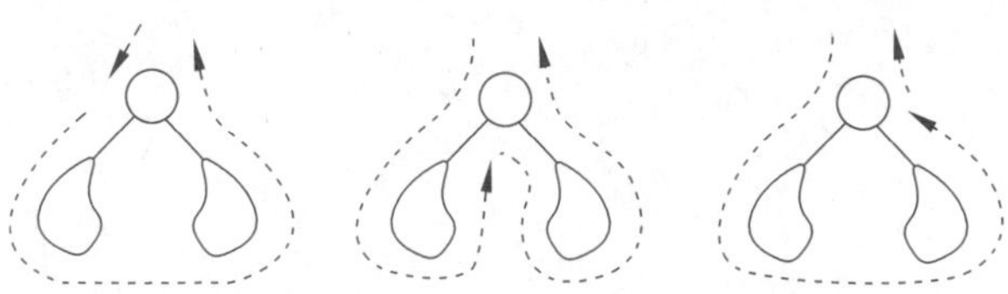

图 5-57 第 10 题二叉树的三种遍历顺序

对于所有的叶结点，一定处于某个非叶结点的左子树或右子树中。对于以某一非叶结点为根的二叉树，处于其左子树中的叶结点，不论采用何种遍历算法，在遍历结果序列中都处于右子树的前面。又因为各种不同遍历算法所经过的左、右子树的次序都相同，故所有叶结点在遍历时访问的先后次序都相同，也就是说，它们在执行各种遍历算法运算的结果序列中排列的相对次序都相同。命题得证。

11. 举例说明：对于如图 5-58(a)所示的二叉树，其中序序列为{dbaecf}，如图 5-58(b)所示，层次序序列为{abcdef}。

① 由层次序可知 a 为二叉树的根，a 将中序序列分为{db}、{ecf}，如图 5-58(c)所示；

② 由层次序可知 b 为 a 的左子女，b 将 a 的左侧中序子序列{db}一分为二：{d}、{}，如图 5-58(d)所示，d 是 b 的左子女 b 的左子女为空；如此，根的左子树构造成功。

③ 由层次序可知 c 是 a 的右子女，c 将 a 的右侧中序子序列一分为二：{e}、{f}，如图 5-58(e)所示，e 是 c 的左子女，f 是 c 的右子女，如此，根的右子树构造成功。

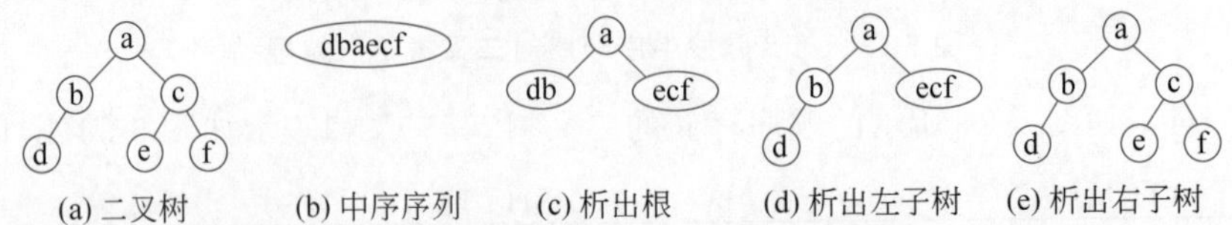

图 5-58 第 11 题由中序序列和层次序序列构造的二叉树

该二叉树的后序序列是 d b e f c a。

12. 选用前序、后序遍历序列可以确定结点 u 是否为结点 v 的祖先。如果在前序遍历序列中结点 u 在结点 v 之前，在后序遍历序列中结点 u 在结点 v 之后，则可肯定结点 u 必然是结点 v 的祖先。

13. 该题目主要考查二叉树的静态链表存储结构及二叉树的性质 5。该二叉树的表示如图 5-59 所示。其各种遍历结果如下：

前序遍历：a c b g h e d f m l k；

中序遍历：g b h c e a f d l k m；

后序遍历：g h b e c f k l m d a。

14. 在二叉树中从根结点执行中序遍历走到底的结点的右子女指针一定是空。其左子女指针也应为空，否则前序遍历还会走下去。因此该结点一定是叶结点。这时，二叉树的前序遍历序列的最后一个结点和中序遍历序列的最后一个结点是同一个结点。

15. 根据后序遍历序列∅，∅，A，∅，∅，E，∅，∅，C，D，B 包含的信息：序列的最后一个元素 B 是根，它前面的元素 D 是 B 的右子女，C 是 D 的右子女，C 的两个子女都为∅，C 是叶结点。E 是 D 的左子女，同理 E 是叶结点；A 是 B 的左子女，如图 5-60 所示。

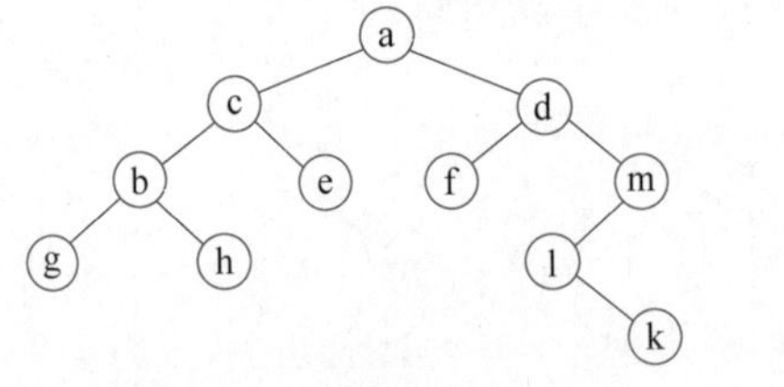

图 5-59 第 13 题的二叉树

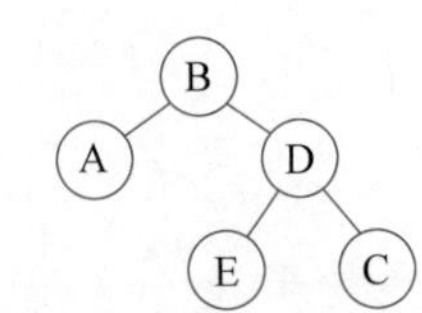

图 5-60 第 15 题构造的二叉树

16. 与后缀表达式求值类似，需要一个栈存放操作数或运算结果的地址指针。逐个读入后缀表达式串中的字符，构建表达式树的过程如下，参看图 5-61。

(1) 建立一个操作数地址指针栈 A 并置空，读入后缀表达式串 s 中首字符到 ch；

(2) 当 ch != "\0" 时执行以下步骤，否则转到(3)：

① 若 ch 是操作数，建立操作数结点 * p，其地址进栈 A；

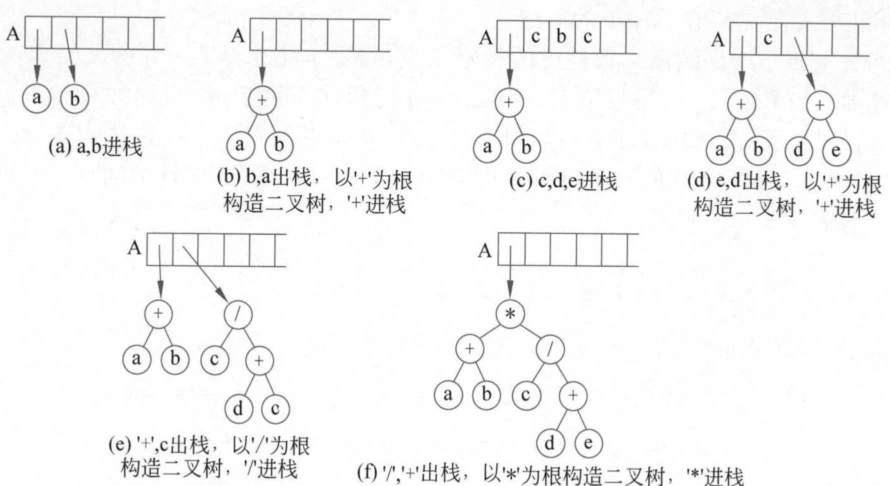

图 5-61 第 16 题输入后缀表达式构建表达式树

② 若 ch 是操作符，建立操作符结点 * r，从栈 A 连续退出两个操作数结点 * q 与 * p，构建二叉树，根结点为 * r，其左子女为 * p，右子女为 * q，根结点 * r 进栈 A；

③ 读取串 s 的下一个字符，转到(2)。

(3) 若栈 A 中只剩下一个结点指针，此即建成的表达式树的根结点指针。

17. (1) 搜索指定结点在中序下的后继。

设指针 q 指示中序线索二叉树中的指定结点。搜索方法的思路是：如果结点 * q 的右指针为后继线索，则其(非空)右指针所指即为结点 * q 的中序下的后继；如果右指针所指为右子女，则结点 * q 的中序下的后继是其右子树中序下的第一个结点，参看图 5-62。

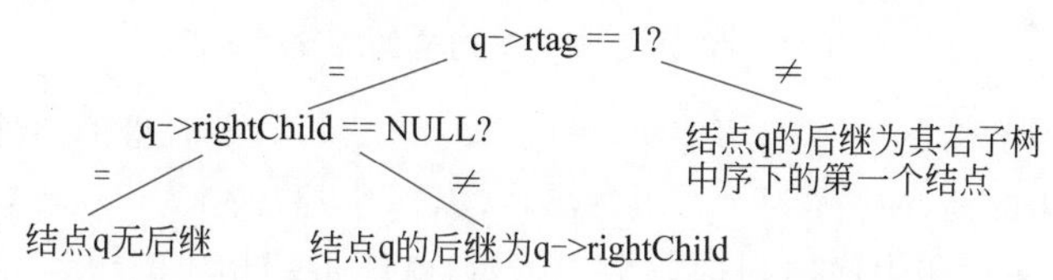

图 5-62 第 17(1)题搜索指定结点在中序下后继的判定树

(2) 搜索指定结点在前序下的后继。

设指针 q 指示中序线索二叉树中的指定结点，搜索方法的思路是：如果结点 * q 有左子女，则结点 * q 的前序后继即为它的左子女；如果结点 * q 无左子女但有右子女。则结点 * q 的前序后继为其右子女；否则沿其右线索一直找到根结点，根结点的(非空)右指针所指即为结点 * q 的前序下的后继，参看图 5-63。

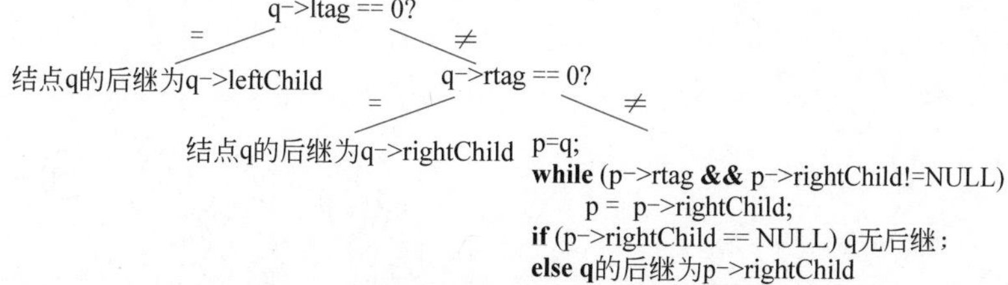

图 5-63 第 17 题(2)搜索指定结点在前序下后继的判定树

(3) 搜索指定结点在后序下的后继。

设指针 q 指示中序线索二叉树中的指定结点，指针 p 指示结点 ＊q 的父结点。搜索方法的思路是：如果结点 ＊q 是根结点，则结点 ＊q 无后序下的后继；否则如果结点 ＊q 是其父结点 ＊p 的右子女，则其后序下的后继为结点 ＊p；如果结点 ＊q 是其父结点 ＊p 的左子女，则需要到其父结点 ＊p 的右子树中寻找后序下的第一个结点，它就是结点 ＊q 的后序下的后继。参看图 5-64。

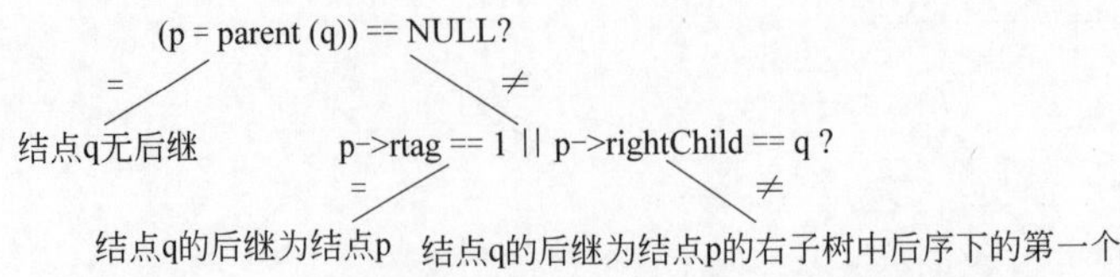

图 5-64　第 17 题搜索指定结点在后序下后继的判定树

18. 因为给出二叉树的前序遍历序列和中序遍历序列能够唯一地确定这棵二叉树，因此，根据题目给出的条件，利用树的先根次序遍历结果和后根次序遍历结果能够唯一地确定一棵树。例如，对于如图 5-65(a)所示的树，它的对应二叉树如图 5-65(b)所示。

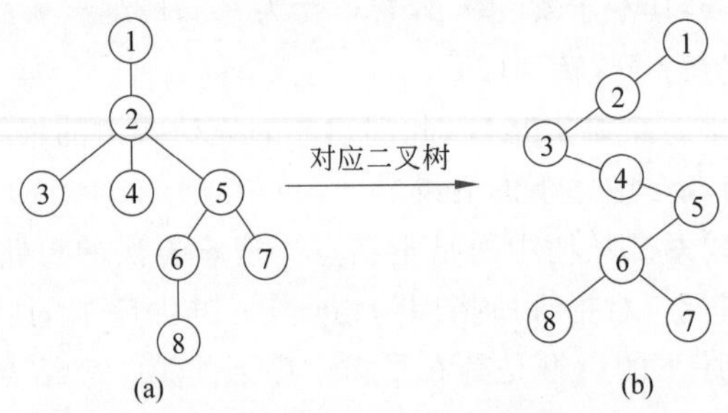

图 5-65　第 18 题树与其对应的二叉树表示

图 5-65(a)所示的树的先根遍历序列为 1,2,3,4,5,6,8,7；后根遍历序列为 3,4,8,6,7,5,2,1。对应二叉树的前序序列为 1,2,3,4,5,6,8,7；中序序列为 3,4,8,6,7,5,2,1。只要利用二叉树的前序序列和中序序列构造出二叉树，就能得到相应的树。

19. 把序列(1)～(4)用图画出来(如图 5-66 所示)，就可以直接判断。

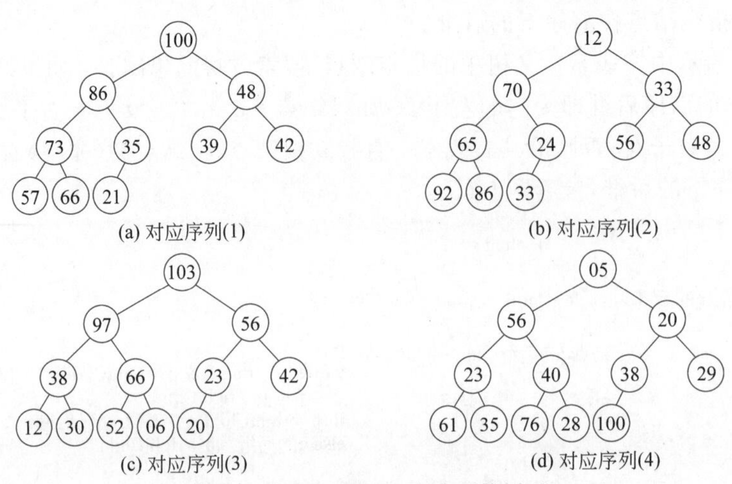

图 5-66　第 19 题中 4 个选项的树形

从图 5-66(a)～图 5-66(d)可以判断,它们都不是最小堆,图 5-66(a)和图 5-66(c)是最大堆。需要利用最小堆的 siftDown 筛选算法,将它们调整为最小堆。调整后的最小堆如图 5-67(a)～图 5-67(d)所示。调整的过程依然从完全二叉树的编号最大的非叶结点开始,从局部到整体逐步扩大最小堆。每次对一个局部进行调整时,根结点的子树都应已是最小堆。

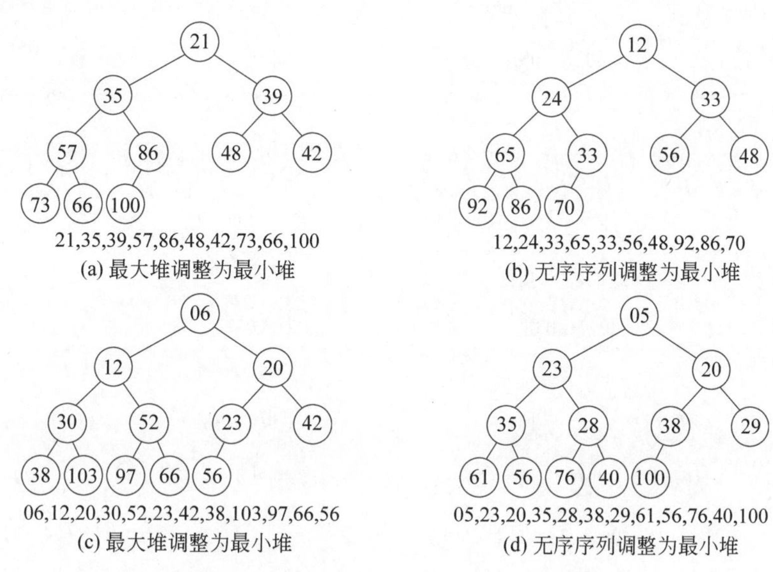

图 5-67 第 19 题 4 个选项调整成为最小堆

20. 构建 Huffman 树的过程如图 5-68 所示。

此树的带权路径长度 WPL＝(16＋17)×2＋(9＋14＋15)×3＋6×4＋(2＋3)×5＝229,或者计算所有非叶结点的权值总和 WPL＝82＋33＋49＋20＋29＋11＋5＝229。

21. (1) 可设想把每个有序表当作一个叶结点,把表长度当作叶结点的权值,构建一棵 Huffman 树,这样每次两个表的合并相当于把两棵 Huffman 子树(一棵为左子树,一棵为右子树)构造出一棵新的 Huffman 树,该树根结点的权值是其两棵子树根结点的权值之和。6 个叶结点经过 5 次构建,就能得到最终的 Huffman 树。如图 5-69 所示。

合并过程如下:

① 合并有序表 A 和 B,两个表的长度分别为 10 和 35,合并成一个长度为 45 的有序表 AB,元素比较次数最多为 45－1＝44。

② 合并有序表 C 和 AB,其中 AB 是在步骤①中生成的,两个表的长度分别为 40 和 45,合并成一个长度为 85 的有序表 CAB,元素比较次数最多为 85－1＝84。

③ 合并有序表 D 和 E,两个表的长度分别为 50 和 60,合并成一个长度为 110 的有序表 DE,元素比较次数最多为 110－1＝109。

④ 合并有序表 CAB 和 DE,其中 CAB 是在步骤②中生成的,DE 是在步骤③中生成的,两个表的长度分别为 85 和 110,合并成一个长度为 195 的有序表 CABDE,元素比较次数最多为 195－1＝194。

⑤ 合并有序表 CABDE 和 F,其中 CABDE 是在步骤④中生成的,两个表的长度分别为 195 和 200,合并成一个长度为 395 的有序表 CABDEF,元素比较次数最多为 395－1＝394。

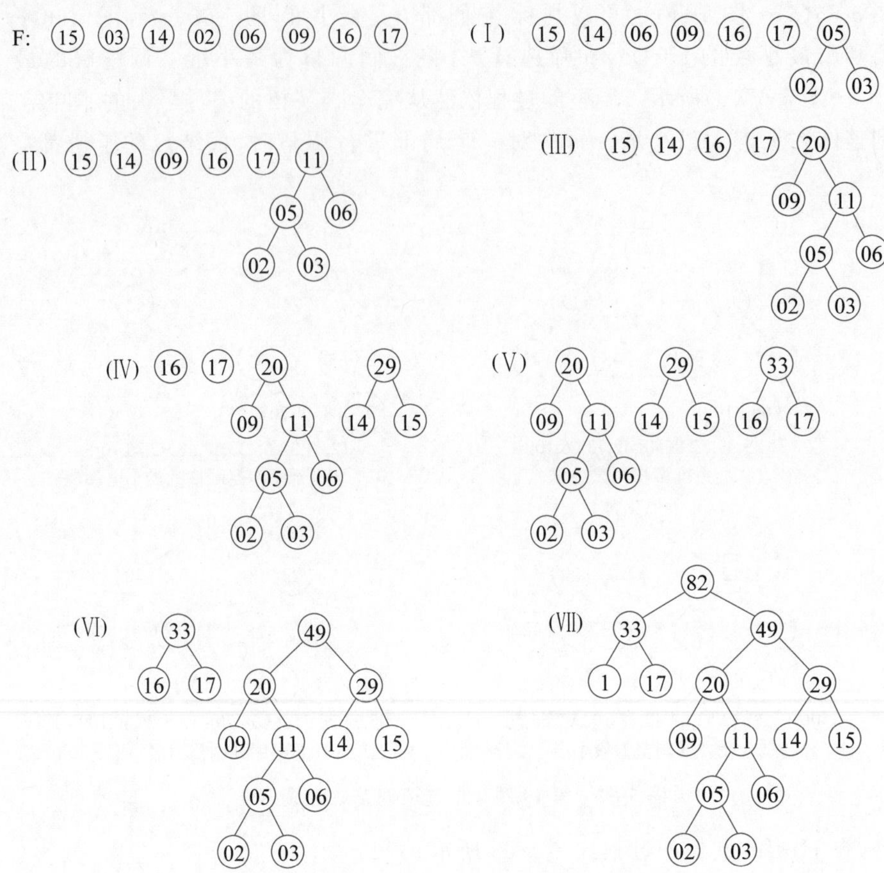

图 5-68 第 20 题构建 Huffman 树的过程

合并过程中元素比较的总次数为 44＋84＋109＋194＋394＝825。

(2) 各不等长有序表的合并策略：为了提高合并的速度，应仿照 Huffman 树的构造思想，把所有有序表放入一个待合并群 F 中，然后逐次做二路合并。当群里还有两个或两个以上的有序表时，退出两个长度最短的有序表进行二路合并，再将合并后的有序表加入群 F 里。反复执行以上步骤，直到群 F 里只剩一个有序表时停止，此有序表即为最终结果。

22. 已知字母集{c1,c2,c3,c4,c5,c6,c7,c8}，频率集{5,25,3,6,10,11,36,4}，首先针对它们建立 Huffman 树，如图 5-70 所示。

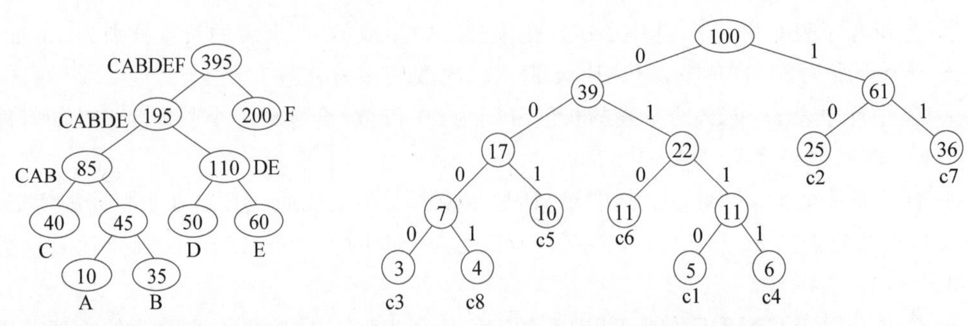

图 5-69 第 21 题的 Huffman 树

图 5-70 第 22 题的 Huffman 树

则 Huffman 编码如图 5-71 所示。

c1	c2	c3	c4	c5	c6	c7	c8
0110	10	0000	0111	001	010	11	0001

图 5-71　第 22 题的 Huffman 编码

电文总码数为 $4\times5+2\times25+4\times3+4\times6+3\times10+3\times11+2\times36+4\times4=257$。

23.（1）使用 Huffman 树，在树的叶结点中可以找到对应的字符。

（2）用一个游标 i 逐个读取 0/1 串的值，从 Huffman 树的根结点开始，如果值为'0'，向左子女方向走下去，如果值为'1'，向右子女方向走下去，再读取 0/1 串的下一个值，再从 Huffman 树的当前结点向下走，直到走到叶结点，就可以输出叶结点保存的字符。然后 i 从当前位置，Huffman 树从根结点开始，继续上述的过程。当 0/1 串扫描完，译码完成。

（3）如果每一个不等长编码都对应到 Huffman 树的一条从根结点到叶结点的一条路径，则该字符集具有前缀特性。如果一个不等长编码不能从根结点走到叶结点，则该编码不具有前缀特性。

24. 权值的个数 $n=11$，扩充 4 叉树的内结点的度都为 4，而外结点的度都为 0。设内结点个数为 n_4，外结点个数为 n_0，则可证明有 $n_0=3\times n_4+1$。由于在本题中 $n_0=11\neq3\times n_4+1$，需要补 2 个权值为 0 的外结点。此时内结点个数 $n_4=4$，外结点个数 $n_0=13$。仿照 Huffman 树的构造方法来构造扩充 4 叉树，每次合并 4 个结点。参看图 5-72。

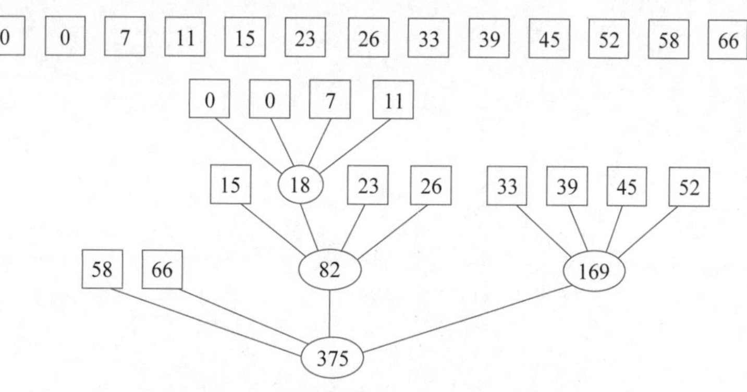

图 5-72　第 24 题构造的扩充 4 叉树

此树的带权(外部)路径长度 WPL=375+82+169+18=644。

三、算法题

1. 算法的思路是：从 $i=0$ 开始，首先创建根结点，并把 $A[0]$的值赋给该结点，然后递归地建立根的左子女(取 $A[2i+1]$的值)，再递归地建立根的右子女(取 $A[2i+1]$的值)。算法的描述如下。

```
template <class T>
ConstructTree (T A[ ], int n, int i, BinTreeNode<T> * & ptr) {
//将用 A[n]顺序存储的完全二叉树, 以 i 为根的子树转换成为用二叉链表表示的以 ptr
//为根的完全二叉树。利用引用参数 ptr 将新创建结点的地址返回实参
    if (i >= n) ptr = NULL;
    else {
```

```
        ptr = new BinTreeNode<T> (A[i]);                  //建立根结点
        ConstructTree (T, n, 2 * i+1, ptr->leftChild);    //递归建立左子树
        ConstructTree (T, n, 2 * i+2, ptr->rightChild);   //递归建立右子树
    }
};
```

2.(1) 消去第二个递归语句时，视第一个递归语句为一般语句，按尾递归改为迭代处理。算法的描述如下。

```
template <class T>
void PreOrder (BinTreeNode<T> * t) {
    while (t != NULL) {                           //按尾递归改为循环
        cout << t->data;
        PreOrder (t->leftChild);                  //递归前序遍历左子树
        t = t->rightChild;                        //向右子树循环
    }
};
```

(2) 定义一个栈，在访问某一个结点时保存其右、左子女结点的地址。下一步将先从栈中退出右子女结点，对其进行遍历，然后从栈中退出左子女结点，对其进行遍历。

算法的描述如下。

```
#include <iostream.h>
#include "SeqStack.h"
#include "BinaryTree.h"
template <class T>
void PreOrder (BinTreeNode<T> * t) {
    BinTreeNode<T> * p;
    SeqStack<T> S;S.Push (t);
    while (! S.IsEmpty ()) {
        S.Pop (p);
        cout << p->data;
        if (p->rightChild != NULL) S.Push (p->rightChild);
        if (p->leftChild != NULL) S.Push (p->leftChild);
    }
};
```

3. 解法 1：算法采用后序的非递归遍历形式，如果找到值为 x 的结点，在栈中可得到从根结点到达该结点的路径。因退栈时需要区分其左、右子树是否已经遍历，故在结点进栈时附带一个标志 tag。若 tag=0，进入左子树；若 tag=1，进入右子树。

算法简单地修改了后序遍历的非递归算法，在访问结点时增加一个判断，若该结点的值等于 x，则打印栈中保存的路径，再中断算法的执行退出即可。此外，为了便于输出栈的内容，将栈嵌入算法中。算法的描述如下。

```
#include <iostream.h>
template <class T>
void Find_Print (BinTreeNode <T> * & BT, int n, T x, T path[], int& count) {
    typedef struct { BinTreeNode<T> * ptr;int tag; } snode;
    snode temp;snode * S;int i, nofinish, top;
    BinTreeNode * p = BT.getRoot();
```

```
    S = new snode[n];top = -1;                    //建立栈,保存遍历信息
    do {
        while (p != NULL) {
            temp.ptr = p;temp.tag = 0;            //进栈结点加 0 信息
            S[++top] = temp;                      //进栈
            p = p->leftChild;                     //向最左下结点走下去
        }
        nofinish = 1;                             //继续循环标记,用于 tag = 1
        while (nofinish && top != -1) {
            temp = S[top--];  p = temp.ptr;       //退栈
            switch (temp.tag) {                   //判断栈顶的 tag 标记
            case 0: temp.tag = 1;                 //从左子树退回
                S[++top] = temp;                  //修改栈顶
                nofinish = 0;
                p = p->rightChild;                //向右子树遍历下去
                break;
            case 1: if (p->data == x) {           //从右子树退回,访问根结点
                        for (i = 0; i <= top; i++) path[i] = S[i].ptr->data;
                        count = top+1;delete [] S;return;
                    }
            }
        }
    } while (top != -1);
    count = 0;delete [] S;
};
```

例如,搜索值为 7 的结点时,栈的变化如图 5-73 所示。

④	0
②	0
①	0

④	1
②	0
①	0

⑩	0
⑦	0
④	1
②	0
①	0

⑩	1
⑦	0
④	1
②	0
①	0

⑦	0
④	1
②	0
①	0

⑦	1
④	1
②	0
①	0

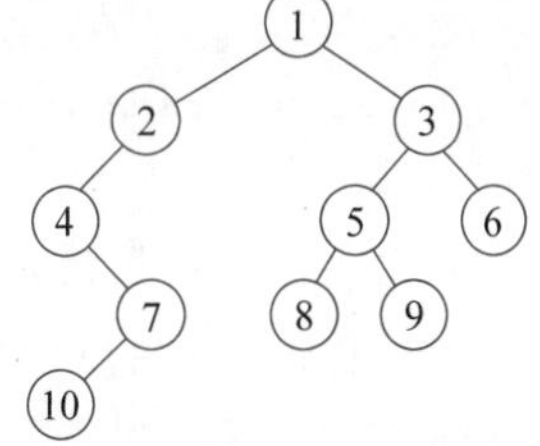

图 5-73　第 3 题搜索 7 时栈的变化

当后序遍历到访问值为 7 的结点时,栈中保存的是①②④,再向右到⑦。

解法 2:算法采用前序遍历的递归算法,在典型的遍历算法的参数表中增加了 x、path[n]、level、count 等参数。k 是要找的结点序号;path[]记录从根结点到结点 k 的路径上所有的祖先结点,level 记录当前访问结点的层次,count 记录结点个数。算法的描述如下。

```
template <class T>
int Find_Print (BinTreeNode <T> * & BT, T x, T path[], int level, int& count) {
    if (BT != NULL) {
        level++;
        path[level] = BT->data;
        if (BT->data == x) { count = level;return 1; }
        if (Find_Print (BT->leftChild, x, path, level, count)) return 1;
        return Find_Print (BT->rightChild, x, path, level, count);
    }
    else return 0;
};
```

4. 算法的思路是：如果二叉树非空，则交换根的左子女和右子女，然后对根的左子树和右子树，分别递归地执行相同的操作。递归的结束条件是二叉树为空。算法的描述如下。

```
template <class T>
void exchange (BinTreeNode<T> *t) {
    BinTreeNode<T> * temp;
    if (t->leftChild != NULL || t->rightChild != NULL) {
        temp = t->leftChild;
        t->leftChild = t->rightChild;
        t->rightChild = temp;
        exchange (t->leftChild);                //递归交换左、右子树的结点子女
        exchange (t->rightChild);
    }
};
```

5.（1）算法的思路是：若二叉树为空，则返回0，表示二叉树中度为1的结点个数为0；若二叉树非空，①分别统计根的左、右子树中度为1的结点个数并相加；②如果根结点的度为1，则在相加基础上再加1，否则相加结果不加1；③返回结果。

算法的描述如下。

```
template <class T>
int BinTree<T> ::Degrees_1 (BinTreeNode<T> * t) {
    if (t == NULL) return 0;                                  //空树返回
    if (t->leftChild != NULL && t->rightChild == NULL ||      //判断度为1的结点
        t->leftChild == NULL && t->rightChild != NULL)        //统计返回
        return 1+ Degrees_1(t->leftChild)+Degrees_1(t->rightChild);
    else return Degrees_1(t->leftChild)+Degrees_1(t->rightChild);   //其他结点
};
```

（2）算法的思路与（1）类似，只不过后来的判断改为判断若根结点的度为2，则在统计左、右子树度为2的结点个数并相加的基础上再加1。算法的描述如下。

```
template <class T>
int BinTree<T> ::Degrees_2 (BinTreeNode<T> * t) {
    if (t == NULL) return 0;
    if (t->leftChild != NULL && t->rightChild != NULL)          //判断度为2的结点
        return 1+ Degrees_2(t->leftChild)+Degrees_2(t->rightChild);
    else return Degrees_2(t->leftChild)+Degrees_2(t->rightChild);
};
```

（3）算法的思路是：如果二叉树非空，检查根结点是否是叶结点，是则返回1，否则函数返回根的左子树和右子树中所包含的叶结点个数的和。特别地，空树的叶结点个数为0。算法的描述如下。

```
template <class T>
int BinTree<T> ::leaves (BinTreeNode<T> * t) {
    if (t == NULL) return 0;
    if (t->leftChild == NULL && t->rightChild == NULL) return 1;
    return leaves (t->leftChild) + leaves (t->rightChild);
};
```

6. 采用递归算法求解。算法的思路是：如果根结点 *t 就是要找的结点 *p，则返回结

点 * t 的层次(=1),否则先递归到结点 * t 的左子树中查找结点 * p,若找到,则返回结点 * p 在结点 * t 子树中的层次;若未找到,再到结点 * t 的右子树中查找。空树的情形是递归到底,没有找到结点 * p 的情形,返回 0。算法的描述如下。

```
template <class T>
int level (BinTreeNode<T> * t, BintreeNode<T> *p) {
    if (t == NULL) return 0;
    if (t == p) return 1;
    int SubTreeLevel;
    if ((SubTreeLevel = level (t->leftChild, p)) > 0)   //在左子树中搜索到
        return 1+SubTreeLevel;                           //返回 p 在子树中的层次
    else return level (t->rightChild, p);                //在右子树中搜索
};
```

7. 算法的思路是设计两个函数,第一个函数是用前序遍历求每一层的宽度,即结点个数:第二个函数是在各层宽度中求出最大宽度,即树的宽度。

函数 1 用来求二叉树 * t 每一层的宽度,结果保存在参数表中的整数数组 a[]内,参数 h 是 * t 所在的层次号,要求在主程序中将 h 赋值为 1(根所在层次为 1),数组 a[]所有元素置 0。

算法的描述如下。

```
template <class T>
void levelCounter (BinTreeNode<T> *t, int a[ ], int h) {
    if (t != NULL) {                                  //若为空树,不统计
        if (t->leftChild != NULL) {
            a[h] = a[h]+1;                            //第 h 层宽度加 1
            levelNumber (t->leftChild, a, h+1);       //递归统计左子树中各层宽度
        }
        if (t->rightChild != NULL) {
            a[h] = a[h]+1;
            levelNumber (t->rightChild, a, h+1);      //递归统计右子树中各层宽度
        }
    }
};
```

函数 2 用来求二叉树的宽度。

注意:设定数组 a[16],表明二叉树的高度不超过 16,应该够用了。

```
template <class T>
int width (BinTreeNode<T> *t) {
    int a[16], i, wid;
    for (i = 0; i < 16; i++) a[i] = 0;                //统计数组 a[ ]初始化
    levelCounter (t, a, 1);                           //调用求各层宽度的算法
    wid = a[0];
    for (i = 1; i < 16; i++)                          //求各层宽度中的最大者
        if (a[i] > wid) wid = a[i];
    return wid;
};
```

8. 解法 1:算法的思路是采用递归算法求解。如果二叉树的根指针 t 为空,则返回;否

则判断当前层号 level 是否大于最大层号 maxLevel，如果大于则让 maxlevel＝level，然后递归处理根的左子树和右子树。算法返回时在引用参数 maxLevel 中得到所有结点中的最大层号，此即为所求。算法的描述如下。

```
template <class T>
void Depth (BinTreeNode<T> *t, int level, int& maxLevel) {
    if (t == NULL) return;
    if (level > maxLevel) maxLevel = level;
    int lml, rml;
    postOrder (t->lchild, level+1, lml);
    if (lml > maxLevel) maxLevel = lml;
    postOrder (t->rchild, level+1, rml);
    if (rml > maxLevel) maxLevel = rml;
}
```

解法 2：采用二叉树的层次序遍历来求解，使用了一个队列辅助进行逐层遍历，当遍历到最后的层次时，其结点的层次号即为树的深度。队列进队处理是先队尾指针 rear 加 1，再按队尾指针所指位置加入新元素，这样，队尾指针 rear 指示实际队尾位置，队头指针 front 指示实际队头的前一位置。此外，用一个层标记单元 last 指示上一层最后结点的地址。在队列非空循环的最后检查，若队头指针 front 等于上一层最后一个结点的地址 last 时，树的一层处理结束，让层次号加 1，转入下一层处理。引用参数 level 返回树的深度。算法的描述如下。

```
#define aSize 20
template <class T>
void breadth (BinTreeNode<T> t, int& level) {
    BinTreeNode<T> Q[qSize], p;int front = 0, rear = 0;      //建立队列并置空
    int last = 1, lev = 0;                             //last 为层最后结点号,lev 为层号
    Q[++rear] = t;level = 1;                           //根进队列
    while (front != rear) {                            //队列不空时逐层处理
        front = (front+1) % qSize;p = Q[front];  //从队列中退出一个结点
        if (p->lchild != NULL)                         //左子女进队列
            { rear = (rear+1) % qSize;Q[rear] = p->lchild; }
        if (p->rchild != NULL)                         //右子女进队列
            { rear = (rear+1) % qSize;Q[rear] = p->rchild; }
        if (front == last) {                           //上一层已经全部退出队列
            last = rear;                               //记录下一层最后的结点号
            lev++;                                     //换层时层号加 1,结点数清零
        }
        level = lev;
    }
}
```

9. 算法的思路是：若二叉树非空且当前结点既是根结点又是叶结点，直接删除；否则递归在其左、右子树中删除其中的叶结点。注意参数表中引用参数 t 的使用。叶结点或空树是递归到底层的情况。对于上层的子树，总是先执行递归语句。算法的描述如下。

```
template <class T>
void defoliate (BinTreeNode<T> * & t) {
```

```
    if (t == NULL) return;
    if (t->leftChild == NULL && t->rightChild == NULL)
        { delete t;t = NULL; }
    else {
        defoliate (t->leftChild);
        defoliate (t->rightChild);
    }
};
```

10. 算法的思路是：设 max 是事先设定的最大值，算法判断二叉树中各结点是否有比 max 还大的值，是则修改 max 使之保持最大值。注意，算法在递归语句中不是通过函数返回最大值，而是通过函数参数表返回最大值的，所以 max 是引用参数。算法的描述如下。

```
template <class T>
void MaxValue (BinTreeNode<T> * t, T& max) {
    if (t != NULL) {
        if (t->data > max) max = t->data;
        MaxValue (t->leftChild, max);
        MaxValue (t->rightChild, max);
    }
};
```

11. 因为链表形式是递归的数据结构，使用递归算法最简单。将以 * t 为根的二叉链表表示的二叉树转换为二叉树的顺序表示也可以采用递归算法，其思路是：假设子树的根结点 * t 存放于 A[i]，则可将它的左子女存放于 A[$2i+1$]，右子女存放于 A[$2i+2$]。在主程序调用时，t 应赋予 root，i 应赋予 0(根结点在 A[0]中)。算法的描述如下。

```
template <class T>
void LinkList_to_Array (BinTreeNode<T> * t, T A[ ], int n, int i) {
    if (t == NULL) return;
    else if (i >= n) { cerr <<"数组空间 A[" << n <<"] 不足!" <<endl;exit(1); }
    A[i] = t;                              //建立根结点
    LinkList_to_Array (t->leftChild, A, n, 2 * i+1);
    LinkList_to_Array (t->rightChild, A, n, 2 * i+2);
}
```

12. 在前序遍历算法中加入计数器 count，在访问结点的同时统计访问的序号，可实现题目的要求。需要注意的是，算法不要直接引用全局变量 count，而应通过参数表显式传递 count，这样才能做到算法的复用。算法的描述如下。

```
template <class T>
BinTreeNode<T> * Pre_Search_K (BinTreeNode<T> * t, int& count, int k) {
    if (t != NULL) {
        count++;
        if (count == k) return t;
        BinTreeNode<T> * p;
        if ((p = Pre_Search_K (t->leftChild, count, k)) != NULL) return p;
        return Pre_Search_K (t->rightChild, count, k);
    }
    return NULL;
};
```

设树中有 n 个结点，当 k 小于或等于 n 时，函数返回结点地址；当 k 大于 n 时，函数返回 NULL 值。如果树结点的数据为 char 类型，主函数调用形式如下：

```
BinTreeNode <char> * p = Pre_Search_K (root, count, k)
```

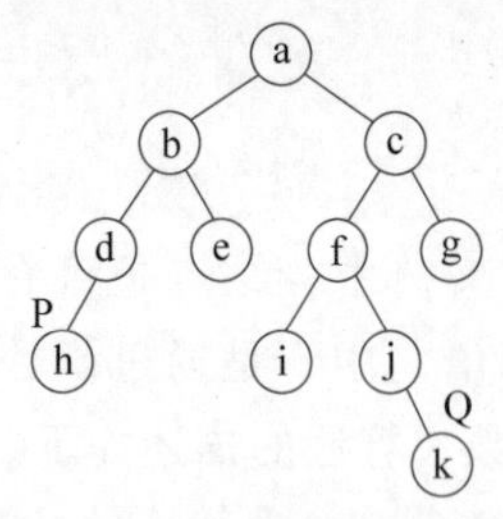

图 5-74　第 13 题的二叉树

其中 count 的初始值为 0。

13. 如图 5-74 所示，设结点 P 和结点 Q 是二叉树的两个结点，设从根结点到结点 P 的路径是 abdh，从根结点到结点 Q 的路径是 acfjk，则从结点 P 到结点 Q 的路径为 hdbacfjk，长度为 8。在求解过程中可设置一个辅助数组 T path[n]记录从结点 P 到结点 Q 的路径，并通过 len 返回路径长度。算法中可借助本节第 3 题算法的解法 Find_Print，求从根结点到结点 P 的路径(path1 记录)，从根结点到结点 Q 的路径(path2 记录)。算法的描述如下。

```
#define n 15
template <class T>
void PathLength_P_Q (Binarytree <T>& BT, int n, T p, T q, T path[], int& len) {
//对有 n 个结点的二叉树 BT 做前序遍历,计算结点 p 与结点 q 之间的路径,通过 len
//返回路径长度,通过 path[n]返回两个结点之间的路径
    int i, j, k, pc, qc;
    T * path1 = new T[n];T * path2 = new T[n];
    Find_Print (BT, n, p, path1, pc);           //从根到 p 的路径记入 path1, pc 为个数
    Find_Print (BT, n, q, path2, qc);           //从根到 q 的路径记入 path2, qc 为个数
    if (!pc || !qc) { len = 0;return; }
    for (i = 0; i < pc && i < qc; i++)          //跳过公共祖先
           if (path1[i] != path2[i]) break;
    path[0] = p;                                //连接结点间路径
    for (j = pc-1, k = 1; j >= i-1; j--, k++) path[k] = path1[j];
    for (j = i; j < qc; j++, k++) path[k] = path2[j];
    path[k] = q;len = k+1;
};
```

14. 本题利用求二叉树高度的递归算法实现。当一个结点的左、右子树的高度差为 1、0、−1 时，算法返回 true，否则返回 false。算法的描述如下。

```
#include <math.h>
template <class T>
bool Balance (BinTreeNode <T> * BT, int& height) {
    if (BT != NULL) {
        int lh, rh;
        bool lb = Balance (BT->leftChild, lh);
        bool rb = Balance (BT->rightChild, rh);
        height = (lh > rh) ? 1+lh : 1+rh;
        if (lb && rb && abs (lh-rh) <= 1) return true;
        else return false;
    }
    else { height = 0; return true; }
};
```

15. 完全二叉树顺序存储的特点是树结点从 0 号位置开始连续存放在数组中，如果二

叉树中存放结点的数组元素不是连续存放结点，则该数组存放的不是完全二叉树。可以利用二叉树的层次序遍历来判断二叉树是否是完全二叉树。算法的思路是，首先建立一个初始为空的队列，最初将根结点进队列，然后执行以下几个步骤。

(1) 当队列非空时执行大循环，当队列为空时转向(2)：

① 从队列中退出一个二叉树结点 * p，然后进行判断；

② 如果 p=NULL，表示 p 是指向空结点的指针，此时连续退出队列中存放的后续结点，如果发现后面还有非空结点，则说明该二叉树不是完全二叉树，返回 false，转向③；

③ 如果 p≠NULL，表示 p 是指向非空结点的指针，此时将其左、右子女结点指针进队列，指向空结点的指针也进队列，转向(1)；

(2) 大循环结束，返回 true，表示该二叉树是完全二叉树。

算法的描述如下。

```
#define N 20
#define qSize 20
template<class T>
bool isComplete_BinTree (BinTreeNode<T> * & BT) { //判断二叉树是否是完全二叉树
    BinTreeNode<T> *p = BT;                          //p是当前处理结点指针
    if (p == NULL) return true;                      //空二叉树是完全二叉树
    BinTreeNode<T> * Q[N];int front = 0, rear = 0;
    Q[rear++] = p;                                   //根进队列
    while (front != rear) {                          //当队列不为空时,循环执行
        p = Q[front];front = (front+1) % qSize;      //从队列中退出一个结点 * p
        if (p == NULL) {                             //遍历中遇到空结点
            while (front != rear)    {               //持续判断后续结点是否为非空
                p = Q[front];front = (front+1) % qSize;
                if (p != NULL) return false ;        //后续有非空结点,非完全二叉树
            }
        }
        else {                                       //* p结点为非空结点,两子女进队
            Q[rear] = p->leftChild;rear = (rear+1) % qSize;
            Q[rear] = p->rightChild;     rear = (rear+1) % qSize;
        }
    }
    return true;
};
```

16. 线索二叉树有中序、前序、后序的区分，本题假设是在中序线索二叉树的结点 * s 下插入。如图 5-75 所示，结点 * p 插入后，需要修改线索，涉及原来结点 * s 的左子女和插入结点。图中虚线箭头表示前驱和后继线索。

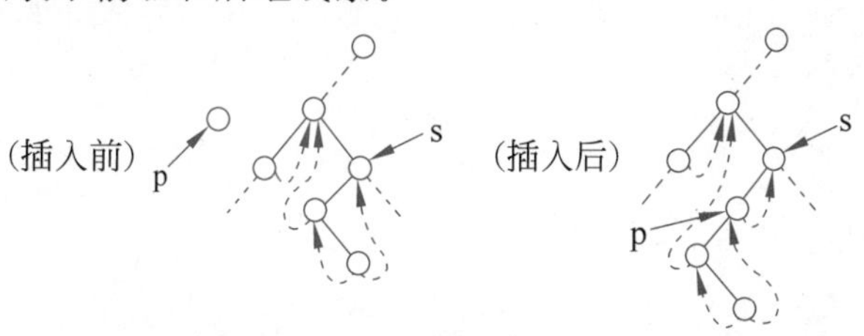

图 5-75　第 16 题中序线索二叉树的插入过程

算法的描述如下。

```
template<class T>
void leftInsert (ThreadNode<T> * s, ThreadNode<T> * p) {
    if (s != NULL && p != NULL) {
        if (s->ltag) {                                          //*s没有左子女
            p->leftChild = s->leftChild;p->ltag = 1; //*s的左线索复制给*p
        }
        else {                                                  //*s有左子女
            p->leftChild = s->leftChild;p->ltag = 0; //插入
            p->rightChild = s;p->rtag = 1;                      //修改*p的右线索指向*s
            ThreadNode<T> *q = p->leftChild;
            while (!q->rtag) q = q->rightChild;                 //找*p的左子树中序最后结点
            q->rightChild = p;                                  //该结点的后继为p
        }
        s->leftChild = p;s->ltag = 0;
    }
};
```

17. (1) 算法设计基本思想是：采用中序遍历输出表达式树，所得到的中序序列即为中缀表达式(但失去了括号)。加括号的原则如下。

① 对于叶结点(代表操作数)，不加括号；

② 对于树根结点(代表操作符)，不加括号；

③ 若根结点有非空子树，则递归进入左子树之前加左括号"("，退出左子树后输出根(操作符)，再递归进入右子树，在退出右子树后加右括号")"；

④ 若递归进入空子树，什么也不做，立即退出；若递归进入非空子树，如①、②、③所述递归处理。

(2) ExpTree_to_inFix 是一个递归算法，用参数 deep(深度)控制括号的输出。根结点的深度为 deep=1，不输出括号；根结点的子女深度 deep>1，要输出括号。

算法的描述如下。

```
void ExpTree_to_inFix (BTree * t, int deep) {
    if (t == NULL) return;
    else if (t->left == NULL && t->right == NULL)
        cout << t->data;                               //叶结点,输出操作数,不加括号
    else {                                             //加括号输出子树
        if (deep > 1) cout << '(';                     //若有子表达式,输出左括号
        ExpTree_to_inFix (t->left, deep+1);            //递归输出左子树
        cout << t->data;                               //输出操作符
        ExpTree_to_inFix (t->right, deep+1);           //递归输出右子树
        if (deep > 1) cout << ')';                     //子表达式输出结束,输出右括号
    }
}
```

18. (1) 前序线索二叉树的类声明。

```
#include <iostream.h>
template <class T>
```

```
struct ThreadNode {                                    //线索二叉树的结点类
    int ltag, rtag;                                    //线索标志
    ThreadNode<T> * leftChild, * rightChild;           //线索或子女指针
    T data;                                            //结点中所包含的数据
    ThreadNode (T item) {                              //构造函数
        data = item;ltag = 0;rtag = 0;
        leftChild = NULL;rightChild = NULL;
    }
};
template <class T>
class ThreadTree {                                     //线索二叉树类
protected:
    ThreadNode<T> * root;                              //树的根指针
    void createPreThread (ThreadNode<T> * t, ThreadNode<T> * & pre);
        //前序遍历建立线索二叉树, pre 是 t 的前序前驱,初始为空
    ThreadNode<T> * parent (ThreadNode<T> * t, ThreadNode<T> * p);
        //在子树 t 中寻找结点 p 的父结点
public:
    ThreadTree() : root (NULL) {}                      //构造函数: 构造空树
    void createPreThread();                            //建立前序线索二叉树
    ThreadNode<T> * parent (ThreadNode<T> * p);        //寻找结点 * p 的父结点
    ThreadNode<T> * First (ThreadNode<T> * t);         //寻找子树 * t 前序下第一个结点
    ThreadNode<T> * Last (ThreadNode<T> * t);          //寻找子树 * t 前序下最后一个结点
    ThreadNode<T> * Next (ThreadNode<T> * t);          //寻找结点 * t 前序下的后继结点
    ThreadNode<T> * Prior (ThreadNode<T> * t);         //寻找结点 * t 前序下的前驱结点
    void preTraversal ();                              //前序遍历
};
```

(2) 二叉树到前序线索二叉树的转换。

```
template <class T>
void ThreadTree<T>::createPreThread (ThreadNode<T> * t, ThreadNode<T> * &
pre) {
    if (t != NULL) {
        if (t->leftChild == NULL)
            { t->leftChild = pre;t->ltag = 1; }
        if (pre != NULL && pre->rightChild == NULL)
            { pre->rightChild = t;pre->rtag = 1; }
        pre = t;
        createPreThread (t->leftChild, pre);
        createPreThread (t->rightChild, pre);
    }
};
template <class T>
void ThreadTree<T>::createPreThread() {
    ThreadNode<T> * pre = NULL;
    createPreThread (root, pre);
    pre->rtag = 1;pre->rightChild = NULL;
};
```

(3) 在以 * t 为根的子树中求指定结点 * p 的父结点。

解法 1：如果结点 * p 有左线索，则沿左线索链走到线索链断掉的结点 * q，若结点 * q 的左子女或右子女是结点 * p，则结点 * q 是结点 * p 的父结点。但如果结点 * p 没有左线索，则需从根结点 * t 开始递归寻找，或者逐层寻找，看谁的子女是结点 * p，谁就是结点 * p 的父结点。本题采用了使用队列的逐层寻找，这样快一些。

算法的描述如下。

```
#define qSize 20
template <class T>
ThreadNode<T> * preParent (ThreadNode<T> * t, ThreadNode<T> * p) {
    if (p == NULL) return NULL;
    ThreadNode<T> * q;
    for (q = p; q->ltag == 1 && q->rtag == 1; q = q->leftChild); //沿左线索链到底
    if (q->ltag == 0 && q->leftChild == p || q->rtag == 0 && q->rightChild == p)
        return q;                                       //找到 * p 的父结点 * q,返回
    ThreadNode<T> * Qu[qSize];int front, rear;          //设置队列并初始化
    front = rear = 0;Qu[rear++] = t;                    //根进队
    while (front != rear) {                             //队不空,所有结点未查完
        q = Qu[front];front = (front+1) % qSize;        //出队
        if (q->ltag == 0 && q->leftChild == p ||
            q->rtag == 0 && q->rightChild == p) return q; //找到 * p 父结点 * q,返回
        if (q->rtag == 0)                               //否则 * q 有右子女,进队
            { Qu[rear] = q->rightChild; rear = (rear+1) % qSize; }
        if (q->ltag == 0)                               //* q 有左子女,进队
            { Qu[rear] = q->leftChild; rear = (rear+1) % qSize; }
    }
    return NULL;
}
```

解法 2：递归解法。若结点 * p 的左线索存在，则其左线索所指结点即为结点 * p 的父结点；若结点 * p 的左线索不存在，则需从根 * t 开始递归寻找，看谁的子女是结点 * p，谁就是结点 * p 的父结点。

算法描述如下。

```
template <class T>
ThreadNode<T> * ThreadTree<T>::Parent (ThreadNode<T> * p) {
    if (p == NULL) return NULL;
    if (p->ltag) return p->leftChild;
    else return Parent (root, p);
};
template <class T>
ThreadNode<T> * ThreadTree<T>::Parent (ThreadNode<T> * t, ThreadNode<T> * p) {
    if (t != NULL) {
        if (t->leftChild == p || t->rightChild == p) return t;
        if ((ThreadNode<T> * q = Parent (t->leftChild, p)) != NULL) return q;
        else return Parent (t->rightChild, p);
    }
    else NULL;
};
```

(4) 求以 * t 为根的子树的前序下的第一个结点。

以结点 * t 为根的子树上前序的第一个结点就是它自己。算法的描述如下。

```
template <class T>
ThreadNode<T> * ThreadTree<T>::First (ThreadNode<T> * t) {
    return t;
};
```

(5) 求以 * t 为根的子树的前序下的最后一个结点。

若结点 * t 右子树非空,则其前序最后一个结点一定是其右子树上前序的最后一个结点;若其右子树为空,则其前序最后一个结点一定是其左子树上前序最后一个结点;若其左、右子树都为空,则其前序最后一个结点即为它自己。算法的描述如下。

```
template <class T>
ThreadNode<T> * ThreadTree<T>::Last (ThreadNode<T> * t) {
    if (t != NULL) {
        if (!t->rtag) return Last (t->rightChild);
        else if (!t->ltag) return Last (t->leftChild);
        else return t;
    }
};
```

(6) 求结点 * t 的前序下的后继结点。

若结点 t 有右线索,则其前序后继即为右线索所指结点;否则若结点 * t 有左子女,则前序后继即为其左子女指针所指结点,否则为其右子女指针所指结点。算法的描述如下。

```
template <class T>
ThreadNode<T> * ThreadTree<T>::Next (ThreadNode<T> * t) {
    if (t != NULL) {
        if (!t->ltag) return t->leftChild;
        else return t->rightChild;
    }
};
```

(7) 求结点 * t 的前序下的前驱结点。

若结点 * t 有左线索,则其前序下的前驱是其左线索所指结点;否则需要找到它的父结点 * q,若结点 * t 是结点 * q 的左子女,则其前序下的前驱即为结点 * q;若结点 * t 是结点 * q 的右子女,则需到结点 * q 的左子树中寻找其前序下最后一个结点,它就是结点 * p 前序下的前驱。算法的描述如下。

```
template <class T>
ThreadNode<T> * ThreadTree<T>::Prior (ThreadNode<T> * t) {
    if (t != NULL) {
        if (t->ltag) return t->leftChild;
        else {
            ThreadNode<T> * q = Parent (t);
            if (q->leftChild == t) return q;
            else if (t->ltag) return q;
            return Last (q->leftChild);
        }
    }
};
```

(8) 利用前序线索二叉树实现前序遍历的算法。

```
template <class T>
void ThreadTree<T>::preTraversal () {
    for (ThreadNode<T> *p = First(root); p != NULL; p = Next(p))
        cout << p->data;
    cout <<endl;
};
```

19. 下面给出用双亲(父指针)表示的树和树结点类定义。

```
template <class T>
struct TreeNode {                                    //树结点类
    T data;                                          //结点数据
    int parent;                                      //父结点指针 (用结点下标表示)
};
template <class T>
class PRTree {                                       //树类
private:
    TreeNode<T> *NodeList;                           //结点表
    int Size, maxSize;                               //当前结点个数及结点表最大容量
    int current;                                     //当前结点指针
public:
    PRTree (int sz);                                 //构造函数
    ~PRTree () { delete [ ] NodeList; }              //析构函数
    bool getRoot ();                                 //搜索根结点
    void BuildRoot (T& value);                       //建立根结点
    int FirstChild ();                               //搜索当前结点的第一个子女
    int NextSibling ();                              //搜索当前结点的下一个兄弟
    int Parent ();                                   //搜索当前结点的父结点
    bool getData (T& value);                         //检索当前结点数据成员的值
    void setData (T value);                          //修改当前结点数据成员的值
    bool InsertChild (T value);                      //在当前结点下插入新子女
    bool DeleteChild (int i);                        //删除当前结点的第 i 个子女
    void DeleteSubTree ();                           //删除以当前结点为根的子树
    bool IsEmpty () { return Size == 0; }            //判树是否为空
};
template <class T>
PRTree<T>::PRTree (int sz) : maxSize (sz) {          //构造函数,建立父指针数组并初始化
    NodeList = new TreeNode[sz];                     //创建结点表
    if (NodeList == NULL) { cerr <<"存储分配失败! \n";exit(1); }
    Size = 0;current = -1;
};
template <class T>
int PRTree<T>::getRoot () {                          //搜索根结点
    if (Size != 0) { current = 0;return true; }
    current = -1;return false;
};
template <class T>
void PRTree<T>::BuildRoot (T value) {                //建立根结点 NodeList[0]
    NodeList[0].data = value;NodeList[0].parent = -1;
```

```
    Size = 1;current = 0;
};
template <class T>
int PRTree<T>::FirstChild () {
//函数执行后,当前指针指到当前结点的第一个子女结点并返回 current, 若无子女
//则当前指针为-1且函数返回-1
    if (current != -1) {
        int i = 1;
        while (i < Size && NodeList[i].parent != current) i++;
        if (i < Size) { current = i;return i; }     //当前指针指到子女结点
        current = -1;return -1;
    }
};
template <class T>
int PRTree<T> :: NextSibling () {
//函数执行后,当前指针指到当前结点的下一个兄弟结点并返回 current, 若无兄弟,
//则当前指针为-1且函数返回-1
    if (current != -1) {
        int i = current+1;                              //从当前位置开始找下一个兄弟
        while (i < Size && NodeList[i].parent != NodeList[current].parent) i++;
        if (i < Size) { current = i;return i; }     //当前指针指到下一个兄弟结点
        current = -1;return -1;
    }
};
template <class T>
int PRTree<T>::Parent () {
//函数执行后,当前指针指到当前结点的父结点并返回 current, 若无父结点, 则当前
//指针为-1且函数返回-1
    if (current < Size && current > 0)
        { current = NodeList[current].parent;return 1; }
    current = -1;return -1;
}
template <class T>
bool PRTree<T>::getData (T& value) {                //函数返回当前结点中存放的值
    if (current != -1) { value = NodeList[current].data;return true; }
    else return false;
}
template <class T>
bool PRTree<T> :: InsertChild (T value) {
//在树中当前结点下插入数据为 value 的新子女结点,若父指针数组已满,则不能
//插入,函数返回 false;若插入成功,则函数返回 true
    if (Size < maxSize) {
        NodeList[++Size].data = value;              //值赋给子女
        NodeList[Size].parent = current;            //链入父结点链
        return true;
    }
    else return false;
};
template <class T>
bool PRTree<T>::DeleteChild (int i) {
//删除树中当前结点下的第 i 个子女及其全部子孙结点, 若该结点的第 i 个子女结点
```

```
//不存在,则函数返回 false; 若删除成功, 则函数返回 true
    int p = current, k = FirstChild ();          //找当前结点 p 的第一个子女
    if (k == -1) { current = p;return false; }   //若未找到, 则退出
    int j = 1;
    while (k != -1 && j < i)                     //寻找当前结点的第 i 个兄弟
        { j++;k = NextSibling (); }
    if (k == -1) { current = p;return false; }   //未找到
    DeleteSubTree ();                            //找到,删除以 current 为根的子树
    current = p;return true;
};
template <class T>
void PRTree<T>::DeleteSubTree () {               //删除以当前结点为根的子树
    if (current != -1) {
        int t = current;k = FirstChild ();       //找当前结点的第一个子女
        while (k != -1) {                        //找到
            int p = current;                     //p 记下当前的子女
            k = NextSibling ();int q = current;  //q 记下下一个子女
            current = p;DeleteSubTree ();        //删除以 current 为根的子树
            current = q;
        }
        k = t+1;
        while (k < Size) {                       //修改
            if (NodeList[k].parent > t) NodeList[k].parent--;
            NodeList[k-1].parent = NodeList[k].parent;
            NodeList[k-1].data = NodeList[k].data;
            k++;
        }
        Size--;
    }
};
```

20. 算法的思路是：对父指针数组中的每一个树结点,分别计算沿父指针链走过的结点数,此即该结点的深度,统计所有结点的深度的最大值就可求得树的深度。在树的父指针数组表示中,每个结点的父指针 parent 指示它的父结点,根的父指针为负数,表示它没有父结点。算法的描述如下。

```
#include "PRTree.h"
template <class T>
int Depth_PRTree (PRTree<T>& RT) {
    int i, j, depth, maxDepth = 0;
    for (i = 0; i < RT.Size; i++) {
        depth = 0;
        for (j = i; j >= 0; j = RT.NodeList[j].parent) depth++;  //求每一个结点的高度
        if (depth > maxDepth) maxDepth = depth;
    }
    return maxDepth;
};
```

21. 算法要求在父指针数组中所有结点按照先根次序或层次序顺序存储,这有利于提高转换的速度。算法中还需要两个辅助数组 pointer[]和 lastChild[],分别记录每个结点的地址和每个结点的最后一个子女的结点地址,以便建立链表时链接相关结点。算法的描述如下。

```
#include "CSTree.h"
#include "PRTree.h"
#define maxNodes 15
void PRTree_to_CSTree (PRTree<T>& RT, CSTree<T>& RT1) {
    CSTreeNode<T>  * pointer = new CSTreeNode<T>[maxNodes];
    CSTreeNode<T>  * lastChild = new CSTreeNode<T>[maxNodes];
    int i, j;
    for (i = 0; i < RT.Size; i++) {
        pointer[i] = new CSTreeNode<T>;
        pointer[i]->data = RT.NodeList[i].data;              //建结点
        pointer[i]->firstChild = pointer[i]->nextSibling = NULL;
        if (RT.NodeList[i].parent >= 0) {                     //不是根结点
            j = RT.NodeList[i].parent;
            if (lastChild[j] == NULL)                         //父结点当前还没有子女
                pointer[j]->firstChild = pointer[i];          //成为父结点的第一个子女
            else lastChild[j]->nextSibling = pointer[i];
                    //父结点已经有了子女,新结点成为父结点最后子女的下一兄弟
            lastChild[j] = pointer[i];
        }
    }
    RT1.root = pointer[0];
    delete [] pointer;delete [] lastChild;
};
```

22. 算法的思路是:通过根结点与它的所有子女结点,找到相关联的所有边,然后对每一个子女结点,用递归的方式继续求与之关联的所有边。算法寻找所有子女的方法是利用子女—兄弟链表,首先找到根的第一个子女,再沿兄弟链找到它的所有兄弟。

算法的描述如下。

```
#include "CSTree.h"
template <class T>
void Print_CSTree(CSTreeNode <T>  * RT) {
    CSTreeNode<T>  * child = RT->firstChild;
    while (child != NULL) {
        cout <<" (" << RT->data <<", " << child->data <<") " <<endl;
        Print_CSTree (child);
        child = child->nextSibling;
    }
};
```

23. 算法的思路是首先建立一个树结点地址数组 pointer[n],数组元素个数与层次序序列元素个数相等,依照层次序序列顺序对树结点赋值,然后依各结点的度,按层链接。链接的原则是:i 从 0 开始,循环到 $n-1$,逐个结点处理。

① 如果第 i 个结点 $*$p 的度等于 $m(\neq 0)$,则第 $i+1$ 个结点 $*$q 是结点 $*$p 的子女,p->firstChild=q,如果结点 $*$p 是根,则 p->nextSibling=NULL,紧随结点 $*$q 的 $m-1$ 个结点是结点 $*$q 的兄弟,链接后继续处理第 $i+1$ 个结点;

② 如果第 i 个结点 * p 的度等于 0,则该结点既没有子女也没有兄弟,p->firstChild=p->nextSibling=NULL,然后继续处理第 $i+1$ 个结点。

算法的描述如下。

```
#include "CSTree.h"
#define maxNodes 15
template <class T>
void createCSTree_Degree (CSTree<T>& RT, T Value[],int degree[], int n) {
//Value[n]是树的层次序列,degree[n]是对应结点度数,RT 是建立的子女—兄弟链表
    CSTreeNode<T> *pointer = new CSTreeNode<T>[maxNodes];
    int i, j, d, k = 0;           //i 为当前结点序号,k 为当前子女的序号
    for (i = 0; i < n; i++) {     //初始化
        pointer[i] = new CSTreeNode<T>;
        pointer[i]->data = Value[i];
        pointer[i]->firstChild = pointer[i]->nextSibling = NULL;
    }
    for (i = 0; i < n; i++) {                              //逐个结点链接
        d = degree[i];
        if (d) {
            k++;                                           //k 为当前子女的序号
            pointer[i]->firstChild = pointer[k];       //建立 i 与子女 k 间的链接
            for (j = 2; j <= d; j++) pointer[k-1]->nextSibling = pointer[k];
        }
    }
    RT.root = pointer[0];
    delete [] pointer;
};
```

24. 算法的实现步骤是:

(1) 基于 value[m]和 fr[n]建立一个空的静态链表;

(2) 将 value[n]和 fr[n]存入 Huffman 树数组的前 n 个位置,所有指针初始化为−1;

(3) 从 $i=n$ 到 $i=2n-2$ 逐步构造 Huffman 树。

算法的描述如下。

```
#define maxWeight 比所有权值更大的值
template <class T>
void createHFTree (HFTree<T>& HT, T value[], float fr[], int n) {
    int i, j, k, s1, s2;float min1, min2;
    for (i = 0; i < n; i++)
        { HT.elem[i].data = value[i];HT.elem[i].weight = fr[i]; }
    for (i = 0; i < 2*n-1; i++)
        { HT.elem[i].parent = HT.elem[i].left = HT.elem[i].right = -1; }
    for (i = n; i < 2*n-1; i++) {                     //逐步构造 Huffman 树
        min1 = min2 = maxValue;                       //min1 是最小权值, min2 是次小权值
        s1 = s2 = 0;                                  //s1 是最小权值点, s2 是次小权值点
        for (k = 0; k < i; k++)
            if (HT.elem[k].parent == -1) {
                if (HT.elem[k].weight < min1) {
                    min2 = min1;min1 = HT.elem[k].weight;
                    s2 = s1;s1 = k;
                }
```

```
                else if (HT.elem[k].weight < min2) {
                    min2 = HT.elem[k].weight;s2 = k;
                }
            }
        HT.elem[s1].parent = HT.elem[s2].parent = i;
        HT.elem[i].left = s1;HT.elem[i].right = s2;
        HT.elem[i].weight = HT.elem[s1].weight+HT.elem[s2].weight;
    }
    HT.num = n;HT.root = 2 * n-2;
};
```

25.**【题解 1】** (1) 算法的基本设计思想：采用递归方法求二叉树的带权路径长度 WPL。设二叉树根结点的深度为 1，二叉树的根指针为 t，计算 WPL 的步骤如下。

① 若 t 等于空，表明递归到空树，直接返回 0，WPL 是 0。

② 若 t 不为空，则 t 是当前子树的根指针，判断 * t 是否为叶结点：

a) * t 是叶结点，直接返回结点 * t 的权值 weight 与该结点深度 d 的乘积；

b) * t 不是叶结点，返回根结点左子树 WPL 与右子树 WPL 之和(递归执行)。

(2) 二叉树结点数据类型的定义如下。

```
template <class T>
struct BinTreeNode {                //二叉树结点定义
    T data;
    BinTreeNode<T> * leftChild, * rightChild;
}
template <class T>
struct BinTree {                    //二叉树定义
    BinTreeNode<T> * root;
}
```

(3) 算法描述如下。外部递归时 t 是二叉树的根 root，所在层次 $d=1$。

```
template <class T>
int getWPL (BinTreeNode<T> * t ,int d) {
    if (t == NULL) return 0;         //递归到空树,直接返回 0
    if (t->leftChild == NULL && t->rightChild == NULL)
        return d * t->weight;
    else return getWPL (t->leftChild, d+1)+getWPL (t->rightChild, d+1);
}
```

【题解 2】 (1) 算法的基本设计思想：采用层次序遍历方法求二叉树的 WPL，只要累加在遍历过程中遇到的非叶结点的 weight 值即可，因为在非叶结点的权值中包含了它的子树中所有叶结点的权值，并按层次累加过了。算法中需要用到一个存储结点地址的队列 Q，处理步骤如下。

① 判断二叉树 * root 是否为空，若为空直接返回 0；否则继续；

② 建立一个队列 Q，并置空。将根结点地址进队，将权值累加单元 wpl 置 0；

③ 当队列 Q 不为空时，反复执行以下步骤：

a) 从 Q 中退出一个结点，地址记入 p；

b) 将 p->weight 累加到 wpl；

c）若 p->leftChild 不等于空，将 p->leftChild 进队；

d）若 p->rightChild 不等于空，将 p->rightChild 进队。

④ Q 已空，返回 wpl 值，此即所得。

（2）二叉树结点的数据类型定义见【题解 1】。

（3）算法的描述如下。

```
#define aSize 20                                          //队列长度
template <class T>
int getWPL (BinTreeNode<T> * root) {
    if (root == NULL) return 0;
    BinTreeNode<T> p, Q[qSize];int front = 0, rear = 0;   //建立队列并置空
    int wpl = 0;Q[rear++] = root;                         //根结点进队列
    while (front != rear) {                               //当队列不为空时循环
        p = Q[front];front = (front+1) % qSize;           //从队列退一个结点
        if (p->leftChild != NULL || p->rightChild != NULL)
            wpl = wpl+p->weight;                          //非叶结点,累加权值
        if (p->leftChild != NULL)                         //有左子女,进队列
            { Q[rear] = p->leftChild;rear = (rear+1) % qSize; }
        if (p->rightChild != NULL)                        //有右子女,进队列
            { Q[rear] = p->rightChild;rear = (rear+1) % qSize; }
    }
    return wpl;
}
```

26. 由于 Huffman 树中各个外结点的 Huffman 编码长度不同，因此采用 HFCode 类型的变量 hc[start，Len－1]存放一个外结点的 Huffman 编码。对于当前叶结点 HT.elem[i]，先将对应的 Huffman 编码 HFcd[i]的 start 置初值 Len－1，再找其父结点 HT.elem[f]，若当前结点是其父结点的左子女，则在 HFcd[i]的 hcd 数组中添加 0；若当前结点是其父结点的右子女，则在 HFcd[i]的 hcd 数组中添加 1，将 start 域减 1。然后再对父结点进行同样的操作，直到到达树的根结点为止，最后结果是 start 指向 Huffman 编码最开始的字符。

求 Huffman 编码的算法描述如下。

```
void createHFCode (HFTree <char>& HF, HFCode HFcd[]) {
    int i, f, c;HFCode hc;
    for (i = 0; i < HF.num; i++) {                  //根据 Huffman 树求 Huffman 编码
        HFcd.start = Len-1;
        c = i;f = HF.elem[c].parent;
        while (f != -1) {                           //循环直到树的根结点
            if (HF.elem[f].left == c)               //当前结点是其父结点的左子女
                HFcd.hcd[HFcd.start--] = '0';
            else HFcd.hcd[HFcd.start--] = '1';      //当前结点是其父结点的右子女
            c = f;f = HF.elem[f].parent;            //对其父结点进行同样的操作
        }
        HFcd.start++;                               //start 指示 Huffman 编码第一个字符
    }
};
```

根据 Huffman 树求 Huffman 编码的另一解决方案是对 Huffman 树做后序遍历，利用一个栈记录走过的分支，如果走过的是左分支，栈内进'0'；如果走过的是右分支，栈内进'1'，直到到达某个叶结点(外结点)。此时栈内记录的就是 Huffman 编码，输出之。然后继续后序遍历，直到到达另一个叶结点，再输出栈内记录的 Huffman 编码，以此类推，直到遍历完成。

第6章　集合与字典

集合是最基本的抽象数据类型之一。本章讨论了集合的3种存储表示：位数组表示、有序链表表示、并查集。并查集是一种简单的集合结构，它又称为Disjoint Set(不相交集合)，在处理等价类(如图论中的连通分量)方面非常有用。在本章的后半部分，集中讨论了与集合有关的字典。字典是一些元素的集合，每个元素均由名字＋属性构成：通过名字标识元素，通过属性描述元素的内容。因为元素的属性所包含的信息不同，其长度有可能不同，因此用有序链表表示是最常见的。本章重点介绍了字典的有序链表表示，并简单引入了跳表，目的是加快搜索的速度。最后讨论了散列结构。散列表又称为哈希表、杂凑表，它通过一个函数在元素的关键码(即名字)与其元素的地址之间建立了映射关系，可以直接存取所需搜索的元素，是一种建立大型数据集合时常用的技术。

6.1　复习要点

本章的复习要点如下。

1. 集合及其表示

(1) 在逻辑上集合元素之间是无关的，但在物理上是按一定关系排列的。

(2) 计算机上处理的集合的大小一般是可数的，集合的元素应互不相同。

(3) 标识集合元素的数据项称为关键码，不同元素的关键码的值应互不相同。

(4) 有的集合表示存储的是集合元素的实际数据值，有的集合表示仅存储标识集合元素是否存在的指示信息。

(5) 集合常用的表示是借鉴线性表和树，唯一一个仅适合存储和处理集合的数据结构是散列表。

(6) 位向量表示和有序链表表示都是借鉴线性表的集合表示。

(7) 位向量表示也称位数组表示或位指针数组表示，它仅限于表示元素有数有限制的集合，且存储的是集合元素存在的指针信息，它的每一位是集合相应元素的映射信息。

(8) 有序链表表示存储的是集合元素的实际数据值，它可以表示无穷的集合的子集。

(9) 在位向量集合表示中，要注意函数 getMember(i) 和 putMember(i, x) 的实现。

2. 并查集与等价类

(1) 并查集是采用树的双亲(父指针)数组表示的一种简单的集合表示，每个子集是一棵树，整个集合就是一个森林。树的根代表子集的名字。

(2) 并查集只有3种操作：初始化(UFsets)、查找(Find)和合并(Union)。

(3) 初始化操作将树的每个结点的父指针置为－1，表示每个结点自成一棵树，整个集合是由只有一个结点的树构成的森林。“－1”代表树根结点，数字代表树中结点个数。

(4) 查找操作是寻找某集合元素 i 所在树的根，实际上是要确定它是在哪个子集合中。操作的实现是从结点 i 起，沿父指针链一直找到一个父指针为负数的结点为止，该结点即为树的根。这个查找过程可以递归实现,也可以迭代实现。

(5) 合并操作是把两棵树合并为一棵树,即把两个子集合并为一个。实现方法是让一棵树的根结点的父指针指向另一棵树的根结点。但为了保持较高的查找性能,要考虑待合并的两棵树的结点个数、高度等情况,也可以合并后压缩路径。

(6) 并查集可以用来表示等价类。等价类是由具有等价关系的元素构成的子集合。等价关系则是一种定义在一个集合 S 上的满足自反性、对称性、传递性的关系。例如,同一棵树上两个具有共同祖先的结点,同一个连通分量上的顶点都具有等价关系。

(7) 确定等价类可以采用逐步合并并查集的方式实现。

3. 跳表

(1) 跳表是有序单链表的一种扩展,目的是在有序链表上实现折半搜索。

(2) 跳表的链分级。0 级链在最底层,保持链表所有结点;1 级链把 0 级链的第 $2^1,2\times 2^1,3\times 2^1,\cdots$结点链接起来;2 级链把 0 级链的第 $2^2,2\times 2^2,3\times 2^2,\cdots$结点链接起来。理想情形下,有 n 个元素的跳表的链级数有$\lceil\log_2 n\rceil$,链级最大编号为 levels$=\lceil\log_2 n\rceil-1$。

(3) 跳表的搜索从表头开始,在最高链级 levels 顺序搜索,找到大于或等于给定值 x 的结点,从它的前一结点向下,继续顺序搜索下一级链,再找到大于或等于给定值 x 的结点,从它的前一结点再向下一级链搜索,直到 0 级链。

(4) 跳表的插入在理想情形下保持第 i 级链有 $n/2^i$ 个结点,但这样做代价很大,所以一般采取给插入结点随机分配一个级别,指明它属于第几级链的元素,从这个级别到 0 级链,逐级插入。插入算法的关键是限制分配的级别。

(5) 跳表的删除,除了特殊位置,如第一个位置、最后一个位置等的删除外,其他位置结点的删除都比较复杂。如果要删除第 i 级链的结点,可能涉及改变从 0 级链到 i 级链的链接指针,让这些指针链接到后面的结点。

4. 散列表

(1) 散列表使用与集合规模差不多大的数组来存储集合,并通过一个散列函数将元素的关键码值映射为在数组中的位置(下标 index)。

(2) 通常散列函数的定义域(即集合元素关键码取值范围)比值域(即表的大小)大,不同的集合元素可能被映射到同一位置而产生冲突(或碰撞)。

(3) 为提高散列表的搜索或存取效率,应从两方面着手:采用地址分布比较均匀的散列函数;采用合适的解决冲突的方法。

(4) 在所有可选的散列函数中,除留余数法是地址分布最均匀的散列函数,折叠法是性能最不可预知的散列函数。

(5) 教材中为介绍各种解决冲突的方法所列举的例子中,采用的取关键码值第一个字母在字母表中位置的散列函数是不可取的,因为冲突机会太多。在教材中采用它是为了说明在产生冲突后如何解决这些冲突。

(6) 在解决冲突的方法中,开散列法优于闭散列法。因为在表的装载因子逐渐趋向 1 时,开散列的平均搜索长度的增长速度不大,总是保持在一个水平;而闭散列的平均搜索长度的增长很快,其原因是可能出现在某些区域的堆积(或聚集)导致搜索性能变坏。

(7) 在闭散列的情形,线性探查法最容易出现堆积,即由于冲突的发生,为寻找“下一个”可存放的位置,不同关键码值元素的探查序列互相交织,使得探查序列拉长,降低了搜索效率。为解决堆积，可采用二次探查散列或双散列，它们统称为伪随机探查再散列。

(8) 在开散列的情形，每一个散列地址有一个平均链长为 n/m 的单链表(同义词子表)，搜索性能大为改善。在装载因子变大，甚至超过 1 的情形仍能保持较高的搜索效率。

(9) 装载因子 α 是衡量表的装满程度的标识，$\alpha=n/m$ 表示在 m 大小的散列表中已经存放了 n 个元素(或表项)。在闭散列的情形，为保持较高的搜索效率，要求 α 保持在 0.6～0.8。如果超过了这个限制，可扩大或收缩散列表的空间。

(10) 散列表的平均搜索长度只与 α 有关。如果限定了平均搜索长度，就可计算 α 应取多大，进一步可以根据 m 确定 n，或根据 n 确定 m。

6.2 难点和重点

本章的知识点有 4 个：集合及其表示、并查集与等价类、跳表和散列表。各个知识点的难点和重点如下。

1. 集合及其表示

(1) 用位向量表示实现集合的存储结构时，求集合的并、交、差运算如何实现集合元素的按位加、按位乘和按位异或?

(2) 将表示集合的二进位如何结合进整数中? 又如何从整数中析取出来?

(3) 在位向量表示中，如何判断一个集合是否为空? 如何判断一个给定集合元素 i 是否在集合中? 如何将一个集合元素加入集合中?

(4) 在位向量表示中，如何判断两个集合是否相等? 如何判断两个集合谁大谁小?

(5) 用有序链表表示实现集合的存储结构时，如何实现集合的并、交、差运算? 如果运算结果不另外分配新的存储空间，其算法如何实现?

(6) 用有序链表表示集合时，如何判断集合是否为空? 如何判断一个给定集合元素 i 是否在集合中? 如何将一个集合元素加入集合中?

(7) 用有序链表表示集合时，如何判断两个集合是否相等?

(8) 位向量表示和有序链表表示各适合什么场合?

2. 并查集与等价类

(1) 在用树的父指针数组表示集合时，根结点的父指针是负数，它代表什么含义?

(2) 查找算法 Find 的性能取决于树的高度，树的高度如何可以达到最小?

(3) 根据树高度的合并算法为何让高度小的树合并到高度大的树中? 根据树中结点个数进行合并的算法为何让结点个数少的树合并到结点个数多的树中?

(4) 为何根据结点大小合并或根据高度合并后树的任一结点的深度不超过 $\log_2 n$?

(5) 在按高度合并时，若两棵树的高度相等，合并后树的高度会增 1。如何处理可以不增加树的高度?

(6) 用并查集的折叠算法压缩路径压缩的是某一条路径还是全部路径? 折叠压缩的结果是否把结点直接成为根的子女?

3. 跳表

(1) 跳表的表头结点 head 和表尾结点 tail 在表的搜索中起到什么作用?

(2) 变量 large 被赋给 TailKey，又赋给 tail 结点的 data 域，它起到什么作用?

(3) 在跳表的搜索算法中,从最高级链 i 开始沿该级链顺序搜索,当搜索到某一结点,它的 link[i]->data≥k1,即它在 i 级链上的下一结点的数据值大于或等于给定值,则需要下降到该结点的 $i=i-1$ 级链,继续这种搜索,那么这种搜索的结束条件是什么?

(4) 在跳表的插入算法中,为何要使用随机数发生器随机生成一个级链?当级链过大,如何限制它只让最高级链增加1层?

(5) 如何在跳表的各级链插入新结点并保持链表仍有序?last 数组的作用是什么?

(6) 如何在跳表的各级链上摘下被删结点?在什么情况下要调整级数?

4. 散列表

(1) 为何散列表可以在常数级的平均时间内执行搜索、插入和删除?

(2) 为何散列法不支持元素之间的顺序搜索?

(3) 是否散列法计算出的地址可以不发生冲突?如果可行,其代价有多大?

(4) 散列函数选择的原则是什么?直接定址法、数字分析法、平方取中法、折叠法、除留余数法的适用范围是什么?

(5) 闭散列的装载因子为何不能超过1?开散列的装载因子为何可以超过1?

(6) 在何种情况下线性探查再散列接近于顺序搜索?

(7) 闭散列的情形为何会出现堆积?什么是堆积?如何减少堆积?

(8) 闭散列的情形下,为何删除一个元素不能做物理删除,而只能做删除标记?如果插入新元素时,在寻找插入位置的探查过程中遇到已做删除标记的记录,可否在此位置插入?

(9) 在闭散列的情形中,每个表项可以有哪些状态?每种状态下可做什么处理?

(10) 线性探查再散列法对表的大小是否有限制?一旦发生溢出,即表已装满又要插入新记录时,应如何处理?

(11) 二次探查再散列法为何要限制表的大小为满足 $4k+3$ 的素数?又为何限制表的装载因子 $\alpha<0.5$?在二次探查再散列的情况下最多可探查多少次?

(12) 双散列法设计的再散列函数计算出来的值为何必须与表的大小互质?如果计算出来的值为0会出现什么情形?

(13) 使用双散列法,为何主张把表的大小设为素数,这对设计再散列函数有何作用?

(14) 开散列法使用单链表把基桶和溢出桶链接起来,这种情形下可否直接删除元素?

(15) 散列表的平均搜索长度是否与装载因子 α 直接相关?是否与 n 或 m 直接相关?

(16) 散列表的搜索成功的平均搜索长度是搜索到表中已有表项的平均搜索长度,那么搜索不成功的平均搜索长度又是什么?

(17) 在散列表中计算搜索成功的平均搜索长度的式子中,除数应选什么数字?计算搜索不成功的平均搜索长度的式子中,除数应选什么数字?

6.3 教材习题解析

一、单项选择题

1. 以下有关集合的说法中,正确的是(　　)。

A. 集合的成员都是单元素　　　　B. 集合的成员必须互不相同

C. 实现集合时成员间的关系是无序的　　D. 集合成员之间不能做"优先"比较

【题解】 选B。集合的成员必须互不相同。逻辑上集合成员间的关系是无序的，但实现时存储是有序的，成员之间可以做"优先"比较，此外没有限制成员一定是单元素。

2. 有一个色彩的集合 colour＝{red，orange，yellow，green，black，blue，purple，white}，采用位向量实现集合，blue 将映射为第(　)位。

A. 3　　B. 4　　C. 5　　D. 6

【题解】 选C。色彩集合是枚举类型，blue 按其顺序应是第5位。

3. 设有 n 个元素的集合采用有序链表来实现，设每个集合元素占8字节，链接指针占2字节，该集合占用了(　)字节的存储，存储密度为(　)。

A. $8(n+1)$　　B. $10(n+1)$　　C. $8n$　　D. $10n$

E. 0.8　　F. $n/(n+1)$　　G. $0.8\,n/(n+1)$　　H. $0.8(n+1)/n$

【题解】 选B，G。根据题意，每个集合元素连同链接指针占有$(8+2)=10$字节，集合内有 n 个元素，其有序链表包括头结点共占用了$10(n+1)$字节的存储。存储密度＝有效使用存储/实际使用存储＝$8n/10(n+1)$。

4. 设跳表中有 $n=2^k$ 个元素，那么跳表中包含(　)级链。

A. $k-1$　　B. k　　C. $k+1$　　D. n

【题解】 选B。0级链包括 $n(=2^k)$个元素，链级数＝$\lceil \log_2 n \rceil = k$。

5. 设跳表最高的链级为 maxLevel，则应有(　)个链表头指针。

A. 1　　B. maxLevel－1　　C. maxLevel　　D. maxLevel＋1

【题解】 选D。如果跳表的最高链级为 maxLevel，则实际有 maxLevel＋1 层链，链表的头指针有 maxLevel＋1。

6. 并查集是一种把集合划分为若干(　)子集合的集合表示方法。

A. 不相交　　B. 单元素　　C. 相交　　D. 纯

【题解】 选A。并查集是一种把集合划分为若干不相交子集合的集合表示方法。

7. 并查集采用树的父指针数组表示存储，若并查集最多有 n 个结点，最坏情况下 Find 操作的时间复杂度可达到(　)。

A. $O(1)$　　B. $O(n)$　　C. $O(\log_2 n)$　　D. $O(n\log_2 n)$

【题解】 选B。如果 Merge 操作选得不好，所有结点形成单支树，会导致 Find 操作的时间代价降到 $O(n)$。

8. 以下属于并查集操作的是(　)。

A. 查找　　B. 插入　　C. 删除　　D. 判等

【题解】 选A。并查集操作只有初始化、查找、合并3种操作。

9. 采用把结点少的树合并到结点多的树的策略，若合并后的树中有 n 个结点，则其深度是(　)。

A. $O(1)$　　B. $O(\log_2 n)$　　C. $O(n)$　　D. $O(n\log_2 n)$

【题解】 选B。如果把结点少的树合并到结点多的树中，最后建成有 n 个结点的树，其高度不超过 $\lfloor \log_2 n \rfloor$。

10. 在查找过程中做路径压缩，即每次从待查找结点走到根结点的过程中把路径上各结点的父指针都指向根结点。采用这种方法，查找的时间复杂度是(　)，合并的时间复杂度是(　)，设 n 是树中的结点个数。

A. $O(1)$　　B. $O(\log_2 n)$　　C. $O(n)$　　D. $O(n\log_2 n)$

【题解】 选 B,A。采用路径压缩方法可减少查找的操作性能,最坏情况下,查找的时间代价不超过 $O(\log_2 n)$,合并的代价为 $O(1)$。

11. 并查集的一个重要应用是构造等价类。所谓等价类是一个具有等价关系的元素的非空集合。所谓等价关系是一种二元关系,以下不属于等价关系的特性是(　　)。

A. 对称性　　B. 反对称性　　C. 自反性　　D. 传递性

【题解】 选 B。等价关系的 3 个特性是自反性、对称性和传递性。

12. 散列法存储的基本思想是根据(　　)来决定元素的存储地址。

A. 元素序号　　B. 元素个数　　C. 关键码值　　D. 非码属性

【题解】 选 C。散列法是根据元素的关键码值,直接计算出元素应存放的位置。

13. 设一个散列表中有 n 个元素,用散列法进行搜索的平均搜索长度是(　　)。

A. $O(1)$　　B. $O(n)$　　C. $O(\log_2 n)$　　D. $O(n^2)$

【题解】 选 A。用散列法进行搜索,平均搜索长度与表的装满程度 α 直接相关。如果表中空位较多,选择的散列函数地址分布比较均匀,发生地址冲突较少,搜索可以一步到位。

14. 使用散列函数将元素的关键码值映射为散列地址时,常会产生冲突。此时的冲突是指(　　)。

A. 两个元素具有相同的序号

B. 两个元素的关键码值不同,而非关键码值相同

C. 不同关键码值对应到相同的存储地址

D. 装载因子过大,数据元素过多

【题解】 选 C。散列过程中,如果输入不同的关键码值,经过散列函数的计算,都要存储到同一存储地址,则称发生了冲突。

15. 以下关于散列函数选择原则的叙述中,不正确的是(　　)。

A. 散列函数应是简单的,能在较短的时间内计算出结果

B. 散列函数的定义域应包括全部关键码值,值域必须在表范围之内

C. 散列函数计算出来的地址应能均匀分布在整个地址空间中

D. 装载因子必须限制在 0.8 以下

【题解】 选 D。前三个选项是选散列函数的三个要求,选项 D 不是。装载因子 α 刻画了表的装满程度,对于闭散列(开地址)方法,装载因子越小越不容易发生冲突,搜索性能会更好。但对于开散列(链地址)方法,对装载因子没有限制。

16. 计算出的地址分布最均匀的散列函数是(　　)。

A. 数字分析法　　B. 除留余数法　　C. 平方取中法　　D. 折叠法

【题解】 选 B。计算出的地址分布最均匀的散列函数是除留余数法。

17. 散列函数有一个共同的性质,即函数值应当以(　　)取其值域的每个值。

A. 最大概率　　B. 最小概率　　C. 平均概率　　D. 同等概率

【题解】 选 D。散列函数应能以同等概率取其值域的每个值。

18. 除留余数法的基本思路是:设散列表的地址空间为 $0 \sim m-1$,元素的关键码值为 k,用 p 去除 k,将余数作为元素的散列地址,即 $h(k)=k \ \% \ p$,为了减少发生冲突的可能性,一般取 p 为(　　)。

A. m　　　　B. 小于或等于 m 的最大素数

C. 大于 m 的最小素数　　　　D. 与 m 互质的最大整数

【题解】 选 B。因为用小于或等于 m 的最大素数作为除留余数法的除数，能最大限度地覆盖 0 到 $m-1$ 的存储空间，而且减少不同关键码值落到同一地址的概率。

19. 在闭散列表中，散列到同一个地址而引起的“堆积”问题是由于(　　)引起的。

A. 同义词之间发生冲突

B. 非同义词之间发生冲突

C. 同义词之间或非同义词之间发生冲突

D. 散列表“溢出”

【题解】 选 C。散列地址相同的不同关键码值互称“同义词”。同义词之间产生冲突会延长搜索时间，若非同义词之间也产生冲突，会导致不同的搜索序列交织在一起，产生“堆积”。

20. 假设有 k 个关键码值互为同义词，若用线性探查法把这 k 个关键码值存入散列表中，至少需要进行(　　)次探查。

A. $k-1$　　　　B. k　　　　C. $k+1$　　　　D. $k(k+1)/2$

【题解】 选 D。存入第 1 个关键码值需探查 1 次，再存入第 2 个关键码值需探查 2 次，再存入第 3 个关键码值需探查 3 次……再存入第 k 个关键码值需探查 k 次，因此存入这 k 个关键码值需要探查 $1+2+\cdots+k=k(k+1)/2$ 次。

21. 设散列表长 $m=14$，散列函数 $H(\text{key})=\text{key}\ \%\ 11$。表中已有 4 个结点，地址分别为 addr(15)=4、addr(38)=5、addr(61)=6、addr(84)=7，其余地址为空。如用二次探查法解决冲突，关键码值为 49 的散列地址是(　　)。

A. 8　　　　B. 3　　　　C. 5　　　　D. 9

【题解】 选 D。$H(49)=49\ \%\ 11=5$，5 号地址发生冲突，用二次探查，$5+1^2=6$，还是冲突，$5-1^2=4$，仍然冲突，$5+2^2=9$，9 号地址空，不冲突，存入 49 的探查序列是 5,6,4,9，共探查了 4 次。

22. 设散列表中已经有 8 个元素，用二次探查法解决冲突。若插入第 9 个元素的平均探查次数不超过 2.5，则表的大小为(　　)。

A. 13　　　　B. 14　　　　C. 17　　　　D. 19

【题解】 选 D。搜索不成功才执行插入，在教材第 275 页表 6-6 中选二次探查法那一行内的计算搜索不成功(录入新纪录)的平均搜索长度，让 $1/(1-\alpha)\leqslant 2.5$，$\alpha\leqslant 0.6$。又 $\alpha=n/m$，其中 m 是表的大小，n 是表中实际元素个数，$n/m\leqslant 0.6$，$n/0.6\leqslant m$，$m\geqslant 13.333$，因为二次探查法要求 m 是满足 $4k+3$ 的质数，故 m 只能是 19。

23. 每一个散列地址所链接的同义词子表中各个表项的(　　)相同。

A. 关键码值　　　　B. 元素值　　　　C. 散列地址　　　　D. 含义

【题解】 选 C。在开散列法造表的情形，每一个同义词子表中各个表项的散列地址相同。

24. 随着散列表的装载因子 α 的增大，搜索表中指定表项的平均搜索长度也要增大，但若采用(　　)法解决冲突，可平稳控制平均搜索长度的增大幅度达到最小。

A. 线性探查　　　　B. 二次探查　　　　C. 双散列　　　　D. 开散列

【题解】 选 D。用开散列法组织散列表，随着装载因子 α 的增大，搜索表中元素的平均搜索长度不会迅速增大，可平稳控制平均搜索长度的增大幅度达到最小。

25. 散列表的平均搜索长度(　　)。

A. 与处理冲突方法有关而与表的长度无关

B. 与处理冲突方法无关而与表的长度有关

C. 与处理冲突方法有关且与表的长度有关

D. 与处理冲突方法无关且与表的长度无关

【题解】 选 A。散列表的平均搜索长度与处理冲突的方法有关，与表的长度不直接相关，而是与表的装载因子有关。

二、填空题

1. 集合中的成员可以是原子(或称单元素)，还可以是(　　)。

【题解】 子集合。集合的成员可以是原子，也可以是子集合。

2. 某些集合中保存的是表示元素是否在集合中的指示信息，通常使用一个(　　)把映射过来的指示信息存储起来。

【题解】 位向量数组。某些集合不存储元素本身的值，而是存储元素是否在集合内的标示信息，一般通过一个位向量数组，把元素对应到数组中的某一位置，用“1”或“0”表示集合元素是否在集合内。

3. 某些集合需要保存数据集合元素的数据，通常使用(　　)来表示集合。

【题解】 有序表。为了保存集合元素的数据，采用包括有序顺序表和有序链表的方法，可以快速、方便地搜索。

4. 并查集中的“合并”操作是指表示两个集合的树的(　　)的合并。

【题解】 根结点。并查集采用树的父指针表示存储，集合的合并是合并两个集合的树根结点，让一个集合的树根的父指针指向另一个集合的树根结点。

5. 设树中有 m 个结点，使用折叠规则压缩路径，可以使树的高度降至(　　)，每次搜索时间的上界不超过(　　)。

【题解】 2，$\lfloor \log_2 m \rfloor$。使用折叠规则压缩路径，可以使树的高度降至 2，每次搜索时间的上界不超过 $\lfloor \log_2 m \rfloor$。

6. 使用并查集处理等价类时，先用(　　)操作找到表示两个等价类的树的根，再使用(　　)操作把两个等价类合并成一个等价类。

【题解】 Find，Merge。使用并查集处理等价类时，先用 Find 操作找到表示两个等价类的树的根，再使用 Merge(Union)操作把两个等价类合并成一个等价类。

7. 字典是(　　)对的集合，其中(　　)是在字典中是唯一标识一个表项的。

【题解】 <名字—属性>，名字。字典是<名字—属性>对的集合，其中名字是在字典中是唯一标识一个表项的。

8. 跳表是一个多级链表结构，其中存放全部元素的是(　　)级链。

【题解】 0。跳表是一个多级链表结构，其中存放全部元素的是 0 级链。

9. 有 n 个元素的跳表在理想情况下的链级树的高度为(　　)。

【题解】 $\lceil \log_2 n \rceil$。有 n 个元素的跳表在理想情况下的链级树的高度为$\lceil \log_2 n \rceil$。

10. 在散列法中把映射到同一散列地址的不同关键码称为(　　)。由于出现了同义词,就导致插入时产生了冲突(或碰撞)。

【题解】 同义词。散列法中把映射到同一散列地址的不同关键码称为同义词。

11.在设计散列函数时要求函数的定义域必须包括全部( )。若散列表的存储区间为 ht[m],则散列函数的值域应在( )。

【题解】 关键码,0 到 $m-1$。在设计散列函数时要求函数的定义域必须包括全部关键码。若散列表的存储区间为 ht[m],则散列函数的值域应在 $0\sim m-1$。

12. 用线性探查法处理冲突时,不同探查序列互相交错,导致了( ),使得关键码搜索时间增加。

【题解】 堆积。用线性探查法处理冲突时,不同探查序列互相交错,导致了堆积。

13. 用二次探查法处理冲突时,要求散列表的大小 m 必须是满足( )的质数,且表的装载因子 α 不超过( ),从而保证任一新元素一定能够插入,且同一散列地址不会被探查二次。

【题解】 $4k+3$,0.5。用二次探查法处理冲突时,要求散列表的大小 m 必须是满足 $4k+3$ 的质数,表的装载因子 α 不超过 0.5。

14. 用双散列法处理冲突时,要求再散列函数计算出的地址与( )互质。

【题解】 表的大小。用双散列法处理冲突时,要求再散列函数计算出的地址与表的大小(或表的长度)互质。

15. 用开散列(或称链地址法)解决冲突,比用其他方法解决冲突,在( )不断增大时,搜索任何一个关键码的时间代价不会增长得很快。

【题解】 装载因子 α。用开散列(或称链地址法)解决冲突,比用其他方法解决冲突,在装载因子 α 不断增大时,搜索任何一个关键码的时间代价不会增长得很快。

三、判断题

1. 集合中的元素都是原子(单元素),不可以是集合。

【题解】 错。集合中的元素可以是原子,也可以是集合(或子集合)。

2. 集合的元素必须是互不相同的,即同一个元素不能在集合中出现多次。

【题解】 对。集合的元素必须是互不相同的。

3. 同一集合中所有元素具有相同的数据类型。

【题解】 对。一个集合有其特定场景,同一场景的集合中,所有元素具有相同的数据类型。

4. 集合的元素在逻辑上是无序的,但集合的实现中元素之间可能会有一定的顺序。

【题解】 对。集合的元素在逻辑上是无序的,但集合的实现中元素之间可能会有一定的顺序,有可能是小于或大于,有可能是优先或落后等。

5. 集合的定义要求每个元素在集合中只出现一次。但有些实际应用却有元素重复出现的情况。

【题解】 对。原则上集合的定义要求每个元素在集合中只出现一次。但根据实际需要有例外的可能。

6. 跳表主要用于在有序表(包括有序顺序表和有序链表)上执行折半搜索。

【题解】 错。跳表主要用于有序链表。

7. 有 n 个元素的跳表有 $\lceil \log_2 n \rceil$ 级链,链级编号从 0 到 levels$=\lceil \log_2 n \rceil-1$。

【题解】 对。有 n 个元素的跳表有 $\lceil \log_2 n \rceil$ 级链，链级编号从 0 到 levels $= \lceil \log_2 n \rceil - 1$。

8. 并查集是集合，可用于任意集合的情形。

【题解】 错。并查集是一种特殊的集合，叫作不相交集合，它只有 3 种运算：初始化、查找和合并，可用于等价类划分。

9. 在初始化一个并查集时，应把父指针数组中所有父指针置为“-1”。

【题解】 对。并查集采用树的父指针数组来组织，每个结点的父指针指示同一集合的其他结点，唯有根结点的父指针是负数，记录以它为根的集合中的结点个数，并用负号标识这是根结点。初始化操作把数组中所有结点的父指针置为“-1”，表示每个结点自成一个子集合。

10. 如果在查找过程中压缩路径可使树的高度最低，可能会低于 $\log_2 n$，其中 n 是集合的元素个数。

【题解】 对。在查找过程中压缩路径可使树的高度最低，可能会低于 $\log_2 n$。

11. 合并运算可让子集合中任一结点的父指针指向另一子集合的任一结点。

【题解】 错。合并运算是让一个子集合的根结点的父指针指向另一子集合的根结点。

12. 理想情况下，在散列表中搜索一个元素的时间复杂度为 $O(1)$。

【题解】 对。如果散列函数能够使得散列出来的地址分布比较均匀，散列表的存储空间足够大，在散列表中的搜索不产生冲突，搜索的时间复杂度可达到 $O(1)$。

13. 散列法只能存储数据元素的值，不能存储数据元素之间的关系。

【题解】 对。散列法根据元素的关键码值，计算元素的存放地址，再按此地址存放元素的值，但是元素之间的关系没有存储。

14. 在散列过程中出现冲突，是指同一个关键码值对应多个不同的散列地址。

【题解】 错。散列过程中出现冲突是指多个不同的关键码值映射到同一个散列地址。

15. 在散列法中，一个可用的散列函数必须保证绝对不产生冲突。

【题解】 错。可以做到散列函数计算出来的散列地址不冲突，但代价很大，例如要求散列地址空间要和关键码集合中的元素同样多，从而实现一对一的映射，这可能很难办到。因此，冲突很难避免。

16. 在用散列法进行搜索的过程中，关键码的比较次数和散列表中关键码值的个数直接相关。

【题解】 错。在用散列法进行搜索的过程中，关键码的比较次数和散列表中关键码值的个数不直接相关，而是和表的装满程度，即装载因子 α 直接相关。

17. 在散列法中采取开散列(链地址)法来解决冲突时，其装载因子 α 的取值一定在(0,1)内。

【题解】 错。采取开散列(链地址)法来解决冲突时，其装载因子 α 的取值可能大于 1。因为元素都存放在各个同义词子表中，同义词子表的表头结点放在基本空间内，散列函数计算出来的是同义词子表在基本空间内的地址，散列表的长度 m 是指基本空间的长度。同义词子表不放在基本空间内，而是放在溢出空间内，溢出空间比较大，可以链接更长的同义词子表。这样，可以存储的元素个数 n 可以多于散列表基本空间的数量 m，α 可以大于 1。

18. 在散列法中采取闭散列(开地址)法来解决冲突时，一般不要立刻做物理删除， 否则在搜索时会发生错误。

【题解】 对。采取闭散列(开地址)法来解决冲突时，一般不立刻做物理删除，否则会中断其他元素原有的探查序列。

19. 在用线性探查法处理冲突的散列表中，散列函数值相同的关键码值总是存放在一片连续的存储单元中。

【题解】 错。用线性探查法处理冲突时相等的关键码值不一定地址相连，因为这些相等的关键码值不一定一个接一个地密集存放，中间可能被其他关键码值打断。

20. 若散列表的装载因子 $\alpha<<1$，则可避免冲突的产生。（“<<”代表“远远小于”）

【题解】 错。装载因子 $\alpha<<1$，仍可能通过散列函数计算得到相同的散列地址。

21. 散列表的搜索效率主要取决于散列表造表时选取的散列函数和处理冲突的方法。

【题解】 对。散列表的搜索快慢，与造表时的散列函数有关，与处理冲突的方法有关。如果是闭散列，还与表的装满程度有关。

22. 随着装载因子 α 的增大，用闭散列法解决冲突时，其平均搜索长度比用开散列法解决冲突时的平均搜索长度增长得慢。

【题解】 错。恰恰相反，随着装载因子 α 的增大，用闭散列法解决冲突，其平均搜索长度比开散列法情形增长得更快。

23. 采用开散列法解决冲突时，搜索一个元素的时间是相同的。

【题解】 错。用开散列法解决冲突，确定元素在哪一个同义词子表的时间是相同的，但搜索同义词子表的时间代价不同，与同义词子表的长度和同义词子表在溢出空间中的链接情况有关。

24. 采用开散列法解决冲突时，若规定插入总是在链头，则插入任一个元素的时间是相同的。

【题解】 对。采用开散列法解决冲突时，如果总是在链头插入，则插入任一个元素的时间相同。

25. 采用开散列法解决冲突很容易引起“堆积”现象。

【题解】 错。采用开散列法解决冲突，发生冲突的元素都链接在同一个同义词子表，不会产生“堆积”。

26. 双散列法不易产生“堆积”。

【题解】 对。采用双散列法解决冲突，用第二个散列函数计算找下一个空位的步进间隔，由于这个函数依据关键码值进行计算，可随机生成下一个空位的地址，不容易产生堆积。

四、简答题

1. 设 A={1,2,3}，B={3,4,5}，求下列结果：

(1) A+B　　(2) A * B　　(3) A−B

(4) A.Contains(1)　　(5) A.AddMember(1)　　(6) A.DelMember(1)

(7) A.Min ()

【题解】 (1) 集合的并 A+B={1,2,3,4,5}。

(2) 集合的交 A * B={3}。

(3) 集合的差 A−B={1,2}。

(4) 包含 A.Contains(1)=1。

(5) 增加 A.AddMember(1)，集合中仍为{1,2,3}，因增加的是重复元素。

(6) 删除 A.DelMember (1)，集合中为{2,3}。

(7) 求最小元素 A.Min()，结果为 1。

2. 当全集合可以映射成 1 到 N 之间的整数时，可以用位数组来表示它的任一子集合。当全集合是下列集合时，应当建立什么样的映射？用映射对照表表示。

(1) 整数 0,1,…,99。

(2) 从 n 到 m 的所有整数，$n \leqslant m$。

(3) 整数 $n, n+2, n+4, \cdots, n+2k$。

(4) 字母'a','b','c',…,'z'。

(5) 两个字母组成的字符串，其中，每个字母取自'a','b','c',…,'z'。

【题解】 各个集合的映射对照表分别如图 6-1，图 6-2，图 6-3，图 6-4，图 6-5 所示。

(1) $i \rightarrow i$ 的映射关系，$i=0,1,2,\cdots,99$，如图 6-1 所示。

(2) $i \rightarrow n-i$ 的映射关系，$i=n,n+1,n+2,\cdots,m$，如图 6-2 所示。

(3) $i \rightarrow (i-n)/2$ 的映射关系，$i=n,n+2,n+4,\cdots,n+2k$，如图 6-3 所示。

(4) ord(ch)→ord(ch)−ord('a') 的映射关系，ch='a','b','c',…,'z'，如图 6-4 所示。

(5) (ord(c1)−ord('a')) * 26+ord(c2)−ord ('a')的映射关系，c1=c2='a','b','c',…,'z'，如图 6-5 所示。

0	1	2	…	99
0	1	2	…	99

图 6-1 第 2(1)题的位数组

0	1	2	…	$m-n$
n	$n+1$	$n+2$	…	m

图 6-2 第 2(2)题的位数组

0	1	2	…	k
n	$n+2$	$n+4$	…	$n+2k$

图 6-3 第 2(3)题的位数组

0	1	2	…	25
'a'	'b'	'c'	…	'z'

图 6-4 第 2(4)题的位数组

0	1	2	…	675
'aa'	'ab'	'ba'	…	'zz'

图 6-5 第 2(5)题的位数组

3. 试证明：集合 A 是集合 B 的子集的充分必要条件是集合 A 和集合 B 的交集是 A。

【题解】 证明如下。

必要条件：因为集合 A 是集合 B 的子集，有 A⊆B，此时，对于任一 $x \in$ A，必有 $x \in$ B，因此可以推得 $x \in$ A∩B，就是说，如果 A 是 B 的子集，一定有 A∩B=A。

充分条件：如果集合 A 和集合 B 的交集 A∩B 是 A，则对于任一 $x \in$ A，一定有 $x \in$ A∩B，因此可以推得 $x \in$ B，由此可得 A⊆B，即集合 A 是集合 B 的子集。

4. 试证明：集合 A 是集合 B 的子集的充分必要条件是集合 A 和集合 B 的并集是 B。

【题解】 证明如下。

必要条件：因为集合 A 是集合 B 的子集，有 A⊆B，此时，对于任一 $x \in$ A，必有 $x \in$ B，它一定在 A∪B 中。另一方面，对于那些 $x' \notin$ A，但 $x' \in$ B 的元素，它也必在 A∪B 中，因此可以得出结论：凡是属于集合 B 的元素一定在 A∪B 中，A∪B=B。

充分条件：如果存在元素 $x \in$ A 且 $x \notin$ B，有 $x \in$ A∪B，但这不符合集合 A 和集合 B 的并集 A∪B 是 B 的要求。集合的并 A∪B 是集合 B 的要求表明，对于任一 $x \in$ A∪B，同时应有 $x \in$ B。对于那些满足 $x' \in$ A 的 x'，既然 $x' \in$ A∪B，也应当 $x' \in$ B，因此，在此种情况下集合 A 应是集合 B 的子集。

5. 给出下列操作运算的结果。

Merge(1,2)，Merge(3,4)，Merge(3,5)，Merge(1,7)，Merge(3,6)，Merge(8,9)，Merge(1,8)，Merge(3,10)，Merge(3,11)，Merge(3,12)，Merge(3,13)，Merge(14,15)，Merge(16,17)，Merge(14,16)，Merge(1,3)，Merge(1,14)。

要求如下。

(1) 以任意方式执行 Merge；

(2) 根据树的高度执行 Merge；

(3) 根据树中结点个数执行 Merge。

【题解】 (1) 以任意方式执行 Merge。按题中的顺序，每 4 个一组构造并查集，如图 6-6 所示。

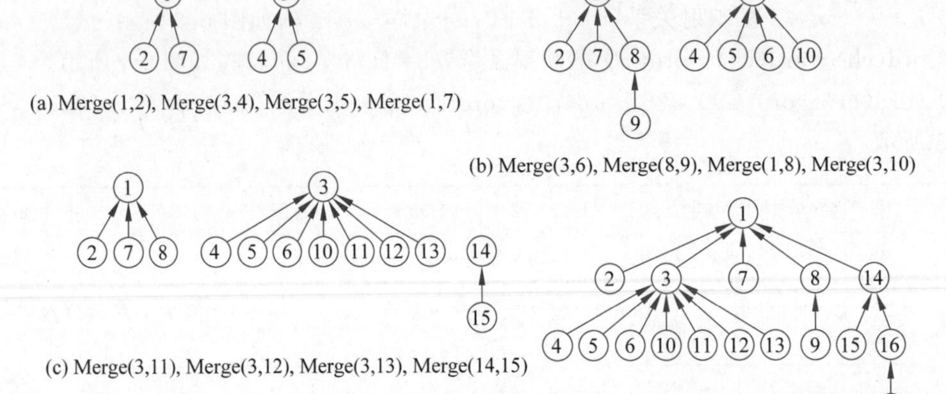

图 6-6 第 5(1)题以后一个并入前一个的方式执行合并

(2) 根据树的高度执行 Merge。按题中的顺序，每 4 个一组按照高度构造并查集，让高度矮的子树的根结点的父指针指向高度高的子树的根结点，如图 6-7 所示。如果高度相等，让后一个子树的根结点的父指针指向前一个子树的根结点。

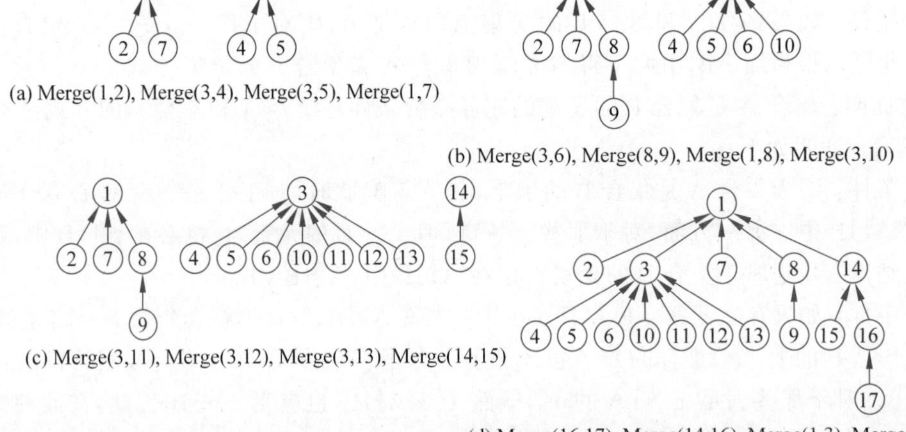

图 6-7 第 5(2)题以高度矮的并入高度高的方式执行合并

(3) 根据树中结点个数执行 Merge。按题中的顺序,每 4 个一组按照结点个数构造并查集,让结点个数少的子树的根结点的父指针指向结点个数多的子树的根结点,如图 6-8 所示。如果它们的结点个数相等,让后一个子树的根结点的父指针指向前一个子树的根结点。

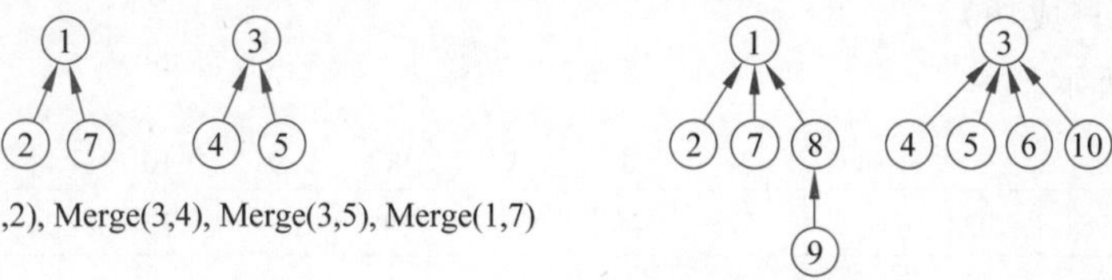

(a) Merge(1,2), Merge(3,4), Merge(3,5), Merge(1,7)

(b) Merge(3,6), Merge(8,9), Merge(1,8), Merge(3,10)

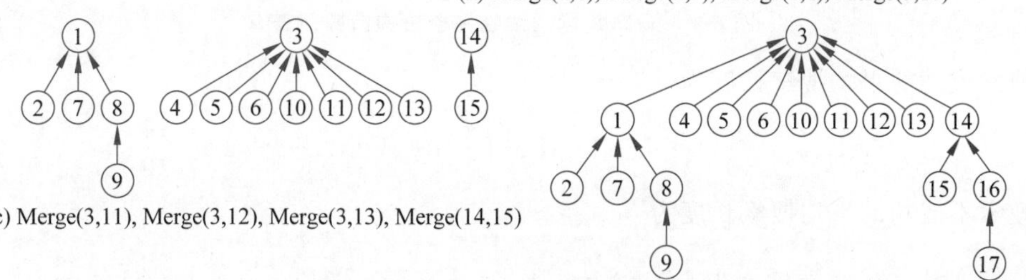

(c) Merge(3,11), Merge(3,12), Merge(3,13), Merge(14,15)

(d) Merge(16,17), Merge(14,16), Merge(1,3), Merge(1,14)

图 6-8　第 5(3)题以结点个数少的并入结点个数多的方式执行合并

6. 证明:若用树实现并查集时,如果使用路径压缩,并允许大树并到小树上去,则存在一个由 n 次运算组成的序列,它需要的计算时间为 $O(n\log_2 n)$。

【题解】 证明:设并查集有 n 个结点,下面采用数学归纳法证明。

当 $n=1$ 时,为找到根结点,循父指针链向根方向检测指针移动 0 次,结论成立。

假设对所有包含 i 个结点($i \leqslant n-1$)的树结论成立,为走到根结点,这 i 个结点的检测指针循父指针链向上移动不超过 $\log_2(i-1)$次。那么,当树中有 n 个结点时,假设是利用 WeightedUnion()函数得到,若最后一次执行的并操作是 WeightedUnion(k,j),且树 j 所包含的结点个数为 a,树 k 所包含的结点个数为 $n-a$。设 $1 \leqslant a \leqslant n/2$,那么合并后树 T 的高度要么与树 k 的高度相等(树 j 的高度小于树 k 的高度),要么等于树 j 的高度加 1(树 j 的高度等于树 k 的高度)。如果是前者,树 T 的高度$\leqslant \lfloor \log_2(n-1) \rfloor + 1 \leqslant \lfloor \log_2 n \rfloor$;如果是后者,则树 T 的高度$\leqslant \lfloor \log_2 a \rfloor + 2 \leqslant \lfloor \log_2(n/2) \rfloor + 2 \leqslant \lfloor \log_2 n \rfloor + 1$,树 T 的高度减 1 即为结点查找的平均时间复杂度,因而平均每个元素的运算(查找),用时不超过 $O(\log_2 n)$,n 次运算需要的计算时间复杂度为 $O(n\log_2 n)$。

7. 设散列表为 HT[13],散列函数为 $H(\text{key}) = \text{key} \% 13$。用闭散列法解决冲突,对下列关键码序列 12,23,45,57,20,3,78,31,15,36 构造表。

(1) 采用线性探查法寻找下一个空位,画出相应的散列表,并计算等概率下搜索成功的平均搜索长度和搜索不成功的平均搜索长度。

(2) 采用双散列法寻找下一个空位,再散列函数为 $\text{RH}(\text{key}) = (7 * \text{key}) \% 10 + 1$,寻找下一个空位的公式为 $H_i = (H_{i-1} + \text{RH}(\text{key})) \% 13$,$H_1 = H(\text{key})$。画出相应的散列表,并计算等概率下搜索成功的平均搜索长度。

【题解】 (1) 利用线性探查法构造散列表。

使用散列函数 $H(\text{key}) = \text{key} \% 13$,依次计算各个关键码的散列地址:

$H_1(12)=12\ \%\ 13=12$，$H_1(23)=23\ \%\ 13=10$，$H_1(45)=45\ \%\ 13=6$，$H_1(57)=57\ \%\ 13=5$，$H_1(20)=20\ \%\ 13=7$，$H_1(03)=3\ \%\ 13=3$，$H_1(78)=78\ \%\ 13=0$，$H_1(31)=31\ \%\ 13=5$(冲突)，$H_2(31)=6,7,8$(成功)，$H_1(15)=15\ \%\ 13=2$，$H_1(36)=36\ \%\ 13=10$(冲突)，$H_2(36)=11$(成功)。

结果如图 6-9 所示。

0	1	2	3	4	5	6	7	8	9	10	11	12
78		15	03		57	45	20	31		23	36	12
(1)		(1)	(1)		(1)	(1)	(1)	(4)		(1)	(2)	(1)

图 6-9 第 7(1)题用线性探查法构造散列表

搜索成功的平均搜索长度为

$$\mathrm{ASL}_{成功}=\frac{1}{10}(1+1+1+1+1+1+4+1+2+1)=\frac{14}{10}$$

搜索不成功的平均搜索长度为

$$\mathrm{ASL}_{不成功}=\frac{1}{13}(2+1+3+2+1+5+4+3+2+1+5+4+3)=\frac{36}{13}$$

注意：$\mathrm{ASL}_{不成功}$的计算式中，分数的分母是散列函数可计算的地址范围，非表长度。

(2) 利用双散列法构造散列表。

$H_i=(H_{i-1}+\mathrm{RH(key)})\ \%\ 13$， $H_1=H\ (\mathrm{key})$。

使用散列函数 $H(\mathrm{key})=\mathrm{key}\ \%\ 13$，构造表结果如图 6-10 所示。

$H_1(12)=12\ \%\ 13=12$，$H_1(23)=23\ \%\ 13=10$，$H_1(45)=45\ \%\ 13=6$，$H_1(57)=57\ \%\ 13=5$，$H_1(20)=20\ \%\ 13=7$，$H_1(03)=3\ \%\ 13=3$，$H_1(78)=78\ \%\ 13=0$，$H_1(31)=31\ \%\ 13=5$(冲突)，$\mathrm{RH}(31)=(7*31)\ \%\ 10+1=8$，$H_2(31)=(5+8)\ \%\ 13=0$(冲突)，$H_3(31)=(0+8)\ \%\ 13=8$(成功)，$H_1(15)=15\ \%\ 13=2$，$H_1(36)=36\ \%\ 13=10$(冲突)，$\mathrm{RH}(36)=(7*36)\ \%\ 10+1=3$，$H_2(36)=(10+3)\ \%\ 13=0$(冲突)，$H_3(36)=(0+3)\ \%\ 13=3$(冲突)，$H_4(36)=(3+3)\ \%\ 13=6$(冲突)，$H_5(36)=(6+3)\ \%\ 13=9$(成功)。

0	1	2	3	4	5	6	7	8	9	10	11	12
78		15	03		57	45	20	31	36	23		12
(1)		(1)	(1)		(1)	(1)	(1)	(3)	(5)	(1)		(1)

图 6-10 第 7(2)题用双散列法构造散列表

搜索成功的平均搜索长度为

$$\mathrm{ASL}_{成功}=\frac{1}{10}(1+1+1+1+1+1+3+5+1+1)=\frac{16}{10}$$

8. 设有 150 个记录要存储到散列表中，并利用线性探查法解决冲突，要求找到所需记录的平均比较次数不超过 2 次。试问散列表需要设计为多大？(设 α 是散列表的装载因子，则有 $\mathrm{ASL}_{成功}=(1+1/(1-\alpha))/2$)。

【题解】 已知要存储的记录数为 $n=150$，搜索成功的平均搜索长度为 $\mathrm{ASL}_{成功}\leqslant 2$，则

$$\mathrm{ASL}_{成功}=\frac{1}{2}\left(1+\frac{1}{1-\alpha}\right)\leqslant 2$$

解得 $\alpha \leqslant \frac{2}{3}$。又有 $\alpha = \frac{n}{m} = \frac{150}{m} \leqslant \frac{2}{3}$，则 $m \geqslant 225$。

9. 设有一个散列表，要存放的数据有 8 个，采用除留余数法计算散列地址，并用二次探查法解决冲突，用 $H_i = (H_0 + i^2)\ \%\ m$ 计算下一个散列地址，其中 m 是表的长度，$i=1,2,\cdots,m-1$。

(1) 如果要求平均探查 2 次就能找到新元素的散列地址，试确定表长度 m 和散列函数。

(2) 设存放的数据为{25,40,11,97,59,30,87,73}，依次计算并存放这些数据到散列表中，并计算存放后表的搜索成功的平均搜索长度 $ASL_{成功}$。

【题解】 (1) 找到新元素是指搜索不成功，选用 U_n，有 $U_n = 1/(1-\alpha) = 2$，推得 $\alpha = 1/2$。又根据题意，$n=8$，有 $\alpha = \frac{n}{m} = \frac{8}{m} = \frac{1}{2}$，$m=16$，但二次探查再散列要求 m 必须是满足 $4k+3$ 的质数，因此取 $m=19$（不能取 16,17）。

散列函数为 Hash(key)＝key % 19。

(2) 依次计算各数据的散列地址，如表 6-1 所示。

表 6-1 依次计算各关键码的散列地址，统计探查次数和探查序列

计算顺序	1	2	3	4	5	6	7	8
关 键 码	25	40	11	97	59	30	87	73
探查序列	6	2	11	2,3	2,3,6,11,18	11,12	11,12,15	16
探查次数	1	1	1	2	5	2	3	1

相应的散列表如图 6-11 所示。

0	1	2	3	4	5	6	7	8	9	10	11	12	13	14	15	16	17	18
		40	97			25					11	30			87	73		59

图 6-11 第 9 题用二次探查法构造散列表

由此计算搜索成功的平均搜索长度

$$ASL_{成功} = \frac{1}{8}(1+2+1+1+2+3+1+5) = \frac{16}{8} = 2$$

10. 若用二次探查法解决冲突，求“下一个空位”的探查序列为

$$H_i = (H_0 + i^2)\ \%\ m,\quad H_i = (H_0 - i^2)\ \%\ m,\quad i = 1,2,\cdots,m/2$$

其中，H_0 是第一次求得的散列地址，H_i 是第 i 次求得的散列地址，m 是散列表的大小。

(1) 相邻的地址 H_i 与 H_{i-1} 之间是什么关系？

(2) 为保证散列地址序列不会重叠，m 应设为什么数？装载因子 α 的取法如何？

【题解】 (1) $H_i^{(0)} = (H_{i-1}^{(0)} + 2\times i - 1)\ \%\ m$，$H_i^{(1)} = (H_{i-1}^{(1)} + 2\times i + 1)\ \%\ m$，$i=1,2,\cdots,m/2$。

(2) 表的大小 m 应为满足 $4k+3$ 的整数，其中 k 是正整数。装载因子 $\alpha \leqslant 0.5$。

11. 设有 15 000 个记录需放在散列文件中，文件中每个桶内各页块采用链接方式连结，每个页块可存放 30 个记录。若采用按桶散列，且要求搜索到一个已有记录的平均读盘时间不超过 1.5 次，则该文件应设置多少个桶？

【题解】 若采用拉链的方法链接桶内的各个页块，15 000 个记录可放在 15 000/30＝500 个页块中。又根据题意，$ASL_{成功} \leqslant 1.5$，即同义词子表的平均链长 $n/m = 500/m \leqslant 1.5$，得到 $m \geqslant 500/1.5 \approx 334$ 个桶。

12. 为什么当装载因子非常接近 1 时，线性探查类似于顺序搜索？为什么说当装载因子较小(比如 $\alpha = 0.7$ 左右)时，散列搜索的平均搜索时间为 $O(1)$？

【题解】 为了搜索到指定表项，使用线性探查法的查找顺序可用如下递推式表述：

$$H_0 = \text{Hash}(\text{key}), H_i = (H_{i-1} + 1) \ \% \ m, i = 1, 2, \cdots, m-1$$

其中，m 是表长。

必须从散列函数计算出的初始散列地址 H_0 开始，逐个表项比较查找。当装载因子非常接近于 1 时，表中出现大量堆积表项，不同探查序列交织在一起，导致每个探查序列要经过更多的位置，每次探查到指定表项，都要顺序查对表中多个表项，如果搜索失败，一定是顺序查找了整个表，这就类似于顺序搜索了。如果装载因子较小，例如 $\alpha = 0.7$ 左右时，线性探查搜索成功的平均搜索长度 $ASL_{成功} = (1 + 1/(1-\alpha))/2 = 13/6 \approx 2$，搜索不成功的平均搜索长度 $ASL_{不成功} = (1 + 1/(1-\alpha)^2)/2 = 109/18 \approx 6$。因而散列搜索的平均搜索长度是一个常数级 $O(1)$。

五、算法题

1. 设计一个递归的算法，求包括 n 个自然数集合的幂集，其中 n 为整数，集合包含的自然数为不大于 n 的正整数。例如，若 $n=3$，则自然数集合 $S_x = \{x = 1, 2, 3\}$，设其幂集为 $P(S_x)$，则有：$S_0 = \varnothing$，$P(S_0) = \{\varnothing\}$；$S_1 = \{1\}$，$P(S_1) = \{\varnothing, \{1\}\}$；$S_2 = \{1, 2\}$，$P(S_2) = \{\varnothing, \{1\}, \{2\}, \{1, 2\}\}$；$S_3 = \{1, 2, 3\}$，$P(S_3) = \{\varnothing, \{1\}, \{2\}, \{3\}, \{1, 2\}, \{2, 3\}, \{1, 3\}, \{1, 2, 3\}\}$。

【题解】 n 个自然数的幂集包括 $C_n^0 + C_n^1 + \cdots + C_n^n$ 个不同的子集合，可以直接利用第 3 章算法题第 10 题计算组合的算法来求解。算法的描述如下。

```
void PowerSet (int n) {
//递归算法：计算和打印 n 个自然数的幂集总数，算法用到第 3 章第 10 题的算法
//Combin(n, i)和 combinate(A,m,n,r)
    int i, sum = 0;int A[maxN];
    for (i = 0; i <= n; i++) sum = sum+Combin(n, i);
    cout << n <<"个自然数的幂集总数有" << num <<"个子集" <<endl;
    for (i = 0; i <= n; i++) A[i] = i+1;
    for (i = 0; i <= n; i++)                          //输出组合
        if (i == 0) cout <<"0" <<endl;                //用"0"代表空集合
        else combinate (A, n, i, i);
}
```

2. 给定一个用无序链表表示的集合，需要在其上执行 operator＋()，operator＊()，operator－()，Contains(x)，AddMember (x)，DelMember(x)，Min()，试写出它的类声明，并给出所有这些成员函数的实现。

【题解】 下面给出用无序链表表示集合时的类的声明。

```
#include <iostream.h>
#include <stdlib.h>
template <class T>
```

```
struct SetNode {                                   //集合的结点类定义
    T data;                                        //每个成员的数据
    SetNode<T> * link;                             //链接指针
    SetNode() { link = NULL; }
    SetNode (T item) { data = item;link = NULL; }   //构造函数
};
template <class T>
class Set {                                        //集合的类定义
private:
    SetNode <T> * first;                           //链表的表头指针
public:
    Set() { first = new SetNode<T>(0); }           //构造函数
    void MakeEmpty();                              //置空集合
    bool AddMember (T x);                          //增加 x 到集合中
    bool DelMember (T& x);                         //删除集合成员 x
    Set <T> operator= (Set <T>& right);            //复制集合 right 到 this
    Set <T> operator+ (Set <T>& right);            //求集合 this 与 right 的并
    Set <T> operator* (Set <T>& right);            //求集合 this 与 right 的交
    Set <T> operator- (Set <T>& right);            //求集合 this 与 right 的差
    bool Contains (T x);                           //判 x 是否集合的成员
    SetNode<T> * Min();                            //返回集合中最小元素
    void printSet();                               //输出
};
```

(1) 求集合 this 与集合 right 的并,结果通过临时集合 temp 返回,this 与 right 不变。算法的描述如下。

```
template <class T>
Set<T> Set<T>::operator+ (Set<T>& right) {
    SetNode <T> * pb = right.first->link;      //right 集合扫描指针
    SetNode <T> * pa, * pc;                    //this 集合扫描指针和结果存放指针
    Set <T> temp;
    pa = first->link;pc = temp.first;
    while (pa != NULL) {                       //复制集合 this 的所有元素
        pc->link = new SetNode<T> (pa->data);
        pa = pa->link;pc = pc->link;
    }
    while (pb != NULL) {                       //集合 right 中元素逐个与 this 查重
        pa = first->link;
        while (pa != NULL && pa->data != pb->data) pa = pa->link;
        if (pa != NULL && pa->data == pb->data) pb = pb->link;
        else {                                 //在集合 this 中未出现,插入结果链
            pc->link = new SetNode<T> (pb->data);
            pc = pc->link;pb = pb->link;
        }
    }
    pc->link = NULL;                           //链表收尾
    return temp;
};
```

(2) 求集合 this 与集合 right 的交,结果通过临时集合 temp 返回,this 与 right 不变。

算法的描述如下。

```
template <class T>
Set<T> Set<T>::operator * (Set<T>& right) {
    SetNode<T> * pb = right.first->link;     //right 集合的链扫描指针
    Set<T> temp;
    SetNode<T> * pc = temp.first;            //结果链的存放指针
    while (pb != NULL) {                     //集合 right 中元素逐个与 this 查重
        SetNode<T> * pa = first->link;       //this 集合的链扫描指针
        while (pa != NULL) {
            if (pa->data == pb->data) {      //两集合共有元素，插入结果链
                pc->link = new SetNode<T> (pa->data);
                pc = pc->link;
            }
            pa = pa->link;
        }
        pb = pb->link;
    }
    pc->link = NULL;                         //置链尾指针
    return temp;
};
```

（3）求集合 this 与集合 right 的差，结果通过临时集合 temp 返回，this 与 right 不变。算法的描述如下。

```
template <class T>
Set <T> Set<T>::operator- (Set<T>& right) {
    SetNode<T> * pa = first->link;             //this 集合的扫描指针
    Set<T> temp;
    SetNode<T> * pc = temp.first;              //结果链的存放指针
    while (pa != NULL) {                       //集合 this 中元素逐个与 right 查重
        SetNode<T> * pb = right.first->link;   //right 集合的扫描指针
        while (pb != NULL && pa->data != pb->data)
            pb = pb->link;
        if (pb == NULL) {                      //此 this 元素在 right 中未找到，插入
            pc->link = new SetNode<T>(pa->data);
            pc = pc->link;
        }
        pa = pa->link;
    }
    pc->link = NULL;                           //链表收尾
    return temp;
};
```

（4）测试函数：如果 x 是集合的成员，则函数返回 true，否则返回 false。算法的描述如下。

```
template <class T>
bool Set<T>::Contains (T x) {
    SetNode<T> * temp = first->link;           //链的扫描指针
    while (temp != NULL && temp->data != x)
        temp = temp->link;
    if (temp != NULL) return true;             //找到，返回 true
    else return false;                         //未找到，返回 false
};
```

(5) 把新元素 x 加入集合中。若集合中已有此元素，则函数返回 false，否则返回 true。算法的描述如下。

```
template <class T>
bool Set<T>::AddMember (T x) {
    SetNode<T> * temp = first->link, * last = first;
    while (temp != NULL && temp->data != x)
        { last = temp;temp = temp->link; }
    if (temp != NULL) return false;          //集合中已有此元素,返回 false
    last->link = new SetNode<T>(x);          //否则, 创建值为 x 的新结点, 链入
    return true;
};
```

(6) 把集合中成员 x 删去。若集合不空且元素 x 在集合中，则函数返回 true，否则返回 false。算法的描述如下。

```
template <class T>
bool Set<T>::DelMember (T& x) {
    SetNode<T> * p = first->link, * q = first;
    while (p != NULL) {
        if (p->data == x) {                    //找到
            q->link = p->link;                 //重新链接
            delete p;return true;              //删除含 x 结点
        }
        else { q = p;p = p->link; }            //循链扫描
    }
    return false;                              //集合中无此元素
};
```

(7) 在集合中寻找值最小的成员并返回它的位置。算法的描述如下。

```
template <class T>
SetNode<T> * Set<T>::Min () {
    SetNode<T> *p = first->link, *q = first->link;  //p 为检测指针, q 记忆最小指针
    while (p != NULL) {
        if (p->data < q->data) q = p;               //找到更小的,用 q 记忆它
        p = p->link;                                //继续检测
    }
    return q;
};
```

3. 用无序链表表示集合，在执行两个集合的并、交、差运算时往往需要一个二重循环，而有序链表场合仅需执行单重循环。若有两个集合 A[n]和 B[m]都采用带头结点的单链表无序存储，且元素值的范围都在 0..M。设计一个算法，借助两个位向量辅助数组，实现集合 A 与 B 的并、交、差运算，结果存放到集合 C 中，它也是用单链表存储的集合。

【题解】 因为集合元素的取值都是 0..M，集合的位向量数组的下标范围应为 0..M。算法首先构建参加运算的两个集合的位向量数组 L1 和 L2，然后按位检查 L1[i]和 L2[i]：

(1) 如果 L1[i]==1 || L2[i]==1，则创建值为 i 的结点并插入集合的“并”结果链；

(2) 如果 L1[i]==1 && L2[i]==1，则创建值为 i 的结点并插入集合的“交”结果链；

(3) 如果 L1[i]==1 && L2[i]==0,则创建值为 i 的结点并插入集合的"差"结果链;

算法描述如下。注意,链表 C 在调用前应已存在且置空。

```
#define M 10                                              //集合元素取值的上限
void initSet (Set& S) {                                   //用于初始化集合的函数
    S.first = new SetNode;
    S.first->link = NULL;
}
void Merge (int L1[], int L2[], Set& C) {                 //借助位向量求集合的"并"
    SetNode * r = C.first;int i;
    for (i = 0; i < M; i++)
        if (L1[i] == 1 || L2[i] == 1)
            { r->link = new SetNode;r = r->link;r->data = i; }
    r->link = NULL;
}
void Intersect (int L1[], int L2[], Set& C) {             //借助位向量求集合的"交"
    SetNode * r = C.first;int i;
    for (i = 0; i < M; i++)
        if (L1[i] == 1 && L2[i] == 1)
            { r->link = new SetNode;r = r->link;r->data = i; }
    r->link = NULL;
}
void Difference(int L1[], int L2[], Set& C) {             //借助位向量求集合的"差"
    SetNode * r = C.first;int i;
        for (i = 0; i < M; i++)
            if (L1[i] == 1 && L2[i] == 0)
                { r->link = new SetNode;r = r->link;r->data = i; }
    r->link = NULL;
}
```

4. 集合可以用有序链表作为它的存储表示。如果这个有序链表是循环单链表,其表头指针为 head。另设一个指针 current,初始时等于 head,每次搜索后指向当前搜索到的结点,但如果搜索不成功则 current 不动。设计一个算法 search (head,current,key)实现在集合中对 key 的搜索。当搜索成功时函数返回被检索的结点地址,若搜索不成功则函数返回空指针。请说明如何保持指针 current 以减少搜索时的平均搜索长度。

【题解】 链表组织方式如图 6-12 所示,根据 current 指针所指示结点的值,决定是在该结点的左侧还是在它的右侧搜索,从搜索历史上可保持一半的搜索区间,减少搜索的时间。

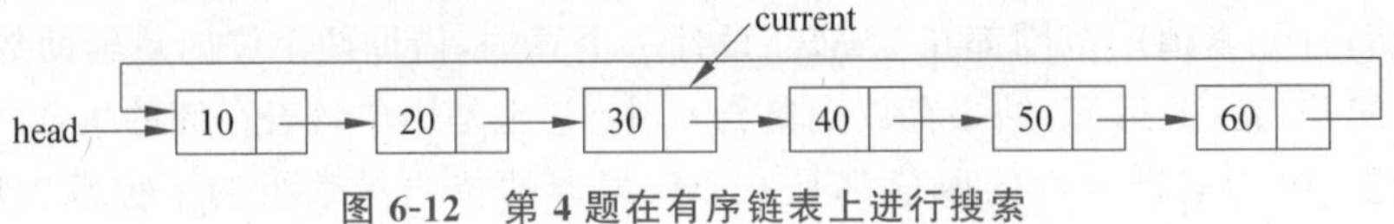

图 6-12 第 4 题在有序链表上进行搜索

算法的描述如下。

```
SetNode * Search (SetNode * head, SetNode * & current, int key) {
    ListNode * p, * q;
```

```
    if (key <current->data)                          //确定检测范围,用 p, q 指示
        { p = head;q = current; }
    else { p = current;q = head; }
    while (p != q && p->data < key)
        p = p->link;                                 //循链搜索值等于 key 的结点
    if (p->data == key)
        { current = p;return p; }                    //找到,返回结点地址
    else return NULL;                                //未找到,返回空指针
};
```

5. 考虑用双向链表来实现一个有序链表,在这个表中能够进行正向和反向搜索。若指针 p 总是指向最近时间成功搜索到的结点,搜索可以从 p 指示的结点出发沿任一方向进行。试根据这种情况编写一个函数 search(head,p,key),检索具有关键码 key 的结点,并相应地修改 p。

【题解】 链表组织方式如图 6-13 所示,每次搜索都是从结点 * p 开始。若给定值 key 大于结点 p->data,从结点 * p 向右正向(后继方向)搜索,否则,从结点 * p 向左反向(前驱方向)搜索。

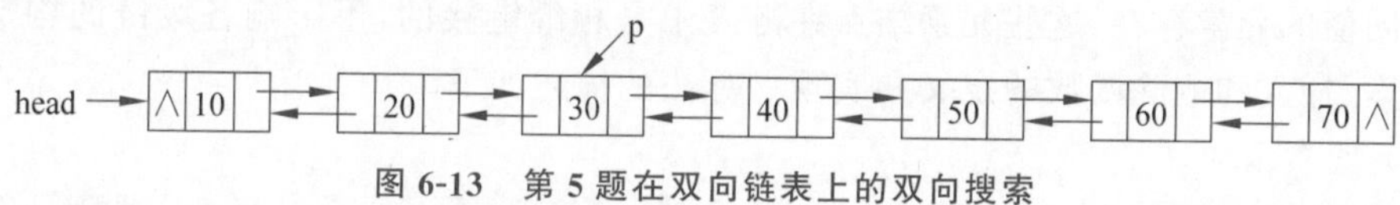

图 6-13 第 5 题在双向链表上的双向搜索

算法的描述如下。

```
#include "DblList.h"
DblNode * Search (DblNode * head, DblNode * & p, int key) {
    DblNode * q = p;
    if (key <p->data) {                              //反向搜索
        while (q != NULL && q->data > key)
            q = q->lLink;
    }
    else {                                           //正向搜索
        while (q != NULL && q->data < key)
            q = q->rLink;
    }
    if (q != NULL && q->data == key)
        { p = q;return p; }                          //搜索成功
    else return NULL;
}
```

6. 由于跳表中 0 级链是有序的,因此跳表可以支持顺序搜索。请在跳表的定义 SkipList 类中增加顺序访问的函数 Begin 和 Next,分别返回字典中第一个元素的指针和下一个元素的指针(元素按从小到大的次序排列),在没有第一个或下一个元素时,两者均应返回 NULL。每个函数的时间复杂度为 $O(1)$。

【题解】 顺序搜索实际上仅涉及 0 级链,只要在 last[0]中记下上次访问到什么地方,下次就可以从 last[0]记下的位置继续访问下一个元素,时间复杂度为 $O(1)$。

(1) 返回第一个元素地址的 Begin 函数定义如下:

```
template <class E, class K>
skipNode<E, K>  * SkipList<E, K>::Begin () {
    if (head->link[0] != tail)
        { last[0] = head->link[0];return last[0]; }
    else return NULL;
};
```

(2) 返回下一个元素地址的 Next 函数定义如下:

```
template <class E, class K>
SkipNode<E, K>  * SkipList<E, K>::Next () {
    if (last[0]->link[0] != tail)
      { last[0] = last[0]->link[0];return last[0]; }
    else return NULL;
};
```

7. 试修改 SkipList 类的定义,以便允许有相同值的元素存在,每级链从左到右按递增次序排列。

【题解】 因为跳表中每一级链的元素都是从左到右按递增次序排列的,因此如果跳表中有相同值的元素存在,这些元素结点在链表中是相继链接的,不影响各级链的构造,但要修改搜索、插入和删除函数的定义和实现。算法的描述如下。

(1) 搜索函数。

```
template <class E, class K>
bool SkipList<E, K>::Search(K k1, E e1[], int& count) {
//在表中搜索值与 k1 相等的元素,通过 e1[count]返回,count 是等于 k1 的元素个数
    if (k1 > TailKey) return false;
    SkipNode<E, K>  * p = head,  * q;
    for (int i = Levels; i >= 0; i--) {                      //逐级向下搜索
        while (p->link[i]->data < k1)
            p = p->link[i];
    }
    count = 0;q = p;
    while (q != tail && q->data == k1) {
        e1[count++] = q->data;
        q = q->link[0];
    }
    return (count > 0) ? true : false;
};
template <class E, class K>
SkipNode<E, K>  * SkipList<E, K>::SaveSearch(K k1) {
//在表中寻找第一个值为 k1 的元素,并返回该元素所在结点的地址
    if (k1 > TailKey) return false;
    SkipNode<E,K>  * p = head;
    for (int i = Levels; i >= 0; i--) {                      //逐级向下搜索
        while (p->link[i]->data < k1) p = p->link[i];
        last[i] = p;                                         //记下最后比较的结点
    }
    return p->link[0];                                       //返回找到的结点地址
};
```

(2) 插入函数,若有值相等的元素,则插在它们的后面。

```
template <class E, class K>
int SkipList<E, K>::Level () {
//产生一个随机的级别,该级别小于 maxLevel
    int lev = 0;
    while (rand() <= RAND_MAX/2) lev++;
    return (lev < maxlevel) ? lev : maxLevel;
};
template <class E, class K>
bool SkipList<E, K>::Insert (E e1) {
    K k1 = e1.key;                                              //抽取关键码
    if (k1 >= TailKey)
        { cerr <<"关键码太大!" <<endl;return false; }
    SkipNode<E, K> *p = SaveSearch (k1);                        //检查是否有值相等的元素
    if (p->data == e1) {                                        //元素间判等于的重载操作
        SkipNode<E, K> *q = p->link[0], *pre = p, *newNode;
        while (q != tail && q->data == e1)
            { pre = q;q = q->link[0]; }
        newNode = new SkipNode<E, K>(e1);
        pre->link[0] = newNode;newNode->link[0] = q;
    }
    else {
        int lev = Level();                                      //随机产生一个级别
        if (lev > Levels)
            { lev = ++Levels;last[lev] = head; }
        SkipNode<E, K> *newNode = new SkipNode<E, K> (e1);
        for (int i = 0; i <= lev; i++) {                        //各级链入
            newNode->link[i] = last[i]->link[i];                //第 i 级链入
            last[i]->link[i] = newNode;
        }
    }
    return true;
};
```

(3) 删除算法,若有值相等的元素,全部删去。

```
template <class E, class K>
bool SkipList<E, K>::Remove(K k1, E e1[], int& count) {
//在表中删除值与 k1 相等的元素,通过 e1[count]返回,count 返回删除元素个数
    if (k1 > TailKey)
        { cerr <<"关键码太大!" <<endl;return false; }
    SkipNode<E, K> *p = SaveSearch (k1);                  //搜索与 k1 匹配的第一个元素
    if (p->data != k1)                                    //元素间判不相等重载操作
        { cout <<"被删除元素不存在!" <<endl;return false; }
    for (int i = 0; i <= Levels && last[i]->link[i] == p; i++)
        last[i]->link[i] = p->link[i];                    //逐级链摘下该结点(若有的话)
    while (Levels > 0 && head->link[Levels] == tail) Levels--;
    count = 0;
    do {
        e1[count++] = p->data;delete p;
    } while (last[0]->link[0]->data == k1);
    return true;
};
```

8. 试扩充 SkipList 类的定义，增加删除最小值、最大值元素的成员函数，以及按升序输出元素的成员函数。说明各个函数的时间复杂度是多少。

【题解】 (1) 删除跳表中具有最小值的元素。

在跳表中具有最小值的元素应是链表中的第 1 个元素。被删结点应仅处于 0 级链中，首先从 0 级链中摘下被删结点，再删除之。算法的描述如下。算法的时间复杂度为 $O(1)$。

```
template <class E, class K>
bool SkipList<E, K>::RemoveMin (E& el) {
    SkipNode<E, K> *p = head->link[0];
    if (p != tail) {                                    //非空表
        head->link[0] = p->link[0];
        el = p->data; delete p;
        return true;
    }
    else return false;                                  //空表
};
```

(2) 删除跳表中具有最大值的元素。

在跳表中具有最大值的元素应是跳表中 0 级链的最后一个结点。为了找到这个结点，需逐级向下搜索各级链，直到找到一个结点 p，在 0 级链上它的后继是尾结点，p->link[0]==tail，此结点即为被删结点，逐级从链(如果有)中摘下它，再删除之。设 0 级链有 n 个元素结点，算法的时间复杂度为 $O(n)$。算法的描述如下。

```
template <class E, class K>
bool SkipList<E, K>::RemoveMax (E& el) {
    SkipNode<E, K> *p = head, * q = NULL; int i;
    for (i = Levels; i >= 0; i--) {            //逐级链搜索
        while (p->link[i] != tail)
            { q = p; p = p->link[i]; }         //p 指示 0 级链上被删结点
        last[i] = q;                           //last[i]记下各级链上被删结点的前驱
    }
    for (i = 0; i <= Levels && last[i]->link[i] == p; i++)
        last[i]->link[i] = p->link[i];         //逐级链摘下该结点(如果有)
    while (Levels > 0 && head->link[Levels] == tail) Levels--;
    el = p->data; delete p;                    //删除被删结点
    return true;
};
```

(3) 按升序输出跳表中各个元素。

假定各元素的值可以用“<<”输出(若不能则需在相应元素的类定义中定义“<<”的重载函数)，算法顺序输出 0 级链所有元素即可，算法的时间复杂度为 $O(n)$。算法的描述如下。

```
#include <iostream.h>
template <class E, class K>
void SkipList<E, K>::Traverse () {
    SkipNode<E, K> *p = head->link[0];
    while (p->link[0] != tail) {
        cout << p->data << ' ';
        p = p->link[0];
    }
};
```

9. 设散列表采用线性探查法解决冲突，对已经创建成功的散列表，计算搜索成功的平均搜索长度和搜索不成功的平均搜索长度。

【题解】 (1) 求搜索成功时的平均搜索长度：顺序累加状态为 Active 的元素的探测计数，再除以元素个数即可。算法的描述如下。

```
template <class E, class K>
float HashTable<E, K>::getASL_succ () {
    int i, j, sum = 0;
    for (i = 0; i < TableSize; i++)                  //累加探查计数
        if (ht[i].state == Active) {                 //此桶已有元素
            j = ht[i].key % divisor;                 //计算该桶元素最初应存放的桶号
            sum = sum+(i-j+1+TableSize) % TableSize;     //累加探查计数
        }
    return (float) sum/CurrentSize;
};
```

(2) 求搜索不成功时的平均搜索长度：搜索不成功的地址范围为 divisor，线性探查法顺序向后继方向检查 ht[i].state，如果 ht[i].state 是 Active 或 Deleted，则统计从 i 到第一个状态为 Blank 的位置的探查次数，并累加到 sum 中，最后再除以 divisor 即可。算法的描述如下。

```
template <class E, class K>
float HashTable<E,K>::getASL_unsucc () {
    int i = 0, j, sum = 0, c;
    for (i = 0; i < divisor; i++) {                          //计算所有除数范围内的探查计数
        if (ht[i].state == Blank) { c = 1;sum++; }           //正好是空位的探查计数为 1
        else {                                               //否则计算到空位的探查次数
            c = 2;
            for (j = i+1; j != i; j = (j+1) % TableSize) {
                if (ht[i].state != Blank) c++;
                else break;
            }
            sum = sum+c;
        }
    }
    return (float) sum/divisor;
};
```

10. 设计一个算法，以字典顺序输出散列表中的所有元素。设散列函数为 hash(x) = x % divisor，其中的 divisor 是不超出 TableSize 的最大素数，若采用线性探查法来解决冲突。试估计该算法所需的时间。

【题解】 利用除留余数法构造的散列函数，可以计算出初始的散列地址，为了按照字典顺序输出，必须把这些标识符按照字典顺序排序，可以采用最小堆来帮助做这件事。算法的描述如下。

```
#include "minHeap.cpp"
template <class E, class K>
void HashTable<E,K>::printHashTable () {
    minHeap<K, E> H(DefaultSize);
```

```
    int i, j;Element<K, E> x;
    H.makeEmpty();
    for (j = 0; j < TableSize; j++)
        if (ht[j].state == Active) {                       //将散列所有元素进堆
            x.key = ht[j].key;x.other = ht[j].data;
            H.Insert (x);
        }
    cout <<"按字典顺序(关键码升序)输出所有散列表表项: " <<endl;
    while (!H.IsEmpty()) {                                  //当最小堆不空时
        H.Remove(x);                                        //从堆中退出当前最小元素
        cout <<"(" <<x.key <<"," <<x.other <<") ";          //输出
    }
    cout <<endl;
}
```

算法中有两个并列循环,设散列表中实际存放表项为 n(=CurrentSize),最小堆的插入和删除算法的时间复杂度为 $O(\log_2 n)$,则总的算法时间复杂度为 $O(n\log_2 n)$。

11. 设有 1000 个值在 1 到 10 000 的整数,试设计一个利用散列方法的算法,以最少的数据比较次数和移动次数对它们进行排序。

【题解】 利用开散列法进行排序,设置 $m=500$ 个链作为同义词子表,平均链长为 $\lceil 1000/m \rceil=2$,组成散列表,总的时间复杂度和空间复杂度可缩短到 $O(500)$。算法的描述如下。

```
#include <stdlib.h>                                     //包含了 new、delete 原型
#define n 1000                                          //最多整数个数
#define m 500                                           //有序链表个数
typedef struct node {                                   //链表结点定义
    int data;
    struct node * link;
} LinkNode;
void HashSort (int A[ ], int k) {                       //A 为原始数据,有 k 个整数
    LinkNode * H = new LinkNode[m];                     //创建各链表头结点数组
    int i, j;LinkNode * p, * pr, * s;
    for (i = 0; i < m; i++) H[i].link = NULL;           //清空各链表
    for (i = 0; i < k; i++) {                           //逐个放入散列表
        j = (int) A[i]/2;                               //定位到第 j 个同义词子表
        s = new LinkNode;s->data = A[i];                //创建插入结点
        if (H[j].link == NULL) { H[j].link = s;s->link = NULL; }        //空表
        else {                                          //非空表有序插入
            p = H[j].link;pr = H[j];
            while (p != NULL && p->data < A[i])         //寻找有序子表内插入位置
                { pr = p;p = p->link; }
            pr->link = s;s->link = p;                   //非空链插入
        }
    }
    j = 0;
    for (i = 0; i < m; i++) {                           //逐个回放各同义词子表
```

```
        for (p = H[i].link; p != NULL; p = H[i].link) {     //扫描第 i 个同义词子表
            A[j++] = p->data;                                 //回放到 A
            H[i].link = p->link;delete p;                     //从子表中删去
        }
    }
    delete [] H;
};
```

6.4 补充练习题

一、选择题

1. 下列关于集合操作的叙述中,(　　)不属于集合的操作。

A. 求集合的并　　B. 求集合的交　　C. 求集合的熵　　D. 求集合的差

2. 下列关于集合存储的叙述中,不存储集合成员的值的是(　　)。

A. 顺序表　　B. 0/1 位数组　　C. 有序链表　　D. 有序顺序表

3. 并查集的结构是一种(　　)。

A. 顺序存储的二叉树　　B. 父指针表示存储的树

C. 长子兄弟链表存储的树　　D. 子女链表存储的树

4. 并查集中最核心的两个操作是查找(Find)与合并(Merge)。假设有一个表示并查集的父指针数组,长度为 10,其下标为 0～9,按(1,2),(3,4),(5,6),(7,8),(8,9),(1,8),(0,5),(1,9) 的顺序进行查找与合并操作,最终并查集共有(　　)个集合。

A. 1　　B. 2　　C. 3　　D. 4

5. 以下关于闭散列表的说法中,正确的是(　　)。

Ⅰ. 若散列表的装载因子 $\alpha<1$,则可避免产生冲突

Ⅱ. 散列查找不需要任何关键码比较

Ⅲ. 散列表在查找成功时平均查找长度与表长直接相关

Ⅳ. 若在散列表中删除一个元素时,不能简单地将该元素物理删除

A. 仅Ⅰ、Ⅳ　　B. 仅Ⅱ、Ⅲ　　C. 仅Ⅲ　　D. 仅Ⅳ

6. 下列关于散列表处理冲突的说法中,正确的是(　　)。

Ⅰ. 采用线性探查法处理冲突时,所有同义词在散列表中一定相邻

Ⅱ. 采用双散列法处理冲突时不易产生堆积

Ⅲ. 采用开散列(链地址)法处理冲突容易引起堆积现象

Ⅳ. 采用开散列法组织散列表时,若限定在同义词子表链首插入,则插入任一元素的时间相同

A. 仅Ⅰ、Ⅲ　　B. Ⅰ、Ⅱ、Ⅲ　　C. 仅Ⅲ、Ⅳ　　D. 仅Ⅱ、Ⅳ

7. 对包含 n 个元素的散列表进行查找,若装载因子 $\alpha<0.5$,则其平均搜索长度(　　)。

A. 为 $O(\log_2 n)$　　B. 为 $O(1)$　　C. 直接依赖于 n　　D. 直接依赖表长 m

8. 将 10 个元素散列到大小可容 100 000 个元素的散列表中,(　　)产生冲突。

A. 一定会　　B. 一定不会　　C. 仍可能会　　D. 以上都不对

9. 采用线性探查法解决冲突时计算出的一系列"下一个空位"(　　)。

A. 必须大于或等于原散列地址

B. 必须小于或等于原散列地址

C. 可以大于或小于但不等于原散列地址

D. 对地址在何处没有限制

10. 在采用线性探查法处理冲突的闭散列表上，假定装载因子 α 的值为 0.5，则查找任一元素的平均查找长度为(　　)。

A. 1　　B. 1.5　　C. 2　　D. 2.5

11. 设散列表长 $m=14$，散列函数 $H(\text{key})=\text{key}\ \%\ 11$。表中已有 4 个表项，地址分别为 addr(15)=4、addr(38)=5、addr(61)=6、addr(84)=7，其余地址为空。如用二次探查法解决冲突，关键码值为 49 的散列地址是(　　)。

A. 8　　B. 3　　C. 5　　D. 9

12. △ 现有长度为 5，初始为空的散列表 HT，散列函数为 $H(k)=(k+4)\ \%\ 5$，用线性探查再散列解决冲突。若将关键码序列 2022，12，25 依次插入 HT 中，然后删除关键码 25，则 HT 中搜索失败的平均搜索长度为(　　)。

A. 1　　B. 1.6　　C. 1.8　　D. 2.2

13. 设散列表中已经有 8 个元素，用二次探查法解决冲突。若插入第 9 个元素的平均探测次数不超过 2.5，则表的大小为(　　)。

A. 13　　B. 14　　C. 17　　D. 19

14. 散列表采用开散列(链地址)法解决冲突，搜索成功的平均搜索长度(　　)。

A. 直接与关键码个数有关　　B. 直接与表的长度有关

C. 直接与装载因子的大小有关　　D. 直接与散列函数有关

15. 表的装填因子 α 可以大于或等于 1 的情况仅发生在使用(　　)法处理冲突的场合。

A. 线性探查　　B. 二次探查　　C. 双散列　　D. 链地址

16. △ 为提高散列表的搜索效率，可以采取的正确措施是(　　)。

Ⅰ. 增大装填(载)因子

Ⅱ. 设计冲突(碰撞)少的散列函数

Ⅲ. 处理冲突(碰撞)时避免产生聚集(堆积)现象

A. 仅Ⅰ　　B. 仅Ⅱ　　C. 仅Ⅰ、Ⅱ　　D. 仅Ⅱ、Ⅲ

17. △ 用散列(方法)处理冲突(碰撞)时可能产生堆积(聚集)现象，下列选项中，会受堆积现象直接影响的是(　　)。

A. 存储效率　　B. 散列函数

C. 装载(装填)因子　　D. 平均搜索长度

18. △ 现有长度为 7、初始为空的散列表 HT，散列函数 $H(k)=k\ \%\ 7$，用线性探查再散列法解决冲突。将关键码 22，43，15 依次插入 HT 后，搜索成功的平均搜索长度是(　　)。

A. 15　　B. 1.6　　C. 2　　D. 3

19. △ 现有长度为 11 且初始为空的散列表 HT，散列函数是 $H(\text{key})=\text{key}\ \%\ 7$，采用线性探查(线性探测再散列)法解决冲突。将关键码序列 87，40，30，6，11，22，98，20 依次插入 HT 后，HT 查找搜索的平均搜索长度是(　　)。

A. 4　　B. 5.25　　C. 6　　D. 6.29

20. △ 下列因素中,影响散列(哈希)方法平均搜索长度的是(　　)。

Ⅰ. 装载因子　Ⅱ. 散列函数　Ⅲ. 冲突解决策略

A. 仅Ⅰ、Ⅱ　　B. 仅Ⅰ、Ⅲ　　C. 仅Ⅱ、Ⅲ　　D. Ⅰ、Ⅱ、Ⅲ

二、简答题

1. 并查集是一种什么样的集合？集合的运算有哪些？

2. 试说明如何利用并查集来计算无向图中连通子图的个数。

3. 字典是什么样的集合？字典的运算有哪些？

4. 散列表是什么样的数据结构？如何使用它才能提高搜索速度？

5. 假定把关键码 key 散列到有 m 个表项(从 0 到 $m-1$ 编址)的散列表中。对于下面的每一个函数 Hash(key)(key 为整数),这些函数能够当作散列函数吗？(即对于插入和搜索,散列程序能正常工作吗?)如果能,它是一个好的散列函数吗？请说明理由。设函数 random(m)返回一个 0 到 $m-1$ 之间的随机整数(包括 0 与 $m-1$ 在内)。

(1) Hash(key)=key/m;

(2) Hash(key)=1;

(3) Hash(key)=(key+random(m)) % m;

(4) Hash(key)=key % p(m); 其中 p(m) 是不大于 m 的最大素数

6. △ 将关键码序列(7,8,30,11,18,9,14)散列存储到散列表中。散列表存储空间是一个下列从 0 开始的一维数组,散列函数为 $H(\text{key})=(\text{key}\times 3) \bmod 7$,处理冲突采用线性探查再散列法,要求装载(填)因子为 0.7。

(1) 请画出所构造的散列表。

(2) 分别计算等概率的情形下,搜索成功和搜索不成功的平均搜索长度。

7. 假设一个散列表中已装入 100 个表项并采用线性探查法解决冲突,要求搜索到表中已有表项时的平均搜索次数不超过 4,插入表中没有的表项时找到插入位置的平均探查次数不超过 50.5。请根据上述要求确定散列表的容量并设计相应的散列函数。

设 α 是散列表的装载因子,则应用线性探查法解决冲突时的搜索成功的平均搜索长度和搜索不成功的平均搜索长度分别为

$$S_n \approx \frac{1}{2}\left(1+\frac{1}{1-\alpha}\right),\quad U_n \approx \frac{1}{2}\left(1+\frac{1}{(1-\alpha)^2}\right)$$

请根据题意选择合适的公式。

8. 若设散列表的大小为 m,利用散列函数计算出的散列地址为 $h=\text{hash}(x)$。试证明:如果二次探查的顺序为$(h+q^2)$,$(h+(q-1)^2)$,…,$(h+1)$,h,$(h-1)$,…,$(h-q^2)$,其中,$q=(m-1)/2$。因此在相继被探查的两个桶之间地址相减所得的差取模(% m)的结果为 $m-2$,$m-4$,$m-6$,…,5,3,1,1,3,5,…,$m-6$,$m-4$,$m-2$。

9. 若设散列表的大小为 m,利用散列函数计算出的散列地址为 $h=\text{hash}(x)$。

(1) 试说明确定 m 的原则。

(2) 试证明:如果采用二次探查法解决冲突,表的大小是一个素数,若当表的装载因子 $\alpha\leqslant 0.5$,则新的元素总能被插入,且在插入过程中没有一个存储地址被探查 2 次。

10. 设散列表为 HT[0..12],即表的大小为 $m=13$。现采用双散列法解决冲突。散列

函数和再散列函数分别如下：

$H_0(\text{key}) = \text{key} \ \% \ 13$；

$H_i = (H_{i-1} + \text{Rev}(\text{key}+1) \ \% \ 11 + 1) \ \% \ 13$；

其中，函数 Rev(x)表示颠倒十进制数 x 的各位，如 Rev(37)=73，Rev(7)=7 等。若插入的关键码值序列为{2,8,31,20,70,59,25,28}。

(1) 试画出插入这 8 个关键码值后的散列表。

(2) 计算搜索成功的平均搜索长度 ASL_{succ}。

11. 对于一个长度为 $m=41$ 的散列表，采用双散列法解决冲突，对于关键码 k_1, k_2, k_3，若 $h(k_1)=30, h(k_2)=28, h(k_3)=19, h_2(k_1)=14, h_2(k_2)=27, h_2(k_3)=35$，则 k_1, k_2, k_3 的探查序列中前 4 个位置各为多少？

(1) k_1 的探查序列：__30__，________，________，________；

(2) k_2 的探查序列：__28__，________，________，________；

(3) k_3 的探查序列：________，________，________，________。

12. 设有 150 个记录要存储到散列表中，要求利用双散列法解决冲突，同时要求找到新记录插入位置的平均比较次数不超过 2 次。试问散列表需要设计多大？请为这个散列表设计散列函数(除留余数法)和再散列函数。

设 α 是散列表的装载因子，则应用双散列法解决冲突时的搜索成功的平均搜索长度和搜索不成功的平均搜索长度分别为

$$-\left(\frac{1}{\alpha}\right)\ln(1-\alpha) \text{ 和 } \frac{1}{1-\alpha} \quad \text{（请根据题意选用合适的公式）}$$

三、算法题

1. 试编写一个算法，打印一个有穷集合中的所有成员。要求使用集合抽象数据类型中的基本操作。如果集合中包含有子集合，各个子集合之间没有重复的元素，采用什么结构比较合适？

2. 由于跳表中 0 级链是有序的，因此跳表可以支持顺序搜索，返回每一个元素的时间为 $O(1)$。请在跳表的定义 SkipList 类中增加顺序访问的函数 Begin 和 Next，分别返回字典中第一个元素的指针和下一个元素的指针(元素按从小到大的次序排列)，在没有第一个或下一个元素时，两者均应返回 NULL。每个函数的时间复杂度为 $O(1)$。

3. 试修改 SkipList 类的定义，以便允许有相同值的元素存在，每级链从左到右按递增次序排列。

4. 试扩充 SkipList 类的定义，增加删除最小值、最大值元素的成员函数，以及按升序输出元素的成员函数。说明各个函数的时间复杂度是多少。

5. 闭散列法又称开地址法，是基于数组的散列表构造方法。设一个散列表采用闭散列法构造，散列函数采用除留余数法 $H(\text{key}) = \text{key} \ \% \ p (p \leqslant m)$，解决冲突的方法采用线性探查法。

(1) 设计散列表的类。

(2) 设计在散列表中搜索具有指定关键码值表项的算法。

(3) 设计在散列表中删除具有指定关键码值表项的算法。

(4) 设计在散列表中插入具有指定关键码值表项的算法。

(5) 设计由一组关键码值建立散列表的算法。

(6) 设计输出散列表的算法。

(7) 求搜索成功时的平均搜索长度的算法。

(8) 求搜索不成功时的平均搜索长度的算法。

6. 设一个散列表采用闭散列法构造,散列函数采用除留余数法,解决冲突的方法采用二次探查法。基于第5题中(1) 给出的闭散列表的类定义,重新实现下列函数。

(1) 在散列表中搜索具有指定关键码值的表项的函数。

(2) 在散列表中删除具有指定关键码值的表项的函数。

(3) 在散列表中插入具有指定关键码值的表项的函数。

(4) 求搜索成功时的平均搜索长度的函数。

7. 设一个散列表采用开散列(链地址)法构造,散列函数采用除留余数法,解决冲突的方法采用分离的同义词子表法。

(1) 设计用分离的同义词子表组织的开散列表的类。

(2) 设计在散列表中搜索具有指定关键码值的表项的算法。

(3) 设计在散列表中删除具有指定关键码值的表项的算法。

(4) 设计在散列表中插入具有指定关键码值的表项的算法。

(5) 设计由一组关键码值建立散列表的算法。

(6) 设计输出散列表的算法。

(7) 求搜索成功时的平均搜索长度的算法。

(8) 求搜索不成功时的平均搜索长度的算法。

8. 假定有一个 100×100 的稀疏矩阵,其中 1%的元素为非 0 元素,现要求对其非 0 元素进行散列存储,使之能够按照元素的行、列值存取矩阵元素(即元素的行、列、值联合为元素的关键码值),试采用除留余数法构造散列函数和线性探查法处理冲突,分别写出建立散列表和搜索散列表的算法。

6.5 补充练习题解答

一、选择题

1. 选 C。集合常用的操作是求两个集合的并、交、差以及判断某元素是否在集合中、判断两个集合是否相等、插入元素、删除元素等,没有求集合的熵的操作。

2. 选 B。0/1 位数组是一个指示信息数组,指示某个子集合的成员信息。例如,若某个元素 j 是该子集合的成员,则该元素在 0/1 位数组中的第 j 个位置为 1,否则为 0。而顺序表、有序链表、有序顺序表也都可以作为某子集合的存储,但它们通常存储的是集合成员的值。

3. 选 B。并查集的结构是父指针(双亲)数组表示存储的树或森林。

4. 选 C。最初 0~9 自成集合{0}{1}{2}{3}{4}{5}{6}{7}{8}{9},执行(1,2)合并后其结果是{0}{1,2}{3}{4}{5}{6}{7}{8}{9},执行(3,4) 合并后其结果是{0}{1,2}{3,4}{5}{6}{7} {8}{9},执行(5,6)合并后其结果是{0}{1,2}{3,4}{5,6}{7}{8}{9},执行(7,8)合并

后其结果是{0}{1,2}{3,4}{5,6}{7,8}{9}，执行(8,9)合并后其结果是{0}{1,2}{3,4}{5,6}{7,8,9}，执行(1,8)合并后其结果是{0}{1,2,7,8,9}{3,4}{5,6}，执行(0,5)合并后其结果是{0,5,6}{1,2,7,8,9}{3,4}，执行(1,9)合并时因它们属于同一集合其结果不变。最后得到3个集合。

5. 选D。若散列表的装载因子$\alpha<1$，仍然不能避免发生冲突，选项Ⅰ不对；散列查找通常需要两步：计算和探查，探查需要比较关键码，选项Ⅱ不对；散列表的平均搜索长度与表长不直接相关，而与装载因子和处理冲突的方法相关，选项Ⅲ不对；在闭散列表中删除元素一般做逻辑删除(仅做删除标记)，不能做物理删除，否则会中断其他关键码的探查序列。选项Ⅳ正确。

6. 选D。采用线性探查法处理冲突时，某关键码的探查序列有可能是地址连续的，也有可能跨越其他关键码的探查序列，地址不连续，选项Ⅰ错误；采用双散列法处理冲突时，找下一个空位需要跨越的间隔可能比较大，不容易频繁冲突，选项Ⅱ正确；开散列法最不容易产生冲突，选项Ⅲ错误；在使用开散列法组织散列表时，若限定在同义词子表的链头插入，则插入任意一个关键码的时间相同，选项Ⅳ正确。

7. 选B。如果按照关键码的值进行查找，在装载因子较小时冲突很少，其平均搜索长度一般为$O(1)$。

8. 选C。不论散列函数计算出的地址分布得如何均匀，不论表的装载因子大还是小，还是有可能产生冲突。

9. 选C。若设用散列函数计算出的初始地址为h_0，则计算"下一个空位"h_i($i=1,2,\cdots,m-1$)的公式为$h_i=(h_{i-1}+1)\ \%\ m$，其中m为表的大小。可取的地址可以是$h_0+1,h_0+2,\cdots,m-1,0,1,\cdots,h_0-1$。就是说，"下一个空位"可以大于或小于但不等于原散列地址。

10. 选B。本题是计算查找成功的平均查找长度。根据公式$S_n=(1+1/(1-\alpha))/2$，可以得到$S_n=(1+1/(1-0.5))/2=1.5$。

11. 选D。按照题意，已知散列表中有4个关键码，如图6-14所示。现插入关键码49，因为散列函数是$H(\text{key})=\text{key}\ \%\ 11$，则$H(49)=49\ \%\ 11=5$，49应插入5号的位置，但由于发生冲突，49的探查序列是5,6,4,9，探查次数为4，最后插入9号位置。

散列地址	0	1	2	3	4	5	6	7	8	9	10	11	12	13
关键码					15	38	61	84		49				
探查次数					1	1	1	1		4				

图6-14 第11题的散列表

12. 选C。按照题意，散列表长度为5，其地址空间为[0,4]，用题目给出的散列函数依次对插入关键码进行计算：

$H(2022)=(2022+4)\ \%\ 5=1$(不冲突，插入1号位置)。

$H(12)=(12+4)\ \%\ 5=1$(冲突，2号位置(下一位置)，不冲突，插入2号位置)。

$H(25)=(25+4)\ \%\ =4$(不冲突，插入4号位置)。

插入后的散列表如图6-15(a)所示，对25做了逻辑删除标记后的散列表如图6-15(b)所示。

HT	0	1	2	3	4
关键码值		2022	12		25
探查次数		(1)	(2)		(1)

(a) 插入 2022,12,25 后的散列表

HT	0	1	2	3	4
关键码值		2022	12		25
探查次数	(1)	(3)	(2)	(1)	(2)

(b) 删除 25 后的散列表

图 6-15 第 12 题用线性探查法解决冲突

在图 6-15 中"探查次数"是指某位置一旦发生冲突,需要探查 n 次可找到"空位"。在采用线性探查法解决冲突时,删除一个表项不能做"物理删除",只能做"逻辑删除",以防中断查找链。散列函数可计算出的散列地址只有 0~4 这 5 个位置,把新元素散列到 0 号到 4 号位置的探查次数加起来,再除以 5,得到搜索失败的平均搜索长度:(1+3+2+1+2)/5=9/5=1.8。注意,探查链遇到做了"逻辑删除"标记的表项不能停,还要继续探查下去。

13. 选 D。从散列表的分析可知,使用二次探查法解决冲突。搜索不成功的平均搜索长度 U_n 依赖于表的装载因子 α,等于 $1/(1-\alpha)$。根据题意,$U_n=1/(1-\alpha)\leqslant 2.5$,则 $1/2.5\leqslant 1-\alpha$,解得 $\alpha\leqslant 0.6$。因为表中已经有 $n=8$ 个元素,设表的长度为 m 且 $\alpha=n/m\leqslant 0.6$,则 $m\geqslant n/0.6=10n/6=13.33$。二次探查法约定 m 应是满足 $4k+3$ 的质数,故 $m=19$。

14. 选 C。散列表采用开散列(链地址)法解决冲突,搜索成功的平均搜索长度 $S_n=1+\alpha/2$。设表中关键码个数为 n,表的长度为 m,则 $\alpha=n/m$,S_n 直接与表的装载因子 α 相关,与 n、m 间接相关,与散列函数无关。

15. 选 D。线性探查、二次探查和双散列都属于闭散列,无论是关键码的基本散列地址,还是冲突后寻找的"下一个空位",都在同一个表空间内,表的装载因子 $\alpha<1$。链地址法属于开散列,关键码通过同义词子(链)表另外存放,同义词子表可以扩展,表的装载因子 α 可以大于或等于 1。

16. 选 D。散列表的查找效率取决于散列函数、处理冲突的方法和装载因子。增大装载因子会增加冲突的机会,选项Ⅰ不对。如果选择地址分布均匀的散列函数,可减少冲突的机会,选择好的解决冲突的方法,增加一旦发生冲突找下一个空位的间隔,可以减少再次冲突的机会。选项Ⅱ、Ⅲ正确。如果采用开散列(链地址)法解决冲突更好。

17. 选 D。堆积,直接影响到搜索元素时探查的次数,即影响到平均搜索长度,与存储效率、散列函数、装载因子无关。

18. 选 C。按照题目叙述,得到的 HT 如图 6-16 所示。

散列地址	0	1	2	3	4	5	6
关键码	22	43	15				
探查次数	1	2	3				

图 6-16 第 18 题的散列表

搜索成功的平均搜索长度 $\text{ASL}_{成功}=(1+2+3)/3=2$。

19. 选 C。按照题目叙述,各关键码的初始散列地址是 H(87)=3,H(40)=5,H(30)=2,H(6)=6,H(11)=4,H(22)=1,H(98)=0,H(20)=6(冲突),=7,得到的 HT 如图 6-17 所示。

散列地址	0	1	2	3	4	5	6	7	8	9	10
关键码	98	22	30	87	11	40	6	20			
探查次数	1	1	1	1	1	1	1	2			

图 6-17 第 19 题的散列表

搜索失败是指经过散列函数计算得到的散列地址已经有别的关键码占用，通过线性探搜索到下一个空位的情形。散列函数计算得到的散列地址只有 7 个，从 0 到 6，搜索失败时找到下一个空位的探查次数加起来除以 7，得到搜索失败的平均搜索长度，$ASL_{失败}=(9+8+7+6+5+4+3)/7=42/7=6$。

20. 选 D。Ⅰ、Ⅱ、Ⅲ都影响散列方法的平均搜索长度。

二、简答题

1. 并查集(Union-Find Set)是一种受限集合，其限制是：

(1) 集合的元素是数字 $0,1,\cdots,n-1$，在实践中这些数字可能是一个符号表的下标，在符号表中存储元素的名字；

(2) 如果 S_i 和 S_j 是两个集合，则不存在一个元素，既属于 S_i 又属于 S_j，就是说，这些集合是两两互不相交的，所以并查集又称 disjoint Set；

(3) 每个集合被表示为一棵树，这棵树的分支是从子女指向父结点的，而不是从父结点指向子女。

并查集的运算只有两个：查找和合并。

2. 对于无向图的连通子图 $G'=(V',E')$，如果存在两个顶点 v_i 和 $v_j \in V'$，则一定存在 v_i 到 v_j 以及 v_j 到 v_i 的路径。若对应到并查集，顶点 v_i 和 v_j 应在同一个子集合中，它们在父指针数组中有共同的根结点。

为了统计无向图中连通分量的个数，可对无向图中所有顶点逐个检查，看有多少个顶点对应到并查集中的根结点，即在父指针数组中父指针为负数的结点，由此就能得到无向图中连通分量的个数。

3. 字典是一些元素的集合，这些元素是以<名字—属性>对的形式出现。根据问题的不同，可以为名字和属性赋予不同的含义。例如，在图书馆检索目录场合，名字是书名，属性是索引号、作者信息以及馆藏地址。在某些文件组织场合，名字是记录的关键码(键)，属性是记录存放地址等。字典的主要操作是按名字(关键码)搜索、检索该名字的属性、修改该名字的属性、插入新元素(名字+属性)、删除已有元素等。

4. 散列表是字典的一种，它的元素是用<键—值>对表示的。键是元素的关键码(key)，值是通过散列函数计算得到的散列地址。使用散列函数 addr=Hash(key)可以一步得到元素的存放地址，因此有人说，散列表可以在 $O(1)$时间内进行快速搜索。然而，如果发生冲突，则会降低搜索速度。所以应做好以下三方面的工作：

(1) 保持足够的散列表存放空间。如果计划存入 n 个记录，则预留 $n/0.7$ 的记录存放空间，其中 0.7 是表的装填因子，用以度量表的装满程度。

(2) 选择好的散列函数，要求计算出的地址均匀分布在表的存放空间内。

(3) 选择尽可能减少冲突和堆积的处理冲突的方法。

5. (1) 不能当作散列函数，因为 key/m 可能大于 m，这样就找不到适合的位置。

(2) 能够作为散列函数，但不是一个好的散列函数，因为所有关键码都映射到同一位置，造成大量的冲突。

(3) 不能当作散列函数，因为该函数的返回值不确定，这样以后无法进行正常的搜索。

(4) 能够作为散列函数，是一个好的散列函数。

6.(1) 根据题意，装载因子 $\alpha=n/m=0.7$，关键码个数 $n=7$，则散列表存储数组大小 $m=7/0.7=10$，数组下标 0～9。计算各关键码的散列地址如下。

$H(7)=(7\times 3)\ \%\ 7=0$，比较 1 次找到插入位置(=0)；

$H(8)=(8\times 3)\ \%\ 7=3$，比较 1 次找到插入位置(=3)；

$H(30)=(30\times 3)\ \%\ 7=6$，比较 1 次找到插入位置(=6)；

$H(11)=(11\times 3)\ \%\ 7=5$，比较 1 次找到插入位置(=5)；

$H(18)=(18\times 3)\ \%\ 7=5$，比较 3 次找到插入位置(=7)；

$H(9)=(9\times 3)\ \%\ 7=6$，比较 3 次找到插入位置(=8)；

$H(14)=(14\times 3)\ \%\ 7=0$，比较 2 次找到插入位置(=1)。

构造出来的散列表如图 6-18 所示。

表项序号	0	1	2	3	4	5	6	7	8	9
关键码	7	14		8		11	30	18	9	
探查次数	1	2		1		1	1	3	3	

图 6-18 第 6 题构造出来的散列表

(2) 搜索成功的平均搜索长度为

$$S_n=\frac{\text{各关键码探查次数之和}}{\text{关键码个数}}=\frac{1+2+1+1+1+3+3}{7}=\frac{12}{7}。$$

散列函数可计算出来的地址从 0～6，如果插入表中原来没有新元素，落到这些位置皆有可能，因此在这些位置插入，找到空闲位置的探查次数分别为 3,2,1,2,1,5,4，搜索不成功的平均搜索长度为

$$U_n=\frac{\text{各可散列地址探查次数之和}}{\text{可散列地址数}}=\frac{3+2+1+2+1+5+4}{7}=\frac{18}{7}。$$

7. 根据题意，$n=100$，且

$S_n\approx\frac{1}{2}\left(1+\frac{1}{1-\alpha}\right)\leqslant 4$，推导得 $\alpha\leqslant\frac{6}{7}$

$U_n\approx\frac{1}{2}\left[1+\frac{1}{(1-\alpha)^2}\right]\leqslant 50.5$，推导得 $\alpha\leqslant\frac{9}{10}$（另一解 $\alpha\leqslant\frac{11}{10}$ 舍去，因 α 可能大于 1）

取 $\alpha=\frac{100}{m}\leqslant\min\left\{\frac{6}{7},\frac{9}{10}\right\}=\frac{6}{7}$

最后解得 $m\geqslant 116.67$，可取 $m=117$。

因 117 不是素数，用除留余数法构造散列函数，可取除数 $p=113$，它是不超过 $m=117$ 的最大素数。散列函数为 Hash(key)=key % 113。

8. 证明：将探查序列分为两部分讨论。

$(h+q^2),(h+(q-1)^2),\cdots,(h+1),h$ 和 $(h-1),(h-2^2),\cdots,(h-q^2)$。

对于前一部分，设其通项为 $h+(q-d)^2$，$d=0,1,\cdots,q$，则先计算相邻两个桶之间地址

相减所得的差，再取模可得，即

$$(h+(q-(d-1))^2-(h+(q-d)^2))\ \%\ m=((q-(d-1))^2-(q-d)^2)\ \%\ m$$
$$=(2q-2d+1)\ \%\ m$$
$$=(m-2d)\ \%\ m,\quad \text{（代换 } q=(m-1)/2\text{）}$$

代入 $d=1,2,\cdots,q$，则可得到探查序列如下：

$$m-2,m-4,m-6,\cdots,5,3,1。(m-2q=m-2(m-1)/2=1)$$

对于后一部分，其通项为 $h-(q-d)^2,d=q,q+1,\cdots,2q$，则先计算相邻两个桶之间地址相减所得的差，再取模可得，即

$$(h-(q-d)^2-(h-(q-(d+1))^2))\ \%\ m=((q-(d+1)^2-(q-d)^2)\ \%\ m$$
$$=(2d-2q+1)\ \%\ m$$
$$=(2d-m+2)\ \%\ m$$
$$\text{（代换 } q=(m-1)/2\text{）}$$

代入 $d=q,q+1,\cdots,2q-1$，则可得到

$2d-m+2=2q-m+2=m-1-m+2=1$，

$2d-m+2=2q+2-m+2=m-1+2-m+2=3,\cdots$，

$2d-m+2=2(2q-1)-m+2=2(m-1-1)-m+2=2m-4-m+2=m-2$。

证毕。

9. (1) 首先，需根据算法的性能要求，即平均搜索长度的要求和解决冲突的方法，确定表的装载因子 α 的取值范围，再根据表中元素个数 n，最后确定表的大小 m 的取值范围。其次，根据解决冲突的方法来确定 m。线性探查情形和开散列情形，m 不严格要求是素数；二次探查再散列情形，m 必须是满足 $4k+3$ 的素数；双散列情形，要求 m 也是素数，且此素数应与再散列函数计算出的“伪随机数”互质。

(2) 若设 m 是表的大小，并设 m 是一个大于 3 的素数。首先要证明探查序列中的前 $\lceil m/2\rceil$ 个替补地址（包括初始地址）是不重复的。假设这些地址中的某两个地址是 $h_i=(h_0+i^2)\ \%\ m$ 和 $h_j=(h_0+j^2)\ \%\ m$，其中，$0\leqslant i,j\leqslant\lceil m/2\rceil$。用反证法证明。假设这两个地址 h_i 和 h_j 是同一个地址，但 $i\neq j$，那么有

$(h_0+i^2)\ \%\ m=(h_0+j^2)\ \%\ m$，

$(i^2)\ \%\ m=(j^2)\ \%\ m$，

$(i^2-j^2)\ \%\ m=0$，

$(i-j)(i+j)\ \%\ m=0$。

因为 m 是素数，这个等式要成立，i 必须等于 j，或者 $i+j$ 能整除 m。因为 i 和 j 是不相等的，并且它们的和小于 m，因此，这些可能性都不可能出现。这样就出现了矛盾。因此可以断定表中的前 $\lceil m/2\rceil$ 个替补地址（包括初始地址）是不重复的，并且保证如果表至少有一半是空的，新的元素总能被插入。证毕。

10. (1) 计算各关键码值后得到的散列地址如下：

$H_0(2)=2\ \%\ 13=2$（成功）；$H_0(8)=8\ \%\ 13=8$（成功）；

$H_0(31)=31\ \%\ 13=5$（成功）；$H_0(20)=20\ \%\ 13=7$（成功）；

$H_0(70)=70\ \%\ 13=5$（冲突）；$H_1=(H_0+\mathrm{Rev}(70+1)\ \%\ 11+1)\ \%\ 13=12$（成功）；

$H_0(59)=59\ \%\ 13=7$（冲突）；$H_1=(H_0+\mathrm{Rev}(59+1)\ \%\ 11+1)\ \%\ 13=1$（成功）；

$H_0(25)=25\ \%\ 13=12$(冲突);$H_1=(H_0+\text{Rev}(25+1)\ \%\ 11+1)\ \%\ 13=7$(冲突);

$H_2=(H_1+\text{Rev}(25+1)\ \%\ 11+1)\ \%\ 13=2$(冲突);

$H_3=(H_2+\text{Rev}(25+1)\ \%\ 11+1)\ \%\ 13=10$(成功);

$H_0(28)=28\ \%\ 13=2$(冲突);$H_1=(H_0+\text{Rev}(28+1)\ \%\ 11+1)\ \%\ 13=7$(冲突);

$H_2=(H_1+\text{Rev}(28+1)\ \%\ 11+1)\ \%\ 13=12$(冲突);

$H_3=(H_2+\text{Rev}(28+1)\ \%\ 11+1)\ \%\ 13=4$(成功)。

所得散列表如图 6-19 所示。

	0	1	2	3	4	5	6	7	8	9	10	11	12
关键码值		59	2		28	31		20	8		25		70
探查次数		2	1		4	1		1	1		4		2

图 6-19 第 10 题的散列表

(2) 搜索成功的平均搜索长度 ASL_{succ} 如下。

$$\text{ASL}_{\text{succ}}=\frac{1}{8}(2+1+4+1+1+1+4+2)=\frac{16}{8}=2$$

11. 在双散列法中,求初始散列地址的散列函数为 $h(x)$,求下一个空位的偏移量函数为 $h_2(x)$,一旦发生冲突,求下一个空位的公式为

$$H_i=(h(x)+i\times h_2(x))\ \%\ m,\quad i=1,2,\cdots,m-1$$

若 $h(k_1)=30,h(k_2)=28,h(k_3)=19,h_2(k_1)=14,h_2(k_2)=27,h_2(k_3)=35$,则 k_1,k_2,k_3 的探查序列中前 4 个位置各为

(1) k_1 的探查序列: 30 , 3 , 17 , 31 ;

(2) k_2 的探查序列: 28 , 14 , 0 , 27 ;

(3) k_3 的探查序列: 19 , 13 , 7 , 1 ;

12. 已知要存储的记录数为 $n=150$,找到新记录的插入位置的平均比较次数即搜索不成功的平均搜索长度为 $\text{ASL}_{\text{unsucc}}\leqslant 2$,则有 $\text{ASL}_{\text{unsucc}}=\frac{1}{1-\alpha}\leqslant 2$,解得 $\alpha\leqslant\frac{1}{2}$。又有,$\alpha=\frac{n}{m}=\frac{150}{m}\leqslant\frac{1}{2}$,则散列表大小 $m\geqslant 300$。

散列函数采用除留余数法,为设计再散列函数,可取 m 为素数 $m=301$,则散列函数为 $\text{Hash}(x)=x\ \%\ m$。再散列函数的计算结果要求与 m 互质,因此有 $\text{Hash}_2(x)=x\ \%\ (m-1)+1$,其计算结果的取值范围在 $1\sim m-1$。注意,$\text{Hash}_2(x)$的设计方案不唯一,但其计算结果不能为 0 或为 m 的倍数,否则“下一个空位”永远求不出来。

三、算法题

1. 集合抽象数据类型的部分内容如下。

```
template <class T>
class Set {
//对象: 零个或多个成员的聚集。其中所有成员的类型是一致的, 但没有一个成员是相同的
    int Contains (const T x);                    //判断元素 x 是否是集合 * this 的成员
    int SubSet (Set <T>& right);                 //判断集合 * this 是否是集合 right 的子集
```

```
int operator == (Set <T>& right);        //判断集合 * this 与集合 right 是否相等
int Elemtype ();                          //返回集合元素的类型
T GetData ();                             //返回集合原子元素的值
char GetName ();                          //返回集合 this 的集合名
Set <T> * GetSubSet ();                   //返回集合 * this 的子集合地址
Set <T> * GetNext ();                     //返回集合 this 的直接后继集合元素
bool IsEmpty ();          //判断集合 * this 空否。空则返回 true, 否则返回 false
};
```

打印集合中所有成员算法的实现代码描述如下。

```
ostream& operator << (ostream& out, Set <T> t) {
//友元函数, 将集合 t 输出到输出流对象 out
    t.traverse (out, t);return out;
}
void traverse (ostream& out, Set <T> s) {
//友元函数, 集合的遍历算法
    if (!s.IsEmpty ()) {                                   //集合元素不空
    if (!s.Elemtype ()) out << s.GetName () << '{';        //输出集合名及花括号
    else if (s.Elemtype () == 1) {                         //集合原子元素
        out << s.GetData ();                               //输出原子元素的值
        if (s.GetNext () != NULL) out << ',';
        }
        else {                                             //子集合
            traverse (s. GetSubSet ());                    //输出子集合
            if (s.GetNext () != NULL) out << ',';
        }
        traverse (s.GetNext ());                           //向同一集合下一元素搜索
    }
    else out << '}';
};
```

如果集合中包含有子集合,各个子集合之间没有重复的元素,采用广义表结构比较合适,也可以使用并查集结构。

2. 顺序搜索实际上仅涉及 0 级链,只要在 last[0]中记下上次访问到什么地方,下次就可以从 last[0]记下的位置继续访问下一个元素,时间复杂度为 $O(1)$。

(1) 返回第一个元素地址的 Begin 函数定义如下。

```
template <class E, class K>
SkipNode<E, K> * SkipList<E, K>::Begin() {
    if (head->link[0] != tail)
        { last[0] = head->link[0];return last[0]; }
    else return NULL;
};
```

(2) 返回下一个元素地址的 Next 函数定义如下。

```
template <class E, class K>
SkipNode<E, K>  * SkipList<E, K>::Next() {
    if (last[0]->link[0] != tail)
        { last[0] = last[0]->link[0];return last[0]; }
    else return NULL;
};
```

3. 因为跳表中每一级链的元素都是从左到右按递增次序排列的，因此如果跳表中有相同值的元素存在，因其在链表中是相继链接的，故不影响各级链的构造，但要修改搜索、插入和删除函数的定义和实现。

(1) 搜索函数。算法的描述如下。

```
template <class E, class K>
bool SkipList<E, K>::Search (K& k1, E e1[], int& count) {
//在表中搜索值与 k1 相等的元素,通过 e1[count]返回,count 返回等于 k1 的元素个数
    if (k1 > TailKey) return false;
    SkipNode<E, K> *p = head, *q;
    for (int i = Levels; i >= 0; i--)                           //逐级向下搜索
        while (p->link[i]->data < k1) p = p->link[i];
    count = 0;q = p;
    while (q != tail && q->data == k1) {
        e1[count++] = q->data;
        q = q->link[0];
    }
    return (count > 0) ? true : false;
};
template <class E, class K>
SkipNode<E, K> *SkipList<E, K>::SaveSearch (K& k1) {
//在表中寻找第一个值为 k1 的元素,并返回该元素所在结点的地址
    if (k1 > TailKey) return false;
    SkipNode<E,K> *p = head;
    for (int i = Levels; i >= 0; i--) {                         //逐级向下搜索
        while (p->link[i]->data < k1) p = p->link[i];
        last[i] = p;                                            //记下最后比较结点
    }
    return p->link[0];                                          //返回找到的结点地址
};
```

(2) 插入函数，若有值相等的元素，则插在它们后面。算法的描述如下。

```
template <class E, class K>
int SkipList<E, K>::Level() {
//产生一个随机的级别,该级别 < maxLevel
    int lev = 0;
    while (rand() <= RAND_MAX/2) lev++;
    return (lev < maxlevel) ? lev : maxLevel;
};
template <class E, class K>
bool SkipList<E, K>::Insert (E& e1) {
    K k1 = e1.key;                                  //抽取关键码
    if (k1 >= TailKey) { cerr <<"关键码太大!" <<endl;return false; }
    SkipNode<E, K> *p = SaveSearch (k1); //检查是否有值相等的元素
    if (p->data == e1) {                            //重载: 元素间判等于
        SkipNode<E, K> *q = p->link[0], *pre = p, *newNode;
        while (q != tail && q->data == e1) { pre = q;q = q->link[0]; }
        newNode= new SkipNode<E, K>(e1);
        pre->link[0] = newNode;newNode->link[0] = q;
```

```
    }
    else {
        int lev = Level();                              //随机产生一个级别
        if (lev > Levels) { lev = ++Levels; last[lev] = head; }
        SkipNode<E, K> *newNode = new SkipNode<E, K>(e1);
        for (int i = 0; i <= lev; i++) {                //各级链入
            newNode->link[i] = last[i]->link[i];        //第 i 级链入
            last[i]->link[i] = newNode;
        }
    }
    return true;
};
```

(3) 删除算法,若有值相等的元素,全部删去。算法的描述如下。

```
template <class E, class K>
bool SkipList<E, K>::Remove (const K& k1, E e1[], int& count) {
//在表中删除值与 k1 相等的元素,通过 e1[count]返回,count 是删除元素个数
    if (k1 > TailKey) { cerr <<"关键码太大!" <<endl;return false; }
    SkipNode<E, K> *p = SaveSearch(k1);                 //搜索与 k1 匹配的第一个元素
    if (p->data != k1)                                  //重载: 元素关键码判不等
        { cout <<"被删除元素不存在!" <<endl;return false; }
    for (int i = 0; i <= Levels && last[i]->link[i] == p; i++)
        last[i]->link[i] = p->link[i];                  //逐级链摘下该结点
    while (Levels > 0 && head->link[Levels] == tail) Levels--;
    count = 0;
    do {
        e1[count++] = p->data;delete p;
    } while (last[0]->link[0]->data == k1);
    return true;
};
```

4. (1) 删除跳表中具有最小值的元素。

在跳表中具有最小值的元素应是链表中的第 1 个元素。被删结点应仅处于 0 级链中,首先从 0 级链中摘下被删结点,再删除之。算法的描述如下,时间复杂度为 $O(1)$。

```
template <class E, class K>
bool SkipList<E, K>::RemoveMin (E& e1) {
    SkipNode<E, K> *p = head->link[0];
    if (p != tail) {                                //非空表
        head->link[0] = p->link[0];
        e1 = p->data;delete p;
        return true;
    }
    else return false;                              //空表
};
```

(2) 删除跳表中具有最大值的元素。

在跳表中具有最大值的元素应是跳表中 0 级链的最后一个结点。为了找到这个结点,需逐级向下搜索各级链,找到一个结点 p,p->link[0]==tail,此结点即为被删结点,逐级从链(如果有)中摘下它,再删除之。算法的描述如下。设 0 级链有 n 个元素结点,算法时间复

杂度为 $O(n)$。

```
template <class E, class K>
bool SkipList<E, K>::RemoveMax (E& el) {
    SkipNode<E, K> *p = head, * q = NULL;int i;
    for (i = Levels; i >= 0; i--) {                    //逐级向下搜索
        while (p->link[i] != tail) { q = p;p = p->link[i]; }
        last[i] = q;                                   //记下准备删除结点
    }
    for (i = 0; i <= Levels && last[i]->link[i] == p; i++)
        last[i]->link[i] = p->link[i];                 //逐级链摘下该结点
    while (Levels > 0 && head->link[Levels] == tail) Levels--;
    el = p->data;delete p;
    return true;
};
```

(3) 按升序输出跳表中各个元素。

假定各元素的值可以利用"<<"输出(若不能则需在相应元素的类定义中定义"<<"的重载函数),算法顺序输出 0 级链所有元素即可,算法的时间复杂度为 $O(n)$。算法的描述如下。

```
#include <iostream.h>
template <class E, class K>
void SkipList<E, K>::Traverse () {
    SkipNode<E, K> *p = head->link[0];
    while (p->link[0] != tail) {
        cout << p->data << ' ';
        p = p->link[0];
    }
};
```

5. (1) 设计用闭散列法解决冲突的散列表类。

```
const int DefaultSize = 100;
enum KindOfStatus {Active, Empty, Deleted};                      //元素状态 (活动/空/删)
template <class E, class K>
class HashTable {                                                //散列表类定义
public:
    HashTable (const int d, int sz = DefaultSize);               //构造函数
    HashTable (const int d, E R[], int n, int sz = DefaultSize); //构造函数: 建表
    ~HashTable() {delete []ht; delete []info; }                  //析构函数
    bool Search(K k1, E& e1) ;                                   //在散列表中搜索 k1
    bool Insert (k k1, E e1);                                    //在散列表中插入 e1
    bool Remove (K k1, E& e1);                                   //在散列表中删除 e1
    float getASL_succ ();                                        //计算 ASLsucc
    float getASL_unsucc ();                                      //计算 ASLunsucc
friend ostream& operator << (ostream& out, HashTable& H);        //输出
private:
    int divisor;                                                 //散列函数的除数
    int CurrentSize, TableSize;                                  //当前桶数及最大桶数
    E *ht;                                                       //散列表存储数组
    KindOfStatus *info;                                          //状态数组
```

```
    int FindPos(const K& k1, int& count) const;       //散列函数:计算初始桶号
};
template <class E, class K>
HashTable<E, K>::HashTable (int d, int sz) {
//构造函数: 建立一个大小为 sz 的空表。d 是散列函数的除数,它应是不大于 sz
//但最接近 sz 的素数。如果 sz 是素数,则 d 可等于 sz。sz 有默认值
    divisor = d;
    TableSize = sz;CurrentSize = 0;
    ht = new E[TableSize];
    if (ht == NULL) { cerr <<"ht[]的存储分配失败! \n";exit(1); }
    info = new KindOfstatus[TableSize];
    if (info == NULL) { cerr <<"info[]的存储分配失败! \n";exit(1); }
    for (int i = 0; i < TableSize; i++) info[i] = empty;
};
```

(2) 使用线性探查法的搜索算法,算法的描述如下。

```
template <class E, class K>
int HashTable<E, K>::FindPos (K& k1, int& count) {
//搜索在一个散列表中关键码与 k1 匹配的元素,若搜索成功,则函数返回该元素的位置,
//否则返回插入点(如果有足够的空间)。引用参数 count 返回探查次数
    int i = k1 % divisor;                                   //计算初始桶号
    int j = i;count = 1;                                    //j 是寻找空桶的探查指针
    do {
        if (info[j] == empty || ht[j] == k1) return j;      //找到
        else { j = (j+1) % TableSize;  count++; }           //找下一个空桶
    } while (j != i);
    return -1;                                              //表已满, 失败
};
template <class E, class K>
bool HashTable<E, K>::Search (K k1, E& e1) {
//使用线性探查法在散列表 ht(每个桶容纳一个元素)中搜索 k1。若 k1 在表中存在,
//则函数返回 true,并用引用参数 e1 返回找到的元素。如果 k1 不在表中, 则返回 false
    int i, count;i = FindPos (k1, count);                   //搜索
    if (i == -1 || info[i] != Active || ht[i] != k1) return false;
    else { e1 = ht[i];return true; }
};
```

(3) 删除具有给定关键码值 k1 的表项,算法的描述如下。

```
template <class E, classK>
bool HashTable<E, K>::Remove (K k1, E& e1) {
//在 ht 表中删除元素 key。若表中找不到 k1, 或虽然找到 k1, 但它已经逻辑删除过,
//则函数返回 false,否则在表中删除元素 k1, 返回 true, 并在引用参数 e1 中得到它
    int i, count;i = FindPos (k1, count);
    if (i != -1 && info[i] == Active) {              //找到要删元素, 且是活动元素
        info[i] = deleted;                           //做逻辑删除标志, 不做物理删除
        e1 = ht[i];CurrentSize--;
        return true;                                 //删除操作完成, 返回成功标志
    }
    else return false;                               //表中无被删元素, 返回不成功标志
};
```

(4) 插入具有指定关键码值 k1 的表项 e1,算法的描述如下。

```
template <class E, class K>
bool HashTable<E, K>::Insert (k k1, E e1) {
//在 ht 表中搜索 k1。若找到则不再插入,若未找到,但表已满,则不再插入,函数返回
//false; 若找到位置的标志是 Empty,均插入 e1 并函数返回 true
    int i, count;i = FindPos (k1, count);        //用散列函数计算桶号
    if (i != -1 && info[i] == Empty {             //该桶空, 存放新元素
        ht[i] = e1;info[i] = Active;
        CurrentSize++;
        return true;
    }
    if (info[i] == Active && ht[i] == e1)
        { cout <<"表中已有此元素,不能插入!" <<endl;return false; }
    cout <<"表已满,不能插入!" <<endl;return false;
};
```

(5) 建立散列表,算法的描述如下。

```
template <class E, class K>
HashTable<E, K>::HashTable (int d, E R[], int n, int sz = DefaultSize) {
//构造函数: 建立大小为 sz 的散列表,d 是散列函数的除数,R[n]是存入表中的元素
    TableSize = sz;CurrentSize = 0;divisor = d;
    ht = new E[TableSize];
    if (ht == NULL) { cerr <<"ht[]的存储分配失败! \n";exit(1); }
    info = new KindOfstatus[TableSize];
    if (info == NULL) { cerr <<"info[]的存储分配失败! \n";exit(1); }
    int i;K key;
    for (i = 0; i < TableSize; i++) info[i] = empty;
    for (i = 0; i < n; i++) {
        key = R[i];                          //重载函数"="应在定义 E 的类型时定义
        Insert (key, R[i]);                  //插入 R[i]
    }
};
```

(6) 输出散列表,算法的描述如下。

```
template <class E, class K>
ostream& operator << (ostream& out, HashTable& H) {
    out <<"The size of HashTable is " << H.TableSize <<endl;
    out <<"The Items of HashTable is " << H.CurrentSize <<endl;
    for (int i = 0; i < H.TableSize; i++)
        if (H.info[i] == Active) cout << H.ht[i] <<", ";
    cout <<endl;
    return out;
};
```

(7) 求搜索成功时的平均搜索长度,算法的描述如下。

```
template <class E, class K>
float HashTable<E, K>::getASL_succ () {
    int i, j, sum = 0, n = 0;K key;
    for (i = 0; i < TableSize; i++)
```

```
        if (info[i] == Active) {                //此桶被占用
            n++;key = ht[i];                    //重载函数"="应在定义 E 的类型时定义
            j = key % divisor;                  //计算该桶元素最初应存放的桶号
            sum = sum+(i-j+1+TableSize) % TableSize;        //累加探查次数
        }
    if (n == CurrentSize) return (float) sum/CurrentSize;
    else return 0;                              //累加桶数与 CurrentSize 不等
};
```

(8) 求搜索不成功时的平均搜索长度,算法的描述如下。

```
template <class E, class K>
float HashTable<E, K>::getASL_unsucc () {
    int i = 0, j, n = 0, sum = 0, s1;
    while (i < divisor) {                                   //检测 divisor 范围内各桶
        s1 = 1;
        if (info[i] == Active || info[i] == Deleted) {  //桶已占用
            s1++;n++;j = 1;
            while (i+j < TableSize && (info[i+j] == Active || info[i+j] == Deleted))
                { j++;s1++; }                               //统计冲突桶数
        }
        sum = sum+s1;i++;                                   //累加
    }
    if (n == CurrentSize) return (float) sum/divisor;
    else return 0;
};
```

6. (1) 在散列表中搜索具有指定关键码值的表项,算法的描述如下。

```
template <class E, class K>
int HashTable<E, K>::FindPos(K k1, int& count) {
//搜索在一个散列表中关键码值与 k1 匹配的元素,若搜索成功,则函数返回该元素的
//位置,否则返回插入点(如果有足够的空间)。参数 count 是探查次数
    int adr = k1 % divisor;                         //adr 为计算出的初始桶号
    int i = 0, odd = 0, j;                          //i 为探查增量,odd 是控制标志
    count = 0;
    while (info[adr] != Empty && ht[adr] != k1) {   //搜索是否为要求表项
        if (nodd == 0) {                            //odd=0 为 (H0+i2)%TableSize 情形
            i++;save = adr;                         //求"下一个"桶
            adr = (adr+2 * i-1) % TableSize;odd = 1;
        }
        else {                                      //odd=1 为 (H0-i2)%TableSize 情形
            adr = (save-2 * i+1) % TableSize;odd = 0;
            if (adr < 0) adr = adr+TableSize;       //求"下一个"桶
        }
        count++;
    }
    return i;                                       //返回桶号
};
template <class E, class K>
bool HashTable<E, K>::Search (K k1, E& e1) {
```

```
    //使用二次探查法在散列表 ht(每个桶容纳一个元素)中搜索 k1。若 k1 在表中存在,
    //则函数返回 true,并用引用参数 e1 返回找到的元素。如果 k1 不在表中,则返回 false
    int i, count;i = FindPos(k1, count);                //搜索
    if (info[i] != Active || ht[i] != k1) return false;
    else { e1 = ht[i];return true; }
};
```

(2) 在散列表中删除具有指定关键码值的表项的函数,算法的描述如下。

```
template <class E, classK>
bool HashTable<E, K>::Remove (K k1, E& e1) {
//在 ht 表中删除元素 key。若表中找不到 k1,或虽然找到 k1,但它已经逻辑删除
//过,则返回 false;否则在表中删除元素 k1,返回 true,并在引用参数 e1 中得到它
    int i, count;i = FindPos (k1, count);
    if (info[i] == Active) {                        //找到要删元素,且是活动元素
        info[i] = deleted;                          //做逻辑删除标志,不做物理删除
        e1 = ht[i];CurrentSize--;
        return true;                                //删除操作完成,返回成功标志
    }
    else return false;                              //表中无被删元素,返回不成功标志
};
```

(3) 在散列表中插入具有指定关键码值的表项,算法的描述如下。

```
template <class E, class K>
bool HashTable<E, K>::Insert (K k1, E e1) {
//在 ht 表中搜索 k1。若找到则不再插入。若未找到,但表已满,则不再插入,返回
//false;若找到桶标志是 Empty,插入 e1,返回 true
    int i, count;i = FindPos (k1, count);               //用散列函数计算桶号
    if (info[i] !=Empty) return false;                  //此位置不为空则不插入
    ht[i] = e1;info[i] = Active;                        //插入新元素
    if (++CurrentSize < TableSize/2) return true;       //不超过表长的一半
    E * OldHt = ht;                                     //分裂空间处理:保存原散列表
    KindOfstatus * oldInfo = info;
    int OldTableSize = TableSize;
    CurrentSize = 0;
    TableSize = NextPrime (2 * OldTableSize);           //原表大小的 2 倍,取素数
    ht = new E[TableSize];
    if (ht == NULL) { cerr <<"存储分配失败!" <<endl;return false; }
    info = new KindOfstatus[TableSize];
    if (info == NULL) { cerr <<"存储分配失败!" <<endl;return false; }
    int j;K key;
    for (j = 0; j < TableSize; j++) info[j] = empty;
    for (j = 0; j < TableSize; j++)                     //原表中的元素重新散列到新表中
        if (oldInfo[j] == Active)                       //递归调用
                { key = OldHt[j];Insert (key, oldHt[j]); }
    delete [] oldHt;delete [] oldInfo;
    return true;
};
```

下面补充两个求素数的小函数,第一个函数求大于 n 的满足 $4k+3$ 的指数,第二个判断 n 是否素数。

```
int NextPrime (int n) {                          //求下一个大于 n 的素数
    if (n % 2 == 0) n++;                         //偶数不是素数
    while (!IsPrime (n) && (n-3) % 4 != 0)       //寻找满足 4k+3 的素数
        n = n+2;
    return n;
}
int IsPrime (int n) {                            //测试 n 是否为素数
    for (int i = 3; i * i <= n; i = i+2)
        if (n % i == 0) return 0;                //若 n 能整除 i,则 n 不是素数
    return 1;                                    //n 是素数
}
```

(4) 求搜索成功时的平均搜索长度的函数,算法的描述如下。

```
template <class E, class K>
float HashTable<E, K>::getASL_succ () {
    int i, j, count, sum = 0, n = 0;K key;
    for (i = 0; i < TableSize; i++)
        if (info[i] == Active) {                 //此桶被占用
            n++;key = ht[i];                     //提取 ht[i]关键码值
            j = FindPos(key, count);             //计算该桶元素应存放的桶号
            sum = sum+count;                     //累加探查次数
        }
    if (n == CurrentSize) return (float) sum/CurrentSize;
    else return 0;                               //累加桶数与 CurrentSize 不等
    };
```

7.(1) 设计用分离的同义词子表组织的开散列表的类。

```
const int defaultSize = 100;
template <class E, class K>
struct ChainNode {                               //各桶中同义词子表的链结点定义
    E data;                                      //元素
    ChainNode<E, K> *link;                       //链指针
    ChainNode () { link = NULL; }                //构造函数
    ChainNode (E item, ChainNode<E, K> *next = NULL)
        { data = item;link = next; }             //构造函数
};
template <class E, class K>
class HashTable {                                //散列表(表头指针向量)定义
public:
    HashTable (int d, int sz = defaultSize);     //构造函数
    HashTable (int d, E R[], int n, int sz = defaultSize);       //构造函数
    ~HashTable() { delete []ht; }                //析构函数
    bool Search (const K k1, E& e1);             //搜索
    bool Insert (K k, E e1);                     //插入
    bool Remove (K k1, E& e1);                   //删除
friend ostream& operator << (ostream& out, HashTable& H);        //输出
private:
    int divisor;                                 //除数(必须是素数)
    int TableSize;                               //容量(桶的个数)
```

```
    ChainNode<E,K> * * ht;                          //散列表指针数组定义
    ChainNode<E,K> * FindPos (cinst K& k1, int& count);
};
template <class E, class K>
HashTable<E, K>::HashTable(int d, int sz) {     //构造函数
    divisor = d;TableSize = sz;
    ht = new ChainNode<E, K> * [sz];                //创建头结点数组
    if (ht == NULL) { cerr <<"ht[]的存储分配失败! \n";exit(1); }
    for (int i = 0; i < sz; i++) ht[i] = NULL;
};
```

(2) 在散列表中搜索具有指定关键码值的表项,算法的描述如下。

```
template <class E, class K>
ChainNode<E, K> * HashTable<E, K>::FindPos(K& k1, int& count) {
//在散列表 ht 中搜索关键码值为 k1 的元素。函数返回一个指向散列表中某个桶的
//指针,若元素不存在, 则返回 NULL。参数 count 返回探查次数
    int j = k1 % divisor;                               //计算散列地址
    ChainNode<E, K> * p = ht[j];                        //扫描第 j 链的同义词子表
    while (p != NULL && p->data != k1)                  //重载函数"!="在 E 中定义
        p = p->link;
    return p;                                           //返回
};
template <class E, class K>
bool HashTable<E, K>::Search (K k1, E& e1) {
//使用开散列法在散列表 ht 中搜索 k1。若 k1 在表中存在, 则函数返回 true,并用
//引用参数 e1 返回找到的元素。如果 k1 不在表中, 则返回 false
int count;
    ChainNode<E, K> * p = FindPos (k1, count);    //搜索
    if (p == NULL) return false;
    else { e1 = p->data;return true; }
};
```

(3) 删除具有给定关键码值 k1 的表项,算法的描述如下。

```
template <class E, classK>
bool HashTable<E, K>::Remove (K k1, E& e1) {
//在散列表中删除元素 key。若表中找不到 k1, 则函数返回 false,否则在表中删除
//元素 k1, 返回 true, 并在引用参数 e1 中得到它
    int count;
    ChainNode<E, K> * p = FindPos (k1, count);
    if (p == NULL) return false;                        //找不到要删除元素,返回 false
    int j = k1 % divisor;                               //计算散列地址
    if (ht[j] == p) ht[j] = p->link;
    else {
        ChainNode<E, K> * pre = ht[j];                  //扫描第 j 链的同义词子表
        while (pre->link != p) pre = pre->link;
        pre->link = p->link;
    }
    e1 = p->data;delete p;
    return true;                                        //返回
};
```

(4) 插入具有指定关键码值 k1 的表项 e1,算法的描述如下。

```
template <class E, class K>
bool HashTable<E, K>::Insert (k k1, E e1) {
//在散列表中搜索 k1。若找到则不再插入,函数返回 false;若未找到, 插入到相应
//同义词子表的表头, 函数返回 true
    int count;
    ChainNode<E, K> * p = FindPos (k1, count);          //用散列函数计算桶号
    if (p == NULL) {                                     //该桶未找到, 存放新元素
        int j = k1 % divisor;                            //计算散列地址
        ChainNode<E, K> * q = new ChainNode<E, K> (e1);
        q->link = ht[j];ht[j] = q;                       //新结点插在链头
        return true;
    }
    else return false;
};
```

(5) 建立散列表,算法的描述如下。

```
template <class E, class K>
HashTable<E, K>::HashTable (const int d, E R[], int n, int sz = DefaultSize) {
//构造函数: 建立大小为 sz 的散列表,d 是散列函数的除数,R[n]是存入表中的元素
    TableSize = sz;divisor = d;
    ht = new ChainNode<E, K> * [sz];                    //创建头结点数组
    if (ht == NULL) { cerr <<"ht[]的存储分配失败! \n";exit(1); }
                                                        //判断存储分配是否成功
    int i, j;K key;
    for (i = 0; i < sz; i++) ht[i] = NULL;
    for (i = 0; i < n; i++) {                           //逐个元素插入表中
        key = R[i];                                     //重载函数,提取 R[i]关键码值
        j = key % divisor;                              //计算桶号
        ChainNode<E, K> * q = new ChainNode<E, K> (R[i]);
        q->link = ht[j];ht[j] = q;                      //新结点插在链头
    }
};
```

(6) 输出散列表,算法的描述如下。

```
template <class E, class K>
ostream& operator << (ostream& out, HashTable& H) {
    out <<"The size of HashTable is " << H.TableSize <<endl;
    ChainNode<E, K> * p;
    for (int i = 0; i < H.TableSize; i++) {
        p = H.ht[i];
        while (p != NULL) {
            cout << p->data <<", ";                     //重载函数"<<"在 E 中定义
            p = p->link;
        }
        cout <<endl;
    }
    return out;
};
```

(7) 求搜索成功时的平均搜索长度,算法的描述如下。

```
template <class E, class K>
float HashTable<E, K>::getASL_succ () {
    int i, count, sum = 0, n = 0;
    ChainNode<E, K> *p;
    for (i = 0; i < TableSize; i++) {
        p = ht[i];count = 0;
        while (p != NULL) {
            count++;sum = sum+count;            //累加探查次数
            n++;                                //累计元素个数
            p = p->link;
        }
    }
    return (float) sum/n;
};
```

(8) 求搜索不成功时的平均搜索长度,算法的描述如下。

```
template <class E, class K>
float HashTable<E, K>::getASL_unsucc () {
    int i, count, sum = 0;
    ChainNode<E, K> *p;
    for (i = 0; i < divisor; i++) {
        p = ht[i];count = 1;
        while (p != NULL)
            { count++;p = p->link; }
        sum = sum+count;
    }
    return (float) sum/divisor;
};
```

8. 由题意可知,整个稀疏矩阵中非零元素的个数为 100。为了散列存储这 100 个非零元素,需要使用一个作为散列表的一维数组,该数组中元素的类型如下。

```
struct Element {
    int row;                            //存储非零元素的行下标
    int col;                            //存储非零元素的列下标
    float val;                          //存储非零元素值
};
```

假定用 HT[m]表示这个散列表,其中 m 为散列表的长度,若取装载因子为 0.8 左右,则令 m 为 127 为宜(因 127 为素数)。

按照题目要求,需根据稀疏矩阵元素的行下标和列下标存取散列表中的元素,所以每个元素的行下标和列下标同时为元素的关键码值。假定用 x 表示一个非零元素,按除留余数法构造散列函数,并考虑尽量让得到的散列地址分布均匀,所以采用的散列函数如下。

$$\text{Hash}(x) = (13 \times x.\text{row} + 17 \times x.\text{col}) \% m$$

根据以上分析,建立散列表的算法如下。

```
int Create (Element HT[], int m) {
//根据稀疏矩阵中 100 个非零元素建立散列表
```

```
    int i, d, t;Element x;
    for (i = 0; i < m; i++)                        //散列表初始化，行列号置为-1，值置为 0
        { HT[i].row = -1;HT[i].col = -1;HT[i].val = 0; }
    for (i = 1; i <= 100; i++) {                   //循环，输入一个非零元素并插入表中
        cout << i <<": ";
        cin >> x.row >> x.col >> x.val;           //输入非零元素
        d = (13 * x.row+17 * x.col) % m;          //计算初始散列地址
        t = d;
        while (HT[d].val != 0) {                   //线性探查存储位置
            //此循环条件也可用 ht[d].row! = -1 或 ht[d].col != -1 来代替
            d = (d+1) % m;
            if (d == t) return 0;                  //无插入位置,返回 0
        }
      HT[d].row = x.row;HT[d].col = x.col;HT[d].val = x.val;
    }
    return 1;                                      //全部元素插入成功后返回 1
}
```

在散列表上进行搜索的算法如下。

```
int Search (Element HT[], int m, int row, int col) {
//采用与插入时使用的同一散列函数计算散列地址
    int d = (13 * row+17 * col) % m;
    //采用线性探查法搜索行、列下标分别为 row 和 col 的元素
    t = d;
    while (ht[d].val != 0) {
    //此循环条件也可用 ht[d].row != -1 或 ht[d].col != -1 来代替
        if (ht[d].row == row && ht[d].col == col)
            return d;                              //搜索成功,返回元素的下标
        else d = (d +1) % m;
        if (d == t) return -1;
    }
    return -1;                                     //搜索失败,返回-1
}
```

第7章 搜索结构

本章讨论了一些典型的搜索方法和简单的性能分析方法，以及相关的搜索结构。包括适用于顺序搜索和折半搜索的静态搜索表和适用于树形搜索的二叉搜索树和 AVL 树等。为了描述顺序搜索和折半搜索，引入了扩充二叉搜索树(即判定树)的搜索效率，据此推导出估算搜索效率的公式。此外，本章还介绍了二叉搜索树的扩展，即伸展树和红黑树。实际上，它们都是一种集合的表示，因此在讨论各种搜索树时没有考虑关键码的值有重复的情形。

7.1 复习要点

本章复习的要点如下。

1. 搜索的概念

(1) 搜索算法是依托搜索结构的，搜索结构是一种集合结构。

(2) 通常，搜索结构由相同数据类型的记录或结点构成。根据记录或结点之间的关系，可区分为静态搜索表和动态搜索树。

(3) 搜索的方法可分为基于关键码的搜索和基于属性的搜索。前者的搜索结果是唯一的，后者的搜索结果可以是不唯一的。

(4) 唯一标识数据元素或对象的关键码称为主关键码。用于作为某些检索所用的属性可称为次关键码，它可以不唯一地标识数据元素或对象。

(5) 衡量一个算法的时间效率的标准是平均搜索长度，它是搜索过程中关键码的平均比较次数(对于外部搜索方法则是平均读写磁盘次数)。

(6) 在第 10 章复习基于属性的搜索和外部搜索方法，本章的复习范围仅限于内部搜索，即不涉及内外存交换的搜索方法。

(7) 搜索的特点。

① 刚搜索过的记录或结点很有可能之后再次被搜索。

② 每次搜索的记录或结点往往位于前一次刚搜索过的记录或结点的附近。

③ 搜索成功的平均搜索长度和搜索不成功的平均搜索长度在很多场合是分别考虑的，但在分析最优二叉搜索树时需同时考虑搜索成功和搜索不成功的搜索概率。

2. 静态搜索表

(1) 静态搜索表的结构是线性表，每个元素是一个记录或结点，其类型参数化后可以用 E 标记，而记录或结点中用于作为搜索依据的关键码的类型参数化表示为 K。因此，在定义记录或结点的结构时，需要定义属于该结构的“==”“!=”“<”“>”等重载操作。

(2) 顺序搜索可用于顺序表和单链表，每次做数据比较之前都要判断该数据的位置不能超出表的范围。为了加快搜索，可以在搜索表的末端设置“监视哨”，以省去位置判断。相等搜索概率下的搜索成功的平均搜索长度为 $ASL_{succ}=(n+1)/2$，搜索不成功的平均搜索长度为 $ASL_{unsucc}=n$(不设监视哨)或 $n+1$(设监视哨)，其中 n 是表中的记录个数。

(3) 折半搜索只能用于有序顺序表。计算折半搜索的平均搜索长度可用(二叉)判定树。此判定树是一棵扩充二叉搜索树,根据内结点所处层次,可计算搜索成功的平均搜索长度,根据外结点所处层次可计算搜索不成功的平均搜索长度。折半搜索的搜索成功的平均搜索长度为 $O(\log_2 n)$,其中 n 是表中记录个数。

(4) 类似于折半搜索,在有序顺序表中还可以实现斐波那契搜索或插值搜索。

3. 二叉搜索树

(1) 二叉搜索树,又称为二叉排序树,它的定义是一个递归的定义。

(2) 对二叉搜索树进行中序遍历,可把所有结点的数据按其关键码的值从小到大排列起来。此性质亦可作为判断一棵二叉树是否是二叉搜索树的依据。

(3) 二叉搜索树上的搜索是一个从根开始逐层向下比较的过程。若根结点的关键码值等于给定值,则搜索成功,搜索指针停留在该结点;若根结点的关键码值不等于给定值,就需向下一层比较:若根结点的关键码值小于给定值,递归搜索其左子树,否则递归搜索其右子树。若子树为空,则搜索失败,搜索指针走到某一个外结点(虚结点)。

(4) 二叉搜索树的搜索效率取决于树中关键码值的分布。在相等搜索概率情形下,二叉搜索树的高度越矮,平均搜索长度越小。在不相等搜索概率情形下,搜索成功的平均搜索长度等于树中各内结点(即树上的结点)的 $p_i \times c_i$ 之和,其中 p_i 是第 i 个内结点的搜索概率,c_i 是第 i 个内结点搜索到它的关键码比较次数(等于它所处层次);搜索不成功的平均搜索长度等于各外结点(即搜索失败到达的结点,它是空结点)的 $q_j \times c_j$ 之和,其中 q_j 是第 j 个外结点的搜索概率,c_j 是第 j 个外结点走到它的关键码的比较次数(等于它所处层次减 1)。

(5) 具有最小平均搜索长度的二叉搜索树为最优二叉搜索树。最小平均搜索长度是搜索成功的平均搜索长度与搜索不成功的平均搜索长度之和,此时,要统一考虑各内结点和外结点的搜索概率,即

$$\text{ASL}_{\text{succ}} = \sum_{i=1}^{n} p_i \times c_i, \quad \text{ASL}_{\text{unsucc}} = \sum_{j=1}^{n} q_j \times c_j, \quad \sum_{i=1}^{n} p_i + \sum_{j=1}^{n} q_j = 1。$$

(6) 二叉搜索树的插入要注意以下几点:

① 新结点作为叶结点插入。

② 每次插入,都需从根结点开始,调用搜索算法寻找插入位置。若搜索成功,将不插入;若搜索失败,则将新结点插入搜索失败时搜索到的结点下面。

③ 二叉搜索树的增长是在底层插入新结点而造成的,其插入时间复杂度取决于搜索的时间复杂度。

(7) 二叉搜索树的删除要区分被删结点是有两个子女还是最多只有一个子女。

① 如果被删结点只有一个子女,可先用子女顶替它链接到其父结点下面,再删除它。如果被删结点是叶结点,此时把空结点(指针)置于父结点的相应子女指针域。

② 如果被删结点有两个子女,可在其右子树中寻找该被删结点的中序下的直接后继结点,或在其左子树中寻找该被删结点的中序下的直接前驱结点,用此结点的值顶替被删结点的值,再转而删除这个中序直接后继或直接前驱结点。这个结点最多只有一个子女,可以按照前一条执行删除操作。

③ 二叉搜索树删除算法的要求是不能增加树的高度。

(8) 二叉搜索树的性能取决于树的高度。在有 n 个结点的二叉搜索树中,树的高度最

大为 n(单支树的情形)，最小为$\lceil \log_2(n+1) \rceil$(理想平衡二叉树的情形)。

4. AVL 树

(1) AVL 树又称为高度平衡的二叉搜索树，简称为平衡二叉树。它要求一棵二叉搜索树的每一个结点的平衡因子的绝对值不能超过 1，即每个树结点的左、右子树高度的差只能是 0、−1 和 1。

(2) AVL 树的搜索算法与二叉搜索树相同，其时间复杂度为 $O(\log_2 n)$。

(3) AVL 树的插入算法按照二叉搜索树要求插入新结点，但插入后要考虑平衡化旋转，以保持其平特性。

(4) 每插入一个结点，必须从插入结点起沿插入路径向根的方向检查路径上的各个结点，如果发现不平衡的结点，则停止检查。以这个结点为根的子树称为发生不平衡的最小子树。该结点是离插入结点最近的发生不平衡的结点。

(5) 平衡化旋转的类型，取决于最小子树的根结点(设为 p)及它的较高子树的根结点(设为 q)。若 p 与 q 的 bf 同(正负)号，做单旋转；若 p 与 q 的 bf 异号，做双旋转。

① 单旋转情形：若 q 是 p 的左子女，做右单旋转(有的教材称为 LL 旋转)，把“/”改为“∧”；若 q 是 p 的右子女。做左单旋转(有的教材称为 RR 旋转)，把“\”改为“∧”。

② 双旋转情形：若 q 是 p 的左子女，做先左后右双旋转(有的教材称为 LR 旋转)，把“＜”改为“∧”；若 q 是 p 的右子女，做先右后左双旋转(有的教材称为 RL 旋转)，把“＞”改为“∧”。

(6) AVL 树的删除算法按照二叉搜索树进行，但删除后要检查被删结点的父结点为根的子树高度是否降低。如果降低将会导致通向根的路径上更多的结点失去平衡，需要做平衡化旋转。

(7) 设高度降低的子树的根为 r，它的父结点为 p，它的兄弟(如果存在)结点为 q。如果 p 与 q 的 bf 同号，做单旋转；如果 p 与 q 的 bf 异号，做双旋转。

① 单旋转情形：若 q 是 p 的左子女，做右单旋转；否则做左单旋转。

② 双旋转情形：若 q 是 p 的左子女，做先左后右双旋转；否则做先右后左双旋转。

这种平衡化旋转最坏情形下可能持续到根结点。

(8) AVL 树具有 $O(\log_2 n)$的高度，因此具有较好的搜索性能。

5. 伸展树

(1) 伸展树是二叉搜索树的一种，亦称为自调整树或自组织树。它的搜索、插入、删除操作与二叉搜索树相同。但每做一次运算后都要执行一次伸展操作。

① 对于搜索和插入运算，一次伸展操作将当前被搜索结点或插入结点移到树的根结点。

② 对于删除运算，一次伸展操作将被删结点的父结点移动到树的根结点。

(2) 一次伸展操作由一组向根的旋转构成。设 x 是要旋转的访问路径上的非根结点，x 向根的旋转有 3 种类型：单旋转、一字形双旋转和之字形双旋转。

(3) 设 x 的父结点 q 是根结点，执行单旋转。

若 x 是 q 的左子女，执行 zig 旋转，即让 x 成为根，q 成为 x 的右子女，相当于 AVL 树的右单旋转。对称情况是：若 x 是 q 的右子女，执行 zag 旋转，即让 x 成为根，q 成为 x 的左子女，相当于 AVL 树的左单旋转。

(4) 如果 x 的父结点是 q,q 的父结点是 p,执行双旋转。双旋转又分为一字形双旋转和之字形双旋转。这是伸展树特有的,涉及两层旋转。

① 一字形双旋转情形:

a. 若 x 是 q 的左子女,q 是 p 的左子女,三层结点呈"/"形,执行 zig-zig 旋转,q 与 p 先做 zig 旋转,x 与 q 再做 zig 旋转,最后 x 旋转到根结点,三层结点呈"\"形。

b. 若 x 是 q 的右子女,q 是 p 的右子女,三层结点呈"\"形,执行 zag-zag 旋转,q 与 p 先做 zag 旋转,x 与 q 再做 zag 旋转,最后 x 旋转到根结点。三层结点呈"/"形。

② 之字形双旋转情形:

a. 若 x 是 q 的左子女,q 是 p 的右子女,三层结点呈"＞"形,执行 zig-zag 旋转,x 与 q 先做 zig 旋转,x 与 p 再做 zag 旋转,最后 x 旋转到根结点。三层结点呈"∧"形。

b. 若 x 是 q 的右子女,q 是 p 的左子女,三层结点呈"＜"形,执行 zag-zig 旋转,x 与 q 先做 zag 旋转,x 与 p 再做 zig 旋转,最后 x 旋转到根结点。三层结点呈"∧"形。

(5) 伸展树的时间性能分析采用分摊法,分摊时间分析是对一个较长的运算序列所需时间求平均值。如果对一棵伸展树做了 m 次运算,包括搜索、插入、删除运算的交替执行,分摊分析求出 m 次运算的时间,再除以 m,可得到每一次运算的分摊时间。

(6) 可以证明,对于一棵结点个数不超过 n 的伸展树,一次运算所需的分摊时间不超过 $1+3\log_2 n$。执行 m 次搜索、插入或删除运算后,执行每个运算的总时间不超过 $m(1+3\log_2 n)+n\log_2 n$。

6. 红黑树

(1) 红黑树是二叉搜索树。它是从 2-3-4 树变形而来的。

(2) 红黑树可视为扩充二叉树,内部结点存储数据,并区分黑结点和红结点,外部结点表示空指针所指的虚结点。

(3) 红黑树的特性如下。

① 根结点和所有外部结点都是黑结点。

② 从根结点到外部结点的路径上没有连续两个结点的颜色是红色。

③ 所有从根到外部结点的路径上都有相同数目的黑结点。

(4) 红黑树的黑高度为从根结点到外部结点(不含外部结点)的路径上黑结点的个数。由红黑树的特性可知,红黑树中所有路径上的黑高度都相等。

(5) 在不考虑外部结点的情形下,设一棵红黑树的结点个数为 n,高度为 h,黑高度为 r,则它们之间的关系如下。

① $h\leqslant 2r$。

② $n\geqslant 2^r-1$。

③ $h\leqslant 2\log_2(n+1)$。

(6) 红黑树的搜索、插入和删除结点的运算与二叉搜索树相同,在插入或删除结点后,为了保持红黑树的特性,可能需要做重新平衡化。

(7) 将新结点插入空树时,新结点将染成黑色,否则新结点将染成红色。如果出现连续两个红结点,将破坏红黑树的特性,需要重新平衡。

(8) 红黑树的删除运算最后总归结到删除叶结点或只有一个子女的结点,如果删除的是黑结点,将破坏红黑树的特性,需要重新平衡。

7.2 难点和重点

本章的知识点有 5 个。

1. 静态搜索表

(1) 查找的依据是什么？衡量查找性能的标准是什么？

(2) 基于顺序表和有序顺序表的顺序查找在性能上有什么差别？

(3) 分析顺序搜索算法性能时，是否可以用 $(ASL_{succ}+ASL_{unsucc})/2$ 作为 ASL？

(4) 如果顺序表中各元素的搜索概率不相等，如何调整各元素的位置以保持其较高的搜索性能？

(5) 如果采用每搜索到一个元素后，把它与前一个元素互换位置的方法提高搜索性能是否可行？为什么？

(6) 折半查找的限制是什么？衡量折半查找性能的标准是什么？

(7) 折半搜索求中点的计算公式是 $\lfloor(left+right)/2\rfloor$ 还是 $\lceil(left+right)/2\rceil$？相应地，假设静态搜索表中有 n 个元素，那么在描述折半搜索过程的二叉判定树中根结点的左子树上有多少个结点？右子树上有多少个结点？

(8) 设静态搜索表有 n 个元素，则相对应的二叉判定树的高度是多少？(不计外部结点)

(9) 在相等搜索概率的情形下，折半搜索具有很好的搜索性能，但在不相等搜索概率情形下，如何利用二叉判定树构造具有较高搜索性能的搜索过程？

2. 二叉搜索树

(1) 一棵有 n 个结点的二叉搜索树有多少种不同的形态？

(2) 若想把二叉搜索树上所有结点的数据从小到大排列，采用何种遍历算法？从大到小排列，又采用何种算法？

(3) 如果一棵二叉树中每个结点的关键码值都大于其左子女的关键码值，且小于其右子女的关键码值，此二叉树是否为二叉搜索树？举例说明。

(4) 每次插入一个新元素到二叉搜索树中，应插入什么地方？

(5) 在二叉搜索树中删除结点时如何才能保证删除后的二叉搜索树的高度不增加？

(6) 如果被删除结点是非叶结点，为何不能直接删除？

(7) 衡量一棵二叉搜索树的搜索性能，需要计算其搜索成功的平均搜索长度和搜索不成功的平均搜索长度，此时可借助的辅助结构是什么？

(8) 为何在二叉搜索树的插入和删除算法中，子树的根指针被定义为引用型参数？

(9) 对一棵二叉搜索树做中序遍历，再基于得到的中序序列重新构造二叉搜索树，这两棵二叉搜索树是否相同？

(10) 在二叉搜索树中，从根结点到任一结点的路径长度的平均值是多少？

3. AVL 树

(1) 为何 AVL 树要对每个结点的平衡因子，即左、右子树的高度差加以限制？

(2) 二叉树、二叉搜索树和 AVL 树之间是何关系？

(3) 有 n 个结点的 AVL 树的最小高度是多少？最大高度是多少？

(4) 在高度为 h 的 AVL 树中离根最近的叶结点在第几层?

(5) 在 AVL 树的插入和删除过程中根据什么来划分平衡化旋转的类型?

(6) 发生不平衡的最小子树在哪里?如何寻找?

4. 伸展树

(1) 为何每做一次搜索、插入、删除运算都要进行一次伸展操作?

(2) 如果一个已存在的有 n 个结点的伸展树是单支树,每次都搜索位于最底层的叶结点,若把所有结点都访问一遍,总的旋转次数是多少?

(3) 做一次双旋转(zig-zig,zig-zag,zag-zig,zag,zag)可把结点上升两层。如果一个结点 v 最初处于奇数层,做若干次旋转后,其祖父结点将不存在,此时该做何种处理才能把结点 v 上升到根结点?

(4) 对伸展树的单次访问,最好情况下需要 $O(1)$时间,最坏情况下需要多少时间?

(5) 在对伸展树做任意多次连续的访问过程中,每次访问的分摊时间复杂度是多少?

5. 红黑树

(1) 新结点插入红黑树后,若其父结点是红结点,其祖父结点是黑结点,其父结点的兄弟结点是红结点,为保持红黑树的特性,该如何调整?

(2) 新结点插入红黑树后,若其父结点是红结点,其祖父结点是黑结点,其父结点的兄弟结点是黑结点,为保持红黑树的特性,该如何调整?

(3) 当被删结点是一个叶结点或只有一个子女的结点时,如果此结点是红结点,应如何处理?如果此结点是黑结点,又会发生什么,该如何处理?

(4) 红黑树的搜索时间复杂度是多少?与 AVL 树相比,最差情况下,哪一种的时间复杂度较好?

7.3 教材习题解析

一、单项选择题

1. 下面有关搜索的说法中,正确的是(   )。

   A. 所有搜索算法的执行都是基于关键码比较的

   B. 有序表中所有元素都是按照关键码的值正序(后一个元素大于或等于前一个元素)或逆序(前一个元素大于后一个元素)依次排列的

   C. 如果一个待查关键码集合存放于一个静态链表中,那么它应是静态搜索结构

   D. 如果允许搜索结构中存在关键码相等的不同元素,则基于关键码搜索的结果一定不唯一

【题解】 选 B。首先,搜索算法可能是基于关键码的,也可能是基于属性(非关键码)的;其次,静态链表不是静态搜索结构;此外,如果允许搜索结构中存在关键码相等的不同元素,则基于关键码搜索可能会搜索出一批元素,也可能会因为其他限制搜索出唯一的元素。只有选项 B 是正确的。

2. 下面有关搜索性能方面的叙述中,错误的是(   )。

   A. 搜索成功的平均搜索长度是指找到指定元素所需关键码比较次数的期望值

   B. 搜索不成功的平均搜索长度是指没有找到指定元素,但找到该元素插入位置所需

关键码比较次数的期望值

C. 平均搜索长度与元素的搜索概率无关

D. 平均搜索长度与元素在结构中的分布情况有关

【题解】 选 C。平均搜索长度与元素的搜索概率有关。

3. 顺序搜索算法适用于(　　)。

A. 线性表　　B. 搜索树　　C. 搜索网　　D. 连通图

【题解】 选 A。顺序搜索适用于线性表。

4. 若搜索表中各元素的概率相等,则在长度为 n 的顺序表上搜索到表中指定元素的平均搜索长度为(　　)。

A. n　　B. $n+1$　　C. $(n-1)/2$　　D. $(n+1)/2$

【题解】 选 D。在各元素的搜索概率相等的情况下,在长度为 n 的顺序表中搜索成功的平均搜索长度为 $(1+2+\cdots+n)/n=n(n+1)/2/n=(n+1)/2$。

5. 长度为 3 的顺序表进行搜索,若搜索第一个元素的概率为 1/2,搜索第二个元素的概率为 1/3,搜索第三个元素的概率为 1/6,则搜索到表中任一元素的平均搜索长度为(　　)。

A. 5/3　　B. 2　　C. 7/3　　D. 4/3

【题解】 选 A。$ASL_{succ}=1\times1/2+2\times1/3+3\times1/6=1/2+2/3+1/2=5/3$。

6. 对长度为 n 的有序单链表,若搜索每个元素的概率相等,则顺序搜索到表中任一元素的平均搜索长度为(　　)。

A. $n/2$　　B. $(n+1)/2$　　C. $(n-1)/2$　　D. $n/4$

【题解】 选 B。对长度为 n 的有序单链表只能做顺序搜索,在各元素的搜索概率相等的情况下,$ASL_{succ}=(1+2+\cdots+n)/n=n(n+1)/2/n=(n+1)/2$。

7. 对于长度为 n 的有序顺序表,若采用折半搜索,则对所有元素的搜索长度中最大的为(　　)的值的向上取整。

A. $\log_2(n+1)$　　B. $\log_2 n$　　C. $n/2$　　D. $(n+1)/2$

【题解】 选 A。分析折半搜索的二叉判定树是一棵理想平衡树,其高度与 n 个结点的完全二叉树相同,计算式为 $h=\lceil\log_2(n+1)\rceil$。所有元素中搜索长度最大的结点是离根最远的叶结点,搜索到它所需的比较次数为 $\log_2(n+1)$ 向上取整。

8. 对于长度为 9 的有序顺序表,若采用折半搜索,在等概率情况下搜索成功的平均搜索长度为(　　)的值除以 9。

A. 20　　B. 18　　C. 25　　D. 22

【题解】 选 C。采用折半搜索法搜索长度为 9 的有序顺序表,需搜索 1 次的有 1 个结点,需搜索 2 次的有 2 个结点,需搜索 3 次的有 4 个结点,需搜索 4 次的只有剩下的 2 个结点,搜索成功的平均搜索长度 $ASL_{成功}=(1\times1+2\times2+3\times4+4\times2)/9=25/9$。

9. 对于长度为 18 的有序顺序表,若采用折半搜索,则搜索第 15 个元素的搜索长度为(　　),元素下标从 0 开始。

A. 3　　B. 4　　C. 5　　D. 6

【题解】 选 A。图 7-1 是在有序顺序表中进行折半搜索的二叉判定树,结点内的数据是元素在有序顺序表中的下标(从 0 开始)。搜索从根结点开始,搜索到第 15 个元素,共比较了 3 次,搜索方向如图中虚线箭头所示。

10. 已知有序顺序表{13,18,24,35,47,50,62,83,90,115,134},当使用折半搜索法搜索值为18的元素时,搜索成功的数据比较次数为(　　)。

A. 1　　　　B. 2　　　　C. 3　　　　D. 4

【题解】 选D。图7-2是在有序顺序表中进行折半搜索的二叉判定树,结点内的数据是有序顺序表中的元素值,折半搜索从根结点开始,搜索到值为18的元素时共用4次比较。

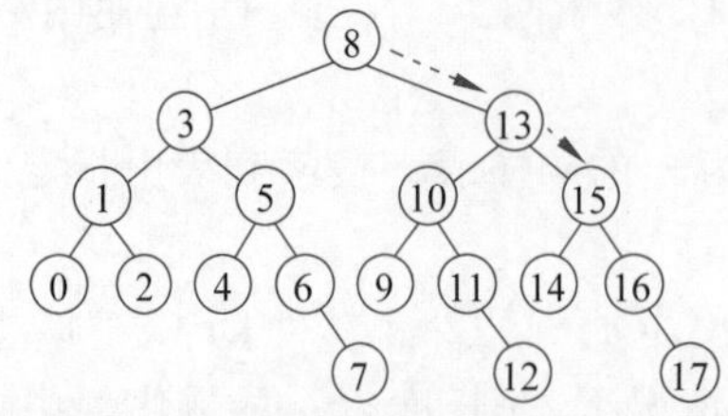

图7-1　第9题的折半搜索的二叉判定树

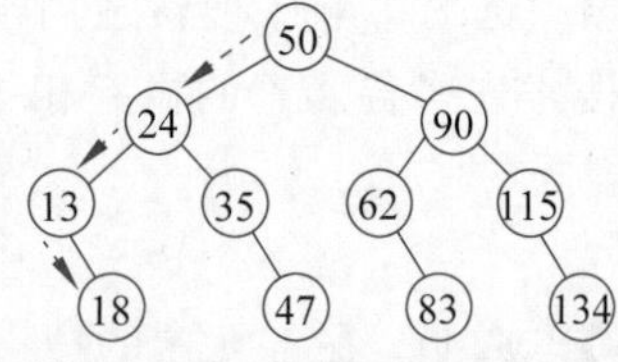

图7-2　第10题的折半搜索的二叉判定树

11. 已知有序顺序表{13,18,24,35,47,50,62,77,83,90,115,134},当用斐波那契搜索法搜索值为18的元素时,搜索成功的数据比较次数为(　　)。

A. 1　　　　B. 2　　　　C. 3　　　　D. 4

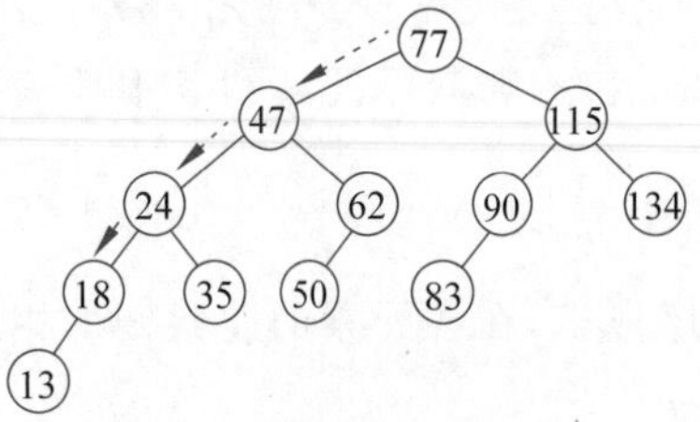

图7-3　第11题的斐波那契搜索的二叉判定树

【题解】 选D。在有序顺序表中用斐波那契法搜索的二叉判定树如图7-3所示。整个表有n=12=Fib(7)−1个元素,其中间点在Fib(6)=8号元素位置,值为77。把表划分为两个子表,左边子表有F(6)−1=7个元素,右边子表有F(5)−1=4个元素,然后对左边子表和右边子表递归地划分。在图7-3所示的二叉判定树中从根结点开始搜索值为18的元素时,搜索成功的数据比较次数为4。

12. 已知有序顺序表{1,3,9,12,32,41,45,62,75,77,82,95,100},当用插值搜索法搜索值为82的元素时,搜索成功的数据比较次数为(　　)。

A. 1　　　　B. 2　　　　C. 4　　　　D. 8

【题解】 选A。设有序顺序表为A[n],$n=13$。又设搜索区间[low,high],初始时low=0,high=12,A[low]=1,A[high]=100。如果要搜索的值为$k=82$,该值在表中位置假设为m,使用插值公式计算:

$$
\begin{aligned}
m &= \mathrm{low} + (k - \mathrm{A[low]})/(\mathrm{A[high]} - \mathrm{A[low]}) \times (\mathrm{high} - \mathrm{low}) \\
&= 0 + (82 - 1)/(100 - 1) \times (12 - 0) \approx 10
\end{aligned}
$$

搜索成功的比较次数为1。

13. 当采用分块搜索时,数据的组织方式为(　　)。

A. 数据分成若干块,每块内数据有序

B. 数据分成若干块,每块内数据不必有序,但块间必须有序,每块内最大(或最小)的数据作为索引项加入索引表

C. 数据分成若干块,每块内数据有序,每块内最大(或最小)的数据作为索引项加入索引表

D. 数据分成若干块,每块(除最后一块外)中数据个数相等

【题解】 选 B。数据组织最完整的阐述是选项 B。

14. 采用分块搜索法搜索时，若线性表中有 625 个元素，搜索各元素的概率相同，设索引表搜索和块内搜索都采用顺序搜索法，那么每块应有元素数为(　　)。

A. 5　　B. 10　　C. 15　　D. 25

【题解】 选 D。设表中共有 $n=625$ 个元素，最佳做法是求 $\sqrt{n}=\sqrt{625}=25$，每块应有 25 个元素，表中共分 25 块。

15. 设顺序存储的某线性表共有 123 个元素，按分块搜索的要求等分为 3 块。若对索引表进行搜索和在块内进行搜索都采用顺序搜索法，则在等概率的情况下，分块搜索的搜索成功的平均搜索长度为(　　)。

A. 21　　B. 23　　C. 41　　D. 62

【题解】 选 B。按题目要求，表中 123 个元素等分为 3 块，每块有 $s=41$ 个元素；对应索引项 $b=3$ 个。如果对索引表进行搜索和在块内进行搜索都采用顺序搜索法，则在等概率的情况下，分块搜索的搜索成功的平均搜索长度为 $ASL_{succ}=(b+1)/2+(s+1)/2=2+21=23$。

16. 在一棵高度为 h 的具有 n 个元素的二叉搜索树中，搜索所有元素的搜索长度中最大的为(　　)。

A. n　　B. $\log_2 n$　　C. $(h+1)/2$　　D. h

【题解】 选 D。在高度为 h 的二叉搜索树中，搜索长度最大的结点是离根最远的那一层结点，搜索长度为 h。

17. 从具有 n 个结点的二叉搜索树中搜索一个元素时，若各元素的搜索概率相等，最好的情况下搜索成功的时间复杂度大致为(　　)。

A. $O(n)$　　B. $O(1)$　　C. $O(\log_2 n)$　　D. $O(n^2)$

【题解】 选 C。在二叉搜索树中，若各元素的搜索概率相等且树的高度达到最小，则搜索成功的平均搜索长度达到最小。如果根结点的左、右子树的高度大致相等，是最理想的。此时搜索成功的时间复杂度大致为 $O(\log_2 n)$。

18. 从具有 n 个结点的二叉搜索树中搜索一个元素时，若各元素的搜索概率相等，最坏情况下搜索成功的时间复杂度为(　　)。

A. $O(n)$　　B. $O(1)$　　C. $O(\log_2 n)$　　D. $O(n^2)$

【题解】 选 A。如果二叉搜索树成为单支树，则搜索长度达到最大。对于有 n 个结点的二叉搜索树，最坏情况下搜索成功的时间复杂度为 $O(n)$。

19. 向具有 n 个结点的 AVL 树中插入一个元素时，其时间复杂度大致为(　　)。

A. $O(1)$　　B. $O(\log_2 n)$　　C. $O(n)$　　D. $O(n\log_2 n)$

【题解】 选 B。在 AVL 树中插入新结点的比较次数不超过树的高度，设 AVL 树有 n 个结点，树的高度大致为 $O(\log_2 n)$，所以 AVL 树插入新结点的时间复杂度为 $O(\log_2 n)$。

20. 在一棵 AVL 树中，每个结点的平衡因子的取值范围是(　　)。

A. $-1\sim1$　　B. $-2\sim2$　　C. $1\sim2$　　D. $0\sim1$

【题解】 选 A。AVL 树每个结点的平衡因子的绝对值不超过 1。

21. 向一棵 AVL 树插入元素时，可能引起对最小不平衡子树的调整过程，此调整分为(　　)种旋转类型。

A. 2　　B. 3　　C. 4　　D. 5

【题解】 选 C。向 AVL 树插入新结点，可能引起树的不平衡，为此要寻找最小不平衡子树，执行 4 种平衡化旋转：左单旋转、右单旋转、先左后右双旋转和先右后左双旋转。

22. 向一棵 AVL 树（高度平衡的二叉搜索树）插入元素时，可能引起对最小不平衡子树的左单或右单旋转的调整过程，此时需要修改相关(　　)个结点指针域的值。

A. 2　　B. 3　　C. 4　　D. 5

【题解】 选 A。在执行左单旋转或右单旋转的过程中，要修改相关 2 个结点的 2 个指针域的值。左单旋转是根结点 r 的右指针和 r 的右子女 p 的左指针；右单旋转是根结点 r 的左指针和 r 的左子女 p 的右指针。

23. 向一棵 AVL 树（高度平衡的二叉搜索树）插入元素时，可能引起对最小不平衡子树的双旋转的调整过程，此时需要修改相关(　　)个结点指针域的值。

A. 2　　B. 3　　C. 4　　D. 5

【题解】 选 B。在执行先左后右双旋转或先右后左双旋转的过程中，要修改相关 3 个结点的 4 个指针域的值。先左后右双旋转要修改根结点 r 的左指针、r 的左子女 p 的右指针、p 的右子女 q 的左、右指针；先右后左双旋转要修改根结点 r 的右指针、r 的右子女 p 的左指针、p 的左子女 q 的左、右指针。

二、填空题

1. 以顺序搜索方法从长度为 n 的顺序表或单链表中搜索一个元素时，在搜索成功的情况下的时间复杂度为(　　)。

【题解】 $O(n)$。在长度为 n 的顺序表或单链表中执行顺序搜索，在搜索成功的情况下平均搜索长度为$(n+1)/2$，时间复杂度为 $O(n)$。

2. 对长度为 n 的搜索表进行搜索时，假设搜索第 i 个元素的概率为 p_i，找到它的元素比较次数为 c_i，则在搜索成功情况下的平均搜索长度的计算公式为(　　)。

【题解】 $\sum_{i=0}^{n-1} p_i c_i$。在搜索成功情况下的平均搜索长度的计算公式为 $\sum_{i=0}^{n-1} p_i c_i$。

3. 假设一个顺序表有 40 个元素且顺序搜索每个元素的概率都相同，则在搜索成功情况下的平均搜索长度为(　　)。

【题解】 20.5。在顺序表中执行顺序搜索，如果每个元素的搜索概率都相等，则 40 个元素的搜索成功的平均搜索长度为 $ASL_{succ}=(n+1)/2=41/2=20.5$。

4. 使用折半搜索算法在有 n 个元素的有序表中搜索一个元素时，搜索成功的时间复杂度为(　　)。

【题解】 $O(\log_2 n)$。在有 n 个元素的有序表中搜索一个元素时，搜索成功的时间复杂度为 $O(\log_2 n)$。

5. 从有序表{12,18,30,43,56,78,82,95}中折半搜索元素 56 时，其搜索长度为(　　)。

【题解】 3。在有序表中折半搜索 56 时，搜索顺序是 43,78,56，搜索长度为 3。

6. 假定对长度 $n=50$ 的有序表进行折半搜索，则对应的二叉判定树中最下一层的结点数为(　　)个。

【题解】 19。对长度为 50 的有序表执行折半搜索时，其对应的二叉判定树是一棵理想平衡树，与完全二叉树类似，上面各层均为满的，但理想平衡树最底层的叶结点分布在该层各处。上面各层结点个数为 $1+2+4+8+16=31$，还有 $50-31=19$ 个叶结点在最底层。

7. 从一棵二叉搜索树中搜索一个元素时，若给定值小于根结点的值，则需要向(　　)继续搜索。

【题解】 根的左子树。根据二叉搜索树的定义，根结点的值大于其左子树上所有结点的值，小于其右子树上所有结点的值，所以若一个元素的值小于根结点的值。则需要到根结点的左子树继续搜索。

8. 从一棵二叉搜索树中搜索一个元素时，若给定值大于根结点的值，则需要向(　　)继续搜索。

【题解】 根的右子树。若给定值大于根结点的值，则需要向根结点的右子树继续搜索。

9. 向一棵二叉搜索树中插入一个新元素时，若该新元素的值小于根结点的值，则应把它插入根结点的(　　)上。

【题解】 左子树。在二叉搜索树上插入新元素，则新元素应作为叶结点插入。若该新元素的值小于根结点的值，则应把它插入根结点的左子树上。

10. 向一棵二叉搜索树中插入一个新元素时，若该新元素的值大于根结点的值，则应把它插入根结点的(　　)上。

【题解】 右子树。若该新元素的值大于根结点的值，则应把它作为叶结点插入根结点的右子树上。

11. 向一棵二叉搜索树上插入一个元素时，若递归搜索到的根结点为(　　)，则应把新元素结点链接到这个结点的位置上。

【题解】 空结点。向一棵二叉搜索树上插入一个元素时，若递归搜索到的根结点为空结点，则应把新元素结点链接到这个结点的位置上。

12. 输入 n 个元素建立一棵二叉搜索树的时间复杂度为(　　)。

【题解】 $O(n\log_2 n)$。输入 n 个元素建立一棵二叉搜索树，理想情况下，时间复杂度为 $O(n\log_2 n)$。

13. 在一棵 AVL 树中，每个结点的左子树高度与右子树高度之差(　　)不超过 1。

【题解】 绝对值。在 AVL 树中，每个结点的左子树高度与右子树高度之差的绝对值不超过 1。

14. 依次插入一组数据 56,42,50,64,48，生成一棵 AVL 树，当插入 50 时需要进行(　　)旋转。

【题解】 先左后右(或 LR)。从空树开始，依次插入 56,42,50，出现不平衡，需要进行先左后右双旋转，参看图 7-4(a)的旋转示例。

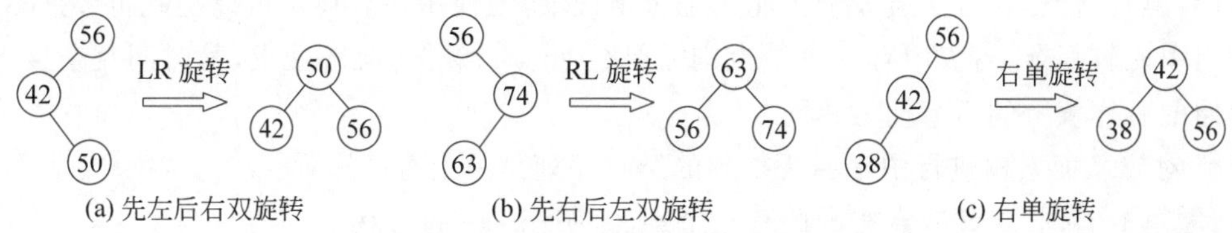

(a) 先左后右双旋转　(b) 先右后左双旋转　(c) 右单旋转

图 7-4　第 14、15、16 题的旋转示例

15. 依次插入一组数据 56,74,63,64,48，生成一棵 AVL 树，当插入 63 时需要进行(　　)旋转。

【题解】 先右后左(或 RL)。从空树开始，依次插入 56,74,63，出现不平衡，需要进行先右后左双旋转，参看图 7-4(b)的旋转示例。

16. 依次插入一组数据 56，42，38，64，48，生成一棵 AVL 树，当插入到 38 时需要进行(　　)旋转。

【题解】 右单(或 LL 单)。从空树开始，依次插入 56，42，38，出现不平衡，需要进行右单旋转，参看图 7-4(c)的旋转示例。

17. 依次插入一组数据 56，42，73，50，64，48，22，生成一棵 AVL 树，当插入值为(　　)的结点时才出现不平衡，需要进行旋转调整。

【题解】 48。依次插入数据 56，42，73，50，64 都没有失去平衡，插入 48 后 AVL 树失去平衡，找到离插入点最近的最小不平衡子树，以 42 为根实施先右后左双旋转，使 AVL 树平衡化，参见图 7-5 的示例。

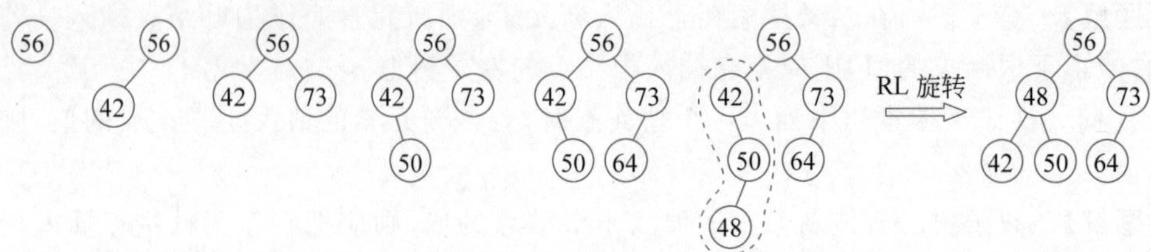

(a) 根56 (b) 插入42 (c) 插入73 (d) 插入50 (e) 插入64 (f) 插入48，失去平衡 (g) 先右后左双旋转

图 7-5 第 17 题插入一组数据生成 AVL 树的示例

18. 在一棵 AVL 树上进行插入或删除元素时，所需的时间复杂度为(　　)。

【题解】 $O(\log_2 n)$。AVL 树的高度为 $O(\log_2 n)$，在 AVL 树上插入和删除元素时所需时间复杂度不超过树的高度，亦为 $O(\log_2 n)$。

三、判断题

1. 在顺序表中进行顺序搜索时，若各元素的搜索概率不等，则各元素应按照搜索概率的降序排列存放，则可得到最小的平均搜索长度。

【题解】 对。搜索概率高的元素排在前面，搜索到它的比较次数少，可以提高搜索效率，降低搜索成功的平均搜索长度。

2. 进行折半搜索的表必须是顺序存储的有序表。

【题解】 错。在跳表上也能实施折半搜索。

3. 能够在链接存储的有序表上进行折半搜索，其时间复杂度与在顺序存储的有序表上相同。

【题解】 错。在有序链表上不能实施折半搜索，但使用跳表技术可以实施折半搜索，跳表的组织比较复杂，若表中有 n 个结点则需要 $O(\log_2 n)$ 级链，跳链搜索，其时间复杂度与顺序存储的有序表上的折半搜索相同。

4. 对二叉搜索树进行中序遍历得到的结点序列是一个有序序列。

【题解】 对。二叉搜索树因此有一个别名，叫作二叉排序树。

5. 在由 n 个元素组成的有序表上进行折半搜索时，对任一个元素进行搜索的长度(即比较次数)都不会大于 $\log_2 n+1$。

【题解】 对。在 n 个元素组成的有序表上执行折半搜索，分析搜索性能的二叉判定树的高度 $h=\lfloor \log_2 n \rfloor+1$，因此对树中任何一个元素进行搜索的比较次数都不会超过 h。

6. 对于一组关键码互不相同的记录，若生成二叉搜索树时插入元素的次序不同则可以得到不同形态的二叉搜索树。

【题解】 对。生成二叉搜索树时，元素插入的顺序不同，可以得到不同形态的二叉搜索树。

7. 对于一组关键码互不相同的记录，生成二叉搜索树的形态与插入记录的次序无关。

【题解】 错。理由见第6题。

8. 对于两棵具有相同元素集合而具有不同形态的二叉搜索树，按中序遍历得到的结点序列是相同的。

【题解】 对。只要两棵二叉搜索树的元素属于同一个元素集合，不论其形态如何，中序遍历二叉搜索树的结果都是一样的。

9. 在二叉搜索树中，若各结点的搜索概率不等，且搜索概率越大的结点离树根越近，这样的二叉搜索树是最优二叉搜索树。

【题解】 对。如果二叉搜索树各个结点的搜索概率不同，那么根据结点的搜索概率，从大到小逐层安排各个结点，使搜索概率大的结点离根近，搜索概率小的结点离根远，这样可以得到最小的平均搜索长度，这种二叉搜索树就是最优二叉搜索树。

10. 在二叉搜索树中，若各结点的搜索概率不等，且搜索概率越小的结点离树根越近，这样的二叉搜索树是最优二叉搜索树。

【题解】 错。理由见第9题。

11. AVL树是高度最小的二叉搜索树。

【题解】 错。AVL树是一种二叉搜索树，它的形态有点类似斐波那契树，如图7-6(a)所示，其高度不是最小的。它的每个结点的平衡因子的绝对值不超过1。

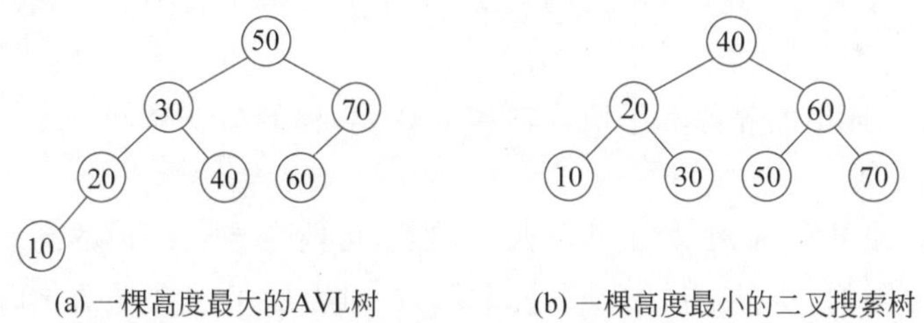

图7-6 第11题的AVL树

12. AVL树一定是理想平衡树。

【题解】 错。如图7-6(a)就不是理想平衡树，但它是AVL树。

13. 有 n 个结点的AVL树的高度为 $O(\log_2 n)$。

【题解】 对。根据教材分析给出的结果 $h+2<1.6723+1.4404\times\log_2(N_h+2)$，其中 N_h 是高度为 h 的AVL树的最少结点个数，$N_h=F_{h+2}-1$。

14. 向一棵有 n 个结点的AVL树中插入新结点x，失去平衡的结点可能多达 $O(\log_2 n)$ 个。

【题解】 对。有 n 个结点的AVL树的高度为 $O(\log_2 n)$，在AVL树上插入新结点x，失去平衡的结点都在从插入结点上溯到根的路径上，有可能涉及根，结点数可达 $O(\log_2 n)$。

15. 对于AVL树，向某个结点 *p 的子树上插入新结点时，如果以 *p 为根的子树没有增高，则从 *p 到根的上溯路径上所有祖先结点的高度都不会改变。

【题解】 对。如果向某个结点 * p 的子树上插入新结点，没有增高以 * p 为根的子树，则 * p 上溯到根的路径上所有结点的高度都不会改变。

16. 如果在 AVL 树上结点 a 的较高的子树上插入新结点，结点 a 必然失去平衡。

【题解】 错。如果在 AVL 树上结点 a 的较高的子树上插入新结点，如果子树的高度增加，则结点 a 会失去平衡；如果子树的高度没有增加，结点 a 不会失去平衡，这种情况是会发生的，因为子树还会有更小子树，如在矮的更小子树上插入，子树的高度没有变化，结点 a 的平衡因子没有变化，也不会失去平衡。

17. 如果在 AVL 树上结点 a 因为插入新结点而失去平衡，那么需要考察新结点插入路径上结点 a 的下一层结点 b。如果结点 a 和结点 b 的平衡因子的正负号相同，则做单平衡旋转，否则做双平衡旋转。

【题解】 对。结点的平衡化旋转分为两类：单旋转和双旋转。如果在新结点插入路径上需要做平衡化的子树的根结点是 a，它在插入路径上的子女为 b，若 a 与 b 的平衡因子正负号相同，则说明 a 与 b 的插入路径上方向相同，做单平衡旋转；若 a 与 b 的平衡因子正负号相反，则说明 a 与 b 的插入路径上方向不同，做双平衡旋转。

18. 在向 AVL 树中插入新结点 x 之后，除了 x 的各级祖先结点外，其他结点的高度无须更新。

【题解】 对。在 AVL 树上插入新结点 x 后，可能会影响从插入结点到根结点的路径上各个祖先结点的平衡，对该路径以外的结点基本不受影响。

19. 在一棵 AVL 树中删除一个结点后，失去平衡的结点可能多于一个。

【题解】 对。在 AVL 树中删除一个结点后，可能导致从删除结点向上到根结点的路径上多个结点失去平衡，为此，必须找到离删除结点最近的最小不平衡子树执行平衡化旋转。

20. 如果通过一连串的删除和平衡旋转导致 AVL 树的高度降低，那么这种降低一定是自下向上发生的。

【题解】 对。如果在 AVL 树上删除某个结点，可能会导致子树的高度降低，这种降低又会对其上层产生影响，使得上层结点失去平衡，在对上层结点做平衡化后，上层结点为根的子树的高度又会降低，……，这种高度的降低是自下向上发生的。

四、简答题

1. 设有序顺序表中的元素依次为 10，20，30，40，50。试画出对其进行顺序搜索时的二叉判定树，并计算搜索成功的平均搜索长度和搜索不成功的平均搜索长度。

【题解】 描述有序表上顺序搜索的二叉判定树如图 7-7 所示。

搜索成功的平均搜索长度为

$$\mathrm{ASL}_{\mathrm{succ}} = \frac{1}{5}\sum_{i=0}^{4}(i+1) = \frac{6}{2} = 3$$

搜索不成功的平均搜索长度为

$$\mathrm{ASL}_{\mathrm{unsucc}} = \frac{1}{6}\left(5 + \sum_{i=0}^{5}(i+1)\right) = \frac{20}{6} = 3\,\frac{1}{3}$$

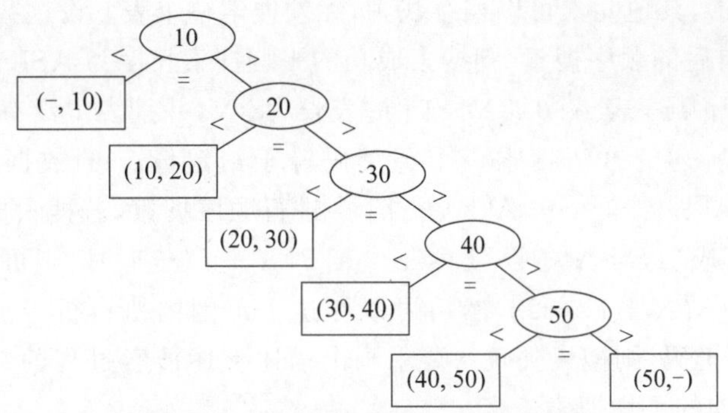

图 7-7　第 1 题顺序搜索的二叉判定树

2. 设有序顺序表中的元素依次为 10,20,30,40,50。试画出对其进行折半搜索时的二叉判定树,并计算搜索成功的平均搜索长度和搜索不成功的平均搜索长度。

【题解】 描述有序顺序表上折半搜索的二叉判定树如图 7-8 所示。

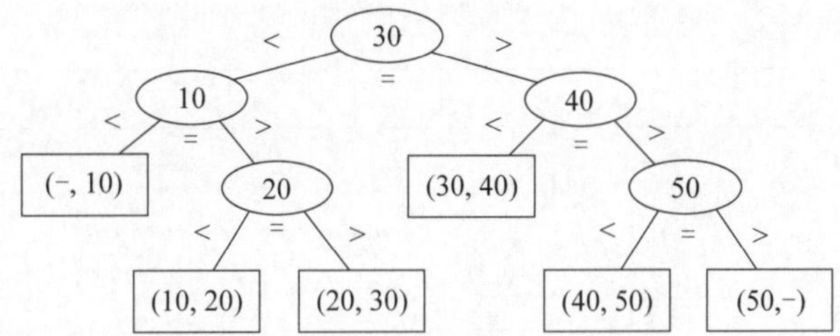

图 7-8　第 2 题折半搜索的二叉判定树

搜索成功的平均搜索长度为

$$\mathrm{ASL}_{\mathrm{succ}}=\frac{1}{5}\sum_{i=0}^{4}\mathrm{C}_i=\frac{1}{5}(1+2\times2+3\times2)=\frac{11}{5}=2\,\frac{2}{5}$$

搜索不成功的平均搜索长度为

$$\mathrm{ASL}_{\mathrm{unsucc}}=\frac{1}{6}\sum_{i=0}^{5}\mathrm{C}'_i=\frac{1}{6}(2\times2+3\times4)=\frac{16}{6}=2\,\frac{2}{3}$$

3. 若对有 n 个元素的有序顺序表和无序顺序表分别进行顺序搜索,试在下列 3 种情况下分别讨论两者在相等搜索概率时的平均搜索长度是否相同。

(1) 搜索不成功,即表中没有关键码等于给定值 K 的元素;

(2) 搜索成功,且表中只有一个关键码等于给定值 K 的元素;

(3) 搜索成功,且表中有若干关键码等于给定值 K 的元素,一次搜索要求找出所有元素。此时的平均搜索长度应考虑找到所有元素时所用的比较次数。

【题解】 (1) 基于无序顺序表的顺序搜索的搜索不成功的平均搜索长度为 n(不设监视哨)或 $n+1$(设监视哨)。基于有序顺序表的顺序搜索算法要快一些,只要搜索到比给定值 K 大的就可确定搜索失败。搜索不成功的平均搜索长度为 $n/2+n/(n+1)$。

(2) 基于无序顺序表的顺序搜索与基于有序顺序表的顺序搜索在相等搜索概率情况下搜索成功的平均搜索长度相等,都是 $(n+1)/2$。

(3) 基于无序顺序表的顺序搜索需要搜索整个表中的元素,才能找出所有关键码等于给定值 K 的元素,搜索成功的平均搜索长度为 n;基于有序顺序表的顺序搜索只要找到第一个满足要求的元素，其他元素可以连续找到，无须搜索整个表。设这些关键码相等的元素有 d 个，采用从前向后的顺序搜索，则搜索成功的平均搜索长度为 $ASL_{succ}=1+(n+d)/2$。

4. 已知一个有序顺序表 $A[0..8N-1]$ 的表长为 $8N$，并且表中没有关键码相同的数据元素。假设按如下所述的方法搜索一个关键码等于给定值 x 的数据元素：先在 A[7]，A[15]，A[23]，…，A[$8K-1$]，…，A[$8N-1$] 中进行顺序搜索，若搜索成功，则算法报告成功位置并返回；若不成功，当 $A[8K-1]<x<A[8(K+1)-1]$时，则可确定一个缩小的搜索范围 $A[8K]\sim A[8(K+1)-2]$，然后可以在这个范围内执行折半搜索；特殊情况：若 $x>A[8N-1]$的关键码，则搜索失败。要求画出描述上述搜索过程的判定树，并计算相等搜索概率下搜索成功的平均搜索长度。

【题解】 此搜索法是顺序搜索和折半搜索的结合。算法首先在 A[7]，A[15]，…，A[$8K-1$]，…，A[$8N-1$] 中顺序搜索 x，若搜索成功，则算法报告成功并返回；若不成功，当 $A[8K-1]<x<A[8(K+1)-1]$时，则可在区间 $A[8K]\sim A[8(K+1)-2]$内进行折半搜索。相应的判定树如图 7-9 所示。其中，每一个关键码下的数字为其搜索成功时的关键码比较次数。

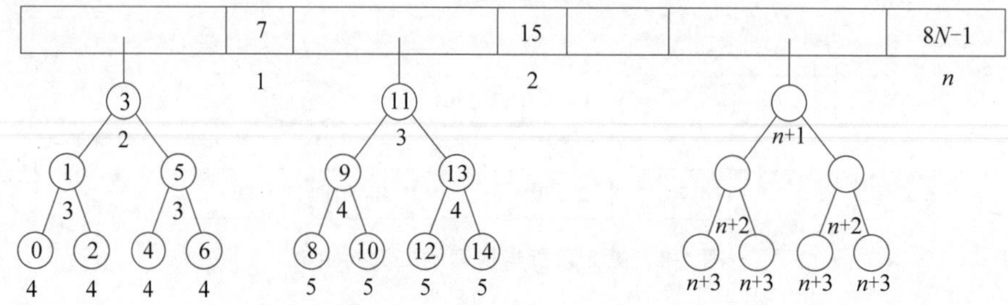

图 7-9 第 4 题顺序搜索和折半搜索结合的判定树

搜索成功的平均搜索长度为

$$
\begin{aligned}
ASL_{succ} &= \frac{1}{8n}\sum_{i=0}^{8n-1} C_i = \frac{1}{8n}\left(\sum_{i=1}^{n} i + \sum_{i=2}^{n+1} i + 2\sum_{i=3}^{n+2} i + 4\sum_{i=4}^{n+3} i\right) \\
&= \frac{1}{8n}\left(\sum_{i=1}^{n}(i+(i+1)+2(i+2)+4(i+3))\right) \\
&= \frac{1}{8n}\sum_{i=1}^{n}(8i+17) = \frac{1}{n}\sum_{i=1}^{n} i + \frac{1}{8n}\sum_{i=1}^{n} 17 \\
&= \frac{n+1}{2} + \frac{17}{8} = \frac{n}{2} + \frac{21}{8}
\end{aligned}
$$

5. 对长度为 2400 的表进行分块查找，分成多少块最理想？每块的理想长度是多少？若块内采用顺序查找，则查找成功的平均查找长度是多少？

【题解】 已知表中元素 $n=2400$，理想的分块方案是分成 $b=\lceil\sqrt{n}\rceil=49$ 块，每块可容纳 $s=\lceil\sqrt{n}\rceil=49$ 个元素，最后一块少一点，有 $2400-49\times48=48$ 个元素。索引表采用稀疏索引，每块建立一个索引项，则索引表长度为 49。若对索引表采用折半查找，对块内元素采用顺序查找，则分块查找的查找成功的平均查找长度为

$$ASL_{成功}=ASL_{索引表}+ASL_{块}=(b+1)/b\times\log_2(b+1)-1+(s+1)/2\doteq 29.76$$

6. 在一棵表示有序集 S 的二叉搜索树中，任意一条从根到叶结点的路径将 S 分为 3 部分：在该路径左边结点中的元素组成的集合 S1，在该路径上结点中的元素组成的集合 S2，在该路径右边结点中的元素组成的集合 S3。S＝S1∪S2∪S3。若对于任意的 $a\in S1,b\in S2,c\in S3$，是否总有 $a\leqslant b\leqslant c$？为什么？

【题解】 并不总有 $a\leqslant b\leqslant c$。举一个反例即可证明。图 7-10(a)是一棵二叉搜索树，假设一条从根到叶结点的路径如图中的箭头所示。它将所有结点分为 3 个子集合：S1＝{1,3}，S2＝{2,4,5,6}，S3＝{7,8,9}。显然，S1 中的 3 不小于 S2 中的 2；同样，图 7-10(b)中 S1＝{1,2,3}，S2＝{4,8,6,5}，S3＝{9,7}，显然，S2 中的 8 不小于 S3 中的 7。

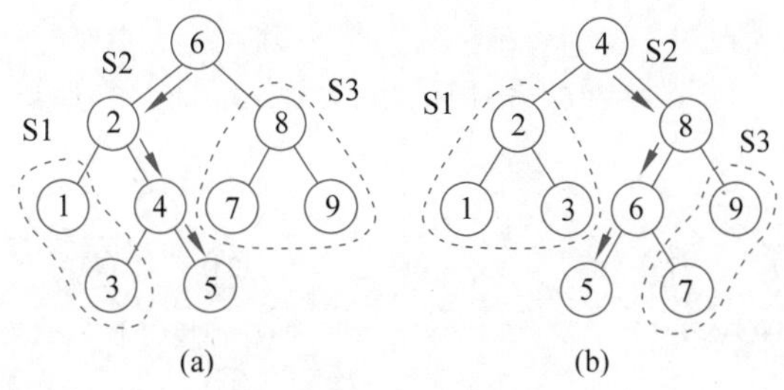

图 7-10 第 6 题的图

7. 将{55,31,11,37,46,73,63,2,7}中的关键码依次插入初始为空的二叉搜索树中，请画出所得到的树 T。然后画出删除 37 之后的二叉搜索树 T′。若再将 37 插入 T′中得到的二叉搜索树 T″是否与 T′相同？

【题解】 插入 55,31,11,37,46,73,63,2,7 的过程中二叉搜索树的变化如图 7-11(a)所示。在已构成的二叉搜索树中删除 37 后的二叉搜索树如图 7-11(b)所示，再将 37 插入后的二叉搜索树如图 7-11(c)所示。从图中可以看到，在树中删除 37 后再把它插入，得到的二叉搜索树不是原来的二叉搜索树。

8. 设二叉搜索树中的关键码互不相同，则其中的最小元素必无左子女，最大元素必无右子女。此命题是否正确？最小元素和最大元素一定是叶结点吗？

【题解】 此命题正确。寻找最小元素的过程是从根结点开始沿着结点的最左子女链逐层向下搜索，直到结点的左指针空为止，这个结点就是最小元素所在结点，它无左子女；同样，寻找最大元素的过程是从根开始沿最右子女链走到结点的右指针空为止，这个结点就是最大元素所在结点，它无右子女。最小元素与最大元素不一定是叶结点。具有最小关键码的结点可以有右子树，具有最大关键码的结点可以有左子树。

9. 将二叉搜索树 T 的前序序列中的关键码依次插入一棵空的二叉搜索树中，所得到的二叉搜索树 T'与 T 是否相同？为什么？

【题解】 构造出来的二叉搜索树与原来的相同。先看一个实例。图 7-12(a)给出了一个二叉搜索树，其前序序列为 45,25,15,35,30,40,65,55,70。将此前序序列的元素依次插入初始为空的二叉搜索树所得结果分别如图 7-12(b)～图 7-12(j)所示。二叉搜索树前序遍历序列的第一个元素一定是二叉搜索树的根。根据前序序列的性质，除根结点外剩余元素构成的前序子序列的第一个元素一定是左子树的根，可以递归地建立根的左子树，……，以此类推，最后插入的结果就是一棵与原来二叉搜索树相同的二叉搜索树。

10. 什么样的输入会使二叉搜索树退化成单链表？

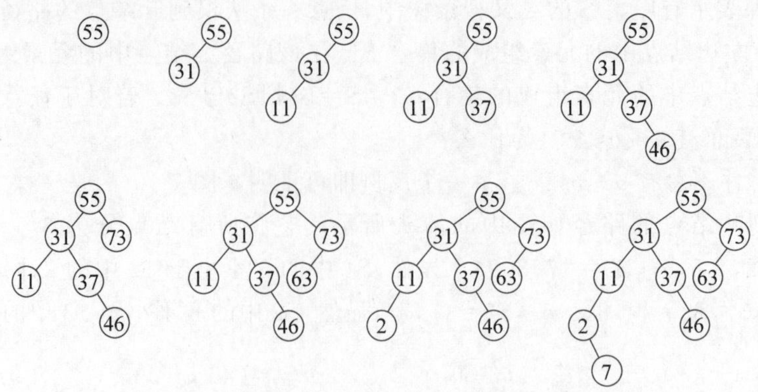

(a) 依次插入55,31,11,37,46,73,63,2,7后的二叉搜索树

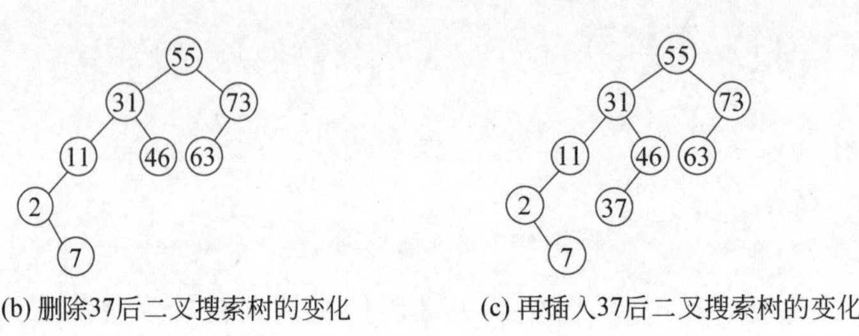

(b) 删除37后二叉搜索树的变化　　(c) 再插入37后二叉搜索树的变化

图 7-11　第 7 题二叉搜索树插入和删除的变化

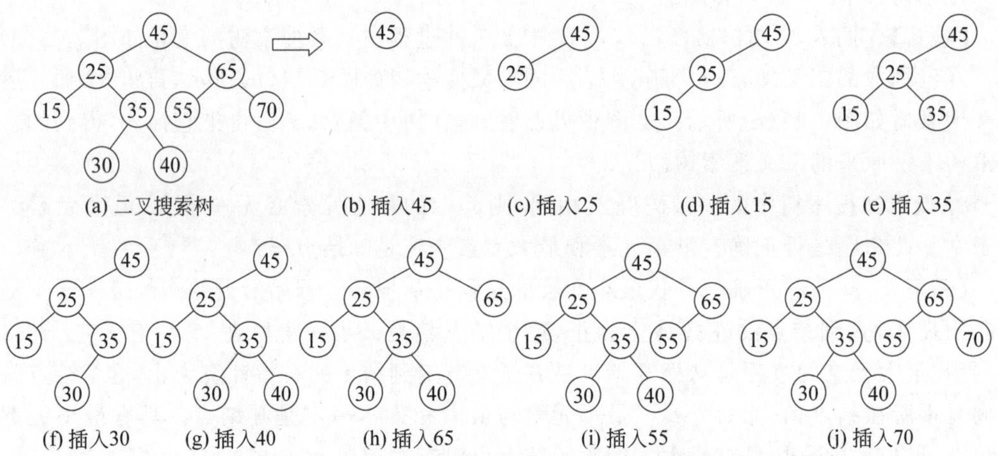

(a) 二叉搜索树　(b) 插入45　(c) 插入25　(d) 插入15　(e) 插入35

(f) 插入30　(g) 插入40　(h) 插入65　(i) 插入55　(j) 插入70

图 7-12　第 9 题用二叉搜索树的前序遍历序列重新构造二叉搜索树的过程

【题解】 有以下 3 种情况会导致二叉搜索树变成单链表：

(1) 从小到大顺序输入，如输入 1,2,3,4,…,1000，将会形成一棵右斜单支树，所有结点的左指针都是空的。

(2) 从大到小逆序输入，如输入 1000,999,998,…,1，将会形成一棵左斜单支树，所有结点的右指针都是空的。

(3) 大小间隔输入，如 1000,1,999,2,998,3,…，将会形成一棵左斜、右斜、左斜、右斜、……、的单支树，所有结点的子女指针右、左交替为空。注意，这种情况不是纯粹的单链表，因为需要区分左、右方向。

将上面3种情况组合起来形成的树也都是单链表。

11. 对一棵二叉搜索树做中序遍历，再基于得到的中序序列重新构造二叉搜索树，这两棵二叉搜索树是否相同？

【题解】 不相同。对二叉搜索树做中序遍历得到一个有序序列，再顺序用序列中的数据构造二叉搜索树，由于输入数据一个比一个大，每次都作为叶结点插入树的右下方，最后得到一棵右单支树，每个结点的左子树均为空。如图7-13所示。与原来的二叉搜索树不相同。

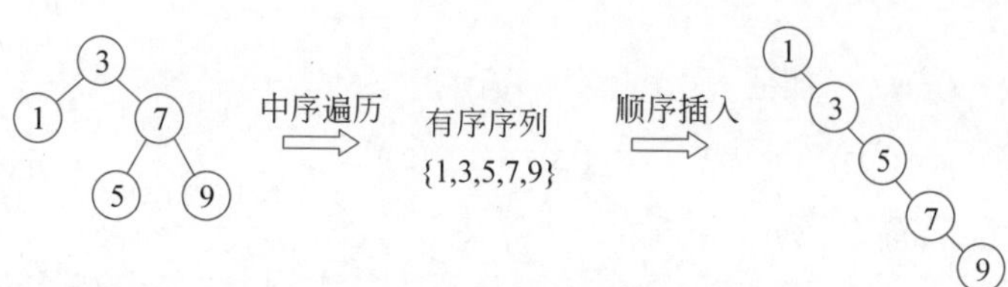

图7-13 第11题用二叉搜索树的中序序列重新构造二叉搜索树

12. 分别画出在图7-14所示的AVL树中插入15、36后树的变化。如果有平衡旋转，注明相关结点平衡因子的变化。

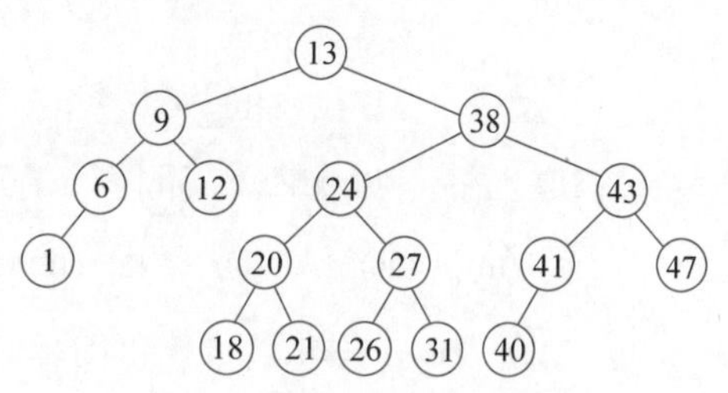

图7-14 第12题的AVL树

【题解】 插入15后，图7-14所示AVL树的变化如图7-15(a)所示。结点13出现不平衡，需做RL平衡旋转，旋转后的AVL树和相关结点平衡因子的变化如图7-15(b)所示。图中结点旁边的数字即为结点的平衡因子。注意，平衡因子的变化必须从插入结点位置向上，沿到根的路径上逐个检查。

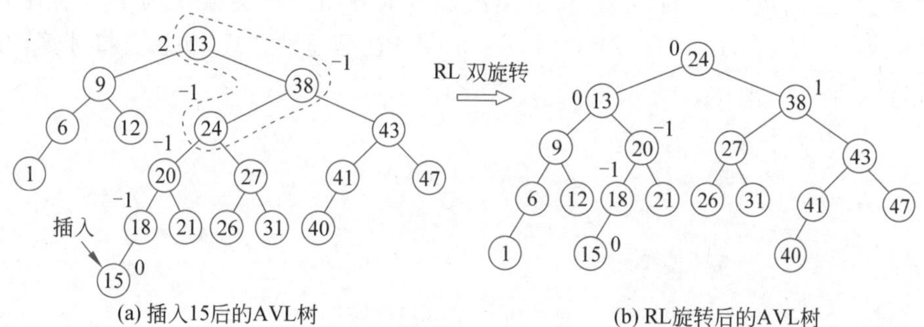

图7-15 第12题插入15后AVL树的变化

若继续向图7-15(b)所示AVL树中插入36，得到的AVL树如图7-16所示。由于是在结点38的较矮的子树上插入，结点38的平衡因子变为0，没有出现不平衡，插入结束。

13. 图7-17是一棵AVL树，画出从树中删除22、3、10、9后树的形态和旋转的类型。要求以被删关键码的中序下的直接前驱替补该被删关键码。

【题解】 在图7-17中删除22、3、10、9的过程如图7-18所示。删除22之后，该子树高度降1，导致它的父结点17也要调整，另一侧的左子树的根13的平衡因子为1，与17的平衡因子同为正，做右单旋转。删除3、10、9同样处理。

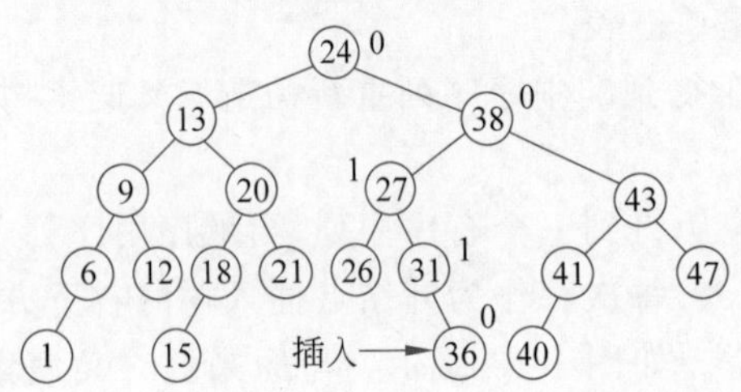

图 7-16 第 12 题插入 36 后的二叉搜索树

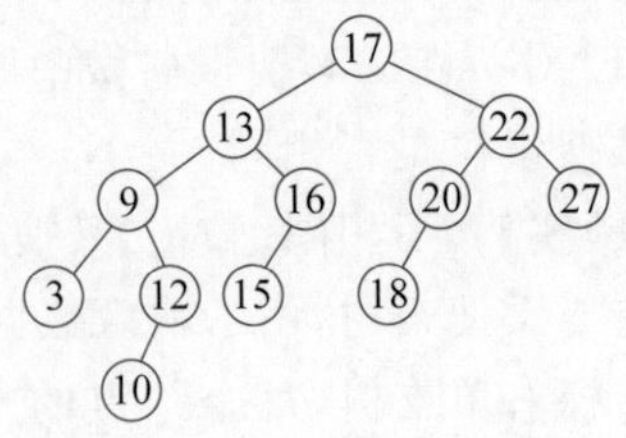

图 7-17 第 13 题的 AVL 树

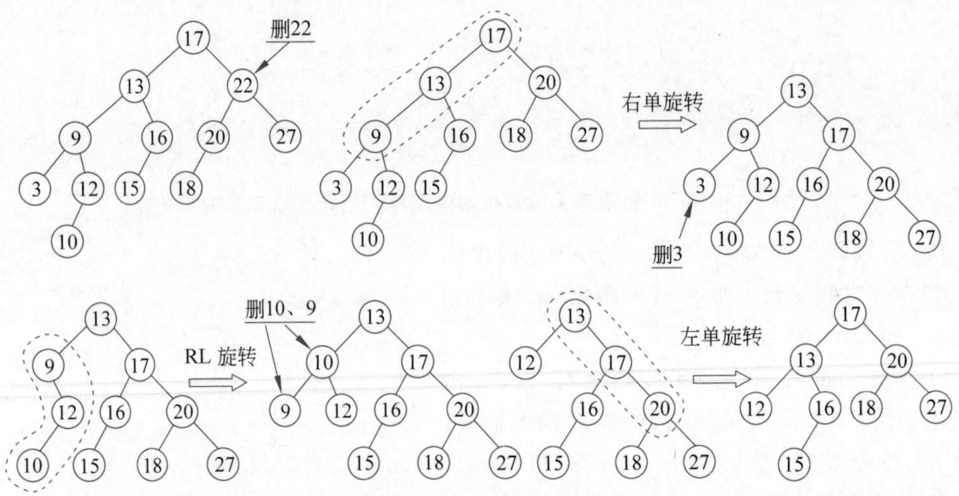

图 7-18 第 13 题删除 22、3、10、9 后 AVL 树的变化

14. 在高度为 h 的 AVL 树中离根最近的叶结点在第几层？

【题解】 设高度为 h 的 AVL 树的离根最近的叶结点所在层次为 L_h，则有 $L_1=1$，$L_2=2$，$L_h=\min\{L_{h-1},L_{h-2}\}+1=L_{h-2}+1$，$h>2$。这是递推公式，如果直接计算，有 $L_h=\lfloor h/2\rfloor+1$，如图 7-19 所示。

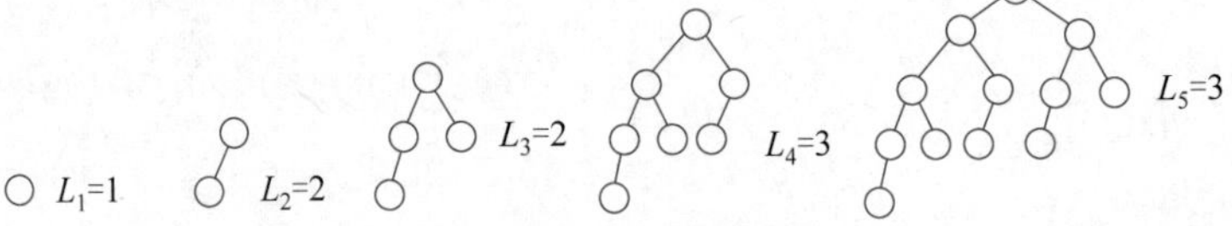

$L_1=1$ $L_2=2$ $L_3=2$ $L_4=3$ $L_5=3$

图 7-19 第 14 题的图

15. 向 AVL 树插入新结点后可能失去平衡。如果在从插入新结点处到根的路径上有多个失去平衡的祖先结点，为何要选择离插入结点最近的失去平衡的祖先结点，对以它为根的子树做平衡旋转？

【题解】 选这个祖先结点为根的子树(即最小不平衡子树)，通过平衡旋转把该子树的高度降低，更上层的祖先结点都能恢复平衡。如果选上层的失衡祖先结点，以它为根做平衡旋转，它下层的失去平衡的祖先结点不能恢复平衡，需要多次平衡旋转。

16. 有 n 个结点的 AVL 树的最小高度是多少？最大高度是多少？

【题解】 设 AVL 树的高度为 h，让 AVL 树每层结点达到最大数目 $n\leqslant 2^h-1$，就得到

它的最小高度 $h \geqslant \lceil \log_2(n+1) \rceil$。若让根的左、右子树的结点个数达到最少，可得最大高度。设高度为 h 的 AVL 树的最少结点数为 N_h，则最大高度满足 $N_h = F_{h+2} - 1$，F_{h+2} 是斐波那契数，$h \approx 1.44 \times \log_2(N_h+1) - 0.33 < 1.44 \times \log_2(n+1)$，$h$ 即 AVL 树的最大高度。

五、算法题

1. 若线性表中各结点的搜索概率不等，则可用如下策略提高顺序搜索的效率。若找到与给定值相匹配的元素，则将该元素与其直接前驱元素（若存在）交换，使得经常被搜索的元素尽量位于表的前端。设计一个算法，在线性表的顺序存储表示和链接存储表示的基础上实现顺序搜索。

【题解】 在顺序表上执行顺序搜索，如果搜索成功，先交换再返回交换后的搜索到元素所在结点的地址即可。在带附加头结点的单链表上执行顺序搜索，为了实现交换，需要为检测指针 p 设置一个直接前驱指针 pre 及前驱的前驱指针 ppre，以方便交换。算法的描述如下。

```
template <class T>
int SeqSearch (SeqList<T>& L, T x) {
//在顺序表 L 上搜索 x,若找到,则与它前一个元素(若有)交换位置,再返回新的位置
//(下标)。若没有找到,则函数返回-1
    int i = 0;T temp;
    while (i < L.n && L.data[i] != x) i++;                    //顺序搜索
    if (i == L.n) return -1;                                  //搜索不成功
    else {                                                    //搜索成功
        if (i > 0)                                            //与前一个元素交换
            { temp = L.data[i-1];L.data[i-1] = L.data[i];L.data[i] = temp; }
        return i;
    }
}
template <class T>
LinkNode<T> * LinkSearch (LinkList<T>& L, T x) {
//在带头结点的单链表 L 上搜索 x。若搜索成功,则将找到结点与它前一个结点(若有)
//互换,函数返回结点地址。若搜索不成功,则函数返回 NULL,链表不变
    LinkNode<T> *p = L->link, *pre = L, *ppre = NULL;
    while (p != NULL && p->data != x)
        { ppre = pre;pre = p;p = p->link; }
    if (p != NULL && pre != L)                               //若搜索成功,则交换结点 p 与 pre
        { pre->link = p->link;p->link = pre;ppre->link = p; }
    return p;
}
```

2. 设计一个非递归算法，在一个存储整数的有序顺序表中用折半搜索法搜索值不小于 x 的最小整数。若搜索成功，则算法返回这个整数在表中的位置，否则算法返回−1。

【题解】 在有序顺序表中整数按递增顺序排列，如果确定了 x 所在位置（搜索成功）或 x 可能落到哪个区间（搜索失败），就能确定比 x 大的最小整数。算法中仍使用了模板 T，在调用此算法的程序中使用 SeqList<int>L 即可转换为整数的顺序表。

算法的描述如下。

```
template <class T>
int BinSearch (SeqList<T>& L, T x) {
```

```
//在有序顺序表 L 中搜索值 x,若找到值为 x 的元素,则函数返回 x,否则搜索失败。可
//确定比 x 大的区间的最小边界,找出比 x 大的最小整数,若 x 比表中任何一个整数都
//大,则函数返回-1
    int left = 0, right = L.n-1, m;
    while (left <= right) {                          //在搜索区间内折半搜索
        m = (left + right)/2;
        if (x == L.data[m]) break;                   //x 等于中点的值,跳出循环
        else if (x > L.data[m]) left = m+1;          //x 大于中点的值,右缩区间
        else right = m-1;                            //x 小于中点的值,左缩区间
    }
    if (x == L.data[m] && m < L.n-1)
        return L.data[m+1];                          //若搜索成功,则返回下一个
    else if (left < L.n-1) return L.data[left];      //若不成功,则 left 指示刚大于 x 的位置
    else return -1;                                  //若 x 大于表中所有整数,则搜索失败
}
```

3. 一个长度为 $L(L\geqslant 1)$ 的升序序列 S,处在第$\lceil L/2\rceil$个位置的数称为 S 的中位数。例如,若序列 $S_1=\{11,13,15,17,19\}$,则 S_1 的中位数为 15。若又有一个升序序列 $S_2=\{2,4,6,8,10\}$,两个序列的中位数定义为它们所有元素的升序序列的中位数,则 S_1 和 S_2 的中位数为 11。现有两个等长的用带头结点的单链表存储的升序序列 L1 和 L2,设计一个算法,找出两个序列 L1 和 L2 的中位数。

【题解】 算法的基本设计思想:对两个长度相等的有序单链表,设长度均为 n,同时检测两个链表,找出前面的 n 个较小的数,第 $n+1$ 个即为中位数。算法的描述如下。

```
template <class T>
void M_Search (LinkList<T>& L1, LinkList<T>& L2, int& u, int& v) {
//寻找有序单链表 L1 和 L2 的共同中位数。引用参数 u 返回找到的中位数在哪个
//链表中(1 或 2),引用参数 v 返回中位数在相应链表中的位置(下标)
    LinkNode<T> *p, *q; int k, n;
    for (q = L1->link, n = 0; q != NULL; q = q->link, n++);         //计算 n
    p = L1->link; q = L2->link;
    for (k = 0; k <= n; k++) {                               //比较 n+1 次,找中位数
        if (p != NULL && q != NULL) {                        //两个链表都没有比较完
            if (p->data <= q->data)
                { u = 1; v = p->data; p = p->link; }         //L1 当前结点数值较小,p 进
            else { u = 2; v = q->data; q = q->link; }        //L2 当前结点数值较小,q 进
        }
        else if (p != NULL)                                  //如果 L2 链全部比 L1 链小
            { u = 1; v = p->data; p = p->link; }             //中位数在 L1 链
        else { u = 2; v = q->data; q = q->link; }            //否则中位数在 L2 链
    }
}
```

4. △ 一个长度为 $L(L\geqslant 1)$的升序序列 S,处在第$\lceil L/2\rceil$个位置的数称为 S 的中位数。例如,若序列 $S_1=\{11,13,15,17,19\}$,则 S_1 的中位数是 15。两个序列的中位数是含它们所有元素的升序序列的中位数。例如,若 $S_2=\{2,4,6,8,20\}$,则 S_1 和 S_2 的中位数是 11。现有两个等长升序序列 A 和 B,试设计一个在时间和空间两方面都尽可能高效的算法,找出两个序列 A 和 B 的中位数。要求:

（1）给出算法的基本设计思想。

（2）根据设计思想，采用C或C++或Java语言描述算法，关键之处给出注释。

（3）说明你所设计算法的时间复杂度和空间复杂度。

【题解】 （1）本题两个升序序列都存储在数组中，可采用折半搜索方法，同步减半搜索区间，直到两个数组中的中间点的值相等或某个数组的搜索区间缩小到1为止。具体步骤如下：分别求两个升序数组L1和L2搜索区间的中位数（按$\lfloor L/2 \rfloor$），设为a和b。若$a<b$，L1中保留a后的子区间，L2中保留b前的子区间；反之，若$a \geqslant b$，L1中保留a前的子区间，L2中保留b后的子区间，对减半的搜索区间再重复同样的计算，直到两个数组中都只含一个元素时为止，则较小者即为所求的中位数。

（2）用C描述的算法如下。

```
void M_Search (int L1[], int L2[], int n, int& u, int& v) {
//算法用折半搜索求两个长度为 n 的有序数组 L1 和 L2 的中位数。引用参数 u 返回是
//哪个数组(1 或 2),引用参数 v 返回中位数在该数组中的位置(下标)
    int s1, t1, m1, s2, t2, m2;
    s1 = 0;t1 = n-1;s2 = 0;t2 = n-1;
    while (s1 != t1 || s2 != t2) {
        m1 = (s1+t1)/2;m2 = (s2+t2)/2;
        if (L1[m1] <= L2[m2]) {
                //分别考虑奇数和偶数,保持两个子数组的长度相等
            if ((s1+t1) % 2 == 0)                   //若区间元素个数为奇数
                { s1 = m1;t2 = m2; }                //A 右缩 B 左缩,保留偶数个元素
            else { s1 = m1+1;t2 = m2; }             //否则 A、B 缩半,保留奇数个元素
        }
        else {                                      //A[m1] >= B[m2]
            if ((s1+t1) % 2 == 0)                   //若区间元素个数为奇数
                { t1 = m1;s2 = m2; }                //A 左缩 B 右缩,保留偶数个元素
            else { t1 = m1;s2 = m2+1; }             //否则 A、B 缩半,保留奇数个元素
        }
    }
    if (L1[s1] <= L2[s2]) { u = 1;v = L1[s1]; }
    else { u = 2;v = L2[s2]; }
}
```

（3）设每个序列的长度为n，则算法的时间复杂度是$O(\log_2 n)$，空间复杂度为$O(1)$。

5. 仿照折半搜索方法设计一个Fibonacci搜索算法，并对$n=12$情况画出Fibonacci算法的判定树。

【题解】 Fibonacci数列为$F_1=1,F_2=1,F_3=2,F_4=3,\cdots$。Fibonacci搜索就是利用Fibonacci数列来划分有序顺序表的搜索区间的搜索方法。设L是一个有n个元素的有序顺序表，n恰好是一个斐波那契数减1，即$n=\text{Fib}[k]-1$。那么，搜索区间[low,high]的中点是low+Fib[$k-1$]−1，其左半区间的长度为Fib[$k-1$]−1，右半区间的长度为Fib[$k-2$]−1，因而可以对表继续分割。例如，对于一个长度为$n=12$的有序顺序表，Fib[7]−1=12，low=0，high=11。搜索区间的中点是low+Fib[6]−1=7，其左半区间长度为Fib[6]−1=7，右半区间长度为Fib[5]−1=4。图7-20就是Fibonacci搜索算法的二叉判定树，一般称它为Fibonacci搜索树，Fibonacci搜索就是利用Fibonacci搜索树进行搜索的。

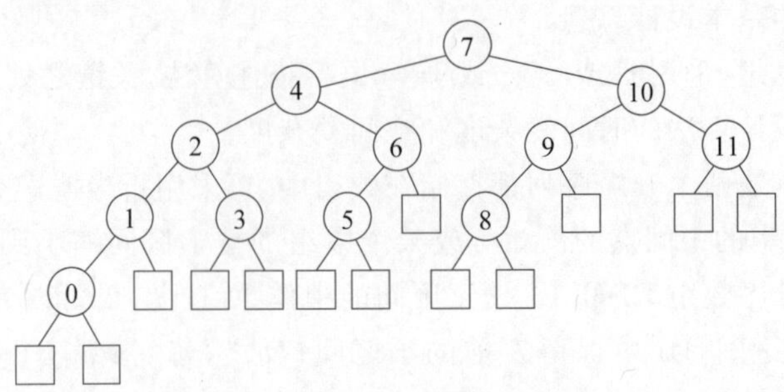

图 7-20 第 5 题的斐波那契搜索树

算法的描述如下。

```
#define maxValue 32767
template <class T>
int Fib_Search (SeqList<T>& L, int Fib[ ], T x) {
//在有序顺序表 L 上使用斐波那契搜索法搜索值为 x 的元素。数组 Fib 是斐波那契数
//数组。若在 L 中找到值为 x 的元素,则函数返回该元素地址,否则函数返回-1
//要求顺序表的当前长度 L.n 等于某个斐波那契数减 1
    int low, high, k, mid, offset, len, temp, i;
    for (k = 1; Fib[k] < L.n; k++);                        //寻找搜索区间上界
    if (L.n < Fib[k]-1)                                    //补足表长度
        for (i = L.n; i < Fib[k]-1; i++) L.data[i] = maxValue;
    low = 0, high = Fib[k]-1;                              //搜索区间下、上界
    len = Fib[k]-1;offset = Fib[k-1]-1;                    //区间长度和中点偏移量
    while (low <= high) {
        mid = low+offset;                                  //取中点
        if (L.data[mid] == x) return mid;                  //搜索成功, 返回位置
        else if (L.data[mid] > x) {                        //搜索范围收缩到左半区间
            temp = offset;offset = len-offset-1;
            len = temp;high = mid-1;
        }
        else {                                             //搜索范围收缩到右半区间
            len = len-offset-1;offset = offset-len-1;
            low = mid+1;
        }
    }
    return -1;                                             //搜索失败,返回"-1"
}
```

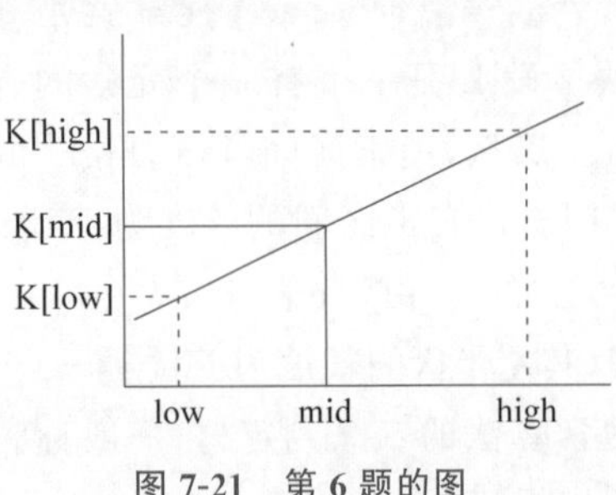

图 7-21 第 6 题的图

6. 为了一开始就根据给定值直接逼近到要搜索的位置,可以采用插值搜索。插值搜索的思路是:在待查区间[low..high]中,假设元素值是线性增长的,如图 7-21 所示。mid 是区间内的一个位置(low≤mid≤high),又假设 $K[x]$是某位置 x 的函数值,根据比例关系:

$$\frac{K[\text{high}]-K[\text{low}]}{\text{high}-\text{low}}=\frac{K[\text{mid}]-K[\text{low}]}{\text{mid}-\text{low}}$$

做一下移位，得到插值搜索的公式

$$mid = low + \frac{K[mid] - K[low]}{K[high] - K[low]}(high - low)$$

只要给定待查值 $y = K[x]$，就能求出它的位置 x。设计一个算法，实现插值搜索方法。

【题解】 仿照折半搜索的算法，用插值公式求中点，即可得到插值搜索的算法。算法的描述如下。

```
template <class T>
int BinSearch (SeqList<T>& L, T x) {
//在有序顺序表 L 上用插值搜索法搜索值为 x 的元素。若搜索成功,则函数返回该元素
//地址,否则函数返回-1
    int a, b, mid;T fa, fb;
    a = 0;fa = L.data[a];b = L.n-1;fb = L.data[b];
    while (a <= b) {
        mid = a+(x-fa)*(b-a)/(fb-fa);
        if (x == L.data[mid]) return mid;                //搜索成功
        else if (x > L.data[mid]) a = mid+1;             //右缩搜索区间
        else b = mid-1;                                  //左缩搜索区间
    }
    return -1;                                           //搜索失败
}
```

7. 设 BT 是一棵二叉树，树中结点的关键码互不相同。设计一个递归算法，判别 BT 是否为二叉搜索树。

【题解】 解法 1：判断给定二叉树是否为二叉搜索树，可以通过递归的中序遍历来检查，为此要设置一个指针 pre，指示二叉树中当前访问结点的中序直接前驱的关键码值。每访问一个结点，就比较当前访问结点的关键码是否大于 pre 所指结点的关键码值。如果遍历了所有结点，各结点与其中序直接前驱结点都是后一个大于前一个，则此二叉树是二叉搜索树；否则，只要有一个结点不满足，则此二叉树不是二叉搜索树。算法的描述如下。

```
template <class T>
bool JudgeBST (BinTreeNode<T> *bt, T& pre) {
//递归算法:指针 bt 是二叉树的子树根指针,pre 是 bt 的中序前驱指针。如果二叉树 bt
//是二叉搜索树,则函数返回 true,否则函数返回 false
    if (bt == NULL) return true;                          //空树,返回 true
    else {
        bool b1 = JudgeBST (bt->leftChild, pre);          //递归到左子树判断
        if (b1 == false || pre >= bt->data)               //左子树不是或当前不是
            return false;                                 //返回 false
        pre = bt->data;                                   //左子树是且当前也是,继续
        return JudgeBST (bt->rightChild, pre);            //递归到右子树判断
    }
}
```

解法 2：修改二叉树非递归中序遍历算法即可得到判别 BT 是否是二叉搜索树的算法。算法的描述如下。

```
#define stackSize 30
template <class T>
bool JudgeBST (BinTreeNode<T> *bt) {
```

```
    BinTreeNode<T> * p = bt;T pre = -32767;          //pre为p的中序前驱,初值为-∞
    BinTreeNode<T> * S[stackSize];int top = -1;      //栈初始化
    while (p != NULL || top >= 0) {
        if (p != NULL)                               //p进栈并搜索其左子树
            { S[++top] = p;p = p->leftChild; }
        else {
            p = S[top--];                            //退栈
            if (p->data < pre) return false;         //不是二叉搜索树
            else { pre = p->data;p = p->rightChild; } //搜索其右子树
        }
    }
    return true;                                     //是二叉搜索树
}
```

8. 设计一个算法,从存放于数组 $A[n]$内的一棵二叉搜索树的前序遍历序列恢复该二叉搜索树。

【题解】 可以用递归算法来解决问题。设当前要将前序序列中 low 到 high 的子序列恢复为二叉搜索树,第一个元素 $A[\mathrm{low}]$一定是二叉搜索树的根,从 low+1 到 high 逐个检查这个前序序列,将它分为两个子序列:$A[\mathrm{low}+1]\sim A[i-1]$和 $A[i]\sim A[\mathrm{high}]$,前者所有元素的值都小于 $A[\mathrm{low}]$,后者所有元素的值都大于 $A[\mathrm{low}]$,使用递归对这两个子序列进行同样操作,建立 $A[\mathrm{low}]$的左子树和右子树。算法的描述如下。

```
template <class T>
void comeback (T A[ ], int low, int high, BSTNode<T> * & t) {
//数组A是二叉搜索树的前序序列,当前处理的区间是[low, high]。算法递归执行,将
//A[low, high]内的前序序列恢复为以t为根的二叉搜索树的子树
    if (low > high) t = NULL;                        //序列为空,建空树
    else {                                           //序列非空,建有根树
        t = new BSTNode<T>; t->key = A[low];         //建立根结点
        t->left = t->right = NULL;
        for (int i = low+1; i <= high; i++)          //寻找两子序列的分隔点
            if (A[i] > A[low]) break;
        comeback (A, low+1, i-1, t->left);           //递归建立左子树
        comeback (A, i, high, t->right);             //递归建立右子树
    }
}
```

9. 设计一个算法,从大到小输出二叉搜索树中所有结点值不小于 k 的关键码。

【题解】 由二叉搜索树的性质可知,右子树中所有的结点值均大于根结点值,左子树中所有的结点值均小于根结点值。为了从大到小输出,先遍历根结点的右子树,再访问根结点,最后遍历根结点的左子树。算法的描述如下。

```
template <class T>
void reversePrint (BSTNode<T> * t, T k) {
//递归算法:按先右子树后左子树的次序,中序遍历二叉搜索树的子树t,将子树t
//中所有值不小于k的关键码从大到小有序输出,k是给定的限制值
    if (t != NULL) {
        reversePrint (t->right, k);
```

```
        if (t->key >= k) cout << t->key <<" ";
        reversePrint (t->left, k);
    }
}
```

10. 设在一棵二叉搜索树的每个结点中，key 域用于存放关键码，count 域用于存放与它有相同关键码的结点个数。当向该树插入一个元素时，若树中已存在与该元素的关键码相同的结点，则让该结点的 count 域增 1，否则就由该元素生成一个新结点而插入树中，并将其 count 域置为 1，设计一个算法，实现这个插入要求。

【题解】 这是一个特殊的向以 * t 为根的二叉搜索树中插入新元素 x 的算法。算法采用非递归方法，首先搜索 x，如果树中已经有值为 x 的元素，则将值为 x 的结点的 count 值加 1，否则将 x 作为新结点插入树中。算法的描述如下。

```
#include <stdio.h>
#include <stdlib.h>
template <class T>                              //结点关键码的数据类型
struct BSTNode {
    T key;                                      //结点关键码
    BSTNode<T> * left, * right;                 //左、右子女指针
    int count;                                  //值相同的结点个数
    BSTNode () { count = 0;left = right = NULL; }
    BSTNode (T x) { key = x;count = 0;left = right = NULL; }
};
template <class T>
void Insert (BSTNode<T> * & t, T x) {
//在以 * t 为根的二叉搜索树上插入元素 x,若 x 已存在则不插入,该结点 count 值加 1;
//否则将新结点 x 插入树中,并满足二叉搜索树的特性
    BSTNode<T> * p = t, * pre = NULL;          //p 是检测指针, pre 是其父指针
    while (p != NULL) {                         //在树中搜索关键码为 x 的结点
        if (p->key != x) {
            pre = p;                            //向下层结点搜索
            p = (x < p->key) ? p->left : p->right;
        }
        else { p->count++;return; }             //若元素已存在,则 count 增 1
    }
    BSTNode * s = new BSTNode<T>(x);            //若元素不存在,则建新结点
    s->count = 1;
    if (pre == NULL) t = s;                     //空树情形,新结点成为根
    else if (x < pre->data) pre->left = s;      //非空树情形, 接在父结点下面
    else pre->right = s;
}
```

11. 设计一个算法，判定给定的关键码序列（假定关键码互不相同）是否是二叉搜索树的搜索序列。若是，则函数返回 true，否则返回 false。

【题解】 算法设置搜索序列值范围的下界 low 和上界 high，根据二叉搜索树的特点，搜索路径只可能沿某一结点的左或右分支逐层向下搜索，因此 low 与 high 是在搜索过程中不断接近，如果下一个值超出这个范围，这个搜索序列一定有错。例如，给定一个搜索序列

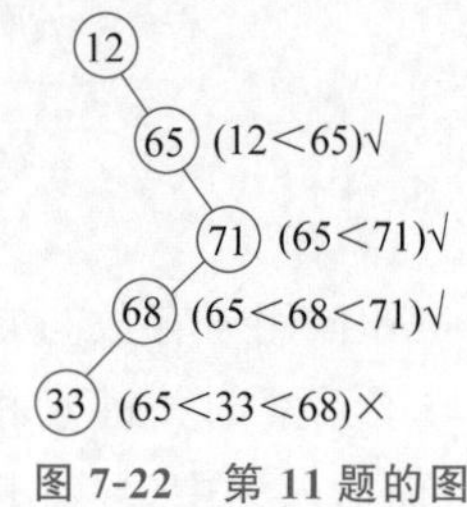

图 7-22 第 11 题的图

{12,65,71,68,33,34},在二叉搜索树上的比较过程如图 7-22 所示。初始时,65>12,搜索范围是[12,∞],然后向下搜索。71>65,由于 12<71<∞,在搜索范围内,是合理的,调整搜索范围的下界 low 为[65,∞],往下搜索。68<71,由于 65<68<∞,在搜索范围内,是合理的,调整搜索范围的上界 high 为[65,71],再往下搜索。33<68,由于 33<65,超出了[65,71]的范围,这个搜索序列不是搜索 34 的合理搜索序列。

算法的描述如下。

```
#define maxValue 32767
template <class T>
bool judge(T S[], int n, T x, int& i) {
//数组 S[n]是输入的搜索序列,n 是序列中元素个数,x 是搜索值。算法判断 S 是否
//为 x 的搜索序列,若 S 是 x 的搜索序列,则函数返回 true,引用参数 i 返回 n;若 S
//不是 x 的搜索序列,则函数返回 false,引用参数 i 返回出错位置
    int low, high;
    if (S[0] < S[1]) { high = maxValue; low = S[0]; }
    else { high = S[0]; low = maxValue; }                  //置搜索范围初值
    for (int i = 2; i < n; i++) {                          //逐个判断序列中元素
        if (S[i] > S[i-1]) low = S[i-1];                   //右子女方向,提升 low
        else high = S[i-1];                                //左子女方向,降低 high
        if (S[i] < low || S[i] > high) return false;       //超出范围出错
    }
    return true;                                           //都查完,合理搜索序列
}
```

12. 设计一个算法,在二叉搜索树上找出任意两个不同结点的最近公共祖先。

【题解】 设二叉搜索树的根结点为 *t,任意两个结点分别为 *p 和 *q,有如下 3 种情况。

(1) 若 p->key<t->key 且 q->key>t->key,或 p->key>t->key 且 q->key<t->key,则 *p 和 *q 分别在 *t 的左、右两个子树中,*t 为公共祖先;

(2) 若 p->key<t->key 且 q->key<t->key,则 *p 和 *q 都在 *t 的左子树中,递归到左子树搜索;

(3) 若 p->key>t->key 且 q->key>t->key,则 *p 和 *q 都在 *t 的右子树中,递归到右子树搜索。

算法的描述如下。

```
template <class T>
BSTNode<T> *Ancestor (BSTNode<T> *t, BSTNode<T> *p, BSTNode<T> *q) {
//递归算法:指针 t 指示二叉搜索树的子树根结点,指针 p、q 分别指向子树 t 上的两
//个指定结点,算法在以*t 为根的二叉搜索树中寻找*p 和*q 的最近公共祖先,函数
//返回最近公共祖先的地址
    if (t == NULL) return NULL;
    if (p->key < t->key && q->key > t->key ||
            p->key > t->key && q->key < t->key) return t;
    else if (p->key < t->key && q->key < t->key)   //*p 和*q 都在*t 的左子树中
        return Ancestor (t->left, p, q);
    else return Ancestor (t->right, p, q);         //*p 和*q 都在*t 的右子树中
}
```

13. 设二叉搜索树的结点结构与线索二叉树的结点在结构上相同，由5个域组成：BSTTHNode={left,ltag,data,rtag,right}。设计一个非递归算法，从有 n 个正整数的数组中依次读入数据，创建一棵既是二叉搜索树又是中序线索二叉树的二叉树。

【题解】 混合使用二叉搜索树和中序线索二叉树的构建算法，以中序遍历算法为框架。算法由两部分组成，首先，依照二叉搜索树的要求，每读入一个数据，就在树中寻找插入位置并插入结点；全部插入后，再进行中序全线索化。算法的描述如下。

```
#define stackSize 20
template <class T>
struct BSTTHNode {
    T key;                                              //结点数据
    BSTTHNode<T> * left, * right;                       //左、右子女指针
    int ltag, rtag;                                     //结点左、右线索标识
    BSTTHNode () { ltag = rtag = 0;left = right = NULL; }
    BSTNode (T x) { key = x;ltag = rtag = 0;left = right = NULL; }

} BSTTHNode;
template <class T>
void createTree (BSTTHNode<T> * & bt, T A[], int n) {
//数组 A[n]是输入的整数数组,n 是数组中元素个数。引用参数 bt 是构建成功的中序
//线索二叉搜索树的根指针
    BSTTHNode<T> * s, * p, * pr;
    bt = new BSTTHNode<T> (A[0]);                       //创建根结点
    for (int i = 1; i < n; i++) {                       //依次读入数据,构建二叉搜索树
        s = new BSTTHNode<T>(A[i]);                     //创建树结点
        p = bt;pr = NULL;                               //p 为检测指针,pr 为其父结点
        while (p != NULL) {                             //寻找插入位置
            if (p->ltag == 0 && p->key > A[i])
                { pr = p;p = p->left; }                 //向左子树下落
            else if (p->rtag == 0 && p->key < A[i])
                { pr = p;p = p->right; }                //向右子树下落
        }
        if (s->key < pr->key) pr->left = s;             //新结点作为叶结点插入
        else pr->right = s;
    }
    BSTTHNode<T> * S[stackSize];int top = -1;           //使用栈全线索化
    p = bt;pr = NULL;
    do {
        while (p != NULL)                               //左子女进栈
            { S[++top] = p;p = p->left; }
        p = S[top--];                                   //p 指向子树最左下结点
        if (p->left == NULL)
            { p->left = pr;p->ltag = 1; }               //当前结点的前驱指针线索化
        if (pr != NULL && pr->right == NULL)
            { pr->right = p;pr->rtag = 1; }             //前驱结点的后继指针线索化
        pr = p;p = p->right;                            //* p 跨向右子女
    } while (p != NULL || top != -1);
    pr->rtag = 1;
}
```

14. 设中序线索二叉搜索树的存储结构同第 13 题，设计一个算法，在中序线索二叉搜索树中插入一个关键码。

【题解】 依据二叉搜索树的特性，如果插入值 x 大于根结点关键码的值，再看根结点的右指针是否为后继线索，若是则将 x 结点插入根结点的右子女位置，修改相应指针和标志；否则递归到根结点的右子树进行插入。如果 x 小于根结点关键码的值，再看根结点的左指针是否为前驱线索，若是则将 x 结点插入根结点的左子女位置，修改相应的指针和标志；否则递归到根结点的左子树进行插入。算法的描述如下。

```
template <class T>
void BSTHTree_Insert (BSTTHNode<T> * & bt, T x) {
//递归算法：指针 bt 是中序线索二叉搜索树的子树根指针，x 是插入的关键码
    BSTTHNode<T> * p, * q;
    if (bt->key < x) {                          //插入 * bt 的右子树中
        if (bt->rtag == 1) {                    //* bt 右子树为空，作为右子女插入
            p = bt->right;                      //后继线索保存到 p
            q = new BSTTHNode<T>(x);
            bt->right = q;bt->rtag = 0;
            q->rtag = 1;q->right = p;           //修改原线索
            q->ltag = 1;q->left = bt;
        }
        else BSTHTree_Insert (bt->right, x);    //* bt 右子树非空，插入右子树中
    }
    else if (bt->key > x) {                     //插入 * bt 的左子树中
        if (bt->ltag == 1) {                    //* bt 左子树空，作为左子女插入
            p = bt->left;
            q = new BSTTHNode<T>(x);
            bt->left = q;bt->ltag = 0;
            q->rtag = 1;q->right = bt;
            q->ltag = 1;q->left = p;            //修改自身的线索
        }
        else BSTHTree_Insert (bt->left, x);     //* bt 左子树非空，插入左子树中
    }
}
```

设树中有 n 个结点，算法的时间复杂度为 $O(\log_2 n) \sim O(n)$，空间复杂度为 $O(n)$。

15. 设中序线索二叉搜索树的存储结构同第 13 题，设计一个算法，从中序线索二叉搜索树中删除一个关键码。

【题解】 算法采用先求出关键码 x 结点的前驱和后继，再删除 x 结点的办法，这样修改线索会比较简单，直接让前驱的线索指向后继就行了。如果试图在删除 x 结点的同时修改线索，则问题反而复杂化了。算法的描述如下。

```
template <class T>
bool BSTHTree_Remove (BSTTHNode<T> * & bt, int x) {
//指针 bt 是中序线索二叉搜索树的根指针，x 是欲删除元素的关键码。若删除成功，函
//数返回 true，引用参数 * bt 返回删除后中序线索二叉搜索树的根指针
    BSTTHNode<T> * q, * r, * s;
    q = bt;s = NULL;
    while (q->key != x) {                   //在树中搜索包含 x 的结点 * q
```

```
        s = q;
        if (q->key < x && q->rtag == 0) q = q->right;
        else if (q->key > x && q->ltag == 0) q = q->left;
        else break;
    }
    if (q->key != x) return false;              //搜索失败,不删除
    if (q->ltag == 0 && q->rtag == 0) {         //结点*q的左、右子树均非空
        s = q;r = q->right;                     //寻找*q右子树中的中序第一个结点
        while (r->ltag == 0)
            { s = r;r = r->left; }              //*r是*q中序后继, *s是*r的父结点
        q->key = r->key;                        //把*r的值传给*q结点
        q = r;                                  //问题转化为删*r
    }
    if (q->ltag == 0 && q->rtag == 1)           //结点的右子树空,重接其左子树
        { r = q;q = q->left; }                  //重接结点为*q,*r结点删去
    else if (q->ltag == 1 && q->rtag == 0)  //结点左子树空,重接其右子树
        { r = q;q = q->right; }
    else { r = q;q = q->right;s->rtag = 1; }
    if (s->left == r) s->left = q;
    else s->right = q;                          //重接*q到其父结点*s上
    while (q->ltag == 0) q = q->left;           //寻找q子树上中序第一个结点
    q->left = r->left;                          //原被删结点的中序后继加线索
    delete r;return true;
}
```

16. 利用二叉树遍历的思想,设计一个算法,判断二叉搜索树是否为 AVL 树。

【题解】 一棵 AVL 树是高度平衡的二叉搜索树,它要求根结点的平衡因子 bf 的绝对值不能超过 1,且根的左、右子树都是 AVL 树。可以采用后序遍历二叉树的方式来判断二叉搜索树是否为 AVL 树。首先对底层结点的左、右子树的高度差进行判断,再逐层向上,对更高层结点的左、右子树的高度差进行判断。算法的描述如下。

```
template <class T>
bool JudgeAVL (AVLNode<T> *t, int& h) {
//递归算法: 指针 t 是 AVL 树的子树根指针;算法判断该子树是否为 AVL 树,若是则函
//数返回 true,若不是则函数返回 false。引用参数 h 返回子树的高度
    int hl, hr;bool bl, br;
    if (t == NULL) { h = 0;return true; }           //空树,平衡
    if (t->left == NULL && t->right == NULL)
        { h = 1;return true; }                      //叶结点,平衡
    bl = JudgeAVL (t->left, hl);                    //判断左子树是否平衡
    br = JudgeAVL (t->right, hr);                   //判断右子树是否平衡
    h = (hl > hr) ? hl+1 : hr+1;                    //计算树的高度
    if (bl == false || br == false || (hl-hr > 1 || hl-hr < -1))
        return false;
    else return true;
}
```

17. 设有一棵 AVL 树,设计一个算法,利用各结点的平衡因子求 AVL 树的深度。

【题解】 从根结点开始检测,若当前结点的平衡因子为−1,则应检测其右子女;若为

1,则应检测其左子女;若为0,检测其左子女或右子女,……,直到叶结点为止。在扫描的过程中增设一个计数器 depth,统计检测过的结点数。算法的描述如下。

```
template <class T>
int AVL_Depth (AVLNode<T> *t) {
//指针 t 是 AVL 树的根指针。算法从根 t 开始,自顶向下沿较高子树走到叶结点得
//到树的深度
    int depth = 0; AVLNode<T> *p = t;
    while (p != NULL) {
        depth++;
        if (p->bf < 0) p = p->right;            //bf 为 p 结点的平衡因子
        else p = p->left;
    }
    return depth;
}
```

18. 在 AVL 树的每个结点中增设一个域 lsize,存储以该结点为根的左子树中的结点个数加 1。编写一个算法,确定树中第 $k(k \geqslant 1)$小结点的位置。

【题解】 修改 AVL 树的定义,每个结点增加一个 lsize 域,在构建完 AVL 树后通过一个递归的中序遍历把各结点的 lsize 值填入。如果一个结点的 left 为空,它的 lsize 为 1,这是递归结束的部分;如果一个结点的左子树不空,该结点的 lsize 值等于它的左子女的 lsize 值加 1,这是递归部分。在得到各结点的 lsize 值后就可以搜索第 k 小的结点了。实际上 lsize 域里面记入的就是以该结点为根的子树中该结点的次序。在右子树中搜索第 k 小的元素结点时,要注意减去左子树及根的结点个数。算法的描述如下。

```
template <class T>
void Calclsize (AVLNode<T> *t) {
    if (t != NULL) {
        if (t->left == NULL) t->lsize = 1;
        else {
            Calclsize (t->left);
            if (t->left != NULL)
                t->lsize = t->left->lsize+1;
            if (t->left->right != NULL)
                t->lsize = t->lsize+t->left->right->lsize;
            Calclsize (t->right);
        }
    }
}
template <class T>
AVLNode *Search_Small (AVLNode<T> *t, int k) {
//递归算法: t 是 AVL 树的子树根指针, k 是结点序号。算法前序遍历 AVL 树并返回第
//k 小结点地址
    if (t == NULL || k < 1) return NULL;        //空树或 k 小于 1
    if (t->lsize == k) return t;                //找到第 k 小的元素结点
    if (t->lsize > k)
        return Search_Small (t->left, k);
    else return Search_Small (t->right, k-t->lsize);
}
```

7.4 补充练习题

一、选择题

1. 顺序搜索法适用于存储结构为(　　)的线性表。

A. 散列存储　　B. 顺序存储或链接存储
C. 压缩存储　　D. 索引存储

2. 采用顺序搜索方式搜索长度为 n 的线性表时,平均搜索长度为(　　)。

A. n　　B. $n/2$　　C. $(n+1)/2$　　D. $(n-1)/2$

3. 在顺序存储的线性表 R[30]上进行顺序搜索的平均搜索长度为(　　)。

A. 15　　B. 15.5　　C. 16　　D. 20

4. 对线性表进行折半搜索时,要求线性表必须(　　)。

A. 顺序方式存储,元素无序　　B. 链接方式存储,元素无序
C. 顺序方式存储,元素有序　　D. 链接方式存储,元素有序

5. 折半搜索过程所对应的二叉判定树是一棵(　　)。

A. 理想平衡树　　B. 平衡二叉树　　C. 完全二叉树　　D. 满二叉树

6. 采用折半搜索方式搜索一个长度为 n 的有序顺序表时,其平均搜索长度为(　　)。

A. $O(n)$　　B. $O(\log_2 n)$　　C. $O(n^2)$　　D. $O(n\log_2 n)$

7. 对长度为 n 的有序顺序表进行折半搜索,对应的二叉判定树的高度为(　　)。

A. n　　B. $\lfloor\log_2 n\rfloor$　　C. $\lfloor\log_2(n+1)\rfloor$　　D. $\lceil\log_2(n+1)\rceil$

8. 采用折半搜索法搜索长度为 n 的有序顺序表,搜索每个元素的平均比较次数(　　)对应二叉判定树的高度(设高度≥2)。

A. 小于　　B. 大于　　C. 等于　　D. 大于或等于

9. △ 对含有 600 个元素的有序顺序表进行折半搜索,关键码之间的比较次数最多是(　　)。

A. 9　　B. 10　　C. 30　　D. 300

10. △ 已知一个长度为 16 的顺序表 L,其元素按关键码有序排列,若采用折半搜索法搜索一个在表中不存在的元素,则关键码的比较次数最多是(　　)。

A. 4　　B. 5　　C. 6　　D. 7

11. 对有 12 个元素的有序顺序表 L 进行折半搜索,中间点的选取采用 $m=\lfloor(\text{low}+\text{high})/2\rfloor$,搜索元素 L[11]时,参加比较的元素的下标依次是(　　)。

A. 0,3,6,11　　B. 3,6,9,11
C. 5,8,10,11　　D. 6,9,10,11

12. 在有 12 个元素的有序顺序表中,设对每一个元素的搜索概率都相等,折半搜索法的搜索成功的平均搜索长度为(　　),搜索不成功的平均搜索长度为(　　)。

A. 35/12　　B. 37/12　　C. 39/13　　D. 49/13

13. △ 下列选项中,不能构成折半搜索中关键码比较序列的是(　　)。

A. 500,200,450,180　　B. 500,450,200,180
C. 180,500,200,450　　D. 180,200,500,450

14. △ 在有 $n(n>1000)$ 个元素的升序数组 A 中搜索关键码 x，搜索算法的伪代码如下所示。

```
k = 0;
while (k < n 且 A[k] < x) k = k+3;
if (k < n 且 A[k] == x) 搜索成功;
else if (k-1 < n 且 A[k-1] == x) 搜索成功;
else if (k-2 < n 且 A[k-2] == x) 搜索成功;
else 搜索失败;
```

本算法与折半搜索算法相比，有可能具有更少比较次数的情形是(　　)。

A. 当 x 不在数组中　　B. 当 x 接近数组开头处

C. 当 x 接近数组结尾处　　D. 当 x 位于数组中间位置

15. △ 在如图 7-23 所示的几棵二叉树中，可能成为折半搜索判定树(不含外部结点)的是(　　)。

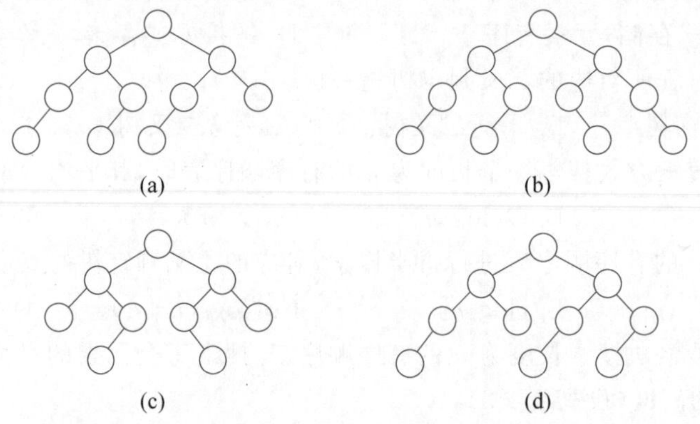

图 7-23　第 13 题的几棵二叉树

16. 为提高搜索效率，对有 65 025 个元素的有序顺序表建立索引顺序结构，在最好情况下搜索到表中已有元素，最多需要执行(　　)次关键码比较。

A. 10　　B. 14　　C. 16　　D. 21

17. 在关键码值随机分布的情况下，用二叉搜索树的方法进行搜索，其搜索长度与(　　)量级相同。

A. 顺序搜索　　B. 折半搜索　　C. 插值搜索　　D. 斐波那契搜索

18. 对于二叉搜索树，下面的说法中，正确的是(　　)。

A. 二叉搜索树是动态树表，搜索失败后插入新结点，会引起树的分裂或重组

B. 对二叉搜索树执行层次序遍历可得到一个有序序列

C. 用逐点插入建立二叉搜索树，若先后插入的关键码有序，则二叉搜索树的深度最大

D. 在二叉搜索树上执行搜索，关键码的比较次数不超过结点数的一半

19. 利用逐个数据插入的方法建立序列 {35,45,25,55,50,10,15,30,40,20} 对应的二叉搜索树后，搜索元素 20 需要进行(　　)次元素之间的比较。

A. 4　　B. 5　　C. 7　　D. 10

20. 图 7-24(a)给出一棵二叉搜索树，对应的二叉判定树如图 7-24(b)所示，它的搜索成

功的平均搜索长度是(　　),搜索不成功的平均搜索长度是(　　)。

A. 21/7　　B. 28/7　　C. 15/6　　D. 16/6

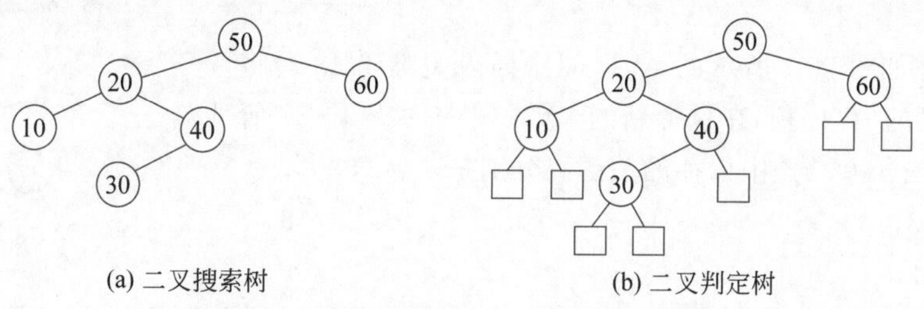

图 7-24　第 20 题的二叉搜索树及其判定树

21. 在常用的描述二叉搜索树的二叉链表存储表示中,关键码值最大的结点(　　)。

A. 左子女指针一定为空　　B. 右子女指针一定为空

C. 左、右子女指针均为空　　D. 左、右子女指针均不为空

22. 设二叉搜索树中的关键码由 1 到 1000 中的整数构成。现要搜索关键码为 363 的结点,下述关键码序列中(　　)是不合理的搜索序列。

A. 2,252,401,398,330,344,397,363　　B. 924,220,911,244,898,258,362,363

B. 925,202,911,240,912,245,363　　D. 2,399,387,219,266,382,381,278,363

23. △ 对下列关键码序列,不可能构成某二叉搜索树中一条搜索路径的是(　　)。

A. 95,22,91,24,94,71　　B. 92,20,91,34,88,35

C. 21,89,77,29,36,38　　D. 12,25,71,68,33,34

24. △ 在任意一棵非空二叉搜索树 T_1 中,删除某结点 v 之后形成二叉搜索树 T_2,再将 v 插入 T_2 形成二叉搜索树 T_3,下列关于 T_1 与 T_3 的叙述中,正确的是(　　)。

Ⅰ. 若 v 是 T_1 的叶结点,则 T_1 与 T_3 不同

Ⅱ. 若 v 是 T_1 的叶结点,则 T_1 与 T_3 相同

Ⅲ. 若 v 不是 T_1 的叶结点,则 T_1 与 T_3 不同

Ⅳ. 若 v 不是 T_1 的叶结点,则 T_1 与 T_3 相同

A. 仅Ⅰ、Ⅲ　　B. 仅Ⅰ、Ⅳ　　C. 仅Ⅱ、Ⅲ　　D. 仅Ⅱ、Ⅳ

25. △ 下列给定的关键码输入序列中,不能生成如图 7-25 所示的二叉搜索树的是(　　)。

A. 4,5,2,1,3　　B. 4,5,1,2,3

C. 4,2,5,3,1　　D. 4,2,1,3,5

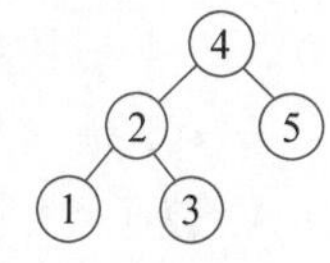

图 7-25　第 25 题的二叉搜索树

26. △ 在如图 7-26 所示的几棵二叉搜索树中,满足平衡二叉树(AVL 树)定义的是(　　)。

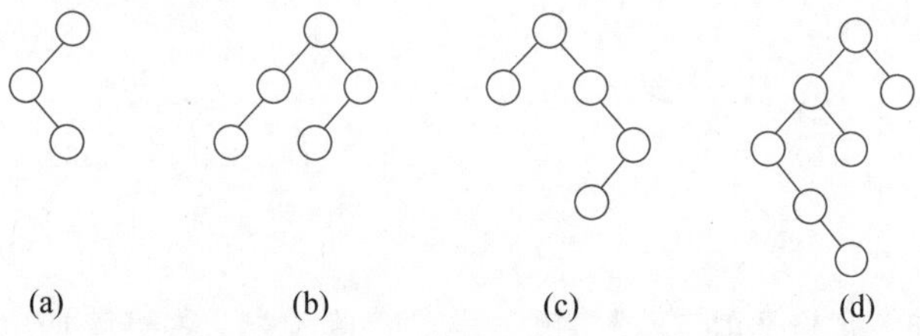

图 7-26　第 26 题的几棵二叉搜索树

27. 一棵高度为 h 的 AVL 树，若其每个非叶结点的平衡因子都是 0，则该树共有(　　)个结点。

A. $2^{h-1}-1$　　B. 2^{h-1}　　C. $2^{h-1}+1$　　D. $2^{h}-1$

28. △ 在如图 7-27 所示的 AVL 树中插入关键码 48 后将得到的一棵新的 AVL 树，在这棵新的 AVL 树中，关键码 37 所在结点的左、右子女结点中保存的关键码分别是(　　)。

A. 13,48　　B. 24,48

C. 24,53　　D. 24,90

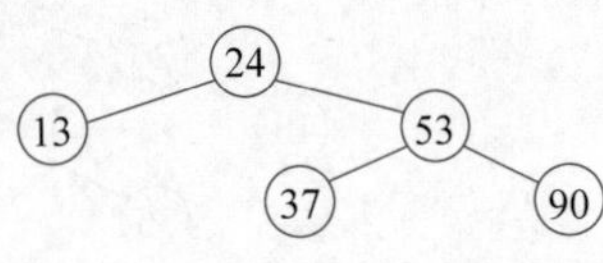

图 7-27　第 28 题的 AVL 树

29. 二叉树为二叉搜索树的(　　)的条件是树中任一结点的值均大于其左子女(若存在)的值，小于其右子女(若存在)的值。

A. 充分且必要　　B. 充分但不必要

C. 必要但不充分　　D. 既不充分也不必要

30. △ 若平衡二叉树(AVL 树)的高度为 6，且所有非叶结点的平衡因子均为 1，则该平衡二叉树的结点总数为(　　)。

A. 12　　B. 20　　C. 32　　D. 33

31. △ 若将关键码 1,2,3,4,5,6,7 依次插入初始为空的平衡二叉树 T，则 T 中平衡因子为 0 的分支结点的个数是(　　)。

A. 0　　B. 1　　C. 2　　D. 3

32. △ 现有一棵无重复关键码的平衡二叉树(AVL 树)，对其进行中序遍历可得到一个降序序列，下列关于该平衡二叉树的叙述中，正确的是(　　)。

A. 根结点的度一定为 2　　B. 树中最小元素一定是叶结点

C. 最后插入的元素一定是叶结点　　D. 树中最大元素一定无左子女

33. △ 已知二叉搜索树如图 7-28 所示，元素之间应满足的大小关系是(　　)。

A. $x_1<x_2<x_5$　　B. $x_1<x_4<x_5$　　C. $x_3<x_5<x_4$　　D. $x_4<x_3<x_5$

34. △ 在任意一棵非空平衡二叉树(AVL 树)T_1 中，删除某结点 v 之后形成平衡二叉树 T_2，再将 v 插入 T_2 形成平衡二叉树 T_3，下列关于 T_1 与 T_3 的叙述中，正确的是(　　)。

Ⅰ. 若 v 是 T_1 的叶结点，则 T_1 与 T_3 可能不相同

Ⅱ. 若 v 不是 T_1 的叶结点，则 T_1 与 T_3 一定不相同

Ⅲ. 若 v 不是 T_1 的叶结点，则 T_1 与 T_3 一定相同

A. 仅Ⅰ　　B. 仅Ⅱ　　C. 仅Ⅰ、Ⅱ　　D. 仅Ⅰ、Ⅲ

35. △ 给定平衡二叉树如图 7-29 所示，插入关键码 23 后，根中的关键码是(　　)。

A. 16　　B. 20　　C. 23　　D. 25

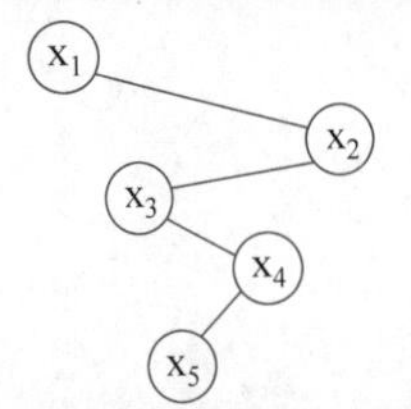

图 7-28　第 33 题的二叉搜索树

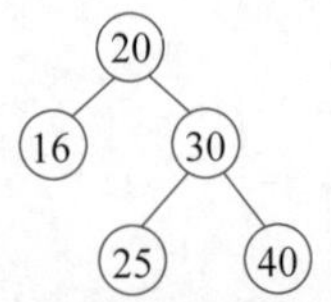

图 7-29　第 35 题的平衡二叉树

36. 高度为 7 的 AVL 树最少有(　　)个结点，最多有(　　)结点。

A. 21　　B. 33　　C. 63　　D. 127

37. 在一棵高度为 h 的 AVL 树中，离根最远的叶结点在第(　　)层，离根最近的叶结点在第(　　)层。

A. $\lfloor \log_2 n \rfloor$　　B. $\lceil \log_2 (n+1) \rceil$　　C. $\lfloor h/2 \rfloor$　　D. $\lfloor h/2 \rfloor + 1$

38. 下列关于红黑树的描述中，不正确的是(　　)。

A. 一棵含有 n 个结点的红黑树的高度最多为 $2\log_2(n+1)$

B. 如果红黑树中一个结点是黑结点，则它的父结点和子女结点都是红结点

C. 如果红黑树中一个结点是红结点，则它的父结点和子女结点都是黑结点

D. 对于红黑树上的任意结点，从该结点到其任一子孙叶结点的路径上所包含的黑结点个数相同

39. 下列关于红黑树的描述中，正确的是(　　)。

A. 在红黑树中，如果从根到任一叶结点的路径最短，则该路径应都是黑结点

B. 如果红黑树中某一结点的度为 1，则该结点的唯一子女结点可能是黑结点，也可能是红结点

C. 在红黑树中从根结点到叶结点的最长路径是最短路径的两倍

D. 红黑树的搜索效率与 AVL 树的搜索效率都为 $O(\log_2 n)$，但红黑树更快一些

40. 下列关于红黑树的描述中，正确的是(　　)。

A. 如果一棵红黑树的所有结点都是黑结点，则它一定是一棵满二叉树

B. 红黑树的每一个内部结点都有两个非空子女结点

C. 红黑树的搜索算法与一般二叉搜索树的搜索算法不同

D. 红黑树的子树也是红黑树

41. 如图 7-30 所示的 4 个树状结构中，满足红黑树定义的是(　　)。

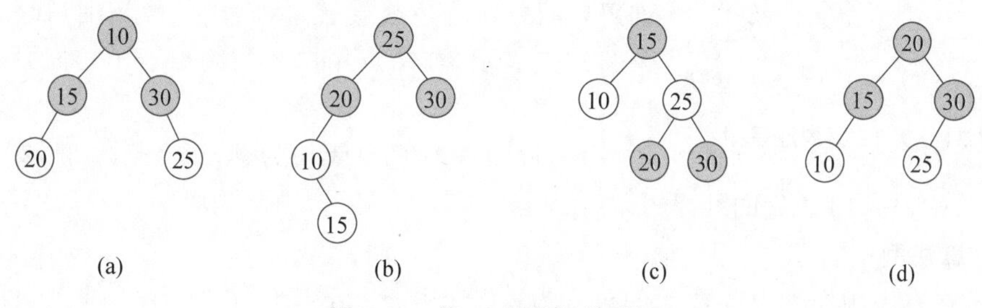

图 7-30　第 41 题的树状结构

42. 将数据 10, 15, 20, 25, 30, 35, 40 依次插入初始为空的红黑树 T 中，则 T 中红结点的个数是(　　)。

A. 1　　B. 2　　C. 3　　D. 4

二、简答题

1. 对含有 n 个互不相同元素的集合，同时搜索最大元素和最小元素至少需要进行多少次比较？

2. 有 n 个结点的二叉搜索树具有多少种不同形态？

3. 证明下列关系。

(1) 设 T 是具有 n 个内结点，$n+1$ 个外结点的扩充二叉树，它作为判定树，可用于分析顺序搜索和折半搜索的搜索性能。树的内结点相当于参与比较的元素结点，定义内结点到根的路径上的分支数为该结点到根的路径长度，所有内结点到根的路径长度之和为 T 的内路径长度，记为 I；外结点相当于失败结点，定义外结点到根的路径上的分支数为该结点到根的路径长度，所有外结点到根的路径长度之和为 T 的外路径长度，记为 E。试利用归纳法证明 $E=I+2n, n\geqslant 1$。

(2) 利用(1) 的结果，试说明：成功搜索的平均搜索长度 S_n 与不成功搜索的平均搜索长度 U_n 之间的关系可用公式 $S_n=(1+1/n)U_n-1(n\geqslant 1)$ 表示。

4. 将关键码 DEC，FEB，NOV，OCT，JUL，SEP，AUG，APR，MAR，MAY，JUN，JAN 依次插入一棵初始为空的 AVL 树中，画出每插入一个关键码后的 AVL 树，并标明平衡旋转类型。

5. 从第 4 题所建立的 AVL 树中删除关键码 MAY，为保持 AVL 树的特性，应如何进行删除和调整？若接着删除关键码 FEB，又应如何删除与调整？

6. 将关键码 $1,2,3,\cdots,2^k-1$ 依次插入一棵初始为空的 AVL 树中。试证明结果树是完全平衡的。

7. 假设一棵红黑树的根为红色，如果将它改为黑色，这棵树还是红黑树吗？

8. 在一棵高度为 h 的红黑树中，内结点的个数最多是多少？最少是多少？

9. 试说明为什么在红黑树中删除一个结点后，红黑树的根结点总是黑色的？

10. 在红黑树的插入中，新插入的结点被着为红色。如果将新结点着为黑色，一般不会破坏红黑树的性质，那么为什么不将新结点着为黑色？

11. 现有一个关键码序列{10，85，15，70，20，60，30，50，65，80，55}，从空树开始，顺序插入序列中的关键码，形成一棵红黑树。给出采用自底向上方式每插入一个新关键码后的重新着色或旋转过程(画红黑树时，黑结点用灰色圆结点表示，红结点用白色圆结点表示，外部结点不画出)。

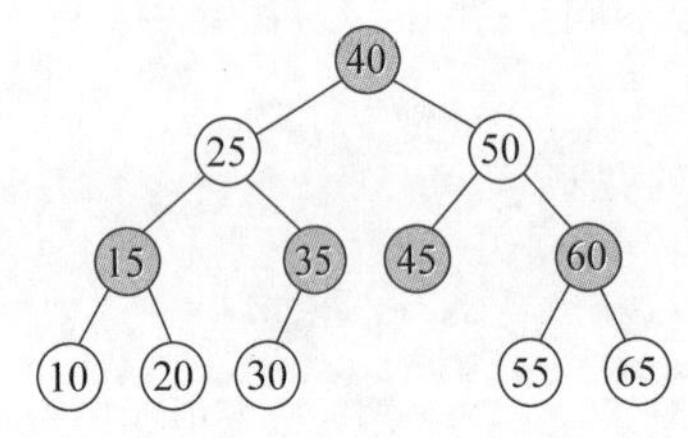

图 7-31 第 12 题的红黑树

12. 以图 7-31 的红黑树为例，给出删除 30，20，35，45，65，50，55，60，40，10 之后的红黑树。

三、算法题

1. 设在有序顺序表中搜索 x 的过程为：首先用 x 与表中的第 $4i(i=0,1,\cdots)$ 个元素进行比较，如果相等，则搜索成功；否则确定下一步搜索的区间为 $4(i-1)+1$ 到 $4i-1$。然后在此区间内与第 $4i-2$ 个元素进行比较，若相等则搜索成功，否则继续与第 $4i-3$ 或 $4i-1$ 个元素进行比较，直到搜索成功。

(1) 给出实现算法。

(2) 试画出当表长 $n=16$ 时的判定树，并推导此搜索方法的平均搜索长度(考虑搜索元素等概率和 $n\%4=0$ 的情况)。

2. 给出利用分块搜索对搜索区间进行等分，而不建立索引表的顺序搜索算法。

3. 已知一组递增有序的关键码 $k[n]$：$k[0]\leqslant k[1]\leqslant\cdots\leqslant k[n-1]$，在相等搜索概率的情况下，若要生成一棵二叉搜索树。以哪个关键码值为根结点，按什么方式生成二叉搜索树平衡性最好且方法又简单？阐明算法思路，写出相应的算法。如果 $k[11]$ 为 7,12,13,15,21,33,38,41,49,55,58。按你的算法画出这棵二叉搜索树。

4. 设计一个算法，求指定结点在二叉搜索树中的层次。

5. 编写一个递归算法，在一棵有 n 个结点的随机建立起来的二叉搜索树上搜索第 $k(1\leqslant k\leqslant n)$ 小的元素，并返回指向该结点的指针。要求算法的平均时间复杂度为 $O(\log_2 n)$。二叉搜索树的每个结点中除 data、leftChild、rightChild 等数据成员外，增加一个 count 成员，保存以该结点为根的子树上的结点个数。

6. 在二叉搜索树上删除一个有两个子女的结点时，可以采用以下方法：用左子树 T_L 上具有最大关键码的结点或者用右子树 T_R 上具有最小关键码的结点顶替，再递归地删除适当的结点。可随机选择其中一个方案并编写程序实现。

7. 二叉搜索树可用来对 n 个元素进行排序。试编写一个排序算法，首先将 n 个元素 $a[1]\sim a[n]$ 插入一个空的二叉搜索树中，然后对树进行中序遍历，并将元素按序放入数组 a 中。为简单起见，假设 a 中的数据互不相同。试编写一个函数，从一棵二叉搜索树中删除最大元素。要求函数的时间复杂度必须是 $O(h)$，其中 h 是二叉搜索树的高度。

8. 编写一个算法，将二叉搜索树中所有 data 数据成员中值小于或等于给定值 x 的结点全部删除。

9. 编写一个递归算法，从大到小输出二叉搜索树中所有值不小于 x 的关键码。要求算法的时间复杂度为 $O(\log_2 n+m)$，n 为树中结点数，m 为输出的关键码个数。

7.5 补充练习题解答

一、选择题

1. 选 B。顺序搜索是建立在线性表上的搜索方法，线性表的存储结构有顺序存储表示和链接存储表示两种。散列存储是直接存取组织，索引存储是分块存取组织，压缩存储是一种复杂结构的映像组织。

2. 选 C。在有 n 个元素的线性表中搜索到第 i 个元素的数据比较次数为 i，在相等搜索概率的情况下搜索成功的平均搜索长度为

$$\mathrm{ASL}_{\mathrm{succ}}=\frac{1}{n}\sum_{i=1}^{n}i=\frac{1}{n}(1+2+\cdots+n)=\frac{1}{n}\,\frac{n(n+1)}{2}=\frac{n+1}{2}$$

3. 选 B。根据第 2 题的结果，顺序搜索的搜索成功的平均搜索长度为(30＋1)/2＝15.5。

4. 选 C。折半搜索只能在有序顺序表上执行(跳表情况除外)，应选 C。

5. 选 A。折半搜索过程所对应的二叉判定树是一棵理想平衡树，它每次搜索都把搜索区间对半划分，整棵树的高度可以达到最小。设它有 h 层，则上面 $h-1$ 层都是满的，第 h 层可以不满，缺失结点不集中该层右边，所以它不是完全二叉树，也不一定是满二叉树。平衡二叉树即 AVL 树，它是动态自调整的二叉搜索树，整棵树高度不一定达到最小。

6. 选 B。在有序顺序表中采用折半搜索，其平均搜索长度为

$$\mathrm{ASL}_{\mathrm{succ}}=\frac{n+1}{n}\log_2 n-1\approx\log_2 n-1\quad(\text{当 } n>50)$$

7. 选 D。折半搜索的平均搜索长度可用二叉判定树分析。二叉判定树是一棵理想平衡树，其高度与完全二叉树相同，根据完全二叉树的性质，有 $h=\lceil \log_2(n+1)\rceil$。

8. 选 A。从第 6、7 题可得答案。

9. 选 B。衡量折半搜索性能的二叉判定树是一棵理想平衡树，其高度为$\lceil \log_2(n+1)\rceil$，其中 n 是有序顺序表中元素个数。按照题意，$n=600$，则$\lceil \log_2(n+1)\rceil=10$，搜索成功时关键码之间比较次数的最大值不超过 10。

10. 选 B。对长度为 16 的有序顺序表做折半搜索，其判定树的高度 $h=\lfloor \log_2 16\rfloor+1=5$，而对于搜索不成功的情形，关键码的比较次数最多不超过判定树的高度，即 5。

11. 选 C。按照题意，表长等于 12 为偶数，元素下标从 0 开始到 11，则中间点 $m=\lfloor(0+11)/2\rfloor=5$，如图 7-32 所示。选项 C 合乎要求。

12. 选 B，D。搜索成功的平均搜索长度 $ASL_{succ}=(1\times1+2\times2+3\times4+4\times5)/12=37/12$；搜索不成功的平均搜索长度 $ASL_{unsucc}=(3\times3+10\times4)/13=49/13$。在图 7-32 所示的折半搜索的判定树中，内结点有 12 个，外结点(失败结点)有 13 个，把所有到达内结点的关键码比较次数加起来求平均数，得到 ASL_{succ}，把所有到达外结点的关键码比较次数加起来，得到 ASL_{unsucc}。

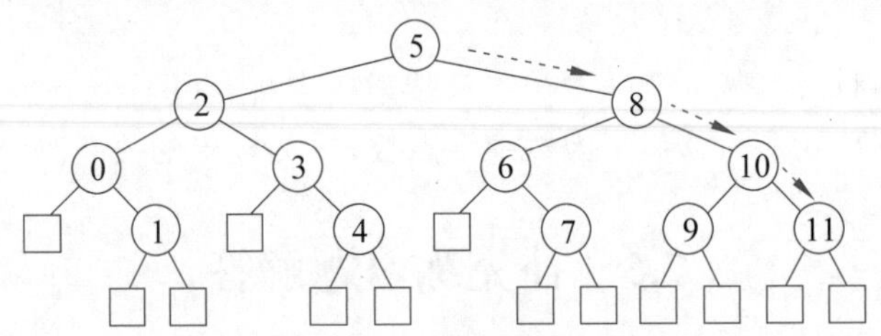

图 7-32 第 11、12 题的二叉判定树

13. 选 A。采用缩小搜索区间判断法。在选项 A 中，根是 500，200<500，200 是 500 的左子女，200∈(＊，500) 合理；450 应是 200 的右子女，450∈(200，500)，合理；现在搜索区间缩小到(200，450)，180 不在此区间内，故选项 A 不是折半搜索关键码比较序列。其他几个选项都是合理的，如图 7-33 所示。选项 B 的根是 500，搜索区间序列 450∈(＊，500)，200∈(＊，450)，180∈(＊，200)，合理。选项 C 的根是 180，搜索区间序列 500∈(180，＊)，200∈(180，500)，450∈(200，500)，合理。选项 D 的根是 180，搜索区间序列 200∈(180，＊)，500∈(200，＊)，450∈(200，500)，合理。

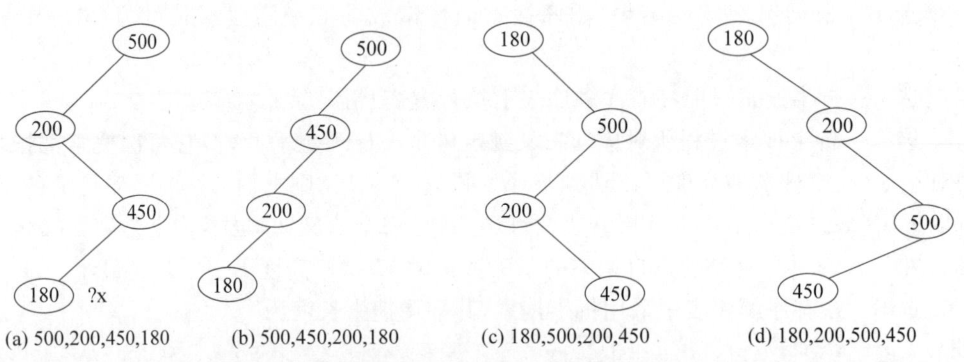

图 7-33 第 13 题在几种搜索序列中判断不合理的序列

14. 选 B。这是一种跳跃式的分区顺序搜索算法，我们只看搜索成功的情形。例如，设升序数组 $A=\{10,20,30,40,50,60,70,80,90\}$，分别令 $x=10$，$x=50$，$x=90$ 进行测试。如果输入 $x=10$，本算法 while 循环比较 1 次，if 比较 1 次，共比较 2 次，而折半搜索需要比较 3 次。如果输入 $x=50$，本算法 while 循环比较 3 次，if 比较 3 次，共比较 6 次，而折半搜索只需要比较 1 次。输入 $x=90$，本算法 while 循环比较 4 次，if 比较 3 次，共比较 7 次，而折半搜索需要比较 4 次。所以本算法搜索 x 时，只有 x 接近数组开头处，才会比折半搜索比较次数少。

15. 选 A。折半搜索的判定树是一棵高度最小的二叉搜索树，与一般动态建立的二叉搜索树不同的是，它的根结点是有序序列的中间点，设序列的低端下标为 low，高端下标为 high，则此根结点或是 $m=\lfloor(\text{low}+\text{high})/2\rfloor$，或是 $m''=\lceil(\text{low}+\text{high})/2\rceil$。同一棵树上取中间点的规则应是一致的，$m$ 和 m'' 不可混用。选项 A 满足此要求。选项 B 的根结点的左子树上中间点是按 m'' 取的，而右子树上中间点是按 m 取的，它不是折半搜索的判定树；选项 C 也同样是错误的；选项 D 的根结点的左子女是按 m 取的，而其他结点则是按 m'' 取的，同样是不对的。

16. 选 C。为使搜索效率最高，将 65 025 个元素划分到 $\sqrt{65\ 025}=255$ 个数据块中，每个数据块内有 $s=255$ 个元素。为每个数据块建立一个索引项，索引表共有 $b=255$ 个索引项。如果对索引表和数据块都执行折半搜索，在索引表内搜索最多执行 $\lceil\log_2(255+1)\rceil=8$ 次关键码比较，在数据块内搜索最多也执行 $\lceil\log_2(255+1)\rceil=8$ 次关键码比较，总共执行 16 次关键码比较，

17. 选 B。随机输入数据构造二叉搜索树，有可能避开数据有序输入的情况，不至于形成单支树，搜索性能可接近折半搜索，时间复杂度的量级相同。

18. 选 C。选项 A 错，在二叉搜索树上插入新结点不会引起树的分裂或重组；选项 B 错，对二叉搜索树执行中序遍历才会得到一个有序序列；选项 C 对，如果输入的关键码是有序的，每次创建的新结点插入到树的最右下叶结点下面，成为新的最右下叶结点，最后构造出的是一棵右斜单支树，其深度达到最大；选项 D 错，在二叉搜索树上执行搜索，关键码比较次数与树的高度有关，如选项 C 所述的右斜单支树，设树的结点数为 n，则关键码比较次数可达 n。

19. 选 B。根据输入序列构造的二叉搜索树如图 7-34 所示。由图可知，从根到结点 20 的路径上有 5 个结点，找到元素 20 需要进行 5 次元素值的比较。

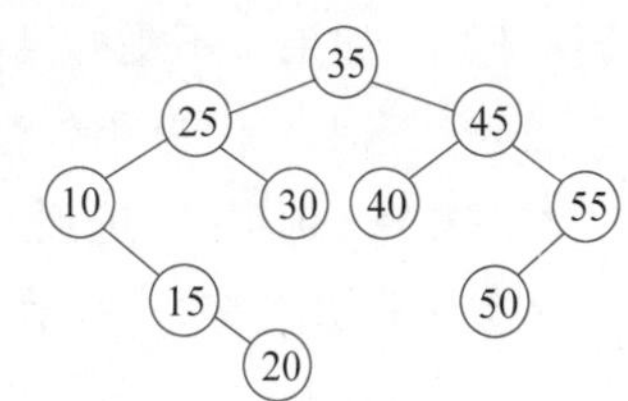

图 7-34　第 19 题的二叉搜索树

20. 顺序选 C，A。搜索成功的平均搜索长度为：

$\text{ASL}_{\text{succ}}=(1\times1+2\times2+3\times2+4\times1)/6=15/6$。

为了计算搜索不成功的平均搜索长度，引进外部结点，形成二叉判定树，如图 7-24(b)所示。每次搜索不成功，一定是从根走到了一个外部结点，比较次数等于外部路径长度，搜索不成功的平均搜索长度等于到达各外结点的外部路径长度之和的平均值：

$\text{ASL}_{\text{unsucc}}=(2\times2+3\times3+4\times2)/7=21/7$。

21. 选 B。按中序遍历法遍历二叉搜索树，关键码值最大的结点一定是中序遍历的最后一个结点，按照 LNR 的原则，它的右子女指针一定为空。

22. 选 C。在二叉搜索树中的搜索过程一定要体现出二叉搜索树的数据分布特点。下面的图 7-35(a)～图 7-35(d)就是选 363 的搜索过程，从图 7-35(c)可知，当比较到 912 时，它处于 911 的左子树(因为上一个比较的是 240)上，显然违反了二叉搜索树的定义。

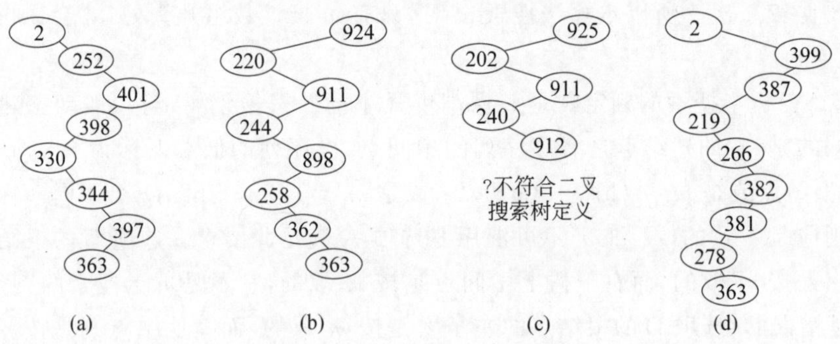

图 7-35 第 22 题的搜索路径

23. 选 A。看图 7-36(a)，搜索范围应该越来越贴近目标，但搜索到 24 之后，搜索范围已经缩小到(24,91)，可下一个 94 却突破了这个范围，它不符合搜索路径的要求，所以选项 A 错。其他几条搜索路径都是对的，如图 7-36(b)～图 7-36(d)所示。

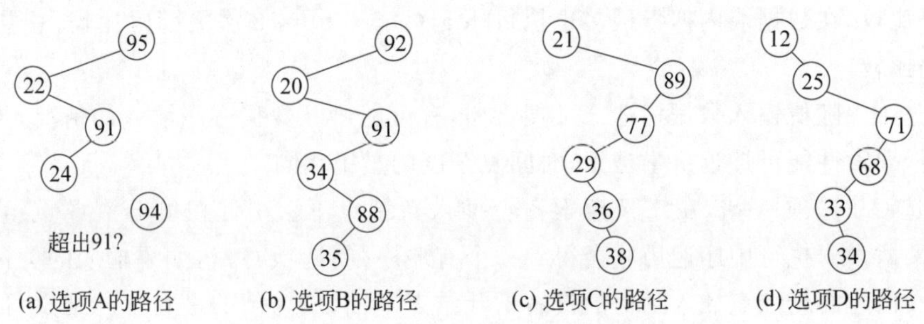

图 7-36 第 23 题的几个选项

24. 选 C。若 v 是 T_1 的叶结点，把 v 从 T_1 中删除后，形成的 T_2 中没有指针的重新链接，当马上又把 v 插入 T_2 中时，它还是叶结点，还是原来的指针域的指针指向它，T_1 与 T_3 相同。但是，如果 v 不是叶结点，把它从 T_1 中删除后，形成的 T_2 中指针重新做了链接，在把 v 插入 T_2 时，v 作为叶结点插入树中，则 T_1 与 T_3 就不一样了。

25. 选 B。选项 A、选项 C、选项 D 都能生成如图 7-37 所示的二叉搜索树。选项 B 得到的二叉搜索树如图 7-38 所示。

图 7-37 第 25 题(A,C,D)的二叉搜索树　　　图 7-38 第 25 题(B)的二叉搜索树

26. 选 B。按照 AVL 树的定义，树中任一结点的左、右子树高度差的绝对值不超过 1。选项 B 中的二叉搜索树中满足要求，其他 3 个选项中的二叉搜索树都不是 AVL 树。

27. 选 D。如果一棵 AVL 树的每个非叶结点的平衡因子都是 0，说明它每个非叶结点的左、右子树都一样高，是一棵满二叉树。高度为 h 的满二叉树的结点个数等于 2^h-1。

28. 选 C。48 应作为叶结点插在 24 的右子树上，53 的左子树上，37 的右子树上。插入后的 AVL 树如图 7-39 所示。它经历了一次先右后左的双旋转。关键码 37 处于根的位置，它所在结点的左、右子女结点中保存的关键码分别是 24、53。

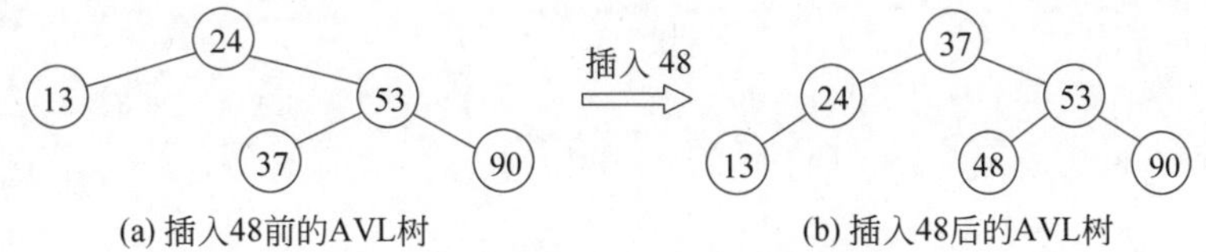

图 7-39 第 28 题 AVL 树的插入

29. 选 C。如果二叉树是二叉搜索树，则树中任一结点的值大于其左子女(若存在)的值且小于其右子女(若存在)的值，这是必要条件，即 A 成立必有 B 结果；反过来，如图 7-40 所示，如果树中任一结点的值大于其左子女(若存在)的值且小于其右子女(若存在)的值，不能得出该二叉树是二叉搜索树的结论，即 B 成立不能保证 A 一定成立，这是不充分条件。如果改一个说法："如果二叉树是二叉搜索树，则树中根结点的值大于其左子树(若非空)上各结点的值且小于其右子树(若非空)上各结点的值。"就是充分且必要条件了。

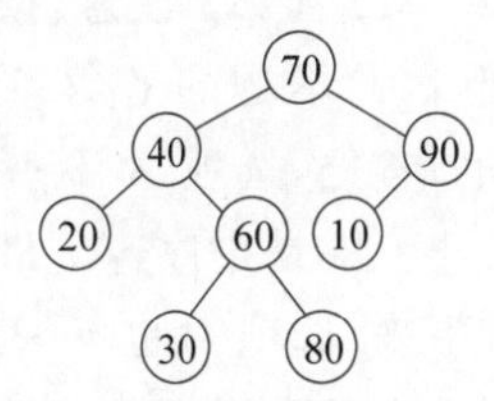

图 7-40 第 29 题的非二叉搜索树

30. 选 B。若平衡二叉树每个非叶结点的平衡因子均为 1，在给定高度 $h=6$ 情形下，实际是求高度为 h 的平衡二叉树的最少结点数。设 N_h 是高度为 h 的平衡二叉树的最少结点数，则 $N_0=0, N_1=1, N_h=N_{h-1}+N_{h-2}+1$。顺次计算 $N_2=N_1+N_0+1=1+0+1=2$，$N_3=N_2+N_1+1=2+1+1=4$，$N_4=N_3+N_2+1=4+2+1=7$，$N_5=N_4+N_3+1=7+4+1=12$，$N_6=N_5+N_4+1=12+7+1=20$。也可以画图推导，注意，平衡因子为 1 是指右子树高度减去左子树高度得到的高度差，参看图 7-41。

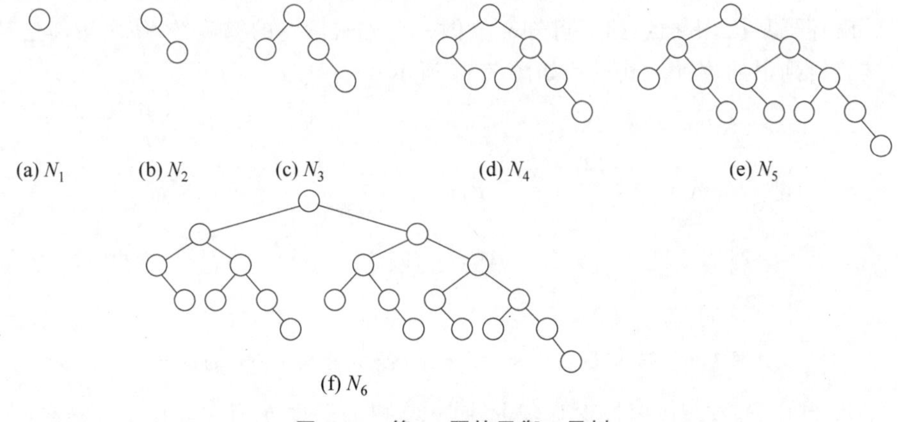

图 7-41 第 30 题的平衡二叉树

31. 选 D。逐个结点的插入过程如图 7-42 所示。总共做了 4 次左单旋转，因为插入的关键码是依次增大的。最后得到的平衡二叉树中平衡因子为 0 的分支结点有 3 个。

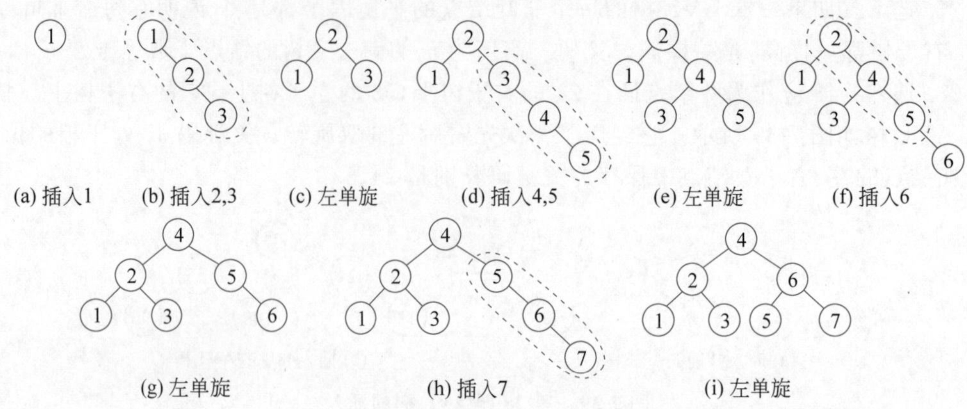

图 7-42 第 31 题逐点插入构造 AVL 树

32. 选 D。注意，按照二叉搜索树定义，中序遍历结果应是升序排列，而本题中是降序序列，因此本题的平衡二叉树的定义与教科书上的定义是相反的，我们分析问题也需要反着来。首先，选项 A 不一定对，有可能根结点只有一个子女。其次，选项 B 也不一定对，树中最小元素是中序遍历最后一个结点，它不一定是叶结点，可能是右子树为空的非叶结点。再接下来，选项 C 也不一定对，最后插入的元素一开始是按叶结点插入的，但有可能因为发生不平衡导致平衡化旋转使之变成非叶结点。最后，选项 D 正确，因为树中最大元素是中序遍历的第一个结点，它的左子树一定是空的。

33. 选 C。根据二叉搜索树的定义和图 7-28 给定的二叉搜索树的实例，对其做中序遍历，得到的中序遍历序列为 x_1, x_3, x_5, x_4, x_2，满足此序列的只有选项 C。

34. 选 A。在删除结点 v 之前 v 是 T_1 的叶结点，把 v 从 T_1 中删除后，可能会造成树的不平衡，也可能不会，因此在形成 T_2 时可能发生过平衡化旋转，也可能没有发生；再把 v 插入 T_2 之后，形成 T_3 的过程中也会有类似的情况，所以 T_1 与 T_3 可能不相同，也可能相同。在Ⅱ和Ⅲ的情形下，"一定"就不对了。

35. 选 D。关键码 23 作为叶结点应插入 20 的右子树 30，以及 30、25 的左子树上。因为在根 20 处破坏了平衡，沿插入路径可知需要做一个先右后左的双旋转，使之重新达到平衡，最后 25 被旋转到根的位置。其过程如图 7-43 所示。

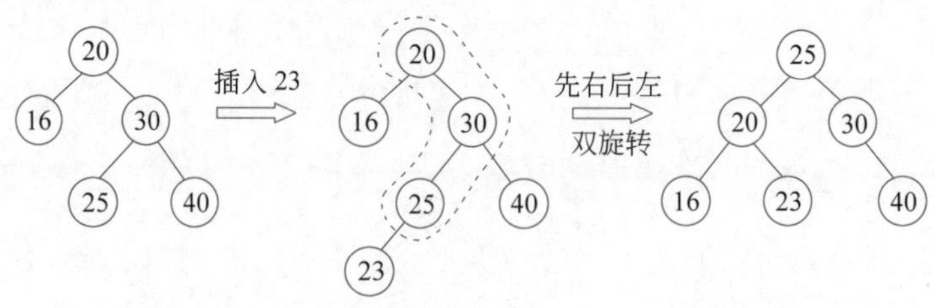

图 7-43 第 35 题在平衡二叉树上插入及重新平衡化的过程

36. 顺序选 B,D。AVL 树最少有多少结点，与树的高度 h 有关。设 N_h 是高度为 h 的 AVL 树的最少结点数，则有 $N_0=0, N_1=1, N_h=N_{h-1}+N_{h-2}+1(h\geqslant 2)$。如此可得 $N_2=$

$N_1+N_0+1=2, N_3=N_2+N_1+1=4, N_4=N_3+N_2+1=7, N_5=N_4+N_3+1=12, N_6=20, N_7=33$。另一方面，高度为 h 的 AVL 树的最多结点数为 2^h-1（满二叉树情形）。当 $h=7$ 时，有 $2^7-1=127$。

37. 顺序选 D，B。离根最远的叶结点当然在第 h 层了，树的高度就是从它开始计算的。而计算 AVL 树离根最近的叶结点所在层次的方法与推导高度为 h 的 AVL 树最少结点个数的过程类似。设高度为 h 的平衡二叉树的离根最近的叶结点所在层次为 L_h，则有

$$L_1=1, L_2=2, L_h=\min\{L_{h-1}, L_{h-2}\}+1=L_{h-2}+1, h>2$$

也可直接计算：$L_h=\lfloor h/2 \rfloor+1$。

38. 选 B。选项 A 正确，设内部结点数为 n，黑高度 $r \leqslant \log_2(n+1)$，如果从根结点到外部结点的路径最长，该路径上一定是黑结点和红结点相间，红结点的个数等于黑结点的个数，树的高度 $h \leqslant 2\log_2(n+1)$。选项 B 错误，非根黑结点的父结点和子女结点还可以是黑结点，但树中不允许路径上有连续的红结点，所以红结点的父结点和子女结点一定是黑结点，选项 C 正确。选项 D 也正确，这是红黑树应满足的特性之一。

39. 选 A。选项 B 错，设红黑树中度为 1 的结点为 U，它只有一个子女，从 U 到子孙外部结点的两条路径上黑高度应都是 0，也就是说，经过唯一子女的路径上应没有黑结点，这个子女应是红结点。选项 C 有问题，从根到叶结点的所有路径上，最长路径最多是最短路径的两倍。选项 D 错，AVL 树是高度平衡的二叉搜索树，而红黑树没有要求结点的高度平衡，虽然结点操作可以达到 $O(\log_2 n)$，显然 AVL 树比红黑树快一点。

40. 选 A。选项 A 对。选项 B 错，红黑树的内部结点都是非空结点，但不是每个内部结点都是度为 2 的结点，有的内部结点是度为 1 的结点，还包括度为 0 的叶结点。选项 C 错，红黑树的搜索算法与一般二叉搜索树的搜索算法相同，不管访问的是黑结点还是红结点。选项 D 错，因为红黑树的子树有可能根结点是红结点，不满足红黑树的特性，红黑树的根结点一定是黑结点。

41. 选 D。红黑树是一种二叉搜索树，选项 A 错。选项 B 错，它是二叉搜索树，但在一条路径上出现连续的红结点，违反了红黑树的特性，选项 C 错，它是二叉搜索树，但不是所有从根到叶的路径上黑结点个数都相等，违反了红黑树的特性。选项 D 对，它满足了红黑树的所有特性。

42. 选 C。看图 7-44 的插入过程，最后的红黑树有 3 个红结点。

二、简答题

1. 这要看集合用什么样的数据结构表示，如果针对不同的集合表示采用不同的搜索算法，可能的数据比较次数如下。

(1) 若用无序顺序表表示集合，要同时搜索最大元素和最小元素，必须扫描整个表，每次比较两次（判小于 1 次，判大于 1 次），至少要进行 $2n$ 次比较。

(2) 若用有序顺序表表示集合，搜索最小元素做 1 次比较，搜索最大元素要做 n 次比较，总的比较次数为 $n+1$。

(3) 若用有序链表表示集合，比较次数与有序顺序表相同。

(4) 若用平衡的二叉搜索树表示集合，最小元素在最左下位置，最大元素在最右下位

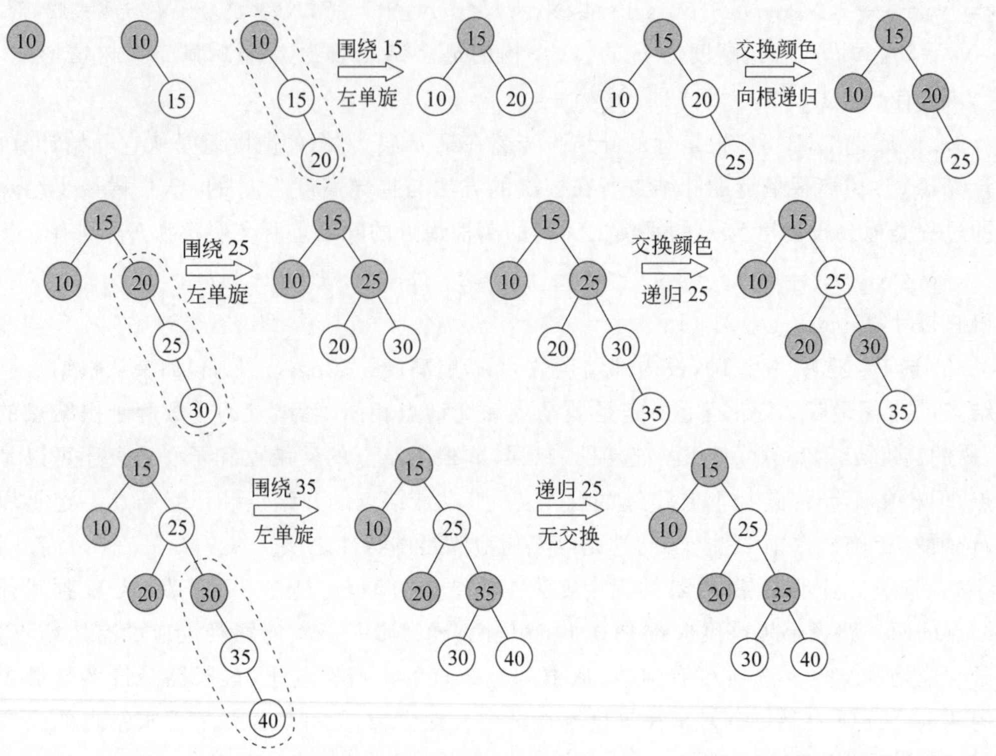

图 7-44　第 42 题将 10,15,20,25,30,35,40 插入红黑树的过程

置,要同时搜索最小元素和最大元素,必须同时向左子树和右子树走下去,至少进行 $2\lceil\log_2(n+1)\rceil$ 次比较。

其他集合表示,如并查集、散列表等都不适合搜索最小元素和最大元素。

2. 对二叉搜索树执行中序遍历,可得到一个值递增的有序序列。如果固定二叉搜索树的中序序列,那么有多少种不同的前序序列,就可以构造出多少种不同的二叉搜索树。

按照第 5 章的讨论,不同的二叉搜索树的形态可以用 Catalan 函数计算:$\frac{1}{n+1}C_{2n}^{n}$。

3. (1) 用数学归纳法证明。当 $n=1$ 时,有 1 个内结点($I=0$),2 个外结点($E=2$),满足 $E=I+2n$。设 $n=k$ 时结论成立,$E_k=I_k+2k$。则当 $n=k+1$ 时,将增加一个层次为 level 的内结点,代替一个层次为 level 的外结点,同时在第 level+1 层增加 2 个外结点,则 $E_{k+1}=E_k-\text{level}+2(\text{level}+1)=E_k+\text{level}+2$,$I_{k+1}=I_k+\text{level}$,将 $E_k=I_k+2k$ 代入,有 $E_{k+1}=E_k+\text{level}+2=I_k+2k+1+2=I_{k+1}+2(k+1)$,如图 7-45 所示,结论得证。

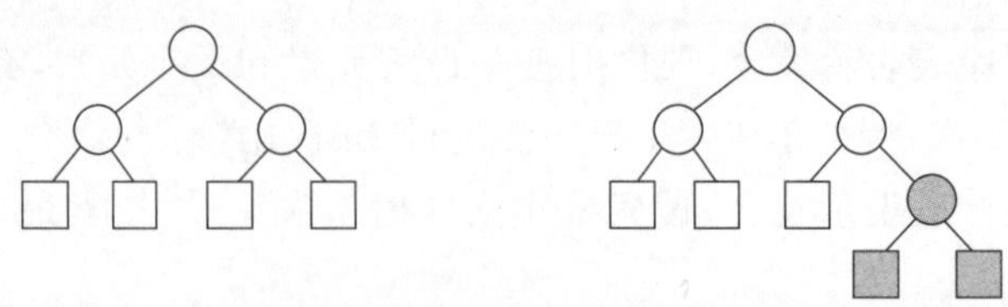

图 7-45　第 3 题的扩充二叉树

(2) 因为搜索成功的平均搜索长度 S_n 与搜索不成功的平均搜索长度 U_n 分别为

$$S_n = \frac{1}{n}\sum_{i=1}^{n}(c_i + 1) = \frac{1}{n}\sum_{i=1}^{n}c_i + 1 = \frac{1}{n}I_n + 1$$

$$U_n = \frac{1}{n+1}\sum_{j=1}^{n}c_j = \frac{1}{n+1}E_k$$

其中，c_i 是各内结点所处层次，c_j 是各外结点所处层次。因此有

$$(n+1)\,U_n = E_n = I_n + 2n = nS_n - n + 2n = nS_n + n$$

$$\frac{n+1}{n}U_n = S_n + 1 \Rightarrow S_n = \left(1 + \frac{1}{n}\right)U_n - 1$$

4. 此题要求按英文字母顺序而不是按月份插入每一个关键码，插入关键码的过程如图 7-46 所示。

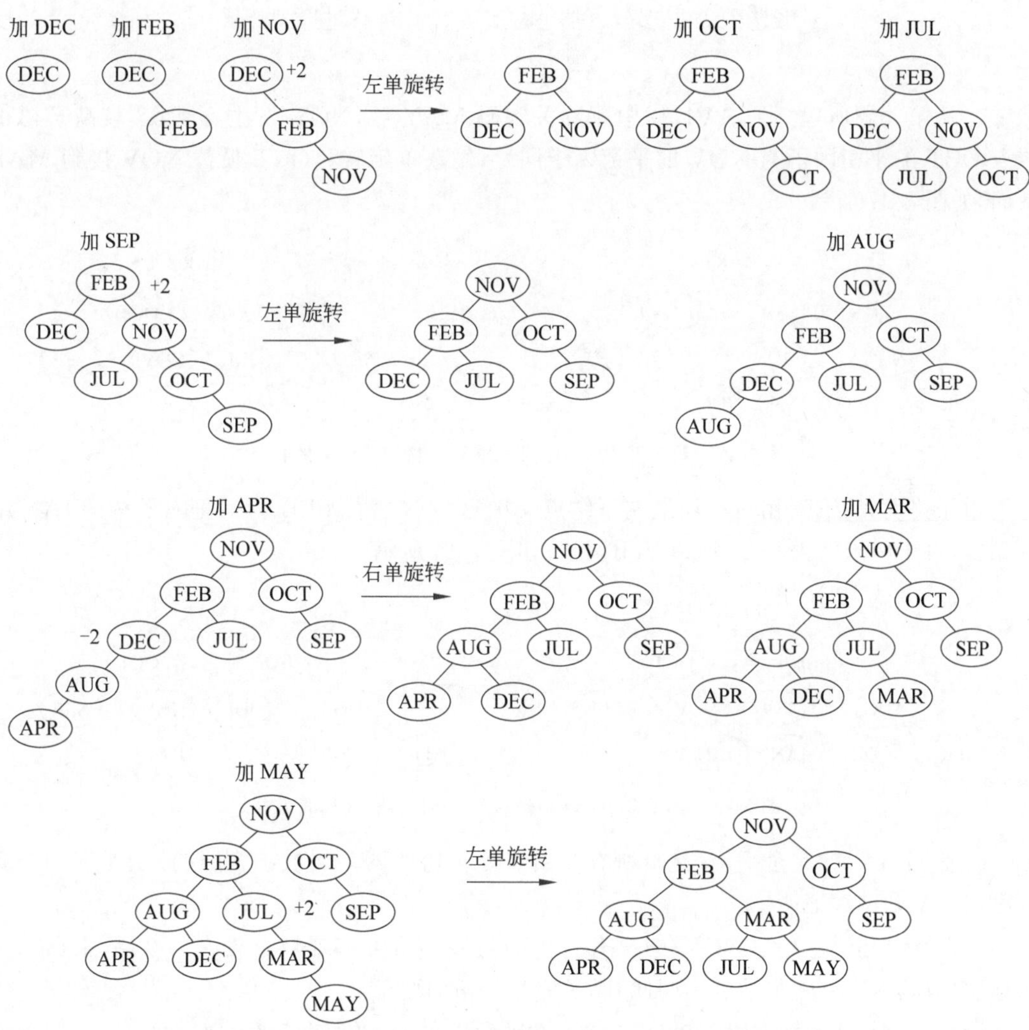

图 7-46 第 4 题插入和平衡化旋转过程

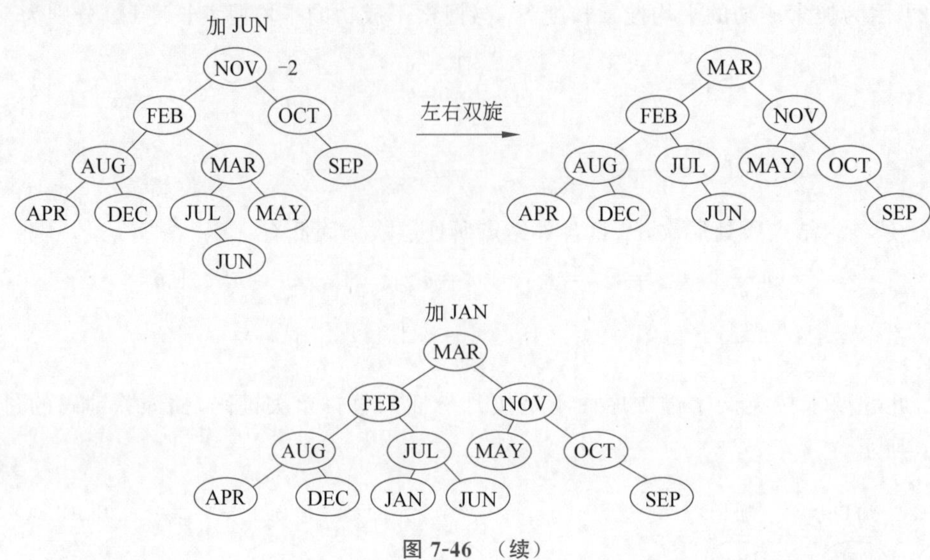

图 7-46 （续）

5. 从第 4 题所建立的 AVL 树中删除关键码 MAY 后，NOV 发生不平衡，较高子树根结点 OCT 的平衡因子与 NOV 的平衡因子同号，做左单旋转。OCT 顶替 NOV 接到 MAR 下面，如图 7-47 所示。

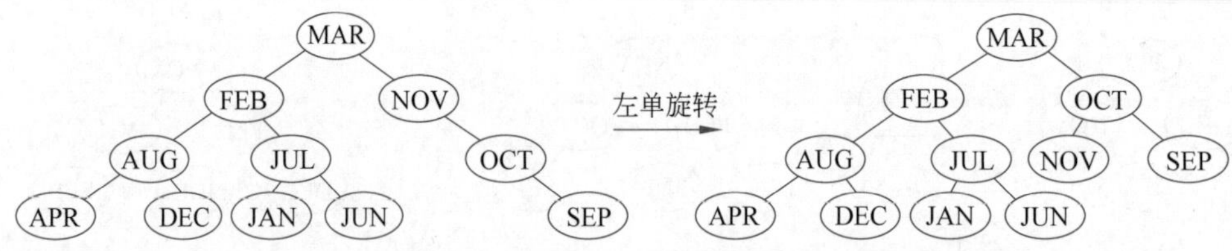

图 7-47 第 5 题在 AVL 树中删除关键码 MAY 的过程

删除关键码 FEB，用右子树最左下结点关键码 JAN 替代 FEB，然后把右子树的 JAN 结点删去，由于树未失去平衡，所以不用调整，如图 7-48 所示。

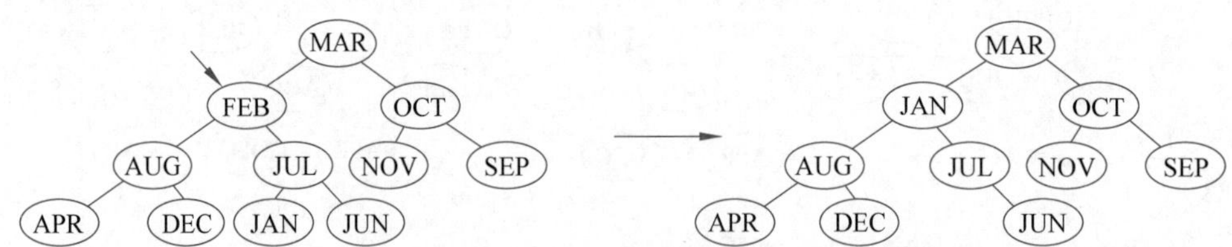

图 7-48 第 5 题在 AVL 树中删除关键码 FEB 的过程

6. 证明：所谓“完全平衡”是指所有叶结点处于树的同一层次上，并在该层是满的。此题可用数学归纳法证明。

当 $k=1$ 时，$2^1-1=1$，AVL 树只有一个结点，它既是根又是叶并处在第 0 层，根据二叉树性质，应具有 $2^0=1$ 个结点。因此，满足完全平衡的要求。

设 $k=n$ 时，插入关键码 $1,2,3,\cdots,2^n-1$ 到 AVL 树中，恰好每一层（层次号码 $i=0,1,\cdots,n-1$）有 2^i 个结点，根据二叉树性质，每一层达到最多结点个数，满足完全平衡要求。则当 $k=n+1$ 时，插入关键码为 $1,2,3,\cdots,2^n-1,2^n,\cdots,2^{n+1}-1$，总共增加了从 2^n 到 $2^{n+1}-1$ 的

$2^{n+1}-1-2^n+1=2^n$ 个关键码，又因为插入关键码一个比一个大，每次都是在右下方插入。每当第 $n+1$ 层出现新结点都会造成不平衡，需做左单旋转，使其平衡化，消去第 $n+1$ 层的结点，最终使得 AVL 树在新增的第 n 层具有 2^n 个结点，达到该层最多结点个数，因此，满足完全平衡要求。

7. 根据红黑树的定义，根结点应是黑结点。本题所说的根为红结点是指某一子树的根结点可能是红结点，如果把红色的根结点改为黑色，将导致该子树的黑高度增加，破坏红黑树的特性 3，即所有从根到外部结点的路径上都有相同数目的黑结点。这样，树不再满足红黑树的要求，必须做树的重新平衡。

8. 为了回答这个问题，我们先补充说明红黑树的渊源。为此，先介绍 2-3-4 树。

2-3-4 树是二叉搜索树的扩展，一棵 2-3-4 树或者是一棵空树，或者是一棵具有下列性质的 4 叉搜索树。

(1) 每个内部结点是一个 2-结点或 3-结点或 4-结点。一个 2-结点包含一个数据元素，一个 3-结点包含两个数据元素，而一个 4-结点包含三个数据元素。

(2) 4-结点的构造 (left，dataL，leftmid，dataM，rightmid，dataR，right)，其中 dataL<dataM<dataR，且指针 left 所指子树结点的关键码值都小于 dataL；指针 leftmid 所指子树结点的关键码值都大于 dataL，小于 dataM；指针 rightmid 所指子树结点的关键码值都大于 dataM，小于 dataR；指针 right 所指子树结点的关键码值都大于 dataR。

(3) 3-结点的构造 (left，dataL，leftmid，DataM，rightmid)，各个成分的含义与 4-结点相同。

(4) 2-结点的构造 (left，dataL，leftmid)，各个成分的含义与 4-结点相同。

它的外部结点在同一层次且不计入高度，它们都是虚结点，指向它们的指针都是空。

如果一棵高度为 h 的 2-3-4 树仅有 2-结点，则它包含 2^h-1 个数据元素。如果它仅有 4-结点，则数据元素个数是 4^h-1。一棵高度为 h 并同时具有 2-结点、3-结点和 4-结点的 2-3-4 树，其数据元素个数在 2^h-1 和 4^h-1 之间。即是说，具有 n 个数据元素的 2-3-4 树的高度在 $\lceil \log_4(n+1) \rceil$ 和 $\lceil \log_2(n+1) \rceil$ 之间。有趣的是，可以把 2-3-4 树转换为二叉树(称为红黑树)有效地表示。这样做更有效地利用了空间。

红黑树是 2-3-4 树的二叉树表示。在红黑树中，结点是有颜色的，分为红色结点和黑色结点。把 2-3-4 树变换成红黑树的规则如下。

(1) 2-结点向红黑树结点的转换如图 7-49 所示。

图 7-49　第 8 题 2-结点向红黑树的转换

(2) 3-结点向红黑树结点的转换如图 7-50 所示。

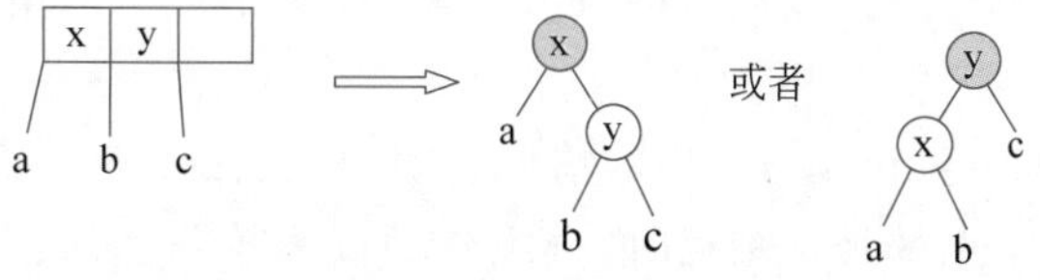

图 7-50　第 8 题 3-结点向红黑树的转换

用两个红黑树结点表示一个 3-结点，根为黑色结点，根的子女为红色结点。

(3) 4-结点向红黑树结点的转换如图 7-51 所示。

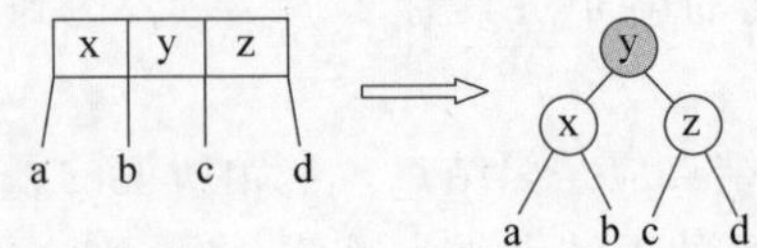

图 7-51 第 8 题 4-结点向红黑树的转换

用三个红黑树结点表示一个 4-结点，根为黑色结点，其数据是 3-结点中居中的数据元素，根的两个子女均为红色结点。

例如，转换图 7-52(a)所示的 2-3-4 树所得到的红黑树如图 7-52(b)所示。

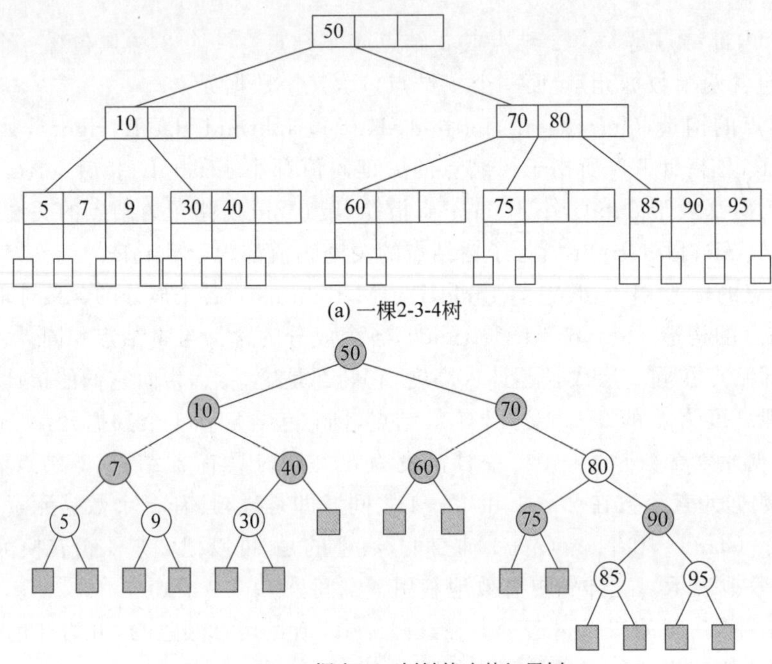

图 7-52 第 8 题一棵 2-3-4 树向红黑树的转换

因为原来 2-3-4 树的所有外部结点都在同一层次上，从根到任一叶结点的路径长度都相等，所以转换成红黑树后，从根到叶结点所有路径上的黑色结点的个数都相等，这就是所谓的黑高度。从而可以解释红黑树的 3 个结论。若设 h 是红黑树的高度，n 为内部结点个数，r 是红黑树的黑高度，则有：

(1) $h \leqslant 2r$，即红黑树的高度不超过黑高度的 2 倍。如果从根到外部结点的路径上黑结点与红结点相间出现，那么黑结点数目可以占一半，这是 $h=2r$ 的情形；如果红结点数目占不到一半，则有 $h<2r$。

(2) $n \geqslant 2^r-1$，此即 $r \leqslant \log_2(n+1)$的情形。因为从根到任一外部结点的路径上的黑结点个数都相等，当全部结点都是黑结点时，一定是满二叉树，$r=\log_2(n+1)$；当树中存在红结点时，$r<\log_2(n+1)$。

(3) 综合上面两种情况，可得 $h \leqslant 2\log_2(n+1)$。

由此可以回答本题的题干所提出的问题。由(3)，$n \geqslant 2^{h/2}-1$，内结点最少有 $2^{h/2}-1$ 个。由(2)，最多有 2^h-1 个。

9. 与二叉搜索树类似，如果被删除的是非叶结点 * t，一定要寻找它在中序下的直接后继结点 * p(在其右子树中)，或它在中序下的直接前驱结点 * q(在其左子树中)，用此结点填补到被删结点，再把 * p 或 * q 结点删去。此时根结点仍然是黑结点，即使当初想删除的是根结点。

如果被删结点是叶结点或有一棵子树为空的结点，如果删除的是红结点，不需要调整树，根结点当然还是黑结点；如果删除的是黑结点，将使从根到此结点的黑高度降低，必须调整红黑树，此时须遵循红黑树调整的原则(参看教材)，进行单旋转或双旋转，最后根结点还是保持了黑色。

10. 这要从 2-3-4 树来看，在 2-3-4 树中，通常新元素插入为叶结点，如果叶结点没有溢出，插入成功。对应到红黑树，新结点作为叶结点插入，通常染成红色，相当于向未满的 2-3-4 树的叶结点插入。如果出现连续两个红结点，相当于向已满的 2-3-4 树结点插入，必须要重新做平衡化的工作。

如果将新结点染为黑色，将使得该结点所在路径的黑高度增加，不符合红黑树的要求，每插入一个新结点，都要进行重新平衡，无疑将降低插入的效率。

11. 红黑树的结点插入算法与二叉搜索树的结点插入算法一样，从根开始寻找新结点的插入位置，再把新结点作为叶结点链入。在新结点链入后可能会破坏红黑树的某些特性，需要通过改变它的祖先的颜色或执行类似 AVL 树的旋转，使之重新获得红黑树的特性。设新结点为 U，把 U 着色为红色，插入后的改色和旋转过程如下。

情形 1 如果 U 的父结点 P 是黑色，插入成功。

情形 2 如果 U 的父结点 P 是红色，违背红黑树特性Ⅲ，要对从 U 到根的路径上的结点重新着色，算法 ReColor(Node U)的描述如下。

设红黑树插入后的当前结点为 U，其父亲为 P，祖父为 G，叔叔(P 的兄弟)为 Q：

```
Recolor (Node U) {
    如果(U 是根结点)U 着色为黑色;
    如果(U 不是根结点或 U 的父亲 P 不是黑色) {
        如果(U 的叔叔 Q 存在且 Q 是红色) {
            将 U 的父亲 P 和叔叔 Q 的颜色改为黑色
            将 U 的祖父 G 的颜色改为红色
            调用 ReColor (U 的祖父 G);          //向上层递归调色
        }
        否则 调用 ReStructure (U);            //平衡旋转,重构红黑树
        }
}
ReStructure (Node U) {                        //重构红黑树
    P = Parent (U); G = Parent (P);          //U 的父亲和祖父
    如果(P 是 G 的左子女且 U 是 P 的左子女) {
        以 G 为根执行右单旋转(LL);交换 G 与 P 的颜色;
}
```

```
    如果(P是G的左子女且U是P的右子女){
        以G为根执行先左后右双旋转(LR);交换G和U的颜色;
    }
    如果(P是G的右子女且U是P的右子女){
        以G为根执行左单旋转(RR);交换G与P的颜色;
    }
    如果(P是G的右子女且U是P的左子女){
        以G为根执行先右后左双旋转(RL);交换G和U的颜色;
    }
}
```

现在从空树开始，顺序插入(10,85,15,70,20,60,30,50,65,80,55)后，红黑树的树形变化如图 7-53(a)～图 7-53(w)所示。

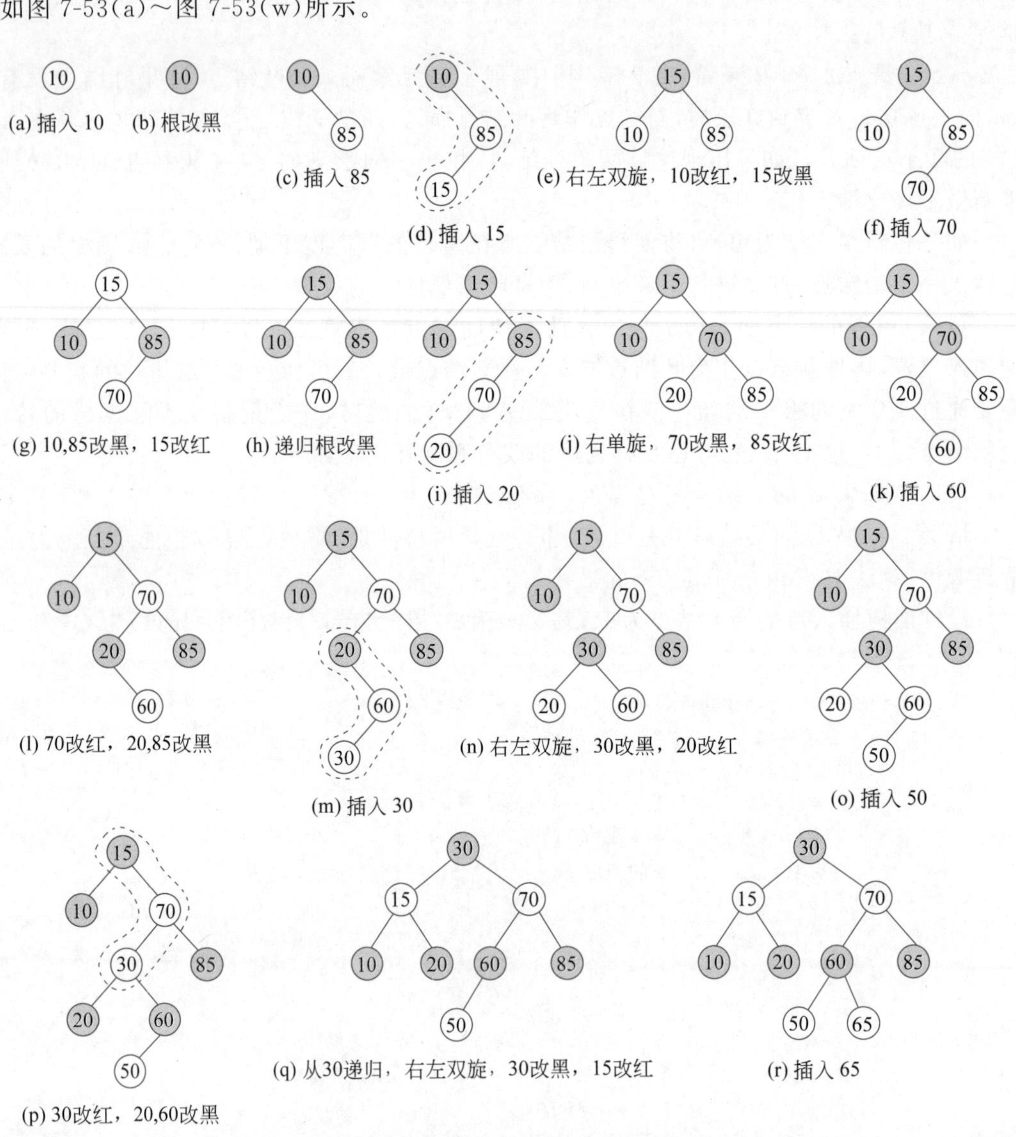

图 7-53　第 11 题通过逐个结点插入建立红黑树的过程

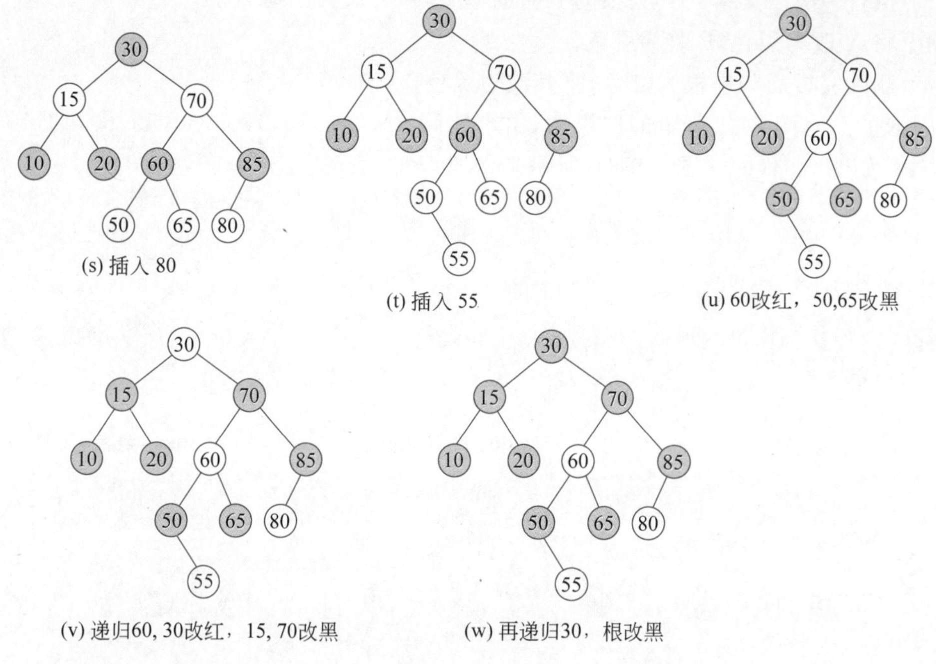

图 7-53 （续）

12. 红黑树的结点删除与二叉搜索树的删除一样，先通过搜索算法从树根开始寻找被删结点 U，没有找到则不执行删除，否则判断：

(1) 如果结点 U 有两个子女，则寻找 U 的中序后继(或中序前驱)X，用 X 的值替代 U 的值，再处理删除结点 X 的问题，结点 X 或者只有一个子女，或者 0 个子女。

(2) 如果结点 X 有一个子女 S，该子女 S 一定是红色结点(因为 X 的另一棵子树黑高度为 0)，此时可将 S 的颜色改为黑色，链接到 X 的父结点 P 的下面，再将 X 删除。

(3) 如果结点 X 是度为 0 的叶结点，要做判断：

① 如果 X 是红色结点，直接删除 X，其父结点 P 的相应子女指针置空。

② 如果 X 是黑色结点，且其兄弟 Y 也是黑色结点或兄弟 Y 不存在。有 4 种可能：

(a) 兄弟 Y 没有红色子女，则删除 X 后，父结点 P 改为黑色，兄弟 Y 改为红色。

(b) 兄弟 Y 仅有一个红色子女且是 Y 的外侧子女，则删除 X 后：

(i) 执行一次以父结点 P 为根的子树的单旋转，Y 成为子树新根；

(ii) 将父结点 P 改为黑色，兄弟 Y 改为红色。

(c) 兄弟 Y 仅有一个红色子女且是 Y 的内侧子女，设为 Q，则删除 X 后：

(i) 执行一次以父结点 P 为根的子树的双旋转，Q 成为新根；

(ii) 将 Y 和 P 改为黑色，Q 改为红色。

(d) 兄弟 Y 有两个红色结点，选简单的(外侧子女)，则处理同(b)，删除 X 后：

(i) 执行一次以父结点 P 为根的子树的单旋转，Y 成为子树新根；

(ii) 将 P 改为黑色，Y 改为红色，Y 的内侧子女改为黑色。

③ 如果 X 是黑色结点，且其兄弟 Y 是红色结点，其父结点 P 一定是黑色结点，则删除 X 后：

(a) 执行一次以父结点 P 为根的子树的单旋转,Y 成为子树新根;

(b) 将 Y 改为黑色,P 改为红色。

(4) 删除完成后如果根为红色,将其改为黑色。

按照题意,对图 7-31 所示的红黑树,给出删除 30,20,35,45,65,50,55,60,40,10 之后的红黑树,如图 7-54(b)~图 7-54(l)所示。

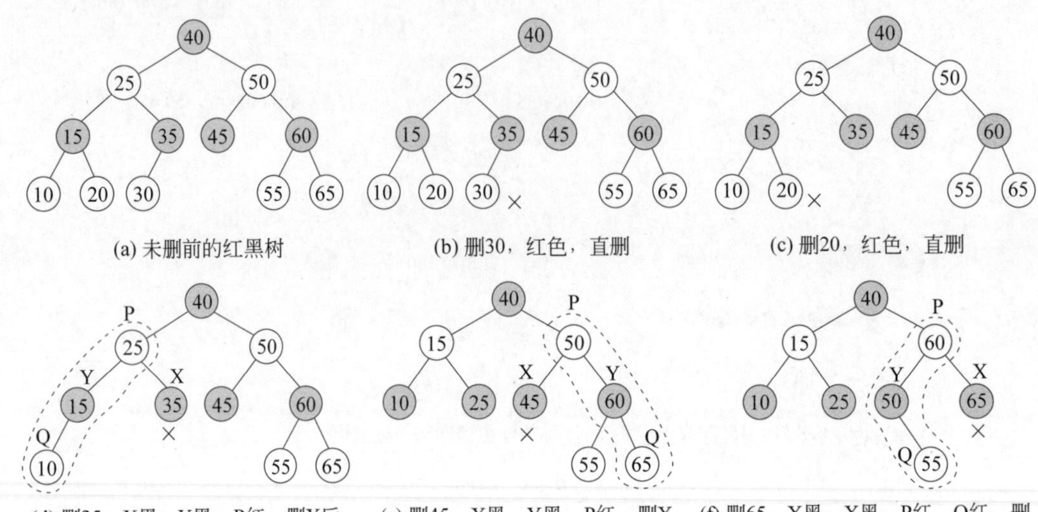

(a) 未删前的红黑树　(b) 删30,红色,直删　(c) 删20,红色,直删

(d) 删35,X黑,Y黑,P红,删X后,P右单旋,Y改红,P,Q改黑　(e) 删45,X黑,Y黑,P红,删X后,P左单旋,Y改红,P,Q改黑　(f) 删65,X黑,X黑,P红,Q红,删X后,P左右双旋,P,Y改黑,Q改红

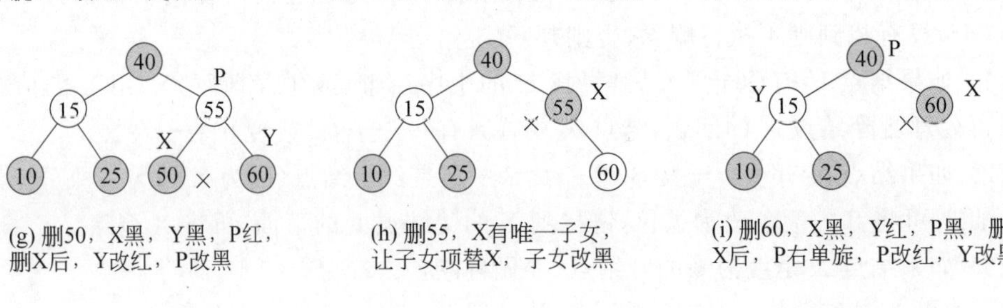

(g) 删50,X黑,Y黑,P红,删X后,Y改红,P改黑　(h) 删55,X有唯一子女,让子女顶替X,子女改黑　(i) 删60,X黑,Y红,P黑,删X后,P右单旋,P改红,Y改黑

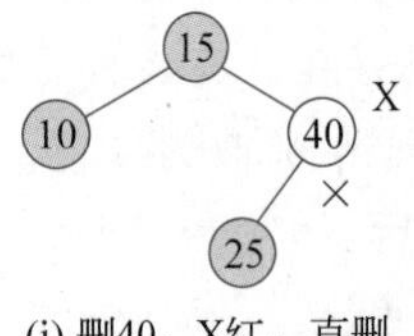

(j) 删40,X红,直删

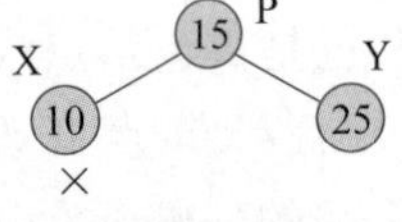

(k) 删10,X黑,Y黑,P黑,删X后,P改黑,Y改红

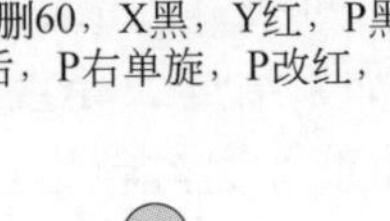

(l) 删除后得到的红黑树

图 7-54　第 12 题通过逐个结点删除恢复红黑树的过程

三、算法题

1. (1) 算法首先按一个等于 4 的间隔跨步,确定一个小的只有 3 个元素的范围,再在此范围内做顺序搜索。实现算法的描述如下,假定它是顺序表类的友元函数。

```
#include "SeqList.h"
template <class T>
int Gap_Search (SeqList<T>& L, T x) {
//数组下标从 0 开始,返回位置从 1 开始,故返回地址要在数组下标基础上加 1
    int i, k = L.last/4;
```

```
    for (i = 0; i <= k; i++) {                                    //跨区间搜索
        if (L.data[4 * i] == x) return 4 * i+1;                   //搜索成功,返回位置
        if (L.data[4 * i] > x) {                                  //确定搜索区间 4i-3～4i-1
            if (!i) return 0;                                     //x 值比 0 号元素还小, 失败
            if (L.data[4 * i-2] == x) return 4 * i-1;             //位置等于数组下标加 1
            if (L.data[4 * i-2] > x) {                            //到左边搜索
                if (L.data[4 * i-3] == x) return 4 * i-2;
                else return 0;
            }
            else if (L.data[4 * i-1] == x) return 4 * i;          //到右边搜索
            else return 0;
        }
    }
    int low = 4 * k+1, high = L.last;                             //处理最后剩余部分
    i = (low+high)/2;
    if (L.data[i] == x) return i+1;                               //搜索成功
    if (i > low && L.data[i-1] == x) return i;                    //处理左边
    if (i < high && L.data[i+1] == x) return i+2;                 //处理右边
    return 0;                                                     //搜索失败
};
```

(2) 表长 $n=16$ 时的判定树(设表元素为 L[i])如图 7-55 所示。

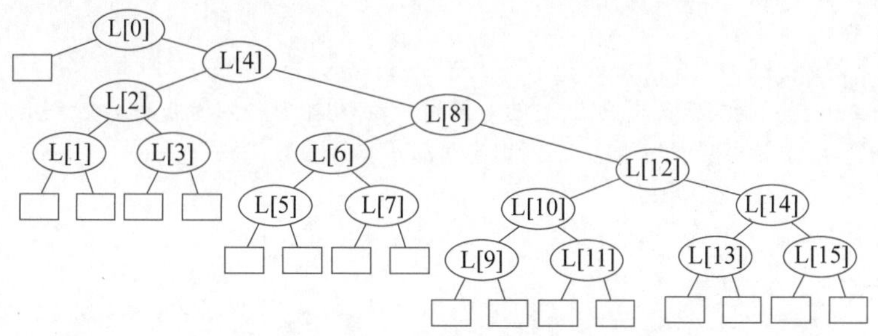

图 7-55 第 1 题分区顺序搜索的二叉判定树

在此判定树中,比较 1 次能找到的有 L[0],比较 2 次能找到的有 L[4],比较 3 次能找到的有 L[2]、L[8],比较 4 次能找到的有 L[1]、L[3]、L[6]、L[12],比较 5 次能找到的有 L[5]、L[7]、L[10]、L[14],比较 6 次能找到的有 L[9]、L[11]、L[13]、L[15]。

等概率下搜索成功的平均搜索长度为 $ASL_{succ}=(1+2+3\times2+4\times4+5\times4+6\times4)/16=69/16$。搜索不成功的平均搜索概率为 $ASL_{unsucc}=(1+4\times4+5\times4+6\times8)/17=85/17=5$。

2. 分块搜索首先将搜索区间划分为若干长度为 s 的子区间(块),最后一个子区间(块)的长度可以小于 s。搜索过程分为两步:

第一步,确定搜索哪个子区间。为此,顺序搜索各个子区间,用给定值 x 与区间的右端点比较,若 x 大于右端点的关键码值,则搜索下一个子区间;否则进入第二步。

第二步,在子区间内顺序搜索。

具体算法描述如下:

```
#include "SeqList.h"
template <class T>
```

```
int BlockSearch (SeqList<T>& L, int s, T x) {
//在顺序表 L 内做分块搜索,s 是块大小,x 是给定值。假设本函数是 SeqList 类的
//友元函数。若搜索成功,则函数返回与给定值匹配元素的位置(从 1 开始)
    int low = 0, high = L.last, temp;
    if (s > 1 && s < L.last) {                          //划分区间,跨步
        temp = ((L.last+1)/s) * s-1;                     //最后的完整块的右端点
        high = s-1;
        while (high <= temp && x > L.data[high])         //寻找待搜索子区间
            high = high+s;
        if (high > temp)
            { low = temp+1; high = L.last; }             //在最后一块
        else low = high-s+1;                             //不在最后一块
    }
    while (low <= high && L.data[low] != x) low++;      //在块内顺序搜索
    if (low <= high) return low+1;                      //搜索成功
    else return 0;                                      //搜索不成功
};
```

3. 以中间的关键码值为根结点,按折半搜索的二叉判定树的生成方法构造二叉搜索树,既有平衡性又简单。算法的描述如下。

```
#include "BST.h"
template<class T>
void Create_BestBST (BSTNode<T> *& t, int low, int high, T k[]) {
//low 和 high 分别为关键码序列 K[n]的下界和上界,初始值分别为 0 和 n-1, * t 是创建的
//子树的根。由于新根要回填给实参,所以它是引用指针参数
    if (low > high) t = NULL;
    else {
        int m = (low+high)/2;
        t = new BSTNode<T>; t->data = k[m];
        Create_BestBST (t->leftChild, low, m-1, k);
        Create_BestBST (t->rightChiid, m+1, high, k);
    }
}
```

这是一个递归算法,通过引用参数 * t 把新创建的子树根结点自动链接到父结点的某个子女指针。主程序的主调用语句为 Create_BestBST (root, 0, $n-1$, k)。

对所给关键码序列,根据上述算法可得二叉搜索树如图 7-56 所示。

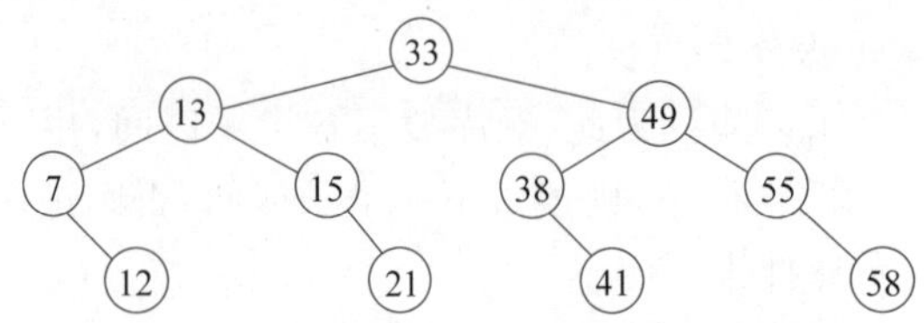

图 7-56 第 3 题从关键码序列构造二叉搜索树

4. 求指定结点在二叉搜索树中的层次,可以按第 5 章所介绍,用层次遍历方法解决,也可以利用二叉搜索树的特性,采用非递归算法来实现。算法的描述如下。

```
#include "BST.h"
template <class T>
int level_Count (BST<T>& BT, BSTNode<T> *p) {
//在二叉搜索树 BT 中求指定结点 *p 所在层次,如果找到结点,则函数返回层次,否则
//返回 0。约定树的层次从 1 开始
    int k = 0; BSTNode<T> *t = BT.getRoot();
    if (t != NULL) {
        k++;
        while (t != NULL && t->data != p->data) {
            if (t->data < p->data) t = t->rightChiid;
            else t = t->leftChiid;
            k++;
        }
        if (t == NULL) k = 0;              //结点 *p 不在二叉树 BT 中
    }
    return k;
};
```

5. 设二叉搜索树的根结点为 * t,根据结点存储的信息,有以下 4 种不同搜索情况。

(1) 若 t->leftChild 非空且 t->leftChild->count $=k-1$,则结点 * t 即为第 k 小的元素,搜索成功。

(2) 若 t->leftChild 非空且 t->leftChild->count>$k-1$,则第 k 小的元素必在结点 * t 的左子树,继续到结点 t 的左子树中搜索。

(3) 若 t->leftChild 为空,则第 k 小的元素必在结点 * t 的右子树,若 t->rightChild 非空且 t->rightChild->count $=k-1$,则结点 * t 即为第 k 小的元素,搜索成功。

(4) 若 t->leftChild 非空,且 t->leftChild->count<$k-1$,则第 k 小元素必在右子树,继续搜索右子树,寻找第 t->count －(t->leftChild->count＋1) 小的元素。

对左、右子树的搜索采用同样的规则,递归实现的算法描述如下。

```
#include "BST.h"
template <class T>
BSTNode<T> *Search_Small (BSTNode<T> *t, int k) {
//在以 t 为根的子树上寻找第 k 小的元素,返回其所在结点地址。k 从 1 开始计算
//在树结点中增加一个 count 数据成员,存储以该结点为根子树的结点个数
    if (k < 1 || k > t->count) return NULL;        //k 的范围无效,返回空指针
    if (t->leftChild != NULL && t->leftChild->count == k-1)
        return t;
    if (t->leftChild != NULL && t->leftChild->count > k-1)
        return Search_Small (t->leftChild, k);
    if (t->leftChild == NULL)
        return Search_Small (t->rightChild, k-1);
    if (t->leftChild != NULL && t->leftChild->count < k-1)
        return Search_Small (t->rightChild, t->count - t->leftChild->count-
1);
};
```

最大搜索长度取决于树的高度。由于二叉搜索树是随机生成的,其高度应是 $O(\log_2 n)$,算法时间复杂度为 $O(\log_2 n)$,其中 n 是二叉搜索树中结点的个数。

6. 算法在二叉搜索树上删除指定结点 * p 时，一般不是删除以 * p 为根的子树，而是先把 * p 从树上摘下来单独删除。设 * p 的父结点为 * pr，视以下几种情况进行重新链接。

(1) 若 * p 既无左子女又无右子女，让 * pr 指向 * p 的指针为 NULL，删除 * p；

(2) 若 * p 有左子女无右子女，让 * pr 指向 * p 的指针指向 * p 的左子女，删除 * p；

(3) 若 * p 有右子女无左子女，让 * pr 指向 * p 的指针指向 * p 的右子女，删除 * p；

(4) 若 * P 既有左子女又有右子女，要执行以下几步：

① 使用一个随机数发生器 rand()，产生 0～32 767 之间的随机数，将它除以 16 384，得到 0～2 之间的浮点数。若其大于 1，用左子树上具有最大关键码的结点 * q 顶替被删关键码；若其小于或等于 1，用右子树上具有最小关键码的结点 * q 顶替被删关键码；

② 令 * p= * q，根据 * p 的子女情况，执行(1)或(2)或(3)。

算法的描述如下。

```
#include "BST.h"
template <class T>
void BST<T>::Remove (T x, BSTNode<T> * & p) {
//私有函数：在以 * p 为根的二叉搜索树中删除结点 x。若删除成功则新根通过 * p 返回
    BSTNode<T> * q;
    if (p != NULL)
        if (x < p->data) Remove (x, p->leftChild);          //到左子树中递归删除
        else if (x > p->data) Remove (x, p->rightChild);  //到右子树中递归删除
        else if (p->leftChild != NULL && p->rightChild != NULL) {
            if ((float) (rand()/16384) > 1) {           //左子树顶替
                q = p->leftChild;                           //找 * p 左子树中序最后结点
                while (q->rightChild != NULL)
                    q = q->rightChild;
                p->data = q->data;                          //用 * q 的关键码顶替 * p
                Remove (p->data, p->leftChild);
            }
            else {                                          //右子树顶替
                q = p->rightChild;                          //找 * p 右子树中序第一个结点
                while (q->leftChild != NULL)
                    q = q->leftChild;
                p->data = q->data;
                Remove (p->data, p->rightChild);
            }
        }
        else {              // p 指示关键码为 x 的结点，它只有 1 个或 0 个子女
            q = p;
            if (p->leftChild == NULL && p->rightChild == NULL) p = NULL;
            else if (p->leftChild != NULL) p = p->leftChild;
            else p = p->rightChild;
            delete q;
        }
};
```

7. (1) 二叉搜索树的插入算法如下。

```
#include "BST.h"
template <class T>
void BSTInsert (BST<T>& BT, T A[], int n) {
//将存放于数组 A 中的 n 个元素依次插入一棵初始为空的二叉搜索树 BT 中
//设此函数是 BST 类的友元函数
```

```
    BSTNode<T> *p, *pr, *q;     int i;
    for (i = 1; i <= n; i++) {                              //逐个元素插入
        q = new BSTNode<T>;                                 //创建新结点
        q->data = A[i]; q->leftChild = q->rightChild = NULL;
        if (BT.getRoot() == NULL) BT.setRoot(q);            //新结点成为根结点
        else {
            p = BT.getRoot(); pr = NULL;                    //从根向下找插入点
            while (p != NULL && p->data != q->data) {
                pr = p;
                if (p->data < q->data) p = p->rightChild;
                else p = p->leftChild;
            }
            if (p == NULL)                                  //查不到q,插入
                if (q->data < pr->data) pr->leftChild = q;
                else pr->rightChild = q;
        }
    }
};
```

(2) 中序遍历以 BT 为根的子树,结果存于 $A[n]$ 返回。采用非递归的中序遍历算法。算法中使用了一个栈 S。

```
#define DefaultSize 20
#include "SeqStack.h"
#include "BST.h"
template <class T>
void InOrderTraverse (BST<T>& BT, T A[ ], int& n) {
    SeqStack<BSTNode<T> * > S(DefaultSize);
    if (BT.getRoot() != NULL) {
        BSTNode<T> *p = BT.getRoot();
        n = 0;
        while (!S.IsEmpty() || p != NULL) {
            while (p != NULL)
                { S.Push(p); p = p->leftChild; }
            if (!S.IsEmpty())
                { S.Pop(A[n++]); p = p->rightChild; }
        }
    }
};
```

(3) 从二叉搜索树中删除具有最大关键码值的结点的算法描述如下。

```
#include "BST.h"
template <class T>
bool RemoveMax (BST<T>& BT) {
    if (BT.getRoot() == NULL) return false;              //空树,删除失败
    BSTNode<T> *p = BT.getRoot(), *pr = NULL;
    while (p->rightChild != NULL)                        //沿右子女链找最右下结点
        { pr = p; p = p->rightChild; }
    if (pr == NULL) { delete p; BT.setRoot(NULL); }      //树中仅有根结点,删除之
    else { pr->rightChild = p->leftChild; delete p; } //重新链接,再删除
    return true;
};
```

8. 根据二叉搜索树的特点可知，若根结点 * bt 的 data 数据成员的值小于或等于 x，则其左子树的所有结点的 data 数据成员的值均小于或等于 x；若根结点 * bt 的 data 数据成员的值大于 x，则其右子树的所有结点的 data 数据成员的值均大于 x。算法基本思想如下。

① 若 bt->data <=x，则将 bt 指向 bt 的右子女，并删除根结点 * bt 及 bt 的左子树的全部结点，重复这一步，直到 bt->data>x 为止。

② 沿 bt 的左分支搜索，直到左分支结点的 data 数据成员的值小于或等于 x，回到①继续执行删除。

重复执行①②，直到左子树空为止。

算法的描述如下。

```
#include "BST.h"
template <class T>
void del_eqorlsix (BSTNode<T> *bt, T x) {
    BSTNode<T> *p, *pr = NULL;
    while (bt != NULL) {
        while (bt != NULL && bt->data <= x) {
            p = bt; bt = bt->rightChild;
            delSubTree (p->leftChild);                    //删除 p 的左子树
            delete p;                                     //删除结点 p
            if (pr != NULL) pr->leftChild = bt;
        }
        while (bt != NULL && bt->data > x)
            { pr = bt; bt = bt->leftChild; }
    }
};
void delSubTree (BSTNode<T> *p) {
//删除以 * p 为根的子树的全部结点
    if (p != NULL) {
        delSubTree (p->leftChild);
        delSubTree (p->rightChild);
        delete p;
    }
};
```

9. 中序镜像遍历二叉搜索树，可按从大到小的顺序输出各结点的关键码值，直到某结点的关键码值刚小于 x 为止。算法的描述如下。

```
#include "BST.h"
template <class T>
void Output (BSTNode<T> *bt, T x) {
//按从大到小的顺序输出二叉搜索树各结点的值，直到结点的值小于 x 为止
//假设当前进入函数时根结点 bt 的 data 值大于或等于 x
    if (bt != NULL) {
        if (bt->rightChild != NULL) Output (bt->rightChild, x);
        cout << bt->data <<endl;
        if (bt->leftChiid != NULL && bt->leftChild->data >= x)
            Output (bt->leftChild, x);
    }
};
```

第8章　图

图是一种重要的非线性结构。它的特点是每一个顶点都可以与其他顶点相关联，与树不同，图中各个顶点的地位都是平等的，对顶点的编号都是人为的。通常，定义图由两个集合构成：一个是顶点的非空有穷集合，另一个是顶点与顶点之间关系（边）的有穷集合。对图的处理要区分有向图与无向图。它的存储表示可以使用邻接矩阵，可以使用邻接表，前者属顺序表示，后者属链接表示。本章着重讨论了图的深度优先搜索和广度优先搜索算法，引入了生成树与生成森林的概念。对于带权图，给出了构造最小生成树的两种方法：Prim 算法和 Kruskal 算法，后者使用了最小堆和并查集作为它的辅助求解手段。在解决最短路径问题时，采用了逐步求解的策略。最后讨论了作工程计划时常用的活动网络。涉及的主要概念是拓扑排序和关键路径，在解决应用问题时它们十分有用。

8.1　复习要点

本章复习的要点如下。

1. 图的基本概念

（1）图的定义、对顶点集合与边集合的要求。

（2）图中各顶点的度及度的度量。

（3）无向图的连通性、连通分量、最小生成树的概念。

（4）有向图的强连通性、强连通分量。

（5）图的路径和路径长度、回路。

（6）无向连通图的最大边数和最小边数。

（7）有向强连通图的最大边数与最小边数。

2.图的存储表示

（1）邻接矩阵、邻接表和邻接多重表的结构定义。

（2）在这些存储结构中顶点、边的表示及其个数的计算。

（3）在这些存储表示上的典型操作。

- 找第一个邻接顶点；
- 找下一个邻接顶点；
- 求顶点的度；
- 特别地，求有向图顶点的出度和入度。

（4）建立无向带权图的邻接表的算法，要求输入边的数目随机而定。

3. 图的遍历

（1）图的深度优先搜索的递归算法（回溯法）。

（2）使用队列的图的广度优先搜索算法。

（3）在图的遍历算法中辅助数组 visited 的作用。

(4) 用图的深度优先搜索和广度优先搜索算法建立图的生成树或生成森林的方法。

(5) 利用图的遍历算法求解连通性问题的方法。

(6) 重连通图的概念和关节点的判定。

4. 最小生成树

(1) 最小生成树的概念。

(2) 构造最小生成树的 Prim 算法和 Kruskal 方法(要求构造步骤,不要求算法)。

(3) 求解最小生成树的 Prim 算法以及算法的复杂性分析。

(4) 求解最小生成树的 Kruskal 算法以及算法的复杂性分析。

(5) 在求解最小生成树算法中最小堆和并查集的使用。

5. 图的最短路径

(1) 求解最短路径的 Dijkstra 算法的设计思想和对边上权值的限制。

(2) 求解最短路径的 Dijkstra 算法以及算法复杂性分析,注意 dist 和 path 数组的变化。

(3) 求解最短路径的 Floyd 算法的设计思想和复杂度估计。

(4) 求解最短路径的 Bellman-Ford 算法的设计思想和复杂度估计。

6. 图的活动网络

(1) 活动网络的拓扑排序概念。

(2) 有向图中求解拓扑排序的算法以及算法的复杂性分析。

(3) 在拓扑排序算法中入度为零的顶点栈的作用。

(4) 用邻接表作为图的存储表示,注意拓扑排序执行过程中入度为零的顶点栈的变化。

(5) 利用图的深度优先搜索进行拓扑排序的递归算法。

(6) 关键路径的概念及其工程背景。

(7) 求解关键路径的方法。

(8) 明确加速某关键活动不一定能使整个工程进度提前,但延误某关键活动一定导致整个工程延期。

8.2 难点和重点

1. 图的定义

(1) 是否有"空图"的概念?

(2) 有 n 个顶点的无向图最多有多少条边,最少有多少条边?无向连通图的情形呢?

(3) 有 n 个顶点的有向图最多有多少条边,最少有多少条边?强连通图的情形呢?

(4) 在无向图中顶点的度与边有何关系?在有向图中顶点的出度、入度与边有何关系?

(5) 图中任意两顶点间的路径是用顶点序列标识的,还是用边序列标识的?

(6) 图中各个顶点的序号是规定的,还是人为可改变的?

2. 图的存储表示

(1) 有 n 个顶点、e 条边的无向图的邻接矩阵有多少个矩阵元素?其中有多少个 0 元素?有向图的情形呢?

(2) 为什么在有向图的邻接矩阵中,统计某行中 1 的个数,可得到顶点的出度;统计某列中 1 的个数,可得到某顶点的入度?

(3) 有一个存储 n 个顶点 e 条边的邻接表，某个算法要求检查每个顶点，并扫描每个顶点的边链表，那么这样的算法的时间复杂度是 $O(n \times e)$，还是 $O(n+e)$？

(4) 设每个顶点数据占 4 字节，顶点号码占 2 字节，每条边的权值占 4 字节，每个指针占 2 字节。若一个无向图有 n 个顶点 e 条边，请问使用邻接矩阵节省存储还是使用邻接表节省存储？

(5) 有向图的邻接表与逆邻接表组合起来形成十字链表，它适用于什么场合？

(6) 如何在无向图的邻接多重表中寻找与给定顶点相关联的边？

3. 图的遍历

(1) 图的遍历针对顶点，要求按一定顺序访问图中所有顶点，且每个顶点仅访问一次。针对边可否也使用遍历算法？

(2) 图的深度优先搜索类似于树的先根次序遍历，可归属于哪一类算法？

(3) 图的遍历对无向图和有向图都适用吗？

(4) 图的深度优先遍历如何体现"回溯"？

(5) 图的广度优先遍历类似于树的层次序遍历，需要使用何种辅助结构？

(6) 图的广度优先生成树是否比深度优先生成树的深度低？

(7) 图的深度优先搜索是个递归的过程，而广度优先搜索为何不是递归的过程？

(8) 图的深度优先搜索可以遍历一个连通分量上的所有顶点，那么会得到一棵什么样的生成树？

(9) 对无向图进行遍历，在什么条件下可以建立一棵生成树？在什么条件下得到一个生成森林，其中每棵生成树对应图的什么部分？

(10) 对有向图进行遍历，在什么条件下可以建立一棵生成树？在什么条件下得到一个生成森林？

(11) 如何判断一个无向图中的关节点？如何以最少的边构成重连通图？

4. 最小生成树

(1) 图的最小生成树必须满足什么要求？

(2) 构造图的最小生成树有多种算法，都会有在一组边集合中选出权值最小的边的问题，为什么使用堆结构辅助最好？

(3) 把所有的边按照其权值加入最小堆中，相应算法的时间复杂度是多少？

(4) Kruskal 算法中，为了判断一条边的两个端点是否在同一连通分量上，为何采用并查集作为辅助结构？

(5) Prim 算法中，为实现在一个端点在生成树顶点集合 U 内，另一个端点不在生成树顶点集合 U 内的边集合中选择权值最小的边，可否采用最小堆作为辅助结构？

5. 最短路径

(1) 用 Dijkstra 算法求最短路径，为何要求所有边上的权值必须大于 0？

(2) Dijkstra 算法是求解单源最短路径问题的算法，可否用它解决单目标最短路径问题？

(3) 用 Floyd 算法求最短路径，允许图中有带负权值的边，但为何不允许有包含带负权值的边组成的回路？

6. 活动网络

(1) 什么是拓扑排序？它是针对何种结构的？

(2) 可以对一个有向图的所有顶点重新编号，把所有表示边的非0元素集中到邻接矩阵的上三角部分，可根据什么顺序进行顶点的编号？

(3) 拓扑排序的一个重要应用是判断有向图中是否有环。如何判断？

(4) 如果调用深度优先搜索算法，在每次递归结束并退出时输出顶点，就可得到一个逆拓扑有序的序列。此方法有效的前提是什么？

(5) 为什么拓扑排序的结果不唯一？

(6) 关键路径法的应用背景是什么？

(7) 为有效地进行关键路径计算，应采用何种结构来存储AOE网络？

(8) 为什么说加速某一关键活动不一定能缩短整个工程的工期？

(9) 为什么说某一关键活动不能按期完成就会导致整个工程的工期延误？

(10) 在某些AOE网络中，各事件的最早开始时间和最迟允许开始时间都相等，是否所有活动都是关键活动？

(11) 若一个无向图有 n 个顶点，每个顶点的度都大于或等于2，该图是否存在环？为什么？

8.3 教材习题解析

一、单项选择题

1. 在无向图中，定义顶点的度为与它相关联的(　　)的数目。

A. 顶点　　B. 边　　C. 权　　D. 权值

【题解】 选B。在无向图中，定义顶点的度为与它相关联的边的数目。

2. 在无向图中，定义顶点 v_i 与 v_j 之间的路径为从 v_i 到达 v_j 的一个(　　)。

A. 顶点序列　　B. 边序列　　C. 权值总和　　D. 边的条数

【题解】 选A。在无向图中定义顶点 v_i 与 v_j 间的路径为从 v_i 到达 v_j 的一个顶点序列。

3. 图的简单路径是指(　　)不重复的路径。

A. 权值　　B. 顶点　　C. 边　　D. 边与顶点均

【题解】 选B。图的简单路径是指顶点不重复的路径。

4. 设无向图的顶点个数为 n，则该图最多有(　　)条边。

A. $n-1$　　B. $n(n-1)/2$　　C. $n(n+1)/2$　　D. $n(n-1)$

【题解】 选B。n 个顶点的无向图最多有 $n(n-1)/2$ 条边。

5. n 个顶点的连通图至少有(　　)条边。

A. $n-1$　　B. n　　C. $n+1$　　D. 0

【题解】 选A。n 个顶点的连通图至少有 $n-1$ 条边。

6. 在一个无向图中，所有顶点的度数之和等于所有边数的(　　)倍。

A. 3　　B. 2　　C. 1　　D. 1/2

【题解】 选B。无向图所有顶点的度数之和等于所有边数的2倍。

7. 设 $G_1=(V_1,E_1)$ 和 $G_2=(V_2,E_2)$ 为两个图，如果 $V_1\subseteq V_2,E_1\subseteq E_2$，则称(　　)。

A. G_1 是 G_2 的子图　　B. G_2 是 G_1 的子图

C. G_1 是 G_2 的连通分量　　D. G_2 是 G_1 的连通分量

【题解】 选 A。设 $G_1=(V_1,E_1)$ 和 $G_2=(V_2,E_2)$ 为两个图，如果 $V_1\subseteq V_2,E_1\subseteq E_2$，则称 G_1 是 G_2 的子图。

8. 有向图的一个顶点的度为该顶点的(　　)。

A. 入度　　B. 出度　　C. 入度＋出度　　D. (入度＋出度)/2

【题解】 选 C。有向图的一个顶点的度为该顶点的入度＋出度。

9. 若采用邻接矩阵法存储一个有 n 个顶点的无向图，则该邻接矩阵是一个(　　)。

A. 上三角矩阵　　B. 稀疏矩阵　　C. 对角矩阵　　D. 对称矩阵

【题解】 选 D。存储 n 个顶点的无向图的邻接矩阵是一个对称矩阵。

10. 设一个有 n 个顶点和 e 条边的有向图采用邻接矩阵表示，要计算某个顶点的出度所耗费的时间是(　　)。

A. $O(n)$　　B. $O(e)$　　C. $O(n+e)$　　D. $O(n^2)$

【题解】 选 A。一个有 n 个顶点和 e 条边的有向图采用邻接矩阵表示，要计算某个顶点的出度所耗费的时间是 $O(n)$。

11. 在一个有向图的邻接矩阵表示中，删除一条边 $<v_i,v_j>$ 需要耗费的时间是(　　)。

A. $O(1)$　　B. $O(i)$　　C. $O(j)$　　D. $O(i+j)$

【题解】 选 A。在有向图的邻接矩阵表示中，删除一条边 $<v_i,v_j>$ 需耗费的时间是 $O(1)$。

12. 对于具有 e 条边的无向图，它的邻接表中有(　　)个边结点。

A. $e-1$　　B. e　　C. $2(e-1)$　　D. $2e$

【题解】 选 D。具有 e 条边的无向图的邻接表中有 $2e$ 个边结点。

13. 图的深度优先搜索类似于树的(　　)次序遍历。

A. 先根　　B. 中根　　C. 后根　　D. 层次

【题解】 选 A。图的深度优先搜索类似于树的先根次序遍历。

14. 图的广度优先搜索类似于树的(　　)次序遍历。

A. 先根　　B. 中根　　C. 后根　　D. 层次

【题解】 选 D。图的广度优先搜索类似于树的层次次序遍历。

15. 为了实现图的广度优先遍历，BFS 算法使用的一个辅助数据结构是(　　)。

A. 栈　　B. 队列　　C. 数组　　D. 串

【题解】 选 B。BFS 算法使用一个队列来辅助实现图的广度优先遍历。

16. 一个连通图的生成树是包含图中所有顶点的一个(　　)子图。

A. 极小　　B. 连通　　C. 极小连通　　D. 无环

【题解】 选 C。一个连通图的生成树是包含图中所有顶点的一个极小连通子图。

17. 有 $n(n>1)$ 个顶点的强连通图中至少含有(　　)条有向边。

A. $n-1$　　B. n　　C. $n(n-1)/2$　　D. $n(n-1)$

【题解】 选 B。有 n $(n>1)$ 个顶点的强连通图中至少含有 n 条有向边。

18. 在一个连通图中进行深度优先搜索得到一棵深度优先生成树，树的根结点是关节点的充要条件是它至少有(　　)子女。

A. 1　　B. 2　　C. 3　　D. 0

【题解】 选 B。在连通图的深度优先生成树中，根结点是关节点的充要条件是它至少有 2 个子女。

19. 在用 Kruskal 算法求解带权连通图的最小(代价)生成树时，通常采用一个(　　)辅助结构，判断一条边的两个端点是否在同一个连通分量上。

A. 位向量　　B. 堆　　C. 并查集　　D. 生成树顶点集合

【题解】 选 C。在用 Kruskal 算法求解带权连通图的最小生成树时，通常采用并查集来判断一条边的两个端点是否在同一个连通分量上。

20. 在用 Kruskal 算法求解带权连通图的最小(代价)生成树时，选择权值最小的边的原则是该边不能在图中构成(　　)。

A. 重边　　B. 有向环　　C. 回路　　D. 权值重复的边

【题解】 选 C。用 Kruskal 算法求解带权连通图的最小生成树的过程中，每次选择权值最小的候选边时先要判断该边加入后是否在图中构成回路(环路)，若不会构成回路则可将该边加入最小生成树的边集合，否则将舍弃它，再选择下一条权值最小的候选边。

21. 在用 Dijkstra 算法求解带权有向图的最短路径问题时，要求图中每条边所带的权值必须是(　　)。

A. 非 0　　B. 非整　　C. 非负　　D. 非正

【题解】 选 C。在用 Dijkstra 算法求解带权有向图的最短路径问题时，要求图中每条边所带的权值必须是非负值。

22. 设有向图有 n 个顶点和 e 条边，采用邻接表作为其存储表示，在进行拓扑排序时，总的计算时间为(　　)。

A. $O(n\log_2 e)$　　B. $O(n+e)$　　C. $O(n^e)$　　D. $O(n^2)$

【题解】 选 B。有 n 个顶点和 e 条边的有向图采用邻接表作为其存储表示时，实现拓扑排序总的计算时间为 $O(n+e)$。

23. 设有向图有 n 个顶点和 e 条边，采用邻接矩阵作为其存储表示，在进行拓扑排序时，总的计算时间为(　　)。

A. $O(n\log_2 e)$　　B. $O(n+e)$　　C. $O(n^e)$　　D. $O(n^2)$

【题解】 选 D。有向图的邻接矩阵有 n 个顶点和 e 条边，实现拓扑排序时，总的计算时间为 $O(n^2)$。

24. 如图 8-1 所示的带权有向图，从顶点 1 到顶点 5 的最短路径为(　　)。

A. 1,4,5　　B. 1,2,3,5

C. 1,4,3,5　　D. 1,2,4,3,5

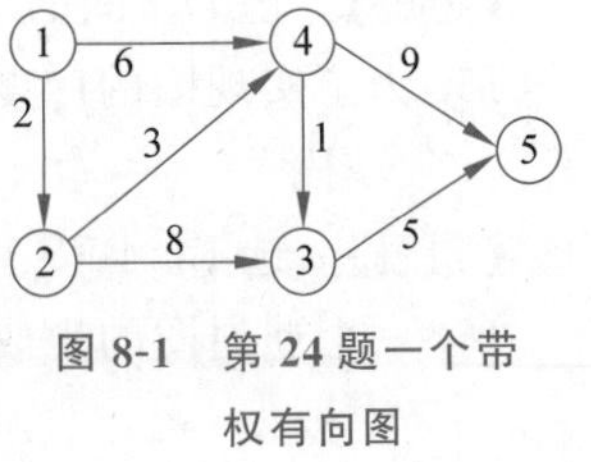

图 8-1 第 24 题一个带权有向图

【题解】 选 D。采用 Dijkstra 算法求解带权有向图的最短路径的过程中，可采用拓扑排序顺序，逐步求解。若用 $<v_i, v_j>w$ 表示一条边，其中，v_i 和 v_j 是顶点号，w 是该边上的权值。则从顶点 1 出发，

(1) <1,2>2 权值最小，选中；

(2) min{<1,2,4>5,<1,4>6}=<1,2,4>5 最小，选中；

(3) min{<1,2,4,3>6,<1,2,3>10}=<1,2,4,3>6 最小,选中;

(4) min{<1,2,4,5>14,<1,2,4,3,5>11}=<1,2,4,3,5>11 最小,选中。

25. 具有 n 个顶点的有向无环图最多可包含(　　)条有向边。

A. $n-1$　　B. n　　C. $n(n-1)/2$　　D. $n(n-1)$

【题解】 选 C。n 个顶点的有向无环图最多可包含 $n(n-1)/2$ 条有向边。

26. 在 n 个顶点的有向无环图的邻接矩阵中至少有(　　)个 0 元素。

A. n　　B. $n(n-1)/2$　　C. $n(n+1)/2$　　D. $n(n-1)$

【题解】 选 C。n 个顶点的有向无环图的邻接矩阵中有 $n\times n$ 个矩阵元素,根据第 25 题,其最多有 $n(n-1)/2$ 条有向边,则矩阵中最多有 $n(n-1)/2$ 个非 0 元素,那么 0 元素至少有 $n^2-n(n-1)/2=n(n+1)/2$ 个。

27. 对于有向图,其邻接矩阵表示比邻接表表示更适合存储(　　)图。

A. 无向　　B. 连通　　C. 稀疏　　D. 稠密

【题解】 选 D。对于有向图,若有 n 个顶点和 e 条边,在邻接矩阵中 n^2 个矩阵元素中有 e 个非 0 元素,有 n^2-e 个 0 元素;在邻接表中有 n 个顶点结点和 e 个边结点,加上指针,邻接表的存储量为 $2(n+e)$。如果 e 远远小于 n^2,有向图为稀疏图;如果 e 与 n^2 比较接近,有向图为稠密图,邻接矩阵适合存储稠密图。因为 0 元素少了,可充分利用存储空间。

二、填空题

1. 图的定义包含一个顶点集合和一个边集合。其中,顶点集合是一个有穷(　　)集合。

【题解】 非空。图包括两个集合:顶点集合是一个有穷非空集合,也就是说,图中不能一个顶点也没有;边集合是一个有穷集合,可以是空集合。

2. 用邻接矩阵存储图,占用的存储空间与图中(　　)有关。

【题解】 顶点个数。用邻接矩阵存储图,占用的存储空间与图中的顶点个数有关。

3. $n(n>0)$个顶点的无向图最多有(　　)条边,最少有(　　)条边。

【题解】 $n(n-1)/2$,0。有 $n(n>0)$个顶点的无向图最多有 $n(n-1)/2$ 条边,是完全图的情况,最少有 0 条边各顶点互不相通。

4. 有 $n(n>0)$个顶点的连通无向图最少有(　　)条边。

【题解】 $n-1$。有 $n(n>0)$个顶点的连通无向图,为保持其连通性,最少有 $n-1$ 条边。

5. 有 $n(n>0)$个顶点的连通无向图各顶点的度之和最少为(　　)。

【题解】 $2(n-1)$。根据第 4 题,$n(n>0)$个顶点的连通无向图至少有 $n-1$ 条边,因此各顶点的度之和为边数的 2 倍,最少为 $2(n-1)$。

6. 有 $n(n>0)$个顶点的无向图中顶点的度的最大值为(　　)。

【题解】 $n-1$。有 $n(n>0)$个顶点的无向图中顶点的度的最大值为 $n-1$,就是说它与其他 $n-1$ 个顶点都有边相连。

7. 若 3 个顶点的图 G 的邻接矩阵为 $\begin{bmatrix}0&1&0\\1&0&0\\0&1&0\end{bmatrix}$,则图 G 一定是(　　)向图。

【题解】 不带权的有。这个邻接矩阵不是对称矩阵,所以对应的图 G 一定是不带权有向图,因为无向图的邻接矩阵一定是对称的。

8. 设图 G=(V,E),V={V_0,V_1,V_2,V_3},E={(V_0,V_1),(V_0,V_2),(V_0,V_3),(V_1,V_3)},则从顶点 V_0 开始的图 G 的不同深度优先序列有(　　)种,例如(　　)。

【题解】 4,$V_0V_1V_3V_2$(另外的 3 种 DFS 序列也可)。从顶点 V_0 开始的图 G 的不同深度优先遍历(DFS)序列有 4 种。如图 8-2 所示,图 8-2(a)是原图,各深度优先遍历序列如图 8-2(b)～图 8-2(e)所示。

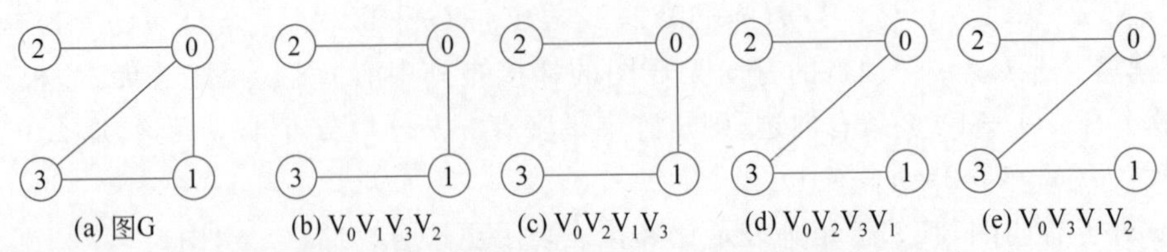

图 8-2　第 8 题无向图 G 的深度优先遍历序列

9. 设图 G=(V,E),V={P,Q,R,S,T},E={<P,Q>,<P,R>,<Q,S>,<R,T>},从顶点 P 出发对图 G 进行广度优先搜索所得的序列有(　　)种,例如(　　)。

【题解】 2,PQRST(或 PRQTS)。设图 G=(V,E),V={P,Q,R,S,T},E={<P,Q>,<P,R>,<Q,S>,<R,T>},其图形如图 8-3(a)所示,从顶点 P 出发对图 G 进行广度优先搜索,所得的序列有 2 种,PQRST(同层左向右)、PRQTS(同层右向左)。

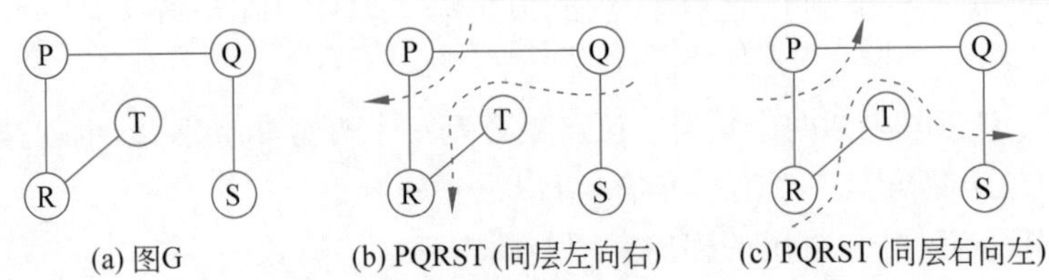

图 8-3　第 9 题无向连通图的广度优先遍历序列

10. 在重连通图中每个顶点的度至少为(　　)。

【题解】 2。在重连通图中每个顶点的度至少为 2,以确保该顶点有另一条路径通到其祖先,绕过遍历到它的通路上的关节点(若存在)。

11. $n(n>0)$个顶点的连通无向图的生成树至少有(　　)条边。

【题解】 $n-1$。连通无向图的生成树至少有 $n-1$ 条边以连通生成树上的 n 个顶点。

12. 101 个顶点的连通网络 N 有 100 条边,其中权值为 1,2,3,4,5,6,7,8,9,10 的边各 10 条,则网络 N 的最小生成树各边的权值之和为(　　)。

【题解】 550。连通网络 N 有 101 个顶点,用 100 条边连通,笃定是最小生成树,其权值之和为$(1+2+3+4+5+6+7+8+9+10)\times10=(1+10)\times10\times10/2=550$。

13. 在使用 Kruskal 算法构造连通网络的最小生成树时,只有当一条候选边的两个端顶点不在同一个(　　)上,才有可能加入生成树中。

【题解】 连通分量。在使用 Kruskal 算法构造连通网络的最小生成树时,如果一条候选边的两个端顶点在同一个连通分量上,表明这条边一旦加入最小生成树,就会出现回路。只有当候选边的两个端顶点不在同一个连通分量上,才有可能加入生成树中,而不会造成回路。

14. 同一个连通图的深度优先生成树的高度与广度优先生成树的高度相比,(　　)可能会高一些。

【题解】 深度优先生成树。同一个连通图的深度优先生成树的高度大于或等于广度优先生成树的高度。

15. 求解带权连通图最小生成树的 Prim 算法适合(　　)图的情形,而 Kruskal 算法适合(　　)图的情形。

【题解】 稠密图,稀疏图。求解带权连通图最小生成树的 Prim 算法适合稠密图的情形,而 Kruskal 算法适合稀疏图的情形。

16. 若对一个有向无环图进行拓扑排序,再对排在拓扑有序序列中的所有顶点按其先后次序重新编号,则在相应的邻接矩阵中所有(　　)的信息将集中到对角线以上。

【题解】 有向边。如果对有向无环图的各顶点按拓扑有序的序列重新编号,则图中所有的有向边 $<V_i, V_j>$ 都满足 $V_i < V_j$,那么在相应的邻接矩阵中边 $<V_i, V_j>$ 应在第 i 行第 j 列($i<j$),处于矩阵的上三角部分。

三、判断题

1. 一个图的子图可以是空图,顶点个数为 0。

【题解】 错。一个图的子图至少有一个顶点。

2. 存储图的邻接矩阵中,矩阵元素个数不但与图的顶点个数有关,而且与图的边数也有关。

【题解】 错。图的邻接矩阵中矩阵元素的个数只与图的顶点个数有关,与边数无关。

3. 一个有 1000 个顶点和 1000 条边的有向图的邻接矩阵是一个稀疏矩阵。

【题解】 对。1000 个顶点的有向图有 $1000 \times 1000 = 10^6$ 个矩阵元素,其中只有 1000 个非 0 元素,其他 999 000 个矩阵元素都为 0,是一个稀疏矩阵。

4. 对一个连通图进行一次深度优先搜索可以遍访图中的所有顶点。

【题解】 对。对一个连通图进行一次深度优先搜索可以遍访图中的所有顶点。

5. 有 $n(n \geqslant 1)$ 个顶点的无向连通图最少有 $n-1$ 条边。

【题解】 对。对于有 $n(n \geqslant 1)$ 个顶点的无向连通图,为保证其连通性,最少得有 $n-1$ 条边。

6. 有 $n(n \geqslant 2)$ 个顶点的有向强连通图最少有 n 条边。

【题解】 对。有向图大多有反对称性,如果 a 到 b 有边,不见得 b 到 a 有边。但强连通图要求任意两个顶点之间都要有边连通,因此至少有 n 条边(形成一个环),利用图的连通的传递性,就能确保任意两个顶点都有路可通。

7. 图中各个顶点的编号是人为的,不是它本身固有的,因此可以因为某种需要改变顶点的编号。

【题解】 对。图的顶点编号是人为的,可以因为某种需要改变顶点的编号。例如,可以对图进行拓扑排序,再根据排好序的顶点序列对各顶点重新按 $1,2,\cdots,n$ 编号。它既保持了图中各顶点原来的连接关系,又可以方便有序地处理各顶点的信息。

8. 如果无向图中各个顶点的度都大于 2,则该图中必有回路。

【题解】 对。如果无向图中各个顶点的度都大于 2,每个顶点都处于一个通路中。如果顶点 b 是顶点 a 的邻接顶点,则顶点 b 处于顶点 a 的同一个通路中;如果顶点 c 是顶点 b

的邻接顶点,顶点 c、b、a 都处于同一个通路中,根据连接的传递性,该图一定有回路。

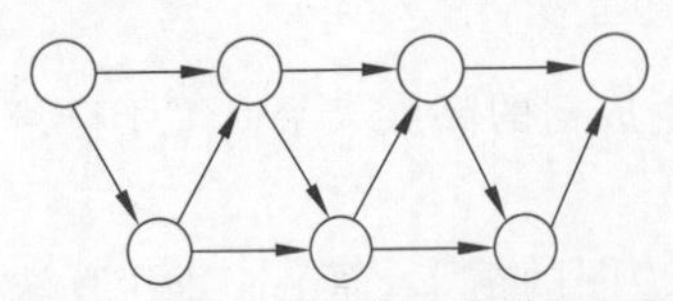

图 8-4 第 9 题没有回路的有向图

9. 如果有向图中各个顶点的度都大于 2,则该图中必有回路。

【题解】 错。如果有向图所有顶点发出的有向边都是同一方向的,则图中没有回路。如图 8-4 所示,所有顶点的度(包括出度+入度)都大于或等于 2,但它没有回路。

10. 图的深度优先搜索是一种典型的贪心法求解的例子,可以通过递归算法求解。

【题解】 错。图的深度优先搜索是一种回溯法求解的例子,可以通过递归算法求解。

11. 图的广度优先搜索是一种典型的穷举法求解的例子,可以采用非递归算法求解。

【题解】 对。图的广度优先搜索是一种穷举法求解的例子,可以采用非递归算法求解。

12. 有 n 个顶点和 e 条边的带权连通图的最小生成树一般由 n 个顶点和 $e-1$ 条边组成。

【题解】 错。有 n 个顶点和 e 条边的带权连通图的最小生成树一般由 n 个顶点和连通所有顶点的 $n-1$ 条边组成。

13. 对于一个边上权值任意的带权有向图,使用 Dijkstra 算法可以求一个顶点到其他各顶点的最短路径。

【题解】 错。使用 Dijkstra 算法求一个顶点到其他各顶点的最短路径有一个前提:带权有向图各边上的权值必须非负,否则可能得不到正确结果。

14. 对一个有向图进行拓扑排序,可以将图的所有顶点按其关键码大小排列到一个拓扑有序的序列中。

【题解】 错。拓扑排序不是通常意义上的将图的所有顶点按其关键码大小排列的排序,它是把所有顶点按各边的前驱—后继关系排列起来,并且把原本没有前驱—后继关系的顶点也给出前驱—后继关系,从而把图中的部分有序关系变成全部有序关系。

15. 有回路的有向图不能完成拓扑排序。

【题解】 对。有回路的有向图不能完成拓扑排序,因为在回路上找不到无前驱(即入度为 0)的顶点,拓扑排序算法无法处理它们。

16. 对任何用顶点表示活动的网络(AOV 网络)进行拓扑排序的结果都是唯一的。

【题解】 错。在 AOV 网络上进行拓扑排序,结果可能不唯一。

17. 用边表示活动的网络(AOE 网络)的关键路径是指从源点到终点的路径长度最长的路径。

【题解】 对。AOE 网络上的关键路径是指从源点到终点的路径长度最长的路径。

18. 对于 AOE 网络,加速任一关键活动就能使整个工程提前完成。

【题解】 错。在 AOE 网络中可能存在并行的几条关键路径,加速某条关键路径上的某一关键活动,可缩短它所在关键路径的长度,但其他关键路径没有缩短。如果视 AOE 网络为工程的活动安排,则加速某一关键活动不一定能使整个工程提前完成。

19. 对于 AOE 网络,任一关键活动延迟将导致整个工程延迟完成。

【题解】 对。关键路径是指从源点到终点的路径长度最长的路径,关键路径上任一关键活动延迟将导致整个工程延迟完成。

20. 在 AOE 网络中，可能同时存在几条关键路径，称所有关键路径都需通过的有向边为桥。如果加速这样的桥上的关键活动就能使整个工程提前完成。

【题解】 对。如果多条关键路径上有共同的关键活动，称这样的关键活动为桥。加速作为桥的关键活动，可使整个工程提前完成，因为它缩短了所有关键路径。

四、简答题

1. 设连通图 G 如图 8-5 所示。试画出该图对应的邻接矩阵表示，并给出对它执行从顶点 V_0 开始的广度优先搜索的结果。

【题解】 图 8-5 的连通图对应的邻接矩阵如图 8-6 所示。执行从 V_0 开始的广度优先搜索的结果为 $V_0V_1V_3V_2V_4V_7V_6V_5V_8$，虽然同一个图的邻接矩阵是唯一的，但在遍历过程中同一层顶点选用的先后次序可以不同，搜索结果不唯一。

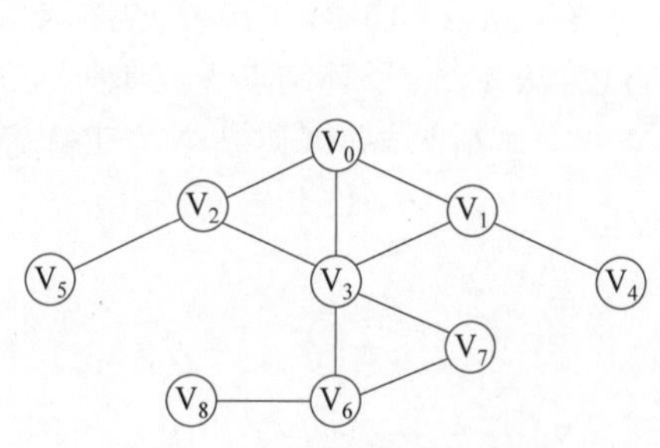

图 8-5 第 1 题的连通无向图

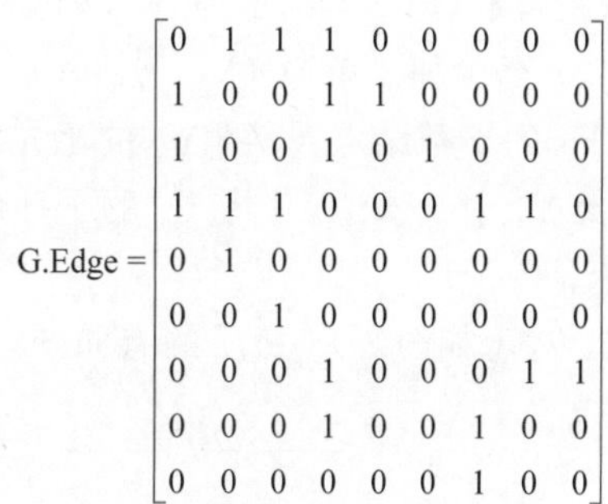

$$G.Edge=\begin{bmatrix}0&1&1&1&0&0&0&0&0\\1&0&0&1&1&0&0&0&0\\1&0&0&1&0&1&0&0&0\\1&1&1&0&0&0&1&1&0\\0&1&0&0&0&0&0&0&0\\0&0&1&0&0&0&0&0&0\\0&0&0&1&0&0&0&1&1\\0&0&0&1&0&0&1&0&0\\0&0&0&0&0&0&1&0&0\end{bmatrix}$$

图 8-6 第 1 题对应的邻接矩阵

2. 设连通图 G 如图 8-5 所示。试画出该图及其对应的邻接表表示，并给出对它执行从 V_0 开始的深度优先搜索的结果。

【题解】 图 8-5 对应的邻接表如图 8-7 所示。基于此邻接表执行从 V_0 开始的深度优先搜索的结果为 $V_0V_1V_4V_3V_6V_7V_8V_2V_5$，搜索结果是唯一的，但同一个图由于加入边的次序不同，生成的邻接表表示不唯一，故搜索结果不唯一。

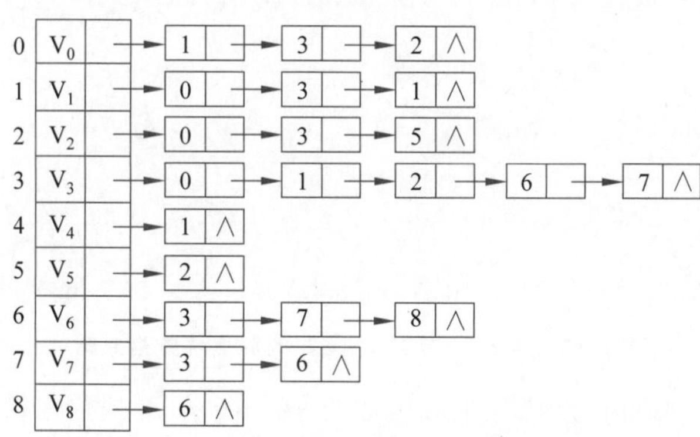

图 8-7 第 2 题对应的邻接表

3. 设连通图 G 如图 8-5 所示。试画出从顶点 V_0 出发的深度优先生成树，指出图 G 中哪几个顶点是关节点(即顶点失效则网络将发生故障)。

【题解】 图 8-5 对应的从 V_0 出发的深度优先生成树如图 8-8 所示。图中标示为虚线的边是原图中有，但生成树中没有的边。关节点为 V_1，V_2，V_3，V_6。

4. 设连通图 G 如图 8-9 所示。

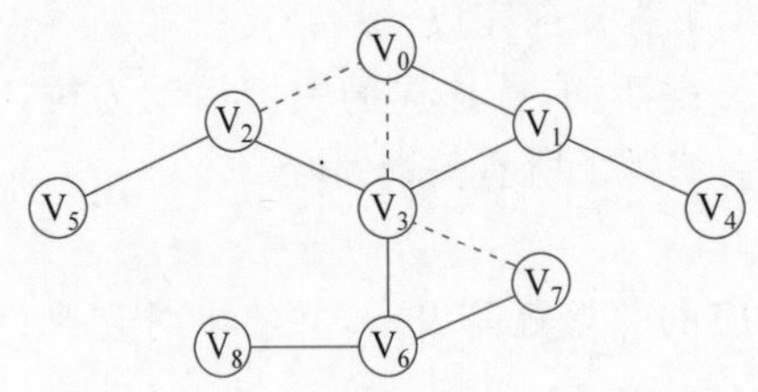

图 8-8 第 3 题的深度优先生成树

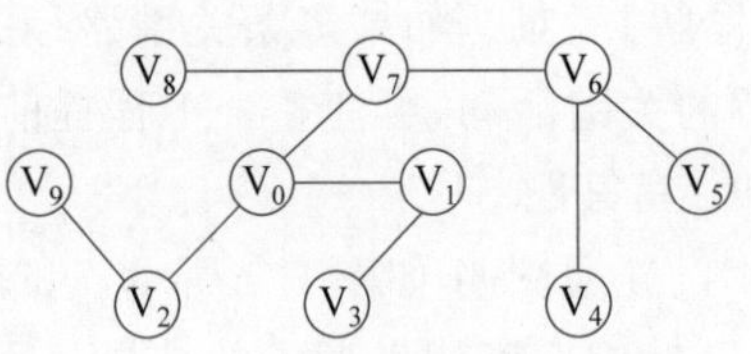

图 8-9 第 4 题(1)的连通无向图

(1) 如果有关结点,请找出所有的关结点。

(2) 如果想把该连通图变成重连通图,至少在图中加几条边?如何加?

【题解】 (1) 关结点为 V_0,V_1,V_2,V_6,V_7。

(2) 至少加 4 条边 (V_0,V_9),(V_2,V_3),(V_3,V_4),(V_4,V_5),如图 8-10 中的虚线所示。即从 V_2 的子孙结点 V_9 到 V_2 的祖先结点 V_0 引一条边,从 V_1 的子孙结点 V_3 到根 V_0 的另一分支 V_2 引一条边,并将 V_6 的子孙结点 V_4 与结点 V_5 连结起来,可使其变为重连通图。(解答不唯一)

5. 对于如图 8-11 所示的有向图,试写出:

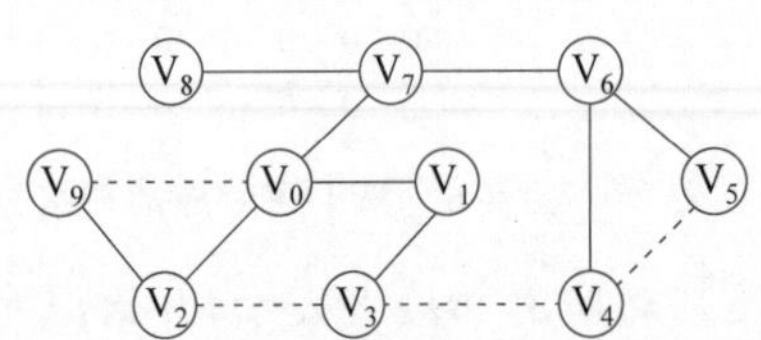

图 8-10 第 4(2)题补充边成为重连通图

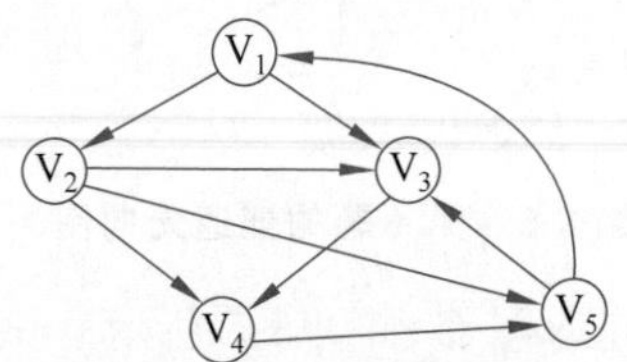

图 8-11 第 5 题的有向图

(1) 从顶点 V_1 出发进行深度优先搜索得到的所有深度优先生成树;

(2) 从顶点 V_2 出发进行广度优先搜索得到的所有广度优先生成树。

【题解】 (1) 在图 8-11 中以顶点 V_1 为根的深度优先生成树如图 8-12 所示(不唯一):

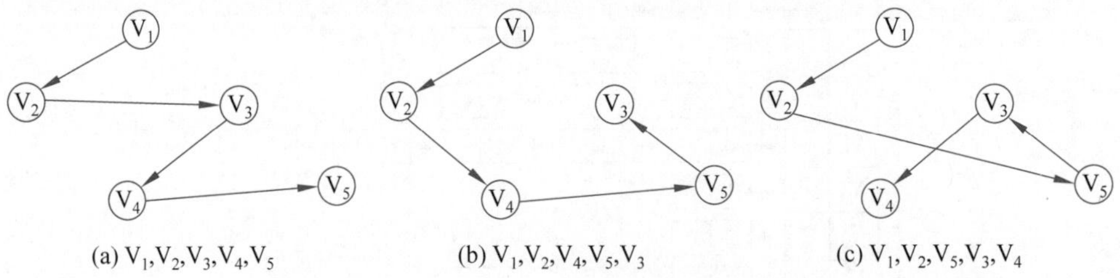

图 8-12 第 5(1)题以 V_1 为根的深度优先生成树

(2) 以顶点 V_2 为根的广度优先生成树如图 8-13 所示,即使广度优先搜索的邻接顶点的选取顺序不同,得到的广度优先生成树是唯一的。在图 8-13 中,邻接顶点的选取顺序有 3 种:(a) V_2、V_3、V_5、V_4、V_1,(b) V_2、V_4、V_5、V_3、V_1,(c) V_2、V_3、V_4、V_5、V_1。

6. 设有向图 G 如图 8-14 所示。试画出从顶点 V_0 开始进行深度优先搜索和广度优先搜索得到的 DFS 生成森林和 BFS 生成森林。

【题解】 以 V_0 为根的深度优先生成森林和广度优先生成森林分别如图 8-15(a)、图 8-15(b)所示。

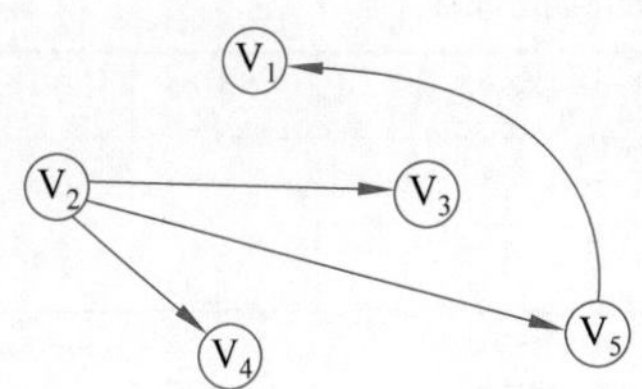

图 8-13 第 5(2)题以 V_2 为根的广度优先生成树

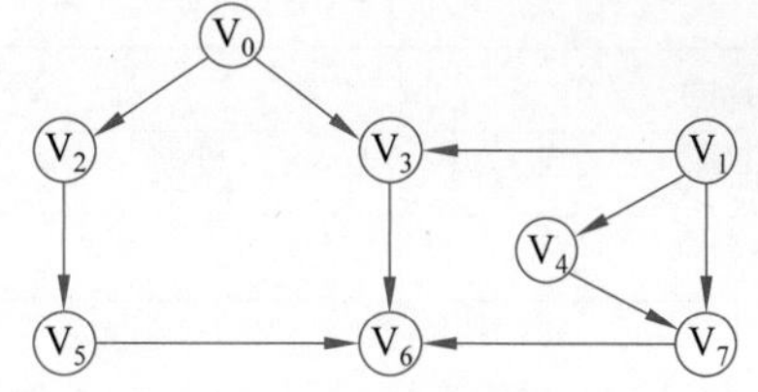

图 8-14 第 6 题的有向图

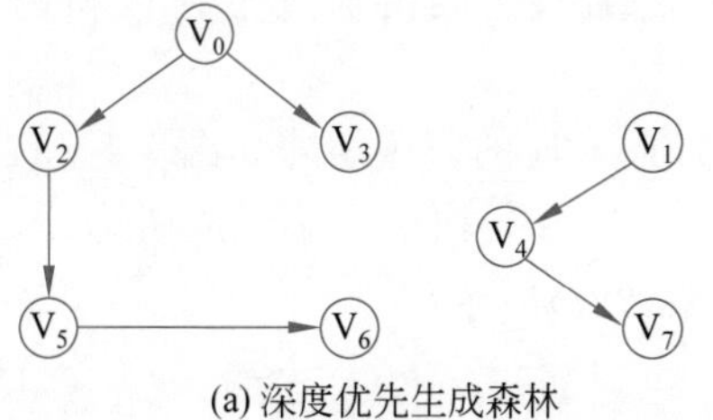

(a) 深度优先生成森林

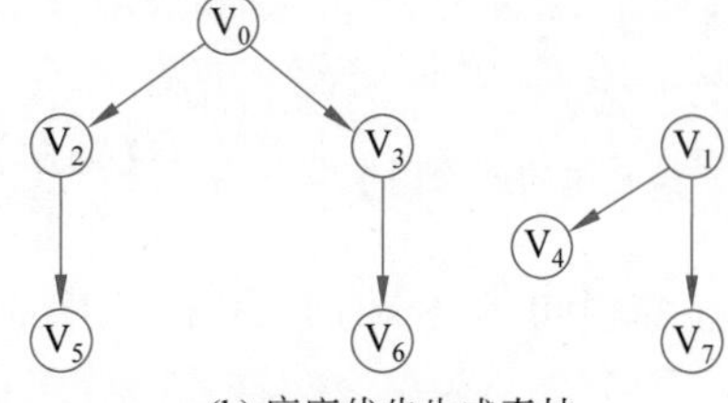

(b) 广度优先生成森林

图 8-15 第 6 题得到的 DFS 和 BFS 生成森林

7. 设有一个连通网络如图 8-16 所示。请画出应用 Kruskal 算法构造最小生成树的过程中每一步选出的边(包括两端点和权值)。

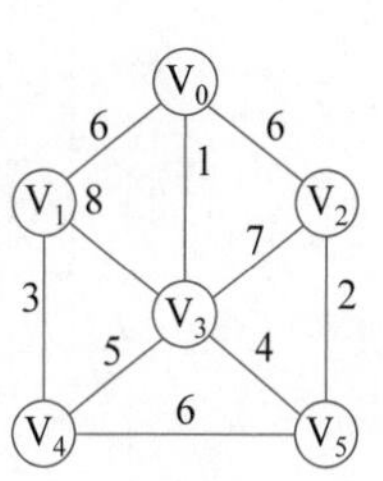

图 8-16 第 7 题的连通网络

【题解】 应用 Kruskal 算法选出的最小生成树的各条边的顺序如图 8-17 所示。选取方法是先对各条边按其权值从小到大排序,建立如表 8-1 所示的边值数组,并让图中各顶点自成一个连通分量。然后逐条边取出候选,如果候选边的两个端顶点在同一个连通分量上,则舍去这条边,否则将其加入最小生成树的边集合中,并将它的两个端顶点连通。如果最小生成树加入了 $n-1$ 条边,算法终止。

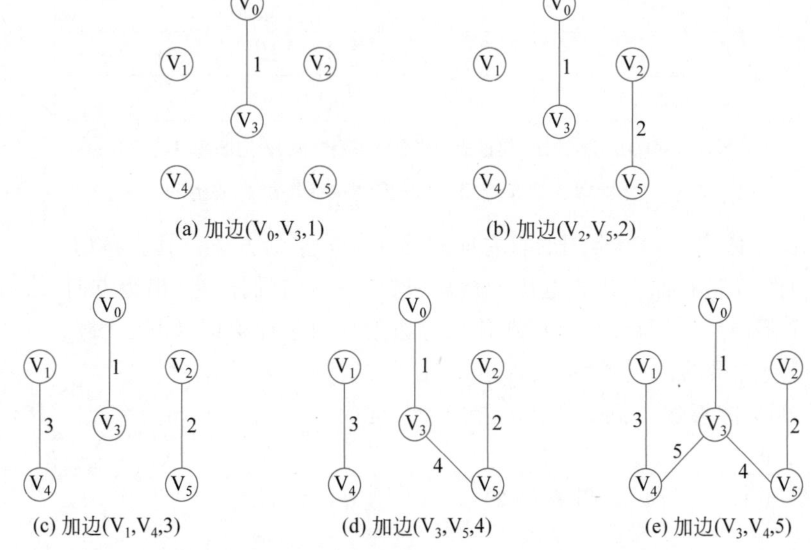

图 8-17 第 7 题构造最小生成树过程中选边的顺序

表 8-1　第 7 题带权无向图的边值数组

顶点号 1	0	2	1	3	3	0	0	4	2	1
顶点号 2	3	5	4	5	4	1	2	5	3	3
边权值	1	2	3	4	5	6	6	6	7	8

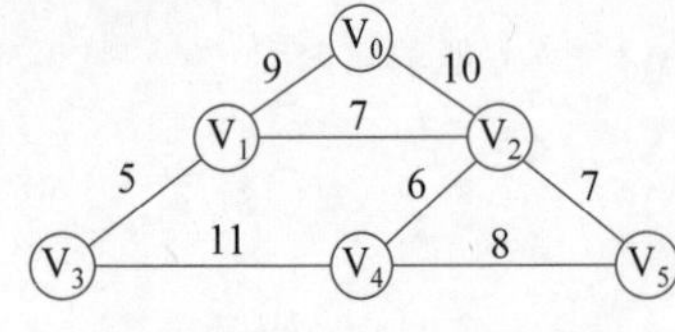

图 8-18　第 8 题的连通网络

8. 设有一个连通网络如图 8-18 所示。试采用 Prim 算法从顶点 V_0 开始构造最小生成树。请画出该图对应的邻接矩阵，并写出加入生成树顶点集合 S 和选择边 Edge 的顺序。

【题解】　该图对应的邻接矩阵如图 8-19(a)所示，采用 Prim 算法从顶点 V_0 开始构造最小生成树，如图 8-19(b)所示。在构造过程中集合 S 和加入边的顺序如图 8-19(c)所示。

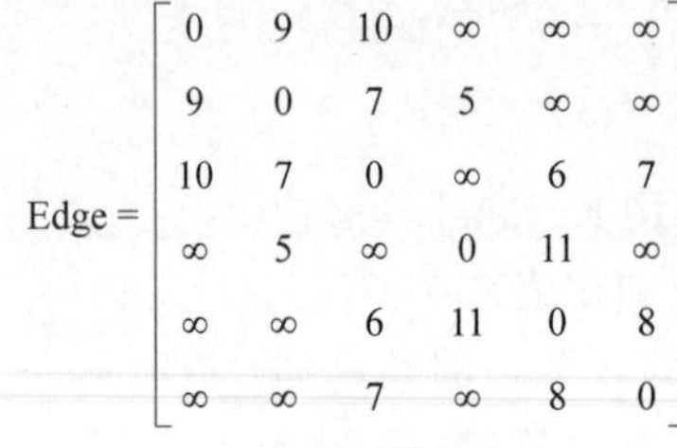

(a) 邻接矩阵

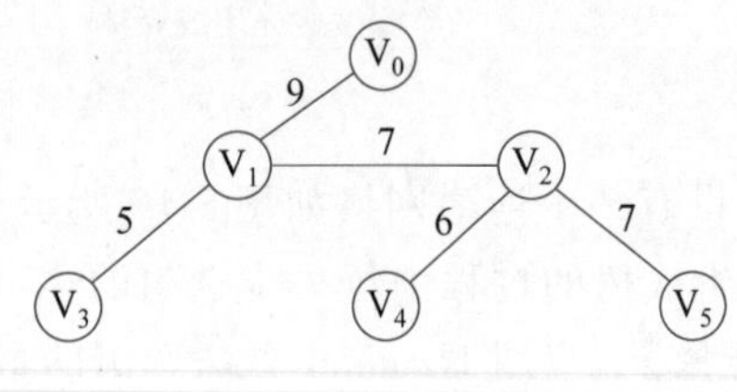

(b) 最小生成树

S:	顶点号		Edge:	(顶点，顶点，权值)
	0			(0, 1, 9)
	0, 1			(1, 3, 5)
	0, 1, 3			(1, 2, 7)
	0, 1, 3, 2			(2, 4, 6)
	0, 1, 3, 2, 4			(2, 5, 7)
	0, 1, 3, 2, 4, 5			

(c) 构造最小生成树过程中集合S的变化和加入边的顺序

图 8-19　第 8 题用 Prim 算法构造最小生成树

9. Kosaraju 算法是一个常用的求有向图强连通分量的方法。其步骤如下。

(1) 对原图 G 进行深度优先遍历，对每个顶点，一旦它们前进(出边方向)路上的邻接顶点不存在或全部访问过即记录之(可在顶点旁边附加数字标识记录顺序)。

(2) 从最晚记录的顶点开始，按入边进行第二次深度优先遍历，删除能够遍历到的顶点，这些顶点构成了一个强连通分量。

(3) 如果还有顶点没有删除，继续(2)，否则算法结束。

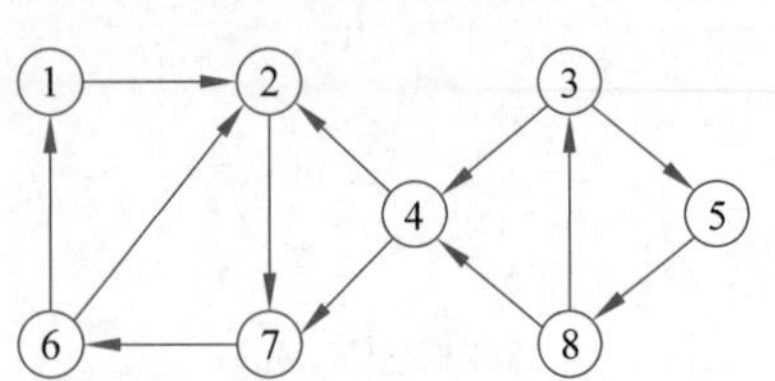

图 8-20　第 9 题一个非强连通有向图

根据上面算法的描述，对图 8-20 所示的有向图，确定它的强连通分量。

【题解】 对于图 8-20，先从顶点 1 出发，做第一次深度优先搜索，各顶点按递归退回的顺序记录，如图 8-21(a)中各顶点旁边的数字所示：⑥⑦②①④⑧⑤③，虚线箭头是回溯方向。然后从最后记录的顶点③开始，按入边方向做第二次深度优先搜索，虚线箭头是前进方向，参看图 8-21(b)。③⑧⑤构成一个强连通分量，记录顺序还剩下⑥⑦②①④；再从④出发按入边方向做第二次深度优先搜索，只访问到它自己，顶点④自成一个强连通分量，记录顺序还剩下⑥⑦②①；再从顶点①出发按入边方向做第二次深度优先搜索，①⑥⑦②构成一个强连通分量，记录顺序空。算法结束，得到 3 个强连通分量：{1,2,6,7}，{4}，{3,5,8}。

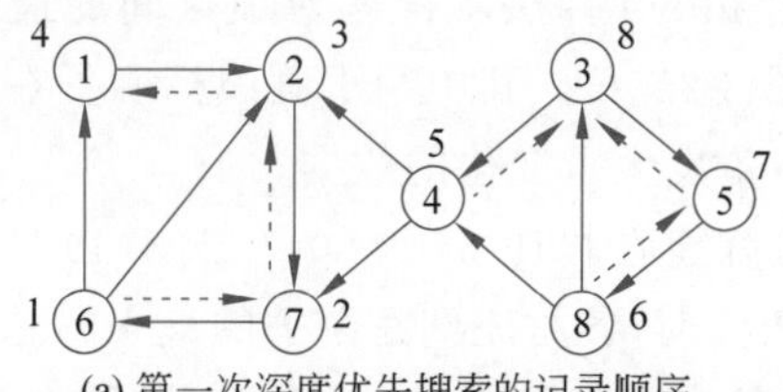

(a) 第一次深度优先搜索的记录顺序　　(b) 第二次深度优先搜索的结果

图 8-21　第 9 题求解强连通分量的图示

10. 以图 8-22 为例，按 Dijkstra 算法计算从顶点 A 到其他各顶点最短路径和最短路径长度。

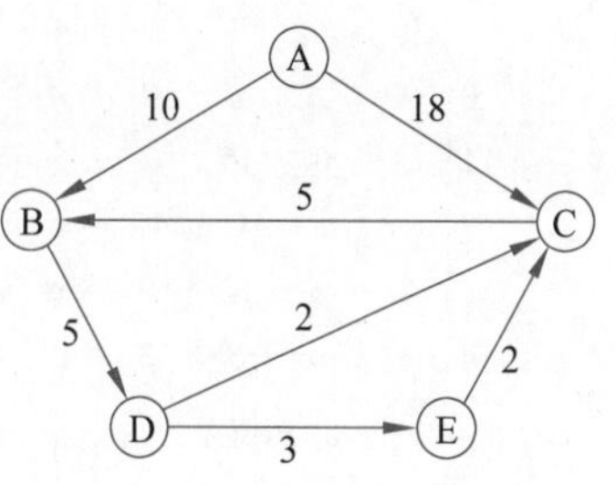

图 8-22　第 10 题的带权有向图

【题解】 应用 Dijkstra 算法逐步选择从顶点 A 到其他顶点的最短路径的过程如图 8-23 所示。

(1) 选择具有最小权值的边<A,B,10>，并修改绕过 B 到 D 的路径和路径长度，边<A,B,D>的权值等于 15。

(2) 因为<A,C>的权值大于<A,B,D>的权值，选择权值小的边<A,B,D,15>，并修改绕过 D 到 C、E 的路径和路径长度，边<A,B,D,C>的权值为 17，边<A,B,D,E>的权值为 18。

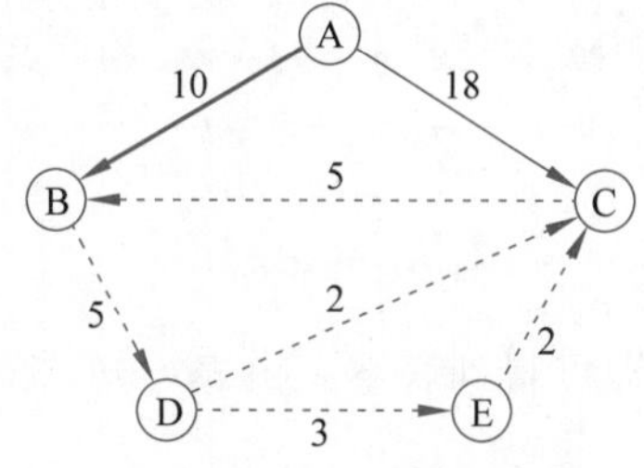

(a) 选中<A,B,10>，到B最短路径为10

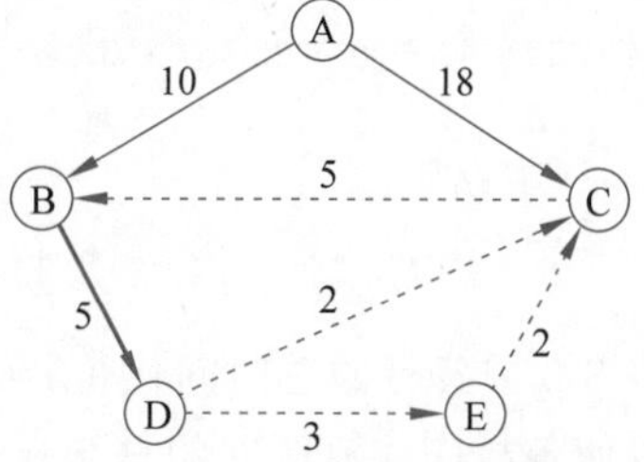

(b) 选中<A,B,D,15>，到D最短路径为15

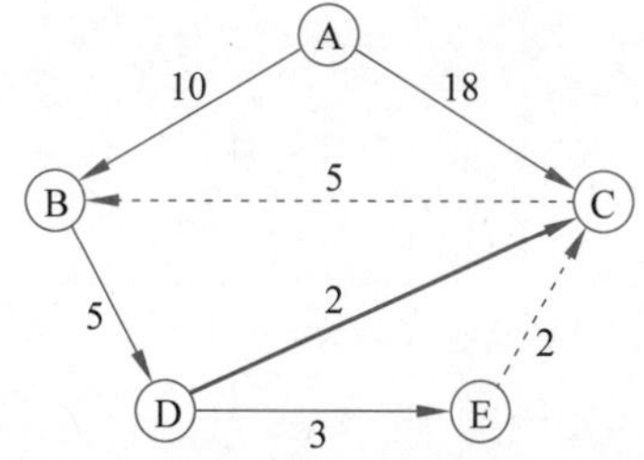

(c) 选中<A,B,D,C,17>，到C最短路径为17

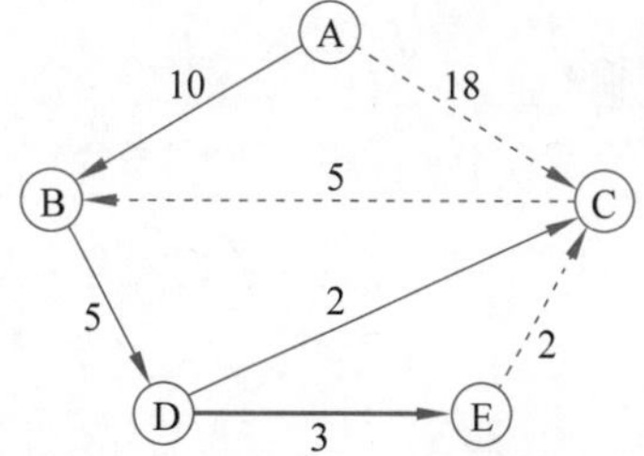

(d) 选中<A,B,D,E,18>，到E最短路径为18

图 8-23　第 10 题逐步求解从顶点 A 到其他顶点的最短路径

(3) 比较边<A,C>、边<A,B,D,C>和边<A,B,D,E>，选择权值小的边<A,B,D,C>，权值为 17。

(4) 选择<A,B,D,E>。

已经选出 4 条边，算法选择结束。

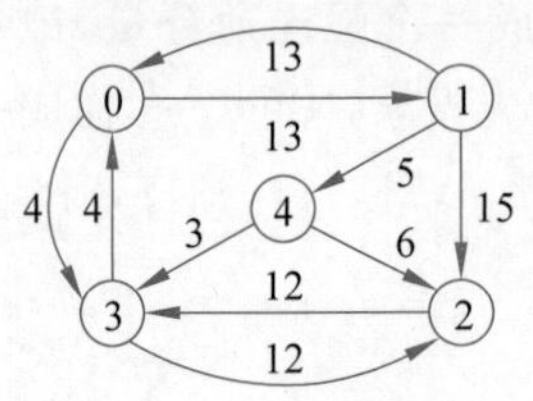

图 8-24 第 11 题的带权有向图

11. 设图 8-24 中的顶点表示村庄，有向边代表交通路线。若要建立一家医院，试问建在哪一个村庄能使各村庄总体上的交通代价最小。

【题解】 首先利用 Floyd 算法求出各对顶点间的最短路径长度，如图 8-25(a)～图 8-25(f)。其中用下画线标明了在求解过程中每一步相对于上一步发生了变化的数据。

接着计算轮流把医院建在村庄 v(v＝0,1,2,3,4)时各村庄往返医院时的交通代价。表 8-2 给出医院建在村庄 v 时，各村庄到医院去的最小的总交通代价(图 8-25(f)中第 v 列的累加和)以及从医院返回各村庄的最小的总交通代价(图 8-25(f)中第 v行的累加和)。

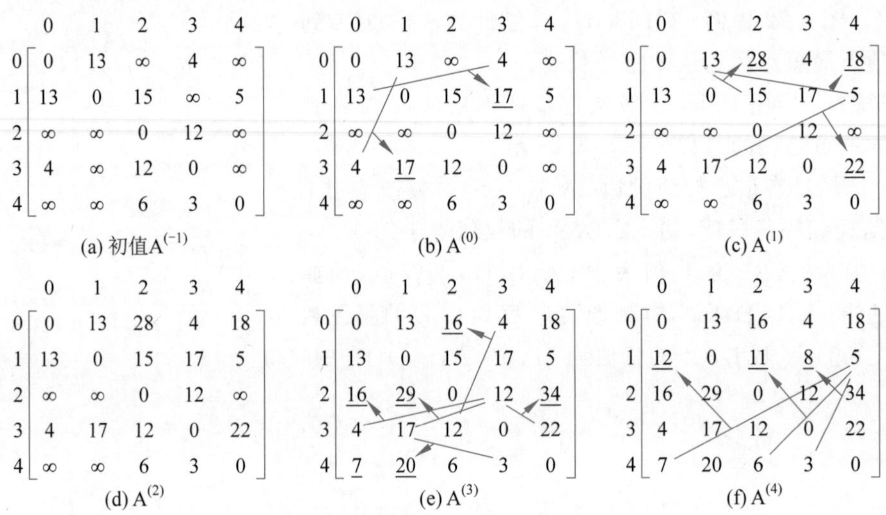

图 8-25 第 11 题用 Floyd 算法计算各对顶点间的最短路径

计算表 8-2 中各行的总时间代价，再看谁最小，即可得到答案。由表可知，把医院建在村庄 3 可以使各村庄往返医院的总交通代价最小。

表 8-2 第 11 题计算各村庄往、返医院的总时间代价

医院建在村庄 v	各村庄→医院的总时间代价	医院→各村庄的总时间代价	累加和
0	12＋16＋4＋7＝39	13＋16＋4＋18＝51	90
1	13＋29＋17＋20＝79	12＋11＋8＋5＝36	115
2	16＋11＋12＋6＝45	16＋29＋12＋34＝91	136
3	4＋8＋12＋3＝27	4＋17＋12＋22＝55	82
4	18＋5＋34＋22＝79	7＋20＋6＋3＝36	115

12. 有八项活动,每项活动要求的前驱如表 8-3 所示。

表 8-3 第 12 题 AOV 网络中各个活动的前驱

活动	A_0	A_1	A_2	A_3	A_4	A_5	A_6	A_7
前驱	无前驱	A_0	A_0	A_0,A_2	A_1	A_2,A_4	A_3	A_5, A_6

(1) 试画出相应的 AOV 网络,并给出一个拓扑排序序列。

(2) 试改变某些结点的编号,使得用邻接矩阵表示该网络时所有对角线以下的元素全为 0。

【题解】 相应的 AOV 网络如图 8-26(a)所示。一个拓扑排序序列为:A_0,A_1,A_4,A_2,A_5,A_3,A_6,A_7。注意:拓扑排序结果不唯一。按照拓扑有序的次序对所有顶点重新编号,可得以下编号对照表,按照结点新的编号重新构造 AOV 网络,可让对应邻接矩阵对角线以下部分全为 0。新 AOV 网络如图 8-26(b)所示。顶点的新老编号如表 8-4 所示。

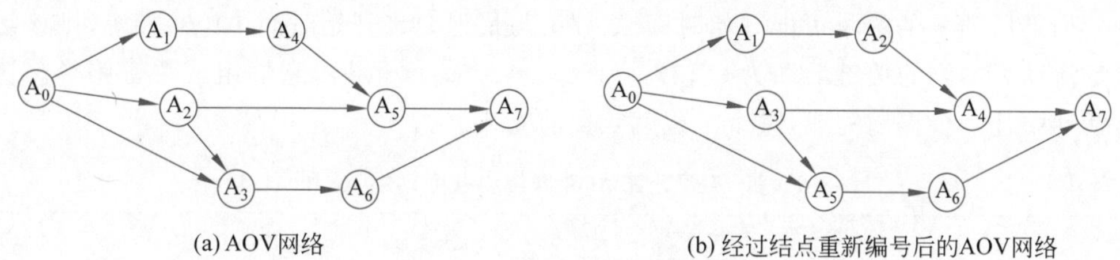

(a) AOV网络　　(b) 经过结点重新编号后的AOV网络

图 8-26 第 12 题的 AOV 网络

表 8-4 第 12 题 AOV 网络中各个活动的新旧编号对照表

原编号	A_0	A_1	A_4	A_2	A_5	A_3	A_6	A_7
新编号	A_0	A_1	A_2	A_3	A_4	A_5	A_6	A_7

相应邻接矩阵如图 8-27 所示。

$$
\begin{array}{c} \\ \text{Edge} = \end{array}
\begin{array}{c}
\begin{matrix} 0 & 1 & 2 & 3 & 4 & 5 & 6 & 7 \end{matrix} \\
\begin{bmatrix}
0 & 1 & 0 & 1 & 0 & 1 & 0 & 0 \\
0 & 0 & 1 & 0 & 0 & 0 & 0 & 0 \\
0 & 0 & 0 & 0 & 1 & 0 & 0 & 0 \\
0 & 0 & 0 & 0 & 1 & 1 & 0 & 0 \\
0 & 0 & 0 & 0 & 0 & 0 & 0 & 1 \\
0 & 0 & 0 & 0 & 0 & 0 & 1 & 0 \\
0 & 0 & 0 & 0 & 0 & 0 & 0 & 1 \\
0 & 0 & 0 & 0 & 0 & 0 & 0 & 0
\end{bmatrix}
\end{array}
\begin{array}{c} \\ 0 \\ 1 \\ 2 \\ 3 \\ 4 \\ 5 \\ 6 \\ 7 \end{array}
$$

图 8-27 第 12 题对结点重新编号后得到的邻接矩阵

13. 如图 8-28 所示的 AOE 网络,回答以下问题:

(1) 这个工程最早可能在什么时间结束?

(2) 确定哪些活动是关键活动。画出由所有关键活动构成的图,指出加速哪些活动可使整个工程提前完成。

【题解】 针对图 8-28 所示的 AOE 网络,首先计算各顶点(事件)的最早可能开始时间 $Ve(i)$和最迟允许开始时间 $Vl(i)$,如表 8-5 所示。

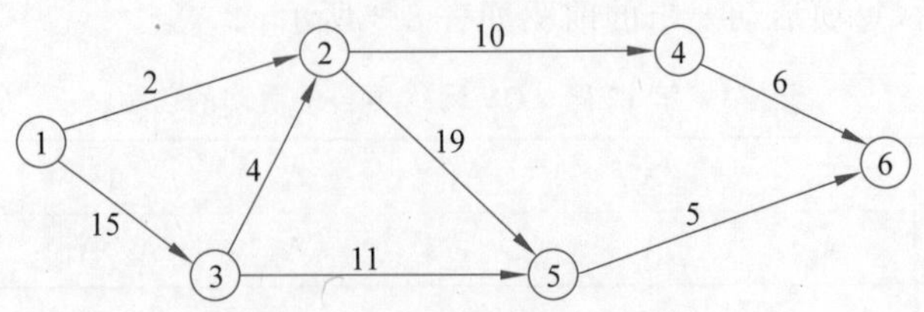

图 8-28 第 13 题一个 AOE 网络

表 8-5 第 13 题计算 AOE 网络各事件的 Ve 和 Vl

顶点	1	2	3	4	5	6
Ve	0	19	15	29	38	43
Vl	0	19	15	37	38	43

然后计算各边(活动)的最早可能开始时间 Ae(k)和最迟允许开始时间 Al(k),如表 8-6 所示。如果活动 k 的最早可能开始时间 Ae(k) 与最迟允许开始时间 Al(k)相等,则该活动是关键活动。本题的关键活动为<1,3>,<3,2>,<2,5>,<5,6>,它们组成关键路径。这些关键活动中任一个提前完成,整个工程就能提前完成。

表 8-6 第 13 题计算 AOE 网络中各活动的 Ae 和 Al

边	<1,2>	<1,3>	<3,2>	<2,5>	<3,5>	<2,4>	<4,6>	<5,6>
Ae	0	0	15	19	15	19	29	38
Al	17	0	15	19	27	27	37	38
关键活动		√	√	√				√

整个工程最早在 43 天完成。由关键活动组成的 AOE 网络如图 8-29 所示。

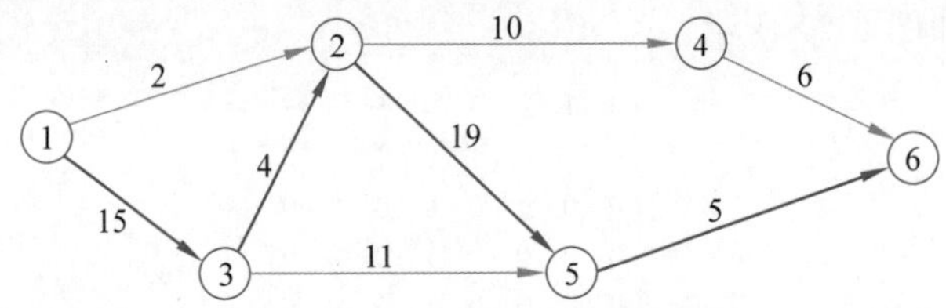

图 8-29 第 13 题一个 AOE 网络的关键活动和关键路径

五、算法题

1. 设一个无权图 G 采用邻接矩阵表示存储。基于该图的邻接矩阵,可构造一系列矩阵 $\mathbf{A}^{(0)},\mathbf{A}^{(1)},\cdots,\mathbf{A}^{(n-1)}$,其中,$A^{(0)}[i][j]$=G.Edge$[i][j]$,若等于 1,表示从 i 到 j 只需 1 步可达,$A^{(1)}[i][j]=1$ 表示从 i 到 j 走 2 步可达……$A^{(n-1)}[i][j]=1$ 表示从 i 到 j 需走 n 步可达。而 $A^{(k)}[i][j]=A^{(k-1)}[i][k]\otimes$G.Edge$[k][j]$,"$\otimes$"为按位乘,定义矩阵 $\mathbf{A}$ 的传递闭包为 $C=\mathbf{A}^{(0)}\oplus\mathbf{A}^{(1)}\oplus\cdots\oplus\mathbf{A}^{(n-1)}$,"$\oplus$"为按位加。设计一个算法,求图 G 的传递闭包 C。

【题解】 这是一个四重循环。外层用 $m=0,1,\cdots,n-1$ 累加 $\mathbf{A}^{(m)}$,内部的三重循环是求方阵 $\mathbf{A}^{(m)}$。算法描述如下。注意,因为是不带权图,模板中的 T 和 E 在使用时均可用 int 代换。

```
#define size 4
template <class T, class E>
void Warshall (Graphmtx<T, E>& G, E C[ ][size]) {
//算法基于图 G 的邻接矩阵,计算图的传递闭包 C。本题未考虑顶点到自身的边
//单位矩阵 I 未累加
    int i, j, k, m;
    E B[size][size], D[size][size];     //B[i][j]是 A(k-1)[i][j],D[i][j]是 A(k)[i][j]
    for (i = 0; i < size; i++)
        for (j = 0; j < size; j++)
            C[i][j] = B[i][j] = G.Edge[i][j];      //A(0)[i][j]
    for (m = 1; m < size; m++) {
        for (i = 0; i < size; i++)          //从 A(k-1)[i][j]计算 A(k)[i][j]
            for (j = 0; j < size; j++) {
                D[i][j] = 0;
                for (k = 0; k < size; k++)
                    D[i][j] = D[i][j] | B[i][k] & G.Edge[k][j];
            }
    }
    for (i = 0; i < size; i++) {
        for (j = 0; j < size; j++) cout << D[i][j] <<" ";
        cout <<endl;;
        for (i = 0; i < size; i++)
            for (j = 0; j < size; j++)
                { B[i][j] = D[i][j];C[i][j] = C[i][j] | D[i][j]; }
    }
}
```

2. 设无权有向图 G 采用邻接矩阵存储,设计一个算法,求图 G 中出度为 0 的顶点个数。

【题解】 因为无权图的邻接矩阵元素取值只有 0 或 1,算法对矩阵的每一行进行检测,如果一行所有元素的值累加为 0,则该行对应的顶点就是出度为 0 的顶点。统计这样的顶点个数即可得到出度为 0 的顶点个数。与第 1 题相同,模板中的 T 和 E,可用 int 代换。算法的描述如下。

```
template <class T, class E>
int outDegree_0 (Graphmtx<T, E>& G) {
//算法返回图中出度为 0 的顶点个数
    int i, j, count, sum;count = 0;
    for (i = 0; i < G.numVertices; i++) {
        sum = 0;
        for (j = 0; j < G.numVertices; j++) sum += G.Edge[i][j];
        if (sum == 0) count++;
    }
    return count;
}
```

3. 设无权有向图 G1 采用邻接表存储,设计一个算法,从 G1 求得该图的逆邻接表表示 G2。

【题解】 邻接表给出了图中各顶点的出边信息,逆邻接表给出了图中各顶点的入边信息。邻接表和逆邻接表的顶点信息是相同的,直接复制即可。把出边信息转换为入边信息,

则需要逐个访问邻接表各顶点的出边表，把边结点链入逆邻接表的相应入边表中，例如，从邻接表中第 i 个出边表中取得边 $<i,j>$，链入逆邻接表的第 j 个入边表。算法中，入边表的插入采用前插法。算法的描述如下。

```
template <class T, class E>
void Inverse_adjList(Graphlnk<T,K>& G1, Graphlnk<T,K>& G2) {
//从邻接表表示 G1 求得逆邻接表表示 G2
    G2.numVertices = G1.numVertices;
    G2.numEdges = G1.numEdges;
    int i;EdgeNode<T,K>  *p,  *q;
    for (i = 0; i < G1.numVertices; i++) {
        G2.NodeTable[i].data = G1.NodeTable[i].data;
        G2.NodeTable[i].adj = NULL;
    }
    for (i = 0; i < G1.numVertices; i++)
        for (p = G1.NodeTable[i].adj; p != NULL; p = p->link) {
            q = new EdgeNode<T, K>;q->dest = i;
            q->link = G2.NodeTable[p->dest].adj;
            G2.NodeTable[p->dest].adj = q;
        }
}
```

4. 设无权有向图 G 采用邻接表存储，设计一个算法，求图 G 中各顶点的入度。

【题解】 为了统计各个顶点的入度，必须检测各个顶点的边链表，通过每个边结点内存储的边的终顶点的顶点号，计算顶点的入度。算法参数表中有一个数组 inDegree[]，通过它返回各个顶点的入度值，要求在调用本算法的主程序中该数组已创建。算法的描述如下。

```
template <class T, class E>
void calc_inDegree (Graphlnk<T, E>& G, int inDegree[]) {
    int i;EdgeNode<T, E>  *p;
    for (i = 0; i < G.numVertices; i++) inDegree[i] = 0;
    for (i = 0; i < G.numVertices; i++) {
        for (p = G.NodeTable[i].adj; p != NULL; p = p->link)
            inDegree[p->dest]++;
    }
}
```

5. 设无权无向图 G 采用邻接表存储，设计一个非递归算法，实现图 G 的深度优先搜索。

【题解】 在相应的深度优先搜索的非递归算法中使用了一个栈 S，记忆下一步可能访问的顶点，同时使用了一个访问标记数组 visited[ ]。为方便起见，使用的栈在算法内部定义。算法的描述如下。

```
#define stackLen 30
template <class T, class E>
void DFS_iter (Graphlnk<T, E>& G, int v) {
//算法从顶点 v 开始进行 DFS 遍历，输出图中各顶点的数据值
    int i, w, n = NumberOfVertices (G);
    int visited[maxVertices];EdgeNode<T, K>  *p;
    for (i = 0; i < n; i++) visited[i] = 0;
    int S[stackLen];int top =-1;
```

```
    cout << G.NodeTable[v].data <<" ";
    visited[v] = 1;S[++top] = v;
    while (top != -1) {
        v = S[top--];
        for (p = G.NodeTable[v].adj; p != NULL; p = p->link) {
            w = p->dest;
            if (!visited[w]) {
                cout << G.NodeTable[w].data <<" ";
                visited[w] = 1;S[++top] = w;
            }
        }
    }
}
```

6. 设无权无向图 G 采用邻接矩阵存储，设计一个算法，判断该图是否有回路(或圈)。

【题解】 算法采用深度优先搜索寻找回路。为此需要对 DFS 算法稍作修改，传入一个布尔变量 found＝false，如果发现回到了已访问过的顶点，置 found＝true，退出递归过程。findCycle 是判断图中是否存在回路的布尔量。要求在进入递归函数之前 found 和 visited[] 已经赋予了 false。算法的描述如下。

```
template <class T, class E>
void DFS (Graphmtx<T,K>& G, int v, bool& found, bool visited[]) {
    visited[v] = true;
    for (int w = 0; w < G.numVertices; w++)
        if (G.Edge[v][w] == 1) break;
    while (w < G.numVertices) {
        if (visited[w]) found = true;
        else DFS (G, w, found, visited);
        if (found) break;
        for (w++; w < G.numVertices; w++)
            if (G.Edge[v][w] == 1) break;
    }
}
template <class T, class E>
bool findCycle(Graphmtx<T,E>& G) {
    int i, n = G.numVertices;bool found = false;
    bool visited[maxVertices];
    for (i = 0; i < n; i++) visited[i] = 0;
    for (i = 0; i < n; i++) {
        if (! visited[i]) DFS (G, i, found, visited);
        if (found) break;
    }
    return found;
}
```

7. 设连通图 G 采用邻接表存储，设计一个算法，利用 DFS 搜索算法，求图中从顶点 u 到 v 的一条简单路径，并输出该路径。

【题解】 从顶点 u 开始，进行深度优先搜索，如果能够搜索到顶点 v，即可求得从顶点 u 到顶点 v 的一条简单路径，路径上的每个顶点只访问一次。为了输出这条简单路径，可设立一个辅助数组 aPath[n]，当从某个顶点 i 进到其邻接顶点 j 进行访问时，将 path[i]置为 j。这样，就能根据 aPath 数组输出从 u 到 v 的一条简单路径。算法的描述如下。

```
template <class T, class E>
void DFS_path (Graphlnk<T, E>& G, int u, int v, int visited[], int aPath[],
        int& k, bool& found) {
//found 返回查找是否成功的标志,k 返回在 aPath 中保存的路径上的顶点个数加 1
    int w;EdgeNode<T, E> *p;
    if (found == true) return;
    visited[u] = 1;
    for (p = G.NodeTable[u].adj; p != NULL; p = p->link) {
        w = p->dest;
        if (w == v) { aPath[k++] = v;found = true; }
        else if (!visited[w]) {
            aPath[k++] = w;
            DFS_path (G, w, v, visited, aPath, k, found);
        }
    }
}
template <class T, class E>
void one_path (Graphlnk<T,E>& G, int u, int v) {
    if (u == -1 || v == -1)
        { cout <<"不存在一条简单路径\n";return; }
    int i, k = 0, n = G.numVertices;bool found = false;
    int visited[maxVertices], aPath[maxVertices];
    for (i = 0; i < n; i++) visited[i] = 0;
    aPath[k++] = u;
    DFS_path (G, u, v, visited, aPath, k, found);
    for (i = 0; i < k-2; i++)
        cout << G.NodeTable[aPath[i]].data <<" ";
    cout <<endl <<"k=" << k-2 <<endl;
}
```

8. 设图 G 是一个连通图，设计一个算法，利用 BFS 搜索算法，求图中从顶点 u 到 v 的一条简单路径，并输出该路径。

【题解】 广度优先搜索是一种按层遍历的方法。广度优先搜索过程中，可设立一个辅助数组 pre[n]，当从某个顶点 i 找到其邻接顶点 j 进行访问时，将 pre[j]置为 i。最后，当退出搜索后，就能根据 pre 数组输出这条从 u 到 v 的简单路径。为方便起见，算法内部直接定义了队列。算法的描述如下。

```
#define queueLen 30
template <class T, class E>
void BFS (Graphlnk<T, E>& G, int u, int v) {
//u 和 v 是指定的始顶点和终顶点,算法通过 BFS 找一条从 u 到 v 的简单路径,输出
//该路径上的顶点数据值
    if (u == -1 || v == -1) { cout <<"不存在一条简单路径\n";return; }
    int i, j, w, k = 0, n = NumberOfVertices(G);EdgeNode<T,E> *p;
    int visited[maxVertices], pre[maxVertices];
    for (i = 0; i < n; i++) visited[i] = 0;
```

```
    pre[k++] = u;visited[u] = 1;
    int Q[queueLen];int front = 0, rear = 0;
    Q[rear++] = u;rear = rear % queueLen;
    while (front != rear) {
        j = Q[front++];front = front % queueLen;
        for (p = G.NodeTable[j].adj; p != NUll; p = p->link) {
            w = p->dest;
            if (! visited[w]) {
                pre[k++] = w;visited[w] = 1;
                Q[rear++] = w;rear = rear % queueLen;
            }
        }
    }
    for (i = 0; i <= k-1; i++)
        cout << G.NodeTable[pre[i]].data <<" ";
    cout <<endl <<"k=" << k <<endl;
}
```

9. 设在4地(A,B,C,D)之间架设6座桥,如图8-30所示。

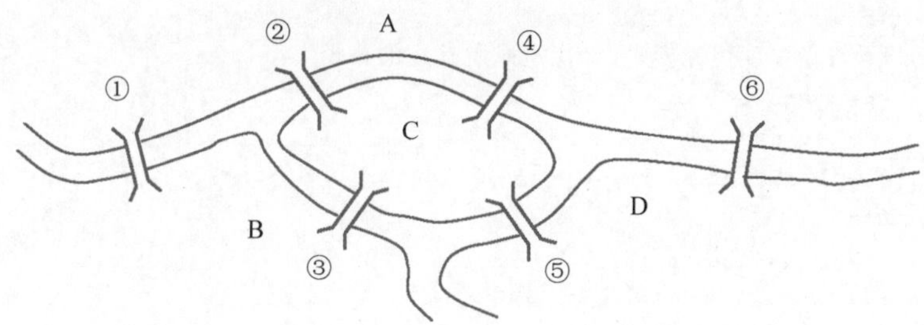

图 8-30　第9题的6桥问题图

要求从某一地出发,经过每座桥恰巧1次,最后仍回到原地。

(1) 试说明此问题有解的条件;

(2) 设图中的顶点数为 n,请定义求解此问题的数据结构并设计一个算法,找出满足要求的一条回路。

【题解】 (1) 此为欧拉问题。有解的充要条件是此图应为连通图,且每一个结点的度为偶数,或者仅有两个顶点的度为奇数。

(2) 与图8-30等价的图如图8-31(a)所示。因为在两个结点之间有多重边,可以用邻接表作为其存储表示,用边的编号作为该边的权值,得到的邻接表如图8-31(b)所示。每个边结点有3个域,分别记录相关邻接顶点号、边号和链指针,如图8-31(c)所示。

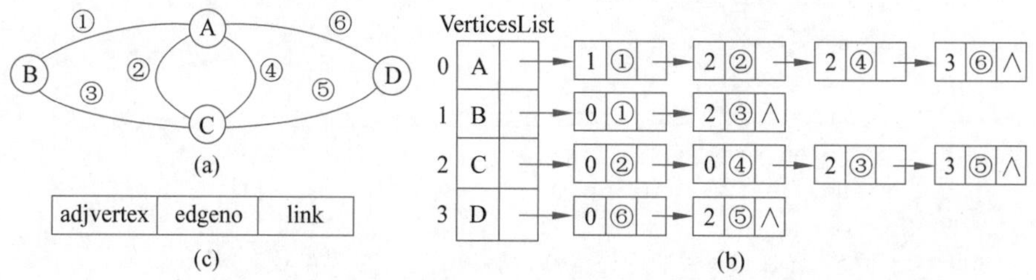

图 8-31　第9题欧拉问题的图及其邻接表

利用深度优先搜索算法可以解决欧拉回路,解决问题的步骤如下。

(1) 计算每个顶点的度,存入 degree 数组;

(2) 统计度为奇数的顶点个数,存入 odd;

(3) 若无度为奇数的顶点,从顶点 0 开始做深度优先遍历;

(4) 若有两个度为奇数的顶点,从其中一个顶点出发做深度优先搜索;

(5) 若度为奇数的顶点个数超过 2,则问题无解。

图的邻接表结构和求解欧拉回路问题的算法的实现如下。

```
#define maxSize 12
typedef struct Node {                                   //边结点的结构定义
    int adjvex;                                         //邻接顶点号
    int edgeno;                                         //相关边号
    struct Node * link;                                 //链接指针
} edgenode;
typedef struct  {                                       //顶点的结构定义
    char name;                                          //顶点所代表地名
    struct Node * first;                                //出边表指针
} vertex;
void DFS (vertex euler[], int start, int n, int visited[]) {
//从 start 开始,做深度优先搜索,寻找走遍所有边的路径
    int j, k;edgenode * p;
    cout <<euler[start].name <<" -> ";
    for (p = euler[start].first; p != NULL; p = p->link) {
        j = p->edgeno;
        if (!visited[j]) {
            visited[j] = 1;k = p->adjvex;
            cout <<"(" << j <<") - ";
            DFS (euler, k, n, visited);
        }
    }
}
void EulerLoop(vertex euler[], char vx[], int n, int ed[][3], int e) {
//euler 是用邻接表存储的图,vx 是顶点数据(地名)数组,n 是顶点个数,ed 是边顶
//点对数据存放数组,ed[][0]是边号,ed[][1]和 ed[][2]是边上两个端顶点,e 是边数
    int i, v;edgenode * p, * q;
    for (v = 0; v < n; v++)
        { euler[v].name = vx[v];euler[v].first = NULL; }
    for (v = 0; v < e; v++) {
        p = new edgenode;
        p->edgeno = ed[v][0];p->adjvex = ed[v][2];
        p->link = euler[ed[v][1]].first;
        euler[ed[v][1]].first = p;
        q = new edgenode;
        q->edgeno = ed[v][0];q->adjvex = ed[v][1];
        q->link = euler[ed[v][2]].first;
        euler[ed[v][2]].first = q;
    }
    cout <<"邻接表各顶点及关联的边信息:(始顶点号, 终顶点号)边号\n";
    for (v = 0; v < n; v++) {
```

```
        cout <<"vertex " <<euler[v].name <<": ";
        for (p = euler[v].first; p != NULL; p = p->link)
            cout <<"(" << v <<"," << p->adjvex <<"," << p->edgeno <<") ";
        cout <<endl;
    }
    int degree[maxSize];
    int odd = 0, start = 0;
    for (i = 0; i < n; i++) {
        degree[i] = 0;
        for (p = euler[i].first; p != NULL; p = p->link) degree[i]++;
        if (degree[i] % 2 == 1) { odd++;start = i; }
    }
    if (odd > 2) { cout <<"图 G 的奇点大于 2,问题无解!" <<endl;return; }
    int visited[maxSize];
    for (i = 1; i <= e; i++) visited[i] = 0;
    cout <<"欧拉回路为(括号内为边号)" <<endl;
    DFS (euler, start, n, visited);
}
```

10. 扩充深度优先搜索算法,遍历采用邻接表表示的图 G,建立生成森林的子女—兄弟链表。

提示:在继续按深度方向从根 v 的某一未访问过的邻接顶点 w 向下遍历之前,建立子女结点。但需要判断是作为根的第一个子女还是作为其子女的右兄弟链入生成树。

【题解】 为建立生成森林,需要先给出建立生成树的算法,然后再在遍历图的过程中,通过一次次地调用这个算法,以建立生成森林。算法的描述如下。

```
#include "Tree.cpp"
template <class T, class E>
void DFS_Tree (Graphlnk<T, E>& G, int v, int visited[], TreeNode<T> * &t) {
//从图的顶点 v 出发, 深度优先遍历图, 建立以 * t 为根的生成树。
    visited[v] = 1;int w, first = 1;
    TreeNode<T> *p, *q;EdgeNode<T, E> *s;
    for (s = G.NodeTable[v].adj; s != NULL; s = s->link) {
        w = s->dest;
        if (!visited[w]) {
            p = new TreeNode<T>;
            p->data = G.NodeTable[w].data;
            p->firstChild = p->nextSibling = NULL;
            if (first == 1) { t->firstChild = p;first = 0; }
            else q->nexrSibling = p;
            q = p;
            DFS_Tree (G, w, visited, q);
        }
    }
}
template <class T, class E>
void DFS_Forest (Graphlnk<T, E>& G, Tree<T>& RT) {
//G 是采用邻接表存储的图,RT 是构建成功的生成树(森林)的子女—兄弟链表表示
    TreeNode<T> *p, *q;int v, n = G.numVertices;
```

```
    RT.root = NULL;
    int visited[maxVertices];
    for (v = 0; v < n; v++) visited[v] = 0;
    for (v = 0; v < n; v++) {
        if (!visited[v]) {
            p = new TreeNode<T>;
            p->data = G.NodeTable[v].data;
            p->firstChild = p->nextSibling = NULL;
            if (RT.root == NULL) RT.root = p;
            else q->nextSibling = p;
            q = p;
            DFS_Tree (G, v, visited, p);
        }
    }
}
```

11. 设有向图 G 采用邻接表存储,设计一个算法,求图 G 的所有强连通分量。

【题解】 求以邻接表方式存储的有向图的强连通分量,需要三个步骤。首先找出有向图的深度优先生成森林,对森林中的树按后根遍历的次序给顶点编号。再将有向图的每一条边反向,生成一个新的图 Gr。然后按编号从大到小的次序深度优先遍历 Gr,得到的深度优先生成森林中的每一棵树就是原图的一个强连通分量。算法的描述如下。

```
template <class T, class E>
void findSeq (Graphlnk<T, E> &G, int v, int visited[], int& seq) {
//从顶点 v 出发按 DFS 方式遍历图,visited 是访问标志数组,visited[v] = -1 表示顶点 v
//未访问过,visited[v] = -2 表示顶点 v 已访问过,visited[v]≥0 记忆顶点 v 在 DFS 的访
//问顺序。seq 是当前可用的序号。当顶点 v 的所有邻接顶点都访问后,visited[v] = seq,
//即给 v 赋一个序号 seq
    visited [v] = -2;
    for (EdgeNode<T, E> *p = G.NodeTable[v].adj; p != NULL; p = p->link) {
        if (visited[p->dest] == -1)
            findSeq (G, p->dest, visited, seq);
    }
    visited[v] = seq++;
}
template <class T, class E>
void find_DFS (VertexNode<T, E> *tmpV, int v, int visited[]) {
//按序号从大到小深度优先遍历 Gr,输出每个连通分量。参数 tmpV 是图 Gr。visited 是
//顶点按后根遍历时的顺序号,在访问了某个顶点后,将 visited 中的对应值设为-1,表
//示已访问
    cout << tmpV[v].data <<" ";visited[v] = -1;
    for (EdgeNode<T, E> *p = tmpV[v].adj; p != NULL; p = p->link)
        if (visited[p->dest] != -1)
            find_DFS (tmpV, p->dest, visited);
}
template <class T, class E>
void findStrong (Graphlnk<T, E>& G) {
//算法遍历图 G 的每一条边,将它们反向,存入 tmpV。tmpV 保存图 Gr 的邻接表。输出求得的
//有向图的所有强连通分量
```

```
    int visited[maxVertices];int seq = 0, i;
    for (i = 0; i < G.numVertices; i++) visited[i] = -1;
    for (i = 0; i < G.numVertices; i++)
        if (visited[i] == -1) findSeq (G, i, visited, seq);
    VertexNode<T, E> *tmpV = new VertexNode<T, E>[G.numVertices];
    EdgeNode<T, E> *oldp, *newp, *s;
    for (i = 0; i < G.numVertices; i++) {
        tmpV[i].data = G.NodeTable[i].data;
        tmpV[i].adj = NULL;
    }
    for (i = 0; i < G.numVertices; i++) {
        for (oldp = G.NodeTable[i].adj; oldp != NULL; oldp = oldp->link) {
            s = new EdgeNode<T, E>;
            s->dest = i;s->cost = oldp->cost;
            s->link = tmpV[oldp->dest].adj;
            tmpV[oldp->dest].adj = s;
        }
    }
    int k = 0;
    for (seq = G.numVertices-1; seq >= 0; seq--) {
        for (i = 0; i < G.numVertices; i++)
            if (visited[i] == seq) break;
        if (i == G.numVertices) continue;
        k++;
        cout <<endl <<"第" << k <<"个强连通分量: ";
        find_DFS (tmpV, i, visited);
    }
    for (i = 0; i < G.numVertices; i++) {
        oldp = tmpV[i].adj;
        while (oldp != NULL)
            { newp = oldp;oldp = oldp->link;delete newp; }
    }
    delete [] tmpV;
}
```

12. 对一个带权连通图 G,可采用“破圈法”求解图的最小生成树。所谓“圈”就是回路。破圈法就是对于一个带权连通图 G,按照边上权值的大小,从权值最大的边开始,逐条边删除。每删除一条边,就需要判断图 G 是否仍然连通,若不再连通,则将该边恢复。若仍连通,继续向下删,直到剩 $n-1$ 条边为止。设计一个算法,实现使用“破圈法”对一个给定的带权连通图构造它的最小生成树。

【题解】 基于选边的操作,算法采用邻接表作为图的存储结构。

(1) 把图 G 中所有的边存入生成树 T 中,设阈限 limen=maxWeight;

(2) 对 T 中的边,做以下几件事。

① 在生成树 T 中选出权值小于 limen 的最大边,设为(u,v,w);

② 在图 G 中断开(u,v)这条边,即在顶点 u 的边链表中删除这条边,保存到 ed;

③判断图 G 是否仍然连通:如果仍然连通,把顶点 v 的边链表中与 ed 对称的边结点删掉,从生成树 T 中也删去这条边并把生成树边数减 1;如果不连通,在顶点 u 的边链表中重

新插入边结点 ed，将其权值 w 赋给 limen；

(3) 如果 T 中剩下 $n-1$ 条边，则得到最小生成树。算法结束。

下面先定义最小生成树。

```
#define maxSize 20                                  //数组默认大小
#define maxValue 32767                              //问题中不可能出现的大数
template <class T, class E>
struct MSTEdgeNode {int v1, v2;   E key;}           //最小生成树的边结点
template <class T, class E>
struct MinSpanTree {                                //最小生成树定义
    MSTEdgeNode<T, E> edgeValue[maxSize];           //边值数组
    int n;                                          //当前元素个数
    MinSpanTree() { n = 0; }                        //构造函数
}
```

算法的描述如下。

```
template <class T, class E>
void DFS (Graphlnk<T, E>& G, int v, int visited[]) {          //用于判断是否存在回路
    visited[v] = 1;
    for (EdgeNode<T, E> *p = G.NodeTablet[v].adj; p != NULL; p = p->link)
        if (!visited[p->dest])
            DFS (G, p->dest, visited);
}
template <class T, class E>
void SplitCycle (Graphlnk<T, E>& G, MinSpanTree& MST) {
//算法建立图 G 的最小生成树 MST
    EdgeNode *p, *q, *pr;
    E limen = maxValue, max, tmp;
    int i, j, k, u, v, n = G.numVertices;
    int visited[maxVertices];MSTEdgeNode ed;
    k = 0;
    for (i = 0; i < n; i++) {
        for (p = G.NodeTable[i].adj; p != NULL; p = p->link)
            if (i < p->dest) {
                e(D)v1 = i;e(D)v2 = p->dest;e(D)key = p->cost;
                MST.edgeValue[k++] = ed;
            }
    }
    MST.n = k;
    int count = G.numEdges;
    while (count >= n) {
        max = MST.edgeValue[0].key;k = 0;
        for (i = 1; i < MST.n; i++) {
            tmp = MST.edgeValue[i].key;
            if (tmp < limen && tmp > max) { max = tmp;k = i; }
    }
    u = MST.edgeValue[k].v1;v = MST.edgeValue[k].v2;
    pr = NULL;p = G.NodeTable[u].adj;
    while (p->dest != v) { pr = p;p = p->link; }
    if (pr == NULL) G.NodeTable[u].adj = p->link;
```

```
        else pr->link = p->link;
        pr = NULL;q = G.NodeTable[v].adj;
        while (q->dest != u) { pr = q;q = q->link; }
        if (pr == NULL) G.NodeTable[v].adj = q->link;
        else pr->link = q->link;
        for (i = 0; i < n; i++) visited[i] = 0;
        DFS (G, 0, visited);
        for (i = 0; i < n; i++)
            if (!visited[i]) break;
        if (i < n) {
                p->link = G.NodeTable[u].adj;
                G.NodeTable[u].adj = p;
                q->link = G.NodeTable[v].adj;
                G.NodeTable[v].adj = q;
                limen = p->cost;
        }
        else {
            MST.edgeValue[k] = MST.edgeValue[MST.n-1];
            MST.n--;count--;
        }
    }
}
```

13. 如果一个带权图可能不连通,请改写 Prim 算法,输出其所有的最小生成树。

【题解】 调用一次 Prim 算法,可得一个连通分量的最小生成树,改写 Prim 算法,可以输出图中所有连通分量的最小生成树。算法约定从顶点 s=0 开始,其思路如下。

(1) 算法设置一个数组 $U[n]$作为最小生成树顶点集合,$U[i]=1/0$ 表示顶点 i 在/不在最小生成树中;还要置两个辅助数组 mincost[n]和 nearvex[n],nearvex[i]记录顶点 i 到 U 中哪个顶点距离最短,mincost[i] 记录顶点 i 到 U 中相应顶点的权值(最短距离)。

(2) 把邻接矩阵第 0 行所有权值复制给 mincost,顶点号 0 赋予 nearvex,$U[0]=1$。

(3) 反复执行步骤①和②,直到 U 中所有顶点都为 1 为止:

① 在 mincost 中所有 $U[i]=0$ 的权值中选择最小权值 mincost[k];

② 如果 $k\neq0$,则选到一条权值最小的边:

a. 输出这条边(nearvex[k],k,mincost[k]);将 k 加入 U 中,顶点计数 count 加 1;

b. 对于所有属于 V-U 集合的顶点 j,如果 G.Edge[k][j]< mincost[j]则修改辅助数组,属于 V-U 的顶点 j 到属于 U 的顶点 k 的边作为新的候选边;

(4) 如果 $k=0$,则没有选出权值最小的边,属于 V-U 的顶点一定属于另一个连通分量,在 U 中找到一个 $U[i]=0$ 的顶点 i,从它开始构造下一棵最小生成树。

算法的描述如下。

```
template <classT, class E>
void Prim (Graphmtx<T, E>& G) {
    int i, j, v, count, n = G.numVertices;E min;
    E lowcost[maxVertices];                    //创建记录最小权值的数组
    int nearvex[maxVertices];                  //创建记录最近顶点的数组
    bool U[maxVertices];                       //创建集合数组
```

```
    for (i = 0; i < n; i++) {
        U[i] = false;
        lowcost[i] = G.Edge[0][i];nearvex[i] = 0;
    }
    U[0] = true;count = 1;
    while (count < n) {
        min = maxValue;v = 0;
        for (j = 0; j < n; j++)
            if (!U[j] && lowcost[j] < min) { v = j;min = lowcost[j]; }
        if (v) {
            cout <<"(" << nearvex[v] <<", " << v <<", " << lowcost[v] <<") ";
            U[v] = true;count++;
            for (j = 0; j < n; j++)
                if (!U[j] && G.Edge[v][j] < lowcost[j])
                    { lowcost[j] = G.Edge[v][j];nearvex[j] = v; }
        }
        else {
            cout <<endl;
            for (i = 0; i < n; i++)
                if (!U[i]) break;
            U[i] = 1;count++;
            for (j = 0; j < n; j++)
                if (!U[j]) { lowcost[j] = G.Edge[i][j];nearvex[j] = i; }
        }
    }
    cout <<endl;
}
```

14. 设带权有向图采用邻接矩阵存储，修改求单源最短路径的 Dijkstra 算法，使得当从某一顶点出发存在多条到其他顶点的最短路径时，保留经过顶点最少的那条路径。

【题解】 为实现在到达某顶点的路径不止一条时选经过顶点数最少的路径，在算法中需增加一个数组 count[]，使用 count[i]记录当前到达顶点 i 经过的顶点数，并修改 Dijkstra 算法：

(1) 在初始化 dist 和 path 数组的同时为 count 数组赋值：若从源点 v 到顶点 k 有边，则 count[k]=2，表明到达顶点 k 经过两个顶点，若没有边则 count[k]=0。

(2) 在选中某顶点 u 的最短路径修改到其他未选过最短路径的顶点 j 的路径时，增加判断：若 dist[u]+G.Edge[u][j] <=dist[j]，则 dist[j]=dist[u]+G.Edge[u][j]，path[j]=u，count[j]=count[u]+1；若 dist[u]+G.Edge[u][j]>dist[j]，则不修改。

算法的描述如下。

```
#define maxWeight 32767
template <class T, class E>
void dijkstra (Graphmtx<T, K>& G, int v, E dist[], int path[]) {
//G是用邻接矩阵存储的带权有向图 G,v是指定的源顶点,数组 path 返回从源点到各
//顶点的经过顶点最少的最短路径,数组 dist 返回相应的最短路径长度
    int count[maxVertices];        //记录各顶点当前最短路径上的顶点数
    int known[maxVertices];        //等于1表示顶点已选到最短路径,等于0表示未选过
```

```
    int u, i, j;E min;
    for (i = 0; i < G.numVertices; i++) {
        dist[i] = G.Edge[v][i];path[i] = v;
        count[i] = (dist[i] > 0 && dist[i] < maxWeight) ? 2 : 0;
        known[i] = 0;
    }
    dist[v] = 0;path[v] = -1;known[v] = 1;
    for (i = 0; i < G.numVertices; i++)
        if (i != v) {
            min = maxWeight;
            for (j = 0; j < G.numVertices; j++)
                if (! known[j] && dist[j] < min) { min = dist [j];u = j; }
            known [u] = 1;
            for (j = 0; j < G.numVertices; j++)
                if (!known[j]) {
                    if (min+G.Edge[u][j] < dist[j] || min+G.Edge[u][j] == dist[j]
                            && count[j] > count[u]+1) {
                        dist[j] = min+G.Edge[u][j];
                        path[j] = u;
                        count[j] = count[u]+1;
                    }
                }
        }
}
```

15. 给定 n 个小区之间的交通图。若小区 i 与小区 j 之间有路可通，则将顶点 i 与顶点 j 之间用边连接，边上的权值 w_{ij} 表示这条道路的长度。现在打算在这 n 个小区中选定一个小区建一所医院，试问这家医院应建在哪个小区，才能使距离医院最远的小区到医院的路程最短？设计一个算法解决上述问题。

【题解】 将 n 个小区的交通图视为带权无向图，并利用邻接矩阵来存放带权无向图。算法的思想如下。

（1）应用 Floyd 算法计算每对顶点之间的最短路径；

（2）找出从每一个顶点到其他各顶点的路径中最长的路径；

（3）在这 n 条最长路径中找出最短的一条，则它的出发点即为所求。

算法的描述如下。

```
#define maxWeight 32767
template <class T, class E>
void Floyd (Graphmtx<T, E>& G, E a[][maxVertices])
//a[i][j]是顶点 i 和 j 间的最短路径长度,算法计算每对顶点间最短路径长度
    int i, j, k, n = G.numVertices;
    for (i = 0; i < n; i++)
        for (j = 0; j < n; j++) a[i][j] = G.Edge[i][j];
    for (k = 0; k < n; k++)
        for (i = 0; i < n; i++)
            if (i != k) {
                or (j = 0; j < n; j++)
                    if (j != k && a[i][k]+a[k][j] < a[i][j])
                        a[i][j] = a[i][k]+a[k][j];
            }
```

```
}
template <class T, class E>
void ShortedPath(Graphmtx<T,E>& G, int& v) {
//算法在图中寻找顶点 v,使得它距离最远顶点的最长路径长度在所有顶点中最短
    E dist[maxVertices];E max, min;
    E path[maxVertices][maxVertices];
    int i, j, k, n = G.numVertices;
    Floyd(G, path);
    for (i = 0; i < n; i++) {
        k = 0;max = path[i][0];
        for (j = 1; j < n; j++)
            if (path[i][j] > max) {k = j;max = path[i][j];}
        dist[i] = max;
    }
    k = 0;min = dist[0];
    for (i = 1; i < n; i++)
        if (dist[i] < min) {k = i;min = dist[i];}
    v = k;
}
```

16. 设一个无环有向图 G 采用邻接表存储。设计一个算法,按深度优先搜索策略对其进行拓扑排序。

【题解】 如果图 G 是一个无环有向图,通过深度优先搜索,也可得到一个拓扑有序序列。但在算法中需要增加一个入度数组 ind,用于控制只输出入度减到 0 的顶点。此外,在算法中用到一个入度为 0 的顶点的栈,组织入度为 0 或入度减到 0 的顶点。

算法的描述如下。

```
template <class T, class E>
void DFS (Graphlnk<T, E>& G, int v, int visited[ ], int ind[ ], int& top, int&
count) {
//在图 G 中从顶点 v 出发做 DFS 搜索。算法结束时通过 visited[]返回各顶点访问顺序,
//通过引用参数 count 返回访问顶点个数
    visited[v] = count++;
    EdgeNode<T, E> *p;int w;
    for (p = G.NodeTable[v].adj; p != NULL; p = p->link) {
        w = p->dest;
        if (visited[w] == -1) {
            ind[w]--;
            if (ind[w] == 0) { ind[w] = top;top = w; }
        }
    }
    if (top != -1) {
        w = top;top = ind[top];
        DFS (G, w, visited, ind, top, count);
    }
}
template <class T, class E>
bool topoSort_dfs (Graphlnk<T, E>& G) {
//算法对无权有向图 G 执行拓扑排序,若排序成功,函数返回 true,否则返回 false
```

```
    int i, top, count, v;EdgeNode<T,E> * p;
    int visited[maxVertices], ind[maxVertices];         //访问标志数组和入度数组
    for (i = 0; i < G.numVertices; i++) { visited[i] = -1; ind[i] = 0; }
    count = 0;top = -1;
    for (i = 0; i < G.numVertices; i++)
        for (p = G.NodeTable[i].adj; p != NULL; p = p->link)
            ind[p->dest]++;
    for (i = 0; i < G.numVertices; i++)
        if (ind[i] == 0) { ind[i] = top;top = i; }
    if (top != -1) {
        v = top;top = ind[top];
        DFS (G, v, visited, ind, top, count);
    }
    if (count < G.numVertices)
        { cout <<"图中有环,拓扑排序失败! \n";return false; }
    else {
        cout <<"拓扑排序成功! 拓扑有序序列为: " <<endl;
        for (v = 0; v < G.numVertices; v++) {
            for (i = 0; i < G.numVertices; i++)
                if (visited[i] == v) break;
            cout << i <<"(" << G.NodeTable[i].data <<") ";
        }
        cout <<endl;
    }
    return true;
}
```

17. 设计一个算法,对一个 AOE 网 G 一边拓扑排序,一边计算关键路径。算法使用图的邻接表表示,并增加一个辅助数组 Indegree[]存放各个顶点的入度。

【题解】 算法正向计算 Ve[]时需按拓扑有序的顺序逐个计算,反向计算 Vl[]时需按逆拓扑有序的顺序进行计算。简言之。计算 Ve[]按出边方向进行,计算 Vl[]按入边方向进行,这种计算使用十字链表作为图的存储结构是最合适的,不过我们使用邻接表也有变通的办法。辅助数组 ind[n]存放了各个顶点的入度,在算法执行过程中将入度减至 0 的顶点入栈,ind[]就成了链式栈,当从 ind[]中出栈一个入度为 0 的顶点后,ind[]又变成逆链式栈,让出栈元素出栈后反向拉链,后面计算 Vl[]时沿逆链式栈边退边计算即可。此外,关键活动通过数组 cp 返回,n 返回关键活动的个数。算法的描述如下。

```
template <class T, class E>
struct Edge { int v1;int v2;E key; };
template <class T, class E>
void CriticalPath (Graphlink<T, E>& G, Edge cp[ ], int& n) {
//算法一边拓扑排序一边进行关键路径计算。数组 cp 返回关键活动的各边,引用参数 n
//返回关键活动个数
    int i, j, k, m = -1, u, v;E w;EdgeNode<T, E> * p;Edge<T, E> ed;
    int ind[maxVertices];int top= -1;          //入度数组(兼链式栈)
    for (i = 0; i < G.numVertices; i++) ind[i] = 0;
    for (i = 0; i < G.numVertices; i++)          //对所有边扫描计算入度数组
        for (p = G.NodeTable[i].adj; p != NULL; p = p->link)
```

```
        ind[p->dest]++;
    E Ve[maxVertices], Vl[maxVertices];                    //各事件最早和最迟开始时间
    E Ae[maxEdges], Al[maxEdges];                          //各活动最早和最迟开始时间
    for (i = 0; i < G.numVertices; i++) Ve[i] = 0;
    for (i = 0; i < G.numVertices; i++)                    //所有入度为 0 的顶点进栈
        if (!ind[i]) { ind[i] = top;top = i; }
    while (top != -1) {                                    //拓扑有序地计算 Ve[]
        u = top;top = ind[top];                            //退栈送入 u
        ind[u] = m;m = u;                                  //反向拉链
        for (p = G.NodeTable[u].adj; p != NULL; p = p->link) {
            w = p->cost;j = p->dest;
            if (Ve[u]+w > Ve[j]) Ve[j] = Ve[u]+w;          //计算 Ve
            if (--ind[j] == 0) { ind[j] = top;top = j; }   //顶点入度减至 0,进栈
        }
    }
    for (i = 0; i < G.numVertices; i++) Vl[i] = Ve[m];
    while (m != -1) {                                      //逆拓扑有序计算 Vl[]
        v = ind[m];m = v;                                  //逆拓扑排序
        if (m == -1) break;
        for (p = G.NodeTable[v].adj; p != NULL; p = p->link) {
            k = p->dest;w = p->cost;
            if (Vl[k]-w < Vl[v]) Vl[v] = Vl[k]-w;
        }
    }
    k = 0;
    for (i = 0; i < G.numVertices; i++)                    //求各活动的 Ae 和 Al
        for (p = G.NodeTable[i].adj; p != NULL; p = p->link) {
            Ae[k] = Ve[i];Al[k] = Vl[p->dest]-p->cost;
            e(D)v1 = i;e(D)v2 = p->dest;e(D)key = p->cost;
            cp[k++] = ed;
        }
    n = 0;
    while (n < k) {
        if (Ae[n] == Al[n]) n++;
        else {
            for (j = n+1; j < k; j++)
                { cp[j-1] = cp[j];Ae[j-1] = Ae[j];Al[j-1] = Al[j]; }
            k--;
        }
    }
}
```

8.4 补充练习题

一、选择题

1. 具有 n 个顶点且每一对不同的顶点之间都有一条边的无向图被称为(　　)。

A. 无向完全图　　B. 无向连通图　　C. 无向强连通图　　D. 无向树图

2. 下列关于图的叙述中，正确的是(　　)。

A. 在图结构中，顶点可以没有任何前驱和后继

B. 具有 n 个顶点的无向图最多有 $n(n-1)$ 条边，最少有 $n-1$ 条边

C. 在无向图中，边的条数是结点度数之和

D. 在有向图中，各顶点的入度之和等于各顶点的出度之和

3. 具有 6 个顶点的无向图至少应有(　　)条边才能确保是一个连通图。

A. 5　　B. 6　　C. 7　　D. 8

4. 设 G 是一个非连通无向图，有 15 条边，则该图至少有(　　)个顶点。

A. 5　　B. 6　　C. 7　　D. 8

5. △ 下列关于无向连通图特性的叙述中，正确的是(　　)。

Ⅰ. 所有顶点的度之和为偶数

Ⅱ. 边数大于顶点个数减 1

Ⅲ. 至少有一个顶点的度为 1

A. 只有Ⅰ　　B. 只有Ⅱ　　C. Ⅰ和Ⅱ　　D. Ⅰ和Ⅲ

6. 对于具有 $n(n>1)$ 个顶点的强连通图，其有向边条数至少是(　　)。

A. $n+1$　　B. n　　C. $n-1$　　D. $n-2$

7. △ 若无向图 G=(V,E)中含有 7 个顶点，要保证图 G 在任何情况下都是连通的，则需要的边数最少是(　　)。

A. 6　　B. 15　　C. 16　　D. 21

8. 下列关于图的存储的叙述中，错误的是(　　)。

A. 设二维数组 a 是 n 个顶点有向图的邻接矩阵，则求第 $i(0\leqslant i<n)$ 个顶点的度的计算公式是 $\sum_{k=0}^{n-1}a[i][k]+\sum_{k=0}^{n-1}a[k][i]$

B. 邻接矩阵只存储了边的信息，没有存储顶点的信息

C. 对同一个有向图来说，邻接表中边结点数与逆邻接表中边结点数相等

D. 如果表示图的邻接矩阵是对称的，则该图一定是无向图

9. 下列关于图的存储的叙述中，错误的是(　　)。

A. 如果表示有向图的邻接矩阵是对称矩阵，则该有向图一定是完全有向图

B. 如果表示某个图的邻接矩阵是不对称矩阵，则该图一定是有向图

C. 邻接表与邻接矩阵对于有向图和无向图的存储都适用

D. 邻接矩阵只适用于稠密图(边数接近于顶点数的平方)，邻接表适用于稀疏图(边数远小于顶点数的平方)

10. 对于一个具有 n 个顶点和 e 条边的无向图，若采用邻接矩阵表示，则该矩阵大小是(　　)，矩阵中的非零元素个数是(　　)。

A. e　　B. $2e$　　C. n　　D. n^2

11. 具有 n 个顶点和 e 条边的无向图采用邻接矩阵存储，则 0 元素的个数为(　　)。

A. e　　B. $2e$　　C. n^2-e　　D. n^2-2e

12. 从邻接矩阵 $\mathbf{A}=\begin{bmatrix}0&1&0\\1&0&1\\0&1&0\end{bmatrix}$ 可以看出，该图共有(　　)个顶点。如果是有向图，则该图共有(　　)条有向边；如果是无向图，则共有(　　)条边。

A. 9　　B. 3　　C. 6　　D. 1

E. 5　　F. 4　　G. 2　　H. 0

13. 带权有向图 G 用邻接矩阵 $\mathbf{A}$ 存储，则顶点 v_i 的入度等于 $\mathbf{A}$ 中(　　)。

A. 第 i 行非∞的元素之和　　B. 第 i 列非∞的元素之和

C. 第 i 行非∞且非 0 的元素个数　　D. 第 i 列非∞且非 0 的元素个数

14. 对于一个具有 n 个顶点和 e 条边的无向图，若用邻接表存储，顶点向量的大小至少为(　　)，所有顶点的边链表中的结点总数最多为(　　)。

A. $n-1$　　B. n　　C. $n(n-1)$　　D. $n(n-1)/2$

15. 下列关于图的存储的叙述中，正确的是(　　)。

A. 一个图的邻接矩阵表示是唯一的，邻接表表示也唯一

B. 一个图的邻接矩阵表示是唯一的，邻接表表示不唯一

C. 一个图的邻接矩阵表示不唯一，邻接表表示唯一

D. 一个图的邻接矩阵表示不唯一，邻接表表示也不唯一

16. 用邻接表存储图所用的空间大小(　　)。

A. 与图的顶点数和边数都有关　　B. 只与图的边数有关系

C. 只与图的顶点数有关　　D. 与边数的平方有关

17. 对于一个有向图，若一个顶点的度为 k_1，出度为 k_2，则对应逆邻接表中该顶点的入边表中的边结点数为(　　)。

A. k_1　　B. k_2　　C. k_1-k_2　　D. k_1+k_2

18. 设图有 n 个顶点和 e 条边，采用邻接矩阵时，遍历图的顶点所需时间为(　　)，采用邻接表时遍历图的顶点所需时间为(　　)。

A. $O(n)$　　B. $O(n^2)$　　C. $O(e)$　　D. $O(n+e)$

19. 一个有向图 G 的邻接表存储如图 8-32 所示，现按深度优先搜索方式从顶点 1 出发执行一次遍历，所得到的顶点序列是(　　)。

A. 1,2,3,4,5　　B. 1,2,3,5,4　　C. 1,2,4,5,3　　D. 1,2,5,3,4

20. 对如图 8-33 所示的无向图，从顶点 a 开始进行深度优先遍历，可得到顶点访问序列(　　)，从顶点 a 开始进行广度优先遍历，可得到顶点访问序列(　　)。

A. a b d e c g f　　B. a b d e g f c　　C. a b d e f c g　　D. a b c d e g f

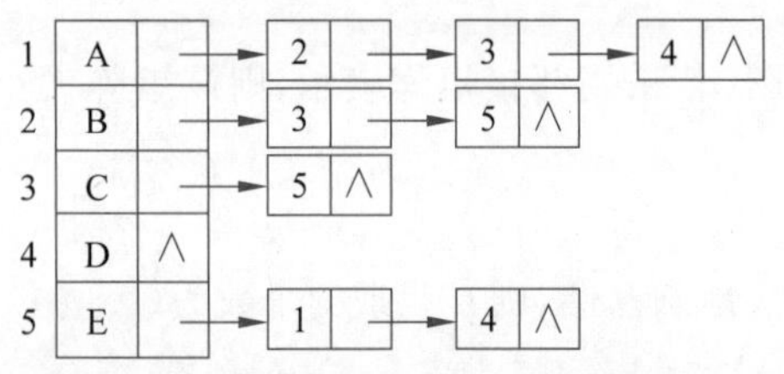

图 8-32　第 19 题一个有向图的邻接表

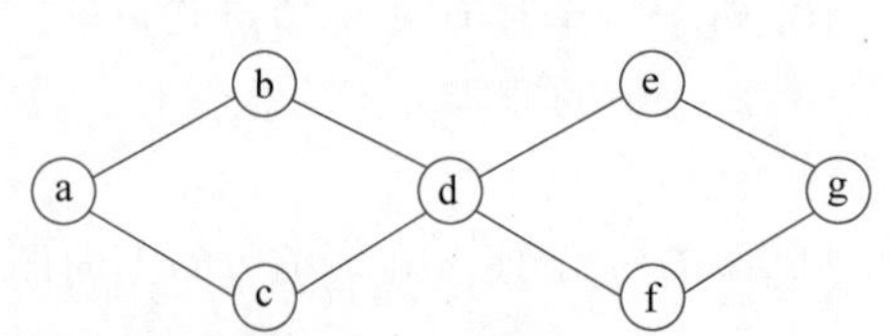

图 8-33　第 20 题的无向图

21. 用深度优先搜索遍历一个有向无环图,并在深度优先搜索算法退栈返回时打印当前顶点,则输出的顶点序列是(　　)的。

A. 拓扑有序　　B. 无序　　C. 逆拓扑有序　　D. 按顶点编号次序

22. 图的广度优先遍历算法中使用队列作为其辅助数据结构,那么在算法执行过程中每个顶点最多进队(　　)次。

A. 1　　B. 2　　C. 3　　D. 4

23. 在图 8-34 所示的有向图中,强连通分量为(　　)。

A. {a}{b}{c}{d}{e}{f}

B. {a,b}{c,d}{e}{f}

C. {a,b,c}{d,e,f}

D. {a,b,c,d,e,f}

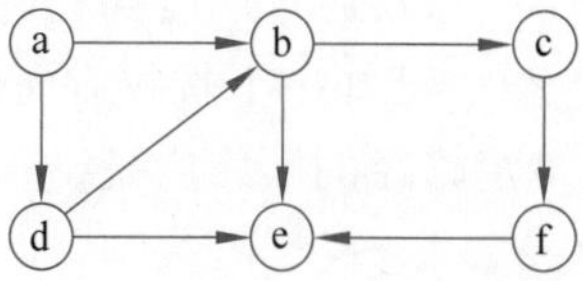

图 8-34　第 23 题的有向图

24. 下列关于连通图的生成树的高度的叙述中,正确的是(　　)。

A. BFS 生成树的高度＜DFS 生成树的高度

B. BFS 生成树的高度≤DFS 生成树的高度

C. BFS 生成树的高度＞DFS 生成树的高度

D. BFS 生成树的高度≥DFS 生成树的高度

25. 下列关于连通图和生成树的叙述中,错误的是(　　)。

A. 连通分量是无向图中的极大连通子图

B. 强连通分量是有向图中的极大强连通子图

C. 连通图的生成树包含了图中所有顶点

D. 对 n 个顶点的连通图 G 来说,如果其中的某个子图有 n 个顶点、$n-1$ 条边,则该子图一定是 G 的生成树

26. 任何一个连通图的最小生成树(　　)。

A. 只有一棵　　B. 有一棵或多棵　　C. 一定有多棵　　D. 可能不存在

27. 如果具有 n 个顶点的图是一个环,则它有(　　)棵生成树。

A. n　　B. $2n$　　C. $n-1$　　D. $n+1$

28. 若一个具有 N 个顶点和 K 条边的无向图是一个森林($N>K$),则该森林必有(　　)棵树。

A. K　　B. N　　C. $N-K$　　D. 1

29. 对于无向图的生成树,下列说法不正确的是(　　)。

A. 生成树是遍历的产物　　B. 从同一顶点出发所得的生成树相同

C. 生成树中不包括环　　D. 不同遍历方法所得的生成树不同

30. 下面关于图的最小生成树的叙述中,正确的是(　　)。

A. 最小生成树是指边数最少的生成树

B. 从 n 个顶点的连通图中选取 $n-1$ 条权值最小的边,即可构成最小生成树

C. 只要带权无向图中没有权值相同的边,其最小生成树就是唯一的

D. 只要带权无向图中有权值相同的边,其最小生成树就不可能是唯一的

31. 已知一个带权连通图如图 8-35 所示,在该图的最小生成树中各条边上权值之和为(　　),在该图的最小生成树中,从顶点 1 到顶点 6 的路径为(　　)。

(1) A. 31　　B. 38　　C. 36　　D. 43

(2) A. 1,3,6　　B. 1,4,6　　C. 1,5,4,6　　D. 1,4,3,6

32. Dijkstra 算法是按(　　)方法求出图中从某顶点到其余顶点最短路径的。

A. 按长度递减的顺序求出图的某顶点到其余顶点的最短路径

B. 按长度递增的顺序求出图的某顶点到其余顶点的最短路径

C. 通过深度优先遍历求出图中从某顶点到其余顶点的所有路径

D. 通过广度优先遍历求出图的某顶点到其余顶点的最短路径

33. 已知一个带权有向图如图 8-36 所示，依据 Dijkstra 算法求从顶点 1 到其余各顶点的最短路径的顺序应是(　　)。

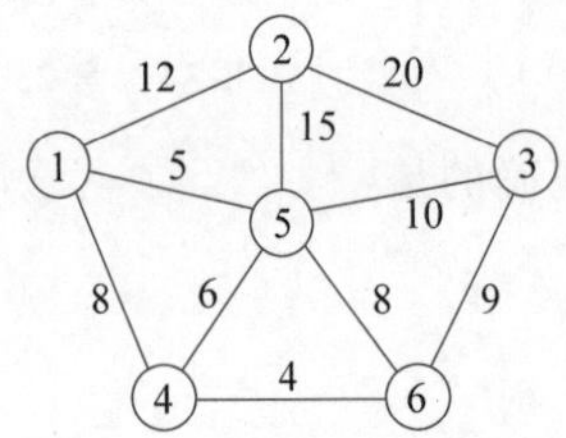

图 8-35　第 31 题的带权图

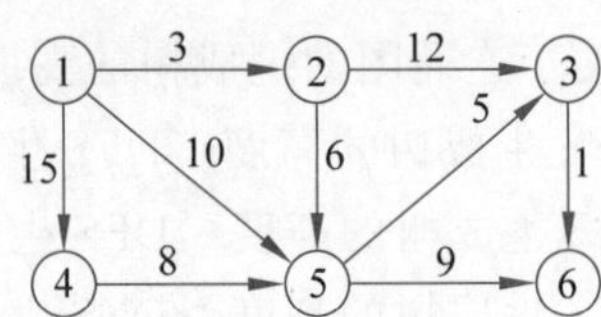

图 8-36　第 33 题的带权有向图

A. 2,5,4,6,3　　B. 2,5,3,4,6　　C. 2,3,5,4,6　　D. 5,4,6,3,2

34. 当各边上权值(　　)时，可以使用 BFS 算法来解决单源最短路径问题。

A. 都相等　　B. 都不相等　　C. 不一定都相等　　D. 都大于 0

35. 求最短路径的 Dijkstra 算法的时间复杂度为(　　)。

A. $O(n)$　　B. $O(n+e)$　　C. $O(n^2)$　　D. $O(n\times e)$

36. 求最短路径的 Floyd 算法的时间复杂度为(　　)。

A. $O(n)$　　B. $O(n\times e)$　　C. $O(n^2)$　　D. $O(n^3)$

37. 在求最短路径的算法中，要求所有边上的权值都不能为负值的算法是(　　)，虽然允许边上的权值为负值，但不允许在有向回路中出现负值的算法是(　　)。

A. Kruskal 算法　　B. Dijkstra 算法　　C. Floyd 算法　　D. Prim 算法

38. 下面有关图的最短路径的叙述中，正确的是(　　)。

A. 带权有向图的最短路径一定是简单路径

B. 在有向图中，从一个顶点到另一个顶点的最短路径是唯一的

C. 求单源最短路径的 Dijkstra 算法不适用于有回路的带权有向图

D. 在用 Floyd 算法求解各顶点之间的最短路径时，每个表示两个顶点之间路径的 $path^{(k-1)}[i][j]$ 一定是 $path^{(k)}[i][j]$ 的子集($k=0,1,2,\cdots,n-1$)

39. △ 下列关于图的叙述中，正确的是(　　)。

Ⅰ. 回路是简单路径

Ⅱ. 存储稀疏图，用邻接矩阵比邻接表更省空间

Ⅲ. 若有向图中存在拓扑序列，则该图不存在回路

A. 仅Ⅱ　　B. 仅Ⅰ、Ⅱ　　C. Ⅲ　　D. 仅Ⅰ、Ⅲ

40. 设一个有向图 G=(V,E)，其中

$V=\{<v_1,v_2,v_3,v_4,v_5,v_6>\}$

$E=\{<v_1,v_2>,<v_2,v_3>,<v_3,v_4>,<v_5,v_2>,<v_5,v_6>,<v_6,v_4>\}$

不属于该图的拓扑有序序列是(　　)。

A. v_1,v_5,v_2,v_3,v_6,v_4　　B. v_5,v_6,v_1,v_2,v_3,v_4

C. v_1,v_2,v_3,v_4,v_5,v_6　　D. v_5,v_1,v_6,v_4,v_2,v_3

41. 若一个有向图具有拓扑有序序列,并且顶点按拓扑有序序列编号,那么它的邻接矩阵必定为(　　)。

A. 对称矩阵　　B. 三对角矩阵　　C. 上三角矩阵　　D. 下三角矩阵

42. 若一个有向图中的部分顶点不能通过拓扑排序排到一个拓扑有序序列里,则可断定该有向图是一个(　　)。

A. 有根有向图　　B. 强连通图

C. 含有多个入度为 0 的顶点的图　　D. 含有顶点数大于 1 的强连通分量

43. 判断一个有向图是否存在回路除了可以利用拓扑排序方法外,还可以用(　　)。

A. 求关键路径的方法　　B. 求最短路径的 Dijkstra 方法

C. 广度优先遍历算法　　D. 深度优先遍历算法

44. 设有向图具有 n 个顶点和 e 条边,如果用邻接矩阵作为它的存储结构,则拓扑排序的时间复杂度为(　　)。

A. $O(n\log_2 e)$　　B. $O(n+e)$　　C. $O(n^e)$　　D. $O(n^2)$

45. 下列关于拓扑排序的叙述中,错误的是(　　)。

A. 拓扑排序算法仅在有向无环图情形下才能得到拓扑有序序列

B. 任何有向无环图的顶点都可以排到拓扑有序序列中,而且拓扑序列不唯一

C. 在拓扑排序序列中任意两个相继排列的顶点 v_i 和 v_j 在有向无环图中都存在从 v_i 到 v_j 的路径

D. 若有向图的邻接矩阵中对角线以下元素均为 0,则该图的拓扑排序序列必定存在

46. 在如图 8-37 所示的 AOE 网络中,关键路径长度为(　　)。

A. 23　　B. 22　　C. 16　　D. 13

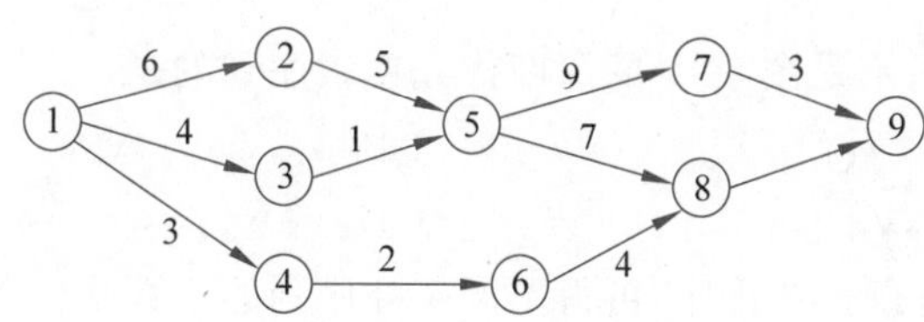

图 8-37　第 46 题的 AOE 网络

47. AOE 网络必须是(　　),AOE 网络中某边上的权值应是(　　),权值为 0 的边表示(　　)。

(1) A. 完全图　　B. 哈密尔顿图　　C. 无环图　　D. 强连通图

(2) A. 实数　　B. 正整数　　C. 正数　　D. 非负数

(3) A. 为决策而增加的活动　　B. 为计算方便而增加的活动

C. 表示活动间的时间顺序关系　　D. 该活动为关键活动

48. 在下列有关关键路径的叙述中,错误的是(　　)。

A. 在 AOE 网络中可能存在多条关键路径

B. 关键活动不按期完成就会影响整个工程的完成时间

C. 任何一个关键活动提前完成,那么整个工程将会提前完成

D. 所有的关键活动都提前完成,那么整个工程将会提前完成

49. △ 设图的邻接矩阵如图 8-38 所示,各顶点的度依次是(　　)。

A. 1,2,1,2　　B. 2,2,1,1　　C. 3,4,2,3　　D. 4,4,2,2

50. △ 已知无向图 G 含有 16 条边,其中度为 4 的顶点个数为 3,度为 3 的顶点个数为 4,其他顶点的度均小于 3,图 G 所含的顶点个数至少是(　　)。

A. 10　　B. 11　　C. 13　　D. 15

51. △ 对于无向图 G=(V,E),下列选项中,正确的是(　　)。

A. 当|V|>|E|时,G 一定是连通的　　B. 当|V|<|E|时,G 一定是连通的

C. 当|V|=|E|-1 时,G 一定是不连通的　D. 当|V|>|E|+1 时,G 一定是不连通的

52. △ 若对如下无向图(参看图 8-39)进行遍历,则下列选项中,不是广度优先遍历序列的是(　　)。

A. h,c,a,b,d,e,g,f　　B. e,a,f,g,b,h,c,d

C. d,b,c,a,h,e,f,g　　D. a,b,c,d,h,e,f,g

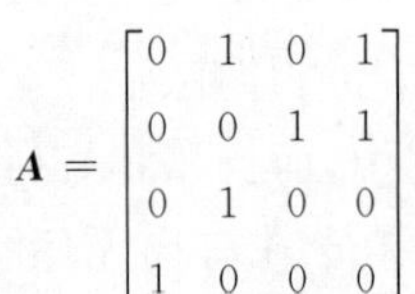

$$\mathbf{A}=\begin{bmatrix}0&1&0&1\\0&0&1&1\\0&1&0&0\\1&0&0&0\end{bmatrix}$$

图 8-38　第 49 题的邻接矩阵

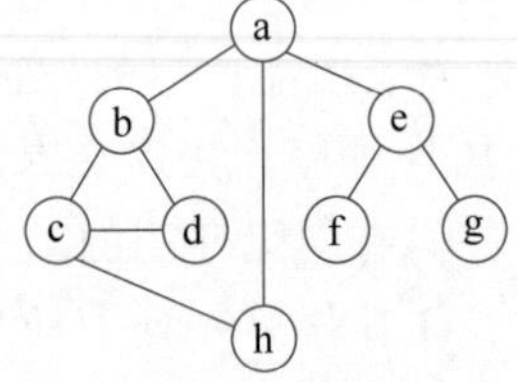

图 8-39　第 52 题的无向图

53. △ 设有向图 G=(V,E),顶点集 $V=\{v_0,v_1,v_2,v_3\}$,边集 $E=\{<v_0,v_1>,<v_0,v_2>,<v_0,v_3>,<v_1,v_3>\}$。若从顶点 v_0 开始对图进行深度优先遍历,则可能得到的不同遍历序列个数是(　　)。

A. 2　　B. 3　　C. 4　　D. 5

54. △ 下列选项中,不是图 8-40 的深度优先搜索序列的是(　　)。

A. v_1,v_5,v_4,v_3,v_2　　B. v_1,v_3,v_2,v_5,v_4

C. v_1,v_2,v_5,v_4,v_3　　D. v_1,v_2,v_3,v_4,v_5

55. △ 对图 8-41 进行拓扑排序,可得不同拓扑序列的个数是(　　)。

A. 4　　B. 3　　C. 2　　D. 1

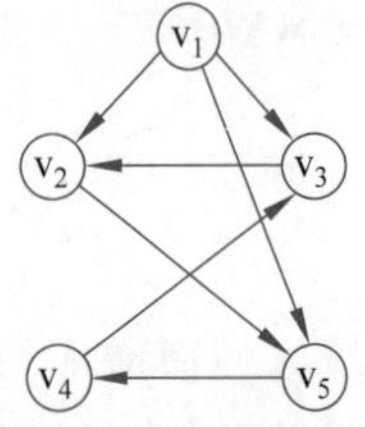

图 8-40　第 54 题的有向图

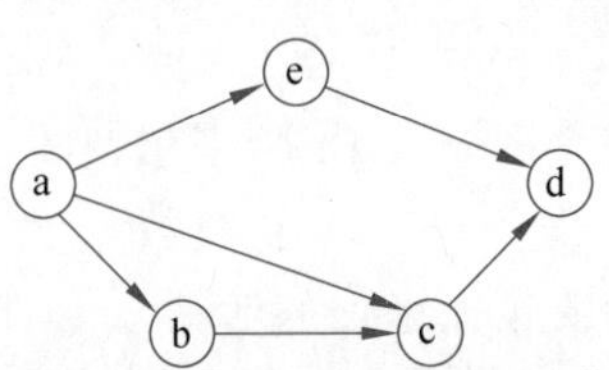

图 8-41　第 55 题的有向图

56. △ 下列关于最小生成树的叙述中，正确的是(　　)。

Ⅰ. 最小生成树的代价唯一

Ⅱ. 权值最小的边一定会出现在所有的最小生成树中

Ⅲ. 使用 Prim 算法从不同顶点开始得到的最小生成树一定相同

Ⅳ. 使用 Prim 算法和 Kruskal 算法得到的最小生成树总不相同

A. 仅Ⅰ　　B. 仅Ⅱ　　C. 仅Ⅰ、Ⅲ　　D. 仅Ⅱ、Ⅳ

57. △ 如图 8-42 所示的带权有向图，若采用 Dijkstra 算法求从源点 a 到其他各顶点的最短路径，则得到的第一条最短路径的目标顶点是 b，第二条最短路径的目标顶点是 c，后续得到的其余各最短路径的目标顶点依次是(　　)。

A. d，e，f　　B. e，d，f　　C. f，d，e　　D. f，e，d

58. △ 如图 8-43 所示的 AOE 网络表示了一项包括 8 个活动的工程，通过同时加快若干活动的进度可以缩短整个工程的工期。下列选项中，加快其进度就可以缩短工程工期的是(　　)。

A. c 和 e　　B. d 和 c　　C. f 和 d　　D. f 和 h

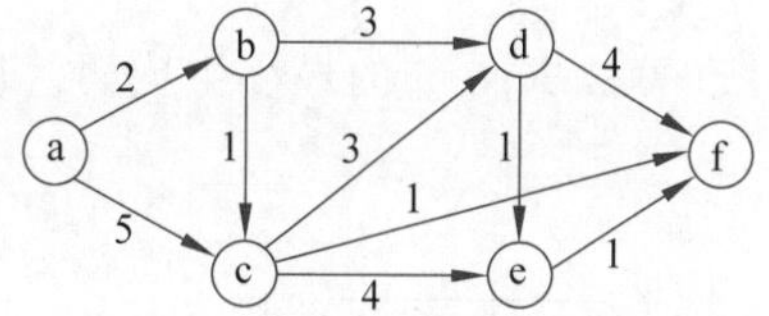

图 8-42　第 57 题的有向图

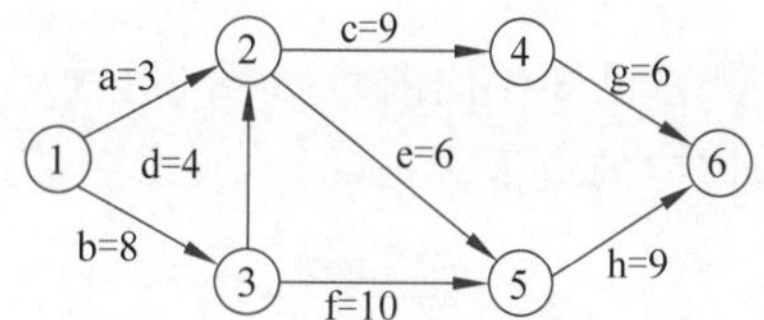

图 8-43　第 58 题的 AOE 网络

59. △ 若用邻接矩阵存储有向图，矩阵中主对角线以下的元素均为 0，则关于该图拓扑序列的结论是(　　)。

A. 存在，且唯一　　B. 存在，且不唯一

C. 存在，可能不唯一　　D. 无法确定是否存在

60. △ 对如图 8-44 所示的有向图进行拓扑排序，得到的拓扑序列可能是(　　)。

A. 3，1，2，4，5，6　　B. 3，1，2，4，6，5　　C. 3，1，4，2，5，6　　D. 3，1，4，2，6，5

61. △ 求如图 8-45 所示的带权图的最小生成树时，可能是 Kruskal 第 2 次选中但不是 Prim 算法(从 v_4 开始)第 2 次选中的边的是(　　)。

A. (v_1, v_3)　　B. (v_1, v_4)　　C. (v_2, v_3)　　D. (v_3, v_4)

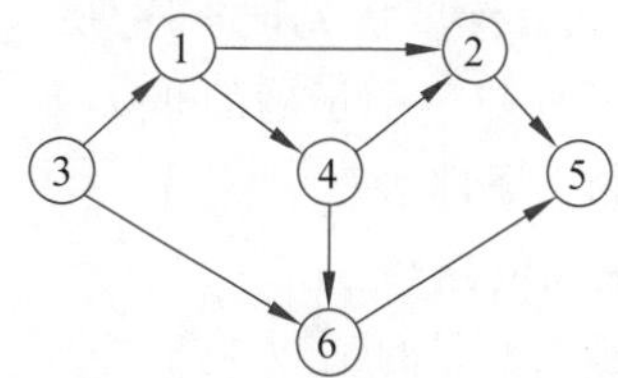

图 8-44　第 60 题的 AOV 网络

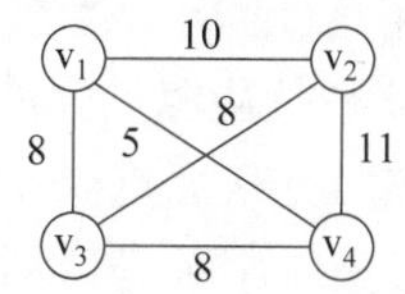

图 8-45　第 61 题的带权图

62. △ 使用 Dijkstra 算法求图 8-46 的从顶点 1 到其他各顶点的最短路径，依次得到的各最短路径的目标顶点是(　　)。

A. 5，2，3，4，6　　B. 5，2，3，6，4　　C. 5，2，4，3，6　　D. 5，2，6，3，4

63. △ 若对 n 个顶点和 e 条弧的有向图采用邻接表存储，则拓扑排序算法的时间复杂

度是(　　)。

A. $O(n)$　　B. $O(n+e)$　　C. $O(n^2)$　　D. $O(ne)$

64. △ 下列选项中,不是如下有向图(图 8-47)的拓扑序列的是(　　)。

A. 1,5,2,3,6,4　　B. 5,1,2,6,3,4　　C. 5,1,2,3,6,4　　D. 5,2,1,6,3,4

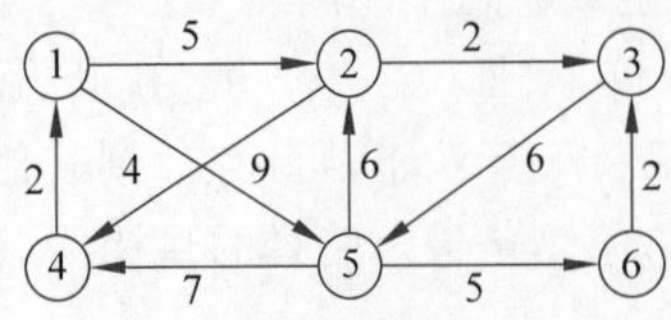

图 8-46　第 62 题的带权有向图

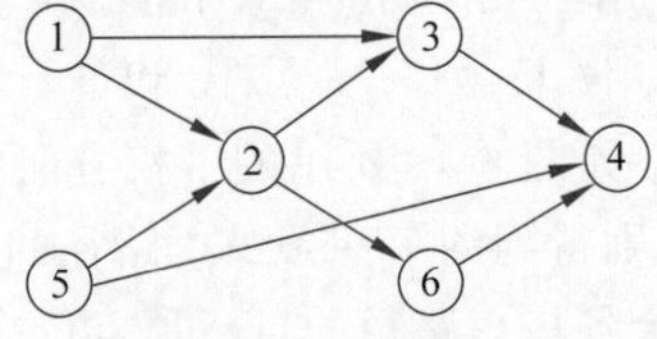

图 8-47　第 64 题的有向图

65. △ 图 8-48 所示的 AOE 网表示一项包含 8 个活动的工程,活动 d 的最早开始时间和最迟开始时间分别是(　　)。

A. 3 和 7　　B. 12 和 12　　C. 12 和 14　　D. 15 和 15

66. △ 用有向无环图描述表达式 $(x+y)(x+y)/x$,需要的顶点个数至少是(　　)。

A. 5　　B. 6　　C. 8　　D. 9

67. △ 已知无向图 G 如图 8-49 所示,使用 Kruskal 算法求图 G 的最小生成树。加到最小生成树中的边依次是(　　)。

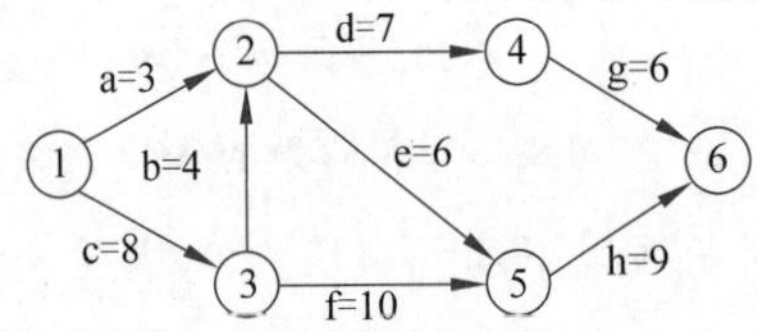

图 8-48　第 65 题的 AOE 网络

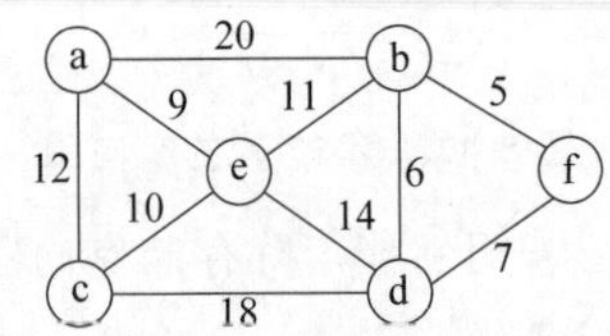

图 8-49　第 67 题的带权无向图

A. (b,f),(b,d),(a,e),(c,e),(b,e)　　B. (b,f),(b,d),(b,e),(a,e),(c,e)

C. (a,e),(b,e),(c,e),(b,d),(b,f)　　D. (a,e),(c,e),(b,e),(b,f),(b,d)

68. △ 修改递归方式实现图的深度优先搜索(DFS)算法,将输出(访问)顶点信息的语句移到退出递归前(即执行输出语句后立刻退出递归)。采用修改后的算法遍历有向无环图 G,若输出结果中包括 G 中的全部顶点,则输出的顶点序列是 G 的(　　)。

A. 拓扑有序序列　　B. 逆拓扑有序序列

C. 广度优先搜索序列　　D. 深度优先搜索序列

69. △ 若使用 AOE 网络估算工程进度,则下列叙述中正确的是(　　)。

A. 关键路径是从源点到汇点边数最多的一条路径

B. 关键路径是从源点到汇点路径长度最长的路径

C. 增加任意一个关键活动的时间不会延长工程的工期

D. 缩短任意一个关键活动的时间将会缩短工程的工期

70. △ 给定如下有向图(图 8-50),该图的拓扑有序序列的个数是(　　)。

A. 1　　B. 2

C. 3　　D. 4

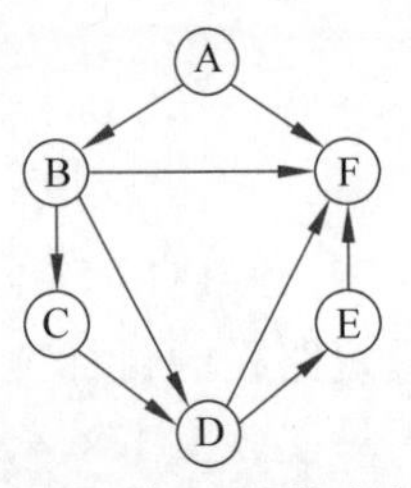

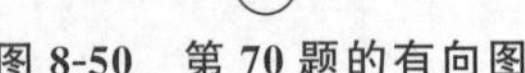

图 8-50　第 70 题的有向图

71. △ 使用 Dijkstra 算法求图 8-51 中从顶点 1 到其余各顶点的最短路径，将当前找到的从顶点 1 到顶点 2,3,4,5 的最短路径长度保存在数组 dist 中，求出第二条最短路径后，dist 中的内容更新为(　　)。

A. 26,3,14,6　　B. 25,3,14,6　　C. 21,3,14,6　　D. 15,3,14,6

72. △ 图 8-52 是一个有 10 个活动的 AOE 网，时间余量最大的活动是(　　)。

A. c　　B. g　　C. h　　D. j

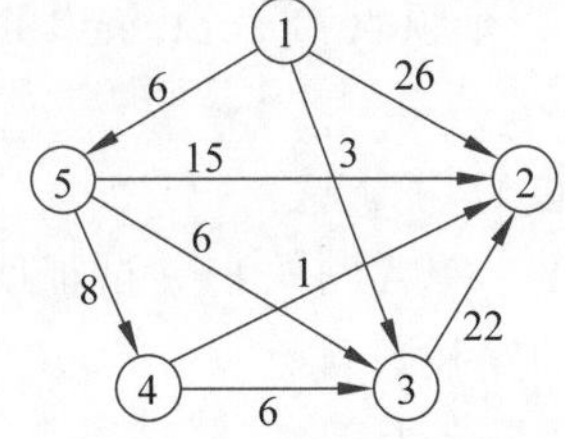

图 8-51　第 71 题的带权有向图

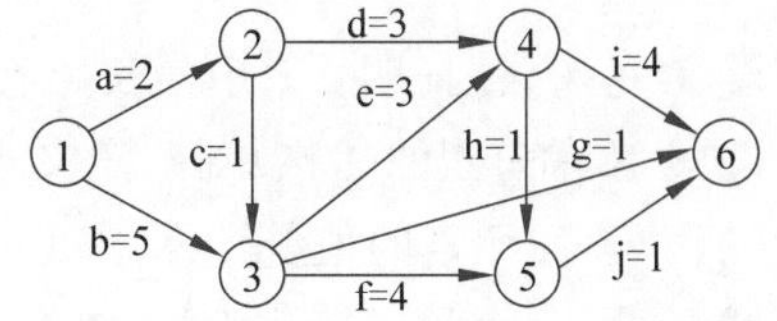

图 8-52　第 72 题的 AOE 网络

73. △ 已知无向连通图 G 中各边的权值均为 1，下列算法中一定能够求出图 G 中某顶点到其余各个顶点最短路径的是(　　)。

Ⅰ. Prim 算法　　Ⅱ. Kruskal 算法　　Ⅲ. 图的广度优先搜索算法

A. 仅Ⅰ　　B. 仅Ⅲ　　C. 仅Ⅰ和Ⅱ　　D. Ⅰ、Ⅱ和Ⅲ

二、简答题

1. 在如图 8-53 所示的有向图中：

(1) 该图是强连通的吗？若不是，给出其强连通分量。

(2) 请给出该图的所有简单路径及有向环。

(3) 请给出每个顶点的入度和出度。

(4) 请给出该图的邻接矩阵、邻接表、逆邻接表和十字链表。

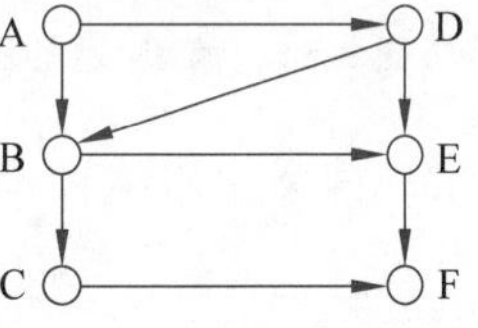

图 8-53　第 1 题的图

2. 对 n 个顶点的无向图和有向图，采用邻接矩阵和邻接表表示时，如何判别下列有关问题：

(1) 图中有多少条边？

(2) 任意两个顶点 i 和 j 间是否有边相连？

(3) 任意一个顶点的度是多少？

3. n 个顶点的连通图至少有多少条边？强连通图呢？

4. 用邻接矩阵表示图时，若图中有 1000 个顶点，1000 条边，则形成的邻接矩阵有多少矩阵元素？有多少非 0 元素？是否是稀疏矩阵？

5. 画出 1 个顶点、2 个顶点、3 个顶点、4 个顶点和 5 个顶点的无向完全图。试证明在 n 个顶点的无向完全图中，边的条数为 $n(n-1)/2$。

6. 用邻接表表示图时，顶点个数设为 n，边的条数设为 e，在邻接表上执行有关图的遍历操作时，时间代价是 $O(n \times e)$，还是 $O(n+e)$，或者是 $O(\max(n,e))$？

7. DFS 和 BFS 遍历各采用什么样的数据结构来暂存顶点？当要求连通图的生成树的高度最小时，应采用何种遍历？

8. 采用邻接表存储的图的深度优先遍历算法类似于二叉树的哪种遍历？广度优先遍历算法又类似于二叉树的哪种遍历？

9. 什么样的图的最小生成树是唯一的？用 Prim 算法和 Kruskal 算法求最小生成树的时间各为多少？它们分别适用于哪类图？

10. 对于稀疏图和稠密图，就空间性能而言，采用邻接矩阵和邻接表哪种存储方法更好一些？为什么？

11. 设图 G 为有 n 个顶点的连通图，试证明：图 G 至少有 $n-1$ 条边。

12. 试证明：具有 n 个顶点的无向图的边的数目至多等于 $n(n-1)/2$。

13. 设图 G 是有 n 个顶点的连通图，试证明：所有具有 n 个顶点和 $n-1$ 条边的连通图是树图。

14. 设 T 是树，试证明：T 中最长路径的起点和终点的度数均为 1。

15. 设 $\boldsymbol{A}$ 为有向图的邻接矩阵，定义：$\boldsymbol{A}^1=\boldsymbol{A}$，且 $\boldsymbol{A}^n=\boldsymbol{A}^{n-1}\times\boldsymbol{A}(n>1)$。试证明：矩阵 $\boldsymbol{A}^n$ 的第 i 行第 j 列元素的值等于从顶点 i 到 j 的长度为 n 的路径数目。

16. 试证明：n 个顶点的完全图，在每个顶点之间的路径最多为

$$1+\boldsymbol{A}_{n-2}^{1}+\boldsymbol{A}_{n-2}^{2}+\cdots+\boldsymbol{A}_{n-2}^{n-2}\quad(n\geqslant 2)$$

17. 如果一个有向图中任意两个顶点 v_i，v_j 之间存在 v_i 到达 v_j 的路径，或 v_j 到达 v_i 的路径，则称该图是单向连通的。试证明：单向连通的有向无环图具有唯一的拓扑有序序列。

18. 试证明：对于一个无向图 G=(V,E)，若 G 中各顶点的度均大于或等于 2，则 G 中必有回路。

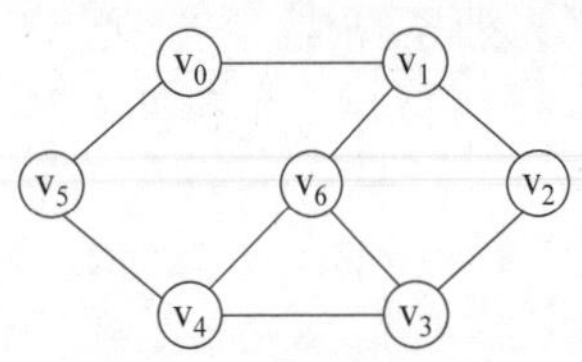

图 8-54　第 19 题的图

19. 图的 BFS 算法是一个非递归搜索算法，它利用队列实现分层遍历。如果使用栈代替队列，其他做法不变，我们称这个算法为 D—搜索算法。分别使用 BFS 算法和 D—搜索算法从顶点 v_0 开始遍历，画出图 8-54 所示连通图的 BFS 遍历结果和 D—搜索遍历结果。

20. 下面是求无向连通图的最小生成树的一种算法。

```
//设图中总顶点数为 n，总边数为 m。
将图中所有的边按其权值从大到小排序为(e1,e2,e3,…,em);
    i=1;
    while (m≥n) {
        从图中删去 ei; (m=m-1);
        若图不再连通，则恢复 ei; (m=m+1);
        i=i+1;
}
```

(1) 试问这个算法是否正确，并说明原因。

(2) 以图 8-55 所示的图的邻接表为例，写出执行以上算法的过程。

21. 另一个著名的构造最小生成树的方法是索林(Sollin)算法。此算法将求连通带权图的最小生成树的过程分为若干阶段，每一阶段选取若干条边。算法思路如下。

(1) 将每个顶点视为一棵树，图中所有顶点形成一个森林；

(2) 为每棵树选取一条边，它是该树与其他树相连的所有边中权值最小的一条边，把该边加入生成树中。如果某棵树选取的边已经被其他树选过，则不再选取该边。

重复操作(2)，直到整个森林变成一棵树。

以图 8-56 所示的图为例，写出执行以上算法的过程。

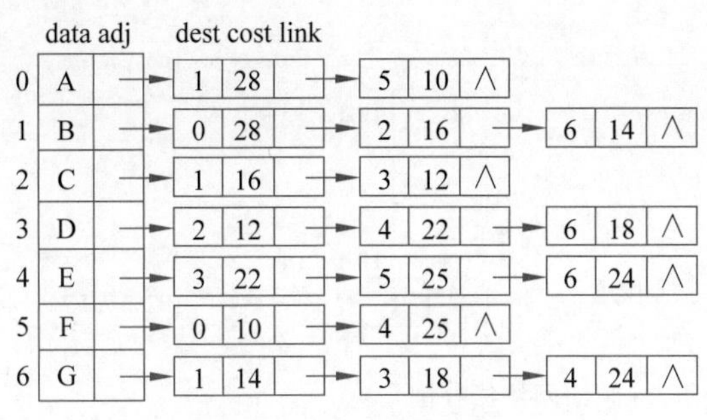

图 8-55 第 20 题的邻接表

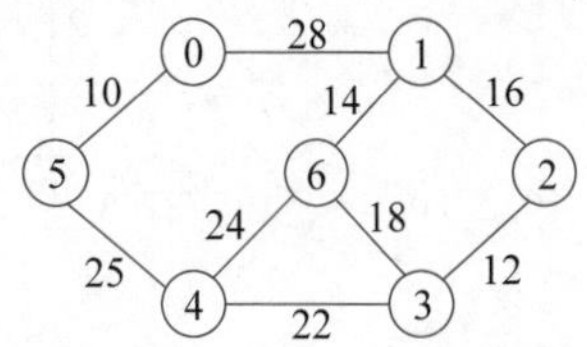

图 8-56 第 21 题的带权图

22. △ 带权图(权值非负,表示边连接的两个顶点间的距离)的最短路径问题是找出从初始顶点到目标顶点之间的一条最短路径,假设从初始顶点到目标顶点之间存在路径。现有一种解决该问题的方法如下。

(1) 设最短路径初始时仅包含初始顶点,令当前顶点 u 为初始顶点;

(2) 选择离 u 最近且尚未在最短路径中的一个顶点 v,加入最短路径中,并修改当前结点 u=v;

(3) 重复步骤(2),直到 u 是目标顶点时为止。

请问上述方法能否求解最短路径?若该方法可行,请证明之;否则请举例说明。

23. △ 已知有 6 个顶点(顶点编号 0~5) 的带权有向图 G,其邻接矩阵 **A** 为上三角矩阵,按行为主序(行优先)保存在如下的一维数组中。

4	6	∞	∞	∞	5	∞	∞	∞	4	3	∞	∞	3	3

要求:

(1) 写出图 G 的邻接矩阵 **A**。

(2) 画出带权有向图 G。

(3) 求图 G 的关键路径,并计算该关键路径的长度。

24. △ 某网络中的路由器运行 OSPF 路由协议,表 8-7 是路由器 R1 维护的主要链路状态信息(LSI),R1 构造的网络拓扑图(见图 8-57) 是根据表 8-7 及 R1 的接口名构造出来的网络拓扑。

表 8-7 第 24 题路由器 R1 维护的主要链路信息

		R1 的 LSI	R2 的 LSI	R3 的 LSI	R4 的 LSI	备　注
Router ID		10.1.1.1	10.1.1.2	10.1.1.5	10.1.1.6	标识路由器的 IP 地址
Link1	ID	10.1.1.2	10.1.1.1	10.1.1.6	10.1.1.5	所连路由器的 Router ID
	IP	10.1.1.1	10.1.1.2	10.1.1.5	10.1.1.6	Link1 的本地 IP 地址
	Metric	3	3	6	6	Link1 的费用
Link2	ID	10.1.1.5	10.1.1.6	10.1.1.1	10.1.1.2	所连路由器的 Router ID
	IP	10.1.1.9	10.1.1.13	10.1.1.10	10.1.1.14	Link2 的本地 IP 地址
	Metric	2	4	2	4	Link2 的费用
Net1	Prefix	192.1.1.0/24	192.1.6.0/24	192.1.5.0/24	192.1.7.0/24	直连网络 Net1 的网络前缀
	Metric	1	1	1	1	到达直连网络 Net1 的费用

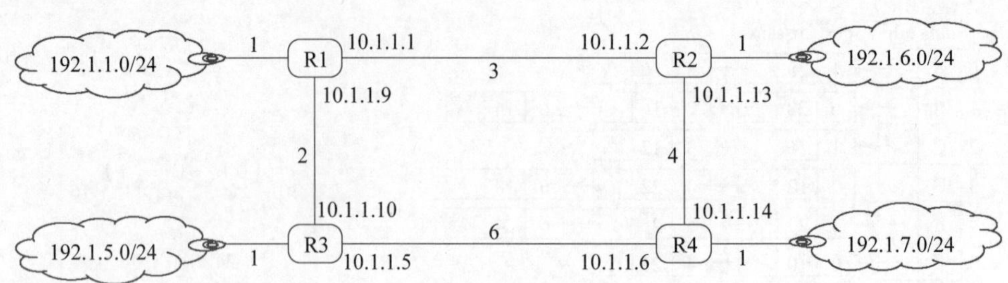

图 8-57 第 24 题的网络拓扑图

请回答下列问题。

(1) 本题中的网络可抽象为数据结构中的哪种逻辑结构?

(2) 针对表中的内容,设计合理的链式存储结构,以保存表中的链路状态信息(LSI)。要求给出链式存储结构的数据类型定义,并画出对应表的链式存储结构示意图(示意图中可仅以 ID 标识结点)。

(3) 按照 Dijkstra 算法的策略,依次给出 R1 到达子网 192.1.x.x 的最短路径及费用。

25. △ 使用 Prim 算法求带权连通图的最小(代价)生成树(MST)。请回答下列问题:

(1) 对图 8-58 所示的图 G,从顶点 A 开始求 G 的 MST,依次给出按算法选出的边。

(2) 图 G 的 MST 是唯一的吗?

(3) 对任意的带权连通图,满足什么条件时,其 MST 是唯一的?

26. △ 拟建设一个光通信骨干网络连通 BJ,CS,XA,QD,JN,NJ,TL 和 WH 等 8 个城市,图 8-59 中无向边上的权值表示两个城市之间备选光缆的铺设费用。

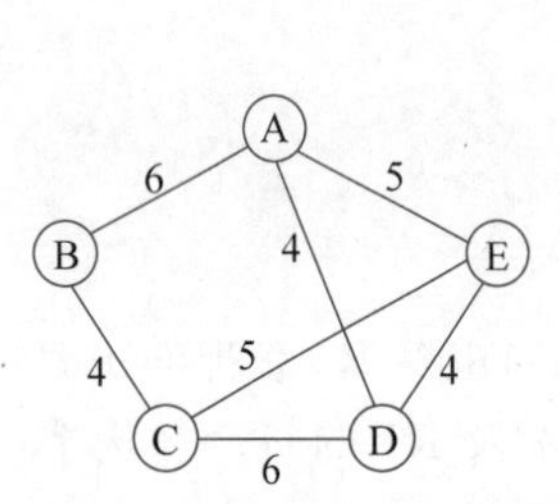

图 8-58 第 25 题的带权连通图

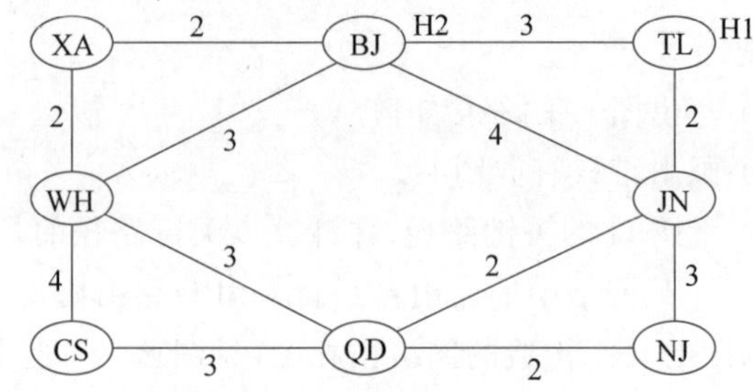

图 8-59 第 26 题的网络拓扑图

请回答下列问题:

(1) 仅从铺设费用角度出发,给出所有可能的最经济的光缆铺设方案(用带权图表示),并计算相应方案的总费用。

(2) 该图可采用图的哪种存储结构? 给出求解问题(1)所用的算法名称。

(3) 假设每个城市采用一个路由器按(1)中得到的最经济方案组网,主机 H1 直接连接在 TL 的路由器上,主机 H2 直接连接在 BJ 的路由器上,若 H1 向 H2 发送一个 TTL=5 的 IP 分组,则 H2 是否可以收到该 IP 分组?

27. 一个有向图如图 8-60 所示。试问:

(1) 它是强连通图吗? 如果不是,画出它的强连通分量。

(2) 分别给出经过深度优先搜索和广度优先搜索所得到的生成树(森林)。

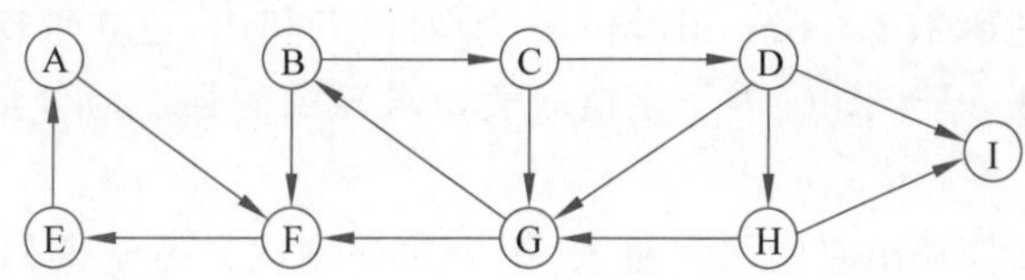

图 8-60 第 27 题的有向图

28. 如果一个表示有向图的邻接矩阵中非 0 元素都集中在上三角部分，其拓扑有序序列一定存在；如果一个表示有向图的邻接矩阵中非 0 元素都集中在下三角部分，其逆拓扑有序序列一定存在；反之，如果一个有向图的拓扑有序序列存在，在其邻接矩阵中非 0 元素不一定集中在上三角部分。试说明理由并举例。

三、算法题

1. 设已给出图的邻接矩阵 G1，编写一个算法，将图的邻接矩阵表示 G1 转换为邻接表表示 G2。

2. 设已给出图的邻接表表示 G1，编写一个算法，将图的邻接表表示 G1 转换成邻接矩阵表示 G2。

3. 在有向图 G 中，如果顶点 r 到 G 中的每个顶点都有路径可达，则称顶点 r 为图 G 的根结点。编写一个算法，判断有向图 G 是否有根，若有，则打印所有根结点的值。

4. 设图 G 是一个连通图，编写一个算法，寻找从顶点 v_i 到顶点 v_j 的所有简单路径。

5. 设图 G 是一个连通图，编写一个算法，求通过给定点 v 的简单回路。

6. 给定一个连通图 G，所有边都没有附加权值。编写一个算法，求从顶点 v 能到达的最短路径长度为 k 的所有顶点。（最短路径长度以路径上的边数计算，找到一条即可）

7. 设图 G 是一个有向图，设其顶点值为字符型，边上权值为浮点型，其十字链表的存储表示定义如下。

```
#define DefaultVertices 20
#include <iostream.h>
#include <stdlib.h>
struct EdgeNode {                               //边结点类定义
int tail, head;                                 //尾顶点号与头顶点号
    float cost;                                 //权值
    EdgeNode * tlink, * hlink;                  //出边和入边链指针
    EdgeNode() {}                               //构造函数
};
struct vertexNode {                             //顶点的类定义
    char data;                                  //顶点值
    EdgeNode * firstin, * firstout;             //入边表、出边表头指针
};
struct Graphmul {                               //图的十字链表类定义
    VertexNode * NodeTable;                     //顶点表（各边链表的头结点）
    int numVertices;                            //当前顶点数
    int numEdges;                               //当前边数
    int maxVertices;                            //最大顶点数
    Graphmul (int sz = DefaultVertices);        //构造函数
};
```

（1）实现图的构造函数 Graphmul，输入一系列顶点和边，建立带权有向图的十字链表。

（2）编写一个算法，基于图 G 的十字链表表示求该图的强连通分量，试分析算法的时间复杂度。

（3）以图 8-61 为例，画出它的十字链表，第一次深度优先搜索得到的 finished 数组及最后得到的强连通分量。

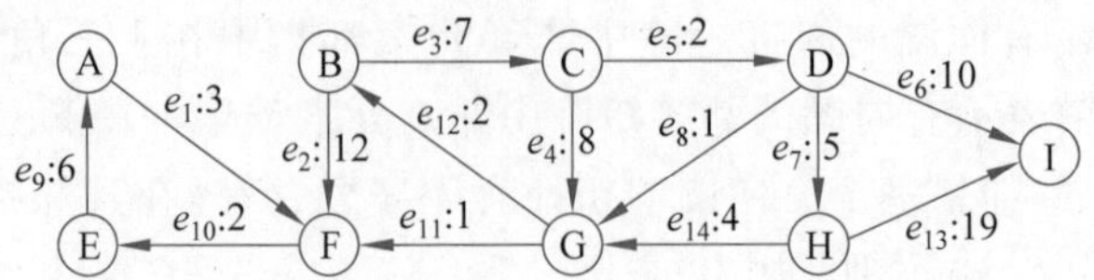

图 8-61　第 7 题的带权有向图

8. 表示图的另一种方法是使用关联矩阵 INC[n][e]。其中，一行对应于一个顶点，一列对应于一条边，n 是图中顶点数，e 是边数。因此，如果边 j 依附于顶点 i，则 INC[i][j]=1。图 8-62(b)就是图 8-62(a)所示图的关联矩阵。注意：在使用关联矩阵时应把图 8-62(a)中所有的边从上到下、从左到右顺序编号。

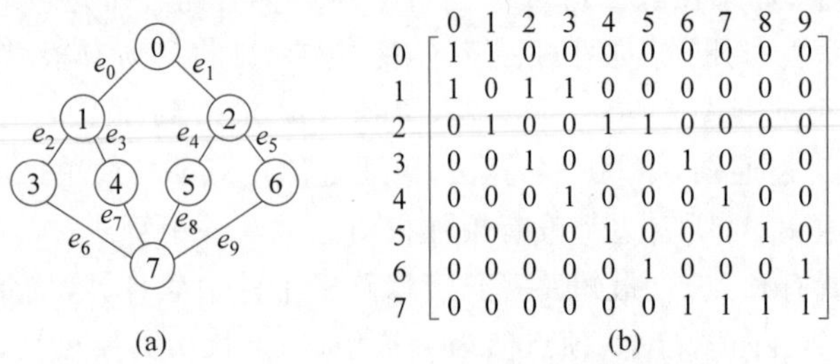

图 8-62　第 8 题的图及其关联矩阵

（1）如果 ADJ 是图 G=(V,E) 的邻接矩阵，INC 是关联矩阵，试说明在什么条件下将有 $\text{ADJ}=\text{INC}\times\text{INC}^{\mathrm{T}}-\boldsymbol{I}$，其中，$\text{INC}^{\mathrm{T}}$ 是矩阵 INC 的转置矩阵，$\boldsymbol{I}$ 是单位矩阵。两个 $n\times n$ 的矩阵的乘积 $\boldsymbol{C}=\boldsymbol{A}\times\boldsymbol{B}$ 定义为 $c_{ij}=\bigcup_{k=0}^{n-1} a_{ik}\bigcap b_{kj}$（"∪"定义为按位加，"∩" 定义为按位乘）。

（2）设用邻接矩阵表示的图的定义如下。

```
const int MaxEdges = 50;                          //最大边数
const int MaxVertices = 10;                       //最大顶点数
typedef int DataType;
typedef struct {                                  //图的结构定义
    DataType VerticesList [MaxVertices];          //顶点表
    int ADJ[MaxVertices][MaxVertices];            //邻接矩阵
    int CurrentEdges, CurrentVertices;            //当前边数和当前顶点数
} Graph;
```

试仿照上述定义，建立用关联矩阵表示的图的结构。

（3）以关联矩阵为存储结构，实现图的 DFS 的递归算法。

9. 计算连通网的最小生成树的 Dijkstra 算法可简述如下：将连通网所有的边以方便的次序逐条加入初始为空的生成树的边集合 S 中。每次选择并加入一条边时，需要判断它是

否会与先前加入 S 中的边构成回路。如果构成了回路，则从这个回路中将权值（花费）最大的边退选。试设计一个求最小生成树的算法。要求以邻接矩阵作为连通网的存储结构，并允许在运算后改变邻接矩阵的结构。

10. 若用邻接表表示图 G，试重写 Bellman-Ford 算法。在邻接表的边结点中增加一个记录边上的权值的域 length，并以图 8-63 为例，验证新算法的正确性。

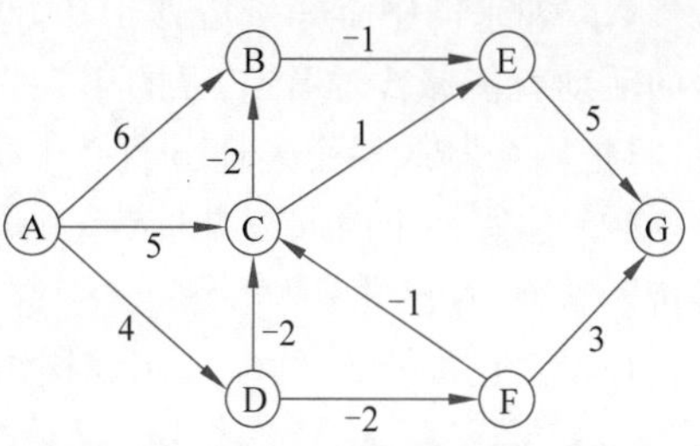

图 8-63　第 10 题的带权有向图

11. 设一个带权有向图 G=(V,E)，w 是 G 的一个顶点，w 的偏心距定义为 max｛从 u 到 w 的最短路径长度｜u∈V｝，其中的路径长度指的是路径上各边权值的和。将 G 中偏心距最小的顶点称为 G 的中心，试设计一个函数返回带权有向图的中心（如有多个中心，可任取其中之一）。函数的首部如下。

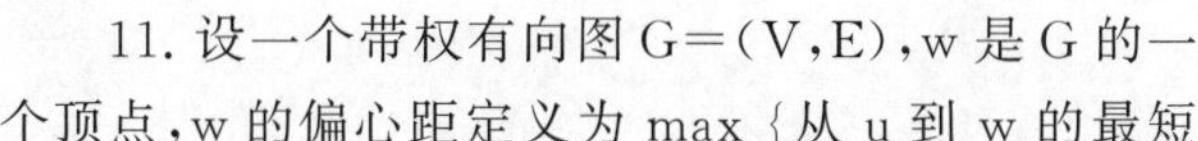

```
template <class T, class E>
int centre (Graphlnk <T, E>& G, E& biasdist)
```

参数表中的引用型参数 biasdist 返回最小偏心距的值，函数返回该中心的顶点号。

12. 所谓单目标最短路径（single-destination shortest path）问题是指在一个带权有向图 G 中求从各个顶点到某一指定顶点 v 的最短路径。例如，对于图 8-64(a)所示的带权有向图，用该算法求得的从各顶点到顶点 2 的最短路径如图 8-64(b)所示。

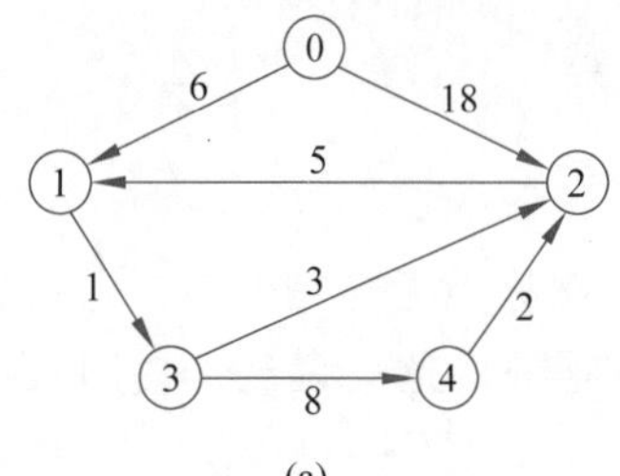

(a)

终顶点	2				
源顶点	0	1	2	3	4
dist	10	4	0	3	2
path	1	3	0	2	2

(b)

图 8-64　第 12 题求解带权有向图的单目标最短路径示例

关于最短路径的读法：以顶点 0 为例，在从顶点 0 到顶点 2 的最短路径上，顶点 0 的后继为顶点 1（即 path[0]=1），顶点 1 的后继为顶点 3（即 path[1]=3），顶点 3 的后继为顶点 2（即 path[3]=2）。

编写一个算法，求解一个带权有向图的单目标最短路径问题。假设图 G 的顶点数据的类型为 char，边上权值的数据类型为 float。

13. 设图 G 是一个无环有向图，编写一个算法，求图 G 中的最长路径，并估计其时间复杂度。

14. 自由树（即无环连通图）T=(V,E)的直径是树中所有顶点对之间最短路径长度的最大值，即 T 的直径定义为 max｛ShortestPathLength(u,v)｜u,v∈V,(u,v)∈E｝，这里的路径长度是指路径中所含的边数。编写一个算法求 T 的直径，并分析算法的时间复杂度。

15. 若 AOE 网络的每一项活动都是关键活动。令 G 是将该网络的边去掉方向和权后得到的无向图。

(1) 如果图中有一条边处于从开始顶点到完成顶点的每一条路径上，则仅加速该边表示的活动就能减少整个工程的工期。这样的边称为桥(bridge)。证明若从连通图中删去桥，将把图分割成两个连通分量。

(2) 编写一个时间复杂度为 $O(n+e)$ 的使用邻接表表示的算法，判断连通图 G 中是否有桥。若有，则输出这样的桥。

16. △ 已知有向图 G 采用邻接矩阵存储，其定义如下。

```
typedef struct{
    int number Vertices, number Edges;
    char VerticesList[max V];
    int edge[max V][max V];
} MGraph;
```

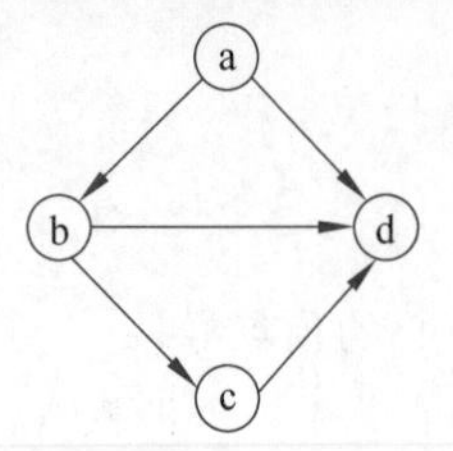

图 8-65 第 16 题的有向图

将图中出度大于入度的顶点定义为 k 顶点，如图 8-65 所示，a 和 b 都是 k 顶点。设计算法 int printVertices(MGraph G)，对给定任意非空有向图 G，输出 G 中所有的 k 顶点，并返回 k 顶点的个数。

(1) 给出算法的设计思想。

(2) 根据算法的设计思想，写出算法的 C/C++ 描述，并加以注释。

8.5 补充练习题解答

一、选择题

1. 选 A。每一对不同顶点之间都有边关联，这种无向图称为无向完全图。它是无向连通图的特殊情形。强连通图是针对有向图的，没有无向强连通图这一说法。树图是极小连通图。

2. 选 D。选项 A 错，在有向图中由于有向边的存在，故有前驱和后继之分。选项 B 错，具有 n 个顶点的无向图最多有 $n(n-1)/2$ 条边，最少有 0 条边。选项 C 错，在无向图中所有顶点度数之和是边的条数的 2 倍。选项 D 对，每条边是一个顶点的出边，是另一个顶点的入边，设图中有 e 条边，所有顶点出度之和等于所有顶点的出边数(=e)，所有顶点入度之和等于所有顶点的入边数(=e)。

3. 选 A。有 n 个顶点的连通图，至少需要 $n-1$ 条边才能保持图的连通。多 1 条将形成回路，少 1 条将变成非连通图。当 $n=6$ 时，$n-1=5$。

4. 选 C。设无向图有 n 个顶点，它的边数 $e\leqslant n(n-1)/2$，若 $e=15$，有 $15\leqslant n(n-1)/2$，解得 $n\geqslant 6$。在连通图情形下至少需有 6 个顶点，在非连通图情形下至少需有 7 个顶点。

5. 选 A。无向连通图所有顶点度数之和为边数的 2 倍，所以一定是偶数。在无向连通图中边数最少可以等于顶点个数减 1(生成树)，所以，Ⅱ不完全对。Ⅲ是干扰项，例如，若有 n 个顶点和 $n-1$ 条边构成一个环，它可以是连通的，但所有顶点的度均为 2。

6. 选 B。当 n 个顶点都在一个环上时，形成一个强连通图，其有向边条数为 n，例外情

况是 $n=1$ 时，至少可以有 0 条有向边。当 $n>1$ 时有向边的条数少于 n 时不能构成环，所以不是强连通图。

7. 选 C。要保证无向图 G 在任何情况下都是连通的，即任意变动图 G 的边，G 始终保持连通。在极端情况下，即图 G 的 6 个顶点构成一个完全无向图，再加上一条边连通第 7 个顶点，这样图 G 只需最少 $6\times(6-1)/2+1=16$ 条边即可连通 7 个顶点。

8. 选 D。选项 A 正确，有向图的度包括出度和入度，需要求第 i 行非 0 元素数和第 i 列的非 0 元素数。选项 B 正确，图的完整存储表示应包括顶点表和邻接矩阵，顶点信息放在顶点表中，顶点之间的关系，即边的信息放在邻接矩阵中，所以邻接矩阵只存储了边的信息。选项 C 正确，邻接表中每个边结点保存了从图中某顶点发出的边的信息，在逆邻接表中每个边结点保留了进入图中某顶点的边的信息，这两个表的边结点数相等。选项 D 错误，有向图的邻接矩阵也可能是对称矩阵，例如，完全有向图。

9. 选 A。选项 A 错误，不限于完全有向图，只要顶点之间的边为往返边的有向图，其邻接矩阵都是对称矩阵。顶点 v_i 和 v_j 间的往返边是指同时存在 $<v_i, v_j>$ 和 $<v_j, v_i>$，参看图 8-66。选项 B、选项 C 和选项 D 都正确。无向图的邻接矩阵都是对称的，有向图的邻接矩阵有可能不对称。邻接表和邻接矩阵对于有向图和无向图都适用。邻接矩阵用于稀疏图，必须存储大量的 0 元素，当 n 较大时非常不合理。邻接表适用于稀疏图，它通过单链表存储所有的边，避免大量消耗存储空间。但如果把邻接表用于稠密图，也不一定合算，毕竟它要使用等量的链接指针，操作起来比邻接矩阵复杂。

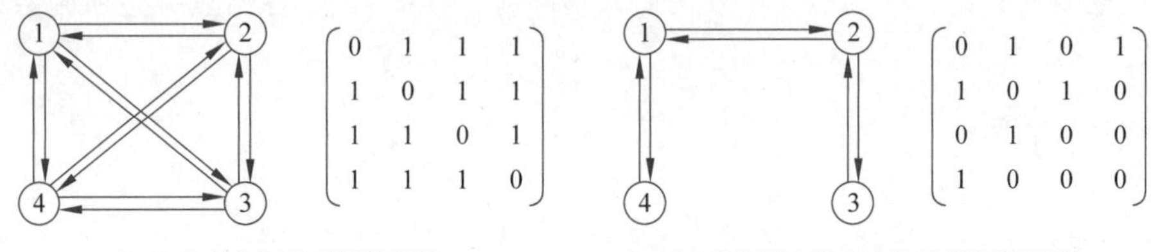

(a) 完全有向图及其邻接矩阵　　(b) 有往返边的有向图及其邻接矩阵

图 8-66　第 9 题选项 A 的有向图

10. 选 D,B。有 n 个顶点的图的邻接矩阵记录了每一对顶点之间的关系，有 n^2 个矩阵元素，其中有 $2e$ 个非 0 元素用以表示无向图的 e 条边。

11. 选 D。无向图的邻接矩阵共有 n^2 个元素，每条边在邻接矩阵中以主对角线为界，对角线上、下各有一个元素表示它，即非 0 元素的个数为 $2e$，则 0 元素的个数为 n^2-2e。

12. 选 B,F,G。此邻接矩阵有 3 行 3 列，是 3 个顶点的邻接矩阵，有 $3^2=9$ 个矩阵元素，其中 4 个非 0 元素。如果它是有向图的邻接矩阵，应有 4 条有向边；如果它是无向图的邻接矩阵，应有 2 条边(对称)。

13. 选 D。统计第 i 行非∞且非 0 的元素个数，得到顶点 v_i 的出度，统计第 i 列非∞且非 0 的元素个数，得到顶点 v_i 的入度。在邻接矩阵中，0 元素在对角线上，∞元素表示顶点对之间没有边。

14. 选 B,C。用邻接表存储无向图时，顶点向量至少应有 n 个元素。因为无向图最多有 $n(n-1)/2$ 条边，在邻接表中每条边对应两个边链表的结点，则最多有 $n(n-1)$ 个边链表的结点。

15. 选 B。图的邻接矩阵表示是唯一的，每条边的信息存放在矩阵中确定的位置。邻接表表示则不唯一，取决于各条边读入的先后次序，以及在边链表中采用前插法还是后插法来插入这些边。

16. 选 A。设图具有 n 个顶点和 e 条边，则用邻接表存储图需要建立至少有 n 个顶点信息的顶点向量，此外还需要为每一条边创建边链结点，有向图需要建立 e 个边链结点，无向图需要建立 $2e$ 个边链结点，所需的存储空间为 $O(n+e)$，即所用空间与图的顶点数和边数都有关。

17. 选 C。在有向图中，一个顶点 v 的度分为入度和出度，入度是以顶点 v 为终顶点的有向边的条数；出度是以顶点 v 为始顶点的边的条数，顶点 v 的度等于其入度和出度之和。因此，有向图的入度为 k_1-k_2。在逆邻接表中顶点 i 的入边表中边结点的个数就是 k_1-k_2。

18. 选 B,D。基于邻接矩阵的图的遍历算法要对所有顶点都访问一次，每次访问时为确定下一次访问哪个顶点，需遍历该顶点的行向量寻找该顶点的所有邻接顶点，所以遍历的时间复杂度为 $O(n)$。基于邻接表的图的遍历算法也要对所有顶点访问一次，每次访问时为确定下一次访问哪个顶点，需遍历该顶点的边链表，所以时间复杂度为 $O(n+e)$。

19. 选 B。题中的邻接表是针对有向图的，每个顶点的边链表是出边表。从顶点 1 出发，通过深度优先搜索，如果访问顶点 2 的话，再往前走可以顺序访问 3,5，再回溯到 1，访问 4，因此答案 B 是正确的。其他答案都不合理。

20. 选 B,D。对无向图 8-33 执行深度优先搜索所得的深度优先生成树见图 8-67(a)，结点访问顺序为 abdegf，然后回溯到 d 再访问 c。对图 8-33 执行广度优先遍历所得的广度优先生成树见图 8-67(b)，从顶点 a 出发按层次访问应是 abcdefg。各结点旁边所附数字为访问顺序。

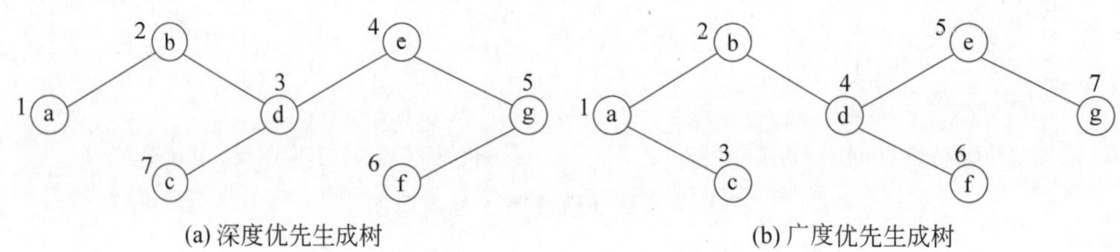

(a) 深度优先生成树　　(b) 广度优先生成树

图 8-67　第 20 题执行 DFS 和 BFS 的访问顺序

21. 选 C。如图 8-68(a)所示的有向无环图，进行深度优先遍历的递归调用顺序如图 8-68(b)中每个顶点上所附的用圆括号括起来的数字所示，递归退回时访问顶点的顺序则用方括号括起来的数字所示。从这些数字可以看到，输出序列正是一个逆拓扑有序序列。一般地，如果顶点 u 到顶点 v 有一条边，那么在 DFS 算法退栈返回的顶点序列中，顶点 u 一定在顶点 v 后面，所以该序列为逆拓扑有序的。

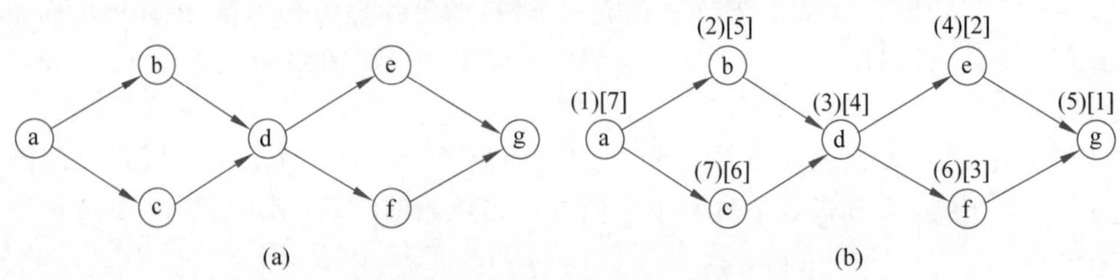

(a)　　(b)

图 8-68　第 21 题的有向无环图

22. 选 A。在图的广度优先遍历算法中，每个顶点在被访问之后立即做访问标记并进队列。如果队列不空就从队列退出一个顶点，如果该顶点的邻接顶点未被访问过就访问它，做访问标记并进队列；如果被访问过则跳过它。如此反复，直到队列空为止。因此可知，在广度优先遍历过程中每个顶点被访问一次且仅被访问一次。

23. 选 A。求有向图的强连通分量时，需要经历深度优先遍历和逆深度优先遍历两个过程。图中顶点 A、B、C、D、E、F 都没有返回自身的路径，可判断它们各自构成一个强连通分量。

24. 选 B。BFS 遍历所得到的生成树的高度不超过以遍历起始顶点为中心的图的层次数，而 DFS 遍历所得到的生成树的高度与其前伸的最远距离有关，BFS 生成树的高度一定不会超过 DFS 生成树的高度。

25. 选 D。选项 A 对，生成树是图的极小连通子图，即以最少的边连通所有的顶点。连通分量是无向图的极大连通子图，即非连通图中存在的最大限度连通的那些子图。选项 B 对，强连通是有向图中的概念。在有向图中通过一次遍历，不一定能够遍访图中所有的顶点，所以强连通分量是非强连通图中的极大强连通子图。选项 C 对，连通图的生成树包含了图中所有的顶点和其中的 $n-1$ 条边。选项 D 错，生成树具有连通图的全部 n 个顶点和连接它们的 $n-1$ 条边。如果它的一个子图有 n 个顶点，也有 $n-1$ 条边，但它们没有连接所有顶点，有的地方还出现了回路，则此子图不是生成树。

26. 选 B。如果一个无向连通图具有多条权值相同的边，在构造最小生成树的过程中选择具有最小权值的边时，会出现多种可能的选择，得到的最小生成树不止一棵；但如果无向连通图各边上具有的权值互不相同时，则构造的最小生成树是唯一的。因此，可能有一棵或多棵最小生成树。

27. 选 B。如果图是一个环，对于图中的每个顶点，都有顺时针和逆时针两棵生成树，所以 n 个顶点共有 $2n$ 棵生成树。

28. 选 C。设森林中有 x 棵树，每棵树的结点个数分别是 $n_1,n_2,\cdots,n_x$，分支数分别为 $n_1-1,n_2-1,\cdots,n_x-1$，又森林的各棵树的结点集合和边集合互不相交，则有 $N=n_1+n_2+\cdots+n_x$，$K=(n_1-1)+(n_2-1)+\cdots+(n_x-1)=n_1+n_2+\cdots+n-x=N-x$，最后可得 $x=N-K$。

29. 选 B。生成树不允许有环是显而易见的。生成树是通过遍历图中的顶点得到的；而且遍历方法不同，所得生成树也不同。从同一顶点开始遍历，如果某一个顶点的邻接顶点有多个可选时，选择不同的邻接顶点，可构成不同的生成树，所以 B 不正确。

30. 选 C。选项 A 错，最小生成树是指在带权连通图中选取 $n-1$ 条权值最小的边连通其 n 个顶点，且要求这些边不能构成回路。所以最小生成树不是指边数最少的生成树。选项 B 错，缺少了一个要求，即选出的边不能构成回路。选项 C 对，如果带权无向图中各边上的权值互不相同，则其最小生成树应是唯一的。选项 D 错，一个典型的例子是：若具有相等权值的边因权值较大而不能进入选取的序列，则得到的生成树仍然可能是唯一的。

31. 选 C，C。使用 Kruskal 算法或 Prim 算法，得到的最小生成树如图 8-69 所示。从图中可以看出，其最小生成树中各条边上权值之和为 36。从顶点 v_1 到顶点 v_6 的路径为 v_1,v_5,v_4,v_6。

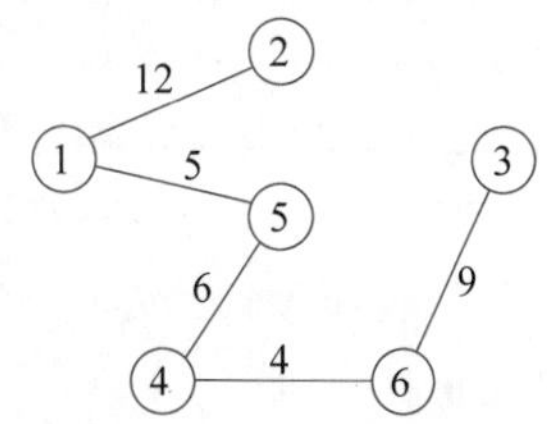

图 8-69　第 31 题的生成树

32. 选 B。Dijkstra 算法是按长度递增的顺序求出图的某顶点到其余顶点的最短路径。选项 A、C、D 都不是 Dijkstra 算法的思路。

33. 选 B。选最短路径的过程如表 8-8 所示。

表 8-8 第 33 题在带权有向图中选最短路径的过程

源点	终点	path				distance				选序
1	2	<1,3>				3				1
	3		<1,2,3>			∞	15			3
	4	<1,4>				15				4
	5	<1,5>	<1,2,5>			10	9			2
	6			<1,2,5,6>	<1,2,3,6>	∞		18	16	5

34. 选 A。BFS 算法是图的广度优先遍历算法，它不考虑边上的权值，其路径长度的计算是统计路径上边的条数。当有向图的各边权值均相等时，可以使用 BFS 算法分层遍历，计算从起始顶点到达其他顶点的边数，从而得到从某个源顶点到其他各目标顶点的最短路径。

35. 选 C。使用 Dijkstra 算法求从带权有向图的某个源顶点到其他各个顶点的最短路径时，执行 $n-1$ 次或 $n-2$ 次选择，每次选到一个顶点后还要计算绕过这个新选出的顶点是否能够缩短从源顶点到其他未被选到最短路径中的顶点的路径长度，所以算法的时间复杂度为 $O(n^2)$。

36. 选 D。Floyd 算法做 n 次 $n\times n$ 阶矩阵运算，顺序计算绕过顶点 $v_1,v_2,\cdots,v_n$ 能够缩短的路径和路径长度，其时间复杂度为 $O(n^3)$。

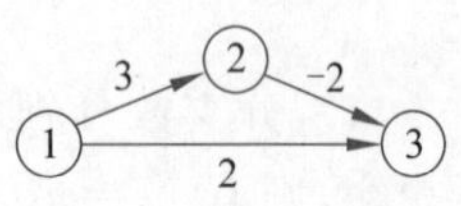

图 8-70 第 37 题的图

37. 选 B,C。选项 A 和 D 都是求最小生成树的算法，排除它们。Dijkstra 算法要求边上的权值不能是负值，否则计算结果是有问题的，如图 8-70 用 Dijkstra 算法计算最短路径时就会出现错误。而 Floyd 算法允许边上的权值为负值，但不允许在回路中有权值为负值的边。

38. 选 A。选项 A 正确，简单路径是没有重复顶点的路径，图的最短路径采用贪心法求解，求从 v_i 到 v_j 的最短路径时，可以绕过那些已经求得最短路径的顶点，缩短从 v_i 到 v_j 的最短路径。有可能最短路径经过许多顶点，但绝不会重复走过。所以图的最短路径应是简单路径。选项 B 错误，在有向图中从一个顶点到另一个顶点的最短路径不是唯一的，但最短路径长度应是唯一的。选项 C 错误，Dijkstra 算法仅要求边上的权值不能为负值，并未排除有回路的带权有向图，它的结果应是简单路径。选项 D 错误，$\text{path}^{(k-1)}[i][j]$是从顶点 v_i 绕过顶点 $v_0,v_1,\cdots,v_{k-1}$ 到达 v_j 的最短路径，$\text{path}^{(k)}[i][j]$是从顶点 v_i 绕过顶点 $v_0,v_1,\cdots,v_k$ 到达 v_j 的最短路径，路径可能会改变，不是子集。

39. 选 C。叙述Ⅰ错误，只有简单回路才是简单路径。叙述Ⅱ错误，用邻接矩阵存储稀疏图可能导致稀疏矩阵，存储消耗比较大，用邻接表更好。叙述Ⅲ正确，在有向无环图中才存在拓扑序列。

40. 选 C。题目要求的有向图如图 8-71 所示。可能的拓扑有序序列有 7 个：

v_1,v_5,v_2,v_3,v_6,v_4；v_1,v_5,v_2,v_6,v_3,v_4；
v_1,v_5,v_6,v_2,v_3,v_4；v_5,v_1,v_2,v_3,v_6,v_4；
v_5,v_1,v_2,v_6,v_3,v_4；v_5,v_1,v_6,v_2,v_3,v_4；
v_5,v_6,v_1,v_2,v_3,v_4。

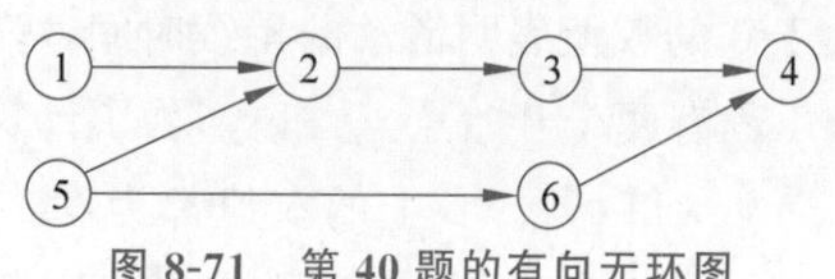

图 8-71 第 40 题的有向无环图

选项 C：v_1,v_2,v_3,v_4,v_5,v_6 不是该图的拓扑有序序列，因为访问完 v_1 后不能直接访问 v_2。

41. 选 C。设顶点按拓扑有序序列的编号为 $v_0,v_1,v_2,\cdots,v_{n-1}\in V$，其中 V 是有向图顶点的集合。若 $i<j$ 同时 $<v_i,v_j>\in E$（图的边集合），则邻接矩阵 Edge 的元素 Edge$[i][j]=1$，该矩阵元素一定处于矩阵的上三角部分。如果 $i>j$，有可能存在 $<v_j,v_i>\in E$，但一定不存在 $<v_i,v_j>\in E$，故相对应的 Edge$[i][j]=0$。

42. 选 D。如果全部顶点都不能通过拓扑排序排到一个拓扑有序序列里，则说明该图是一个强连通图，所有顶点构成一个有向环；如果部分顶点不能通过拓扑排序排到一个拓扑有序序列里，则说明该图中存在回路，该回路构成了一个强连通分量。

43. 选 D。判断一个有向图是否存在回路，可用的方法如下：

① 利用拓扑排序算法可以判定图中是否存在回路。即在拓扑排序算法结束后如果还有顶点没有输出，说明剩下的这些顶点都还有前驱，它们构成了一个有向回路。

② 设有向图有 n 个顶点，若图的边数 $e\geqslant n$，则该图一定有一个闭合的环，但有可能是一个有向回路，有可能不是。

③ 设图是有 n 个顶点的无向连通图，若该图的每个顶点的度都大于或等于 2，则图中一定有回路存在。

④ 利用深度优先遍历算法可以判定一个有向图中是否存在有向回路。从有向图上的某个顶点 v 出发进行深度优先遍历时，若在算法结束之前出现一条从顶点 u 到顶点 v 的回边，因 u 在生成树上是 v 的子孙，则有向图必定存在包含顶点 v 和顶点 u 的环。

44. 选 D。采用邻接矩阵作为有向图的存储结构进行拓扑排序，需要输出每一个顶点，时间复杂度为 $O(n)$。在输出顶点后要针对该顶点检测矩阵中对应的行，寻找与它相关联的边，以便对这些边的入度减 1，需要的时间复杂度为 $O(n)$。算法总的时间复杂度为 $O(n^2)$。

45. 选 C。拓扑排序算法在有向图的情况下都可以执行，但只有在有向无环图情形下才能得到拓扑有序序列，选项 A 对。只要有向图无环，图中所有顶点都能排到拓扑有序序列中。如果有向无环图不是所有顶点之间都有边，由于选择顶点输出的次序不同，会得到多种拓扑有序序列，选项 B 对。在拓扑有序序列中相继排列的顶点 v_i 和 v_j，在有向无环图中不一定存在从 v_i 到 v_j 的路径，选项 C 错。如果有向图的非 0 元素都出现在邻接矩阵的上三角部分，这些元素的行下标 i 和列下标 j 一定满足 $i<j$，且存在从 v_i 到 v_j 的有向边，通过拓扑排序，它们必定能排到一个拓扑有序的序列中，选项 D 对。

46. 选 A。关键路径是从开始顶点到完成顶点的路径中最长的路径。如果严格计算，需要计算 4 个数组：Ve[]，Vl[]，Ae[]，Al[]，但本题由于图的顶点数与边数较少，可直接计算从开始顶点到完成顶点的最长路径，结果应是 6＋5＋9＋3＝23。

47. 选 C，D，B。在 AOE 网络中必须消去回路，因为 AOE 网络主要用于作工程的日程计划，如果出现回路，则表明工程中的每一项活动必须以自己的完成作为自己开始的先决条件。在 AOE 网络中每一条边表示一项活动，边上的权值表示活动的时间，一般是非负值。

大于 0 的权值表明活动的持续时间,等于 0 的权值是为计算方便而增加的活动。例如,如果一个工程有两个开始点 v_1 和 v_2,为了计算方便,增加一个开始顶点 v_0 和边 $<v_0,v_1>$、$<v_0,v_2>$,边 $<v_0,v_1>$ 和 $<v_0,v_2>$ 上的权值都为 0。

48. 选 C。在 AOE 网络中可以存在多条关键路径,选项 A 对。如果任一关键活动发生延误,就会导致整个工程延误,选项 B 对。任何一个关键活动提前完成,只能影响它所在的关键路径,如果其他关键路径不能提前完成,则整个工程不可能提前完成。只有所有的关键活动都提前完成,整个工程才可能提前完成,选项 C 错误。选项 D 对。

49. 选 C。矩阵 **A** 是个非对称矩阵,说明原图是有向图,统计第 $i(0 \leqslant i \leqslant 3)$ 行中 1 的个数,得到第 i 个顶点的出度,统计第 i 列中 1 的个数,得到第 i 个顶点的入度,顶点的度等于该顶点的出度与入度之和,如此可得此图中各顶点的度为 3,4,2,3。

50. 选 B。如果让每个顶点的度达到最大,即关联的边数最大,在总边数固定的情况下,顶点数可达到最少。设顶点数为 n,则有 $4\times3+3\times4+2\times(n-3-4)=2\times16$(图的顶点总度数等于边数的 2 倍),即 $n=11$。

51. 选 D。设顶点数 $|V|$ 为 n,边数 $|E|$ 为 e,我们知道,生成树是无向图的极小连通子图,其边数等于顶点数 n 减 1。当 $n>e$ 时,若 $e=n-1$,G 可能连通(生成树情况),也可能不连通;若 $e<n-1$,G 一定不连通,选项 A 不正确。当 $n<e$ 时,在 $e\geqslant(n-1)(n-2)/2+1$ 的情况下,图 G 一定连通,如果 e 达不到这个条件,则 G 可能连通也可能不连通,选项 B 不正确。当 $n=e-1$ 时,与选项 B 的情况类似。选项 D 对,当 $n>e+1$ 时,因为 $e<n-1$,不满足生成树所需要的最少边数,图 G 一定不连通。

52. 选 D。选项 A 是以 h 开头的 BFS 遍历序列,选项 B 是以 e 开头的 BFS 遍历序列,选项 C 是以 d 开头的 BFS 遍历序列,选项 D 是以 a 开头的 DFS 遍历序列,它不是 BFS 遍历序列。

53. 选 D。题目描述的有向图如图 8-72 所示。采用深度优先遍历,选择不同的后继顶点,有 5 种可能的结果:$\{v_0,v_1,v_3,v_2\}$,$\{v_0,v_2,v_3,v_1\}$,$\{v_0,v_2,v_1,v_3\}$,$\{v_0,v_3,v_2,v_1\}$,$\{v_0,v_3,v_1,v_2\}$。

54. 选 D。选项 A、B、C 都是图 8-40 的深度优先遍历的结果序列。只有选项 D 不是,从 v_2 往下走,只能走到 v_5,没有走到 v_3 的路。

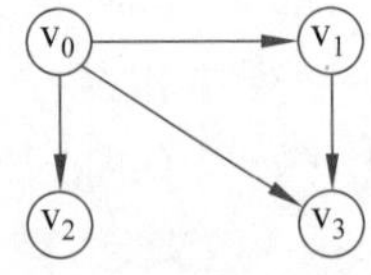

图 8-72 第 53 题的有向图

55. 选 B。对图 8-41 进行拓扑排序,可得到 3 种不同的拓扑排序序列:abced、abecd、aebcd。

56. 选 A。尽管用不同方法构造的最小生成树的形态可能不同,但它们都是由不构成回路的最小权值的边构成的,权值总和(即代价)是唯一的,选项Ⅰ对。如果具有最小权值的边有多条,且它们构成了一个回路,则有的具有最小权值的边会被舍弃,选项Ⅱ不正确。如果存在多条权值相等的边,使用 Prim 算法从不同的顶点开始,有可能得到不相同的最小生成树，选项Ⅲ错误。在构建最小生成树的过程中，Prim 算法不断为最小生成树增加新的顶点，Kruskal 算法不断为最小生成树增加新的边，尽管方法不同，但如果各边上的权值互不相等，则构造出的最小生成树相同，选项 D 错。

57. 选 C。对图 8-42 所示的带权有向图，采用 Dijkstra 算法，求从源顶点 a 到各目标顶点的最短路径，其求解过程如表 8-9 所示。从表中可知，第一条最短路径是(a,b)，第二条最短路径是(a,b,c)，第三条最短路径是(a,b,c,f)，第四条最短路径是(a,b,d)，最后一条最短路径是(a,b,d,e)。

表 8-9　第 57 题求从源顶点 a 到各目标顶点的最短路径的过程

源点 a	目标顶点	$i=1$	$i=2$	$i=3$	$i=4$	$i=5$
	b	(a,b) 2				
	c	(a,c) 5	(a,b,c) 3			
	d	∞	(a,b,d) 5	(a,b,d) 5	(a,b,d) 5	
	e	∞	∞	(a,b,c,e) 7	(a,b,c,e) 7	(a,b,d,e) 6
	f	∞	∞	(a,b,c,f) 4		
	集合 S	{a,b}	{a,b,c}	{a,b,c,f}	{a,b,c,f,d}	{a,b,c,f,d,e}

加深框表示本步选中加入生成树的候选边。

58. 选 C。首先找出图 8-43 中 AOE 网络的关键路径，有 3 条关键路径：(1,3,2,4,6)，(1,3,2,5,6)，(1,3,5,6)，路径长度均为 27。第 1 条关键路径包括活动(b,d,c,g)，第 2 条关键路径包括活动(b,d,e,h)，第 3 条关键路径包括活动(b,f,h)，加快 f 和 d 活动的进度可以使 3 条关键路径同时加快，所以选 C。

59. 选 C。设任一非 0 矩阵元素的行下标为 i，列下标为 j。当 $i<j$ 时，元素处于矩阵的上三角部分，表明顶点 i 到 j 有边。因为矩阵的对称部分在下三角部分且为 0，表明顶点 j 到 i 无边，这是一个有向无环图，一定存在拓扑序列。如果某个顶点有 2 个以上的后继顶点，就可以有多个拓扑序列，所以在该矩阵中存在拓扑序列，但可能不唯一。

60. 选 D。对图 8-44 所示有向图进行拓扑排序的过程如下。

首先，选择入度为 0 的顶点 3，输出 3 后，删除它以及它出发的边，顶点 1 的入度变为 0；其次，选择入度为 0 的顶点 1，输出 1 后，删除它以及它出发的边，顶点 4 的入度变为 0；然后选择入度为 0 的顶点 4，输出 4 后，删除它以及它出发的边，顶点 2 和顶点 6 的入度变为 0；如此操作，输出 2，输出 6，顶点 5 的入度变为 0；再选择顶点 5，输出 5 后，所有顶点均被删除。拓扑排序结束。输出顶点序列为 3,1,4,2,6,5。

61. 选 C。无论是 Prim 算法(从 v_4 开始)或 Kruskal 算法，在图 8-45 中，第 1 次选中的边一定是(v_1,v_4)，选项 B 排除。Kruskal 算法第 2 次可选择的边有 3 条：(v_1,v_3)、(v_2,v_3)、(v_3,v_4)，而 Prim 算法第 2 次可选择的边是(v_1,v_3)和(v_4,v_3)，因此，Kruskal 第 2 次选中但不是 Prim 算法(从 v_4 开始)第 2 次选中的边是(v_2,v_3)。

62. 选 B。采用 Dijkstra 算法，从顶点 1 到其他各顶点的最短路径和路径长度如表 8-10 所示。表中集合内顶点的加入顺序就是选取最短路径的目标顶点的顺序。

表 8-10 第 62 题求从顶点 1 到其他各顶点的最短路径的过程

源点 1	其他顶点	$i=1$	$i=2$	$i=3$	$i=4$	$i=5$
	2	(1,2) 5	(1,2) 5			
	3	∞	∞	(1,2,3) 7		
	4	∞	(1,5,4) 11	(1,5,4) 11	(1,5,4) 11	(1,5,4) 11
	5	(1,5) 4				
	6	∞	(1,5,6) 9	(1,5,6) 9	(1,5,6) 9	
	集合 S	{1,5}	{1,5,2}	{1,5,2,3}	{1,5,2,3,6}	{1,5,2,3,6,4}

加深框表示本步选中加入生成树的候选边。

63. 选 B。对于有 n 个顶点和 e 条边的有向图，建立各顶点的入度的时间复杂度为 $O(e)$，建立入度为 0 的栈的时间复杂度为 $O(n)$，在拓扑排序过程中，最多每个顶点进一次栈，入度减 1 的操作最多执行 e 次，可知总的时间复杂度为 $O(n+e)$。

64. 选 D。选项 D 的序列不是图 8-47 所示有向图的拓扑序列，因为从入度为 0 的顶点 5 开始，输出顶点 5 后，删除顶点 5 和它出发的边，顶点 2 和顶点 4 的入度减 1，但下一个输出的不能是顶点 2，因此时顶点 2 的入度未减至 0，所以选项 D 的序列不是图 8-47 的拓扑序列。

65. 选 C。从图 8-48 可知，活动 d 始于顶点 2，终于顶点 4，它的最早开始时间等于顶点 2 的最早开始时间，最迟开始时间等于顶点 4 的最迟开始时间减去 d 持续的时间。因此先要计算各顶点的最早开始时间和最迟开始时间，参看表 8-11。从表中可以看到，事件 2 的最早开始时间是 12，事件 4 的最迟开始时间是 21，则活动 d 的最早开始时间是 12，最迟开始时间等于事件 4 的最迟开始时间减去活动 d 的持续时间(=7)，即 21－7＝14。

表 8-11 第 65 题各顶点(事件)的最早开始时间和最迟开始时间

事件(顶点)序号	1	2	3	4	5	6
事件的最早开始时间 Ve(i)	0	12	8	19	18	27
事件的最迟开始时间 Vl(i)	0	12	8	21	18	27

66. 选 A。将表达式转换成表达式树(加外向箭头)，如图 8-73(a)所示，为使顶点总数达到最少，可共享重复的顶点，如图 8-73(b)所示，顶点个数减少到 5 个。

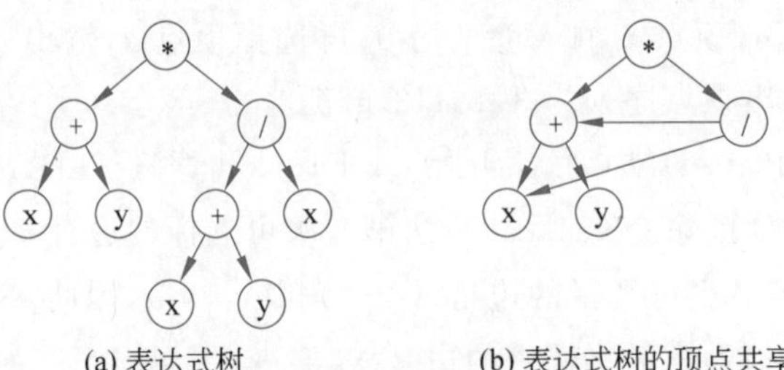

(a) 表达式树　　(b) 表达式树的顶点共享

图 8-73 第 66 题的表达式树

67. 选 A。首先对图 8-49 中各边按其权值从小到大排序，再按此顺序逐条取出边，如果与已在生成树里的边形成回路，则舍弃它，否则加入最小生成树的集合中。设图中有 n 个顶点，加入 $n-1$ 条边就可以结束了。本题中各条边的权值互不相等，首先加入权值最小的(b,f)和权值次小的(b,d)，这样选项 C 和选项 D 就排除了。然后继续，舍弃会构成回路的(d,f)，选(a,e)，选项 B 也排除了，再选(c,e)，(e,b)，最小生成树构造完毕。

68. 选 B。在递归算法的函数体内，输出语句位于最后，执行完它就退出函数体了，这说明在函数体内递归调用自己的语句位于输出语句前面。对于某顶点来说，在递归输出图中它的后继顶点后才退回来输出它，这正是逆拓扑有序的顺序。

69. 选 B。关键路径是指 AOE 网络中从源点到汇点的路径长度最长(即路径上各边权值总和最大)的路径，而不是指边数最多的路径，选项 A 错误，选项 B 正确。另外，AOE 网络可能存在多条关键路径，可能通过的边不同但路径长度最长(且相等)，只要有任意一个关键活动延误，则整个工程的工期就要延误，选项 C 错误。加速其中任意一个关键活动，如果不是各条关键路径都要经过的边，不会缩短整个工程的工期，因为其中一条关键路径的路径长度缩短，但其他关键路径的路径长度没有缩短，则整个工程的工期不会缩短，选项 D 错误。

70. 选 A。图 8-50 中仅有 1 个入度为 0 的顶点 A，输出 A 后删除顶点 A 及其所有出边，顶点 B 的入度减至 0。输出 B 后删除顶点 B 及其所有出边，顶点 C 的入度减至 0。如此做下去，顶点 D、E、F 的入度先后减至 0，然后输出，最后得到 1 个拓扑有序序列 ABCDEF。

71. 选 C。表 8-12 是按 Dijkstra 算法求出的从图 8-51 的顶点 1 到其余各顶点的最短路径。第 1 条最短路径的目标顶点是 3，第 2 条最短路径的目标顶点是 5，之后在数组 dist 内更新的结果是 21,3,14,6，即 $i=3$ 这一步。

表 8-12　第 71 题求顶点 1 到其他各顶点的最短路径的过程

源点 1	目标顶点	$i=1$	$i=2$	$i=3$	$i=4$
	2	(1,2) 26	(1,3,2) 25	(1,5,2) 21	(1,5,4,2) 15
	3	(1,3) 3			
	4	∞	∞	(1,5,4) 14	
	5	(1,5) 6	(1,5) 6		
	集合 S	{1,3}	{1,3,6}	{1,3,6,4}	{1,3,6,4,2}

加深框表示本步选中加入生成树的候选边。

72. 选 B。表 8-13 和表 8-14 给出图 8-52 中各事件(顶点)和各活动(边)的最早开始时间和最迟开始时间(括号内是路径上的顶点号)。从表 8-14 可知，时间余量最大的活动是 g。

表 8-13　第 72 题各事件的最早开始时间和最迟开始时间

顶点编号 i	1	2	3	4	5	6
最早开始时间 Ve(i)	0	(1,2)2	(1,3)5	(1,3,4)8	(1,3,5)9	(1,3,4,6)12
最迟开始时间 Vl(i)	(1,3,4,6)0	(2,3,4,6)4	(3,4,6)5	(4,6)8	(5,6)11	12

表 8-14 第 72 题各活动的最早开始时间和最迟开始时间

活动编号 k	a	b	c	d	e	f	g	h	i	j
最早开始时间 Ae(k)	0	0	2	2	5	5	5	8	8	9
最迟开始时间 Al(k)	2	0	4	5	5	7	11	10	8	11
时间余量	2	0	2	3	0	2	6	2	0	2
是否关键活动?		√			√				√	

73. 选 B。无向连通图 G 的各边的权值均为 1,则从某顶点到其余各个顶点的最短路径相当于从该顶点到各顶点的路径上的边的条数,用图的广度优先搜索最合适。

二、简答题

1.(1)判断一个有向图是否强连通,要看从任一顶点出发是否能够回到该顶点。图 8-53 所示的有向图做不到这一点,它不是强连通。各个顶点自成强连通分量。

(2)所谓简单路径是指该路径上没有重复的顶点。在图 8-53 中,从顶点 A 出发,到其他各个顶点的简单路径有 A→B,A→D,A→B→C,A→B→E,A→D→E,A→D→B,A→B→C→F,A→B→E→F,A→D→B→C,A→D→B→E,A→D→E→F,A→D→B→E→F,A→D→B→C→F。

从顶点 B 出发,到其他各个顶点的简单路径有 B→C,B→E,B→C→F,B→E→F。

从顶点 C 出发,到其他各个顶点的简单路径有 C→F。

从顶点 D 出发,到其他各个顶点的简单路径有 D→B,D→E,D→B→C,D→B→E,D→E→F,D→B→C→F,D→B→E→F。

从顶点 E 出发,到其他各个顶点的简单路径有 E→F。

从顶点 F 出发,没有到其他各个顶点的简单路径。

(3)顶点 A 的入度等于 0,出度等于 2。顶点 B 的入度等于 2,出度等于 2。顶点 C 的入度等于 1,出度等于 1。顶点 D 的入度等于 1,出度等于 2。顶点 E 的入度等于 2,出度等于 1。顶点 F 的入度等于 2,出度等于 0。

(4)图的存储结构如图 8-74 所示。

2.(1)对于有 n 个顶点的无向图,采用邻接矩阵存储,基于其对称性,只要统计矩阵对角线以上部分或对角线以下部分中 1 的个数,就可知道图中有多少条边;若采用邻接表存储,只要统计邻接表各顶点边链表中(边)结点个数,再除以 2,就可以知道图中有多少条边。对于有 n 个顶点的有向图,若采用邻接矩阵存储,需统计矩阵中所有 1 的总数,就可以知道图中有多少条边;若采用邻接表存储,只要统计邻接表各顶点边链表中结点个数,就可以知道图中有多少条边。

(2)对于用邻接矩阵 $\boldsymbol{A}[\,][\,]$存储的图,如果 $\boldsymbol{A}[i][j]=1$,则可断定存在从顶点 i 到顶点 j 的边;对于无向图,由于对称性,也可以查看 $\boldsymbol{A}[j][i]$是否等于 1,是则可断定存在从顶点 i 到顶点 j 的边。对于用邻接表存储的图,在顶点 i 的边链表中查找各边结点,如果存在一个边结点,它的目标顶点的顶点号是 j,则可断定,存在从顶点 i 到顶点 j 的边;对于无向图,还可以到第 j 个顶点的边链表中去查找。

(3)对于用邻接矩阵存储的无向图,统计第 i 行或第 i 列中 1 的个数,可得顶点 i 的度;

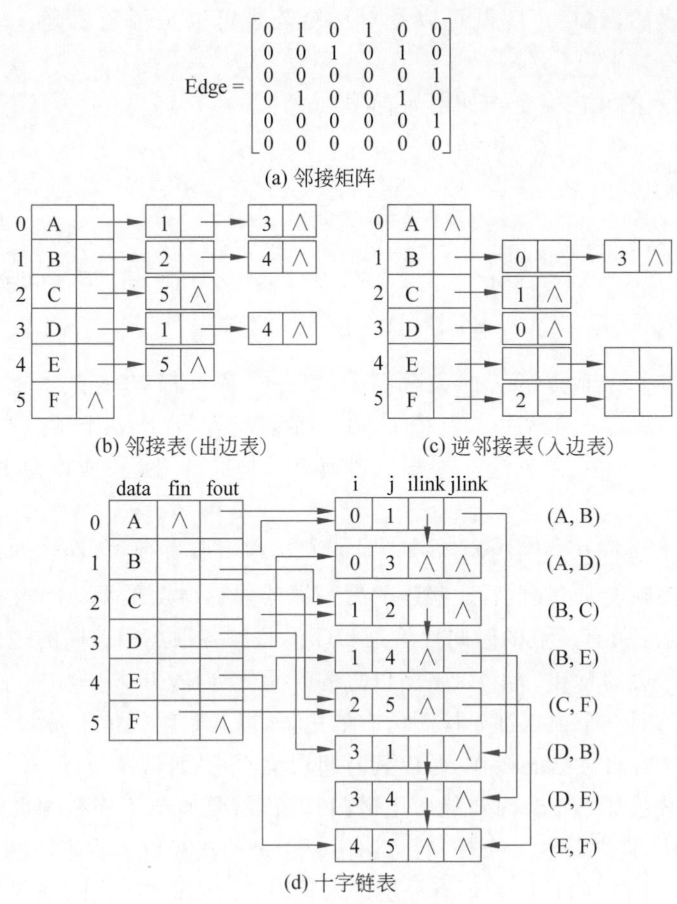

图 8-74　第 1 题图的存储结构

对于用邻接表存储的无向图，统计顶点 i 的边链表中结点的个数，也可得顶点 i 的度。对于用邻接矩阵存储的有向图，统计第 i 行中 1 的个数，可得顶点 i 的出度，统计第 i 列中 1 的个数，可得顶点 i 的入度。对于用邻接表存储的有向图，统计邻接表顶点 i 的边链表中结点的个数，可得该顶点的出度，统计对应逆邻接表顶点 i 的边链表中结点的个数，可得该结点的入度。顶点 i 的度等于其出度加入度。

3. n 个顶点的连通图至少有 $n-1$ 条边。$n(n>1)$个顶点的强连通图至少有 n 条边，只有一个顶点的强连通图至少有 0 条边，如图 8-75 所示。

图 8-75　第 3 题的图

4. 一个图中有 1000 个顶点，其邻接矩阵中的矩阵元素有 $1000^2=1\,000\,000$ 个。在有向图的情形下，其邻接矩阵中有 1000 个非 0 元素、999 000 个 0 元素，且这些非 0 元素的分布没有规律，因此是稀疏矩阵。在无向图的情形下，其邻接矩阵中有 2000 个非 0 元素、998 000个 0 元素，因为矩阵是对称的，因此有人把它归于对称矩阵。其实稀疏矩阵与对称矩阵不是各自孤立的，邻接矩阵既可以是对称矩阵也可以是稀疏矩阵。故答案应是稀疏矩阵。

5. 1～5 个顶点的无向完全图如图 8-76 所示。

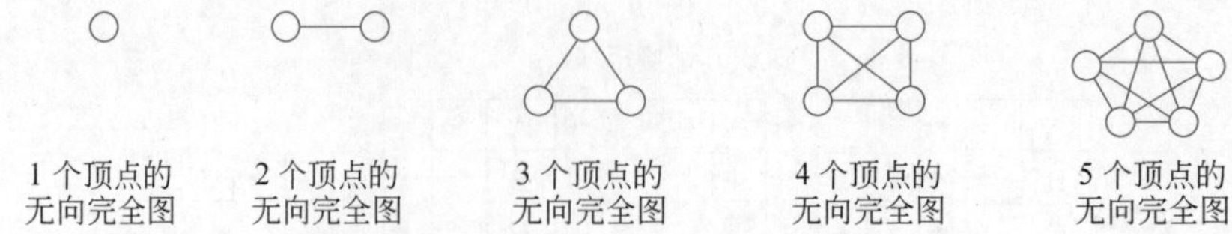

图 8-76 第 5 题的无向完全图

【证明】 在有 n 个顶点的无向完全图中，每一个顶点都有一条边与其他某一顶点相连，所以每一个顶点有 $n-1$ 条边与其他 $n-1$ 个顶点相连，总计 n 个顶点有 $n(n-1)$ 条边。但在无向图中，顶点 i 到顶点 j 与顶点 j 到顶点 i 是同一条边，所以总共有 $n(n-1)/2$ 条边。

6. 在邻接表上执行有关图的遍历操作时要遍访图中所有顶点，在访问每一个顶点时要检测与该顶点相关联的所有边，看这些边的另一端的邻接顶点是否访问过。设图中有 n 个顶点、e 条边，则访问所有顶点的时间代价是 $O(n)$，检测各顶点相关联的边的时间代价是与所有顶点相关联的边的总和，为 $O(e)$，所以总的时间代价是 $O(n+e)$。

因为不是每访问一个顶点都要检测所有的边，所以其时间代价不是 $O(ne)$；又因为访问顶点和检测边不是各自独立的操作，所以其时间代价不是 $O(\max(n,e))$。

7. 做深度优先搜索(DFS)时一般采用递归算法，需要递归工作栈辅助递归的实现。如果采用非递归算法，需要设置一个栈，暂存遍历时走过的路径以备将来回溯。广度优先搜索(BFS)需要设置一个队列，让所有顶点分层进入队列，以实现层次序的访问。

当要求连通图的生成树的高度最小时，应采用广度优先遍历。因为广度优先生成树的高度跟访问的层次数有关，而深度优先生成树的高度与按某条路径能走过的最远路程有关，一般深度优先生成树的高度比广度优先生成树的高度要大。

8. 采用邻接表存储的图的深度优先遍历算法是递归算法，每次进入算法时先访问顶点并对该顶点做访问标志；再检测它的所有邻接顶点，对所有未访问过的邻接顶点使用深度优先搜索算法递归地进行访问。因此，这种遍历方式类似于二叉树的前序遍历。

图的广度优先遍历算法类似于二叉树的层次序遍历，都需要使用队列执行分层的访问。区别在于，二叉树有明显的层次，而图是按与起始顶点距离的远近，以路径长度递增的次序分层的。

9. 对于所有边上的权值都不相同的连通网络，其最小生成树是唯一的。如果连通网络中有部分边的权值相等，但其存储表示是邻接矩阵，其最小生成树也是唯一的。

用 Prim 算法求最小生成树的步骤如下。

(1) 从顶点 v 出发，把 v 加入生成树顶点集合 S，把 v 关联的边按其权值加入最小堆；

(2) 如果还有顶点没有加入 S，执行一个循环：

① 从最小堆退出一个权值最小的边(v,u)，它一定是一条一个端顶点 v 在 S 中，另一端顶点 u 不在 S 中的边，将其加入最小生成树的边集合，把端点 u 加入 S；

② 寻找顶点 u 的其他不在 S 中的端点顶点 w，将边(u,w)按其边上的权值加入最小堆。

(3) 当所有顶点都加入 S 中，循环结束，最小生成树构造结束。

最小堆的插入操作执行 e 次，删除操作执行 n 次，时间复杂度为 $O((n+e)\log_2 e)$，其中 $\log_2 e$ 是调整最小堆的时间。Prim 算法适用于稠密图的情形。

用 Kruskal 算法求最小生成树的步骤如下。

(1) 将图的所有边按其边上的权值插入最小堆中；设置计数器 count 控制只能向最小生成树加入 $n-1$ 条边，初始时 count=0。

(2) 当 count<$n-1$ 时执行一个循环：

① 从最小堆退出一个权值最小的边(v,u)；

② 当边的两个端顶点 v 与 u 不在同一连通分量上时，合并 v 与 u 所在的连通分量，将该边加入最小生成树集合中，count 加 1；否则舍弃这条边；

(3) 当已选出 $n-1$ 条边时，循环结束，最小生成树构造结束。

在第(1)步中，建立最小堆，时间复杂度为 $O(e\log_2 e)$；在第(2)步中，最坏情况下退堆的时间复杂度为 $O(e\log_2 e)$，判断两个端顶点是否在同一连通分量以及合并两个连通分量的操作的时间复杂度为 $O(n)$；总的时间复杂度为 $O(n+e\log_2 e)$。Kruskal 算法适用于稀疏图的情形。

10. 设图中含有 n 个顶点和 e 条边，邻接矩阵存储需要一个一维数组存储顶点的信息和一个二维数组(即邻接矩阵)存储边的信息，因此空间复杂度为 $O(n^2)$，与边的个数无关，适合存储稠密图；邻接表存储需要一个一维数组存储顶点的信息以及该顶点边链表的头指针和每个顶点的边链表(对有向图为出边表)，因此空间复杂度为 $O(n+e)$，边数越少需要的存储空间就越少，因此适合存储稀疏图。

11. 证明：用数学归纳法。

当 $n=2$ 时，图 G 连通只需一条边，结论成立。

设 $n=k(k>2)$ 时结论均成立，即当 $n=k$ 时，图 G 至少有 $k-1$ 条边。

当 $n=k+1$ 时，因为根据前面的假设，图 G 中原有 k 个顶点是连通的，且至少有 $k-1$ 条边。现增加一个顶点 p 后，若 p 与图中原有的 k 个顶点没有边，显然 p 与图 G 不连通。若要求 $k+1$ 个顶点组成的图是连通图，p 必须与图 G 中原有的 k 个顶点中的每一个顶点有边相连，就是说，k 条边就可使图连通。因此，当 $n=k+1$ 时图 G 至少有 k 条边，结论成立。证毕。

12. 证明：利用数学归纳法。

设 $n=2$ 时，图中只有一条边，结论成立。

假设当 $n=k$ 时结论均成立，即当 $n=k$ 时，图 G 至多有 $k(k-1)/2$ 条边。那么当 $n=k+1$ 时，图中新增加一个顶点 p，如果让新顶点 p 与图 G 中原有的 k 个顶点都有边相连，可使得图中边数达到最多。根据上面的假设，图 G 中原有的 k 个顶点的边最多有 $k(k-1)/2$ 条边，再加上新增的 k 条边，总边数最多达到 $k(k-1)/2+k=(k+1)(k+1-1)/2$ 条边。由此可知，当 $n=k+1$ 时结论仍成立。证毕。

13. 证明：必要性。由于具有 n 个顶点的连通图恰好有 $n-1$ 条边，既不会形成环，也不会使得图不连通，因此这样的连通图是树图。注意，连通图的概念属于无向图范围。

充分性：若图 G 是树图，根据树的性质，它有 n 个顶点就应有 $n-1$ 条边以连接这些顶点。因此，树图就是具有 n 个顶点和 $n-1$ 条边的连通图。证毕。

14. 证明：利用反证法。假设 $v_1, v_2, \cdots, v_n$ 是 T 的一条最长路径，v_1 为起点，v_n 为终点。若 v_n 的度为 2，则 v_n 还应有另一个不同于 v_{n-1} 的邻接顶点 v，使得由 $v_1, v_2, \cdots, v_n$，v 构成的路径更长，这与 $v_1, v_2, \cdots, v_n$ 是 T 的一条最长路径的假设矛盾。所以 T 中最长路径的终点的度为 1。同理可证 v_1 的度也为 1。证毕。

15. 证明：利用数学归纳法。

当 $n=1$ 时，$\boldsymbol{A}^1=\boldsymbol{A}$，如果原图中有从顶点 i 到顶点 j 的边，则矩阵 $\boldsymbol{A}^1$ 的第 i 行第 j 列元素的值等于 1，也就是说，等于从顶点 i 到顶点 j 的长度为 1 的路径数目。结论成立。

假设 $n=k$ 时结论成立，即 $a_{ij} \in \boldsymbol{A}^k$ 表示顶点 i 到顶点 j 的长度为 k 的路径数目。

当 $n=k+1$ 时，设 $\boldsymbol{B}=\boldsymbol{A}^k$，有 $\boldsymbol{C}=\boldsymbol{A}^{k+1}=\boldsymbol{B}\times\boldsymbol{A}$，$c_{ij}=\sum_{s=1}^{n} b_{is} \cdot a_{sj}$。由假设知 b_{is} 为顶点 i 到顶点 s 的长度为 k 的路径数目，故 c_{ij} 为由顶点 i 经过顶点 $s(1 \leqslant s \leqslant n)$ 到达顶点 j 的所有路径数，故当 $n=k+1$ 时，结论成立。证毕。

16. 证明：两个顶点之间的路径数应等于下列各种情况的路径数之和。

(1) 不经过任何中间点的边显然有 1 条；

(2) 经过 1 个中间点的边显然有 $C_{n-2}^1=n-2=A_{n-2}^1$ 条；

(3) 经过 2 个中间点的边显然有 $C_{n-2}^2 \times 2!=A_{n-2}^2$ 条；

……

(4) 经过 k 个中间点的边显然有 $C_{n-2}^k \times k!=A_{n-2}^k$ 条；

……

(5) 对于 n 个顶点的完全图，两个顶点之间最多只可能含有 $n-2$ 个中间顶点，而含有 $n-2$ 个中间顶点的全部路径为 $C_{n-2}^{n-2} \times (n-2)!=A_{n-2}^{n-2}$ 条。

因此可知结论成立。证毕。

17. 证明：注意，单向连通不是强连通，$<v_i, v_j>$、$<v_j, v_i>$ 二者仅存其一，有往边无返边。

必要性：若一个有向无环图是单向连通的，则图中的任意两个顶点 v_i、v_j 之间都存在从 v_i 到达 v_j 的路径，或者从 v_j 到达 v_i 的路径，这就是所谓"全序"图，图 8-77(a)就是具有全序关系的例子，该图中所有顶点之间的优先(领先)关系都是显式给出的。对图 8-77(a)做拓扑排序，中间结果参看图 8-77(b)～(e)，每一步都只产生一个度为 0 的顶点，最终得到的拓扑有序序列是唯一的。

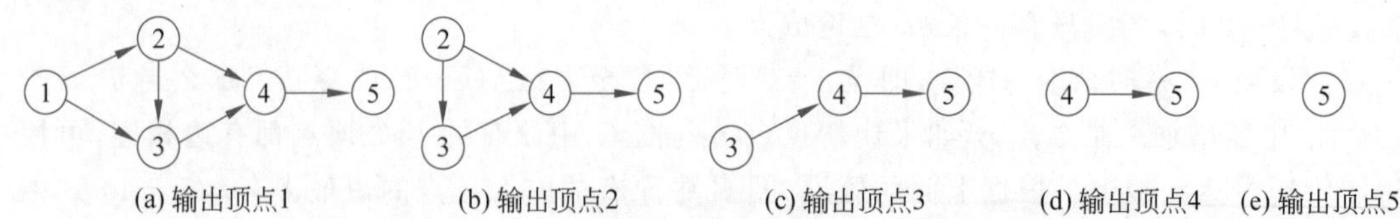

图 8-77 第 17 题对具有全序关系的图做拓扑排序

充分性：用反证法。如果一个有向无环图的拓扑有序序列唯一，若该图不是单向连通的，那么该图一定存在两个顶点 v_i 和 v_j，它们相互不可达。因而最终形成的拓扑有序序列将不止一条，至少存在从 v_i 到 v_j 的拓扑序列和从 v_j 到 v_i 的拓扑序列。这与假设矛盾。

由此可知结论成立。证毕。

18. 证明：对于一个无向图 G=(V,E)，若 G 中各顶点的度均大于或等于 2，则每个顶点都至少有一条通路通过它。如果从某一个顶点出发，沿这条通路就会走到该顶点的一个邻接顶点，再沿那个顶点的通路又会走到下一个顶点，…，当走到开始顶点的另一邻接顶点时，沿该顶点的通路则会回到最初的开始顶点，所以这样的无向图必定存在回路。

19. BFS 算法和 D—搜索算法都是先访问顶点，再将顶点进队列(BFS)或进栈(D—搜索)。这样，对于图 8-54，从 v_0 开始，应用 BFS 算法得到的广度优先搜索遍历结果是 v_0，v_1，v_5，v_2，v_6，v_4，v_3。应用 D—搜索算法得到的搜索遍历结果是 v_0，v_5，v_4，v_6，v_3，v_2，v_1。BFS 遍历过程中队列的变化如图 8-78(a)所示，D—搜索过程中栈的变化如图 8-78(b)所示。

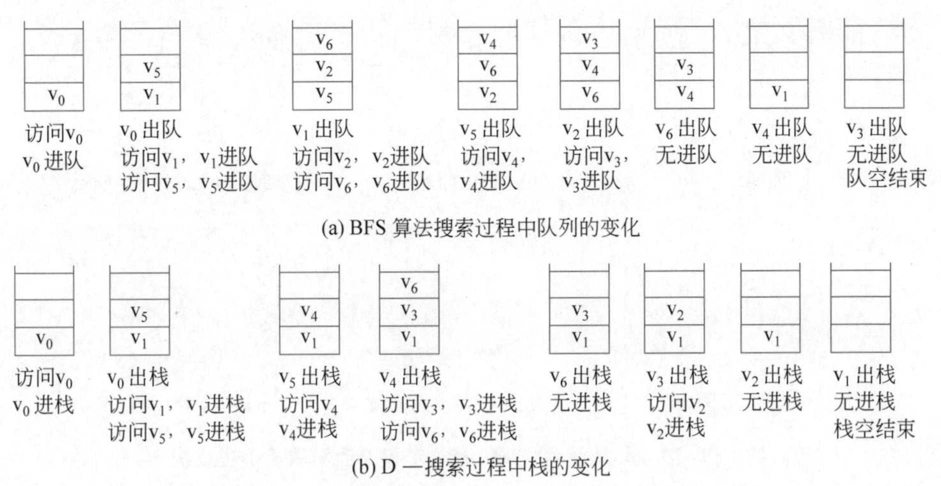

(a) BFS 算法搜索过程中队列的变化

(b) D 一搜索过程中栈的变化

图 8-78　第 19 题中 BFS 和 D—搜索中队列和栈的变化

20. (1) 算法正确。一个无向连通图的边数 m 可以大于顶点数 n，此时图中必然存在回路。在回路上依次删去权值最大的边 e_1、权值稍小的边 e_2……直到不能再删除为止。剩下的既不能构成回路又不能再减少的边就应是最小生成树的边了，如图 8-79 所示。

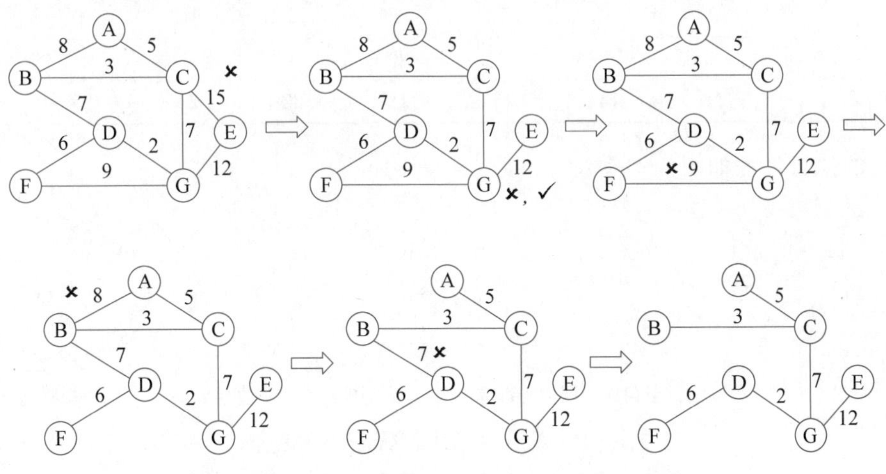

图 8-79　第 20(1)题在带权连通图中求最小生成树

(2) 此算法即所谓的“破圈法”，把图 8-55 所示图的所有边按照边上权值的大小从大到小排列在一个数组中，就得到常说的“边集数组”或“边值数组”，如表 8-15 所示。

表 8-15 第 20 题带权图的边值数组(按边上权值降序排列)

序号	1	2	3	4	5	6	7	8	9
i	0	4	4	3	3	1	1	2	0
j	1	5	6	4	6	2	6	3	5
cost	28	25	24	22	18	16	14	12	10

然后从权值最大的边开始,逐条边进行处理。处理方法是先尝试删除这条边,如果图仍然连通,则删除此边,否则恢复该边,再看下一条边,其过程如图 8-80 所示。

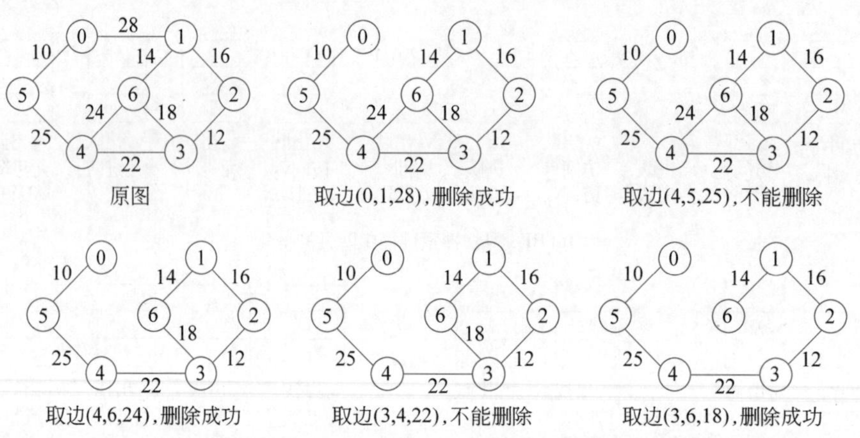

图 8-80 第 20(2)题用"破圈法"求带权连通图的最小生成树

21. 此算法在执行前要对图的各条边按照权值大小从小到大排列,得到的边值数组如表 8-16 所示。

表 8-16 第 21 题用于 Sollin 算法的边值数组(按边上权值升序排列)

序号	1	2	3	4	5	6	7	8	9
i	0	2	1	1	3	3	4	4	0
j	5	3	6	2	6	4	6	5	1
cost	10	12	14	16	18	22	24	25	28

算法的执行过程如图 8-81 所示。

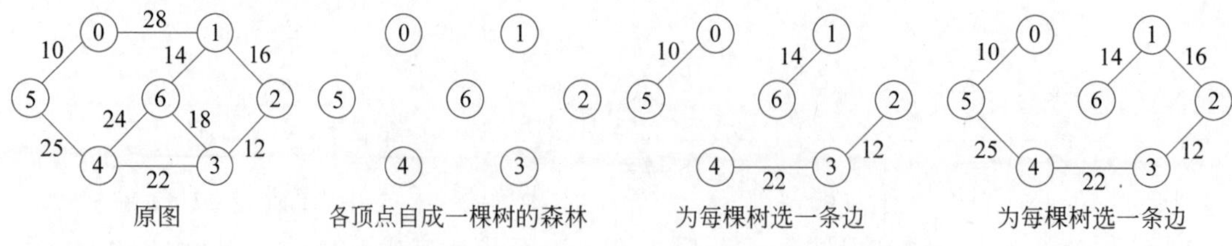

图 8-81 第 21 题 Sollin 算法的执行过程

算法用并查集组织各棵树,最初将图的各顶点视为并查集的各个结点,且每个结点自成一棵树。然后从边值数组按各边的权值大小,顺序取出各边的信息。如果一条边的两个端顶点不在同一棵树上,则将该边加入最小生成树,并合并这两个端顶点所在的树连接成一棵树。如果同一条边的两个端顶点在同一棵树则该边被舍弃，不加生成树，如图 8-81 所示。选取最小生成树各边的顺序是(0,5,10)、(2,3,12)、(1,6,14)、(1,2,16)、(3,4,22)、(4,5,25)。

22. 该方法不一定能(或不能)求得最短路径。举例说明，如图 8-82 所示。

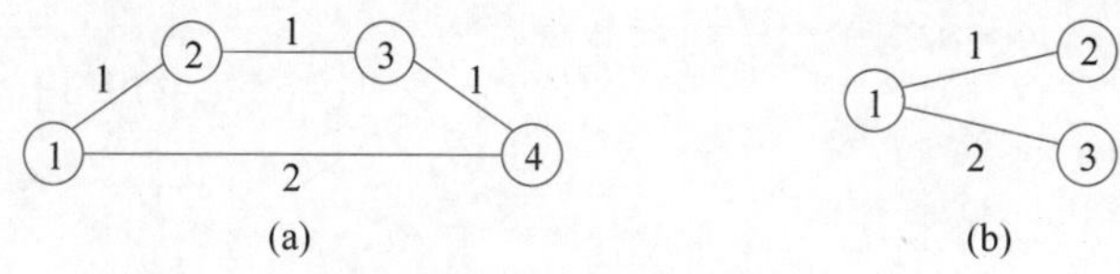

图 8-82　第 22 题的反例

对于图 8-82(a)，假设初始顶点为 v_1，目标顶点为 v_4，按照题目中给出的方法，离 v_1 最近的顶点是 v_2，由此可求得的最短路径是 $v_1 \rightarrow v_2 \rightarrow v_3 \rightarrow v_4$，最短路径长度为 3，实际最短路径应为 $v_1 \rightarrow v_4$，最短路径长度为 2，显然不符合实际情况。

对于图 8-82(b)，假设初始顶点为 v_1，目标顶点为 v_3，按照题目中给出的方法，只能求得路径 $v_1 \rightarrow v_2$，不能到达目标顶点 v_3。

23. (1) 图 G 的邻接矩阵 $\boldsymbol{A}$ 如图 8-83(a)所示。

(2) 带权有向图如图 8-83(b)所示。

(3) 关键路径是 0→1→2→3→5，如图 8-83(c)中的双线箭头所示，长度为 4+5+4+3=16。

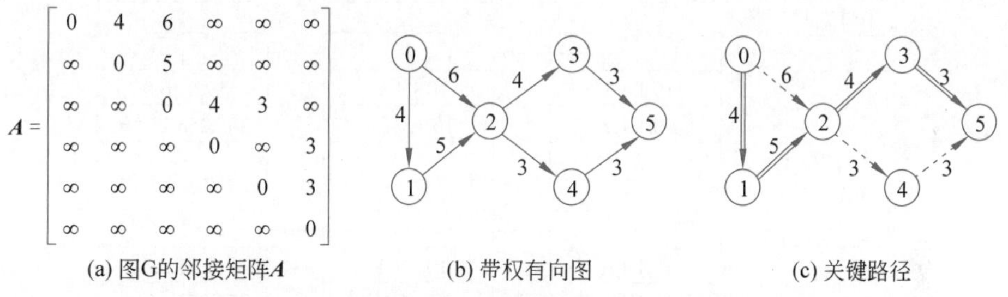

图 8-83　第 23 题的答案

24. (1) 图 8-57 可抽象为一个无向图。

(2) 对应表 8-7 的链式存储结构的示意图如图 8-84 所示。

RouterID
LN_link
Next

(a) 表头结点结构

Flag=1	Next
ID	
IP	
Metric	

(b) Link边结点结构

Flag=2	Next
Prefix	
Mask	
Metric	

(c) Net边结点结构

图 8-84　第 24 题的链式存储结构中结点结构的示意图

链式存储结构的类型定义如下。

```
typedef struct {                    //Link 结点的结构定义
    unsigned int id, ip;
} LinkNode;
typedef struct {                    //Net 结点的结构定义
    unsigned int Prefix, Mask;
```

```
} NetNode;
typedef struct Node {                //边结点的结构定义
    int Flag;                        //Flag=1, 为 Link;Flag=2, 为 Net
    unsigned int Metric;             //边上权值(费用)
    struct Node * Next;              //链接指针
    union {                          //共用体,Lnode 与 Nnode 共用同一空间
        LinkNode Lnode;
        NetNode Nnode;
    } LinkORNet;
} ArcNode;
typedef struct hNode {               //表头结点的结构定义
    unsigned int RouterID;
    ArcNode * LN_link;
    struct hNode * next;
} HNode;
```

对应表 8-6 的链式存储结构的示意图如图 8-85 所示。

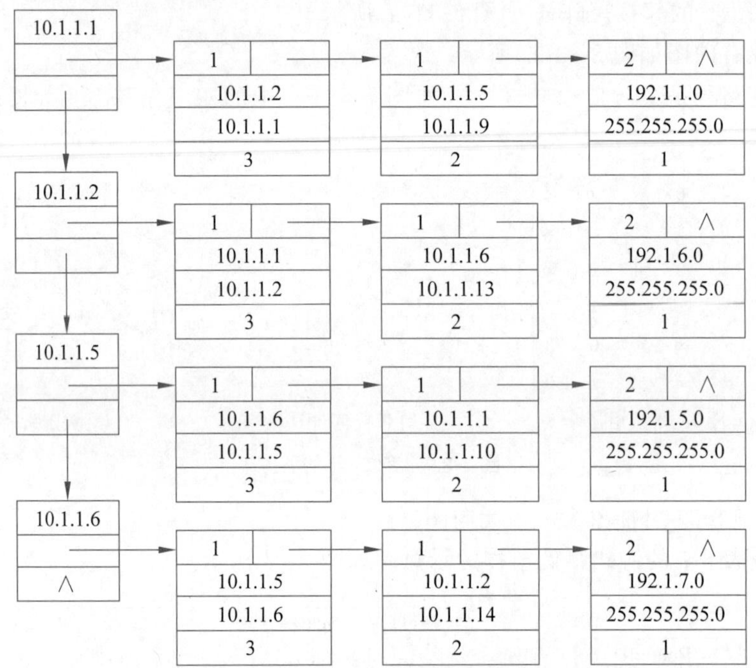

图 8-85 第 24 题的链式存储结构的示意图

(3) 用 Dijkstra 算法计算从 R1 到达各子网 192.1.x.x 的最短路径和费用如表 8-17 所示。

表 8-17 第 24 题从 R1 到各子网的最短路径和费用

	目标网络	最短路径	代价(费用)
$i=1$	192.1.1.0/24	R1→192.1.1.0/24	1
$i=2$	192.1.5.0/24	R1→R3→192.1.5.0/24	3
$i=3$	192.1.6.0/24	R1→R2→192.1.6.0/24	4
$i=4$	192.1.7.0/24	R1→R2→R4→192.1.6.0/24	8

25.(1) 从顶点 A 开始选边的过程如下。

① 生成树顶点集合 S={A},候选边(A,B,6)、(A,D,4)、(A,E,5),选权值最小的边(A,D,4),将 D 加入 S。

② S={A,D},候选边(A,B,6)、(A,E,5)、(D,C,6)、(D,E,4),选权值最小的边(D,E,4),将 E 加入 S。

③ S={A,D,E},排除(A,E,5),因 A、E 都在 S 中,候选边(A,B,6)、(D,C,6)、(E,C,4),选权值最小的边(E,C,4),将 C 加入 S。

④ S={A,D,E,C},排除(C,D,6),因 C、D 都在 S 中,候选边(A,B,6)、(B,C,4),选权值最小的边(B,C,4),将 B 加入 S。

⑤ S={A,D,E,C,B},所有顶点都进入 S,选边完成,构建成功的最小生成树如图 8-86 所示。

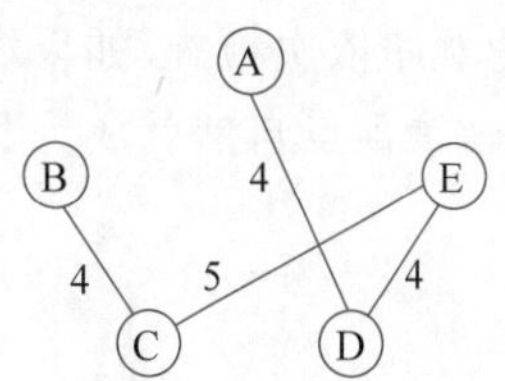

图 8-86　第 25 题的最小生成树

(2) 此图的 MST 是唯一的,因为 5 个顶点的图的 MST 只能有 4 条边,而图中权值最小(=4) 的 3 条边都加入了 MST,权值次小的 2 条边,(E,C,5) 在 MST 内,(A,E,5) 与(A,D,4)、(D,E,4) 会构成回路,不能加入 MST,故排除它,所以构造的 MST 是唯一的。

(3) 对于任意一个带权连通图,如果各条边的权值互不相同,用 Prim 算法构造出的 MST 是唯一的;否则,如本题的示例,在图中任一回路(环)中权值相同的边存在,但不多于 2 条,且在回路中的权值最大,其中一条边的两个端点都已经在集合 S 中,只有一条可选,这样用 Prim 算法构造出的 MST 是唯一的。

26.(1) 从铺设费用出发,为求最经济的光缆铺设方案,可把问题抽象为求无向连通图的最小生成树。采用 Prim 算法或 Kruskal 算法都可以求解。注意,最小生成树可以有两种情况,分别如图 8-87(a)和图 8-87(b)所示。总代价(费用)是 16。

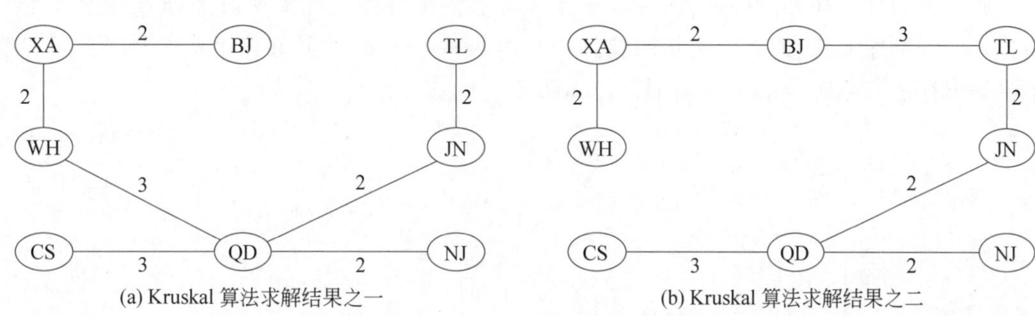

图 8-87　第 26 题的最小生成树

(2) 该图可采用邻接矩阵方式或邻接表方式存储,求解算法可采用 Prim 算法或 Kruskal 算法。8 个顶点 7 条边的无向图是稀疏图,最好是使用邻接表方式存储。

(3) TTL=5 表示 IP 分组的最大传递距离为 5,图 8-87(a)中 TL 到 BJ 的距离过远(=11),TTL=5 不足以让 IP 分组从 H1 传送到 H2;图 8-87(b)中 TL 到 BJ 的距离为 3,H2 可以收到 H1 传送来的 IP 分组。

27.(1)"强连通"是指有向图中任意两个顶点之间互相可达。例如在图 8-60 中 A 可达 F,F 也可达 A。图 8-60 不是一个强连通图,它有 3 个连通分量,分别如图 8-88 所示。

(2) 从不同顶点出发,得到的生成树(森林)是不同的,假设按 A,B,C,D,E,F,G,H,I

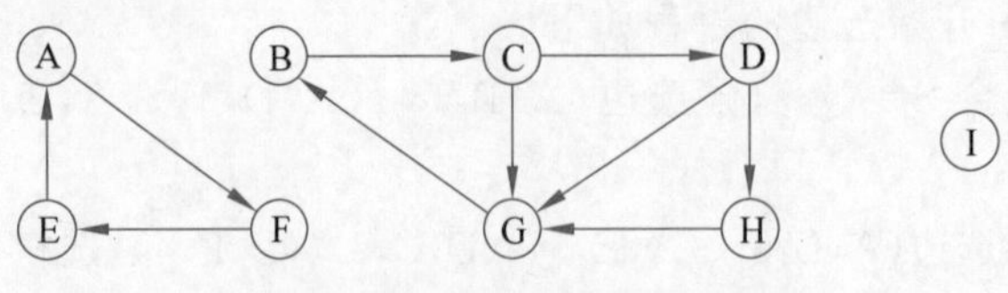

图 8-88 第 27 题图的强连通分量

的顺序依次检查，如果没有通过遍历访问到，则从该顶点开始做深度优先搜索或广度优先搜索，该顶点自然就成为其深度优先生成树或广度优先生成树的根，如图 8-89 所示。

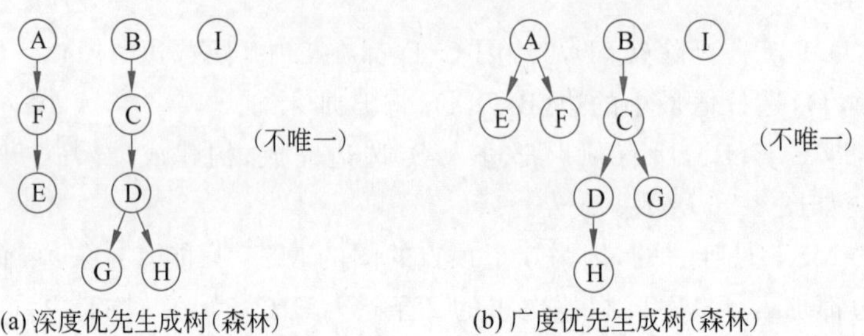

(a) 深度优先生成树(森林)　　(b) 广度优先生成树(森林)

图 8-89 第 27 题的深度优先生成树和广度优先生成树

28. 如果邻接矩阵中非 0 元素都集中在上三角部分，例如对于上三角部分任意的 i 和 j，$A[i][j]=1$，则一定存在一条有向边 $<v_i, v_j>$，且 $i<j$。这表明所有的有向边都是顶点号低的指向顶点号高的，因此不存在环路，其拓扑有序序列一定存在。如图 8-90(a)的例子。

同理，若邻接矩阵中非 0 元素都集中在下三角部分，例如对于下三角部分任意的 i 和 j，$A[i][j]=1$，则一定存在一条有向边 $<v_i, v_j>$，且 $i>j$。这表明所有的有向边都是顶点号高的指向顶点号低的，不存在环路，其逆拓扑有序序列一定存在。如图 8-90(b)的例子。

如果图中存在拓扑有序序列，它一定是一个有向无环图。如果所有的顶点号没有按照拓扑有序的顺序安排，或者没有按照逆拓扑有序的顺序安排，则其邻接矩阵中非 0 元素一般不会集中在上三角部分或下三角部分。如图 8-90(c)的例子。

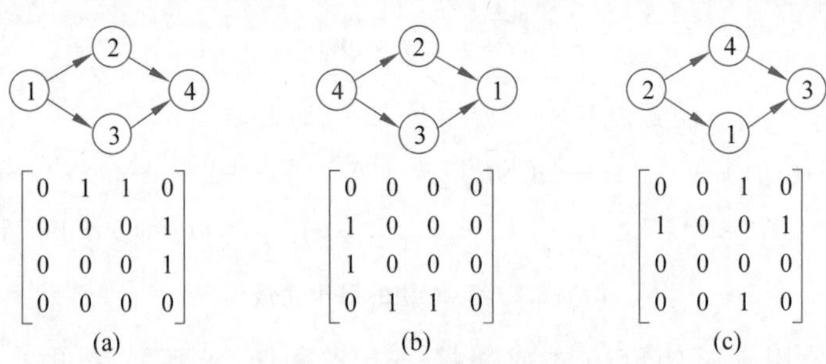

图 8-90 第 28 题的有向图与其邻接矩阵

三、算法题

1. 算法逐行处理邻接矩阵，逐个顶点建立图的邻接表。由于直接使用了图的私有数据成员，在“Graphlnk”和“Graphmtx”类定义中都要插入友元函数说明：

```
friend void adjMtx_to_adjLisk (Graphmtx <T, E>& G1, Graphlnk <T, E>& G2);
```

同时，在实现程序前面要加上 #include "Graphlnk.h" 和 #include "Graphmtx.h"。

另外,算法没有显式给出存储分配失败的例外处理,请读者自行补充。

算法的描述如下。

```
template <class T, class E>
void adjMtx_to_adjLisk (Graphmtx <T, E>& G1, Graphlnk <T, E>& G2) {
    int n = G2.numVertices = G1.numVertices;
    G2.numEdges = G1.numEdges;
    G2.maxVertices = G1.maxVertices;
    G2.NodeTable = new VertexNode<T, E>[maxVertices];
    int i, j, k;EdgeNode<T,E>  *p,  * rear;
    for (i = 0; i < n; i++) {                          //逐个顶点转换
        G2.NodeTable[i].data = G1.VerticesList[i];
        G2.NodeTable[i].adj = NULL;
        for (j = 0; j < n; j++)                        //找第一个邻接顶点
            if (G1.Edge[i][j]) break;
        if (j < n) {
            p = new EdgeNode<T, E>;                    //插入新的边结点
            p->dest = j;
            p->link = G2.NodeTable[i].adj;
            G2.NodeTable[i].adj = p;
            rear = p;
            for (k = j+1; k < n; k++) {                //找下一个邻接顶点
                if (G1.Edge[i][k]) {
                    p = EdgeNode<T, E>;                //插入新的边结点
                    p->dest = k;                       //链尾插入
                    p->link = rear->link;
                    rear->link = p;rear = p;
                }   /*if*/
            }   /*for k*/
        }   /*if*/
    }   /*for i*/
};
```

2. 算法逐个顶点处理邻接表,建立图的邻接矩阵。由于直接使用了图的私有数据成员,在“Graphlnk”和“Graphmtx”类定义中都要插入友元函数说明:

```
friend void adjLink_to_adjMtx (Graphlnk <T, E>& G1, Graphmtx <T, E>& G2);
```

同时,在实现程序前面要加上 # include "Graphlnk.h"和 # include "Graphmtx.h"。另外,算法没有显式给出存储分配失败的例外处理,请读者自行补充。

算法的描述如下。

```
template <class T, class E>
void adjMtx_to_adjLisk (Graphmtx <T, E>& G1, Graphlnk <T, E>& G2) {
    int n = G2.numVertices = G1.numVertices;
    G2.numEdges = G1.numEdges;
    G2.maxVertices = G1.maxVertices;
    int i, j;EdgeNode<T,E>  *p;
    G2.VerticesList = new VertexNode<T, E>[maxVertices];
    G2.Edge = (VertexNode<T,E> * * ) new VertexNode<T,E> *[maxVertices];
```

```
    for (i = 0; i < G2.maxVertices; i++) {                    //创建邻接矩阵
        G2.Edge[i] = new VertexNode<T,E> [maxVertices];
    }
    for (i = 0; i < G2.maxVertices; i++)
    for (j = 0; j < G2.maxVertices; j++) G2.Edge[i][j] = 0;
    for (i = 0; i < n; i++) {                                 //逐个顶点转换
        G2.VeticesList[i] = G1.NodeTable[i].data;
        for (p = G1.NodeTable[i].adj; p != NULL; p = p->link)
            G2.Edge[i][p->dest] = 1;
    }   /* for i */
};
```

3. 深度优先搜索遍历有向图 G,若从某个顶点可遍历到所有其他顶点,则该顶点为根结点,否则不是根结点;对每个顶点遍历一次即可完成任务。算法用到图的操作,在实现程序的前面要加语句#include "Graphlnk.h",算法的描述如下。

```
#define defaultVertices 20
#include "Graphlnk.h"
#include <iostream.h>
template <class T, class E>
void DfsTraverse (Graphlnk<T, E>& G) {
//用深度优先搜索判断有向图 G 是否有根。若有,则打印所有根结点的值
    int visited[DefaultVertices];
    int i, count = 0, n = G.NumberOfVertices();            //count 记录访问的顶点数
    for (i = 0; i < n; i++) visited[i] = 0;
    count = 0;
    for (i = 0; i < n; i++) {
        DFS (G, i. visited, count);
        if (count == n) cout << G.getValue(i) <<endl;
    }
};
template <class T, class E>
void DFS(Graph<T, E>& G, int v, int visited[], int& count) {
//从第 v 个顶点出发递归地深度优先遍历图 G
    visited[v] = 1;count++;
    for (w = G.getFirstNeighbor(v); w != -1; w = G.getNextNeighbor(G, v, w))
        if (!visited[w]) DFS (G, w, visited, count);
};
```

4. 算法使用深度优先搜索算法从 vi 到 vj 进行深度优先遍历,当图 G 是连通图时,一定能够访问到 vj,从而得到一条简单路径,然后回退一个顶点,再寻找其他的简单路径;再回退一个顶点,……,直到找到所有从 vi 到顶点 vj 的简单路径。在算法中,通过使用一个辅助数组 aPath[]记录从顶点 vi 到 vj 的简单路径。每当从顶点 vi 出发,通过深度优先搜索遍历到顶点 vj 时,在 aPath[]中就可得到一条从 vi 到 vj 的简单路径。另一辅助数组 visited[]记录已访问过的顶点。算法的描述如下。

```
#Define DefaultVertices 20
template<class T, class E>
void allSimplePath (Graphlnk<T, E>& G, int vi, int vj) {
```

```
    int i, k = 0, n= G.NumberOfVertices ();                    //图中顶点个数
    int visited[DefaultVertices];                              //顶点标志数组
    int aPath[DefaultVertices];                                //存储路径的数组
    for (i = 0; i < n; i++) visited[i] = 0;                    //visited[]初始化
    dfs (G, vi, vj, visited, aPath, k);
    delete []visited;delete []aPath;
};
template<class T, class E>
void dfs(Graphlnk<T, E>& G, int v, int vj, int visited[ ], int aPath[ ], int k) {
//用图的深度优先搜索在连通图 G 中寻找从 v 到 vj 的简单路径,数组 visited[]记录
//访问过的顶点,数组 aPath[]记录路径上顶点序列,k 是 aPath[]中当前可存放位置
    visited[v] = 1;aPath[k] = v;
    int i, w = G.getFirstNeighbor(v);
    while (w != -1) {
        if (!visited[w])
            if (w == vj) {                                     //当此顶点为终止顶点
                for (i = 0; i <= k; i++) cout << aPath[i];
                cout << w <<endl;                              //输出一条路径
            }
            else dfs (G, w, vj, visited, aPath, k+1);
        w = G.getNextNeighbor(v, w);
    }
    visited[v] = 0;
};
```

5. 算法通过深度优先搜索从顶点 v 开始遍历,并使用栈 S 保存遍历路径上的顶点,对于连通图,通过一趟遍历可以找到一条简单回路;然后退回一个顶点,看是否可通过另一条路径回到顶点 v;还可以再退回一个顶点……直到所有简单回路都找到并输出为止。算法要求从顶点 v 出发的回路上的边数大于或等于 2。算法的描述如下。

```
#define DefaultVertices 20
#include <iostream.h>
#include "Graphlnk.h"
template <class T, class E>
void cycle_Path (Graph<T, E>& G, int v, int d) {
    int visited[DefaultVertices];
    int S[DefaultVertices];
    for (int i = 0; i < DefaultVertices; i++) visited[i] = S[i] = 0;
    int d = 0;
    dfspath (G, , v, v, , visited, S, d);
};
template<class T, class E>
void dfspath (Graphlnk<T, E>& G, int vi, int vj, int visited[], int S[], int d) {
    visited[vi] = 1;S[++d] = vi;
    if (vi == vj && d >= 2) {                 //必须经过 2 条边才能形成环
        cout <<"The path is ";
        for (int i = 1; i <= d; i++) cout << S[i] <<", ";
        cout <<endl;
    }
    for (int w = G.getFirstNeighbor(vi); w != -1; w = G.getNextNeighbor(vi, w))
        if (!visited[w] || w == vj) dfspath (G, w, vj, visited, S, d);
    visited[vi] = 0;
};
```

6. 算法实际上是要求使用图的广度优先搜索输出所有围绕顶点 v 的第 $k+1$ 层的顶点。为此,要求在做层次遍历时要记忆层次号。当遍历到指定层次时,直接输出队列中的结点即可,如图 8-91 所示。

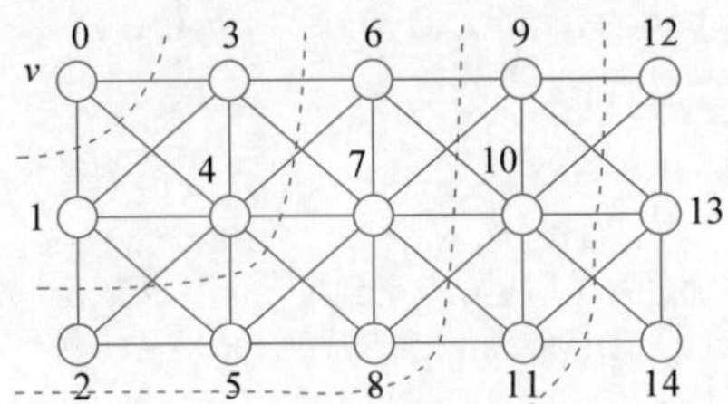

图 8-91 第 6 题求连通图的路径长度

算法的描述如下。

```
#define DefaultVertices 20
#include <iostream.h>
#include "Graphlnk.h"
template <class T, class E>
void BFS_k (Graphlnk<T, E>& G, int v, int k) {
    int i, j, u, front, rear, level, last;
    int n = G.NumberOfVertices();
    int Q[DefaultVertices];
    int visited[DefaultVertices];
    for (i = 0; i < n; i++) visited[i] = 0;
    visited[v] = 1;
    front = 0;rear = 1;Q[rear] = v;          //队列 Q 初始化
    level = 1;last = 1;                      //level 表示层号,last 表示层最后顶点
    while (front != rear) {                  //队列不空,循环
        front = (front+1) % n;u = Q[front];
        for (j = G.getFirstNeighbor(u); j != -1; j = G.getNextNeighbor(u, j))
            if (!visited[j]) {
                visited[j] =1;
                rear = (rear+1) % n;Q[rear] = j;
            }
            if (front == last) {
                level++;last = rear;
                if (level == k+1) {
                    cout <<"The nodes of path Length " << k <<" are: ";
                    while (front != rear)
                        { front = (front+1) % n;cout << Q[front] <<" "; }
                    cout <<endl;
                    return;
                }
            }
    }
};
```

7. (1) 实现十字链表的构造函数,建立十字链表。算法的描述如下。

```
Graphmul::Graphmul (int sz) {
    if (sz <= 0) return;
```

```
    NodeTable = new VertexNode [sz];            //分配顶点表的存储空间
    if (NodeTable == NULL) { cerr <<"Memory allocation fail!\n";exit(1); }
    maxVertices = sz;numVertices = 0;numEdges = 0;
    char ch;int i, j;float w;EdgeNode * p;
    cout <<"请输入各顶点值,以'#'结束: " <<endl;
    cin >> ch;
    while (ch != '#') {                         //输入顶点值,建立顶点表
        NodeTable[numVertices] = ch;
        NodeTable[numVertices].firstin = NodeTable[numVertices].firstout = NULL;
        numVertices++;
        cin >> ch;
    }
    cout <<"请输入各边的值,以始顶点号为-1 结束: " <<endl;
    cin >> i >> j >> w;
    while (i != -1) {                           //逐个边建立,前插
        if (i >= 0 && i < numVertices && j >= 0 && j < numVertices) {
            p = new EdgeNode;
            p->tail = i;p->head = j;
            p->tlink = NodeTable[i].firstout;NodeTable[i].firstout = p;
            p->hlink = NodeTable[j].firstin;NodeTable[j].firstin = p;
            p->cost = w;
            numEdges++;
        }
        else cout <<"顶点号有错! 范围在 0: " << numVertices-1 <<"内。\n";
        cin >> i >> j >> w;
    }
  };
```

(2) 求有向图的强连通分量。分两步走,第一步循“出边”方向做正向遍历,确定从各未访问顶点出发做深度优先搜索退出递归时的顺序并记入 finished[],其中隐含了正向通路的信息。第二步利用 finished[]循“入边”方向做反向遍历,从各未访问顶点出发做深度优先搜索确定反向通路,从而得到强连通分量。算法采用十字链表作为图 G 的存储结构。

算法的描述如下。

```
void Strongly_Connect (Graphmul& G) {
    int i, v, count = -1;
    for (i = 0; i < G.numVertices; i++) visited[v] = 0;
    for (i = 0; i < G.numVertices; i++)          //第一次正向遍历建立 finished 数组
        if (!visited[i]) dfs_1 (G, i, visited, finished, count);
    for (i = 0; i < G.numVertices; i++) visited[v] = 0;
    for (i = G.numVertices-1; i >= 0; i--) {     //第二次逆向遍历
        v = finished(i);
        if (!visited[v]) {
            cout <<endl;                         //不同的强连通分量在不同的行输出
            dfs_2 (G, v, visited);
        }
    }
    cout <<endl;
};
```

```
void dfs_1 (Graphmul& G, int v, int visited[], int finished[], int count) {
//第一次深度优先遍历,求 finished 数组
    visited[v] = 1;
    EdgeNode *p; int w;
    for (p = G.NodeTable[v].firstout; p != NULL; p = p->tlink) {
        w = p->head;
        if (!visited[w]) dfs_1 (G, w, visited, finished, count);
    }
    finished[++count] = v;
};
void dfs_2 (Graphmul& G, int v, int visited[]) {
//第二次反向深度优先遍历,求强连通分量
    visited[v] = 1;
    cout << G.NodeTable[v].data;
    EdgeNode *p; int w;
    for (p = G.NodeTable[v].firstin; p != NULL; p = p->hlink) {
        w = p->taii;
        if (!visited[w]) dfs_2 (G, w, visited);
    }
};
```

求有向图的强连通分量的算法的时间复杂度和深度优先遍历相同,为 $O(n+e)$。

(3) 针对图 8-61 的例子,首先画出它的十字链表,即有向图的邻接多重表,如图 8-92 所示。

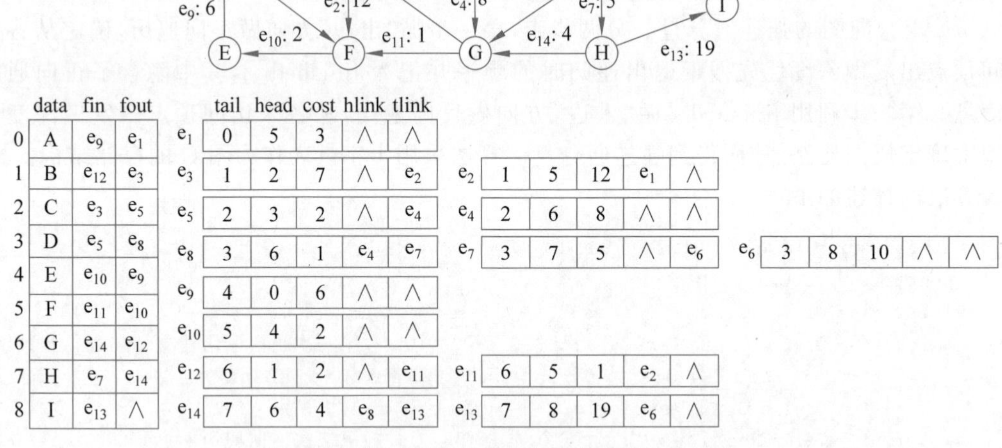

	data	fin	fout
0	A	e_9	e_1
1	B	e_{12}	e_3
2	C	e_3	e_5
3	D	e_5	e_8
4	E	e_{10}	e_9
5	F	e_{11}	e_{10}
6	G	e_{14}	e_{12}
7	H	e_7	e_{14}
8	I	e_{13}	∧

	tail	head	cost	hlink	tlink
e_1	0	5	3	∧	∧
e_3	1	2	7	∧	e_2
e_2	1	5	12	e_1	∧
e_5	2	3	2	∧	e_4
e_4	2	6	8	∧	∧
e_8	3	6	1	e_4	e_7
e_7	3	7	5	∧	e_6
e_6	3	8	10	∧	∧
e_9	4	0	6	∧	∧
e_{10}	5	4	2	∧	∧
e_{12}	6	1	2	∧	e_{11}
e_{11}	6	5	1	e_2	∧
e_{14}	7	6	4	e_8	e_{13}
e_{13}	7	8	19	e_6	∧

图 8-92 第 7 题的带权有向图和它的十字链表

第一次访问顺序:$A\xrightarrow{e_1}F\xrightarrow{e_{10}}E$,$B\xrightarrow{e_3}C\xrightarrow{e_5}D\xrightarrow{e_8}G\rightarrow D\xrightarrow{e_7}H\xrightarrow{e_{13}}I$,得到的 finished 数组如图 8-93 所示。

	0	1	2	3	4	5	6	7	8
finished	4(E)	5(F)	0(A)	8(I)	7(H)	6(G)	3(D)	2(C)	1(B)

图 8-93 第 7 题的 finished 数组

第二次遍历顺序：B $\xrightarrow{e_{12}}$ G $\xrightarrow{e_{14}}$ H $\xrightarrow{e_7}$ D $\xrightarrow{e_5}$ C，I，A $\xrightarrow{e_9}$ E $\xrightarrow{e_{10}}$ F，构成3个强连通分量。

8.（1）当图中的顶点个数等于边的条数时，$ADJ = INC \times INC^T - \boldsymbol{I}$ 成立。

（2）设用关联矩阵表示的图的定义如下。

```
const int MaxEdges = 50;                                        //最大边数
const int MaxVertices = 10;                                     //最大顶点数
typedef int DataType;
typedef struct {                                                //图的结构定义
    DataType VerticesList [MaxVertices];                        //顶点表
    int associatMatrix[MaxVertices][MaxEdges];                  //关联矩阵
    int CurrentEdges, CurrentVertices;                          //当前边数和当前顶点数
} GraphAMT;
```

（3）与使用邻接矩阵执行DFS遍历算法比较，使用关联矩阵执行DFS要解决寻找某指定顶点的全部邻接顶点问题。在关联矩阵中，第 i 行表示编号为 i 的一个顶点，第 j 列表示编号为 j 的一条边，设关联矩阵为 $\boldsymbol{A}$，则 $A[i][j]$ 表示顶点 i 是否与边 j 关联：若 $A[i][j]=1$ 标志着顶点 i 与边 j 关联，此时可在第 j 列找另一个 $A[i'][j]=1$ 的元素，顶点 i' 应是顶点 i 的邻接顶点。为此，可以定义两个操作寻找顶点v的第一个邻接顶点和下一个邻接顶点。

```
int getFirstNeighbor (GraphAMT& G, int v) {
//取图 G 中顶点 v 的第一个邻接顶点,若找到,则返回邻接顶点号,若未找到则返回-1
    int i, j;
    for (j = 0; j < G.CurrentEdges; j++)                        //在 v 行寻找与之关联的边 j
        if (G.associatMatrix[v][j] == 1)
            for (i = 0; i < G.CurrentVertices; i++)             //在 j 列寻找邻接顶点 i
                if (i != v && G.associatMatrix[i][j] == 1)
                    return i;                                   //若找到,则返回邻接顶点号 i
    return -1;
};
int getNextNeighbor (GraphAMT& G, int v, int w) {
//取图 G 中邻接顶点 w 的下一邻接顶点,函数返回找到的下一邻接顶点号
    int i, j, k;
    for (j = 0; j < G.CurrentEdges; j++)                        //寻找 w 与 v 所在的边 j
        if (G.associatMatrix[w][j] == 1 && G.associatMatrix[v][j] == 1) break;
    for (k = j+1; k < G.CurrentVertices; k++)                   //向后继续找与 v 关联的边
        if (G.associatMatrix[v][k] == 1)
            for (i = 0; i < G.CurrentVertices; i++)             //在 k 列寻找邻接顶点 i
                if (i != v && G.associatMatrix[i][k] == 1)
                    return i;                                   //若找到,则返回邻接顶点号 i
    return -1;
};
```

只要有了这两个操作，就可以使用常规的DFS算法遍历图了。算法描述如下。

```
void DFS (GraphAMT& G, int v, bool visited[]) {
//从顶点位置 v 出发, 以深度优先的次序访问所有可读入的尚未访问过的顶点
```

```
//算法中用到一个辅助数组 visited,对已被访问过的顶点做访问标记
    cout << G.VerticesList[v] << ' ';visited[v] = true;     //访问顶点 v
    int w = getFirstNeighbor(G, v);                    //找顶点 v 的第一个邻接顶点
        while (w != -1) {                              //若邻接顶点 w 存在
            if (!visited[w]) DFS (G, w, visited);  //递归访问顶点 w
            w = getNextNeighbor (G, v, w);          //取下一个邻接顶点
        }
};
void Components (GraphAMT& G) {
//通过 DFS,找出无向图的所有连通分量
    int i;
    bool * visited = new bool[MaxVertices];       //visited 数组记录顶点是否被访问过
    for (i = 0; i < G.CurrentVertices; i++) visited[i] = false;
    for (i = 0; i < n; i++)                            //顺序扫描所有顶点
        if (!visited[i]) {                             //若没有被访问过,则访问
            DFS(G, i, visited);
            OutputNewComponent();                      //输出这个连通分量
        }
    delete [] visited;
};
```

9. 下面以图 8-94 所示的邻接矩阵作为连通网络的存储表示,并以并查集作为判断是否出现回路的工具,算法的执行过程如图 8-95。

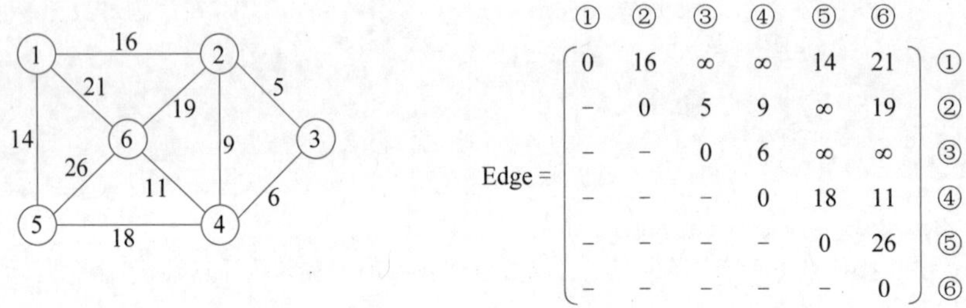

图 8-94　第 9 题的带权连通图及其邻接矩阵

算法的思路如下。

(1) 并查集初始化:将所有顶点置为只有一个顶点的连通分量;

(2) 检查所有的边:

① 若边的两个端点 i 与 j 不在同一连通分量上(即 i 与 j 在并查集中不同根),则连通之(合并并查集);

② 若边的两个端点 i 与 j 在同一连通分量上(即 i 与 j 在并查集中同根),则

a) 在并查集中寻找距离 i 与 j 最近的共同祖先结点;

b) 分别从 i 与 j 向上检测具有最大权值的边;

c) 在并查集上删除具有最大权值的边,加入新的边。

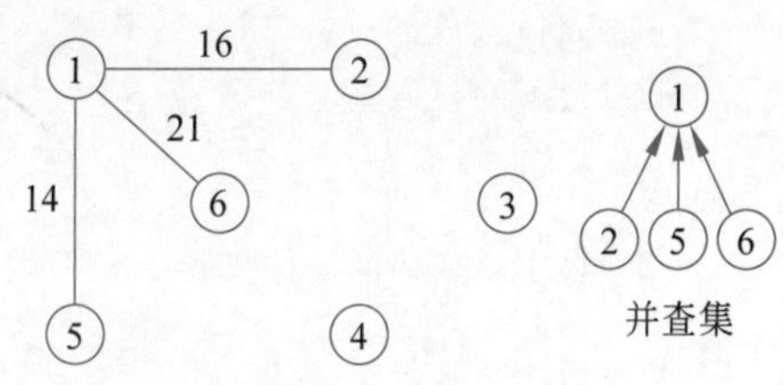

(a) 取矩阵第一行的边得到并查集，表明4个结点在同一连通分量上。加入各边未出现环

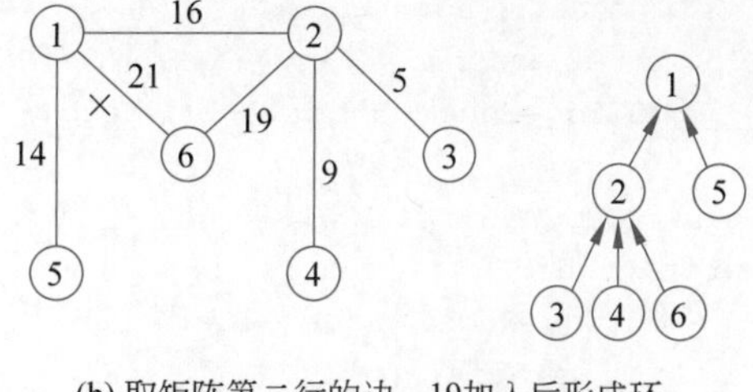

(b) 取矩阵第二行的边，19加入后形成环，把最大的21删去，并查集中删去<6,1>增加<6,2>

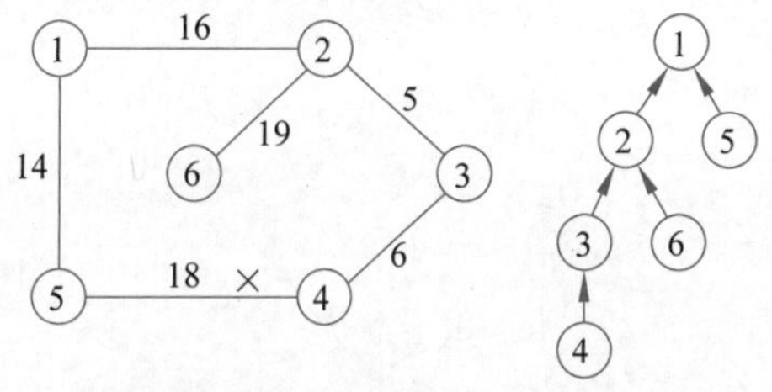

(c) 取矩阵第四行的边，18加入后形成环，它就是最大的，删去，并查集不变

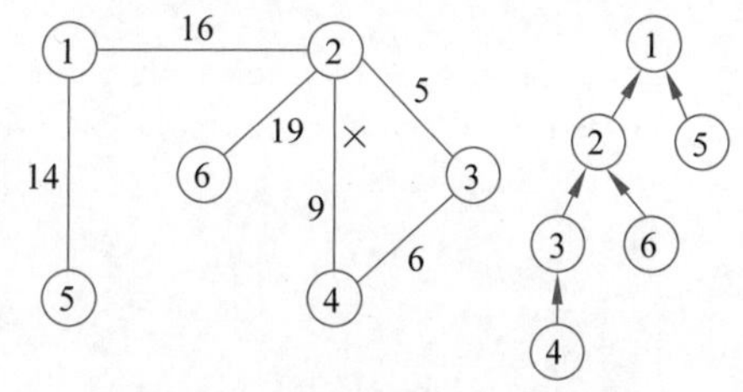

(d) 取矩阵第三行的边，6加入后形成环，把最大的9删去，并查集中删去<4,2>增加<4,3>

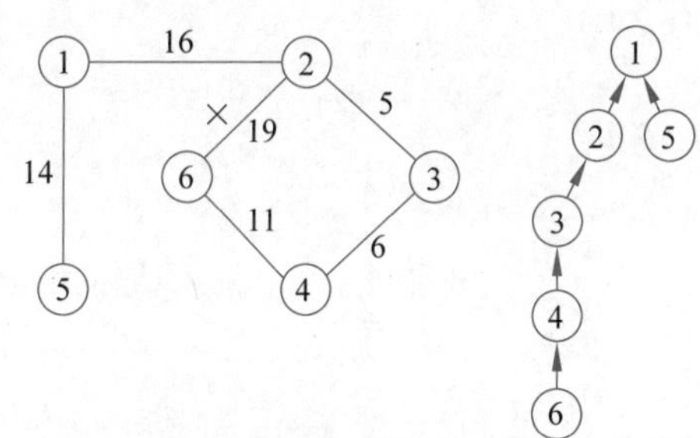

(e) 取矩阵第四行的边，11加入后形成环，把最大的19删去，并查集中删去<6,2>增加<6,4>

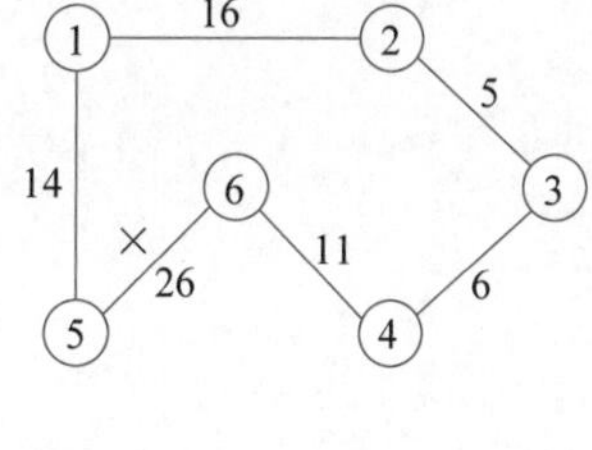

(f) 取矩阵第五行的边，26加入后形成环，它就是最大的，删去，并查集不变

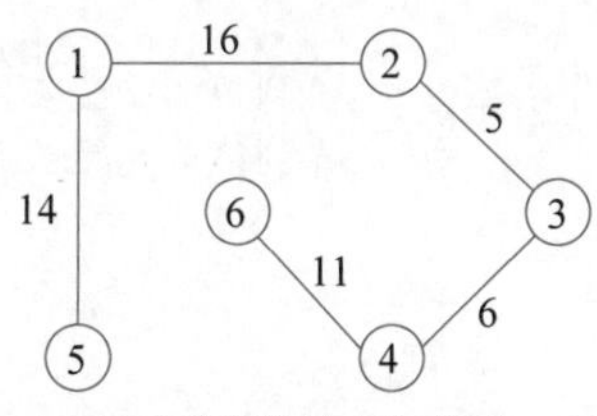

(g) 最后得到的最小生成树

图 8-95　第 9 题构建最小生成树的过程

算法的实现如下。

```
#define maxValue 10 000                        //问题中不可能出现的大数
#define DefaultEdges 20                        //生成树默认边数
#define DefaultVertices 20                     //图默认边数
struct MSTEdgeNode {                           //最小生成树边结点的类声明
```

```
    int tail, head;                                          //两顶点位置
    float cost;                                              //边上的权值
    MSTEdgeNode() : tail(-1), head(-1), cost(0) {}
};
class MinSpanTree {                                          //最小生成树的类定义
protected:
    MSTEdgeNode * edgevalue;                                 //用边值数组表示树
    int maxSize, n;                                          //数组的最大元素个数和当前个数
public:
    MinSpanTree (int sz = DefaultEdges) : maxSize (sz), n (0) {
        edgevalue = new MSTEdgeNode[sz];
    }
    bool Insert (MSTEdgeNode item) {
        if (n < maxSize) { adgevalue[n++] = item;return true; }
        return false;
    };
};
class disjoint {                                             //并查集类定义
    int parent[DefaultVertices];                             //父指针数组
public:
    disjoint () {                                            //初始化,每棵树 1 个结点
        for (int i = 0; i < DefaultVertices; i++) parent[i] = -1;
    };
    int Find (int i) {                                       //查找结点 i 所在树的根
        while (parent[i] >= 0) i = parent[i];
        return i;
    };
    void Unions (int i, int j) {                             //合并以 i 为根和以 j 为根的树
        parent[j] = i;
    };
    int Father (int i) {
        if (i >= 0) return parent[i];
        else return i;
    }
    int commonAncestors (int i, int j) {                     //查找 i 与 j 的共同祖先
        int p = 0, q = 0, k;
        for (k = i; parent[k] >= 0; k = parent[k]) p++;  //i 到根的路径长度 p
        for (k = j; parent[k] >= 0; k = parent[k]) q++;  //j 到根的路径长度 q
        while (parent[i] != parent [j]) {
            if (p < q) { j = parent[j];q--; }
            else if (p > q) { i = parent[i];p--; }
            else { i = parent[i];j = parent[j]; }
        }
        return i;
    };
    int Remove (int i) {                                     //结点 i 移出它所在的树
        int k = 0;
        while (k < DefaultVertices && parent[k] != i) k++;
        if (k < DefaultVertices)                             //链接摘下 i 后的父结点链
            { parent[k] = parent[i];parent[i] = -1;return k; }
```

```
        else return -1;
    }
};
void Dijkstra (Graph<int, float>& G, MinSpanTree& ST) {
    MSTEdgeNode nd;
    int n = G.NumberOfVertices();;
    int i, j, p, q, k, s1, s2, t1, t2;float w, max1, max2;
    disJoint D;                                    //建立并查集并初始化
    for (i = 0; i < n-1; i++)                      //检查所有的边
        for (j = i + 1; j < n; j++) {
            w = G.getWeight(i, j);
            if (w < maxValue) {                    //边存在
                p = D.Find(i);q = D.Find(j);       //判断 i 与 j 是否在同一连通分量上
                if (p != q) {
                    D.Unions (i, j);               //i 与 j 不在同一连通分量上,连通之
                    nd.tail = j;nd.head = i;nd.cost = w;ST.Insert (nd);
                }
            }
            else {                                 //i 与 j 在同一连通分量上
                k = D.commonAncestors(i, j);       //寻找距离 i 与 j 最近的祖先结点
                p = i;q = D.Father(p);             //从 i 到 k 查找权值最大的边(s1, s2)
                max1 = -maxValue;
                while (q <= k) {
                    if (G.getWeight(p, q) > max1)
                        { max1 = G.getWeight(p, q);s1 = p;s2 = q; }
                    p = q;q = D.Father(p);
                }
                p = j;q = D.Father(p);             //从 j 到 k 查找权值最大的边(t1, t2)
                max2 = -maxValue;
                while (q <= k) {
                    if (G.getWeight (p, q) > max2)
                        { max2 = G.getWeight (p, q);t1 = p;t2 = q; }
                    p =q;q = D.Father(p);
                }
                if (max1 <= max2) { s1 = t1;s2 = t2;max1 = max2; }
                if (D.Remove(s1) >= 0) {           //从并查集中删去权值大的边
                    D.Unions(s1, s2);              //插入新边
                    nd.tail = s2;nd.head = s1;nd.cost = max1;ST.Insert(nd);
                }
            }
        }
};
```

10. Dijkstra 算法要求带权有向图各边上的权值非负，而 Bellman-Ford 算法没有此限制。教材上的 Bellman-Ford 算法是基于邻接矩阵实现的。它的思路是构造一个最短路径长度数组序列 $dist^1[u], dist^2[u], \cdots, dist^{n-1}[u]$。其中，$dist^1[u]$是从源点 v 到终点 u 的只经过一条边的最短路径的长度，并有 $dist^1[u] = Edge[v][u]$；而 $dist^2[u]$是从源点 v 最多经过两条边到达终点 u 的最短路径的长度；$dist^3[u]$是从源点 v 出发最多经过不构成带负长度边回路的三条边到达终点 u 的最短路径的长度；……，$dist^{n-1}[u]$是从源点 v 出发最多经过

不构成带负长度边回路的 $n-1$ 条边到达终点 u 的最短路径的长度。算法的最终目的是计算出 $dist^{n-1}[u]$。

如果用邻接表实现算法，主要是把有关邻接矩阵的操作改为邻接表操作。算法采用广度优先搜索方法分层求最短路径，层次等于经过的顶点数。为控制层次，在算法中直接定义队列，并使用一个辅助变量 last 控制每层的结尾。下面给出基于邻接表实现的计算有向带权图的最短路径长度的 Bellman-Ford 算法。算法中使用了同一个 dist[u]数组来存放一系列的 $dist^{k}[u]$，算法结束时 dist[u]中存放的是 $dist^{n-1}[u]$。

算法的描述如下。

```
void Bellman-Ford (Graphlnk& G, int v, float dist[], int path[], int& level) {
//在有向带权图中有的边具有负的权值。从顶点 v 查找到所有其他顶点的最短路径
    int i, k, u;float w;
    int Q[DefaultVertices];int front = 0, rear = 0, last;
    for (i = 0; i < G.numVertices; i++) { dist[i] = 0;path[i] = -1; }
    EdgeNode * p = G.NodeTable[v].adj;          //dist 和 path 数组初始化
    while (p != NULL) {
        dist[p->vertex] = p->length;path[p->vertex] = v;
        raer = (rear+1) % DefaultVertices;
        Q[rear] = p->vertex;                    //第一层邻接顶点进队
        p = p->link;
    }
    last = rear;level = 1;                      //第一层结点在队列中的尾
    while (front != rear) {                     //队列不空,循环
        front = (front+1) % DefaultVertices;
        u = Q[front];                           //出队
        p = G.NodeTable[u].adj;
        while (p != NULL) {
            i = p->vertex;w = p->length;
                if (w < maxValue && dist[i] > dist[u]+w) {
                dist[i] = dist[u]+w;path[i] = u;
                rear = (rear+1) % DefaultVertices;
                Q[rear] = i;
            }
            p = p->link;
        }
        if (last == front) {
            last = rear;level++;
            if (level >= G.numVertices-1) break;
        }
    }
};
```

如果带权有向图中包含有向环，会导致无限循环，所以当层次 level 到达 G.numVertices−1 时，就要强制退出算法。算法的一个前提是有向环中不能有带负权值的边。

例如，对于图 8-96 所示的带权有向图，采用邻接表存储，算法的计算过程如下。

设从顶点 A 出发，解决步骤如图 8-97 所示。

11. 算法的思路其实很简单。首先求指定顶点 i 到各个顶点的偏心距，再在各个顶点的

偏心距中选择一个最小的作为中心，通过参数 biasdist 返回。算法中使用 Dijkstra 算法求某顶点 i 到其他各顶点的最短路径和最短路径长度，分别存入 fromPath[n]和 fromDist[n]；并选择其中最大者记入 toDist[i]。最后再在 toDist[n]中选择最小者返回。

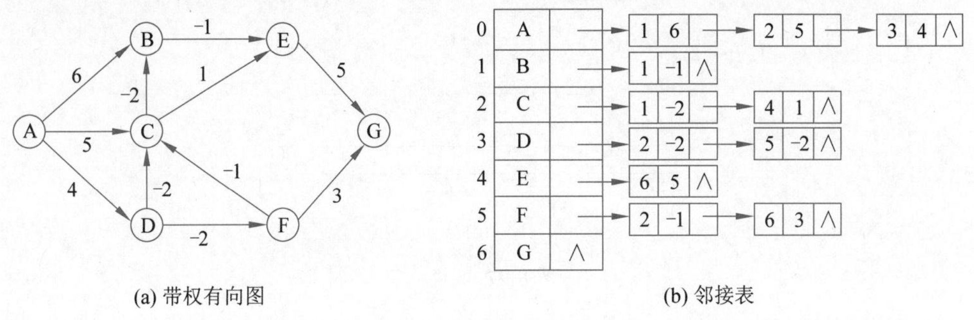

(a) 带权有向图　　(b) 邻接表

图 8-96　第 10 题的带权有向图及其邻接表存储

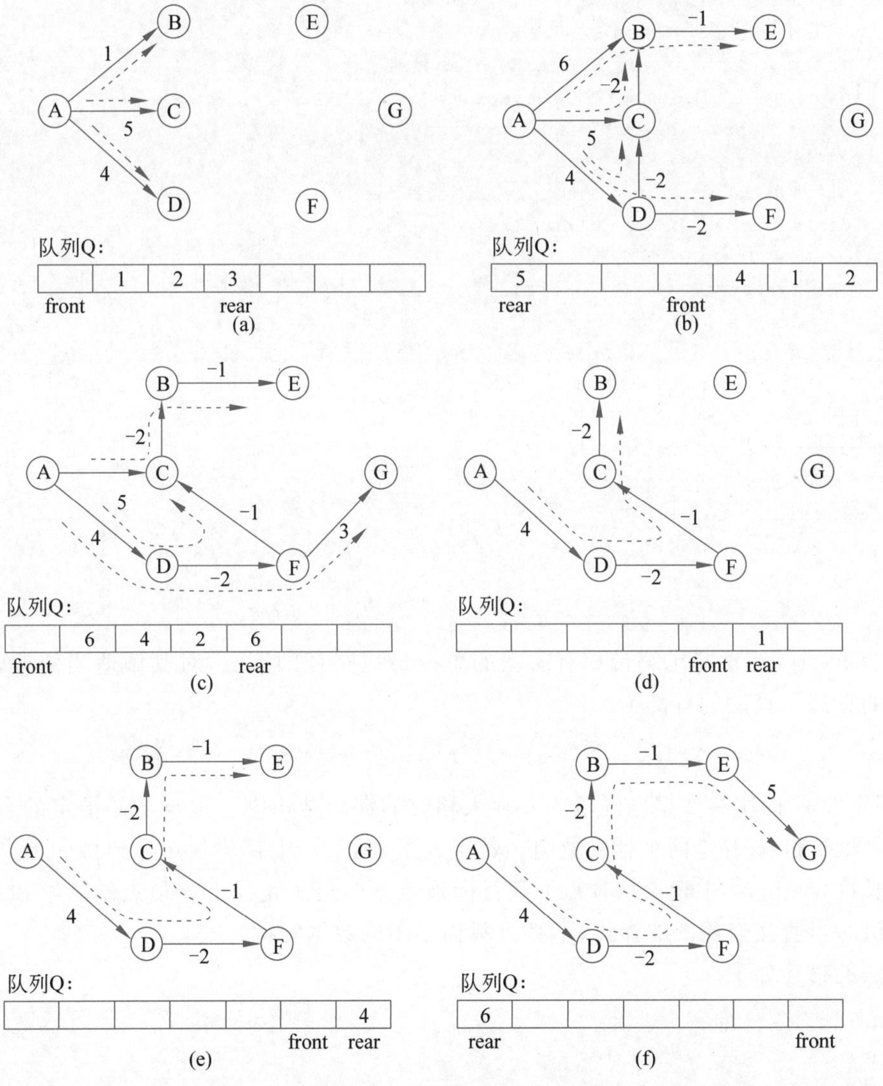

图 8-97　第 10 题的求解过程示例

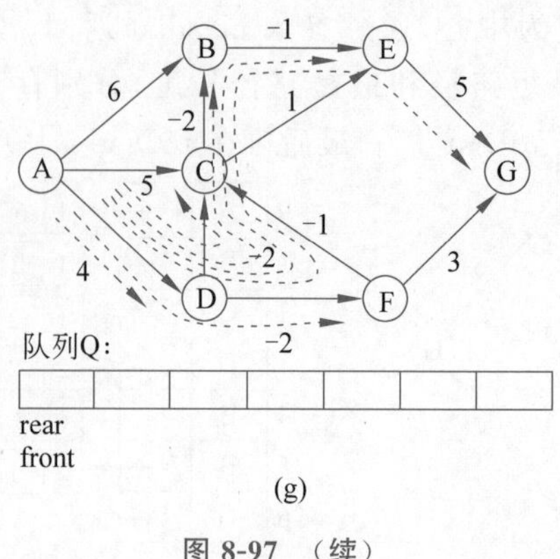

(g)

图 8-97 （续）

算法的描述如下。

```
#define DefaultVertices 20
template <class T, class E>
int centre (Graphlnk <T, E>& G, E& biasdist) {
    int i, j, n = G.NumberOfVertices();
    E * fromDist = new E[DefaultVertices];
    E * toDist = new E[DefaultVertices];
    int * fromPath = new int[DefaultVertices];
    for (i = 0; i < n; i++) toDist[i] = 0;
    for (i = 0; i < n; i++) {
        ShorttestPath (G, i, fromDist, fromPath);
        for (j = 0; j < n; j++)
            if (j != i && fromDist[j] > toDist[i]) toDist[i] = fromDist[j];
        }
    j = 0;
    for (i = 1; i < n; i++)
        if (toDist[i] < toDist[j]) j = i;
    biasdist = toDist[j];
    delete [ ] fromDist;delete [ ] fromPath;delete [ ] toDist;
    return j;
};
```

12. Dijkstra 算法是求解带权有向图的单源最短路径的算法，对其做适当修改，可以得到要求的算法。算法的首部为

```
void sdsp (Graph G, int v, float *dist, int *path);
```

其中，假定图 G 的所有数据已经输入并存入相应的存储结构中。顶点 v 是指定的合法的目标顶点。dist 和 path 是两个辅助数组。数组元素 dist[i] 中存放顶点 i 到目标顶点 v 的最短路径长度，path[i] 中记录从顶点 i 到目标顶点 v 的最短路径上该顶点的后继顶点。（在编写算法时可直接使用图的操作，不必重新描述图的数据结构）

算法的描述如下。

```
#include <float.h>
#include "Graphlnk.h"
#define DefaultVertices 20
```

```
#define maxValue FLT_MAX
void sdsp (Graphlnk<int, float>& G, int v, float dist[], int path[]) {
    int i, j, u, n = G.NumberOfVertices ();          //顶点个数
    float w;
    bool S[n];                                       //标识已求得最短路径的顶点集合
    for (i = 0; i < n; i++) S[i] = false;            //集合初始化,目标顶点 v 进集合
    S[v] = true;
    for (i = 0; i < n; i++) {                        //dist 与 path 数组初始化
        dist[i] = G.getWeight (i, v);
        if (i != v && dist[i] < maxValue) path[i] = v;
        else path[i] = -1;
    }
    for (i = 0; i < n; i++)                          //对所有顶点处理一次
        if (i != v) {                                //目标顶点排除在外
            min = maxValue;u = v;                    //选不属于 S 且具有最短路径的顶点 u
            for (j = 0; j < n; j++)
            if (!S[j] && dist[j] < min) { u = j;min = dist[j]; }
        }
        S[u] = true;                                 //将顶点 u 加入集合 S
        for (j = 0; j < n; j++)                      //修改
            if (!S[j] && dist[j] > getWeight (j, u) + dist[u]) {
                dist[j] = getWeight (j, u) + dist[u];
                path[j] = u;                         //修改从 j 到 v 的最短路径
            }
      }
};
```

注意：*此算法与常规 Dijkstra 算法的微小差别，在程序中用斜体字标识。*

13. 算法通过深度优先搜索从各顶点开始遍历，在此过程中把访问的顶点记录在 path[] 中，直到某顶点 i，它没有后继邻接顶点（无环有向图必定有出度为 0 的顶点），若走过的顶点数超过先前求过的路径，则记录这条路径到 LP 数组，并把边数记录在引用型参数 len 中。需要注意的是，有向无环图中最长路径一定出现从入度为 0 的顶点开始。

算法的描述如下。

```
#define DefaultVertices 20
template <class T, class E>
void Longest_Path (Graphlnk<T, E>& G, int LP[], int& length) {
//用深度优先搜索的方法求无环有向图 G 的最长路径,通过顶点数组 LP 返回
//整数 len 返回路径中顶点数
    int i, j, w, len, n = G.NumberOfVertices();          //顶点个数
    int visited[DefaultVertices];                        //访问标志数组
    int indegree[DefaultVertices];                       //入度数组
    int path[DefaultVertices];                           //路径数组
    for (i = 0; i < n; i++) indegree[i] = 0;
    for (i = 0; i < n; i++) {                            //求各顶点入度
        while (w = G.getFirstNeighbor(i); w != -1; w = G.getNextNeighbor(i, w))
            indegree[w]++;
    }
    length = 0;
```

```
    for (i = 0; i < n; i++) {
        for (j = 0; j < n; j++) visited[j] = 0;
        len = 0;
        if (!indegree[i]) dfs(G, i, 0, visited, path, len);
                                          //从 0 入度顶点开始深度优先搜索
        if (len > length) {
            length = len;
            for (j = 0; j < n; j++) LP[j] = path[j];
        }
    }
};
template <class T, class E>
void dfs(Graphlnk<T, E>& G, int i, int m, int visited[], int path[], int& len) {
//深度优先搜索的递归算法,数组 visited[]、path[]和变量 len 通过参数表显式传递
    visited[i] = 1;path[m] = i;
    int w = G.getFirstNeighbor(i);
    if (m > len && w == -1) {                              //已求得最长路径
        for (j = 0; j <= m; j++) LP[j] = path[j];          //保存在 LP[]中
        len = m;
    }
    else {
        for (; w != -1; w = G.getNextNeighbor(i, w))
        if (!visited[w]) dfs(G, w, m+1, visited, path, len);
    }
    path[i] = 0;
    visited[i] = 0;
};
```

算法的时间复杂度为 $O(n^2)$。

14. 对于一般的图,可以使用 Floyd 算法求出图中每一对顶点之间的最短路径和最短路径长度,然后以二重循环求出所有最短路径中的最大者,算法的时间复杂度为 $O(n^3)$。但对于自由树而言,它有 n 个顶点和 $n-1$ 条边,其邻接矩阵是稀疏矩阵,使用 Floyd 算法无疑是不合算的。另外一个设想是考虑树的层次序遍历。因为自由树的根可以选定,所以可以轮流以各个顶点为根,寻找离根最远的顶点(广度优先遍历最后访问的顶点),记下它的路径长度,最后取这些最长路径长度的最大值,此即为自由树的直径。如果使用邻接表存储图,则此算法的时间复杂度为 $O(n+e)$。

算法描述如下。

```
#define DefaultVertices 20
#include "Graphlnk.h"
template <class T, class E>
int diameter (Graphlnk<T, E>& G) {
//在无环连通图中利用广度优先遍历求该图的直径,并通过函数返回
    int Q[DefaultVertices];int front, rear;              //队列
    int D[DefaultVertices];                              //各顶点为根到最远叶结点距离
    int i, level, last, k, n = G.NumberOfVertices();
    int visited[DefaultVertices];
    for (i = 0; i < n; i++) visited[i] = 0;
```

```
    for (i = 0; i < n; i++) {
        visited[i] = 1;
        front = 0;rear = 1;Q[rear] = i;              //根 i 进队
        level = 1;last = 1;                          //层次为 1,层次最后结点号为 1
        while (front != rear) {                      //队列不空
            front = (front+1) % DefaultVertices;
            v = Q[front];
            for (w = G.getFirstNeighbor(v); w != -1; w = G.getNextNeighbor(v, w))
                if (!visited[w]) {
                    visited[w] = 1;
                    rear = (rear+1) % DefaultVertices;Q[rear] = w;
                }
            if (front = last) {                      //访问到层次的最后一个顶点
                level++;last = rear;                 //队尾是下一层最后一个顶点
            }
        }
        D[i] = level-1;                              //记录根为 i 的最长路径长度
    }
    k = 0;
    for (i = 1; i < n; i++)
        if (D[i] > D[k]) k = i;
    return k;
};
```

15. (1) 证明：作为“桥”的关键活动处于所有关键路径上，则它是图中各条从开始顶点到完成顶点的路径共有的一条边，如图 8-98 所示，(v_i，v_j)是桥，若以 v_i 为出发点做深度优先遍历，得到以 v_i 为根的深度优先生成树，v_j 作为 v_i 的子女，它或者是生成树的叶结点，或者从它的子孙中找不到能绕过 v_j 到达 v_i 的回边，因此，v_i 和 v_j 都是关节点，如果从连通图中删掉(v_i，v_j)，该连通图会被分隔为两个连通分量。证毕。

图 8-98　第 15 题的桥

(2) 算法的关键是求出关节点。求出关节点就能找到“桥”。求关节点的原则如下。

首先对图 G 从开始顶点(设为 0) 做深度优先搜索，得到一棵深度优先生成树，并在辅助数组 visited[]中记录各顶点的访问顺序，称为深度优先数或访问序号。

① 如果顶点 v 是深度优先生成树的根结点且有两个或两个以上的分支，则它是图 G 的关节点。

② 如果顶点 v 不是深度优先生成树的根结点，且其子树中的所有结点都没有与 v 的祖先相通的回边，则 v 是关节点。

③ 如果顶点 v 是深度优先生成树中的叶结点，则其不是关节点。

基于以上原则，可以对图 G 进行深度优先搜索，寻找 G 的关节点。

为了计算顶点与哪个访问序号的祖先有关系，对图 G 的每一个顶点 u 定义一个 low 值，low[u]是从 u 或 u 的子孙出发通过回边可以到达的最低深度优先数。low[u]定义如下：

```
low[u]=Min{visited[u],Min{low[w]|w 是 u 的一个子女},Min{visited[x] | (u,x)是一条回
边}}
```

总之，u 是关节点的充要条件是：u 或者是具有两个以上子女的一个生成树的根，或者虽然不是一个根，但它有一个子女 w，使得 low[w]≥dfn[u]，这时 w 及其子孙不存在指向顶点 u 的祖先的回边。

设图以邻接表方式存储，通过深度优先搜索寻找关节点的递归算法描述如下。

```
#define DefaultVertices 20
void Articul_DFS (Graphlnk& G, int u, int v, int& count, int visited[], int low[]) {
//在图 G 中从顶点 u 开始深度优先搜索计算 visited 和 low。在产生的生成树中
//v 是 u 的父结点
    visited[u] = low[u] = ++count;                    //visited[u], low[u]初值
    EdgeNode * p = G.NodeTable[u].adj;
    while (p != NULL) {                               //对顶点 u 的所有邻接顶点循环
        w = p->vertex;
        if (!visited[w]) {                            //未访问过, w 是 u 的孩子
        Articul_DFS (G, w, u, count, visited, low); //递归深度优先搜索
        if (low[u] > low[w]) low[u] = low[w];
                //low[ ]的值是逆向计算, 先求出子女的再求自身
        if (low[w] >= visited[u])               //v 的子孙没有通向 v 的祖先的回边
            cout << u << G.NodeTable[u].data <<endl;      //v 是关节点
        }
        else if (w != v)                        //除去(u, v)边以外, (u, w)都是回边
            if (low[u] > visited[w]) low[u] = visited[w];     //取两者中的小者
        p = p->link;                            //找顶点 u 的下一个邻接顶点
    }
};
void FindArticul(Graphlnk& G) {
//从顶点 0(开始顶点)开始对图 G 做深度优先搜索，寻找关节点
    int i, count = 0;                           //count 是访问计数器
    int * visited = new int[DefaultSize];       //visited 是深度优先数(访问序号)
    int * low = new int[DefaultVertices];       //low 是最小祖先访问序号
    for (i = 0; i < G.numVertices; i++) { visited[i] = low[i] = 0; }
    Articul_DFS (G, 0, -1, count, visited, low);
    delete [ ] visited;delete [ ] low;
};
```

例如，对于如图 8-99(a)所示的连通图，它的深度优先生成树如图 8-99(b)所示，顶点旁边即为顶点的深度优先数(访问计数)。如果找到的关节点互为邻接顶点，则它们组成的边为“桥”。

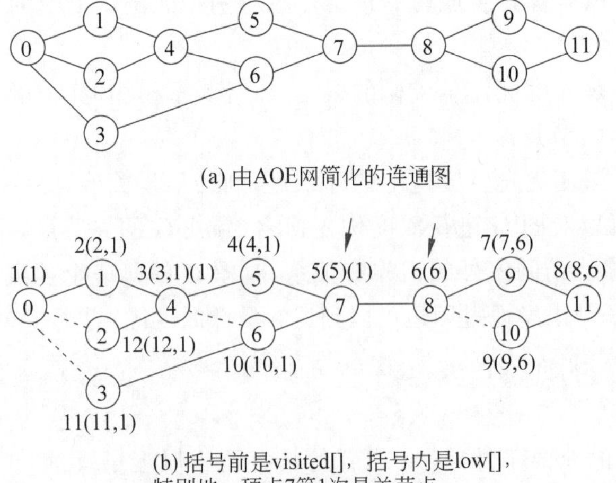

(a) 由AOE网简化的连通图

(b) 括号前是visited[]，括号内是low[]，特别地，顶点7第1次是关节点

图 8-99 第 15 题的深度优先生成树

算法的时间复杂度是 $O(n+e)$。其中,n 是该连通图的顶点数,e 是该连通图的边数。此算法的前提条件是连通图中至少有两个顶点,因为正好有一个顶点的图连一条边也没有。

16.(1)统计有向图 G 的邻接矩阵 edge 的第 i 行中的非 0 元素个数,可得顶点 i 的出度;统计矩阵 edge 的第 i 列中的非 0 元素个数,可得顶点 i 的入度。如此,可得求 k 顶点的算法。设有向图有 n 个顶点,用 i 作循环变量循环 n 次:$i=0,1,\cdots,n-1$,对于每一个 i,判断

$$\sum_{j=0}^{n-1} \text{G.edge}[i][j] - \sum_{j=0}^{n-1} \text{G.edge}[j][i] > 0?$$

若计算结果大于 0,则顶点 i 是 k 顶点,保存该顶点的顶点号并累加 k 顶点个数;否则跳过它,检查下一个顶点。当所有顶点检查完后输出 k 顶点,返回 k 顶点个数。

(2)算法的描述如下。

```
#include <iostream.h>
#define maxV 20                                                  //默认最大顶点个数
typedef struct {                                                 //图的邻接矩阵表示
    int number Vertices, number Edges;                           //当前顶点数、边数
    char VerticesList[max V];                                    //顶点表
    int edge[max V][max V];                                      //邻接矩阵
} MGraph;
int print Vertices(MGraph G){                                    //求有向图 k 顶点的算法
    int i, j, od, id, m = 0, V[max V];
    for (i = 0;i < G.number Vertices; i++) {                     //检查每一个顶点 i
        od = id = 0;
        for (j = 0; j < G.number Vertices; j++)
            od += G.edge[i][ j];                                 //统计顶点 i 的出度
        for (j = 0; j < G.number Vertices; j++)
            id += G.edge[j][i];                                  //统计顶点 i 的入度
        if (od > id) V[m++] = i;                                 //若是 k 顶点,保存
    }
    cout <<"输出" << m - 1 <<"个 k 顶点" <<endl;
    for (i = 0; i < m; i++) cout << VerticesList[v[i]] <<" ";
    cout <<endl;
    return m;
}
```

第9章 排 序

排序是使用最频繁的一类算法。排序分为内排序与外排序。

内排序算法主要分5大类12个算法。在插入排序类中讨论了直接插入排序、二分法插入排序、表插入排序和 shell 排序算法；在交换排序类中讨论了起泡排序和快速排序算法；在选择排序类中讨论了直接选择排序、锦标赛排序和堆排序算法；在归并排序类中讨论了迭代的二路归并排序和递归的表归并排序算法；在多排序码排序类中讨论了最低位优先的链表基数排序算法。其中，不稳定的排序方法有 shell 排序、直接选择排序、快速排序和堆排序；适合待排序元素数目 n 比较大的排序方法有快速排序、堆排序、归并排序和基数排序；排序码比较次数不受元素排序码初始排列影响的排序方法有折半插入排序、直接选择排序、锦标赛排序、二路归并排序和基数排序，其中，当排序码的初始排列接近有序时，直接插入排序和起泡排序等增长很快，而快速排序则变成慢速排序。

外排序是基于外存的排序方法，将在第10章详细讨论。由于外存以顺序存取的效率最高，以归并排序最为适合。因此，外排序以 k 路平衡归并为主。在 k 个元素排序码中选取最小排序码，采用了败者树。这是一种高效的选择算法。此外，还讨论了初始归并段生成的方法、最佳归并树等问题。

9.1 复习要点

本章复习的要点如下。

1. 排序的概念

(1) 排序的概念。注意数据元素中排序码(可重复)的选择、正序和逆序的概念。

(2) 排序算法的时间代价分析。包括排序的数据(排序码)比较次数估计、排序的数据(元素)移动次数估计和排序受数据元素初始排列的影响情况。

(3) 排序所使用附加存储空间数的估计。

(4) 排序的稳定性。

(5) 使用静态链表排序的条件。

2. 直接插入排序

(1) 用实例进行直接插入排序的流程。

(2) 直接插入排序的伪代码描述和直接插入排序算法的实现。

(3) 直接插入排序的排序码比较次数的最大估计、最小估计、平均估计，排序数据移动次数的最大估计、最小估计、平均估计。

(4) 直接插入排序的稳定性。

(5) 直接插入排序使用附加存储的估计。

(6) 直接插入排序的静态链表实现。

3. 折半插入排序

(1) 用实例进行折半插入排序的流程。

(2) 折半插入排序的伪代码描述和折半插入排序算法的实现。

(3) 在有序区间为 $0 \sim i-1$ 的情况下,插入第 i 个元素时定位的排序码比较次数,以及折半插入排序的排序码比较次数的估计,数据移动次数的最大估计、最小估计、平均估计。

(4) 折半插入排序的稳定性。

(5) 折半插入排序使用附加存储的估计。

4. 希尔排序

(1) 用实例进行希尔排序的流程。

(2) 希尔排序的伪代码描述和希尔排序算法的实现。

(3) 在希尔排序过程中子序列间隔增量序列的划分原则。

(4) 希尔排序的排序码比较次数的估计,希尔排序数据移动次数的估计,以及希尔排序效率的一般(统计)估计。

(5) 希尔排序的不稳定性。

(6) 希尔排序使用附加存储的估计。

5. 起泡排序

(1) 用实例进行起泡排序的流程。

(2) 起泡排序的伪代码描述和起泡排序算法的实现。

(3) 起泡排序的排序码比较次数的最大估计、最小估计、平均估计,数据移动次数的最大估计、最小估计、平均估计。

(4) 起泡排序的稳定性。

(5) 起泡排序使用附加存储的估计。

(6) 起泡排序的静态链表实现。

6. 快速排序

(1) 用实例进行快速排序的流程。

(2) 快速排序的伪代码描述,快速排序算法的递归实现和使用栈的快速排序算法的非递归实现。

(3) 快速排序的排序码比较次数与移动次数的最大估计、最小估计。

(4) 快速排序的不稳定性。

(5) 快速排序使用附加存储的估计。

(6) 一趟划分算法的不同实现及其应用。

(7) 算法递归树构造及递归深度的比较。

7. 直接选择排序

(1) 用实例进行直接选择排序的流程。

(2) 直接选择排序的伪代码描述和直接选择排序算法的实现。

(3) 直接选择排序的排序码比较次数的最大估计、最小估计、平均估计,数据移动次数的最大估计、最小估计、平均估计。

(4) 直接选择排序的不稳定性。

(5) 直接选择排序使用附加存储的估计。

（6）直接选择排序的静态链表实现。

8. 锦标赛排序

（1）用实例进行锦标赛排序的流程。

（2）胜者树的构造、父结点、兄弟的计算，以及两两比较进行调整的方法。

（3）锦标赛排序的伪代码描述和排序算法的实现。

（4）锦标赛排序的排序码比较次数和数据移动次数的估计，包括受数据初始排列影响的情况分析。

（5）锦标赛排序的稳定性。

（6）锦标赛排序使用附加存储的估计。

9. 堆排序

（1）用实 例进行堆排序的流程。

（2）堆排序的伪代码描述和堆排序算法的实现，包括最大堆的向下筛选算法的实现。

（3）堆排序的排序码比较次数和数据移动次数的估计，包括建立初始堆时最大的排序码比较次数计算。

（4）堆排序的不稳定性。

（5）堆排序使用附加存储的估计。

10. 二路归并排序

（1）用实例进行二路归并排序的流程。

（2）二路归并排序的伪代码描述，二路归并排序递归算法和非递归算法的实现。

（3）二路归并排序的排序码比较次数的估计。

（4）二路归并排序数据移动次数的最大估计、最小估计、平均估计。

（5）二路归并排序的稳定性。

（6）二路归并排序使用附加存储的估计。

（7）二路归并排序的静态链表实现。

（8）使用队列的归并排序的链表实现。

11. 基数排序

（1）最高位优先的多排序码排序的思路和递归求解流程。

（2）最低位优先的多排序码排序（基数排序）的思路和分配—收集求解流程。

（3）基数排序的箱式分配的结构描述（把多个链式队列当作箱）。

（4）基数排序的伪代码描述和基数排序的算法实现。

（5）基数排序的效率分析和稳定性。

（6）基数排序的附加存储数的估计。

12. 各种内部排序方法的比较

（1）基于排序码比较的排序方法归类。

（2）基于分配与收集的排序方法归类。

（3）排序码比较次数受数据初始排列影响的排序方法归类。

（4）稳定和不稳定的排序方法归类。

（5）适用于规模大的数据序列和适用于规模较小的数据序列排序方法归类。

（6）适用于静态链表的排序方法归并。

(7) 适合于外排序的排序方法归类。

(8) 不同规模附加存储的排序方法归类。

13. 其他排序算法

计数排序算法,奇偶排序算法。

9.2 难点和重点

本章的知识点有12个,包括排序的概念、直接插入排序、折半插入排序、希尔排序、起泡排序、快速排序、直接选择排序、锦标赛排序、堆排序、二路归并排序、基数排序、各种内部排序方法的比较。

1. 基本概念

(1) 排序方法的性能评价标准是什么?涉及排序码的选择、初始排序码排列的影响、排序码比较次数、数据移动次数、稳定性、附加存储等。

(2) 排序码比较次数与数据移动次数,哪个更费时间?

(3) 排序方法的稳定性受什么因素影响?哪些排序算法不稳定?

2. 直接插入排序

(1) 给定一个随机排列的数据序列{43,71,86,13,38,60,27},给出直接插入排序前三趟的结果。

(2) 设待排序元素个数为n,分析直接插入排序的时间代价和空间代价。

(3) 分析当数据的初始排列基本有序、基本逆序和数据全部相等时的排序时间代价。

3. 折半插入排序

(1) 给定一个随机排列的数据序列{43,71,86,13,38,60,27},给出折半插入排序前三趟的结果。

(2) 设待排序元素个数为n,分析折半插入排序的时间代价和空间代价。

(3) 分析当数据的初始排列基本有序、基本逆序和数据全部相等时的排序时间代价。

4. 希尔排序

(1) 给定一个随机排列的数据序列{43,71,86,13,38,60,27},给出希尔排序前三趟的结果。

(2) 设待排序元素个数为n,分析当增量序列为$gap=\lfloor n/2\rfloor$,$gap=\lfloor gap/2\rfloor$,…,1,以及增量序列为$gap=\lfloor n/3\rfloor+1$,$gap=\lfloor gap/3\rfloor+1$,…,1时希尔排序的时间代价和空间代价。

(3) 分析当数据的初始排列基本有序、基本逆序和数据全部相等时的排序时间代价。

5. 起泡排序

(1) 给定一个随机排列的数据序列{43,71,86,13,38,60,27},给出起泡排序前三趟的结果。

(2) 设待排序元素个数为n,分析起泡排序的时间代价和空间代价。

(3) 分析当数据的初始排列基本有序、基本逆序和数据全部相等时的排序时间代价。

6. 快速排序

(1) 给定一个随机排列的数据序列{43,71,86,13,38,60,27},给出快速排序前三趟的结果,从中体验快速排序方法的递归性质。

（2）设待排序元素个数为 n，分析一般情形下快速排序的时间代价和空间代价。

（3）分析当数据的初始排列基本有序、基本逆序和数据全部相等时的排序时间代价，以及改进的方法。

（4）当用栈或队列实现快速排序的非递归算法时，分析数据序列{43,71,86,13,38,60,27}前三趟排序的结果，从中体会到栈或队列的作用是什么？

7. 直接选择排序

（1）给定一个序列{43,71,86,13,38,60,27}，给出直接选择排序前三趟的结果。

（2）设待排序元素个数为 n，分析直接选择排序的时间代价和空间代价。

（3）分析当数据的初始排列基本有序、基本逆序和数据全部相等时的排序时间代价。

（4）用直接选择排序在一个待排序区间中选出最小的数据时，与区间第一个数据对调，而不是顺次后移。这是否是导致方法不稳定的原因？

8. 锦标赛排序

（1）给定一个序列{43,71,86,13,38,60,27}，给出锦标赛排序前三趟的结果。

（2）设待排序元素个数为 n，分析锦标赛排序的时间代价和空间代价。

（3）为什么说当在 n 个数据（n 很大）中选出最小的5～8个数据时，锦标赛排序最快？

（4）锦标赛排序的算法中用到了胜者树，其中所有待排序的数据放在胜者树的什么位置？如何计算每个结点的父结点？在胜者树的每个结点中存放什么数据？

9. 堆排序

（1）给定一个随机排列的数据序列{43,71,86,13,38,60,27}，给出堆排序前三趟的结果。

（2）设待排序元素个数为 n，分析堆排序的时间代价和空间代价。

（3）分析当数据的初始排列基本有序、基本逆序和数据全部相等时的排序时间代价。

（4）在堆排序中将待排序的数据组织成完全二叉树的顺序存储，是否堆就是线性结构了？当用C或C++组织堆时，根结点放在0号元素位置，如何计算结点的父结点及子女的结点位置？

（5）堆与胜者树有何不同？当在 n 个数据（n 很大）中选出最小的5～8个数据时，堆的时间性能如何？

10. 二路归并排序

（1）给定一个随机排列的数据序列{43,71,86,13,38,60,27}，给出二路归并排序前三趟的结果。

（2）设待排序元素个数为 n，分析二路归并排序的递归算法和非递归算法的时间代价和空间代价。

（3）分析当数据的初始排列基本有序、基本逆序和数据全部相等时的排序时间代价。

（4）为了减少二路归并排序的附加存储，可以采用一种"推拉法"实现归并排序，算法的时间复杂度和空间复杂度是多少？

11. 基数排序

（1）基数排序通常要求待排序序列采用什么结构存储？为什么？

（2）基数排序适合什么场合？它的性能如何？

12. 各种内排序方法的比较

(1) 希尔排序、快速排序、直接选择排序、堆排序是不稳定的排序方法,请举例说明。

(2) 排序码比较次数受待排序元素初始排列影响的排序方法有哪些?

(3) 数据移动次数受待排序元素初始排列影响的排序方法有哪些?

(4) 需要附加存储较多的排序方法有哪些?

(5) 顺序比较元素的关键字值从而实现排序的排序方法有哪些?

9.3 教材习题解析

一、单项选择题

1. 若待排序元素序列在排序前已按其排序码递增顺序排列,则采用(　　)方法比较次数最少。

A. 直接插入排序　　B. 快速排序

C. 归并排序　　D. 直接选择排序

【题解】 选 A。若排序前待排序元素序列已经有序,直接插入排序比较次数最少,若序列中元素个数为 n,排序码比较次数为 $n-1$。快速排序、归并排序和直接选择排序的排序码总比较次数为 $n(n-1)/2$。

2. 如果只想得到 1024 个元素组成的序列中的前 5 个最小元素,那么用(　　)方法最快。

A. 起泡排序　　B. 快速排序

C. 直接选择排序　　D. 堆排序

【题解】 选 D。$\log_2 1024=10$。设 $n=1024$,使用堆排序选出最小元素的排序码比较次数为 $4n+1$,之后连续选 4 个最小元素的排序码比较次数为 $4\times\log_2 n$,选出前 5 个最小元素的总排序码比较次数为 $4n+1+4\times\log_2 n=4\times1024+1+4\times10=4137$。而起泡排序和直接选择排序为选出前 5 个最小元素的排序码比较次数为 $(n-1)+(n-2)+(n-3)+(n-4)+(n-5)=5\times n-15=5105$;快速排序选出最小元素需要比较 $1023+511+255+127+63=1979$ 次,选出 5 个最小元素大致需 $5\times1979=9895$ 次排序码比较。

3. 对待排序的元素序列进行划分,将其分为左、右两个子序列,再对两个子序列施加同样的排序操作,直到子序列为空或只剩 1 个元素为止。这样的排序方法是(　　)。

A. 直接选择排序　　B. 直接插入排序

C. 快速排序　　D. 起泡排序

【题解】 选 C。题目描述的排序方法是快速排序,也称为分区排序。

4. 对 5 个不同的数据元素进行直接插入排序,最多需要进行(　　)次比较。

A. 8　　B. 10　　C. 15　　D. 25

【题解】 选 B。如果插入元素的排序码在排序前是逆序排列,进行直接插入排序需要比较的次数最多。如果插入前数据表是空表,依次插入并保持有序的数据比较次数为 $0+1+2+3+4=10$。

5. 若待排序元素序列在排序前已按其排序码递增顺序排列,则下列算法中(　　)算法最慢结束。

A. 起泡排序　　B. 直接插入排序
C. 直接选择排序　　D. 快速排序

【题解】 选 D。如果插入元素的排序码在排序前已经有序排列，直接插入排序和起泡排序最快，时间代价为 $O(n)$，快速排序最慢，时间代价为 $O(n^2)$，n 是参与排序的元素个数。

6. 下列排序算法中(　　)算法是不稳定的。

A. 起泡排序　　B. 直接插入排序
C. 基数排序　　D. 快速排序

【题解】 选 D。快速排序是不稳定的，因为在划分排序区间时要隔空交换元素，会导致排序码相同的不同元素的前后相对位置发生颠倒。

7. 采用任何基于排序码比较的算法，对 5 个互异的整数进行排序，至少需要(　　)次比较。

A. 5　　B. 6　　C. 7　　D. 8

【题解】 选 C。对 5 个互异的整数进行排序，至少需要 7 次比较。

8. 下列算法中，(　　)算法不具有这样的特性：对某些输入序列，可能不需要移动数据元素即可完成排序。

A. 起泡排序　　B. 希尔排序　　C. 归并排序　　D. 直接选择排序

【题解】 选 C。如果待排序序列在排序前已经有序，起泡排序、希尔排序和直接选择排序在排序过程中不需移动数据元素，但归并排序不行，因为它每趟归并都需要把数据移到另一个辅助序列中。

9. 使用递归的归并排序算法时，为了保证排序过程的时间复杂度不超过 $O(n\log_2 n)$，必须做到(　　)。

A. 每次序列的划分应该在线性时间内完成
B. 每次归并的两个子序列长度接近
C. 每次归并在线性时间内完成
D. 以上全是

【题解】 选 B。每次归并的两个子序列长度接近，归并树的高度最低，可达到 $O(\log_2 n)$，归并趟数最少，排序过程的时间复杂度不超过 $O(n\log_2 n)$。

10. 在基于排序码比较的排序算法中，(　　)算法在最坏情况下的时间复杂度不高于 $O(n\log_2 n)$。

A. 起泡排序　　B. 希尔排序　　C. 归并排序　　D. 快速排序

【题解】 选 C。归并排序的算法对待排序元素的初始排列不敏感，不论初始排列如何，都要执行 $O(\log_2 n)$ 趟归并，每趟归并都要把序列中 n 个元素移动到另一个辅助序列中，时间复杂度可保持在 $O(n\log_2 n)$。

11. 在下列排序算法中，(　　)算法使用的附加空间与输入序列的长度及初始排列无关。

A. 锦标赛排序　　B. 快速排序　　C. 基数排序　　D. 归并排序

【题解】 选 C。基数排序算法所需要的附加空间与元素排序码的可能取值数(即基数)有关，与输入序列的长度及初始排列无关。

12. 一个元素序列的排序码为 {46,79,56,38,40,84}，采用快速排序(以位于最左位置的元素为基准)执行一趟扫描(不是两端向中间轮流检查交换)得到的第一趟划分结果为(　　)。

A. {38,46,79,56,40,84}　　B. {38,79,56,46,40,84}

C. {40,38,46,79,56,84}　　D. {38,46,56,79,40,84}

【题解】 选 C。划分区间的算法应是一趟扫描过去,发现比基准元素值小的就交换到前面处理。针对排序码序列{46,79,56,38,40,84},基准选 46,扫描过程如下:从 79 扫描,79>46,继续扫描;56>46,继续扫描;38<46,交换 38 与 79,排序码序列变成{46,38,56,79,40,84}。继续扫描 40<46,交换 40 与 56,排序码序列变成{46,38,40,79,56,84}。继续扫描 84>46,继续扫描,序列扫描结束,最后交换 46 与 40,排序码序列变成{40,38,46,79,56,84}。

13. 如果将所有中国人按照生日(不考虑年份,只考虑月、日)来排序,那么下列排序算法中,(　　)算法最快。

A. 归并排序　　B. 希尔排序　　C. 快速排序　　D. 基数排序

【题解】 选 D。这是多排序码的排序,应使用基数排序。

二、填空题

1. 第 $i(i=1,2,\cdots,n-1)$ 趟从参加排序的序列中取出第 i 个元素,把它插入由第 0~$i-1$个元素组成的有序表中适当的位置,此种排序方法叫作(　　)排序。

【题解】 直接插入。它是一种逐步扩大有序区的原地排序方法。

2. 第 $i(i=0,1,\cdots,n-2)$ 趟从参加排序的序列中第 i~$n-1$ 个元素中挑选出一个最小(大)元素,把它交换到第 i 个位置,此种排序方法叫作(　　)排序。

【题解】 直接选择。它也是一种逐步扩大有序区的原地排序方法。

3. 每次直接或通过基准元素间接比较两个元素,若出现逆序排列,就交换它们的位置,这种排序方法叫作(　　)排序。

【题解】 交换。交换排序方法包括起泡排序和快速排序。起泡排序作 $n-1$ 趟,第 i $(i=0,1,\cdots,n-2)$趟从第 i 个元素开始,顺序比较相邻两个元素,发现逆序即交换;快速排序每次通过基准元素间接比较两个元素,发现逆序即交换的。

4. 每次使两个相邻的有序表合并成一个有序表,这种排序方法叫作(　　)排序。

【题解】 二路归并。合并两个相邻有序表的方法叫作二路归并,通过二路归并逐步把待排序序列有序化的排序方法叫作二路归并排序。

5. 在直接选择排序中,排序码比较次数的时间复杂度为(　　)。

【题解】 n^2。在直接选择排序中,直接选择排序要作 n 趟,第 $i(i=0,1,\cdots,n-1)$要作 $n-i$ 次排序码比较,选出最小者对调到第 i 个元素位置,其排序码比较次数的时间复杂度为 $O(n^2)$。

6. 在直接选择排序中,元素移动次数的时间复杂度为(　　)。

【题解】 $O(n)$。在直接选择排序中,直接选择排序要作 n 趟,每趟至多要对调一次元素,则元素移动次数的时间复杂度为 $O(n)$。

7. 在堆排序中,对 n 个元素建立初始堆需要调用(　　)次调整算法。

【题解】 $\lfloor n/2 \rfloor$。在堆排序中,对 n 个元素建立初始堆需要调用 $\lfloor n/2 \rfloor$次调整算法。

8. 在堆排序中,如果 n 个元素的初始堆已经建好,那么到排序结束,还需要从堆顶结点出发调用(　　)次调整算法。

【题解】 $n-1$。初始堆建好后，还需要从堆顶结点出发调用 $n-1$ 次调整算法，每次对调 0 号元素与 $i(i=n-1,n-2,\cdots,1)$ 号元素，再对从 0 到 $i-1$ 位置的元素序列重建堆。

9. 在堆排序中，对任一个分支结点进行调整运算的时间复杂度为 $O($　　$)$。

【题解】 $\log_2 n$。设待排序序列中有 n 个元素，堆中结点按完全二叉树的顺序存储进行编号，设分支结点的编号为 $i(i=0,1,\cdots,\lfloor(n-1)/2\rfloor)$，其层号为 $li=\lfloor\log_2(i+1)\rfloor+1$，叉树的高度 $h=\lfloor\log_2(n+1)\rfloor$，则各分支结点进行堆筛选操作的比较次数为 $h-li=\lfloor\log_2(n+1)\rfloor-\lfloor\log_2(i+1)\rfloor-1$，因此对某一分支结点进行调整运算的时间复杂度为 $O(\log_2 n)$。

10. 对 n 个元素进行堆排序，总的时间复杂度为 $O($　　$)$。

【题解】 $n\log_2 n$。对 n 个元素进行堆排序，总的时间复杂度为 $O(n\log_2 n)$。

11. 若一组元素的排序码为{46,79,56,38,40,84}，利用堆排序方法建立的初始堆(最大堆)为(　　)。

【题解】 {84,79,56,38,40,46}。对于题目给出的元素序列，利用堆排序方法建立的初始最大堆为{84,79,56,38,40,46}。

12. 快速排序在平均情况下的时间复杂度为(　　)。

【题解】 $O(n\log_2 n)$。快速排序在平均情况下的时间复杂度为 $O(n\log_2 n)$。

13. 快速排序在最坏情况下的时间复杂度为(　　)。

【题解】 $O(n^2)$。快速排序在最坏情况下退化为慢速排序，其时间复杂度为 $O(n^2)$。

14. 快速排序可用递归方法实现，在递归过程中使用了一个递归工作栈，需要的栈元数等于递归深度，因此在平均情况下的空间复杂度为(　　)。

【题解】 $O(\log_2 n)$。快速排序在平均情况下的空间复杂度为 $O(\log_2 n)$。

15. 快速排序在最坏情况下的空间复杂度为(　　)。

【题解】 $O(n)$。快速排序在最坏情况下的空间复杂度为 $O(n)$。

16. 若一组元素的排序码为{46,79,56,38,40,84}，对其进行一趟划分(采用两端向中间轮流检查移动)，结果为(　　)。

【题解】 {40,38,46,56,79,84}。针对排序码序列{46,79,56,38,40,84}执行一趟划分(采用两端向中间轮流检查移动)，划分的结果是[40 38] 46 [56 79 84]。

17. 对 n 个元素的待排序序列执行二路归并排序，每趟归并的时间复杂度为(　　)。

【题解】 $O(n)$。执行二路归并排序的过程中，每趟归并需要处理序列中全部元素，因此其时间复杂度为 $O(n)$。

18. 对 n 个元素的待排序序列执行二路归并排序，整个归并的时间复杂度为(　　)。

【题解】 $O(n\log_2 n)$。整个归并排序需要执行 $\lceil\log_2 n\rceil$ 趟二路归并，因此其时间复杂度为 $O(n\log_2 n)$。

三、判断题

1. 直接选择排序是一种稳定的排序方法。

【题解】 错。直接选择排序是一种不稳定的排序方法。原因是每次选择最小元素，都要将其隔空交换到它最后应存放的位置，这将导致原来位置的元素隔空搬移到后面，出现不稳定。例如{15,15*,26,10}，选到最小 10，直接交换到 0 号位置：{10,15*,26,15}。其中 15 与 15* 是相等的排序码，把后一个加上角标"*"以示区别。

2. 若将一批杂乱无章的数据按堆结构组织起来，则堆中各数据必然按自小到大的顺序排列起来。

【题解】 错。以最小堆为例，从纵向看，根结点的排序码同时小于或等于它的两个子女结点(若存在)的排序码，从横向看，堆没有规定左子女的排序码一定小于或等于右子女的排序码，也没有规定同一层元素的排序码一定从小到大排列，例如，序列{38,40,56,79,46,84}是最小堆，但各数据不是按照排序码的值从小到大的顺序排列的。

3. 当待排序元素序列已经有序时，起泡排序需要的排序码比较次数比快速排序要少。

【题解】 对。对于 n 个元素的已经有序排列的元素序列，起泡排序的排序码比较次数为 $n-1$，而快速排序的排序码比较次数为 $(n-1)+(n-2)+\cdots+1=n(n-1)/2$。

4. 在任何情况下，快速排序需要进行的排序码比较的次数都是 $O(n\log_2 n)$。

【题解】 错。从第3题的分析可知，平均情况下快速排序需要执行的排序码比较次数是 $O(n\log_2 n)$，最坏情况下快速排序需要执行的排序码比较次数是 $O(n^2)$。

5. 在2048个互不相同的排序码中选择最小的5个排序码，用堆排序比用锦标赛排序更快。

【题解】 错。设 $n=2048$，为在 n 个排序码中选择最小的5个排序码，用堆排序，需要的时间代价是 $4n+4\log_2 n$；用锦标赛排序，需要的时间代价是 $n-1+4\log_2 n$，当然是锦标赛排序比堆排序快。

6. 若待排序序列有 m 个元素，执行锦标赛排序时胜者树应是一棵完全二叉树，有 $\lceil\log_2 m\rceil$ 层。

【题解】 对。若序列有 m 个元素，它们可视为胜者树的外结点，胜者树的内结点有 $m-1$ 个，它们构成一棵完全二叉树，其高度为 $h=\lceil\log_2(m-1+1)\rceil=\lceil\log_2 m\rceil$。

7. 堆排序是一种稳定的排序算法。

【题解】 错。堆排序是一种不稳定的排序算法。例如{15,15*,26,10}，为形成最大堆，则26上升一层，序列变成{26,15*,15,10}，15和15*的位置被颠倒，出现不稳定。

8. 对于某些输入序列，起泡排序算法可以通过线性次数的排序码比较且无须移动元素就可以完成排序。

【题解】 对。当待排序序列事前已经排好序，起泡排序算法只需一趟 $n-1$ 次比较即可完成排序，而且无须移动元素，

9. 如果输入序列已经排好序，则快速排序算法无须移动任何元素就可以完成排序。

【题解】 错。如果待排序元素序列事前已经排好序，在快速排序过程中，每趟执行区间划分，最左端的基准元素要移动到临时变量，然后再移动回来，所以不能说无须移动任何元素就可以完成排序。

10. 希尔排序的最后一趟就是起泡排序。

【题解】 错。希尔排序的最后一趟还是直接插入排序，元素间隔为1。

11. 设一个整数序列有 n 个非0整数，若想把所有负整数移动到序列的左边，把所有正整数移动到序列的右边，采用快速排序的一趟划分算法就可以实现。

【题解】 对。用0作为比较基准元素，比0小的移动到序列的左边，比0大的移动到序列的右边，用快速排序的一趟划分算法就可以实现。

12. 任何基于排序码比较的算法，对 n 个元素进行排序时，最坏情况下的时间复杂度不会低于 $O(n\log_2 n)$。

【题解】 对。不考虑某些特殊的输入序列，如事前已经排好序的序列，仅考虑随机输入的元素序列，任何基于排序码比较的算法在最坏情况下的时间复杂度不会低于 $O(n\log_2 n)$，其中 n 是待排序元素序列的元素个数。

13. 不存在这样一个基于排序码比较的算法：它只通过不超过 9 次排序码的比较，就可以对任何 6 个排序码互异的元素实现排序。

【题解】 对。设 $n=6, n\log_2 n = 6\times 2.585 = 15.5$，因此，没有一个基于排序码比较的算法，可以通过不超过 9 次排序码的比较，对任何 6 个排序码互异的元素实现排序。

四、简答题

1. 从排序过程中数据的总体变化趋势来看，排序方法分为两大类：一是有序区增长，二是有序程度增长。请说明其实现机制，并对已知的排序方法归类。

【题解】 (1) 有序区增长：将存放待排序元素的数据表分成有序区和无序区，在排序过程中逐步扩大有序区，缩小无序区，直到有序区扩大到整个数据表为止。如直接或折半插入排序、直接选择排序、起泡排序、堆排序、归并排序等。

(2) 有序程度增长：数据表不能明确区分有序区和无序区，随着排序过程的执行，逐步调整表中元素的排列，使得表中的有序程度不断提高，直到完全有序。如快速排序、希尔排序、基数排序等。

2. 设待排序的数据序列为{12,2,16,30,28,10,16*,20,6,18}，试写出使用直接插入排序方法每趟排序后的结果。并说明做了多少次排序码比较。(注：16* 表示与 16 是相等的排序码，在初始排列中它位于 16 的后面)

【题解】 直接插入排序的排序过程如图 9-1 所示。

初始排列	0	1	2	3	4	5	6	7	8	9	排序码比较次数
i=1	[12]	2	16	30	28	10	16*	20	6	18	1
i=2	[2	12]	16	30	28	10	16*	20	6	18	1
i=3	[2	12	16]	30	28	10	16*	20	6	18	1
i=4	[2	12	16	30]	28	10	16*	20	6	18	2
i=5	[2	12	16	28	30]	10	16*	20	6	18	5
i=6	[2	10	12	16	28	30]	16*	20	6	18	3
i=7	[2	10	12	16	16*	28	30]	20	6	18	3
i=8	[2	10	12	16	16*	16	28	30]	6	18	3
i=9	[2	6	10	12	16	16*	20	28	30]	18	8
	[2	6	10	12	16	16*	18	20	28	30]	

图 9-1 第 2 题直接插入排序的过程

图中的箭头"→"表明数据在向后移动。

3. 在用直接插入算法进行排序的过程中，每次向有序区插入一个新元素并形成一个新的更大的有序区，那么新元素插入的位置是否是它最终应在的位置？

【题解】 在直接插入排序过程中，每次可以把一个元素插入有序表中，从而形成更大的有序表，但新元素插入的位置不一定是它最终应在的位置，因为后面可能还有更小的元素会在它的前面插入。

4. 设一个有序序列为{01,10,12,15,20,24,31,38,43,47,54,65},试画出如何使用折半插入排序的方法找出27在有序序列中的插入位置的过程。

【题解】 在有序序列{01,10,12,15,20,24,31,38,43,47,54,65}中查找27的插入位置过程如图9-2所示。

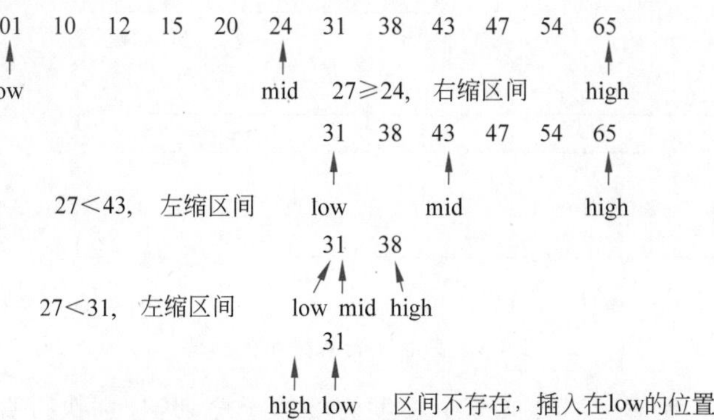

图 9-2 第4题寻找27在有序表中插入位置的图示

5. 设有 n 个元素的待排序序列,初始时编号为偶数的元素和编号为奇数的元素已经分别按排序码非递减的顺序有序排列：key0≤key2≤…,key1≤key3≤…,若使用直接插入排序法,将整个序列按非递减顺序排列,最多需要进行多少次排序码比较?

【题解】 这相当于已经完成间隔为1的子序列的直接插入排序,最后执行一次间隔为0的直接插入排序。此时有4种情况,图9-3是 $n=8$ 的例子。

排序码交错排列(偶数项大于奇数项)								
初始排列	2	1	4	3	6	5	8	7
比较次数		1	1	2	1	2	1	2

(a)排序码比较次数10

排序码交错排列(偶数项小于奇数项)								
排列顺序	1	2	3	4	5	6	7	8
比较次数		1	1	1	1	1	1	1

(b) 排序码比较次数7

偶数项全部大于奇数项								
初始排列	5	1	6	2	7	3	8	4
比较次数		1	1	3	1	4	1	5

(c)排序码比较次数16

偶数项全部小于奇数项								
排列顺序	1	5	2	6	3	7	4	8
比较次数		1	2	1	3	1	4	1

(d) 排序码比较次数13

图 9-3 第5题4种间隔为0的直接插入排序情况

最差的情况就是图9-3(c)的情形,编号为偶数的元素的排序码比编号为奇数的元素的排序码都大。假设元素个数为 n,当 n 为偶数时,编号为奇数的元素和编号为偶数的元素分别有 $n/2$ 个;当 n 为奇数时,编号为奇数的元素有 $\lfloor n/2\rfloor$ 个,编号为偶数的元素有 $\lceil n/2\rceil$ 个,排序码比较次数等于 $1+3+4+\cdots+(\lfloor n/2\rfloor+1)+\lceil n/2\rceil-1=(3+4+\cdots+(\lfloor n/2\rfloor+1))+\lceil n/2\rceil=(\lfloor n/2\rfloor+4)\times(\lfloor n/2\rfloor-1)/2+\lceil n/2\rceil$。如 $n=8$ 时,$\lfloor n/2\rfloor=\lceil n/2\rceil=4$,$(4+4)\times(4-1)/2+4=16$;$n=9$ 时,$\lfloor n/2\rfloor=4$,$\lceil n/2\rceil=5$,$(4+4)\times(4-1)/2+5=17$。

6. 设待排序的排序码序列为{12,2,16,30,28,10,16*,20,6,18},试写出使用希尔排序(增量为5,2,1)方法每趟排序后的结果。并说明做了多少次排序码比较。

【题解】 使用希尔排序(增量为5,2,1)排序的过程如图9-4所示。

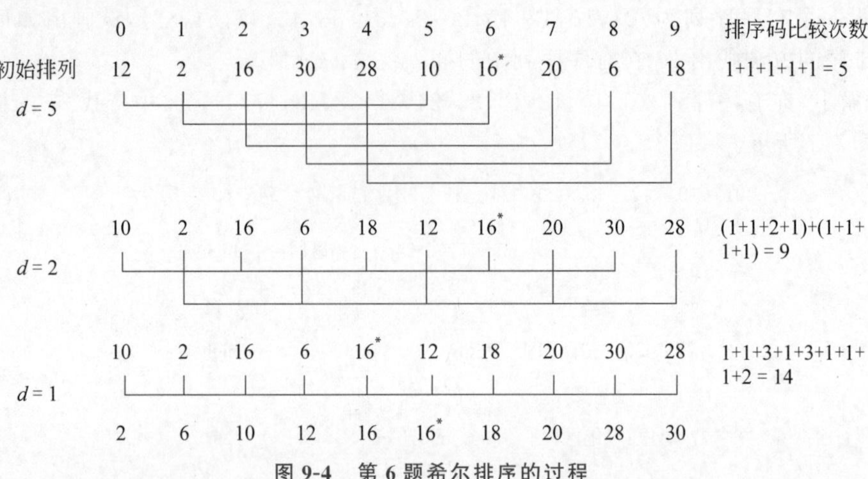

图 9-4　第 6 题希尔排序的过程

本题 $n=10$，第一趟 $d=5$，分成 5 个长度为 2 的子序列，分别执行直接插入排序，排序码比较次数为 1+1+1+1+1=5。第二趟 $d=2$，分成 2 个长度为 5 的子序列，分别执行直接插入排序，排序码比较次数为 5+4=9；第三趟 $d=1$，执行直接插入排序，排序码比较次数为 14，总排序码比较次数为 5+9+14=28。

7. 设待排序的排序码序列为{12,2,16,30,28,10,16*,20,6,18}，试写出使用起泡排序方法每趟排序后的结果。并说明做了多少次排序码比较和元素交换。

【题解】 设每趟起泡从后向前比较，则起泡排序的排序过程如图 9-5 所示。总的排序码比较次数为 9+8+7+6+5+4+3=42，元素交换次数为 7+5+3+2+2+1=20。

初始排列	0	1	2	3	4	5	6	7	8	9	排序码比较次数
$i=0$	[12	2	16	30	28	10	16*	20	6	18]	9
$i=1$	2	[12	6	16	30	28	10	16*	20	18]	8
$i=2$	2	6	[12	10	16	30	28	16*	18	20]	7
$i=3$	2	6	10	[12	16	16*	30	28	18	20]	6
$i=4$	2	6	10	12	[16	16*	18	30	28	20]	5
$i=5$	2	6	10	12	16	[16*	18	20	30	28]	4
$i=6$	2	6	10	12	16	16*	[18	20	28	30]	3

图 9-5　第 7 题起泡排序的过程

8. 在起泡排序过程中，什么情况下排序码会向与排序相反的方向移动？试举例说明。

【题解】 如果在待排序序列的后面的若干排序码比前面的排序码小，则在起泡排序的过程中，排序码可能向与最终它应移向的位置相反的方向移动。如图 9-6 的例子。

一个定量的判断如下：如果序列中某元素 x 排序前所在位置的下标为 i，排好序后它应在位置的下标为 k，但在排序前它后面还有 m 个比它小的元素，这些元素排序时都要先于它移到前面去。如果 $i+m>k$，则排序过程中元素 x 将会向与排序相反的方向移动。例如，图 9-6 中的元素 19，它当前的位置为 $i=9$，它后面有 $m=2$ 个比它小的元素，排序后它应在位置为 $k=5$，$i+m=11>5$，它在排序过程中将会朝相反方向移动；再看 75，它当前位置 $i=7$，它后面有 $m=4$ 个比它小的元素，最后位置 $k=11$，因 $i+m=7+4 \leqslant 11$，它不会在

57	40	38	11	13	34	48	75	6	19	9	7	如9向相反方向移动
6	57	40	38	11	13	34	48	75	7	19	9	如19向相反方向移动
6	7	57	40	38	11	13	34	48	75	9	19	如9向最终方向移动
6	7	9	57	40	38	11	13	34	48	75	19	如13向相反方向移动
6	7	9	11	57	40	38	13	19	34	48	75	如13向最终方向移动
6	7	9	11	13	57	40	38	19	34	48	75	如34向相反方向移动
6	7	9	11	13	19	57	40	38	34	48	75	

......

图 9-6 第 8 题的示例

排序过程中朝排序相反的方向移动。

9. 设待排序的排序码序列为{12,2,16,30,28,10,16*,20,6,18},试写出使用快速排序方法第一趟划分后的结果,并说明做了多少次排序码比较。

【题解】 快速排序第一趟划分的执行采用双向交替检测移动的方式,如图 9-7 所示。

Pivot	0	1	2	3	4	5	6	7	8	9	排序码比较次数
12	[12	2	16	30	28	10	16*	20	6	18]	2 (j从后向前)
12	[6	2	16	12	28	10	16*	20	6	18]	2 (i从前向后)
12	[6	2	16	30	28	10	16*	20	16	18]	3 (j从后向前)
12	[6	2	10	30	28	10	16*	20	16	18]	1 (i从前向后)
12	[6	2	10	30	28	30	16*	20	16	18]	1 (j从后向前)
[12	6	2]	10	[12	28	30*	16*	20	16	18]	(i=j, 回放)

图 9-7 第 9 题快速排序的第一趟划分过程

图中数字加了黑框表明该数据已经移走,此处可以被其他数据填充。数字加了下画线表明该数据是刚刚移来的。此例总的排序码比较次数为 2+2+3+1+1=9。

10. 在交换类排序过程中,通常的做法是通过交换元素来减少序列中的逆序数,从而实现排序。如果交换序列中两个不同的元素,最多能够减少多少个逆序?

【题解】 设待排序元素序列$\{a_0, a_1, \cdots, a_{n-1}\}$中所有元素全部逆序排列,有 $n(n-1)/2$ 个元素对处于逆序 $a_i > a_j (i < j)$。因 $a_0 > a_1, a_0 > a_2, \cdots, a_0 > a_{n-1}$,且 $a_1 > a_{n-1}, a_2 > a_{n-1}, \cdots, a_{n-2} > a_{n-1}$,如果交换 a_0 和 a_{n-1},可减少$(n-1)+(n-2)=2n-3$ 个逆序对,这是交换序列中两个不同的元素最多能够减少的逆序数。

11. 以划分区间最左端元素作为划分基准的一趟划分算法有 3 种实现方案。

(1) 第一种方案。两边检测指针相向交替检查和移动元素。

```
int Partition1_1 (DataType L[], int low, int high) {
    int i = low, j = high; DataType pivot = L[low];
    while (i != j) {                                    //从数组两端交替向中间扫描
```

```
        while (i < j && L[j] >= pivot) j--;          //反向寻找比基准元素小的
        if (i < j) L[i++] = L[j];                    //比基准元素小者移到低端
        while (i < j && L[i]<= pivot) i++;           //正向寻找比基准元素大的
        if (i < j) L[j--] = L[i];                    //比基准元素大者移到高端
    }
    L[i] = pivot;                                    //基准元素移到应在的位置
    return i;
}
```

(2) 第二种方案。两边检测指针相向检查,发现逆序即交换。

```
int Partition_2 (DataType L[], int low, int high) {
    DataType tmp, DataType pivot = L[low];           //基准元素
    int i = low+1, j = high;
    while (i < j) {
        while (i < j && pivot < L[j]) j--;           //从后向前跳过大于基准者
        while (i < j && L[i] < pivot) i++;           //从前向后跳过小于基准者
        if (i < j) {
            tmp = L[i];L[j] = L[i];L[i] = tmp;       //对调
            i++;j--;                                 //缩小区间
        }
    }                                                //i >= j 跳出循环
    if (L[i] > pivot) i--;                           //若位置 i 的值大于基准,i 退 1
    L[low] = L[i];L[i] = pivot;                      //基准移至第 i 个位置
    return i;                                        //返回基准最后应在的位置
}
```

(3) 第三种方案。一个检测指针一遍检查过去,发现逆序即交换。

```
int Partition_3 (dataType L[], int low, int high) {
    int i, k = low;DataType tmp, pivot = L[low];       //基准元素
    for (i = low+1; i <= high; i++)                    //一趟扫描序列, 进行划分
        if (L[i] < pivot)                              //找到排序码小于基准的元素
            if (++k != i)                              //把小于基准的元素交换到左边
                { tmp = L[i];L[i] = L[k];L[k] = tmp; }
    L[low] = L[k];L[k] = pivot;                        //将基准元素就位
    return k;                                          //返回基准元素位置
}
```

在这三种划分方案中哪种元素移动次数最少？哪种元素移动次数最多？

【题解】 数据移动次数多少要看待排序序列的初始排列。使用三个例子{4,7,5,6,3,1,2}、{4,7,5,6,2,3,1}和{4,6,5,7,3,1,2},可对比基于不同划分算法的快速排序执行结果,如图 9-8 所示。

从图中可以看到,Partition_1 效果最好,数据元素移动次数最少。但 Partition_3 不见得效果最差,特别是在排序过程中不允许逆向扫描的场合,例如在单链表的场合,Partition_3 是有用的。

4,7,5,6,3,1,2	Partition_1	Partition_2	Partition_3
比较次数	10	11	11
移动次数	14	21	24
递归深度	2	3	3

(a) 针对输入序列{4,7,5,6,3,1,2}执行快速排序的结果

4,7,5,6,2,3,1	Partition_1	Partition_2	Partition_3
比较次数	11	10	12
移动次数	16	18	18
递归深度	3	2	3

(b) 针对输入序列{4,7,5,6,2,3,1}执行快速排序的结果

4,6,5,7,3,1,2	Partition_1	Partition_2	Partition_3
比较次数	11	9	10
移动次数	17	21	18
递归深度	3	2	2

(c) 针对输入序列{4,6,5,7,3,1,2}执行快速排序的结果

图 9-8 第 11 题不同划分算法的比较

12. 在使用非递归方法实现快速排序时,通常要利用一个栈记忆待排序区间的两个端点。那么能否用队列来代替这个栈?为什么?

【题解】 可以用队列来代替栈。在快速排序的过程中,通过一趟划分,可以把一个待排序区间分为两个子区间,然后分别对这两个子区间实行同样的划分。栈的作用是在处理一个子区间时,保存另一个子区间的上界和下界,待该区间处理完成后再从栈中取出另一子区间的边界,对其进行处理。这个功能利用队列也可以实现,但处理子区间的顺序变动了。

13. 设待排序的排序码序列为{12,2,16,30,10,16*,15,6},试写出使用直接选择排序方法每趟排序后的结果,并说明做了多少次排序码比较。

【题解】 直接选择排序是一种逐步扩大有序区的排序方法,如图 9-9 所示。第 i 趟($i=0,\cdots,n-2$)从第 i 个到第 $n-1$ 个元素中选出最小元素,交换到第 i 个位置,最后剩下一个元素(第 $n-1$ 个),它已经在应在的位置,就不需要比较了。一般地,排序需要比较的次数是 $n(n-1)/2$。具体到本题,每趟的排序码比较次数在图 9-9 的最右侧给出。

14. 设待排序的排序码序列为{12,2,16,30,10,16*,15,6},试写出使用堆排序每趟排序后的结果,并说明做了多少次排序码比较。

【题解】 堆排序的过程如图 9-10 所示。第一步,形成初始最大堆;第二步,做堆排序。

在形成初始堆的过程中,从 $i=3$ 开始调整,分别让 $i=3,2,1,0$,排序码比较次数为 $1+2+3+5=11$,元素移动次数为 $2+2+4+3=11$。做堆排序的过程中,执行 7 次交换-重构堆运算,每次交换,需移动元素 3 次,重构堆执行 $4+3+2+3+2+1+0=15$ 次排序码比较、$(3+4)+(3+3)+(3+3)+(3+3)+(3+3)+(3+3)+(3+2)=21$ 次元素移动。

15. 设待排序的排序码序列为{12,2,16,30,10},给出执行锦标赛排序的过程中每趟排序后的结果,并说明做了多少次排序码比较。

初始排列	0	1	2	3	4	5	6	7	排序码比较次数
$i=0$	[12	2	16	30	10	16*	15	6]	7
$i=1$	2	[12	16	30	10	16*	15	6]	6
$i=2$	2	6	[16	30	10	16*	15	12]	5
$i=3$	2	6	10	[30	16	16*	15	12]	4
$i=4$	2	6	10	12	[16	16*	15	30]	3
$i=5$	2	6	10	12	15	[16*	16	30]	2
$i=6$	2	6	10	12	15	16*	[16	30]	1
$i=7$	2	6	10	12	15	16*	16	30	2

图 9-9　第 13 题直接选择排序的过程

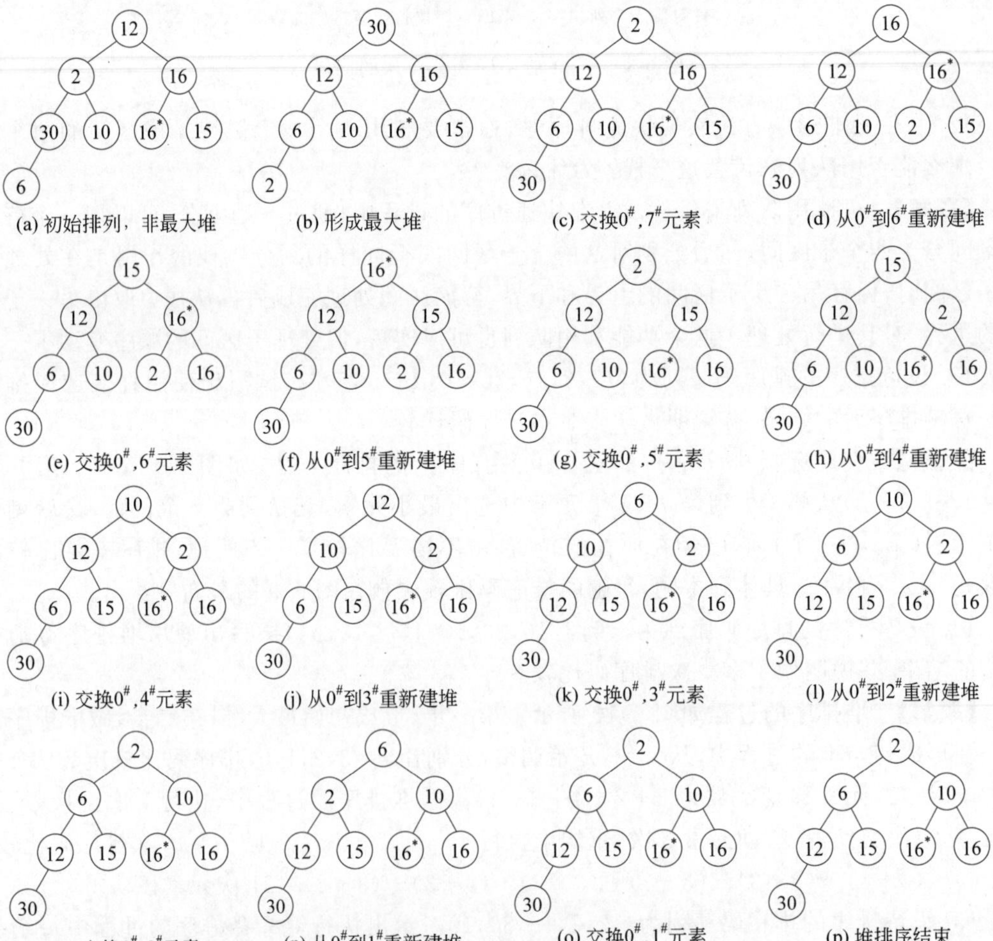

(a) 初始排列，非最大堆　(b) 形成最大堆　(c) 交换0#,7#元素　(d) 从0#到6#重新建堆

(e) 交换0#,6#元素　(f) 从0#到5#重新建堆　(g) 交换0#,5#元素　(h) 从0#到4#重新建堆

(i) 交换0#,4#元素　(j) 从0#到3#重新建堆　(k) 交换0#,3#元素　(l) 从0#到2#重新建堆

(m) 交换0#,2#元素　(n) 从0#到1#重新建堆　(o) 交换0#,1#元素　(p) 堆排序结束

图 9-10　堆排序的过程

【题解】 待排序元素有 5 个,胜者树结点应有 4 个,锦标赛排序过程如图 9-11 所示。

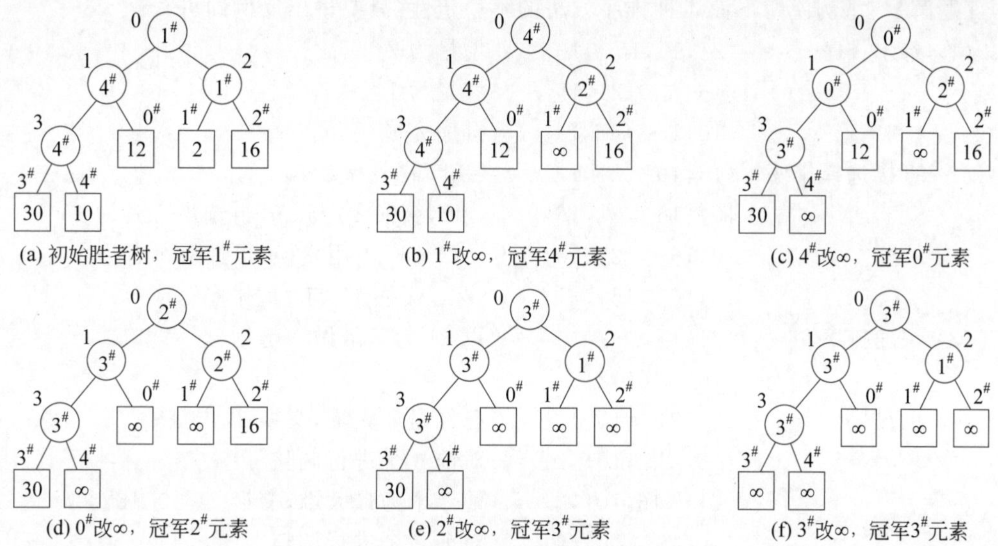

图 9-11 第 15 题锦标赛排序的过程

基于胜者树进行锦标赛排序,总排序码比较次数为 17 次。

16. 如何将二路归并排序的附加空间减少一半?

【题解】 设有两个地址相连的有序表存放于数组 L 中,前一个表的下标从 left 到 mid,后一个表的下标从 mid+1 到 right,其中 mid 是区间 left~right 的中点。设置一个长度为 $m=\text{mid}-\text{left}+1$ 的辅助数组 $A[m]$,先从 L 的 left 位置开始,复制 m 个元素到 A 中,再对 $A[0..m-1]$和 $L[\text{mid}+1..\text{right}]$做二路归并,归并结果从 $L[\text{left}]$开始存放,即可完成二路归并。

17. 设待排序的排序码序列为{12,2,16,30,28,10,16*,20,6,18},试写出使用迭代的二路归并排序方法每趟排序后的结果,并说明做了多少次排序码比较。

【题解】 迭代的二路归并排序的排序过程如图 9-12 所示。

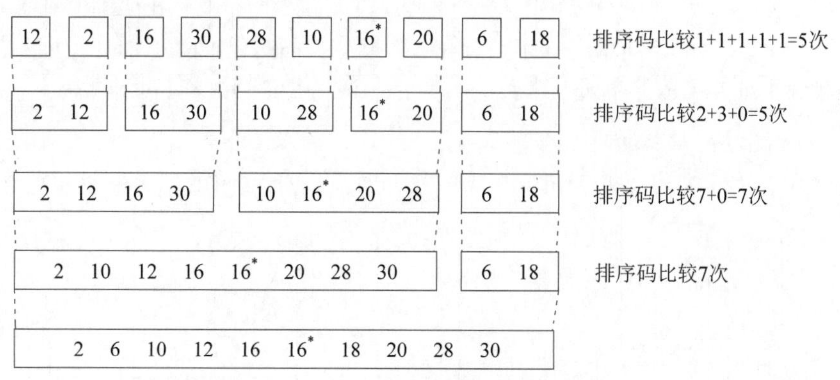

图 9-12 第 17 题二路归并排序的过程

采用迭代的方法进行归并排序。设待排序的数据元素有 n 个。最多做 $s=\lceil\log_2 n\rceil$趟二路归并,每趟多次调用二路归并算法形成比前一趟大一倍的归并项(有序序列),经过 s 趟,最后得到长度为 n 的归并结果。

18. 希尔排序、直接选择排序、快速排序和堆排序是不稳定的排序方法，试举例说明。

【题解】 举例说明下面4种排序方法的不稳定性（只要举出反例即可）。

(1) 希尔排序	{21,16,16*,10}	增量为2
	{16*,10,21,16}	增量为1
	{10,16*,16,21}	排序完成
(2) 直接选择排序	{16,16*,21,10}	i=1,最小者为10
	10,{16*,21,16}	i=2,交换10与16,再选最小者为16*
	10,16*,{21,16}	i=3,16*不用交换,再选最小者为16
	10,16*,16,{21}	i=4,交换16与21,排序完成
(3) 快速排序	{21,16,16*}	以21为基准做一趟划分
	{16*,16},21	
(4) 堆排序	{21,21*,10,16}	已经是最大堆,交换21与16
	{16,21*,10},21	对前3个进行调整
	{21*,16,10},21	前3个为最大堆,交换21*与10
	{10,16},21*,21	对前2个进行调整
	{16,10},21*,21	前2个为最大堆,交换16与10
	{10},16,21*,21	堆排序完成

19. 设待排序的排序码序列为{12,2,16,30,28,10,16*,20,6,18}，试写出使用链表方式存储时LSD基数排序每趟排序后的结果，并说明做了多少次排序码比较。

【题解】 使用链式队列进行LSD基数排序的过程如图9-13所示。排序码比较次数为0。

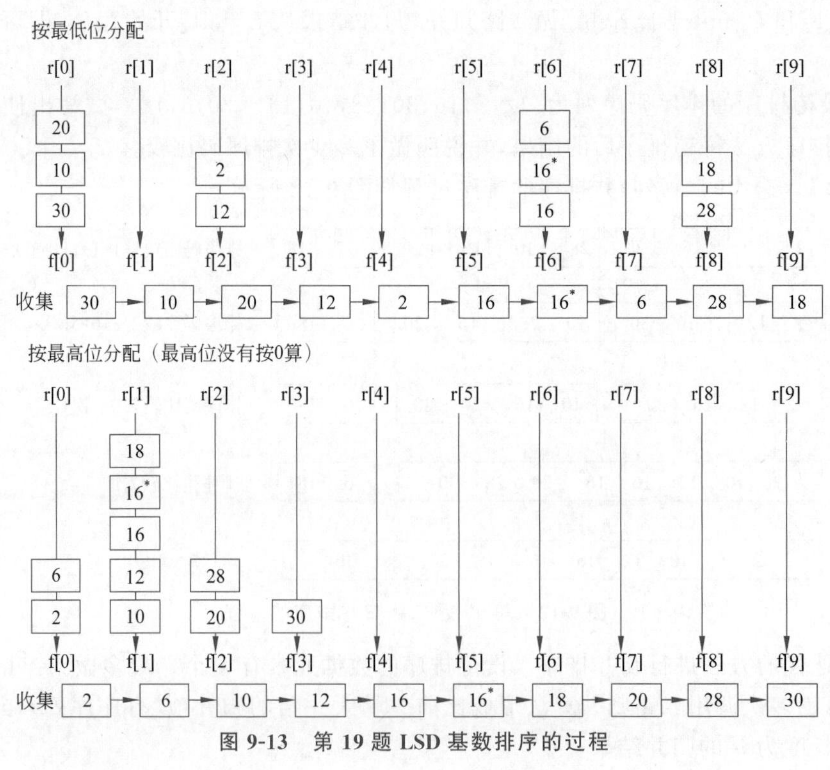

图9-13 第19题LSD基数排序的过程

20. 若在实现 LSD 基数排序的算法中，采用栈代替队列作为桶使用，会出现什么情况？用排序码序列{12,2,16,30,28,10,16*,20,6,18}说明。

【题解】 使用栈作为桶，一般是不可行的。因为栈的特性是先进后出，按照排序码的第 d 位分配后，在第 d 位的值相等时，进栈、出栈的顺序相反，在收集后，第 d 位值相等的元素的顺序发生颠倒。继续做 $d+1$ 位的分配和收集后，结果可能既不按排序码升序排列，也不按排序码降序排列。但是如果最低位按反向($j=9,8,\cdots,0$)收集，最高位按正向($j=0,1,\cdots,9$)收集，却能得到按排序码升序的序列，如图 9-14 所示。原因是先把排序码按最低位的值降序排列，再按最高位的值升序排列，由于栈的反反得正的特点，因此可以得到希望的结果。

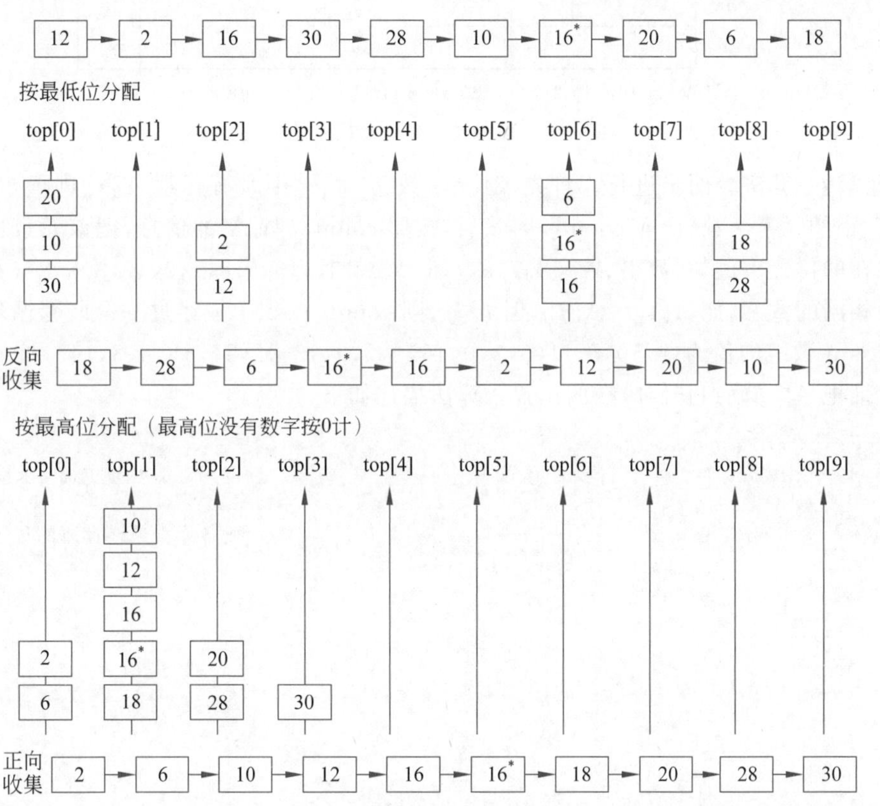

图 9-14 第 20 题用栈代替队列的基数排序过程

21. 设排序码序列为{12,1,16,39,21,10,38,20,43,72,85,99,65,54}，试写出在利用顺序方式存储时，MSD 桶排序每趟排序后的结果。

【题解】 MSD 桶排序可利用顺序存储方式实现。在对每一位数字“分配”时，用到两个辅助数组。count[10]用以统计每一位数字取 0,1,…,9 的频度，posit[10]用于预置每一位数字在“收集”时应放置的位置。对于题目所给的排序码序列，需要执行两趟分配与收集工作。排序的执行过程如图 9-15 所示。

五、算法题

1. 在已排好序的序列中，一个元素所处的位置取决于具有更小排序码的元素的个数。基于这个思想，可得计数排序方法。该方法增加一个计数数组 count[n]，其中 n 是待排序元素个数。count[i]存放元素数组 $A[n]$中比 $A[i]$小的元素个数，然后依 count 的值，将 $A[i]$存入它最后应在的位置，就可完成排序。设计一个算法，实现计数排序。

{12, 1, 16, 39, 21, 10, 38, 20, 43, 72, 85, 99, 65, 54}

按最低位分配

	0	1	2	3	4	5	6	7	8	9
count	2	2	2	1	1	2	1	0	1	2
posit	0	2	4	6	7	8	10	11	11	12

收集 {10, 20, 1, 21, 12, 72, 43, 54, 85, 65, 16, 38, 39, 99}

按最高位分配(最高位没有数字按 0 计)

	0	1	2	3	4	5	6	7	8	9
count	1	3	2	2	1	1	1	1	1	1
posit	0	1	4	6	8	9	10	11	12	13

收集 {1, 10, 12, 16, 20, 21, 38, 39, 43, 54, 65, 72, 85, 99}

图 9-15 第 21 题 MSD 桶排序的过程

【题解】 算法分两步进行。首先,对元素数组 $A[n]$中所有元素 $A[i]$进行扫描,统计比 $A[i]$小的元素个数,记入 count[i];然后,按照 count[i]记忆的信息,把该元素交换到它最后应在的位置。例如,数组 A={4,7,5,7,5,2,0,10,1,5,6,8,7,9,10,3,5,8},数组中多次出现相同的数字,如 $A[i]=A[j]$,但 $i<j$,则 count[j]++。经过一个嵌套循环的枚举扫描,count 数组的值为{4,10,5,11,6,2,0,16,1,7,9,13,12,15,18,3,8,14},按 count[i]给的地址把 $A[i]$放到它们应在的位置。算法描述如下。

```
template <class T>
void CountSort (T A[ ], int n) {                          //设定元素类型为 int
    int i, j, w2;T w1;
    int * count = new int[n];                             //存放各元素最终存放的位置
    for (i = 0; i < n; i++) count[i] = 0;
    for (i = 0; i < n-1; i++)                             //count[i]计数
        for (j = i+1; j < n; j++)
            if (A[j] < A[i]) count[i]++;
            else count[j]++;
    for (i = 0; i < n; i++) {                             //在 A 中各就各位
        j = count[i];
        while (j != i) {
            w1 = A[i];A[i] = A[j];A[j] = w1;
            w2 = count[i];count[i] = count[j];count[j] = w2;
            j = count[i];
        }
    }
    delete [] count;
}
```

2. 二路插入排序是直接插入排序的变形,它需要一个与原数组 $A[n]$等长的辅助数组 $t[n]$。其排序过程是:首先将 $A[0]$赋值给 $t[n-1]$,指针 first 指向 $t[n-1]$位置,另一指针 final 指向−1,把 $t[n-1]$视为排好序的数组中位于中间位置的元素。然后顺序用 $A[i]$($i=1,\cdots,n-1$) 与 $t[n-1]$比较,若 $A[i]<t[n-1]$,则在 $t[n-1]$的左侧进行直接插入排序,否则在 $t[n-1]$的右侧(t 的开头)进行直接插入排序。例如,图 9-16 就是对数组 A={49,38,65,97,76,54}执行二路插入排序的示例。

设计一个算法,实现二路插入排序。

	0	1	2	3	4	5	KCN	RMN
A	49	38	65	97	76	54		8
t						49		1
↑ final						↑ first		
t					38	49	1	1
↑ final					↑ first			
t	65				38	49	1	1
	↑ final				↑ first			
t	65	97			38	49	2	1
		↑ final			↑ first			
t	65	76	97		38	49	3	2
			↑ final		↑ first			
t	54	65	76	97	38	49	4	4
					↑ first	↑ final		
A	38	49	54	65	76	97		8

图 9-16 第 2 题二路插入排序的示例

【题解】 算法的求解思路和示例见题目,算法描述如下。

```
template <class T>
void DoubleInsertSort (T A[ ], int n) {
    int i, j, final, first, k;
    T * t = new T[n];                                       //创建辅助变量
    for (i = 0; i < n; i++) t[i] = 0;
    first = n-1; final = -1; t[n-1] = A[0];                 //比较基准
    for (i = 1; i < n; i++) {                               //顺序插入 A[i]
        if (A[i] < t[n-1]) {                                //比基准小,插入基准的左侧
            for (j = first; j < n-1; j++)                   //在左侧找插入位置
                if (A[i] > t[j]) t[j-1] = t[j];
                else break;
            t[j-1] = A[i]; first--;                         //插入基准的左侧
        }
        else {                                              //比基准大,插入基准的右侧
            for (j = final; j >= 0; j--)                    //在右侧找插入位置
                if (A[i] < t[j]) t[j+1] = t[j];
                else break;
            t[j+1] = A[i]; final++;                         //插入基准的右侧
        }
    }
    for (i = 0, j = first; j < n; i++, j++) A[i] = t[j];    //传送回 A
    for (j = 0; j <= final; i++, j++) A[i] = t[j];
    delete [] t;                                            //释放辅助数组 t
}
```

3.(鸡尾酒排序)这是一种双向起泡排序算法,在正反两个方向交替进行扫描,即第一趟把排序码最大的对象放到序列的最后,第二趟把排序码最小的对象放到序列的最前面。如此反复进行。要求使用两个控制变量 low 和 high,high 记录当前一趟正向起泡最后交换元素的位置,low 记录当前反向起泡时最后交换的位置,当 low==high 时起泡排序结束。设计一个算法,实现上述鸡尾酒排序。

【题解】 该算法是起泡排序的一个变形。起泡区间从 low 到 high,奇数趟从前向后,用 i=low,low+1,…,high−1,比较相邻的排序码 $A[i]$和 $A[i+1]$,遇到逆序即交换,并用 j 记忆 i 的位置,直到把参加比较排序码序列中最大的排序码移到该序列的尾部 A[high]位置,然后让 high=j,缩小排序范围。偶数趟从后向前,用 i=high,high−1,…,low+1,比较相邻的排序码 $A[i]$和 $A[i-1]$,遇到逆序即交换,并用 j 记忆 i 的位置,直到把参加比较排序码序列中最小的排序码移到该序列前端 A[low]位置,然后让 low=i,缩小排序范围。算法描述如下。

```
template <class T>
void shakerSort (T A[ ], int n) {
    int low = 0, high = n-1, i, j;T tmp;
    while (low < high) {
        j = low;
        for (i = low; i < high; i++)                          //正向起泡
            if (A[i] > A[i+1]) {                              //发生逆序
                tmp = A[i];A[i+1] = A[i];A[i+1] = tmp;        //交换
                j = i;                                        //记忆右边最后交换位置 j
            }
        high = j;                                             //比较范围上界缩小到 j
        for (i = high; i > low; i--)                          //逆向起泡
            if (A[i-1] > A[i]) {                              //发生逆序
                tmp = A[i-1];A[i-1] = A[i];A[i] = tmp;        //交换
                j = i;                                        //记忆左边最后交换位置 j
            }
        low = j;                                              //比较范围下界缩小到 j
    }
}
```

4. K T Batcher 在 1964 年提出了一种交换排序方法。该方法类似于 Shell 排序,也是按一定间隔取元素进行比较、交换。与 Shell 排序不同的是,在同一趟做一定间隔的两两比较时,刚比较完的元素不再参加后续的两两比较。例如,图 9-17 给出一个待排序序列,n=8,用 d 表示间隔。

设计一个算法,实现这个交换排序。

【题解】 算法要求比较的间隔序列为 $2^{t-1}, 2^{t-2}, \cdots, 1, t=\lceil \log_2 n \rceil$。处理步骤如下。

(1) 计算 $2^{\lceil \log_2 n \rceil}/2$,即间隔 d 的初值;

(2) 以 $d, d=d/2, d=d/2, \cdots, 1$ 为间隔,反复执行:

① 从序列的 0 号位置开始,按间隔 d 连续两两比较 d 对元素,如果逆序就交换;然后跳过 d 个元素,再做这样的比较和交换;

②从序列的 d 号位置开始,与①所做的一样进行两两比较和交换;

(3) 当 d=1 时处理完,排序结束。

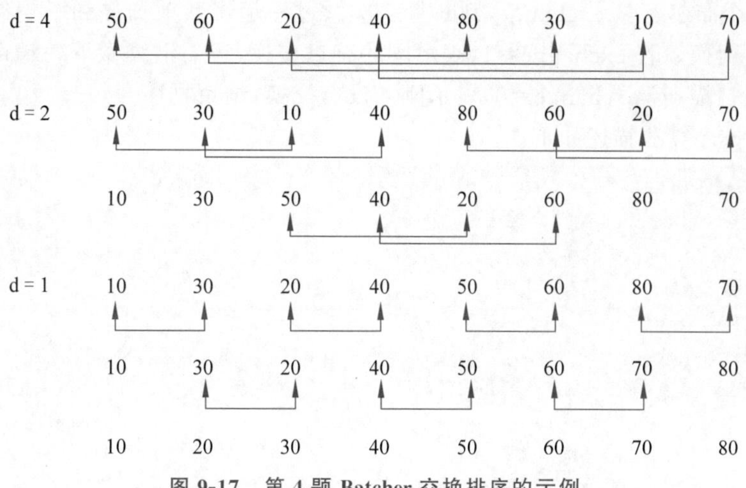

图 9-17 第 4 题 Batcher 交换排序的示例

算法描述如下。

```
template <class T>
void BatcherSort (T A[ ], int n) {
    int d, i, j, k = 1;T tmp;
    while (k < n) k = k * 2;                          //计算 log₂n
    d = k/2;                                          //增量初值
    do {                                              //按增量起泡
        for (i = 0; i < n-d; i = i+2 * d)
            for (j = 0; j < d; j++) {
                if (i+j+d >= n) break;
                if (A[i+j] > A[i+j+d])                //发生逆序,交换
                    { tmp = A[i+j];A[i+j] = A[i+j+d];A[i+j+d] = tmp; }
            }
        for (i = d; i < n-d; i = i+2 * d)
            for (j = 0; j < d; j++) {
                if (i+j+d >= L.n) break;
                if (A[i+j] > A[i+j+d])                //发生逆序,交换
                    { tmp = A[i+j];A[i+j] = A[i+j+d];A[i+j+d] = tmp; }
            }
        d /= 2;                                       //增量减半
    } while (d > 0);                                  //处理完 d = 1 的情况,排序结束
}
```

5. 奇偶交换排序是一种交换排序。它第 1 趟对序列 $A[n]$中的所有奇数项 i 进行扫描,第 2 趟对序列中的所有偶数项 i 进行扫描。若 $A[i]>A[i+1]$,则交换它们。第 3 趟对所有的奇数项,第 4 趟对所有的偶数项……如此反复,直到整个序列全部排好为止。

(1) 这种排序方法结束的条件是什么?

(2) 写出奇偶交换排序的算法。

(3) 当待排序的排序码的初始排列是从小到大有序,或从大到小有序时,在奇偶排序过程中的排序码比较次数是多少?

【题解】 算法第一趟对所有奇数项选小交换,下一趟对所有偶数项选小交换。

(1) 设一个布尔变量 exchange,判断每一次做过一趟奇数项扫描和一趟偶数项扫描后是否有过元素交换。若 exchange=1,表示刚才有过交换,还需继续做下一趟奇数项扫描和下一趟偶数项扫描;若 exchange=0,表示刚才没有交换,结束排序。

(2) 奇偶排序算法描述如下。

```
template <class T>
void odd_evenSort (T A[ ], int n) {
    int i, exchange;T tmp;
    int pass = 1;
    do {
        exchange = 0;
        for (i = 0; i < n; i = i+2)                    //奇数趟(下标为偶数)
            if (A[i] > A[i+1]) {                       //相邻两项比较, 发生逆序
                exchange = 1;                          //作交换标记
                tmp = A[i];A[i] = A[i+1];A[i+1] = tmp; //交换
            }
        for (i = 1; i < n-1; i = i+2)                  //偶数趟(下标为奇数)
            if (A[i] > A[i+1]) {                       //相邻两项比较, 发生逆序
                exchange = 1;                          //作交换标记
                tmp = A[i];A[i] = A[i+1];A[i+1] = tmp; //交换
            }
        pass++;
    } while (pass <= n/2 && exchange != 0);
}
```

(3) 设待排序元素序列中总共有 n 个元素。序列中各个元素的序号从 0 开始。则当所有待排序元素序列中的元素按排序码从大到小初始排列时,执行 $m=\lfloor n/2\rfloor$趟奇偶排序。当所有待排序元素序列中的元素按排序码从小到大初始排列时,执行 1 趟奇偶排序。

在一趟奇偶排序过程中,若 n 为奇数,对所有奇数项扫描一遍和对所有偶数项扫描一遍,排序码比较次数都是 $\lfloor n/2\rfloor$次,总比较次数为 $2\lfloor n/2\rfloor$;若 n 为偶数,对所有奇数项扫描一遍,排序码比较 $n/2$ 次;对所有偶数项扫描一遍,排序码比较 $n/2-1$ 次。排序码总比较次数为 $n/2+n/2-1=n-1$。

6. 快速排序算法的性能与一趟划分出的两个子区间是否长度接近有关,如果随机选择划分基准,期望能通过一趟划分使得划分出的两个子区间长度比较接近。设计一个算法,使用生成随机数的标准函数 rand 来确定划分基准,实现快速排序。

【题解】 设递归过程中区间的边界是 left 和 right,用 rand 函数生成的随机数要加以变换,使它的值落在这个区间内,变换式为 $k=\text{left}+\text{rand}()\ \%\ (\text{right}-\text{left}+1)$,以 k 作为划分基准,交换 $A[k]$与 $A[\text{left}]$,划分后的左半区间为$[\text{left}..k-1]$,右半区间为$[k+1..\text{right}]$。再递归地对这两个区间进行快速排序。算法描述如下。

```
template <class T>
void swap (T A[ ], int i, int j) {
    T tmp = A[i];A[i] = A[j];A[j] = tmp;
}
template <class T>
void randQuickSort (T A[], int left, int right) {
```

```
//递归算法,在区间 A[left..right]中做随机快速排序
    int i, k;T pivot;
    k = left+rand() % (right-left+1);                  //随机取划分基准值
    if (k != left) swap (A, k, left);                  //交换到 left
    k = low;pivot = A[left];                           //基准元素
    for (i = left+1; i <= right; i++)                  //一趟扫描序列, 进行划分
        if (A[i] < pivot) {                            //找到排序码小于基准的元素
            if (++k != i) swap (A, i, k);              //把小于基准的元素交换到左边
        }
    A[left] = A[k];A[k] = pivot;                       //将基准元素存入位置 k
    if (left < k-1) randQuickSort (A, left, k-1);      //递归地对左子区间做快速排序
    if (k+1 < right) randQuickSort (A, k+1, right); //递归地对右子区间做快速排序
}
```

7. 设有 n 个元素的待排序元素序列存放在数组 $A[n]$中,设计一个算法,利用队列辅助实现快速排序的非递归算法。

【题解】 利用队列作为辅助存储实现快速排序的非递归算法与使用栈的情况类似,也需要一个一趟划分的算法。算法描述如下。

```
#define queLen 36                                      //队列长度,要求满足 m≥2n+2
template <class T>
void QuickSort_Queue (T A[], int n) {
    int Q[queLen];int front = 0, rear = 0;
    int left = 0, right = n-1, pivotPos;
    Q[rear++] = left;Q[rear++] = right;                //队尾指针在实际队尾的下一位置
    while (rear != front) {
        left = Q[front++];front = front % queLen;     //队头指针在实际队头的位置
        right = Q[front++];front = front % queLen;
        while (left < right) {
            pivotPos = Partition_1 (A, left, right);//一趟划分
            Q[rear++] = pivotPos+1;rear = rear % queLen;    //先让右半区间元素进队
            Q[rear++] = right;rear = rear % queLen;
            right = pivotPos-1;                        //处理左半区间元素
        }
    }
}
```

8. 在使用栈实现快速排序的非递归算法时,可根据基准元素,将待排序的排序码序列划分为两个子序列。若首先对较短的子序列进行排序,设计一个算法,实现使用栈的非递归快速排序,并说明在此做法下,快速排序所需要的栈的深度为 $O(\log_2 n)$。

【题解】 算法使用一个栈,先保存一趟划分出来的两个子序列中较长的子序列的两个端点位置,再保存较短的子序列的两个端点位置,然后先对较短的子序列退栈,对其再进行划分。为实现这个想法,先定义栈结点如下。

```
#define stackLen 36                                 //栈的容量,要求不超过表的大小
typedef struct { int low, high; } StackNode;       //栈结点的定义
```

例如,若待排序序列为{35,40,45,15,65,55,50,60,30,10,25,70,20},排序过程中划分的结果是:

{20,25,10,15,30},35,{50,60,55,65,45,70,40},划分后(6,12)和(0,4)进栈；

{{15,10},20,{25,30}},35,{50,60,55,65,45,70,40},(0,4)出栈,划分后(3,4)和(0,1)进栈；

{{{10},15},20,{25,30}},35,{50,60,55,65,45,70,40},(0,1)出栈,划分后(0,0)不进栈；

{10,15,20,{25,{30}}},35,{50,60,55,65,45,70,40},(3,4)出栈,划分后(4,4)不进栈；

10,15,20,25,30,35,{{40,45},50,{65,55,70,60}},(6,12)出栈,划分后(9,12)和(6,7)进栈；

10,15,20,25,30,35,{40,{45}},50,{65,55,70,60},(6,7)出栈,划分后(7,7)不进栈；

10,15,20,25,30,35,40,45,50,{{60,55},65,{70}},(9,12)出栈,划分后(9,10)进栈,(12,12)不进栈；

10,15,20,25,30,35,40,45,50,{{55},60},65,70,(9,10)出栈,划分后(9,9)不进栈；

10,15,20,25,30,35,40,45,50,55,60,65,70,排序完成。

排序过程中栈单元最多用了3个。因此,如果每次递归左、右子序列的长度不等,并且先将较长的子序列的左、右端点保存在栈中,再对较短的子序列进行排序,其栈的深度在最坏情况下为$O(\log_2 n)$。算法描述如下。

```
template <class T>
void QuickSort_Stack (T A[ ], int n) {
    StackNode S[stackLen];int top = -1;
    StackNode w;int left, right, mid;
    w.low = 0;w.high = n-1;S[++top] = w;
    while (top != -1) {
        w = S[top--];left = w.low;right = w.high;
        mid = Partition_3 (A, left, right);                //对当前区间进行一趟划分
        if (mid-left < right-mid) {                        //左半区间小
            if (mid+1 < right)                             //右半区间长度大于1,进栈
                { w.low = mid+1;w.high = right;S[++top] = w; }
            right = mid-1;                                 //缩至左半区间
        }
        else if (mid-left >= right-mid) {                  //右半区间小
            if (left < mid-1)                              //左半区间长度大于1,进栈
                { w.low = left;w.high = mid-1;S[++top] = w; }
            left = mid+1;                                  //缩至右半区间
        }
        if (left < right)                                  //剩下区间长度大于1,进栈
            { w.low = left;w.high = right;S[++top] = w; }
    }
}
```

9.(荷兰国旗问题)设有一个n个字符的数组$A[n]$,存放的字符只有3种:R(代表红色)、W(代表白色)、B(代表蓝色)。设计一个算法,让所有的R排列在最前面,W排列在中间,B排列在最后。

【题解】 算法仍然利用快速排序的一趟划分的思想。在调用算法的主程序中首先需要

定义一个枚举类型 enum Color {Red, White, Blue},此外,为存放前面的红色和后面的蓝色,算法设置了两个指针 i 和 k。红色从 0 号位置开始存放,$i=0$,蓝色从 $n-1$ 号位置开始存放,$k=n-1$。然后用一个指针 j 从头向尾逐个元素检测:$j=0,1,\cdots,k$。如果当前检测的数组元素 $A[j]$是红色,则交换到数组的前面,与 $A[i]$对调;如果 $A[j]$是蓝色,则交换到数组的后面,与 $A[k]$对调;如果 $A[j]$是白色,则原地不动继续向后检测。例如在数组中原来的内容如图 9-18(a)所示,经过排序后得到的结果如图 9-18(b)所示。

序号	0	1	2	3	4	5	6	7	8
颜色	B	W	R	B	B	W	R	B	W

(a) 排序前

序号	0	1	2	3	4	5	6	7	8
颜色	R	R	W	W	W	B	B	B	B
原来位置	2	6	8	1	5	4	7	3	0

(b) 排序后

图 9-18　第 9 题荷兰国旗问题的排序过程

算法描述如下。

```
#define m 36                                          //队列长度,要求满足 m≥2n+2
enum Color {Red, White, Blue};                        //枚举数组,按荷兰国旗颜色排列
void swap (Color A[ ], int a, int b) {                //交换 A[a]和 A[b]中的内容
    Color temp = A[a];A[a] = A[b];A[b] = temp;
}
void FlagAdjust (Color A[ ], int n) {                 //颜色顺序的调整
    int i = 0, j = 0, k = n-1;
    while (j < k) {                                   //顺序检查
        switch (A[j]) {
            case Red:    if (j != i) swap (A, i, j);  //Red 交换到前面
                         i++;j++;break;
            case White:  j++;break;                   //White 原地不动
            case Blue:   if (j != k) swap (A, j, k);  //Blue 交换到后面
                         k--;break;
        }
    }
    swap (A, i, j);
}
void OutputFlag (Color A[], int n) {                  //输出国旗颜色顺序
      for (int i = 0; i < n; i++)
        switch (A[i]) {
        case 0:    cout <<"Red ";break;
        case 1:    cout <<"White ";break;
        case 2:    cout <<"Blue ";break;
        default:   break;
    }
    cout <<endl;
}
```

10. 设待排序元素序列有 n 个元素，设计一个递归算法，实现双向直接选择排序，即从区间 left～right 选择具有最小排序码和具有最大排序码的元素，它们的位置分别记为 k1 和 k2，再分别与 left 和 right 的元素交换，然后对区间 left+1～right−1 递归实行同样的操作，直到区间不超过 1 个元素为止。

解法 1：对直接选择排序的算法稍加修改，即可得双向直接选择排序的递归算法。算法描述如下。

```
template <class T>
void swap (T A[ ], int i, int j) {                          //交换 A[i]与 A[j]的值
    T temp = A[i];A[i] = A[j];A[j] = temp;
}
void DoubleSelectSort_recur (T L[ ], int left, int right) {
//递归算法,对区间 L[left..right]的元素进行双向选择排序
    if (left >= right) return;
    int i, min = left, max = left;
    for (i = left+1; i <= right; i++) {
        if (L[i] < L[min]) min = i;                         //扫描,找最小元素
        if (L[i] > L[max]) max = i;                         //扫描,找最大元素
    }
    if (max == left)                                        //若最大元素在 left,与 L[min]交换
        { swap (L, max, min);max = min; }
    else if (min != lef t) swap (L, min, left);             //否则最小元素交换到 left 位置
    if (max != right) swap (L, max, right);                 //最大元素交换到 right 位置
    DoubleSelectSort_recur (L, left+1, right-1);            //递归
}
```

解法 2：另一种双向选择排序方法类似于双向起泡排序，对于区间 L[left..right]，首先判断 left 是否小于 right，若不是，排序结束；否则执行以下两步：

(1) 在区间 L[left..right]内，从 left 到 right 为止，正向顺序比较选择最小元素 L[k]，若 k≠left，交换 L[left]与 L[k]，将最小元素交换到左端，然后 left 加 1，下一次选择排除此最小元素。

(2) 在区间 L[left..right]内从 right 到 left，反向顺序比较选择最大元素 L[k]，若 k≠right，交换 L[k]与 L[right]，将最大元素交换到右端，然后 right 减 1，下一次选择排除此最大元素。

算法描述如下。

```
template <class T>
void DblSelectSort (T A[], int left, int right) {
    int i, j, k;
    while (left < right) {
        k = left;
        for (i = left+1; i <= right; i++)
        if (A[i] < A[k]) k = i;
            if (k != left) swap (A, left, k);
        left++;
        k = right;
        for (j = right-1; j >= left; j--)
```

```
            if (A[j] > A[k]) k = j;
        if (k != right) swap (A, k, right);
        right--;
    }
}
```

11. 设计一个算法,判断一个数据序列是否构成一个最大堆。

【题解】 如果一个数据序列是最大堆,则每个分支结点的排序码值一定同时大于或等于它的两个子女的排序码值。算法首先检查第 0 到第 $n/2-2$ 个分支结点的排序码,判断是否满足要求,不满足立即退出;然后检查第 $n/2-1$ 个分支结点(最后一个),它可能有两个子女,也可能有一个子女,特殊处理即可。算法描述如下。

```
template <class T>
bool IsMaxHeap (T L[ ], int n) {
    for (int i = 0; i < L.n/2-1; i++)
        if (L[i] < L[2 * i+1] || L[i] < L[2 * i+2]) return false;
    if (L[i] < L[2 * i+1]) return false;
    if (2 * i+2 < n && L[i] < L[2 * i+2]) return false;
    return true;
}
```

12. 设一个最大堆 H 有 n 个元素结点,设计一个算法,在该最大堆中查找排序码等于给定值 x 的元素,如果找到,函数返回该元素所在位置,否则函数返回-1。

【题解】 该查找类似于二叉搜索树的查找,不同之处是,在完全二叉树的顺序存储中搜索而且左、右子树的结点值都比根结点的值小。如果第 i 个结点的值等于 x,则搜索成功,返回 i 作为搜索结果;否则递归调用到左子树($2i+1$)去搜索 x,从左子树退回时有两种可能:其一是在左子树中找到等于 x 的结点,此时直接再向上一层返回找到的结果;其二是在左子树没有找到等于 x 的结点,此时递归搜索右子树($2i+2$)。递归结束的条件是 i 已超出堆的最后,或者向下走到某个结点,其值小于 x,即可停止向下搜索,返回失败信息,返回上一层。为简化问题,设最大堆元素顺序存放在数组 $H[n]$中。算法描述如下。

```
template <class T>
int Search (T H[], int n, T x, int i) {
//递归算法:最大堆按完全二叉树的顺序存储方式存放于数组 H[n]中,算法在以 i 为
//根的子堆中搜索 x,若搜索成功,函数返回找到的结点位置,否则函数返回-1
    if (i >= n || H[i] < x) return -1;           //当递归到空子堆或子堆数据都小于 x,失败
    if (H[i] == x) return i;                     //搜索成功,返回找到的结点位置
    int s = Search (H, n, x, 2 * i+1);           //向 i 的左子树递归搜索
    if (s != -1) return s;                       //在左子树中找到,则返回找到结点的位置
    else return Search (H, n, x, 2 * i+2);       //否则返回在 i 的右子树搜索的结果
}
```

13. 假设定义堆为满足如下性质的完全三叉树:(1) 空树为堆;(2) 根结点的值不小于所有子树根的值,且所有的子树均为堆。编写利用上述定义的堆进行排序的算法,并分析推导算法的时间复杂度。

【题解】 按照题意,对于最大堆,按从上到下,从左往右的顺序给结点从 0 开始编号,结点 i 的三个子结点编号顺序为 $3i+1,3i+2,3i+3$。父结点编号为$\lfloor(i-1)/3\rfloor$。n 个结点的

完全三叉树的编号最小的非叶结点是$\lfloor (n-2)/3 \rfloor$。类似基本的堆排序算法,分两步进行。算法的第一步是建初始堆,从编号为$\lfloor (n-2)/3 \rfloor$的非叶结点开始调整,直到根结点。将结点的值与三个子结点中的最大者交换。第二步是输出根结点,并重新调整为堆。为简化问题,用数组 $H[n]$存放堆的完全三叉树,s 和 m 是处理区间的端点。算法描述如下。

```
template <class T>
void siftDown (T H[ ], int n, int s, int m) {
    int i = s, j = 3 * s+1, k;
    T rc = H[s];                                    //暂存堆顶元素
    while (j <= m) {                                //沿值较大的子女分支向下筛选
        k = j;                                      //k 为找到的值最大元素的下标
        if (k < m && H[k] < H[j+1]) k = j+1;        //在 H[j]、H[j+1]、H[j+2]中选最大值
        if (k < m && H[k] < H[j+2]) k = j+2;
        j = k;
        if (rc > H[j]) break;                       //说明上层 H[i]值大,无须再调整
        else { H[i] = H[j];i = j;j = 3 * i+1; }     //上层 H[i]值小,调整后再向下查找
    }
    H[i] = rc;
}
template <class T>
void Heap_Sort_3 (T H[], int n) {
    for (int i = (n-2)/3; i >= 0; i--)             //把 H[0..n-1]建成最大堆
        siftDown (H, n, i, n-1);
    for (i = n-1; i >= 0; i--)                     //堆排序
        { swap (H, 0, i);siftDown (H, n, 0, i-1); }
}
```

为简化分析,假设三叉堆是顺序存储的满三叉树,$n=(3^h-1)/2$,则 $h=\lceil \log_3(2n+1) \rceil$,从位于第 1 层的根到第 $h-1$ 层,各层调整为最大堆的最大比较次数分别为 $h-1, h-2, \cdots$, 1 次,第 i 层最多 3^{i-1}个结点,每个结点横向比较 2 次,纵向比较 1 次,总的最大比较次数为:

$$3\sum_{i=1}^{h-1} 3^{i-1}(h-i) = 3\sum_{j=1}^{h-1} 3^{h-j-1} \times j = \sum_{j=1}^{h-1} j \times 3^{h-j}$$
$$= 1 \times 3^{h-1} + 2 \times 3^{h-2} + 3 \times 3^{h-3} + \cdots + (h-1) \times 3^1$$

这里用了一个变量代换 $j=h-i$,上式化简后等于$(n-\lceil \log_3(2n+1) \rceil \times 3/2 < 3n/2$。

14. 教材中为实现二路归并算法,开辟了一个与原数组等长的辅助数组 $L2$,算法首先把在原数组中存放的两个地址相连的有序表复制到辅助数组的同样位置,然后对它们做二路归并,结果复制到原数组中。该算法的缺点是要求辅助数组的空间较大。设计一个新的算法,只需一个与参加归并的前一个有序表一样大的辅助数组,实现二路归并。

【题解】 设原数组 L 的大小为 n,若存放在 L 中的两个有序表的地址范围为 left~mid 和 mid+1~right,则创建一个空间大小为 $m=\text{mid}-\text{left}+1$ 的辅助数组 A。算法先把从 L[left]开始的 m 个元素复制到 A 中,然后执行一个大循环,合并 L[mid+1..right]与 $A[0..m-1]$,结果存放到 L 中。算法描述如下。

```
template <class T>
void merge_half (T L[ ], int left, int mid, int right) {
//两个参加归并的有序表在 L 中地址相连 L[left..mid]和 L[mid+1..right],归并后有序
```

```
//表仍在原地 L[left..right]。函数内使用一个辅助数组 A[mid-left+1],在函数内动态分
//配和回收
    int i, j, k, m = mid-left+1;                        //m 是前一个有序表的长度
    T *A = new T[m];                                    //创建辅助数组
    for (i = left; i <= mid; i++) A[i-left] = L[i];     //将前一个表的元素复制到 A
    i = 0;j = mid+1;k = left;
    while (i < m && j <= right)                         //从 L 和 A 归并到 L 中
        if (A[i] <= L[j]) L[k++] = A[i++];
        else L[k++] = L[j++];
    while (i < m) L[k++] = A[i++];                      //若 A 有剩余,则复制到 L 中
    delete [] A;
}
```

15. 设有两个有序表地址相连地存放在数组 $L[n]$ 的 left～mid 和 mid+1～right 位置，设计一个二路归并算法，使用循环右移的方法，将这两个有序表归并成一个有序表，仍然存放于 $L[n]$ 的 left～right 位置。要求算法的空间复杂度为 $O(1)$。

【题解】 先看个例子。设地址相连的有序表分别为 a={12,15,27,43,47,60}和 b={21,24,38,39,41,54,62,65,69}。图 9-19 给出利用循环右移实现二路归并的过程。指针 i 和 j 分别从 left 和 mid+1 开始扫描前、后两个有序表。

第 1 趟，先让 i 扫描到 a[i]>a[j]时(即 27>21)停止，再让 j 扫描到 a[j]>a[i]时(即 38>27)停止，然后从 i 到 j−1，循环右移 d=j−mid=2 位，就可以实现升序排列。

第 2 趟，i，j 继续，先让 i 扫描到 a[i]>a[j]时(即 43>38)停止，再让 j 扫描到 a[j]>a[i]时(即 54>43)停止，然后从 i(a[i]=43)到 j−1(a[j−1]=41)循环右移 d=3 位。

第 3 趟，i，j 继续，先让 i 扫描到 a[i]>a[j]时(即 60>54)停止，再让 j 扫描到 a[j]>a[i]时(即 62>60)停止，然后从 i(a[i]=60)到 j−1(a[j−1]=54)循环右移 d=1 位。

第 4 趟，i，j 继续，先让 i 扫描，直到 i=j，结束。

趟	left					mid		mid+1								right
1	12	15	**27**	**43**	**47**	**60**		**21**	**24**	38	39	41	54	62	65	69
	↑i	↑i	↑i					↑j	↑j	↑j	d = 2					
	27到24循环右移d = 2位(i~j-1)															
2	12	15	21	24	27	**43**		**47**	**60**	**38**	**39**	**41**	54	62	65	69
						↑i				↑j	↑j	↑j	↑j	d = 3		
	43到41循环右移d = 3位(i~j-1)															
3	12	15	21	24	27	38		39	41	43	47	**60**	**54**	62	65	69
												↑i	↑j	↑j	d = 1	
	60到54循环右移d = 1位															
4	12	15	21	24	27	38		39	41	43	47	54	60	62	65	69
													↑i	↑j		

图 9-19 第 15 题利用循环右移实现二路归并

归纳之，算法设置两个指针 i 和 j，分别从 left 和 mid+1 开始扫描两个有序表。

(1) 当 j≤right 时执行以下步骤,否则转到(2);

① 循环:若 a[i]≤a[j],i 加 1;否则执行②,i 停留在 a[i]刚好大于 b[j]处;

② 计数 d=0,执行③;

③ 循环:若 a[j]<a[i],j 加 1,d 加 1;否则转到④,j 停留在 b[j]刚好大于 a[i]处;

④ 从 i 到 j−1,循环右移 d 位,执行(1)。

(2) 算法结束。

算法描述如下。

```
template <class T>
void Inverse (T L[ ], int left, int right) {
//逆置 L[left..right]中所有元素
    int i, j, mid = (left+right+1)/2;T temp;
    for (i = left, j = right; i < mid; i++, j--) //逐个逆置
        { temp = L[i];L[i] = L[j];L[j] = temp;   } //交换
}
template <class T>
void siftRight_k (T L[], int left, int right, int k) {
//从 left 到 right,循环右移 k 位
    if (k == 0 || k = right-left+1 || right-left <= 0) return;
    Inverse (L, left, right);                    //从 left 到 right,逐个逆置
    Inverse (L, left, left+k-1);                 //从 left 到 left+k-1,前 k 个逆置
    Inverse (L, left+k, right);                  //从 left+k 到 right,后 n-k 个逆置
}
template <class T>
void merge_siftR (DataType L[ ], int left, int mid, int right) {
//利用循环右移方法归并两个地址相连的有序表 L[left..mid]和 L[mid+1..right],归并后
//的有序表仍然存放在 L[left..right]。此算法空间复杂度为 O(1),无需辅助数组
    if (left >= right) return;
    int i = left, j = mid+1, d;
    while (i < j) {
        d = 0;
        while (i < j && L[i] <= L[j]) i++;
        while (i < j && j <= right && L[i] > L[j]) { j++;d++; }
        if (i < j-1) siftRight_k (L, i, j-1, d); //从 i 到 j-1 循环右移 d 位
    }
}
```

16. 设计一个算法,借助"计数"实现 LSD 基数排序。算法的思路如下:设整数数组 $L[n]$中存放了 n 个整数,每个整数有 d 位,每位整数的取值为 0~9,即基数 rd 等于 10。任一整数 K_i 可视为

$$K_i = K_i^1 10^{d-1} + K_i^2 10^{d-2} + \cdots + K_i^{d-1} + K_i^d$$

LSD 基数排序需要做 d 趟,第 j 趟($j=d,d-1,\cdots,1$) 先按 K_i^j($i=0,\cdots,n-1$)的值统计各整数第 j 位取到 0,1,…,9 的个数,放到 count[]中,再计算每个整数按第 j 位取值应该存放的位置,放到 posit[]。最后,遍历序列,借助 posit 把所有整数按第 j 位有序排列。当 d 趟都做完后,基数排序完成。

【题解】 算法描述如下。

```
#define d 3                                                 //排序码位数
#define rd 10                                               //基数
int getDigit (int x, int k) {
//从整数 x 中提取第 k 位数字，最高位算 1，次高位算 2，…，最低位算 k
    if (k < 1 || k > d) return -1;                          //整数位数不超过 d
    for (int i = 1; i <= d-k; i++) x = x/10;
    return x % 10;                                          //提取 x 的第 k 位数字
}                                                           //序列中整数的位数
void EnumRadixSort (int L[], int n) {
    int count[10], posit[10];int i, j, k;
    int * C = new int[n];
    for (j = d; j >= 1; j--) {                              //依次从低位到高位排序
        for (i = 0; i < n; i++) C[i] = 0;
        for (i = 0; i < rd; i++) count[i] = 0;
        for (i = 0; i < n; i++)                             //从 L[i]中第 j 位取值计数
            { k = getDigit(L[i], j);count[k]++; }
        posit[0] = 0;
        for (i = 1; i < rd; i++)
            posit[i] = posit[i-1]+count[i-1];               //预留 L[i]新的存放位置
        for (i = 0; i < n; i++) {                           //构造有序数组
            k = getDigit (L[i], j);
            C[posit[k]] = L[i];posit[k]++;
        }
        for (i = 0; i < n; i++) L[i] = C[i];
        cout <<"d=" << j <<"->";
        for (i = 0; i < n; i++) cout << L[i] <<" ";
        cout <<endl;
    }
    delete [] C;
}
```

17. 设计一个算法，基于单链表实现起泡排序。

【题解】 算法的基本思想是：对于存放于单链表中的一组元素，设置一个指针 last 指示待比较序列的尾部，初始为 NULL，并逐趟用检测指针 p 从头检测到 last，其前驱指针为 pre，若 pre->data>p->data，则发生逆序，在单链表中逆置这两个结点，并用 rear 记忆逆置后的结点位置。每趟检测结束时，将 rear 赋予 last，使之指向最后交换的结点，如果 last 等于 head->link 则排序结束。算法描述如下。

```
#include "LinkList.cpp"
void LinkBubbleSort (LinkList& head) {
//算法对表头指针为 head 的带附加头结点的执行起泡排序
    LinkNode * front, * pre, * p, * q, * rear, * last;
    last = NULL;
    while (head->link != last) {
        front = head;rear = pre = head->link;p = pre->link;
        while (p != last) {
            if (pre->data > p->data) {
                q = p->link;p->link = pre;pre->link = q;  //逆置
                front->link = p;                          //重新链接
                front = p;rear = pre;                     //记忆交换的位置
```

```
            }
            else front = pre;
            pre = front->link;p = pre->link;
        }
        last = rear;
    }
}
```

18. 设计一个算法，基于单链表实现快速排序。

【题解】 设链表的头结点为 head，用指针 rear 指示尾结点的下一结点（rear 初始为 NULL），一趟划分过程中，开始用指针 pivot 指示首元结点作为基准结点，从其下一结点（用指针 p 指示）开始扫描链表并做比较。如果 pivot->data≤p->data，将结点 * p 留在基准的后面不动，否则将 * p 从链表中摘下，插入头结点 head 的后面。指针 pre 指示 * p 的前驱。当链表扫描结束时，一趟划分完成，然后对以 head 为头的左子链表和以 pivot 为头的右子链表递归进行快速排序。算法描述如下。

```
#include "LinkList.cpp"
void LinkQuickSort (LinkList& head, LinkList& rear) {
//递归算法：对带附加头结点的单链表执行链表快速排序，引用参数 rear 初值为
//NULL，最终指向表尾结点的后一结点，如果表尾结点后面没有结点，则 rear = NULL
    if (head->link == rear) return;                //链表只有一个结点或链表为空，退出
    LinkNode *pivot, *p, *pre;
    pivot = head->link;pre = pivot;                //基准 pivot 指向首元结点
    while (pre->link != rear) {                    //pre 是扫描指针 p 的前驱
        p = pre->link;
        if (p == rear || p == NULL) break;
        if (pivot->data <= p->data)                //比基准大的结点 *p 扫描过去不动
            { pre = p;p = p->link; }
        else {                                     //比基准小的结点 *p 移到基准前面
            pre->link = p->link;                   //*p 从原位脱链
            p->link = head->link;                  //插入头结点后面
            head->link = p;
        }
    }
    LinkQuickSort (head, pivot);                   //对左子链表快速排序
    LinkQuickSort (pivot, rear);                   //对右子链表快速排序
}
```

19. 设计一个算法，基于单链表实现直接选择排序。

【题解】 算法每趟在原链表中摘下排序码最大的结点（几个排序码相等时为最前面的结点），把它插入结果链表的前端。由于在原链表中摘下的排序码越来越小，在结果链表前端插入的排序码也越来越小，最后形成的结果链表中的结点将按排序码非递减的顺序有序链接。算法描述如下。

```
#include "LinkList.cpp"
void LinkSelectSort (LinkList& head) {
//算法对表头指针为 head 的带附加头结点的单链表执行链表直接选择排序
    LinkNode *h = head->link, *p, *q, *r, *s;
```

```
    head->link = NULL;
    while (h != NULL) {                              //扫描原链表
        p = s = h;q = r = NULL;                      //指针 s 和 q 记忆最大结点和前驱
        while (p != NULL) {                          //扫描原链表,寻找值最大的结点 * s
            if (p->data > s->data) { s = p;r = q; } //找到值更大的结点,记忆它
            q = p;p = p->link;
        }
        if (s == h) h = h->link;                     //最大结点应链入原链表之前摘下 * s
        else r->link = s->link;                      //最大结点应链入原链表中间摘下 * s
        s->link = head->link;head->link = s;         //结点 * s 插入结果链前端
    }
}
```

20. 设计一个算法,基于单链表实现二路归并排序。(先对待排序的单链表进行一次扫描,将它划分为若干有序的子链表,其头指针存放在一个指针队列中。当队列不空时重复执行以下步骤:从队列中退出两个有序子链表,对它们进行二路归并,结果链表的头指针存放到队列中。如果队列中退出一个有序子链表后变成空队列,则算法结束,这个有序子链表即为所求。)

【题解】 算法设置一个指针队列,用于存放有序链表的表头指针。算法分两步。第一步,扫描待排序的单链表,按升序截成若干段,每一段都是升序的有序链表,截出一段立刻进队列;第二步,每次从队列中退出两个链表,进行二路归并,把归并后生成的新有序链表的表头指针进队列。若退出一个表头指针后队列变空,则算法结束,刚出队的链表即为最后归并的结果。算法描述如下。

```
#include "LinkList.cpp"
void merge (LinkNode * ha, LinkNode * hb, LinkNode * & hc) {
//合并两个以 ha 和 hb 为表头指针的有序链表,结果链表的表头由 hc 返回,要求都不
//带附加头结点
    LinkNode * pa, * pb, * pc;
    if (ha->data <= hb->data)                          //确定结果链的表头
        { hc = ha;pa = ha->link;pb = hb; }
    else { hc = hb;pb = hb->link;pa = ha; }
    pc = hc;                                           //结果链的链尾指针
    while (pa != NULL && pb != NULL)                   //两两比较,小者进结果链
        if (pa->data <= pb->data)
            { pc->link = pa;pc = pa;pa = pa->link; }
        else { pc->link = pb;pc = pb;pb = pb->link; }
    pc->link = (pa != NULL) ? pa : pb;                 //未处理完的链链入结果链
}
#define queLen 30
void mergeSort (LinkList& head) {
    LinkNode * r, * s, * t;
    LinkNode * * Q[queLen];int rear = 0, front = 0;  //队列
    if (head->link == NULL) return;
    s = head->link;
    Q[rear++] = s;rear = rear % queLen;                //链表首元结点进队列
    while (1) {
        t = s->link;                                   //结点 t 是结点 s 的下一个链结点
```

```
        while (t != NULL && s->data <= t->data)
            { s = t;t = t->link; }                //在链表中寻找一段有序链表
        s->link = NULL;s = t;
        if (t != NULL)                            //存在一段有序链表,截取下来进队列
            { Q[rear++] = s;rear = rear % queLen; }
        else break;                               //已到链尾,寻找有序链表,加入队列,结束
    }
    while (rear != front) {
        r = Q[front++];front = front % queLen; //从队列中退出一个有序链表的首元 r
        if (rear == front) break;                 //队列为空,表示排序处理完成,退出
        s = Q[front++];front = front % queLen; //从队列中再退出一个有序链表的首元 s
        merge (r, s, t);                          //归并两个有序链表
        Q[rear++] = t;rear = rear % queLen;       //归并后结果链表进队列
    }
    head->link = r;
}
```

9.4 补充练习题

一、选择题

1. 在内排序的过程中,通常需要对待排序元素序列的排序码做多趟扫描。采用不同的排序方法将产生不同的排序中间结果,设将集合{tang,deng,an,wan,shi,bai,fang,li}中的排序码按升序排列,则(　　)是起泡排序一趟扫描的结果,(　　)是初始步长为4的希尔排序一趟扫描的结果。(　　)是二路归并排序一趟扫描的结果。(　　)是以第一个元素为分界元素的快速排序一趟扫描的结果。(　　)是堆排序初始建堆的结果。

A. deng,tang,an,wan,bai,shi,fang,li

B. an,deng,bai,li,shi,tang,fang,wan

C. deng,an,tang,shi,bai,fang,li,wan

D. deng,tang,an,wan,bai,shi,fang,li

E. an,bai,deng,fang,li,shi,tang,wan

F. an,tang,deng,wan,shi,bai,fang,li

G. li,deng,an,shi,bai,fang,tang,wan

H. shi,bai,an,li,tang,deng,fang,wan

2. 对 n 个元素的序列进行排序时,如果待排序元素序列的初始排列已经全部有序,则起泡排序过程中需进行(　　)次元素值的比较,(　　)次元素值的交换。

A. 0　　B. $n-1$　　C. n　　D. $n+1$

3. 如果待排序元素序列的初始排列完全逆序,则起泡排序过程中需进行(　　)次元素值的比较,(　　)次元素的交换。

A. $n(n-1)/2$　　B. $n(n+1)/2$　　C. $3n(n-1)/2$　　D. $n(n+1)$

4. △ 若数据元素序列{11,12,13,7,8,9,23,4,5}是采用下列排序方法之一得到的第二趟排序后的结果,则该排序方法只能是(　　)。

A. 起泡排序　　B. 插入排序　　C. 选择排序　　D. 二路归并排序

5. △ 对同一待排序序列分别进行折半插入排序和直接插入排序,两者之间可能的不同之处是(　　)。

A. 排序的总趟数　　B. 元素的移动次数

C. 使用辅助空间的数量　　D. 元素之间的比较次数

6. △ 用希尔排序方法对一个数据序列进行排序时,若第一趟排序结果为 9,1,4,13,7,8,20,23,15,则该趟排序采用的增量(间隔)可能是(　　)。

A. 2　　B. 3　　C. 4　　D. 5

7. △ 希尔排序的组内排序采用的是(　　)。

A. 直接插入排序　　B. 折半插入排序　　C. 快速排序　　D. 归并排序

8. △ 对初始序列(8,3,9,11,2,1,4,7,5,10,6) 进行希尔排序,若第一趟排序结果为(1,3,7,5,2,6,4,9,11,10,8),第二趟排序结果为(1,2,6,4,3,7,5,8,11,10,9),则两趟排序采用的增量(间隔)依次是(　　)。

A. 3,1　　B. 3,2　　C. 5,2　　D. 5,3

9. △ 对一组数据(2,12,16,88,5,10) 进行排序,若前 3 趟排序结果如下。

第一趟排序结果:2,12,16,5,10,88

第二趟排序结果:2,12,5,10,16,88

第三趟排序结果:2,5,10,12,16,88

则采用的排序方法可能是(　　)。

A. 起泡排序　　B. 希尔排序　　C. 归并排序　　D. 基数排序

10. △ 以递归方式对顺序表进行快速排序时,下列关于递归次数的叙述中,正确的是(　　)。

A. 递归次数与初始数据的排列次序无关

B. 每次划分后,先处理较长的分区可以减少递归次数

C. 每次划分后,先处理较短的分区可以减少递归次数

D. 递归次数与每次划分后得到的分区的处理顺序无关

11. △ 为实现快速排序算法,待排序序列宜采用的存储方式是(　　)。

A. 顺序存储　　B. 散列存储　　C. 链式存储　　D. 索引存储

12. △ 下列选项中,不可能是快速排序第 2 趟排序结果的是(　　)。

A. 2,3,5,4,6,7,9　　B. 2,7,5,6,4,3,9

C. 3,2,5,4,7,6,9　　D. 4,2,3,5,7,6,9

13. △ 排序过程中,对尚未确定最终位置的所有元素进行一遍处理称为“一趟”。下列序列中,不可能是快速排序第二趟结果的是(　　)。

A. 5,2,16,12,28,60,32,72　　B. 2,16,5,28,12,60,32,72

C. 2,12,16,5,28,32,72,60　　D. 5,2,12,28,16,32,72,60

14. △ 使用快速排序算法对数据进行升序排序,若经过一次划分后得到的数据序列是 68,11,70,23,80,77,48,81,93,88,则该次划分的基准元素(枢轴)是(　　)。

A. 11　　B. 70　　C. 80　　D. 81

15. 对下列 4 个序列做快速排序,各以序列的第一个元素为基准进行第一次划分,则在该次划分过程中需要移动元素次数最多的序列为(　　)。

A. 10,30,50,70,90　　B. 50,70,90,10,30

C. 50,30,10,70,90　　D. 90,70,50,30,10

16. 在快速排序中，要使最坏情况下的空间复杂度为 $O(\log_2 n)$，要对快速排序做(　　)修改。

A. 先排小子区间　　B. 先排大子区间

C. 划分基准为三者取中　　D. 采用链表排序

17. 对于快速排序算法，假设待排序的 n 个数据的取值都相等，则完成排序所需排序码的比较次数是(　　)，数据移动次数是(　　)，递归工作栈所需活动记录个数是(　　)。

A. n　　B. $2(n-1)$　　C. $n(n-1)/2$　　D. $\log_2 n$

18. 设顺序表中每个元素有两个排序码 k_1 和 k_2，现对顺序表按以下规则进行排序：先看排序码 k_1，k_1 值小的元素在前，大的元素在后；在 k_1 值相同的情况下，再看 k_2，k_2 值小的元素在前，大的元素在后。满足这种要求的排序方法是(　　)。

A. 先按 k_1 进行直接插入排序，再按 k_2 进行直接选择排序

B. 先按 k_2 进行直接插入排序，再按 k_1 进行直接选择排序

C. 先按 k_1 进行直接选择排序，再按 k_2 进行直接插入排序

D. 先按 k_2 进行直接选择排序，再按 k_1 进行直接插入排序

19. 堆是一种有用的数据结构。例如排序码序列(　　)就是一个堆。

A. 16,72,31,23,94,53　　B. 94,53,31,72,16,53

C. 16,53,23,94,31,72　　D. 16,31,23,94,53,72

20. 在含有 n 个元素的最小堆中，元素排序码最大的元素有可能存储在(　　)位置。

A. 1　　B. $n/2-2$　　C. $n/2-1$　　D. $n/2$

21. 向具有 n 个结点的堆中插入一个新元素的时间复杂度为(　　)。

A. $O(1)$　　B. $O(n)$　　C. $O(\log_2 n)$　　D. $O(n\log_2 n)$

22. 堆排序分为两个阶段，第一阶段将给定的元素按其排序码构造成初始最大堆；第二阶段逐个输出该最大堆的堆顶元素，并调整剩余元素重构最大堆。设有一个排序码序列 {30,50,20,60,40,10,20*,70}，若在堆排序的第一阶段将序列调整为初始最大堆，则排序码的交换次数为(　　)。

A. 5　　B. 6　　C. 7　　D. 8

23. △ 使用二路归并排序对含 n 个元素的数组 M 进行排序时，二路归并操作的功能是(　　)。

A. 将两个有序表合并为一个新的有序表

B. 将 M 划分为两部分，两部分的元素个数大致相等

C. 将 M 划分为 n 个部分，每个部分仅含有一个元素

D. 将 M 划分为两部分，一部分元素的值均小于另一部分元素的值

24. 将两个各有 n 个元素的有序表归并为一个有序表，最少的比较次数是(　　)，最多的比较次数是(　　)。

A. $n-1$　　B. n　　C. $2n-1$　　D. $2n$

25. 经过第一趟二路归并排序后的元素序列的排序码值为 25,50,15,35,80,85,20,40,36,70，其中包含 5 个长度为 2 的有序表，用二路归并排序方法对该序列进行第二趟归并后

的结果为(　　)。

A. 10,20,30,45,55,15,60,40,50,35

B. 10,20,30,45,15,40,55,60,35,50

C. 10,20,45,30,55,60,15,35,40,50

D. 10,20,30,45,55,15,35,40,50,60

26. 若对 27 个元素只进行三趟多路归并排序,则选取的归并路数为(　　)。

A. 2　　B. 3　　C. 4　　D. 5

27. △ 在内部排序时,若选择了归并排序而未选择插入排序,则可能的理由是(　　)。

Ⅰ. 归并排序的程序代码更短　　Ⅱ. 归并排序占用的空间更少

Ⅲ. 归并排序的运行效率更高

A. 仅Ⅱ　　B. 仅Ⅲ　　C. 仅Ⅰ、Ⅱ　　D. 仅Ⅰ、Ⅲ

28. △ 设数组 $S[\,]=\{93,946,372,9,146,151,301,485,236,327,43,892\}$,采用最低位优先(LSD)基数排序将 S 排列成升序序列。第一趟分配、收集后,元素 372 之前、之后紧邻的元素分别是(　　)。

A. 43,892　　B. 236,301　　C. 301,892　　D. 485,301

29. △ 对给定的排序码序列 110,119,007,911,114,120,122 进行基数排序,第 2 趟分配、收集后得到的排序码序列是(　　)。

A. 007,110,119,114,911,120,122　　B. 007,110,119,114,911,122,120

C. 007,110,911,114,119,120,122　　D. 110,120,911,122,114,007,119

30. 在以下的排序算法中,不需要进行排序码比较的算法是(　　)。

A. 快速排序　　B. 归并排序　　C. 堆排序　　D. 基数排序

31. 在下列基于排序码比较的排序方法中,平均情况下空间复杂度为 $O(n)$ 的是(　　),最坏情况下空间复杂度为 $O(n)$ 的是(　　)。

Ⅰ. 希尔排序　　Ⅱ. 堆排序　　Ⅲ. 起泡排序

Ⅳ. 归并排序　　Ⅴ. 快速排序　　Ⅵ. 插入排序

A. Ⅰ、Ⅳ、Ⅵ　　B. 仅Ⅱ、Ⅴ　　C. 仅Ⅳ、Ⅴ　　D. 仅Ⅳ

32. 在下列基于排序码比较的排序方法中,排序过程中排序码的比较次数与待排序序列的初始状态无关的是(　　)。

A. 归并排序　　B. 插入排序　　C. 快速排序　　D. 起泡排序

33. △ 对 10TB 的数据文件进行排序,应使用的方法是(　　)。

A. 希尔排序　　B. 堆排序　　C. 快速排序　　D. 归并排序

34. △ 在内部排序过程中,对尚未确定最终位置的所有元素进行一遍处理称为一趟排序。下列排序方法中,每趟排序结束后都至少能够确定一个元素最终位置的方法是(　　)。

Ⅰ. 直接选择排序　　Ⅱ. 希尔排序　　Ⅲ. 快速排序

Ⅳ. 堆排序　　Ⅴ. 2 路归并排序

A. 仅Ⅰ Ⅲ、Ⅳ　　B. 仅Ⅰ、Ⅲ、Ⅴ　　C. 仅Ⅱ、Ⅲ、Ⅳ　　D. 仅Ⅲ、Ⅳ、Ⅴ

35. △ 下列排序算法中,元素的移动次数与排序码的初始排列次序无关的是(　　)。

A. 直接插入排序　　B. 起泡排序　　C. 基数排序　　D. 快速排序

36. △ 下列排序方法中,若将顺序存储更换为链式存储,则算法的时间效率会降低的是(　　)。

Ⅰ.插入排序　　Ⅱ.选择排序　　Ⅲ.起泡排序　　Ⅳ.希尔排序　　Ⅴ.堆排序

A. 仅Ⅰ、Ⅱ　　B. 仅Ⅱ、Ⅲ　　C. 仅Ⅲ、Ⅳ　　D. 仅Ⅳ、Ⅴ

37. △ 选择一个排序算法时,除算法的时空效率外,还需要考虑的因素是(　　)。

Ⅰ.数据的规模　　Ⅱ.数据的存储方式　　Ⅲ.算法的稳定性

Ⅳ.数据的初始状态

A. 仅Ⅲ　　B. 仅Ⅰ、Ⅱ　　C. 仅Ⅱ、Ⅲ、Ⅳ　　D. Ⅰ、Ⅱ、Ⅲ、Ⅳ

38. 对大部分元素已经有序的数组排序时,直接插入排序比直接选择排序效率更高,其原因是(　　)。

Ⅰ.直接插入排序过程中元素之间的比较次数更少

Ⅱ.直接插入排序过程中所需的辅助空间更少

Ⅲ.直接插入排序过程中元素的移动次数更少

A. 仅Ⅰ　　B. 仅Ⅲ　　C. 仅Ⅰ、Ⅱ　　D. Ⅰ、Ⅱ和Ⅲ

39. △ 对数据进行排序时,若采用直接插入排序而不采用快速排序,则可能的原因是(　　)。

Ⅰ.大部分元素已有序　　Ⅱ.待排序元素数量很少

Ⅲ.要求空间复杂度为$O(1)$　　Ⅳ.要求排序算法是稳定的

A. 仅Ⅰ、Ⅱ　　B. 仅Ⅲ、Ⅳ　　C. 仅Ⅰ、Ⅱ、Ⅳ　　D. Ⅰ、Ⅱ、Ⅲ、Ⅳ

40. 就排序算法所用的辅助空间而言,堆排序、快速排序和归并排序的关系是(　　)。

A. 堆排序＜快速排序＜归并排序　　B. 堆排序＜归并排序＜快速排序

C. 堆排序＞归并排序＞快速排序　　D. 堆排序＞快速排序＞归并排序

41. △ 下列排序算法中,不稳定的是(　　)。

Ⅰ.希尔排序　　Ⅱ.归并排序　　Ⅲ.快速排序　　Ⅳ.堆排序　　Ⅴ.基数排序

A. 仅Ⅰ和Ⅱ　　B. 仅Ⅱ和Ⅴ　　C. 仅Ⅰ、Ⅲ、Ⅳ　　D. 仅Ⅲ、Ⅳ、Ⅴ

二、简答题

1. 什么是内排序?什么是外排序?什么排序方法是稳定的?什么方法是不稳定的?

2. 哪些内排序方法易于在链表(包括单、双、循环链表)上实现?

3. 若文件中各记录的初始排列是正序的,则直接插入、直接选择和起泡排序哪一个更好?反序呢?

4. 当待排序区间 R[low..high]中的排序码值都相同时,Partition 函数返回的值是什么?此时快速排序的运行时间是多少?能否修改 Partition 函数,使得划分结果是均衡的(即划分后左、右区间的长度大致相等)?

5. 若参加锦标赛排序的排序码有 11 个,为了完成排序,至少需要多少次排序码比较?

6. 手工跟踪对以下各序列进行堆排序的过程。给出形成初始堆及每选出一个排序码后堆的变化。

(1) 按字母顺序排序:Tu,Du,Tao,Lu,An,Jin,Su;

(2) 按数值递增顺序排序:26,33,35,29,19,12,22;

(3) 同样 7 个数字,换一个初始排列,再按数值的递增顺序排序:12,19,33,26,29,35,22。

7. 如果只想在一个有 n 个元素的任意序列中得到其中最小的第 $k(k<<n)$ 个元素之前

的部分排序序列，那么最好采用什么排序方法？为什么？例如有这样一个序列：{503,017,512,908,170,897,275,653,612,154,509,612*,677,765,094}，要得到其第 4 个元素之前的部分有序序列：{017,094,154,170}，用所选择的算法实现时，要执行多少次比较？

8. 若排序码是非负整数，快速排序、归并排序、堆排序和基数排序哪一种最快？若要求辅助空间为 $O(1)$，则应选择哪一种？若要求排序是稳定的且排序码是浮点数，则应选择哪一种？

9. 在什么条件下，MSD 基数排序比 LSD 基数排序效率更高？

10. 试证明：对一个有 n 个元素的序列进行基于比较的排序，最少需要执行 $n\log_2 n$ 次排序码比较。

11. 试为下列每种情况选择合适的排序方法。

(1) $n=30$，要求最坏情况下速度最快；

(2) $n=30$，要求既要快，又要排序稳定；

(3) $n=1000$，要求平均情况下速度最快；

(4) $n=1000$，要求最坏情况下速度最快且稳定；

(5) $n=1000$，要求既快又最省内存。

12. 试构造排序 5 个整数最多用 7 次比较的算法。

13. 如果有一个时间复杂度为 $O(n^2)$ 的算法（如起泡排序、选择排序或插入排序等），在有 200 个元素的数组上运行需要耗时 3.1 毫秒，试问在下列类似的数组上运行时大约需要多长时间？

(1) 具有 400 个元素；

(2) 具有 40 000 个元素。

14. 针对以下情况，确定非递归的归并排序的运行时间（数据比较次数与移动次数）。

(1) 输入的 n 个数据全部有序；

(2) 输入的 n 个数据全部逆向有序；

(3) 随机地输入 n 个数据。

三、算法题

1. 设计一个算法，使得其在 $O(n)$ 的时间内重排数组，将所有取负值的排序码排在所有取正值（非负值）的排序码之前。

2. 下面的程序是一个二路归并算法 merge，只需要一个附加存储。设算法中参加归并的两个归并段是 $A[\mathrm{left}]\sim A[\mathrm{mid}]$ 和 $A[\mathrm{mid}+1]\sim A[\mathrm{right}]$，归并后的结果归并段放在原地。

```
template <class T>
void Merge(T A[ ], int left, int mid, int right) {
    int i, j;T temp;
    for (i = left; i <= mid; i++)
        if (A[i] > A[mid+1]) {
            temp = A[mid];
            for (j = mid-1; j >= i; j--) A[j+1] = A[j];
            A[i] = A[mid+1];
            for (j = mid+2; j <= right; j++)
                if (temp > A[j]) A[j-1] = A[j];
                else break;
            A[j-1] = temp;
        }
}
```

（1）若 $A=\{12,28,35,42,67,9,31,70\}$，left=0，mid=4，right=7。写出每次执行算法最外层循环后数组的变化。

（2）试就一般情况下的 $A[n]$、left、mid 和 right，分析此算法的性能。

3. △ 已知由 $n(n\geqslant 2)$ 个正整数构成的集合 $A=\{a_k \mid 0\leqslant k<n\}$，将其划分为两个不相交的子集 A_1 和 A_2，元素个数分别是 n_1 和 n_2，A_1 和 A_2 中的元素之和分别为 S_1 和 S_2。设计一个尽可能高效的划分算法，满足 $|n_1-n_2|$ 最小且 $|S_1-S_2|$ 最大。要求如下。

（1）给出算法的基本设计思想。

（2）根据设计思想，采用 C 或 C++ 语言描述算法，关键之处给出注释。

（3）说明你所设计算法的平均时间复杂度和空间复杂度。

4. 教材上讨论了基于静态链表实现直接插入排序算法，本题改为基于动态的单链表来实现直接插入排序。假设有一个数据随机排列的带附加头结点的单链表 L，试设计一个基于单链表的直接插入排序算法，且排序后的单链表仍然占用原来的空间。

5. 下面给出一个排序算法，数组 a[]是存放待排序数据元素的数组，n 是数组大小，数据元素的数据类型是 T。

```
void unknown (T a[ ], int n) {
    int high = n-1, i, j;T temp;
    while (high > 0) {
        j = 0;
        for (i = 0; i < high; i++)
            if (a[i] > a[i+1]) {
                temp = a[i];a[i] = a[i+1];a[i+1] = temp;
                j = i;
            }
        high = j;
    }
}
```

（1）该算法的功能是什么？

（2）若待排序数据序列为{10,20,30,40,50,60}，画出每次 while 执行后的结果序列。

（3）若待排序数据序列为{60,50,40,30,20,10}，画出每次 while 执行后的结果序列。

6. 为了解决快速排序由于初始排列问题而导致排序性能“退化”的问题，可在数组的待排序区间[low..high]中设中间结点 mid=(low+high)/2，在 low、mid、high 这三者中选择值居中者，交换到 low 位置，再按照常规快速排序的方法进行一趟划分。试设计一个三者取中的算法。（注意，教材中的处理是交换到 high 位置。）

7. 下面是一个快速排序的递归算法。为了避免最坏情况，基准记录 pivot 采用从 left、right 和 mid=$\lfloor(\text{left}+\text{right})/2\rfloor$中取中间值，并交换到 low 位置的办法（借助第 6 题给出的函数）。数组 A 存放待排序的一组记录，数据类型为 T，left 和 right 是待排序子区间的最左端点和最右端点。

```
void QuickSort (T A[ ], int left, int right) {
    if (left < right) {
        mediancy (A, n, left, right);              //三者取中子程序
        int pivotPos = Partition (A, left, right);
        QuickSort (A, left, pivotPos-1);           //递归排序左子区间
        QuickSort (A, pivotPos+1, right);          //递归排序右子区间
    }
}
```

（1）改写 QuickSort 算法，不使用栈消去第二个递归调用 QuickSort（A，pivotPos＋1，right）；

（2）继续改写 QuickSort 算法，用栈消去剩下的递归调用部分。

8. 将 n 个正整数存放于一个一维数组 $A[\,]$ 中，试设计一个函数，将所有的奇数移动并存放于数组的前半部分，将所有的偶数移动并存放于数组的后半部分。要求尽可能少用临时存储单元并使计算时间达到 $O(n)$。

9. 设有 n 个元素的待排序元素序列为 T $A[\,]$，元素在序列中随机排列。试编写一个函数，返回序列中按排序码值从小到大排序的第 $k(0 \leqslant k < n)$ 个元素的值。

10. 设有 n 个元素存放于一个一维数组 A[] 中，每个元素的数据类型为 T，试设计一个递归函数，重新实现直接选择排序算法。函数的首部为：

```
void selectSort (T A[ ], int left, int right);
```

其中，$A[\,]$存放待排序数据，left 和 right 是当前递归调用时排序区间的左、右端点。最初外部调用的形式为：selectSort(A，0，n－1)。

11. 设待排序的排序码序列有 1000 个，其取值是 1～10 000 中的正整数。试编写一个算法，以尽可能少的时间代价实现排序。

9.5 补充练习题解答

一、选择题

1. 选 C，H，D，G，B。

起泡排序将待排序的元素顺次两两比较，若为逆序则交换。将序列照此方法从头到尾处理一遍的效果是将排序码值最大的元素交换到了最后的位置。选项 C 满足要求。

希尔排序是按增量将序列分组。首先取增量 $d_1 < n$ 把全部元素分成 d_1 个组，所有距离为 d_1 倍数的元素放在一组中，各组内用直接插入排序法排序；然后取 $d_2 < d_1$，重复上述分组和排序工作，直至取 $d_t = 1$。选项 H 是取 $d_1 = 4$ 的一趟排序的结果。

二路归并排序是将两个已有序的序列合并使之成为一个有序序列的排序方法。选项 D 是二路归并排序非递归算法第一趟排序的结果。

快速排序是一种分组的递归排序方法。它首先以第一个元素为基准，对整个序列做一趟划分，将序列中所有元素分成两部分，排序码值比基准小的在前半部分，排序码值比基准大的在后半部分。再分别对这两个部分实施上述过程，一直重复到排序完成。选项 G 是采用两个检测指针交替扫描的一趟划分方法排序的结果。

堆排序初始建堆后根结点是其中排序码值最小的结点，选项 B 是最小堆。

2. 选 B，A。当待排序元素的初始序列已经有序时，起泡排序的排序码比较次数为 $n-1$，元素值的交换次数为 0。

3. 选 A，A。当待排序元素的初始序列是完全逆序时，起泡排序的排序码比较次数为 $(n-1)+(n-2)+\cdots+1+0=n(n-1)/2$。在起泡排序过程中，每次比较发现逆序即交换，所以在上述的最坏情况下，比较 $n(n-1)/2$ 次需交换 $n(n-1)/2$ 次。

4. 选 B。因为起泡排序第一趟应把最小的 4 放在序列第 1 个或倒数第 1 个位置，而题中给出的结果不符，所以选项 A 排除。选择排序第一趟应把最小的 4 放在序列第 1 个位置，也与题中所给答案不符，选项 C 排除。再看二路归并排序，第一趟应得到长度为 2 的归并项，而题中的结果序列不符，所以选项 D 排除，最后只剩下 B，故选项 B 正确。

5. 选 D。两者同属插入排序，从 $i=1$ 开始到 $i=n-1$，把 $a[i]$ 插入前面 $a[0..i-1]$ 构成的有序表中，使得 $a[0..i]$ 有序，排序的总趟数一致，元素的移动次数相同，使用的辅助空间也相同，不同之处在于元素之间的比较次数。折半插入排序在前面的有序表内采用折半搜索寻找插入位置，第 i 趟需要比较 $\log_2 i$ 次排序码，与待排序序列元素的初始排列无关；直接插入排序采用顺序搜索寻找插入位置，元素之间的比较次数与待排序元素序列的初始排列有关，最好情况下比较 1 次，最坏情况下比较 i 次，平均需要比较 $i/2$ 次排序码。

6. 选 B。希尔排序方法按一个间隔取元素构成若干子序列，然后对这些子序列分别执行直接插入排序。题目中待排序序列有 $n=9$ 个元素，第一趟取的间隔是 $d_1=n/3=3$，按此间隔把整个序列分为 3 个子序列，对每一个子序列排序结果是 9,13,20;1,7,23;4,8,15。合起来就是 9,1,4,13,7,8,20,23,15。

7. 选 A。组内排序采用直接插入排序，对于跳跃式子序列的搜索和排序，用顺序方式处理最简便可靠。

8. 选 D。第 1 趟希尔排序的间隔选 3 肯定不对，选项 A 和 B 排除。间隔选 5 是对的，得到 5 个子序列。分别排序得{8,1,6}→{1,6,8}，{3,4}→{3,4}，{9,7}→{7,9}，{11,5}→{5,11}，{2,10}→{2,10}。整个序列变为{1,3,7,5,2,6,4,9,11,10,8}。第 2 趟的间隔选 2 不对，应选 3，选项 C 排除，得到 3 个子序列。分别排序得{1,5,4,10}→{1,4,5,10}，{3,2,9,8}→{2,3,8,9}，{7,6,11}→{6,7,11}。整个序列变成{1,2,6,4,3,7,5,8,11,10,9}。如图 9-20 所示。

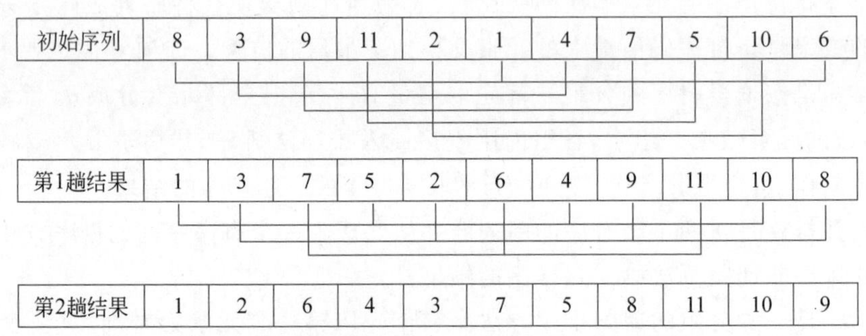

图 9-20 第 8 题希尔排序的第 1、第 2 趟的结果

9. 选 A。这是一种下沉式的起泡排序，每趟把参加排序序列中最大的元素下沉到序列后面。第 1 趟从前向后两两比较，发生逆序即交换，88 交换到最后；第 2 趟从前向后(88 不参加比较)两两比较，发生逆序即交换，16 交换到后面(88 之前)；第 3 趟依此进行，12 交换到 16 之前。

10. 选 D。快速排序的递归次数与待排序元素序列的初始排列有关，最好情形是元素的初始排列随机，划分出的两个分区长度比较均衡，递归次数少；最坏情形是元素的初始排列已经有序，划分出的一个分区为空，另一个分区只比原序列少一个元素，递归次数多，故选项 A 错。每次划分后，先处理长的分区和先处理短的分区，有的教科书提出先处理短的分区递归深度较小，但实际上影响不大，故选项 B 和选项 C 不正确。递归次数与每次划分后得到的分区的处理顺序无关，选项D正确。

11. 选A。快速排序需要执行一个划分(区间)算法，目前影响最广泛的是两头向中间检测的划分算法。该算法既有从后向前的顺序检测，又有从前向后的顺序检测，只有顺序存储最适合这种处理。

12. 选C。快速排序第1趟排序是以整个序列的最左元素为基准将序列划分为两个子序列，左子序列的元素都比基准元素小，右子序列的元素都比基准元素大，基准元素位于它们之间；第2趟排序是对其左、右子序列(若非空)做同样工作。选项A是第2趟排序的结果，其中6是第1趟的基准，3、7是第2趟的基准。选项B也是第2趟排序的结果，其中2是第1趟的基准，9是第2趟的基准。选项D也是第2趟排序的结果，其中9是第1趟的基准，5是第2趟的基准。唯有选项C，9可以作为第1趟的基准，但第2趟找不到基准，所以选项C不可能是快速排序第2趟排序的结果。

13. 选D。选项A第1趟归位的基准是72，第2趟左子序列归位的基准是28，右子序列空，它可能是快速排序第2趟排序的结果。选项B第1趟归位的基准是2，第2趟左子序列空，右子序列归位的基准是72，它也可能是快速排序第2趟排序的结果。选项C第1趟归位的基准是2，第2趟左子序列空，右子序列归位的基准是28或32，它也可能是快速排序第2趟排序的结果。选项D第1趟归位的基准是12或32，如果是12，则左子序列与右子序列都不可能是快速排序第2趟排序的结果；如果是32，其左子序列与右子序列也不可能是快速排序第2趟排序的结果。

14. 选D。一次划分的结果应能把序列分成两个子序列，左子序列中所有元素的值应小于基准元素的值，右子序列中所有元素的值应大于基准元素的值，基准元素放到这两个子序列中间。11、70、80都没有满足上述要求，它们不是此次划分的基准元素，81才是。

15. 选B。一趟划分算法有三种。第一种采用一个指针一趟扫描过去，选项A不交换，选项B交换3次，选项C和选项D交换1次。第二种采用两个指针从两端向中间扫描，交换情况同第一种。第三种是两个指针从两端交替向中间扫描，选项A移动元素2次，选项B移动元素6次，选项C和选项B移动元素都是3次。

16. 选C。在待排序区间中取第一个、最后一个和居中的元素的排序码，取值居中者作为基准，可将区间通过一趟划分，分成两个长度大致相等的子区间，可有效降低递归工作栈的深度。

17. 选C,B,A。分析如下：如果待排序的n个数据记录都相等，快速排序将变成慢速排序，排序码比较次数为

$$(n-1)+(n-2)+\cdots+1=\frac{n(n-1)}{2}$$

所以选C。由于每一趟仅把序列划分为规模比原来少一个元素的子序列，因此需要$n-1$趟排序。每一趟把基准元素送入临时单元，又送回原处，所以总共需$2(n-1)$移动，故选B。递归工作栈所需活动记录为n个，故选A。

18. 选D。先按k_1排序再按k_2排序肯定不正确。例如，设有4名学生，他们的k_1、k_2的值如图9-21所示，图9-21(a)是按k_1升序排列，当k_1相等时，各学生并未按k_2升序排列，因此，先按k_1排序，再按k_2排序，不能满足题目要求。所以选项A、选项C排除。下面看先按k_2排序，图9-21(b)是先采用直接插入排序对k_2排序，再采用直接选择排序对k_1排

序的结果，在 k_1 相等时，k_2 没有按升序排列，不能满足题目要求，选项 B 排除。图 9-21(c)是先采用直接选择排序对 k_2 排序，再采用直接插入排序对 k_1 排序的结果，在 k_1 相等时，k_2 按升序排列，满足题目要求，选项 D 正确。这是因为直接插入排序是稳定的排序方法，在插入排序过程中顺序地比较和移动元素，所以按 k_1 排序时没有按一定间隔交换，使得在 k_1 相等时保持了 k_2 的升序排列。

(a)

	k_1	k_2
甲	2	5
乙	3	4
丙	5	3
丁	5	2

(b)

	k_1	k_2
甲	5	2
乙	5	3
丙	3	4
丁	2	5

	k_1	k_2
甲	2	5
乙	3	4
丙	5	3
丁	5	2

(c)

	k_1	k_2
甲	5	2
乙	5	3
丙	3	4
丁	2	5

	k_1	k_2
甲	2	5
乙	3	4
丙	5	2
丁	5	3

图 9-21　第 18 题的多排序码排序

19. 选 D。堆是一个排序码序列(K_0,K_1,K_2,…,K_{n-1})，它具有如下特性：$K_i \leqslant K_{2i+1}$，$K_i \leqslant K_{2i+2}$，这里 $i=0,1,2,\cdots,\lfloor(n-1)/2\rfloor$。由此可知，(16,31,23,94,53,72)是一个堆。

20. 选 D。堆是用完全二叉树的顺序存储方式存放的，下标是 $0\sim n-1$。排序码最大的元素应存放在叶结点位置，其叶结点的下标范围是 $\lfloor n/2\rfloor \sim n-1$，只有选项 D 正确。

21. 选 C。在向有 n 个元素的堆中插入一个新元素时，需要调用一个向上调整的算法，比较次数最多等于树的高度减 1，由于树的高度为 $h=\lfloor \log_2 n+1\rfloor$，所以堆的向上调整算法的比较次数最多等于$\lfloor \log_2 n\rfloor$。

22. 选 B。看图 9-22，将排序码序列放在一个完全二叉树的顺序存储中，从最后一个非叶结点开始，$i=3,2,1,0$，每次将以 i 为根的子树用 siftDown 算法调整为最大堆，每次调整时根的子树已经是最大堆了，如此逐步扩大最大堆，直至整棵树都成为最大堆。每次数据的交换次数都不超过$\lfloor \log_2 n\rfloor$，具体到本题，根据排序码序列排列情况，交换次数为 6。

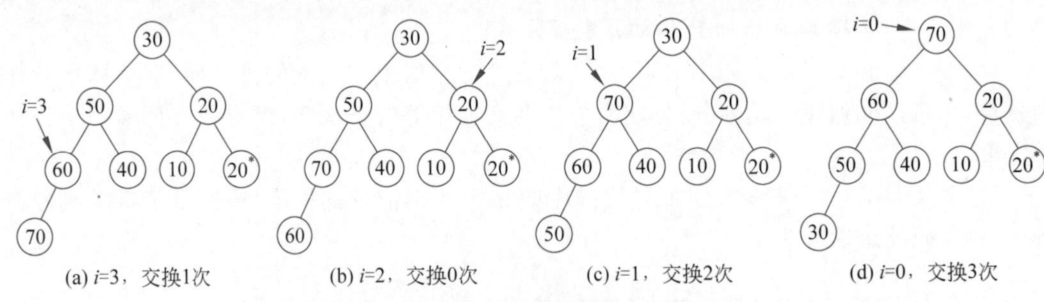

(a) i=3，交换1次　(b) i=2，交换0次　(c) i=1，交换2次　(d) i=0，交换3次

图 9-22　第 22 题的初始堆的构建

23. 选 A。二路归并的定义就是将两个有序表合并为一个新的有序表。

24. 顺序选 B,C。当一个有序表中所有元素的排序码值均小于另一个有序表的所有元素的排序码值，元素比较次数为 n，达到最少。当两个有序表的元素排序码值交错排列时，元素比较次数为 $2n-1$，达到最多。

25. 选 B。第二趟归并后元素序列应包含 2 个长度为 4 的有序表，以及 1 个长度为 2 的有序表。选项 A 第 1 个有序表是对的，但第 2、第 3 个有序表顺序混乱，故排除。选项 B 是对的，包含 2 个长度为 4 的有序表 10,20,30,45 和 15,40,55,60，以及 1 个长度为 2 的有序

表 35,50。选项 C 和选项 D 彻底顺序混乱,故排除。

26. 选 B。设需要的路数为 m,则对于 n 个元素做 m 路归并排序所需趟数 $s=\lceil \log_m n \rceil$。当 $n=27, s=3$,则 $3=\lceil \log_m 27 \rceil, m=27^{1/3}=3$。

27. 选 B。归并排序的程序代码不比插入排序的程序代码短,例如迭代的归并排序就比插入排序复杂。归并排序占用的空间更多,一般需附加空间数达 $O(n)$,而插入排序所需附加空间数仅 $O(1)$。有人开发出附加空间数达 $O(1)$的归并算法,但这是用时间换空间的办法,还导致程序代码更复杂。归并排序是顺序执行的,适合目前流行的 CPU 串行执行流程,运行效率更高。

28. 选 C。LSD 基数排序第一趟对最低位(数字的个位)进行分配和收集后,得到序列{151,301,372,892,93,43,485,946,146,236,327,9}。在序列中 372 之前、之后的元素是 301,892,选项 C 符合所求。

29. 选 C。如图 9-23 所示。第一趟分配、收集是按最低位(即个位)的取值进行的,第二趟分配、收集是按次低位(十位)的取值进行的。最后的结果与选项 C 相符。

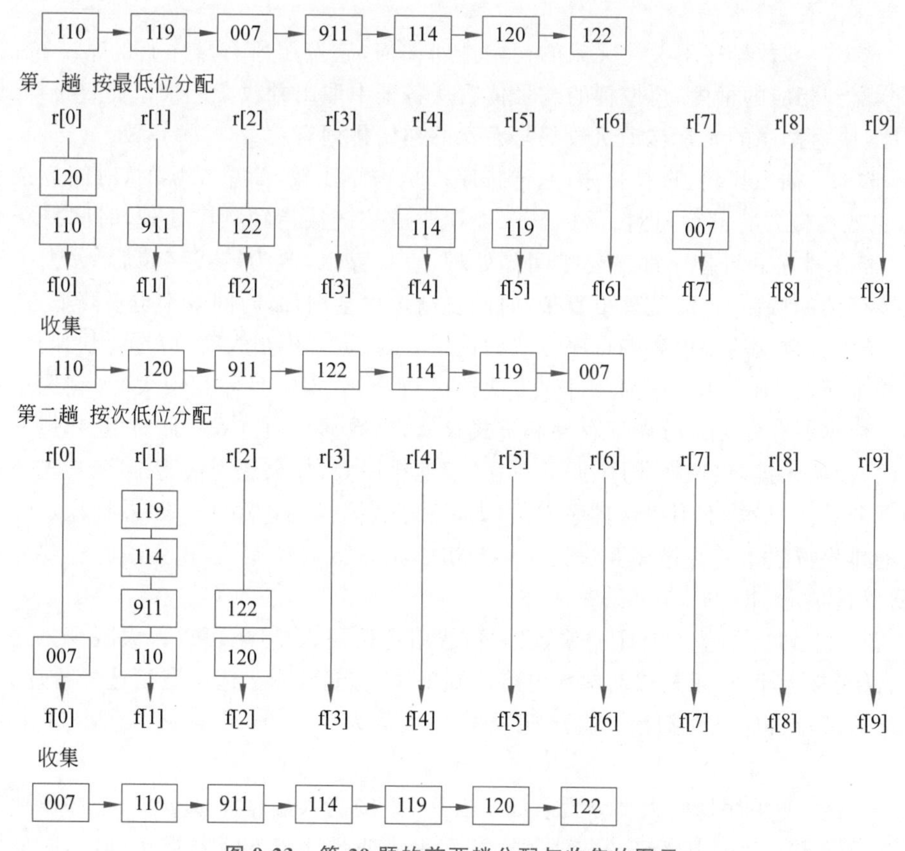

图 9-23 第 29 题的前两趟分配与收集的图示

30. 选 D。基数排序是对排序码的各位(从低位到高位),按照其取值分配到各个桶中,再将各桶中的元素按桶的编号从小到大依次取出完成排序的,它没有进行排序码的比较。

31. 选 D,C。希尔排序、堆排序、起泡排序、插入排序的空间复杂度均为 $O(1)$,所以Ⅰ、Ⅱ、Ⅲ、Ⅳ排除,归并排序的平均情况下和最坏情况下的空间复杂度均为 $O(n)$,快速排序的平均情况下的空间复杂度为 $O(\log_2 n)$，最坏情况下的空间复杂度为 $O(n)$。

32. 选 A。二路归并排序每趟都是将待排序序列中的元素复制到临时序列，再从临时序列中把元素复制回原序列，一共执行 $\log_2 n$ 趟，它对于排序码比较多少次不敏感。插入排序是指直接插入排序，该排序方法的排序码比较次数受待排序元素序列的初始排列影响，最好的情况是排序前已经排好序，排序码比较次数为 $O(n)$；最坏的情况是排序前待排序元素是逆序的，排序过程中需要把它们全部逆转过来，排序码比较次数是 $O(n^2)$。另一种插入排序方法是折半插入排序，该方法的排序码比较次数为 $O(\log_2 n)$，不受待排序元素序列的初始排列影响。快速排序与起泡排序的排序码比较次数都受待排序元素序列的初始排列影响。

33. 选 D。元素数量特别巨大的数据文件，排序过程中一般需要进行内、外存交换。外部排序通常采用归并排序，这是基于它的顺序处理的特性。希尔排序、堆排序和快速排序主要适用于内部排序。

34. 选 A。直接选择排序（Ⅰ）、快速排序（Ⅲ）和堆排序（Ⅳ）每趟至少能够确定一个元素落在最终位置上。

35. 选 C。基数排序不关注元素的初始排列如何，它按照所有排序码的某一位的取值，把元素分配到相应的桶内，再按桶的编号依次从各桶中取出并收集起来。而直接插入排序、起泡排序、快速排序的元素移动次数都与元素的初始排列有关。

36. 选 D。插入排序、选择排序、起泡排序都是顺序比较，简单交换的，时间复杂度均为 $O(n^2)$，更改为链式存储后，把按下标顺序处理改成按链接指针顺序处理，时间复杂度仍为 $O(n^2)$。希尔排序和堆排序都需要按间隔处理、直接存取，改为链式存储后，失去了顺序存储的直接存储的特性，算法处理更复杂，时间复杂度也会增加，时间效率也会降低。

37. 选 D。数据的规模影响排序方法的选择，当数据规模很大时，应选择快速排序、堆排序或归并排序，否则选择那些简单排序方法即可；但当数据本身体积很大时，宜选用直接选择排序。数据的存储方式分顺序存储和链式存储，当数据采用链式存储时，选用顺序处理的排序方法，如插入排序、选择排序、归并排序、起泡排序等，如果选用快速排序，应选一趟扫描过去的划分算法，最好不用树形排序方法，如堆排序、锦标赛排序等。如果有稳定性要求时选稳定的排序方法。有些排序算法受序列的初始状态影响较大，选择算法时也要考虑这个因素，所以选项Ⅰ、Ⅱ、Ⅲ、Ⅳ都需考虑。

38. 选 A。对已经基本有序的数组排序，选用直接插入排序，可以大大减少排序码的比较次数，甚至接近于 n，元素移动次数也可达到最少，接近于 0。选用直接选择排序，每一趟必须把剩余的待排序空间扫描一遍，排序码比较次数为 $O(n^2)$，元素移动次数与直接插入排序类似。

39. 选 D。如果序列中大部分元素已经有序，直接插入排序完成极快，排序码比较次数达 $O(n)$，元素移动次数接近于 0；而同样情况下，快速排序将变成特慢速排序，时间复杂度可达 $O(n^2)$。直接插入排序适用于待排序元素数量不大的情况，而快速排序适用于待排序元素数量很大的情况。直接插入排序只用了一个临时单元，空间复杂度为 $O(1)$，而快速排序是递归算法，会用到一个递归工作栈，空间复杂度为 $O(\log_2 n) \sim O(n)$。直接插入排序是稳定的排序方法，快速排序是不稳定的排序方法。所以选项Ⅰ、Ⅱ、Ⅲ、Ⅳ都支持选用直接插入排序。

40. 选 A。堆排序只用了一个临时工作单元，空间复杂度为 $O(1)$；快速排序是递归算法，用到了一个递归工作栈，最好情况下递归 $O(\log_2 n)$次，最坏情况下递归 $O(n)$次，其空间复杂度为 $O(\log_2 n)\sim O(n)$；归并排序用到一个与待排序元素序列同样大的辅助数组，其空间复杂度为 $O(n)$。因为 $O(1)<O(\log_2 n)\sim O(n)<O(n)$，所以堆排序的辅助空间数<快速排序的辅助空间数<归并排序的辅助空间数。

41. 选 C。通常不稳定的排序算法在执行过程中存在隔空移动或隔空交换，希尔排序、快速排序和堆排序就是这样的排序算法，它们是不稳定的排序算法。

二、简答题

1. 内排序是排序过程中参与排序的数据全部在内存中所做的排序，排序过程中无须进行内外存数据传送，决定排序方法时间性能的主要是数据排序码的比较次数和数据对象的移动次数。外排序是指在排序的过程中参与排序的数据太多，在内存中容纳不下，因此在排序过程中需要不断进行内外存的信息传送的排序。决定外排序时间性能的主要是读写磁盘次数和在内存中总的记录对象的归并次数。

不稳定的排序方法主要有希尔排序、直接选择排序、堆排序、快速排序。不稳定的排序方法往往是按一定的间隔移动或交换记录对象的位置，从而可能导致具有相等排序码的不同对象的前后相对位置在排序前后颠倒过来。其他排序方法中如果有数据交换，只是在相邻的数据对象间比较排序码，如果发生逆序(与最终排序的顺序相反的次序)才交换，因此具有相等排序码的不同对象的前后相对位置在排序前后不会颠倒，是稳定的排序方法。但如果把算法中判断逆序的比较“>(或<)”改写成“≥(或≤)”，也可能造成不稳定。

2. 因为链表只能顺序存取，所以对于那些需要按一定间隔存取数据的排序算法，如折半插入排序、希尔排序、树形选择排序等都不合适。易于在链表上实现的排序方法有直接插入排序、起泡排序、快速排序、直接选择排序、归并排序和基数排序等。

3. 假定待排序序列的记录个数为 n，这些记录在开始排序前已经按从小到大(正序)的顺序排列好，那么直接插入排序的排序码比较次数为 $n-1$，记录移动次数为 0；直接选择排序的排序码比较次数为 $n(n-1)/2$，记录移动次数为 0；起泡排序的排序码比较次数为 $n-1$，记录移动次数为 0。所以，在这种情况下，直接插入排序和起泡排序较好。

如果待排序记录序列在开始排序前是从大到小(反序)排列的，则直接插入排序的排序码比较次数为 $n(n-1)/2$，记录移动次数为$(n+4)(n-1)/2$；直接选择排序的排序码比较次数为 $n(n-1)/2$，记录移动次数为 $3(n-1)$；起泡排序的排序码比较次数为 $n(n-1)/2$，记录移动次数为 $3n(n-1)/2$。在这种情况下，直接选择排序的性能更好些。

4. 当待排序区间 R[low..high]中的排序码值都相同时，Partition 函数返回的值是 low，它把原排序区间划分成一个比原先少一个元素的区间，此时快速排序的运行时间是

$$(n-1)+(n-2)+\cdots+1=n(n-1)/2$$

改进的办法是修改 Partition 算法，采用一趟扫描的划分算法，如果发现基准元素与其后继元素的排序码值相等，将其后继元素设为基准元素，再继续向后扫描。如果划分结束，基准元素是最后一个元素，说明所有元素的排序码值相等，不必做子序列的递归排序了。

5. 对于锦标赛排序，如果 $n=11$，则第一次形成胜者树，需要做 $10(=n-1)$ 次排序码比

较。以后每次选最小的排序码比较次数要分析胜者树的形状,如图 9-24 所示。

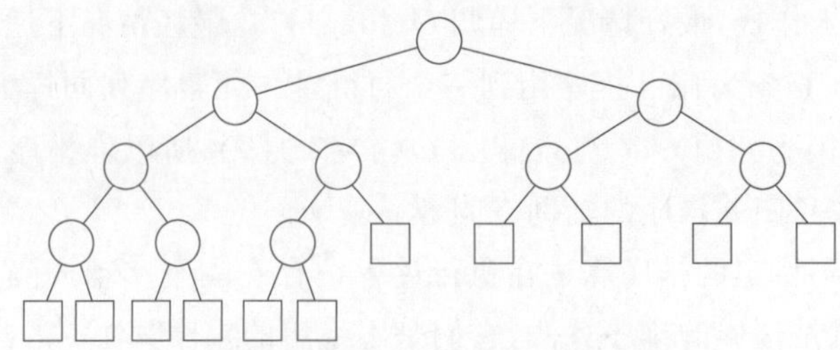

图 9-24 第 5 题锦标赛排序的胜者树

假设在比赛的对手中有一个已经选中最小并做了“不再参选”的标志,它的另一个对手将自动上升一层再与上一层的对手比较;假设第一次选到的最小在第 5 层,那么对于第 5 层的外结点来说,在初始形成胜者树时已经在第 4 层记下了它们比较的胜者,所以第 5 层剩下的 5 个外结点都只比较 3 次就够了,同样第 4 层的每个外结点只需比较 2 次就可选到胜者,总的排序码比较次数最少为 10+5×3+5×2=35 次。

6. 为节省篇幅,将用数组方式给出形成初始堆和进行堆排序的变化结果。阴影部分表示参与比较的排序码。请读者按照完全二叉树的顺序存储表示画出堆的树形表示。

(1) 按字母顺序排序,如图 9-25 所示。

	0	1	2	3	4	5	6
原始序列	Tu	Du	Tao	Lu	An	Jin	Su
$i=2$	Tu	Du	Tao	Lu	An	Jin	Su
$i=1$	Tu	Lu	Tao	Du	An	Jin	Su
$i=0$	Tu	Lu	Tao	Du	An	Jin	Su

(a)形成初始堆(按最大堆)

	0	1	2	3	4	5	6	
$j=6$	Tu	Lu	Tao	Du	An	Jin	Su	0#,6# 交换
	Su	Lu	Tao	Du	An	Jin	Tu	0#,5# 调整
$j=5$	Tao	Lu	Su	Du	An	Jin	Tu	0#,5# 交换
	Jin	Lu	Su	Du	An	Tao	Tu	0#,4# 调整
$j=4$	Su	Lu	Jin	Du	An	Tao	Tu	0#,4# 交换
	An	Lu	Jin	Du	Su	Tao	Tu	0#,3# 调整
$j=3$	Lu	Du	Jin	An	Su	Tao	Tu	0#,3# 交换
	An	Du	Jin	Lu	Su	Tao	Tu	0#,2# 调整
$j=2$	Jin	Du	An	Lu	Su	Tao	Tu	0#,2# 交换
	An	Du	Jin	Lu	Su	Tao	Tu	0#,1# 调整
$j=1$	Du	An	Jin	Lu	Su	Tao	Tu	0#,1# 交换
	An	Du	Jin	Lu	Su	Tao	Tu	排序结束

(b)堆排序

图 9-25 第 6(1)题堆排序的过程

(2) 按数值递增顺序排序,如图 9-26 所示。

	0	1	2	3	4	5	6	
	26	33	35	29	19	12	22	
$i=2$	26	33	35	29	19	12	22	2次比较,0交换
$i=1$	26	33	35	29	19	12	22	2次比较,0交换
$i=0$	35	33	26	29	19	12	22]	4次比较,1次交换

(a)形成初始堆（按最大堆）

	0	1	2	3	4	5	6	
$j=6$	22	33	26	29	19	12	35	0#,6#交换
	33	29	26	22	19	12	35	0#,5#调整为堆
$j=5$	12	29	26	22	19	33	35	0#,5#交换
	29	22	26	12	19	33	35	0#,4#调整为堆
$j=4$	19	22	26	12	29	33	35	0#,4#交换
	26	22	19	12	29	33	35	0#,3#调整为堆
$j=3$	12	22	19	26	29	33	35	0#,3#交换
	22	12	19	26	29	33	35	0#,2#调整为堆
$j=2$	19	12	22	26	29	33	35	0#,2#交换
	19	12	22	26	29	33	35	0#,1#调整为堆
$j=1$	12	19	22	26	29	33	35	0#,1#交换
	12	19	22	26	29	33	35	排序结束

(b)堆排序

图 9-26　第 6(2)题堆排序的过程

(3) 同样 7 个数字,换一个初始排列,再按数值的递增顺序排序,如图 9-27 所示。

	0	1	2	3	4	5	6	
	12	19	33	26	29	35	22	
$i=2$	12	19	35	26	29	33	22	2次比较,1次交换
$i=1$	12	29	35	26	19	33	22	2次比较,1次交换
$i=0$	35	29	33	26	19	12	22	4次比较,2次交换

(a)形成初始堆(按最大堆)

	0	1	2	3	4	5	6	
$j=6$	22	29	33	26	19	12	35	0#,6#交换
	33	29	22	26	19	12	35	0#,5#调整为堆
$j=5$	12	29	22	26	19	33	35	0#,5#交换
	29	26	22	12	19	33	35	0#,4#调整为堆
$j=4$	19	26	22	12	29	33	35	0#,4#交换
	26	19	22	12	29	33	35	0#,3#调整为堆
$j=3$	12	19	22	26	29	33	35	0#,3#交换
	22	19	12	26	29	33	35	0#,2#调整为堆
$j=2$	12	19	22	26	29	33	35	0#,2#交换
	19	12	22	26	29	33	35	0#,1#调整为堆
$j=1$	12	19	22	26	29	33	35	0#,1#交换
	12	19	22	26	29	33	35	排序结束

(b)堆排序

图 9-27　第 6(3)题堆排序的过程

7. 一般来讲，当 n 比较大且要选的数据 k 远小于 n 时，采用堆排序方法中的调整算法 siftDown()最好。但当 n 比较小时，采用锦标赛排序方法更好。

对于题目中给出的 $n=15$ 的例子，第一次选最小，需 14 次比较，以后每次选最小，需 $\lceil \log_2 n \rceil - 1 = 3$ 次比较，总计需要 $14+3\times3=23$ 次排序码比较。用堆排序，第一次选最小，需 $2\times1+2\times1+2\times1+2\times1+2\times2+2\times1+2\times3=20$ 次排序码比较，以后每次选最小，需 6 次排序码比较，总排序码比较次数为 $20+18=38$ 次。另外如起泡排序和直接选择排序，都需 $(n-1)+(n-2)+(n-3)+(n-4)=14+13+12+11=50$ 次比较，其他排序方法必须排序完成才能找到最小的 4 个，都不如锦标赛排序。

8. 若排序码是非负整数，选择基数排序最快。因为非负整数的位数有限，当待排序的元素序列有 n 个元素且每个整数最多有 d 位时，快速排序、归并排序和堆排序的时间代价都是 $O(n\log_2 n)$，而基数排序是 $O(d(n+10))=O(n)$。

若要求辅助空间为 $O(1)$，应选堆排序。因为只有它需要的辅助空间是 $O(1)$，而快速排序需要一个递归栈，要求辅助空间最少为 $O(\log_2 n)$，最多为 $O(n)$；归并排序需要一个有 n 个元素的辅助数组；基数排序需要为每个元素附加一个链接指针，若设基数为 rd，还需要设置 rd 个队列做分配与收集，要求有 rd 个队头指针和队尾指针。

若要求排序是稳定的且排序码是浮点数，则应选归并排序。因为快速排序和堆排序是不稳定的，基数排序不适合浮点数。

9. 由于高位优先的 MSD 方法是递归的方法，就一般情况来说，不像低位优先的 LSD 方法那样直观自然，而且实现的效率较低。但如果待排序的排序码的大小只取决于高位的少数几位而与大多数低位无关时，采用 MSD 方法比 LSD 方法的效率要高。

10. 证明：基于比较的排序方法中，采用分治法进行排序是平均性能最好的方法。方法描述如下。

```
Sort (List) {
  if (List 的长度大于 1) {
    将序列 List 划分为两个子序列 LeftList 和 Right List;
    Sort (LeftList); Sort (RightList);        //分别对两个子序列实行排序
    将两个子序列 LeftList 和 RightList 合并为一个序列 List;
  }
}
```

典型的例子就是快速排序和归并排序。若设 $T(n)$ 是对 n 个元素的序列进行排序所需的时间，而且把序列划分为长度相等的两个子序列后，对每个子序列进行排序所需的时间为 $T(n/2)$，最后合并两个已排好序的子序列所需的时间为 cn（c 是一个常数）。此时，总的计算时间为

$$
\begin{aligned}
T(n) &\leqslant cn + 2T(n/2) \qquad c \text{ 是一个常数} \\
&\leqslant cn + 2(cn/2 + 2T(n/4)) = 2cn + 4T(n/4) \\
&\leqslant 2cn + 4(cn/4 + 2T(n/8)) = 3cn + 8T(n/8) \\
&\cdots \\
&\leqslant cn\log_2 n + nT(1) = O(n\log_2 n)
\end{aligned}
$$

11. (1)和(2)这两种情况要在适合 n 比较小的排序算法中选择，包括直接插入排序、折半插入排序、起泡排序、直接选择排序。它们在最坏情况下的排序码比较次数和数据移动次

数见表 9-1。当 $n=30$ 时，在最坏情况下直接选择排序数据移动次数最少，但这种排序方法不稳定，(2)这种情况不能选它。

表 9-1　第 11 题最坏情况下几种简单排序算法的性能比较

简单排序方法	排序码比较次数	实例 $n=30$	数据移动次数	实例 $n=30$	稳定性
直接插入排序	$n(n-1)/2$	435	$(n+4)(n-1)/2$	493	是
折半插入排序	$(n-1)+n\log_2 n$	176	$(n+4)(n-1)/2$	493	是
起泡排序	$n(n-1)/2$	435	$3n(n-1)/2$	1305	是
直接选择排序	$n(n-1)/2$	435	$2(n-1)$	58	否

在最坏情况下起泡排序速度最慢。$n=30$ 时，在平均情况下，既快又稳定的排序方法是折半插入排序。最好情况下是直接插入排序和起泡排序。

(3)、(4)、(5)这三种情况要在适用于 n 比较大的排序方法中选择。包括快速排序、堆排序、归并排序和基数排序。它们的性能比较如表 9-2 所示。

表 9-2　第 11 题适用于 n 比较大的几种排序算法的性能比较

	平均情况(用大 O 表示)，$n=1000$				最坏情况(用大 O 表示)，$n=1000$				附加存储		稳定性
	比较次数	实例	移动次数	实例	比较次数	实例	移动次数	实例	大 O 表示	实例	
快速排序	$n\log_2 n$	9966	$n\log_2 n$	9966	n^2	10^6	n^2	10^6	$\log_2 n$	10	否
堆排序	$n\log_2 n$	9966	$n\log_2 n$	9966	$n\log_2 n$	9966	$n\log_2 n$	9966	1	1	否
归并排序	$n\log_2 n$	9966	$n\log_2 n$	9966	$n\log_2 n$	9966	$n\log_2 n$	9966	n	1000	是
基数排序	n	1000	0	0	n	1000	0	0	$n+\text{rd}$	1000	是

从表 9-2 可知，(3)要求平均情况下速度最快的是快速排序。(4)最坏情况下最快且稳定的是基数排序，但它不是基于排序码比较的算法，如果只考虑基于排序码比较的算法，要数归并排序了。(5)既快又省存储的是堆排序。

12. 算法的思想可以用如图 9-28 的有向图来描述。

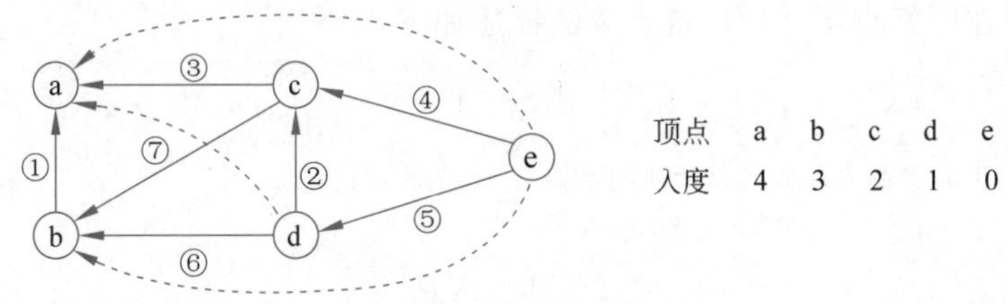

图 9-28　第 12 题 5 个整数 7 次比较排序

图 9-28 中有 5 个顶点，代表 5 个可比较的整数 a，b，c，d，e。有向边的箭头从较大的整数指向较小的整数，虚线表示的有向边表示不用比较，而是通过传递性得到的。图中各有向边的编号给出了 7 次比较的先后次序。

首先比较 a 与 b 和 c 与 d，得 a<b，c<d，这需要 2 次比较。然后比较 a 与 c，得 a<c，从而可得 a<c<d，这需要 3 次比较。

再比较 c 与 e 和 d 与 e，得 c<e，d<e，从而可得 a<c<d<e。最后 2 次比较，将 b 插入 a 与 c 之间，得 a<b<c<d<e。

13.（1）3.1×4＝12.4 毫秒

（2）3.1×40 000＝124 000 毫秒＝124 秒

14.（1）输入的 n 个数据全部有序时，每一趟数据比较 $\lfloor n/2 \rfloor$次，移动 n 次，共$\lceil \log_2 n \rceil$趟，总数据比较次数与移动次数为 $O(n\log_2 n)$次。

例如，8 个数据全部有序时，如{10，20，30，40，50，60，70，80}，做二路归并排序：

{10} {20} {30} {40} {50} {60} {70} {80}　　第一趟比较 4 次，移动 8 次

{10　20} {30　40} {50　60} {70　80}　　第二趟比较 4 次，移动 8 次

{10　20　30　40} {50　60　70　80}　　第三趟比较 4 次，移动 8 次

{10　20　30　40　50　60　70　80}

（2）输入的 n 个数据全部逆向有序时，每一趟数据比较 $\lfloor n/2 \rfloor$次，移动 n 次，共$\lceil \log_2 n \rceil$趟，总数据比较次数与移动次数为 $O(n\log_2 n)$次。

例如，8 个数据全部逆向有序时，如{80，70，60，50，40，30，20，10}，做二路归并排序：

{80} {70} {60} {50} {40} {30} {20} {10}　　第一趟比较 4 次，移动 8 次

{70　80} {50　60} {30　40} {10　20}　　第二趟比较 4 次，移动 8 次

{50　60　70　80} {10　20　30　40}　　第三趟比较 4 次，移动 8 次

{10　20　30　40　50　60　70　80}

（3）随机输入 n 个数据时，每一趟数据比较 $n-1$ 次，移动 n 次，共$\lceil \log_2 n \rceil$趟，总数据比较次数与移动次数为 $O(n\log_2 n)$次。

例如，随机输入 8 个数据时，如{30，70，50，80，40，10，60，20}，做二路归并排序：

{30} {70} {50} {80} {40} {10} {60} {20}　　第一趟比较 4 次，移动 8 次

{30　70} {50　80} {10　40} {20　60}　　第二趟比较 6 次，移动 8 次

{30　50　70　80} {10　20　40　60}　　第三趟比较 7 次，移动 8 次

{10　20　30　40　50　60　70　80}

三、算法题

1. 本题借助快速排序的一趟划分算法的思路，以 0 作为划分的基准，下标指针 i 从前向后，掠过比 0 小的元素，停在刚好大于或等于 0 的位置，下标指针 j 从后向前，掠过大于或等于 0 的元素，停在刚好小于 0 的位置。算法描述如下。

```
template<class T>
void reArrange (T A[], int n) {
//数组 A[n]中元素的排序码类型 T 只可能取 int 或 float
    int i = 0, j = n-1;T val, low, high;
    while (i < j) {
        while (i < j && A[i] < 0) i++;          //从前向后扫描
        while (i < j && A[j] >= 0) j--;         //从后向前扫描
        if (i < j) {                            //交换 L.data[i]与 L.data[j]
            val = A[i];A[i] = A[j];A[j] = val;
            i++;j--;
        }
    }
}
```

2.（1）数组 A 每次执行最外层循环后的变化如图 9-29 所示。

	left				mid		mid+1		right	
A	0	1	2	3	4	temp	5	6	7	
i=0	**12**	28	35	42	67		**09**	31	70	$A[i]>A[\text{mid}+1]$ 记录移动8次
i=1	09	**12**	28	35	42	67	**31**	67	70	$A[i]\leqslant A[\text{mid}+1]$ 记录移动0次
i=2	09	12	**28**	35	42		**31**	67	70	$A[i]\leqslant A[\text{mid}+1]$ 记录移动0次
i=3	09	12	28	**35**	42		**31**	67	70	$A[i]>A[\text{mid}+1]$ 记录移动4次
i=4	09	12	28	31	**35**	42	**42**	67	70	$A[i]\leqslant A[\text{mid}+1]$ 记录移动0次

图 9-29 第 2 题使用“推拉法”执行二路归并的示例

（2）本算法的记录比较次数和移动次数与待排序记录序列的初始排列有关。因此，性能分析需要讨论最好情况和最坏情况。

若前一个表中有 $n=\text{mid}-\text{left}+1$ 个元素，后一个表中有 $m=\text{right}-\text{mid}$ 个元素。

最好情况下，例如参加排序的后一个有序表中所有记录（从 mid＋1 到 right）的排序码均大于前一个有序表（从 left 到 mid）的排序码。此时，记录排序码的比较次数为 n，与前一个有序表的长度相同，记录的移动次数为 0。

最坏情况下，例如参加排序的后一个有序表中所有记录（从 mid＋1 到 right）的排序码均小于前一个有序表（从 left 到 mid）的排序码。若设 s 是 m 和 n 中间的小者，则如表 9-3 所示。

表 9-3 算法最坏情况下的性能分析

趟数	1	2	3	4	…	s
排序码比较次数	m	m	$m-1$	$m-2$	…	$m-s+2$
记录移动次数	$(n+1)+m$	$n+(m-1)$	$(n-1)+(m-2)$	$(n-2)+(m-3)$	…	$(n-s+2)+(m-s+1)$

记录排序码比较次数约为 $m+m+(m-1)+\cdots+(m-s+2)=m+(s-1)(2m-s+2)/2$；记录移动次数约为 $(n+1)+n+(n-1)+\cdots+(n-s+2)+m+(m-1)+(m-2)+\cdots+(m-s+1)=s(2n-s+3)/2+s(2m-s+1)/2=s(2n+2m-2s+4)/2=s(n+m-s+2)$。

3.（1）算法的基本设计思想：如果通过划分算法从 n 个元素中提取排序码值最小的 $\lfloor n/2\rfloor$ 个元素放入 $A1$，其余的放入 $A2$，划分结果就能满足 $|n_1-n_2|$ 最小且 $|S_1-S_2|$ 最大的要求。划分算法的思路是：仿照快速排序一趟划分的思想，基于划分基准，把 n 个正整数划分为两个子集。根据基准元素所在的位置 i，分以下 3 种情况进行处理：

① 若 $i=\lfloor n/2\rfloor$，则划分成功，算法结束。

② 若 $i<\lfloor n/2\rfloor$，则基准元素和它前面的所有元素均属于 A_1，继续对 i 之后的所有元素

进行划分；

③ 若 $i>\lfloor n/2\rfloor$，则基准元素和它后面的所有元素均属于 A_2，继续对 i 之前的所有元素进行划分。

(2) 算法的描述如下。

```
int Partition (int a[], int n) {
    int pivotkey, low, high, low0, high0, s1, s2, flag, k, i;
    low = 0;high = n-1;                          //分别指向表的下界和上界
    low0 = 0;high0 = n-1;                        //分别指向新表的下界和上界
    s1 = 0;s2 = 0;                               //A1 和 A2 的元素累加和的初值
    flag = 1;k = n/2;                            //flag 是划分成功的标记,k 是中点
    while (flag) {                               //循环进行划分
        pivotkey = a[low];                       //暂存基准元素
        while (low < high) {                     //从两端交替地向中间检测、移动元素
            while (low < high && a[high] >= pivotkey) --high;
            if (low != high) a[low] = a[high];
            while (low < high && a[low] <= pivotkey) ++low;
            if (low != high) a[high] = a[low];
        }
        a[low] = pivotkey;                       //基准元素就位
        if (low == k-1) flag = 0;                //基准元素是第 n/2 个元素,划分成功
        else {
            if (low < k-1)                       //基准元素 low 与它之前的元素属于 A1
                { low0 = ++low;high = high0; }   //继续对 low 之后的元素做划分
            else                                 //基准元素 low 与它之后的元素属于 A2
                { high0 = --high;low = low0; }   //继续对 low 之前的元素做划分
        }
    }
    for (i = 0; i < k; i++) s1 += a[i];          //计算子集 A1 中元素的累加和
    for (i = k; i < n; i++) s2 += a[i];          //计算子集 A2 中元素的累加和
    return s2-s1;
}
```

(3) 算法的平均时间复杂度为 $O(n)$，空间复杂度为 $O(1)$。

4. 算法的基本思想是：对于存放于单链表中的一组元素，首先构造只有一个元素结点的新循环链表，然后从原链表中依次取出结点元素，在新链表中找到插入位置并将其插入，使得新链表仍然保持有序，直到原链表为空，在新链表中得到排序后的结果。最后断开循环链表。算法的描述如下。

```
template<class T>
const T maxValue = ……;                    //自行设定最大值,大于链表中任何数据值
void insertSort (List <T> * & L) {
    LinkNode<T> * pre, * p, * next, * h = L.getHead(), * s, * tail;
    if (h->link == NULL) return;          //空链表,返回
    tail = h->link;next = tail->link;  //tail 是新链尾结点,next 是原链当前首元结点
    h->data = maxValue;tail->link = h; //形成一个元素的有序循环链表 h
    while (next != NULL) {                //原链表非空时。从新链表头开始找插入点
```

```
        pre = h;p = pre->link;                       //pre 指向 p 的前驱
        while (p != h && p->data <= next->data)
            { pre = p;p = p->link; }                 //循新链找 * next 在新链插入位置
        s = next->link;                              //s 记忆原链表下一可摘结点
        pre->link = next;next->link = p;             //结点 * next 链入 * pre 与 * p 之间
        if (next->link == h) tail = next;            //* next 链入到链尾,改 tail 指针
        next = s;                                    //处理原链的下一个结点
    }
    tail->link = NULL;                               //有序单链表收尾,tail 是尾结点
};
```

使用链表插入排序,每插入一个元素,最大排序码比较次数等于链表中已排好序的元素个数,最小排序码比较次数为 1。故总的排序码比较次数最小为 $n-1$,最大为 $\sum_{i=1}^{n}(i-1)=\frac{n(n-1)}{2}$。

用链表插入排序时,元素移动次数为 0。但为了实现链表插入,在每个元素中增加了一个链域 link,并使用了链表的表头结点,总共用了 n 个指针和一个附加元素。链表插入排序方法是稳定的。

5. (1) 此算法是使用最后交换地址 high 控制的起泡排序。

(2) 针对正序的待排序数据序列的执行结果:一趟结束。j 记忆有交换的元素位置 i,如表 9-4 所示。

表 9-4 针对正序的待排序数据序列的执行结果

序号	0	1	2	3	4	5	执行前 high	执行后 high	比较次数	交换次数
初始	10	20	30	40	50	60				
1	10	20	30	40	50	60	5	0	4	0

(3) 针对逆序的待排序数据序列的(每趟 while)执行结果如表 9-5 所示,一趟即可结束。

表 9-5 针对逆序的待排序数据序列的执行结果

序号	0	1	2	3	4	5	执行前 high	执行后 high	比较次数	交换次数
初始	60	50	40	30	20	10				
1	50	40	30	20	10	60	5	4	5	5
2	40	30	20	10	50	60	4	3	4	4
3	30	20	10	40	50	60	3	2	3	3
4	20	10	30	40	50	60	2	1	2	2
5	10	20	30	40	50	60	1	0	1	1

6. 解法 1:借助堆的思想。设待排序序列为 $A[n]$,第一个元素在 $A[\text{low}]$,最后元素在 $A[\text{high}]$,位于中间位置的元素在 $A[(\text{low}+\text{high})/2]$,一种简单的方案是借助最大堆的方法:首先用这三个元素构造最大堆,最多 2 次比较,1 次交换;然后再比较根的两个子女,两

个小的元素中找大的，把大的元素交换到左子女位置。算法总计比较 3 次，交换次数最多 2 次，最少 0 次。算法的描述如下。

```
template<class T>
void mediacy (T A[ ], int low, int high) {
    T temp;
    int k = (A[low] < A[high]) ? high : low;       //两个子女中 k 指示大者
    int mid = (low+high)/2;
    if (A[mid] < A[k])                              //最大值交换到 mid 位置
        { temp = A[mid];A[mid] = A[k];A[k] = temp; }
    if (A[low] < A[high])                           //比较两个小的,大者调到 low
        { temp = A[high];A[high] = A[low];A[low] = temp; }
};
```

解法 2：借助直接选择排序思想。首先在这 3 个元素中选最小者，把它交换到 $A[\text{high}]$ 中，然后在 $A[\text{low}]$ 和 $A[\text{mid}]$ 中选择小的元素（在 3 个里面算次小），把它交换到 $A[\text{low}]$。总计比较 3 次，交换次数最多 2 次，最少 0 次。算法的描述如下。

```
template <class T>
void mediacy (T A[ ], int low, int high) {
    T temp;
    int mid = (low+high)/2, k = low;
    if (A[mid] < A[k]) k = mid;                 //前两个选最小,记入 k
    if (A[high] < A[k]) k = high;               //再与第三个比较,最小者记入 k
    if (k != high)                              //交换到最后
        { temp = A[high];A[high] = A[k];A[k] = temp; }
    if (A[low] > A[mid])                        //比较两个大的,小者调到 low
        { temp = A[mid];A[mid] = A[low];A[low] = temp; }
};
```

解法 3：借助判定树硬性比较。设 $a=A[\text{low}]$，$b=A[\text{mid}]$，$c=A[\text{high}]$，则三者取中的判定树如图 9-30 所示。

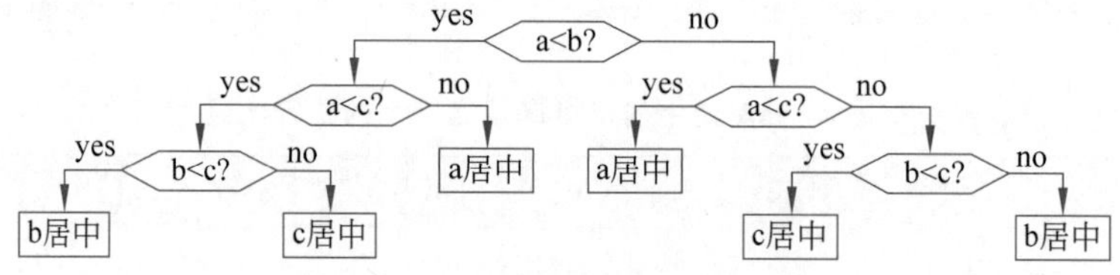

图 9-30　第 6 题三者取中的判定树

选到一个居中元素的比较次数最多 3 次，最少 2 次；交换次数最多 1 次，最少 0 次。算法的描述如下。

```
template <class T>
void mediacy (T A[ ], int low, int high) {
    T temp;int mid = (low+high)/2, k;
    if (A[low] < A[mid]) {
        if (A[low] < A[high ] {
            if (A[mid] < A[high]) k = mid;
            else k = high;
        }
```

```
        else k = low;
    }
    else if (A[low] < A[high]) k = low;
    else if (A[mid] < A[high]) k = high;
    else k = mid;                //前两个选最小,记入 k
    if (k != low) { temp = A[low];A[low] = A[k];A[k] = temp; }
};
```

7.（1）消去第二个递归调用 QuickSort(A,PivotPos+1,right)可采用消除尾递归的办法,改为使用循环的办法来解决。算法的描述如下。

```
template <class T>
void QuickSort (T A[ ], int left, int right) {
    T temp;int pivotPos;
    while (left < right) {
        mediacy (A, n, left, right);              //三者取中子程序
        pivotPos = Partiton (A, n, left, right);
        QuickSort (A, left, pivotPos-1);          //递归排序左子区间
        left = pivotPos+1;
    }
};
template <class T>
int Partiton (T A[ ], int left, int right) {
//一趟划分算法。从序列两端交错向中间检测、移动
    if (left < right) {
        T temp = A[left];int i = left, j = right;
        do {
            while (i < j && A[j] >= temp) j--;
            if (i < j) { A[i] = A[j];i++; }
            while (i < j && A[i] < temp) i++;
            if (i < j) { A[j] = A[i];j--; }
        } while (i < j);
        A[i] = temp;
        return i;
    }
    return left;
};
```

（2）继续改写 QuickSort 算法,消去剩下的递归调用。

为实现非递归算法,需要用到一个栈 S,暂存右半个区间。栈结点定义如下。

```
#include"SeqStack.h"
struct StackNode {
    int low;                         //区间左端点
    int high;                        //区间右端点
};
```

算法的描述如下。

```
template <class T>
void QuickSort (T A[ ], int n) {
    SeqStack <StackNode<T>> S(n);StackNode w;
    T temp;int pivotPos, left, right;
```

```
    w.low = 0;w.high = n-1;S.Push (w);
    while (S.isEmpty()) {
        S.Pop(w);left = w.low;right = w.high;
        if (left < right) {
            mediacy (A, n, left, right);              //三者取中子程序
            pivotPos = Partiton (A, left, right);
            if (pivotPos-left > right-pivotPos) {
                w.low = left;w.high = pivotPos-1;S.Push(w);
                if (right-pivotPos)
                    { w.low = pivotPos+1;w.high = right;S.Push(w); }
            }
            else {
                w.low = pivotPos+1;w.high = right;S.Push(w);
                if (pivotPos-left)
                    { w.low = left;w.high = pivotPos-1;S.Push(w); }
            }
        }
    }
};
```

8. 算法利用快速排序中的一趟划分的算法，从数组两端向中间检测。从右向左检查奇数，从左向右检查偶数，然后两者交换。以后重复此动作，直到检测指针相遇为止。

算法的描述如下。

```
void exstorage (int A[ ], int n) {
    int i = 0, j = n-1, temp;
    while (i < j) {
        while (i < j && A[i] % 2 != 0) i++;                        //从左向右找偶数
        while (i < j && A[j] % 2 == 0) j--;                        //从右向左找奇数
        if (i < j) { temp = A[i]; A[i] = A[j]; A[j] = temp; }     //交换
    }
}
```

9. 如果待排序序列是一个随机排列的序列，采用快速排序的一趟划分算法速度最快，若设 N 是大于或等于 n 但最接近于 n 的完全平方数 $N=2^u$，则理想情况下，序列每次减半，求解时间为

$$n+\frac{n}{2}+\frac{n}{4}+\cdots+\frac{n}{2^u}=\frac{n\left(1-\left(\frac{1}{2}\right)^{u+1}\right)}{\frac{1}{2}}=2n-n\left(\frac{1}{2}\right)^u\leqslant 2n-n\frac{1}{n}=2n-1$$

其时间复杂度是 $O(n)$。如果初始排列已经接近有序，采用直接插入排序较好。

解法 1：算法描述如下。

```
template <class T>
T Find_kt (T A[ ], int n, int k) {
    if (k < 0 || k >= n) return -1;
    int left = 0, right = n-1, m;
    while (1) {
```

```
        m = Partition (A, left, right);              //一趟划分
        if (m > k) right = m-1;                      //第 k 个元素在左子序列
        else if (m < k) left = m+1;                  //第 k 个元素在右子序列
        else return A[m];                            //中点即第 k 小元素所在结点
    }
};
template <class T>
int Partition (T A[ ], int low, int high) {
    T pivot = A[low], temp;int pivotPos = low;
    while (int i = low+1; i <= high; i++) {
        if (A[i] < pivot && i ! = ++pivotPos)
            { temp = A[pivotPos];A[pivotPos] = A[i];A[i] = temp; }
    }
    return pivotPos;
};
```

解法 2：采用直接插入排序，对于待排序序列的初始排列已近似有序的情况，仅作约 $n-1$ 次数据比较，数据移动次数约为 0，算法时间复杂度可达 $O(n)$。算法的描述如下。

```
template <class T>
T Find_kth (T A[ ], int n, int k) {
    T temp;int i, j;
    for (int i = 1; i < n; i++)
        if (A[i] < A[i-1]) {
            temp = A[i];j = i-1;
            while (j >= 0 && A[j] > temp)
                { A[j+1] = A[j];j--; }
            A[j+1] = temp;
        }
    return A[k];
}
```

10. 递归算法的思想可以这样理解：如果当前状况可以直接求解，立即写出直接求解的算法；否则递归调用自己，缩小求解范围或在数据结构中逼近可以直接求解的区域。在直接选择排序的情况下，首先在给定的区域内检测最小元素，如果找到，则与该区域第一个位置的元素交换，使得最小元素位于该区域最前端；然后递归调用自己，解决在后续更小区域中的选最小元素并实现排序的问题。算法的描述如下。

```
template <class T>
void selectSort (T A[ ], int left, int right) {
    if (left < right) {
        T temp;int k = left;
        for (int i = left +1; i <= right; i++)
            if (A[i] < A[k]) k = i;                       //寻找区域内最小元素
        if (left != k)                                    //交换到 left 端
            { temp = A[left]; A[left] = A[k]; A[k] = temp; }
        selectSort (A, left+1, right);                    //对剩余元素递归排序
    }
}
```

11. 解法 1：这是一道利用散列方法进行排序的题目。为了使时间代价最小，可根据取

值范围设置一个可容纳 10 000 个整数的数组 int h[10000]，散列函数 hash(i)=$i-1$。算法首先把在参数表 A[ ] 中存放的这 1000 个整数按散列函数的计算结果散列到数组 h[ ] 中，再把 h[ ] 中的整数按地址递增的顺序取出存回 A[ ]，则排序完成，算法的排序码比较次数和数据移动次数都是 $O(n)$。算法的描述如下。

```
void HashSort (int A[ ], int n) {
//数组 A[] 提供待排序的 n 个整数,n 等于 1000。每个整数的取值范围为 1~10000
    int h[10000];int i, j, k;
    for (i = 0; i < 10000; i++) h[i] = 0;
    for (i = 0; i <1000; i++) h[A[i] - 1] = A[i];
    j = 0;
    for (i = 0; i < 10000; i++)
        if (h[i] != 0) { A[j] = h[i];j++; }
}
```

解法 2：采用链地址法，设置 100 个桶，散列表的基本表有 100 个地址，存放 100 个同义词子表(有序链表)的头结点。设 s=⌈10000/100⌉=100，是[1..10000]中所有可能取值的分区数，属于此范围的整数 x 应落在桶号为 $\lfloor x/s \rfloor$ 的桶内，然后在此桶插入 x 并保持链表有序。最后，按桶号顺序输出各桶的有序链表中所存放的数据，就可实现链表散列排序。平均每个桶(有序链表)只有 1000/100=10 个整数，排序速度是很快的。算法的描述如下。

```
void HashSort (int a[ ], int n. int v, int m) {
//数组 a[n]存放 n=1000 个整数,取值范围 1≤v≤10000,桶数 m=100,排好序的整数
//存放到数组 A 中返回
    LinkNode<int> * H[m+1];int x;               //各单链表头结点
    int i, j, s = (int) (v/m);LinkNode<int> *p, *pr, *q;
    for (i = 0; i <= m; i++) H[i] = NULL;
    for (i = 0; i < n; i++) {                   //逐个整数放入散列表
        x = A[i];j = (int) (x/s);               //1~10000 映射到 0~m-1
        q = new (LinkNode<int> * );             //创建插入结点
        q->data = x;q->link = NULL;
        if (H[j] == NULL) H[j] = q;             //该桶空, * q 成为唯一结点
        else {                                  //桶不空,寻找插入位置
            p = H[j];pr = NULL;
            while (p != NULL)                   //寻找子表中的插入位置
                if (p->data < q->data) { pr = p;p = p->link; }
                else break;
            if (pr == NULL)                     // * q 链入溢出链中,保持有序链
                { q->link = H[j];H[j] = q; }    //链首链入
            else { q->link = p;pr->link = q; }  //链中链入
        }
    }
    for (i = 0, j = 0; i <= m; i++)             //逐个回放到数组 A 中
        if (H[i] != NULL) {
            for (p = H[i]; p != NULL; p= p->link) A[j++] = p->data;
        }
    }
```

第10章　文件、外部排序与搜索

本章涉及文件、外部排序与搜索，都是讨论在外存上的数据组织、排序和搜索问题。本章主要讨论的是数据库文件，是有结构的数据组织。最常见的有顺序文件、散列文件和索引文件。设计或选择适用的文件组织，对提高算法的效率有直接的影响。在本章的第二部分讨论了外部排序。这部分的重点在多路平衡归并排序，以及置换—选择排序和最佳归并树。特别涉及败者树，它与第9章讨论的胜者树都是比赛树，是外部排序中使用较多的数据结构。至于输入—内部归并—输出的并行处理，作一般了解即可。本章的第三部分讨论动态索引，重点在B树和B^+树。必须理解和熟练掌握B树与B^+树的概念、高度与结点数的关系、B树与B^+树的搜索、插入与删除算法，以及算法的性能分析。

10.1　复习要点

本章复习的要点如下。

1. 文件的基本概念

(1) 文件是数据在外存中的组织形式。文件分为操作系统文件和数据库文件。

(2) 操作系统文件是无结构无解释的流式文件，是一维的连续字符序列。它可以被看作一个记录的集合，每个记录是一个字符组，每组信息称为逻辑记录，并进行编号。

(3) 数据库文件是带有结构的记录的集合，每个记录由一个或多个数据项组成，也是逻辑记录。逻辑记录是从用户使用角度定义的，相应文件称为逻辑文件，简称文件。

(4) 逻辑文件在外存中的存储方式称为物理文件。物理文件由多个物理记录组成，每个物理记录又称为页块或簇，它由一个或多个扇区构成，其大小由操作系统决定，是操作系统一次I/O的基本单位。

(5) 缓冲区是用于暂存I/O信息的内存区域，其大小是物理记录的倍数。缓冲区通常组织成先进先出的队列。

2. 文件的分类

(1) 顺序文件：如果文件中记录的逻辑顺序与其在外存中存储的物理顺序一致，则为顺序文件。顺序文件可分为串行处理文件和顺序处理文件，或分为连续文件和串联文件。

串行处理文件中的记录未按记录的关键码值排序，一般是按记录存入文件的先后次序排列的；顺序处理文件中的记录是按关键码值的大小有序排列的。

连续文件是为文件一次性分配一个连续的存储空间以存储文件中所有的逻辑记录；串联文件由一连串的页块组成一个单链表结构，在各页块中存储文件中所有的逻辑记录。

顺序文件可以存储在磁带上，也可以定义在磁盘上。

(2) 散列文件：用散列法组织的直接存取文件。散列文件可分为闭散列文件和开散列文件。如果基桶和溢出桶同在一个连续的存储空间内，则称为闭散列文件；如果基桶和溢出桶是通过链表链接且不是连续分配的，则称为开散列文件。

散列文件只能定义在磁盘上。

(3) 索引文件：索引文件由索引表和主文件（数据表）构成。索引文件可分为索引非顺序文件和索引顺序文件。

索引非顺序文件中索引表的各个索引项按记录的关键码值有序排列，而主文件中各个数据记录没有按记录的关键码有序排列，而是按加入文件的先后次序排列。此时索引表叫作稠密索引，因每一个记录都对应一个索引项。

索引顺序文件中，主文件的数据记录与索引表的索引项都按同一关键码值有序排列。此时索引表叫作稀疏索引，因每一个索引项对应一组主文件中的数据记录。

索引文件也适用于磁盘。

索引文件的典型案例是 ISAM（Indexed Sequential Access Method）和 VSAM（Virtual Storage Access Method）文件。

(4) 多关键码文件：用于基于属性（非主关键码）检索的次索引文件。它分为多重链表文件和倒排表文件。

多重链表文件针对每一次关键码值定义一个链表，该链表嵌入主文件中，把具有同一次关键码值的记录链接起来。所有次关键码值和相应链表的头指针组成次索引的索引项。

倒排表文件针对每一次关键码值定义一个不嵌入主文件的指针链，把主文件中所有具有该次关键码值的记录的地址（或主关键码值）纳入该指针链。所有次关键码值和相应指针链组成次索引的索引项。

3. 外排序

(1) 多路平衡归并过程分为两个阶段：生成初始归并段阶段和归并段归并阶段。

(2) 生成初始归并段阶段有两种方法：一种方法是把输入文件的记录分批读入内存工作区，经过内排序再写出到输出文件，生成等长初始归并段；另一种方法是通过置换—选择排序生成不等长的初始归并段。

(3) 置换—选择排序借助败者树或最小堆实现归并，生成的不等长初始归并段平均长度为内存工作区大小的 2 倍，相对地，初始归并段的段数也少。

(4) 多路平衡归并可用归并树描述。归并的趟数等于归并树的高度减 1，为 $\lceil \log_k m \rceil - 1$。其中 k 为归并路数，m 为初始归并段的段数。

(5) 增大归并路数 k 或减少初始归并段段数 m，可有效减少归并过程中的 I/O 次数，提高外排序速度。

(6) 最佳归并树是仿照 Huffman 树构造的具有最小带权路径长度的多叉 Huffman 树，其带权路径长度等于归并过程中的读或写记录数，可有效减少归并过程中的 I/O 次数。

(7) 做 k 路平衡归并排序至少需要 k 个输入缓冲区和 1 个输出缓冲区；为实现输入—内部归并—输出的并行处理则至少需要 $2k$ 个输入缓冲区和 2 个输出缓冲区。

(8) 均等地把 $2k$ 个输入缓冲区分配给 k 个归并段，在某些归并段早早地被归并完的情况下是不合理的。可为每个归并段建立缓冲区的链式队列，为空闲缓冲区建立链式栈，可在输入—内部归并—输出的并行处理的过程中有效地利用缓冲区。

4. 动态索引结构

(1) 典型的动态索引结构是多路平衡搜索树，是平衡的二叉搜索树的扩展。

(2) B 树是一种多路平衡搜索树，它要求所有失败结点（空结点）在同一层。若设 B 树

为 m 阶，则所有非失败结点最多有 m 棵子树和 $m-1$ 个关键码；根结点至少有两棵子树和一个关键码；其他所有非失败结点至少有 $\lceil m/2 \rceil$ 棵子树和 $\lceil m/2 -1 \rceil$ 个关键码。

(3) B 树非叶结点中所有关键码满足 $k_i < k_{i+1}$，$1 \leqslant i < n$，其中 n 是结点关键码个数；同时满足 $k_i > p_{i-1}$ 所指子树所有关键码的值，$k_i < p_i$ 所指子树所有关键码的值，$1 \leqslant i \leqslant n$。

(4) B 树只能做随机搜索，即 B 树的搜索是从根开始，在结点内搜索及逐层向下读结点搜索的一个交替搜索的过程，搜索成功应停留在要找记录的关键码值所在的结点，搜索失败一定会走到某个失败结点。

(5) B 树的插入在叶结点，当插入后结点的关键码个数达到 m 时，即需分裂该结点，把前 $\lfloor m/2 \rfloor$ 棵子树指针和 $\lfloor m/2-1 \rfloor$ 个关键码留在原结点，后 $\lceil m/2 \rceil$ 棵子树指针和 $\lceil m/2 -1 \rceil$ 个关键码移入新结点，第 $\lfloor m/2 \rfloor$ 个关键码移入父结点。这一分裂可能会导致父结点分裂，最坏情况一直向上分裂到根结点，从而使得树的高度增 1。

(6) B 树的删除需首先调用搜索算法找到被删关键码值所在的结点 * p 及被删关键码值在 * p 中的位置 k_i。若 p 为空，则不删除；否则

① 若 p 是非叶结点，则在 p->p_i 所指子树中找到最小关键码值，或 p->p_{i-1} 所指子树中找到最大关键码值，它们都在叶结点中，把该关键码值填补到被删关键码值所在的位置 k_i，再把问题转换为删除叶结点的关键码值；

② 若 * p 是叶结点，则直接删除 k_i。若删除后结点关键码个数少于 $\lceil m/2 \rceil -1$，则需做结点调整或合并，这要看其兄弟结点的关键码个数是否多于 $\lceil m/2 \rceil -1$。如果做结点合并，其父结点应有一个关键码下移到合并结点，可能会导致父结点的合并，最坏情况是一直向上合并直到根结点被删除，从而使得树的高度减 1。

(7) B 树的搜索、插入、删除的效率取决于 B 树的高度。设 B 树有 n 个关键码，则 B 树的最小高度 $h \geqslant \log_m(n+1)$，最大高度 $h \leqslant 1+\log_{\lceil m/2 \rceil}((n+1)/2)$。

(8) B^+ 树是 B 树的变形。它所有的关键码都出现在叶结点，并按关键码值有序排列，叶结点间有链指针相连，形成单链表结构。B^+ 树所有非叶结点都是下层结点的索引。

(9) B^+ 树有最小关键码复写和最大关键码复写两种。

① 最小关键码复写是指上层结点有 $n+1$ 个子树指针和 n 个关键码，每个关键码 $k_i(1 \leqslant i \leqslant n)$ 是 p_{i-1} 所指子树与 p_i 所指子树的分界标识，是 p_i 所指子树最小关键码值的复写。

② 最大关键码复写是指上层结点若有 n 个关键码，就有 n 个子树指针，形成 n 个索引项，子树指针指示下层一个索引块的开始地址，关键码是其下层索引块的最大关键码值的复写。

(10) B^+ 树可以做顺序搜索和随机搜索。

① 顺序搜索通过叶结点层的单链表指针进行逐块搜索。

② 随机搜索从根开始，要一直搜索到某个叶结点，也是一个结点内搜索和逐层向下读结点搜索的一个交替搜索过程。在结点内可以顺序搜索，也可以折半搜索。

(11) B^+ 树的插入在叶结点进行。如果插入后结点中关键码个数达到 $m'+1$，就要分裂结点，m' 是叶结点中最大关键码个数，与上层非叶结点的最大关键码个数 m 一般不相等。分裂后原结点保留前 $\lfloor (m'+1)/2 \rfloor$ 个关键码和指针，新结点保留 $\lceil (m'+1)/2 \rceil$ 个关键码和指针，在最大关键码复写的情形下，还要向父结点插入分裂后结点的最大关键码值，但这可能

导致父结点的分裂，最坏情况下这种分裂会一直向上持续下去，直到根结点分裂。树的高度增1。

(12) B^+ 树的删除在叶结点进行。如果删除后被删关键码所在结点的关键码个数少于结点关键码个数的下限 $\lceil m'/2 \rceil$，则要做结点的调整与合并，情况与B树类似。

(13) n 个关键码的 m 阶 B^+ 树的高度可按满 m 叉树来计算，$h = \lceil \log_m(n+1) \rceil$。

10.2 难点与重点

本章的知识点有以下3个。

1. 文件

(1) 若已知磁带的存储密度、记录间隙长度、页块大小和逻辑记录个数，如何计算页块因子？

(2) 磁带读写时间由哪两个因素决定？

(3) 磁盘读写时间由哪三个因素决定？

(4) 若顺序文件采用连续文件方式，是否能够扩充？如果不能，如何解决扩充问题？

(5) 在顺序文件中如何实现分块插值检索？它是高效的检索方法吗？

(6) 通常向顺序文件中插入新记录和删除旧记录都要采取附件文件和复制主文件的方法，其实现的过程如何描述？

(7) 在散列文件中为什么要采取按桶散列的方法？如何确定桶的大小？

(8) 为解决溢出问题，需设置基桶和溢出桶，在闭散列的情形下，如何确定基桶和溢出桶的分布？可否把基桶和溢出桶用指针链接起来？

(9) 如果想修改散列文件中的记录，一般采用删除加插入的方法，为什么？是否跟关键码值也可能被修改有关？

(10) 为什么删除散列文件中某个记录不能立刻做物理删除，而只能做删除标记？何时可以真正删除这个记录？

(11) 在用闭散列法组织的文件中，如果想要搜索一个关键码值为 x 的记录，搜索过程中遇到加了删除标记的记录应如何处理？搜索过程何时可以停止？

(12) 为了维持较高的检索效率，需要保持装填因子 α 在一定范围内，随着记录的插入和删除，可能需要调整桶的数量。那么，应当根据什么原则调整？如何调整？

(13) 什么是稠密索引？什么是稀疏索引？它们通常用在什么地方？

(14) 索引顺序文件和索引非顺序文件的区别在什么地方？

(15) 在索引顺序文件中，索引表的关键码和主文件中记录的关键码是否是同一个？

(16) ISAM是否是索引顺序文件？它的三层索引组织是什么？在磁道索引中的索引项分为两种，基本索引项如何组织？溢出索引项如何组织？如何插入？

(17) VSAM是否是索引顺序文件？它由哪三部分组成？每一部分的结构是什么？

(18) 多关键码文件是针对什么情况建立的？建立的次索引结构是什么？

(19) 多重链表文件与倒排表文件作为次索引，孰优孰劣？

2. 外部排序

(1) 对 n 个记录的文件做 k 路平衡归并排序，在内存工作区可容纳 s 个记录的情况下，

可以生成 $m=\lceil n/s\rceil$ 个初始归并段吗？

(2) 已知有 n 个记录的输入文件，放在 p 个页块中，已经生成 m 个初始归并段，做 k 路平衡归并排序，可以做 $\lceil \log_k m\rceil$ 趟归并，那么，总的 I/O 次数是多少？

(3) 为什么在做内部归并时需要用败者树选择最小关键码值？在 k 个记录中选出最小关键码值的记录，使用败者树需要做多少次比较？

(4) 做 k 路平衡归并排序时若增大归并路数 k，是否能减少总的归并时间？

(5) 为加速外部排序的速度，一个手段是减少初始归并段的段数。采取什么手段能在相同的待排序记录个数的情况下减少初始归并段的段数？

(6) 置换—选择排序采用败者树生成初始归并段与采用最小堆生成初始归并段相比孰优孰劣？

(7) 置换—选择排序可生成的初始归并段的平均长度是多少？

(8) 已有 n 个不等长的初始归并段，采用 k 路归并，为构造最佳归并树，需要补充多少个长度为 0 的初始归并段？

(9) 已有 n 个不等长的初始归并段，采用 k 路归并，如何构造最佳归并树？如何计算归并过程中的 I/O 次数？

(10) 为实现输入—内部归并—输出的并行处理，为什么需要使用 $2k+2$ 个缓冲区？

(11) 当归并 k 个归并段时，为什么有的归并段会早早归并完？此时做输入—内部归并—输出的并行处理，会发生什么情况？

(12) 使用缓冲区的链式队列，如何做输入—内部归并—输出的并行处理？

3. 动态索引结构

(1) 线性索引的每一个索引项的构成是什么？

(2) 静态多路搜索树与动态多路搜索树的区别是什么？

(3) 平衡的多路搜索树的平衡化指的是什么？

(4) 平衡的多路搜索树的每个结点的构造是什么？

(5) B 树的定义是什么？它允许关键码的值相等吗？

(6) 有 n 个关键码的 B 树的最大高度是多少？最小高度是多少？

(7) 在 B 树上插入新关键码时应插入何处？判断结点溢出的条件是什么？一旦结点溢出应作什么处理？

(8) 在 B 树上删除关键码时可能需要做结点调整或合并。判断需要做结点调整的条件是什么？需要做结点合并的条件是什么？

(9) 在 B 树插入新关键码时可能产生结点溢出。产生结点溢出时，能否把溢出关键码移到右兄弟结点中去？

(10) B^+ 树的特点是什么？

(11) B^+ 树的叶结点和非叶结点的关系是什么？

(12) 如何计算 B^+ 树的高度？

10.3 教材习题解析

一、单项选择题

1. 数据在外存中的组织形式是(　　)。

A. 数组　　B. 表　　C. 文件　　D. 链表

【题解】 选 C。文件是数据在外存中的组织形式。

2. 文件存储在外存设备中的基本单位称为(　　)。

A. 结点　　B. 数据项　　C. 关键码　　D. 物理记录

【题解】 选 D。为了有效利用外存空间和提高存取效率，操作系统是成块读写外存的。物理记录就是操作系统一次读写外存数据的单位，它又被称为页块。

3. 顺序文件适合(　　)。

A. 直接存取　　B. 成批处理　　C. 按关键码存取　　D. 随机存取

【题解】 选 B。若顺序文件存储在顺序存取的设备上，则顺序读写效率最高，所以成批处理的数据绝大多数都以顺序文件形式组织。

4. 散列文件又称按桶散列文件，若散列文件中含有 m 个基桶，每个桶能够存储 k 个记录，若不使用溢出桶，则该散列文件最多能够存储(　　)个记录。

A. $m+k$　　B. $m\times k-1$　　C. $m\times k+1$　　D. $m\times k$

【题解】 选 D。若散列文件有 m 个基桶，每个基桶最多可存放 k 个逻辑记录，在不使用溢出桶的情况下，文件最多可存储 $m\times k$ 个逻辑记录。

5. 散列文件的特点是(　　)。

A. 记录按关键码排序　　B. 记录可以进行顺序存取

C. 存取速度快但占用较多的存储空间　　D. 记录不需要排序且存取效率高

【题解】 选 D。散列文件是直接存取文件，不需要对数据记录排序，存取效率高。

6. 索引非顺序文件是指(　　)。

A. 主文件中记录无序排列，索引表中索引项有序排列

B. 主文件中记录有序排列，索引表中索引项无序排列

C. 主文件中记录有序排列，索引表中索引项有序排列

D. 主文件中记录无序排列，索引表中索引项无序排列

【题解】 选 A。主文件中的数据记录不是按关键码值有序存放而是按加入的先后次序顺序存放的，索引表中的索引项是按关键码的值从小到大有序排列的。

7. 对于一个索引非顺序文件，索引表中的每个索引项对应主文件中的(　　)。

A. 一条记录　　B. 多条记录　　C. 所有记录　　D. 三条以下记录

【题解】 选 A。因为主文件中的数据记录不是按关键码值有序存放而是按加入的先后次序顺序存放的，所以索引表中一个索引项只能对主文件中一个记录进行索引，属于稠密索引。

8. 索引顺序文件通常用(　　)结构来组织索引。

A. 链表　　B. 顺序表　　C. 堆　　D. 树

【题解】 选 D。通常索引表采用多叉(路)搜索树作为其存储结构，可以很快搜索到所需数据记录。

9. 在多关键码文件中，每个索引表通常都是(　　)。

A. 按记录号建立索引　　B. 按记录位置建立索引

C. 稀疏索引　　D. 稠密索引

【题解】 选 C。在多重链表文件中，数据记录按照其主关键码值顺序存放在主文件中，

基于主关键码项建立主(关键码)索引,并针对每一个次关键码项建立次(关键码)索引。主索引是稀疏索引,次索引是稠密索引。

10. 在多重链表文件中,通常包含有(　　)索引表。

A. 一个　　B. 多个　　C. 两个　　D. 一个或两个

【题解】 选 B。在多重链表文件中,通常包含多个索引表。其中有一个是主索引,其他是次索引。次索引是为实现用户的某种查询而构造的,可能会有多个。

11. 倒排文件包含有若干个倒排表,倒排表中每一个索引项的内容是(　　),倒排文件检索速度快,但修改维护较困难。

A. 一个关键码值和具有该关键码的记录的地址

B. 一个属性值和具有该属性的一个记录的地址

C. 一个属性值和具有该属性的全部记录的地址

D. 多个关键码值和它们相对应的某个记录的地址

【题解】 选 C。倒排表是一种为基于属性的检索服务的次索引表,它把属性定义为次关键码,每一个次索引表包括一个属性值和具有该属性的全部记录的地址。

12. 设在磁盘上存放有 375 000 个记录,做 5 路平衡归并排序,内存工作区能够容纳 600 个记录,为把所有记录排好序,需要做(　　)趟归并排序。

A. 3　　B. 4　　C. 5　　D. 6

【题解】 选 B。初始归并段个数 $m=375000/600=625$,归并趟数 $s=\lceil \log_k m \rceil=\lceil \log_5 625 \rceil=4$。第 1 趟把 625 个归并段归并成 $625/5=125$ 个归并段,第 2 趟把 125 个归并段归并成 $125/5=25$ 个归并段,第 3 趟归并成 $25/5=5$ 个归并段。第 4 趟归并成 $5/5=1$ 个归并段。

13. 设有 5 个初始归并段,每个归并段有 20 个记录,采用 5 路平衡归并排序,若不采用败者树,使用传统的顺序选小的方法(参看主教材 9.4.1 节介绍的选择排序算法),总的比较次数是(　　)。

A. 20　　B. 258　　C. 396　　D. 500

【题解】 选 C。5 路归并就意味着在 5 个参加比较的记录中选择一个排序码值最小的记录,用传统的方法需做 4 次比较,总共 $5\times20=100$ 个记录,需做 99 次选择最小记录的操作,需要的比较次数为 $99\times4=396$。

14. 设有 5 个初始归并段,每个归并段有 20 个记录,采用 5 路平衡归并排序,若采用败者树选小的方法,总的比较次数是(　　)。

A. 20　　B. 250　　C. 300　　D. 500

【题解】 选 C。5 路归并就意味着在败者树中的外结点有 5 个,败者树高度为 $h=\lceil \log_2 5 \rceil=3$,每次在参加比较的记录中选择一个排序码值最小的记录,比较次数不超过 h,总共 $5\times20=100$ 个记录,需做的排序码比较次数不超过 $100\times3=300$ 次。

15. 下面关于置换—选择排序的叙述中不正确的是(　　)。

A. 置换—选择排序用于生成外部排序的初始归并段

B. 置换—选择排序是将一个磁盘文件排列成有序文件有效的外部排序算法

C. 置换—选择排序生成的初始归并段的长度平均是内存工作区的 2 倍

D. 置换—选择排序的结果是一些不等长的初始归并段

【题解】 选 B。置换—选择排序是在外部排序的初始阶段生成初始归并段的方法，用这种方法得到的初始归并段的长度(记录数)是不等长的，其长度平均是传统等长初始归并段的 2 倍，从而使得初始归并段数减少到原来的近二分之一。但是，置换—选择排序不是一个完整的生成有序文件的外部排序算法。

16. 最佳归并树在外部排序中的作用是(　　)。

A. 完成 k 路归并排序　　B. 设计 k 路归并排序的优化方案

C. 产生初始归并段　　D. 与锦标赛树的作用类似

【题解】 选 B。最佳归并树在外排序中的作用是设计 k 路归并排序的优化方案，仿照构造 Huffman 树的方法，以初始归并段的长度为权值，构造具有最小带权路径长度的 k 叉 Huffman 树，可以有效地减少归并过程中的读写记录数，加快外部排序的速度。

17. 在做 k 路平衡归并排序的过程中，为实现输入—内部归并—输出的并行处理，需要设置(　　)个输入缓冲区和 2 个输出缓冲区。

A. 2　　B. k　　C. $2k-1$　　D. $2k$

【题解】 选 D。在做 k 路平衡归并排序的过程中，为实现输入—内部归并—输出的并行处理，需要设置 $2k$ 个输入缓冲区和 2 个输出缓冲区。

18. m 阶 B 树是一棵(　　)。

A. m 叉搜索树　　B. m 叉高度平衡搜索树

C. $m-1$ 叉高度平衡搜索树　　D. $m+1$ 叉高度平衡搜索树

【题解】 选 B。根据 m 阶 B 树的定义，树中的每个结点最多有 m 棵子树，所以是 m 叉树；而且 B 树严格限制所有失败结点在同一层次上，因此是高度平衡的；B 树是一种多路搜索树，根结点中的每个关键码的值都大于它左边子树上所有结点的关键码的值，同时小于它右边子树上所有结点的关键码的值，且根结点内所有关键码是从小到大有序排列的。

19. 下面关于 m 阶 B 树的说法中正确的是(　　)。

① 每个结点至少有两棵非空子树

② B 树中每个结点至多有 $m-1$ 个关键码

③ 所有失败结点在最低的两个层次上

④ 当插入一个索引项引起 B 树结点分裂后，树长高 1 层

A. ①②③　　B. ②　　C. ②③④　　D. ③

【题解】 选 B。根据 m 阶 B 树的定义，除根结点之外所有非失败结点至少有 $\lceil m/2 \rceil$ 棵子树，①不对。树中每个结点含有的关键码数比子树指针数少 1，因为每个结点至多有 m 棵子树，所以至多有 $m-1$ 个关键码，②正确。根据定义，所有失败结点都在同一层上，③不正确。当插入一个索引项引起 B 树结点分裂后，只有当根结点需要分裂时，树才长高 1 层，④不正确。综合以上分析，应选 B。

20. 含有 n 个结点(不包括失败结点)的 m 阶 B 树至少包含(　　)个关键码。

A. n　　B. $(m-1)\times n$

C. $n\times(\lceil m/2 \rceil-1)$　　D. $(n-1)\times(\lceil m/2 \rceil-1)+1$

【题解】 选 D。根据 m 阶 B 树的定义，除根结点之外所有非失败结点至少有 $\lceil m/2 \rceil$ 棵子树，所以除根结点之外的所有非失败结点至少有 $\lceil m/2 \rceil-1$ 个关键码，根结点至少有 1 个关键码，所以共有 $(n-1)\times(\lceil m/2 \rceil-1)+1$ 个关键码。

21. 具有 n 个关键码的 m 阶 B 树有(　　)个失败结点。

A. $n+1$　　B. $n-1$　　C. $n\times m$　　D. $\lceil m/2\rceil\times n$

【题解】 选 A。m 阶 B 树的失败结点即为搜索失败走到的结点，对 n 个关键码搜索不成功的情况是待搜索的关键码值介于 n 个关键码中某两个关键码值之间，这样的可能性有 $n+1$ 种，因此失败结点有 $n+1$ 个。

22. 已知一棵 5 阶 B 树有 53 个关键码，并且每个结点的关键码都达到最少，则该树的高度是(　　)。

A. 3　　B. 4　　C. 5　　D. 6

【题解】 选 C。根据 m 阶 B 树的定义，除根结点之外所有非失败结点至少有 $\lceil m/2\rceil=3$ 棵子树，有 $\lceil m/2\rceil-1=2$ 个关键码，根结点至少有 2 棵子树，1 个关键码。因此，若 5 阶 B 树有 1 层，则具有 1 个关键码；若该树有 2 层，则具有 $1+2\times2=5$ 个关键码；若该树有 3 层，则具有 $1+2\times2+2\times3\times2=17$ 个关键码；若该树有 4 层，则具有 $1+2\times2+2\times3\times2+2\times3^2\times2=53$ 个关键码。所以它的深度为 4(不计入失败结点那一层)。如果用公式计算，B 树的最大高度为 $h=\log_{\lceil m/2\rceil}((n+1)/2)+1=\log_3 27+1=4$。

23. 一棵 3 阶 B 树中含有 2047 个关键码，该树的最大高度为(　　)。

A. 9　　B. 10　　C. 11　　D. 12

【题解】 选 C。因为 $\lceil m/2\rceil=2$，所以除根结点之外的所有非失败结点至少有 2 棵子树，根结点至少也有 2 棵子树。若保持每个结点都包含最少关键码，3 阶 B 树就退化成了一棵二叉树，由二叉树高度计算公式 $h=\lceil\log_2(n+1)\rceil=\lceil\log_2 2048\rceil=11$。

24. 在一棵 m 阶 B 树的结点中插入新关键码时，若插入前结点的关键码数为(　　)，插入新关键码后该结点必须分裂为两个结点。

A. m　　B. $m-1$　　C. $m+1$　　D. $m-2$

【题解】 选 B。根据 m 阶 B 树的定义，树中每个结点最多有 m 棵子树，有 $m-1$ 个关键码，若插入新关键码后该结点的关键码数超过了 $m-1$，则需要进行分裂。

25. 在一棵高度为 h 的 B 树中插入一个新关键码时，为搜索插入位置需读取(　　)个结点。

A. $h-1$　　B. h　　C. $h+1$　　D. $h+2$

【题解】 选 B。新关键码插入在叶结点上。为搜索插入位置需读取的结点数等于树的高度。

26. 如果在一棵 m 阶 B 树中删除关键码导致结点需要与其右兄弟或左兄弟结点合并，那么被删关键码所在结点的关键码数在删除之前应为(　　)。

A. $\lceil m/2\rceil$　　B. $\lceil m/2\rceil-1$　　C. $\lfloor m/2\rfloor$　　D. $\lfloor m/2\rfloor-1$

【题解】 选 B。根据 m 阶 B 树的定义，除根结点之外每个非失败结点至少有 $\lceil m/2\rceil-1$ 个关键码。因为在 B 树中不论被删关键码在哪一层的结点上，最后都能归结到叶结点上的删除。如果在删除关键码之前叶结点中关键码数已经是 $\lceil m/2\rceil-1$，那么，在删除关键码之后该结点的关键码个数不足 $\lceil m/2\rceil-1$，就必须进行结点的调整，当然不一定是结点合并，还要看兄弟结点内的关键码个数。但如果要做结点合并，一定是其兄弟结点，关键码个数也是 $\lceil m/2\rceil-1$。

27. 下面关于 B 树和 B^+ 树的叙述中，不正确的是(　　)。

A. B 树和 B^+ 树都是平衡的多叉搜索树

B. B 树和 B^+ 树都可用于文件的索引结构

C. B 树和 B^+ 树都能有效地支持顺序检索

D. B 树和 B^+ 树都能有效地支持随机检索

【题解】 选 C。B 树和 B^+ 树都是高度平衡的 m 路搜索树，都用于文件的索引结构，都能有效地支持随机搜索，即从根结点开始逐层向下搜索与给定值匹配的索引项。理想情况下，每深入一层，就把搜索范围缩小到原来的 $1/m$，很快逼近到搜索的目标。但 B 树不支持顺序搜索，而 B^+ 树所有叶结点有一条链把它们顺序链接起来，所以 B^+ 树支持顺序搜索。

28. 设高度为 h 的 m 阶 B 树有 n 个关键码，即第 $h+1$ 层是失败结点。那么，n 至少为（　）。

A. $2(\lceil m/2 \rceil)^{h-1}-1$　　B. $2(\lceil m/2 \rceil)^{h-1}-2$

C. $2(\lceil m/2 \rceil)^{h}-1$　　D. $2(\lceil m/2 \rceil)^{h}-2$

【题解】 选 A。根据 m 阶 B 树的最大高度的推导，到了失败结点这一层，应有 $n+1 \geqslant 2(\lceil m/2 \rceil)^{h-1}$，因此有 $n \geqslant 2(\lceil m/2 \rceil)^{h-1}-1$。

二、填空题

1. 顺序文件是指记录按进入文件的先后顺庄存放，其（　）相一致。

【题解】 记录的逻辑顺序与物理顺序。顺序文件的记录的逻辑顺序与物理顺序相一致。因为所有记录是按加入的先后次序排列的。

2. 在顺序文件中，要存取第 i 个记录，必须先存取第（　）个记录。

【题解】 $i-1$。在顺序文件中，除第 1 个记录可直接存取外，要存取第 $i(i>1)$ 个记录，必须先存取第 $i-1$ 个记录。因为顺序文件的存取方式为顺序存取。

3. 直接存取文件是用（　）法组织的。

【题解】 散列。直接存取文件是用散列法组织的。因为散列法可以根据记录的关键码值直接计算出记录的存放地址。

4. 散列文件关键在于选择好的（　）和（　）方法。

【题解】 散列函数，解决冲突。散列文件关键在于选择好的散列函数和解决冲突的方法。为提高检索效率，必须减少探查次数。为此首先需选择地址分布均匀的散列函数，以减少冲突的可能；其次是选用好的解决冲突的方法，减少堆积。

5. 散列文件中的每个散列地址，又称为桶，其对应单链表中的第一个结点称为（　），其余结点称为（　）。

【题解】 基桶，溢出桶。散列文件中的每个散列地址对应一个单链表，存放散列地址相同的不同记录（同义词），第一个为一个散列地址分配的桶为基桶，一旦放满，系统为该散列地址再分配一个桶，即为溢出桶，存放后续存放的同义词记录，通过单链表与基桶链接。

6. 散列文件中的每个桶能够存储（　）个同义词记录。

【题解】 多个。散列文件中的每个桶能够存储多个同义词记录。无论是基桶还是溢出桶，都可以存放固定数量的记录。

7. 索引文件由（　）和主文件两部分组成。

【题解】 索引表。索引文件由索引表和主文件构成。主文件用于存放数据记录，也称为数据文件（或数据集），它可分为若干页块（或子集）。

8. 一个索引文件中的索引表都是按(　　)有序的。

【题解】 记录关键码的值。索引表的所有索引项都是按照记录关键码的值从小到大排序的。

9. 稠密索引中的每个索引项对应主文件中的(　　)条记录，稀疏索引中的每个索引项对应主文件的(　　)条记录。

【题解】 1，多。稠密索引中的每个索引项对应主文件中的1条记录，稀疏索引中的每个索引项对应主文件的多条记录。

10. 若主文件无序，则只能建立(　　)索引，若主文件有序，则既能建立(　　)索引，也能建立(　　)索引。

【题解】 稠密，稠密，稀疏。若主文件中数据记录未按关键码的值有序排列，则只能建立稠密索引；若主文件中数据记录已按关键码的值有序排列，则既能建立稠密索引，也能建立稀疏索引。

11. 索引文件的检索分成两步完成，第一步是搜索(　　)，第二步是搜索(　　)。

【题解】 索引表，主文件的对应页块。索引文件的检索分两步走，第一步检索索引表，找出待查记录的存储位置，再把主文件的对应页块读入内存，检索该页块，搜索所需记录。

12. 设内存工作区的容量为w，则置换—选择排序所得到的初始归并段的平均长度为(　　)。

【题解】 2w。E. F. Moore在1961年用一个巧妙的方法证明了对于随机输入，置换—选择排序算法得到的初始归并段的平均长度为2w。

13. 设计算机中用于外排序的内存工作区可容纳450个记录，在磁盘上每个物理记录可放75个记录。应采用(　　)路平衡归并排序。

【题解】 5。一般来讲，缓冲区的大小与磁盘上物理记录的大小应相匹配，按照题意，缓冲区的大小可设定为75。现在设平衡归并排序的归并路数为k，为实现k路归并需k个输入缓冲区和1个输出缓冲区，共$k+1$个缓冲区，内存区可容纳450个记录，$450=75\times(k+1)$，解得$k=5$。

14. 设有若干个初始归并段，其平均长度为2M，现进行$k=8$路归并排序，并最多只允许扫描两遍，则外部排序能处理的文件的平均长度最多是(　　)。

【题解】 128M。设初始归并段个数为m，归并趟数为s，根据题意，有$\lceil \log_k m \rceil \leqslant s$，就是说，每个记录读写次数不超过2。由此推得$m \leqslant k^s = 8^2 = 64$，又根据题意，初始归并段的平均长度为2M，则外排序能处理的文件的平均长度最多是$64\times 2\text{M}=128\text{M}$。

15. 对于包含n个关键码的m阶B树，其最小高度为(　　)，最大高度为(　　)。

【题解】 $\lceil \log_m(n+1) \rceil$，$\lfloor \log_{\lceil m/2 \rceil}((n+1)/2) \rfloor + 1$。对于包含$n$个关键码的$m$阶B树，其最小高度为$\lceil \log_m(n+1) \rceil$，最大高度为$\lfloor \log_{\lceil m/2 \rceil}((n+1)/2) \rfloor + 1$。

16. 已知一棵3阶B树中含有50个关键码，则该树的最小高度为(　　)，最大高度为(　　)。

【题解】 4，5。已知一棵3阶B树中含有50个关键码，则该树的最小高度为$\lceil \log_3(50+1) \rceil = 4$，最大高度为$\lfloor \log_{\lceil 3/2 \rceil}((50+1)/2) \rfloor + 1 = \lfloor \log_2 25.5 \rfloor + 1 = 5$。

17. 在一棵m阶B树上，每个非根结点的关键码数最少为(　　)个，最多为(　　)个，其子树棵数最少为(　　)，最多为(　　)。

【题解】 $\lceil m/2\rceil-1$，$m-1$，$\lceil m/2\rceil$，m。在一棵 m 阶 B 树上，每个非根结点的关键码个数最少为$\lceil m/2\rceil-1$，最多为 $m-1$，其子树棵数最少为$\lceil m/2\rceil$，最多为 m。

18. 在 B 树中所有叶结点都处在（　　）上，所有叶结点中空指针数等于所有（　　）总数加 1。

【题解】 同一层次，关键码。在一棵 B 树中，所有叶结点都处在同一层次，所有叶结点中空指针个数（即失败结点个数）等于所有关键码总数加 1。

19. 在对 m 阶 B 树插入元素时，每向一个结点插入一个关键码后，若该结点的关键码个数等于（　　），则必须把它分裂为（　　）个结点。

【题解】 m，2。向一个结点插入一个关键码后，若该结点的关键码个数等于 m，刚超出了结点关键码个数的上限，就应把它分裂为 2 个结点，增加一个新的兄弟结点，并把一半关键码和子树指针移到新兄弟结点。

20. 在从 m 阶 B 树中删除关键码时，当从一个结点中删除掉一个关键码后，所含关键码个数等于（　　），并且它的左、右兄弟结点中的关键码个数均等于（　　），则必须进行结点合并。

【题解】 $\lceil m/2\rceil-2$，$\lceil m/2\rceil-1$。当从一个结点中删除掉一个关键码后，所含关键码个数等于$\lceil m/2\rceil-2$，少于结点关键码个数的下限，并且它的左、右兄弟结点中的关键码个数均等于$\lceil m/2\rceil-1$，无法匀给它一个，就必须进行结点合并。

21. 向一棵 B 树插入关键码时，若最终引起树根结点的分裂，则新树比原树的高度（　　）。

【题解】 增 1。在插入关键码的过程中，若原来的根结点分裂，将建立两个新结点，一个是原来根结点的兄弟结点，它被分去一半关键码和子树指针，另一个是新的根结点，这将导致树的高度比原树的高度增加 1。

22. 在一棵 B 树删除关键码的过程中，若最终引起树根结点的合并，则新树比原树的高度（　　）。

【题解】 减 1。在删除关键码的过程中，若原根结点与它的两个子女合并为根，则新树比原树的高度减 1。

三、判断题

1. 磁带是顺序存取的外存储设备。

【题解】 对。磁带是顺序存取的外存储设备。

2. 磁盘既能进行顺序存储，又能进行随机存储。

【题解】 对。磁盘既能进行顺序存储，又能进行随机存储。

3. 存放在磁带或磁盘上的文件，既可以是顺序文件也可以是索引结构或其他结构类型的文件。

【题解】 错。存放在磁带上的文件只能是顺序文件；存放在磁盘上的文件可以是顺序文件、索引文件或散列文件。

4. 对于满足折半搜索和分块搜索条件的文件来说，无论它放在何种介质上，都能进行顺序搜索、折半搜索和分块搜索。

【题解】 错。能够进行折半搜索和分块搜索的文件都是存放在磁盘上的，若放在磁带上就不能执行折半搜索和分块搜索。

5. 从本质上看，文件是一种非线性结构。

【题解】 错。线性和非线性的区分是针对逻辑结构的，文件是一种逻辑结构，文件的记录是顺序排列的，因而是线性结构。

6. 文件是记录的集合，每个记录由一个或多个数据项组成，因而一个文件可看作是由多个记录组成的数据结构。

【题解】 对。一个文件可以看作是由多个记录组成的数据结构。

7. 散列文件也可以顺序访问，但一般效率差。

【题解】 错。散列文件一般不可以顺序访问，而是直接存取的。

8. 索引顺序文件是一种特殊的顺序文件，因此通常放在磁带上。

【题解】 错。索引顺序文件只能放在磁盘上。

9. 记录的逻辑结构是指记录在用户或用户应用程序面前呈现的方式，是用户对数据的表示和存取方式。

【题解】 对。记录的逻辑结构是指记录在用户或用户应用程序面前呈现的方式，是用户对数据的表示和存取方式。

10. 用 ISAM 组织的文件适用于磁带。

【题解】 错。ISAM 是专为磁盘文件设计的组织方法，不适合于磁带。

11. 检索出文件中关键码值落在某个连续范围内的全部记录，这种操作称为范围检索。对经常需要作范围检索的文件进行组织，采用散列法优于采用线性索引法。

【题解】 错。对经常需要作范围检索的文件进行组织，采用散列文件就不得不一个一个地计算桶号再读盘寻找满足要求的记录，采用线性索引法可以先在索引表中确定范围，再成批读盘。所以线性索引法比散列法更好些。

12. 在磁带上的顺序文件中插入新的记录时必须复制整个文件。

【题解】 对。对磁带文件插入新记录时，需用另一条复制带将原带不变的记录复制一遍，同时在复制过程中插入新记录或用更改后的新记录代替原记录写入。

13. 变更磁盘上顺序文件的记录内容时，不一定要复制整个文件。

【题解】 对。变更磁盘上顺序文件的记录内容时，只要变更的记录内容不增加原记录的长度，就无须复制文件。

14. 在索引顺序文件上实施分块搜索，在等概率情况下，其平均搜索长度不仅与子表个数有关，而且与每一个子表中的记录个数有关。

【题解】 对。设索引顺序文件的子表有 t 个，每个子表中记录数为 s，又设对子表和索引表都采用顺序搜索，则在等概率情况下，分块搜索的平均搜索长度 $ASL=(s+t)/2+1$。就是说，其平均搜索长度不仅与子表个数有关，而且与每一个子表中的记录个数有关。

15. B^+ 树应用于 ISAM 文件系统中。

【题解】 错。B^+ 树应用于 VSAM 文件而不是 ISAM 文件系统中。

16. 文件系统采用索引结构是为了节省存储空间。

【题解】 错。索引文件中为了建立索引表，消耗了很多存储空间。

17. B 树是一种动态索引结构，它既适用于随机搜索，也适用于顺序搜索。

【题解】 错。B 树适用于随机搜索，但不适用于顺序搜索。B^+ 树才可以做到既能随机搜索，又能顺序搜索。

18. 在 9 阶 B 树中除根以外其他非失败结点中的关键码个数不少于 4。

【题解】 对。在 9 阶 B 树中，根结点最少可以有一个关键码，除了根结点以外，其他非失败结点中的关键码个数不能少于 $\lceil m/2 \rceil - 1 = \lceil 9/2 \rceil - 1 = 4$。

19. 在 9 阶 B 树中除根以外的任何一个非失败结点中的关键码个数均在 5～9 之间。

【题解】 错。在 9 阶 B 树中，除了失败结点以外，每个结点最多有 $m-1=9-1=8$ 个关键码，除根结点以外，每个非失败结点最少有 $\lceil m/2 \rceil - 1 = 4$ 个关键码，所以范围是 4～8。

20. 对于 B 树中任何一个非叶结点中的某个关键码 k 来说，比 k 大的最小关键码和比 k 小的最大关键码一定都在叶结点中。

【题解】 对。对于 B 树中任何一个非叶结点中的某个关键码 k 来说，比 k 大的最小关键码和比 k 小的最大关键码一定都在叶结点中。

21. 倒排文件与多重链表文件都是多关键码文件。

【题解】 对。倒排文件与多重链表文件都是多关键码文件，是对非主属性（次关键码）建立的次索引表，用于各种查询。

22. 倒排文件与多重链表文件的次（关键码）索引的结构是不同的。

【题解】 对。多重链表文件的次（关键码）索引针对每一个次关键码的值建立一个链表，并嵌入主文件（数据表）中，把具有该此关键码值的记录链接起来；倒排文件针对每一个次关键码的值建立的链表没有嵌入主文件中，而是次索引表自带，因此两者的结构是不同的。

23. 倒排文件是指按文件中各记录逻辑次序进行存储的文件。

【题解】 错。按文件中各记录逻辑次序进行存储的文件叫作顺序文件，倒排文件建立的是次（关键码）索引。

24. 倒排文件的优点是维护简单。

【题解】 错。倒排文件的维护困难。因为在同一索引表中具有不同关键码值的记录数不等，倒排表的各个索引项长度不等。此外，倒排文件在主文件更新后必须跟着更新。

25. 在外部排序过程中每个记录的 I/O 次数必定相等。

【题解】 对。在外排序过程中每个记录参加多趟归并，每趟读入一次就会写出一次，所以它们的 I/O 次数必定相等。

26. 影响外部排序的时间因素主要是内外存交换的记录总数。

【题解】 对。内外存交换涉及读写磁盘，其中有机械动作，比电子处理速度慢得多，所以内外存交换是影响外排序的主要时间因素。

四、简答题

1. 常用的文件组织方式有哪几种？各有什么特点？文件上的操作有哪几种？如何评价文件组织的效率？

【题解】 文件的基本组织方式有顺序组织、散列组织、索引组织和多关键码链组织。文件的存储结构可以采用组合基本组织的方法，常用的存储结构有顺序结构、索引结构、散列结构。

(1) 顺序结构，相应文件为顺序文件，其特点是记录按它们进入文件的先后顺序存放，其逻辑顺序与物理顺序一致。如果文件的记录按主关键码有序，则称其为顺序有序文件，否则称其为顺序无序文件。顺序文件通常存放在顺序存取设备（如磁带）上或直接存取设备

(如磁盘)上。当存放在顺序存取设备上时只能按顺序搜索法存取;当存放在直接存取设备上时,可以使用顺序搜索法、折半搜索法等存取。

顺序文件的存储方式有两种:

① 连续文件。文件的全部记录顺序地存放于外存的一个连续的区域中。优点是存取速度快、存储利用率高、处理简单。缺点是区域大小需事先定义,不能扩充。

② 串联文件。文件记录成块存放于外存中,在块内,记录连续存放,但块与块之间可以不连续,通过块链指针顺序链接。优点是文件可以扩充、存储利用率高。缺点是影响了存取和修改的效率。

(2) 散列结构,也称计算寻址结构,相应文件称为散列文件或直接存取文件。其特点是文件记录的逻辑顺序与物理顺序不一定相同。通过记录的关键码可直接确定该记录的地址。利用散列技术组织文件,其处理类似散列法,但它是存储在外存上的。

使用散列函数把关键码集合映射到地址集合时,往往会产生地址冲突,处理冲突有两种方式:按桶散列和可扩充散列。

(3) 索引结构,相应文件为索引文件。索引文件包括索引表和数据表(亦称主文件),索引表用于指示逻辑记录与物理记录间的对应关系,它是按关键码有序的表,可以折半搜索,也可以顺序搜索。数据表用于存储数据记录,按照数据记录的排列不同,有两种索引文件:

① 索引顺序文件。其数据表也按关键码有序。此时可对数据表分组,一组记录对应一个索引项,称这种索引表为稀疏索引。数据表可以折半搜索,也可以顺序搜索。

② 索引非顺序文件。数据表中记录按加入顺序排列,未按关键码有序。此时,每一个数据表记录必须对应索引项。称这种索引表为稠密索引。数据表只能顺序搜索。

索引表是按关键码有序的,且长度也不大,可以折半搜索,也可以顺序搜索。

其他文件均由上述文件派生而来。

文件的操作可分类如下。

① 文件的检索:包括简单查询、范围查询、函数查询、布尔查询等;

② 文件的维护:包括插入、删除、修改、重构、恢复等。

2. 如图 10-1 所示,数据库文件中的每一个记录是由占 2 字节的整型数关键码和一个变长的数据字段组成。数据字段都是字符串。为了存放这些记录,应如何组织线性索引?

397	Hello World!
82	XYZ
1038	This string is rather long
1037	This is Shorter
42	ABC
2222	Hello new World!

图 10-1 第 2 题的文件

【题解】 因为文件中有变长记录,每个记录用字符串存储,因此可将所有字符串依加入的先后次序存放于一个连续的存储空间 store 中,这个空间也叫作“堆”,它是存放所有字符串的顺序文件。它有一个指针 free,指示在堆 store 中当前可存放数据的开始地址。初始时 free 置为 0,可从文件的 0 号位置开始存放。线性索引中每个索引项给出记录关键码,字符串在 store 中的起始地址和字符串的长度如图 10-2 所示,所有索引项按关键码升序排列。

3. 设有一个职工文件,参看图 10-3。其中,关键码为职工号。

(1) 若该文件为顺序文件,请写出文件的存储结构。

(2) 若该文件为索引顺序文件,请写出索引表。

索引表ID

关键码	串长度	串起始地址
42	3	56
82	3	12
397	12	0
1037	15	41
1038	26	15
2222	16	59

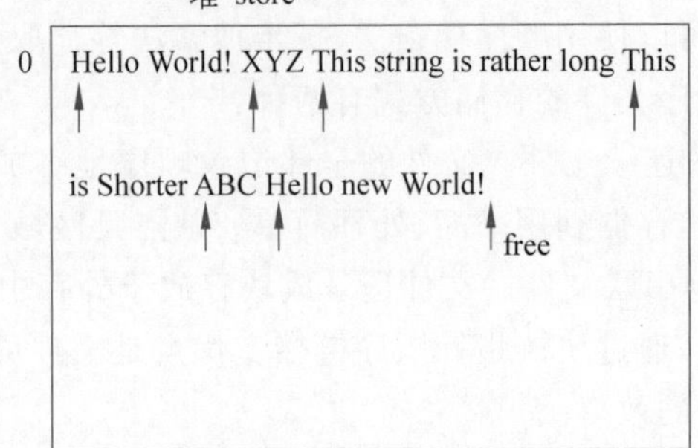

图 10-2 第 2 题索引结构示意图

(3) 若基于该文件建立倒排文件,请写出关于性别的次索引和关于职务的次索引。

记录地址	职工号	姓 名	性别	职 业	年龄	籍贯
10032	034	刘激扬	男	教 师	29	山东
10068	064	蔡晓莉	女	教 师	32	辽宁
10104	073	朱 力	男	实验员	26	广东
10140	081	洪 伟	男	教 师	36	北京
10176	092	卢声凯	男	教 师	28	湖北
10212	123	林德康	男	行政秘书	33	江西
10248	140	熊南燕	女	教 师	27	上海
10284	175	吕 颖	女	实验员	28	江苏
10320	209	袁秋慧	女	教 师	24	广东

图 10-3 第 3 题的职工文件

【题解】 (1) 若该文件为顺序文件,可以按图 10-3 所示顺序存放。

(2) 若该文件为索引顺序文件,且指定"职工号"为关键码,则在索引表和数据表中都应按"职工号"有序排列,索引表中每个索引项给出数据记录的关键码值、数据记录在数据表中的存放位置(相对地址)。因为数据记录很少,按稠密索引进行组织,见图 10-4(a)。

(3) 建立"性别"次索引和"职务"次索引,见图 10-4(b)和图 10-4(c)。

4. 设有一个职工文件,如图 10-3 所示,仍然以职工号为关键码。试根据此文件,对下列查询组织主索引和倒排表,并写出搜索结果。

(1) 男性职工;

(2) 月工资超过 800 元的职工;

(3) 月工资超过平均工资的职工;

(4) 职业为实验员和行政秘书的男性职工;

(5) 男性教师或者年龄超过 25 岁且职业为实验员和教师的女性职工。

【题解】 对于如图 10-3 所示的职工文件,为了按题目要求进行查询,需要基于属性的查询,为此建立有关性别、月工资、职务、年龄次索引,如图 10-5 所示。查询结果如下。

(1) 男性职工(使用性别倒排索引查询):查询结果为{034,073,081,092,123};

(2) 月工资超过 800 元的职工(使用月工资倒排索引查询):查询结果为{064,081};

主索引

	职工号	记录地址
0	034	10032
1	064	10068
2	073	10104
3	081	10140
4	092	10176
5	123	10212
6	140	10248
7	175	10284
8	209	10320

(a)

性别 倒排索引

性别	长度	指针
男	5	034
		073
		081
		092
		123
女	4	064
		140
		175
		209

(b)

职务 倒排索引

职务	长度	指针
教师	6	034
		064
		081
		092
		140
		209
实验员	2	073
		175
行政秘书	1	123

(c)

图 10-4 第 3 题的主索引和倒排索引

性别 倒排索引

性别	长度	指针
男	5	034
		073
		081
		092
		123
女	4	064
		140
		175
		209

月工资 倒排索引

月工资	长度	指针
480.	3	073
		123
		175
720.	3	034
		092
		209
780.	1	140
1200.	1	064
1400.	1	081

职务 倒排索引

职务	长度	指针
教师	6	034
		064
		081
		092
		140
		209
实验员	2	073
		175
行政秘书	1	123

年龄 倒排索引

年龄	长度	指针
24	1	209
26	1	073
27	1	140
28	2	092
		175
29	1	034
32	1	064
33	1	123
36	1	081

图 10-5 第 4 题查询要求建立的倒排索引

(3) 月工资超过平均工资的职工(使用月工资倒排索引查询){月平均工资 776 元}：查询结果为{064,081,140}；

(4) 职业为实验员和行政秘书的男性职工(使用职务和性别倒排索引查询)：查询结果为{073,123,175} && {034,073,081,092,123}={073,123}；

(5) 男性教师(使用性别与职务倒排索引查询)：查询结果为{034,073,081,092,123} && {034,064,081,092,140,209}={034,081,092}；年龄超过 25 岁且职业为实验员和教师的女性职工(使用性别、职务和年龄倒排索引查询)：查询结果为{064,140,175,209} && {034,064,073,081,092,140,175,209} && {034,064,073,081,092,123,140,175}={064,140,175}。

5. 如果某个文件经内排序得到 80 个初始归并段，试问

(1) 若使用多路归并执行 3 趟完成排序，那么应取的归并路数至少应为多少？

(2) 如果操作系统要求一个程序同时可用的输入输出文件的总数不超过 15 个，则按多路归并至少需要几趟可以完成排序？如果限定这个趟数，可取的最低路数是多少？

【题解】 (1) 设归并路数为 k，初始归并段个数 $m=80$，根据归并趟数计算公式 $S=\lceil\log_k m\rceil=\lceil\log_k 80\rceil=3$ 得 $k^3\geqslant 80$。由此解得 $k\geqslant 5$，即应取的归并路数至少为 5。

(2) 设多路归并的归并路数为 k，需要 k 个输入缓冲区和 1 个输出缓冲区。1 个缓冲区对应 1 个文件，由 $k+1=15$，因此 $k=14$，可做 14 路归并。由 $S=\lceil\log_k m\rceil=\lceil\log_{14} 80\rceil=2$，则至少需 2 趟归并可完成排序。若限定趟数，由 $S=\lceil\log_k 80\rceil=2$，得 $80\leqslant k^2$，可取的最低路数为 9。即要在 2 趟内完成排序，进行 9 路排序即可。

6. 设文件有 4500 个记录，在磁盘上每个页块可放 75 个记录。计算机中用于排序的内存区可容纳 450 个记录。试问：

(1) 可以建立几个初始归并段？每个初始归并段有几个记录？存放于几个块中？

(2) 应采用几路归并？请写出归并过程及每趟需要读写磁盘的块数。

【题解】 (1) 文件有 4500 个记录，计算机中用于排序的内存区可容纳 450 个记录，可建立的初始归并段有 4500/450=10 个。每个初始归并段中有 450 个记录，存于 450/75=6 个页块中。

(2) 内存区可容纳 6 个页块，可建立 6 个缓冲区，其中 5 个缓冲区用于输入，1 个缓冲区用于输出，因此，可采用 5 路归并。归并过程如图 10-6 所示。

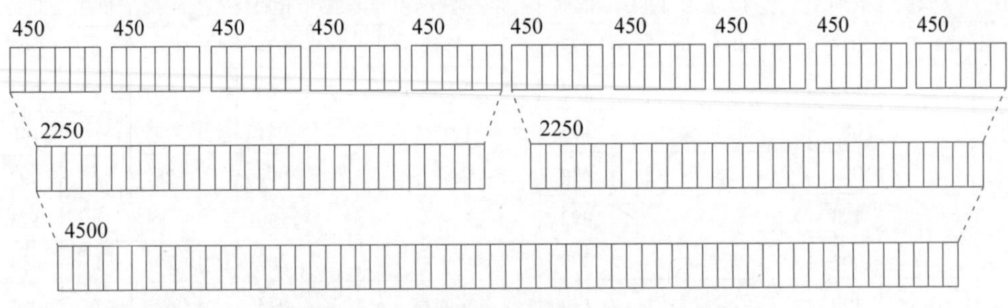

图 10-6 第 6 题 5 路平衡归并排序的示意图

共做了 2 趟归并，每趟需要读 60 个磁盘页块，写出 60 个磁盘页块。

7. 败者树中的"败者"指的是什么？若利用败者树求 k 个关键码中的最大者，在某次比较中得到 $a>b$，那么谁是败者？

【题解】 如果最终优胜者是指具有最小排序码值的记录，那么"败者"指的是两个归并段当前参加归并的记录做排序码比较时，具有较大排序码值的那个记录；反之，如果最终优胜者是指具有最大排序码值的记录，那么"败者"指的是两个归并段当前参加归并的记录做排序码比较时，具有较小排序码的那个记录。若利用败者树求 k 个关键码中的最大者，在某次比较中得到 $a>b$，那么败者是 b。

8. 设有一个关键码输入序列{10,40,30,50,20}，试根据败者树的构造算法构造一棵败者树。

【题解】 输入的关键码有 5 个，构造出的败者树的叶结点有 5 个，结点编号 0..4，额外的第 5 号结点是构造败者树的辅助存储，初始时放一个"$-\infty$"，在构造之前，败者树的各非叶结点填充 5，表示初始时第 5 个归并段(虚拟归并段)具有最小排序码。构造过程从后向前逐个关键码插入，每插入一个关键码就调整败者树，当所有关键码都插入并调整完后，败者树就构造成功了，如图 10-7 所示。

9. 设初始归并段为(10,15,31,∞),(9,20,∞),(22,34,37,∞),(6,15,42,∞),(12,

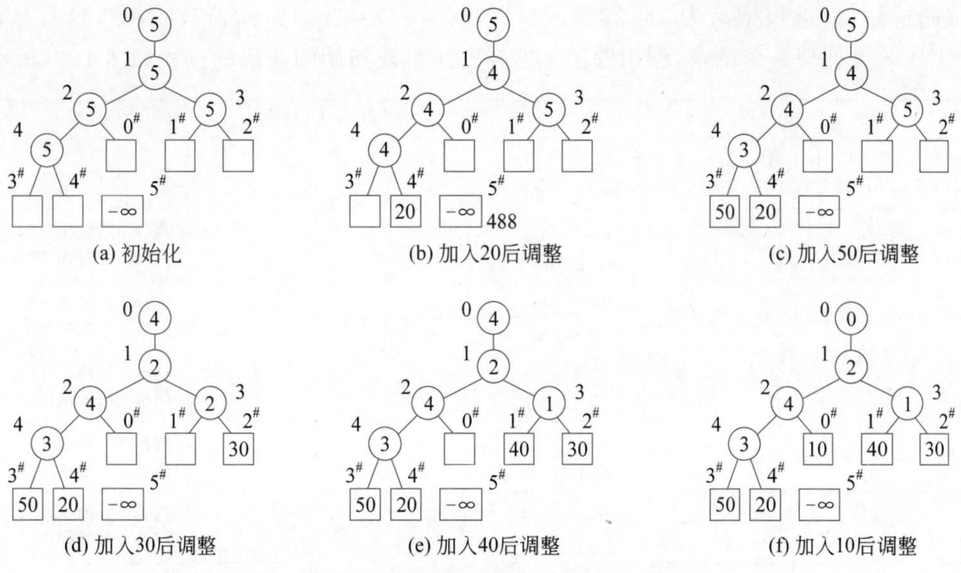

图 10-7　第 8 题构造败者树的过程

37,∞),(84,95,∞),试利用败者树进行 k 路归并,手工执行选择最小的 5 个排序码的过程。

【题解】　做 6 路归并排序,败者树有 6 个叶结点,第 i 号叶结点是第 i 个归并段当前参加归并的排序码,相应的败者树有 6 个非叶结点,0 号根结点存放最终胜者的叶结点号,其他非叶结点存放当前子女结点比较的败者。选择最小的 5 个排序码的败者树如图 10-8 所示。

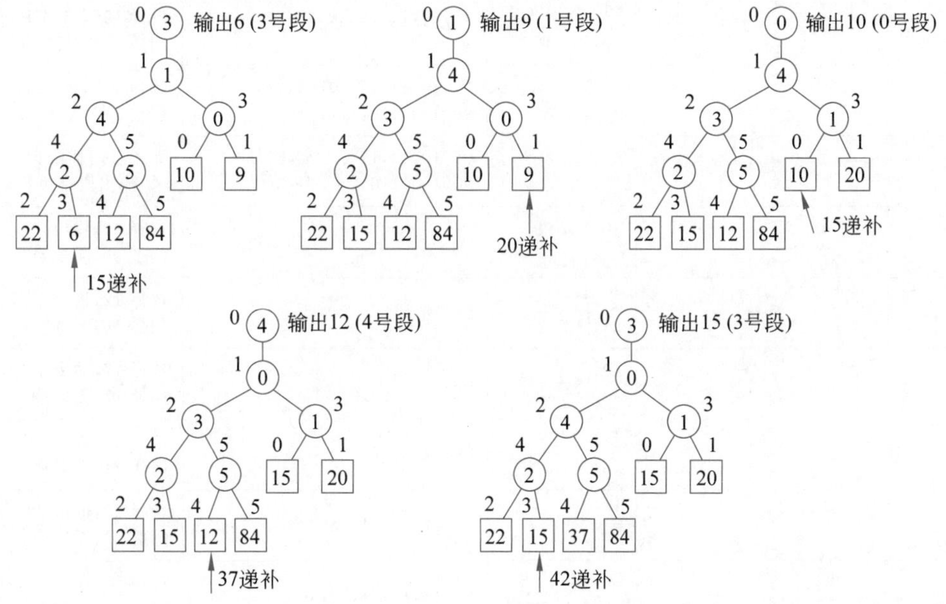

图 10-8　第 9 题使用败者树做 6 路平衡归并排序

10. 设输入文件包含以下记录：14,22,7,24,15,100,10,9,20,12,90,17,50,28,110,21,40。现采用置换—选择方法生成初始归并段,并假设内存工作区可同时容纳 5 个记录,请画出选择的过程。

【题解】 设输入记录为 14,22,7,24,15,100,10,9,20,12,90,17,50,28,110,21,40。内存工作区可处理 6 个记录,利用置换—选择方法生成初始归并段的过程如图 10-9 所示。

输入文件 InFile	内存工作区	输出文件 OutFile	动作
14,22,07,24,15,100,10,09,20,12,90,17,50,28,110,21,40	14,22,07,24,15,100		输入 6 个记录
10,09,20,12,90,17,50,28,110,21,40	14,22,[07],24,15,100	07	选择 07,输出 07,门槛 07,置换 10
09,20,12,90,17,50,28,110,21,40	14,22,[10],24,15,100	07,10	选择 10,输出 10 门槛 10,置换 09
20,12,90,17,50,28,110,21,40	[14],22,09,24,15,100	07,10,14	选择 14,输出 14 门槛 14,置换 20
12,90,17,50,28,110,21,40	20,22,09,24,[15],100	07,10,14,15	选择 15,输出 15,门槛 15,置换 12
90,17,50,28,110,21,40	[20],22,09,24,15,100	07,10,14,15,20	选择 20,输出 20,门槛 20,置换 90
17,50,28,110,21,40	90,[22],09,24,12,100	07,10,14,15,20,22	选择 22,输出 22,门槛 22,置换 17
50,28,110,21,40	90,17,09,[24],12,100	07,10,14,15,20,22,24	选择 24,输出 24,门槛 24,置换 50
28,110,21,40	90,17,09,[50],12,100	07,10,14,15,20,22,24,50	选择 50,输出 50,门槛 50 置换 28
110,21,40	[90],17,09,28,12,100	07,10,14,15,20,22,24,50,90	选择 90,输出 90,门槛 90 置换 110
21,40	110,17,09,28,12,[100]	07,10,14,15,20,22,24,50,90,100	选择 100,输出 100,门槛 100 置换 21
40	[110],17,09,28,12,21	07,10,14,15,20,22,24,50,90,100,110	选择 110,输出 110,门槛 110 置换 40
	40,17,09,28,12,21	07,10,14,15,20,22,24,50,90,100,110,∞	无大于门槛的记录,输出段结束符
	40,17,[09],28,12,21	09	选择 09,输出 09,门槛 09,无置换
	40,17,—,28,[12],21	09,12	选择 12,输出 12,门槛 12,无置换
	40,[17],—,28,—,21	09,12,17	选择 17,输出 17,门槛 17,无置换
	40,—,—,28,—,[21]	09,12,17,21	选择 21,输出 21,门槛 21,无置换
	40,—,—,[28],—,—	09,12,17,21,28	选择 28,输出 28 门槛 28,无置换
	[40],—,—,—,—,—	09,12,17,21,28,40	选择 40,输出 40,门槛 40. 无置换
	—,—,—,—,—,—	09,12,17,21,28,40,∞	无大于门槛的记录,输出段结束符

图 10-9 第 10 题利用置换—选择方法生成初始归并段的示例

11. 给出 12 个初始归并段，其长度分别为 30，44，8，6，3，20，60，18，9，62，68，85。现要做 4 路外归并排序，试画出表示归并过程的最佳归并树，并计算该归并树的带权路径长度 WPL。

【题解】 设初始归并段个数 $n=12$，其长度分别为{30，44，8，6，3，20，60，18，9，62，68，85}，外归并路数 $k=4$，计算 $(n-1)\ \%\ (k-1)=11\ \%\ 3=2\neq0$，说明不能做完全的 4 路归并，因为多出了 2 个初始归并段，必须补 $k-2-1=1$ 个长度为 0 的空归并段，才能构造正则 k 路归并树，即每次归并都有 k 个归并段参加归并。此时，归并树的内结点应有 $(n-1+1)/(k-1)=12/3=4$ 个。如图 10-10 所示。

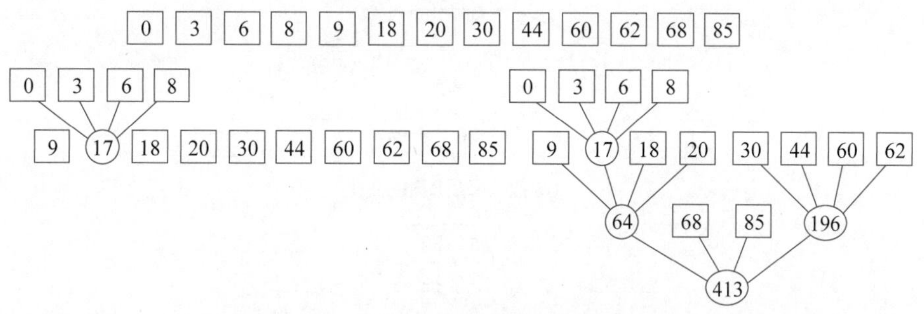

图 10-10　第 11 题构造最佳归并树的过程

WPL＝(3＋6＋8)×3＋(9＋18＋20＋30＋44＋60＋62)×2＋(68＋85)×1＝51＋486＋153＝690。

12. 设有 10 000 个记录，通过分块划分为若干子表并建立索引，那么为了提高搜索效率，每一个子表的大小应设计为多大？

【题解】 每个子表的大小 $s=\lceil\sqrt{n}\rceil=\lceil\sqrt{10\ 000}\rceil=100$ 个记录。

13. 如果一个磁盘块大小为 1024（＝1K）字节，存储的每个记录需要占用 16 字节，其中关键码占 4 字节，其他数据占 12 字节。所有记录均已按关键码有序存储在磁盘文件中。另外在内存中开辟了 256K 字节的空间可用于存放线性索引。试问：

(1) 若将线性索引常驻内存，文件中最多可以存放多少个记录？（每个索引项 8 字节，其中关键码 4 字节，地址 4 字节）

(2) 如果使用二级索引，第二级索引占用 1024 字节（有 128 个索引项，每个索引项 8 字节），这时文件中最多可以存放多少个记录？

【题解】 (1) 按照题意，线性索引常驻内存，且在内存中线性索引占据了 256K 字节的空间，且每个索引项 8 字节，则线性索引可以有 256×1024/8＝32K 个索引项。因为在磁盘文件中所有记录按关键码有序存储，所以线性索引可以是稀疏索引，每一个索引项对一个页块进行索引，索引文件可以用 32K 个页块存储数据记录。最后，一个磁盘页块大小为 1024 字节，每个记录需要占用 16 字节，则每个页块可存放 1024/16＝64 个记录。因而，文件最多可以存储 32K×64＝2048K 个记录。（2048K＝2 097 152B）

(2) 由于第二级索引占用 1024 字节，内存中还剩 255K 字节用于第一级索引。第一级索引有 255×128＝32 640 个索引项，作为稀疏索引，每个索引项索引一个页块，则索引文件中最多可存放 32 640×64＝2040K 个记录。（2040K＝2 088 960B）

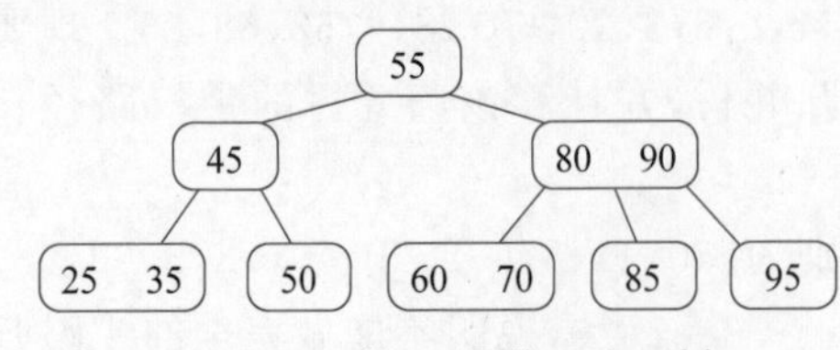

图 10-11　第 14 题的 3 阶 B 树

14. 图 10-11 是一个 3 阶 B 树。试分别画出插入 65、15、40、30 之后 B 树的变化。

【题解】　向图 10-11 中的 3 阶 B 树插入关键码时 B 树的变化如图 10-12 所示。

如果插入后关键码个数不超过 2,可以直接插入;如果插入后关键码个数超过了 2,就要做结点分裂,位于中间的关键码上升到父结点,这又可能引起父结点的分裂。

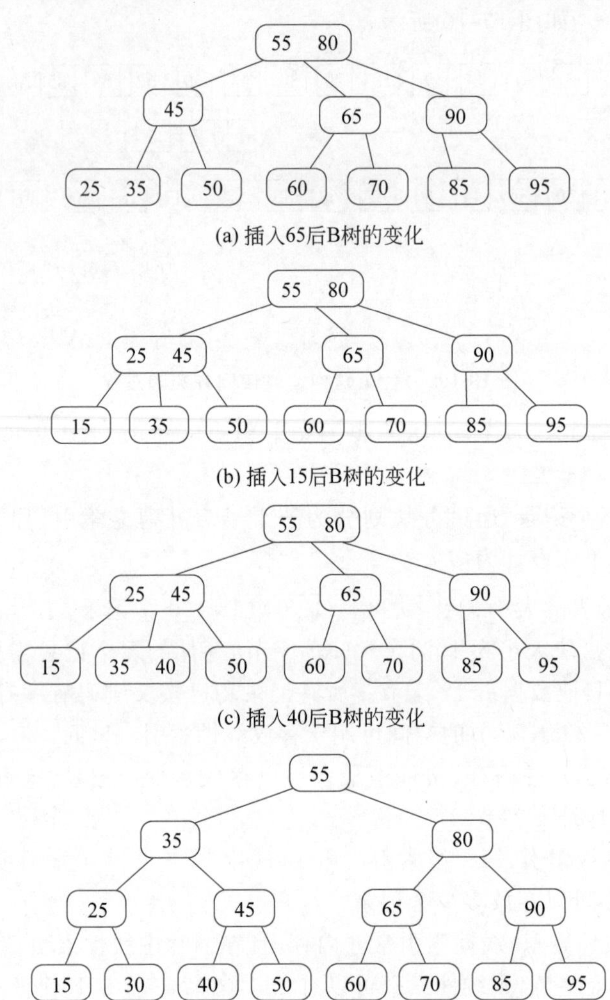

(a) 插入65后B树的变化

(b) 插入15后B树的变化

(c) 插入40后B树的变化

(d) 插入30后B树的变化

图 10-12　第 14 题向 3 阶 B 树插入新关键码后 B 树的变化

15. 图 10-13 是一个 3 阶 B 树。试分别画出在删除 50、40 之后 B 树的变化。

【题解】　在图 10-13 中的 3 阶 B 树上删除 50、40 后 B 树的变化如图 10-14 所示。

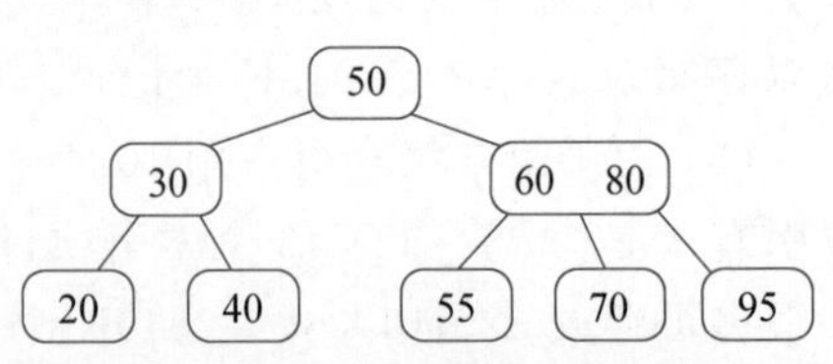

图 10-13　第 15 题的 3 阶 B 树

16. 对于一棵有 1 999 999 个关键码的 199 阶 B

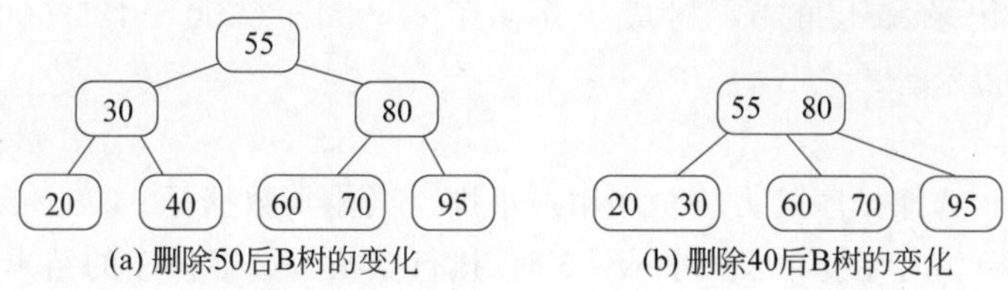

图 10-14　第 15 题在 3 阶 B 树中删除关键码后 B 树的变化

树，试估计其最大层数（不包括失败结点）及最小层数（不包括失败结点）。

【题解】 设 B 树的阶数 $m=199$，则$\lceil m/2\rceil=100$。若不包括失败结点层，则其最大层数为失败结点所在层次的编号，有 $\lfloor \log_{\lceil m/2\rceil}((N+1)/2)\rfloor+1=\lfloor \log_{100}1\ 000\ 000\rfloor+1=4$。

若使得每一层关键码数达到最大，可使其层数达到最小。第 1 层最多有$(m-1)$个关键码，第 2 层最多有 $m(m-1)$个关键码，第 3 层最多有 $m^2(m-1)$ 个关键码，…，第 $h-1$ 层最多有 $m^{h-2}(m-1)$个关键码。层数为 h 的 B 树最多有$(m-1)+m(m-1)+m^2(m-1)+\cdots+m^{h-1}(m-1)=(m-1)(m^h-1)/(m-1)=m^h-1$ 个关键码。反之，若有 n 个关键码，$n\leqslant m^h-1$，则 $h\geqslant \log_m(n+1)$，所以，有 1 999 999 个关键码的 199 阶 B 树的最小层数为$\lceil \log_m(n+1)\rceil=\lceil \log_{199}(1\ 999\ 999+1)\rceil=\lceil \log_{199}2\ 000\ 000\rceil=3$。

17. 设有一棵 B^+ 树，其结点最多可存放 100 个索引记录。对于 1,2,3,4,5 层的 B^+ 树，分析其最多能存储多少记录，最少能存储多少记录。

【题解】 1 层的 B^+ 树：根据 B^+ 树定义，1 层 B^+ 树的结点只有 1 个，它既是根结点又是叶结点，最多可存储 $m=100$ 个索引记录，最少可存储 1 个索引记录。

2 层的 B^+ 树：第 1 层是根结点，它最多有 100 棵子树；第 2 层是叶结点，该层最多有 100 个结点，每个结点最多可存储 100 个索引记录，因此第 2 层 B^+ 树最多可存储 100^2 个索引记录，2 层的 B^+ 树最多可存储 $100+100^2$ 个索引记录。再分析最少能存储多少索引记录。根据 B^+ 树的定义，根结点最少存储 1 个索引记录和 1 个子树指针，第 2 层仅一个结点，存储最少$\lceil m/2\rceil=50$ 个索引记录，所以 2 层的 B^+ 树最少可存储 $1+50=51$ 个索引记录。

3 层的 B^+ 树：第 3 层是叶结点层。它最多有 100^2 个结点，可存储 $100^2\times100=100^3$ 个索引记录。再看最少能存储多少索引记录。根据 B^+ 树定义，第 2 层最少存储 50 个索引记录的 50 个子树指针，则第 3 层最少有 50 个结点，每个结点最少存储$\lceil m/2\rceil=50$ 个索引记录，所以第 3 层最少存储 $50\times50=2500$ 个索引记录。3 层的 B^+ 树最少存储 $1+50+2500=2551$ 个索引记录。

4 层的 B^+ 树：第 4 层是叶结点层，它最多有 100^3 个结点，可存储 $100^3\times100=100^4$ 个索引记录。再看最少能存储多少个索引记录。根据 B^+ 树的定义，第 3 层最少存储 2500 个索引记录和 2500 个子树指针，则第 4 层最少有 2500 个结点，每个结点最少存储$\lceil m/2\rceil=50$ 个索引记录，所以第 4 层最少存储 $2500\times50=125\ 000$ 个索引记录，4 层的 B^+ 树最少存储 $1+50+2500+125\ 000=127\ 551$ 个索引记录。

5 层的 B^+ 树：第 5 层是叶结点层，它最多有 100^4 个结点，可存储 $100^4\times100=100^5$ 个索引记录。再看最少能存储多少个索引记录。根据 B^+ 树的定义，第 4 层最少有 125 000 个结点，每个结点最少存储$\lceil m/2\rceil=50$ 个索引记录，所以第 5 层最少存储了 $125\ 000\times50=$

6 250 000个索引记录，5 层的 B^+ 树最少存储了 $1+50+2500+125\ 000+6\ 250\ 000=$ 6 377 551个索引记录。

五、算法题

1. 一种置换—选择排序的方法是利用最小堆。当输入数据是 94,50,12,62,24,27,20,54,43,69,31,47,38。内存缓冲区大小 w=5 时，执行置换—选择排序的结果如图 10-15(a)～图 10-15(n)所示。

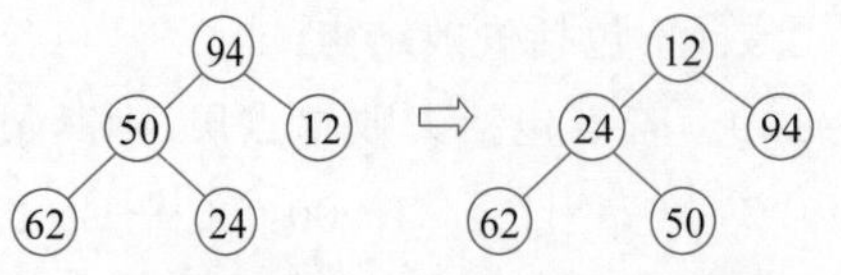

(a) 依次输入5个元素，建成初始小根堆

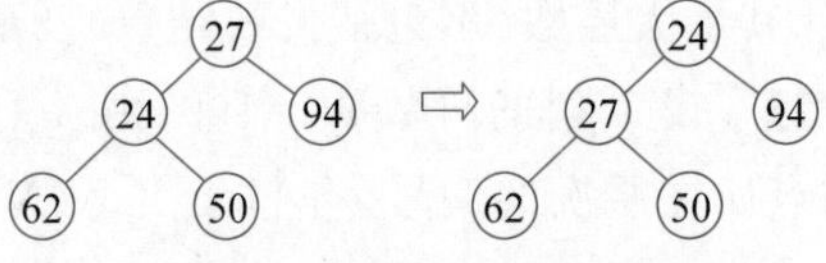

(b) 输出12，输入27，调整当前堆

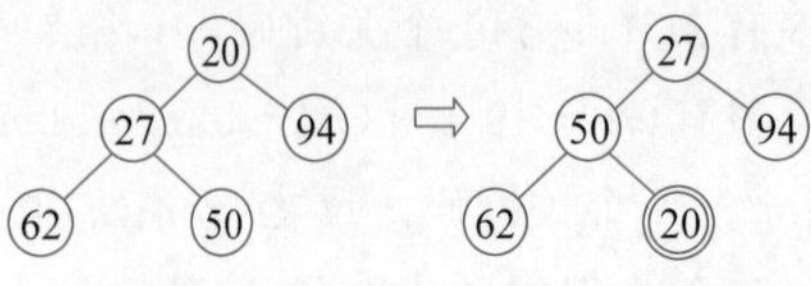

(c) 输出24，输入20，出现新堆，调整当前堆

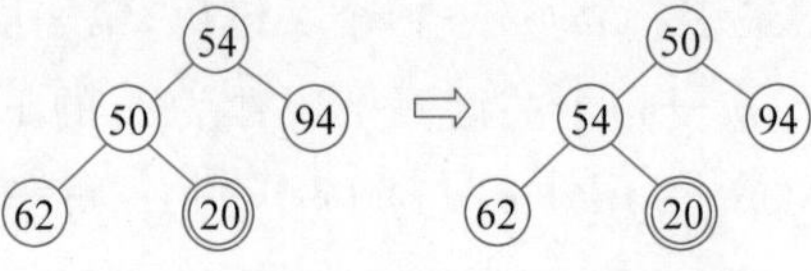

(d) 输出27，输入54，调整当前堆

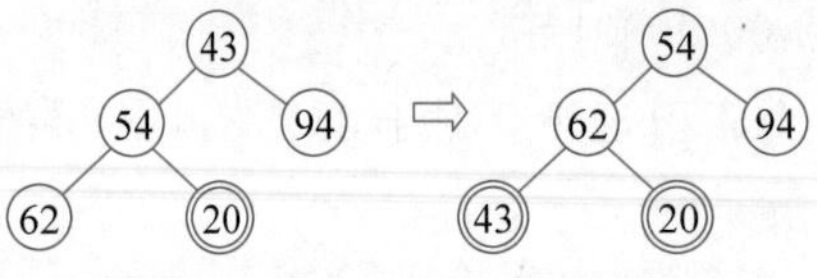

(e) 输出50，输入43，出现新堆，调整当前堆

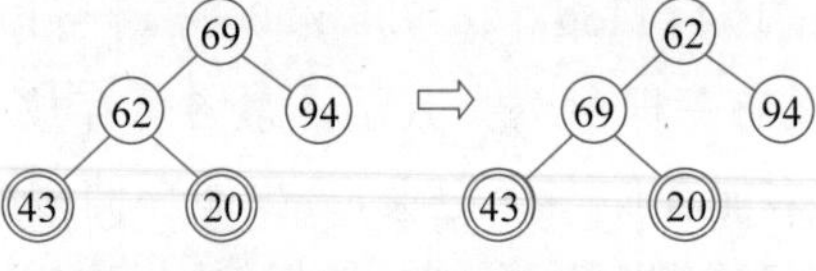

(f) 输出54，输入69，调整当前堆

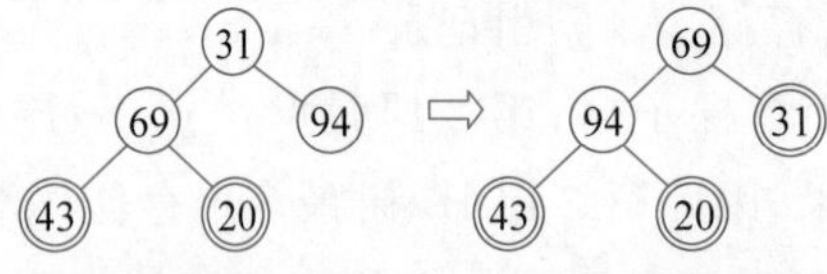

(g) 输出62，输入31，加入新堆，调整当前堆

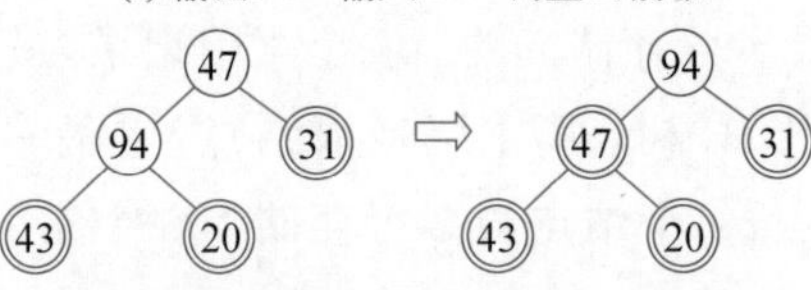

(h) 输出69，输入47，加入新堆，调整当前堆

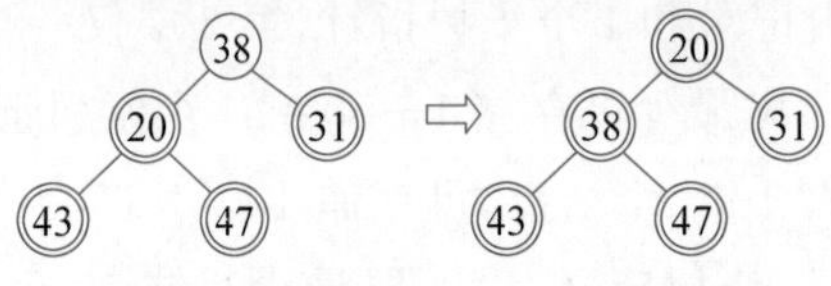

(i) 输出94，输入38，加入新堆，当前堆空，调整新堆，第一个初始归并段生成

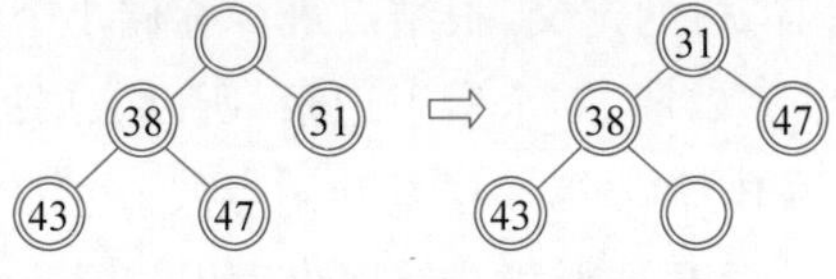

(j) 输出20，无输入，调整当前堆

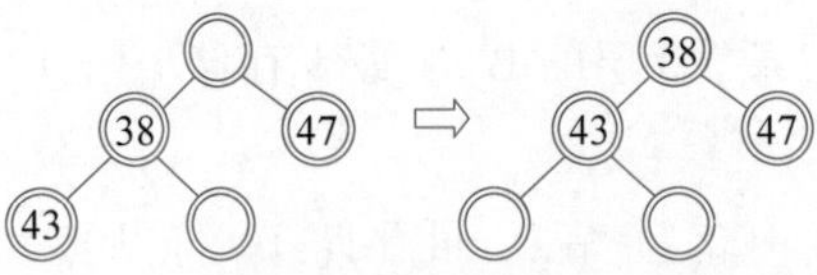

(k) 输出31，无输入，调整当前堆

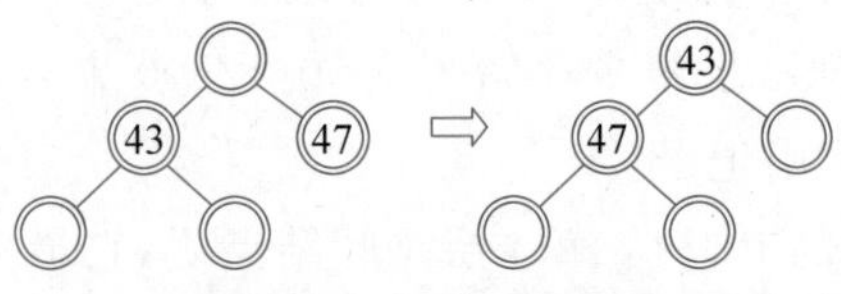

(l) 输出38，无输入，调整当前堆

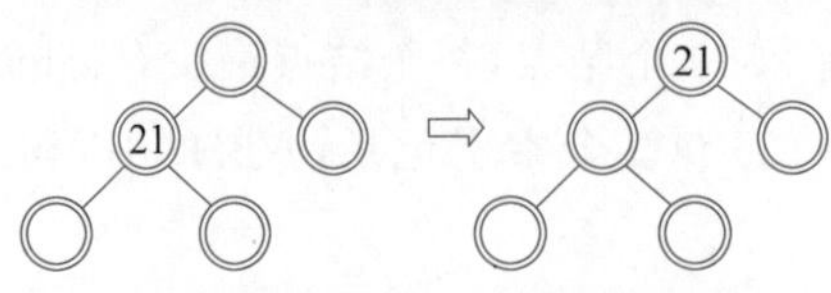

(m) 输出43，无输入，调整当前堆

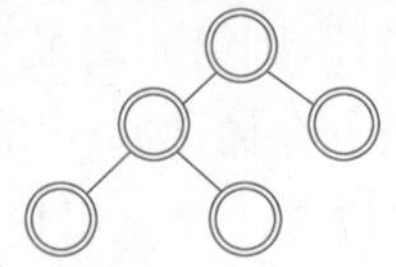

(n) 输出21堆空，第二个初始归并段产生

图 10-15 第 1 题利用最小堆实现置换—选择排序

在图 10-15 中，前一个初始归并段生成过程中“○”是当前堆的结点，“◎”是新堆的结点；下一个初始归并段生成过程中“◎”是当前堆的结点。设计一个算法，利用最小堆实现置换—选择排序。

【题解】 利用最小堆实现置换—选择排序的步骤如下。

(1) 建立初始堆。首先从输入文件中输入 p 个记录，建立大小为 p 的堆。然后为第一个初始归并段选择一个适当的输出文件。

(2) 置换—选择。内存工作区有两个堆：当前堆和新堆，新堆紧接在当前堆后存放，总大小为 p。

① 输出当前堆的堆顶记录到选定的输出文件。

② 从输入文件中输入下一个记录。若该记录排序码的值不小于刚输出记录排序码的值，则由它取代堆顶记录，并调整当前堆。若该记录排序码的值小于刚输出记录的排序码的值，则由当前堆的堆底记录取代堆顶记录，且当前堆的大小减 1。新输入的记录存放在当前堆的原堆底记录的位置上，成为新堆的一个记录。

③ 如果新堆的记录个数大于$\lceil p/2 \rceil$，应着手调整新堆。如果新堆中已有 p 个记录，表示当前堆已输出完毕，当前的初始归并段结束，应开始创建下一个初始归并段，因此必须另外为新堆选择一个输出文件。

④ 重复步骤②～③，直到输入文件输入完毕。

(3) 输出剩余记录。首先输出当前堆中的剩余记录，并边输出边调整。再将内存工作区中的新堆作为最后一个初始归并段输出。

基于最小堆的置换—选择排序的算法描述如下。

```
#define maxValue 32767                                          //最大值
#define m 5                                                     //归并路数
template<class Type>
void siftDown (Type hp[ ], int start, int finish) {             //筛选算法
    Type tmp = hp[start];int i = start;int j = 2 * i+1;
    while (j <= finish) {                                       //层层筛选
        if (j < finish && hp[j] > hp[j+1]) j++;                 //j 指向两子女中的小者
        if (tmp < hp[j]) break;                                 //找到插入位置,跳出循环
        else { hp[i] = hp[j];i = j;j = 2 * i+1; }               //否则小子女上升,i 下降
    }
    hp[i] = tmp;                                                //回放
}
template<class Type>
void generateRuns (Type S[ ], Type T[ ], int n, int& p) {
//S 数组存放输入关键码序列,n 是输入关键码个数;T 是生成的归并段存放数组,p
//存放关键码个数(包括段结束标志 maxValue)
    int i, j, k = m-1, half = (m-2)/2;                          //half 是起始调整位置
    Type hp[m];Type x;                                          //hp 是堆(即内存工作区)
    for (i = 0; i < m; i++) hp[i] = S[i];                       //向堆输入 m 个记录
    for (i = half; i >= 0; i--) siftDown (hp, i, m-1);          //筛选成为最小堆
    for (i = m, p = 0; i < n; i++) {                            //输入序列记录未输入完
        T[p++] = hp[0];                                         //输出堆顶记录到输出序列
        x = S[i];                                               //从输入序列中输入一个记录
        if (x >= hp[0])                                         //若 x≥刚输出的堆顶记录
```

```
            { hp[0] = x; siftDown (hp, 0, k); }         //x加入当前堆，调整当前堆
        else {                                          //若 x<刚输出的堆顶记录
            hp[0] = hp[k];                              //用堆底填充当前堆的堆顶
            siftDown (hp, 0, k-1);                      //筛选当前堆成为最小堆
            hp[k] = x;                                  //x成为新堆的记录
            if (k <= half) siftDown (hp, k, m-1);       //必要时调整新堆
            k--;                                        //当前堆的堆底下标减1
            if (k == -1)                                //当前堆输出完毕
                { T[p++] = maxValue; k = m-1; }         //新堆成为当前堆,堆底 m-1
        }
    }
    j = k+1;                                            //无输入,记可能的新堆开始下标
    while (k >= 0) {                                    //输出当前堆的剩余记录
        T[p++] = hp[0];                                 //继续输出当前归并段的记录
        hp[0] = hp[k--]; siftDown (hp, 0, k);           //调整当前堆
    }
    T[p++] = maxValue;
    if (j < m) {                                        //还有新堆
        for (i = j; j < m; j++) hp[j-i] = hp[j];        //新堆记录上移
        k = j-i-1; half = (k-1)/2;                      //新堆成为当前堆后的堆底
        for (i = half; i >= 0; i--)                     //筛选成为最小堆
            siftDown (hp, i, k);
        while (k >= 0) {                                //输出当前堆的剩余记录
            T[p++] = hp[0];                             //继续输出当前归并段的记录
            hp[0] = hp[k--]; siftDown (hp, 0, k);       //调整当前堆
        }
        T[p++] = maxValue;
    }
}
```

2. 设最佳归并树的结构定义如下。

```
#include <stdio.h>
#define maxSize 100
#define M 3                                             //归并路数
#define Runs 20                                         //初始归并最大段数
typedef struct {
    int num;                                            //结点子女个数
    int prt;                                            //父结点下标
    int len;                                            //结点所代表归并段的记录个数
    int chd[M];                                         //结点子女下标数组
} OmtNode;                                              //最佳归并树结点
typedef struct {
    OmtNode elem[maxSize];                              //最佳归并树结点数组
    int N;                                              //结点个数
} OpMergeTree;                                          //最佳归并树定义
```

设有 n 个长度不等的初始归并段,设计一个算法,构造一棵最佳归并树。

【题解】 算法首先计算 $u=(n-1)\ \%\ (M-1)$。如果 $u=0$,所有结点都可以参加到 M 路归并中来;否则,需要执行一个 $u+1$ 路归并,对 $u+1$ 个长度最小的初始归并段做 $u+1$

路归并，然后对其他非叶结点都可执行 M 路归并。函数返回根的位置。算法描述如下。

```
int createOMT (OpMergeTree& T, int C[], int n) {
//参数 T 返回构建成功的最佳归并树,调用前要求置空,数组 C[n]输入 n 个归并段的
//长度。函数返回最终归并段长度
    int i, j, k, u, m, s, N, sum;                       //n 是叶结点个数,总归并段数
    m = (n-1)/(M-1);                                    //m 是非叶结点个数
    u = (n-1) % (M-1);                                  //u 是做 M 路归并的多余结点数
    if (u != 0) m++;
    N = n+m;                                            //N 是树中总结点数
    for (i = 0; i < N; i++) {                           //数组初始化
        T.elem[i].num = 0;T.elem[i].len = 0;      T.elem[i].prt = -1;
        for (j = 0; j < M; j++) T.elem[i].chd[j] = -1;
    }
    for (i = n; i < N; i++) T.elem[i].num = M;     //非叶结点子女数
    for (i = 0; i < n; i++) T.elem[i].len = C[i]; //叶结点所代表归并段长度
    if (u != 0) {                                       //第一个非叶结点不能做 M 路归并
        T.elem[n].num = u+1;                            //非叶结点子女数
        sum = 0;
        for (i = 0; i < T.elem[n].num; i++) {
            for (j = 0; j < n; j++)                     //寻找第一个可选子女
                if (T.elem[j].prt == -1) { s = j;break; }
            for (j = 1; j < n; j++)                     //在叶结点中选最小
                if (T.elem[j].prt == -1 && T.elem[j].len < T.elem[s].len)
                    s = j;
            sum = sum+T.elem[s].len;
            T.elem[s].prt = n;T.elem[n].chd[i] = s;
        }
        T.elem[n].len = sum;
        n++;
    }
    for (i = n; i < N; i++) {                           //以下非叶结点都能做 M 路归并
        sum = 0;                                        //累加所有子女(归并段)的长度
        for (j = 0; j < T.elem[i].num; j++) {      //归并结点 i 的所有子女
            for (k = 0; k < i; k++)                     //寻找第一个可选子女
                if (T.elem[k].prt == -1) { s = k;break; }
            for (k = s+1; k < i; k++)                   //在所有可选结点中选最小
                if (T.elem[k].prt == -1 && T.elem[k].len < T.elem[s].len)
                    s = k;
            T.elem[s].prt = i;T.elem[i].chd[j] = s;
            sum = sum+T.elem[s].len;
        }
        T.elem[i].len = sum;
    }
    return N-1;
}
```

3. 设计一个算法，根据第 2 题构造的最佳归并树，实现 M 路归并排序，并计算和返回读记录数目。

【题解】 假设 n 个初始归并段正好能够构造严格 m 叉树，仿照 Huffman 树的构造方法，首先把所有 n 个初始归并段看作 n 棵只有单个结点的树，用归并段长度作为各树根结点的权重，这样构造了一个森林 F。然后执行以下步骤：

(1) 从 F 中选择根结点的权重最小的 m 棵树，以它们作为子树构造一棵新的 m 叉树，该树根结点的权重等于各子树根结点权重之和。

(2) 从 F 中删除已成为新 m 叉树的子树的 m 棵树，并把新 m 叉树插入 F 中。

(3) 如果 F 中树仅剩 1 棵，则该树为最佳归并树，处理结束；否则执行(1) 继续合并 F。

算法描述如下。

```
#define runSize 100
void main (void) {
    int A[maxSize] = {29, 43, 16, 31, 41, 12, 13, 20, 26, 27, 38, 40, 47, 50, 10, 14,
    18, 34,45, 54, 9, 16, 21, 39, 46, 52, 60, 1, 8, 23, 35, 55, 62, 69, 2, 7, 11, 25, 48,
    59, 63,68, 3, 15, 24, 44, 57, 64, 69, 80, 17, 28, 29, 49, 53, 65, 67, 72, 74};
    int C[Runs] = {2, 3, 4, 5, 6, 7, 7, 8, 8, 9};                  //各初始归并段长度
    int P[Runs];OpMergeTree R;
    int i, j, d, k, u, v, n = 10, N;
    cout <<"最佳归并树为" <<endl;
    N = createOMT (R, C, n);                                       //构造最佳归并树
    for (i = n; i <= N; i++) C[i] = R.elem[i].len;                 //计算新归并段长度
    P[0] = 0;                                                      //计算各归并段位置
    for (i = 1; i <= N; i++) P[i] = P[i-1]+C[i-1];
    d = 0;
    for (i = 0; i < n; i++) d += C[i];                             //计算待排序元素总数
    cout <<"原始输入待排序元素序列为" <<endl;
    for (i = 0; i < d; i++) {
        if (i != 0 && i % 20 == 0) cout <<endl;
        cout << A[i] <<" ";                                        //输出待排序元素序列
    }
    cout <<endl;
    int t[M+1], s[M+1];                                            //参与归并的归并段范围
    cout <<"运用最佳归并树进行归并排序的结果是" <<endl;
    for (u = n; u <= N; u++) {
        for (i = 0; i < R.elem[u].num; i++)
            { v = R.elem[u].chd[i];s[i] = P[v];t[i] = P[v]+C[v]; }
        while (1) {
            for (i = 0; i < R.elem[u].num; i++)
                if (s[i] < t[i]) break;
            if (i >= R.elem[u].num) break;
            for (i = 0; i < R.elem[u].num; i++)
                if (s[i] < t[i]) { k = i;break; }
            for (i = 1; i < R.elem[u].num; i++)
                if (s[i] < t[i] && A[s[i]] < A[s[k]]) k = i;
            if (u == N) {
                if (d % 20 == 0) cout <<endl;
                cout << A[s[k]] <<" ";
            }
            A[d++] = A[s[k]];s[k]++;
```

```
        }
    }
    cout <<endl;
    u = 0;
    for (i = n; i <= N; i++) u += R.elem[i].len;
    cout <<"排序总读记录数为" << u <<endl;
}
```

4. 设计一个算法，应用B树的插入算法Insert(T,k)，从空树开始，输入一连串关键码 $a_0, a_1, \cdots, a_k$，建立一棵B树。约定输入结束标志是finish，这是一个特定的关键码，例如为0，当输入的关键码等于finish时，输入结束。

【题解】 算法用B树的插入算法BT.Insert(x)建树，处理将变得十分简单。C++ 在创建B树对象BT时，将通过构造函数设置根指针root为空，因此算法只需通过循环，连续输入关键码 x，将它插入B树中，直到输入的 x 值等于finish为止。算法描述如下。

```
template <class Type>
void createBTree (BTree<Type>& BT) {
    Type x, finish;BT.root = NULL;
    cout <<"请输入约定输入结束标志 finish: ";cin >> finish;
    cout <<"开始输入关键码: " <<endl;cin >> x;
    while (x != finish)
        { BT.Insert(x);cin >> x; }                //将输入的关键码 a 插入 B 树
}
```

5. 设计一个算法，统计一棵B树的关键码个数。

【题解】 统计B树中关键码个数等于对B树的所有非失败结点都遍历一遍。为此，可以采取深度优先遍历，也可以采取广度优先遍历。从算法的简捷性来考虑，采用递归的先根次序遍历算法比较适宜。算法描述如下。（注意，由于结点定义为struct型，它的数据成员可以直接引用。）

```
template <class Type>
void count_Keynum (BNode<Type> * t, int& count) {
//递归算法：采用先根次序遍历，先对子树根结点 * t 统计关键码个数，再递归求其各
//子树的关键码个数，引用参数 count 返回累加关键码个数
    if (t != NULL) {
        count = count+t->n;                    //累加关键码个数
        for (int i = 0; i <= t->n; i++)        //统计所有子树的关键码个数
            count_Keynum (t->ptr[i], count);
    }
}
```

6. 设计一个算法，遍历一棵B树，按照从小到大的顺序输出B树中所有的关键码。

【题解】 算法采用递归的深度优先遍历方法，对B树的所有非失败结点都遍历一遍，算法从根结点开始，若结点不为空（即非失败结点），则在结点内按如下顺序执行；递归输出子树ptr[0]，输出关键码key[1]，递归输出子树ptr[1]，输出关键码key[2]；递归输出子树ptr[2]，输出关键码key[2]，…，递归输出子树ptr[n]，输出关键码key[n]，其中 n 是结点个子树棵树。递归的结束条件是递归到空树，即失败结点，直接返回即可。

算法描述如下。

```
template <class Type>
void Traversal (BNode<Type> *t) {
//递归算法：按多叉树的深度优先方式输出 B 树各结点的关键码，将所有关键码从小
//到大输出
    if (t != NULL) {
        Traversal (t->ptr[0]);                          //递归遍历第 0 棵子树
        for (int i = 1; i <= t->n; i++) {               //对其他关键码和子树重复处理
            cout << t->key[i] <<" ";                    //输出关键码
            Traversal (t->ptr[i]);                      //递归遍历第 i 棵子树
        }
    }
}
```

10.4 补充练习题

一、选择题

1. 顺序文件采用顺序结构实现文件的存储，对大型的顺序文件的少量修改，将要求重新复制整个文件，时间代价很高，采用(　　)的方法可降低所需的时间代价。

A. 附加文件　　B. 按关键码值的大小排序

C. 按记录输入先后排序　　D. 连续排序

2. 对散列文件进行直接存取的依据是(　　)。

A. 按逻辑记录号去存取某个记录

B. 按逻辑记录的关键码值去存取某个记录

C. 按逻辑记录的结构去存取某个记录

D. 按逻辑记录的具体内容去存取某个记录

3. 假定有 3000 个记录需要存储到一个散列文件中，文件中每个页块可以存储 5 个记录，若散列函数为 $H(K)=K\ \%\ 73$，并用开散列方法处理冲突，则每个桶所对应的单链表的平均长度至少为(　　)。

A. 1　　B. 5　　C. 9　　D. 40

4. 索引文件由(　　)构成。

A. 索引表　　B. 主文件　　C. 索引表和主文件　　D. 搜索表

5. 索引顺序文件既能进行(　　)存取，又能进行(　　)存取，是最常用的文件组织方法之一。

A. 顺序　　B. 分块　　C. 随机　　D. 折半

6. 用 ISAM 和 VSAM 方法组织的文件属于(　　)。

A. 散列文件　　B. 索引顺序文件

C. 索引非顺序文件　　D. 多关键码文件

7. ISAM 文件包含有(　　)级索引表。

A. 4　　B. 3　　C. 2　　D. 1

8. VSAM 文件不适合进行(　　)。

A. 顺序存取　　B. 按关键码存取　　C. 按记录号存取　　D. 从根结点访问

9. 在应用中使用文件进行数据处理的基本单位叫作(　　)。

A. 逻辑记录　　B. 物理记录　　C. 块化记录　　D. 存储记录

10. △ 已知三叉树 T 中 6 个叶结点的权值分别是 2,3,4,5,6,7,T 的带权(外部)路径长度最小是(　　)。

A. 27　　B. 46　　C. 54　　D. 56

11. △ 设外存上有 120 个初始归并段,进行 12 路归并时,为实现最佳归并,需要补充的虚段个数是(　　)。

A. 1　　B. 2　　C. 3　　D. 4

12. 败者树的外结点中存放的是各归并段当前参加归并的记录,外结点的编号 0,1,2,…,$k-1$ 代表各归并段的编号,败者树的内结点中存放子女结点两两比较的败者的归并段编号,内结点编号也是 0,1,…,$k-1$。编号为 i 的外结点的父结点的编号为(　　)。

A. $\lfloor i/2 \rfloor$　　B. $\lfloor (i-1)/2 \rfloor$　　C. $\lfloor (i+k)/2 \rfloor$　　D. $\lfloor (i+k-1)/2 \rfloor$

13. 下列关于外部排序过程输入输出缓冲区作用的叙述中,不正确的是(　　)。

A. 暂存输入输出的记录　　B. 内部归并的工作区

C. 产生初始归并段的工作区　　D. 传送用户界面的消息

14. 为在实现输入—内部归并—输出的并行处理过程中有效提高输入缓冲区的利用率,需要为每一个归并段建立一个缓冲区的(　　)。

A. 优先级队列　　B. 链式栈　　C. 链式队列　　D. 双端队列

15. △ 下列叙述中,不符合 m 阶 B 树定义要求的是(　　)。

A. 根结点至多有 m 棵子树　　B. 所有叶结点都在同一层次上

C. 各结点内关键码均升序或降序排列　　D. 叶结点之间通过指针链接

16. △ 下列关于非空 B 树的叙述中,正确的是(　　)。

Ⅰ. 插入操作可能增加树的高度　　Ⅱ. 删除操作一定会导致叶结点的变化

Ⅲ. 搜索某关键码一定是要搜索到叶结点　　Ⅳ. 插入的新关键码最终位于叶结点中

A. 仅Ⅰ　　B. 仅Ⅰ、Ⅱ　　C. 仅Ⅲ、Ⅳ　　D. 仅Ⅰ、Ⅱ和Ⅳ

17. △ 已知一棵 3 阶 B 树,如图 10-16 所示,删除关键码 78 得到一棵新的 B 树,其最右叶结点中的关键码是(　　)。

A. 60　　B. 60,62　　C. 62,65　　D. 65

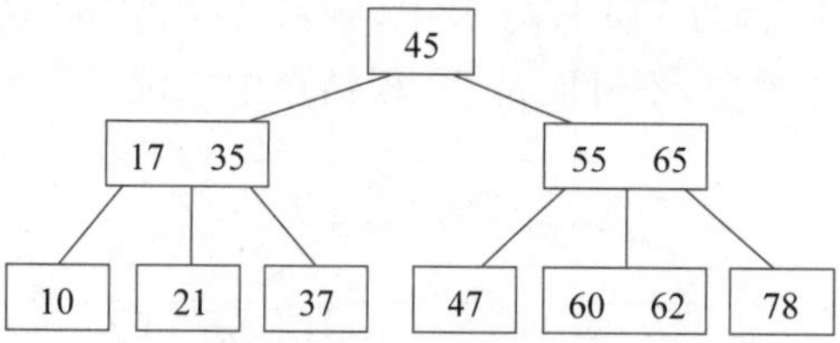

图 10-16　第 17 题的 3 阶 B 树

18. △ 在一棵高度为 2 的 5 阶 B 树中,所含关键码的个数至少是(　　)。

A. 5　　B. 7　　C. 8　　D. 14

19. △ 在一棵有 15 个关键码的 4 阶 B 树中,含关键码的结点个数最多是(　　)。

A. 5　　B. 6　　C. 10　　D. 15

20. 在一棵含有 n 个关键码的 m 阶 B 树中进行搜索，至多读盘(　　)次。

A. $\log_2 n$　　B. $1+\log_2 n$

C. $1+\log_{\lceil m/2\rceil}((n+1)/2)$　　D. $1+\log_{\lceil n/2\rceil}((m+1)/2)$

21. 在一棵高度为 h 的 B 树中插入一个新关键码可能导致结点分裂，这种分裂过程可能从下向上直到根结点，使得树的高度增加。假设内存足够大，在插入过程中为搜索插入位置读入的结点一直在内存中，在最坏情况下可能需要读写(　　)次磁盘。

A. $h+1$　　B. $2h+1$　　C. $3h+1$　　D. $4h+2$

22. 从一棵高度为 h 的 B 树中删除一个已有的关键码。假定内存空间足够大，可以把搜索被删关键码所在结点而读入的结点都保存在内存中。最坏情况下从下向上，一直到根结点都要进行结点的合并，那么在这种情况下需要读写(　　)次磁盘。

A. $h+1$　　B. $2h-1$　　C. $3h-2$　　D. $4h-3$

23. 假定从空树开始建立一棵有 n 个关键码的 m 阶 B 树，最终得到有 p ($p>2$)个非失败结点的 B 树。那么这 p 个结点最多经过(　　)次分裂得来。

A. p　　B. $p-1$　　C. $p-2$　　D. $p-3$

24. △ B^+ 树不同于 B 树的特点之一是(　　)。

A. 能支持顺序搜索　　B. 结点中含有关键码

C. 根结点至少有 2 个分支　　D. 所有叶结点都在同一层上

25. △ 下列应用中，适合使用 B^+ 树的是(　　)。

A. 编译器中的词法分析　　B. 关系数据库系统中的索引

C. 网络中的路由表快速搜索　　D. 操作系统的磁盘空闲块管理

26. △ 高度为 5 的 3 阶 B 树含有的关键码个数至少是(　　)。

A. 15　　B. 31　　C. 62　　D. 242

27. △ 依次将关键码 5,6,9,13,8,2,12,15 插入初始为空的 4 阶 B 树后，根结点中包含的关键码是(　　)。

A. 8　　B. 6,9　　C. 8,13　　D. 9,12

28. △ 在一棵高度为 3 的 3 阶 B 树中，根为第 1 层，若第 2 层中有 4 个关键码，则该树的结点数最多是(　　)。

A. 11　　B. 10　　C. 9　　D. 8

29. △ 在下图 10-17 所示的 5 阶 B 树 T 中，删除关键码 260 之后需要进行必要的调整，得到新的 B 树 T_1。下列选项中，不可能是 T_1 根结点中关键码序列的是(　　)。

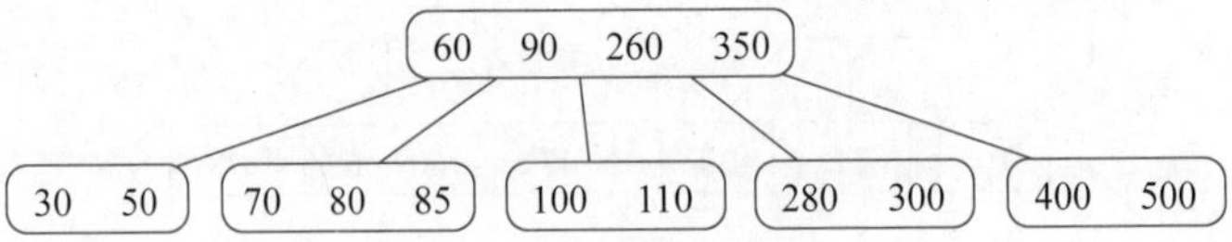

60　90　260　350

30　50｜70　80　85｜100　110｜280　300｜400　500

图 10-17　第 29 题的 5 阶 B 树

A. 60,90,280　　B. 60,90,350　　C. 60,85,110,350　　D. 60,90,110,350

二、简答题

1. 在逻辑记录与物理记录之间可能存在几种关系？

2. 索引文件、散列文件和多关键码文件适合放在磁带上吗？为什么？

3. 顺序文件与索引顺序文件各自的优缺点是什么？请做比较。

4. 倒排索引中的记录地址可以是记录的实际存放地址，也可以是记录的关键码。试比较这两种方式的优缺点。

5. 什么是静态索引结构？什么是动态索引结构？它们各有哪些优缺点？

6. $m=2$ 的平衡 m 叉搜索树是 AVL 树，$m=3$ 的平衡 m 叉搜索树是 2-3 树。它们的叶结点必须在同一层吗？m 阶 B 树是平衡 m 叉搜索树，反过来，平衡 m 叉搜索树一定是 B 树吗？为什么？

7. 设有 15 000 个记录需存放在散列文件中，文件中每个桶内各页块采用链接方式连结，每个页块可存放 30 个记录。若采用按桶散列，且要求搜索到一个已有记录的平均读盘时间不超过 1.5 次，则该文件应设置多少个桶？

8. 图 10-18 为 ISAM 文件结构的示意图，试写出搜索记录 R_{78} 的过程描述。

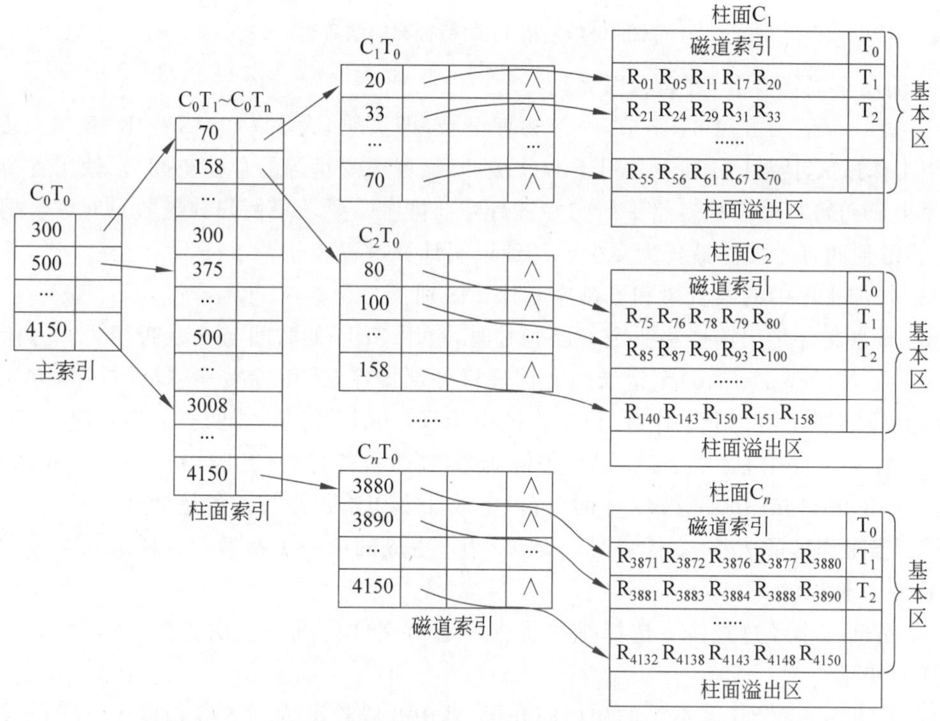

图 10-18　第 8 题的 ISAM 文件结构

9. 设某文件有 14 个记录，其关键码分别为{25，75，125，93，241，203，19，198，121，173，218，80，214，329}。桶的容量 $M=3$，采用除留余数法构造散列函数，且散列函数为 $h(k)=k\ \%\ 5$，采用开散列法解决冲突，画出该散列文件的结构图，并说明如何对其进行删除、插入、检索等操作。

10. 如果某个文件经内排序得到 80 个初始归并段，试问：

(1) 若使用多路归并执行 3 趟完成排序，那么应取的归并路数至少应为多少？

(2) 如果操作系统要求一个程序同时可用的输入输出文件的总数不超过 15 个，则按多路归并至少需要几趟可以完成排序？如果限定这个趟数，可取的最低路数是多少？

11. 多路平衡归并排序是外部排序的主要方法，试问：

（1）多路平衡归并排序包括哪两个相对独立的阶段？每个阶段完成何种工作？

（2）完成下列操作。

① 补充完整如图 10-19 所示的败者树。

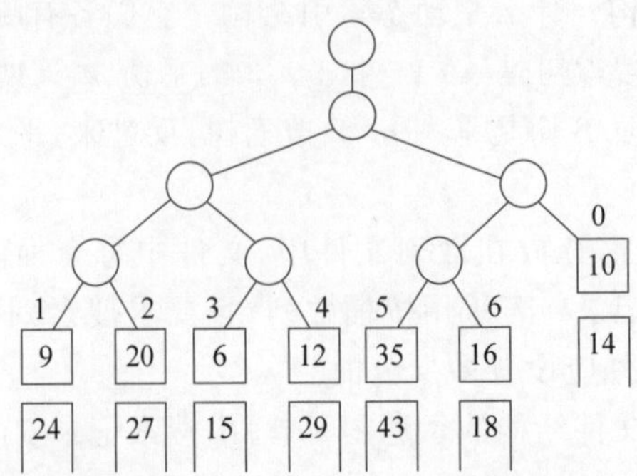

图 10-19 第 11 题待补充的败者树

② 输出全局优胜者，并重构败者树。

12. 设一个记录占用 64 字节，一个物理记录（即页块）大小为 2048＝2K 字节。又设内存可用工作区大小为 1 MB（不含用于 I/O 缓冲区、程序变量等的存储空间）。使用置换—选择排序生成初始归并段和多路平衡归并进行外部排序。要求平衡归并趟数只允许 2 趟。那么，能够得到的有序文件最长为多少？详细说明计算过程。

13. 外部排序中的败者树和堆排序有什么区别？

14. 磁盘文件采用选择法实现 k 路归并时，占用 CPU 的时间与 k 是否相关？为什么？

15. △ 对含有 $n(n>0)$个记录的文件进行外部排序，采用置换—选择（排序）方法生成初始归并段需要使用一个工作区，设工作区中能保存 m 个记录，请回答下列问题：

（1）如果文件中有 19 个记录，其关键码是 51，94，37，14，63，83，15，99，48，56，23，60，31，17，72，8，90，166，100；当 $m=4$ 时，可以生成几个初始归并段？各是什么？

（2）当工作区的大小 m 任意时$(n>m>0)$，生成的第一个初始归并段的长度最大是多少？最小是多少？

16. 请问一个经过置换—选择排序得到的输出文件再进行一次置换—选择，文件将产生怎样的变化？

17. 已知有 31 个长度不等的初始归并段，其中 8 段长度为 2，8 段长度为 3，7 段长度为 5，5 段长度为 12，3 段长度为 20（单位均为物理块），请为此设计一个最佳 5 路归并方案，并计算总的（归并所需的）读/写外存的次数。

18. 利用 B 树作文件索引时，若假设磁盘页块的大小是 4000 字节（实际也许是 4096 字节，为计算方便，取成 4000 字节），指示磁盘地址的指针需要 5 字节。现在有 20 000 000 个记录构成的文件，每个记录为 200 字节，其中包括关键码 5 字节。试问：

（1）在此采用 B 树作索引的文件中，B 树的阶数应为多少？

（2）假定文件数据部分未按关键码有序排列，则索引部分需要占用多少磁盘页块？

19. 给定一组记录，其关键码为字符。记录的插入顺序为｛C，S，D，T，A，M，P，I，B，W，N，G，U，R，K，E，H，O，L，J｝，给出插入这些记录后的 4 阶 B^+ 树。

20. 图 10-20 所示为 B^+ 树索引文件结构示意图，请补充完成。

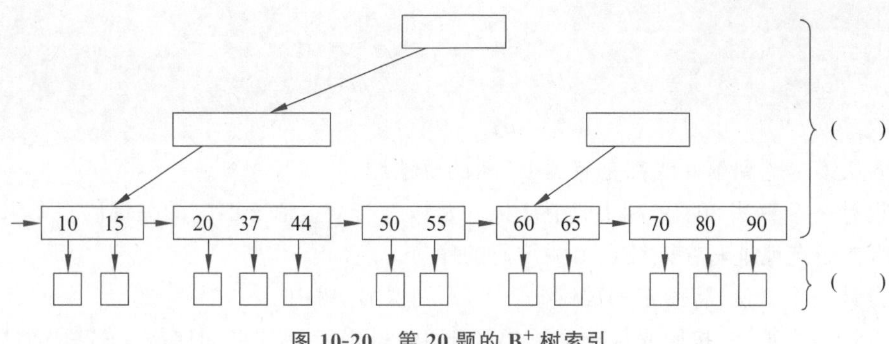

图 10-20 第 20 题的 B^+ 树索引

21. 假定一个文件由 15 个记录组成，每个记录的关键码均为整数，分别为 $1^2,2^2,3^2,\cdots,15^2$。每个数据页块存放 3 个记录。要求：

(1) 用 B 树组织索引，设 $m=3$，依次将上述 15 个关键码插入 B 树，画出插入记录后的 B 树结构图。

(2) 用 B^+ 树组织索引，设 $m=3$，依次将上述 15 个关键码插入 B^+ 树，画出插入记录后的 B^+ 树结构图。

22. 设按如下方法修改从 B 树中删除元素的方式：如果一个结点既有最相邻的左兄弟也有最相邻的右兄弟，那么在合并前对两个兄弟都要做检查。从一棵高度为 h 的 B 树中删除元素时需要的最大磁盘访问次数是多少？

23. 证明：含有 n 个关键码的 m 阶 B 树，其失败结点的个数为 $n+1$。

24. 证明：高度为 h 的 2-3 树(3 阶 B 树)的叶结点的数目在 2^{h-1} 与 3^{h-1} 之间。

25. 证明：如果 B 树的某一个关键码不在叶结点上，那么它的前驱和后继(自然顺序)必定在叶结点中。

三、算法题

设 B^+ 树的结构定义如下。(存放于头文件"BPTree.h"中)

```
#define maxSize 40
#define stackSize 20
#define m 4                                       //B+树的阶数
template <class Type>
typedef struct node {                             //B+树结点的结构定义
    int tag;                                      //=0,非叶结点;=1,叶结点
    int n;                                        //结点内索引项个数
    struct node<Type> * parent;                   //双亲指针
    int pno;                                      //在双亲结点中双亲关键码的位置
    Type key[m+1];                                //关键码数组
    union {                                       //区分非叶与叶结点
        struct node<Type> * ptr[m+1];             //非叶结点,子女指针数组
        struct {                                  //叶结点
            struct node<Type> * link;             //横向链接指针
            int info[m+1];                        //指向记录的指针
        } leaf;
    } son;
} BPNode;
template <class Type>
```

```
typedef struct {                          //B+树结构定义
    BPNode<Type> *root;                   //根指针
    BPNode<Type> *first;                  //最左叶结点指针
} BPTree;
```

以下从第1题到第6题都是有关 B^+ 树的算法题。

1. 设计一个算法，在 B^+ 树 BT 中从根开始搜索与给定值 x 匹配的关键码。要求返回该关键码所在结点地址和在该结点内关键码的序号。

2. 设计一个算法，将给定的关键码 x 插入一棵 B^+ 树中。

3. 设计一个算法，按照先根次序输出指定 B^+ 树中所有结点的层次、关键码个数，以及所包含的关键码。

4. 设计一个算法，从输入序列中逐个读入数据(关键码)，从空树开始，逐个插入构建一棵 B^+ 树。

5. 设计一个算法，在 B^+ 树上删除指定关键码 x。

6. 设计一个算法，在一棵 B^+ 树上沿叶结点的链表查找关键码 x。要求查找成功时返回找到的结点地址和在结点中的位置；查找失败时返回应插入的结点地址和在结点中应插入的位置。

10.5 补充练习题解答

一、选择题

1. 选 A。对顺序文件中的逻辑记录进行修改时，有可能需要的空间超出系统为原纪录分配的空间，需要把该记录后面的数据统统后移。若每次修改都要移动数据且文件存储在顺序存取设备(如磁带)上，则需要频繁复制文件。为此可把修改的记录放在附加文件中，在适当的时候以批处理方式把附加文件通过复制的手段合并到原文件中。

2. 选 B。散列文件是基于散列法组织逻辑记录的。它使用散列函数对逻辑记录的关键码值进行计算，得到该记录在文件中的(相对)存放地址，再按此地址直接存取。

3. 选 C。3000 个记录可以存储到 3000/5＝600 个页块中，根据散列函数知，文件中至少有 73 个桶，平均每个桶所对应的单链表的长度为$\lceil 600/73 \rceil=9$。

4. 选 C。索引文件由索引表和主文件构成。主文件存放数据记录，索引表存放多个索引项。通过对各索引项的关键码进行搜索，可以确定所需数据记录在主文件中的存放地址，从而提高存取的效率。

5. 选 A,C。可互换。索引顺序文件的主文件是按照记录的关键码值有序排列的，索引表中的索引项也是按同一个关键码值有序排列的，典型的索引顺序文件，如 VSAM 文件是用 B^+ 树做索引表，既可以顺序搜索，也可以随机搜索。

6. 选 B。ISAM 是专为磁盘存取设计的文件组织形式，属于静态索引；VSAM 是一种实现大型文件的组织形式，属于动态索引。它们都属于索引顺序文件。

7. 选 B。ISAM 文件包括 3 级索引表：主索引、柱面索引、磁道索引。在 ISAM 文件中检索记录时，先搜索主索引，从主索引找到相应的柱面索引，从柱面索引找到记录所在柱面上的磁道索引，再从磁道索引找到记录所在磁道，在该磁道内顺序搜索记录即可上第一个记录的地址。

8. 选 C。VSAM 文件由三部分构成：索引集、顺序集、数据集。索引集相当于 B^+ 树的非叶结点部分，顺序集相当于 B^+ 的叶结点部分，数据集相当于主文件。通过索引集可以从根结点访问，通过顺序集可以顺序访问，这些访问都是按照记录的关键码值进行的，不能按照记录号进行访问。

9. 选 A。在应用中使用文件进行数据处理的基本单位是逻辑记录，简称记录。

10. 选 B。将 Huffman 树的思想扩展到三叉树。为了构造严格的三叉树，需要补入长度为 0 的虚结点。因为 $(n_0-1)\ \%\ (3-1)=u=1\neq 0$，需要补入 $3-u-1=1$ 个虚结点，由此构造出严格三叉树。构造过程如图 10-21 所示。

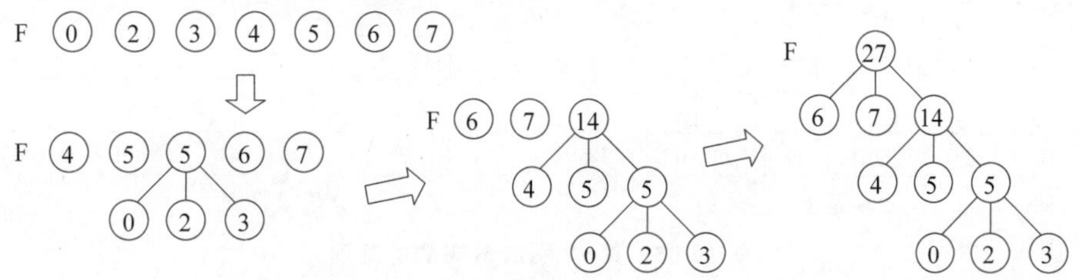

图 10-21 第 10 题的严格三叉树的构造过程

该树的最小带权(外部)路径长度为 $(6+7)\times 1+(4+5)\times 2+(0+2+3)\times 3=46$。

11. 选 B。最佳归并树必须是严格的 12 叉树，首先计算 $(120-1)\ \%\ (12-1)=9\neq 0$，它表明构造严格 12 叉树要多出 9 个叶结点，需要补充 $12-9-1=2$ 个虚段。

12. 选 C。编号为 i 的外结点的父结点的编号为 $t=\lfloor(i+k)/2\rfloor$。例如，图 10-22 中外结点 0 的父结点为编号 $\lfloor(0+5)/2\rfloor=2$ 的内结点，外结点 4 的父结点为编号 $\lfloor(4+5)/2\rfloor=4$ 的内结点。

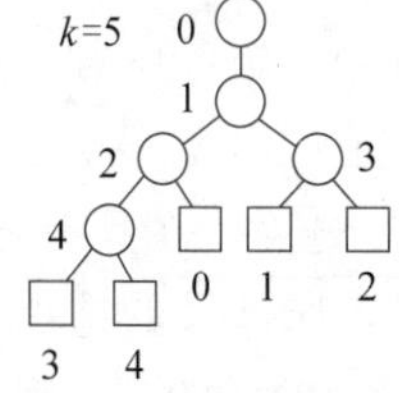

图 10-22 第 12 题的败者树

13. 选 D。在外部排序过程中输入输出缓冲区就是排序的内存工作区，例如，做 k 路平衡归并就需要 k 个输入缓冲区和 1 个输出缓冲区，用以存放参加归并的和归并完成的记录。在产生初始归并段时也可用作内排序的工作区。它没有传送用户界面的消息的任务。

14. 选 C。为有效提高输入缓冲区的利用率，k 个初始归并段各建立一个缓冲区的链式队列，开始时为每个队列先分配一个输入缓冲区。另外建立空闲缓冲区的链式栈，把其余 k 个空闲的缓冲区送入此栈中。

15. 选 D。根据 m 阶 B 树的定义，每个结点(包括根结点)至多有 m 棵子树，选项 A 正确。B 树是高度平衡的，它限制所有失败结点都在同一层次上，B 树的叶结点是最底层结点，不是失败结点，它也应在同一层次上，选项 B 正确。B 树的每个结点(包括根结点)中的关键码都是从小到大有序排列的，选项 C 正确。B 树的叶结点之间不要求指针链接，B^+ 树有此要求，但 B^+ 树不是 B 树，选项 D 不正确。

16. 选 B。选项Ⅰ正确，插入新关键码后可能会导致结点分裂。如果这种分裂引起通往根结点的通路上各结点都要分裂，那么树的高度就会增加。选项Ⅱ也正确，如果在叶结点内删除关键码，可能导致叶结点与其兄弟结点的合并，它们的父结点内会有一个关键码下移，又会导致父结点与其兄弟结点的合并。极端情况下，如果根结点原来仅有一个关键码，它的子女结点合并后，根结点仅有的关键码下移，最后树的高度就会降低。选项Ⅲ错误，与 B^+ 树不同，搜索某关键码不需要搜索到叶结点，找到即停。选项Ⅳ错误，新关键码一开始是加到叶结点中，但如果发生结点分裂，可能这个新插入的关键码被上移到父结点，不在叶结点中了。

17. 选 D。对于图 10-23(a)所示的 3 阶 B 树，删除叶结点 c 中的 78，该结点中关键码个数 $n<\lceil 3/2\rceil-1$，不满足 B 树要求的最少关键码个数，再看它的左兄弟结点 b，其关键码个数 $n>\lceil 3/2\rceil-1$，有富裕，可通过调整"调动"一个关键码过来。具体步骤是从父结点 a 下移 65 到结点 c，再从结点 b 上移 62 到父结点 65 的位置即可，如图 10-23(b)所示。

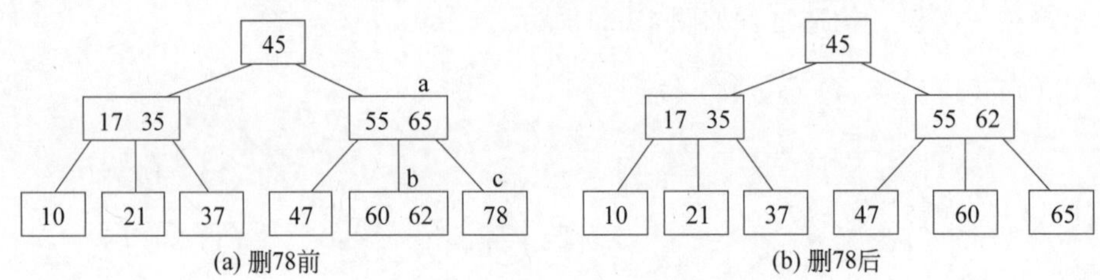

图 10-23 第 17 题的 B 树删除处理

18. 选 A。按照 B 树定义，5 阶 B 树的根结点至少有 2 棵子树，含 1 个关键码，其他每个结点至少有 $\lceil 5/2\rceil=3$ 棵子树，含 2 个关键码。若 B 树高度为 2，则第一层是根结点，至少 1 个关键码；第二层至少有 2 个结点，每个结点至少含 2 个关键码，总共是 $1+2\times 2=5$ 个关键码。

19. 选 D。按照 B 树定义，4 阶 B 树的根结点至少有 1 个关键码，有 2 棵子树；其他每个结点至少有 $\lceil 4/2\rceil=2$ 棵子树，含 1 个关键码。如果让每个结点的关键码个数最少，结点个数可达最多。第一层有 1 个结点，第二层有 2 个结点，第三层有 4 个结点，第四层有 8 个结点，总共有 $1+2+4+8=15$ 个结点。

20. 选 C。在具有 n 个关键码的 m 阶 B 树中进行搜索时，从根结点到关键码所在结点的路径上所涉及的结点数最多，等于树的高度 $h=1+\log_{\lceil m/2\rceil}((n+1)/2)$，而每访问一个结点，最多读 1 次磁盘，因此读磁盘次数最多为 h。

21. 选 C。在插入过程中为搜索插入位置读入的结点数为 h，假设它们一直保存在内存中，最坏情况下从叶结点到根结点都要分裂，共分裂 h 次，每次写出 2 个结点，再加上 1 次写出分裂出的新根结点，共读写了 $3h+1$ 次磁盘。

22. 选 C。如果被删关键码不在叶结点，需要用它右边子树最小关键码(在叶结点内)或它左边子树最大关键码(在叶结点内)填补上来，再到叶结点中删除填补上去的关键码，这个过程需要读盘 h 次(假设它们一直保存在内存中)。最坏情况下从叶结点到根结点的下一层结点共 $h-1$ 层都要做结点合并，每次合并需读入 1 个兄弟结点，写出合并后的结点，共 $3h-2$ 次读写磁盘，另外共删除了 h 个结点。

23. 选 B。从空树开始，最初建立的是根结点，它又是叶结点。以后分裂成 p 个结点，经过了 $p-1$ 次分裂。

24. 选 A。B^+ 树的叶结点包含了所有关键码，且所有叶结点都通过指针链接起来，后一个叶结点中所有关键码都比前一个叶结点中的关键码大，可以通过这种叶结点之间的链接进行顺序搜索。B 树没有这个叶结点之间的链接，只能从根向下做逐层搜索。

25. 选 B。典型的 B^+ 树的应用是数据库系统中用做索引，参看图 10-24。

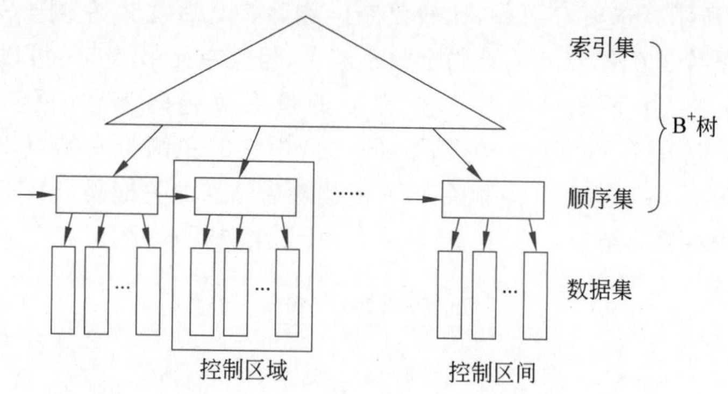

图 10-24　第 25 题 VSAM 文件结构示意图

编译器的词法分析主要利用有穷自动机和语法树等技术；网络中的路由表的快速搜索主要依靠高速缓存、路由表压缩技术和快速搜索；操作系统的磁盘空闲块管理主要利用空间链表来进行空闲空间的分派和回收。

26. 选 B。3 阶 B 树每个结点(包括根结点)最少有 2 棵子树，1 个关键码。若让每个结点的关键码个数达到最少，则整个 B 树的关键码总数达到最少。已知 B 树高度为 5，第一层 1 个结点，第二层 2 个结点，第三层 4 个结点，第四层 8 个结点，第五层 16 个结点，总共 1＋2＋4＋8＋16＝31 个结点，因此，高度为 5 的 3 阶 B 树至少包含 31 个关键码。

27. 选 B。4 阶 B 树的根结点最少有 2 棵子树，1 个关键码。除根结点外，其他非失败结点最少有⌈4/2⌉＝2 棵子树，1 个关键码。所有非失败结点最多有 4 棵子树，3 个关键码。如果一个结点已满(已有 3 个关键码)，再插入新关键码就会产生溢出，必须进行结点分裂。分裂的原则是原结点保留左边的最少数目(＝1) 的关键码，中间的 1 个关键码插入其父结点，右边的剩余(＝2) 关键码移到新建的右兄弟结点。插入过程参看图 10-25。

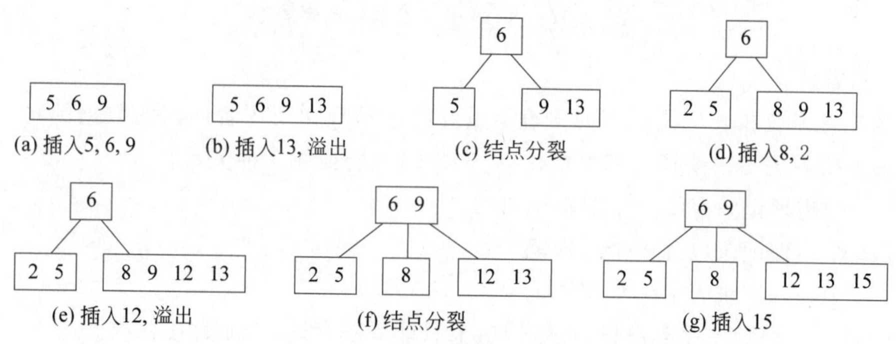

图 10-25　第 27 题 4 阶 B 树的插入过程

28. 选 A。3 阶 B 树的每个非失败结点(包括根结点)最少有 2 棵子树，1 个关键码，最多有 3 棵子树，2 个关键码。为使结点数达到最多，第二层应有 3 个结点。题目指定有 4 个关键码，这 4 个关键码分配到 3 个结点，其中 1 个结点有 2 个关键码，2 个结点有 1 个关键码，到第三层，应当有 3＋2＋2＝7 个结点，各层结点数相加 1＋3＋7＝11。

29. 选 D。选项 A 可行，但有点复杂。在图 10-26(a)中删除 260 时，右侧子女结点 e 最左关键码 280 上移顶替 260 位置，e 与 f 结点合并，根结点 a 的关键码 350 下移，结果如

图 10-26(b)所示。选项 B 可行，比较简单。删除 260 后，260 左侧和右侧子女结点 d 与 e 合并，如图 10-26(c)所示。选项 C 可行，比较复杂。删除 260 后，260 左侧子女结点 d 的最右关键码 110 上移顶替 260，结点 d 关键码个数不够了，但其左兄弟结点 c 可以支援它，于是进行调整，父结点 a 的 90 下落到结点 d，结点 c 的最右关键码上移，顶替 90 的位置，如图 10-26(d)所示。选项 D 不可行。在删除 260 时，用它的左侧子女结点 d 的最右关键码 110 顶替 260 的位置，再到结点 d 中删除 110，但删除后结点的关键码个数不够了，又不能与它左兄弟结点 c 或右兄弟结点 e 合并，因为一合并，父结点就不对了。

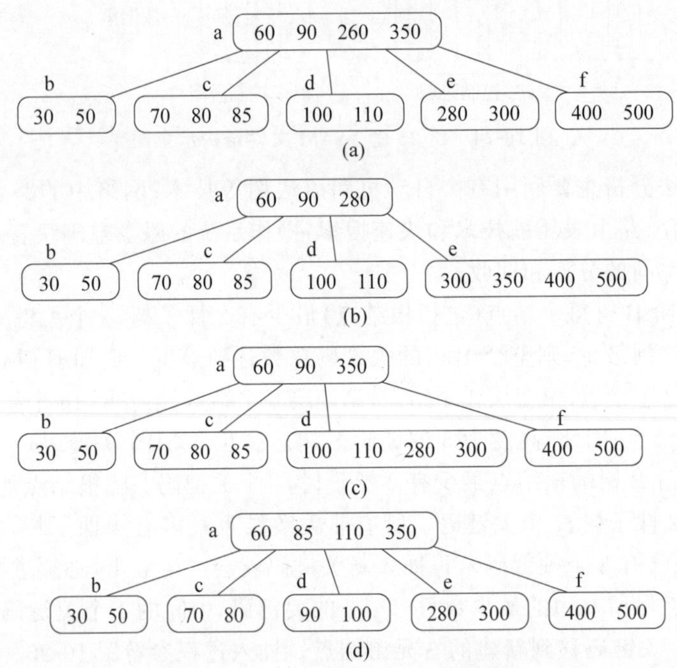

图 10-26 第 29 题 5 阶 B 树的删除

二、简答题

1. 逻辑记录是指在应用系统的语境下设计出来呈现在使用者面前的数据的组织形式，物理记录是指系统一次读写的基本单位，它们之间可能存在 3 种关系：

(1) 一个物理记录存放一个逻辑记录；

(2) 一个物理记录包含多个逻辑记录；

(3) 多个物理记录表示一个逻辑记录。

2. 磁带是一种顺序存取设备，在磁带机上只能顺序存取，不能直接存取。

(1) 散列文件只能直接存取，不能顺序存取，所以只能用在磁盘上，不能用在磁带上。

(2) 索引非顺序文件适合直接存取，因为在数据表中所有记录都没有按照关键码有序排列，做顺序存取会导致磁头来回频繁移动，所以不适合放在磁带上。索引顺序文件可以顺序存取，也可以直接存取，可以放在磁带上。

(3) 多关键码文件包括多重链表索引文件和倒排表索引文件，多用于范围查询或函数查询。对于多重链表索引文件，由于链接指针是嵌入在数据表中，指示方向可以向前，也可以向后，导致查询路线的来回摆动，不适合放在磁带上。对于倒排索引文件，它可以独立形成索引表，可以放在磁带上。

3. 顺序文件的优点：在顺序文件中，所有逻辑记录在存储介质中的实际顺序与它们进入文件的顺序一致，做顺序检索由于省去了磁头定位的时间，所以适用于成批的快速顺序检索。顺序文件的缺点：对于单个记录的检索不太经济。此外，顺序文件在插入、删除、修改等操作方面不像顺序表那样简单，必须采取批处理的方式完成。这一方式需要设置一个附加文件（常称为事务文件），用来存放对顺序文件（又称主文件）的修改请求。当修改请求积累到一定数量时，开始实施批处理。首先将事务文件按主关键码排序，再对事务文件和主文件执行一个类似于二路归并（参见第 9 章）的过程。

索引顺序文件的优点：既可以顺序存取，也可以直接存取；既可以按静态索引的方式来组织，也可以按动态索引的方式来组织。由于是稀疏索引，检索速度很快，适用于所有类型的查询。索引顺序文件的缺点：文件结构相对复杂，空间占用较多。在插入、删除、修改等操作方面相对也复杂。特别是在组织动态索引时为了自调整索引结构需要花费一定的时间代价。

顺序文件只能放在磁带上。索引顺序文件不仅能放在磁带上，也能放在磁盘上。

4. 在倒排索引中的记录地址用记录的实际存放地址，搜索的速度快；但以后在文件中插入或删除记录对象时需要移动文件中的记录对象，从而改变记录的实际存放地址，这将对所有的索引产生影响。修改所有倒排索引的指针，不但工作量大而且容易引入新的错误或遗漏，使得系统不易维护。

记录地址采用记录的关键码，缺点是寻找实际记录对象时需要再经过主索引，降低了搜索速度；但以后在文件中插入或删除记录对象时，如果移动文件中的记录对象，将导致许多记录对象的实际存放地址发生变化，只需改变主索引中的相应记录地址，其他倒排索引中的指针一律不变，使得系统容易维护，且不易产生新的错误和遗漏。

5. 静态索引结构指这种索引结构在初始创建、数据装入时就已经定型，而且在整个系统运行期间，树的结构不发生变化，只是数据在更新。动态索引结构是指在整个系统运行期间，树的结构随数据的增删而及时调整，以保持最佳的搜索效率。静态索引结构的优点是结构定型，建立方法简单，存取方便；缺点是不利于更新，插入或删除时效率低。动态索引结构的优点是在插入或删除时能够自动调整索引树结构，以保持最佳的搜索效率；缺点是算法实现复杂。

6. $m=3$ 的平衡 m 路搜索树的叶结点不一定在同一层，而 m 阶 B 树的叶结点必须在同一层，所以 m 阶 B 树是平衡 m 路搜索树，反过来，平衡 m 路搜索树不一定是 B 树。

7. 若设该散列文件有 m 个桶，用开散列法（链地址法）解决冲突，根据题意，15 000 个记录至少应放置到 $n=15\ 000/30=500$ 个页块中，根据散列法，搜索到一个已有记录的平均搜索长度为 $1+\alpha/2\leqslant 1.5$，解得 $\alpha\leqslant 1$。又因为 $\alpha=n/m=500/m\leqslant 1$，由此可以解出 $m\geqslant 500$。由此可知，该文件至少应设置 500 个桶。

8. 从图 10-18 可知，该文件采用主索引、柱面索引和磁道索引三级索引结构，当搜索记录 R_{78} 时，先查主索引（位于 C_0T_0），读入 C_0T_0；因为 78<300，再搜索相应柱面索引（位于 C_0T_1），读入 C_0T_1；又因为 70<78<158，所以再读入相应的磁道索引（位于 C_2T_0）；又因 78<81，所以 C_2T_1 即为 R_{78} 所存放的磁道，读出 C_2T_1 后即可查到 R_{78}。

9. 散列函数为 $h(k)=k\ \%\ 5$,各关键码映射到的桶号分别为

$h(25)=25\ \%\ 5=0, h(75)=75\ \%\ 5=0, h(125)=125\ \%\ 5=0,$

$h(93)=93\ \%\ 5=3, h(241)=241\ \%\ 5=1, h(203)=203\ \%\ 5=3,$

$h(19)=19\ \%\ 5=4, h(198)=198\ \%\ 5=3, h(121)=121\ \%\ 5=1,$

$h(173)=173\ \%\ 5=3, h(218)=218\ \%\ 5=3, h(80)=80\ \%\ 5=0,$

$h(214)=214\ \%\ 5=4, h(329)=329\ \%\ 5=4$。

得到的散列文件如图 10-27 所示。

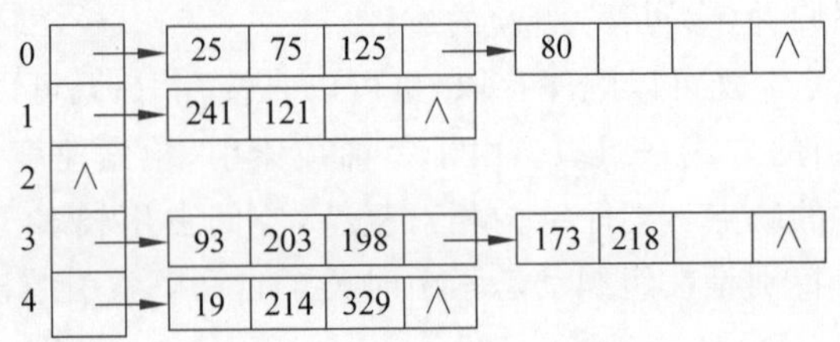

图 10-27　第 9 题用链地址法构建的散列文件

当需要对该散列文件中的记录进行检索时,可首先根据记录的关键码值,用散列函数求出其散列地址,即桶号,然后把该桶中的所有记录读入内存,并对这些记录进行检索。若找到则检索成功,否则,若该桶不满且其链接指针为空,说明检索失败。若其链接指针不空,则依该指针把溢出桶的记录读入内存,继续检索直到检索成功或失败时为止。

当对散列文件中的记录进行删除操作时,同样可首先利用散列函数求出该记录所在的存储桶并把它读入内存,把该记录从桶中删去。若桶中记录全空,则把此桶从链中摘下并释放回系统,否则把该桶重新写回到外存储器中的原位置。

当要对散列文件中的记录进行更新或修改时,可首先检索该记录所在的存储桶,并把该桶记录读入内存,接着检索该记录,并修改,然后把修改后的桶重新写回到原来的位置即可。

10. (1) 设归并路数为 k,初始归并段个数 $m=80$,根据归并趟数计算公式 $S=\lceil \log_k m \rceil = \lceil \log_k 80 \rceil = 3$得 $k^3 \geqslant 80$。由此解得 $k \geqslant 5$,即应取的归并路数至少为 5。

(2) 设多路归并的归并路数为 k,需要 k 个输入缓冲区和 1 个输出缓冲区。1 个缓冲区对应 1 个文件,由 $k+1=15$,因此 $k=14$,可做 14 路归并。由 $S=\lceil \log_k m \rceil = \lceil \log_{14} 80 \rceil = 2$,即至少需 2 趟归并可完成排序。

若限定这个趟数,由 $S=\lceil \log_k 80 \rceil = 2$,得 $80 \leqslant k^2$,可取的最低路数为 9。即要在 2 趟内完成排序,进行 9 路排序即可。

11. (1) 多路平衡归并排序由两个相对独立的阶段组成:生成初始归并段和多趟归并排序。生成初始归并段阶段根据内存工作区的大小,将有 n 个记录的磁盘文件分批读入内存,采用有效的排序方法分别进行排序,生成若干有序的子文件,即初始归并段。多趟归并排序阶段采用多路归并方法将这些归并段逐趟归并,最后归并成为一个有序文件。

(2) 多路归并排序采用败者树选出具有最小排序码的元素,完整的败者树和输出具有最小排序码值记录后重构的败者树如图 10-28(a)和图 10-28(b)所示。在败者树的内结点中存放的是两个子女两两比较的败者的归并段的段号(从 0 开始编号),外结点中存放的是当前参加归并的记录的排序码值。

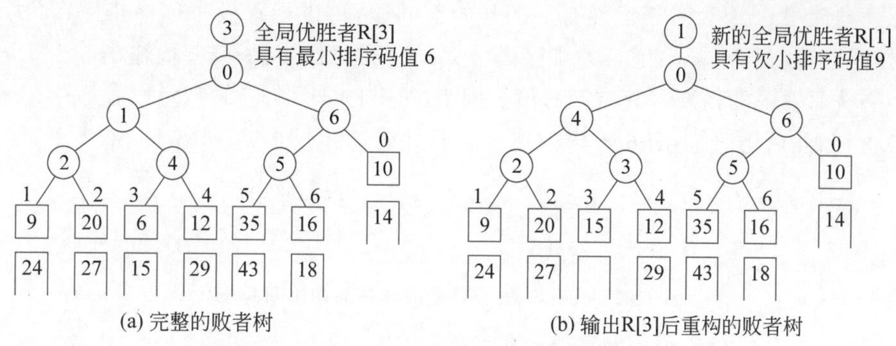

(a) 完整的败者树 (b) 输出R[3]后重构的败者树

图 10-28 第 11 题败者树及重构败者树

12. 根据扫雪机原理，使用置换—选择排序和 1MB 的内存工作区，可生成初始归并段的平均长度为 2×1MB＝2MB。又根据题意，每个页块大小为 2048 字节(＝2KB)，1MB 的内存工作区可同时处理 1024/2＝512 个页块。因此，多路平衡归并的最大路数为 511，因为需要留出一个页块做归并后存放结果的输出缓冲区，故只有 511 个页块用于输入缓冲区。

第一趟归并可以得到最长 2MB×511＝1022MB 的归并段，第二趟归并可以得到最长 1022MB×511＝522 242MB≈510GB 的归并段。

13. 堆排序是一种内排序的方法，有 n 个记录的序列，做堆排序需要全部 n 个记录的内存空间及 $n\log_2 n$ 的时间代价，当 n 特别大，在内存工作区不能存放全部记录时，堆排序将不适用。外部排序做多路平衡归并排序，是利用了归并的顺序比较和顺序存取的特性，可以方便地做内外存的交换，不至于磁头来回“颠簸”，而败者树在 k 路待归并的记录中选择排序码值最小的记录时，可以把比较次数限制在 $\log_2 k$ 的范围内，所需空间只需 k 个排序码(外结点)和 k 个整数(内结点)。

在生成初始归并段时，败者树和堆都可以用。每次选择一个记录输出后调整败者树，需要比较次数不超过$\lceil \log_2 k \rceil$，不需移动数据，全部时间代价不超过 $O(n\log_2 k)$；而使用堆实现置换—选择排序时，每次选择一个记录输出后调整堆，比较次数不超过$\lfloor \log_2 k \rfloor$，但数据移动次数最大可能达到 $\lfloor \log_2 k \rfloor+2$，全部时间代价不超过 $O(n\log_2 k)$。

14. 首先要理解什么是“选择法”。选择法是指在做 k 路归并时，在 k 个记录中通过比较选择排序码值最小的记录。因为占用 CPU 时间与比较次数有关，而比较次数与 k 有关，所以占用 CPU 时间与 k 有关。如果采用顺序表方式组织内存工作区的记录，则选择一个排序码值最小的记录需要比较 $k-1$ 次；如果采用败者树方式组织内存工作区的记录，则选择一个排序码值最小的记录需要比较 $\lceil \log_2 k \rceil$次；如果采用最小堆方式组织内存工作区的记录，则选择一个排序码值最小的记录不仅需要比较 $\lfloor \log_2 k \rfloor$次，还需移动数据最大达到 $\lfloor \log_2 k \rfloor+2$ 次。

15. (1) 输入文件有 $n=19$ 个记录，工作区大小为 $m=4$，采用置换—选择排序方法可得到 3 个不等长的初始归并段，分别为{14,37,51,63,83,94,99,∞}、{15,23,31,48,56,60,72,90,100,166,∞}和{8,17,∞}。过程略。

(2) 当工作区的大小 m 任意时($n>m>0$)，生成的第一个初始归并段的长度，最大是 n，此时 $m=n$，比如文件中记录已经全部有序的情形；最小是 1，此时的 $m=1$，比如文件中记录全部逆序的情形。

16. 不会变化。因为对于已经有序的初始归并段，再进行置换—选择排序，每次新置换记录的排序码值都比刚输出记录的排序码值大，它仍将归于同一归并段输出。

17. 首先计算是否需要补充空归并段。因为(31−1) % (5−1)=2≠0，需补充 5−2−1=2 个空归并段；然后仿照 Huffman 树构造 5 路归并树，如图 10-29 和图 10-30 所示。

图 10-29 第 17 题所有参加归并的初始归并段

构造出来的最佳归并树如图 10-30 所示。

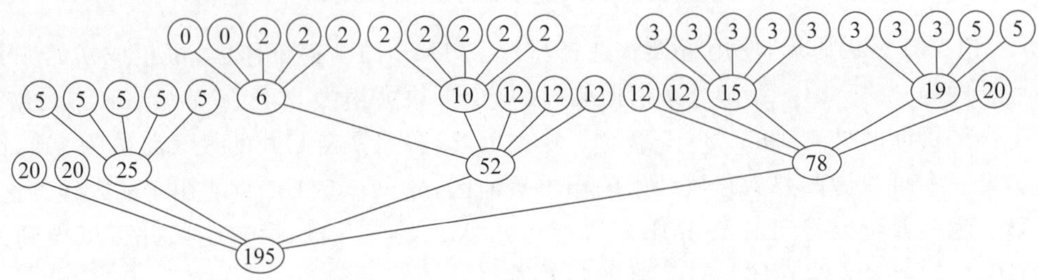

图 10-30 第 17 题构造成功的最佳归并树

总的读外存的次数等于最佳归并树的带权路径长度 WPL

$$WPL=(2\times8+3\times8+5\times2)\times3+(5\times5+12\times5+20\times1)\times2+20\times2=400$$

读/写外存的次数为 $400\times2=800$。

18. (1) 根据 B 树的概念，一个索引结点最大不应超过一个磁盘页块的大小。假设 B 树为 m 阶，一棵 B 树结点最多存放 $m-1$ 个关键码和对应的记录地址，外加 m 个子树指针和 1 个指示结点中实际关键码个数的整数(2 字节)。由于每个关键码和指针都占用 5 字节，则结点大小应满足 $2\times(m-1)\times5+m\times5+2\leqslant4000$，计算得 $m\leqslant267$，即 B 树的阶数应为 267。

(2) 由以上计算可知，一个索引结点最多可以存放 $m-1=266$ 个索引项，最少可以存放$\lceil m/2\rceil-1=133$ 个索引项。全部记录有 $n=20\ 000\ 000$ 个，每个记录占用空间 200 字节，每个页块可以存放 4000/200=20 个记录，则全部记录分布在 20 000 000/20=1 000 000 个页块中。表 10-1 分别列出稀疏索引(B 树每个索引项索引一个页块)和稠密索引(B 树每个索引项索引一个记录)的情况下，B 树索引部分占用的磁盘页块数。

表 10-1 第 18 题 B 树索引占用的磁盘页块数

	最少占用磁盘页块数	最多占用磁盘页块数
稀疏索引	1 000 000/266=3760	1 000 000/133=7519
稠密索引	20 000 000/266=75 188	20 000 000/133=150 376

19. 插入过程如图 10-31 所示。

20. 图 10-20 所示的 B^+ 树索引完整的文件结构如图 10-32 所示。

21. (1) 用 B 树组织索引。因 $m=3$，则 $m-1=2$，$\lceil m/2\rceil-1=1$。根结点最少有 1 个关键码，如图 10-33 所示。

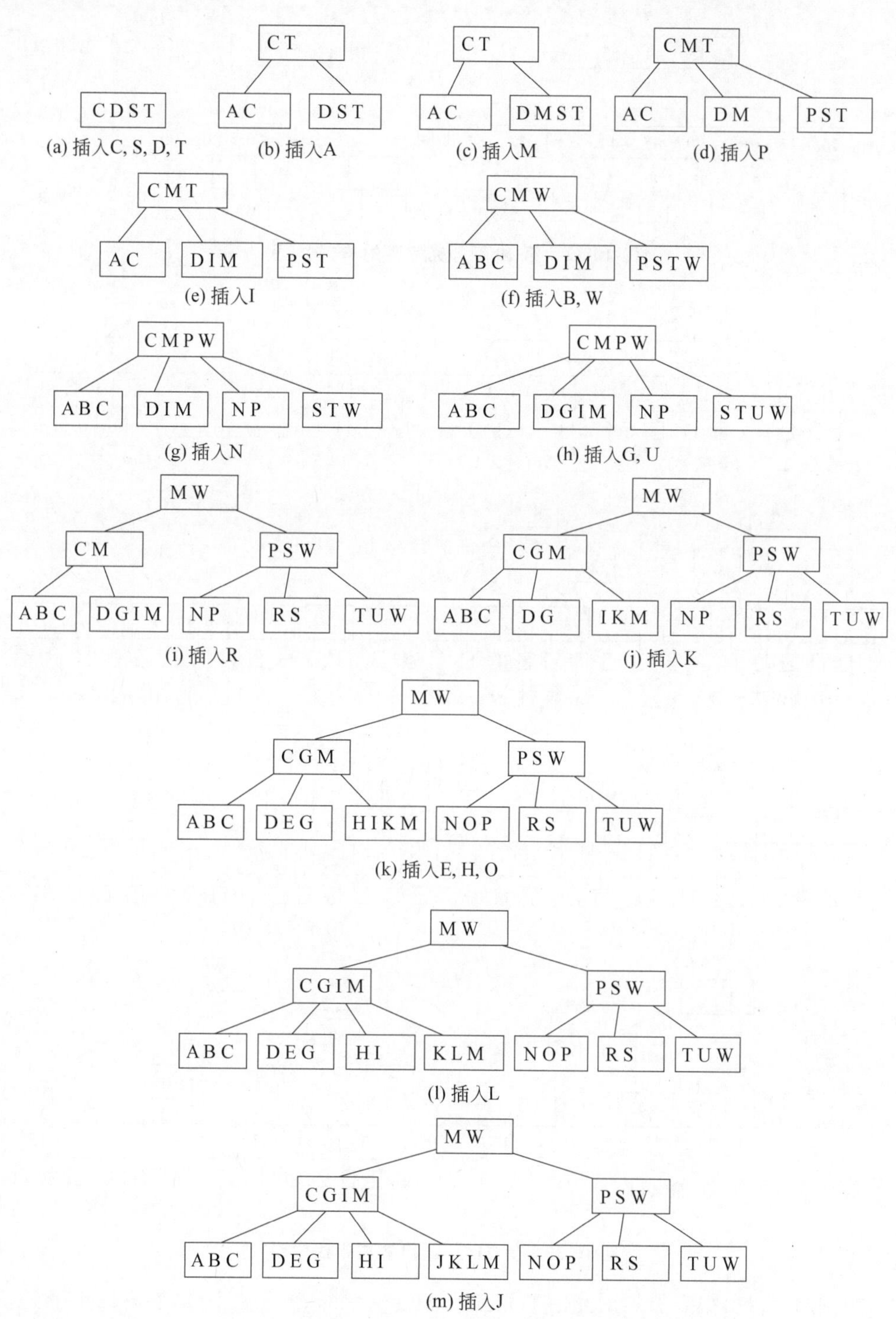

图 10-31　第 19 题通过逐步插入构建 B^+ 树的过程

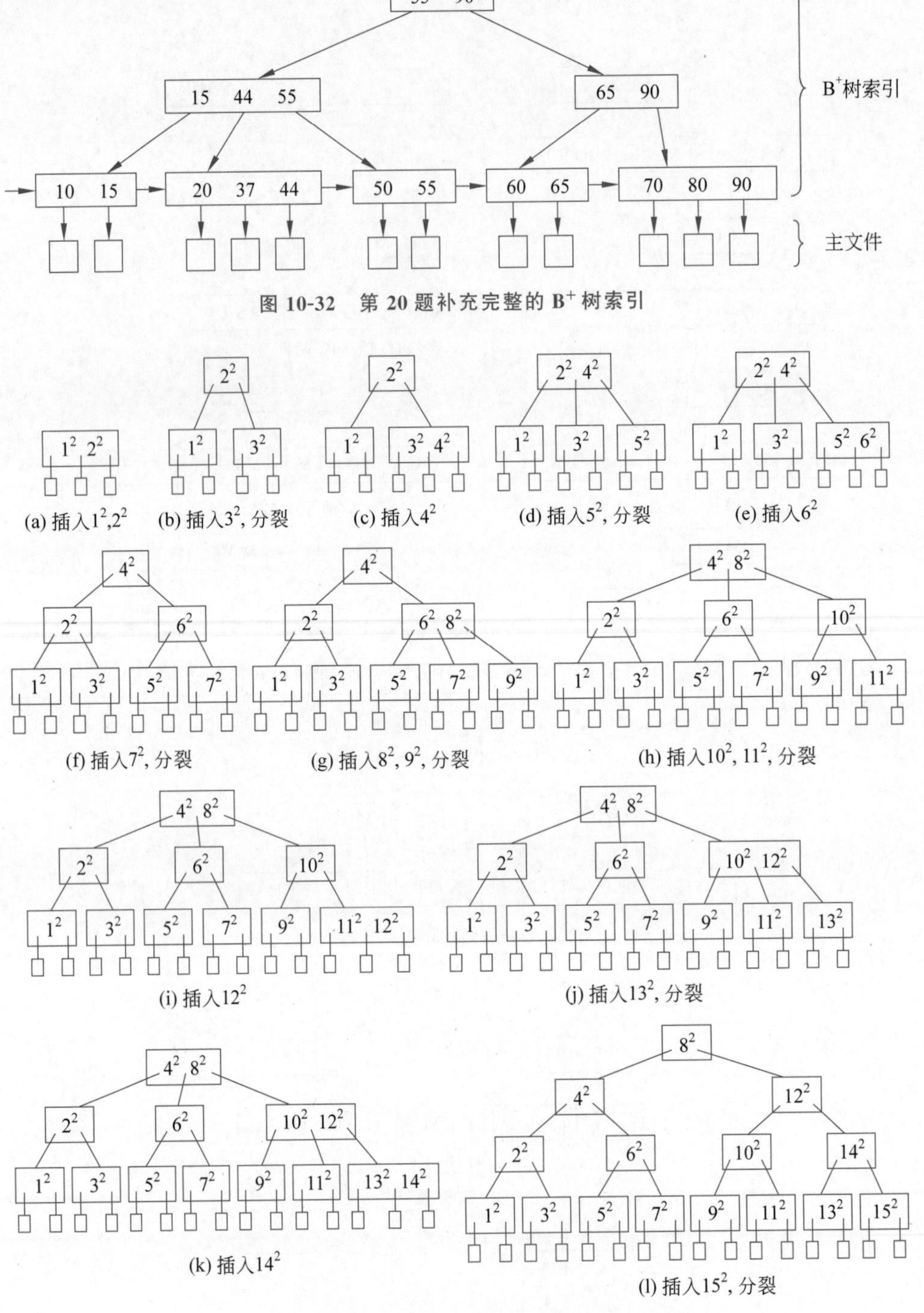

图 10-32　第 20 题补充完整的 B^+ 树索引

(a) 插入1^2,2^2　(b) 插入3^2, 分裂　(c) 插入4^2　(d) 插入5^2, 分裂　(e) 插入6^2

(f) 插入7^2, 分裂　(g) 插入8^2, 9^2, 分裂　(h) 插入10^2, 11^2, 分裂

(i) 插入12^2　(j) 插入13^2, 分裂

(k) 插入14^2　(l) 插入15^2, 分裂

图 10-33　第 21(1)题用 B 树组织索引

(2) 用 B^+ 树组织索引。因 $m=3$，则$\lfloor (m+1)/2 \rfloor = \lceil (m+1)/2 \rceil = 2$，参看图 10-34。

22. 检查左、右兄弟结点的目的是在被删关键码所在结点已经不能保持结点最少关键码个数的情况下，能否从右兄弟或左兄弟结点抽出一部分关键码，补充到被删关键码所在的

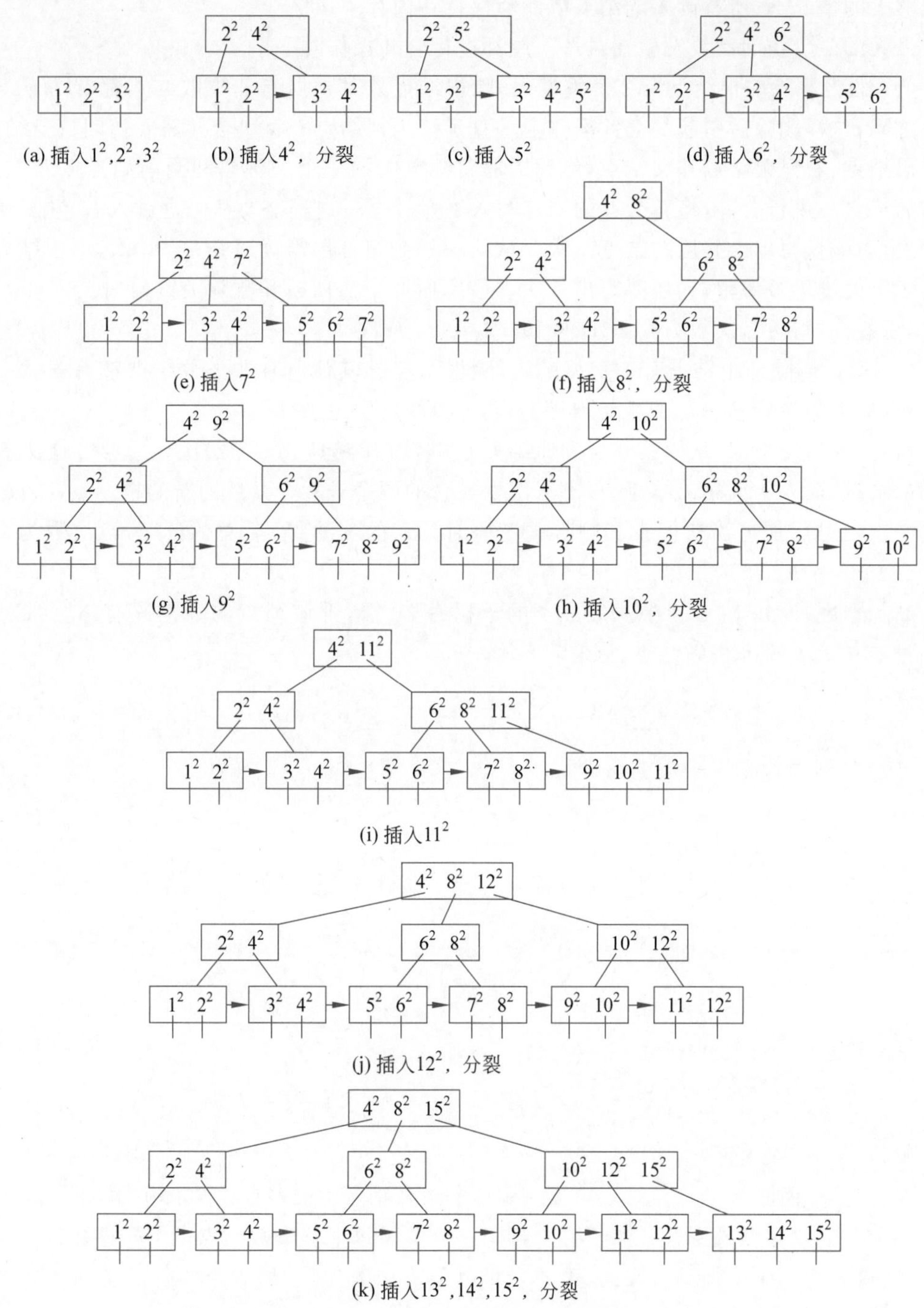

图 10-34　第 21(2)题用 B^+ 树组织索引

结点中。如果不能抽出关键码，则需要进行结点合并。这种合并又会延续到父结点，由于父结点中一个关键码移到合并后的子女结点中，导致父结点也可能合并，如此继续下去，有可能根结点也要合并。

假设为了实现删除，每次读入的结点都在内存。因为 B 树的层次 h 都很少，在内存空间足够大的情况下，所有读入的结点应能够保持在内存中。

最大的磁盘访问次数发生在对每一层都进行合并操作时。

(1) 假设删除前根结点有 2 个关键码，除根结点外其他所有非失败结点都有$\lceil m/2 \rceil-1$个关键码，这样删除后引起的合并操作会一直延续到根结点。每次合并需要访问自身结点、左兄弟结点、右兄弟结点和父结点，然后提取父结点中的一个关键码和当前结点以及左、右兄弟结点之一进行合并，将新合并的结点写入磁盘。这一过程需要从磁盘读入右、左兄弟结点 2 次，向磁盘写出合并后的结点 1 次。从第 h 层到第 2 层需读写 $3(h-1)$次盘，根结点因还有 1 个关键码被保留，它还要写出 1 次。最后加上当初搜索和删除关键码时读入的 h 个结点，总的读/写磁盘次数为 $h+3(h-1)+1=4h-2$ 次。

(2) 假设删除前根结点有 1 个关键码，除根结点外其他所有非失败结点都有$\lceil m/2 \rceil-1$个关键码，则删除后 B 树的原根结点被释放，B 树的层次减 1。

与(1)的情况类似，从原第 3 层到原第 h 层共读/写磁盘 $3(h-2)$次。原第 2 层只有一个兄弟结点，读入 1 次兄弟结点，写出 1 次根与它的两个子女合并后的新的根结点，共读/写磁盘 2 次。最后加上当初搜索和删除关键码时读入的 h 个结点，总的读/写盘次数为 $h+3(h-2)+2=4h-4$ 次。

23. 证明：设 m 阶 B 树中某结点 i 的子树有 C_i 棵，则该结点的关键码有 $N_i=C_i-1$ 个。设 B 树有 k 个非失败结点，则有：

$$\sum_{i=1}^{k} N_i = \sum_{i=1}^{k} (C_i - 1) = \sum_{i=1}^{k} C_i - k \tag{1}$$

已知 B 树中含有 n 个关键码，即：

$$\sum_{i=1}^{k} N_i = n \tag{2}$$

在 B 树中，除根结点外，每个结点都有一棵子树进入，设失败结点的个数为 s，则总的子树棵数为：

$$\sum_{i=1}^{k} C_i = (k-1) + s \tag{3}$$

综合式(1)～式(3)，有：

$$\sum_{i=1}^{k} N_i = n = \sum_{i=1}^{k} C_i - k = (k-1) + s - k$$

解得 $s=n+1$。证毕。

24. 证明：根据 B 树的定义，3 阶 B 树每个非失败结点中最多有 3 棵子树，又因为$\lceil 3/2 \rceil=2$，则每个非失败结点最少有 2 棵子树。若令 3 阶 B 树每个非失败结点中子树棵数都达到最大数目，这就相当于一棵满三叉树，第 h 层的叶结点个数为 3^{h-1}；若令 3 阶 B 树每个非失败结点中子树棵数都达到最小数目，这就相当于一棵满二叉树，第 h 层的叶结点个数为 2^{h-1}。由此可得结论：高度为 h 的 3 阶 B 树的叶结点个数在 2^{h-1} 与 3^{h-1}之间。证毕。

25. 证明：设指示给定关键码所在结点的指针为 p，该关键码在结点中的位置为 i(1≤i≤p->n)，则它的前驱应是 key[i]左侧子树 ptr[$i-1$]中值最大的关键码。按照 B 树的定义，B 树中值最大的关键码应在根结点最右侧 ptr[p->n]所指示的子树中，而在这棵子树(若非空)中值最大的关键码又应在该子树根结点最右侧 ptr[p->n]所指示的子树中，如此递归向下,值最大的关键码一定落在最右侧的叶结点上。

同理,指定关键码的后继应是 key[i]右侧子树 ptr[i]中值最小的关键码。按照 B 树的定义,B 树中值最小的关键码应在根结点最左侧 ptr[0]所指示的子树中,而在这棵子树(若非空)中值最小的关键码又应在该子树根结点最左侧 ptr[0]所指示的子树中,如此递归向下,值最小的关键码一定落在最左侧的叶结点上。证毕。

三、算法题

1. 在 B^+ 树中有两个头指针:一个指向 B^+ 树的根结点,一个指向关键码最小的叶结点。因此,可以对 B^+ 树进行两种搜索运算:一种是循叶结点自己拉起的链表顺序搜索,另一种是从根结点开始,进行自顶向下,直至叶结点的随机搜索。本题实现的是后一种。在搜索过程中,如果非叶结点上的关键码等于给定值,搜索并不停止,而是继续沿右指针向下,一直搜索到叶结点上的这个关键码。因此,在 B^+ 树中,不论搜索成功与否,每次搜索都是走了一条从根到叶结点的路径。算法的实现如下。

```
template <class Type>
bool Search_root (BPTree<Type>& BT, KeyType x, BPNode<Type> * & p, int& i) {
//在 B+树中 BT 从根 BT.root 开始搜索关键码与值 x 相匹配的索引项,若搜索成功,函
//数返回 true,引用参数 p 返回找到的叶结点地址,i 返回关键码位置;若搜索失败,
//函数返回 false,引用参数 p 返回应插入结点地址,i 返回 x 应插在结点中的第 i 个位置
    if (BT.root == NULL) return false;                    //空树
    BPNode<Type> *pr = NULL;
    p = BT.root;
    while (p->tag == 0) {                                 //逐层搜索非叶结点
        for (i = 0; i < p->n && p->key[i] < x; i++); //结点内顺序搜索
        if (i < p->n) p = p->son.ptr[i];
        else p = p->son.ptr[i-1];
    }                                                     //出循环到叶结点
    for (i = 0; i < p->n && p->key[i] < x; i++);      //在叶结点内搜索
    if (i < p->n && p->key[i] == x) r    eturn true;
    else return false;
}
```

设 m 阶 B 树高度为 h,它最多有 m^h 个叶结点,每个叶结点有 m 个关键码,它最多有 $n=m^{h+1}$ 个关键码,则树的高度最大为 $h=\log_m n-1$。搜索算法的关键码比较次数不超过 $m\times h$,读磁盘次数不超过 h。

2. B^+ 树的插入在叶结点上进行。每插入一个关键码后都要判断该叶结点中的关键码个数 n 是否超出范围 m。若 n 没有超过 m,插入结束;若 n 大于 m,可将叶结点分裂为两个,它们所包含的关键码分别为 $\lceil(m+1)/2\rceil$ 和 $\lfloor(m+1)/2\rfloor$,并且把新分裂出结点的最大关键码和结点地址插入到它们的父结点中。在父结点中关键码的插入与叶结点的插入类似,如果关键码个数超出上限 m,也需要进行结点分裂。如果需要做根结点分裂,必须创建新的双亲结点,作为树的新根。这样树的高度就增加 1 层了。算法的实现如下。

```
template <class Type>
bool Insert (BPTree<Type>& BT, Type x, Type R[], int& avail) {
//算法将关键码 x 插入 B+树中,若插入成功,函数返回 true,否则返回 false。算法中
//BT 是 B+树,x 是插入关键码,R 是元素存储数组,avail 是 x 在 R 中可存放位置
    int i, j, k, s;BPNode<Type> *p, *q, *t;Type y;
```

```
    if (BT.root == NULL) {                                          //空树
        BT.root = new BPNode<Type>;                                 //创建根结点同时又是叶结点
        BT.root->tag = 1;BT.root->n = 1;                            //叶结点
        BT.root->parent = NULL;BT.root->pno = -1;
        BT.root->key[0] = x;
        BT.root->son.leaf.link = NULL;
        BT.root->son.leaf.info[0] = avail;R[avail] = x;
        BT.first = BT.root;
        return true;
    }
    if (Search_root (BT, x, p, i)) return false;                    //搜索成功,不插入
    for (j = p->n; j >= i+1; j--) {                                 //否则插入,*p是叶结点
        p->key[j] = p->key[j-1];                                    //后续关键码与指针
        p->son.leaf.info[j] = p->son.leaf.info[j-1]; //后移,空出i位置
    }
    p->key[i] = x;p->son.leaf.info[i] = avail;R[avail] = x;  //插入
    p->n++;
    if (p->n == m+1) {                                              //溢出,分裂叶结点
        q = new BPNode<Type>;
        s = (m % 2 == 0) ? m/2+1 : (m+1)/2;                         //计算分界点
        for (j = s; j <= m; j++) {                                  //把*p后半部数据移到*q
            q->key[j-s] = p->key[j];
            q->son.leaf.info[j-s] = p->son.leaf.info[j];
        }
        p->n = s;q->n = m+1-s;q->tag = 1;                           //调整分裂后两个结点信息
        t = p->parent;q->parent = t;;                               //在双亲*t中找子女*p
        if (t != NULL) {
            for (k = 0; k < t->n; k++)
                if (t->key[k] >= p->key[p->n-1]) break;
            p->pno = k;q->pno = k+1;
        }
        else p->pno = q->pno = -1;
        q->son.leaf.link = p->son.leaf.link;p->son.leaf.link = q;
        x = p->key[(p->n)-1];                                       //取*p与*q最后关键码
        y = q->key[(q->n)-1];
        while (1) {                                                 //插入非叶结点
            if (p->parent == NULL) {                                //分裂到根结点
                BT.root = new BPNode<Type>;
                BT.root->n = 2;BT.root->tag = 0;
                BT.root->key[0] = x;BT.root->key[1] = y;    //插入
                BT.root->son.ptr[0] = p;BT.root->son.ptr[1] = q;
                BT.root->parent = NULL;BT.root->pno = -1;
                p->parent = BT.root;p->pno = 0;
                q->parent = BT.root;q->pno = 1;
                return true;                                        //新根结点创建完,返回
            }
            p = p->parent;                                          //在父结点中查找插入位置
```

```
            for (k = 0; k < p->n && p->key[k] < x; k++);
            p->key[k] = x;
            for (j = p->n; j >= k+2; j--) {                 //后移 k+1 之后的信息
                p->key[j] = p->key[j-1];
                p->son.ptr[j] = p->son.ptr[j-1];
            }
            p->key[k+1] = y;p->son.ptr[k+1] = q;    //插入
            p->n++;
            if (p->n <= m) return true;                     //不需再向上分裂,跳出循环
            q = new BPNode<Type>;                           //否则再分裂,建立新结点 q
            for (j = s; j <= m; j++) {                      //传送 p 的后半部分给 q
                q->key[j-s] = p->key[j];
                q->son.ptr[j-s] = p->son.ptr[j];
            }
            p->n = s;q->n = m-s+1;q->tag = 0;
            q->parent = p->parent;q->pno = p->pno+1;
            for (j = 0; j < q->n;j++) {
                t = q->son.ptr[j];t->parent = q;t->pno = j;
            }
            x = p->key[(p->n)-1];y = q->key[(q->n)-1];
        }
    }
    else return true;                                       //插入后结点不溢出,返回
}
```

在组织大型索引顺序文件时,通常用 B^+ 树作索引,索引 R 所代表的数据区。新关键码插入在 B^+ 树的叶结点中,最坏情况是每层结点都要分裂,设 B^+ 树高度为 h,插入算法的关键码移动次数不超过 $m\times h$,读写磁盘次数不超过 $3h+1$。

3. 与 B 树的输出类似,这是一个递归的算法。算法首先输出根结点的层次、关键码个数和该结点的所有关键码,然后递归地输出所有的子树。算法的实现如下。

```
template <class Type>
void printBPTree (BPNode<Type> * T, int k) {
//递归算法,算法按先根次序输出各结点的层号、关键码个数。参数 k 是结点的层次,
//初次调用赋值 1,表示层次从 1 开始
    if (T != NULL) {
        cout <<"level=" << k <<", n=" << T->n <<", ";          //输出层号、关键码个数
        if (T->parent == NULL) cout <<"pr=-- ";                 //输出父结点
        else cout <<"pr=" << T->parent->key[T->pno] <<" ";
        for (int i = 0; i < T->n; i++)                          //输出子树
            cout <<", " << T->key[i] <<"[" << T->pno <<"]"; //输出关键码、父结点
        cout <<endl;
        if (T->tag == 0) {
            for (i = 0; i < T->n; i++)
                printBPTree (T->son.ptr[i], k+1);               //递归输出子树
        }
    }
}
```

设 B^+ 树有 h 层，算法的关键码访问次数最大不超过 $m\times h$。

4. 利用第 2 题的插入算法，逐个数据插入即可。算法的实现如下。

```
template <class Type>
void createBPTree (BPTree<Type>& BT, Type A[], int n, Type R[], int& avail) {
//算法要求 B+树 BT 已经定义并初始化为空树。调用后从 BT 得到已构建的 B+树。
//数组 A 是输入数据数组，n 是数据个数，R 是数据存放数组，avail 是当前 R 中可用的
//存储位置
    for (int i = 0; i < n; i++) cout << A[i] <<" ";
    cout <<"\n 从输入序列构造 B+树: \n";
    avail = 0;BT.root = NULL;
    for (i = 0; i < n; i++) {
        Insert (BT, A[i], R, avail);
        cout <<"R[" << avail <<"]=" << R[avail] <<endl;
        avail++;
    }
}
```

设 B^+ 树的高度为 h，有 n 个输入数据，构建算法的时间复杂度 $O(n\times m\times h)$。

5. B^+ 树上的删除算法首先要通过搜索查找到 x 所在的叶结点。然后在该叶结点上删除关键码，如果删除后结点中的关键码个数仍然不少于 $\lceil m/2\rceil$，删除结束；如果该结点的关键码个数小于 $\lceil m/2\rceil$，必须做结点的调整或合并工作。算法的实现如下。

```
template <class Type>
void merge (BPNode<Type> *pr, int i) {
//函数合并非叶结点 *pr 的第 i 个子女和第 i+1 个子女
    BPNode<Type> *p = pr->son.ptr[i], *q = pr->son.ptr[i+1];
    for (int j = 0; j < q->n; j++) {                    //右兄弟结点 *q 信息左移到 *p
        p->key[(p->n)+j] = q->key[j];
        if (p->tag == 0) {                              //非叶结点
            p->son.ptr[(p->n)+j] = q->son.ptr[j];
            p->son.ptr[(p->n)+j]->parent = p;
            p->son.ptr[(p->n)+j]->pno = (p->n)+j;
        }
        else p->son.leaf.info[(p->n)+j] = q->son.leaf.info[j];          //叶结点
    }
    p->n = (p->n)+(q->n);p->pno = i;
    delete q;                                           //释放 *q
    p->pno = i;
    pr->key[i] = p->key[(p->n)-1];pr->son.ptr[i] = p;
for (j = i+2; j < pr->n; j++)                           //父结点 *pr 压缩
        { pr->key[j-1] = pr->key[j];pr->son.ptr[j-1] = pr->son.ptr[j]; }
    pr->n--;
}
template <class Type>
bool Remove (BPTree<Type>& BT, KeyType x, KeyType R[]) {
//算法删除 B+树 BT 中的关键码 x，若删除成功，函数返回 true；否则函数返回 false
    int i, j, k, s = (m % 2 == 0) ? m /2 : (m+1)/2;
```

```
BPNode<Type> *p, *q, *pr;
if (!Search_root (BT, x, p, i)) return false; //没找到,不删
for (j = i+1; j < p->n; j++) {                    //在叶结点内删除
    p->key[j-1] = p->key[j];
    p->son.leaf.info[j-1] = p->son.leaf.info[j];
}
p->n--;
pr = p->parent;j = p->pno;
if (p == BT.root)                                 //叶结点同时又是根,处理
    if (p->n == 0) { delete BT.root;BT.root = BT.first = NULL; }
    return true;                                  //未减到0,根保留
}
k = p->pno;                                       //在父结点中指向*p指针的位置
p->parent->key[k] = p->key[(p->n)-1];             //修改父结点的分界关键码
if (p->n >= s) return true;                       //删后非叶结点关键码数≥下限,返回
else {                                            //结点关键码数<下限,调整
    while (1) {
        pr = p->parent;j = p->pno;                //在父结点*pr中寻找指向*p的指针
        if (j == 0) {                             //*p与右兄弟调整
            q = pr->son.ptr[j+1];                 //*q是*p的右兄弟
            if (q->n > s) {                       //从*q移动最左项给*p
                p->key[p->n] = q->key[0];
                for (k = 1; k < q->n; k++)
                    q->key[k-1] = q->key[k];
                if (p->tag == 0) {                //非叶结点
                    p->son.ptr[p->n] = q->son.ptr[0];
                    for (k = 1; k < q->n; k++) {
                        q->son.ptr[k-1] = q->son.ptr[k];
                        q->son.ptr[k-1]->pno--;
                    }
                    p->son.ptr[p->n]->parent = p;
                    p->son.ptr[p->n]->pno = p->n;
                }
                else {                            //叶结点
                    p->son.leaf.info[p->n] = q->son.leaf.info[0];
                    for (k = 1; k < q->n; k++)
                        q->son.leaf.info[k-1] = q->son.leaf.info[k];
                }
                pr->key[j] = p->key[p->n];
                p->n++;q->n--;break;
            }
            else merge (pr, j);                   //与右兄弟合并
        }
        else {                                    //*p与左兄弟调整
            q = pr->son.ptr[j-1];                 //*q是*p的左兄弟
            if (q->n > s) {                       //*q的关键码足够,移动最右向给*p
                for (k = p->n; k > 0; k--) p->key[k] = p->key[k-1];
```

```
                p->key[0] = q->key[(q->n)-1];
                if (p->tag == 0) {          //非叶结点
                    for (k = p->n; k > 0; k--) {
                        p->son.ptr[k] = p->son.ptr[k-1];
                        p->son.ptr[k]->pno++;
                    }
                    p->son.ptr[0] = q->son.ptr[(q->n)-1];
                    p->son.ptr[0]->parent = p;
                    p->son.ptr[0]->parent = p;
                    p->son.ptr[0]->pno = 0;
                }
                else {                      //叶结点
                    for (k = p->n; k > 0; k--)
                        p->son.leaf.info[k] = p->son.leaf.info[k-1];
                    p->son.leaf.info[0] = q->son.leaf.info[(q->n)-1];
                }
                pr->key[j-1] = q->key[(q->n)-2];
                p->n++;q->n--;
                pr->key[(p->n)-1] = p->key[(p->n)-1];
                break;
            }
            else merge (pr, j-1);           //*q关键码不足,与右兄弟*p合并
        }
        if (pr == BT.root) {                //调整到根,停止调整
            if (pr->n <= 1) {
                p->parent = NULL;p->pno = -1;
                delete pr;   BT.root = p;   //删根,换新根
            }
            return true;                    //已经调整到根,退出调整循环
        }
        else if (pr->n < s) p = pr;         //未调整到根,继续向上调整
        else break;
    }
  }
}
```

B^+树的删除首先从叶结点开始,逐层向上调整,最坏情况是每层结点都要调整,设B^+树高度为h,删除算法的关键码移动次数不超过$m\times h$,读写磁盘次数不超过$3h+1$。

6. 这实际上就是一个沿着链表顺序搜索的问题。算法的实现如下。

```
template <class Type>
bool Search_first (BPTree<Type>& BT, Type x, BPNode<Type> *& p, int& i) {
//算法在B+树中从最左的叶结点开始沿叶结点的链搜索关键码与给定值x相匹配的索引
//项,若搜索成功,函数返回true,引用参数p返回找到的叶结点地址,i返回关键码
//在该叶结点中的位置;若搜索失败,函数返回false,引用参数p返回应插入结点地
//址,i返回x应插在结点中的位置
    BPNode<Type> *pr = NULL;
```

```
    p = BT.first;
    while (p != NULL && p->key[(p->n)-1] < x)
        { pr = p;p = p->son.leaf.link; }          //p为空,则x大于树中所有关键码
    if (p == NULL)                                 //x应插入最后一个结点
        { p = pr;i = p->n;return false; }
    else if (p->key[(p->n)-1] == x)               //在尾部搜索成功
        { i = (p->n)-1;return true; }
    else {                                         //在结点内部继续搜索
        for (i = 0; i < p->n && p->key[i] < x; i++);
        if (p->key[i] == x) return true;           //在结点内部搜索成功
        else return false;                         //搜索失败
    }
}
```

设 B^+ 树的高度为 h，叶结点最多有 m^h 个，每个叶结点最多有 m 个关键码，则算法访问关键码个数最多有 m^{h+1} 个。

参考文献

[1] 殷人昆. 数据结构习题解析[M]. 2 版. 北京：清华大学出版社，2011.

[2] 严蔚敏，吴伟民，米宁. 数据结构题集：C 语言版[M]. 北京：清华大学出版社，1999.

[3] HOROWIZE E，SAHNI S，MEHMA D. Fundamentals of Data Structures in C++ [M]. 张力，译. 2nd Ed. 北京：清华大学出版社，2009.

[4] HOROWIZE，SAHNI S，MEHMA D. Fundamentals of Data Structures in C++ [M]. 周维真，张海藩，译. 国防工业出版社.

[5] WEISS M A. Data Structures and Problem Solving Using C++ [M]. 张丽萍，译. 北京：清华大学出版社，2005.

[6] WEISS M A，Data Structures and Algorithm Analysis in C[M]. 冯舜玺，译. 2nd Ed. 北京：机械工业出版社，2004.

[7] SAHNI S. Data Structures，Algorithms，and Applications in C++ [M]. 汪诗林，孙晓东，译. 北京：机械工业出版社，2000.

[8] 紀平拓男，春日伸弥. アルゴリズムとデータ構造，ソフトバンクパブリッシンゲ，2003.

[9] 築山修治. アルゴリズムとデータ構造の設計法，コロナ社，2003.

[10] 翁惠玉，俞勇. 数据结构：思想与实现[M]. 北京：高等教育出版社，2009.

[11] 陈守孔，胡潇琨，李玲. 算法与数据结构考研试题精析[M]. 4 版. 北京：机械工业出版社，2020.

[12] 陈慧南. 数据结构学习指导和习题解析：C++ 语言描述[M]. 北京：人民邮电出版社，2009.

[13] 邓俊辉. 数据结构习题解析[M]. 3 版. 北京：清华大学出版社，2013.

[14] 王红梅，王贵参. 数据结构(从概念到 C++ 实现)教师用书[M]. 北京：清华大学出版社，2020.

[15] 高一凡. 数据结构算法解析[M]. 北京：清华大学出版社，2008.

[16] 侯风巍. 数据结构要点精析：C 语言版[M]. 2 版. 北京：北京航空航天大学出版社，2009.

[17] 左飞. C++ 数据结构原理与经典问题求解[M]. 北京：电子工业出版社，2008.

[18] 李春葆，李莜驰. 新编数据结构习题与解析[M]. 2 版. 北京：清华大学出版社，2019.

[19] 夏清国. 数据结构考研教案：清华・C 语言版[M]. 西安：西北工业大学出版社，2006.

[20] 张铭，赵海燕，王腾蛟. 数据结构与算法：学习指导与习题解析[M]. 北京：高等教育出版社，2005.

[21] 刘坤起，张有华，张翠军，等. 数据结构：题型题集题解[M]. 北京：科学出版社 2005.

[22] 梁作娟，胡伟，唐瑞春. 数据结构习题解答与考试指导[M]. 北京：清华大学出版社，2004.

[23] 张乃孝. 数据结构与算法学习辅导与习题详解[M]. 北京：电子工业出版社，2004.

[24] 汪杰. 数据结构经典算法实现与习题解答[M]. 北京：人民邮电出版社，2004.

[25] 蒋盛益.《数据结构》学习指导与训练[M]. 北京：中国水利水电出版社，2003.

[26] 王彤. 数据结构知识点与习题精讲：专业课学习与考研辅导[M]. 北京：清华大学出版社，2023.

[27] 陈越. 数据结构学习与实验指导[M]. 2 版. 北京：高等教育出版社，2019.

[28] 王卫东. 数据结构辅导[M]. 2 版. 西安：西安电子科技大学出版社，2002.

[29] 圣才考研网. 严蔚敏《数据结构》笔记和习题(含考研真题)详解[M]. 北京：中国石化出版社，2020.

[30] 王道论坛组编. 2024 年数据结构考研复习指导[M]. 北京：电子工业出版社，2022.

图书资源支持

感谢您一直以来对清华版图书的支持和爱护。为了配合本书的使用，本书提供配套的资源，有需求的读者请扫描下方的“书圈”微信公众号二维码，在图书专区下载，也可以拨打电话或发送电子邮件咨询。

如果您在使用本书的过程中遇到了什么问题，或者有相关图书出版计划，也请您发邮件告诉我们，以便我们更好地为您服务。

我们的联系方式：

清华大学出版社计算机与信息分社网站：https://www.shuimushuhui.com/

地　　址：北京市海淀区双清路学研大厦 A 座 714

邮　　编：100084

电　　话：010-83470236　010-83470237

客服邮箱：2301891038@qq.com

QQ：2301891038（请写明您的单位和姓名）

资源下载：关注公众号“书圈”下载配套资源。

资源下载、样书申请

书圈

图书案例

清华计算机学堂

观看课程直播